EUROPA-FACHBUCHREIHE
für wirtschaftliche Bildung

Kaufmännische Betriebslehre

Hauptausgabe

34. Auflage

Verfasst von Lehrern der wirtschaftswissenschaftlichen Fachrichtung

Lektorat: Jürgen Müller, Freiburg i. Br.

VERLAG EUROPA-LEHRMITTEL · Nourney, Vollmer GmbH & Co. KG
Düsselberger Straße 23 · 42781 Haan-Gruiten

Europa-Nr.: 90157
Europa-Nr.: 90106 (mit CD)

Mitarbeiter des Arbeitskreises:

Felsch, Stefan	Studienrat	Freiburg i. Br.
Frühbauer, Raimund	Studiendirektor	Bad Saulgau
Krohn, Johannes	Studienrat	Freiburg i. Br.
Kurtenbach, Stefan	Studiendirektor	Bad Saulgau
Müller, Jürgen	Studiendirektor	Freiburg i. Br.
Richtsteiger, Klaus	Oberstudienrat	Freiburg i. Br.
Rupp, Martin	Oberstudienrat	Reutlingen

Leiter des Arbeitskreises und Lektorat:

Jürgen Müller, Im Kapellenacker 4 a, 79112 Freiburg i. Br.

Bildbearbeitung:

Verlag Europa-Lehrmittel, 42781 Haan-Gruiten

Das vorliegende Buch wurde auf der **Grundlage der aktuellen amtlichen Rechtschreibregeln** erstellt.

34. Auflage 2011

Druck 5 4 3 2 1

Alle Drucke derselben Auflage sind parallel einsetzbar, da sie bis auf die Behebung von Druckfehlern untereinander unverändert sind.

ISBN 978-3-8085-9023-2

ISBN 978-3-8085-9071-3 (mit CD)

http://www.europa-lehrmittel.de

Satz: Satz+Layout Werkstatt Kluth GmbH, 50374 Erftstadt

Druck: Media-Print Informationstechnologie GmbH, 33100 Paderborn

Vorwort

Die vorliegende »Kaufmännische Betriebslehre« bietet in systematischer Darstellung **die betriebswirtschaftlichen und wirtschaftsrechtlichen Lehrinhalte für eine umfassende kaufmännische Ausbildung.** Sie ist daher für unterschiedliche kaufmännische Berufsfelder in beruflichen Schulen sowie für Ausbildungs-, Umschulungs- und Weiterbildungslehrgänge von Betrieben, Verbänden und sonstigen Institutionen geeignet. Der Lehrende soll die Möglichkeit und die Freiheit haben, die Stoffauswahl so zu treffen, wie es die curricularen Vorgaben und Lehrpläne, die Klassen- bzw. Kursstruktur und die örtlichen Wirtschaftsverhältnisse erfordern.

- Bei **Auswahl und Darstellung der Lehrinhalte** sind die Verfasser **fortgesetzt bemüht,**
  - den unterschiedlichen **curricularen Zielen und Inhalten zu entsprechen,** die in den Lehr- und Ausbildungsplänen der Anwender festgelegt sind,
  - die **ökonomische Wirklichkeit in ihrer fortwährenden Weiterentwicklung zu erfassen,** sie allgemein verständlich und **praxisnah darzustellen.**
- Das Buch sollte durch **straffe, einprägsame Darstellung** der einzelnen Stoffgebiete eine in sich **geschlossene Form** erhalten, für den Lernenden übersichtlich bleiben und somit das Lernen erleichtern.
- Zahlreiche **fallbezogene und praxisorientierte Beispiele** im Text, **mehrfarbige Abbildungen und Tabellen** sollen das Verständnis für theoretische Aussagen und Zusammenhänge entwickeln und vertiefen, zusammenfassende und vergleichende Übersichten den Überblick erleichtern. Der Lernende ist somit schnell »im Bilde«.
- **Hinweise auf Gesetze und Paragrafen** am Rand der Texte erleichtern die Arbeit mit Gesetzestexten. Dies soll den Lernenden mit dem juristischen Sprachgebrauch und der rechtssystematischen Denkweise vertraut machen. Daher ist die »Kaufmännische Betriebslehre« wahlweise auch mit eingelegter CD-ROM erhältlich, welche die erwähnten Gesetze und Paragrafen im Wortlaut enthält.
- Ein **Musterbrief** und **ausgefüllte Vordrucke** sowie Aufgaben bei einzelnen Stoffgebieten ermöglichen den **fachübergreifenden Einsatz** des Buches auch für den kaufmännischen Schriftverkehr.
- Handlungsorientierte **Aufgaben und Fragen** sind am jeweiligen Schluss der einzelnen Sachthemen zusammengefasst. Sie dienen der **Lernzielsicherung** und der **Lernerfolgskontrolle.** Sie sollen zu kritischem, **problemlösendem, handlungs- und entscheidungsorientiertem Denken** anregen, zugleich Material für Wiederholungen, Hausaufgaben und Prüfungsvorbereitung bieten. Ein **Löser** zu den Fragen und Aufgaben ist im Verlagsprogramm erhältlich **(Europa-Nummer 90017).**
- **Ausführliche Inhalts- und Stichwörterverzeichnisse** erleichtern das Auffinden von Kapiteln, Abschnitten, Fachbegriffen und Erläuterungen. Das Buch, mit dessen Inhalt der Lernende im Unterricht vertraut geworden ist, kann auch nach der Ausbildungszeit als **Nachschlagewerk** genutzt werden.

Die vorliegende **34. Auflage** berücksichtigt Wünsche und Anregungen, die an den Arbeitskreis herangetragen wurden, sowie Änderungen wirtschaftlicher Daten und gesetzlicher Rahmenbedingungen bis Januar 2011.

Rottenburg, Winter 2010/2011 **Die Verfasser**

Inhaltsverzeichnis

Bildnachweis:

ASKUS Consult GmbH, Freiburg
Claas Saulgau GmbH, Bad Saulgau
Deutsche Telekom AG, Darmstadt
Deutsche Bahn AG, Berlin
Daimler AG, Stuttgart
Frankfurter Allgemeine Zeitung, Frankfurt
Gardena AG, Ulm
GIF – Gesellschaft für Ingenieurprojekte Freiburg GmbH, Freiburg
Hapag-Lloyd AG, Hamburg
Markus Frey, Solingen
Wirtschaftswoche, Düsseldorf

Wichtiger Hinweis:

Mit Urteil vom 12. Mai 1998 hat das Landgericht Hamburg entschieden, dass man durch die Ausbringung von Links die Inhalte der gelinkten Seite ggf. mit zu verantworten hat. Dies kann, so das Landgericht, nur dadurch verhindert werden, dass man sich ausdrücklich von diesen Inhalten distanziert. Wir haben in diesem Buch Links zu Seiten im Internet angegeben. Für alle diese Links gilt: Wir erklären ausdrücklich, dass wir keinerlei Einfluss auf die Gestaltung und die Inhalte der gelinkten Seiten haben. Deshalb distanzieren wir uns hiermit ausdrücklich von allen gelinkten Seiten und machen uns diese Inhalte nicht zu eigen. Diese Erklärung gilt für alle angegebenen Internet-Adressen in diesem Buch. Diese Erklärung gilt für alle in diesem Buch angegebenen Links und für alle Inhalte der Seiten, zu denen die bei uns angegebenen Banner und Links führen können.

Gesetze, Verordnungen und Abkürzungen

ADR	Europäisches Übereinkommen über die internationale Beförderung gefährlicher Güter auf der Straße (European Agreement Concerning the international Carriage of Dangerous Goods by Road)
ADSp	Allgemeine Deutsche Spediteur-Bedingungen
AEG	Allgemeines Eisenbahngesetz
AFB	Allgemeine Feuerversicherungsbedingungen
AGG	Allgemeines Gleichbehandlungsgesetz
AHB	Allgemeine Bedingungen für die Haftpflichtversicherung
AKB	Allgemeine Bedingungen für die Kraftfahrtversicherung
AktG	Aktiengesetz
AltTZG	Altersteilzeitgesetz
AO	Abgabenordnung
ArbGG	Arbeitsgerichtsgesetz
ArbNErfG	Arbeitnehmererfindungsgesetz
ArbPlSchG	Gesetz über den Schutz des Arbeitsplatzes bei Einberufung zum Wehrdienst (Arbeitsplatzschutzgesetz)
ArbSchG	Gesetz über die Durchführung von Maßnahmen des Arbeitsschutzes zur Verbesserung der Sicherheit und des Gesundheitsschutzes der Beschäftigten bei der Arbeit (Arbeitsschutzgesetz)
ArbZG	Gesetz zur Vereinheitlichung des Arbeitszeitrechts (Arbeitszeitgesetz)
AVB	Allgemeine Versicherungsbedingungen
AWB	Allgemeine Bedingungen für Versicherungen gegen Leitungswasserschäden
AWG	Außenwirtschaftsgesetz
AWV	Außenwirtschaftsverordnung
BBankG	Gesetz über die Deutsche Bundesbank (Bundesbankgesetz)
BBiG	Berufsbildungsgesetz
BEEG	Gesetz zum Elterngeld und zur Elternzeit
BetrAVG	Gesetz zur Verbesserung der betrieblichen Altersversorgung
BetrVG	Betriebsverfassungsgesetz
BewG	Bewertungsgesetz
BFH	Bundesfinanzhof
BGB	Bürgerliches Gesetzbuch
BImSchG	Gesetz zum Schutz vor schädlichen Umwelteinwirkungen durch Luftverunreinigung, Geräusche, Erschütterungen und ähnliche Vorgänge (Bundes-Immissionsschutzgesetz)
BKGG	Bundeskindergeldgesetz
BörsG	Börsengesetz
BUrlG	Mindesturlaubsgesetz für Arbeitnehmer (Bundesurlaubsgesetz)
CMR	Convention relativ au Contrat de transport international de Marchandises par Route (Übereinkommen über den Beförderungsvertrag im internationalen Straßengüterverkehr)
DepotG	Gesetz über die Verwahrung und Anschaffung von Wertpapieren (Depotgesetz)
DGR	Dangerous Goods Regulations
DrittelbG	Gesetz über die Drittelbeteiligung der Arbeitnehmer im Aufsichtsrat (Drittelbeteiligungsgesetz)
EBRG	Gesetz über Europäische Betriebsräte
EFTA	European Free Trade Association
EGV	EG-Vertrag
EinzelhG	Einzelhandelsgesetz
ENeuOG	Eisenbahnneuordnungsgesetz
EntgFG	Gesetz über die Zahlung des Arbeitsentgelts an Feiertagen und im Krankheitsfall (Entgeltfortzahlungsgesetz)
ErbStG	Erbschaftsteuer- und Schenkungsteuergesetz
EStG	Einkommensteuergesetz
EU	Europäische Union
EVO	Eisenbahn-Verkehrsordnung
FGO	Finanzgerichtsordnung
FG	Finanzgericht
FVG	Gesetz über die Finanzverwaltung (Finanzverwaltungsgesetz)
GBO	Grundbuchordnung
GebrMG	Gebrauchsmustergesetz
GenG	Gesetz betreffend die Erwerbs- und Wirtschaftsgenossenschaften (Genossenschaftsgesetz)
GeschmMG	Gesetz betreffend das Urheberrecht an Mustern und Modellen (Geschmacksmustergesetz)
GewO	Gewerbeordnung
GewStG	Gewerbesteuergesetz
GG	Grundgesetz für die Bundesrepublik Deutschland
GGBefG	Gesetz über die Beförderung gefährlicher Güter
GGVE	Gefahrgutverordnung Eisenbahn
GGVS	Gefahrgutverordnung Straße
GmbHG	Gesetz betreffend die Gesellschaften mit beschränkter Haftung
GrEStG	Grunderwerbsteuergesetz
GrStG	Grundsteuergesetz

GsiG	Gesetz über eine bedarfsorientierte Grundsicherung im Alter und bei Erwerbsminderung
GüKG	Güterkraftverkehrsgesetz
GVG	Gerichtsverfassungsgesetz
GWB	Gesetz gegen Wettbewerbsbeschränkungen
HGB	Handelsgesetzbuch
IHK	Industrie- und Handelskammer
IHKG	Gesetz zur vorläufigen Regelung des Rechts der Industrie- und Handelskammern
InsO	Insolvenzordnung
InVG	Investmentgesetz
JArbSchG	Gesetz zum Schutze der arbeitenden Jugend (Jugendarbeitsschutzgesetz)
KAGG	Gesetz über Kapitalanlagegesellschaften
KraftStG	Kraftfahrzeugsteuergesetz
KSchG	Kündigungsschutzgesetz
KStG	Körperschaftsteuergesetz
KWG	Gesetz über das Kreditwesen
LMBG	Gesetz über den Verkehr mit Lebensmitteln, Tabakerzeugnissen, kosmetischen Mitteln und sonstigen Bedarfsgegenständen (Lebensmittel- und Bedarfsgegenständegesetz)
LuftVG	Luftverkehrsgesetz
MarkenG	Gesetz über den Schutz von Marken und sonstigen Kennzeichen (Markengesetz)
MG	Gesetz über die Mitbestimmung der Arbeitnehmer in den Aufsichtsräten und Vorständen der Unternehmen des Bergbaus und der Eisen und Stahl erzeugenden Industrie (Montan-Mitbestimmungsgesetz)
MitbestG	Gesetz über die Mitbestimmung der Arbeitnehmer (Mitbestimmungsgesetz)
MuSchG	Gesetz zum Schutze der erwerbstätigen Mutter (Mutterschutzgesetz)
MÜK	Montrealer Übereinkommen
NachwG	Gesetz über den Nachweis der für ein Arbeitsverhältnis geltenden wesentlichen Bedingungen (Nachweisgesetz)
PAngV	Verordnung zur Regelung der Preisangaben (Preisangabenverordnung)
PartGG	Gesetz über Partnerschaftsgesellschaften Angehöriger Freier Berufe (Partnerschaftsgesellschaftsgesetz)
PatG	Patentgesetz
PfandBG	Pfandbriefgesetz
PflVG	Gesetz über die Pflichtversicherung bei Kraftfahrzeughaltern
PostG	Postgesetz
ProdHaftG	Gesetz über die Haftung für fehlerhafte Produkte (Produkthaftungsgesetz)
PTNeuOG	Gesetz zur Neuordnung des Postwesens und der Telekommunikation
PublG	Gesetz über die Rechnungslegung von bestimmten Unternehmen und Konzernen (Publizitätsgesetz)
RKW	Rationalisierungskuratorium der deutschen Wirtschaft
ROG	Raumordnungsgesetz
RVO	Reichsversicherungsordnung
ScheckG	Scheckgesetz
SGB	Sozialgesetzbuch
SGG	Sozialgerichtsgesetz
SigG	Gesetz über Rahmenbedingungen für elektronische Signaturen (Signaturgesetz)
StGB	Strafgesetzbuch
StPO	Strafprozessordnung
StVZO	Straßenverkehrszulassungsordnung
TACT	The Air Cargo Tariff
TKG	Telekommunikationsgesetz
TVG	Tarifvertragsgesetz
UmweltHG	Umwelthaftungsgesetz
UStG	Umsatzsteuergesetz
UWG	Gesetz gegen den unlauteren Wettbewerb
VAG	Gesetz über die Beaufsichtigung der Versicherungsunternehmen
VermBG	Fünftes Vermögensbildungsgesetz
VerpackV	Verordnung über die Vermeidung und Verwertung von Verpackungsabfällen (Verpackungsverordnung)
VGB	Allgemeine Bedingungen für die Verbundene Wohngebäudeversicherung
VHB	Allgemeine Bedingungen für die Verbundene Hausratversicherung
VVG	Gesetz über den Versicherungsvertrag (Versicherungsvertragsgesetz)
VwVfG	Verwaltungsverfahrensgesetz
WAK	Warschauer Abkommen
WG	Wechselgesetz
WHG	Wasserhaushaltsgesetz
WoPG	Wohnungsbau-Prämiengesetz
WTO	World Trade Organisation
ZK	EG-Zollkodex
ZollV	Zollverordnung
ZollVG	Zollverwaltungsgesetz
ZPO	Zivilprozessordnung

1 Grundlagen des Wirtschaftens

Der Mensch braucht Güter, um existieren und ein menschenwürdiges Dasein führen zu können. Mit der Produktion und Bereitstellung von Gütern **dient die Wirtschaft** also **dem Menschen.**

1.1 Notwendigkeit des Wirtschaftens

Ursache des Wirtschaftens sind die *Wünsche* der Menschen nach *Gütern,* ihre **Bedürfnisse.**

1.1.1 Bedürfnisse und Bedarf

»Ein jeder Wunsch, wenn er erfüllt, kriegt augenblicklich Junge« (Wilhelm Busch).

Der Mensch hat **Bedürfnisse**. Sie sind *unbegrenzt, unterschiedlich, wandelbar, von verschiedenen Bedingungen abhängig* und im Einzelnen *mehr oder minder dringlich.*

Nach der **Dringlichkeit der Bedürfnisse** unterscheidet man:

a) Existenzbedürfnisse. Ihre Befriedigung ist *notwendig zur Erhaltung des Lebens.*

Beispiele: Bedürfnisse nach ausreichender Nahrung, Kleidung, Wohnung und Grundbildung; Bedürfnisse nach reiner Luft, sauberem Trinkwasser und gesunder Umwelt.

b) Kultur- und Luxusbedürfnisse. Ihre Befriedigung *erhöht den Lebensstandard* und *steigert das Lebensgefühl.*

Beispiele: Bedürfnisse nach verfeinerter Kost, anspruchsvoller Kleidung, gehobener Bildung, sozialer Geltung, Kunstgenuss und vielfältigen Möglichkeiten der Urlaubs- und Freizeitgestaltung.

Die Bedürfnisse treiben den Menschen an, zu ihrer Befriedigung tätig zu werden. In welchem Maße die Menschen ihre Bedürfnisse befriedigen können, hängt ab von ihrer Leistungsfähigkeit, ihrer Leistungsbereitschaft und den verfügbaren Mitteln (Einkommen und Vermögen).

Bedarf im wirtschaftlichen Sinne ist nur der Teil der Bedürfnisse, den der Mensch **mit den ihm zur Verfügung stehenden Mitteln** befriedigen will und kann.

Da nur der am Markt wirksam werdende Teil der Bedürfnisse zu Umsätzen führt, versuchen Industrie und Handel, den Bedarf insgesamt und in seiner Zusammensetzung zu beeinflussen. Dies gelingt umso mehr, als durch günstige Preise die Kaufkraft der Verbraucher erhöht wird.

1.1.2 Güter

Die **Mittel,** die **zur Befriedigung der menschlichen Bedürfnisse** dienen können, nennt man **Güter.**

Einen Überblick über die Güter, unter denen man nicht nur materielle, sondern auch immaterielle Güter (Rechte) und Dienstleistungen versteht, gibt das folgende Bild.

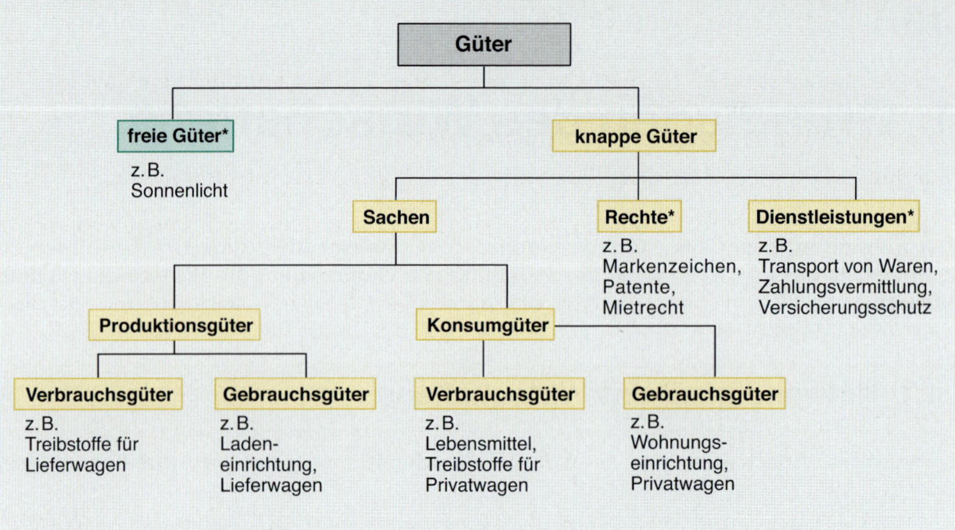

* Freie Güter, Rechte und Dienstleistungen können sowohl Produktions- als auch Konsumgüter sein.

Die Bedürfnisse der Menschen sind unbegrenzt, nicht aber die zu ihrer Befriedigung benötigten Güter. Nur wenige Güter sind ausreichend vorhanden, sodass der Mensch seine Bedürfnisse nach ihnen ohne Mühe und Aufwand befriedigen kann. Man nennt sie **freie Güter.**

Beispiele: Luft, Sonnenlicht, Regenwasser.

Die meisten Güter sind **knappe Güter.** Die Gründe dafür sind:

- Die meisten Stoffe und Kräfte kommen in der Natur nur in begrenzter Menge vor, sodass sich bei wachsendem Bedarf die Grenzen des Wirtschaftswachstums immer deutlicher abzeichnen.
- Der Mensch muss die benötigten Stoffe und Kräfte der Natur erst mühevoll abringen, und zwar unter Einsatz seiner ebenfalls begrenzten Arbeitskraft und seiner begrenzten technischen Mittel, die zuvor produziert werden müssen.
- Die meisten Güter sind in den verschiedenen Wirtschaftsräumen in ungleicher Menge vorhanden. Politische Grenzen, die oft auch wirtschaftliche Grenzen sind, können gebietsweise die Knappheit verschärfen.

Die Knappheit der meisten Güter zwingt den Menschen zu **wirtschaften,** d.h., geistige und körperliche Kraft aufzubringen, um die Knappheit weitgehend zu überwinden. Dabei sind die hervorgebrachten Güter sparsam zu verwenden und, soweit möglich, nach ihrer Nutzung wiederum *in die Güterproduktion zurückzuführen* **(Recycling).** Nur so kann nachhaltig und dauerhaft der Unbegrenztheit der menschlichen Bedürfnisse eine möglichst große Gütermenge gegenübergestellt werden.

Beispiel: Nach der Verpackungsverordnung vom 21. August 1998 müssen Hersteller und Vertreiber von Transportverpackungen (Kisten, Paletten, Kanister) diese vom Kunden zurücknehmen und einer erneuten Verwendung oder einer stofflichen Verwertung außerhalb der öffentlichen Abfallentsorgung zuführen.

> Nur die **knappen Güter** sind Gegenstand des Wirtschaftens. Man nennt sie deshalb **Wirtschaftsgüter.**

Produktionsgüter werden *zur Herstellung eines neuen Gutes* benötigt, während **Konsumgüter** *unmittelbar der Befriedigung von Bedürfnissen* dienen. Nur *einmal verwendbare Güter* werden **Verbrauchsgüter,** *mehrmals zu benutzende Güter* werden **Gebrauchsgüter** genannt.

1.1.3 Ökonomisches Prinzip

Um ein möglichst hohes Maß an Bedürfnisbefriedigung zu erreichen, bemühen sich die Menschen, die knappen Wirtschaftsgüter sparsam und vernünftig einzusetzen. Sie handeln damit nach dem **Vernunft-** oder **Rationalprinzip.**

Für das wirtschaftliche Handeln lassen sich daraus folgende **Prinzipien** ableiten:

Das Maximalprinzip. Es verlangt, dass mit *gegebenen* Mitteln eine *möglichst hohe Leistung* erzielt wird.

Beispiel: Die Werbeabteilung einer Großhandlung kann über 100.000 EUR verfügen. Sie soll damit einen möglichst hohen Umsatz vorbereiten.

Das Minimalprinzip. Es verlangt, dass eine *vorbestimmte* Leistung mit *möglichst geringen* Mitteln erzielt wird.

Beispiel: Eine Möbelgroßhandlung beabsichtigt, in einer Sonderaktion 50 Küchen zu verkaufen. Der dafür erforderliche Werbeaufwand soll möglichst niedrig sein.

Ungeachtet des Unterschieds verwendet man *für beide Prinzipien* den Ausdruck **»wirtschaftliches oder ökonomisches Prinzip«.**

Das Handeln nach dem ökonomischen Prinzip ist **Leitsatz für alle Unternehmen, Betriebe und Haushalte.**

1.2 Betriebe als Orte der Leistungserstellung und Leistungsverwertung

Wirtschaftliches Handeln vollzieht sich in erster Linie in **Betrieben.**

Betriebe sind Wirtschaftseinheiten, die der **Leistungserstellung** und **Leistungsverwertung** dienen.

a) Leistungserstellung (Produktion). Durch den planmäßigen Einsatz von Arbeit und sachlichen Mitteln werden Wirtschaftsgüter *erzeugt,* die mittelbar oder unmittelbar der Bedarfsdeckung dienen. Dieser Produktionsprozess vollzieht sich in Stufen von der Rohstoff- und Energiegewinnung bis zur Bereitstellung der Güter in Einzelhandels- oder sonstigen Dienstleistungsbetrieben (Tabelle, Seite 15).

Da die Leistungserstellung vornehmlich in Betrieben erfolgt, werden die Begriffe **Betrieb, Unternehmung** und **Unternehmen** oft **gleichgesetzt.**

b) Leistungsverwertung (Absatz). Die in den einzelnen Produktionsstufen erstellten Leistungen werden über den Absatzmarkt an andere Betriebe oder Haushalte *abgesetzt.*

1.2.1 Private und öffentliche Betriebe

In aller Regel findet der betriebliche Leistungsprozess in privaten Unternehmungen statt; aber auch die öffentlichen Gemeinwesen (EU, Bund, Länder und Gemeinden) sind an der Produktion von Gütern, insbesondere von Dienstleistungen, beteiligt. Besonders stark ist die öffentliche Hand vertreten im Banken-, Versicherungs- und vornehmlich im Verkehrswesen.

Private Unternehmungen als erwerbswirtschaftliche Betriebe

In der Marktwirtschaft wird die Güterproduktion hauptsächlich von privaten Unternehmungen getragen. Sie bestimmen ihre Produktionspläne selbst und orientieren sich dabei über die Preise an der Nachfrage am Markt.

Beispiel: In einer Unternehmung der Fahrzeugindustrie geht wegen starker ausländischer Konkurrenz der Pkw-Absatz nachhaltig zurück. Um die Lagerhaltung zu verringern, müssen beträchtliche Preisabschläge und kostspielige Sonderleistungen gewährt werden, sodass nicht mehr kostendeckend produziert werden kann.

Andererseits kann die gestiegene Nachfrage nach kraftstoffsparenden Kleinwagen zur Zeit nur nach langen Lieferfristen befriedigt werden.

Die Unternehmungsleitung plant deshalb, eines ihrer Automobilwerke auf Kleinwagenproduktion umzustellen.

Die privaten Inhaber wollen durch die Unternehmertätigkeit ihren Lebensunterhalt *erwerben.* Sie sind deshalb persönlich daran interessiert, für die am Markt verkauften Produktionsleistungen so hohe Erlöse zu erzielen, dass die Kosten für den Einsatz der Produktionsfaktoren gedeckt sind und darüber hinaus ein **Gewinn erzielt** werden kann.

Das **Gewinnstreben** ist charakteristisches Merkmal für die **erwerbswirtschaftliche Zielsetzung** der *privaten Unternehmungen.*

Ob dabei immer auf den *höchstmöglichen Gewinn* **(Gewinnmaximierung)** hingearbeitet wird, ist umstritten. Vielfach gilt das erwerbswirtschaftliche Prinzip schon dann als befolgt, wenn ein *angemessener Gewinn* angestrebt wird.

Zum Wesen des Unternehmers gehört auch die Bereitschaft zur **Übernahme des Unternehmerrisikos.** Dies besteht in der Möglichkeit des Irrtums bei unternehmerischen Entscheidungen. Es beginnt schon bei der Gründung mit der Wahl des Betriebszweigs, des Standorts und der Betriebskapazität. Das Unternehmerrisiko kann dem Unternehmer nicht abgenommen werden. Er trägt es selbst mit dem Risiko des Kapitalverlustes.

Gesamtwirtschaftlich verwirklichen die Unternehmungen durch die erwerbswirtschaftliche Zielsetzung das ökonomische Prinzip (Abschnitt 1.1.3) und tragen zu einer insgesamt optimalen Leistungserstellung und gesamtwirtschaftlichen Bedarfsdeckung bei.

Öffentliche Gemeinwesen als gemeinwirtschaftliche Betriebe

Neben den privaten Unternehmungen treten auch die öffentlichen Gemeinwesen (EU, Bund, Länder und Gemeinden) als Produzenten von Gütern, insbesondere von Dienstleistungen, auf. In der sozialen Marktwirtschaft sollte sich der Staat nur in solchen Bereichen wirtschaftlich betätigen, in denen erwerbswirtschaftliche Betriebe nicht für ein ausreichend gesichertes Güterangebot zu erträglichen Preisen sorgen, z.B. bei der Versorgung der Bevölkerung mit Wasser, Energie und Verkehrsleistungen.

Staatliche und kommunale Behörden verkaufen ihre Leistungen in der Regel nicht, sondern stellen sie häufig ohne unmittelbare Gegenleistung zur Verfügung.

Die erforderlichen Mittel werden durch Steuern aufgebracht oder durch Kredite, die ihrerseits durch Steuereinnahmen zu verzinsen und zu tilgen sind. Eine Ausnahme bilden bestimmte Leistungen, für die Gebühren oder Beiträge nach festgesetzten Sätzen erhoben werden.

Beispiel: Eine Gemeinde erstellt einen Bebauungsplan für ein neues Gewerbegebiet. Sie lässt mit Steuergeldern Straßen, Versorgungsleitungen und Abwasserkanäle bauen. Die neu angesiedelten Gewerbeunternehmungen kommen sofort in den Genuss dieser Anlagen, müssen aber Anliegerbeiträge und regelmäßig Grund- und Gewerbesteuer bezahlen.

Für die Eintragung des Grundeigentums müssen sie Grundbuchgebühren entrichten.

Die öffentlichen Gemeinwesen können auch unmittelbar oder durch Beteiligung *Träger von Wirtschaftsunternehmen* sein. Auch solche Unternehmen streben, von Ausnahmen abgesehen, nach Gewinn. Soweit kein Gewinn erzielt werden kann, suchen sie **Kostendeckung** zu erreichen oder wenigstens *mit möglichst geringem Verlust* zu wirtschaften **(Verlustminimierung).** Ein Verlust muss indes aus dem allgemeinen Steueraufkommen getragen werden.

Gemeinwirtschaftliche Betriebe arbeiten nach dem **Versorgungsprinzip;** sie **streben,** soweit kein Gewinn erzielt werden kann, nach **Kostendeckung** bzw. **Verlustminimierung.**

Beispiel: Größere Gemeinden betreiben gemeindeeigene Wasserwerke.

1.2.2 Leistungsfunktionen verschiedener Wirtschaftszweige

Der Prozess der Leistungserstellung, den sich die Unternehmen als wirtschaftliche Zielsetzung und Aufgabe gewählt haben, unterscheidet sich bei den verschiedenen **Wirtschaftszweigen.** Er kann in der **Produktion von Sachleistungen** und/oder **von Dienstleistungen** bestehen:

Funktion der Leistungserstellung	Wirtschaftszweig
a) Produktion von Sachleistungen	
1. Rohstoff- und Energiegewinnung	Land- und Forstwirtschaft, Bergbau, Energiewirtschaft
2. Rohstoffbe- und -verarbeitung	verarbeitende Industrie, Warenhandwerk
b) Produktion von Dienstleistungen	
1. Sammlung und Verteilung (Distribution) von Wirtschaftsgütern	Handel Absatzhelfer (Vertreter, Kommissionäre, Makler)
2. Beförderung von Personen, Sachgütern und Nachrichten	Verkehrswirtschaft (Postdienste, Telekommunikationsdienste, Eisenbahnverkehr, Kraftverkehr, Luftverkehr, Schiffsverkehr, Speditionen, Reisebüros)
3. Zahlungs-, Kredit- und Kapitalverkehr	Geld- und Kreditwirtschaft (Banken, Sparkassen)
4. Versicherungsschutz	Versicherungswirtschaft (Individual- und Sozialversicherungen)
5. Sonstige Dienstleistungen	Beratungsunternehmen, Reparatur- und Reinigungsgewerbe, Hotels und Restaurants, Bildungsvermittlung, Gesundheitsdienste, soziale Dienste, DV-Beratung und -Betreuung

Man kann die verschiedenen Wirtschaftszweige in folgende **Wirtschaftssektoren** zusammenfassen:

a) Primärsektor: Stoffe- und Energiegewinnung.

b) Sekundärsektor: Stoffebe- und -verarbeitung sowie Investitionsgüterindustrie.

c) Tertiärsektor: Handel und Dienstleistungsbereich.

Der **vierte (quartäre) Sektor** ist mit der Tätigkeit der öffentlichen Gemeinwesen, der **fünfte (quintäre) Sektor** mit der Tätigkeit der privaten Haushalte ausgefüllt.

1.2.3 Betriebswirtschaftliche Produktionsfaktoren

Produktionsfaktoren sind die **Mittel und Kräfte,** mit denen **Sachgüter und Dienstleistungen erstellt** werden.

Elementarfaktoren und dispositiver Faktor

Bei der Leistungserstellung unterscheidet man die **Elementarfaktoren** und den **dispositiven Faktor** (Bild unten).

▶ Elementarfaktoren

a) **Arbeitsleistung.** Darunter versteht die Betriebswirtschaftslehre hauptsächlich körperliche (ausführende) Arbeit.

Die geistige (schöpferisch-planende, organisatorisch-anordnende, kontrollierende und repräsentierende) Arbeit wird im dispositiven Faktor zusammengefasst. Eine scharfe Trennung ist jedoch nicht möglich, da jede Arbeit körperliche, geistige und seelische Kräfte beansprucht, wenn auch in unterschiedlicher Gewichtung.

b) **Betriebsmittel.** Dies sind Anlagen und alle *Einrichtungen,* die die *technische Voraussetzung* zur betrieblichen Leistungserstellung bilden. Dazu gehören

- Grundstücke und Gebäude für Erzeugung, Lagerung, Verwaltung und Vertrieb,
- Maschinen, maschinelle Anlagen und Werkzeuge, Einrichtungen für die Informationsübermittlung und zur Kommunikation,
- Anlagen zur Versorgung des Betriebes mit Wasser, Wärme, Gas, Strom, Frischluft,
- Transporteinrichtungen für Material, Erzeugnisse und Menschen,
- Vorrichtungen zur Lagerung von Material, Erzeugnissen, Werkzeugen, Schriftstücken, Zeichnungen, Büchern,
- Einrichtungen für die Betriebsangehörigen: Kantinen, Erholungsheime, Heime für jugendliche Arbeitnehmer, Wohnungen,
- Einrichtungen zur Weiterbildung der Arbeitskräfte: Ausbildungswerkstätten, Werkschulen, Büchereien,
- Vorrichtungen zum Schutz der Menschen und Anlagen: Feuerschutzgeräte, Unfallverhütungseinrichtungen,
- Anlagen zur Entsorgung von Abfällen, Altmaterial, Chemikalien, Abwasser und Abgasen.

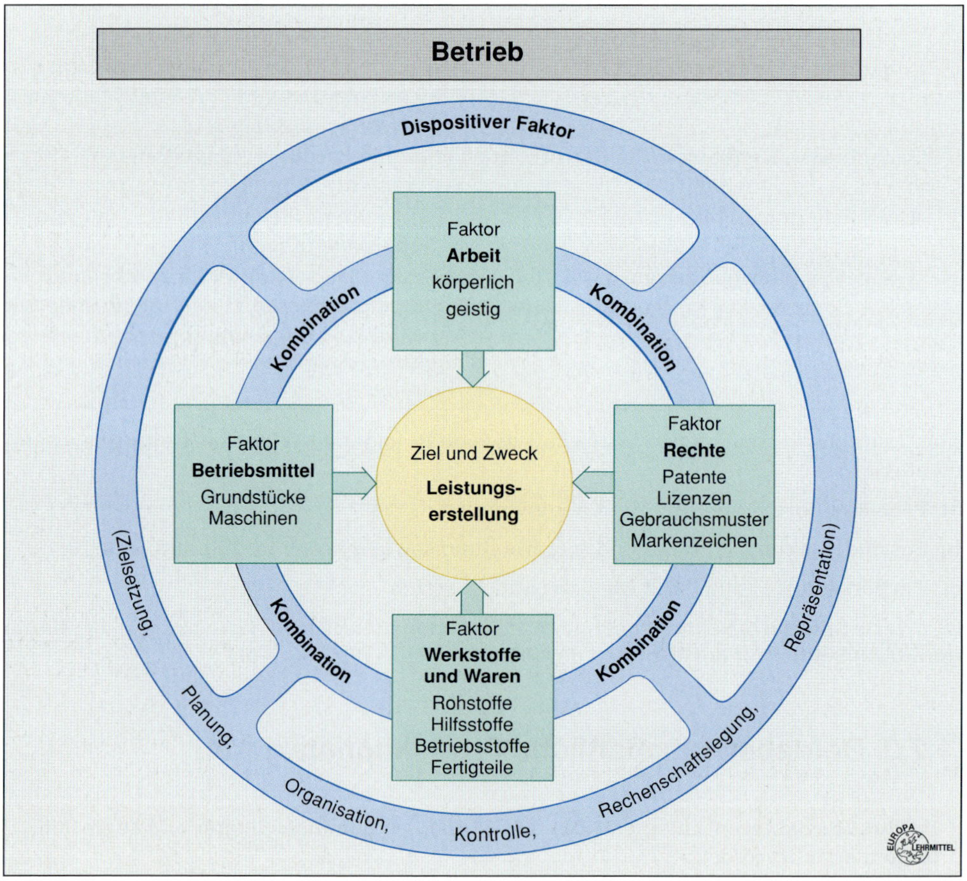

c) Werkstoffe und Waren. Dies sind Güter, die verarbeitet oder unverarbeitet *für den Umsatzprozess verwendet* werden. Dazu gehören

- **Rohstoffe.** Das sind Stoffe, die im Fertigungsprozess als *Hauptbestandteile in das Erzeugnis* eingehen (Holz in der Möbelherstellung).
- **Hilfsstoffe.** Das sind Stoffe, die als *Nebenbestandteile in das Produkt* eingehen (Leim und Lack bei der Möbelherstellung).
- **Betriebsstoffe.** Das sind Stoffe, die nicht in das Erzeugnis eingehen, aber bei der Durchführung des Fertigungsprozesses verbraucht werden (Schmiermittel, Dieselöl, Strom).
- **bezogene Fertigteile.** Das sind Teile, die *unverändert Bestandteile des Produkts* werden (Beschläge, Schlösser).
- **Waren.** Das sind Güter, die *unverarbeitet dem Umsatzprozess* dienen (Accessoires beim Möbelverkauf).

d) Rechte. Darunter versteht man insbesondere behördliche Betriebsgenehmigungen (Konzessionen) sowie gewerbliche Schutz- und Nutzungsrechte (Patente, Lizenzen, Gebrauchs- und Geschmacksmuster sowie Markenzeichen).

▶ Dispositiver Faktor

Es handelt sich dabei um die *Fähigkeit des Menschen, die Elementarfaktoren* zum Zwecke der Leistungserstellung *zu kombinieren,* also darum, Leitungsfunktionen auszuüben. Man unterscheidet folgende **Leitungsfunktionen: Zielsetzung, Planung, Organisation, Kontrolle, Rechenschaftslegung, Repräsentation.**

Das **Geld** spielt eine bedeutsame Rolle bei der Leistungserstellung und Leistungsverwendung. Es ist aber *kein* unmittelbarer, eigenständiger *Produktionsfaktor,* sondern nur *Hilfsmittel* bei der *Beschaffung* der Produktionsfaktoren.

Kombination und Substitution der Produktionsfaktoren

In der modernen Wirtschaft werden zur Leistungserstellung immer mehrere Produktionsfaktoren miteinander verbunden, die sich zweckmäßig ergänzen.

> Die jeweilige **Kombination der Produktionsfaktoren** zum Zwecke der Leistungserstellung nennt man **Betrieb.**

Die Erfahrung lehrt, dass die Ausstattung eines Betriebes mit Produktionsfaktoren verschiedene Kombinationen zulässt.

Beispiele:

1. Um eine Tonne Weizen zu produzieren, genügt auf einer großen Bodenfläche ein verhältnismäßig geringer Einsatz von Düngemitteln, Maschinen und Arbeit. Steht aber wenig Bodenfläche zur Verfügung, kann der gleiche Ertrag nur erzielt werden, wenn der Boden unter Verwendung von Dünger intensiv bearbeitet wird.

2. Durch den Einsatz von automatisierten Anlagen in der Fertigung und von Datenverarbeitungsanlagen in der Verwaltung wurden in den vergangenen Jahrzehnten Arbeitsleistungen weitgehend durch Betriebsmittel (Kapital) ersetzt.

3. Zum Aushub einer Baugrube von 1.600 m^3 brauchten früher 20 mit Pickel, Schaufel und Schubkarren ausgerüstete Arbeiter 48 Stunden. Dies entspricht einer Leistung je Arbeiter und Stunde von 1,67 m^3. Heute leisten 2 Arbeiter mithilfe eines Baggers die gleiche Arbeit in 12 Stunden, was einer Leistung je Arbeiter und Stunde von 66,7 m^3 entspricht.

Nach dem ökonomischen Prinzip kommt es darauf an, die einzelnen Produktionsfaktoren in solcher Güte und Menge bei der Faktorenkombination zu verwenden, dass der **Aufwand** für den Faktoreinsatz in einem **möglichst günstigen Verhältnis** zum **Ertrag** steht (Abschnitt 1.1.3).

Unter dem Druck der Preiskonkurrenz werden dabei laufend in den Betrieben teurer gewordene Produktionsfaktoren durch andere, verhältnismäßig kostengünstigere, *ersetzt.*

> Den **Austausch** der Produktionsfaktoren bei der Leistungserstellung nennt man **Substitution der Produktionsfaktoren.**

1.2.4 Aufbau von Betrieben

Zur Erfüllung seiner Funktionen benötigt jeder Betrieb einen **organisatorischen Aufbau,** der sich in erster Linie nach den zu erfüllenden Aufgaben und der Betriebsgröße richtet.

In **Mittel- und Großbetrieben** werden für die verschiedenen Aufgaben Abteilungen gebildet und die dort anfallenden Tätigkeiten auf entsprechende Fachkräfte übertragen.

Der Aufbau eines *Handelsbetriebes* gliedert sich üblicherweise in vier Abteilungen:

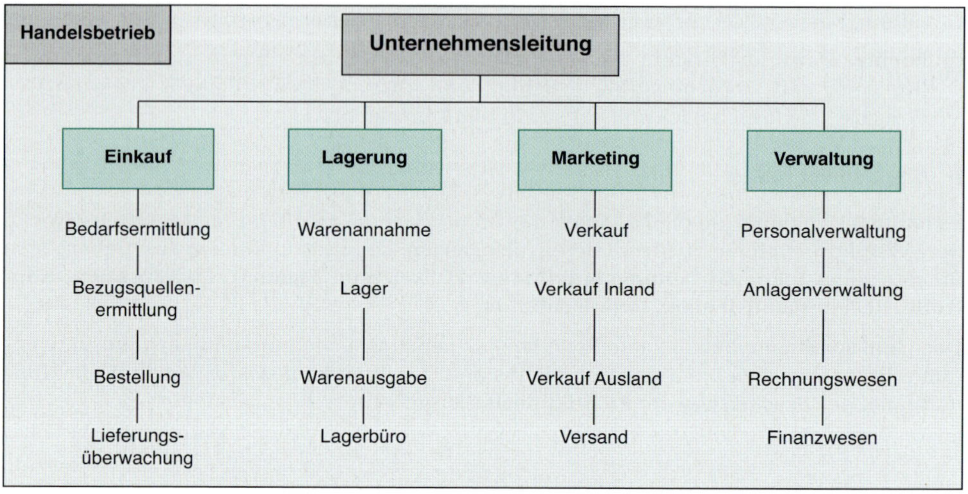

Der Aufbau eines *Industriebetriebes* kann folgendermaßen organisiert sein:

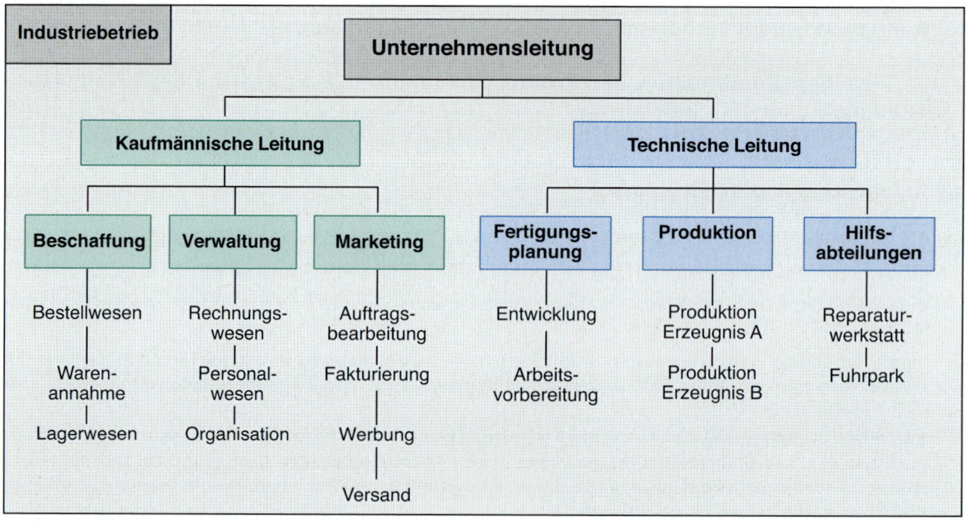

In **Kleinbetrieben** gibt es keine ausgeprägte Abteilungsbildung. Vielfach nimmt hier der Geschäftsinhaber neben den planenden, anordnenden und überwachenden Aufgaben selbst auch ausführende Arbeiten wahr.

1.2.5 Zusammenwirken betrieblicher Funktionsbereiche

Für den Betrieb sind die **Produktionsfaktoren** Wirtschaftsgüter, die auf den einschlägigen *Beschaffungsmärkten* gegen Geld erworben werden müssen. Innerhalb der Betriebe vollzieht sich nach vorgegebenem Plan ein kürzerer oder längerer Prozess der Verkoppelung und Verschmelzung von Wirtschaftsgütern, an dessen Ende die **produzierten Leistungen** stehen, die ihrerseits gegen Geld auf dem *Absatzmarkt* verkauft werden. Das für den Erwerb erforderliche Geld stammt vor allem aus den Verkaufserlösen der fertigen Leistungen, aber auch aus anderen Quellen (Einlagen des Unternehmers oder Fremdkapital).

So gibt es in jedem Unternehmen zwei gegenläufige Ströme:

- der **Güterstrom** in Richtung *auf die Absatzmärkte,*
- der **Geldstrom** in Richtung *auf die Beschaffungsmärkte.*

Überblickt man das Geschehen, so stellt man fest, dass in jeder Unternehmung weitgehend unabhängig vom Gegenstand der Leistungserstellung ihrer Betriebe bestimmte **Aufgaben (Funktionen)** zu erfüllen sind. Sie werden in der Abbildung dargestellt.

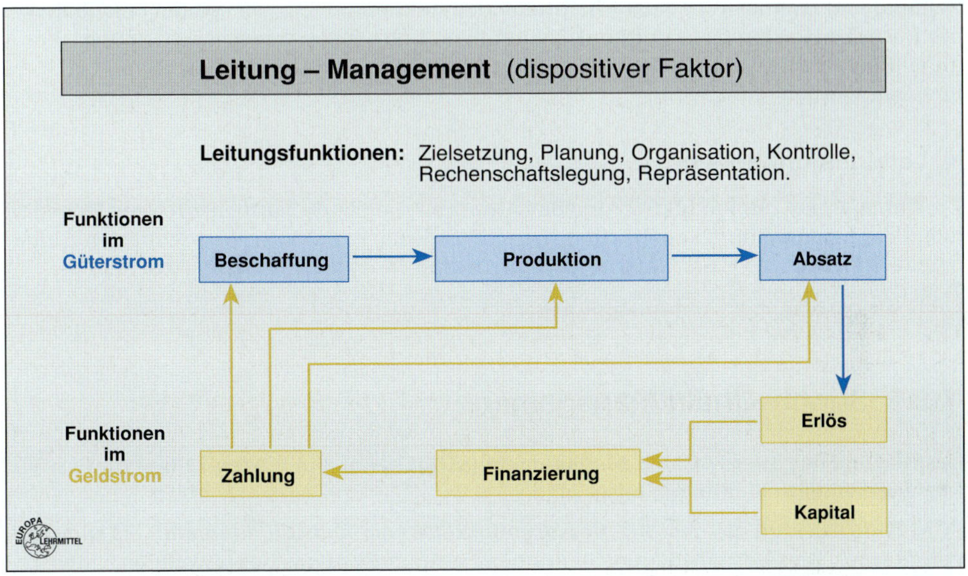

Funktionen im Güterstrom

a) Beschaffung. Sie umfasst alle vorbereitenden und ausführenden Tätigkeiten, die der **Bereitstellung** von *Sachgütern, Rechten* und *Dienstleistungen* für Betriebszwecke dienen (Grundstücke, Maschinen, Werkstoffe, Waren, Patente, Arbeitskräfte, Transportleistungen, Geld und Kapital).

Bei der Beschaffung werden Kaufverträge sowie Dienstleistungsverträge (Dienst-, Werk-, Miet-, Pacht-, Leih-, Darlehensverträge) abgeschlossen (Abschnitte 4 und 6).

b) Produktion (Leistungserstellung). Durch den planmäßigen Einsatz von Arbeit, Betriebsmitteln und Werkstoffen werden durch die **Gewinnung** und **Umformung** von *Gütern* neue Wirtschaftsgüter hergestellt. Die Produktion ist somit die Hauptaufgabe des Industriebetriebes (Abschnitt 13). Leistungen werden aber auch in den Betrieben anderer Wirtschaftszweige erstellt, z. B. in Verkehrs-, Handels-, Bank- und Versicherungsbetrieben (Abschnitt 9, 12, 14 und 15).

c) Absatz. Darunter versteht man alle vorbereitenden und ausführenden Tätigkeiten, die der entgeltlichen **Verwertung** von *Betriebsleistungen* am Absatzmarkt dienen. Wenn auch die Leistungsverwertung zeitlich der Leistungserstellung (Beschaffung, Produktion) folgt, so wirkt sie doch nach Art und Umfang bestimmend auf die Leistungserstellung zurück (Abschnitt 8).

Eine weitere Funktion im Güterstrom ist die **Lagerung,** die bei Beschaffung, Produktion und Absatz eine wichtige Rolle spielt (Abschnitt 7).

Funktionen im Geldstrom

a) **Finanzierung.** Sie umfasst alle Maßnahmen, die der **Beschaffung und Bereitstellung** von *Geld* und *Sachmitteln* für die betriebliche Leistungserstellung dienen. Sie ist nicht nur eine einmalige, bei der Gründung zu lösende Aufgabe, sondern eine laufende Tätigkeit des Beschaffens, Freisetzens und Wiedereinsetzens von Mitteln (Abschnitt 11). Diese Finanzierungsmaßnahmen finden ihren Niederschlag in der Kapital- und Vermögensausstattung der Betriebe (Abschnitt 3.1.3).

b) **Zahlung.** Sie hat vor allem die Aufgabe, den **Geldstrom** in Richtung auf die Beschaffungsmärkte **weiterzuleiten.** Außerdem dient sie zur Leistung von Abgaben (Steuern, Gebühren, Beiträge). Zahlungen werden mithilfe von Geldinstituten und der Deutschen Post AG geleistet (Abschnitt 10.2).

Zahlung und Finanzierung sind übergreifende Funktionen, d.h., sie spielen eine Rolle bei der Beschaffung (Finanzierung und Zahlung von Roh-, Hilfs- und Betriebsstoffen), Fertigung (Finanzierung und Zahlung von Löhnen) und beim Vertrieb (Finanzierung und Zahlung von Werbemaßnahmen).

Leitungsfunktionen

Die Beschaffung, die Produktion und der Absatz müssen wirtschaftlich erfolgen. Es bedarf daher der **Lenkung** durch die Leitungsorgane (dispositiver Faktor). Die wichtigsten Aufgaben der **Leitung** sind *Zielsetzung, Planung, Organisation und Kontrolle* (Abschnitt 5).

1.2.6 Supply Chain Management

Das Konzept des **S**upply **C**hain **M**anagement **(SCM)** hat in den letzten Jahren Einfluss auf Managemententscheidungen ausgeübt.

SCM berücksichtigt die gesamte **Versorgungskette** *vom Rohstofflieferanten bis zum Endverbraucher.* Dies betrifft somit nicht nur den Fertigungsprozess des jeweiligen Unternehmens, sondern bezieht ebenso die physischen Beziehungen zu Lieferanten und Kunden mit ein.

Ein vernetztes Denken in den Beziehungen und der *Einsatz moderner IT-Systeme* sind notwendige Voraussetzungen für ein effektives Supply Chain Management. Nur dadurch ist gewährleistet, dass der Informationsfluss sämtliche Kunden-Lieferanten-Beziehungen optimal nutzt.

Beispiel: Ein Kfz-Händler bestellt im Zentrallager online 100 Scheibenwischer-Blätter. Kann dieser Bedarf nicht durch vorhandene Fertigprodukte gedeckt werden, so löst diese Information unmittelbare Aktivitäten beim Produzenten (Fertigung, Beschaffung von Fertigteilen), bei den verschiedenen Lieferanten (Metallbügel, Wischergummi, Verpackungsmaterial), bei deren Lieferanten (Papierfabrik) sowie deren Spediteuren aus.

1. »Ein jeder Wunsch, wenn er erfüllt, kriegt augenblicklich Junge.«
   a) Belegen Sie diesen Satz von Wilhelm Busch mit Beispielen aus Ihrem persönlichen Leben.
   b) Auf welche Eigenschaften der menschlichen Bedürfnisse können Sie daraus schließen?
   c) Nennen Sie Beispiele dafür, dass Bedürfnisse
      - individuell verschieden,
      - wandelbar,
      - von verschiedenen Bedingungen abhängig sind.
   d) Erörtern Sie, wie die Wirtschaft eines Landes beschaffen sein muss, damit sie den Eigenschaften der Bedürfnisse bei der Güterversorgung möglichst gerecht wird.

2. Ordnen Sie die Bedürfnisse nach folgenden Gütern entsprechend ihrer Dringlichkeit als Existenz-, Kultur- oder Luxusbedürfnisse:
   a) Auto eines Schülers,
   b) Auto eines Handelsvertreters,
   c) Zigaretten,
   d) Schönheitsoperation,
   e) Theaterbesuch.

   Begründen Sie Ihre Entscheidungen.

3. a) Das Statistische Bundesamt ermittelte Mitte der 1990er Jahre bei den Haushaltsausgaben folgende Vergleichswerte:

	Westdeutschland	Ostdeutschland
Ernährung, Getränke, Tabakwaren	22,5 %	31,7 %
Mieten	19,2 %	6,2 %

   Diskutieren Sie, welche Ursachen für die Unterschiede damals ausschlaggebend waren.

4. a) Welche Kulturbedürfnisse sind für Sie von Bedeutung?
   b) Worauf können Sie in einer wirtschaftlichen Notsituation verzichten?

5. Mit welchen Mitteln versuchen Industrie und Handel, Bedürfnisse in Bedarf umzuwandeln?

6. Sonnenlicht und Atemluft werden als Beispiele für freie Güter genannt. Prüfen Sie, unter welchen Umständen diese Beispiele nicht zutreffen.

7. Elektrischer Strom ist ein knappes Gut. Erörtern Sie, wie die Knappheit gemildert werden kann.

8. Erläutern Sie, welche Wirtschaftsgüter sich für das Recycling eignen.

9. Suchen Sie nach Beispielen dafür, dass dasselbe Gut sowohl als Konsumgut als auch als Produktionsgut verwendet werden kann.

10. Prüfen Sie, ob ein Küchenherd ein Konsumgut oder ein Produktionsgut ist.

11. Erläutern und unterscheiden Sie die Begriffe »Konsumgut« und »Verbrauchsgut«.

12. Begründen Sie, welche der folgenden wirtschaftlichen Vorgänge zum Handeln
    a) nach dem Maximalprinzip,
    b) nach dem Minimalprinzip

    gehören:
    - Sie wollen Ihren Urlaub in Spanien verbringen; dafür stehen Ihnen 1.500 EUR zur Verfügung.
    - Für den Bau eines Einfamilienhauses stehen 250.000 EUR Eigenkapital und 340.000 EUR Fremdkapital zur Verfügung.
    - Ein Wohnhaus ist zum Verkauf ausgeschrieben. Als »Verhandlungsbasis« ist ein Preis von 680.000 EUR genannt.

13. Erläutern Sie, warum in der Wirtschaft in der Regel das ökonomische Prinzip angewandt werden sollte.

14. Ein Unternehmer lässt für seine Belegschaft ein Schwimmbad zur kostenlosen Freizeitnutzung errichten. Begründen Sie, ob es sich in diesem Fall um eine Abweichung vom ökonomischen Prinzip handelt.

15. Erläutern Sie, warum die Befolgung des erwerbswirtschaftlichen Prinzips eine gewisse Garantie für optimale Bedarfsdeckung in der Gesamtwirtschaft bietet.

16. Begründen Sie, ob es berechtigt ist, wenn Unternehmen nach Gewinn streben.

17. Erklären Sie, wer den Jahresverlust
    a) einer privaten, erwerbswirtschaftlichen Unternehmung,
    b) eines öffentlichen, gemeinwirtschaftlichen Betriebes trägt.

18. Nachdem ein Einzelunternehmer seine Erfolgsrechnung im Vorjahr mit 45.000 EUR Verlust abschließen musste, gelang es ihm durch geschickte Geschäftsführung, in diesem Jahr 160.000 EUR Gewinn zu erwirtschaften. Bei einem Eigenkapital von 400.000 EUR entspricht dieser Gewinn einer Kapitalverzinsung von 40%.

    Diskutieren Sie, ob es gerechtfertigt ist, dass der Unternehmer einen solchen Gewinn für sich beanspruchen darf.

19. Ordnen Sie folgende Betriebe nach ihrer Leistungsfunktion, gemäß dem Bild Seite 15, in entsprechende Gruppen ein.
    a) Bauunternehmung,
    b) Wasserkraftwerk,
    c) Krankenkasse,
    d) Apotheke,
    e) Hotel,
    f) Steuerberatungsbüro,
    g) Chemiewerk,
    h) Bäckerei,
    i) Saline,
    j) Taxiunternehmung.
20. Inwiefern können private Haushalte als ein Sektor der Leistungserstellung betrachtet werden?
21. a) Auf welche Weise ist die Natur an der Leistungserstellung beteiligt?
    b) Nennen Sie die Kosten, die die Unternehmung für diesen Einsatz tragen muss.
22. a) Erklären Sie, welche Personen und Personengruppen der Unternehmung ihre Leistungskraft zur Verfügung stellen.
    b) Erläutern Sie, welche Kosten dadurch entstehen.
23. a) Erstellen Sie eine Aufstellung der Betriebsmittel, die Ihr Ausbildungsbetrieb zur Leistungserstellung einsetzt.
    b) Welche Kosten entstehen der Unternehmung dadurch?
24. Ordnen Sie die angegebenen Kosten nach folgendem Muster dem jeweiligen Faktoreneinsatz zu:

Kostenart	**entstanden durch Einsatz des Produktionsfaktors**
a) Energiekosten	______________________
b) Miete für Lagerhalle	______________________
c) Sozialkosten	______________________
d) Instandhaltungskosten	______________________
e) Vertreterprovision	______________________
f) Fuhrparkkosten	______________________
g) Rohstoffverbrauch	______________________
h) Miete für Lagerplatz	______________________

25. Wodurch unterscheidet sich der Faktor Arbeitsleistung vom dispositiven Faktor?
26. Nennen Sie Arbeitskräfte der Unternehmung, die zum dispositiven Faktor beitragen.
27. Erklären Sie, warum die Roh- und Hilfsstoffe zu den Werkstoffen, Vorrichtungen zur Lagerung von Rohstoffen aber zu den Betriebsmitteln gehören.
28. Erstellen Sie eine Aufstellung der Werkstoffe bzw. Waren Ihres Ausbildungsbetriebes.
29. In welchen Wirtschaftszweigen gibt es keine Werkstoffe?
30. An welchen Produktionsfaktoren mangelt es in Entwicklungsländern?
31. In welchem Falle entspricht eine Faktorenkombination dem ökonomischen Prinzip?
32. Wodurch unterscheiden sich die Begriffe Betrieb und Unternehmung?
33. Erläutern Sie, welche Leistung Ihr Betrieb erbringt.
34. Erörtern Sie, welchen Einfluss Klima, Bildung und Lebenseinstellung der Menschen auf die Wirtschaftsverhältnisse eines Landes haben.
35. Nennen Sie Beispiele
    a) für unterschiedliche Faktorenkombinationen bei der Produktion eines Gutes,
    b) für die Substitution von Produktionsfaktoren in den vergangenen Jahren.
36. Die Auswirkungen der »schlanken Produktion« (Lean Production) in den Unternehmen ist deutlich erkennbar. Eine Maschinenfabrik veröffentlicht folgende Zahlen:

	Zahl der Beschäftigten	Maschinen	Umsatz (Mio. EUR)
2000	805	1.241	176
2010	439	1.645	330

    a) Beschreiben Sie den Trend, den die vorliegenden Zahlen widerspiegeln.
    b) Errechnen Sie den Umsatz pro Mitarbeiter.
    c) Erörtern Sie die möglichen wirtschaftlichen und gesellschaftlichen Probleme dieser Entwicklung.

37. Was müsste geschehen, um die Verknappung und damit Verteuerung des Betriebsstoffes Energie in den Betrieben aufzufangen?
38. Worin besteht die Leistungserstellung
    a) eines Handelsbetriebs,
    b) einer Industrieunternehmung?
39. a) Erklären Sie, welche Güter ein Industriebetrieb am Beschaffungsmarkt erwerben muss.
    b) Wie kann die Beschaffung finanziert werden?
40. Erläutern Sie, welche Funktionen einer Industrieunternehmung man
    a) im Güterstrom,
    b) im Geldstrom,
    c) in der Leitung unterscheidet.
41. Stellen Sie sich vor, es gäbe keine Handelsbetriebe. Erörtern Sie, welche Auswirkungen dies
    a) für die Industrie,
    b) für den Verbraucher hätte.
42. Gegen welche Risiken können Sie sich bei einer Versicherung versichern?
43. Kreditinstitute bieten ihren Kunden einen vielfältigen Service an. Teilweise lassen sich diese Leistungen aus dem vorliegenden Kontoauszug entnehmen.
    a) Analysieren Sie den Kontoauszug und beschreiben Sie die Bankleistungen.
    b) Erkundigen Sie sich bei einem Kreditinstitut, welche weiteren Leistungen angeboten werden.
    c) Untersuchen Sie, inwieweit sich die Leistungen beim Onlinebanking von der Leistung am Bankschalter unterscheiden.

05.01.2011 Kontostand Girokonto – Haben				796,42 EUR
Datum	**Informationen zu den Buchungen**	**Wert**	**Lastschrift**	**Gutschrift**
05.01.	Einzugsservice von Telekom Buchhaltung	05.01.	125,33	
08.01.	Depotgebühren	08.01.	250,00	
15.01.	Gehalt – Januar 2011	15.01.		2.820,50
15.01.	Tilgungsrate Nr. 546664959	15.01.	840,30	
21.01.2011 Kontostand Girokonto – Haben				2.401,29 EUR

44. Stellen Sie die Abteilungsbildung Ihres Ausbildungsbetriebes in einem Schaubild dar.
45. Beschreiben Sie die Tätigkeiten, die in den einzelnen Abteilungen verrichtet werden müssen.

2 Rechtliche Rahmenbedingungen des Wirtschaftens

Die Beziehungen der Menschen *(Rechtssubjekte)* untereinander und die Beziehungen zu Gegenständen *(Rechtsobjekte)* werden durch *Rechtsgeschäfte* geregelt.

2.1 Rechtssubjekte

Rechte können von natürlichen und juristischen Personen wahrgenommen werden. Sie sind also Rechtspersonen (Rechtssubjekte) und damit rechtsfähig.

2.1.1 Natürliche und juristische Personen

a) Natürliche Personen. Das sind alle Menschen.

b) Juristische Personen. Das sind *Vereinigungen,* die von der Rechtsordnung als eigenständige Personen behandelt werden:

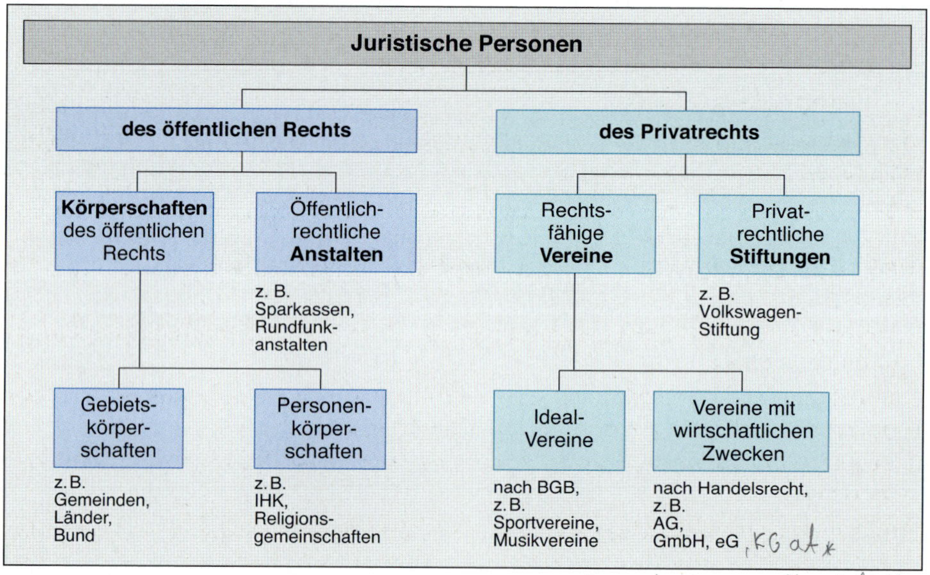

*Kommanditgesellschaft auf Aktien

Merkmale der juristischen Personen (JP):

1. JP handeln durch Organe, die sich aus natürlichen Personen zusammensetzen.
2. JP tragen einen rechtlich geschützten Namen, unter dem sie klagen und verklagt werden können.
3. JP haften mit dem eigenen Vermögen. Die der JP zugehörigen natürlichen Personen, z.B. die Aktionäre, haften nur ihr gegenüber (z.B. für die Leistung der Einlagen), nicht aber unmittelbar gegenüber den Gläubigern der JP.
4. Der Bestand der JP ist grundsätzlich von der Mitgliederbewegung unabhängig.

2.1.2 Rechtsfähigkeit und Geschäftsfähigkeit

Rechtsfähigkeit

Rechtsfähigkeit ist die Fähigkeit von Personen, Träger von Rechten und Pflichten zu sein.

Jede **natürliche Person** ist *von der Geburt bis zum Tode* rechtsfähig. BGB § 1

Beispiele: Ein zweijähriges Kind wird durch Erbfolge Eigentümer eines Hauses mit allen Rechten und Pflichten; jeder Jugendliche hat das Recht auf Schulbildung; bis zur Vollendung des 18. Lebensjahres ist der Jugendliche berufsschulpflichtig.

Jede **juristische Person** ist *von der Gründung bis zur Auflösung* rechtsfähig, eine Aktiengesellschaft z.B. von der Eintragung ins Handelsregister bis zur Löschung. §§ 21–89

Beispiel: Die Volkswagen AG hat einen rechtlich geschützten Namen, unter dem sie klagen und verklagt werden kann. Sie haftet mit ihrem eigenen Vermögen (Grundstücke, Fuhrpark usw.). Sie ist verpflichtet, Körperschaftsteuer zu zahlen.

Die Verleihung und Anerkennung der Rechtsfähigkeit juristischer Personen ist durch Gesetze geregelt.

Geschäftsfähigkeit

Geschäftsfähigkeit ist die Fähigkeit, rechtsgeschäftliche Willenserklärungen abzugeben und entgegenzunehmen.

Diese Willenserklärungen sind dazu bestimmt und geeignet, Rechtsverhältnisse zu begründen, zu ändern und aufzuheben.

Beispiele: Vertragsantrag, Vertragsannahme, Mieterhöhung, Kündigung.

a) Geschäftsunfähig sind § 104

- Personen bis zum vollendeten 7. Lebensjahr,
- dauernd Geisteskranke.

Die Willenserklärung eines Geschäftsunfähigen ist nichtig (Mangel der Geschäftsfähigkeit).

Beispiel: Ein fünfjähriges Kind ist nicht imstande, sein Kickboard rechtsgültig zu verschenken. Die Eltern können die Rückgabe verlangen. § 105

Für Geschäftsunfähige handelt in der Regel nur der **gesetzliche Vertreter** (Eltern, Vormund).

Geschäftsunfähige können aber als **Boten** (Übermittlung einer *fremden Willenserklärung*) handeln.

Ein **volljähriger Geschäftsunfähiger** kann ein *Geschäft des täglichen Lebens,* das mit *geringwertigen Mitteln* bewirkt werden kann, tätigen. § 105a

b) Beschränkt geschäftsfähig sind Personen vom vollendeten 7. bis zum vollendeten 18. Lebensjahr. § 106

Die Willenserklärung eines beschränkt Geschäftsfähigen bedarf in der Regel der Zustimmung des gesetzlichen Vertreters.

Beispiel: Ein 16-jähriger Schüler muss sich den Kauf eines Mofas genehmigen lassen. § 107

Die vorher erteilte Zustimmung heißt »Einwilligung«, die nachträglich erteilte Zustimmung »Genehmigung«. Ein von einem beschränkt Geschäftsfähigen ohne Einwilligung des gesetzlichen Vertreters abgeschlossenes Rechtsgeschäft ist bis zur Genehmigung *schwebend unwirksam.* Durch die nachträgliche Zustimmung wird es voll wirksam. Bei Kredit- und Ratengeschäften ist die Genehmigung des Vormundschaftsgerichtes erforderlich. § 108 § 1643

In folgenden Fällen sind auch die von einem *beschränkt Geschäftsfähigen* abgeschlossenen Rechtsgeschäfte *ohne Zustimmung des gesetzlichen Vertreters rechtswirksam:*

BGB § 107 1. Wenn er Willenserklärungen abgibt, durch die er nur rechtliche Vorteile erlangt (Mahnung, Annahme einer Schenkung).

§ 110 2. Wenn er Verträge abschließt und sie mit Mitteln erfüllt, die ihm zur freien Verfügung oder zu diesem Zweck von dem gesetzlichen Vertreter oder mit dessen Zustimmung von einem Dritten überlassen worden sind (»Taschengeldparagraf«).

§ 112 3. Ermächtigt der gesetzliche Vertreter mit Genehmigung des Vormundschaftsgerichts den Minderjährigen zum selbstständigen Betrieb eines Erwerbsgeschäftes, so ist der Minderjährige für solche Rechtsgeschäfte unbeschränkt geschäftsfähig, welche der Geschäftsbetrieb mit sich bringt (»Handelsmündigkeit«).

§ 113 4. Ermächtigt der gesetzliche Vertreter den Minderjährigen, einen Arbeitsvertrag abzuschließen, so ist der Minderjährige für solche Rechtsgeschäfte unbeschränkt geschäftsfähig, die die Eingehung, die Erfüllung oder Aufhebung des Dienst- oder Arbeitsverhältnisses betreffen (Arbeitszeit, Lohn- oder Gehaltsansprüche, Urlaub, Kündigungsfrist, Kündigung). Die einmalige Ermächtigung gilt auch für die Eingehung weiterer gleichartiger Dienst- oder Arbeitsverhältnisse.

Hierunter fallen jedoch keine Berufsausbildungsverhältnisse.

c) Unbeschränkt geschäftsfähig sind Personen, die das 18. Lebensjahr vollendet haben, sofern sie nicht zu den Geschäftsunfähigen gehören.

Die Willenserklärungen eines unbeschränkt Geschäftsfähigen sind voll rechtswirksam.

Beispiel: Eine 19-jährige Auszubildende kann einen Kaufvertrag ohne Zustimmung der Eltern rechtsgültig abschließen.

§ 1896 Für einen *Volljährigen, der körperlich, geistig oder seelisch behindert ist,* kann das Vormundschaftsgericht einen **Betreuer** bestellen. Dieser wird beauftragt, in den Aufgabenbereichen für den Menschen mit Behinderung zu handeln, die dieser nicht selbst regeln kann.

Eine **juristische Person** ist *von ihrer Gründung bis zur Auflösung* unbeschränkt geschäftsfähig. Für sie handeln die im Gesetz und in der Satzung dafür bestimmten **Organe** (für einen eingetragenen Verein der Vorstand, für eine GmbH der Geschäftsführer, für ein Bundesland dessen Regierung).

1. Welche der folgenden Personen oder Institutionen sind juristische Personen?
   a) Sportclub Forchheim e.V.,
   b) Richter beim Landgericht,
   c) Stadtsparkasse Mannheim,
   d) Bundesrepublik Deutschland,
   e) Vorstandsmitglied einer AG.
2. Sieben Mitglieder eines Vereins werden in das Vereinsregister eingetragen. Welche Auswirkungen hat dies?
3. Die 17-jährige Hildegard Gut absolviert eine Ausbildung zur Kauffrau im Groß- und Außenhandel.
   a) Von der Ausbildungsvergütung stehen ihr monatlich 300 EUR als Taschengeld zur Verfügung. Eines Tages schließt sie mit einem Media-Center einen Kaufvertrag über eine Stereo-Kompakt-Anlage im Wert von 1.900 EUR ab. Wie ist die Rechtslage?
   b) Ein Onkel hat ihr für diesen Zweck 2.000 EUR geschenkt. Wie ist die Rechtslage?
   c) Unter welchen Voraussetzungen könnte sie nach Beendigung des Ausbildungsverhältnisses den Betrieb wechseln?
   d) Unter welchen Voraussetzungen könnte sie das Großhandelsgeschäft des kranken Vaters übernehmen?
4. Wie ist die Rechtslage in folgenden Fällen?
   a) Die 15-jährige Christine hat von ihrem Patenonkel als Geschenk ein Fahrrad erhalten. Da die Eltern seit einiger Zeit mit dem Onkel Streit haben, verlangen sie von Christine, das Fahrrad zurückzugeben.

b) Der 6-jährige Jörg kauft ohne Wissen der Eltern von seinen Ersparnissen im benachbarten Spielwarengeschäft einen Spielzeugpanzer. Da die Eltern damit nicht einverstanden sind, wollen sie das Spielzeug zurückbringen.

c) Die 17-jährige Mitarbeiterin eines Reinigungsunternehmens kündigt ihrem Arbeitgeber. Der Vater will mit einem Schreiben die Kündigung rückgängig machen.

5. Onkel Karl schenkt seinem 6-jährigen Neffen Paul ein Bilderbuch und seiner 12-jährigen Nichte Paula 100 EUR.

a) Die Eltern von Paul und Paula sind mit der Schenkung nicht einverstanden. Prüfen Sie, ob die Beschenkten trotzdem Eigentum erwerben können.

b) Paula hat von ihrem monatlichen Taschengeld in Höhe von 25 EUR im Laufe der Zeit 60 EUR gespart. Sie möchte sich einen MP3-Player kaufen. Bei ihrem letzten Stadtbummel wurde sie auf ein Gerät aufmerksam, von dem sie sofort begeistert war. Der Verkäufer bot das Gerät zu einem Sonderpreis von 80 EUR an. Paula einigt sich mit dem Verkäufer, die fehlenden 20 EUR in zwei Monatsraten zu je 10 EUR zu bezahlen.

Begründen Sie, ob der Kauf gültig ist.

2.2 Rechtsobjekte

Die Rechte des Menschen können sich auf Gegenstände (Objekte, Sachen und Rechte) beziehen. An ihnen bestehen Eigentums- und Besitzrechte.

2.2.1 Sachen und Rechte

Sachen

BGB § 90

Man unterscheidet

a) bewegliche Sachen (Mobilien).
Beispiele: Buch, Maschine.

b) unbewegliche Sachen (Immobilien).
Beispiele: Grundstücke, Gebäude.

Tiere sind nach dem BGB *keine Sachen*, die Vorschriften für Sachen sind aber auch für sie anzuwenden. Dabei müssen jedoch die besonderen Schutzbestimmungen für Tiere als Lebewesen beachtet werden. § 90a

Rechte

Neben Sachen können auch Rechte Gegenstand des Rechtsverkehrs sein. Zu ihnen gehören z. B. Patent, Gebrauchsmuster, Konzession, Geschäftswert.

2.2.2 Eigentum und Besitz

Der **Eigentümer** hat die **rechtliche Herrschaft** über einen Gegenstand.

Ihm *gehört* der Gegenstand. Er kann ihn verkaufen, verschenken oder vermieten. § 903

Der **Besitzer** hat die **tatsächliche Gewalt** über einen Gegenstand.

Er *hat* den Gegenstand. Der Besitzer eines Autos kann damit fahren, der Besitzer einer Wohnung kann darin leben. § 854

BGB § 872 Im Allgemeinen ist der Eigentümer einer Sache auch ihr Besitzer. Vermietet der Hauseigentümer jedoch eine Wohnung, so bleibt er Eigentümer, der Mieter wird Besitzer. Verleiht jemand ein Buch, so bleibt er Eigentümer, der Entleiher wird Besitzer. Der Besitzer muss dem Eigentümer die Sache unbeschädigt zurückgeben. Der Eigentümer hat gegenüber
§ 985 dem Besitzer einen Herausgabeanspruch.

Diebe sind *widerrechtliche* Besitzer der gestohlenen Sache.

§§ 858 ff. Besitz und Eigentum unterstehen dem *Schutz des Gesetzes.* Wird dem **Besitzer** der Besitz widerrechtlich entzogen, so hat er das Recht der *Selbsthilfe.* Er darf dem auf frischer Tat angetroffenen Täter die Sachen abnehmen, wenn nötig, mit Gewalt. Später hat er kein Selbsthilferecht mehr, jedoch hat er *gerichtlichen Besitzschutz;* er kann auf Wiedereinräumung des Besitzes oder auf Beseitigung der Besitzstörung klagen.

§ 958 (2) Wird dem **Eigentümer** der Besitz einer Sache widerrechtlich entzogen, so kann er auf Herausgabe klagen. Wird der Besitz in anderer Weise beeinträchtigt, so kann der Eigentümer
§ 1004 die *Beseitigung der Störung* verlangen und im Weigerungsfalle auf *Unterlassung* klagen.

Eigentumsübertragung (Übereignung) (Bild, Seite 29)

a) An **beweglichen Sachen** erfolgt die **Eigentumsübertragung:**

§ 929 1. Durch **Einigung** zwischen Veräußerer und Erwerber, dass das Eigentum übergehen soll, **und Übergabe,** wenn sich der Gegenstand beim Veräußerer befindet. Die Einigung erfolgt meist stillschweigend. Durch Übergabe wird der Erwerber Besitzer, durch Einigung und Übergabe wird er Eigentümer.

Beispiel: Der Buchhändler übergibt dem Käufer das gekaufte Buch. Sie sind sich einig über die beabsichtigte Eigentumsübertragung.

§ 931 2. Durch **Einigung und Abtretung des Herausgabeanspruches,** wenn sich der Gegenstand bei einem Dritten befindet. Diese Abtretung kann erfolgen durch Zession oder durch Übergabe einer kaufmännischen Anweisung, eines Lagerscheines, Ladescheines oder Konnossements (Abschnitt 9.1.3, 9.2.6, 9.2.7).

Beispiel: Ein Lieferant verkauft Ware, die er in einem Lagerhaus eingelagert hat. Mit der Einigung und der Übergabe des Lagerscheines geht das Eigentum auf den Erwerber über.

§ 929 (2) 3. Durch **Einigung,** dass der Besitzer Eigentümer werden soll, wenn sich der Gegenstand bereits beim Erwerber befindet.

Beispiele: Kauf des bisher leihweise überlassenen Verpackungsmaterials, Kauf eines auf Probe überlassenen Kaffeevollautomaten.

§ 930 4. Durch **Einigung,** dass der Erwerber Eigentümer werden soll, **und Vereinbarung,** dass der Veräußerer Besitzer bleibt (Besitzkonstitut).

Beispiel: Kauf von Effekten bei der Bank und deren Verwahrung im Depot.

§ 873 **b)** An **unbeweglichen Sachen** (Grundstücken) erfolgt die Eigentumsübertragung **durch**
§ 925 **Auflassung und Eintragung im Grundbuch.** Die Auflassung ist die Einigung zwischen Veräußerer und Erwerber, dass das Eigentum übergehen soll; sie muss bei gleichzeitiger Anwesenheit beider Teile vor einem Notar erklärt und durch ihn beurkundet werden. Die Eintragung ins Grundbuch ist bei Grundstücken das äußere Zeichen des Eigentumsübergangs.

Die Eintragung erfolgt, wenn

- die Auflassung nachgewiesen ist,
- die Eintragung bewilligt und beantragt wird,
- eine Bestätigung des Finanzamts über die Entrichtung der Grunderwerbsteuer vorliegt.

Um den Vertragsparteien den Weg zum Grundbuchamt zu ersparen, erfolgt häufig gleichzeitig mit dem Abschluss des notariell zu beurkundenden Kaufvertrags die Auflassung in Verbindung mit der Eintragungsbewilligung und dem Eintragungsantrag. Die Akte geht dann an das Grundbuchamt.

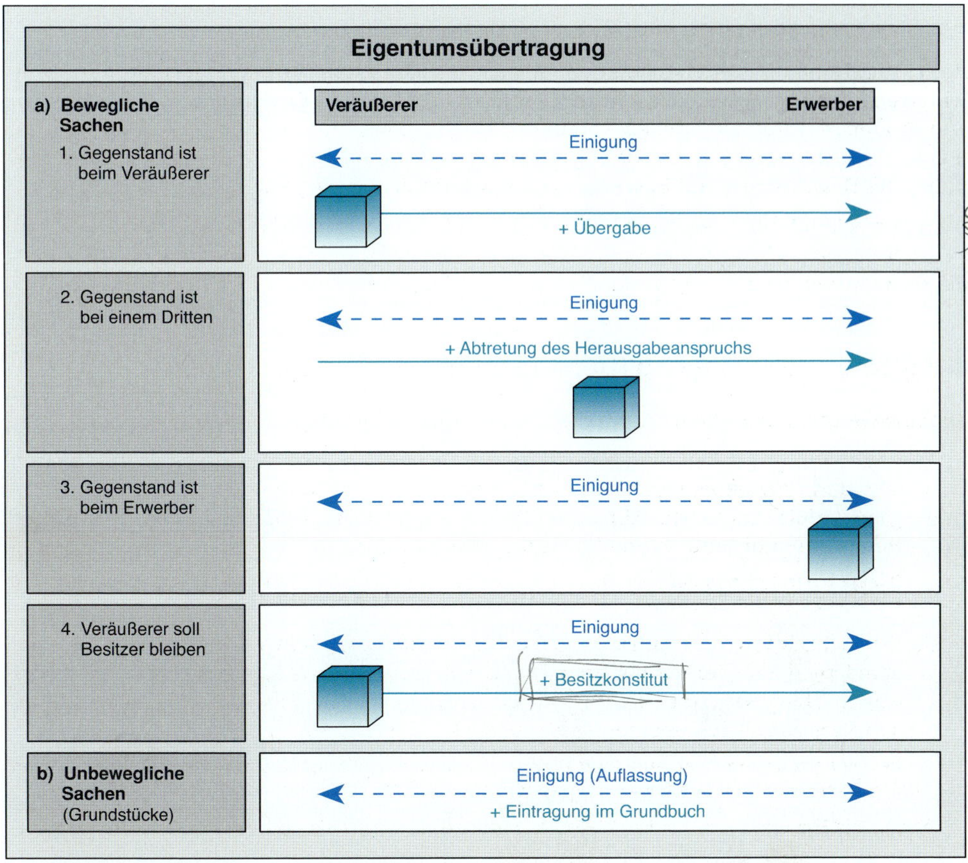

Gutgläubiger Eigentumserwerb

Verkauft jemand eine Ware, die ihm gar nicht gehört, so erwirbt der Käufer dennoch das Eigentum, wenn er im »guten Glauben« ist. Gutgläubig ist, wer den Veräußerer nach den Umständen für den Eigentümer halten darf. BGB § 932

Beispiel: Ein Textileinzelhändler verkauft ein Kleid, für das sich der Kleiderfabrikant das Eigentum noch vorbehalten hat, im Laden zum normalen Preis an eine Kundin. Die Kundin ist gutgläubig. Sie wird aus Gründen der Rechtssicherheit Eigentümerin des Kleides.

Veräußert oder verpachtet ein *Kaufmann* im Betrieb seines Handelsgewerbes eine ihm nicht gehörende Sache, so ist gutgläubiger Erwerb auch dann möglich, wenn der Veräußerer für *verfügungsberechtigt* gehalten werden darf (Kommissionär). HGB § 366

Gutgläubiger Erwerb ist **nicht** möglich an *gestohlenen, verloren gegangenen* oder anderweitig *abhanden gekommenen* Sachen. Der Eigentümer kann von jedem späteren Erwerber die Herausgabe seines Eigentums ohne Erstattung eines Entgelts verlangen. Auf Geld und Inhaberpapiere findet diese Bestimmung keine Anwendung. BGB § 935

?

1. Stellen Sie fest, um welche Art von Rechtsobjekt es sich handelt:
   a) Wohnhaus,
   b) Forderung,
   c) Pferd,
   d) Lizenz.
2. Kurt Fröhlich und Ulrich Seitz unterhalten sich. Kurt meint: »Ein Tier muss im Rechtsverkehr wie ein Mensch behandelt werden, denn beide sind Lebewesen.« »Aber Tiere kann man doch kaufen und verkaufen wie eine Ware oder ein Patent«, entgegnet ihm Ulrich.

   Nehmen Sie Stellung zu diesen Aussagen. Beachten Sie dabei die §§ 90 – 103 BGB.
3. Wie ist die jeweilige Rechtslage?
   a) Es wird Ihnen Ihr eigenes oder ein entliehenes Fahrrad entwendet. Sie haben den Dieb auf frischer Tat ertappt bzw. nach zwei Tagen entdeckt.
   b) Der Mieter eines Lagerhauses gibt den Raum nicht frei, obwohl der Vermieter rechtzeitig gekündigt hat.
   c) Der Mieter macht ohne Erlaubnis des Vermieters bauliche Veränderungen.
4. Wann und wo geht das Eigentum an einer Ware in folgenden Fällen auf den Käufer über?
   a) Der Käufer kauft die Ware im Laden und nimmt sie mit (Handkauf).
   b) Der Verkäufer sendet die Ware dem Käufer am gleichen Platz zu (Platzkauf).
   c) Verkäufer und Käufer wohnen an verschiedenen Orten und der Verkäufer sendet die Ware mithilfe eines Paketdienstleisters (Versendungskauf).
5. Frau Reich kauft einen Perserteppich gegen sofortige Bezahlung.
   a) Zu welchem Zeitpunkt erwirbt sie das Eigentum?
   b) Nach einigen Tagen erhält sie die polizeiliche Aufforderung, den Teppich abzuliefern, da er aus einem Einbruchdiebstahl stamme. Was kann sie bezüglich des Teppichs beziehungsweise des gezahlten Kaufpreises unternehmen?
   c) Welche Lage ergäbe sich, wenn sie den Teppich von einem »fliegenden« Händler an der Haustür erworben hätte?
6. Wann werden Sie in folgenden Fällen Eigentümer (Begründung)?
   a) Sie schließen am 15. Oktober im Computer-Shop einen Kaufvertrag über einen PC mit Zubehör. Sie bezahlen sofort mit Bankkarte. Die Anlage wird erst am 30. Oktober geliefert.
   b) Sie kaufen am 1. Juni im Fahrradgeschäft ein Rennrad für 1.000 EUR und nehmen es sofort mit. Die Zahlung soll innerhalb eines Monats erfolgen.
7. Die Geschäftsführerin der Kopier- und Textverarbeitungs-GmbH verkauft ihrer Auszubildenden Cornelia Schreiber einen Drucker, dessen Kaufpreis 3 Monate später mit der Ausbildungsvergütung verrechnet werden soll. Noch vor der Zahlung verkauft und übergibt Cornelia den Drucker an ihre Freundin Brigitte.
   a) Begründen Sie, wer nach diesen Vorgängen Eigentümerin ist.
   b) Wie ist die Situation rechtlich zu beurteilen, wenn Brigitte wusste, dass Cornelia den Drucker noch nicht bezahlt hatte?
8. Sie kaufen von einer Bekannten ein Surfbrett. Es stellt sich heraus, dass das Surfbrett von einem Sportgeschäft gemietet war. Wie ist die Rechtslage?
9. Sie verhandeln mit Frau Weber über den Erwerb eines Grundstücks. Mit Schreiben vom 20. Juni erklärt sich Frau Weber mit dem Verkauf einverstanden. Die Grundstücksauflassung erfolgt am 15. Juli in Anwesenheit beider Vertragspartner vor dem Notar. Gleichzeitig wird die Eintragung der Grundstücksübereignung im Grundbuch beantragt. Am 10. August erfolgt die Umschreibung.
   a) Wann fand der rechtswirksame Abschluss des Kaufvertrages statt?
   b) Welche Rechte haben Sie dadurch erworben?
   c) Wann wurden Sie Eigentümer des Grundstücks?
   d) Welche Rechtsstellung haben Sie als Eigentümer des Grundstücks erlangt?

2.3 Rechtsgeschäfte

Willenserklärungen (WE). Wer ein Rechtsgeschäft tätigen will, muss dazu *seinen Willen* äußern.

Dies kann geschehen durch:

Mündliche Äußerung	Schriftliche Erklärung	**Schlüssiges Handeln,** d.h. durch eine Handlung, aus der man auf einen bestimmten Willen schließen muss.
Beispiel: Der Verkäufer in einem Ladengeschäft nennt dem Kunden den Preis eines Artikels.	**Beispiel:** Der Sachbearbeiter im Einkauf schickt ein ausgefülltes und unterschriebenes Angebotsformular an den Lieferanten.	**Beispiele:** – Hinzeigen auf ein Buch in einer Buchhandlung, – Handheben bei einer Versteigerung, – Einsteigen in einen Bus, – Verzehr eines ausliegenden Gebäcks im Restaurant.

Rechtsgeschäfte (RG). Dies sind *Geschäfte, aus denen sich Rechtsfolgen ergeben.*

Beispiel: Der Verkäufer hat sich durch den Kaufvertrag verpflichtet, dem Käufer die Kaufsache zu übergeben und ihm das Eigentum daran zu übertragen.

Rechtsgeschäfte entstehen durch Willenserklärungen, die darauf gerichtet sind, **Rechtsverhältnisse zu begründen, zu ändern oder aufzuheben.**

Beispiele: Abschluss eines Mietvertrags; Vereinbarung einer Mieterhöhung; Kündigung des Mietvertrages durch den Mieter.

2.3.1 Arten und Zustandekommen der Rechtsgeschäfte

Man unterscheidet:

▶ Einseitige Rechtsgeschäfte

Sie entstehen durch die Willenserklärung *einer* Person.

a) **Empfangsbedürftige** Willenserklärungen müssen *in den Herrschaftsbereich des Empfängers* gelangen, um rechtswirksam zu werden.

Beispiel: Eine Kündigung muss zum Kündigungstermin im Briefkasten oder auf dem Schreibtisch des Empfängers angekommen sein.

b) **Nicht empfangsbedürftige** Willenserklärungen werden bereits *mit ihrer Abgabe* rechtswirksam.

Beispiel: Ein formgerechtes Testament ist bereits mit der Erstellung gültig.

▶ Mehrseitige Rechtsgeschäfte

Sie entstehen durch die Willenserklärungen *mehrerer* Personen.

a) **Verpflichtungsgeschäfte (Verträge),** die den Vertragspartnern **Verpflichtungen zu Rechtsänderungen** auferlegen (Bild, Seite 32).

Beispiel beim Kaufvertrag: Verpflichtung des Verkäufers zur Übergabe und Eigentumsübertragung, Verpflichtung des Käufers zur Annahme und Zahlung.

Verträge kommen durch *übereinstimmende* **Willenserklärungen** von zwei oder mehr Personen **zustande.**

Die zuerst abgegebene Willenserklärung heißt **Antrag.** Er kann von jedem Partner ausgehen. Die zustimmende Willenserklärung heißt **Annahme.** Ein Vertrag ist mit der Annahme des Antrages abgeschlossen.

Beispiel: Bei der Vermietung einer Wohnung kann der Vermieter durch Angabe der Mietbedingungen die Wohnung »antragen«. Mit der Annahme dieses Antrages durch den Mieter ist der Mietvertrag abgeschlossen. Der Mieter kann aber auch dem Vermieter gegenüber den Mietantrag stellen, dann wird durch die Annahme des Antrages seitens des Vermieters der Mietvertrag abgeschlossen.

Je nachdem, ob sich aus einem Vertrag Leistungsverpflichtungen nur für eine der Parteien oder für beide ergeben, spricht man von *einseitig* verpflichtenden Verträgen (Bürgschaft, Schenkung) und *mehrseitig* verpflichtenden Verträgen (Kauf-, Miet-, Pacht-, Gesellschaftsvertrag).

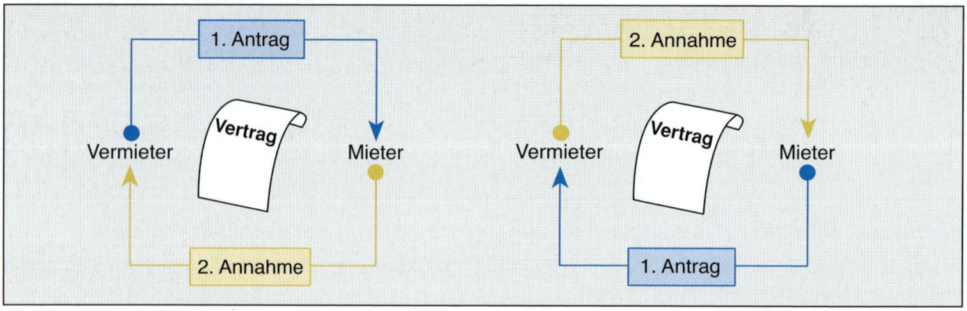

b) Verfügungsgeschäfte, durch die *unmittelbare Rechtsänderungen* an Sachen oder Rechten bewirkt werden (Eigentumsübertragungen). Sie kommen durch **Willenserklärungen** (Einigung) und **Handlungen** (Übergabe, Grundbucheintragung) zustande. Da Verfügungsgeschäfte grundsätzlich der Erfüllung von Verträgen dienen, werden sie auch **Erfüllungsgeschäfte** genannt.

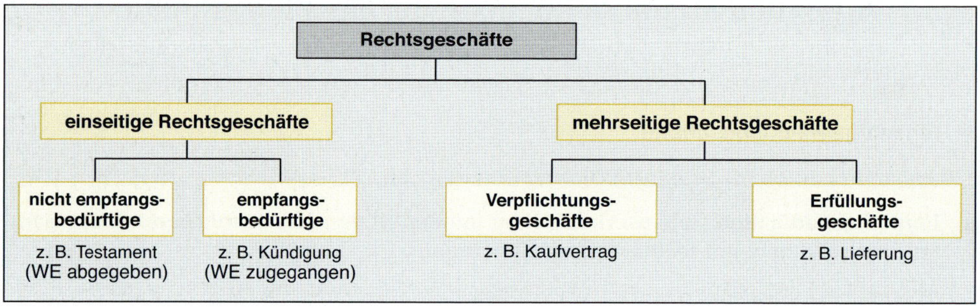

2.3.2 Form der Rechtsgeschäfte

Die meisten Rechtsgeschäfte bedürfen bei ihrem Abschluss und für ihre Rechtsgültigkeit keiner besonderen Form.

▶ Formfreiheit

Formfreiheit bedeutet, dass ein Rechtsgeschäft *in jeder beliebigen Form* abgeschlossen werden kann. Willenserklärungen können also mündlich, schriftlich oder durch schlüssige (konkludente) Handlungen abgegeben werden. Die Form ist grundsätzlich für die Gültigkeit des Rechtsgeschäftes unerheblich.

Beispiele: Anfrage mittels Telefongespräch, Brief, Fax, E-Mail oder online.

Eine **E-Mail** als Willenserklärung hat nur in den Fällen volle rechtsgeschäftliche Wirkung, in denen auch eine mündliche Willenserklärung ausreichen würde, z.B. für die Bestellungsannahme auf ein schriftlich vorliegendes Angebot. Es ist nämlich sehr schwer zu beweisen, dass die E-Mail den Empfänger erreicht hat. Wegen möglicher technischer Störungen reicht das Sendeprotokoll als eindeutiger Beweis nicht aus. Beim Versenden wichtiger E-Mails sollten deshalb immer Zeugen anwesend sein.

▶ Formzwang

BGB § 125 Formzwang bedeutet, dass ein Rechtsgeschäft in der *gesetzlich vorgeschriebenen* oder *vertraglich vereinbarten Form* vorgenommen werden muss. Vorteile: Erhöhte Sicherheit, leichte Beweisbarkeit, Schutz vor Übereilung und Leichtfertigkeit.

Folgende Formen sind möglich:

a) Schriftliche Form. Die Urkunde muss von dem Aussteller eigenhändig durch Namensunterschrift unterzeichnet werden. Wird über einen Vertrag nur *eine* Urkunde ausgestellt, müssen beide Parteien unterzeichnen. Werden über einen Vertrag *mehrere* Urkunden ausgestellt, so genügt es, wenn jede Partei die Urkunde unterzeichnet, die für die andere Partei bestimmt ist. BGB § 126

Beispiele: Bürgschaftserklärungen; Wohnungsmietverträge auf länger als ein Jahr; Privattestamente müssen sogar eigenhändig geschrieben und unterschrieben sein. § 766, § 566, § 2231

b) Elektronische Form. Die elektronische Form ersetzt die Schriftform, wenn das elektronische Dokument mit einer *qualifizierten elektronischen Signatur* versehen und der Name des Ausstellers hinzugefügt wird. § 126a SigG § 2

Beispiel: Elektronische Steuererklärung.

c) Textform. Bei der Textform muss die Erklärung durch die Nachbildung einer Namensunterschrift oder anders erkennbar gemacht werden; dadurch wird die eigenhändige Unterschrift in bestimmten Fällen entbehrlich. BGB § 126b

Beispiele: Gehaltsabrechnung, Bußgeldbescheid.

d) Öffentliche Beglaubigung. Die Erklärung muss schriftlich abgefasst und die Unterschrift des Erklärenden von einem Notar beglaubigt werden. Die Beglaubigung bestätigt nur die Echtheit der *Unterschrift* und bezieht sich nicht auf den Inhalt der Urkunde. § 129

Beispiele: Schriftliche Anmeldungen und Anträge zum Handelsregister und zum Grundbuch.

e) Notarielle Beurkundung. Die Willenserklärungen werden von einem Notar protokollarisch aufgenommen. Seine Beurkundung bestätigt sowohl die Echtheit der *Unterschrift* als auch den *Inhalt* der Willenserklärung. § 128

Beispiel: Beim **Kauf eines Grundstückes** ist ein *notariell beurkundeter Kaufvertrag* abzuschließen. Damit hat der Käufer den Anspruch auf Eigentumsübertragung erhalten. Diese erfolgt dann durch *notariell beurkundete Einigung (Auflassung)* und *Eintragung ins Grundbuch* (Abschnitt 2.2.2). § 311b

> Wird die **gesetzlich vorgeschriebene** oder **vertraglich vereinbarte Form nicht beachtet,** so ist das Rechtsgeschäft **nichtig (Formnichtigkeit).**

§ 125

2.3.3 Nichtigkeit und Anfechtbarkeit von Rechtsgeschäften

Nichtigkeit von Willenserklärungen und Rechtsgeschäften

Folgende Rechtsgeschäfte sind *von Anfang an* **nichtig:**

a) Willenserklärungen von Geschäftsunfähigen. § 105 (1)

Beispiel: Ein 6-jähriges Kind kann sein Kickboard nicht rechtswirksam seiner Freundin schenken. Die Eltern können die Herausgabe verlangen.

b) Willenserklärungen, die im Zustand der Bewusstlosigkeit oder vorübergehender Störung der Geistestätigkeit abgegeben wurden. § 105 (2)

Beispiel: Jemand verschenkt »im Rausch« seine Armbanduhr.

c) Willenserklärungen, die zum Schein abgegeben wurden. § 117

Beispiel: Der Käufer eines Hauses lässt beim Notar in den Kaufvertrag nicht die tatsächlich verabredete Kaufsumme von 450.000 EUR eintragen, sondern nur 300.000 EUR, um die Grunderwerbsteuer zu vermindern. Der Scheinvertrag über 300.000 EUR ist nichtig.

d) Rechtsgeschäfte von beschränkt Geschäftsfähigen, wenn der gesetzliche Vertreter die erforderliche Zustimmung nicht erteilt. § 108

Beispiel: Eine 17-jährige Auszubildende bucht in einem Reisebüro ohne Erlaubnis der Eltern eine Reise nach Mallorca. Der Vertrag ist nichtig, wenn die Eltern ihre Zustimmung versagen.

e) Rechtsgeschäfte, die gegen ein gesetzliches Verbot verstoßen. § 134

Beispiel: Ein Kaufvertrag über Rauschgift ist nichtig, da der Drogenhandel verboten ist.

f) Rechtsgeschäfte, die gegen die guten Sitten verstoßen. § 138

Beispiel: A verlangt von B, der sich in einer finanziellen Notlage befindet, für ein Darlehen 40 % Zinsen. Der Darlehensvertrag ist nichtig (Wucher).

BGB § 125 g) Rechtsgeschäfte, die gegen die gesetzlichen oder rechtsgeschäftlich bestimmten Formvorschriften verstoßen.

Beispiel: Ein mündlich abgeschlossener Grundstückskauf ist nichtig, weil er der notariellen Beurkundung bedarf.

> Die **Nichtigkeit von Rechtsgeschäften** hat zur **Folge,** dass die Vertragspartner so gestellt werden müssen, als hätte das **Rechtsgeschäft nie stattgefunden.**

§ 142

Anfechtbarkeit von Rechtsgeschäften

Anfechtungsgründe sind:

§§ 119–122

▶ Irrtum

Irrtum in der Erklärung	Irrtum in der Übermittlung	Irrtum über wesentliche Eigenschaften der Person oder Sache
Die Äußerung des Erklärenden entspricht nicht dem, was er äußern wollte.	Die Willenserklärung ist durch die mit der Übermittlung beauftragte Person oder Anstalt unrichtig weitergegeben worden.	Die Eigenschaften, über die man sich geirrt hat, müssen für die Abgabe der Willenserklärung wesentlich gewesen sein.
Beispiel: Bei einem Angebot wird durch Verschreiben als Preis 15 EUR statt 51 EUR angegeben.	**Beispiel:** Der Bote einer Autowerkstatt wird beauftragt, eine Auspuffanlage für den Autotyp A4 im Zentrallager zu kaufen. Versehentlich verlangt er dort aber eine Auspuffanlage für den Typ A6.	**Beispiel:** Ein Geschäftsmann stellt einen Kassierer ein und erfährt nachträglich, dass dieser wegen Unterschlagung vorbestraft ist.

§ 121 Anfechtungsberechtigt ist, wer sich geirrt hat. Die Anfechtung muss *unverzüglich* nach Entdeckung des Irrtums erfolgen. Entsteht durch die Anfechtung ein Schaden, so ist der Anfechtende ersatzpflichtig.

Kein Anfechtungsrecht besteht bei Irrtum im *Beweggrund (Motiv),* der zur Abgabe der Willenserklärung geführt hat, sowie bei schuldhafter Unkenntnis.

Beispiel: Ein Anleger kauft Aktien in der irrtümlichen Annahme, dass der Kurs steigen werde.

§§ 123 f.

▶ Arglistige Täuschung oder widerrechtliche Drohung

Die Anfechtung hat binnen Jahresfrist ab Entdeckung der Täuschung oder seit Wegfall der Zwangslage zu erfolgen.

Beispiel: Ein Gebrauchtwagenhändler verkauft einen Unfallwagen als »garantiert unfallfrei«.

> Gültig zustande gekommene **Rechtsgeschäfte** werden **durch Anfechtung** mit *rückwirkender* Kraft **von Anfang an nichtig.**

2.3.4 Vertragsarten im Überblick

Im Wirtschaftsleben spielen folgende Vertragsarten eine wichtige Rolle.

	Vertragsart	Vertragsgegenstand	Pflichten der Vertragspartner	Beispiel
§§ 433–458	**Kaufvertrag**	Erwerb eines Gegenstandes gegen Entgelt.	**Verkäufer:** Übergabe des Gegenstandes und Verschaffung des Eigentums. **Käufer:** Annahme des Gegenstandes und Bezahlung des Kaufpreises.	Eine Familie kauft ein Auto.

Vertragsart	Vertragsgegenstand	Pflichten der Vertragspartner	Beispiel	
Werkvertrag	Herstellung eines Werkes gegen Entgelt.	**Unternehmer:** Zustandebringen eines bestimmten Arbeitserfolges. **Besteller:** Annahme des Werkes, Bezahlung der vereinbarten Vergütung.	Jemand bestellt einen Maßanzug.	BGB §§ 631–651
Dienstvertrag	Leistungen von Diensten gegen Entgelt.	**Arbeitnehmer:** Verrichtung einer Arbeit. **Arbeitgeber:** Bezahlung der vereinbarten Vergütung.	Ein kaufmännischer Angestellter unterschreibt einen Arbeitsvertrag.	611–630
Schenkungsvertrag	Unentgeltliche Zuwendung von Sachen oder Rechten, durch die der Beschenkte bereichert wird.	**Schenker:** Übereignung der Sache. **Beschenkter:** Annahme der Sache.	Ein Unternehmen spendet dem Roten Kreuz einen Notarztwagen.	516–534
Mietvertrag	Überlassung von Sachen zum* Gebrauch gegen Entgelt. *Zweckmäßigen	**Vermieter:** Übergabe der Sache im vertragsgemäßen Zustand. **Mieter:** Bezahlung der Miete, Rückgabe *derselben* Sache.	Ein Auszubildender mietet ein Zimmer.	535–580
Pachtvertrag	Überlassung von Sachen und Rechten zum Gebrauch und Fruchtgenuss gegen Entgelt.	**Verpächter:** Übergabe der Sache im vertragsgemäßen Zustand. **Pächter:** Bezahlung der Pacht, Rückgabe *derselben* Sache.	Ein Koch übernimmt eine Gastwirtschaft.	581–597
Leihvertrag	Überlassung von Sachen zum Gebrauch ohne Entgelt.	**Verleiher:** Überlassung der Sache im vertragsgemäßen Zustand. **Entleiher:** Rückgabe *derselben* Sache.	Ein Schüler erhält von seiner Schule kostenlos die Lehrbücher.	598–606
Darlehensvertrag *	Unentgeltliche oder entgeltliche Überlassung eines vereinbarten Geldbetrags. *Kreditvertrag	**Darlehensgeber:** Überlassung des Darlehensbetrages. **Darlehensnehmer:** Rückzahlung des Darlehens und Zahlung der geschuldeten Zinsen.	Ein Kaufmann nimmt bei der Bank einen Kredit auf.	488–498
Sachdarlehensvertrag	Unentgeltliche oder entgeltliche Überlassung von vertretbaren Sachen.	**Darlehensgeber:** Überlassung einer vereinbarten vertretbaren Sache. **Darlehensnehmer:** Rückerstattung von Sachen gleicher Art, Güte und Menge und Zahlung des vereinbarten Darlehensentgelts.	Ein Autofahrer erhält von seinem Nachbarn 5 Liter Benzin und gibt später den wieder aufgefüllten Ersatzkanister zurück	607–610
Versicherungsvertrag	Risikoübernahme gegen Entgelt.	**Versicherungsnehmer:** Bezahlung der vereinbarten Prämie. **Versicherer:** Erbringung der vereinbarten Leistung im Versicherungsfall.	Ein Unternehmer versichert sein Gebäude.	VVG § 1
Gesellschaftsvertrag	Gegenseitige Verpflichtung der Gesellschafter, die Erreichung eines gemeinsamen Zieles zu fördern.	**Gesellschafter** sind verpflichtet zu: – Leistung der vereinbarten Beiträge – gemeinschaftlicher Geschäftsführung	Zwei Kaufleute gründen eine OHG.	BGB §§ 705–740

?

1. Auf einem Flohmarkt entdecken Sie eine formschöne alte Kommode. Der Verkäufer verlangt zunächst 250 EUR. Durch Verhandlungsgeschick gelingt es Ihnen, das Möbelstück für 190 EUR zu erwerben. Außerdem vereinbaren Sie, dass die Kommode kostenlos geliefert wird.
   a) Erläutern Sie anhand dieses Falles und allgemein, wie Verträge zustande kommen.
   b) Dieser Kaufvertrag ist ein mehrseitiges Rechtsgeschäft. Nennen Sie weitere Beispiele für mehrseitige und auch für einseitige Rechtsgeschäfte.

2. Ein Mieter kündigt den Mietvertrag:
   a) Er lässt das Kündigungsschreiben auf seinem Schreibtisch liegen.
   b) Er übergibt das Schreiben rechtzeitig persönlich dem Vermieter.
   c) Er wirft das Kündigungsschreiben rechtzeitig in den Briefkasten des Vermieters, weil sich dieser zurzeit im Urlaub befindet.

   Wie ist die jeweilige Rechtslage?
3. Begründen Sie, ob folgende Rechtsgeschäfte gültig sind:
   a) Ein maschinenschriftlich abgefasstes und eigenhändig unterschriebenes Testament,
   b) ein mündlich abgeschlossener Vertrag über den Kauf eines Gebrauchtwagens,
   c) ein schriftlich abgefasster Vertrag über den Kauf eines Hauses,
   d) ein mündlich abgeschlossener Vertrag über die Vermietung eines Wohnhauses für die Dauer von fünf Jahren (vgl. § 550 BGB).
4. Warum kann Formfreiheit nicht für alle Rechtsgeschäfte gelten?
5. Wie ist die Rechtslage in folgenden Fällen?
   a) Ein Waffenschieber schließt einen Kaufvertrag über die Lieferung von Maschinenpistolen ab.
   b) Die Jungunternehmerin Carola Unseld erhält von der Computech AG ein schriftliches Angebot über einen PC neuester Technik zum Preis von 3.400 EUR. Da ihr das Angebot außerordentlich günstig erscheint, bestellt sie sofort. Kurz darauf erhält sie eine Mitteilung von der Computech AG, dass sich der Sachbearbeiter beim Ausfüllen des Angebotsformulars vertippt habe und der Preis des PC 4.300 EUR beträgt.
   c) Der Vorstand eines Kegelclubs hat vor vier Wochen für eine Wochenend-Ausflugsfahrt einen Reisebus bestellt. Der Wetterbericht kündigt am Freitag vor dem Ausflug nasskaltes, regnerisches Wetter an. Der Vorstand möchte deshalb die Bestellung wegen Irrtums anfechten.
   d) Bei der Inbetriebnahme eines als fabrikneu verkauften Computers stellt der Käufer fest, dass das Gerät bereits als Vorführgerät eingesetzt war.
   e) Ein Gastwirt schließt mit einem in der Tageszeitung inserierenden Finanzierungsinstitut einen Kreditvertrag ab, in dem ein Zinssatz von 3 % je Monat festgelegt ist.
6. Entscheiden und begründen Sie, ob in folgenden Fällen eine rechtsgeschäftliche Willenserklärung vorliegt:
   a) Herr Birk legt einige Lebensmittel auf das Kassenband des Supermarktes.
   b) Die Groß KG schickt eine Anfrage wegen einer Maschine an die Maschinenfabrik Schneider GmbH.
   c) Herr Müller steigt in die Straßenbahn ein.
   d) Die 20-jährige Cornelia verabredet sich mit ihrer Freundin zu einem Kinobesuch.
   e) Cornelia bestellt telefonisch eine Konzertkarte.
   f) Frau Schwarz sagt einer Studentin ein Zimmer ihres Hauses für ein Semester zu.
7. Welche Vertragsarten liegen vor?
   a) Jemand »leiht« bei der Bank 10.000 EUR.
   b) Jemand »leiht« ein Auto und zahlt 0,60 EUR je gefahrenem Kilometer.
   c) Jemand »leiht« ein Buch von einem Freund.
   d) Eine Hausfrau »leiht« bei der Nachbarin 20 EUR zur Bezahlung des Zeitungsgeldes.
   e) Die Kauffrau Steffi Reuther lässt ihren Geschäftswagen reparieren.
   f) Für die Zeit der Reparatur besorgt sich Frau Reuther einen Wagen von der »Autoverleih Klocke & Klober GmbH«.
   g) Frau Reuther hilft ihrem Verkäufer Kurz finanziell bei der Anschaffung von Möbeln. Kurz zahlt monatlich 80 EUR zurück.
   h) Für den Umzug stellt Frau Reuther ihrem Angestellten kostenlos den Kleintransporter des Geschäfts zur Verfügung.
   i) Frau Reuther stellt zwei Angestellte ein.
8. Der 18-jährige Kurt Braun beabsichtigt, einen Gebrauchtwagen zu kaufen. Da er den Kaufpreis nicht in voller Höhe aufbringen kann, will er einen Kredit aufnehmen. Bei der Besichtigung des Wagens stellt er fest, dass er noch einige Reparaturen ausführen lassen muss. Außerdem weiß er, dass auch Kosten für die Versteuerung und Versicherung des Autos entstehen werden.

   Nennen Sie die Verträge, die Kurt Braun in diesem Zusammenhang abschließen muss.
9. Die Auszubildende Petra hat vor kurzem ihre Führerscheinprüfung bestanden und sucht nun einen Gebrauchtwagen. In der Zeitung liest sie folgende Anzeige: VW Polo Bj. 1999, viel Zubehör, 2.000 EUR, Tel. 0621 258591. Sie vereinbart einen Besichtigungstermin. Da der Wagen nicht ganz ihren Erwartungen entspricht, bietet Petra nur 1.800 EUR. Der Verkäufer will den Wagen aber nicht unter 2.000 EUR verkaufen. Nach einigem Hin und Her ist der Verkäufer bereit, den Wagen für 1.900 EUR zu veräußern. Petra zahlt daraufhin den Kaufpreis.
   a) Beschreiben Sie, durch welche Willenserklärungen der Kaufvertrag zustande gekommen ist.

b) Bei der nächstfälligen Inspektion stellt sich heraus, dass der Kilometerzähler zurückgedreht worden war. Petra ist nun der Meinung, der Kaufvertrag sei nichtig und sie würde ohne Weiteres ihr Geld zurückbekommen. Begründen Sie, ob Petra Recht hat.

c) Um ihrem Verlangen Nachdruck zu verleihen, droht Petra dem Verkäufer, vor Gericht zu gehen, wenn sie nicht sofort den Kaufpreis erstattet bekomme. Dieser antwortet, dass er sich nicht drohen lasse; außerdem verstoße die Drohung gegen das Gesetz. Beurteilen Sie die Meinung des Verkäufers.

10. Aus welchen Gründen könnte sich ein Autokäufer dafür entscheiden, ein Auto zu mieten anstatt zu kaufen?

11. Ein Geschäftsmann erwirbt mithilfe eines Kredites eine Maschine. Welche Verträge werden dabei abgeschlossen?

12. Der Großhändler Leuze e. K. will seine neue Lagerhalle gegen Feuer versichern.
    a) Wie kann der Vertrag zustande kommen?
    b) Er erfährt dabei, dass sowohl er als auch das Versicherungsunternehmen nach einem Schadensfall den Vertrag sofort kündigen kann. Warum ist dies so geregelt?

2.4 Vertragsfreiheit und Allgemeine Geschäftsbedingungen

Wesen der Vertragsfreiheit

Das Leben in Freiheit schließt das Recht der Menschen mit ein, ihre Beziehungen zueinander durch Verträge frei und eigenverantwortlich zu regeln. Die Vertragsfreiheit ist ein wesentliches Merkmal der Marktwirtschaft und kann bestehen aus:

Abschlussfreiheit	Inhaltsfreiheit	Formfreiheit
Geschäftsfähige Personen können ihre *Vertragspartner frei wählen.*	Verträge können *inhaltlich frei gestaltet werden.*	Rechtsgeschäfte können in jeder *beliebigen Form* abgeschlossen werden (siehe 2.3.2).
Beispiel: Niemand wird daran gehindert, ein Auto bei einem Händler zu kaufen, der das gewünschte Fabrikat führt.	**Beispiel:** Der Kunde kann beim Autokauf Sonderausstattung und Zahlungsweise nach seinem Wunsch mit dem Händler vereinbaren.	**Beispiel:** Der Kaufvertrag über ein Auto kann mündlich abgeschlossen werden. Meistens wird jedoch wegen der besseren Beweiskraft bei Streitigkeiten die Schriftform gewählt.

BGB und HGB bauen sich weitgehend auf den Grundsatz der Vertragsfreiheit auf, d.h., viele Regelungen sind **nachgiebiges** Recht und können von den Vertragspartnern abgeändert werden.

Grenzen der Vertragsfreiheit

Die Vertragsfreiheit hat dort ihre Grenzen, wo der Einzelne bzw. die Allgemeinheit schutzbedürftig ist. Deshalb enthält unsere Rechtsordnung Regelungen, die **zwingendes** Recht sind und durch die Vertragspartner nicht abgeändert werden können.

Beispiele:

1. Die Zustimmung des gesetzlichen Vertreters, ohne die ein Vertrag mit einem beschränkt Geschäftsfähigen nicht rechtswirksam ist, kann durch vertragliche Vereinbarung nicht ausgeschlossen werden.
2. Ein Vertrag, der Rauschgifthandel zum Inhalt hat, ist nichtig.
3. Beim Grundstückskauf wird zum Schutz der Vertragspartner die notarielle Beurkundung vorgeschrieben.

Einschränkung der Vertragsfreiheit durch Allgemeine Geschäftsbedingungen (AGB)

Die Möglichkeit, Verträge inhaltlich frei zu gestalten, kann durch Allgemeine Geschäftsbedingungen eingeengt werden.

BGB § 305

Unter **Allgemeinen Geschäftsbedingungen (AGB)** versteht man Vertragsbedingungen, die für eine **Vielzahl von Verträgen vorformuliert** und auf der Vertragsurkunde (Angebots-, Bestellformular) oder auf einem besonderen Blatt abgedruckt werden.

Sie sollen, ohne im Einzelnen ausgehandelt zu sein, Vertragsbestandteil werden.

▶ Bedeutung der AGB

Mithilfe der AGB wird der Vertragsabschluss beim Verkauf und Einkauf wesentlich erleichtert. Die Vertragsinhalte können vorausgeplant und im Bedarfsfall verwendet werden. Dadurch, dass der einzelne Vertrag nicht mehr ausgehandelt werden muss, dienen die AGB der Rationalisierung des Absatzes und der Beschaffung.

Die Gefahr der AGB liegt darin, dass vor allem Verbraucher durch ungünstige AGB benachteiligt werden können. Unternehmer könnten, um zu einem möglichst reibungslosen Vertragsabschluss zu kommen, mit der Sorglosigkeit und Unkenntnis der Kunden rechnen, die das »Kleingedruckte« meistens nicht lesen.

▶ Gesetzliche Regelung

Durch die gesetzliche Regelung der AGB soll eine Benachteiligung des wirtschaftlich Schwächeren durch vorformulierte Bedingungen verhindert werden.

a) Allgemein gelten folgende Regelungen:

§ 305b – Individuelle Vertragsabreden haben Vorrang vor den AGB.

§ 307 – Bestimmungen der AGB, die den Vertragspartner unangemessen benachteiligen würden, sind unwirksam.

§ 305 (2) **b) Zum besonderen Schutz der Verbraucher** legte das Gesetz fest, dass AGB nur dann Vertragsbestandteil werden, wenn der Unternehmer ausdrücklich auf die AGB hinweist bzw. diese deutlich sichtbar am Ort des Vertragsabschlusses aushängen und die andere Vertragspartei damit einverstanden ist.

§ 309 Außerdem sind u.a. folgende Bestandteile von AGB bei Verträgen mit Verbrauchern unwirksam:

- Die Möglichkeit der Preiserhöhung innerhalb von vier Monaten nach Vertragsabschluss,
- die Vereinbarung einer Vertragsstrafe, die vom Verbraucher zu bezahlen wäre,
- der Ausschluss des Rücktritts bzw. des Rechts auf Schadensersatz beim Lieferungsverzug,
- den Ausschluss oder die Beschränkung von Gewährleistungsansprüchen,
- die Verkürzung der gesetzlichen Gewährleistungsfristen.

Solche Vertragsbestandteile haben gegenüber Verbrauchern nur Gültigkeit, wenn sie besonders vereinbart wurden.

1. Warum gelten die Bestimmungen der AGB-Paragrafen im Regelfall nur gegenüber Verbrauchern?
2. Entscheiden Sie, ob folgende Klauseln in den AGB eines Händlers gegenüber Verbrauchern Gültigkeit haben:
   a) Mängel an der Ware können nur innerhalb von 14 Tagen geltend gemacht werden.
   b) Vereinbarte Preise gelten nur bei Lieferung innerhalb von zwei Monaten nach Vertragsabschluss.
   c) Rücktritt vom Kaufvertrag wird als Gewährleistungsanspruch ausgeschlossen.
3. Was kann ein Händler gegenüber einem Verbraucher unternehmen, um Bestimmungen, die in AGB unwirksam wären, rechtswirksam zu vereinbaren?
4. Die Pauli GmbH, Sanitär- und Heizungsfachbetrieb, legt einem Angebot an Erika Faber – eine private Bauherrin – über die Lieferung von Material zur Sanitärinstallation ihre Allgemeinen Geschäftsbedingungen bei. Frau Faber bestellt zu den Bedingungen des Angebots.
   a) Prüfen Sie mithilfe des Gesetzes, ob die AGB Vertragsbestandteil geworden sind.
   b) In den AGB stehen u.a. folgende Klauseln:
      - »Bei Nachbesserung im Rahmen von Gewährleistungsansprüchen übernimmt der Kunde die Wege- und Arbeitskosten.«
      - »Reklamationen sind nur innerhalb von 30 Tagen möglich.«

      Begründen Sie anhand des Gesetzes, ob diese Klauseln wirksam sind.

3 Die Unternehmung

Die wirtschaftliche Tätigkeit in der Marktwirtschaft vollzieht sich hauptsächlich in den erwerbswirtschaflichen Unternehmungen. Von der Gründung bis zur Auflösung der Unternehmung sind wirtschaftliche Entscheidungen zu treffen, wobei rechtliche Rahmenbedingungen zu beachten sind.

3.1 Wirtschaftliche Entscheidungen bei der Gründung

Sie betreffen die Wahl des Geschäftszweiges und der Betriebsgröße, des Standortes, die Kapitalbeschaffung und -verwendung, die Wahl der Firma und der Unternehmungsform.

3.1.1 Wahl des Geschäftszweiges und der Betriebsgröße

Vorkenntnisse und Geschäftskontakte. Der Gründer ist im Allgemeinen in einem bestimmten Ausbildungsberuf bzw. Geschäftszweig ausgebildet. Die dort gewonnenen Fachkenntnisse, Erfahrungen und Beziehungen will er nun in der eigenen Unternehmung nutzen.

Lücken in der Bedürfnisbefriedigung. Es ist zu untersuchen, inwieweit bereits vorhandene Bedürfnisse nicht ausreichend befriedigt werden und schlummernde Bedürfnisse noch geweckt werden können (Marktlücke).

Ertragsaussichten. Ohne Gewinnaussicht besteht kein Anreiz für den Einsatz von Arbeitskraft und Kapital. Eine möglichst genaue Rentabilitätsprüfung ist notwendig, aber schwierig. Ein wichtiges Mittel dazu ist die Marktforschung.

Kapitalkraft. Die Wahl der Art und Größe des Betriebes hängt von der Höhe des Kapitals ab, das bereitgestellt werden kann (Fertigungsbetrieb – Handelsvertreter; Warenhaus – Fachgeschäft).

3.1.2 Wahl des Standorts

Der richtige Standort ist oft entscheidend für die Lebensfähigkeit einer Unternehmung. Er bestimmt die Umsatzhöhe und die erzielbaren Preise, aber auch die Kosten für die Leistungen und damit den Gewinn. Für die Wahl können mehrere Faktoren in Betracht kommen. Er ist deshalb so zu wählen, dass nach dem ökonomischen Prinzip ein möglichst günstiges Verhältnis von Ertrag zu Aufwand erzielt werden kann.

Ausschlaggebend für die **Standortwahl** können sein:

a) **Naturgegebene Verhältnisse.** Rohstoffgewinnende Betriebe (Bergwerke, Kiesgruben) sind an den Ort des Vorkommens gebunden *(natürlicher Standort).* Rohstoffverarbeitende Betriebe mit großem Stoffverbrauch (Hüttenwerke, Zuckerfabriken) haben zur Vermeidung hoher Transportkosten ihren Standort in der Regel ebenfalls am Ort des Vorkommens *(stofforientiert).* Fremdenverkehrsbetriebe, die der Erholung und dem Sport dienen, liegen in klimatisch günstigen und landschaftlich reizvollen Gebieten *(landschaftsorientiert).*

b) **Grundstücke.** Die Errichtung und Verlagerung von Betrieben richtet sich häufig nach den räumlichen Verhältnissen und den Grundstückspreisen, z.B. Errichtung von Einkaufszentren am Rand von Ballungsräumen *(grundstücksorientiert).*

c) **Energiequellen.** Betriebe mit großem Energiebedarf (Aluminiumindustrie) sind gezwungen, die verfügbaren Energiequellen aufzusuchen und zu verwerten. Wasserkraftwerke versuchen, die billigen Wasserkräfte auszunutzen *(energieorientiert).*

d) **Verkehrswege.** Sie sind bestimmend für das Transport-, Tankstellen- und Lagerhausgewerbe sowie für Industriezweige, die Massengüter verarbeiten (Großmühlen, Kohlekraftwerke). Bei der Frage, ob sich ein Betrieb in der Nähe des Beschaffungs- oder Absatzmarktes niederlassen soll, entscheiden die Transportkosten *(verkehrsorientiert).*

e) **Absatzmöglichkeiten.** Viele Betriebe legen ihren Standort in Wohngebiete (Lebensmittelgeschäfte) oder in Geschäftszentren, z.B. Modehäuser *(konsumorientiert).*

f) **Arbeitskräfte.** Arbeitsintensive Betriebe müssen Regionen aufsuchen, in denen genügend Arbeitskräfte zu finden sind.

   Industriezweige, die auf eine größere Zahl von Spezialkräften angewiesen sind, bevorzugen Gegenden, in denen sich solche Berufsgruppen bereits befinden oder durch Umschulung verfügbar werden *(arbeitsorientiert).*

   Beispiele: Gründung einer Schmuckwarenfabrik in Pforzheim, einer Porzellanmanufaktur in Selb; Verlagerung eines Automobilwerkes nach Eisenach.

   Betriebe, in denen der Lohn ausschlaggebender Kostenfaktor ist, nutzen das Lohngefälle zwischen Hoch- und Niedriglohnländern aus *(lohnorientiert).*

   Beispiel: Verlagerung eines Textilwerkes nach Tschechien.

g) **Politische Gegebenheiten.** Zur Umgehung von Zöllen werden Zweigbetriebe im Ausland eröffnet. Die Gewährung von Vorteilen durch bestimmte Länder und Gemeinden (Steuerentlastung, Subventionen, preiswerte Grundstücke in Gewerbegebieten) wird ausgenutzt *(politisch orientiert).*

3.1.3 Kapitalbeschaffung und Kapitalverwendung

Kapitalbeschaffung (Finanzierung)

Die Höhe des gesamten Kapitals wird durch verschiedene Faktoren bestimmt:

- **Wirtschaftszweig.** Eine Maschinenfabrik braucht mehr Kapital als ein Lebensmittelfachgeschäft.
- **Größe.** Ein Kaufhaus braucht mehr Kapital als ein kleines Ladengeschäft. Häufig ist eine bestimmte Größe schon durch den Zweck des Unternehmens gegeben.
- **Technische Ausrüstung.** Die Fertigung von Autos verlangt einen hohen Kapitaleinsatz, weil sie weitgehend automatisiert ist.
- **Umschlagshäufigkeit.** Für einen jährlichen Wareneinsatz von 1.200.000 EUR braucht man bei 12-maligem Umschlag 100.000 EUR Kapital, bei 2-maligem Umschlag dagegen 600.000 EUR.
- **Eigene Kreditgewährung.** Je länger das Zahlungsziel, desto höher der Kapitalbedarf. Längere Kreditfristen haben die gleiche Wirkung wie längere Lagerdauer.
- **Lieferantenkredite.** Je länger das Zahlungsziel, desto niedriger der Kapitalbedarf.

Das erforderliche Kapital kann **Eigen- oder Fremdkapital** sein (Abschnitt 11).

Kapitalverwendung (Investierung)

Die Art der Verwendung des Kapitals (Investierung) wird durch den Wirtschaftszweig bestimmt. Daraus ergeben sich die Unterschiede im **Vermögensaufbau (Konstitution)** der Wirtschaftszweige.

Die unzweckmäßige Kapitalverwendung kann einen Betrieb dauernd belasten. Investiert z.B. eine Unternehmung bei der Gründung unverhältnismäßig viel Kapital in die Anlagen, so können ihr Mittel fehlen für die Bereitstellung einer großen Auswahl an Waren und die Gewährung von Zahlungszielen, mit denen sie den Umsatz und den Gewinn steigern könnte.

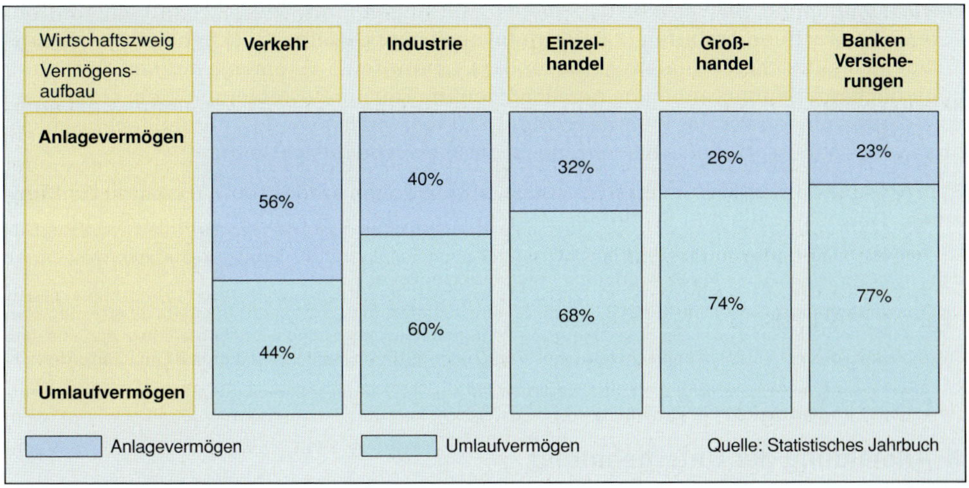

1. Nennen Sie Gesichtspunkte, die vor der Gründung einer Unternehmung geklärt sein müssen.
2. Die Bedeutung von Standortfaktoren kann sich im Laufe der Jahre verändern. Frühere Standortvorteile können zu Standortnachteilen führen. Zeigen Sie dies am Beispiel einer Unternehmung aus Ihrer Umgebung.
3. Mitte der 1990er-Jahre produzierten die deutschen Automobilhersteller an über 90 Auslandsstandorten in 39 Ländern auf allen fünf Kontinenten. Damit lief jedes dritte Kraftfahrzeug, das von deutschen Herstellern produziert wurde, außerhalb Deutschlands vom Band. Bei den Nutzfahrzeugen entfiel sogar über die Hälfte des gesamten Produktionsvolumens deutscher Hersteller auf Fertigungsstätten außerhalb Deutschlands.

   Beschreiben Sie Gründe, die für die Standortverlagerungen maßgeblich gewesen sein könnten.
4. Die Stadt Biberach, mit etwa 31.000 Einwohnern ca. 45 Kilometer südlich von Ulm gelegen, weist im Norden ihrer Gemarkung ein neues Gewerbegebiet mit etwa fünf Quadratkilometern Fläche aus. Machen Sie Vorschläge, mit welchen Maßnahmen die Stadt Biberach die Gewerbeansiedlung fördern kann und welche Rolle das Bundesland bzw. der Bund dabei spielen können.

3.2 Rechtliche Rahmenbedingungen für die Gründung

3.2.1 Gewerbefreiheit

Nach dem Grundgesetz und der Gewerbeordnung kann **grundsätzlich jedermann ein Gewerbe betreiben.** Die Gewerbefreiheit ermöglicht den freien Wettbewerb und damit preisgünstige Bedarfsdeckung.

Der Schutz der Öffentlichkeit gebietet aber eine gewisse **Beschränkung** der Gewerbefreiheit. Grundsätzlich können Gewerbebetriebe nur an Standorten errichtet werden, die in den Flächennutzungsplänen der Gemeinde mindestens als Mischgebiete ausgewiesen sind. Darüber hinaus gibt es genehmigungspflichtige Tätigkeiten, bei denen die Ausübung des Gewerbes von der Erfüllung bestimmter Voraussetzungen abhängig ist.

GG Art. 12
GewO
§§ 1, 30–36

Beispiele:

1. Privatkrankenhäuser, Makler, Bauträger, Bewachungsgewerbe, Spielhallen.
2. Im Einzelhandel ist ein Sachkundenachweis erforderlich für den Handel mit frei verkäuflichen Arzneimitteln, Milch, Hackfleisch.
3. Wer eine Gaststätte betreiben will, muss an einem Unterrichtsverfahren bei einer zuständigen Industrie- und Handelskammer teilnehmen.
4. Die Gründung von zulassungspflichtigen Handwerksbetrieben setzt die Eintragung in die Handwerksrolle voraus. Die Eintragung ist in aller Regel davon abhängig, ob der Inhaber die Meisterprüfung des Handwerkszweiges abgelegt hat.

Die *Errichtung* und der *Betrieb von Anlagen,* die wegen ihrer Gefährlichkeit einer besonderen Überwachung bedürfen (z.B. Betrieb von Dampfkesseln, Druckbehältern, Aufzugsanlagen, elektrischen Anlagen in besonders gefährdeten Räumen), können von einer behördlichen Erlaubnis abhängig gemacht werden. Die Bundesregierung kann verordnen, dass diese Anlagen vor der Inbetriebnahme und regelmäßig wiederkehrend technisch geprüft werden müssen. Aufsichtsbehörde ist das **Gewerbeaufsichtsamt.**

Zum Schutze der Umwelt wurden für Anlagen, von denen schädliche Wirkungen für Menschen, Tiere, Pflanzen und Sachgüter ausgehen können, weitere Auflagen gemacht.

BImSchG § 4 Das **Bundes-Immissionsschutzgesetz (BImSchG)** enthält einen Katalog mit 10 Gruppen derartiger Anlagen, die sich einem strengen Genehmigungsverfahren unterwerfen müssen.

UmweltHG § 1 Das **Umwelthaftungsgesetz (UmweltHG)** begründet eine Gefährdungshaftung des Inhabers einer Anlage bei Tötung, Körperverletzung oder Sachbeschädigung. Schadenersatzansprüche entstehen allein schon aus dem Betrieb einer solchen Anlage; der Nachweis eines Verschuldens durch den Geschädigten ist nicht erforderlich.

StGB §§ 324–328 Mit dem *Gesetz zur Bekämpfung der Umweltkriminalität* sind im **Strafgesetzbuch (StGB)** Bestimmungen aufgenommen worden, die die Verunreinigung von Gewässern, Luft und Boden als kriminelles Delikt bestrafen.

Anmeldung der Unternehmung

GewO § 14 § 15 § 55

a) Die Eröffnung eines *stehenden Geschäftsbetriebes* muss nach der Gewerbeordnung der *zuständigen Ortsbehörde* unverzüglich gemeldet werden. Die Behörde muss innerhalb von drei Tagen den Empfang der Anzeige bescheinigen (Gewerbeanmeldeschein). Zur Ausübung eines Reisegewerbes ist eine *Reisegewerbekarte* notwendig.

HGB § 12

b) Für *Kaufleute* verlangt das HGB die elektronische Anmeldung beim Amtsgericht zur Eintragung in das Handelsregister (Abschnitt 3.2.4).

AO § 138

c) Nach der Abgabenordnung (AO) ist jeder neu eröffnete Gewerbebetrieb dem *Finanzamt* zu melden.

SGB VII §§ 121, 192

d) Das Sozialgesetzbuch verlangt die Anmeldung zur zuständigen *Berufsgenossenschaft* (Gesetzliche Unfallversicherung).

e) Schließlich wird die Gründung der Unternehmung noch der zuständigen *Industrie- und Handelskammer* bzw. *Handwerkskammer* gemeldet.

3.2.2 Kaufmannseigenschaft

Unternehmungen sind Gewerbebetriebe, bei denen der *Unternehmer* oder das *Unternehmen* die **Kaufmannseigenschaft** besitzt. Dies ist für deren Geschäftsverkehr von besonderer Bedeutung, da das Handelsgesetzbuch als spezielles Gesetz für Kaufleute gilt.

> Das **Handelsgesetzbuch** ist das **spezielle Gesetz für Kaufleute.**

Nach dem **Erwerb der Kaufmannseigenschaft** unterscheidet das Gesetz:

▶ Istkaufleute

HGB § 1 Das sind Kaufleute, die **ein Handelsgewerbe betreiben.** Als Handelsgewerbe versteht das Gesetz solche Gewerbebetriebe, die nach Art und Umfang einen in **kaufmännischer Weise eingerichteten Geschäftsbetrieb** erfordern.

Beispiele: Großhandels-, Einzelhandels-, Industriebetriebe, Kreditinstitute, Versicherungsbetriebe mit kaufmännischem Geschäftsbetrieb.

Mitglieder freier Berufe, z. B. Ärzte, Rechtsanwälte, Wirtschaftsprüfer, Steuerberater betreiben kein Handelsgewerbe. Sie sind deshalb keine Kaufleute kraft kaufmännischen Geschäftsbetriebes.

▶ Kannkaufleute

Das sind Kaufleute, die die Kaufmannseigenschaft durch **Eintragung der Firma des Unternehmens ins Handelsregister** erworben haben.

a) Gewerbliche Unternehmen, deren Gewerbebetrieb einen in kaufmännischer Weise eingerichteten Geschäftsbetrieb nicht erfordern, gelten als Handelsgewerbe, wenn die *Firma des Unternehmens ins Handelsregister eingetragen ist.* HGB § 2

Beispiele: Kleingewerbetreibende, Handwerker, Kioskbetreiber ohne kaufmännischen Geschäftsbetrieb.

b) Land- und forstwirtschaftliche Unternehmen, die nach Art und Umfang einen in **kaufmännischer Weise eingerichteten Geschäftsbetrieb** erfordern, gelten als Handelsgewerbe, wenn die Firma des Unternehmens *in das Handelsregister eingetragen* ist. § 3

Die Inhaber solcher Unternehmen sind berechtigt, aber nicht verpflichtet, die Eintragung ins Handelsregister herbeizuführen. *Durch die Eintragung* erlangen sie die *Kaufmannseigenschaft.*

▶ Kaufleute kraft Rechtsform (Formkaufleute)

Dazu gehören alle Kapitalgesellschaften, die Genossenschaften und die Versicherungsvereine auf Gegenseitigkeit ohne Rücksicht, ob sie gewerblichen Charakter haben oder nicht, ob sie einen in kaufmännischer Weise eingerichteten Geschäftsbetrieb erfordern oder nicht. Die Rechtsform wird erst durch die Handelsregistereintragung begründet. Dabei ist zu beachten, dass weder der Vorstand oder Geschäftsführer noch der Gesellschafter Kaufmann wird, sondern die Gesellschaft selbst als juristische Person. § 6

Kaufmannseigenschaft

Istkaufmann	Kannkaufmann	Formkaufmann
Kaufmann kraft **kaufmännisch eingerichteten Geschäftsbetriebes**	Kaufmann kraft **Eintragung ins Handelsregister**	Kaufmann kraft **Rechtsform**
HGB § 1	Eintragung freiwillig HGB §§ 2, 3	AG, GmbH, Genossenschaft HGB § 6

Rechte und Pflichten des Kaufmanns

Beispiele für Rechte:
- Führung einer Firma (HGB §§ 18, 19; AktG §§ 4, 279; GmbHG § 4; GenG § 3),
- Ernennung von Prokuristen (HGB § 48),
- Gründung einer OHG oder KG (HGB §§ 105, 161),
- mündliche Erteilung einer Bürgschaftserklärung, eines Schuldversprechens oder Schuldanerkenntnisses (HGB § 350),
- Festsetzung eines vom Kalenderjahr abweichenden Geschäftsjahres (HGB § 242).

Beispiele für Pflichten:
- Eintragung ins Handelsregister (HGB § 29),
- Führung von Handelsbüchern (HGB § 239),
- Übernahme von nur selbstschuldnerischen Bürgschaften (HGB § 349).

Umfang der Rechte und Pflichten von Kaufleuten:

Auf die Kaufleute finden **alle Vorschriften des HGB** Anwendung.

Die Eintragung von Istkaufleuten in das Handelsregister hat *rechtsbezeugende (deklaratorische) Wirkung.*

Kann- und Formkaufleute werden erst durch die Eintragung Kaufleute. Die Eintragung hat hier *rechtserzeugende (konstitutive) Wirkung.*

3.2.3 Firma

Die **Firma** ist der **Name eines Kaufmanns,** unter dem er seine Handelsgeschäfte betreibt, die Unterschrift abgibt, klagen und verklagt werden kann. !

§ 17

Im allgemeinen Sprachgebrauch wird das Wort Firma abweichend vom Handelsrecht anstelle von Unternehmung, Unternehmen und Betrieb gebraucht.

Man unterscheidet zwischen dem bürgerlichen Namen eines Kaufmanns, unter dem er seine Privatangelegenheiten erledigt, und dem *kaufmännischen Namen,* **der Firma.** Beide weichen insbesondere dann voneinander ab, wenn beim Wechsel in der Person des Inhabers (Erbschaft, Kauf oder Verpachtung) die bisherige Firma beibehalten wird, um den eingeführten Namen zu erhalten.

Beispiel: Das Unternehmen Fritz Reusch OHG wird von dem Kaufmann Rolf Kramer erworben und unter der bisherigen Firma weitergeführt. Kramer kann die Handelsbriefe unter der Firma Fritz Reusch OHG oder Rolf Kramer unterschreiben.

Arten der Firma

Die Wahl der Firma hängt wesentlich von der Rechtsform der Unternehmung ab (Abschnitt 3.3). Grundsätzlich unterscheidet man folgende Arten:

a) Personenfirma. Sie enthält einen oder mehrere Personennamen.

Beispiele: »Karl Berg e. K.« oder »Berg & Grün KG«, »Berg & Co. OHG«.

b) Sachfirma. Sie ist von dem Gegenstand der Unternehmung abgeleitet.

Beispiele: »Actebis Computerhandels GmbH« oder »allfrisch Warenhandelsgesellschaft mbH«.

c) Fantasiefirma. Sie enthält eine werbewirksame, häufig von Markenzeichen abgeleitete Bezeichnung.

Beispiele: »Omira GmbH«, »Coca-Cola GmbH«.

d) Gemischte Firma. Sie enthält sowohl Personennamen als auch den Gegenstand der Unternehmung.

Beispiele: »Schultheiss-Brauerei-Aktiengesellschaft« oder »Hans Einhell Eisen- und Metallhandel e. K.«.

Bestandteile der Firma

a) Firmenkern. Er enthält die notwendigen Bestandteile der Firma:

1. Personen-, Sach- oder Fantasiename,
2. Zusatz, der ein Gesellschaftsverhältnis anzeigt.

b) Firmenzusatz. Er dient zur Unterscheidung der Person oder des Unternehmens. Dabei kann es sich auch um eine Fantasiebezeichnung handeln.

Beispiele:

Firmenkern	Firmenzusatz
Gustav Zeller OHG	Kaufhaus
Zahntechnik GmbH	Dentalis

Firmengrundsätze

HGB § 18

▶ Firmenwahrheit und Firmenklarheit

Die *Firmenwahrheit* besagt, dass bei der Gründung eines Unternehmens der Firmenkern wahr sein muss. Bei Personenfirmen müssen bürgerlicher und kaufmännischer Name übereinstimmen. Ein Gesellschaftsverhältnis darf nicht vorgetäuscht werden.

Beispiel: Uwe Berg darf bei der Gründung seiner Einzelunternehmung keine Gesellschaftsbezeichnung hinzufügen.

Bei Sachfirmen kann der Firmenkern den Gegenstand der Unternehmung erkennen lassen.

Beispiel: Malereinkaufsgenossenschaft eG; Sportstättenbau GmbH.

Die *Firmenklarheit* bezieht sich hauptsächlich auf den Firmenzusatz. Er darf keinen Anlass zu einer Täuschung über die Art und den Umfang der Unternehmung bieten.

Beispiel: Der auf regionaler Ebene arbeitende Ratenkredit-Vermittler Olaf Weingart will sein Finanzierungsinstitut unter der Firma »Interkontinentale Finanzierungsgesellschaft mbH« ins Handelsregister eintragen lassen. Dies verstößt gegen den Grundsatz der Firmenklarheit.

▶ Ausschließlichkeit der Firma (Firmenmonopol)

Eine ins Handelsregister eingetragene Firma kann ausschließlich von *einer* Unternehmung geführt werden. Jede neue Firma muss sich von allen an *demselben* Ort bereits bestehenden und in das Handelsregister eingetragenen Firmen deutlich unterscheiden. HGB § 30

Diese Unterscheidung kann erfolgen

- durch die Wahl eines anderen Vornamens,
- durch den Zusatz jun. oder sen.,
- durch die Angabe des unterscheidenden Geschäftszweiges,
- durch die Angabe eines Fantasienamens.

Beispiel: Der Sohn des Kaufhausinhabers Gustav Zeller heißt Gustav Markus Zeller. Gründet er am Geschäftsort seines Vaters eine Einzelunternehmung für Unterhaltungselektronik, so kann er firmieren mit Markus Zeller e.K.; Gustav Zeller e.K. jun.; Gustav Zeller e.K., Fachgeschäft für Unterhaltungselektronik e.K.; Fix und Soundig e.K.

▶ Firmenbeständigkeit

Beim Wechsel in der Person des Inhabers (Erbschaft, Kauf oder Verpachtung) kann die bisherige Firma beibehalten werden. §§ 21 f.

Der Gesetzgeber berücksichtigt das wirtschaftliche Bedürfnis der Erhaltung einer der Kundschaft bekannten Firma. Voraussetzung für die Weiterführung der Firma ist die ausdrückliche Einwilligung des bisherigen Inhabers oder von dessen Erben und die genaue Beibehaltung der bisherigen Firma. Ein Zusatz, der das Nachfolgeverhältnis ausdrückt, ist möglich.

Beispiel: Der Unternehmer Fritz Fröhlich verkauft altershalber sein Modegeschäft an Karl Mut. Dieser kann die bisherige Firma Fritz Fröhlich unverändert weiterführen, wenn Herr Fröhlich einwilligt. Er kann aber auch »Fritz Fröhlich Nachfolger e.K.« sowie »Fritz Fröhlich e.K., Inhaber Karl Mut« oder »Karl Mut e.K., vormals Fritz Fröhlich« firmieren.

Mit der Weiterführung der bisherigen Firma ist allerdings auch die Haftung für alle bestehenden Schulden des früheren Inhabers verbunden. Der Ausschluss dieser Haftung ist möglich, muss aber im Handelsregister eingetragen oder den Gläubigern unmittelbar mitgeteilt werden. §§ 25–27

Eine Veräußerung der Firma ohne den Geschäftsbetrieb ist verboten. § 23

■ Öffentlichkeit der Firma

Jeder Kaufmann ist verpflichtet, seine Firma und deren spätere Änderung zur Eintragung in das Handelsregister anzumelden (siehe Abschnitt 3.2.4). Die Eintragungen werden veröffentlicht. §§ 29, 31

■ Firmenschutz

Die Firma einer Unternehmung ist geschützt.

a) Wer an *demselben* Ort eine gleichlautende Firma benützt, kann von der bereits bestehenden Unternehmung verklagt werden und ist vom Registergericht von Amts wegen zur Unterlassung des Gebrauchs anzuhalten. § 37

b) Wer eine Firma in der Weise benutzt, dass Verwechslungen mit einer bereits bestehenden Unternehmung am *selben* oder an einem *anderen* Ort möglich sind, kann nach dem Gesetz gegen den unlauteren Wettbewerb von der geschädigten Unternehmung auf Unterlassung und Schadensersatz verklagt werden. UWG § 3

3.2.4 Anmeldung der Unternehmung zum Handelsregister

HGB § 8 Das **Handelsregister** ist ein **amtliches Verzeichnis der Kaufleute eines Amtsgerichtsbezirks oder mehrerer Amtsgerichtsbezirke,** das vom *Registergericht* eines Amtsgerichts elektronisch geführt wird.

Das Handelsregister unterrichtet die Öffentlichkeit über wichtige Tatbestände einer Unternehmung (Firma, Inhaber, Haftung, Geschäftssitz, Prokura) und schafft klare Rechtsverhältnisse.

Eintragungspflicht

§ 12 Die Anmeldung muss durch den Inhaber des Unternehmens elektronisch in *öffentlich beglaubigter Form* eingereicht werden.

Die Eintragung ins Handelsregister erfolgt grundsätzlich nur auf Antrag.

§ 14 Die Anmeldung kann durch Ordnungsstrafen erzwungen werden. Ausnahmsweise, z. B. bei der Eröffnung und Beendigung eines Insolvenzverfahrens, erfolgt die Eintragung von Amts wegen. Zuständig für die Eintragung in das Handelsregister ist das Amtsgericht, in dessen Bezirk das Unternehmen seinen Sitz hat.

Eintragungen können sein

a) rechtserzeugend (rechtsbegründend, konstitutiv), d. h., die *Rechtswirkung tritt erst durch die Eintragung ein.* Dies gilt z.B. für

§ 30 (1) – den Firmenschutz aller eingetragenen Unternehmen,

§ 2 – die Kaufmannseigenschaft von Kannkaufleuten,

§ 6 – die Rechtsform der Kapitalgesellschaften,

§ 172 – die beschränkte Haftung der Kommanditisten;

b) rechtsbezeugend (rechtserklärend, deklaratorisch), d.h., die *Rechtswirkung* ist schon vor der Eintragung eingetreten; sie *wird durch die Eintragung nur bestätigt.* Dies gilt z.B. für

§ 1 – die Kaufmannseigenschaft der Istkaufleute,

§ 53 – die Rechtsstellung des Prokuristen,

– die Rechtsform der Personengesellschaften.

Gliederung und Inhalt des Handelsregisters

In der **Abteilung A** (HRA) werden *Einzelunternehmen* und *Personengesellschaften,* in der **Abteilung B** (HRB) *Kapitalgesellschaften* eingetragen.

Öffentlichkeit des Handelsregisters und Veröffentlichung der Eintragungen

§ 9 **a) Öffentlichkeit.** Jedermann kann

- das Handelsregister sowie die eingereichten Dokumente einsehen,
- von den Eintragungen und den zum Handelsregister eingereichten Dokumenten einen Auszug gegen Gebühr fordern.

§ 10 **b) Veröffentlichung.** Das Gericht macht die vollständige Eintragung in das Handelsregister in einem bestimmten Informations- und Kommunikationssystem in der zeitlichen Folge ihrer Eintragung, nach Tagen geordnet, bekannt.

Beispiel: elektronischer Bundesanzeiger im Internet: www.bundesanzeiger.de

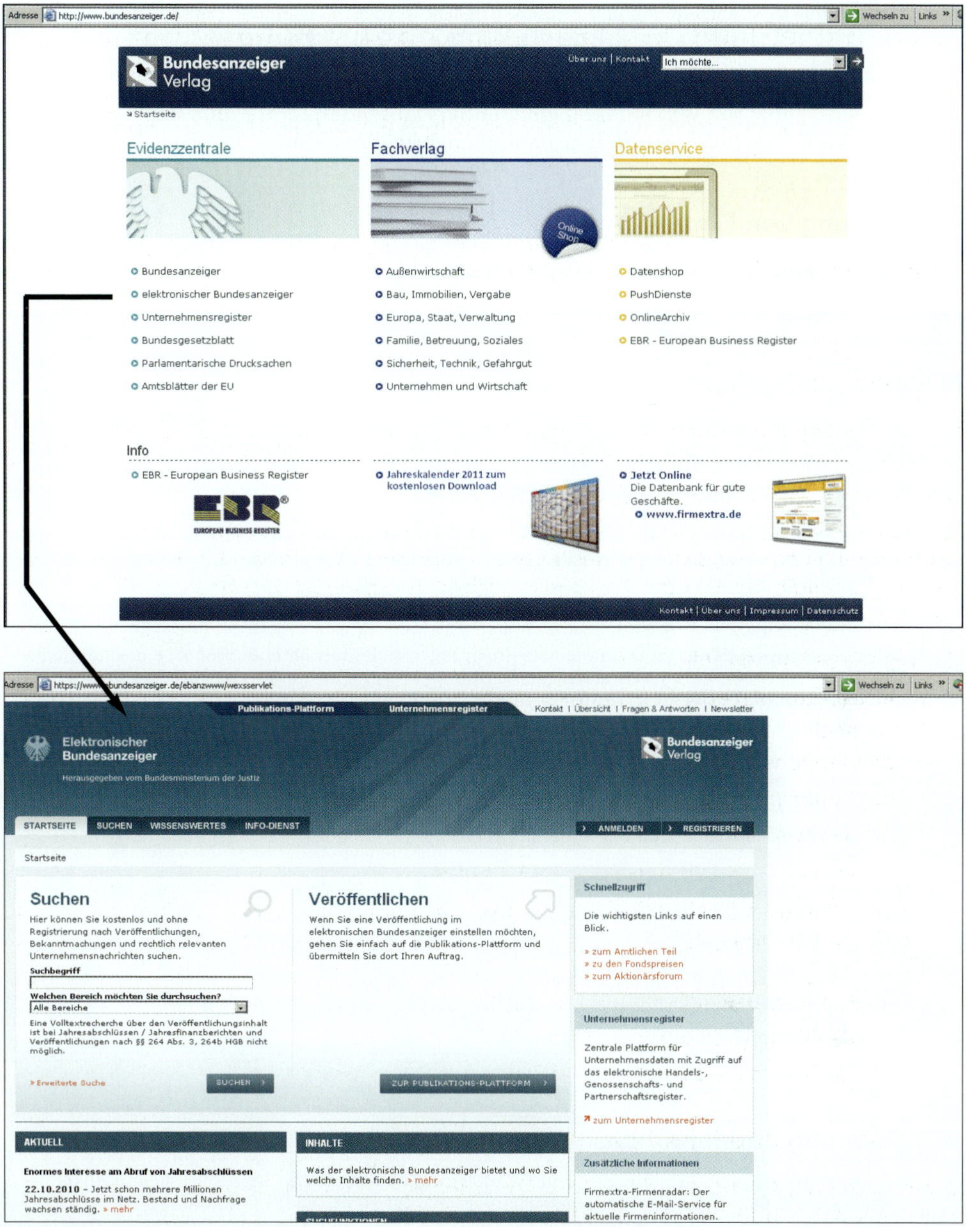

Öffentlichkeitswirkung

Das Handelsregister schützt weitgehend den gutgläubigen Dritten. Die Eintragungen genießen öffentlichen Glauben, allerdings in beschränkterem Umfange als Eintragungen im Grundbuch (vgl. Abschnitt 14.4.3).

Eingetragene und bekannt gemachte Tatsachen muss ein Dritter grundsätzlich gegen sich gelten lassen (positive Publizität). HGB § 15 (2)

Nicht eingetragene und bekannt gemachte eintragungspflichtige Tatsachen können einem gutgläubigen Dritten nicht entgegengesetzt werden (negative Publizität). § 15 (1)

Beispiel: Dem Angestellten Marischler wurde die Prokura entzogen. Der Widerruf der Prokura war ins Handelsregister eingetragen und bekannt gegeben worden. Marischler kauft für das Unternehmen einen Pkw. Der Autohändler hat nur Anspruch gegen Marischler. Das Unternehmen ist nicht verpflichtet.

Wäre der Widerruf nicht eingetragen und bekannt gemacht worden, so wäre das Unternehmen dem Autohändler verpflichtet. Es sei denn, der Widerruf der Prokura wäre dem Autohändler mitgeteilt worden.

HGB § 15 (3) Auf *unrichtig bekannt gemachte* Tatsachen kann sich ein gutgläubiger Dritter berufen.

Eine Mitteilung hebt die Wirksamkeit einer anders lautenden Eintragung im Handelsregister oder Bekanntmachung gegenüber dem Benachrichtigten auf.

Löschung von Eintragungen

Eintragungen werden auf Antrag oder von Amts wegen gelöscht.

?

1. Erläutern Sie anhand von Beispielen, warum der Grundsatz der Gewerbefreiheit nicht uneingeschränkt gelten kann.
2. § 35 der Gewerbeordnung:

   (1) Die Ausübung eines Gewerbes ist von der zuständigen Behörde ganz oder teilweise zu untersagen, wenn Tatsachen vorliegen, welche die Unzuverlässigkeit des Gewerbetreibenden oder einer mit der Leitung des Gewerbebetriebes beauftragten Person in Bezug auf dieses Gewerbe dartun, sofern die Untersagung zum Schutze der Allgemeinheit oder der im Betrieb Beschäftigten erforderlich ist. Die Untersagung kann auch auf die Tätigkeit als Vertretungsberechtigter eines Gewerbetreibenden oder als mit der Leitung eines Gewerbebetriebes beauftragte Person sowie auf einzelne andere oder auf alle Gewerbe erstreckt werden, soweit die festgestellten Tatsachen die Annahme rechtfertigen, dass der Gewerbetreibende auch für diese Tätigkeiten oder Gewerbe unzuverlässig ist. Das Untersagungsverfahren kann fortgesetzt werden, auch wenn der Betrieb des Gewerbes während des Verfahrens aufgegeben wird.

   (2) Dem Gewerbetreibenden kann auf seinen Antrag von der zuständigen Behörde gestattet werden, den Gewerbebetrieb durch einen Stellvertreter (§ 45) fortzuführen, der die Gewähr für eine ordnungsgemäße Führung des Gewerbebetriebes bietet.

   Warum enthält § 35 der Gewerbeordnung eine Generalklausel für die Untersagung der Ausübung eines bereits bestehenden Gewerbes?
3. Nennen Sie Gründe, warum die Gründung
   a) einer Gastwirtschaft genehmigungspflichtig ist,
   b) eines Lebensmitteleinzelhandelsgeschäftes bzw. einer Drogerie einen Sachkundenachweis erfordert.
4. Nennen Sie betriebliche Anlagen, die sich nach dem Bundes-Immissionsschutzgesetz einem strengeren Genehmigungsverfahren unterwerfen müssen.
5. Begründen Sie, ob folgende Personen oder Unternehmungen die Kaufmannseigenschaft besitzen:
   a) Vorstandsmitglied einer Aktiengesellschaft,
   b) Inhaber eines Elektroinstallationsgeschäftes mit zwei Verkaufsfilialen,
   c) Prokurist einer Großbank,
   d) Inhaber eines Zeitungskiosks,
   e) zwei Landwirte, die gemeinsam eine Hühnerfarm betreiben,
   f) Inhaber einer Autovermietungsgesellschaft,
   g) Forschungsgesellschaft m.b.H.
6. Ein Abschlusszeugnis der Industrie- und Handelskammer enthält die Berufsbezeichnung »Industriekaufmann«. Beurteilen Sie diese Bezeichnung nach § 1 HGB.
7. Welche Wirkung hat der Erwerb der Kaufmannseigenschaft auf das vorgeschriebene Verhalten beim Eingang einer Lieferung (vgl. § 377 HGB)?
8. Begründen Sie anhand der folgenden Situation, warum am selben Ort jede Firma nur einmal vorkommen darf: Das Reiseunternehmen »Neckermann und Reisen GmbH« existiert seit vielen Jahren am Ort. Der Kaufmann Werner Neckermann eröffnet am selben Ort ein Reisebüro unter dem Namen »Reisebüro Werner Neckermann e. K.«.
9. Ein Großhändler, der das Kaufhaus Gustav Zeller e. K. belieferte, hat noch Forderungen gegenüber Kaufmann Zeller. Das Kaufhaus wird vom Erwerber Erich Groß unter der alten Firma weitergeführt.
   a) Wovon hängt die Möglichkeit der Weiterführung einer Firma beim Wechsel des Inhabers ab?
   b) Wie wirkt sich die Betriebsveräußerung auf die Sicherheit der Forderungen des Großhändlers aus?
   c) Auf welche Weise können Sie erfahren, wer für die bestehenden Schulden des Kaufhauses haftet?

10. Prüfen Sie, welche der folgenden Eintragungen ins Handelsregister
    a) rechtserzeugende,
    b) rechtsbezeugende Wirkung hat.
    - Eintragung der Bauunternehmung Cornelia Riester e. Kfr.,
    - Eintragung der Münstertäler Fleischwaren AG,
    - Eintragung der Papiergroßhandlung Seboth GmbH & Co. KG,
    - Eintragung des Geflügelhofs Landgold-Hähnchen GmbH.
11. Erläutern Sie, warum Industrie- und Handelskammern empfehlen, vor der Eintragung ins Handelsregister die vorgesehene Firmenbezeichnung durch die Kammer prüfen zu lassen.
12. Das Amtsgericht Essen veröffentlicht in regelmäßigen Abständen Informationen unter der Überschrift »Handelsregister«. Folgender Auszug liegt vor:

    Neueintragungen: HRB 12407 – 14. April 20..: **Rexing Fördertechnik GmbH, Essen** (45307, Kleine Schönscheidtstr. 12). Gegenstand des Unternehmens ist die industrielle Fertigung und der Vertrieb von fördertechnischen Anlagen, insbesondere Transportanlagen und Maschinen. Stammkapital: 185.000 EUR. Geschäftsführerin ist Sylvia Rexing, Kauffrau, Essen.

    Veränderungen: HRB 5537 – 17. April 20..: **Speeck Rohrleitungsbau und Tiefbau GmbH, Essen** (45141, Manderscheidtstr. 92 b). Heinrich Speeck ist nicht mehr Geschäftsführer. Dipl.-Kaufmann Thomas Speeck, Datteln, ist zum Geschäftsführer bestellt.

    Löschungen: HRB 5448 – 11. April 20..: **Gomolinski Bedachungs-Gesellschaft mit beschränkter Haftung, Essen.** Die Liquidation ist beendet. Die Gesellschaft ist gelöscht.

    Stellen Sie dar, aus welchen Gründen das Amtsgericht solche Informationen regelmäßig veröffentlicht und für welche Personengruppen diese Informationen von Wert sein können.

3.3 Unternehmungsformen

Die **Unternehmungsform** ist die **rechtliche Verfassung (Rechtsform) der Unternehmung,** durch welche die Rechtsbeziehungen der Unternehmung im Innen- und Außenverhältnis geregelt werden.

Die Entscheidung für eine Unternehmungsform hängt grundlegend ab von der Betriebsgröße, der Möglichkeit der Kapitalbeschaffung, der Haftung der Unternehmer und von steuerlichen Überlegungen. Deshalb bietet die Rechtsordnung mehrere Möglichkeiten für die Gestaltung der Unternehmungsverfassung an.

Bei der **Einzelunternehmung** wird das Eigenkapital von einer Person, dem Unternehmer, aufgebracht. Der Umfang der Mittel, die eingesetzt werden können, und damit die Betriebsgröße, sind deshalb in der Regel begrenzt.

Eine **Gesellschaftsunternehmung** wird in aller Regel durch den vertraglichen Zusammenschluss von zwei oder mehr Personen zur Erreichung eines gemeinsamen Zwecks gegründet. BGB § 705

Die *Gründe,* die im Wirtschaftsleben zur Bildung einer Gesellschaft führen, können vielfältiger Art sein:

a) Erhöhung des Eigenkapitals,
b) Ergänzung der Arbeitskraft und Verteilung der Arbeitslast,
c) Ausschaltung der gegenseitigen Konkurrenz,
d) Verteilung des Unternehmerrisikos oder Begrenzung auf das Gesellschaftsvermögen,
e) Erhöhung der Kreditwürdigkeit durch Erweiterung der Haftung,
f) steuerliche Vorteile,
g) persönliche Gründe (Alter, Krankheit, Erbfall).

Je nachdem, ob die Gesellschafter den Gläubigern gegenüber persönlich haften oder nur das Gesellschaftsvermögen der juristischen Person, unterscheidet man **Personen- und Kapitalgesellschaften.**

Haftung bedeutet in diesem Zusammenhang, dass die Gesellschafter bzw. die Gesellschaft Außenstehenden (Dritten) gegenüber für die Verbindlichkeiten der Gesellschaft mit ihrem Vermögen einstehen müssen.

Als *typische Personengesellschaft* gilt die **Offene Handelsgesellschaft (OHG),** als *typische Kapitalgesellschaft* die **Aktiengesellschaft (AG).**

Im Einzelnen ergeben sich folgende weitere Unterschiede:

Merkmale	Personengesellschaft	Kapitalgesellschaft
Rechtspersönlichkeit	keine juristische Person	juristische Person
Gesellschaftsvermögen	Gesamthandvermögen der Gesellschafter	eigenes Vermögen der juristischen Person
Haftungskapital	das Gesellschaftsvermögen; das Privatvermögen der Vollhafter und das Privatvermögen der Teilhafter bis zur Höhe der eingetragenen, aber noch nicht geleisteten Einlage	nur das Gesellschaftsvermögen
Geschäftsführungsbefugnis Vertretungsmacht	in der Regel durch Gesellschafter	durch besondere Leitungsorgane
Bestehen der Unternehmung	grundsätzlich vom Gesellschafterbestand abhängig	grundsätzlich vom Gesellschafterbestand unabhängig
Besteuerung des Gewinns	einkommensteuerpflichtig	körperschaftsteuerpflichtig

Nicht bei allen Gesellschaftsformen treten diese Unterschiede eindeutig hervor. Es gibt Kapitalgesellschaften mit Merkmalen der Personengesellschaften (KGaA) und umgekehrt (GmbH & Co. KG).

Das folgende Bild gibt einen **Überblick über die verschiedenen Unternehmungsformen.**

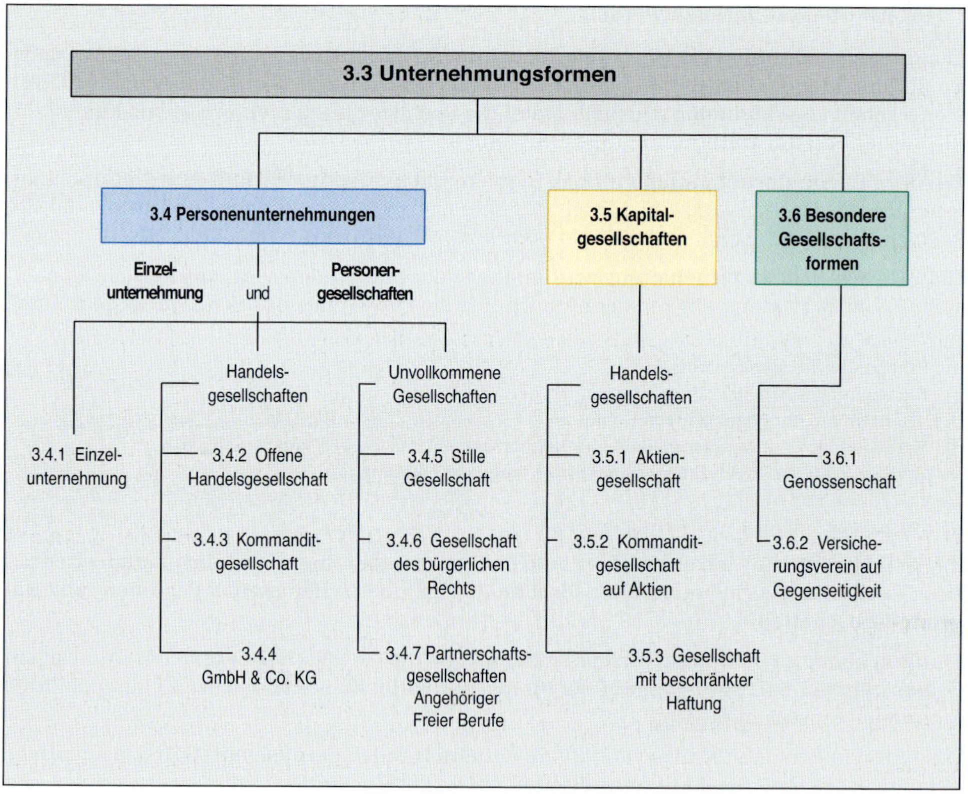

3.4 Personenunternehmungen

3.4.1 Einzelunternehmung

Die Einzelunternehmung ist ein **Gewerbebetrieb,** dessen **Eigenkapital von einer Person aufgebracht** wird, die das **Unternehmen verantwortlich leitet** und das **Risiko allein trägt.**

Firma. Sie muss zur Kennzeichnung des Kaufmanns geeignet sein und Unterscheidungskraft besitzen. Bei Einzelkaufleuten muss die Bezeichnung »eingetragener Kaufmann«, »eingetragene Kauffrau« oder eine allgemein verständliche Abkürzung dieser Bezeichnung, insbesondere »e. K.«, »e. Kfm.« oder »e. Kfr.« enthalten sein. HGB §§ 18, 19 (1), Z. 1

Beispiel: Der Geschäftsmann Jens Uwe Lück, der eine Kfz-Zubehörhandlung gegründet hat, kann als Firma wählen: Jens Uwe Lück e. K.; Jens Lück eingetragener Kaufmann; Lück e. K., Kfz-Zubehör; Kaefzet-Lück e. K., Teile World.

Haftung. Der Unternehmer muss gegenüber *Außenstehenden* (Dritten) für die Verbindlichkeiten mit seinem Vermögen *einstehen.*

Kapitalaufbringung. Das Eigenkapital wird von einer Person, dem Unternehmer, aufgebracht. Der Umfang der Mittel, die eingesetzt werden können, und damit die Betriebsgröße, sind deshalb in der Regel begrenzt.

Vorteile der Einzelunternehmung:

a) Der Unternehmer kann frei und rasch entscheiden.

b) Meinungsverschiedenheiten in der Geschäftsführung, wie sie bei Gesellschaftsunternehmen vorkommen können, sind ausgeschlossen.

c) Über den Gewinn verfügt der Unternehmer allein.

Nachteile der Einzelunternehmung:

a) Das Risiko trägt der Unternehmer allein.

b) Er haftet den Gläubigern mit seinem gesamten Vermögen, also auch mit seinem Privatvermögen.

c) Die Kapitalkraft ist begrenzt.

3.4.2 Offene Handelsgesellschaft (OHG)

Die **Offene Handelsgesellschaft** ist die vertragliche Vereinigung von zwei oder mehr Personen **zum Betrieb eines Handelsgewerbes** unter **gemeinschaftlicher Firma mit unbeschränkter Haftung aller Gesellschafter.** § 105 (1)

Den Gläubigern haftet das gesamte Geschäfts- und das Privatvermögen jedes einzelnen Gesellschafters.

Firma

Die Firma der OHG kann aus Personen-, Sach- oder Fantasienamen bestehen. Darüber hinaus muss die Bezeichnung »offene Handelsgesellschaft« oder eine allgemein verständliche Abkürzung dieser Bezeichnung in der Firma enthalten sein (OHG, offene HG, oHg). § 19 (1), Z. 2

Beispiel: Karl Berg, Fritz Grün und Willi Müller, die eine Maschinenbau-OHG gründen, können beispielsweise firmieren: Berg, Grün & Müller OHG, Maschinenbau OHG, Kafriwima OHG.

HGB § 19 (2) Wenn in einer offenen Handelsgesellschaft keine natürliche Person persönlich haftet, muss die Firma eine Bezeichnung enthalten, welche die Haftungsbeschränkung kennzeichnet.

Beispiele: GmbH & Co. OHG; AG & Co. OHG.

Gründung

BGB § 311b **a) Form:** Der Gesellschaftsvertrag ist formfrei. Die Schriftform ist jedoch üblich. Werden in die Gesellschaft Grundstücke eingebracht, so ist notarielle Beurkundung notwendig.

HGB § 123 **b) Beginn der Gesellschaft:** Im *Innenverhältnis* bestimmt der Gesellschaftsvertrag den Beginn. Im *Außenverhältnis* beginnt die Gesellschaft, sobald ein Gesellschafter Geschäfte in ihrem Namen tätigt, *spätestens* jedoch, wenn die Gesellschaft in das Handelsregister eingetragen ist. Bei Kannkaufleuten beginnt die OHG *frühestens* mit dem Registereintrag, weil dieser rechtserzeugende Wirkung hat.

§ 106 **c) Anmeldung beim Handelsregister:** Sie muss von sämtlichen Gesellschaftern der OHG vorgenommen werden. Die Anmeldung hat zu enthalten:

- Name, Vorname, Geburtsdatum und Wohnort jedes Gesellschafters;
- die Firma und den Ort der geschäftlichen Niederlassung;
- die Vertretungsmacht der Gesellschafter.

Rechtsverhältnisse der Gesellschafter untereinander (Innenverhältnis)

Die Pflichten und Rechte der Gesellschafter untereinander ergeben sich aus dem Gesellschaftsvertrag. In Ergänzung dazu gilt das Gesetz.

▶ Pflichten

BGB § 706 **a) Leistung der Kapitaleinlage.** Jeder Gesellschafter ist verpflichtet, die im Gesellschaftsvertrag *festgesetzte* Kapitaleinlage zu leisten. Sie kann in *bar, in Sachwerten und Rechtswerten* eingebracht werden (Grundstücke, Maschinen, Einrichtungsgegenstände, Wertpapiere, Patente usw.).

HGB § 111, BGB §§ 718 f. Eine Mindesthöhe ist nicht vorgeschrieben. Gesellschafter, die ihre Einlagen nicht rechtzeitig leisten, müssen Zinsen bezahlen und machen sich schadensersatzpflichtig. Obwohl die Kapitalanteile der Gesellschafter getrennt gebucht werden, erlischt das persönliche Eigentum der Gesellschafter und wird *gemeinschaftliches Vermögen der Gesellschafter* **(Gesamthandvermögen).** Ein einzelner Gesellschafter kann über seinen Kapitalanteil nicht mehr verfügen, Grundstücke werden im Grundbuch auf die OHG eingetragen.

HGB § 114 (2) **b) Geschäftsführung.** Jeder Gesellschafter hat die Pflicht, die Geschäfte der Gesellschaft zu führen und Dienste persönlich zu leisten. Die Geschäftsführungsbefugnis ist die *interne Verwaltungsbefugnis.* Sie umfasst alle Aktivitäten, außer rechtsgeschäftliches Handeln.

Beispiele: innerorganisatorische Befugnisse wie Geschäftsräume öffnen, Planungen durchführen, um ein Rechtsgeschäft durchzuführen.

§§ 112 f. **c) Wettbewerbsenthaltung.** Einem Gesellschafter ist es verboten, ohne Einwilligung der anderen Gesellschafter im Handelsgewerbe der eigenen Gesellschaft *Geschäfte auf eigene Rechnung* zu machen und sich an einer anderen gleichartigen Gesellschaft *als persönlich haftender Gesellschafter* zu beteiligen. Verstößt ein Gesellschafter gegen dieses Konkurrenzverbot, so macht er sich schadensersatzpflichtig. Die OHG hat das Eintrittsrecht. Ferner können die übrigen Gesellschafter die Auflösung der Gesellschaft verlangen.

§ 121 (3) **d) Verlustbeteiligung.** Der **Verlust** wird nach **Köpfen** verteilt und vom Kapitalanteil abgezogen.

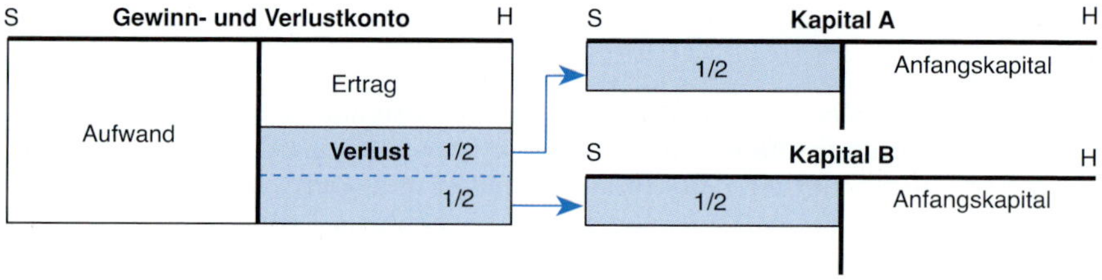

▶ Rechte

a) Geschäftsführung. *Gesetzlich* ist jeder Gesellschafter *allein* zur Geschäftsführung berechtigt, d.h., er ist den anderen Gesellschaftern gegenüber (Innenverhältnis) zur Vornahme aller Handlungen berechtigt, die der Betrieb des Handelsgewerbes der Gesellschaft gewöhnlich mit sich bringt. Es besteht also der Grundsatz der **Einzelgeschäftsführungsbefugnis.** *Vertraglich* kann die Befugnis zur Geschäftsführung beschränkt oder aufgehoben werden. Widerspricht ein geschäftsführender Gesellschafter der Vornahme einer Handlung, so muss diese unterbleiben. HGB §§ 114 f. § 116

Beispiele: Zum gewöhnlichen Betrieb gehören Entscheidungen über Wareneinkauf und Warenverkauf, die Ausstellung von Schecks und Wechseln, die Einstellung und Entlassung von Arbeitskräften.

Für *außergewöhnliche* Geschäfte ist der Gesamtbeschluss aller Gesellschafter, also auch der nicht geschäftsführenden Gesellschafter erforderlich, z.B. für den Kauf und Verkauf von Grundstücken und für die Gründung von Filialbetrieben. § 116 (2)

Zur Bestellung eines Prokuristen ist die Zustimmung aller *geschäftsführenden* Gesellschafter nötig. Der Widerruf der Prokura kann bereits durch einen geschäftsführenden Gesellschafter erfolgen. § 116 (3)

Auf Antrag der übrigen Gesellschafter kann einem Gesellschafter bei grober Pflichtverletzung oder Unfähigkeit zur ordnungsmäßigen Geschäftsführung durch gerichtliche Entscheidung die Geschäftsführungsbefugnis entzogen werden. § 117

b) Kontrolle. Ein Gesellschafter, der von der *Geschäftsführung ausgeschlossen* ist, kann sich *jederzeit* über die Geschäftslage persönlich unterrichten, die Handelsbücher und die Papiere der Gesellschaft einsehen und sich daraus eine Bilanz (Zwischenbilanz) bzw. einen Jahresabschluss anfertigen. § 118

c) Ersatz von Aufwendungen. Machen einzelne Gesellschafter im Geschäftsinteresse Aufwendungen aus Privatmitteln, z.B. für eine Geschäftsreise, so können sie sich diese ersetzen lassen und auch Zinsen dafür verlangen. Verluste, die unmittelbar mit ihrer Geschäftsführung verbunden sind, hat die Gesellschaft zu tragen, z.B. Schäden durch Unfall. § 110

d) Anteil am Gewinn. Gesetzlich hat jeder Gesellschafter Anspruch auf **4% seines Kapitalanteils** (Vordividende). Reicht der Jahresgewinn für 4% nicht aus, so wird ein entsprechend niedrigerer Prozentsatz angewandt. Privatentnahmen und Einlagen eines Gesellschafters während des Geschäftsjahres sind zinsenmäßig zu berücksichtigen. Der Restgewinn wird **nach Köpfen** verteilt. § 121

Beispiel: Verteilung des Jahresgewinns von 60.000 EUR.

Einlage von Gesellschafter Eberhardt am 30. Juni 20.000 EUR.

Entnahme von Gesellschafter Muth mit Zustimmung von Eberhardt am 31. März 10.000 EUR und am 30. September 8.000 EUR.

	A	B	C	D	E	F
1	**Gesellschafter**	**Kapital-anteil**	**4% Vor-dividende**	**Kopf-anteil**	**Gesamt-anteil**	**Kapital-endbestand**
2		**EUR**	**EUR**	**EUR**	**EUR**	**EUR**
3	**Eberhardt**	250.000	10.000			
4		+ 20.000	+ 400			
5		270.000	10.400	21.390	31.790	301.790
6						
7	**Muth**	180.000	7.200			
8		– 10.000	– 300			
9		– 8.000	– 80			
10		162.000	6.820	21.390	28.210	190.210
11						
12	**Eberhardt + Muth**	432.000	17.220	42.780	60.000	492.000

Der Gewinn wird nach § 121 HGB verteilt.

Berechnung der Vordividende:

Anteil Eberhardt	4% aus 250.000 EUR Anfangskapital	10.000 EUR	
	+ 4% aus 20.000 EUR für 180 Tage	400 EUR	10.400 EUR
Anteil Muth	4% aus 180.000 EUR Anfangskapital	7.200 EUR	
	– 4% aus 10.000 EUR für 270 Tage	300 EUR	
	– 4% aus 8.000 EUR für 90 Tage	80 EUR	6.820 EUR

Im *Gesellschaftsvertrag* kann eine vom Gesetz abweichende Regelung für die Verteilung des Gewinns vereinbart werden.

HGB § 120 Der Gewinnanteil wird dem Kapitalkonto eines jeden Gesellschafters *gutgeschrieben.* Die *Auszahlung* des Gewinns darf *nur auf Verlangen* des Gesellschafters erfolgen.

§ 122 **e) Kapitalentnahme.** Jeder Gesellschafter ist berechtigt, bis zu 4% seines zu Beginn des Geschäftsjahres vorhandenen Kapitalanteils zu entnehmen, *selbst* dann, *wenn* die OHG *Verluste* hatte. Darüber hinausgehende Entnahmen sind nur mit Zustimmung der anderen Gesellschafter möglich.

§ 132 **f) Kündigung.** Ein Gesellschafter kann auf den Schluss eines *Geschäftsjahres* unter Einhaltung einer Frist von mindestens 6 Monaten kündigen.

§§ 133, 140 Auf Antrag eines Gesellschafters kann aber bei wichtigem Grund eine **gerichtliche Entscheidung** zur Auflösung der Gesellschaft herbeigeführt werden. Das Gericht kann auch den Ausschluss eines Gesellschafters aussprechen, wenn die übrigen Gesellschafter dies beantragen.

§ 155 (1) **g) Liquidationsanteil.** Wird die Gesellschaft aufgelöst, so ist der Liquidationserlös, der nach Abzug der Schulden übrig bleibt, im *Verhältnis der Kapitalanteile* zu verteilen.

Rechtsverhältnisse der Gesellschafter zu Dritten (Außenverhältnis)

Die Rechtsbeziehungen der Gesellschafter Dritten gegenüber sind durch das Gesetz geregelt. Abweichende Vereinbarungen müssen, soweit sie gesetzlich zulässig sind, im Handelsregister eingetragen werden.

▶ Vertretungsmacht der Gesellschafter

§ 125 *Gesetzlich* ist jeder Gesellschafter *allein* zur Vertretung ermächtigt. Er kann Dritten gegenüber Willenserklärungen abgeben, durch die die Unternehmung berechtigt und verpflichtet wird (rechtsgeschäftlicher Kontakt zu Dritten). Es besteht also der Grundsatz der **Einzelvertretungsmacht.**

Vertraglich kann von diesem Grundsatz nur in folgender Weise abgewichen werden:

a) Die Gesellschafter können nur zusammen die OHG vertreten (Gesamt- oder Kollektivvertretung).

b) Die Vertretungsmacht wird nur einem oder mehreren Gesellschaftern (mit Einzel- oder Gesamtvertretungsmacht) erteilt; die übrigen Gesellschafter sind von der Vertretung ausgeschlossen.

c) Ein Gesellschafter mit Einzelvertretungsmacht kann nur mit einem Prokuristen zusammen die Gesellschaft vertreten (Abschnitt 4.2.4).

§ 126 Die Vertretungsmacht erstreckt sich auf alle Rechtsgeschäfte einschließlich der Veräußerung und Belastung von Grundstücken, der Erteilung und dem Widerruf der Prokura sowie der Vertretung der Unternehmung im Prozess. Der Umfang der Vertretungsmacht (Außenverhältnis) ist also *unbeschränkt* und auch *unbeschränkbar,* während die Geschäftsführungsbefugnis (Innenverhältnis) beschränkbar ist.

Beispiel: Der Gesellschafter Eberhardt der Eberhardt & Muth OHG erteilt dem Angestellten Gut Prokura, ohne dass ein Gesamtbeschluss der Gesellschafter vorliegt. Die Erteilung der Prokura ist nach außen hin gültig. Handlungen des Prokuristen binden das Unternehmen. Allerdings kann der Gesellschafter Muth gegen Eberhardt wegen grober Pflichtverletzung vorgehen. Entsteht durch die Handlungen des Prokuristen Gut ein Schaden, so muss Eberhardt ihn ersetzen.

Der *Entzug* der Vertretungsmacht ist bei *wichtigem* Grund, z.B. Prokuraerteilung ohne Gesamtbeschluss, auf Antrag der übrigen Gesellschafter durch *gerichtliche Entscheidung* möglich.

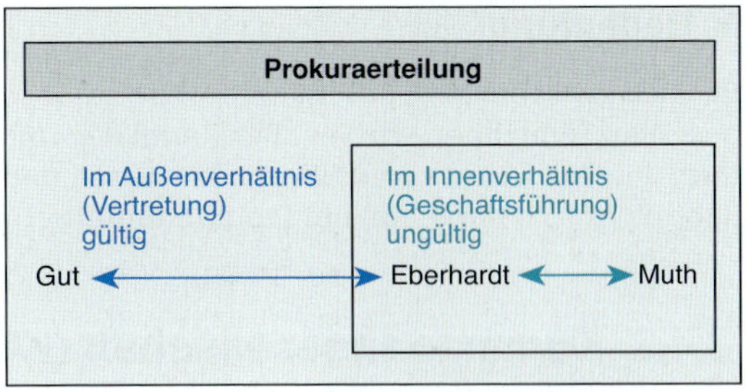

HGB § 127

▶ Haftung der Gesellschafter

Für die Verbindlichkeiten der OHG *haften alle Gesellschafter persönlich als Gesamtschuldner* **und** *die OHG mit dem Gesellschaftsvermögen.* Eine entgegenstehende Vereinbarung ist Dritten gegenüber unwirksam. § 128

Die **Gesellschafter haften** demnach wie folgt:

a) Persönlich.

- **Unbeschränkt.** Der Gesellschafter haftet nicht nur mit seinem Anteil am Geschäftsvermögen, sondern auch mit seinem gesamten Privatvermögen. Er kann nicht die »Einrede der Haftungsbeschränkung« geltend machen. Eine Vereinbarung zwischen den Gesellschaftern, durch die z.B. die Haftung auf den Kapitalanteil beschränkt wird, hat nur im Innenverhältnis Gültigkeit.

  Beispiel: Der Gesellschafter Muth der Eberhardt & Muth OHG hat mit Eberhardt im Gesellschaftsvertrag vereinbart, dass er für Schulden nur in Höhe seines Kapitalanteils haftet. Muss Muth an einen Gläubiger, der gerichtlich gegen ihn vorgeht, mehr als seinen Kapitalanteil zahlen, so kann er den Mehrbetrag von Eberhardt fordern.

- **Direkt (unmittelbar)** und **primär.** Jeder Gläubiger kann sich unmittelbar an jeden beliebigen Gesellschafter halten. Die Gesellschafter können nicht fordern, dass der Gläubiger zuerst gegen die Gesellschaft klagt. Es fehlt ihnen die »Einrede der Vorausklage«.

  Zur Zwangsvollstreckung in das Vermögen eines Gesellschafters braucht der Gläubiger aber einen vollstreckbaren Titel gegenüber dem Gesellschafter. Aus einem gegen die Gesellschaft als solche vollstreckbaren Titel kann nur die Zwangsvollstreckung in das Gesellschaftsvermögen stattfinden. Deshalb wird der Gläubiger zweckmäßigerweise sofort gegen die Gesellschaft und gegen die einzelnen Gesellschafter klagen. § 129 (4)

b) Gesamtschuldnerisch (solidarisch). Alle Gesellschafter haften für die gesamten Schulden der Gesellschaft. Der Gläubiger kann die Leistung nach seinem Belieben von jedem Gesellschafter ganz oder zu einem Teil fordern. Ein Gesellschafter kann nicht verlangen, dass der Gläubiger außer ihm auch die anderen Gesellschafter verklagt. Die »Einrede der Haftungsteilung« kann er nicht geltend machen. Hat ein Gesellschafter den Gläubiger befriedigt, so hat er aber gegenüber seinen Mitgesellschaftern einen Ausgleichsanspruch. Die Forderung des Gläubigers geht dann in Höhe des Ausgleichsbetrages auf ihn über. BGB § 421 § 426

Ein Gesellschafter, der in eine bestehende OHG *eintritt,* haftet auch für die Schulden der Gesellschaft, die bei seinem Eintritt bereits bestehen. Der Ausschluss oder die Beschränkung dieser Haftung ist nur im Innenverhältnis gültig. Wird aus einer Einzelunternehmung eine OHG, so haftet die entstandene OHG und damit auch der eintretende Gesellschafter, für die alten Schulden der bisherigen Unternehmung. Der neu eintretende Gesellschafter kann aber diese Haftung durch die Eintragung in das Handelsregister oder durch die Mitteilung an jeden einzelnen Gläubiger ausschließen. HGB § 130 § 28

Ein Gesellschafter, der aus einer OHG *ausscheidet,* haftet noch 5 Jahre für die bei seinem Austritt vorhandenen Verbindlichkeiten der Gesellschaft. § 160

Bedeutung

Es muss zwischen den geschäftsführenden Gesellschaftern ein enges Vertrauensverhältnis bestehen. Von ihnen wird in aller Regel der volle persönliche Einsatz verlangt. Die Rechtsform der OHG wird vor allem von kleineren und mittleren Gewerbebetrieben gewählt. Oft handelt es sich dabei um ein Familienunternehmen.

3.4.3 Kommanditgesellschaft (KG)

HGB § 161 Die **Kommanditgesellschaft** ist die vertragliche Vereinigung von zwei oder mehr Personen zum **Betrieb eines Handelsgewerbes** unter **gemeinschaftlicher Firma,** wobei den Gläubigern gegenüber **mindestens ein Gesellschafter unbeschränkt (Vollhafter) und mindestens ein Gesellschafter beschränkt (Teilhafter) haftet.**

Die *Vollhafter* heißen **Komplementäre,** die *Teilhafter* **Kommanditisten.**

Bei einer Kommanditgesellschaft kann auch eine juristische Person Vollhafter sein. Häufig handelt es sich dabei um eine Gesellschaft mit beschränkter Haftung (GmbH). Man spricht dann von einer GmbH & Co. KG (Abschnitt 3.4.4). Tritt eine Aktiengesellschaft an diese Stelle, so handelt es sich um eine AG & Co. KG. Die sich aus dem Personengesellschaftsrecht ergebenden Gestaltungsmöglichkeiten im Innenverhältnis einer solchen Gesellschaft sind sehr vielfältig.

Firma

§ 19 (1), Z. 3 Die Firma der KG kann aus Personen-, Sach- oder Fantasienamen bestehen. Darüber hinaus muss die Bezeichnung »Kommanditgesellschaft« oder eine allgemein verständliche Abkürzung dieser Bezeichnung in der Firma enthalten sein (KG, Kges.).

Beispiel: Karl Berg, Fritz Grün und Willi Müller, die eine Maschinenbau-KG gründen, können beispielsweise firmieren: Berg, Grün & Müller KG, Maschinenbau KG, Kafriwima KG.

§ 19 (2) Wenn in einer Kommanditgesellschaft keine natürliche Person persönlich haftet, muss die Firma eine Bezeichnung enthalten, die die Haftungsbeschränkung kennzeichnet.

Beispiele: GmbH & Co. KG, AG & Co. KG

Gründung

§ 161 Für die Form der Gründung und den Beginn der Gesellschaft gelten die gleichen Vorschriften wie für die OHG.

§ 162 Die *Anmeldung zum Handelsregister* ist von sämtlichen Gesellschaftern vorzunehmen, also auch von den Kommanditisten. Wegen der beschränkten Haftung ist die Höhe ihrer Einlagen einzutragen. Veröffentlicht wird jedoch nur die Zahl der Kommanditisten, nicht die
§ 176 Höhe ihrer Einlage. Die Beschränkung der Haftung beginnt erst mit dem Zeitpunkt der Eintragung.

Pflichten und Rechte des Komplementärs

Für den Komplementär gelten die gleichen Bestimmungen wie für den Gesellschafter der OHG.

Pflichten und Rechte des Kommanditisten

a) Pflichten des Kommanditisten.

1. **Leistung der Einlage,** die vertraglich festgelegt wurde. Diese kann von der ins Handelsregister eingetragenen Einlage, der Haftsumme, abweichen.

2. **Haftung** mit der Höhe **seiner Einlage.** Es besteht jedoch eine **unmittelbare Haftung** für den noch nicht geleisteten Teil seiner Haftsumme, der noch ausstehenden Kommanditeinlage. HGB §§ 171 f.

Beispiel: Die vereinbarte und im Handelsregister eingetragene Kommanditeinlage beträgt 100.000 EUR. Darauf wurden 40.000 EUR als Einlage geleistet. Der Kommanditist haftet dann unmittelbar mit 60.000 EUR gegenüber den Gesellschaftsgläubigern.

Beim Eintritt in eine bestehende Handelsgesellschaft haftet der Kommanditist für die vor seinem Eintritt bestehenden Verbindlichkeiten der Gesellschaft bis zur Höhe seiner noch nicht geleisteten und in das Handelsregister eingetragenen Einlage. Ist die Handelsgesellschaft oder der neu eingetretene Kommanditist noch nicht in das Handelsregister eingetragen, so haftet der Kommanditist wie ein Vollhafter. § 173 § 176

3. **Verlustbeteiligung** in *angemessenem Verhältnis* der Anteile bis zum Betrag des Kapitalanteils und der noch rückständigen Einlage. §§ 167 f.

b) Rechte des Kommanditisten.

1. **Widerspruch.** Der Kommanditist kann nur Handlungen widersprechen, die über den gewöhnlichen Betrieb des Handelsgewerbes der Gesellschaft hinausgehen, z.B. Verkauf eines Grundstückes. § 164

2. **Kontrolle.** Der Kommanditist hat nur Anspruch auf Mitteilung des Jahresabschlusses. Er kann ihn durch Einsicht in die Bücher und Papiere der Gesellschaft nachprüfen. Das Recht der laufenden Kontrolle, das der von der Geschäftsführung ausgeschlossene Gesellschafter der OHG besitzt, hat er nicht. § 166

3. **Gewinnanteil.** Jeder Gesellschafter erhält bis zu 4% seines Kapitalanteils, sofern nichts anderes vereinbart ist. Der Rest ist *in einem angemessenen Verhältnis* zu verteilen. Um Streitigkeiten vorzubeugen, wird die Gewinnverteilung meist im Gesellschaftsvertrag festgelegt. § 168 (2)

4. **Gewinnverwendung.** Hat der Kommanditist die bedungene (vereinbarte) Einlage geleistet, so kann er am Ende des Geschäftsjahres die Auszahlung seines Gewinnanteils fordern. Solange die bedungene Einlage nicht erreicht ist, wird der Gewinnanteil über das Konto »Noch ausstehende Einlage« seinem Kapital zugeschrieben. § 167

   Der Kommanditist kann die Auszahlung des Gewinnanteils auch dann nicht fordern, wenn sein Kapital durch Verlust gemindert ist. Der Gewinnanteil wird in diesem Falle zur Auffüllung der bedungenen Einlage verwendet. Früher erhaltene Gewinne braucht ein Kommanditist nicht zurückzuzahlen, wenn später Verluste eintreten. § 169

   Werden Gewinnanteile, die die bedungene Einlage übersteigen, nicht ausbezahlt, so stellen diese Verbindlichkeiten der KG dar, nicht aber gewinnberechtigtes Kommanditkapital.

5. **Kündigung.** Der Kommanditist kann auf den Schluss eines Geschäftsjahres unter Einhaltung einer Frist von mindestens 6 Monaten kündigen, wenn der Vertrag nichts anderes vorsieht. § 132

   Auf Antrag eines Gesellschafters kann aber bei wichtigem Grund eine gerichtliche Entscheidung zur Auflösung der Gesellschaft herbeigeführt werden. Das Gericht kann auch den Ausschluss eines Gesellschafters aussprechen, wenn die übrigen Gesellschafter dies beantragen. §§ 133, 140

Bedeutung

Der Vollhafter der KG kann die Kapitalgrundlage der Gesellschaft erweitern, ohne in der Geschäftsführung wesentlich eingeschränkt zu werden, wenn er einen Teilhafter in die Gesellschaft aufnimmt. Der Teilhafter erhält die Möglichkeit, sich kapitalmäßig, ohne persönliche Mitarbeit, bei nur beschränkter Haftung zu beteiligen. Weil jedoch die Vollhafter die KG leiten und den bestimmenden Einfluss ausüben, wird die KG den Personengesellschaften zugeordnet.

3.4.4 GmbH & Co. KG

Die **GmbH & Co. KG** ist eine **Kommanditgesellschaft,** bei der **eine Gesellschaft mit beschränkter Haftung** (GmbH) **Vollhafter** ist.

Bei der typischen GmbH & Co. KG sind die Gesellschafter der GmbH zugleich Kommanditisten der GmbH & Co. KG, bei der atypischen GmbH & Co. KG sind andere Personen Kommanditisten. Diese können natürliche oder juristische Personen sein.

Firma

HGB § 19 (2) Für die Firma der GmbH & Co. KG gelten grundsätzlich die gleichen Firmierungsvorschriften wie bei der KG. Da aber in dieser KG keine natürliche Person haftet, muss die Firma eine Bezeichnung enthalten, welche die Haftungsbeschränkung kennzeichnet.

Beispiele: Nord-Süd-Hausbau GmbH &. Co. KG, Meissner + Wurst GmbH & Co. KG.

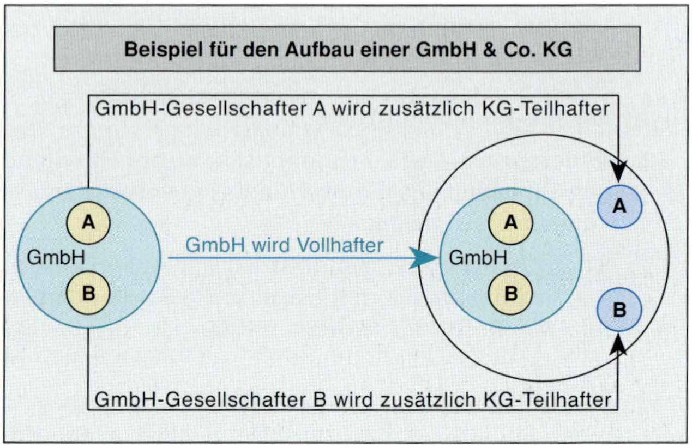

Geschäftsführung und Vertretung

Bei der KG hat der Komplementär die Geschäftsführungsbefugnis und Vertretungsmacht; bei der GmbH & Co. KG wird diese durch die Komplementär-GmbH, vertreten durch ihre Geschäftsführer, ausgeübt. Im Übrigen sind die Rechtsgrundlagen die gleichen wie bei der KG.

Bedeutung

In Deutschland gibt es annähernd 116.000 GmbH & Co. KG.

Haftungsbeschränkung. Die GmbH haftet als Komplementärin zwar unbeschränkt mit ihrem Vermögen, ihre Gesellschafter haften dagegen nur mit ihren Einlagen.

Firma. Die Sachfirma der GmbH ermöglicht es, in einem Wirtschaftszweig bekannt zu werden.

Nachfolgeregelung. Bei Familienunternehmen ist die Unternehmungsfortführung gesichert, weil anstelle einer natürlichen Person als Vollhafter eine GmbH tritt. Die persönlich haftende GmbH ist »unsterblich«.

Kapitalbeschaffung. Mit der Aufnahme weiterer Kommanditeinlagen kann Eigenkapital beschafft werden, wobei von den Teilhaftern nur ein geringer Einfluss auf das Unternehmen genommen werden kann.

Mitbestimmung. Der Einfluss der Arbeitnehmer im Wege der Mitbestimmung ist geringer als bei der GmbH, weil die GmbH im Rahmen der GmbH & Co. KG nur noch ein Mantel ist.

Geschäftsführung. Außenstehende Fachleute können als Geschäftsführer der Komplementär-GmbH eingesetzt werden.

3.4.5 Stille Gesellschaft

> Die **stille Gesellschaft** ist die vertragliche Vereinigung eines Kaufmanns (natürliche oder juristische Person) mit einem **Kapitalgeber** (natürliche oder juristische Person), dessen **Einlage in das Vermögen des Kaufmanns** übergeht.

HGB § 230

Durch die Beteiligung des stillen Gesellschafters entsteht kein echtes Gesellschaftsverhältnis, sondern ein **langfristiges Gläubigerverhältnis** mit Merkmalen einer Teilhaberschaft. Die stille Gesellschaft ist demnach eine *unvollkommene* Gesellschaft.

Firma

Der Name des stillen Gesellschafters erscheint nicht in der Firma. Das Gesellschaftsverhältnis ist aus der Firma nicht ersichtlich.

Rechtsstellung des stillen Gesellschafters

Die Höhe der Einlage des stillen Gesellschafters tritt nach außen nicht in Erscheinung, weil er nicht in das Handelsregister eingetragen wird.

Der stille Gesellschafter nimmt an der Geschäftsführung nicht teil, soweit nichts anderes vereinbart ist. Er hat das Kontrollrecht wie ein Kommanditist und ist somit berechtigt, den Jahresabschluss zu prüfen. § 233

Obwohl ein Gläubigerverhältnis vorliegt, ist der stille Gesellschafter am Gewinn und Verlust nach vertraglicher Vereinbarung beteiligt. Die Verlustbeteiligung kann vertraglich begrenzt oder ausgeschlossen werden. § 231

Bedeutung

Die stille Gesellschaft gibt einem Kaufmann die Gelegenheit, einen anderen zu beteiligen, ohne dass er in der Geschäftsführung beschränkt wird und die Beteiligung nach außen in Erscheinung tritt. Der Tod des stillen Teilhabers oder seine Insolvenz löst die Gesellschaft nicht auf.

3.4.6 Gesellschaft des bürgerlichen Rechts (GbR)

> Die **Gesellschaft des bürgerlichen Rechts** ist die vertragliche Vereinigung von Personen, die sich verpflichten, die **Erreichung eines gemeinsamen Zieles** in der durch den Vertrag bestimmten Weise zu **fördern,** insbesondere die vereinbarten Beiträge zu leisten.

BGB § 705

Es können sich sowohl Nichtkaufleute als auch Kaufleute zu einer GbR (auch GdbR, BGB-Gesellschaft) zusammenschließen.

Rechtsverhältnisse

Die Gesellschaft des bürgerlichen Rechts hat **keine Firma,** wird **nicht** ins Handelsregister **eingetragen** und endet mit der Erfüllung des beabsichtigten Zweckes.

Die Beiträge können in Geld, Sachen, Forderungen, Rechten und Dienstleistungen bestehen. Das Vermögen, das durch die Beiträge der Gesellschafter und durch die Geschäftsführung erworben wird, ist **gemeinschaftliches Vermögen** (Gesellschaftsvermögen); es ist Vermögen zur gesamten Hand (Gesamthandvermögen). Der einzelne Gesellschafter kann § 706 § 718

BGB § 719 über seinen Anteil nicht verfügen und auch keine Teilung vor der Auflösung der Gesellschaft verlangen.

§ 709 **Die Geschäftsführung** steht den Gesellschaftern gemeinschaftlich zu. In diesem Falle ist für jedes Geschäft die Zustimmung aller Gesellschafter erforderlich. Meist wird die Geschäftsführung einem einzelnen Gesellschafter übertragen.

§ 714 **Die Vertretung** ist nur mit Vollmacht der Gesellschafter möglich. Ist einem einzelnen Gesellschafter die Geschäftsführung übertragen, so ist er im Zweifel auch allein vertretungsbefugt.

§ 427 Die Gesellschafter **haften** für eingegangene Verpflichtungen persönlich, im Zweifel als Gesamtschuldner. Darüber hinaus ist die GbR »parteifähig«. Das bedeutet, dass die GbR auch verklagt werden kann.

§ 722 **Anteile am Gewinn** und **Verlust** sind für jeden Gesellschafter gleich, ohne Rücksicht auf die Art und Größe seines Beitrages.

Bedeutung

Jeder *beliebige Zweck* kann Gegenstand des Zusammenschlusses sein. Es kann sich um einen Zusammenschluss *für eine bestimmte Gelegenheit* (»Gelegenheitsgesellschaft«) oder *für längere Dauer* handeln.

Beispiele:

1. Gelegenheitsgesellschaften von Nichtkaufleuten: Schüler machen gemeinsam einen Ausflug. Mehrere Personen spielen gemeinsam Lotto oder mieten ein Auto.
2. Zusammenschluss von Kaufleuten und Nichtkaufleuten: Banken schließen sich zusammen, um gemeinsam Wertpapiere beim Publikum unterzubringen (Bankenkonsortium). Unternehmen verbinden sich zum gemeinsamen Einkauf großer Warenmengen. Zusammenschluss von Unternehmungen zu Kartellen, Interessengemeinschaften, Konzernen. Gemeinschaftliche Ausübung der Praxis durch Rechtsanwälte. Gemeinsame Übernahme von Großaufträgen durch Handwerker oder Baugesellschaften.
3. Kapitalgesellschaften vor ihrer Eintragung ins Handelsregister (Vorgründungsgesellschaften).

3.4.7 Partnerschaftsgesellschaften Angehöriger Freier Berufe

Die **Partnerschaft** ist eine Gesellschaft, in der sich Angehörige Freier Berufe zur **Ausübung** ihrer **Berufe zusammenschließen.** Sie übt kein Handelsgewerbe aus.

PartGG § 1 (1), S. 3 Angehörige einer Partnerschaft können nur natürliche **freiberuflich tätige Personen** sein.

Beispiele: Ärzte, Zahnärzte, Tierärzte, Heilpraktiker, Krankengymnasten, Hebammen, Heilmasseure, Diplompsychologen, Mitglieder der Rechtsanwaltskammern, Patentanwälte, Wirtschaftsprüfer, Steuerberater, beratende Volks- und Betriebswirte, vereidigte Buchprüfer (vereidigte Buchrevisoren), Steuerbevollmächtigte, Ingenieure, Architekten, Handelschemiker, Lotsen, hauptberufliche Sachverständige, Journalisten, Bildberichterstatter, Dolmetscher, Übersetzer und ähnliche Berufe sowie Wissenschaftler, Künstler, Schriftsteller, Lehrer und Erzieher.

§ 3 (1) Der Gesellschaftsvertrag bedarf der Schriftform. Die Partnerschaftsgesellschaft muss zur
§§ 4 ff. Eintragung in ein spezielles Partnerschaftsregister angemeldet werden, das bei den Amts-
§ 7 (1) gerichten geführt wird. Sie entsteht im Verhältnis zu Dritten mit ihrer Eintragung.

Name der Partnerschaft

§ 2 (1), (2) Der Name der Partnerschaft muss den Namen mindestens eines Partners, den Zusatz »und Partner« oder »Partnerschaft« sowie die Berufsbezeichnungen aller in der Partnerschaft vertretenen Berufe enthalten und darf weder den Namen eines Dritten noch einen irreführenden Zusatz enthalten.

Rechtsstellung der Partnerschaftsgesellschaft

Da Freiberufler kein Handelsgewerbe ausüben und deshalb keine Kaufleute im handelsrechtlichen Sinne sind, werden sie auch nicht zu Kaufleuten, wenn sie zur gemeinsamen Ausübung ihres Berufes eine Partnerschaftsgesellschaft gründen. Deshalb finden auf die Partnerschaftsgesellschaft ergänzend die Vorschriften über die Gesellschaft des bürgerlichen Rechts und nicht über die OHG Anwendung. Allerdings ist die Partnerschaft ähnlich den Personengesellschaften OHG und KG der juristischen Person angenähert, denn sie kann unter ihrem Namen Rechte erwerben und Verbindlichkeiten eingehen, Eigentum und andere Rechte an Grundstücken erwerben, vor Gericht klagen und verklagt werden.

PartGG § 1 (1), S. 2
§ 1 (4)
§ 7 (2) i.V. m. § 124 HGB

▶ Vertretung und Haftung

Jeder Partner ist zur **Alleinvertretung** berechtigt. Für die Verbindlichkeiten der Partnerschaft **haften** den Gläubigern neben dem *Vermögen der Partnerschaft* deren *Partner als Gesamtschuldner.* Sie können jedoch die persönliche Haftung wegen fehlerhafter Berufsausübung vertraglich auf den für die konkrete berufliche Leistung unmittelbar verantwortlichen Partner beschränken. Dann haftet dem geschädigten Mandanten neben der Partnerschaft nur derjenige Partner persönlich, der die berufliche Leistung selbst erbringen oder verantwortlich leiten soll.

PartGG § 8 (1), S. 1

▶ Ausscheiden

Der Tod, die Eröffnung des Insolvenzverfahrens über das Vermögen eines Partners oder die Kündigung der Partnerschaft durch einen Partner führt nur zum Ausscheiden dieses Partners, während die Partnerschaft unter den übrigen fortbesteht. Die Beteiligung an einer Partnerschaftsgesellschaft ist also nicht vererblich. Auch der Verlust der für einen freien Beruf erforderlichen Zulassung führt nur zum Ausscheiden des Betroffenen aus der weiter bestehenden Partnerschaft.

§ 9 (4), S. 1
§ 9 (2)

Durch den Verweis auf die firmenrechtlichen Vorschriften des HGB ist gewährleistet, dass der Name der Partnerschaft auch nach dem Tode des namensgebenden Partners fortgeführt und damit der mit dem Namen verbundene immaterielle Unternehmenswert erhalten werden kann.

1. Herr Friedrich Neu entwickelte ein Übungsgerät für den Freizeitsport, mit dessen Hilfe man wie ein Känguru hüpfen kann. Er möchte dieses Gerät herstellen und vertreiben und gründet zu diesem Zweck eine Einzelunternehmung. Begründen Sie,
   a) warum Herr Neu die Rechtsform der Einzelunternehmung wählt,
   b) welche Probleme Herrn Neu als Einzelunternehmer erwachsen können,
   c) wie er auf eine rasche Absatzausweitung bzw. auf Konjunkturschwächen reagieren kann.
   d) Wie kann Friedrich Neu firmieren?
2. Im Betrieb verbreitet sich das Gerücht, der Chef beabsichtige, seine beiden Söhne am Unternehmen zu beteiligen. Die Einzelunternehmung solle in eine Personengesellschaft umgewandelt werden. Teile der Belegschaft begrüßen dies, andere Mitarbeiter äußern Bedenken. Wie können die beiden Gruppen argumentieren?
3. a) Welchen Problemen steht ein Einzelunternehmer im nachfolgenden Text in Deutschland gegenüber?
   b) Inwieweit hindert die deutsche Mentalität, Risiko zu übernehmen?
   c) In welcher Richtung sollte sich die deutsche Mentalität ändern?
   d) Machen Sie Vorschläge, wie Sie selber dazu beitragen können.
   e) Wie soll der Staat sich verhalten,
      – um die Gründung von Einzelunternehmen zu ermöglichen,
      – um den Spaß am Unternehmersein nicht zu verderben?

Unternehmer sein macht Arbeit – und Spaß,
von Klaus Mangold (ehemaliger Vorstandsvorsitzender der früheren debis Systemhaus GmbH)

Ein neuer Hoffnungsträger ist entdeckt: der Existenzgründer. Junge Unternehmen schaffen Arbeitsplätze und gelten als Motor des Strukturwandels. Aber geht die Gesellschaft auch in angemessener Weise mit den neuen Selbstständigen um? Der deutsche Existenzgründer fühlt sich oft hin- und hergerissen: Am Wochenende wird er noch an Messeständen umworben und in den Medien gehegt. Doch schon am Montag kämpft er wieder selbst und ständig wie Don Quijote gegen die Mühlen der Bürokratie – ständig mit der Angst des Versagens im Nacken.

Noch immer sieht sich mancher Existenzgründer nicht in der Lage, ausreichend Kapital für längerfristige Projekte aufzutreiben. Dabei sind die Finanzierungsmöglichkeiten längst besser als ihr Ruf. Gerade in jüngster Zeit stehen neue Wege zum Geld offen – etwa mit Venture Capital. Das Zentrum für Europäische Wirtschaftsforschung urteilte, Deutschland sei dabei, zu einem der interessantesten Venture-Capital-Märkte der Welt zu werden. Noch nie stand innovativen Existenzgründern so viel Geld zur Verfügung wie heute. Allein der DaimlerChrysler-Venture-GmbH stehen 20 Millionen EUR zur Verfügung, die über einen Zeitraum von vier bis fünf Jahren in Erfolg versprechende Unternehmen investiert werden sollen.

Viele Existenzgründer besitzen einen Aktivposten besonderer Qualität: ihre Idee. Ein cleverer Einfall bietet kapitalschwachen Gründern gerade im Dienstleistungsbereich viele Chancen, da dort die notwendige Ausstattung mit Sachkapital gering ist. Neun von zehn Unternehmen werden heute im Servicesektor gegründet. Der Weg in eine neue Dienstleistungsgesellschaft kann auch den Weg in eine neue Selbstständigen-Gesellschaft ebnen – wenn Schwarzmalerei und Pessimismus nicht das zurzeit günstige Investitionsklima in Deutschland vergiften.

In Deutschland vermisse ich immer noch Risikokultur und Selbstbewusstsein. Nach Umfragen streben rund 40 Prozent der deutschen Hochschulabsolventen in den öffentlichen Dienst, nicht einmal 15 Prozent wollen ein eigenes Unternehmen gründen. Stattdessen bevorzugen Berufsanfänger eine Karriere à la carte. Die Bereitschaft, Risiken einzugehen, mit Unsicherheiten zu leben und dabei ohne Netz und doppelten Boden zu planen, fehlt in weiten Teilen der Bevölkerung.

Diese deutsche Urangst lässt sich nur indirekt mit der Verbesserung von Rahmenbedingungen bekämpfen. Die Gesellschaft muss Traditionen über Bord werfen. Übertriebene Vorsicht ist keine Tugend. Wer nicht selbstbewusst ist, macht kein Geschäft. Es kann aber auch nicht angehen, dass in Deutschland Scheitern als Charakterschwäche ausgelegt wird. Viele Unternehmer, die es beim ersten Anlauf nicht schaffen, geben entmutigt auf. Wer möchte ein lebenslanges Stigma mit sich herumtragen? In den USA ist das anders: Es ist besser, einmal zu scheitern, als es nie versucht zu haben, lautet dort die Devise – und seien es zwei, drei oder vier Anläufe.

Die Liebe zum Unternehmertum entdeckt der Existenzgründer meist erst auf den zweiten Blick. Wenn er bemerkt, dass Selbstständigsein Spaß macht. Es geht um Freiheit, die Entscheidungskraft, Durchsetzungswillen, Verantwortungsbewusstsein und Kreativität zum Maß aller Dinge macht. Eine Freiheit, die keinen Unterschied mehr zwischen Freizeit und Arbeit, zwischen Beruf und Berufung kennt. Eine Freiheit, die Arbeit nicht als lästige Pflichterfüllung betrachtet, sondern als Teil der Selbstverwirklichung. Die Gesellschaft muss lernen, Existenzgründern gerade aus dem Bereich der Dienstleistungen mehr Wertschätzung entgegenzubringen. Es ist uns zu wünschen, dass sich die neue Generation der Selbstständigen für den Spaß am Unternehmertum entscheidet.

4. Am 7. März 1997 wurde in das Handelsregister Ludwigsburg die Fielmann AG & Co. OHG eingetragen. Erläutern Sie diese Rechtsform.
5. Zeigen Sie, durch die Beantwortung folgender Fragen, dass die OHG personenbezogen ist:
   a) Wie viele Personen können bereits eine OHG gründen?
   b) Wer ist zur Geschäftsführung verpflichtet?
   c) Wie kann das Vertretungsrecht wahrgenommen werden?
   d) Was versteht man unter persönlicher Haftung?
   e) Warum ist nach dem Gesetz die Kündigung oder der Tod eines Gesellschafters ein Auflösungsgrund?
6. Dem Gesellschafter Sautter wurde die Geschäftsführungsbefugnis durch seine beiden anderen Gesellschafter Reitter und Moll entzogen. Trotzdem kauft Sautter für die OHG einen neuen Geschäftswagen und schließt einen Kreditvertrag über 25.000 EUR ab. Beurteilen Sie die Rechtslage.
7. Warum werden die Kapitalanteile der Gesellschafter einer OHG nicht ins Handelsregister eingetragen?
8. a) Das Eigenkapital einer OHG mit den Gesellschaftern Balle und Marischler beläuft sich auf 125.000 EUR. Dabei entfallen 75.000 EUR auf Balle und 50.000 EUR auf Marischler. Auf welche Art und Weise kann der Gesellschafter Marischler seinen Kapitalanteil um 30.000 EUR erhöhen?
   b) Welche Auswirkungen hätte diese Kapitalerhöhung hinsichtlich seiner Geschäftsführungsbefugnis und seiner Vertretungsmacht?
9. Der Kraftfahrzeugmeister Buhl und der kaufmännische Angestellte Ruf beschließen die Gründung einer Großhandlung für Kfz-Bedarf in der Rechtsform einer OHG. Beantworten Sie folgende Fragen (mit Begründung):
   a) Welche Gründe können Buhl veranlassen, statt einer Einzelunternehmung zusammen mit Ruf eine OHG zu gründen?
   b) Zur Finanzierung eines Auslieferungslagers beantragt Ruf einen Bankkredit. Zu welchen Überlegungen dürfte die Bank durch die Tatsache gelangen, dass das Schuldnerunternehmen eine OHG ist?

c) Wie ist die Rechtslage nach der gesetzlichen Regelung?
   - Gesellschafter Ruf kündigt dem Angestellten Berner,
   - er gibt schriftlich Anweisungen an die Mitarbeiter der Buchhaltungsabteilung,
   - er erteilt einem Angestellten Prokura,
   - er unterschreibt einen Überweisungsauftrag an die Hausbank zulasten des Kontos der OHG.

10. Die im HGB vorgesehene Gewinnbeteiligung ergibt sich aus dem Wesen der OHG.
   a) Warum erhält jeder Gesellschafter zunächst 4% seines Kapitalanteils?
   b) Weshalb wird der Restgewinn nach Köpfen verteilt?
   c) Welche Wirkung auf die Verteilung des Gewinns wird der vertragliche Ausschluss eines Gesellschafters von der Geschäftsführung haben?

11. Der Kaufmann Andreas Weinert gründete ein Unternehmen für Geschäftsausstattungen und hat dieses Unternehmen in den vergangenen Jahren stetig vergrößern und ausbauen können.

   Für eine Betriebserweiterung im Jahre 02 soll die Einzelunternehmung in eine OHG umgewandelt werden. Als Gesellschafter bieten sich sein technischer Mitarbeiter Wolfgang Pschorr und sein Sohn Alexander Weinert an, der soeben sein Ingenieurstudium beendet hat.

   Die Bezeichnung »Geschäftsausstattungen Andreas Weinert« soll in die neue Firma aufgenommen werden.

   Herr Weinert sen. bringt seine Unternehmung (Gebäude, sonstiges Anlagevermögen, Umlaufvermögen) im Wert von 400.000 EUR ein, Pschorr leistet eine Bareinlage von 50.000 EUR und Alexander Weinert stellt seine Arbeitskraft zur Verfügung.

   Die OHG beginnt laut Gesellschaftsvertrag, der am 5. Dezember 01 abgeschlossen wurde, am 1. Januar 02; die Eintragung in das Handelsregister erfolgte am 10. Januar 02.

   a) Welcher Form muss der Gesellschaftsvertrag für diese OHG genügen? Begründen Sie Ihre Antwort.
   b) Prüfen Sie, ob die OHG die vorgesehene Firma übernehmen kann, und begründen Sie Ihre Ansicht.
   c) Der Sohn Alexander Weinert leistet keine Einlage, sondern stellt seine Arbeitskraft zur Verfügung.

      Beurteilen Sie diese Vereinbarung im Gesellschaftsvertrag:
      - im Hinblick auf die Einlagepflicht des OHG-Gesellschafters,
      - aus bilanztechnischer Sicht,
      - aus der Sicht der Mitgesellschafter,
      - aus der Sicht der Gläubiger.
   d) Erläutern Sie die Bedeutung der Daten 5. Dezember 01, 1. Januar 02 und 10. Januar 02 im Hinblick auf die Entstehung der OHG!
   e) Führen Sie in einer übersichtlichen Tabelle die Gewinnverteilung für das Jahr 02, die Verlustverteilung für das Jahr 03 durch und geben Sie die Entnahmen der drei Gesellschafter am Ende des Jahres 02 und 03 an!

      Die Gewinn- und Verlustverteilung ist wie folgt geregelt:
      - Jeder Gesellschafter erhält zunächst 6% seines Kapitalanteils; der Rest wird zur Hälfte an Andreas Weinert und zu je einem Viertel an Wolfgang Pschorr und Alexander Weinert verteilt.
      - Außerdem hat Alexander Weinert eine Einlage in der Form zu bewirken, dass er seinen 3.000 EUR übersteigenden Anteil am Reingewinn so lange nicht entnehmen darf, bis sein Kapitalkonto 25.000 EUR erreicht hat.
      - Die Verlustverteilung erfolgt nach Gesetz.
      - Die Gesellschafter Andreas Weinert und Wolfgang Pschorr machen von ihrem Entnahmerecht nach HGB Gebrauch.
      - Im Jahr 02 erzielte die OHG einen Gewinn von 30.000 EUR. Im Jahr 03 erzielte die OHG einen Verlust von 7.500 EUR.
   f) Angenommen, der Kapitalanteil von Alexander Weinert ist im Jahr 04 negativ geworden. Wie verhält es sich in einem solchen Falle mit dem Entnahmerecht des Gesellschafters?

12. Eine OHG erzielt in einem Geschäftsjahr (= Kalenderjahr) einen Reingewinn von 350.800 EUR. Beteiligungsverhältnis der Gesellschafter: A 800.000 EUR, B 600.000 EUR, C 400.000 EUR. Entnahme von A am 18. Oktober 40.000 EUR, Einlage von C am 6. August 60.000 EUR.

   Nach dem Gesellschaftsvertrag werden die Kapitalanteile mit 5% verzinst. Entnahmen und Einlagen sind mit 5% Zinsen zu berücksichtigen. Der Restgewinn ist im Verhältnis 5 : 5 : 3 zu verteilen.

   Berechnen Sie die Gewinn- und die neuen Kapitalanteile der Gesellschafter.

13. Vervollständigen Sie folgende Tabelle:

	Komplementär (Vollhafter)	Kommanditist (Teilhafter)
Kontrollrecht		
Recht auf Kapitalentnahme		
Haftung beim Eintritt in die Gesellschaft		
Haftung beim Ausscheiden aus der Gesellschaft		

14. Begründen Sie, ob ein Angestellter gleichzeitig Kommanditist
    a) in der Unternehmung seines Arbeitgebers,
    b) in einer fremden Unternehmung sein kann.
15. Auszug aus dem Gesellschaftsvertrag der Riester Labor KG:

    »§ 35: Stirbt ein Komplementär, werden eventuell vorhandene Erben nur als Kommanditisten in die KG aufgenommen.«

    Begründen Sie, warum die Gründer der KG diesen Paragrafen in den Gesellschaftsvertrag aufgenommen haben.
16. Ein Kommanditist fordert, dass bei der Gewinnverteilung der Restgewinn nach Köpfen verteilt werden soll. Der Komplementär verweist auf das HGB, in dem es heißt, dass der Restgewinn in einem angemessenen Verhältnis zu verteilen sei. Begründen Sie, warum der Gesetzgeber zu dieser Regelung gegriffen hat.
17. Sachverhalt: Peter Stalder gründete ursprünglich die Peter Stalder Tennishallen. Um mit anderen Tennishallen konkurrenzfähig zu bleiben, stehen umfangreiche Investitionen an. Dazu nahm er gegen Ende des Jahres 01 seine Tochter Femke als Komplementärin und Alfred Brodt als Kommanditist in das Unternehmen auf. Der Gesellschaftsvertrag für die KG wurde am 1. Dezember 01 abgeschlossen. Die Eintragung in das Handelsregister erfolgte am 15. Dezember 01. Die Bilanz der KG zum 31. Dezember 01 weist zusammengefasst folgende Beträge in EUR aus:

Aktiva — **Bilanz zum 31. Dezember 01** — **Passiva**

Aktiva	EUR	Passiva	EUR
Ausstehende Kommanditeinlage	10.000	Kapital Peter Stalder	260.000
Anlagevermögen	1.300.000	Kapital Femke Stalder	350.000
Umlaufvermögen	180.000	Kommanditkapital Brodt	110.000
		Fremdkapital	770.000
	1.490.000		1.490.000

a) Kommanditist Brodt hat bei den Vertragsverhandlungen die Aufnahme seines Namens in die Firma gefordert. Die anderen Gesellschafter lehnen dies ab. Nennen Sie die rechtlichen und wirtschaftlichen Argumente.

b) Erläutern Sie die rechtliche Bedeutung des
- 1. Dezember 01 und
- 15. Dezember 01 für die Gesellschafter der Unternehmung.

c) Am 18. Februar 02 fordert ein Lieferant des Unternehmens einen seit einem halben Jahr fälligen Betrag über 12.000 EUR von Kommanditist Brodt. Dieser verweigert die Zahlung mit der Begründung, dass er zum Zeitpunkt der Entstehung der Schuld noch nicht Gesellschafter gewesen sei. Wie ist die Rechtslage?

d) Femke Stalder möchte sich an einer Fitness-Center GmbH beteiligen. Für diesen Zweck will sie 10.000 EUR aus der KG herausziehen. Welcher rechtliche und wirtschaftliche Einwand ist dagegen zu erheben, wenn im Gesellschaftsvertrag darüber nichts vereinbart wurde?

e) Wegen der guten Ertragslage des Unternehmens beabsichtigt Brodt, seinen Gewinnanteil von 65.100 EUR im Unternehmen zu belassen.
- In welcher Höhe und in welcher Bilanzposition muss der Gewinnanteil des Kommanditisten am Jahresende ausgewiesen werden?
- Welche rechtlichen Voraussetzungen müssen erfüllt sein, um das gewinnfähige Kommanditkapital zu erhöhen?

f) Angenommen, die KG hätte keinen Gewinn, sondern einen Reinverlust von 68.710 EUR erzielt. Wie hoch wäre der Verlustanteil Brodts, wenn ein Verlust im Verhältnis 2:2:1 verteilt werden soll? Könnte dieser in der Bilanz ausgewiesen werden?

g) Beurteilen Sie folgende Vorgänge:
- Brodt erwirbt bei einem Sportartikelhändler Tennisschläger im Wert von 30.000 EUR für die Sport-Shops in den Tennishallen. Er begründet dies damit, Gesellschafter der Unternehmung zu sein.
- Peter Stalder kauft fünf Ballmaschinen im Wert von 25.000 EUR. Brodt widerspricht dem Kauf mit der Begründung, man beschäftige doch einen Tennislehrer.

- Femke Stalder beabsichtigt, mit liquiden Mitteln der KG aus Spekulationsgründen 50 Aktien eines Automobilwerkes zu kaufen. Ihr Vater, Peter Stalder, dessen Geschäftsführungsrechte nicht beschränkt sind, widerspricht dem Kauf.

18. In Deutschland gibt es etwa 450.000 GmbH & Co. KGs. Welche Gründe sprechen für diese Unternehmensform?
19. Erklären Sie die Rechtsverhältnisse einer AG & Co. KG.
20. Welche unterschiedliche Rechtsstellung besteht zwischen einem Kommanditisten und einem stillen Gesellschafter?
21. Wodurch unterscheidet sich der stille Gesellschafter von einem Darlehensgläubiger der stillen Gesellschaft?
22. Vergleichen Sie die Gesellschaft des bürgerlichen Rechts mit der Offenen Handelsgesellschaft in Bezug auf folgende Merkmale:
    a) Zweck,
    b) gesetzliche Regelung,
    c) Firma,
    d) Geschäftsführung und Vertretung,
    e) Ergebnisverteilung.
23. Bis zum Inkrafttreten des Gesetzes über Partnerschaftsgesellschaften stand Angehörigen freier Berufe keine spezielle Gesellschaftsform zur gemeinsamen Berufsausübung zur Verfügung. Nur Steuerberater und Wirtschaftsprüfer konnten unter bestimmten Voraussetzungen eine Aktiengesellschaft (AG), Gesellschaft mit beschränkter Haftung (GmbH), Offene Handelsgesellschaft (OHG) oder Kommanditgesellschaft (KG) gründen.

    Ein Zusammenschluss von Freiberuflern zum Zwecke der gemeinsamen Berufsausübung war bisher, von den genannten Möglichkeiten abgesehen, nur in Form einer Gesellschaft des bürgerlichen Rechts (GbR oder auch BGB-Gesellschaft genannt) möglich.

    Beschreiben Sie die Vorteile der Partnerschaftsgesellschaft gegenüber der BGB-Gesellschaft.

3.5 Kapitalgesellschaften

3.5.1 Aktiengesellschaft (AG)

Die **Aktiengesellschaft** ist eine Handelsgesellschaft mit eigener Rechtspersönlichkeit (juristische Person), deren Gesellschafter (Aktionäre) mit **Einlagen auf das in Aktien zerlegte Grundkapital beteiligt** sind. Für die Verbindlichkeiten der Gesellschaft **haftet** den Gläubigern **nur das Gesellschaftsvermögen.**

AktG §§ 1, 3

Die Aktionäre riskieren lediglich ihren Kapitaleinsatz.

Kapitalaufbringung

Das **Grundkapital** ist der Teil des Eigenkapitals, der sich aus *dem Nennwert oder den Anteilen sämtlicher Aktien* ergibt. Es ist in der Bilanz als **Gezeichnetes Kapital** auszuweisen. Der Mindestnennbetrag des Grundkapitals beträgt 50.000 EUR. Zum Eigenkapital der AG gehören neben dem Grundkapital die **Rücklagen.** Wurden diese aus nicht ausgeschütteten Gewinnen gebildet, nennt man sie **Gewinnrücklagen.**

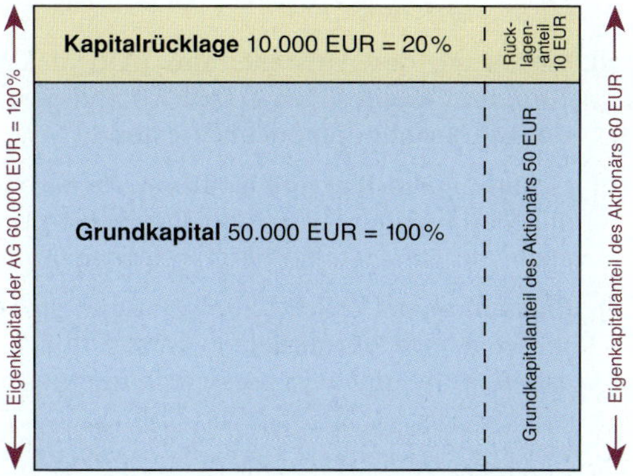

§§ 6, 7 HGB § 266

Durch den Verkauf von Aktien fließt bei der Gründung und bei späteren Kapitalerhöhungen der AG das benötigte Eigenkapital zu.

AktG § 8 **Aktien** sind Urkunden über die Beteiligung an einer Aktiengesellschaft. Sie können als *Nennbetragsaktien* oder als *Stückaktien* begründet werden.

§ 8 (2) **Nennbetragsaktien** müssen auf mindestens 1 EUR lauten, höhere Nennbeträge lauten auf volle Euro.

§ 8 (3) **Stückaktien** lauten auf keinen Nennbetrag. Die Stückaktien einer Gesellschaft sind am Grundkapital in gleichem Umfang beteiligt. Der auf die einzelne Aktie entfallende anteilige Betrag darf 1 EUR nicht unterschreiten.

Der Anteil am Grundkapital bestimmt sich bei Nennbetragsaktien nach dem Verhältnis ihres Nennbetrags zum Grundkapital, bei Stückaktien nach der Zahl der Aktien.

§ 9 Für einen geringeren Betrag als den Nennbetrag oder den auf die einzelne Stückaktie entfallenden anteiligen Betrag des Grundkapitals dürfen Aktien nicht ausgegeben werden (geringster Ausgabebetrag). In der Regel werden sie mit *Aufgeld* **(Agio)** verkauft. Das Aufgeld muss in die **Kapitalrücklage** eingestellt werden. HGB § 272 (2)

Firma

AktG § 4 Die Firma der AG kann eine Personen-, Sach-, Fantasie- oder gemischte Firma sein. Sie muss die Bezeichnung »Aktiengesellschaft« oder eine allgemein verständliche Abkürzung dieser Bezeichnung enthalten.

Beispiele: Albert Hoffmann Aktiengesellschaft, Funner & Higher AG, Ahrens Textil Aktiengesellschaft.

Gründung

§ 2 **a) Gründer und Gesellschaftsvertrag.** Die Aktiengesellschaft kann von *einer* oder *mehreren Personen* gegründet werden. Die Gründer stellen den *Gesellschaftsvertrag,* die **Satzung,** auf. Diese muss notariell beurkundet werden. § 23

Die Gründer müssen alle Aktien gegen Einlagen übernehmen.

b) Gründungsarten. In der Satzung ist festzulegen, ob eine Bargründung oder eine Sachgründung erfolgen soll.

§ 54 1. Bei der **Bargründung** werden die Einlagen der Aktionäre durch Einzahlungen geleistet.

§ 27 2. Bei der **Sachgründung** bringen die Aktionäre statt Bargeld Sachen und Rechte in die AG ein, wie Grundstücke, Maschinen, Patente (Sacheinlagen), oder die Gesellschaft übernimmt vorhandene oder herzustellende Anlagen oder andere Vermögensgegenstände (Sachübernahme).

§ 29 **c) Errichtung der AG.** Mit der Übernahme aller Aktien durch die Gründer ist die Gesellschaft »errichtet«.

§ 30 **d) Bestellung des Aufsichtsrates (AR), des Vorstandes und des Abschlussprüfers.** Die Gründer bestellen den ersten AR und den Abschlussprüfer für das erste Geschäftsjahr. Der AR bestellt den ersten Vorstand.

§§ 32 f. **e) Gründungsbericht und -prüfung.** Die Gründer erstatten einen schriftlichen Bericht über den Hergang der Gründung. Dieser Hergang ist vom Vorstand, vom AR und in der Regel auch von außenstehenden Gründungsprüfern zu prüfen.

§ 41 **f) Entstehung der AG.** Bis zur Eintragung ins Handelsregister bilden die Gründer eine Gesellschaft des bürgerlichen Rechts. Jeder, der im Namen der Gesellschaft Geschäfte macht, haftet deshalb persönlich und gesamtschuldnerisch.

§§ 36–40 Sämtliche Gründer sowie alle Mitglieder des Vorstandes und des AR müssen die Anmeldung vornehmen. Sie haben nachzuweisen, dass die notwendigen Sacheinlagen und Einzahlungen auf das Grundkapital erfolgt sind. In der Anmeldung ist ferner anzugeben, welche Vertretungsbefugnis die Vorstandsmitglieder haben. Alle Urkunden über die Gründung sind beizufügen. Nach der Prüfung der Anmeldung durch das Gericht erfolgt die Eintragung und Bekanntmachung.

Erst durch die *Eintragung* »entsteht« die AG als juristische Person mit Kaufmannseigenschaft. Die Eintragung hat also rechtserzeugende Wirkung. HGB § 6

Aufbau der AG

Die AG hat drei Organe: den **Vorstand,** der die Unternehmung leitet, den **Aufsichtsrat**, der die Geschäftsführung des Vorstandes überwacht, und die **Hauptversammlung** (HV), in der die Aktionäre ihre Interessen vertreten.

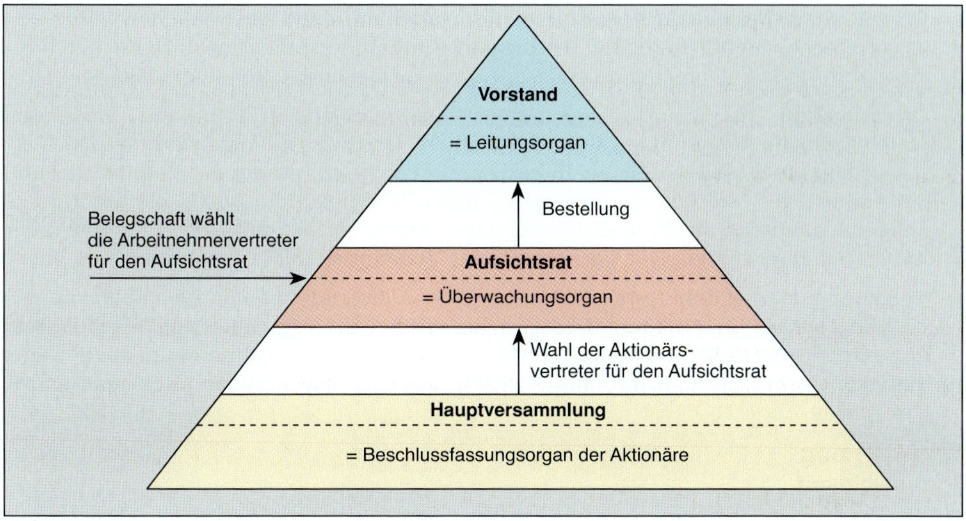

▶ Vorstand

a) Rechtsstellung. Besteht der Vorstand aus mehreren Personen, so haben sie **gesetzlich** die **Gesamtgeschäftsführungsbefugnis** und die **Gesamtvertretungsmacht.** In der Satzung kann auch *Einzelgeschäftsführungsbefugnis* und *Einzelvertretungsmacht* festgelegt werden. Die Einzelgeschäftsführungsbefugnis wird aber dadurch beschränkt, dass bei Meinungsverschiedenheiten im Vorstand nie gegen die Mehrheit der Vorstandsmitglieder entschieden werden darf. AktG §§ 77 f.

Die Satzung kann auch bestimmen, dass ein Vorstandsmitglied gemeinsam mit einem Prokuristen die Gesellschaft vertritt.

Die Einzelvertretungsbefugnis und die Vertretungsbefugnis gemeinsam mit einem Prokuristen sind ins Handelsregister einzutragen. § 81

b) Bestellung und Abberufung. Der Vorstand wird in der Regel vom AR auf höchstens *fünf Jahre* bestellt. Die wiederholte Bestellung ist zulässig. AR-Mitglieder können nicht gleichzeitig Vorstandsmitglieder sein. Der AR kann die Ernennung widerrufen, wenn ein wichtiger Grund vorliegt, z. B. grobe Pflichtverletzung. §§ 84, 84 (3), 85, 105

c) Zusammensetzung. Der Vorstand kann aus einer oder mehreren Personen, den Vorstandsmitgliedern oder Direktoren, bestehen. Bei Gesellschaften mit einem Grundkapital von mehr als 3 Millionen EUR hat er aus mindestens 2 Personen zu bestehen, es sei denn, die Satzung bestimmt, dass er aus einer Person besteht. § 76 (2)

In Gesellschaften mit mehr als 2.000 Arbeitnehmern gehört dem Vorstand ein Arbeitsdirektor als gleichberechtigtes Mitglied an. Er wird vom Aufsichtsrat bestellt und bearbeitet insbesondere arbeitsrechtliche, soziale und personelle Angelegenheiten. MitbestG § 33

d) Aufgaben.

1. Der Vorstand hat unter eigener Verantwortung die Gesellschaft zu leiten. AktG § 76
2. Er muss dem AR regelmäßig, mindestens vierteljährlich, Bericht erstatten über den Gang der Geschäfte und die Lage des Unternehmens. § 90

HGB § 264 3. Er hat jeweils für das vergangene Geschäftsjahr den Jahresabschluss sowie den Lagebericht aufzustellen und dem Abschlussprüfer vorzulegen.

AktG § 121 4. Er hat die HV einzuberufen und ihr einen Vorschlag über die Verwendung des Bilanzgewinns zu unterbreiten.

§ 92 5. Er muss bei Zahlungsunfähigkeit oder Überschuldung die Eröffnung des Insolvenzverfahrens oder die Aufstellung eines Insolvenzplanes beantragen.

§ 93 Bei der Durchführung seiner Aufgaben hat er die Sorgfalt eines ordentlichen und gewissenhaften Geschäftsleiters anzuwenden. Sofern er seine Obliegenheiten verletzt, ist
§ 88 er schadensersatzpflichtig. Die Wettbewerbsenthaltungspflicht besteht für den Vorstand der AG in entsprechender Weise wie für die Gesellschafter einer OHG.

§ 81 **e) Öffentlichkeit.** Die Zusammensetzung des Vorstandes und jede Änderung müssen im Handelsregister eingetragen und veröffentlicht werden. Die Unterschriften der Vorstandsmitglieder sind der Anmeldung beizufügen. Weiter erfolgt die Veröffentlichung der Namen des Vorstandes in den Gesellschaftsblättern und durch Rundschreiben. Schließlich müssen die Namen der Vorstandsmitglieder auf den Geschäftsbriefen der
§ 80 AG angegeben werden. Der Vorsitzende des Vorstandes ist als solcher zu bezeichnen.

§ 87 **f) Vergütung.** Neben dem *festen Gehalt* kann der Vorstand eine *Beteiligung am Jahresgewinn* (Tantieme) erhalten. Der Gewinnanteil wird errechnet von dem Jahresüberschuss, vermindert um einen Verlustvortrag aus dem Vorjahr und um die Beträge, die nach *Gesetz oder Satzung* aus dem Jahresüberschuss in offene Rücklagen einzustellen sind.

▶ Aufsichtsrat

§§ 101 f. **a) Bestellung.** Der AR wird auf *vier Jahre* bestellt.

1. In Gesellschaften mit **weniger als 500 Arbeitnehmern** ist die Mitbestimmung der Arbeitnehmer im AR nicht zwingend vorgeschrieben. Der AR kann also *ausschließlich* mit Vertretern der **Anteilseigner** besetzt sein.

DrittelbG § 1 2. In Gesellschaften, die **mindestens 500,** aber **nicht mehr als 2.000 Arbeitnehmer** beschäftigen, wird der AR zu *zwei Dritteln* aus Vertretern der **Anteilseigner,** zu einem *Drittel* aus Vertretern der **Arbeitnehmer** gebildet. Die Zahl der AR-Mitglieder muss also mindestens drei Mitglieder betragen; die Satzung kann eine höhere, durch drei
AktG § 95 teilbare Mitgliederzahl bestimmen. Die Höchstzahl beträgt jedoch bei Gesellschaften mit einem Grundkapital

bis zu 1.500.000 EUR neun,

von mehr als 1.500.000 EUR fünfzehn,

von mehr als 10.000.000 EUR einundzwanzig Mitglieder.

MitbestG § 7 3. In Gesellschaften, die **mehr als 2.000 Arbeitnehmer** beschäftigen, setzt sich der AR je *zur Hälfte* **(paritätisch)** aus Vertretern der **Anteilseigner** und der **Arbeitnehmer** zusammen. Die Zahl der AR-Mitglieder beträgt in diesem Falle

- bei 2.000 bis 10.000 beschäftigten Arbeitnehmern zwölf,
  davon vier Arbeitnehmer des Unternehmens und zwei Gewerkschaftsvertreter;
- bei mehr als 10.000 bis 20.000 beschäftigten Arbeitnehmern sechzehn,
  davon sechs Arbeitnehmer des Unternehmens und zwei Gewerkschaftsvertreter;
- bei mehr als 20.000 beschäftigten Arbeitnehmern zwanzig,
  davon sieben Arbeitnehmer des Unternehmens und drei Gewerkschaftsvertreter.

Die Vertreter der Anteilseigner werden in beiden Fällen von der HV, die Vertreter der Arbeitnehmer von der Belegschaft gewählt. Die AR-Sitze der Arbeitnehmer sollen sich auf Arbeiter, Angestellte und leitende Angestellte entsprechend ihrem Anteil an der Gesamtbelegschaft verteilen; jede Gruppe muss aber mindestens einen Sitz erhalten. Der AR wählt aus seiner Mitte einen Vorsitzenden und einen Stellvertreter. Wird die dazu

erforderliche 2/3-Mehrheit nicht erreicht, so wählen die AR-Mitglieder der Kapitaleigner den Vorsitzenden. Dieser hat bei Stimmengleichheit im AR eine zweite Stimme.

b) Zusammenkunft. Der Aufsichtsrat muss zwei Sitzungen im Kalenderhalbjahr abhalten. In nichtbörsennotierten Gesellschaften kann der Aufsichtsrat beschließen, dass eine Sitzung im Kalenderhalbjahr abzuhalten ist. AktG § 110 (3)

c) Persönliche Voraussetzungen für Aufsichtsratsmitglieder. Mitglied des AR kann nur eine natürliche, unbeschränkt geschäftsfähige Person sein. Eine Person kann höchstens 10 AR-Sitze innehaben. Dabei werden aber bis zu 5 AR-Sitze bei Konzern-Tochtergesellschaften angerechnet. Verboten ist die Entsendung von gesetzlichen Vertretern anderer Kapitalgesellschaften in den AR einer AG, wenn ein Vorstandsmitglied dieser AG bereits dem AR der anderen Kapitalgesellschaft angehört (Überkreuzverflechtung). Ferner kann ein Vorstandsmitglied eines abhängigen Unternehmens (Tochterunternehmen) nicht dem AR der herrschenden Gesellschaft (Muttergesellschaft) angehören. § 100

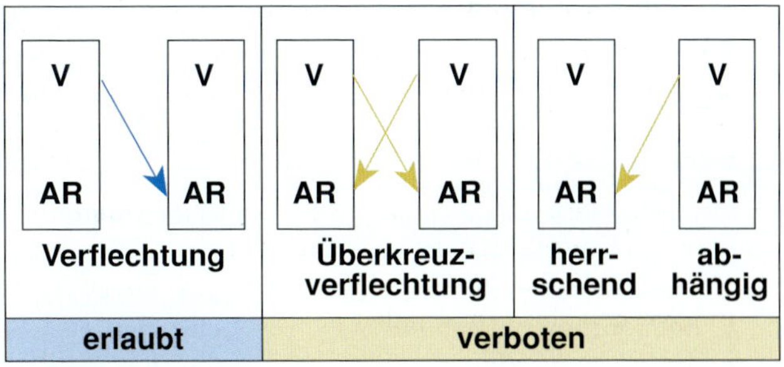

d) Aufgaben.

1. Der AR bestellt den Vorstand, überwacht seine Tätigkeit und beruft ihn ab, wenn ein wichtiger Grund vorliegt. §§ 84, 111
2. Er hat den Jahresabschluss, den Lagebericht, den Prüfungsbericht des Abschlussprüfers und den Vorschlag des Vorstandes für die Verwendung des Bilanzgewinns zu prüfen. § 171 (1)
3. Er hat der HV über das Ergebnis der Prüfung schriftlich zu berichten. § 171 (2)
4. Er hat eine außerordentliche HV einzuberufen, wenn das Wohl der Gesellschaft es erfordert. § 111 (3)

Neben den im Gesetz formulierten Aufgaben gewinnt die *Beratung des Vorstandes* zunehmend an Bedeutung.

Beispiel: Beratung bei geplanten Investitionen; bei der Überwindung von Krisensituationen.

Der AR hat wie der Vorstand die Sorgfalts- und Schadensersatzpflicht. § 116

e) Öffentlichkeit. Die Namen, der Beruf und der Wohnort der AR-Mitglieder müssen dem Registergericht gemeldet werden. Sie werden aber nicht eingetragen, sondern nur in den Gesellschaftsblättern veröffentlicht. Ferner ist jeder Wechsel der AR-Mitglieder unverzüglich bekannt zu machen und die Bekanntmachung beim Handelsregister einzureichen. Der Name des Vorsitzenden des AR ist auf den Geschäftsbriefen anzugeben. §§ 36 f. § 40 § 106 § 80

f) Vergütung. Dem AR kann eine Vergütung (Tantieme) bezahlt werden. Sie kann in der Satzung festgesetzt oder von der HV bewilligt werden. Wird den AR-Mitgliedern ein Anteil am Jahresgewinn gewährt, so berechnet sich der Anteil nach dem Bilanzgewinn, vermindert um einen Betrag von mindestens 4% der auf den Nennbetrag der Aktien geleisteten Einlage. § 113

▶ Hauptversammlung

a) Rechtsstellung. Die HV ist die Versammlung der Aktionäre. In ihr nehmen sie die ihnen gesetzlich zustehenden Rechte durch Ausübung des Stimmrechts wahr. Sie beschließen in den im Gesetz und in der Satzung ausdrücklich bestimmten Fällen. Jedem Aktionär muss auf Verlangen in der HV durch den Vorstand Auskunft über Angelegenheiten der Gesellschaft gegeben werden, soweit sie zur sachgemäßen Beurteilung des Gegenstandes der Tagesordnung erforderlich ist. Eine Auskunft darf nur verweigert werden, § 118 § 119 § 131

wenn dadurch der Gesellschaft oder einem verbundenen Unternehmen ein nicht unerheblicher Nachteil zugefügt würde. Im Zweifelsfalle
AktG § 132 entscheidet das Gericht über die Berechtigung einer Auskunftsverweigerung.

b) Aufgaben.

§§ 101, 103 1. Die HV wählt die AR-Mitglieder der Anteilseigner mit einfacher Mehrheit und kann sie vor dem Ablauf ihrer Amtszeit mit Dreiviertelmehrheit abberufen.

§ 119 2. Sie beschließt über lebenswichtige Grundfragen der AG, die einer Satzungsänderung bedürfen, wie Kapitalerhöhung und -herabsetzung, Verschmelzung und Auflösung.

§ 119 3. Sie wählt den Abschlussprüfer und Prüfer für Sonderprüfungen, z.B. bei der Gründung.

§ 119 4. Sie beschließt über die Verwendung des festgestellten Bilanzgewinns.

§ 173 5. Sie stellt den Jahresabschluss fest, wenn der Vorstand und AR dies beschließen oder wenn der AR den Jahresabschluss des Vorstandes nicht billigt.

§ 120 6. Sie beschließt über die Entlastung der Vorstands- und Aufsichtsratsmitglieder.

Bayer

Wir laden unsere Aktionäre ein zur

ordentlichen Hauptversammlung

am Freitag, dem 29. April 2011 um 10:00 Uhr,
Kongresshalle, Messegelände Köln-Deutz.

Tagesordnung

1. Vorlage des festgestellten Jahresabschlusses und des Konzernabschlusses, des zusammengefassten Lageberichts für die Gesellschaft und den Konzern sowie des Berichts des Aufsichtsrates für 2010; Beschlussfassung über die Gewinnverwendung
2. Entlastung des Vorstandes
3. Entlastung des Aufsichtsrates
4. Ermächtigung zur Begebung von Wandel- und Optionsanleihen, Schaffung bedingten Kapitals und Satzungsänderung
5. Vergütung des Aufsichtsrats
6. Ermächtigung zum Erwerb eigener Aktien
7. Wahl des Abschlussprüfers für 2011

Die vollständige Einberufung mit dem Wortlaut der Vorschläge zur Beschlussfassung ist im Bundesanzeiger Nr. 51 vom 18. März 2011 abgedruckt.

Leverkusen, 16. März 2011
Der Vorstand der
Bayer Aktiengesellschaft

---

§§ 121, 175 **c) Einberufung.** Die *ordentliche HV* muss jährlich in den ersten acht Monaten des Geschäftsjahres einberufen werden zur *Entgegennahme des Jahresabschlusses* und des Lageberichtes sowie zur *Beschlussfassung über die Verwendung des Bilanzgewinns.*

Die Einberufung erfolgt bei Publikumsgesellschaften durch eine Veröffentlichung der Tagesordnung in den Gesellschaftsblättern, außerdem durch Mitteilung an die Kreditinstitute, welche die Mitteilung an die betroffenen Depotkunden weitergeben.

Eine *außerordentliche HV* wird einberufen, wenn

§ 122 – Aktionäre, deren Anteile zusammen mindestens den zwanzigsten Teil des Grundkapitals ausmachen, dies fordern,
§ 92 – der Verlust die Hälfte des Grundkapitals erreicht hat,
§ 119 – Kapitalerhöhungen bzw. -herabsetzungen geplant sind.

§ 134 **d) Abstimmung.** Das Stimmrecht wird nach Aktiennennbeträgen, bei Stückaktien nach ihrer Zahl, ausgeübt. Aktionäre, die »Aktienpakete« besitzen (Großaktionäre), haben also einen entscheidenden Einfluss in der HV. Die Satzung kann allerdings das Stimmrecht durch die Festsetzung von Höchstbeträgen beschränken. Die »Unterwanderung« einer AG durch Großaktionäre soll auch öffentlich bekannt werden. Sobald ein Unternehmen 25% des Kapitals einer AG erworben hat, muss es dies der AG mitteilen. Diese hat den Tatbestand in den Gesellschaftsblättern zu veröffentlichen. Unternehmen, welche die Mitteilungspflicht verletzt haben, können die Rechte aus den Aktien nicht geltend machen. AktG § 20

Für die Beschlüsse der HV genügt grundsätzlich die *einfache* Mehrheit der abgegebenen Stimmen. Beschlüsse über Satzungsänderungen der AG müssen mit der *qualifizierten* Mehrheit von 75 % des bei der Beschlussfassung vertretenen Grundkapitals gefasst werden. Besitzt ein Aktionär also nur wenig mehr als 25%, so kann er solche Beschlüsse verhindern **(Sperrminorität)**. Ein Verzeichnis der Teilnehmer an der HV gibt Aufschluss über deren Aktienbesitz. § 133, § 179, § 129

Der Aktionär braucht das Stimmrecht jedoch nicht persönlich auszuüben. Er kann sich durch einen Bevollmächtigten vertreten lassen. Da die Aktien sehr häufig bei einer Bank deponiert werden, liegt es nahe, dass sie den Aktionär vertritt. § 134

Um die Machtfülle, die auf diese Weise den Banken zufallen kann, einzuschränken und Missbräuche zu verhindern, verlangt das Gesetz die *schriftliche* Ermächtigung der Bank durch den Aktionär zur Ausübung des Stimmrechts. Dieses **Depotstimmrecht** kann nur für einen Zeitraum von längstens 15 Monaten erteilt werden und ist jederzeit widerruflich. Außerdem müssen die Banken ihre eigenen Vorschläge für die Ausübung des Stimmrechts zu den einzelnen Gegenständen der Tagesordnung mitteilen. Der Bankkunde hat das Recht, seiner Bank bestimmte Weisungen für die HV zu erteilen. § 135

Bei Aktiengesellschaften, deren Aktien zum Börsenhandel zugelassen sind, müssen die Beschlüsse notariell beurkundet werden. § 130

Pflichten und Rechte des Aktionärs

a) Pflichten des Aktionärs.

1. Leistung der übernommenen Einlage. Bei *Bargründungen* sind mindestens 25% des geringsten Ausgabebetrages der Aktien und das volle Agio einzuzahlen. §§ 54, 36 (2), 36a

Beispiel:

Grundkapital	10 Millionen EUR
Emissionskurs	120 %
Leistung der Mindesteinlage	
Gründungskosten	500.000 EUR

Aktiva	Gründungsbilanz		Passiva
Ausstehende Einlagen	7.500.000	Gezeichnetes Kapital	10.000.000
Vermögen	4.000.000	Kapitalrücklage	2.000.000
Verlustvortrag	500.000		
	12.000.000		12.000.000

Bei *Sachgründungen* sind die Sacheinlagen voll einzubringen.

2. Nebenverpflichtung zu nicht in Geld bestehenden Leistungen, wenn die Übertragung der Aktien an die Zustimmung der Gesellschaft gebunden *(vinkulierte Namensaktie)* und die Verpflichtung durch die Satzung auferlegt ist (z. B. die Lieferung von Zuckerrüben an eine Zuckerfabrik). § 55

b) Rechte des Aktionärs.

1. Recht auf Teilnahme an der HV. § 118
2. Stimmrecht in der HV nach Aktiennennbeträgen, bei Stückaktien nach deren Zahl. § 134
3. Auskunftsrecht über Angelegenheiten der Gesellschaft, soweit die Auskunft zur sachgemäßen Beurteilung des Gegenstandes der Tagesordnung erforderlich ist. § 131

AktG § 243 4. Recht auf Anfechtung eines Beschlusses der HV wegen Verletzung des Gesetzes oder der Satzung.

§§ 58 (4), 60 5. Recht auf Anteil am Bilanzgewinn (Dividende) nach seinem Anteil am Grundkapital. Sofern die Satzung dies vorsieht, kann die Hauptversammlung auch eine Sachausschüttung beschließen.

Bei Nennbetragsaktien wird die Dividende aus dem Nennbetrag gerechnet (Nominalverzinsung), die effektive Rendite ergibt sich aus dem Verhältnis des Dividendenbetrages zum Stückkurs.

Beispiel: Die Makrota AG schüttete 2010 eine Dividende von 1,10 EUR auf eine Nennbetragsaktie im Nennbetrag von 1 EUR aus. Bei einem Börsenkurs von 36,43 (Tiefstkurs 2010) (Kaufpreis 36,43 EUR für eine Aktie) bzw. von 52,75 EUR (Höchstkurs 2010) entspricht dies einer effektiven Rendite von 3,02% bzw. von 2,09%.

§ 186 6. Recht auf Bezug neuer (junger) Aktien im Verhältnis der Kapitalerhöhung zum alten Grundkapital.

Beispiel: Ein Aktionär hat 60 Aktien. Die AG erhöht das Grundkapital von 50 Mio. auf 60 Mio. EUR, also um 20%. Somit kann der Aktionär bei diesem Bezugsverhältnis (5:1) zwölf junge Aktien beziehen, d. h., seinen Aktienanteil gleichermaßen um 20% erhöhen.

§ 271 (2) 7. Recht auf Anteil am Liquidationserlös nach dem Anteil am Grundkapital.

Rechnungslegung

HGB § 267 In welchem Umfang Aktiengesellschaften und andere Kapitalgesellschaften zur Rechnungslegung verpflichtet sind, hängt von ihrer Größe ab. Für die Zuordnung müssen mindestens zwei der drei nachstehenden Merkmale an zwei aufeinanderfolgenden Abschlussstichtagen erfüllt sein:

Zuordnung / Merkmale	**Kleine** Kapitalgesellschaft oder Personengesellschaft	**Mittelgroße** Kapitalgesellschaft oder Personengesellschaft	**Große** Kapitalgesellschaft oder Personengesellschaft
Bilanzsumme	≦ 4.840 Mio. EUR	> 4.840 Mio. EUR ≦ 19.250 Mio. EUR	> 19.250 Mio. EUR
Umsatzerlöse	≦ 9.680 Mio. EUR	> 9.680 Mio. EUR ≦ 38.500 Mio. EUR	> 38.500 Mio. EUR
Arbeitnehmer	≦ 50 Arbeitnehmer	> 50 Arbeitnehmer ≦ 250 Arbeitnehmer	> 250 Arbeitnehmer

Diese Zuordnung entscheidet über den Umfang

§§ 266, 275 – der vorgeschriebenen Gliederung der Bilanz (Bild, Seite 73) und der Gewinn- und Verlustrechnung (Bild, Seite 74),

§ 316 – der Prüfungspflicht für den Jahresabschluss,

§ 325 – sowie dessen Offenlegung durch Bekanntmachung im Bundesanzeiger.

§ 264 **a) Aufstellung und Feststellung des Jahresabschlusses.**

1. Der Vorstand muss in den ersten drei Monaten des Geschäftsjahres den Jahresabschluss und den Lagebericht aufstellen und dem Abschlussprüfer vorlegen. Die Frist für kleine Gesellschaften beträgt sechs Monate. Sie unterliegen keiner Prüfungspflicht.

§ 289 (1) Der **Lagebericht** muss mindestens Angaben enthalten über
- den Geschäftsverlauf.
- die gegenwärtige Lage der Kapitalgesellschaft.

§ 289 (2) Er soll darüber hinaus eingehen auf
- Vorgänge von besonderer Bedeutung, die nach dem Schluss des Geschäftsjahres eingetreten sind,
- die voraussichtliche Entwicklung der Kapitalgesellschaft,
- den Bereich Forschung und Entwicklung.

Mit dem Lagebericht sollen die Angaben des Jahresabschlusses, die sich nicht im Zahlenwerk niederschlagen, um die aktuellen Erkenntnisse und Absichten der Geschäftsleitung der Kapitalgesellschaft erweitert und ergänzt werden. Es soll auf diese Weise ein den tatsächlichen Verhältnissen entsprechendes Bild der Vermögens-, Finanz- und Ertragslage der Kapitalgesellschaft vermittelt werden.

Gliederung der Bilanz (für große und mittelgroße Kapitalgesellschaften).

HGB § 266

Aktiva **Bilanz** **Passiva**

Aktiva

A. Anlagevermögen:

I. Immaterielle Vermögensgegenstände:
1. Selbst geschaffene gewerbliche Schutzrechte und ähnliche Rechte und Werte;
2. entgeltlich erworbene Konzessionen, gewerbliche Schutzrechte und ähnliche Rechte und Werte sowie Lizenzen an solchen Rechten und Pflichten;
3. Geschäfts- oder Firmenwert;
4. geleistete Anzahlungen;

II. Sachanlagen:
1. Grundstücke, grundstücksgleiche Rechte und Bauten, einschließlich der Bauten auf fremden Grundstücken;
2. technische Anlagen und Maschinen;
3. andere Anlagen, Betriebs- und Geschäftsausstattung;
4. geleistete Anzahlungen und Anlagen im Bau;

III. Finanzanlagen:
1. Anteile an verbundenen Unternehmen;
2. Ausleihungen an verbundene Unternehmen;
3. Beteiligungen;
4. Ausleihungen an Unternehmen, mit denen ein Beteiligungsverhältnis besteht;
5. Wertpapiere des Anlagevermögens;
6. sonstige Ausleihungen.

B. Umlaufvermögen:

I. Vorräte:
1. Roh-, Hilfs- und Betriebsstoffe;
2. unfertige Erzeugnisse, unfertige Leistungen;
3. fertige Erzeugnisse und Waren;
4. geleistete Anzahlungen;

II. Forderungen und sonstige Vermögensgegenstände:
1. Forderungen aus Lieferungen und Leistungen;
2. Forderungen gegen verbundene Unternehmen;
3. Forderungen gegen Unternehmen, mit denen ein Beteiligungsverhältnis besteht;
4. sonstige Vermögensgegenstände;

III. Wertpapiere:
1. Anteile an verbundenen Unternehmen;
2. sonstige Wertpapiere;

IV. Kassenbestand, Bundesbankguthaben, Guthaben bei Kreditinstituten und Schecks.

C. Rechnungsabgrenzungsposten.

D. Aktive latente Steuern.

E. Aktiver Unterschiedsbetrag aus der Vermögensverrechnung.

Passiva

A. Eigenkapital:

I. Gezeichnetes Kapital;

II. Kapitalrücklage;

III. Gewinnrücklagen:
1. gesetzliche Rücklage;
2. Rücklage für Anteile an einem herrschenden oder mehrheitlich beteiligten Unternehmen;
3. satzungsmäßige Rücklagen;
4. andere Gewinnrücklagen;

IV. Gewinnvortrag/Verlustvortrag;

V. Jahresüberschuss/Jahresfehlbetrag.

B. Rückstellungen:
1. Rückstellungen für Pensionen und ähnliche Verpflichtungen;
2. Steuerrückstellungen;
3. sonstige Rückstellungen.

C. Verbindlichkeiten:
1. Anleihen, davon konvertibel;
2. Verbindlichkeiten gegenüber Kreditinstituten;
3. erhaltene Anzahlungen auf Bestellungen;
4. Verbindlichkeiten aus Lieferungen und Leistungen;
5. Verbindlichkeiten aus der Annahme gezogener Wechsel und der Ausstellung eigener Wechsel;
6. Verbindlichkeiten gegenüber verbundenen Unternehmen;
7. Verbindlichkeiten gegenüber Unternehmen, mit denen ein Beteiligungsverhältnis besteht;
8. sonstige Verbindlichkeiten, davon aus Steuern, davon im Rahmen der sozialen Sicherheit.

D. Rechnungsabgrenzungsposten.

E. Passive latente Steuern.

HGB §§ 316 ff.

2. Der von der HV gewählte Abschlussprüfer hat den Jahresabschluss, die Buchführung und den Lagebericht zu prüfen. Beim Jahresabschluss müssen die Bestimmungen des Gesetzes und der Satzung beachtet werden. Der Lagebericht ist darüber hinaus darauf zu prüfen, ob er nicht eine falsche Vorstellung von der Lage der Gesellschaft erweckt. (§ 321) Der Abschlussprüfer muss den schriftlichen Prüfungsbericht dem Vorstand vorlegen.

AktG §§ 170–172

3. Der Vorstand hat unverzüglich nach Eingang des Prüfungsberichts dem AR den Jahresabschluss und den Lage- und Prüfungsbericht vorzulegen, außerdem einen Vorschlag über die Verwendung des Bilanzgewinns durch die HV. Wenn der AR den Jahresabschluss billigt, ist er festgestellt, d.h., er kann nicht mehr verändert werden.

§ 173 Die Feststellung des Jahresabschlusses kann aber auch durch die HV erfolgen, wenn sich Vorstand und Aufsichtsrat gemeinsam dafür entscheiden, oder wenn der AR den Jahresabschluss nicht billigt.

§ 175

4. Unverzüglich nach Eingang des Berichts des AR hat der Vorstand die HV zur Entgegennahme des festgestellten Jahresabschlusses und zur Beschlussfassung über die Verwendung des Bilanzgewinns einzuberufen.

Gliederung der Gewinn- und Verlustrechnung (für große Kapitalgesellschaften).

1. Umsatzerlöse;	BETRIEBSERGEBNIS
2. Erhöhung oder Verminderung des Bestandes an fertigen und unfertigen Erzeugnissen;	
3. andere aktivierte Eigenleistungen;	
4. sonstige betriebliche Erträge;	
5. Materialaufwand: a) Aufwendungen für Roh-, Hilfs- und Betriebsstoffe und für bezogene Waren, b) Aufwendungen für bezogene Leistungen;	
6. Personalaufwand: a) Löhne und Gehälter, b) soziale Abgaben und Aufwendungen für Altersversorgung und für Unterstützung, davon für Altersversorgung;	
7. Abschreibungen: a) auf immaterielle Vermögensgegenstände des Anlagevermögens und Sachanlagen, b) auf Vermögensgegenstände des Umlaufvermögens, soweit diese die in der Kapitalgesellschaft üblichen Abschreibungen überschreiten;	
8. sonstige betriebliche Aufwendungen;	
9. Erträge aus Beteiligungen, davon aus verbundenen Unternehmen;	FINANZ-ERGEBNIS
10. Erträge aus anderen Wertpapieren und Ausleihungen des Finanzanlagevermögens, davon aus verbundenen Unternehmen;	
11. sonstige Zinsen und ähnliche Erträge, davon aus verbundenen Unternehmen;	
12. Abschreibungen auf Finanzanlagen und auf Wertpapiere des Umlaufvermögens;	
13. Zinsen und ähnliche Aufwendungen, davon an verbundene Unternehmen;	
14. Ergebnis der gewöhnlichen Geschäftstätigkeit;	
15. außerordentliche Erträge;	
16. außerordentliche Aufwendungen;	
17. außerordentliches Ergebnis;	
18. Steuern vom Einkommen und vom Ertrag;	
19. sonstige Steuern;	
20. Jahresüberschuss/Jahresfehlbetrag	

HGB § 275 Große Kapitalgesellschaften müssen die Gewinn- und Verlustrechnung mit dieser Mindestgliederung erstellen und veröffentlichen.

Sie haben die Gewinn- und Verlustrechnung in *Staffelform* und nach dem *Bruttoprinzip* aufzustellen.

b) Verwendung des Jahresüberschusses.
Für die **Verwendung des Jahresüberschusses** bestimmt das Gesetz nachstehende Reihenfolge:

1. **Einstellung in die gesetzliche Rücklage.** Existiert ein Verlustvortrag aus dem Vorjahr, so wird dieser vom Jahresüberschuss abgezogen. Vom verbleibenden Rest müssen so lange 5% der gesetzlichen Rücklage zugeführt werden, bis die *gesetzliche Rücklage und die Kapitalrücklage zusammen* die gesetzlichen 10% oder den in der Satzung bestimmten höheren Prozentsatz des Grundkapitals erreicht haben. AktG § 150 (2)

2. **Einstellung in satzungsmäßige und andere Gewinnrücklagen.** Die HV kann über die Verwendung des **Bilanzgewinns** beschließen, wenn die Satzung sie hierzu ermächtigt *(satzungsmäßige Gewinnrücklagen).* § 58 (2)

   Wenn Vorstand und AR den Jahresabschluss feststellen, so können sie einen Teil des Jahresüberschusses, höchstens jedoch die Hälfte, in andere Gewinnrücklagen einstellen. Beträge, die in die gesetzliche Rücklage einzustellen sind, und ein Verlustvortrag müssen vorher vom Jahresüberschuss abgezogen werden. Die Satzung kann den Vorstand und AR zur Einstellung eines größeren Teils ermächtigen. § 58 (3)

   Die HV kann im Beschluss über die Verwendung des **Bilanzgewinns** (restlicher Jahresüberschuss) weitere Beträge in die Rücklage einstellen. Die Bildung von Rücklagen verhindert den Abfluss von Mitteln **(Selbstfinanzierung).**

   Kapital- und Gewinnrücklagen sind offene Rücklagen, weil sie aus der Bilanz ersichtlich sind. Durch Unterbewertung von Vermögensgegenständen entstehen stille Rücklagen, z.B. durch überhöhte Abschreibungen oder durch Bewertung der Waren und Stoffe unter dem Tagespreis. Die Möglichkeit, stille Rücklagen zu bilden, ist durch strenge Bewertungsvorschriften stark eingeengt.

3. **Ausschüttung von Gewinnanteilen (Dividende).** Die HV beschließt über den Betrag, der aus dem Bilanzgewinn an die Aktionäre auszuschütten ist.

4. **Vortrag des Gewinnrestes (Gewinnvortrag).** Der Gewinnrest wird auf neue Rechnung vorgetragen. § 174 (2), Z. 4

c) **Verwendung der Rücklagen.**

Die Kapital- und die gesetzliche Rücklage dienen dem Schutz der Gläubiger, weil die Aktionäre nicht persönlich haften. Als eine Reserve der AG dürfen sie zum Verlustausgleich erst dann angegriffen werden, wenn ein vorhandener Gewinnvortrag verwendet und alle anderen Gewinnrücklagen aufgelöst wurden. Übersteigen sie den gesetzlichen oder satzungsgemäß höheren Teil, so kann der übersteigende Betrag vor anderen Gewinnrücklagen zum Verlustausgleich verwendet werden, aber nur, wenn nicht gleichzeitig andere Gewinnrücklagen zur Gewinnausschüttung aufgelöst werden. Der übersteigende Betrag kann aber auch in Grundkapital umgewandelt werden.

Andere Gewinnrücklagen können mit und ohne Zweckbestimmung gebildet werden. Als allgemeine Rücklagen dienen sie zur Sicherung und Erweiterung des Unternehmens, der Aufrechterhaltung des Grundkapitals (Abdeckung des Verlustes), der Erhöhung des Grundkapitals und der Dividendenpolitik. Als *zweckbestimmte* Rücklagen werden sie z.B. für beabsichtigte Neuinvestitionen oder Wohlfahrtseinrichtungen gebildet.

Die **Umwandlung von Rücklagen in Grundkapital** nennt man **Kapitalerhöhung aus Gesellschaftsmitteln.** Kapital- und gesetzliche Rücklage können nur in Grundkapital umgewandelt werden, soweit sie zusammen den zehnten oder den in der Satzung bestimmten höheren Teil des bisherigen Grundkapitals übersteigen. Andere Rücklagen können als allgemeine Rücklagen in voller Höhe in Grundkapital umgewandelt werden; als zweckbestimmte Rücklagen nur, soweit dies mit ihrer Zweckbestimmung zu vereinbaren ist. §§ 150, 208

Beispiel: Die HV einer AG beschließt eine Kapitalerhöhung aus Gesellschaftsmitteln im Verhältnis 2 : 1. Das Grundkapital wird von 4 Millionen EUR auf 6 Millionen EUR durch die Umwandlung von Rücklagen in Höhe von 2 Millionen EUR erhöht.

d) **Offenlegung und Publizität**

Der Jahresabschluss und weitere Abschlussunterlagen sind unverzüglich nach der Vorlage an die Gesellschafter offen zu legen. Dies geschieht durch die Einreichung der Unterlagen beim Handelsregister (HR) und eventuell durch Bekanntmachung im elektro- HGB §§ 325 f.

nischen Bundesanzeiger (eBA). Der Umfang und die Art der Veröffentlichung ist von der Größe der Kapitalgesellschaft abhängig. Dies zeigt folgende Darstellung:

Kapital-gesellschaft	**Offenlegung**					**Veröffent-lichungsfrist**
	Jahresabschluss			**Lage-bericht**	**Einreichung bzw. Bekanntmachung**	
	Bilanz	**GuV**	**Anhang**			
große	X	X	X	X	eBA	12 Monate
mittelgroße	X	X	X	X	eBA	12 Monate
kleine	X	–	X	–	eBA	12 Monate

eBA: Betreiber des elektronischen Bundesanzeigers.

Bedeutung der AG

Aktiengesellschaften sind in der Mitte des 19. Jahrhunderts entstanden, um den bei der beginnenden Industrialisierung gewaltigen Kapitalbedarf der großen Schifffahrts-, Eisenbahn- und Industrieunternehmen zu decken (Kapitalsammelfunktion).

Die Zahl der Umwandlungen in diese Gesellschaftsform steigt. Ursachen dafür sind der hohe Kapitalbedarf aufgrund des technischen Fortschritts, die Globalisierung der Märkte und die Tendenz zur Konzentration (internationale Wettbewerbsfähigkeit).

Die niedrigen Ausgabebeträge für Aktien ermöglichen einer großen Zahl von Personen die Teilhaberschaft, auch wenn sie nur ein begrenztes Vermögen besitzen. Wenn die Zahl der Aktionäre in einer Volkswirtschaft groß ist, wird eine breite Streuung des Eigentums an Produktionsmitteln erreicht. Die Privatisierung von Staatsunternehmen (Deutsche Telekom AG) und die Ausgabe von Belegschaftsaktien dienen diesem Ziel.

Mit der Ausgabe von Aktien erhalten die Gesellschaften Kapital, über das sie immer verfügen, während die Aktionäre ihren Kapitalanteil jederzeit veräußern können.

Die Unternehmungsgröße und die Kapitalzusammenballung bei einer AG führen zu zahlreichen und weit verzweigten Bindungen und Verflechtungen mit anderen Unternehmen und wirtschaftlichen Partnern. Der gesamtwirtschaftliche Schaden, der durch den finanziellen Zusammenbruch einer AG entstehen würde, macht daher eine Reihe von Bestimmungen zum Schutze der wirtschaftlichen Partner erforderlich:

a) **Aktionärsschutz.** Aktionäre mit geringem Aktienbesitz haben kaum Einfluss auf den Vorstand der AG. Einflussreicher sind Großaktionäre, Aktionärsvereine und Banken, die ihre Depotstimmrechte ausüben. Die Bildung von Aufsichtsräten und das gesetzlich festgelegte Auskunftsrecht des Aktionärs zwingen den Vorstand zur Rechenschaftslegung.

b) **Arbeitnehmerschutz.** Der Produktionsfaktor Arbeit ist im Aufsichtsrat der AG vertreten, bei Gesellschaften mit mehr als 2.000 Arbeitnehmern sowie bei Gesellschaften der Montanindustrie durch einen Arbeitsdirektor auch im Vorstand. Diese Aufsichtsräte und Vorstandsmitglieder sollen die Interessen der Arbeitnehmer schützen.

c) **Gläubigerschutz.** Die Beschränkung der Haftung auf das Gesellschaftsvermögen ist Ursache für Schutzbestimmungen im HGB und Aktiengesetz zugunsten der Gläubiger. Dazu gehören die Bestimmungen über die Pflichtprüfung, über die Veröffentlichung des Jahresabschlusses und die Bildung und Verwendung von Rücklagen.

d) **Öffentlichkeitsschutz.** Die mit der Leitung der Aktiengesellschaft beauftragten Manager verfügen über wesentliche Teile des volkswirtschaftlichen Kapitals. Der Zusammenschluss von Unternehmungen durch kapitalmäßige Verflechtung von Aktiengesellschaften führt zu einer immer stärker werdenden Machtkonzentration in den Händen weniger Personen, deren Einfluss auf die Wirtschaft groß und auch von politischem Gewicht ist. Im Interesse der Öffentlichkeit liegt es, dass diese Verflechtungen bekannt und staatlich kontrollierbar sind (Abschnitt 3.7.7).

3.5.2 Kommanditgesellschaft auf Aktien (KGaA)

AktG § 278

Die **KGaA** ist eine Gesellschaft mit eigener Rechtspersönlichkeit, bei der **mindestens ein Gesellschafter** den Gesellschaftsgläubigern **unbeschränkt haftet** (persönlich haftender Gesellschafter oder Komplementär) und **die übrigen mit Einlagen auf das in Aktien zerlegte Grundkapital beteiligt** sind, **ohne persönlich** für die Verbindlichkeiten der Gesellschaft **zu haften** (Kommanditaktionäre).

Die Komplementäre können ihre Einlagen leisten

a) als Vermögenseinlage auf das *Grundkapital,* wofür sie Aktien erhalten, oder AktG § 281 (2)

b) als *freies* Gesellschaftskapital außerhalb des Grundkapitals, oder

c) als Mischung von a) und b).

Die KGaA ist eine **Kombination aus KG und AG.** Soweit die speziellen Vorschriften über die KGaA Lücken lassen, gelten daher besonders für die Rechtsstellung der persönlich haftenden Gesellschafter die Vorschriften über die KG und im Übrigen die Vorschriften über die AG sinngemäß.

Die **Satzung** muss von mindestens fünf Personen festgestellt werden; zu ihnen gehören alle Vollhafter. §§ 278, 280

Die **Firma** der KGaA kann wie die der AG eine Personen-, Sach-, Fantasiefirma oder gemischte Firma sein. Sie muss den Zusatz »Kommanditgesellschaft auf Aktien« oder eine allgemein verständliche Abkürzung dieser Bezeichnung enthalten. § 279

Beispiele: Gabriel Sedlmayer Spaten-Franziskaner-Bräu KGaA; Sektkellerei Kupferberg KGaA; Claas KGaA; Henkel KGaA.

Organe

a) Vorstand. Die persönlich haftenden Gesellschafter sind Vorstand kraft Gesetzes (geborener Vorstand). Er wird also *nicht* wie bei der AG vom Aufsichtsrat *bestellt* und kann deshalb auch nicht abberufen werden. Die ihm zustehende Geschäftsführungsbefugnis und Einzelvertretungsmacht kann ihm nur durch gerichtliche Entscheidung aus wichtigen Gründen entzogen werden. Ein Arbeitsdirektor wird nicht bestellt. § 278

b) Aufsichtsrat. Er wird von den Kommanditaktionären und von den Arbeitnehmern der KGaA gewählt. Persönlich haftende Gesellschafter können nicht Aufsichtsratsmitglieder sein. § 287

c) Hauptversammlung. Sie umfasst alle Kommanditaktionäre und beschließt nicht nur über die Gewinnverwendung, sondern auch über den Jahresabschluss. § 286

Die Vollhafter haben in der Hauptversammlung nur insoweit ein Stimmrecht, als sie neben ihren persönlichen Einlagen auch Aktien besitzen. Dieses Stimmrecht entfällt aber bei der Beschlussfassung über: § 285

1. Wahl und Abberufung des Aufsichtsrats;
2. Entlastung der persönlich haftenden Gesellschafter und des Aufsichtsrats;
3. Bestellung von Sonderprüfern;
4. Geltendmachung von Ersatzansprüchen gegen Gründer, Vorstand und Aufsichtsrat;
5. Verzicht auf Ersatzansprüche;
6. Wahl von Abschlussprüfern.

Bedeutung

2010 gab es in Deutschland weniger als 200 registrierte KGaA.

Diese Unternehmungsform ermöglicht die Beschaffung eines größeren Kapitals und legt die Führung und Verantwortung in die Hände weniger unabhängiger Unternehmer. Das Gedeihen der Unternehmung ist allerdings für lange Zeit von der Tüchtigkeit der Vorstandsmitglieder abhängig.

3.5.3 Gesellschaft mit beschränkter Haftung (GmbH)

Die **Gesellschaft mit beschränkter Haftung (GmbH)** ist eine Handelsgesellschaft **mit eigener Rechtspersönlichkeit,** deren Gesellschafter mit **Stammeinlagen am Stammkapital** der Gesellschaft beteiligt sind. **Für Verbindlichkeiten** der Gesellschaft haftet den Gläubigern **nur das Gesellschaftsvermögen.**

GmbHG § 13

Gründung

GmbHG §§ 1–3 Die GmbH kann zu jedem gesetzlich zulässigen Zweck durch **eine oder mehrere Personen** errichtet werden. Zur Gründung muss ein **notariell beurkundeter Gesellschaftsvertrag (Satzung)** abgeschlossen werden. Er ist von sämtlichen Gesellschaftern zu unterzeichnen. Der Vertrag *muss* enthalten:

1. die Firma und den Sitz der Gesellschaft,
2. den Gegenstand des Unternehmens,
3. den Betrag des Stammkapitals,
4. die Zahl und die Nennbeträge der Geschäftsanteile, die jeder Gesellschafter gegen Einlage auf das Stammkapital (Stammeinlage) übernimmt.

Die Gesellschaft kann ohne Aufwand mithilfe eines gesetzlich vorgegebenen **Musterprotokolls** gegründet werden. Sie darf dann aber höchstens drei Gesellschafter und einen Geschäftsführer haben. Das Protokoll ist eine Kombination aus Gesellschaftsvertrag, Liste der Gesellschafter und Bestellung des Geschäftsführers.

Erst durch die *Eintragung ins Handelsregister* entsteht die GmbH als juristische Person mit Kaufmannseigenschaft. Vor der Eintragung haften die handelnden Gesellschafter persönlich
§ 11 und solidarisch.

Stammkapital, Stammeinlage, Geschäftsanteil

▶ Stammkapital

§ 5 Es ist der in der Satzung festgelegte Gesamtbetrag aller Stammeinlagen. Das Stammkapital ist in
§ 42 der Bilanz als »gezeichnetes Kapital« auszuweisen. Es muss mindestens 25.000 EUR betragen.

▶ Geschäftsanteil

§ 14 Er ist ein Mitgliedschaftsrecht, das von der Stammeinlage abgeleitet wird. Über ihn kann eine Urkunde ausgestellt werden. Diese Urkunde ist aber kein Wertpapier, sondern nur Beweisdokument.

§§ 15–17 Der Geschäftsanteil kann als Ganzes oder in Teilen durch notarielle Beurkundung veräußert oder vererbt werden. Die Veräußerung als Ganzes muss der Gesellschaft gemeldet werden, die Veräußerung von Teilen bedarf der Genehmigung der Gesellschaft.

▶ Stammeinlage

§ 3 Sie ist der von einem Gesellschafter übernommene Anteil am Stammkapital. Ein Gesell-
§ 5 schafter kann bei der Gründung der Gesellschaft nur eine Stammeinlage übernehmen. Ihr Betrag kann für die einzelnen Gesellschafter verschieden hoch sein. Durch die Übernahme wird die Pflicht zur Leistung der Einlage (Geld- oder Sacheinlage) begründet.

Firma

§ 4 Die Firma der GmbH kann eine Personen-, Sach-, Fantasie- oder gemischte Firma sein. Sie muss die Bezeichnung »Gesellschaft mit beschränkter Haftung« oder eine allgemein verständliche Abkürzung dieser Bezeichnung enthalten.

Beispiele: Michael Hald GmbH; JK Software GmbH; Autoverwertung Wilhelm Neuss GmbH; rokado Werke GmbH.

Pflichten der Gesellschafter

§ 7 (2) **a) Leistung der Stammeinlage.** Jeder Gesellschafter hat vor der Anmeldung zur Eintragung ins Handelsregister die Pflicht, eine Einzahlung von einem Viertel auf jede Stammeinlage zu leisten. Insgesamt muss auf das Stammkapital so viel eingezahlt werden, dass mit Geld- und Sacheinlagen zusammen die Hälfte des Mindeststammkapitals erreicht wird. Bei nicht
§ 20 rechtzeitiger Einzahlung sind Verzugszinsen zu entrichten.

§§ 21, 23 Zahlt ein Gesellschafter seine Stammeinlage nicht, kann er seinen Geschäftsanteil und seine geleistete Einzahlung zugunsten der Gesellschaft durch das Kaduzierungsverfahren verlieren (kaduzieren = für verfallen erklären, aberkennen). Der kaduzierte Geschäftsanteil ist im Wege der öffentlichen Versteigerung zu veräußern. Für einen Mindererlös haftet der ausgeschlossene Gesellschafter primär. Kann dieser nicht zahlen, so haben die übrigen Gesellschafter den Mindererlös im Verhältnis ihrer Geschäftsanteile aufzubringen (subsidiäre Gesamthaftung). GmbHG § 24

b) Nachschusspflicht. Die Satzung kann eine beschränkte oder unbeschränkte Nachschusspflicht vorsehen. Nachschüsse dienen nur mittelbar zur Sicherung der Gläubiger. § 26

1. Bei **beschränkter Nachschusspflicht** wird das *Kaduzierungsverfahren* angewandt, wenn ein Gesellschafter mit seiner Nachzahlung in Verzug ist. § 28
2. Bei **unbeschränkter Nachschusspflicht** hat der Gesellschafter das *Abandonrecht* (abandonnieren = aufgeben). Er kann sich dadurch von der Pflicht zur Zahlung des Nachschusses befreien. § 27

   Die Gesellschaft lässt den zur Verfügung gestellten Geschäftsanteil öffentlich versteigern. Einen nach Deckung der Verkaufskosten und des rückständigen Nachschusses verbleibenden Überschuss erhält der Gesellschafter.

Für nicht geleistete Nachschüsse besteht keine subsidiäre Haftung der Gesellschafter. Nachschüsse dienen nur mittelbar zur Sicherung der Gläubiger.

Rechte der Gesellschafter

a) Gewinnanteil. Die Gesellschafter haben Anspruch auf den Jahresüberschuss im Verhältnis ihrer Geschäftsanteile. Sie können Teile des Jahresüberschusses aber auch in Gewinnrücklagen einstellen. § 29

b) Mitverwaltung. Aus der persönlichen Bindung der Gesellschafter an die GmbH ergibt sich für sie ein weitgehendes Mitverwaltungsrecht. §§ 45 f.

c) Auskunftsrecht. Der Geschäftsführer hat einem Gesellschafter auf dessen Wunsch unverzüglich Auskunft über die Angelegenheiten der Gesellschaft zu geben und die Einsicht in die Bücher zu gestatten. § 51a

Organe der GmbH

a) Geschäftsführer. *Geschäftsführungsbefugnis und Vertretungsmacht* werden von einem Geschäftsführer oder mehreren Geschäftsführern ausgeübt. Die Bestellung erfolgt entweder aus dem Kreis der Gesellschafter, oder es handelt sich um eine dritte Person. In Gesellschaften, die mehr als 2.000 Arbeitnehmer beschäftigen, wird ein Arbeitsdirektor bestellt. Er kümmert sich vor allem um die Belange der Arbeitnehmer. §§ 35 ff. MitbestG §§ 1, 33

Die Art der Vertretungsmacht (Einzel- oder Gesamtvertretungsmacht) ist ins Handelsregister einzutragen. Die Stellung eines Geschäftsführers entspricht im Allgemeinen der des Vorstandes einer AG. Auch die Vorschriften über die Angaben auf Geschäftsbriefen gelten sinngemäß für die Geschäftsführer der GmbH. Ihre Amtszeit ist gesetzlich nicht festgelegt. GmbHG § 10

b) Versammlung der Gesellschafter. Sie ist das beschließende Organ. Ihre Einberufung erfolgt durch eingeschriebenen Brief. Die Abhaltung der Versammlung der Gesellschafter kann unterbleiben, wenn sich sämtliche Gesellschafter mit der schriftlichen Stimmabgabe einverstanden erklären. §§ 45 ff.

Gibt es im Gesellschaftsvertrag keine besondere Regelung, so können die Gesellschafter u. a. über folgende Punkte beschließen: § 46

1. Feststellung des Jahresabschlusses und der Verwendung des Ergebnisses,
2. Einforderung von Einzahlungen auf die Stammeinlagen,
3. Rückzahlung von Nachschüssen,
4. Teilung sowie Einziehung von Geschäftsanteilen (Kaduzierung),
5. Bestellung, Entlastung und Abberufung von Geschäftsführern,
6. Maßregeln zur Prüfung und Überwachung von Geschäftsführern,
7. Bestellung von Prokuristen und Handlungsbevollmächtigten.

Die Beschlussfassung erfolgt mit einfacher Mehrheit der abgegebenen Stimmen. Je 50 EUR eines Geschäftsanteils gewähren eine Stimme. § 47

GmbHG § 52 DrittelbG § 1 MitbestG § 1

c) **Aufsichtsrat (AR).** Im GmbH-Gesetz ist die Bildung eines AR nicht vorgeschrieben; sie kann aber durch den Gesellschaftsvertrag festgelegt werden. Besteht ein AR, so ist er das *Überwachungsorgan* der GmbH. Nach dem Drittelbeteiligungsgesetz ist ein AR notwendig bei Gesellschaften mit mindestens 500 Arbeitnehmern und nach dem Mitbestimmungsgesetz bei Gesellschaften mit mehr als 2.000 Arbeitnehmern.

Der AR wird von der Gesellschafterversammlung auf vier Jahre bestellt. Die Aufgaben des AR einer GmbH entsprechen denen eines AR bei einer AG.

Rechnungslegung und Gewinnverwendung

GmbHG § 41 (2) Die Geschäftsführer haben den Jahresabschluss zu erstellen. Dafür gelten die Regelungen des Handelsgesetzbuches für Kapitalgesellschaften.

Der **Jahresüberschuss** der GmbH *kann verwendet* werden

- für Tantiemen (Vergütungen) der Geschäftsführer und Mitglieder des Aufsichtsrates,
- zur Bildung von Gewinnrücklagen gemäß Satzung,
- § 29 zur Verteilung an die Gesellschafter im Verhältnis der Geschäftsanteile,
- § 30 (2) zur Rückzahlung von Nachschusskapital, wenn er nicht mehr zur Deckung eines Verlustes am Stammkapital erforderlich ist.

Bedeutung der Gesellschaft mit beschränkter Haftung

Die Rechtsform der GmbH ist aus folgenden Gründen sehr häufig:

- Sie kann mit wenig Kapital gegründet werden.
- Das Risiko der Gesellschafter ist auf die Stammeinlage beschränkt.
- Die GmbH kann auch für nicht gewerbliche (z.B. wissenschaftliche) Zwecke gegründet werden.
- Die Gesellschafter haben ein weitgehendes Mitverwaltungsrecht.
- Die Gründungs- und Verwaltungskosten sind niedriger als bei großen Aktiengesellschaften.
- Sie sichert als juristische Person die Fortführung einer Unternehmung beim Tode eines Gesellschafters.
- Sie eignet sich zur Ausgliederung bestimmter Funktionen aus einer Unternehmung und zur Zusammenfassung gleichartiger Funktionen aus mehreren Unternehmungen, z. B. Entwicklung, Vertrieb (Abschnitte 3.7.1 und 3.7.2).

Die GmbH wird vor allem für Familienunternehmen, für Eigengesellschaften der Gemeinden und für den Zusammenschluss von Unternehmungen zur Erreichung bestimmter Zwecke verwendet (Erprobung von Erfindungen).

Der rechtliche Rahmen einer GmbH (**Mantel**) kann ohne Geschäftsbetrieb veräußert werden. Der Erwerber kann die am Markt eingeführte Firma nutzen und dabei Gründungskosten sparen.

»Mini-GmbH«

Diese Sonderform der GmbH verlangt offiziell den Firmenzusatz »**Unternehmergesellschaft**
§ 5a **(haftungsbeschränkt)**« oder »**UG (haftungsbeschränkt)**« und kann unter folgenden Voraussetzungen gewählt werden:

- Das Stammkapital kann zwischen 1 EUR und 24.999 EUR liegen.
- Die Handelsregisteranmeldung darf erst erfolgen, wenn das Stammkapital in voller Höhe als Bareinlage eingezahlt ist.
- Die Einbringung von Sacheinlagen ist ausgeschlossen.
- Der Jahresüberschuss (abzüglich eines Verlustvortrages aus dem Vorjahr, muss solange in Höhe eines Viertels in die gesetzliche Rücklage gestellt werden, bis Rücklage und Stammkapital zusammen 25.000 EUR erreichen.
- Die »UG (haftungsbeschränkt)« *kann* sich in eine »normale« GmbH *umwandeln.*
- Die Anzahl der Gesellschafter ist auf drei beschränkt.

Die »Mini-GmbH« ist für Existenzgründer und Kleinunternehmer gedacht, die in der Gründungsphase mit geringem Kapitaleinsatz auskommen müssen (Dienstleistungsunternehmen für Beratung, Bildung, Gesundheit, Pflege, Verwaltung).

1. Begründen Sie, warum sich die Rechtsform der Aktiengesellschaft anbietet, wenn der Eigenkapitalbedarf einer Unternehmung besonders groß ist.
2. Erläutern Sie Merkmale des Aktienrechts, die die Kapitalbezogenheit der AG charakterisieren.
3. Bei der Gründung emittiert eine AG Aktien mit dem kleinstmöglichen Nennbetrag zur Deckung des gesetzlich vorgeschriebenen Mindestkapitals zum Kurs von 3,50 EUR.
   a) Wie groß ist der Nennbetrag einer solchen Aktie?
   b) Wie groß ist der Kurswert dieser Aktie?
   c) Wie viele Aktien wurden ausgegeben?
   d) Dürfte der Nennbetrag der ausgegebenen Aktien auch 25 EUR sein (Begründung)?
   e) Wäre ein Ausgabekurs von 0,50 EUR möglich (Begründung)?
4. Vergleichen Sie die gesetzliche Geschäftsführungsbefugnis und Vertretungsmacht eines OHG-Gesellschafters mit der eines Vorstandsmitglieds einer AG.
5. Unter welchen Voraussetzungen kann ein Vorstandsmitglied die AG allein vertreten?
6. Vorstand und Aufsichtsrat einer AG werden auf verschieden lange Zeiten bestellt. Was bezweckt der Gesetzgeber damit?
7. Die Aktionäre üben in der Hauptversammlung ihr Stimmrecht aus. Welche Prozentsätze sind erforderlich für
   a) die einfache Mehrheit, b) die qualifizierte Mehrheit, c) die Sperrminorität?
8. Der Dividendenbetrag einer AG beträgt 10 EUR; Nennbetrag des kleinsten Stücks 5 EUR; Stückkurs 200 EUR. Berechnen Sie die effektive Verzinsung (ohne Berücksichtigung von Steuern).
9. Der Jahresabschluss einer AG wurde durch Vorstand und Aufsichtsrat festgestellt. Folgende Werte sind der Schlussbilanz entnommen:

Grundkapital	32.000.000 EUR	andere Gewinnrücklagen	960.000 EUR
Kapitalrücklage	4.400.000 EUR	Verlustvortrag	112.000 EUR
Gesetzliche Rücklage	560.000 EUR		

   Der Jahresüberschuss beträgt 4.100.000 EUR. Die Einstellung in die gesetzliche Rücklage erfolgt nach AktG § 150 Abs. 2; den anderen Gewinnrücklagen wollen Vorstand und Aufsichtsrat 800.000 EUR zuführen.
   a) Berechnen Sie, ob die AG 9 Cent Dividende auf eine Stückaktie von 1 EUR ausschütten kann.
   b) Stellen Sie in einer Übersicht die Positionen des Eigenkapitals dar
      – vor der Gewinnverwendung,
      – nach teilweiser Gewinnverwendung und
      – nach vollständiger Gewinnverwendung.
10. Das Eigenkapital der AG wurde im Jahresabschluss wie folgt ausgewiesen:
    – Gezeichnetes Kapital 12,00 Mio. EUR
    – Kapitalrücklage 16,80 Mio. EUR
    – andere Gewinnrücklagen 0,60 Mio. EUR
    – Gewinnvortrag 0,06 Mio. EUR

    Für das Geschäftsjahr wurden Aufwendungen von 85,6 Mio. EUR und Erträge von 87,9 Mio. EUR ermittelt. Vorstand und Aufsichtsrat stellten den Jahresabschluss fest, wobei sich die Gewinnverwendung ausschließlich nach den Vorschriften des Aktiengesetzes richtete.
    a) Inwieweit können die Gewinnansprüche der Aktionäre dieser AG bei der Feststellung des Jahresabschlusses durch Vorstand und Aufsichtsrat geschmälert werden?
    b) Berechnen Sie den minimalen ganzzahligen Dividendenprozentsatz, den Vorstand und Aufsichtsrat der AG den Aktionären für das Geschäftsjahr anbieten müssen.
    c) Ermitteln Sie in übersichtlicher Form den Bilanzgewinn und den neuen Gewinnvortrag.
11. Aus welchen Gründen verpflichtet man die Aktiengesellschaften zur Veröffentlichung ihres Jahresabschlusses?
12. Begründen Sie, warum eine AG einbehaltene Gewinne in Rücklagen bucht.
13. Sachverhalt: Die Filterwerk GmbH beschäftigt 1.280 Arbeitnehmer. Sie ist Zulieferer für Kraftfahrzeughersteller. Ein Großabnehmer errichtet in den USA eine Niederlassung. Um die günstigen Bedingungen auf diesem überseeischen Markt zu nutzen, beabsichtigt auch das Filterwerk, dort ein Zweigwerk aufzubauen. Der dafür erforderliche Finanzbedarf löst eine Diskussion aus, ob die GmbH in eine AG umgewandelt werden soll.

    Nach dem Gesellschaftsvertrag verteilt sich das Stammkapital von 100 Mio. EUR wie folgt auf die Gesellschafter:
    – Eva Spieß 72 Mio. EUR
    – Kurt Knecht 20 Mio. EUR
    – Marcus Kopf 7 Mio. EUR
    – Alfred Mohl 1 Mio. EUR

    Kurt Knecht und Marcus Kopf sind Geschäftsführer der GmbH mit Einzelvertretungsbefugnis. Für die Gesellschafter besteht nach dem Gesellschaftsvertrag unbeschränkte Nachschusspflicht.

    Aufgaben:
    a) Führen Sie zwei Gründe an, die in diesem Fall für eine Umwandlung in eine AG sprechen.

b) Kurt Knecht und Marcus Kopf sind gegen eine Umwandlung. Beurteilen Sie, ob beide eine Umwandlung verhindern könnten.

c) Eva Spieß garantiert den beiden Geschäftsführern, dass sie nach der Umwandlung Vorstandsmitglieder der AG werden. Erklären Sie, wer bei einer neu zu gründenden AG den Vorstand bestellt, und überprüfen Sie, ob das Versprechen von Eva Spieß durchsetzbar ist.

d) Alfred Mohl gibt zu bedenken, dass eine Umwandlung dieser GmbH in eine AG eine veränderte Offenlegungspflicht mit sich bringt. Nehmen Sie hierzu Stellung.

e) Trotz der ursprünglichen Bedenken der beiden Geschäftsführer wird am 30. März einstimmig die Umwandlung in eine AG beschlossen. Die Gesellschafter der GmbH bringen ihre Geschäftsanteile als Sachvermögen ein und erhalten Aktien zum Nennbetrag von 1 EUR. Die Hausbank übernimmt zusätzlich Aktien im Nennbetrag von 20 Mio. EUR zuzüglich 10% Agio. Welche Gründe könnten die Hausbank veranlasst haben, sich an der AG zu beteiligen?

f) Erstellen Sie den Bilanzstatus der AG, wenn am 20. Juni die gesetzlich erforderlichen Mindesteinlagen geleistet werden. An Gründungskosten fielen 1,5 Mio. EUR an.

g) Begründen Sie, warum bei der vorliegenden Gründungsart der Gesetzgeber besonders strenge Prüfungsanforderungen stellt.

h) Die Geschäftsentwicklung der AG verläuft ausgezeichnet. Für dringend notwendige Erweiterungsinvestitionen werden im kommenden Geschäftsjahr flüssige Mittel in Höhe von 70 Mio. EUR (einschließlich Emissionskosten) benötigt.

Der Vorstand will diese Mittel durch Ausgabe weiterer Aktien aufbringen. Er legt daher der Hauptversammlung folgenden Vorschlag zur Abstimmung vor:

- Erhöhung des Grundkapitals zum Jahresbeginn durch Ausgabe junger Aktien.
- Ausgabekurs 5 EUR je 1-EUR-Aktie.

Bei der Hauptversammlung sind 85% des Grundkapitals anwesend.

Wie viele Stimmen werden für die geplante Kapitalerhöhung benötigt?

i) Aktionär Edelmann besitzt Aktien im Nennbetrag von 29,8 Mio. EUR.

Begründen Sie, ob Edelmann diese Kapitalerhöhung verhindern könnte (rechnerischer Nachweis erforderlich).

14. Erläutern Sie, warum man die Rechtsform der GmbH sowohl bei großen als auch bei kleinen Unternehmungen findet. Nennen Sie einige Beispiele.

15. Nennen Sie Merkmale der GmbH, die typisch sind für

a) Kapitalgesellschaften, b) Personengesellschaften.

16. Die Geschwister Anke, Marion und Dr.-Ing. Volker Braun gründeten im Jahr 01 die AQUATERRA Gesellschaft für Umwelttechnikbedarf mbH. Dem Gesellschaftsvertrag vom 10. Juli 01 ist folgender Auszug entnommen:

§ 2 Gegenstand des Unternehmens ist, im Bereich Wasser-, Abwasser- und Abfallwirtschaft die notwendigen Einrichtungen, Gerätschaften und technischen Anlagen anzubieten und zu vertreiben.

§ 3 Sitz des Unternehmens ist Warthausen.

§ 4 Das Stammkapital beträgt 1.900.000 EUR.

Stammeinlagen der Gesellschafter sowie Art und Zeitpunkt der Leistung:

Marion Braun 1,0 Mio. EUR als Bareinlage, davon sind 0,2 Mio. EUR sofort zu leisten, der Rest am 14. August 01.

Anke Braun 0,75 Mio. EUR als Bareinlage, davon 80% sofort, der Rest am 2. August 01.

Volker Braun 0,15 Mio. EUR durch notariell beurkundete Übertragung der Rechte an einem Patent auf die GmbH bis zum 25. Juli 01.

§ 6 Dr.-Ing. Volker Braun und Dipl.-Kaufmann Uwe Hoch werden zu Geschäftsführern bestellt.

Die Handelsregistereintragung erfolgte am 6. September 01, die Veröffentlichung der Eintragung zwei Tage später. Alle Gesellschafter erbrachten ihre Einlagen zu den genannten Fristen, Diplom-Kaufmann Hoch ist ein anerkannter Finanzierungsfachmann. In der Gründungsphase waren stets etwa 60 Mitarbeiter beschäftigt.

a) Die Gesellschafter hatten zunächst erwogen, eine KG zu gründen, entschieden sich aber dann für die Rechtsform der GmbH. Vergleichen Sie in einer Tabelle beide Unternehmungsformen hinsichtlich der

- Form des Gesellschaftsvertrages,
- Geschäftsführung,
- Pflicht zur Bildung eines Aufsichtsrates.

b) Die GmbH sollte nach dem Willen der Gesellschafter unter der Firma »Braun & Hoch Umwelttechnik« in das Handelsregister eingetragen werden.

- Geben Sie zwei Gründe an, warum der Registerrichter die Eintragung dieser Firma ablehnte.
- Begründen Sie, warum er auch die Eintragung in das Handelsregister wegen mangelhafter kapitalmäßiger Voraussetzungen Ende Juli 01 verweigern musste.

c) Volker Braun kaufte am 12. August 01 ohne Rücksprache mit Hoch im Namen der GmbH drei notwendige Fertigungsmaschinen zum Preis von 120.000 EUR.
   - Bei der Auslieferung am 20. August 01 verlangte der Lieferant von der Gesellschafterin Marion Braun die volle Bezahlung des fälligen Kaufpreises. Kann der Verkäufer diese Forderung durchsetzen (Begründung)?
   - Könnte der Lieferant seinen Anspruch gegenüber Marion Braun oder gegenüber der GmbH durchsetzen, wenn der Kaufvertrag am 28. September 01 abgeschlossen und die Zahlung sofort fällig gewesen wäre (Begründung)?

d) Zum 20. September 01 wurde die Gesellschafterversammlung eingeladen. Die Tagesordnung enthielt folgende Beschlussanträge:
   - Frau Irma Bach, Leipzig, wird zur Prokuristin bestellt,
   - der Sitz des Unternehmens wird von Warthausen nach Riesa verlegt.

   Frau Anke Braun stimmt gegen beide Tagesordnungspunkte. Die Mitgesellschafter stimmen zu. Welche Wirkung hat die Ablehnung?

e) Der Geschäftsführer Hoch ist interessiert, den Geschäftsanteil von Frau Anke Braun zu erwerben.
   - Warum kann der Wert des Geschäftsanteiles vom Betrag der Stammeinlage sowohl nach oben als auch nach unten abweichen? Begründen Sie dies jeweils mit einem Argument.
   - Welcher Form bedarf die Übertragung des Geschäftsanteiles von Frau Braun auf Herrn Hoch?

f) Für die Errichtung von Niederlassungen im osteuropäischen Raum muss der Unternehmung weiteres Kapital zugeführt werden. Man diskutiert, ob der Gesellschaftsvertrag um die Einführung einer beschränkten Nachschusspflicht ergänzt oder ob die GmbH in eine Aktiengesellschaft umgewandelt werden soll. Erklären Sie die Vor- und Nachteile, ausgehend vom Standpunkt der einzelnen Gesellschafter.

17. Erstellen Sie anhand selbstgewählter Kriterien eine Aufstellung, in der die wesentlichen Unterschiede zwischen GmbH und AG enthalten sind.

3.6 Besondere Gesellschaftsformen

3.6.1 Genossenschaft (eG)

Die **Genossenschaft** ist eine Gesellschaft mit nicht geschlossener Mitgliederzahl, die die **Förderung des Erwerbs oder der Wirtschaft ihrer Mitglieder** (Genossen) mittels **gemeinschaftlichen Geschäftsbetriebes** bezweckt. **Für die Verbindlichkeiten** der Genossenschaft **haftet** den Gläubigern **das Vermögen der Genossenschaft.** GenG §§ 1 f.

Gründung

Mindestens *drei* Personen (Gründer) stellen ein **Statut** (Satzung) auf. Dann erfolgt die Wahl des Vorstandes und Aufsichtsrates sowie die Prüfung durch den Prüfungsverband. Mit der Eintragung in das *Genossenschaftsregister* beim zuständigen Registergericht ist die Genossenschaft entstanden. Sie wird dadurch juristische Person und zugleich Formkaufmann. §§ 4, 5, 9–11, 13

Firma

Die Firma der Genossenschaft kann eine Personen-, Sach-, Fantasiefirma oder gemischte Firma sein. Sie muss die Bezeichnung »eingetragene Genossenschaft« oder die Abkürzung »eG« enthalten. Der Firma darf kein Zusatz beigefügt werden, der darauf hindeutet, ob und in welchem Umfang die Genossen zur Leistung von Nachschüssen verpflichtet sind. § 3

Beispiele: Weingärtner Zentralgenossenschaft eG, Volksbank Nussdorf eG.

Mitgliedschaft

Mitglieder einer Genossenschaft können natürliche und juristische Personen sein. Der Eintritt in eine schon bestehende Genossenschaft ist jederzeit durch schriftliche Beitrittserklärung möglich. Die Mitgliedschaft wird aber erst wirksam mit der Eintragung in die bei der Genossenschaft geführte *Liste der Genossen.* § 15 § 30

GenG § 65 Wer aus der Genossenschaft austreten will, muss auf den Schluss eines Geschäftsjahres unter Einhaltung einer Frist von mindestens drei Monaten bis höchstens fünf Jahre schriftlich kündigen.

Arten der Genossenschaft

Arten	Aufgaben	Beispiele
Einkaufsgenossenschaften	Großeinkauf von Waren, Materialbeschaffung	Intersport eG Malereinkaufsgenossenschaft eG
Kreditgenossenschaften	Gewährung von Krediten und Durchführung anderer Bankgeschäfte	Volksbank eG Raiffeisenbank eG
Warengenossenschaften	Bezug landwirtschaftlicher Bedarfsstoffe; Erfassung, Absatz und Verwertung landwirtschaftlicher Erzeugnisse	Landwirtschaftliche Bezugs- und Absatzgenossenschaft eG
Teilproduktions-genossenschaften	Milchverarbeitung, Weinausbau	Milchwerk eG Winzergenossenschaft eG
Konsumgenossenschaften	Zentraler Großeinkauf und Eigenfertigung; Verkauf an Verbraucher	coop Konsumgenossenschaft eG
Baugenossenschaften	Bau von Wohnhäusern mit Nutzungsrecht der Mitglieder; Eigenheim- und Siedlungsbau	Wohnbau- und Siedlungs-genossenschaft eG

Geschäftsanteil und Geschäftsguthaben

§ 7 (1) § 7a § 22b Der **Geschäftsanteil** ist der im Statut bestimmte Betrag, bis zu dem sich ein Genosse an der Genossenschaft *beteiligen* kann. Im Statut kann festgelegt werden, dass sich ein Genosse mit mehr als einem Geschäftsanteil beteiligen darf. Ein Geschäftsanteil kann aber auch in mehrere Geschäftsanteile zerlegt werden.

Die *Mindesteinlage* ist der im Statut bestimmte Betrag, der einbezahlt werden muss. Sie muss mindestens ein Zehntel des Geschäftsanteils betragen.

§ 19 Das **Geschäftsguthaben** ist der Betrag, mit dem der Genosse an der Genossenschaft tatsächlich beteiligt ist. Es ist die Summe der Einzahlungen, vermehrt durch Gewinn- und vermindert durch Verlustanteile. Die Zuschreibung des Gewinns erfolgt, bis der Geschäftsanteil erreicht ist. § 21a Die Geschäftsguthaben aller Genossen ergeben das in der Bilanz ausgewiesene Geschäftsguthaben. Das Statut kann bestimmen, dass die Geschäftsguthaben verzinst werden.

Nachschusspflicht im Insolvenzfall

§ 6 Das Statut kann bestimmen, dass bei Insolvenz der Genossenschaft die Genossen **Nachschüsse** in unbeschränkter Höhe oder in beschränkter Höhe bis zu einer festgelegten **Haftsumme** zu leisten haben.

Die Haftsumme bei beschränkter Nachschusspflicht darf nicht kleiner sein als der Geschäftsanteil.

Die Verpflichtung der Genossen zur Leistung von Nachschüssen kann jedoch im Statut auch ausgeschlossen werden. Das Risiko des Genossen umschließt also

- in jedem Fall seinen Geschäftsanteil (Geschäftsguthaben, rückständige Einlagen auf den Geschäftsanteil) sowie
- eine Nachschussleistung, sofern eine solche im Statut bestimmt ist.

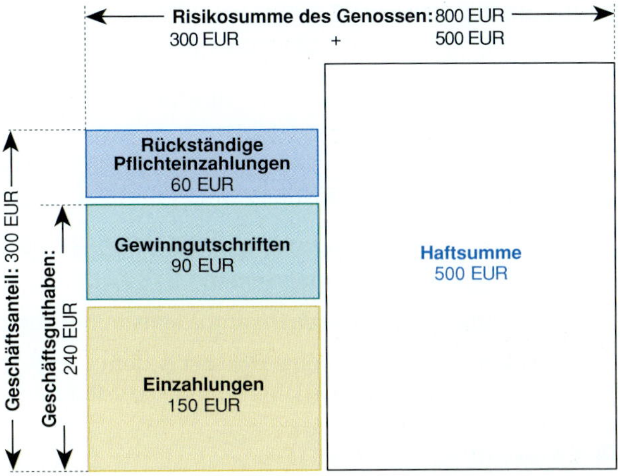

Organe

a) Vorstand. Der Vorstand besteht aus mindestens 2 Mitgliedern. Sie werden von der Generalversammlung oder vom Aufsichtsrat gewählt und haben *Gesamtbefugnis* für Geschäftsführung und Vertretung. Nach dem Mitbestimmungsgesetz wird in Genossenschaften mit mehr als 2.000 Arbeitnehmern ein Arbeitsdirektor bestellt. Im Statut kann bestimmt werden, dass einzelne Vorstandsmitglieder allein oder in Gemeinschaft mit einem Prokuristen zur Vertretung der Genossenschaft befugt sind. GenG §§ 24–35 MitbestG § 33

Die Genossenschaft kann Prokura und auch Handlungsvollmacht nach Maßgabe des HGB erteilen. Die Prokura muss ins Genossenschaftsregister eingetragen werden. GenG § 42

b) Aufsichtsrat. Er muss aus mindestens 3 Genossen bestehen. Sie werden von der Generalversammlung gewählt. Das Drittelbeteiligungsgesetz verlangt, dass in Genossenschaften mit mindestens 500 Arbeitnehmern ein Drittel der Aufsichtsratsmitglieder Arbeitnehmer sind. In Genossenschaften mit mehr als 2.000 Arbeitnehmern ist der Aufsichtsrat paritätisch aus Mitgliedern der Anteilseigner und der Arbeitnehmer zu bilden. §§ 36–41 DrittelbG § 1 MitbestG §§ 1, 7

Ist ein Vertreter der Arbeitnehmer zu wählen, so muss dieser in einem Betrieb des Unternehmens beschäftigt sein. Sind zwei oder mehr Vertreter der Arbeitnehmer zu wählen, so müssen sich unter diesen mindestens zwei Arbeitnehmer aus den Betrieben des Unternehmens, darunter ein Arbeiter und ein Angestellter, befinden. DrittelbG § 4 (2)

c) Generalversammlung. Sie entspricht der HV der AG, hat aber mehr Rechte. Sie wählt nicht nur den AR, sondern auch den Vorstand und beschließt über den Jahresabschluss. Die Abstimmung erfolgt nicht nach Geschäftsanteilen, sondern **nach Köpfen.** Jeder Genosse hat also unabhängig von der Zahl seiner Geschäftsanteile und der Höhe seines Geschäftsguthabens eine Stimme. GenG § 43 (2)

Das Statut kann für Mitglieder, die den Geschäftsbetrieb besonders fördern, die Gewährung von Mehrstimmrechten (höchstens bis zu drei Stimmen) vorsehen.

Beschlüsse der Generalversammlung müssen nicht notariell beurkundet werden; es ist aber eine Niederschrift der Beschlüsse anzufertigen. § 47

Bei Genossenschaften mit mehr als 1.500 Mitgliedern kann eine **Vertreterversammlung** die Rechte der Generalversammlung ausüben. § 43a

Pflichten und Rechte der Genossen

a) Pflichten der Genossen.

1. Leistung der im Statut vorgeschriebenen Einzahlung auf den übernommenen Geschäftsanteil. § 7 (2)
2. Beschränkte oder unbeschränkte Nachschusspflicht im Insolvenzfall, sofern das Statut eine solche bestimmt. § 6
3. Beachtung der Bestimmungen des Statuts und der Beschlüsse der Generalversammlung.

b) Rechte der Genossen.

1. Benutzung der Einrichtungen der Genossenschaft.
2. GenG § 43 Teilnahme an der Generalversammlung, sofern keine Vertreterversammlung besteht.
3. § 45 Einberufung einer Generalversammlung auf Verlangen des zehnten Teils der Genossen unter Angabe des Zwecks und der Gründe.
4. §§ 19 f Anteil am Gewinn, sofern er nicht den Rücklagen zugeschrieben wird.
5. § 65 Kündigung der Mitgliedschaft.
6. § 73 (2) Auszahlung des Geschäftsguthabens beim Ausscheiden.
7. § 91 Anteil am Liquidationserlös nach dem Verhältnis der Geschäftsguthaben bis zu deren Höhe. Etwaige Überschüsse werden nach Köpfen verteilt.

Bedeutung

Nach dem Grundsatz: »Vereint sind auch die Schwachen mächtig« gründete Schulze-Delitzsch 1849 in der sächsischen Stadt Delitzsch die ersten deutschen *gewerblichen Genossenschaften.* Etwa zur gleichen Zeit hat der Landbürgermeister *Raiffeisen* im Westerwald den genossenschaftlichen Gedanken in der *Landwirtschaft* verwirklicht.

Die Bedeutung der Genossenschaften liegt im Zusammenschluss von wirtschaftlich Schwachen zur Selbsthilfe im Wettbewerb mit Großbetrieben. Sie wurde noch dadurch erhöht, dass sich die Genossenschaften zu Verbänden zusammenschlossen.

Genossenschaften sind im Sinne ihrer ursprünglichen Zielsetzung keine Kapitalgesellschaften. Unternehmungsziel ist die Förderung des Erwerbs und der Wirtschaft ihrer Mitglieder. Dies schließt nicht aus, dass die Organe einer Genossenschaft eine wirtschaftliche Betriebsführung und die Erzielung von Gewinn anstreben.

Die Mitglieder der Genossenschaft als Kapitaleigner zählen zum Kundenstamm der Genossenschaft.

Beispiele:

1. Kunden und Kapitaleigner einer Einkaufsgenossenschaft des Malerhandwerks sind Malermeister.
2. Landwirte beziehen ihr Saatgut bei der von ihnen gegründeten Landwirtschaftlichen Bezugsgenossenschaft (Warengenossenschaft).

Die Genossenschaftsverbände arbeiten eng mit den Verbänden des Handwerks, des Handels und der Landwirtschaft zusammen.

3.6.2 Versicherungsverein auf Gegenseitigkeit (VVaG)

VAG §§ 15–53 Der Versicherungsverein auf Gegenseitigkeit ist eine spezielle Rechtsform für Versicherungsunternehmen. Neben VVaG dürfen nur Aktiengesellschaften und Anstalten bzw. Körperschaften des öffentlichen Rechts das Versicherungsgeschäft betreiben.

VVaG haben keine kapitalgebenden Aktionäre, sondern Mitglieder. Jeder Versicherungsnehmer wird mit dem Abschluss des Versicherungsvertrages zugleich Mitglied des Vereins. Die Mitgliedschaft ist jedoch nicht mit einer Aktionärsstellung zu vergleichen. Im Gegensatz zu Aktionären haben Mitglieder keine unmittelbare Kapitalbeteiligung am VVaG. Nur im Rahmen einer Liquidation oder eines ähnlichen Vorgangs stehen ihnen Anteile am Vermögen des Vereins zu.

Die Leistungen an die Versicherungsnehmer werden aus den Beiträgen bezahlt. Überschüsse werden an die Versicherungsnehmer verteilt, Fehlbeträge durch Beitragserhöhungen aufgebracht. Mit der Beendigung des Versicherungsvertrages endet auch die Mitgliedschaft regelmäßig entschädigungslos.

Der VVaG hat die gleichen Organe wie die Genossenschaft. Das beschließende Organ heißt jedoch »oberste Vertretung«, weil es in der Regel nur aus Vertretern besteht, die von den Mitgliedern gewählt werden.

1. Suchen Sie in den Gelben Seiten nach Genossenschaften. Ordnen Sie diese den jeweiligen Genossenschaftsgruppen zu (vgl. Übersicht, Seite 84).
2. Begründen Sie, warum man die Genossenschaft nicht den Kapitalgesellschaften zuordnet.
3. Hotelier Schnurr ist mit einer Einzahlung von 900 EUR in die Hotel-Einkauf eG eingetreten. Vom Rechnungsergebnis der folgenden Jahre entfielen auf ihn zunächst ein Verlust von 70 EUR, dann Gewinnanteile von 160 EUR und 200 EUR.

   Satzungsgemäß ist die Beteiligung eines Genossen auf höchstens 1.200 EUR festgesetzt. Im Insolvenzfall haftet jeder Genosse mit dem Mindestbetrag, der im Genossenschaftsgesetz bei beschränkter Nachschusspflicht vorgesehen ist. Ermitteln Sie für Herrn Schnurr nach dem neuesten Stand den Geschäftsanteil, das Geschäftsguthaben, die Haftsumme und die Risikosumme.
4. Der genossenschaftliche Gedanke hat zur Bildung des VVaG geführt.
   a) Welche Gesichtspunkte spielen beim genossenschaftlichen Gedanken eine Rolle?
   b) Beschreiben Sie die sich daraus ergebenden Auswirkungen auf den VVaG.

3.7 Kooperation und Konzentration

Um Ziele zu erreichen, die von einzelnen Unternehmen nicht erreicht werden können, bedient man sich in vielen Bereichen der Wirtschaft der Kooperation und Konzentration.

Kooperation liegt vor, wenn wirtschaftlich selbstständige und rechtlich weitgehend selbstständig bleibende Unternehmen sich **durch Verträge** zur **Zusammenarbeit** verpflichten.

Beispiele: Interessengemeinschaften zur gemeinsamen Grundlagenforschung. Kartellabsprachen über einheitliche Lieferungs- und Zahlungsbedingungen. Spediteure vereinbaren zur Vermeidung von Leer fahrten eine engere Zusammenarbeit.

Von **Konzentration** spricht man, wenn die wirtschaftliche Selbstständigkeit aufgegeben wird und die Betriebe einer umfassenden **zentralen Leitung** unterstellt werden.

Beispiel: Selbstständige Arzneimittelhersteller vereinigen sich unter einheitlicher Leitung.

Ziele

a) Sicherung der Beschaffungs- und Absatzbasis.

   Beispiele: Gemeinsame Einkaufs- und Verkaufsniederlassungen; Vertragshändlersystem; gegenseitige Beteiligung von Zellulosefabrik, Papierfabrik, Druckerei, Zeitungsverlag.

b) Gemeinsame Werbung.

   Beispiele: Werbeverbund von Versicherungsgesellschaften. Ein Reisebüro und ein Hersteller von Freizeitkleidung werben gemeinsam.

c) Höhere Erträge durch Beschränkung und Ausschaltung des Wettbewerbs.

   Beispiele: Konkurrierende Unternehmen treffen Absprachen über Preise, über die Kontingentierung von Ausbringungsmengen, über die Abgrenzung der Absatzgebiete, über den einheitlichen Aufbau der Kostenrechnung und über die einheitliche Anwendung von allgemeinen Geschäfts-, Lieferungs- und Zahlungsbedingungen.

d) Sicherung der Beschäftigung durch Übernahme von Aufträgen, die das Leistungsvermögen und die Finanzkraft einer einzelnen Unternehmung übersteigen würden.

   Beispiel: Mehrere Bauunternehmen erstellen in einer Arbeitsgemeinschaft (Arge) ein Großbauwerk.

e) Höherer technischer und wirtschaftlicher Wirkungsgrad durch gemeinsame Entwicklungs- und Forschungsarbeiten.

Beispiel: Gründung einer Forschungs-GmbH mit Kapitalbeteiligung mehrerer Unternehmungen (Automobil-, Elektroindustrie, chemische Industrie).

f) Größere Wirtschaftlichkeit durch gemeinsame Rationalisierung der Fertigungsverfahren, der Fertigungsgegenstände und der Sortimentsgestaltung.

Beispiele: Absprachen über gemeinsame Normen und Typen; Zusammenfassung, Ergänzung oder Aufteilung der Produktionsprogramme (Spezialisierung); Sortimentskooperation von Großhändlern.

g) Erhaltung der Konkurrenzfähigkeit gegenüber ausländischen Großunternehmen.

Beispiele: Zusammenschluss inländischer Automobilfabriken zum gemeinsamen Vertrieb ihrer Erzeugnisse auf Auslandsmärkten; Exportkartell auf der Handelsstufe, um einem Importkartell ausländischer Erzeuger zu begegnen.

Erscheinungsformen

Nach dem **wirtschaftlichen Zusammenhang** der zusammengeschlossenen Unternehmungen unterscheidet man:

a) Horizontale Zusammenschlüsse (gleiche Produktions- oder Handelsstufen).

Beispiel: Telekommunikationsunternehmen ⟷ Telekommunikationsunternehmen

Ziel ist die Schaffung einer stärkeren Marktposition.

b) Vertikale Zusammenschlüsse (aufeinanderfolgende Produktions- und Handelsstufen).

Beispiel: Maschinenhandel
Maschinenfabrik
Walzwerk
Hüttenwerk
Bergwerk
(↕)

Ziel ist die Sicherung von Beschaffung und Absatz.

c) Anorganische (branchenfremde) Zusammenschlüsse (z.B. Mischkonzerne).

Beispiel: Brauerei ⟷ Zeitungsverlag ⟷ Versicherungsunternehmen.

Ziel ist der Ausgleich eines branchenspezifischen Risikos.

Ein **rechtlicher Zusammenhang** begründet sich durch

a) mündliche oder schriftliche Vereinbarung (Abrede),
b) Gründung einer Arbeitsgemeinschaft (Gesellschaft des bürgerlichen Rechts),
c) gegenseitige Kapitalbeteiligung (Kapitalverflechtung),
d) Verschmelzung von mehreren Unternehmen (Fusion).

3.7.1 Kartell

Das **Kartell** ist ein **vertraglicher** horizontaler Zusammenschluss von Unternehmungen, die **rechtlich selbstständig** bleiben, aber einen **Teil ihrer wirtschaftlichen Selbstständigkeit aufgeben.**

Beispiel: Die Vereinigte Stahlwerke AG trifft mit der Metallwerke AG die Abrede, sich bei der Herstellung auf bestimmte Produkte zu spezialisieren.

Die Mitglieder des Kartells verpflichten sich, im Gegensatz zu einer Arbeitsgemeinschaft (Arge), zu gemeinsamem Handeln und zur Zahlung von Vertragsstrafen beim Verstoß gegen den Kartellvertrag.

Man unterscheidet folgende **Kartellarten:**

a) Preiskartelle, die einheitliche Preise neben gleichen Lieferungs- und Zahlungsbedingungen festsetzen (horizontale Preisbindung).

Submissionskartell. Bei Ausschreibung von Aufträgen vereinbaren Unternehmen Angebotspreise, die nicht unterboten werden dürfen. Gegenstand der Vereinbarung kann auch sein, dass nur ein Kartellmitglied ein Angebot abgibt.

b) Konditionenkartelle, welche die einheitliche Anwendung allgemeiner Geschäfts-, Lieferungs- und Zahlungsbedingungen vereinbaren.

c) Rabattkartelle, die einheitliche Verkaufsrabatte vertraglich festsetzen.

d) Kalkulationskartelle, die den gleichen Aufbau und Inhalt ihrer Kostenrechnung vereinbaren.

e) Rationalisierungskartelle.

1. *Normen- und Typenkartelle,* die lediglich die einheitliche Anwendung von Normen und Typen regeln.
2. *Spezialisierungskartelle,* die die Rationalisierung wirtschaftlicher Vorgänge durch Spezialisierung zum Gegenstand haben.
3. *Syndikate.* Das sind gemeinsame Beschaffungs- und Vertriebseinrichtungen (Einkaufs- und Verkaufskontore) mit eigener Rechtspersönlichkeit, die die Rationalisierung der Beschaffung oder des Absatzes ihrer Mitglieder verwirklichen.

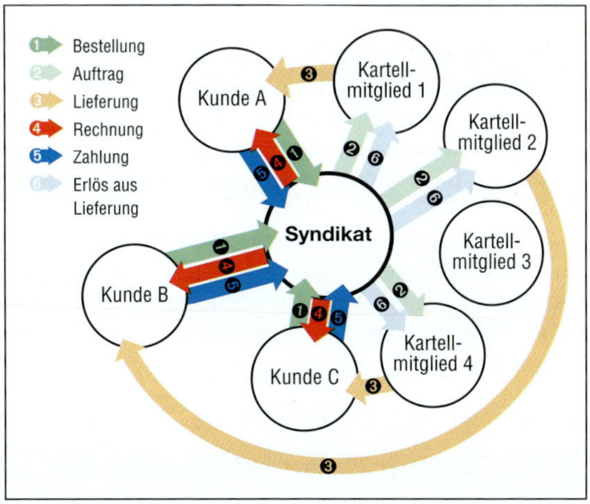

f) Kontingentierungskartelle.

1. *Quotenkartelle* (Produktionskartelle), die jedem Unternehmen die Absatzmenge (Produktionsquote) im Verhältnis zu seiner Kapazität zuteilen, um über das Angebot die Preise zu beeinflussen.
2. *Gebietskartelle,* die jedem Unternehmen das Absatzgebiet zuteilen und somit dort gegenseitigen Wettbewerb ausschließen.

g) Einfuhr- und Ausfuhrkartelle, die der Sicherung und Förderung der Einfuhr und Ausfuhr dienen.

h) Mittelstandskartelle eröffnen kleinen und mittleren Unternehmen zusätzliche Möglichkeiten für eine zwischenbetriebliche Zusammenarbeit. Sie verbessern die Wettbewerbsfähigkeit gegenüber großen Wettbewerbern (vgl. Seite 94). Hierzu gehören kooperative Maßnahmen in den Bereichen Produktion, Forschung und Entwicklung, Finanzierung, Verwaltung, Werbung, Einkauf und Vertrieb.

Die zwischenbetriebliche Zusammenarbeit kann sowohl in der Form der Koordinierung als auch der Ausgliederung einzelner oder mehrerer Unternehmensfunktionen erfolgen.

Beispiel: Das Bundeskartellamt duldet die Vereinbarung von Herstellern von Stahlbetonrohren. Diese dürfen u.a. Aufträge im Rahmen eines Quotensystems zentral regeln und die Verkaufspreise und Konditionen festsetzen. Denn dadurch sinken insbesondere die Frachtkosten erheblich und es ergeben sich Rationalisierungseffekte bei der Produktion und Qualität.

3.7.2 Interessengemeinschaft (IG)

Die **Interessengemeinschaft (IG)** ist ein horizontaler oder vertikaler Zusammenschluss von Unternehmungen, die **rechtlich selbstständig** bleiben, ihre **wirtschaftliche Selbstständigkeit** aber meist **in höherem Maße als beim Kartell aufgeben.**

!

Wegen des unterschiedlichen Inhalts und Umfangs der vertraglichen Abmachungen sind die Unterschiede gegenüber dem Konzern und dem Kartell oft nicht deutlich zu ziehen. Die vertraglichen Abmachungen dienen der Förderung gemeinsamer Interessen.

Sie können sich beziehen auf die gemeinsame Forschung und Entwicklung, den Austausch technischer Erfahrungen, die Vermeidung von Produktionsüberschneidungen (Zusammenfassung von Typen), die gegenseitige Zulieferung und Abnahme von Erzeugnissen, die gemeinsame Verwaltung und Betriebsabrechnung.

Eine besondere Form der IG ist die Gewinn- und Verlustgemeinschaft (Pool). Der gesamte Reingewinn wird nach einem vertraglichen Schlüssel (Umsatz, Kapitalhöhe) auf die beteiligten Unternehmungen aufgeteilt.

Die IG trägt meist die Rechtsform einer Gesellschaft des bürgerlichen Rechts.

3.7.3 Konsortium

Das **Konsortium** ist der horizontale Zusammenschluss von Unternehmen zur **Durchführung** bestimmter, in der Regel **zeitlich begrenzter Aufgaben.**

Die Rechtsform der Gesellschaft des bürgerlichen Rechts überwiegt. Konsortien werden besonders häufig von Banken gebildet, um Aktien und Schuldverschreibungen zu übernehmen und sie beim Publikum unterzubringen (Emissionskonsortium). Industriekonsortien (Bauindustrie) führen Großaufträge aus; Versicherungskonsortien teilen die Risikoübernahme auf.

3.7.4 Verbundene Unternehmen

Verbundene Unternehmen entstehen vor allem durch **kapitalmäßige und personelle Verflechtung** sowie durch **Unternehmensverträge.**

AktG § 15 Zur kapitalmäßigen Verflechtung eignet sich insbesondere die Rechtsform der AG, weil sich hier eine gegenseitige Bindung durch Aktienerwerb leicht herbeiführen lässt.

§§ 16 f. Ein Unternehmen, das die Kapital- oder Stimmenmehrheit eines anderen Unternehmens besitzt, wird als *herrschendes* Unternehmen (mit Mehrheit beteiligtes Unternehmen) bezeichnet. Das beherrschte Unternehmen ist das *abhängige* Unternehmen (in Mehrheitsbesitz stehende Unternehmen).

Es ist aber auch möglich, dass ein in Mehrheitsbesitz befindliches Unternehmen von dem mit Mehrheit beteiligten Unternehmen nicht abhängig ist.

Konzern

Der **Konzern** ist ein horizontaler, vertikaler oder anorganischer Zusammenschluss von Unternehmungen, die **rechtlich selbstständig** bleiben, aber ihre **wirtschaftliche Selbstständigkeit durch einheitliche Leitung aufgegeben** haben.

Beispiel: Die Vereinigte Stahlwerke AG erwirbt die Aktienmehrheit an der Metallwerke AG. Die Metallwerke AG bleibt unter ihrer Firma bestehen. Ihre Geschäftspolitik wird künftig vom Vorstand der Vereinigte Stahlwerke AG bestimmt.

Man unterscheidet

▶ Unterordnungskonzerne

Ein Unternehmen beherrscht ein oder mehrere Unternehmen.

– Ein Unternehmen *(Ober- oder Muttergesellschaft)* beherrscht ein anderes Unternehmen *(Unter- oder Tochtergesellschaft)* durch Kapital- oder Stimmenmehrheit.

Die Obergesellschaft bei einem Unterordnungskonzern ist häufig eine *Dachgesellschaft (Holding-Gesellschaft)*. Sie stellt die Konzernunternehmen, an denen sie die Kapital- oder Stimmenmehrheit besitzt, unter ihre einheitliche Leitung. Dabei verwaltet sie lediglich die angeschlossenen Unternehmen, ohne selbst Produktions- oder Handelsaufgaben zu übernehmen.

Das bedeutet, dass der Holding-Vorstand sich mehr auf die Vorgabe von übergeordneten Zielrichtungen und Rahmendaten konzentriert.

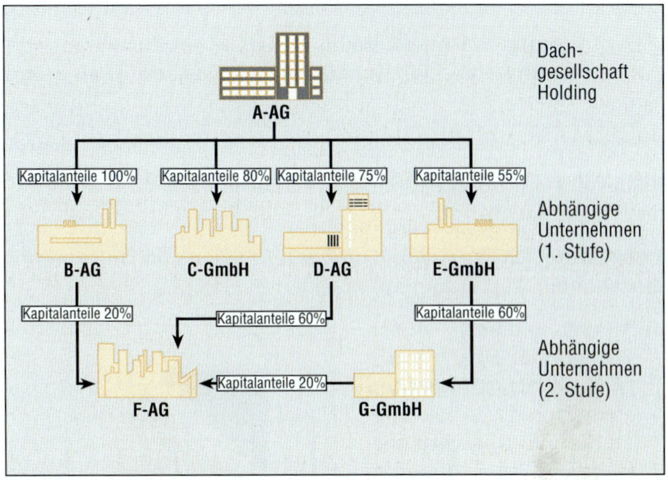

Die Holding führt die Geschäftsfeldstrategien zusammen und bringt sie in Einklang mit der Strategie für die gesamte Unternehmensgruppe. Dabei muss die Holding nach Möglichkeiten suchen, damit die Unternehmensbereiche erfolgreicher werden, als wenn sie selbstständig oder Teil eines anderen Unternehmens wären.

Ziel der Holding ist es ferner, zwischen den einzelnen Geschäftsbereichen einen Erfahrungsaustausch aktiv zu fördern.

Die anspruchsvollste Aufgabe für die Holding ist allerdings, Größenvorteile und Synergieeffekte (positive Wirkungen, die sich aus dem Zusammenschluss zweier Unternehmen o. Ä. ergeben) durch eine gemeinsame Ressourcennutzung zu erreichen. Dabei sollen durch die Zusammenführung gleichartiger Funktionen die erforderlichen Investitionen bzw. die Stückkosten gegenüber vollständig getrennten Funktionseinheiten gesenkt werden.

Beispiele für die Daimler AG Holding:

- Forschung und Entwicklung: Antriebstechniken für Pkw und Dieselantriebe,
- Einkauf: Gemeinsamer Rohstoffeinkauf für die Nutz- und Verteidigungsfahrzeugherstellung,
- Vertrieb: Gemeinsamer Vertrieb von Mikroelektronik und Energietechnik,
- Logistik: Gemeinsamer Transport von Nutzfahrzeugen und zivilen Systemen.

– Ein Unternehmen unterstellt durch einen Beherrschungsvertrag die Leitung einem anderen Unternehmen. Eine kapitalmäßige Verflechtung braucht dabei nicht zu bestehen. AktG § 291 (1)

▶ Gleichordnungskonzerne

Sie fassen Unternehmen unter einer einheitlichen Leitung zusammen, ohne dass das eine von dem anderen abhängig ist. § 18

Wechselseitig beteiligte Unternehmen

Auch bei ihnen bleiben die Unternehmen rechtlich selbstständig. Ihre wirtschaftliche Selbstständigkeit wird aber dadurch beschränkt, dass jedes Unternehmen mehr als 25% der Kapitalanteile des anderen Unternehmens erwirbt (Sperrminorität). Die Unternehmen erhalten dadurch gegenseitigen Einfluss auf die Geschäftsführung (Schwestergesellschaften). § 19

Durch Vertrag verbundene Unternehmen

Neben dem konzernmäßigen Zusammenschluss durch Beherrschungsvertrag können verbundene Unternehmen auch durch Gewinnabführungs-, Gewinngemeinschafts-, Teilgewinnabführungs-, Betriebspacht- oder Betriebsüberlassungsvertrag entstehen. §§ 291 f.

Beispiel: Patentnutzung gegen Gewährung von 10 % des Bilanzgewinnes.

3.7.5 Vereinigte Unternehmen (Trust)

Ein **Vereinigtes Unternehmen** (Trust) ist ein Zusammenschluss von Unternehmen, die **ihre rechtliche und wirtschaftliche Selbstständigkeit aufgeben.**

Beispiel: Die Vereinigte Stahlwerke AG beschließt nach Erwerb von 100 % des Aktienkapitals der Metallwerke AG die Fusion. Die Metallwerke AG wird als Zweigwerk eingegliedert, ihre Firma erlischt.

Es besteht nur noch ein einziges Unternehmen. Die früheren Unternehmen sind Betriebe des Trusts geworden.

Entstehung. Die *Verschmelzung oder Fusion* von Unternehmen zu einem Vereinigten Unternehmen (Trust) kann auf zwei Arten erfolgen:

a) **Verschmelzung durch Aufnahme.** Das Vermögen der übertragenden Gesellschaft A, die durch starken Wettbewerb aufnahmewillig gemacht wurde, oder deren Aktien allmählich aufgekauft wurden, geht als Ganzes auf die übernehmende Gesellschaft B über gegen Gewährung von Aktien dieser Gesellschaft. Die übertragende Gesellschaft A erlischt.

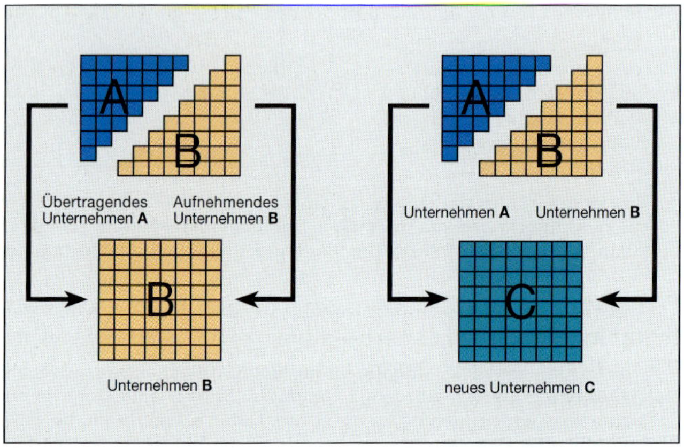

b) **Verschmelzung durch Neubildung.** Es wird eine neue Gesellschaft C gegründet, auf die das Vermögen der sich vereinigenden Gesellschaften A und B übergeht, gegen Gewährung von Aktien der neuen Gesellschaft. Die übertragenden Gesellschaften A und B erlöschen.

3.7.6 Vorteile und Nachteile der Unternehmenszusammenschlüsse

Je nach der Zielsetzung des Zusammenschlusses können für die Volkswirtschaft Vorteile, aber auch Nachteile erwachsen:

Vorteile

a) Senkung der Preise, wenn die Unternehmen ihre Kostenminderungen im Preis weitergeben.

b) Bessere Versorgung der Verbraucher, wenn Rationalisierungsmaßnahmen mengen- und gütemäßig Leistungssteigerungen ermöglichen.

c) Größere Übersichtlichkeit des Marktes (Markttransparenz) durch Bereinigung der Produktionsprogramme und der Sortimente.

d) Durch die Beschränkung der Produktion auf den Bedarf können vorübergehend gefährdete Unternehmungen und Arbeitsplätze erhalten werden.

e) Die außenwirtschaftliche Wettbewerbsfähigkeit kann erhalten oder gestärkt werden.

f) Das Sozialprodukt und das Wirtschaftswachstum werden gesichert und damit auch die Einnahmen der öffentlichen Hand.

Nachteile

a) Die Preise können überhöht sein, sofern kein hinreichender Wettbewerb gegeben ist.

b) Die Preise werden überhöht, wenn sie durch die Kosten unwirtschaftlich arbeitender Betriebe bestimmt werden.

c) Durch die Beschränkung der Ordnungsfunktion des freien Wettbewerbs wird die volkswirtschaftlich notwendige Leistungsauslese verzögert.

d) Die Vielfalt des Angebots an Waren und Dienstleistungen wird im Allgemeinen vermindert.

e) Die Umsetzung von Rationalisierungsmöglichkeiten gefährdet Arbeitsplätze.

f) Durch Stilllegung unwirtschaftlich arbeitender Betriebe kann regional Arbeitslosigkeit eintreten.

g) Der technische Fortschritt kann durch den Schutz rückständiger Betriebe gehemmt werden.

h) Die Konzentration wirtschaftlicher Macht birgt die Gefahr ihres Missbrauchs zu politischer Macht in sich.

3.7.7 Staatliche Maßnahmen zur Erhaltung des Wettbewerbs

Die **staatliche Politik** zur Sicherung des Wettbewerbs soll die Allgemeinheit vor den Nachteilen der Unternehmenszusammenschlüsse bewahren und einen marktwirtschaftlichen Wettbewerb gewährleisten. In vielen Ländern sind deshalb Gesetze gegen Wettbewerbsbeschränkungen erlassen worden.

Die **Europäische Union (EU)** verbietet allen Unternehmen und Unternehmensvereinigungen ihrer Mitgliedsstaaten, Vereinbarungen zu treffen, durch die der Wettbewerb innerhalb des gemeinsamen Marktes beeinträchtigt, verhindert, eingeschränkt oder verfälscht wird. Auch die missbräuchliche Ausnutzung einer marktbeherrschenden Stellung ist nicht erlaubt. EGV §§ 81 f.

Das europäische und das deutsche Kartellrecht gelten grundsätzlich nebeneinander. Sind die Verhältnisse aber unklar, gilt das europäische Recht vor dem deutschen Recht. Das Ziel beider Rechtsvorschriften ist der Schutz des Wettbewerbs auf dem europäischen bzw. auf dem deutschen Markt. Damit sollen Marktabsprachen, Machtmissbrauch und Machtkonzentration verhindert werden. GWB § 22

Wettbewerbsförderung durch Kartellverbot § 1

Im deutschen Kartellrecht ist die **Bildung von Kartellen grundsätzlich verboten (Verbotsprinzip).** Es gibt aber zwei Ausnahmebereiche. Innerhalb dieser unterscheidet der Gesetzgeber zwischen Vereinbarungen auf der gleichen Wirtschaftsstufe **(horizontale Vereinbarungen)** und auf unterschiedlichen Wirtschaftsstufen **(vertikale Vereinbarungen).**

Ob wettbewerbsbeschränkende Vereinbarungen zulässig sind oder nicht, muss jedes Unternehmen selbst prüfen. Es empfiehlt sich deswegen, unternehmensintern ein Risikomanagement für Kartellrechtsfragen einzurichten, um Verstöße zu verhindern.

Messgröße für zulässige Vereinbarungen ist grundsätzlich der Marktanteil der beteiligten Unternehmen. Als Anhaltspunkt gilt die Vorgabe der EU-Kommission:

- Der Marktanteil aller beteiligten Unternehmen auf den vertikalen Wirtschaftsstufen darf 15% auf keinem der betroffenen Märkte übersteigen.
- Der Marktanteil aller beteiligten Unternehmen auf der horizontalen Wirtschaftsstufe darf 10% nicht übersteigen.

Für kleine und mittlere Unternehmen gilt dies nur, wenn das Unternehmen mehr als 250 Personen beschäftigt und mehr als 50 Mio. EUR Jahresumsatz erzielt oder die Bilanzsumme 43 Mio. EUR übersteigt.

Da das GWB die Begriffe Wettbewerb und Wettbewerbsbeschränkung nicht exakt definiert, ist immer eine Prüfung des Einzelfalls erforderlich.

Stellt die Kartellbehörde beipielsweise gleichzeitige Preiserhöhungen von Unternehmen für ihre Waren fest, kann es sich um wettbewerbsschädliche Preisabsprachen handeln, aber ebenso um unbewusstes Parallelverhalten aufgrund der gestiegenen Nachfrage nach diesen Waren. Für die Kartellbehörde ist es demnach nicht immer einfach zu beurteilen, ob unternehmerisches Verhalten wettbewerbsbeschränkend oder wettbewerbskonform ist.

Grundsätzlich führen aber vereinbarte Preis-, Gebiets- und Quotenabsprachen (sog. **Hardcore-Kartelle)** zu Wettbewerbsbeschränkungen und damit zu deren Verbot.

GWB § 2

▶ Freigestellte Vereinbarungen

Freigestellt sind Vereinbarungen zwischen Unternehmen oder aufeinander abgestimmte Verhaltensweisen, wenn sie

- zur Verbesserung der Warenerzeugung oder -verteilung oder zur Förderung des technischen oder wirtschaftlichen Fortschritts beitragen,
- die Verbraucher angemessen an dem entstehenden Gewinn beteiligen,
- dadurch nicht die Möglichkeit schaffen, für die betreffenden Waren den Wettbewerb auszuschalten.

§ 3

▶ Mittelstandskartelle

Kleinen und mittelständischen Unternehmen wird durch diese Gesetzesvorschrift ein Ausgleich für ihre strukturellen Nachteile gegenüber größeren Wettbewerbern angeboten. Demnach sind Vereinbarungen und Beschlüsse von miteinander in Wettbewerb stehenden kleinen und mittelständischen Unternehmen erlaubt, wenn sie

- die Rationalisierung ihrer Vorgänge durch zwischenbetriebliche Zusammenarbeit vereinbaren,
- durch die horizontale Kooperation ihre Wettbewerbsfähigkeit erhöhen,
- den Wettbewerb auf dem entsprechenden Markt nicht wesentlich beeinträchtigen.

Grundsätzlich kann auch ein Großunternehmen Mitglied eines Mittelstandskartells sein, wenn die kleinen und mittleren Unternehmen dadurch verbesserte Bezugs- oder Vertriebsmöglichkeiten erhalten.

Kartelle

Verboten	**Erlaubt**
Hardcore-Kartelle, z.B. – Preiskartelle – Gebietskartelle – Quotenkartelle	– Vereinbarungen zwischen Unternehmen mit einem Marktanteil von jeweils bis zu 10 % bzw. 15 %. – freigestellte Vereinbarungen – Mittelstandskartelle

Wettbewerbsförderung durch Fusionskontrolle

Zusammenschlüsse sind vor dem Vollzug dem Bundeskartellamt anzumelden und nach dem Vollzug anzuzeigen. Die Fusionskontrolle findet statt, wenn die Beteiligten vor dem Zusammenschluss folgende Umsatzerlöse erreicht haben: GWB § 39

§ 35

anmeldepflichtig

- Umsatzerlöse eines Partners > 500 Mio. EUR
- Umsatzerlöse im Inland > 25 Mio. EUR

jedoch anmeldefrei, wenn

- Umsatzerlöse eines Partners < 10 Mio. EUR
- **oder**
- Umsatzerlöse seit fünf Jahren < 15 Mio. EUR

Besteht die Gefahr, dass durch den **Zusammenschluss eine marktbeherrschende Stellung entsteht oder verstärkt** wird, so kann die Kartellbehörde einen Zusammenschluss *untersagen*. Eine bereits vollzogene Fusion kann unter bestimmten Voraussetzungen durch ein **Fusionsverbot** entflochten, d.h. aufgelöst werden. § 41

§ 19

Marktbeherrschende Stellung

- Tatsächliche Beherrschung
  - Unternehmen ist ohne Wettbewerber
  - Unternehmen hat überragende Stellung auf diesem Markt
- Vermutete Beherrschung
  - Anzahl der Unternehmen 1 / 1–3 / 1–5 mit Marktanteil von 33% / 50% / 66 $^{2}/_{3}$%

Merkmale einer überragenden Marktstellung sind die Finanzkraft, der Zugang zu Beschaffungs- oder Absatzmärkten und die Verflechtung mit anderen Unternehmen.

Zur Begutachtung der Entwicklung der Unternehmenskonzentration ist eine **Monopolkommission** aus Fachleuten der Wirtschaft und Wissenschaft gebildet worden.

Wettbewerbsförderung durch Missbrauchsaufsicht

Die Missbrauchsaufsicht ist die dritte Säule des Kartellrechts neben dem Kartellverbot und der Zusammenschlusskontrolle. Sie hat die Aufgabe zu verhindern, dass ein bereits marktbeherrschendes Unternehmen seine Marktstellung missbraucht. Nutzt es seine marktbeherrschende Stellung missbräuchlich aus, so kann die Kartellbehörde dieses Verhalten untersagen und Verträge für unwirksam erklären. Gegen Verfügungen der Kartellbehörde kann Beschwerde beim Kammergericht am Oberlandesgericht in Düsseldorf geführt werden. Gegen Entscheidungen des Kammergerichts können Rechtsbeschwerden an den Kartellsenat des Bundesgerichtshofs gerichtet werden. § 19 § 74

Generalausnahmeklausel und Geldbußen

GWB ▶ Generalausnahmeklausel

§ 42 Der Bundesminister für Wirtschaft und Technologie kann Kartelle zulassen, die vom Kartellamt nicht genehmigt oder durch das Kartellrecht verboten sind. In zwei Fällen werden Kartelle erlaubt (Ministererlaubnis):

- Die Beschränkung des Wettbewerbs ist aus überwiegenden Gründen der Gesamtwirtschaft und des Gemeinwohls notwendig.
- Es besteht eine unmittelbare Gefahr für den Bestand des überwiegenden Teils der Unternehmen eines Wirtschaftszweiges.

§ 48 **Kartellbehörden** sind das Bundeskartellamt in Bonn und das Bundesministerium für Wirtschaft und Technologie sowie die Kartellämter der Länder.

▶ Geldbußen

§ 81 (1) Bei Nichtbeachtung der Vorschriften des Gesetzes, bei unrichtiger und ungenügender Auskunftserteilung und bei Aufsichtspflichtverletzung können Geldbußen auferlegt werden. Die
§ 81 (4) Geldbuße kann bis zu mehreren Mio. EUR betragen.

?

1. Welche Ziele verfolgen Unternehmen
   a) aus der Automobilbranche bei einem horizontalen Zusammenschluss,
   b) aus dem Rohstoff fördernden und verarbeitenden Bereich bei einem vertikalen Zusammenschluss,
   c) aus dem Versandbereich und dem Lebensmittelbereich bei einem anorganischen Zusammenschluss?
2. Beantworten Sie aufgrund der folgenden Pressenotizen folgende Fragen:
   - Welche Ziele verfolgen die einzelnen Unternehmen?
   - Welche Vor- und Nachteile ergeben sich aus deren Zusammenschluss?
   - Wie werden diese Zusammenschlüsse genannt?

   a) »Zwei Automobil-AGs wollen bis zum Jahre 2012 gemeinsam ein Elektromobil bauen, das weltweit vertrieben werden soll. An einen Aktienerwerb bei einem beteiligten Unternehmen ist dabei nicht gedacht.«
   b) »Die Spezialbrot- und Keksfabrik Steinfurt GmbH wird von der Holzofenbrotfabrik Karl Jause & Co. KG, Starnberg, übernommen.«
   c) »Aus informierten Branchenkreisen verlautet, dass sich ein führendes Unternehmen der Unterhaltungselektronik mit mehr als 50 % an einem anderen Unternehmen der gleichen Branche beteiligen wird.«
   d) »Mehrere Bauunternehmer werden mit erheblichen Geldbußen belegt, weil sie sich bei der Vergabe öffentlicher Aufträge gegenseitig über ihre Angebotssummen verständigt und gemäß einer Absprache Aufträge zu überhöhten Preisen zugeschoben haben.«
   e) »Drei Großsaftereien einigen sich, für sämtliche von ihnen hergestellten Säfte die Verkaufspreise einheitlich festzulegen. So soll beispielsweise eine Kiste trüben Apfelsaftes (20 Flaschen à 0,33 l) nicht unter 6 EUR abgegeben werden.«
   f) »Einige große Zementwerke in Deutschland legen vertraglich fest, ihre Produkte künftig über eine gemeinsame Verkaufsstelle zu vertreiben, die die alleinige Verbindung zu den Kunden übernimmt. Die Kundenabteilungen der Einzelbetriebe werden aufgelöst.«
   g) »Drei Versicherungsunternehmen vereinbaren, in Zukunft keine Luxus-Sport-Wagen gegen Diebstahl zu versichern.«
3. Die Spektro-Holzbau-AG hat im letzten Jahr die Transport-GmbH gegründet, die ausschließlich für den Vertrieb zuständig ist. Daneben erwarb die AG von der Minerva-Holzgeräte-AG, die im süddeutschen Raum eine führende Stellung innehat, ein weiteres Aktienpaket, sodass sie nun 231 Mio. EUR des insgesamt 460 Mio. EUR ausmachenden Grundkapitals der Minerva-Holzgeräte-AG besitzt.

   Die Minerva-Holzgeräte-AG hat in diesem Jahr von der Impuls-Inneneinrichtungs-AG ein Aktienpaket in Höhe von 110 Mio. EUR erworben. Das Grundkapital der Impuls-Inneneinrichtungs-AG beträgt 330 Mio. EUR.

   Die Elektrizitäts-AG, die aufgrund von Managementfehlern seit mehreren Jahren Verluste erwirtschaftet, wird durch die Übernahme des gesamten Aktienpakets vor der Insolvenz gerettet. Es wird eine gemeinsame Leitung von Elektrizitäts-AG und Spektro-Holzbau-AG eingerichtet.

   Die Krado-Speditions-GmbH wird von der Spektro-Holzbau-AG ebenfalls in ihrer Gesamtheit übernommen.

a) Verschaffen Sie sich durch eine Skizze einen Überblick, welche Beziehungen zwischen den Unternehmen bestehen.

b) Entscheiden Sie, welche Zielrichtungen bei den Zusammenschlüssen zwischen den einzelnen Unternehmen erkennbar sind.

c) Stellen Sie fest, um welche Arten von verbundenen Unternehmen es sich handelt.

4. Vervollständigen Sie folgende Übersicht.

Unternehmenszusammenschluss / Selbstständigkeit	Kartell	Konzern	Vereinigte Unternehmen
Rechtliche			
Wirtschaftliche			

5. Welche Vor- und Nachteile hat ein Beherrschungsvertrag für die beteiligten Unternehmen?

6. Begründen Sie, warum die Gefahr der Entstehung von Überkapazitäten durch einen Konzern in höherem Maße als durch ein Kartell vermieden werden kann.

7. Erläutern Sie die Bedeutung des Wettbewerbs für die marktwirtschaftliche Ordnung.

8. Begründen Sie, welche Zielsetzungen der Kooperation und Konzentration volkswirtschaftlich erwünscht bzw. nicht erwünscht sind.

9. Warum und in welchem Fall ist der Grundsatz des Kartellverbots durch Freistellung von diesem Verbot durchbrochen?

10. In den letzten Jahren sind viele Klein- und Mittelbetriebe des Einzelhandels verkauft oder aufgegeben worden,

    a) Nennen Sie mögliche Ursachen.

    b) Welche Auswirkungen hatte dies auf die Verbraucher?

    c) Wie versuchen noch existierende Kleinbetriebe des Einzelhandels diese Entwicklung zu überleben?

    d) Welche Maßnahmen ergreift der Staat um den Mittelstand zu fördern (Begründung)?

11. Auf welche Weise kann wirtschaftliche Macht zu politischer Macht führen?

12. Recherchieren Sie auf der Homepage des Bundeskartellamtes, ob es Bestrebungen gibt, ein „Weltkartellamt" einzurichten.

13. Jedes Unternehmen hat die Pflicht selbst zu prüfen, ob sein Verhalten, seine Absprachen und seine Beschlüsse kartellrechtlich zulässig sind.

    Bestimmen Sie eine geeignete Größe, die es ermöglicht zu entscheiden, ob es sich um ein verbotenes Kartell oder um eine erlaubte Kooperation handelt. Prüfen Sie diese gefundene Größe kritisch.

14. Die Anzahl der Fusionen hat in den letzten Jahren stark zugenommen. Nennen Sie vier Gründe für diese Entwicklung.

15. Auf der Homepage des Bundeskartellamtes finden Sie unter »Über das Kartellamt« die unten genannten Fragen. Geben Sie die auf der Seite stehenden Antworten in Kurzform wieder.

    a) Was ist und wie funktioniert Wettbewerb?

    b) Wie wird sichergestellt, dass Wettbewerb funktionieren kann?

    c) Wie schützt das Bundeskartellamt den Wettbewerb?

3.8 Not leidende Unternehmung

Das Krankheitsbild eines Menschen zeigt sich an unterschiedlichen Symptomen. Die Schwere der Krise einer Unternehmung ist ebenfalls an Symptomen erkennbar, die unterschiedlich zu bewerten sind.

Solche Hinweise können sein: Umsatzrückgang, geringer werdende Gewinne, anhaltende Verluste, Schrumpfung des Eigenkapitals, steigende Verschuldung, Zahlungsschwierigkeiten und schließlich Zahlungsunfähigkeit (Insolvenz).

Auswirkungen von Unternehmenszusammenbrüchen:

a) **Auswirkung auf die Volkswirtschaft.** Lieferanten können durch den Ausfall ihrer Forderungen selbst zahlungsunfähig werden (Kettenreaktion). Bund, Länder, Gemeinden und Sozialversicherungsträger verlieren Steuer- und Beitragszahler; sie können deshalb ihre öffentlichen Aufgaben nur noch in entsprechend eingeschränktem Maße erfüllen.

b) **Auswirkung auf die Belegschaft.** Durch den Zusammenbruch verlieren die Mitarbeiter ihren Arbeitsplatz. Sie haben nicht nur Schwierigkeiten, einen gleichwertigen Arbeitsplatz zu finden. Oft müssen sie auch den Wohnort wechseln. Ältere Arbeitnehmer bekommen bei schlechter Wirtschaftslage keinen Arbeitsplatz mehr und sind gezwungen, vorzeitig in Rente zu gehen.

> ! Als **Insolvenz** bezeichnet man die **Zahlungsunfähigkeit** eines Schuldners.

Die **Ursachen** einer solchen Entwicklung können inner- und außerbetrieblicher Natur sein:

Ursachen einer Krise	
Innerbetriebliche Ursachen	**Außerbetriebliche Ursachen**
Mangel an Kapital, falsche Kapitalverwendung, Kapitalentzug durch überhöhte Privatentnahmen, fehlende Marktanpassung, mangelnde kaufmännische Kenntnisse, fehlerhafte Buchführung, technische Überalterung des Betriebs, Verluste durch Fehldispositionen, mangelhafte Organisation.	Rückgang der Nachfrage durch – Abschwächung der Konjunktur, – Änderung der Verbrauchergewohnheiten, – Beschränkung der Kaufkraft infolge steigender Arbeitslosigkeit, – Verschärfung des Wettbewerbs; Rückgang der Zahlungseingänge infolge größerer Verluste an Außenständen.

Der Krise einer Unternehmung kann auf verschiedene Weise begegnet werden:

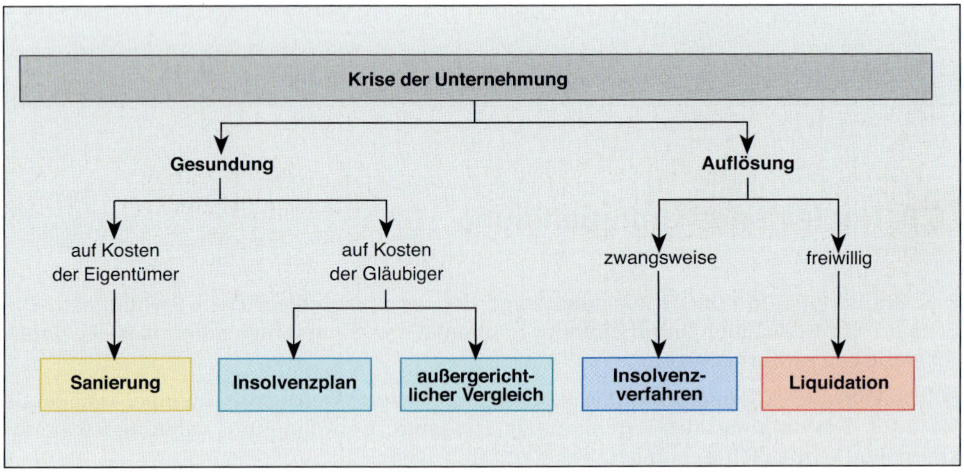

3.8.1 Sanierung

Unter **Sanierung** versteht man die Gesamtheit aller Maßnahmen **zur Gesundung** eines Unternehmens **ohne Hilfe der Gläubiger.**

Sanierung im weiteren Sinne

Dazu gehören alle Maßnahmen zur Beseitigung von Mängeln und Schäden, damit das Unternehmen wieder wirtschaftlich und erfolgreich arbeiten kann.

Dies kann geschehen:

- *personell:* durch Umbesetzung in der Unternehmungsleitung, bessere Besetzung der Arbeitsplätze;
- *organisatorisch:* durch Rationalisierung;
- *sachlich:* durch Abstoßen unwirtschaftlich arbeitender Betriebsteile;
- *finanziell:* durch Zuführung neuen Kapitals, aber auch durch Rückgabe nicht mehr benötigten Kapitals.

Sanierung im engeren Sinne

Darunter versteht man die Angleichung des *nominellen,* in der Bilanz ausgewiesenen Kapitals an das *tatsächlich vorhandene.* Weil bei Kapitalgesellschaften das Nominalkapital durch Jahresergebnisse nicht verändert werden darf, muss der Jahresfehlbetrag als Abzugsbetrag beim gezeichneten Kapital ausgewiesen werden. Übersteigen die Verluste schließlich das Eigenkapital, sodass die Schulden größer sind als das Vermögen, spricht man von **Überschuldung.** Eine Sanierung ist bei Kapitalgesellschaften dann nicht mehr möglich. In diesem Falle muss die Eröffnung des Insolvenzverfahrens beantragt werden.

A Bilanzsituation mit Jahresfehlbetrag P

A		P	
Vermögen	5	Gezeichnetes Kapital	4
		Jahresfehlbetrag	–1
		Fremdkapital	2

A Bilanzsituation bei Überschuldung P

A		P	
Vermögen	3	Gezeichnetes Kapital	4
Nicht durch Eigenkapital gedeckter Fehlbetrag	5	Fremdkapital	4

HGB § 268 (3)

3.8.2 Insolvenzplan

Durch den **Insolvenzplan** kann erreicht werden, dass das insolvente **Unternehmen bestehen bleibt.** Der **Schuldner** wird von seinen **restlichen Verbindlichkeiten** gegenüber den Insolvenzgläubigern **befreit.**

InsO §§ 217 ff.

Ein Insolvenzplan kann dem Gericht sowohl durch den *Schuldner* als auch durch den *Insolvenzverwalter* vorgelegt werden. Darin werden geregelt die

- Befriedigung der Gläubiger,
- Verwertung und Verteilung der Insolvenzmasse,
- Haftung des Schuldners nach der Beendigung des Verfahrens.

Aufstellung des Planes

InsO § 220 Der **darstellende** Teil des Planes enthält

- Maßnahmen, die nach der Eröffnung des Verfahrens getroffen werden (Fortsetzung der Produktion),
- alle sonstigen Angaben zu den Grundlagen und Auswirkungen des Planes, die für die Entscheidung der Gläubiger über die Zustimmung des Planes und für dessen gerichtliche Bestätigung erheblich sind.

§ 221 Im **gestaltenden** Teil wird dargelegt, wie die Rechtsstellung der Beteiligten durch den Plan geändert wird. Hierbei wird entschieden, ob und in welchem Umfang die Rechte der absonderungsberechtigten Gläubiger *gekürzt* oder *gestundet* und wie sie *gesichert* werden.

Ebenso muss festgelegt werden, um welchen Bruchteil die Forderungen der Insolvenzgläubiger *gekürzt* bzw. für welchen Zeitraum sie *gestundet* werden.

§ 225 Die Forderungen nachrangiger Insolvenzgläubiger gelten als *erlassen.* Dem Insolvenzplan müssen eine Vermögensübersicht und eine Übersicht über die Aufwendungen und Erträge beigefügt werden, und zwar für den Zeitraum, während dessen die Gläubiger befriedigt werden sollen.

§ 222 Bei der Festlegung der Rechte der Beteiligten sind Gruppen zu bilden, also absonderungsberechtigte Gläubiger, Insolvenzgläubiger, nachrangige Gläubiger, Arbeitnehmer und evtl. Kleingläubiger.

Annahme und Bestätigung des Planes

§§ 235 ff. Beim *Erörterungs- und Abstimmungstermin* werden der Insolvenzplan und das Stimmrecht der Gläubiger *erörtert.*

Anschließend wird über den Plan *abgestimmt.*

Der Plan gilt als **angenommen,** wenn

- die **Mehrheit der abstimmenden Gläubiger** dem Plan zustimmt und
- die **Summe der Ansprüche der zustimmenden Gläubiger mehr als die Hälfte** der *Summe der Ansprüche der abstimmenden Gläubiger* beträgt.

Wirkungen des Insolvenzplanes

Sobald der Insolvenzplan rechtskräftig ist,

§ 258
- wird ein bereits eingeleitetes *Insolvenzverfahren aufgehoben.* Vor der Aufhebung hat der Verwalter die unbestrittenen Masseansprüche zu befriedigen und für die bestrittenen Ansprüche Sicherheit zu leisten.
- erhält der Schuldner damit das Recht zurück, *über die Insolvenzmasse frei zu verfügen.* Es kann vorgesehen werden, dass der Insolvenzverwalter die Planerfüllung überwacht.

§ 259 Kommt der Schuldner mit der Erfüllung in Verzug, so wird die Stundung oder der Erlass für den Gläubiger hinfällig, gegenüber dem der Schuldner im Rückstand ist, d. h., der Schuldner
§ 255 wurde gemahnt und lässt eine mindestens zweiwöchige Nachfrist verstreichen. Der Gläubiger kann dann zur Zwangsvollstreckung schreiten.

§ 257 Wird vor vollständiger Erfüllung des Planes über das Vermögen des Schuldners ein neues Insolvenzverfahren eröffnet, so ist die Stundung oder der Erlass für alle Insolvenzgläubiger hinfällig **(Wiederauflebensklausel).**

3.8.3 Außergerichtlicher Vergleich

Die Insolvenz eines Schuldners kann auch durch einen außergerichtlichen Vergleich behoben werden. Die Verhandlungen werden *ohne gerichtliche Mitwirkung* völlig frei, meist vertraulich geführt. *Alle* Gläubiger sollen zustimmen, brauchen aber nicht in gleicher Weise behandelt zu werden. Häufig schließt der Schuldner nur mit einzelnen Großgläubigern einen Vergleich. BGB § 779

Vorteile:	**Nachteil:**
– rasche Durchführung, – keine Veröffentlichung, – keine Gerichtskosten.	Gläubiger können bei nachfolgendem Insolvenzverfahren nur noch ihre Restforderung geltend machen.

Beim **Vergleich** unterscheidet man

a) Stundungsvergleich (Moratorium), bei dem die Gläubiger ihre Forderungen *stunden* und einem Tilgungsplan zustimmen,

b) Erlassvergleich (Quotenvergleich), bei dem die Gläubiger auf einen Teil ihrer Forderungen *verzichten*.

Beispiel: 50 %iger Erlass.

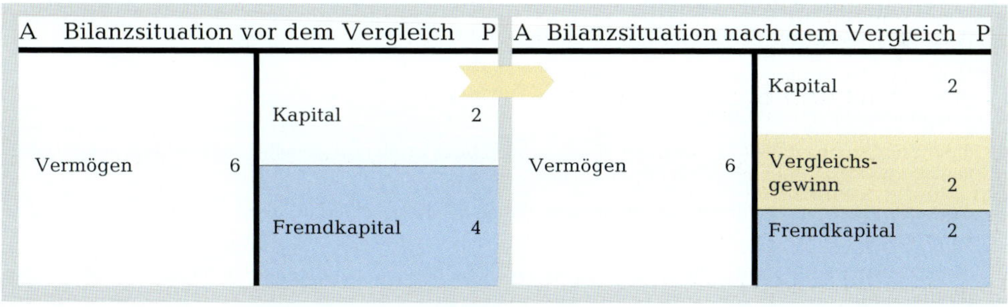

3.8.4 Insolvenzverfahren

Mit dem Insolvenzverfahren soll vermieden werden, dass einzelne Gläubiger versuchen, durch raschen Zugriff die volle Befriedigung ihrer Forderungen zu erlangen, während andere leer ausgehen würden. Ein **Insolvenzverfahren** *löscht ein Unternehmen aus* (Restschuldbefreiung, Seite 106). Dies ist für die Volkswirtschaft, vor allem aber für die Belegschaft, mit schweren Nachteilen verbunden. Deshalb besteht ein nachhaltiges Interesse, die Existenz einer Unternehmung zu sichern.

> Das **Insolvenzverfahren** ist ein gerichtliches Verfahren zur gemeinschaftlichen **Befriedigung** der Gläubiger. Das Vermögen des Schuldners wird **verwertet** und der Erlös **verteilt**.

InsO § 1

Voraussetzungen

Die Voraussetzungen für die Eröffnung eines Insolvenzverfahrens sind

a) Zahlungsunfähigkeit, drohende Zahlungsunfähigkeit, bei juristischen Personen auch **Überschuldung.** §§ 17 ff.

InsO § 3 **b) Antrag** an das **Insolvenzgericht;** das ist das *Amtsgericht,* in dessen Bezirk der Schuldner seinen allgemeinen Gerichtsstand hat (Abschnitt 6.3).

Der Antrag kann gestellt werden

§§ 13 ff. 1. vom *Schuldner* selbst. Dieser kann auch bereits bei drohender Zahlungsunfähigkeit einen Antrag stellen;

2. von einem *Gläubiger.* Dieser muss nachweisen, dass er ein rechtliches Interesse an der Eröffnung des Insolvenzverfahrens hat. Er muss seine Forderung und den Grund glaubhaft machen, z.B. durch erfolglose Zwangsvollstreckung oder Wechselprotest.

Eröffnung des Verfahrens

Das Gericht prüft, ob die Voraussetzungen zur Eröffnung des Insolvenzverfahrens vorliegen, und ernennt einen vorläufigen Insolvenzverwalter. Reicht das vorhandene Vermögen
§ 26 zur Deckung der Kosten des Verfahrens nicht aus, so wird der Antrag **mangels Masse** *ab-*
§ 207 *gewiesen.* Stellt sich dies erst im Laufe des Verfahrens heraus, wird das Verfahren *eingestellt.* Die Gläubiger können dann wieder Einzelvollstreckungen einleiten.

Wird das Verfahren *eröffnet,* so ernennt das Gericht einen **Insolvenzverwalter.** Der Eröffnungsbeschluss ist zu *veröffentlichen* und ins Handelsregister und zur Verhinderung gutgläubigen Erwerbs von Grundstücken ins Grundbuch *einzutragen.*

§ 27 Der **Eröffnungsbeschluss** enthält

a) Firma oder Name und Vornamen, Geschäftszweig und Anschrift des Schuldners,

b) Name und Anschrift des Insolvenzverwalters,

c) Tag und Stunde der Eröffnung,

d) die Aufforderung an die Gläubiger, ihre Forderungen beim Insolvenzverwalter anzumelden und mitzuteilen, welche Sicherungsrechte sie beanspruchen,

e) die Aufforderung an die Schuldner, nicht mehr an den Insolvenzschuldner, sondern nur an den Verwalter zu bezahlen,

§ 29 (1) Nr. 1 f) einen Termin für die erste Gläubigerversammlung, in der die angemeldeten Forderungen geprüft werden **(Prüftermin),**

§ 29 (1) Nr. 2 g) einen weiteren Termin, an dem der Insolvenzverwalter über die wirtschaftliche Lage des Schuldners und deren Ursachen Bericht erstattet **(Berichtstermin)** und in dem über den Fortgang des Verfahrens beschlossen wird.

Wirkungen des Eröffnungsbeschlusses

a) Auf den Schuldner:

§ 80 1. Mit der Eröffnung geht das Recht des Schuldners, das Vermögen zu verwalten und darüber zu verfügen, auf den Insolvenzverwalter über.

2. Der Schuldner ist verpflichtet, sich jederzeit auf Anordnung des Gerichts zur Verfügung zu stellen.

§§ 99, 102 3. Auf Anordnung des Gerichts kann eine Postsperre erlassen werden, d. h., die Geschäftspost darf nur vom Insolvenzverwalter geöffnet werden.

§ 100 4. Auf Beschluss der Gläubigerversammlung kann dem Schuldner, dem Ehegatten und den minderjährigen Kindern Unterhalt aus seinem Vermögen gewährt werden.

§ 117 5. Vom Schuldner erteilte Vollmachten, z.B. Prokura, erlöschen.

§ 97 6. Der Schuldner hat dem Verwalter gegenüber Auskunftspflicht und hat ihn bei der Erfüllung seiner Aufgaben zu unterstützen.

b) Auf die Drittschuldner:

Es ist ihnen untersagt, an den Schuldner zu leisten. Leistet ein Drittschuldner trotzdem, so wird er nur befreit, wenn er nachweisen kann, dass er zur Zeit der Leistung die Eröffnung des Verfahrens nicht kannte. InsO § 82

c) Auf die Gläubiger:

1. Die einzelnen Gläubiger verlieren das Recht auf Zwangsvollstreckungen. § 89
2. Sie müssen ihre Forderungen beim Gericht anmelden. Dort werden sie in eine Tabelle eingetragen. §§ 174 f.
3. Die Verjährung ihrer Forderungen ist gehemmt.

Gläubigerversammlungen

Gläubigerversammlungen dienen der Wahrnehmung der gemeinsamen Interessen der Gläubiger. Sie werden vom Gericht einberufen und geleitet. § 74

In der *ersten* Gläubigerversammlung berichtet der Insolvenzverwalter über die Ursachen des Verfahrens und über die ergriffenen Maßnahmen. In einer *weiteren* Gläubigerversammlung werden die angemeldeten Forderungen geprüft. Diese müssen vorher schriftlich beim Insolvenzverwalter angemeldet werden, wobei der Grund und der Betrag der Forderungen anzugeben ist. § 29 § 174

Die Gläubigerversammlung beschließt, ob ein **Gläubigerausschuss** eingesetzt werden soll. § 68

Stimmberechtigt sind die Gläubiger, deren Forderungen weder vom Insolvenzverwalter noch von einem stimmberechtigten Gläubiger bestritten werden. § 77

Ein Beschluss kommt zustande, wenn die *Forderungssumme der zustimmenden Gläubiger* **mehr als die Hälfte** der *Forderungen aller abstimmenden* Gläubiger beträgt. § 76

Stellung und Aufgaben des Insolvenzverwalters

Stellung. Das Insolvenzgericht bestellt den Insolvenzverwalter. Es soll eine für den Einzelfall geeignete, geschäftskundige Person sein (Rechtsanwalt, Wirtschaftsprüfer). Die erste Gläubigerversammlung kann an dessen Stelle aber auch eine andere Person wählen. §§ 56 ff.

Aufgaben. Nach der Eröffnung des Verfahrens hat der Insolvenzverwalter das gesamte zur Insolvenzmasse gehörende Vermögen sofort in *Besitz* und *Verwaltung* zu nehmen. Vom Schuldner kann er die *Herausgabe* von Sachen verlangen, die zur Insolvenzmasse gehören.

Er hat ein Verzeichnis der Massegegenstände, ein Gläubigerverzeichnis und eine Bilanz zu erstellen und jede angemeldete Forderung in eine Tabelle einzutragen. § 153

Weitere Aufgaben sind:

- Bei noch nicht vollständig abgewickelten Verträgen kann der Insolvenzverwalter entscheiden, ob er den *Vertrag erfüllen will* oder ob er die *Erfüllung ablehnt.* Im letzteren Fall hat der Gläubiger nur als Insolvenzgläubiger einen Anspruch an die Insolvenzmasse. § 103
- *Miet- oder Pachtverträge* kann der Insolvenzverwalter ohne Rücksicht auf die vereinbarte Vertragsdauer unter Einhaltung einer Dreimonatsfrist *kündigen.* § 109
- *Dienstverträge* können vom Insolvenzverwalter und vom Vertragspartner ohne Rücksicht auf die vereinbarte Vertragsdauer *gekündigt* werden.
- *Betriebsvereinbarungen* können mit einer Frist von 3 Monaten *gekündigt* werden.
- Der Insolvenzverwalter kann *Rechtshandlungen* anfechten, die vor der Eröffnung des Verfahrens vorgenommen wurden und die *Insolvenzgläubiger benachteiligen.* §§ 129 ff.

Einteilung der Gläubiger

Insolvenzgläubiger sind:

InsO §§ 49 ff. **a) Absonderungsberechtigte.** Das sind Gläubiger, die ihre Forderungen durch ein *Pfandrecht* gesichert haben oder aufgrund einer Abtretung oder eines kaufmännischen *Zurückbehaltungsrechts* geltend machen können. Eine Sicherung durch Zwangsvoll-
§ 88 streckung, die im letzten Monat vor dem Antrag auf Eröffnung des Insolvenzverfahrens erworben wurde, ist unwirksam (Sperrfrist).

§ 94 **b) Aufrechnungsberechtigte.** Das sind Gläubiger, die kraft Gesetzes oder aufgrund einer Vereinbarung zur Aufrechnung berechtigt sind. Es werden *Forderungen des Schuldners mit Forderungen an den Schuldner verrechnet.*

§ 53 **c) Massegläubiger** sind vorweg zu befriedigen. Masseverbindlichkeiten sind

§ 54 – die *Kosten des Insolvenzverfahrens* (Gerichtskosten, Vergütungen und Auslagen des Insolvenzverwalters).

§ 55 – sonstige Masseverbindlichkeiten, die *durch Handlungen des Insolvenzverwalters* bei der Verwaltung, Verwertung und Verteilung der Insolvenzmasse entstanden sind, oder Schulden, die *nach der Eröffnung* des Verfahrens entstanden sind (Löhne, Gehälter, Mieten).

§ 123 – Verbindlichkeiten aus dem *Sozialplan,* sofern sie den Gesamtbetrag von zweieinhalb Monatsverdiensten und ein Drittel der für die Verteilung zur Verfügung stehenden Insolvenzmasse nicht übersteigen.

§ 38 **d) Persönliche Insolvenzgläubiger.** Das sind solche Gläubiger, die zum *Zeitpunkt der Eröffnung* des Verfahrens einen begründeten Vermögensanspruch an den Schuldner haben. Sie erhalten bei der Verteilung der Restmasse einen vom Gläubigeraus-
§ 195 schuss auf Vorschlag des Insolvenzverwalters festgelegten **Bruchteil** von ihrem Anspruch.

Beispiel: Ein Insolvenzgläubiger (Bild, Seite 105) erhält als Bruchteil 1/20 seines Vermögensanspruchs von 10.000 EUR, d. h., er erhält eine Auszahlung in Höhe von 500 EUR.

§ 39 **e) Nachrangige Insolvenzgläubiger.** Im Rang nach den übrigen Forderungen werden in folgender Rangfolge, bei gleichem Rang nach dem Verhältnis ihrer Beträge unter anderem befriedigt

– die seit der Eröffnung des Insolvenzverfahrens laufenden Zinsen für die Forderungen der Insolvenzgläubiger,

– die Kosten, die den einzelnen Insolvenzgläubigern durch ihre Teilnahme am Verfahren erwachsen.

§ 47 **Aussonderungsberechtigte** sind **keine Insolvenzgläubiger.** Sie sind Gläubiger, die ein *dingliches* oder *persönliches Eigentumsrecht* an Gegenständen haben, die sich im Besitz des Schuldners befinden (mit Eigentumsvorbehalt gelieferte und noch nicht bezahlte Waren, gepachtete und gemietete Gegenstände).

§ 156 Verwertung und Verteilung der Insolvenzmasse

Im *Berichtstermin* hat der Insolvenzverwalter darzulegen, welche

- Aussichten bestehen, das Unternehmen zu erhalten,
- Möglichkeiten für einen Insolvenzplan bestehen,
- Auswirkungen jeweils für die Befriedigung der Gläubiger eintreten würden.

Verwertung. Auf Beschluss der Gläubigerversammlung hat der Insolvenzverwalter das zur Insolvenzmasse gehörende Vermögen zu verwerten. Die bei der Verwertung der Insolvenzmasse erzielten Barmittel können an die Gläubiger ausgezahlt werden. InsO § 159

Verteilung. Vor der Verteilung hat der Insolvenzverwalter ein Verzeichnis der Forderungen aufzustellen. Die Summe der Forderungen und der für die Verteilung verfügbare Betrag sind öffentlich bekannt zu machen. § 188

Beispiel: Verteilung der Insolvenzmasse

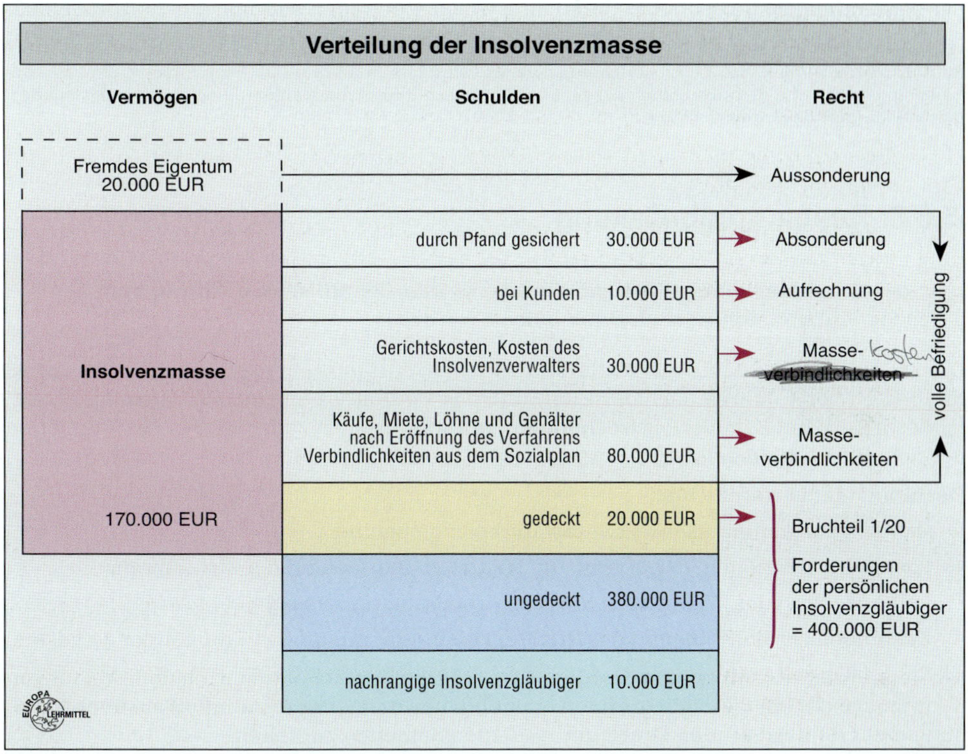

Für die *Abschlagszahlung* bestimmt der Gläubigerausschuss den zu zahlenden Bruchteil. Der Insolvenzverwalter muss das Ergebnis den Gläubigern mitteilen. In einer abschließenden Gläubigerversammlung bestimmt das Gericht den **Schlusstermin**, in dem die Schlussrechnung des Verwalters erörtert wird. Die *Schlussverteilung* darf nur mit Zustimmung des Gerichts erfolgen. Sie erfolgt, wenn die Insolvenzmasse verwertet ist. Ein etwaiger *Überschuss* steht dem Schuldner zu. § 199

Beendigung des Verfahrens und die Folgen

Sobald die Schlussverteilung vollzogen ist, beschließt das Gericht die **Aufhebung** des Insolvenzverfahrens.

Der Schuldner kann über eine noch vorhandene Masse wieder selbst verfügen. Insolvenzverwalter, Gläubigerversammlung und -ausschuss sowie das Gericht stellen ihre Tätigkeit ein. Das Unternehmen wird im Handelsregister gelöscht.

Die Insolvenzgläubiger können ihre restlichen Forderungen gegen den Schuldner unbeschränkt geltend machen. Aus der Eintragung in die Insolvenztabelle können die Gläubiger wie aus einem vollstreckbaren Urteil die Zwangsvollstreckung gegen den Schuldner betreiben. § 201

InsO § 286

Restschuldbefreiung (Abschnitt 3.8.5)

Insolvenzgeld

SGB III § 183 Die Agentur für Arbeit zahlt jedem Arbeitnehmer das auf die monatliche Beitragsbemessungsgrenze begrenzte Bruttoentgelt für die letzten drei Monate vor der Insolvenzeröffnung als Insolvenzgeld. Auf Antrag der Einzugsstelle (z.B. AOK) werden auch die für diese Zeit rückständigen Sozialversicherungsbeiträge abgeführt. Die Bundesagentur für Arbeit hat dafür als Insolvenzgläubiger einen Anspruch an die Insolvenzmasse. Ausfälle müssen von der Gesamtheit der Arbeitgeber durch eine Umlage getragen werden, die die Unfallversicherung erhebt.

§ 55 (2) **Betriebsrenten** werden vom Pensionssicherungsverein der deutschen Wirtschaft übernommen, dem alle Betriebe angehören, die Betriebsrenten zugesagt haben. Dies gilt für Arbeitnehmer über 35 Jahre mit mindestens 10-jähriger Versorgungszusage.

3.8.5 Restschuldbefreiung

Ist der **Schuldner eine natürliche Person,** so kann er **auf seinen Antrag** vom Insolvenzgericht **von den Restschulden befreit werden.**

InsO §§ 286 ff. Der Schuldner muss dafür eine Erklärung abgeben, dass er seine pfändbaren Forderungen für die Zeit von **6 Jahren** nach der Eröffnung des Verfahrens an einen Treuhänder abtritt. In dieser Zeit sind Zwangsvollstreckungen einzelner Insolvenzgläubiger in das Vermögen des Schuldners **nicht** zulässig.

§ 295 Der Schuldner ist verpflichtet,

- sich um eine angemessene Erwerbstätigkeit zu bemühen,
- von einem Vermögen, das er erbt, die Hälfte an den Treuhänder abzuführen,
- jeden Wechsel des Wohnsitzes oder der Arbeitsstelle anzuzeigen,
- Zahlungen zur Befriedigung der Insolvenzgläubiger nur an den Treuhänder zu leisten.

Mit dem Verfahren soll erreicht werden, dass der Insolvenzschuldner nach dem Ablauf von 6 Jahren wieder **ein Geschäft gründen** oder **eine normale Erwerbstätigkeit ausüben** kann, ohne unter dem dauernden Druck der restlichen Schulden zu stehen.

§ 290 Eine Befreiung wird **versagt,** wenn z.B.

- der Schuldner schriftlich unrichtige oder unvollständige Angaben über seine wirtschaftlichen Verhältnisse macht,
- dem Schuldner in den letzten 10 Jahren schon einmal eine Restschuldbefreiung erteilt oder versagt wurde.

§§ 304 ff. Eine Restschuldbefreiung gibt es nicht nur im sogenannten Regelinsolvenzverfahren, sondern auch im **Verbraucherinsolvenzverfahren.**

3.8.6 Bankrott

Ein **Bankrott** liegt vor, wenn der **Schuldner die Insolvenz verschuldet** hat.

StGB § 283 Er wird mit Freiheitsstrafe geahndet.

Bis zu *2 Jahre Freiheitsstrafe* erhält, wer den Vermögensverfall durch *Fahrlässigkeit* verursacht hat.

Insolvenz	Bankrott		
ohne Verschulden	mit Verschulden		
	Fahrlässigkeit	Vorsatz	Vorsatz und Gewinnsucht
	bis 2 Jahre	bis 5 Jahre	bis 10 Jahre
straffrei	Freiheitsstrafe		

Beispiele: Der Schuldner hat durch Spiel, Wetten oder Börsenspekulationen übermäßige Summen verbraucht, Waren und Wertpapiere verschleudert oder Bestandteile seines Vermögens beiseite geschafft, Handelsbücher zu führen unterlassen oder diese nicht ordnungsgemäß aufbewahrt.

Bis zu 5 *Jahre Freiheitsstrafe* erhält der Schuldner, wenn er seine Gläubiger *vorsätzlich* geschädigt hat.

Beispiel: Der Schuldner hat in der Absicht, seine Gläubiger zu benachteiligen, Vermögenswerte verheimlicht oder beiseite geschafft, Geschäftsbücher nicht oder unordentlich geführt. Schulden und Rechtsgeschäfte anerkannt oder aufgestellt, die ganz oder teilweise fiktiv sind, Waren oder Wertpapiere auf Kredit beschafft, um sie erheblich unter ihrem Wert zu veräußern.

Bis zu *10 Jahre Freiheitsstrafe* erhält, wer *vorsätzlich* aus *Gewinnsucht* handelt.

Beispiel: Wer aus Gewinnsucht oder wissentlich viele Personen in die Gefahr des Verlustes ihrer ihm anvertrauten Vermögenswerte oder in wirtschaftliche Not bringt.

3.8.7 Liquidation der Unternehmung

Die **Liquidation** ist die **freiwillige Auflösung einer Unternehmung.** Dabei wird das gesamte Vermögen der Unternehmung in liquide (flüssige) Mittel umgewandelt.

Auflösungsgründe können sein: Arbeitsunfähigkeit, hohes Alter oder Tod des Unternehmers, Austritt eines Gesellschafters aus der OHG, Streitigkeiten der Gesellschafter oder Erben, schlechte Ertragsaussichten, Erreichung des Unternehmungszieles, Erschöpfung von Rohstoffvorkommen (Steine, Lehm, Erze, Kohle, Salz).

Die **Abwicklung** liegt meist in den Händen des Unternehmers, der bisherigen Gesellschafter, Geschäftsführer oder Vorstandsmitglieder. Es kann aber auch eine andere Person bestellt werden. Man nennt sie **Abwickler** *(Liquidator).*

Dem **Gläubigerschutz** dienen folgende Bestimmungen: AktG § 267

a) Der Auflösungsbeschluss muss veröffentlicht und ins Handelsregister eingetragen werden. Die Gläubiger sind dabei aufzufordern, sich zu melden.

b) Auf allen Geschäftsbriefen ist der Zusatz »i.L.« = »in Liquidation« beizufügen.

c) Gesellschafter von Personengesellschaften haften noch fünf Jahre ab dem Zeitpunkt der Eintragung des Auflösungsbeschlusses in das Handelsregister, sofern ein Anspruch nicht schon vorher verjährt.

Die **Verteilung** des verbleibenden Vermögens erfolgt im Verhältnis der Kapitalanteile.

Die **Beendigung** der Liquidation und das Erlöschen der Unternehmung ist im Handelsregister einzutragen. Die Geschäftsbücher und Schriftstücke sind 10 Jahre aufzubewahren. Bei Kapitalgesellschaften und Genossenschaften bestimmt das Gericht den Ort der Aufbewahrung. §§ 262 ff. GmbHG §§ 60 ff. GenG §§ 78 ff.

1. Welche Auswirkungen hat der Zusammenbruch eines Unternehmens
   a) für die Volkswirtschaft,
   b) für die Arbeitnehmer,
   c) für die Gläubiger,
   d) für den Eigentümer?
2. Wodurch kann der Mangel an flüssigen Mitteln verursacht werden?
3. Nennen Sie je zwei Gründe für die Krise der Unternehmung, bei denen der Unternehmer die Krise
   a) verschuldet hat,
   b) nicht verschuldet hat.

4. Das Vermögen der Klammer KG beträgt 500.000 EUR. Entscheiden Sie, welche Maßnahmen zu ergreifen sind, wenn die Schulden
   a) 200.000 EUR,
   b) 500.000 EUR,
   c) 900.000 EUR betragen.

   Begründen Sie Ihre Entscheidung.
5. Erläutern Sie, wie eine Sanierung in den verschiedenen betrieblichen Bereichen durchgeführt werden kann.
6. Stellen Sie den Unterschied zwischen einer Bilanz mit Jahresfehlbetrag und einer Bilanz mit Überschuldung dar.
7. Warum gibt es bei der Personenunternehmung keine Bilanz mit Jahresfehlbetrag?
8. Warum kann eine Personenunternehmung bei Überschuldung trotzdem weitergeführt werden?
9. Zu wessen Lasten geht die Sanierung eines Unternehmens?
10. In welchen Bilanzposten wird ein Verlust ausgewiesen
    a) bei Personengesellschaften,
    b) bei Aktiengesellschaften?
11. Die Bilanz einer AG hat folgende Positionen: Vermögen 8 Mio. EUR, Schulden 10 Mio. EUR, gezeichnetes Kapital 3 Mio. EUR, Jahresfehlbetrag 5 Mio. EUR.
    a) Erstellen Sie die Bilanzsituation und analysieren Sie diese.
    b) Entscheiden Sie, welche Maßnahmen zu treffen sind.
    c) Angenommen, die Schulden würden nur 6 Mio. EUR betragen. Für welche Maßnahmen könnten Sie sich dann entscheiden?
12. Anton Abele hat beim zuständigen Insolvenzgericht Antrag auf Eröffnung des Insolvenzverfahrens über das Vermögen des Hans Müller e.K. gestellt.
    a) Von welchen formellen Voraussetzungen ist die Eröffnung des Insolvenzverfahrens abhängig?
    b) Was kann Hans Müller e.K. dagegen tun?
13. Über das Vermögen des Antiquitätenhändlers Preschel e.K. wurde das Insolvenzverfahren eröffnet. Vor der Eröffnung hatte Preschel einen »Biedermeier-Sekretär« für 10.000 EUR unter Eigentumsvorbehalt gekauft. Der Verkäufer verlangt Erfüllung, während der Insolvenzverwalter die Ablehnung der Erfüllung anstrebt. Wie ist die Rechtslage?
14. Melden Sie beim Insolvenzgericht Ihre Forderung an Peter Winter e.K., Schillerstr. 19, 49074 Osnabrück, in Höhe von 1.627 EUR für die am 6. März 20.. unter Eigentumsvorbehalt gelieferte Ware an. Bitten Sie um Aussonderung, wenn dies noch möglich ist.
15. Begründen Sie, warum der Gesetzgeber zwischen Insolvenzverfahren und Insolvenzplan unterscheidet.
16. Welche Vorteile bietet der Insolvenzplan
    a) dem Schuldner,
    b) dem Gläubiger?
17. Welchen wirtschafts- und gesellschaftspolitischen Sinn haben die gesetzlichen Vorschriften über den Insolvenzplan?
18. Egon Franke e.K. schreibt seinem Lieferanten Jakob Fischer OHG, Bahnhofstr. 3, 99224 Amberg, dass er vor zwei Tagen beim zuständigen Amtsgericht einen Antrag auf die Durchführung eines Insolvenzplanes gestellt habe. Franke verspricht, 50% seiner bestehenden Schuld binnen eines Jahres zu bezahlen. Er bittet um Zustimmung zu diesem Insolvenzplan und stellt in Aussicht, auch künftig bei Fischer zu kaufen und mit Skonto zu bezahlen.

    Schreiben Sie diesen Brief Frankes und begründen sie, wodurch diese missliche Lage entstanden ist.
19. Der Gesetzgeber hat neben dem Insolvenzplan auch die Restschuldbefreiung eingeführt. Begründen Sie diese Maßnahme.
20. Der Gesetzgeber regelt den Bankrott im Strafgesetzbuch und nicht in der Insolvenzordnung. Begründen Sie dies.

4 Menschliche Arbeit im Betrieb

Trotz verstärkten Einsatzes technischer Mittel ist der Mensch der wichtigste Leistungsfaktor im Betrieb. Ohne ihn kann kein Betrieb aufgebaut und ausgebaut werden. Er ist die treibende Kraft der betrieblichen Leistungserstellung. Er leistet leitende und ausführende Arbeit (Abschnitt 4.1).

Für den Menschen ist der Betrieb:

a) **Existenzgrundlage.** Das vom Betrieb für die geleistete Arbeit bezogene *Einkommen* ermöglicht vielen Menschen die Anschaffung von Gütern und die Ansammlung von Ersparnissen. Durch *gesetzlichen Kündigungsschutz* bleibt ihnen in normalen Zeiten ihr Arbeitsplatz erhalten. In Notzeiten genießen sie den *Schutz der Sozialversicherung.* Damit schafft und sichert der Betrieb für viele die lebensnotwendigen Voraussetzungen.

   In einer Umfrage nannten 88% der Befragten die langfristige Arbeitsplatzsicherheit das wichtigste Kriterium – vor einem guten Einkommen (48%).

b) **Lebensraum.** Er vermittelt berufliche *Ausbildung,* gibt die Möglichkeit zur *Entfaltung* der geistigen und körperlichen Kräfte. Im Betrieb sammeln viele Menschen ihre *Berufs- und Lebenserfahrungen* und erhalten ihre *Charakterbildung,* verbrauchen aber auch ihre Kräfte. Somit ist der Betrieb ein wichtiges *soziales Gebilde* unserer Zeit.

   In der gleichen Umfrage vertraten 54% der Befragten die Meinung, Arbeit diene der persönlichen Entfaltung.

c) **Produktionsstätte.** Er ist die Stätte, in der die Arbeit durch den dispositiven Faktor mit Betriebsmitteln und Werkstoffen verbunden wird (Abschnitt 1.2).

d) **Mittel zur Bedarfsdeckung.** Die in den Betrieben erstellten Sachgüter und Dienstleistungen bilden den wichtigsten Teil des Nationaleinkommens, von dessen Umfang der Lebensstandard jedes Einzelnen und der Wohlstand des Volkes abhängt.

4.1 Leitende und ausführende Arbeit

4.1.1 Von Unternehmern zu leistende Funktionen im Betrieb

Unternehmen werden geleitet von **Eigentümerunternehmern** oder **Auftragsunternehmern:**

- **Eigentümerunternehmer** sind selbst **Allein- oder Miteigentümer** des Unternehmens. Sie nehmen ihre Führungsaufgabe *mit dem Risiko des Verlustes ihres Kapitaleinsatzes* wahr.
- **Auftragsunternehmer,** auch **Manager** genannt, sind **Angestellte.** Sie nehmen ihre Führungsaufgabe *im Auftrag der Kapitalgeber* wahr.

Eigentümer- und Auftragsunternehmer üben die *Funktionen der oberen Leitungsebene* aus. Vorrangige Leitungsaufgaben sind die Festlegung der Unternehmensziele und die Planung. Aus den möglichen Unternehmenszielen und Planungsalternativen treffen die Unternehmer die Auswahl. Ihre Entscheidungen sind dabei für die Lebensfähigkeit des Unternehmens langfristig wichtig. Deshalb sind an diese Personen hohe Anforderungen zu stellen:

a) **Fachliche Kompetenz:** Allgemeinwirtschaftliche Kenntnisse über Zusammenhänge und Gesetzmäßigkeiten des Wirtschaftslebens; besondere Fachkenntnisse auf kaufmännischem, technischem und juristischem Gebiet; Kenntnisse im Arbeits- und Sozialrecht und in der Unternehmensführung; Beherrschung von ein bis zwei Fremdsprachen.

b) **Strategische Kompetenz:** Entscheidungen treffen und vertreten, d.h. Wagnisbereitschaft, verbunden mit Besonnenheit und Umsicht; moderne Kommunikations- und Informationsmittel beherrschen und einsetzen; Ideen entwickeln und umsetzen; Organisationstalent und Improvisationsfähigkeit besitzen und anwenden.

c) **Soziale Kompetenz:** Mitarbeitern Ziele und Arbeitsinhalte vermitteln; sie motivieren und ihrer Kreativität genug freien Raum lassen, um neue Ideen und Produkte zu verwirklichen; Personalentscheidungen treffen und verantworten; gesellschaftspolitische Verantwortung für Arbeitsplätze und Umwelt zeigen gegenüber den Mitarbeitern und der Öffentlichkeit; Bereitschaft zur Wahrnehmung gesellschaftspolitischer Aufgaben (Mitbestimmung, Miteigentum, Vermögensbildung) sowie Aufgeschlossenheit für neue Erkenntnisse aus Wirtschaft und Politik (Verpflichtung zum Umweltschutz).

d) **Persönliche Kompetenz:** Verantwortungs- und Einsatzbereitschaft sowie Kooperations- und Teamfähigkeit wahrnehmen.

Ein Unternehmer wird diese vielfältigen Anforderungen selten in vollem Umfang erfüllen können. Deshalb kommt der Arbeitsteilung, die bei der mehrköpfigen Leitung eines Unternehmens möglich ist, besondere Bedeutung zu.

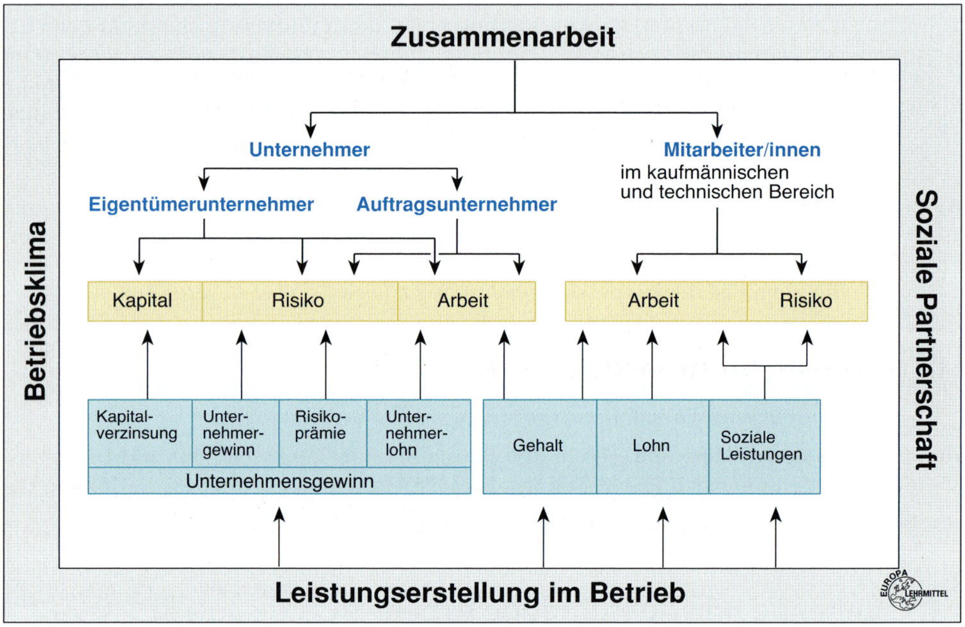

4.1.2 Von den Mitarbeitern zu leistende Funktionen im Betrieb

Die von den Mitarbeiterinnen und Mitarbeitern zu leistenden Funktionen können entweder leitender oder ausführender Art sein.

Sind sie **leitender** Art, so sind sie Teilfunktionen der unternehmerischen Funktion.

Sind sie **ausführender** Art, dann entsprechen die Funktionen den Bereichen, in denen die Mitarbeiter tätig sind, z.B. Einkäufer(in), Verkäufer(in) im kaufmännischen Bereich; Zuschneider(in), Dreher(in) im technischen Bereich.

Nach dem **Tätigkeitsbereich** kann man zwei Gruppen unterscheiden:

HGB §§ 59 ff.
- Mitarbeiterinnen und Mitarbeiter im **kaufmännischen** Bereich: Kaufmännische Angestellte, Auszubildende, Volontäre, Praktikanten.

GewO §§ 105 ff.
- Mitarbeiterinnen und Mitarbeiter im **technischen** Bereich: Technische Angestellte, Meister, Kraftfahrer, Lagerarbeiter, Auszubildende und Praktikanten.

Der Unterschied in der rechtlichen Stellung der Arbeiter und Angestellten schwindet heute mehr und mehr durch die gesetzliche und tarifliche Angleichung der Arbeiter an die Angestellten, sodass sich einwandfreie Abgrenzungen nicht mehr ziehen lassen.

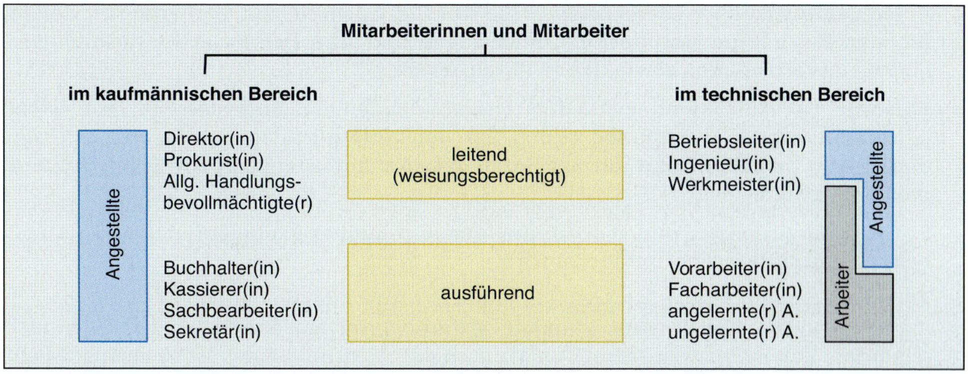

1. Wodurch unterscheiden sich Eigentümer- und Auftragsunternehmer?
2. Warum kommt der Arbeitsteilung bei der Leitungsfunktion große Bedeutung zu?
3. Entwerfen Sie ein Anforderungsprofil für Personen, welche mit Leitungsaufgaben betraut sind.
4. Warum werden immer mehr Mitarbeiter im Angestelltenverhältnis beschäftigt?

4.2 Mitarbeiterinnen und Mitarbeiter

4.2.1 Ausbildungsverhältnisse

Auszubildender

Auszubildender im kaufmännischen Beruf ist, wer im Geschäftsbetrieb eines **kaufmännischen Unternehmens zur Erlernung kaufmännischer Dienste** tätig ist.

Kein Auszubildender im kaufmännischen Beruf ist, wer z.B. im Büro eines Steinbruchbetriebes, der nicht im Handelsregister eingetragen ist, oder im Büro eines Rechtsanwaltes ausgebildet wird (Ausbildender ist kein Kaufmann), oder wer zum Kellner im Hotel- und Gaststättengewerbe ausgebildet wird (keine kaufmännische Tätigkeit).

▶ Abschluss des Berufsausbildungsvertrages

Er wird zwischen dem *Ausbildenden* einerseits und dem *Auszubildenden* und seinem gesetzlichen Vertreter andererseits abgeschlossen und von diesen vor Beginn der Ausbildung unterzeichnet. Empfehlenswert ist die Verwendung von Vordrucken mit bundeseinheitlichem Rahmentext, denen ein Berufsbild beigefügt ist. Zur Genehmigung und Eintragung in das Verzeichnis der Berufsausbildungsverhältnisse ist der Berufsausbildungsvertrag vom Ausbildenden unmittelbar nach Abschluss der Industrie- und Handelskammer (IHK) vorzulegen. Nur wer in dieses Verzeichnis eingetragen ist, wird zur Zwischen- und Abschlussprüfung der IHK zugelassen. BBiG §§ 10 f. §§ 34 ff.

▶ Pflichten des Ausbildenden (Rechte des Auszubildenden)

a) **Ausbildung.** Der Ausbildende hat den Auszubildenden in allen beim Betrieb des Geschäftes vorkommenden kaufmännischen Arbeiten selbst oder durch einen ausdrücklich damit beauftragten, persönlich und fachlich geeigneten Vertreter *(Ausbilder)* zu unterweisen. Die Ausbildung hat, planmäßig, zeitlich und sachlich gegliedert, die theoretischen Kenntnisse und praktischen Fertigkeiten zu vermitteln, die zum Erreichen des Ausbildungszieles erforderlich sind. Die Ausbildung kann auch in geeigneten Einrichtungen außerhalb der Ausbildungsstätte durchgeführt werden. §§ 14 ff.

Er hat dem Auszubildenden kostenlos die Ausbildungsmittel zur Verfügung zu stellen, ihn zum Besuch der Berufsschule freizustellen und zum Führen eines Ausbildungsnachweises anzuhalten sowie diesen durchzusehen.

BBiG § 17 **b) Fürsorge.** Der Ausbildende muss dem Auszubildenden eine angemessene, mindestens jährlich ansteigende *Vergütung* zahlen, ihm den vertraglich bzw. gesetzlich zustehenden Urlaub gewähren und ihn zur Sozialversicherung anmelden sowie die Beiträge dafür entrichten.

Er hat dafür zu sorgen, dass der Auszubildende charakterlich gefördert sowie gesundheitlich und sittlich nicht gefährdet wird.

§ 16 **c) Zeugnis.** Bei Beendigung der Ausbildung hat der Ausbildende ein Zeugnis über die Art, die Dauer und das Ziel der Ausbildung sowie die erworbenen Fertigkeiten und Kenntnisse *(einfaches Zeugnis)* auszustellen. Auf Wunsch des Auszubildenden ist es auch auf Führung, Leistung und besondere fachliche Fähigkeiten zu erweitern *(qualifiziertes Zeugnis).*

▶ Pflichten des Auszubildenden (Rechte des Ausbildenden)

§ 13 **a) Bemühung.** Der Auszubildende hat sich zu bemühen, die Kenntnisse und Fertigkeiten zu erwerben, die erforderlich sind, um das Ausbildungsziel zu erreichen. Deshalb muss er den ihm im Rahmen der Berufsausbildung erteilten Weisungen folgen und die ihm übertragenen Verrichtungen sorgfältig ausführen. Insbesondere hat er die Berufsschule regelmäßig und pünktlich zu besuchen und seinen Ausbildungsnachweis laufend zu führen.

UWG § 17 **b) Treue und Verschwiegenheit.** Der Auszubildende hat die Betriebsordnung zu beachten, die Interessen des Unternehmens wahrzunehmen und über Geschäftsgeheimnisse (Bezugsquellen, Umsatz, Gehälter) Stillschweigen zu wahren. Ohne Einwilligung des
HGB § 60 Ausbildenden darf er weder ein eigenes Handelsgeschäft betreiben (Handelsverbot) noch im Geschäftszweig des Ausbildenden Geschäfte für eigene oder fremde Rechnung tätigen (Wettbewerbsverbot).

▶ Ausbildungsdauer

BBiG § 5 Sie soll nicht mehr als drei und nicht weniger als zwei Jahre betragen. Bei älteren oder besonders begabten Auszubildenden kann sie auf Antrag durch die IHK verkürzt werden.

Eine verkürzte Ausbildungszeit ist allgemein üblich bei Auszubildenden, die das Zeugnis der Fach-, Fachhoch- oder Hochschulreife besitzen.

§ 20 Die Ausbildungszeit beginnt mit einer **Probezeit,** die mindestens einen Monat und höchstens vier Monate dauert. Während dieser Zeit soll der Ausbildende feststellen, ob sich der Auszubildende körperlich, geistig und charakterlich für den gewählten Beruf eignet, und der Auszubildende, ob ihm der Beruf und die Ausbildungsstätte zusagen. Beide haben die
§ 22 Möglichkeit, während der Probezeit das Ausbildungsverhältnis jederzeit ohne Einhalten einer Kündigungsfrist zu kündigen.

§§ 21 ff. ▶ Beendigung des Ausbildungsverhältnisses

Das Ausbildungsverhältnis endet

a) mit Ablauf der Ausbildungszeit,
b) vor Ablauf der Ausbildungszeit mit Bestehen der Abschlussprüfung,
c) durch schriftliche Kündigung

1. **von beiden Vertragspartnern** aus einem wichtigen Grund ohne Einhalten einer Kündigungsfrist **(fristlose Kündigung),** aber innerhalb von zwei Wochen nach Kenntnis der zur Kündigung berechtigenden Tatsachen,

2. **vom Auszubildenden** mit einer Kündigungsfrist von vier Wochen, wenn er die Berufsausbildung aufgeben oder sich für eine andere Berufstätigkeit ausbilden lassen will. Der Kündigungsgrund ist anzugeben.

§ 23 Wer den einseitigen Rücktritt verschuldet oder das Ausbildungsverhältnis nach Ablauf der Probezeit ohne Grund löst (Vertragsbruch), ist schadensersatzpflichtig.

Beispiele:

1. Der Ausbildende kommt seiner Ausbildungspflicht nicht nach, der Auszubildende tritt deshalb vom Vertrag zurück; schadensersatzpflichtig ist der Ausbildende.
2. Der Auszubildende verlässt mehrfach unbefugt seine Ausbildungsstelle. Der Ausbildende tritt deshalb vom Vertrag zurück und kann Schadensersatz fordern.

Wird der Auszubildende im Anschluss an das Ausbildungsverhältnis ohne vorherige ausdrückliche Vereinbarung weiterbeschäftigt, so gilt ein Arbeitsverhältnis auf unbestimmte Zeit als begründet. Eine ausdrückliche Vereinbarung kann nur innerhalb der letzten drei Monate der Ausbildungszeit getroffen werden. BBiG § 24

Praktikant

Das Praktikantenverhältnis kann ein *Arbeits- oder Ausbildungsverhältnis* sein. Maßgebend hierfür ist die Vereinbarung über die Art der Tätigkeit und über die Höhe des Entgelts. Die Praktikantentätigkeit dient dem Erwerb praktischer Kenntnisse und Erfahrungen zur *Vorbereitung* eines *Studiums* oder der Erweiterung der praktischen Kenntnisse während des Studiums. Sie wird insbesondere von den Fachhochschulen und von einigen Universitäten als wesentlicher Teil der *Gesamtausbildung* und Voraussetzung für die Zulassung zur Prüfung verlangt, z.B. für das Studium der Wirtschaftspädagogik. Der Praktikant ist sozialversicherungspflichtig. § 26

Volontär

Das Volontärverhältnis bezweckt die *Ausbildung* in kaufmännischen Diensten *ohne echte Entlohnung*. Im Gegensatz zum Ausbildungsverhältnis wird jedoch *keine umfassende*, in sich abgeschlossene Berufsausbildung angestrebt. Vielmehr will der Volontär praktische Kenntnisse erwerben, die der Ausbildung in einem anderen Beruf dienen oder Voraussetzung für die Ausführung höherer Dienste im gleichen Beruf sind. Der Volontär ist nicht kranken-, pflege-, renten- und arbeitslosenversicherungspflichtig, aber er ist gegen Unfall versichert. § 26

?

1. Welche zeitliche Unter- und Obergrenze ist bei der Probezeit eines Auszubildenden zu beachten?
2. Die Auszubildende Maria Müller besucht die Berufsschule von 7:50 bis 12:10 Uhr (fünf Unterrichtsstunden). Muss sie nachmittags wieder im Betrieb sein?
3. Die Auszubildenden Peter und Isabel haben vor fünf Monaten bei der Waggon AG einen Berufsausbildungsvertrag als Industriekaufmann/-frau abgeschlossen. Aufgrund persönlicher Differenzen mit dem Ausbilder möchte Peter sobald als möglich die Ausbildung bei der Roth AG fortsetzen. Der Ausbilder der Waggon AG ist jedoch mit dem Wechsel nicht einverstanden.
   a) Beurteilen Sie, ob Peter den Ausbildungsbetrieb wechseln kann.
   b) Isabel stellt erst jetzt fest, dass ihr der Beruf Industriekauffrau nicht liegt. Sie beabsichtigt, eine Ausbildung als Diätköchin zu beginnen. Kann sie in den neuen Ausbildungsberuf wechseln? Begründen Sie Ihre Meinung.
4. Nach bestandener Abschlussprüfung hat der 19-jährige Kurt Weber bereits eine Woche in seinem Ausbildungsbetrieb weiter gearbeitet. Als er nun beim Chef um Urlaub nachsucht, blickt der ihn überrascht an und sagt: »Ja, was machen denn Sie noch in unserem Betrieb? Ihre Ausbildungszeit ist doch beendet und ich habe Sie nicht als Mitarbeiter eingestellt.« Wie ist die Rechtslage?

4.2.2 Kaufmännischer Angestellter (Handlungsgehilfe)

!

Kaufmännischer Angestellter ist, wer in einem **Handelsgewerbe gegen Entgelt kaufmännische Dienste leistet.**

Nach der Art ihrer Tätigkeit heißen die Angestellten Kassierer, Buchhalter, Korrespondenten, Kalkulatoren, Reisende usw. HGB § 59

Leitender Angestellter ist, wer mit der eigenverantwortlichen Wahrnehmung unternehmerischer Leitungsaufgaben betraut ist, einen erheblichen Entscheidungsspielraum hat (selbstständige Einstellungs- und Entlassungsberechtigung, Prokura oder Generalvollmacht) und frei von Weisungen handelt. BetrVG § 5

Rechtliche Grundlage für das Angestelltenverhältnis ist der **Arbeitsvertrag,** dessen Inhalt nicht gegen die unabdingbaren Schutzbestimmungen des Tarifvertrages und der Arbeitsordnung sowie gegen zwingende Vorschriften der Gesetze verstoßen darf.

NachwG § 2 Der Arbeitgeber hat spätestens einen Monat nach dem vereinbarten Beginn des Arbeitsverhältnisses die wesentlichen Vertragsbedingungen schriftlich niederzulegen und dem Arbeitnehmer ein unterschriebenes Exemplar der Niederschrift auszuhändigen.

Rechte des kaufmännischen Angestellten (= Pflichten des Arbeitgebers)

HGB § 59 a) **Beschäftigung.** Der Arbeitgeber hat den Angestellten gemäß dem Arbeitsvertrag zu beschäftigen.

§ 64 b) **Vergütung.** Die Hauptvergütung besteht in einem *festen Gehalt,* das am Ende eines jeden Monats zu zahlen ist. Kürzere Zeiträume können vereinbart werden, längere dagegen nicht. Die Vergütung kann noch erhöht werden durch *Provisionen* (Verkäufer, Reisende), *Gewinnbeteiligung* (Geschäftsführer, Filialleiter), *Pensionen und Gratifikationen.* Während Provision, Gewinnbeteiligung und Pensionszusagen vertraglich vereinbart sein müssen, besteht ein Anspruch auf Gratifikation auch dann, wenn eine solche branchenüblich ist oder längere Zeit ohne Vorbehaltsrecht gewährt wurde (Weihnachtsgratifikation, Bilanzgratifikation). Besteht für das Angestelltenverhältnis kein Tarifvertrag, so muss die *Höhe der Vergütung* im Einzelarbeitsvertrag vereinbart werden. Ist jedoch ein Tarifvertrag vorhanden, so bestimmt er die Mindesthöhe der Vergütung.

EntgFG §§ 1, 3, 4 **Lohnfortzahlung.** Der Angestellte hat Anspruch auf 100% der Vergütung, wenn er durch eigene Krankheit seine Arbeit im Betrieb nicht ausüben kann. Der Anspruch besteht jedoch nicht länger als 6 Wochen.

BGB § 616 Ist die Dienstverhinderung nicht auf ein persönliches Unglück, sondern auf andere *unverschuldete Umstände* persönlicher Art zurückzuführen, wie Musterung, Wehrübung bis zu 3 Tagen, Vernehmung als Zeuge vor Gericht, Berufung als Schöffe, Sterbefall in der Familie, so besteht der Vergütungsanspruch wie bei jedem Arbeitnehmer ebenfalls weiter, wenn die Dienstverhinderung verhältnismäßig kurz ist.

c) **Weiterbildung.** Der Arbeitgeber hat dem Angestellten den ihm tariflich zustehenden *Bildungsurlaub* zu gewähren.

HGB § 62, BUrlG § 1 d) **Fürsorge.** Der Arbeitgeber hat die Pflicht, in seinem Betrieb auf die Erhaltung der *Gesundheit* des Angestellten zu achten, ihn zur *Sozialversicherung* anzumelden, die Beträge dafür abzuziehen und abzuführen und ihm den gesetzlich oder vertraglich zustehenden *Erholungsurlaub* zu gewähren.

BGB § 630 e) **Zeugnis.** Der Arbeitgeber ist verpflichtet, dem Angestellten beim Ausscheiden aus dem Betrieb ein schriftliches Zeugnis über *Art und Dauer seiner Beschäftigung* auszustellen **(einfaches Zeugnis).** Auf *Wunsch* des Angestellten kann das Zeugnis auch objektiv wahre Angaben über *Führung* und *Leistung* enthalten **(qualifiziertes Zeugnis).** Dabei sind mindestens Angaben zu machen über Arbeitsqualität und -quantität, Arbeitssorgfalt und -einsatz sowie über das Verhalten und die Zusammenarbeit mit Kollegen und Vorgesetzten. Der Arbeitgeber haftet bei unwahren Angaben im Zeugnis für entstehenden Schaden. Ein elektronisches Zeugnis ist ausgeschlossen.

Hat der Arbeitnehmer ein qualifiziertes Zeugnis gefordert, hat er keinen Anspruch mehr auf ein einfaches Zeugnis.

Pflichten des kaufmännischen Angestellten (= Rechte des Arbeitgebers)

HGB § 59 a) **Dienstleistung.** Der Angestellte hat die Verpflichtung, die ihm übertragenen Arbeiten pünktlich, gewissenhaft und seinen Fähigkeiten entsprechend auszuführen sowie den Weisungen des Arbeitgebers Folge zu leisten. Arbeiten, die gegen ein Gesetz, gegen den Vertrag oder gegen die guten Sitten verstoßen, kann er selbstverständlich ablehnen. Die *Art* und die *Dauer* der Tätigkeit richten sich nach dem Dienstvertrag.

Beispiele: Wer als Reisender angestellt ist, kann nicht als Buchhalter eingesetzt werden oder umgekehrt. Wer als Abteilungsleiter angestellt ist, kann nicht ausschließlich mit untergeordneter Tätigkeit betraut werden.

b) **Weiterbildung.** Der Angestellte soll seine beruflichen Fähigkeiten und Fertigkeiten dem neuesten Stand der Entwicklung anpassen und ergänzende Kenntnisse auf neuen Gebieten erwerben.

c) Treue und Verschwiegenheit. Der Angestellte ist verpflichtet, die Interessen des Unternehmens wahrzunehmen und über Geschäftsangelegenheiten zu schweigen, durch deren leichtfertige, absichtliche oder gar entgeltliche Mitteilung (Schmiergelder) an andere das Unternehmen oder sein Inhaber geschädigt wird. Dies gilt besonders für das Ausplaudern von Bezugsquellen, Einkaufspreisen, Kalkulationszuschlägen, Absatzgebieten, Umsätzen, Gehältern, Privatentnahmen, Gewinnen. UWG § 17

Verletzt ein Angestellter diese Pflicht, so hat der Unternehmer das Recht, ihn auf Schadensersatz und künftige Unterlassung zu verklagen. In den meisten Fällen wird außerdem die fristlose Entlassung die unmittelbare Folge sein. § 19

d) Handels- und Wettbewerbsverbot.

1. **Handelsverbot.** Der Angestellte darf ohne Einwilligung des Arbeitgebers *kein eigenes Handelsgewerbe,* auch nicht außerhalb des Geschäftszweiges des Arbeitgebers, *betreiben.* Er kann auch nicht Vollhafter in einem anderen Unternehmen sein. HGB § 60

   Erlaubt ist ihm jedoch der Betrieb eines nicht kaufmännischen Unternehmens (Landwirtschaft) oder die Kapitalbeteiligung als stiller Gesellschafter, Kommanditist, GmbH-Gesellschafter oder Aktionär.

2. **Wettbewerbsverbot.** Dem Angestellten ist es außerdem verboten, im *Geschäftszweig des Arbeitgebers* dauernd oder gelegentlich Geschäfte für *eigene* oder *fremde Rechnung* zu machen oder *zu vermitteln,* es sei denn, dass der Arbeitgeber seine *ausdrückliche* Einwilligung dazu gibt.

   Gegen den gelegentlichen Verkauf von Waren eines anderen Geschäftszweiges kann der Unternehmer jedoch nichts einwenden, sofern dadurch die Tätigkeit in seinem Betrieb nicht beeinträchtigt wird.

   Auch gegen eine gelegentliche Nebentätigkeit kann der Arbeitgeber nichts einwenden, sofern der Arbeitnehmer seine Pflichten im Betrieb nicht vernachlässigt und die tägliche Gesamtarbeitszeit die Höchstgrenzen des Arbeitszeitgesetzes von 10 Stunden nicht überschreitet.

Bei Pflichtverletzung des Angestellten hat der Unternehmer das Recht, ihn auf Schadensersatz und Unterlassung zu verklagen. In schwerwiegenden Fällen wird außerdem die fristlose Entlassung die Folge sein. § 61

Vertragliche Wettbewerbsabrede (Konkurrenzklausel).

Nach der Beendigung des Arbeitsvertrages ist der Angestellte *gesetzlich* weder zur Verschwiegenheit noch zur Beachtung des Handels- und Wettbewerbsverbots verpflichtet. Die allgemeine Haftung für vorsätzliche oder fahrlässige Schädigung seines früheren Unternehmers bleibt jedoch bestehen. BGB § 823

Soll ein Wettbewerbsverbot auch nach der Beendigung des Arbeitsverhältnisses gelten, so bedarf dies einer *vertraglichen Regelung.* HGB §§ 74 ff.

Die Konkurrenzklausel darf aber das berufliche Fortkommen und die Wahl des künftigen Arbeitsplatzes nicht wesentlich erschweren. Deshalb ist sie nur unter folgenden *Voraussetzungen* gültig:

a) Der Angestellte muss volljährig sein. Mit Auszubildenden darf kein Wettbewerbsverbot vereinbart werden. Dabei spielt das Alter keine Rolle.
b) Der Vertrag muss schriftlich abgeschlossen und dem Angestellten ausgehändigt werden.
c) Das Verbot darf sich höchstens auf zwei Jahre erstrecken.
d) Der Unternehmer muss sich verpflichten, für jedes Jahr des Verbotes eine Verdienstentschädigung zu zahlen, die mindestens die Hälfte des zuletzt bezogenen Gehalts betragen muss.

Das Wettbewerbsverbot wird unwirksam,

a) wenn der Unternehmer ohne wesentliche Veranlassung des Angestellten das Dienstverhältnis kündigt,
b) wenn der Angestellte wegen grober Pflichtverletzung des Unternehmers das Dienstverhältnis aufhebt und innerhalb eines Monats nach der Aufhebung schriftlich erklärt, dass er sich an das Wettbewerbsverbot nicht halte.

Verletzt der Angestellte eine gültige und wirksame Konkurrenzklausel, so kann der Unternehmer auf Unterlassung klagen oder Schadensersatz verlangen oder eine vereinbarte Vertragsstrafe fordern.

Beendigung des Angestelltenverhältnisses

BGB § 620 **Befristete Arbeitsverhältnisse** enden *ohne Kündigung,* wenn der Zeitpunkt der Beendigung schon bei Vertragsabschluss festgelegt wird (Aushilfsbeschäftigung, Praxissemester, Ferienarbeit).

Unbefristete Arbeitsverhältnisse können gelöst werden durch *Kündigung* oder *Aufhebungsvertrag.* Es wird zwischen der *ordentlichen* und der *außerordentlichen Kündigung* unterschieden. Bei einer **ordentlichen Kündigung** sind folgende Fristbestimmungen möglich:

§ 622 **a) Allgemeine gesetzliche Kündigungsfrist.** Es kann zum 15. eines Monats oder zum Monatsende mit einer Frist von vier Wochen gekündigt werden. Die Kündigung muss schriftlich ausgesprochen werden. Sie muss rechtzeitig *zugegangen* sein.

Beispiele:

Kündigungstermine	3. Jan.	18. Jan.	31. Jan./ 1. Feb.	15./16. Feb.
Kündigungsfrist	28 Tage	28 Tage	28 Tage	28 Tage
Ende des Arbeitsverhältnisses	31. Jan.	15. Feb.	28./29. Feb.	15. März

b) Besondere gesetzliche Kündigungsfristen. Sie gelten für den Arbeitgeber bei langjährigen Mitarbeitern. Diese betragen, jeweils zum **Monatsende,** nach einer Beschäftigungsdauer von

- 2 Jahren: 1 Monat,
- 5 Jahren: 2 Monate,
- 8 Jahren: 3 Monate,
- 10 Jahren: 4 Monate,
- 12 Jahren: 5 Monate,
- 15 Jahren: 6 Monate,
- 20 Jahren: 7 Monate.

Gerechnet wird die Dauer der Betriebszugehörigkeit, die nach der Vollendung des 25. Lebensjahres liegt.

Beispiel: Eine 30-Jährige, die seit 10 Jahren im Unternehmen beschäftigt ist, kann selbst am 3. Mai zum 31. Mai kündigen; der Arbeitgeber erst zum 31. Juli.

c) Vertragliche Kündigungsfrist. Dabei ist zu beachten:

§ 622 1. Die Kündigungsfrist kann länger als die gesetzliche sein.

2. Für die Kündigung des Arbeitsverhältnisses durch den Arbeitnehmer darf keine längere Frist vereinbart werden als für die Kündigung durch den Arbeitgeber.

Diese Einschränkungen gelten jedoch nicht

- für Angestellte mit hohem Jahreseinkommen,
- für Aushilfskräfte, die weniger als drei Monate befristet beschäftigt werden; die Kündigungsfrist muss jedoch bei diesen für beide Teile gleich sein.

Bei **probeweiser** Anstellung (längstens 6 Monate) beträgt die Kündigungsfrist 2 Wochen.

Im **Insolvenzverfahren** kann der Insolvenzverwalter oder der Angestellte unter Einhaltung der gesetzlichen Kündigungsfrist das Dienstverhältnis lösen.

Bei **Vererbung** oder **Verkauf** des Geschäftes endet das Angestelltenverhältnis nicht, die Angestellten werden »mit übernommen«.

§ 626 Während die ordentliche Kündigung die Einhaltung bestimmter Kündigungsfristen erfordert, löst die **außerordentliche Kündigung** das Arbeitsverhältnis in der Regel mit sofortiger Wirkung **(fristlose Kündigung)**. Die vereinbarten oder gesetzlichen Kündigungsfristen müssen nicht eingehalten werden. Die außerordentliche Kündigung ist jedoch nur in Ausnahmefällen zulässig, und zwar dann, wenn ein **wichtiger Grund** für sie gegeben ist. Ein wichtiger Grund ist anzunehmen, wenn Tatsachen vorliegen, aufgrund derer dem Kündigenden unter Berücksichtigung aller Umstände die Fortsetzung des Arbeitsverhältnisses nicht zugemutet werden kann.

Wenn der Arbeitgeber das gesetz- oder vertragswidrige Verhalten des Arbeitnehmers als so schwerwiegend beurteilt, dass er deswegen die Gefahr einer fristlosen Kündigung sieht, muss er den Arbeitnehmer davon in einer **ausdrücklichen schriftlichen Abmahnung** benachrichtigen.

Beispiele:

Fristlose Kündigung durch den

1. *Angestellten:* Grobe Ehrverletzung oder grobe Verletzung der Vergütungs- oder Fürsorgepflicht;
2. *Unternehmer:* Längere Freiheitsstrafen, Arbeitsverweigerung, Verletzung der Dienstleistungspflicht, der Schweigepflicht oder des Handels- und Wettbewerbsverbots, extrem ausländerfeindliche Äußerungen.

Wer selbst vertragswidrig das Dienstverhältnis auflöst oder durch sein vertragswidriges Verhalten die Aufhebung des Dienstverhältnisses durch den anderen veranlasst, ist *schadensersatzpflichtig.* BGB § 628

Beispiele:

1. Der Angestellte A verlässt seine Stellung grundlos ohne Kündigung. Er hat ein Monatsgehalt von 3.000 EUR. Der Unternehmer stellt den neuen Angestellten B mit einem Monatsgehalt von 3.500 EUR ein. Er kann vom Angestellten A den Unterschiedsbetrag von 500 EUR so lange verlangen, bis der Angestellte A aufgrund einer fristgerechten Kündigung die Stelle hätte verlassen dürfen.
2. Ein Angestellter hebt das Dienstverhältnis fristlos auf, weil der Unternehmer ihm den zustehenden Urlaub nicht gewährt. Der Angestellte kann die Weiterzahlung der vertragsmäßigen Vergütung verlangen, bis er eine neue Stelle gefunden hat oder bis zur nächstmöglichen Beendigung des Dienstverhältnisses durch ordentliche Kündigung.

Eine besondere Form der Kündigung ist die **Änderungskündigung.** Hierbei kündigt der Arbeitgeber das Arbeitsverhältnis fristgerecht, bietet aber im Zusammenhang mit der Kündigung die Fortdauer des Vertragsverhältnisses zu geänderten Bedingungen an. KSchG § 2

Beispiel: Durch Änderung in der Verkaufsorganisation wird einem Handlungsreisenden gekündigt, ihm aber gleichzeitig die Stelle eines Sachbearbeiters in der Verkaufsabteilung angeboten.

Aufhebungsvertrag. Er ist eine einvernehmliche Auflösung des Arbeitsverhältnisses. Eine Mitwirkung des Betriebsrates, der Behörden (bei Schwangeren, schwerbehinderten Menschen) oder des Arbeitsgerichtes ist nicht erforderlich.

Dadurch erspart sich der Arbeitgeber die Prüfung, ob die Kündigung sozial gerechtfertigt ist, und damit einen eventuell folgenden Prozess vor dem Arbeitsgericht. Oft zahlt der Arbeitgeber dem Arbeitnehmer eine *Abfindung.*

Für den Arbeitnehmer hat diese Art der Beendigung des Arbeitsverhältnisses folgende Nachteile:

- Er verliert den Kündigungsschutz,
- bei Arbeitslosigkeit erhält er erst nach Ablauf einer zwölfwöchigen Sperrfrist Arbeitslosengeld,
- Abfindungen werden zum Teil auf das Arbeitslosengeld angerechnet und müssen versteuert werden.

Eine **Kündigung** seitens des Arbeitgebers ist **unwirksam,** wenn

- die Anhörung des Betriebsrates nicht in der im Betriebsverfassungsgesetz vorgeschriebenen Form erfolgte (Abschnitt 4.3.4) oder
- die Kündigungsschutzbestimmungen nicht beachtet wurden (Abschnitt 4.3.6).

Nach Beendigung des Arbeitsverhältnisses werden dem Arbeitnehmer seine Arbeitspapiere übergeben (Lohnsteuerkarte, Versicherungsnachweis, Zeugnis). Oft lässt der Arbeitgeber den Arbeitnehmer eine **Ausgleichsquittung** unterschreiben, in der dieser den Empfang der Papiere bestätigt und aus der hervorgeht, dass der Arbeitnehmer keine Ansprüche an den Arbeitgeber hinsichtlich Gehalt, Urlaub u. Ä. stellt.

?

1. Karin ist Mitarbeiterin in der Personalabteilung der Alu GmbH, in der 120 Personen beschäftigt sind. Karin hat im Rahmen ihres Sachgebietes verschiedene Fragen zu klären und Aufgaben zu erfüllen.
   a) Karin soll prüfen, ob in die neu abzuschließenden Arbeitsverträge mit den kaufmännischen Angestellten folgende Klausel aufgenommen werden kann:
   »Bei der Kündigung durch den Betrieb ist eine Kündigungsfrist von zwei Wochen einzuhalten; die Kündigung kann zum Monatsende ausgesprochen werden. Ansonsten gelten die gesetzlichen Bestimmungen.«
   Beurteilen Sie unter rechtlichen Gesichtspunkten, ob die Übernahme dieser Klausel in die Angestelltenverträge möglich ist.

b) Ferner soll Karin prüfen, ob einzelne Angestelltenverträge in Zukunft um ein vertraglich vereinbartes Wettbewerbsverbot ergänzt werden sollten.

Nennen Sie Beispiele für Angestellte, denen man dies anbietet.

Worauf müsste bei der inhaltlichen und formalen Gestaltung dieser vertraglichen Vereinbarung geachtet werden? (drei Gesichtspunkte)

c) Karin hat eine fristgerechte Kündigung zum Jahresende eines seit vier Jahren beschäftigten angestellten Mitarbeiters im Alter von 24 Jahren vorzubereiten. Der zu entlassende Mitarbeiter ist einer von vier in der Alu GmbH beschäftigten Lkw-Fahrern. Die Alu GmbH hat den Fuhrpark aus Kostengründen auf drei eigene Lkw abgebaut. Der Mitarbeiter gilt als nicht besonders fleißig.

Wann muss die Kündigung dem Mitarbeiter spätestens zugegangen sein?

Mit welchen Argumenten kann sich der Mitarbeiter gegen diese Kündigung wehren?

2. In Arbeitsverträgen werden vereinbart:

a) Eine zweijährige Kündigungsfrist für beide Teile zum Jahresende.

b) Kündigungsfrist für den Angestellten drei Monate zum Quartalsende – für den Arbeitgeber gesetzliche Kündigungsfrist.

c) Ein Gehalt, das 5% über den Bestimmungen des Tarifvertrags liegt. Es soll zwei Jahre gleich bleiben, unabhängig von weiteren tariflichen Vereinbarungen.

d) Der Arbeitgeber ist berechtigt, den Arbeitsvertrag fristlos zu kündigen, falls der Angestellte der Gewerkschaft beitritt.

Welche dieser Vereinbarungen gelten, welche nicht? Begründen Sie Ihre Entscheidung.

HGB § 54 (1) BGB § 164

4.2.3 Handlungsvollmacht

Handlungsvollmacht hat, wer **zum Betrieb eines Handelsgewerbes** oder **innerhalb eines Handelsgewerbes zur Vornahme von Rechtsgeschäften ermächtigt** ist, die ein Handelsgewerbe **gewöhnlich** mit sich bringt.

HGB § 54 (2)

Eine *besondere* Ermächtigung braucht der Bevollmächtigte zur Veräußerung oder Belastung von Grundstücken, zum Eingehen von Wechselverbindlichkeiten, zur Aufnahme von Darlehen und zur Prozessführung.

Arten der Handlungsvollmacht

a) Die allgemeine Handlungsvollmacht berechtigt zur Ausführung *aller* gewöhnlichen Rechtsgeschäfte im üblichen Umfang, die in dem Handelsgewerbe dieses Geschäftszweigs vorkommen. Handlungsvollmacht haben z.B. Geschäftsführer und Filialleiter.

b) Die Artvollmacht berechtigt zur Vornahme einer *bestimmten Art* von Rechtsgeschäften, die gewöhnlich in dem Handelsgewerbe dieses Geschäftszweigs vorkommen. Artvollmacht haben Einkäufer, Verkäufer, Kassierer, Schalterbedienstete, Reisende usw.

c) Die Einzelvollmacht berechtigt zur Vornahme eines *einzelnen,* zu einem Handelsgewerbe gehörigen Rechtsgeschäftes, wie zum Einzug einer quittierten Rechnung, zum Verkauf eines Hauses, zur Führung eines Prozesses.

Erteilung der Handlungsvollmacht

Kaufleute haben als Geschäftsinhaber und Prokuristen das Recht zur Erteilung einer Handlungsvollmacht. Jeder Bevollmächtigte kann im Rahmen seiner Vollmacht Untervollmacht einräumen.

Handlungsvollmacht erhalten nicht nur kaufmännische, sondern auch technische und sonstige Angestellte (Ingenieure, Betriebsleiter). Sie kann auch beschränkt Geschäftsfähigen erteilt werden. Häufig hat auch die Ehefrau des Geschäftsinhabers Handlungsvollmacht, um ihren Mann während seiner Abwesenheit geschäftlich vertreten zu können. Die Erteilung der Vollmacht kann schriftlich, mündlich oder sogar stillschweigend durch Duldung bestimmter Handlungen erfolgen. Die Eintragung ins Handelsregister ist nicht erlaubt.

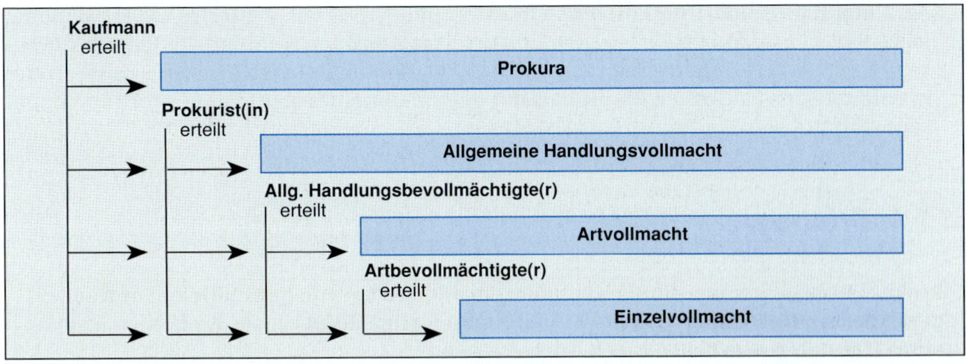

Beschränkung der Handlungsvollmacht

Wenn ein Kaufmann mehreren Personen Vollmacht erteilt, kann er jeder Person für sich allein oder *mehreren zusammen* das Vertretungsrecht einräumen. Im zweiten Falle **(Gesamtvollmacht)** sind die Rechtshandlungen nur gültig, wenn die Bevollmächtigten gemeinsam gehandelt oder unterschrieben haben, z.B. bei Bankangestellten (»Vier-Augen-Prinzip«).

Eine Beschränkung der Vollmacht auf bestimmte Geschäfte ist Dritten gegenüber nur wirksam, falls diese die Beschränkung kannten oder kennen mussten.

Unterschrift des Handlungsbevollmächtigten

Der Bevollmächtigte setzt zum Namen des Auftraggebers seine Unterschrift mit einem Zusatz, aus dem die Vollmacht zu ersehen ist (Bild, Seite 121). HGB § 57

Beendigung der Handlungsvollmacht

Die Vollmacht erlischt

- mit der *Beendigung* des Rechtsverhältnisses, mit dem sie verbunden ist, z.B. bei Beendigung des Dienstvertrages, bei Auflösung der Ehe, aber **nicht** bei Tod des Ehegatten,
- durch den *Widerruf* von Personen, die Vollmacht erteilen können,
- durch die freiwillige oder zwangsweise *Auflösung* des Geschäfts,
- durch den Tod des Bevollmächtigten,
- beim *Wechsel* des Geschäftsinhabers in der Regel nur, wenn der neue Inhaber sie widerruft,
- bei Einzelvollmacht nach der *Durchführung* des Auftrages.

Besondere Handlungsbevollmächtigte

a) Ladenangestellte. Sie haben das Recht, Waren anzunehmen, abzugeben, umzutauschen und den Kaufpreis zu kassieren. Die Inkassovollmacht ist auf den Ladenraum beschränkt. Sie erstreckt sich nicht auf die Einziehung von Forderungen bei den Kunden. Wenn in einem Ladengeschäft *besondere* Kassenstellen eingerichtet sind, so haben nur die Kassenangestellten Inkassovollmacht. § 56

b) Reisende Angestellte. Sie sind im Gegensatz zum Handelsvertreter (Abschnitt 8.7) Angestellte mit *Artvollmacht*. Entsprechend ihrem Auftrag haben sie das Recht, Geschäfte im Namen ihres Arbeitgebers abzuschließen oder zu vermitteln und Mängelrügen entgegenzunehmen. Für alle anderen Geschäfte brauchen sie eine besondere Vollmacht. § 55

Zu den besonderen *Pflichten* des Handlungsreisenden gehören

- das regelmäßige Erstatten von Reiseberichten,
- die unverzügliche Mitteilung der Geschäftsabschlüsse.

Als **Entgelt** für seine Tätigkeit erhält der Handlungsreisende ein festes *Gehalt* (Fixum), meist eine *Umsatzprovision* und den Ersatz seiner *Auslagen* während der Reisezeit (Spesen). Die Spesen können entsprechend den vorgelegten Belegen (Einzelnachweis) oder in einem festen Tagessatz (Pauschalsatz) oder in angemessener Höhe (Vertrauensspesen) vergütet werden.

4.2.4 Prokura

Prokura besitzt, wer von einem Kaufmann **zu allen Arten von gerichtlichen und außergerichtlichen Geschäften und Rechtshandlungen ermächtigt** ist, die der Betrieb **irgendeines Handelsgewerbes** mit sich bringen kann.

HGB § 49 Eine *besondere Vollmacht* braucht der Prokurist zum Verkauf und zur Belastung von Grundstücken.

Gesetzlich verboten ist dem Prokuristen die Vertretung bei folgenden Handlungen: Bilanz und Steuererklärungen unterschreiben, Handelsregistereintragungen anmelden, Insolvenzverfahren beantragen, Geschäft verkaufen, Prokura erteilen, Gesellschafter aufnehmen. Im Prozess kann er für den Unternehmer keinen Eid leisten (Bild, Seite 121).

Während der Umfang der Handlungsvollmacht *vom Unternehmer* geregelt werden kann, ist der Umfang der Prokura *gesetzlich* geregelt. Sie erstreckt sich auf alle Geschäfte und Rechtshandlungen **irgendeines Handelsgewerbes,** nicht aber auf die Vertretung des Inhabers in privaten Angelegenheiten.

Beispiel: Während der Abwesenheit des Unternehmers gibt der Prokurist einer Spirituosenfabrik die Abteilung Liköre auf.

Die Prokura erstreckt sich also auf

1. **gewöhnliche Geschäfte und Rechtshandlungen**

   Beispiele: Kaufverträge abschließen, Personal einstellen und entlassen,

2. **außergewöhnliche Geschäfte und Rechtshandlungen,** das sind

   - *gerichtliche* Geschäfte und Rechtshandlungen

     Beispiele: Prozesse für den Betrieb führen, Strafanzeige in geschäftlichen Dingen stellen, Prozessvollmacht erteilen.

   - *außergerichtliche* Geschäfte und Rechtshandlungen

     Beispiele: Darlehen aufnehmen oder den Geschäftszweig ändern; selbst Nichthandelsgeschäfte wie Schenkungen und Spenden des Betriebs gehören dazu.

Erteilung der Prokura

§ 48 (1) Nur der *Kaufmann* oder sein *gesetzlicher Vertreter* kann Prokura erteilen. Sie muss *ausdrücklich* (schriftlich oder mündlich) erteilt werden, z.B. mit den Worten: »Ich erteile Ihnen mit Wirkung vom 1. Januar 20.. Prokura«. Die Prokura muss zur Eintragung ins Handelsregister angemeldet werden.

Man unterscheidet

a) **Einzelprokura,** wenn eine Person allein vertretungsbefugt ist,

b) **Gesamtprokura,** wenn mehrere Personen gemeinschaftlich vertretungsbefugt sind, also nur gemeinsam handeln können.

Prokura können auch solche Personen erhalten, die nicht im Betrieb angestellt sind (Ehefrau).

Einschränkung der Prokura

§ 50 Der Unternehmer kann den Umfang der Prokura im *Innenverhältnis* beliebig einschränken. Im *Außenverhältnis* kann der Umfang nicht eingeschränkt werden.

Bei **Filialbetrieben** kann die Prokura auf das Hauptgeschäft oder eine Filiale beschränkt sein, wenn die Filialbetriebe sich durch einen Zusatz sowohl vom Hauptgeschäft als auch voneinander unterscheiden **(Filialprokura).**

Beginn der Prokura

Im *Innenverhältnis* beginnt die Prokura mit der Erteilung.

Im *Außenverhältnis* wird sie erst wirksam, wenn der Dritte Kenntnis von ihr hat oder wenn sie in das Handelsregister eingetragen und veröffentlicht ist. Die Eintragung hat also rechtsbezeugende Wirkung. HGB § 53

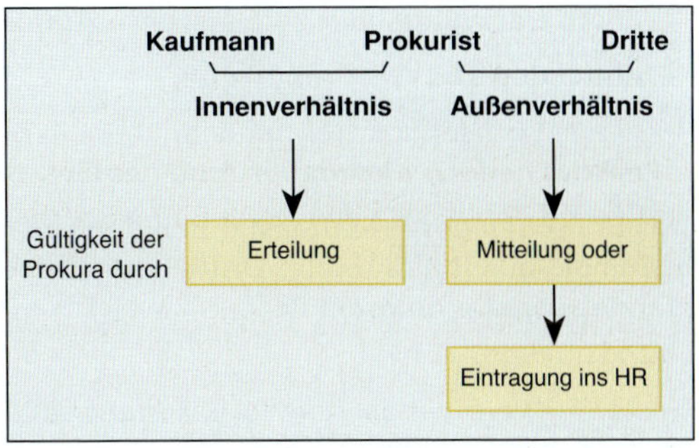

Unterschrift des Prokuristen

Zu der Firma des Geschäftes setzt der Prokurist seine Unterschrift mit dem Zusatz ppa. (lat. »per procura« = in Ausübung der Prokura) (Bild). § 51

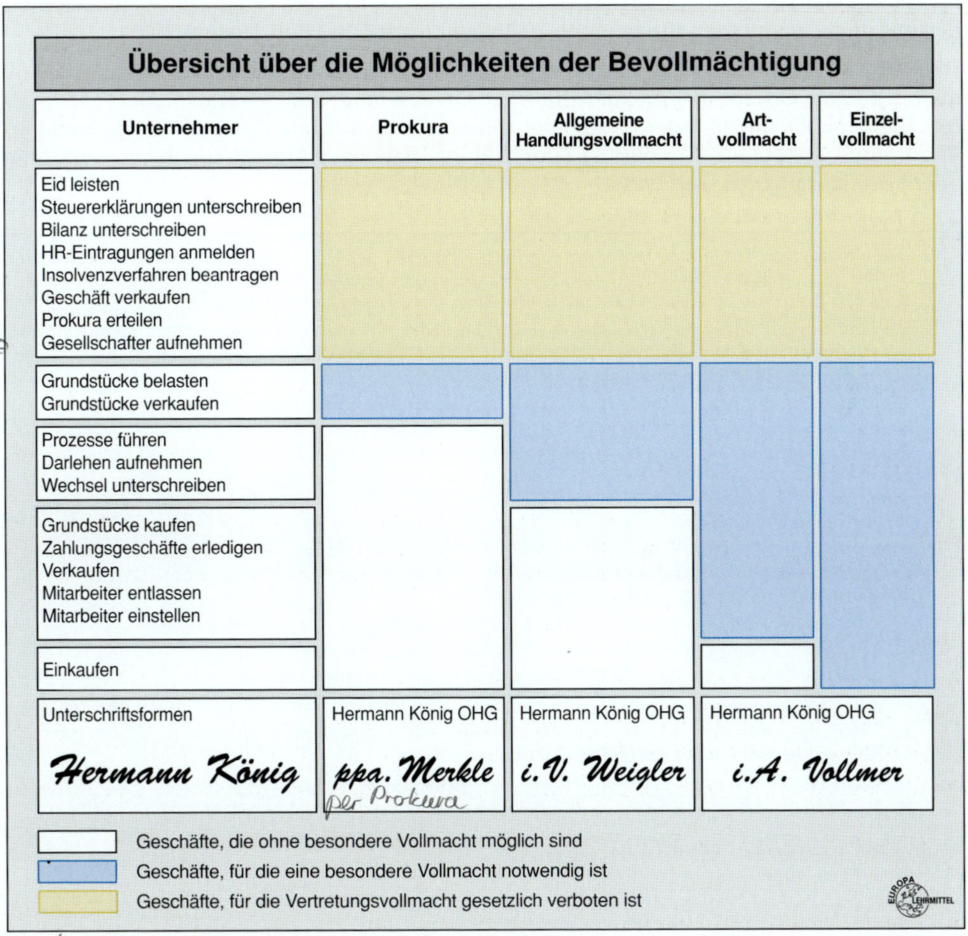

® darf den Geschäftszweck nicht ändern

HGB § 52

Beendigung der Prokura

Die Prokura erlischt

- mit der *Beendigung* des Rechtsverhältnisses, mit dem sie verbunden ist,
- durch den *Widerruf* von Seiten eines Geschäftsinhabers,
- durch freiwillige oder zwangsweise *Auflösung* des Geschäftes,
- durch den *Tod* des Prokuristen,
- beim *Wechsel* des Geschäftsinhabers in der Regel nur, wenn der neue Inhaber sie widerruft, jedoch *nicht beim Tode* des Geschäftsinhabers.

§ 53 Das Erlöschen der Prokura ist durch den Unternehmer zur Eintragung ins Handelsregister anzumelden. Gutgläubigen Dritten gegenüber gilt die Prokura so lange weiter, bis sie im Handelsregister gelöscht ist.

4.2.5 Generalvollmacht

!

Generalvollmacht hat, wer den Vollmachtgeber **in allen Rechtsgeschäften** vertreten kann, für die Vertretungsvollmacht gesetzlich oder satzungsgemäß **zulässig** ist.

BGB §§ 164 ff. Der *Umfang* der Generalvollmacht muss vertraglich vereinbart werden, weil er gesetzlich nicht bestimmt ist. Er geht meist über den Umfang der Prokura hinaus, muss jedoch mindestens dem Umfang der allgemeinen Vollmacht nach § 54 HGB entsprechen.

Der Begriff Generalvollmacht wird zwar in § 5 (3) des Betriebsverfassungsgesetzes erwähnt, § 167 aber in keinem Gesetz ausdrücklich erläutert. Die *Erteilung* der Generalvollmacht ist formfrei. Sie kann als Einzel- oder Gesamtvertretung erteilt werden. Die Generalvollmacht *erlischt* durch Zeitablauf, Kündigung oder Tod des Bevollmächtigten sowie bei Auflösung oder Veräußerung des Geschäfts.

?

1. Der Bankangestellte Rieten, Leiter der Kreditabteilung mit der Handlungsvollmacht, Kredite bis zu 20.000 EUR zu gewähren, sichert dem Kaufmann Schäfer in einer mündlichen Verhandlung einen Kredit in Höhe von 50.000 EUR zu. Ist die Bank an diese Zusicherung gebunden?
2. Sie sind bei der Drescher OHG, Ravensburg, beschäftigt. Dem Angestellten Hans Klose soll ab 1. September Handlungsvollmacht erteilt werden. Er soll berechtigt sein, zusammen mit einem Prokuristen zu handeln. Schreiben Sie den Brief an Klose.
3. Erarbeiten Sie die Unterschiede, die zwischen Prokura und allgemeiner Handlungsvollmacht bestehen.
4. Prokurist Hermann vom Hauptgeschäft entzieht dem Angestellten Schwarz, der Prokura für die Filiale hat, diese Vollmacht. Gleichzeitig erteilt er Frau Stein, bisher Abteilungsleiterin im Hauptgeschäft, Prokura und dem Angestellten Pietsch allgemeine Handlungsvollmacht. Sind diese Handlungen rechtswirksam?
5. Mehrere Angestellte der Walter AG, Tübingen, fielen in den letzten Jahren durch herausragende Leistungen auf. Die Geschäftsleitung beschließt deshalb, diesen Mitarbeitern mehr Verantwortung zu übertragen. So heißt es unter anderem:
   - Herr Müller erhält für den Bereich Einkauf Vollmacht.
   - Frau Franke wird Einzelprokura erteilt, wobei jegliche Verträge, die den Rahmen von 100.000 EUR übersteigen, von der Geschäftsleitung genehmigt werden müssen.

   a) Erläutern Sie die oben genannten Vollmachten und beurteilen Sie die Ausgestaltung der Prokura!

   b) Selbst mit Prokura darf Frau Franke bestimmte Rechtshandlungen überhaupt nicht vornehmen. Geben Sie vier solcher Rechtshandlungen an.
6. Prokurist Peter Jung ist 35 Jahre alt und seit 20 Jahren bei der Pietsch KG in Augsburg tätig. Er leitet nunmehr die Abteilung Verkauf. Jung möchte sich selbstständig machen und zum 30. Juni kündigen.

   a) Wann muss Jung spätestens kündigen?

   b) Wann müsste gekündigt werden, wenn die Pietsch KG das Arbeitsverhältnis zum 30. Juni auflösen wollte?

c) Wie hätte die Pietsch KG verhindern können, dass Jung sofort nach seinem Ausscheiden ein Konkurrenzunternehmen gründet?

d) Wann erlischt die Vollmacht von Jung?

e) Jung gewährt einem Kunden am 20. Juni einen Sonderrabatt von 30%. Ist die Pietsch KG an diese Zusage gebunden?

4.3 Ordnung und Rechtsschutz der betrieblichen Arbeit

Das moderne **Arbeitsrecht** bietet dem Arbeitnehmer Gleichberechtigung, Sicherheit und Schutz. Das Arbeitsrecht lässt sich in das *Arbeitsvertragsrecht* (Kollektiv- und Individualvertrag) und in das *Arbeitsschutzrecht* einteilen.

4.3.1 Arbeitsvertrag

Die betriebliche Arbeit findet ihre Ordnung und Regelung

a) im **Individualarbeitsrecht (Einzelarbeitsvertrag),**

b) im **Kollektivarbeitsrecht,** dazu gehören

   1. Betriebsvereinbarungen,

   2. Tarifverträge,

c) in der **Arbeitsgesetzgebung,**

d) im **Arbeitsrecht** der **Europäischen Union**.

Sollen diese konkurrierenden Regelungen auf ein bestimmtes Arbeitsverhältnis angewendet werden, so gelten folgende Grundsätze:

1. Enthalten sie **nachgiebiges Recht,** sind sie in der angegebenen Reihenfolge maßgebend (a → c).

   Beispiel: In einem Einzelarbeitsvertrag werden 35 Tage Urlaub vereinbart. Wenn nach Tarifvertrag diesem Arbeitnehmer 28 Tage und nach dem Bundesurlaubsgesetz mindestens 24 Tage zustehen würden, so gilt die einzelvertragliche Regelung. Erst wenn hier nichts vereinbart wurde, gilt der Tarifvertrag bzw. das Bundesurlaubsgesetz.

   Abweichende Regelungen beim nachgiebigen Recht sind nur statthaft, wenn sie zugunsten des Arbeitnehmers getroffen werden.

2. **Zwingende Normen** gelten jedoch in der umgekehrten Reihenfolge (c → a).

   Beispiel: Nach dem Mutterschutzgesetz dürfen Wöchnerinnen bis acht Wochen nach der Entbindung nicht beschäftigt werden. Die Wöchnerin darf auch durch einzelvertragliche Regelung nicht darauf verzichten.

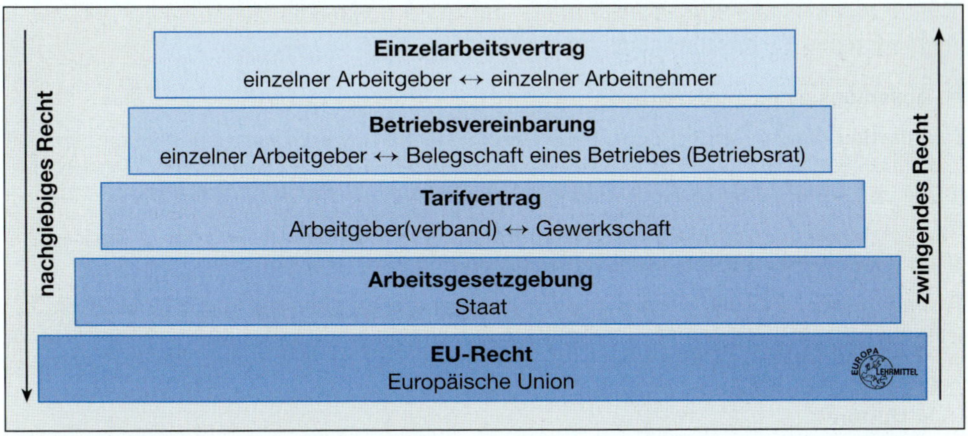

Einzelarbeitsvertrag (Abschnitt 4.2.2)

In ihm verpflichtet sich der **einzelne Arbeitnehmer** dem **Arbeitgeber** gegenüber zur Leistung von Diensten gegen Entgelt. Die Regelung der Bestimmungen des Einzelarbeitsvertrags bleibt beiden Partnern überlassen. Der Arbeitnehmer darf jedoch nicht schlechter gestellt werden als im Gesetz, im Tarifvertrag oder in der Betriebsvereinbarung festgelegt ist.

Betriebsvereinbarung

BetrVG §§ 77, 88

Betriebsvereinbarungen werden zwischen dem **Betriebsrat** und dem **Arbeitgeber** eines *bestimmten* Betriebes getroffen. Sie dürfen den Bestimmungen des Tarifvertrages nicht entgegenstehen, sondern sollen diese ergänzen, erläutern und den besonderen Verhältnissen des Betriebes anpassen. Ihr Inhalt regelt die Lohn- und Arbeitsbedingungen, den Beginn und das Ende der täglichen Arbeitszeit und der Pausen, die Zeit und den Ort der Entgeltzahlung, die Aufstellung eines Urlaubsplanes, die Maßnahmen zur Verhütung von Betriebsunfällen und Gesundheitsschädigungen, die Errichtung von Sozialeinrichtungen, das Verhalten der Arbeitnehmer im Betrieb, z.B. Rauchen, Kantinenbesuch, Telefon-, Internet- und Parkplatzbenutzung.

Betriebsvereinbarungen haben inzwischen besondere Bedeutung bei der **Flexibilisierung der Arbeitszeit.** Nicht tarifgebundene Unternehmen gehen vermehrt dazu über, **Einzelvereinbarungen bezüglich Arbeitsverdienst** und **Arbeitszeit** mit dem Betriebsrat zu treffen, und sich nicht mehr an tarifliche Abmachungen anzulehnen.

Im Rahmen der »Verbetrieblichung der Tarifpolitik« sollen dadurch Kundeninteresse, betriebliche Anforderungen und persönliche Interessen der Mitarbeiter berücksichtigt werden. Zwischen Betriebsrat und Geschäftsleitung wird ein *Arbeitszeitrahmen* vereinbart, in dem *keine Mehrarbeitszuschläge* anfallen (auch nicht bei Samstagsarbeit). Die Mitarbeiter erhalten ein *Zeitkonto.* Dieses können die Mitarbeiter in Abhängigkeit von dem anfallenden Arbeitsumfang mit Stunden auffüllen oder unterschreiten, ohne eine Ober- oder Untergrenze berücksichtigen zu müssen. Zum Jahresende sollte dieses Zeitkonto ausgeglichen werden.

Durch Betriebsvereinbarungen werden insbesondere **Betriebsordnungen** und **Dienstordnungen** aufgestellt. Sie müssen an geeigneter Stelle im Betrieb ausgehängt oder den Betriebsangehörigen bei Eintritt in den Betrieb ausgehändigt werden.

Tarifvertrag (TV)

!

Der Tarifvertrag ist ein **Kollektivvertrag zwischen den Tarifpartnern,** in dem die Arbeitsbedingungen gewöhnlich für ganze Berufsgruppen eines Wirtschaftszweiges in freien Verhandlungen *einheitlich* festgelegt werden.

▶ Tarifautonomie

In einer freiheitlichen Wirtschaftsordnung obliegt die *allgemeine Regelung der Arbeitsbedingungen* den **Tarifpartnern,** nicht dem Staat.

▶ Abschluss eines Tarifvertrages

TVG § 2 § 1

Tarifpartner (Sozialpartner) sind auf der einen Seite die Gewerkschaften und ihre Spitzenorganisationen (DGB), auf der anderen Seite einzelne Arbeitgeber oder Arbeitgeberverbände (BDA) und deren Spitzenorganisationen. Zur Gültigkeit des TV ist die **Schriftform** nötig.

Der Abschluss, die Änderung und die Aufhebung der Tarifverträge werden in die Tarifregister eingetragen, die bei den Arbeitsministerien geführt werden.

§ 3 **Tarifgebunden** sind die Mitglieder der Tarifvertragsparteien, also die organisierten Arbeitgeber und Arbeitnehmer. Ein Antrag auf Allgemeinverbindlichkeit wird meist nicht mehr gestellt, da die Arbeitgeber den nicht organisierten Arbeitnehmern die gleichen Lohn- und Arbeitsbedingungen einräumen wie den organisierten, um den Betriebsfrieden nicht zu stören.

▶ Arten der Tarifverträge

Man unterscheidet

a) **nach den Tarifpartnern:** Firmen- oder Haustarifverträge und Verbandstarifverträge,

b) **nach dem räumlichen Geltungsbereich:** Werkstarifverträge oder Flächentarifverträge (Bezirks-, Landes- und Bundestarifverträge, z.B. TVöD = Tarifvertrag öffentlicher Dienst).

c) **nach dem Vertragsinhalt:**

1. **Rahmentarifverträge (Manteltarifverträge).** Sie enthalten allgemeine Arbeitsbedingungen, die für längere Zeit gleich bleiben (Arbeitszeit, Altersteilzeit bis zu fünf Jahren, Mehrarbeit, Sonn- und Feiertagsarbeit, Urlaub, Kündigungsfristen, Weiterbildung u.a.) und Bestimmungen über ein Schiedsgericht zur Beilegung von Streitigkeiten.
2. **Entgelttarifverträge.** Sie enthalten den *Gruppenplan,* in dem die Arbeitnehmer nach ihrer Vorbildung (gelernte, angelernte, ungelernte Tätigkeit) oder nach dem Schwierigkeitsgrad ihrer Arbeitsaufgabe (Arbeitswert) in verschiedene Lohn- oder Gehaltsgruppen eingeteilt sind, und die *Gehaltssätze* für die einzelnen Gehaltsgruppen. Bei Gehaltstarifverträgen wird ein Grundgehalt vereinbart, das Grundlage (100%) für Zu- und Abschläge nach Gehaltsgruppen, Arbeitswerten oder Lebensjahren ist.
3. **Arbeitszeittarifverträge.** Sie regeln die täglichen und wöchentlichen Arbeitszeiten der Arbeitnehmer, sofern sie nicht schon im Rahmentarifvertrag vereinbart sind.
4. **Tarifverträge über Sonderleistungen** (Weihnachts-, Urlaubsgeld, Vermögensbildung, betriebliche Zusatzaltersversorgung).
5. **Tarifverträge über Qualifizierungsmaßnahmen** (Recht auf Weiterbildung).

▶ Wirkungen des Tarifvertrags

a) **Erfüllungspflicht.** Die Vertragsparteien sind verpflichtet, dafür zu sorgen, dass ihre Mitglieder den Vertrag verwirklichen und sich an seine Bestimmungen halten. Dabei ist der Grundsatz der *Unabdingbarkeit* zu beachten. Danach dürfen die Bedingungen eines Einzelarbeitsvertrages für den Arbeitnehmer nicht ungünstiger sein als die des Tarifvertrages, auch wenn der einzelne Arbeitnehmer mit einer Schlechterstellung einverstanden wäre. TVG § 4

b) **Friedenspflicht.** Während der Gültigkeit des Vertrages dürfen keine Kampfmaßnahmen gegen die Vereinbarungen ergriffen werden; ausgenommen ist der Warnstreik. § 3

c) **Nachwirkung.** Der Tarifvertrag endet mit Ablauf der in ihm festgesetzten Zeitdauer, beim Abschluss auf unbestimmte Zeit durch Kündigung oder durch Abschluss eines neuen Tarifvertrags. Die Bestimmungen des alten Tarifvertrags bleiben auf jeden Fall solange in Kraft, bis ein neuer Tarifvertrag abgeschlossen ist. § 4

?

1. Erkundigen Sie sich, welche Inhalte nach dem Nachweisgesetz ein Arbeitsvertrag enthalten muss.
2. Welche Aufgaben hat die Betriebsvereinbarung?
3. Warum räumen die Arbeitgeber den nicht organisierten Arbeitnehmern die gleichen Lohn- und Arbeitsbedingungen ein wie den organisierten?
4. Im Wirtschaftsteil der Tageszeitung liest Katja: »Bei den Tarifverhandlungen um einen neuen Manteltarifvertrag sind die Sozialpartner noch zu keiner Einigung gekommen. Beobachter sprechen bereits von Überlegungen über einen Streik.«
   a) Erklären Sie die Begriffe Manteltarifvertrag und Sozialpartner.
   b) Außer den Manteltarifverträgen gibt es noch weitere Tarifverträge. Wie unterscheiden diese sich inhaltlich und in ihrer Geltungsdauer von Manteltarifverträgen?
   c) Im Zusammenhang mit Tarifverhandlungen fällt oft der Begriff »Tarifautonomie«. Erklären Sie diesen Begriff.
   d) Unter welchen Voraussetzungen gilt der Tarifvertrag für alle Arbeitnehmer und Arbeitgeber einer Branche?
5. Beurteilen Sie folgende Fälle:
   a) In einem Einzelarbeitsvertrag vereinbaren Arbeitgeber und Arbeitnehmer, dass der Angestellte auf den Urlaub verzichtet, dafür aber 10% Gehalt über den tarifvertraglichen Regelungen erhält.
   b) Ein Unternehmer verspricht jedem Arbeitnehmer, der nicht in der Gewerkschaft ist, einen um 50 EUR höheren Verdienst.
   c) Eine Gewerkschaft verlangt in Tarifverhandlungen eine Sonderzahlung von 150 EUR für Gewerkschaftsmitglieder.

4.3.2 Sozialpartnerschaft

Arbeitgeber- und Arbeitnehmerverbände werden in ihrem gegenseitigen Zusammenwirken und bei ihren Auseinandersetzungen auch als **Sozialpartner** bezeichnet.

Unternehmerorganisationen

Unternehmerorganisationen dienen zur *Wahrung der Interessen der Unternehmer* gegenüber den Arbeitnehmern (Tarifverträge) oder gegenüber Staat und Gemeinden (Gesetzgebung), aber auch zur Durchführung ihrer gemeinsamen Berufsaufgaben (fachliche Weiterbildung, Veranstaltung von Ausstellungen, Beratung von Behörden). Man unterscheidet:

▶ Öffentlich-rechtliche Organisationen

a) Industrie- und Handelskammern. Sie sind Körperschaften des öffentlichen Rechts mit gesetzlicher Zugehörigkeit aller Gewerbetreibenden, soweit nicht die Handwerkskammern zuständig sind.

Ihre *allgemeine* Aufgabe ist es, das Gesamtinteresse ihrer Mitglieder wahrzunehmen, für die Förderung der gewerblichen Wirtschaft zu sorgen, durch Vorschläge, Gutachten und Berichte die Behörden zu unterstützen und zu beraten.

Im *Einzelnen* obliegen ihnen die Führung des Verzeichnisses der Berufsausbildungsverhältnisse, die Durchführung der Facharbeiterprüfung und der Abschlussprüfung bei Ausbildungsverhältnissen in kaufmännischen Berufen, die Abhaltung von Kursen zur fachlichen Weiterbildung, die Ausstellung von Ursprungszeugnissen, die Mitwirkung bei der Fahrplangestaltung sowie Aufgaben im Rechts-, Steuer-, Kredit-, Verkehrswesen und im Außenhandel.

Die Industrie- und Handelskammern sind im Deutschen Industrie- und Handelskammertag (DIHK) zusammengeschlossen.

b) Handwerkskammern. Sie sind Körperschaften des öffentlichen Rechts mit gesetzlicher Zugehörigkeit der Handwerksunternehmen. Auch Betriebe, die ins Handelsregister eingetragen sind, können der Handwerkskammer angehören.

▶ Privatrechtliche Organisationen

Das sind Organisationen

a) mit **beruflich-fachlichen** Aufgaben, z.B. Bundesverband der Deutschen Industrie (BDI) und die Zentralverbände der übrigen Wirtschaftszweige;

b) mit **tarif- und sozialpolitischen** Aufgaben, z.B. Bundesvereinigung der Deutschen Arbeitgeberverbände (BDA), in der 56 Bundesfachverbände und 14 Landesvereinigungen zusammengeschlossen sind.

Beispiele: Gesamtverband der metallindustriellen Arbeitgeberverbände – Gesamtmetall – Berlin; Gesamtverband des Deutschen Steinkohlebergbaus, Essen; Hauptverband der Deutschen Bauindustrie e.V., Berlin; Hauptverband des Deutschen Einzelhandels e.V., Berlin; Arbeitgeberverband des privaten Bankgewerbes e.V., Berlin; Bundesverband des Deutschen Groß- und Außenhandels e.V., Berlin.

Arbeitnehmerverbände (Gewerkschaften)

GG Art. 9 (3)

Die **Gewerkschaften** sind *Vereinigungen der Arbeitnehmer* zur Förderung und Wahrung der Arbeits- und Wirtschaftsbedingungen. Das Recht zum Zusammenschluss ist im Grundgesetz verankert **(Koalitionsfreiheit).** Der Beitritt zu einer Gewerkschaft ist freiwillig.

Im Einzelnen haben sich die Gewerkschaften folgende **Aufgaben** gestellt:

a) Kampfaufgabe. Verbesserung der Lohn- und Arbeitsbedingungen, um die Lebensqualität der Arbeitnehmer zu heben (Lohnerhöhung, Arbeitszeitverkürzung, Mitbestimmung), gegebenenfalls mithilfe des Streiks, des klassischen Kampfmittels der Gewerkschaften.

b) Bildungsaufgabe. Berufliche Weiterbildung und Umschulung, Leistungssteigerung durch Vorträge, Kurse, Arbeitsgemeinschaften, Berufswettkämpfe, Mitwirkung im Berufsbildungsausschuss und in den Prüfungsausschüssen.

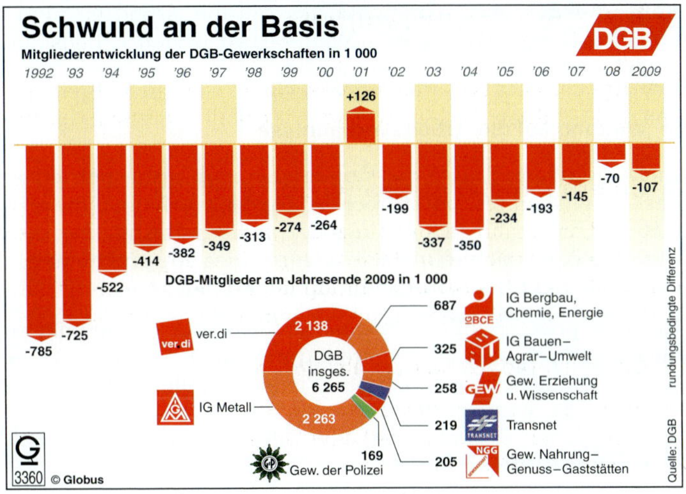

c) **Rechtliche Aufgabe.** Abschluss von Tarifverträgen, Rechtshilfe und Rechtsschutz für die Arbeitnehmer und Auszubildenden bei den Arbeitsgerichten, Mitbestimmungsrecht in den Betrieben.

d) **Wirtschaftspolitische Aufgabe.** Verbesserung der Wirtschafts- und Sozialordnung (Förderung der Vermögensbildung der Arbeitnehmer, Sozialversicherungsreform). Durchsetzung dieser Ziele im Parlament und bei der Regierung durch Einflussnahme auf Abgeordnete und Minister (Lobbyismus).

4.3.3 Arbeitskampf und Schlichtung

Arbeitskampfrecht

Das Kampfmittel der **Arbeitnehmer** zur Erreichung *arbeitsrechtlicher* Ziele ist der **Streik.** Man versteht darunter die gemeinsame, planmäßige Arbeitsniederlegung der Arbeitnehmer. Ein Streik kann unter folgenden Voraussetzungen geführt werden:

a) Auslaufen des Tarifvertrags bzw. Scheitern der Schlichtungsverhandlungen. Vorher besteht Friedenspflicht.

b) *Urabstimmung.* Mindestens 75% der abstimmungsberechtigten Gewerkschaftsmitglieder eines Tarifbezirks müssen sich für den Streik entscheiden. Außerdem muss der Hauptvorstand der Gewerkschaft den Streik beschließen bzw. den Beschluss genehmigen. Bei manchen Gewerkschaften ist nur eine dieser Voraussetzungen notwendig.

c) Organisation durch die Gewerkschaft (Tarifvertragspartei).

Treffen diese Voraussetzungen nicht zu, spricht man von »wildem« Streik.

▶ Arten des Streiks

- **Voll- oder Flächenstreik.** Alle Arbeitnehmer eines Tarifgebiets legen die Arbeit nieder.
- **Mini-Max-Streik (Schwerpunktstreik).** Hier versuchen die Gewerkschaften mit minimalem Aufwand (Bestreikung der Hersteller von Batterien oder Kühlern) die maximale Wirkung zu erzielen (Stilllegung der ganzen Automobilbranche nebst Zulieferbetrieben).
- **Flexi-Streik:** Dabei werden tageweise abwechselnd Betriebe des Fahrzeugbaus, dann der Metall- und Elektroindustrie und schließlich Betriebe des Mittelstandes bestreikt. Die Gewerkschaft will mit diesen Kurzstreiks verhindern, dass es zu einer »kalten Aussperrung« kommt. Zugleich will sie ihre Streikkosten so gering wie möglich halten.
- **Warnstreik.** Kurzfristige Arbeitsniederlegung, um die Streikentschlossenheit zu demonstrieren. Dieser Streik kann auch stattfinden, solange Friedenspflicht besteht.

▶ Aussperrung

Das Kampfmittel der **Arbeitgeber** ist die **Aussperrung,** d.h. die vorübergehende Aufhebung der Arbeitsverhältnisse aller Arbeitnehmer bestimmter Betriebe oder aller Betriebe einer Branche. Die Aussperrung ist rechtlich nur gültig als Kampfmittel der Arbeitgeber gegen Schwerpunktstreiks der Gewerkschaften. Die Aussperrung ist nur **zulässig** in einem Umfang, der sich nach dem Grundsatz der Verhältnismäßigkeit richtet (Übermaßverbot).

Das Kampfmittel der Aussperrung ist nicht unumstritten. So verbietet die Verfassung des Landes Hessen die Aussperrung. Auch haben die Gewerkschaften versucht, durch verschiedene Verfahren vor dem Bundesarbeitsgericht und dem Bundesverfassungsgericht die Aussperrung als Arbeitskampfmittel für unzulässig erklären zu lassen.

Kalte Aussperrung. Arbeitgeber stellen die Arbeit ein und sperren die Arbeitnehmer ohne Bezahlung aus, da eine Weiterarbeit wegen Arbeitskämpfen in den Zuliefer- oder Abnehmerbetrieben nicht möglich ist.

▶ Wirkung auf die Arbeitsverhältnisse

Die Arbeitsverhältnisse der streikenden und ausgesperrten Arbeitnehmer sind während des Arbeitskampfs unterbrochen. Deshalb erhalten diese keine Arbeitsentgelte. Die Gewerkschaft zahlt an ihre *Mitglieder* Streikunterstützung, die sich nach Beitragshöhe und Mitgliedsdauer richtet. Arbeitswillige haben Anspruch auf Entlohnung. Er entfällt, wenn sie wegen des Streiks nicht beschäftigt werden können.

Um auch privatrechtliche Folgen für einzelne Arbeitnehmer zu vermeiden, bemühen sich die Gewerkschaften, jeden Streik durch einen Vergleich zu beenden, der ein Verbot der Maßregelung und ein Gebot der Wiedereinstellung aller Arbeitnehmer enthält.

Schlichtungswesen

Zur Verhütung oder Beilegung von Streitigkeiten zwischen Arbeitgebern und Arbeitnehmern oder deren Verbänden bei Vertragsverhandlungen wurde eigens ein Schlichtungswesen geschaffen. Es ist nur für solche Streitigkeiten anwendbar, die nicht der Zuständigkeit der Arbeitsgerichte unterliegen. Seine Aufgabe ist es, eine **vertragliche Grundlage zu schaffen,** während die Arbeitsgerichte das bestehende Recht auslegen und über Streitigkeiten nach bestehendem Recht entscheiden.

Das **Ausgleichsverfahren** wird von Schlichtungsstellen durchgeführt, deren Besetzung im Tarifvertrag oder in der Betriebsvereinbarung festgelegt ist. Sie sollen angerufen werden, um Meinungsverschiedenheiten zu klären. Wird keine Einigung erzielt, so können Behörden oder anerkannte Persönlichkeiten des öffentlichen Lebens eingeschaltet werden.

Wirksamkeit von Arbeitskämpfen

Streik und Aussperrung sind nur wirksam, wenn die jeweiligen Interessenverbände geschlossen und entschlossen für ihre Ziele kämpfen. Außerdem hängt die Wirksamkeit der Arbeitskampfmaßnahmen von der Arbeitsmarktsituation und der Ertragslage der Unternehmen ab. Ist das Angebot an Arbeitskräften knapp und stehen die Arbeitnehmer geschlossen hinter ihrer Gewerkschaft, so werden sie (bei guter Auftrags- und Ertragslage der Unternehmen) ihre Forderungen leicht durchsetzen. Ist dagegen die Auftrags- und Ertragslage der Unternehmen schlecht und herrscht Arbeitslosigkeit, so können hohe Forderungen nicht durchgesetzt werden.

Auswirkungen von Arbeitskämpfen

Allgemein gesehen können bei einem Arbeitskampf wegen seiner Auswirkungen auf unbeteiligte Dritte negative Reaktionen der Öffentlichkeit erfolgen.

Besondere Auswirkungen ergeben sich dadurch, dass Streik und Aussperrung hohe Kosten für die Wirtschaft verursachen.

Spannungen ergeben sich durch die unterschiedlichen Interessenlagen von Großbetrieben einerseits und Klein- und Mittelbetrieben andererseits:

- In der Metallindustrie beschäftigen z.B. Klein- und Mittelbetriebe 80% der Arbeitnehmer, deren Lohnkostenanteil bis zu 50% beträgt.
- Nur 20% der Arbeitnehmer arbeiten in den Großbetrieben, deren Lohnkostenanteil z.T. unter 10% liegt.
- Gerade aber die Großbetriebe sind in den Tarifverhandlungen richtungsweisend, nicht aber die Klein- und Mittelbetriebe.

Die Gewerkschaften müssen für die streikenden und ausgesperrten Mitglieder Streikgelder bezahlen; die Unternehmen erleiden Verluste, da keine Erzeugnisse verkauft werden und Kunden sich eventuell anderweitig eindecken.

Werden Forderungen durchgesetzt, welche die Unternehmen nicht auffangen oder als zusätzliche Kosten über die Preise abwälzen können, sinkt die internationale Wettbewerbsfähigkeit. Es besteht die Gefahr der Betriebsschließung, wenn nicht die teurer gewordenen Arbeitskräfte durch Maschinen ersetzt werden können.

Können Unternehmen die erhöhten Arbeitskosten auf die Preise abwälzen, so wird das gewerkschaftliche Ziel, die Realeinkommen der Arbeitnehmer zu erhöhen, nicht erreicht. Dies kann zu neuen Forderungen führen.

?

1. Klären Sie mithilfe des Grundgesetzes, was man unter »Koalitionsfreiheit« versteht.
2. Bereiten Sie mithilfe einer Internetrecherche zum Thema Arbeitslosigkeit eine Podiumsdiskussion vor, in der Argumente aus der Sicht der Arbeitgeber und der Gewerkschaften ausgetauscht werden. Die Podiumsdiskussion soll mit einer Situationsbeschreibung aufgrund aktueller Statistiken (http://www.destatis.de) eingeleitet werden. Bilden Sie hierzu Gruppen (Arbeitgeber und Gewerkschaften), die unterschiedliche Aufgaben lösen sollen.

   Gruppe Arbeitgeber:

   - Finden Sie heraus, welche Gründe für Arbeitslosigkeit der Arbeitgeberverband Gesamtmetall (http://www.gesamtmetall.de) anführt.
   - Stellen Sie die Maßnahmen dar, durch welche die Arbeitslosigkeit aus Sicht des Verbandes verringert werden kann.
   - Vertreten Sie die Position des Verbandes in der Podiumsdiskussion.

   Gruppe Gewerkschaften:

   - Finden Sie heraus, welche Gründe für die Arbeitslosigkeit der Deutsche Gewerkschaftsbund (http://www.dgb.de) anführt.
   - Stellen Sie die Maßnahmen dar, durch welche die Arbeitslosigkeit aus Sicht des DGB verringert werden kann.
   - Vertreten Sie die Position des DGB in der Podiumsdiskussion.
3. Nach gescheiterten Tarifverhandlungen stehen die Gewerkschaften vor der Notwendigkeit, zur Durchsetzung ihrer Forderungen eine *Urabstimmung* durchzuführen und einen *Streik* auszurufen. Für den Fall eines Streiks drohen die Arbeitgeber mit *Aussperrung*. Stimmen aus dem Kreis der Arbeitnehmer werden laut: »Streik ist Notwehr, Aussperrung ist Terror.«

   a) Erklären Sie die kursiven Begriffe.

   b) Nehmen Sie Stellung zu der oben wiedergegebenen Aussage der Arbeitnehmer aus der Sicht beider Tarifpartner.

   c) Seit einigen Jahren bevorzugen die Gewerkschaften den Schwerpunktstreik. Erläutern Sie zwei Vorteile dieser Streikvariante.

   d) Welche volkswirtschaftlichen Auswirkungen können mit hohen Lohn- und Gehaltssteigerungen verbunden sein?

   e) Welche Gründe sprechen für angemessene Lohn- und Gehaltserhöhungen?

   f) Zur Beendigung eines lang währenden Arbeitskampfes wird der Arbeitsminister aufgefordert, die Lohnerhöhung endlich festzusetzen. Nehmen Sie aus arbeitsrechtlicher Sicht dazu Stellung.

4.3.4 Mitwirkung und Mitbestimmung der Arbeitnehmer im Betrieb

Um das Interesse der Arbeitnehmer an ihrem Betrieb zu steigern, um ihnen Gelegenheit zu geben, am betrieblichen Geschehen mitzuwirken, ja eventuell mitzubestimmen, und um ihre Stellung gegenüber dem Arbeitgeber durch eine gemeinsame Vertretung zu festigen, wurden im Betriebsverfassungsgesetz die Wahl und die Aufgaben eines **Betriebsrates** einheitlich geregelt. Ein Zwang zur Wahl eines Betriebsrates besteht jedoch nicht, wenn die Arbeitnehmer von ihrem Recht keinen Gebrauch machen wollen. Sie verlieren damit aber die Chance, die gesetzlich verankerte innerbetriebliche Mitbestimmung zu praktizieren.

Während nur 4% der Betriebe mit bis zu 20 Mitarbeitern einen Betriebsrat haben, weisen die meisten Betriebe mit über 1.000 Mitarbeitern einen Betriebsrat auf.

Neben der *innerbetrieblichen Mitbestimmung* gibt es noch die *Mitbestimmung in Aufsichtsrat und Vorstand.* Hier geht es um die Frage, inwieweit Vertreter der Arbeitnehmer in die wirtschaftlichen Angelegenheiten des Unternehmens eingebunden werden sollen. Man könnte von einer *unternehmerischen Mitbestimmung* sprechen.

EBRG § 3 § 32 Ein **Europäischer Betriebsrat** muss in Unternehmen errichtet werden, die EU-weit mindestens 1.000 Arbeitnehmer beschäftigen, wovon jeweils mindestens 150 in mindestens zwei Mitgliedsstaaten beschäftigt sein müssen. Er ist von der Unternehmensleitung über die Geschäftslage sowie über eine Verlegung oder Stilllegung des Unternehmens und über Massenentlassungen zu *unterrichten* und *anzuhören.*

BetrVG §§ 106 ff. In Betrieben mit mehr als 100 ständigen Arbeitnehmern wird ein **Wirtschaftsausschuss** gebildet, dessen Mitglieder vom Betriebsrat bestimmt werden. Er hat wirtschaftliche Angelegenheiten mit dem Unternehmer zu beraten und den Betriebsrat zu unterrichten.

§§ 60–73 In Betrieben mit mindestens fünf Arbeitnehmern unter 18 Jahren oder mit Personen, die sich in Ausbildung befinden und das 25. Lebensjahr noch nicht vollendet haben, können **Jugend- und Auszubildendenvertretungen** für zwei Jahre gewählt werden. Mitglieder dieser Vertretung können nicht gleichzeitig Mitglieder des Betriebsrates sein. Eine wichtige Aufgabe dieser Vertretung ist die Förderung von Maßnahmen der Berufsausbildung und die Überwachung der Einhaltung von Bestimmungen zugunsten der oben genannten Personen (Jugendschutzgesetz, Tarifvertrag). Darüber hinaus soll sie die Integration junger ausländischer Arbeitnehmer im Betrieb fördern und entsprechende Maßnahmen beim Betriebsrat beantragen. Die Jugend- und Auszubildendenvertretung kann zu allen Sitzungen des Betriebsrates einen Vertreter entsenden. Bei Tagesordnungspunkten, die Jugendliche oder Auszubildende betreffen, hat die gesamte Jugend- und Auszubildendenvertretung Teilnahme- und Stimmrecht.

Betriebsrat (Bild, Seite 131)

▶ Wahl des Betriebsrats

§ 1 §§ 14, 21 In Betrieben mit mindestens fünf ständigen wahlberechtigten Arbeitnehmern, von denen drei wählbar sind, wird in geheimer und unmittelbarer Wahl ein Betriebsrat auf vier Jahre gewählt. Dies gilt auch für gemeinsame Betriebe mehrerer Unternehmen.

§ 7 **Wahlberechtigt** sind alle Arbeitnehmer, die das 18. Lebensjahr vollendet haben.

§ 8 **Wählbar** sind alle Wahlberechtigten, die mindestens ein halbes Jahr dem Betrieb angehören.

§ 9 § 38 Die **Zahl** der Betriebsratsmitglieder richtet sich nach der Zahl der Arbeitnehmer. In Betrieben mit über 200 Beschäftigten ist eine bestimmte Anzahl der Mitglieder von der Berufstätigkeit freizustellen.

§ 15 Der Betriebsrat soll sich möglichst aus Arbeitnehmern der einzelnen Bereiche und der verschiedenen Beschäftigungsarten der im Betrieb tätigen Arbeitnehmer zusammensetzen.

▶ Zusammenarbeit von Arbeitgeber und Betriebsrat

§ 74 Arbeitgeber und Betriebsrat sollen mindestens einmal im Monat zusammentreten und bei strittigen Fragen mit dem ernsten Willen zur Einigung verhandeln und Vorschläge für die Beilegung von Meinungsverschiedenheiten machen. Der Betriebsrat muss einmal in jedem
§ 43 Kalendervierteljahr in einer **Betriebsversammlung,** zu der alle Arbeitnehmer und der Arbeitgeber einzuladen sind, einen Bericht über seine Tätigkeit geben. Für einzelne Betriebsteile können auch **Abteilungsversammlungen** stattfinden.

Zur Beilegung von Meinungsverschiedenheiten zwischen ihm und dem Arbeitgeber, z.B. bei Verweigerung der Zustimmung zu betrieblichen Maßnahmen, wird eine **Einigungs-**
§ 76 **stelle** gebildet. Sie besteht aus einem unparteiischen Vorsitzenden und aus Beisitzern, die je zur Hälfte vom Arbeitgeber und vom Betriebsrat bestellt werden. Der Spruch der Einigungsstelle ersetzt die Einigung zwischen Arbeitgeber und Betriebsrat. Gegen ihren Beschluss kann beim Arbeitsgericht Klage erhoben werden.

Rund 75% aller Verfahren können durch Einschaltung der Einigungsstelle beigelegt werden.

▶ Allgemeine Aufgaben des Betriebsrats

§ 80 1. Er hat die betrieblichen Interessen der Beschäftigten zu vertreten und darüber zu wachen, dass die zugunsten der Arbeitnehmer geltenden Gesetze, Verordnungen, Unfallverhütungsvorschriften, Tarifverträge und Betriebsvereinbarungen durchgeführt werden.

2. Er hat die Belange von schwerbehinderten Menschen, Jugendlichen sowie älteren und ausländischen Arbeitnehmern zu fördern.

3. Außerdem hat sich der Betriebsrat mit Fragen der Frauenförderung zu befassen und in diesem Bereich für eine bessere Vereinbarkeit von Familie und Beruf zu sorgen.

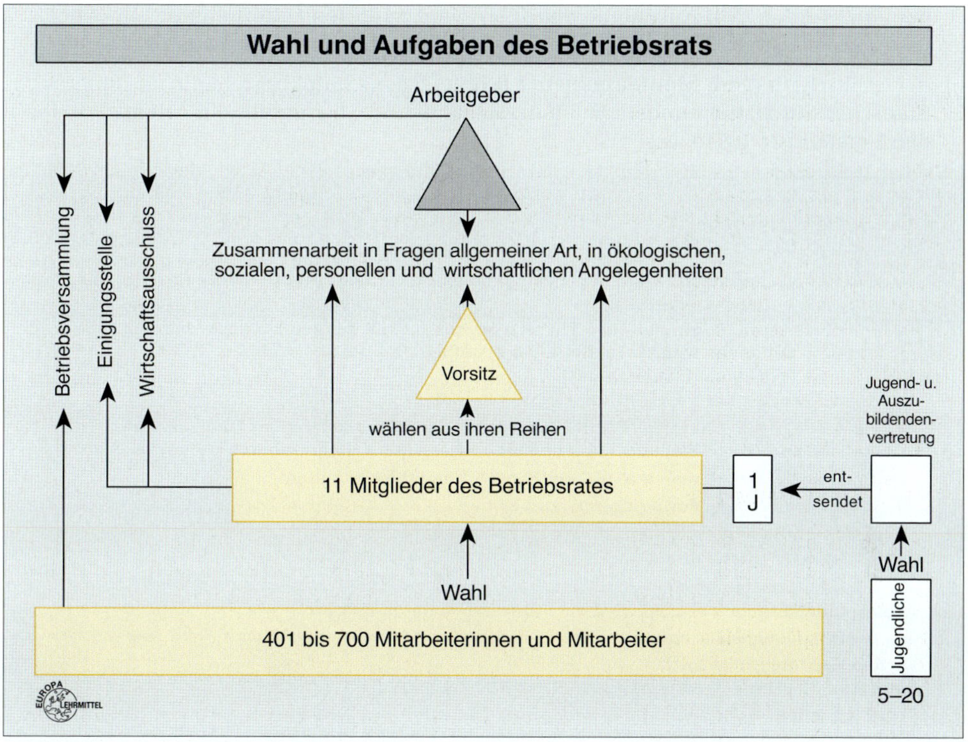

▶ Rechte des Betriebsrats

a) Mitbestimmung. Betriebliche Maßnahmen werden erst mit seiner *Zustimmung* wirksam. BetrVG §§ 81 ff.

Beispiele: Beginn und Ende der täglichen Arbeitszeit einschließlich der Pausen, Urlaubsplan, Lohngestaltung, Einführung von Arbeitszeiterfassungsgeräten, Telefondatenerfassung, betriebliche Regelungen über den Gesundheits- und Unfallschutz, Erhöhung der täglichen Arbeitszeit über 8 Stunden und die damit verbundene Festlegung des Ausgleichszeitraumes, Einführung von Personalfragebogen, Durchführung von Gruppenarbeit.

b) Mitwirkung. Der Betriebsrat kann aus bestimmten Gründen betrieblichen Maßnahmen *widersprechen.* Diese werden dadurch jedoch nicht unwirksam, sondern das Arbeitsgericht oder die Einigungsstelle entscheidet.

Beispiele: Änderung der Arbeitsplätze, des Arbeitsablaufes oder der Arbeitsumgebung; Kündigung; Einstellung, Eingruppierung und Versetzung in Betrieben mit mehr als 20 wahlberechtigten Arbeitnehmern.

c) Beratung. Der Arbeitgeber muss den Betriebsrat unterrichten und sich mit ihm beraten.

Beispiele: Planung von Bauten, technischen Anlagen, neuen Arbeitsverfahren, Arbeitsabläufen; Einführung neuer Techniken (der Arbeitgeber muss hier auch mit dem einzelnen Arbeitnehmer über Weiterbildungsmaßnahmen beraten); Personalplanung; Berufsbildung; Einschränkung, Stilllegung und Verlegung des Betriebs oder von Betriebsteilen (Aufstellung eines Sozialplanes, um nachteilige Folgen für die Arbeitnehmer zu verhindern).

d) Information. Der Betriebsrat oder der Wirtschaftsausschuss kann verlangen, dass er über betriebliche Vorgänge *unterrichtet* wird oder ihm die erforderlichen Unterlagen unterbreitet werden.

Beispiele: Unterrichtung des Wirtschaftsausschusses über wirtschaftliche Angelegenheiten; Unterrichtung des Betriebsrats bei Einstellung leitender Angestellter. Recht des einzelnen Arbeitnehmers auf Einsichtnahme in seine Personalakte.

Mitbestimmung im Aufsichtsrat und Vorstand eines Unternehmens (Seite 68)

MitbestG §§ 1, 7 a) Der Aufsichtsrat einer AG, KGaA, GmbH oder eG, die **mehr als 2.000 Arbeitnehmer beschäftigt, muss je zur Hälfte** aus Vertretern der Anteilseigner und der Arbeitnehmer gebildet werden. Mit Ausnahme der KGaA wird in diesen Unternehmen ein Arbeitsdi-
§ 33 rektor als gleichberechtigtes Mitglied des Vorstands bzw. der Geschäftsführung bestellt.

MG §§ 2, 4, 13 b) In Gesellschaften der **Montanindustrie** (Kohle, Eisen, Stahl) besteht ein besonderes paritätisches Mitbestimmungsrecht im Aufsichtsrat und ist ebenfalls ein Arbeitsdirektor in den Vorstand zu bestellen.

1. Warum wird in Betrieben mit über 200 Beschäftigten eine bestimmte Zahl von Betriebsräten von der Berufstätigkeit freigestellt?
2. Welchen Zweck hat die Bildung einer Einigungsstelle?
3. In einer Betriebsratssitzung werden Personalprobleme diskutiert. Beurteilen Sie die Rechtslage und begründen Sie Ihre Entscheidung.
   a) Herr Frohweis, 28 Jahre alt, bewirbt sich um einen Platz auf der Wahlliste zum Betriebsrat. Er ist am Wahltag vier Monate im Betrieb beschäftigt.
   b) Als Herr Kräftig zum Betriebsrat kandidiert, kündigt ihm der Arbeitgeber, weil er befürchtet, dass Kräftig als Betriebsrat Unruhe in den Betrieb bringen würde.
   c) Nach der Auslagerung der Buchhaltung wird dem Bilanzbuchhalter Ahlers mitgeteilt, dass er von nun an in der Abteilung Verkauf mit einem um 300 EUR geringeren Gehalt beschäftigt sei.
4. Um Entlassungen zu vermeiden, will der Betrieb Kurzarbeit einführen.
   a) In welcher Form ist der Betriebsrat zu beteiligen?
   b) Welche Vorteile hat die Einführung der Kurzarbeit
      - für den Arbeitnehmer,
      - für den Arbeitgeber?
5. Welche Einrichtungen ermöglichen die Mitbestimmung im Betrieb
   a) bei Personengesellschaften,
   b) bei Kapitalgesellschaften?
6. Ein Betrieb, der 1.950 Arbeitnehmer beschäftigt, vergibt eine ganze Anzahl von Aufträgen als Lohnaufträge an andere Unternehmen, obwohl er die Mittel für eine Betriebsvergrößerung hätte. Welche Gründe könnte die Unternehmensleitung für diese Maßnahmen haben?

4.3.5 Arbeitsgerichte

Die Arbeitsgerichte gewährleisten eine *sachgemäße* Behandlung (Fachkammern für bestimmte Berufe) und *einheitliche* Rechtsprechung in arbeitsrechtlichen Streitigkeiten. Gegenüber den ordentlichen Gerichten ist das Verfahren wegen der kürzeren Fristen rascher und wegen der niedrigeren Gerichtskosten billiger. Bei einem Vergleich werden überhaupt keine Gerichtskosten erhoben.

Aufbau der Arbeitsgerichte

ArbGG § 1 Die Arbeitsgerichtsbarkeit wird ausgeübt durch **Arbeitsgerichte, Landesarbeitsgerichte (Berufungsinstanz)** und das **Bundesarbeitsgericht (Revisionsinstanz)** in Erfurt.

§ 11 In **erster** Instanz besteht **kein Anwaltszwang,** jedoch können Vertreter der Arbeitgeber- und Arbeitnehmerverbände sowie Rechtsanwälte die Prozessvertretung übernehmen. In **zweiter** und **dritter** Instanz besteht **Anwaltszwang;** während in zweiter Instanz noch Vertreter als Prozessbevollmächtigte zugelassen sind, können diese in dritter Instanz nur noch Rechtsanwälte sein.

Örtlich zuständig ist das Gericht, in dessen Bezirk der Beklagte seinen Wohnsitz oder Arbeitsplatz hat.

Verfahren (sachliche Zuständigkeit)

ArbGG § 8

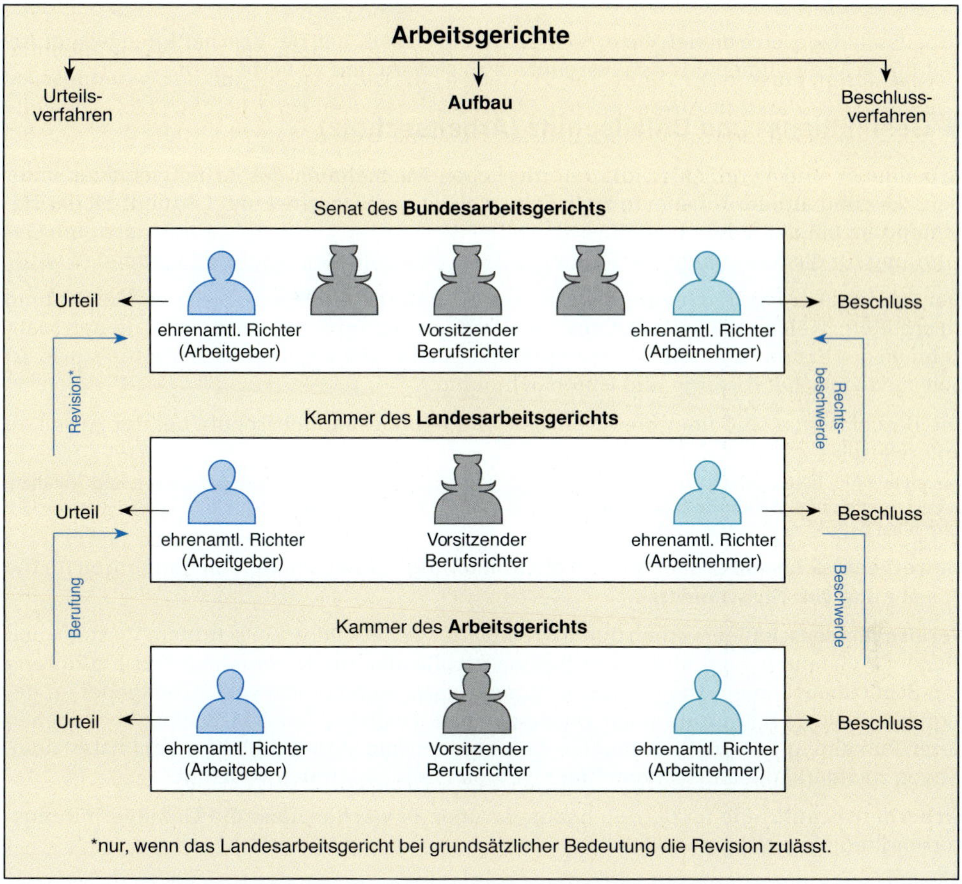

a) Das Urteilsverfahren wird eingeleitet, wenn **eine Partei Klage erhebt.** Gegenstand der Verhandlung und Grundlage für das Urteil sind nur die von den Parteien vorgebrachten Tatsachen und Beweise. §§ 46–79

Im *Urteils*verfahren werden unter anderem entschieden: § 2

1. Streitigkeiten zwischen *einzelnen* Arbeitgebern und Arbeitnehmern aus dem Arbeits- und Berufsausbildungsvertrag und aus unerlaubten Handlungen, soweit sie mit diesen Verträgen zusammenhängen (Lohn, Urlaub, Gesundheitsschädigung, Kündigung).
2. Streitigkeiten zwischen *Tarifvertragsparteien* (Gültigkeit des Tarifvertrages, Koalitionsfreiheit, Streik, Kündigung).
3. Streitigkeiten zwischen *Arbeitnehmern* aus *gemeinsamer* Arbeit und wegen unerlaubter Handlungen, soweit sie mit dem Arbeitsverhältnis zusammenhängen (Gruppenakkord).

b) Das Beschlussverfahren beginnt mit der Antragstellung. Das Gericht hat **von Amts wegen** den Sachverhalt zu erforschen. Das mündliche Verfahren endet mit einem Beschluss, der schriftlich zu begründen ist. §§ 80–98

Im *Beschlussverfahren* werden entschieden:

1. Streitigkeiten aus dem Betriebsverfassungsgesetz, z.B. Errichtung, Zusammensetzung, Geschäftsführung und Auflösung des Betriebsrates. § 2a
2. Streitigkeiten aus dem Mitbestimmungsgesetz, z.B. über die Wahl von Vertretern der Arbeitnehmer in den Aufsichtsrat oder deren Abberufung.
3. Die Tariffähigkeit einer Vereinigung.

4.3.6 Arbeitsschutzgesetze

Arbeitsschutzgesetze dienen dazu, Sicherheit und Gesundheit der Beschäftigten bei der Arbeit durch Maßnahmen des Arbeitsschutzes zu sichern und zu verbessern.

Gesundheits- und Unfallschutz (Arbeitsschutz)

ArbSchG § 3 § 4 Arbeitgeber sind verpflichtet, die erforderlichen Maßnahmen des Arbeitsschutzes unter Berücksichtigung der Umstände zu treffen, welche die Sicherheit und Gesundheit der Beschäftigten bei der Arbeit beeinflussen. Dabei ist die Arbeit so zu gestalten, dass eine Gefährdung für das Leben und die Gesundheit der Beschäftigten möglichst vermieden wird.

§ 5 §§ 10 f. Der Arbeitgeber hat durch eine Beurteilung der mit der Arbeit verbundenen Gefährdung zu ermitteln, welche Maßnahmen des Arbeitsschutzes erforderlich sind. Dazu dienen Maßnahmen der Ersten Hilfe, Brandbekämpfung und Evakuierung der Beschäftigten sowie arbeitsmedizinische Vorsorge und Untersuchungen.

§ 12 Die Beschäftigten sind über die Sicherheit und den Gesundheitsschutz bei der Arbeit zu unterweisen.

Beispiele: Gute Beleuchtung, ausreichende Lüftung, Beseitigung von Staub, Dämpfen, Gasen und Abfällen. Schutzvorrichtungen sollen die Arbeitnehmer gegen gefährliche Berührung mit Maschinen und gegen die Gefahren bei Fabrikbränden schützen.

§ 21 **Gewerbeaufsichtsämter** überwachen die Einhaltung der Bestimmungen und sorgen für die Beseitigung von Missständen.

Berufsgenossenschaften warnen durch Merkblätter, Schaubilder, Zeitschriften, Vorträge und Filme vor Gefahren. Verhütungsvorschriften verpflichten die Unternehmer zur Einführung von Schutzmaßnahmen. Die Unfallverhütungsvorschriften müssen vom Arbeitgeber an geeigneter Stelle im Betrieb ausgelegt oder ausgehängt werden. Aufsichtsbeamte überwachen deren Einhaltung, unterrichten, beraten, beanstanden und fordern Abhilfe unter Fristsetzung. Gegen zuwiderhandelnde Unternehmer werden Ordnungsstrafen verhängt.

§ 13 **Sicherheitsbeauftragte** im Betrieb haben darüber zu wachen, dass die Unfallverhütungsvorschriften eingehalten werden.

§ 11 **Betriebsärzte** und staatliche **Landesgewerbeärzte** beraten die Betriebe bei der Verbesserung der Gesundheitsfürsorge (Gewerbehygiene). Sie widmen sich besonders der ärztlichen Berufsberatung, der Verhütung und Behandlung von Berufskrankheiten.

Arbeitszeitschutz

ArbZG § 3 **Nach dem Gesetz** gilt der **8-Stunden-Tag.** Mit **Zustimmung des Betriebsrates** kann die Arbeitszeit für einen längeren Zeitraum auf **bis zu 10 Stunden erhöht** werden. Eine Überschreitung dieser Grenze aus betriebstechnischen Gründen bedarf der *Genehmigung* des Gewerbeaufsichtsamtes oder der *Vereinbarung* in einem Tarifvertrag oder in einer Betriebs- bzw. Dienstvereinbarung.

§§ 10 ff. **Verlängerte Arbeitszeiten** müssen innerhalb von 6 Monaten **durch kürzere Arbeitszeiten** an anderen Tagen **ausgeglichen** werden. Für bis zu 60 Werktage jährlich ist auch ein **finanzieller Ausgleich** möglich, wenn die Tarifpartner dies vereinbaren. Sonn- und Feiertagsarbeit ist dann erlaubt, wenn technische Gegebenheiten eine ununterbrochene Produktion erfordern oder ein Betrieb sonst seine *internationale Konkurrenzfähigkeit* verlieren würde. Für Bäckereien gelten besondere Vorschriften.

Schutz vor Benachteiligung

AGG §§ 1 bis 20 Das Gleichbehandlungsgesetz soll Benachteiligungen aus Gründen der *Rasse* oder wegen der *ethnischen Herkunft*, des *Geschlechts*, der *Religion* oder *Weltanschauung*, einer *Behinderung*, des *Alters* oder der *sexuellen Identität* verhindern oder beseitigen. U.a. schützt es Beschäftigte im Unternehmen davor, dass sie aus den genannten Gründen *ohne Vorlie-*

gen von sachlichen Gründen benachteiligt werden. Der Arbeitgeber hat Stellenausschreibungen und Arbeitsplätze entsprechend zu gestalten, dass es zu keiner Benachteiligung einzelner Personengruppen kommt. Andernfalls haben die Benachteiligten Anspruch auf Entschädigung und Schadensersatz.

Beispiel: Ein ausländischer Bewerber um einen Ausbildungsplatz zum Groß- und Außenhandelskaufmann darf nicht wegen seiner Herkunft abgelehnt bzw. benachteiligt werden.

Außerdem soll das Gleichbehandlungsgesetz der Würde von Frauen und Männern durch den **Schutz vor sexueller Belästigung** am Arbeitsplatz bewahren. Verantwortlich für den Schutz sind Arbeitgeber und Dienstvorgesetzte. Sie haben die im Einzelfall angemessenen *arbeitsrechtlichen Maßnahmen* wie Abmahnung, Umsetzung, Versetzung oder Kündigung zu ergreifen.

Kündigungsschutz

Als **Auswahlkriterien** bei einer Kündigung sind die Leistung, die Dauer der Betriebszugehörigkeit, das Lebensalter, die Unterhaltspflichten und die Schwerbehinderung des Arbeitnehmers zu berücksichtigen. KSchG § 1

▶ Allgemeiner Schutz vor sozial ungerechtfertigter Kündigung

Ihn genießen die Arbeitnehmer in Betrieben mit fünf und mehr Beschäftigten, sofern sie länger als 6 Monate in demselben Betrieb beschäftigt sind. Für Arbeitnehmer, die seit dem 1. Januar 2004 eingestellt werden, gilt der allgemeine Kündigungsschutz nur noch in Betrieben mit **mehr als 10 Arbeitnehmern.**

Beispiel: Ein Betrieb will einen 50-jährigen Mitarbeiter mit der Begründung entlassen, dass keine Aufträge vorliegen. Dies ist nicht möglich, wenn der Betrieb gleichzeitig mit mehreren 20-Jährigen wegen einer Anstellung verhandelt.

Eine Kündigung ist bei diesen Voraussetzungen **unwirksam,** wenn sie nicht durch die Person oder das Verhalten des Arbeitnehmers oder durch dringende betriebliche Verhältnisse bedingt ist.

Beispiele für

- *personenbedingte* Gründe: Länger andauernde Krankheit, Abnahme der geistigen oder körperlichen Leistungsfähigkeit;
- *verhaltensbedingte* Gründe: Nicht vertragsgemäßes Verhalten des Arbeitnehmers gegenüber Kunden, Kollegen oder Vorgesetzten sowie Arbeitspflichtverletzungen und Störung des Betriebsfriedens;
- *betriebsbedingte* Gründe: Starker Umsatzrückgang, Auflösung einer Abteilung oder Filiale, Umstrukturierung des Betriebes.

Hält ein Arbeitnehmer eine Kündigung für sozial ungerechtfertigt, so kann er beim Betriebsrat binnen einer Woche **Einspruch** und beim Arbeitsgericht binnen drei Wochen **Klage** erheben. Entspricht das Arbeitsgericht der Klage, so gilt die Kündigung als von Anfang an unwirksam. Ist jedoch dem Arbeitnehmer die Fortsetzung des Arbeitsverhältnisses nicht zumutbar, so kann das Arbeitsgericht den Arbeitgeber zur Zahlung einer einmaligen **Abfindung** in Höhe von bis zu 18 Monatsverdiensten verurteilen. Für Vorstandsmitglieder und Geschäftsführer gilt dieser allgemeine Kündigungsschutz nicht. § 3 § 4 §§ 9 ff. § 14

▶ Besonderer Kündigungsschutz

a) **Betriebsratsmitglieder** und **Mitglieder der Jugend- und Auszubildendenvertretung** während ihrer Amtszeit und bis ein Jahr danach, Kandidaten zur Wahl des Betriebsrates, nicht gewählte Kandidaten bis sechs Monate nach der Wahl. § 15

b) **Frauen** während der Schwangerschaft, sofern der Arbeitgeber von dieser Kenntnis hat oder innerhalb von 2 Wochen nach der Kündigung Kenntnis bekommt bzw. während vier Monaten nach der Entbindung und **Eltern** während der Elternzeit. MuSchG § 9 BEEG § 18

   Will die Arbeitnehmerin zum Ende der Elternzeit kündigen, muss sie eine Frist von drei Monaten einhalten.

c) **Schwerbehinderte Menschen** (mindestens 50% Grad der Behinderung). Ihnen kann nur mit Zustimmung des Integrationsamtes gekündigt werden (auch bei außerordentlicher Kündigung). Die Kündigungsfrist muss mindestens vier Wochen betragen. SGB IX §§ 85 ff.

d) Auszubildende. Ihnen kann während der Ausbildungszeit nicht gekündigt werden (Ausnahmen Abschnitt 4.2.1).

ArbPlSchG § 2 **e) Wehrdienstleistende** für die Dauer des Grundwehrdienstes und der Wehrübungen. **Zivildienstleistende** für die Dauer des Zivildienstes.

MuSchG § 9 (3) Das Recht zur fristlosen Entlassung bei Pflichtverletzung bleibt vom Kündigungsschutz unberührt. Ausgenommen ist hiervon der Mutterschutz.

Frauen-, Mutter- und Elternschutz

Die berufstätige Frau genießt durch das Arbeitsrecht einen besonderen Schutz, der ihrer körperlichen Konstitution und ihrer Aufgabe in der Familie Rechnung trägt.

§§ 3 ff. Werdende und stillende Mütter dürfen zu schwerer körperlicher Arbeit, zu Mehrarbeit, Akkord- und Fließbandarbeit, Nacht- und Sonntagsarbeit nicht herangezogen werden. Werdende Mütter dürfen grundsätzlich sechs Wochen vor der Entbindung, Wöchnerinnen bis acht Wochen nach der Entbindung nicht beschäftigt werden. Nach der Geburt des Kindes

BEEG §§ 15 f. kann die Mutter und/oder der Vater bzw. der Lebensgefährte eine **Elternzeit** von bis zu 36 Monaten beanspruchen.

Weiterhin haben Eltern die Möglichkeit, in den ersten 14 Monaten nach der Geburt des Kindes

BEEG §§ 2, 4 **Elterngeld** zu beziehen. Allerdings kann ein Elternteil maximal zwölf Monate Elterngeld beanspruchen. Die Höhe des Elterngeldes beträgt 67 bzw. 65 Prozent des in den zwölf Kalendermonaten vor dem Monat der Geburt des Kindes durchschnittlich erzielten monatlichen Einkommens. Jedoch werden höchstens 1.800 EUR und mindestens 300 EUR monatlich gezahlt.

Jugendarbeitsschutz

Das Gesetz zum Schutze der arbeitenden Jugend unterscheidet

JArbSchG §§ 2, 5 **a) Kinder.** Das sind Personen, die noch nicht 15 Jahre alt oder noch zum Besuch einer Schule mit Vollzeitunterricht verpflichtet sind. Ihre Beschäftigung ist, von gesetzlichen Ausnahmen abgesehen, verboten.

§ 2 **b) Jugendliche.** Das sind alle übrigen noch nicht 18 Jahre alten Personen.

Für **Jugendliche** gelten folgende Bestimmungen:

§ 8 **Arbeitszeit.** Die tägliche Arbeitszeit ohne Ruhepausen darf acht Stunden, die Wochenarbeitszeit 40 Stunden nicht überschreiten. An Tagen, die für die erwachsenen Arbeitnehmer

§ 16 des Betriebes arbeitsfrei sind, dürfen auch Jugendliche nicht beschäftigt werden. An Samstagen dürfen Jugendliche in aller Regel nicht beschäftigt werden.

Werden Jugendliche am Samstag beschäftigt, ist ihnen die Fünf-Tage-Woche durch Freistellung an einem anderen berufsschulfreien Arbeitstag derselben Woche sicherzustellen. Mindestens zwei Samstage im Monat sollen beschäftigungsfrei bleiben.

§ 11 **Ruhepausen.** Sie müssen bei einer Arbeitszeit von mehr als viereinhalb bis sechs Stunden 30 Minuten, bei mehr als sechs Stunden 60 Minuten betragen.

§§ 13–18 **Freizeit.** Nach Beendigung der täglichen Arbeitszeit ist eine ununterbrochene Freizeit von

§§ 16 f. mindestens 12 Stunden zu gewähren. Zwischen 20 und 6 Uhr, an Samstagen und an Sonn- und Feiertagen dürfen Jugendliche nicht beschäftigt werden.

§ 27 Ausnahmen gelten für mehrschichtige Betriebe, für Schank- und Gaststätten und im Übrigen Beherbergungsgewerbe, für Bäckereien, Konditoreien und Friseure. Darüber hinaus kann die Aufsichtsbehörde weitere Ausnahmen bewilligen.

§§ 9 f. **Berufsschulzeit.** Die Unterrichtszeit einschließlich der Pausen wird auf die Arbeitszeit angerechnet. Beträgt die Schulzeit mehr als fünf Unterrichtsstunden, so ist einmal in der Woche der restliche Tag arbeitsfrei. Beginnt der Unterricht vor 9 Uhr, so darf der Jugendliche vorher nicht beschäftigt werden. Auch der letzte Arbeitstag, der der schriftlichen Abschlussprüfung unmittelbar vorangeht, ist frei.

§ 19 **Urlaub.** Jugendliche, die zu Beginn des Kalenderjahres noch nicht 16 Jahre alt sind, haben Anspruch auf 30 Werktage Urlaub (1 Woche = 6 Werktage); bis 17 Jahre auf 27 Werktage, bis 18 Jahre auf 25 Werktage. Der Urlaubsanspruch entsteht erst dann, wenn das Arbeitsverhältnis sechs Monate besteht. Vor Antritt des Urlaubs ist das Urlaubsentgelt auszuzahlen. Der Urlaub soll zusammenhängend, bei Berufsschülern in der Zeit der Schulferien gegeben werden.

Soweit er nicht in den Berufsschulferien gegeben wird, hat der Jugendliche für jeden Schultag von mindestens fünf Stunden Anspruch auf einen weiteren Urlaubstag. Während des Urlaubs darf keine dem Urlaubszweck widersprechende Erwerbstätigkeit ausgeübt werden.

Gesundheitliche Betreuung. Vor Aufnahme der Beschäftigung und nach einjähriger Beschäftigung sind für den Jugendlichen kostenfreie ärztliche Untersuchungen vorgeschrieben, deren Ergebnis den Erziehungsberechtigten mitgeteilt wird. Der Arbeitgeber erhält eine Bescheinigung, dass die Untersuchung stattgefunden hat. In ihr sind die Arbeiten vermerkt, durch deren Ausübung der Arzt die Gesundheit für gefährdet hält. Ohne Nachweis der ärztlichen Untersuchung darf der Ausbildungsvertrag von der IHK nicht eingetragen werden. JArbSchG §§ 32 f.

Beschäftigungsbeschränkungen. Das Gesetz verbietet die Beschäftigung eines Jugendlichen mit Arbeiten, die seine körperlichen Kräfte übersteigen oder bei denen er sittlichen Gefahren ausgesetzt ist. Ausdrücklich ist die Beschäftigung mit Akkord- und Fließarbeit verboten. Personen, die die bürgerlichen Ehrenrechte nicht besitzen, dürfen Jugendliche nicht beschäftigen und nicht im Rahmen eines Beschäftigungsverhältnisses anweisen oder beaufsichtigen. §§ 22 ff.

Für die Beschäftigung verwandter Kinder und Jugendlicher sowie für die Beschäftigung im Familienhaushalt, in der Landwirtschaft, im Bergbau und in der Heimarbeit enthält das Gesetz besondere Bestimmungen.

Schutz schwerbehinderter Menschen

Um schwerbehinderte Menschen (mindestens 50% Grad der Behinderung) wieder in den Arbeitsprozess einzugliedern, müssen alle privaten und öffentlichen Arbeitgeber, die über mindestens 20 Arbeitsplätze verfügen, mindestens 5% davon mit schwerbehinderten Menschen besetzen. Für jeden unbesetzten Pflichtplatz muss der Arbeitgeber eine monatliche **Ausgleichsabgabe** an das Integrationsamt entrichten; die Pflicht zur Einstellung wird jedoch dadurch nicht aufgehoben. SGB IX § 71, § 77

Die Arbeitgeber haben die schwerbehinderten Menschen so zu beschäftigen, dass diese ihre Fähigkeiten und Kenntnisse möglichst voll anwenden und weiterentwickeln können. Außerdem haben sie für eine behindertengerechte Einrichtung und Unterhaltung der Arbeitsstätten einschließlich der Betriebsanlagen sowie der Gestaltung der Arbeitsplätze zu sorgen. Arbeitgeber können hierfür beim **Integrationsamt** einen Zuschuss, der über die gezahlten Ausgleichsabgaben finanziert wird, beantragen. § 81

Schwerbehinderte Menschen haben einen Anspruch auf einen bezahlten zusätzlichen Urlaub von fünf Arbeitstagen im Jahr. Außerdem haben sie einen Anspruch auf Teilzeitbeschäftigung, wenn die kürzere Arbeitszeit wegen der Art oder der Schwere der Behinderung notwendig ist. § 125

In Betrieben mit mindestens fünf schwerbehinderten Menschen ist eine Vertrauensperson zu wählen. Die Schwerbehindertenvertretung fördert die Eingliederung schwerbehinderter Menschen in den Betrieb oder die Dienststelle und vertritt deren Interessen. Insbesondere hat sie darüber zu wachen, dass die zugunsten schwerbehinderter Menschen geltenden Gesetze und Vereinbarungen durchgeführt werden. § 94, § 95

1. Ein Mitarbeiter, dem gekündigt wurde, droht mit einer Kündigungsschutzklage bis zur letzten Instanz.
   a) Welches Gericht ist für diese Klage sachlich und örtlich zuständig?
   b) Die Klage des Arbeitnehmers wird in 1. Instanz abgewiesen. Welche weiteren gerichtlichen Schritte kann er noch unternehmen?
   c) Welche Streitigkeiten machen Ihrer Ansicht nach den Hauptanteil der Verhandlungen vor den Arbeitsgerichten aus?
2. Aus welchen Gründen ist der Kündigungsschutz berechtigt?
3. Für welche Arbeitnehmer gilt ein besonderer Kündigungsschutz? Wie sieht dieser Kündigungsschutz jeweils aus?
4. Welche Kündigungsfristen muss ein Arbeitgeber beachten?
   a) 27-jähriger Angestellter, seit zehn Jahren im Betrieb,
   b) 32-jähriger Angestellter, seit fünf Jahren im Betrieb,
   c) 32-jähriger Angestellter, seit 14 Jahren im Betrieb,
   d) 35-jähriger Angestellter, seit elf Jahren im Betrieb,
   e) 58-jähriger Angestellter, seit 38 Jahren im Betrieb,
   f) 30-jährige Angestellte, die Mitglied des Betriebsrates ist,
   g) Auszubildender während der Probezeit,
   h) Auszubildender nach der Probezeit.
5. Welchen Schutz bietet das BetrVG bei Entlassungen wegen Rationalisierungsmaßnahmen?

4.4 Entlohnung der betrieblichen Arbeit

Der Eigentümerunternehmer erhält das Entgelt für seine betriebliche Leistung im Gewinn (Bild, Seite 110). Als Unterschied zwischen Selbstkosten und Erlös ist der Gewinn in seiner Höhe von beiden abhängig. Durch günstigen Einkauf und wirtschaftliche Produktion kann der Unternehmer die Selbstkosten senken, durch gute Qualität und Geschick im Verkauf höhere Erlöse am Markt erzielen. Beides vermehrt seinen Gewinn und damit das Entgelt für seine Leistung.

Der Auftragsunternehmer erhält für seine Arbeitsleistung Gehalt, soziale Leistungen und möglicherweise einen Anteil am Gewinn (Tantieme).

Der Arbeitnehmer erhält für seine Arbeitsleistungen im Betrieb als Gegenleistung Gehalt oder Lohn und soziale Leistungen. Sie sind für ihn Einkommen, für den Betrieb dagegen Kosten. Während früher häufig der Lohn in Waren, Unterkunft und freier Verpflegung bestand (Naturallohn), erhält der Arbeitnehmer heute in der Regel Geld (Geldlohn). Naturallohn darf nur noch neben dem Geldlohn gezahlt werden (Landwirtschaft, Brauereien, Kohlenbergbau). Die Gewährung von reinem Naturallohn (Trucksystem) ist heute verboten.

GewO § 107

4.4.1 Löhne und Preise

Bei der Beurteilung der Lohnhöhe kommt es nicht nur darauf an, über wie viel Geld der Arbeitnehmer verfügen kann, sondern auch, was er sich wirklich damit kaufen kann. Das Verhältnis von **Nominallohn** und **Reallohn** ist also durch die Kaufkraft des Geldes bestimmt. Die Kaufkraft hängt ab von der Menge von Gütern und Dienstleistungen, die man mit einer Geldeinheit zu kaufen vermag.

Zusammenhang von Preisen, Nominallohn und Reallohn

	2000	2007	2008
Preise	100 %	103,9 %	106,6 %
Nominalverdienst	100 %	102,5 %	104,8 %
Realverdienst	100 %	98,6 %	98,3 %

Quelle: Monatsberichte der Deutschen Bundesbank, Statistisches Bundesamt

Um dem Lohneinkommen des Arbeiters eine gleichbleibende Kaufkraft zu verleihen, wurde in manchen Ländern der **Indexlohn** (gleitender Lohn) eingeführt, bei dem sich die Lohnbewegung nach der Preisbewegung richtet. Maßstab kann der Preisindex der Lebenshaltung (Verbraucherpreisindex) sein. Sobald die Lebenshaltungskosten sich um einen bestimmten Prozentsatz erhöhen, werden auch die Löhne entsprechend erhöht, sodass die Kaufkraft gleich bleibt. Problematisch wird die Lohnfestsetzung jedoch bei fallendem Index.

Wechselseitige Abhängigkeit von Löhnen und Preisen

Die wechselseitige Abhängigkeit kommt zum Ausdruck im Lohn-Preis-Zusammenhang und im Preis-Lohn-Zusammenhang.

Lohn-Preis-Zusammenhang. Lohnerhöhungen sind häufig der Anlass zu Preissteigerungen.

a) **Betriebswirtschaftliche (kalkulatorische) Begründung.** Löhne sind für den Betrieb ein Kostenfaktor. Deshalb sind Lohnerhöhungen zugleich Kostensteigerungen, die eine Erhöhung der kalkulatorischen Angebotspreise bewirken (Kostendruckwirkung).

   Eine Kostendruckwirkung braucht jedoch nicht einzutreten, wenn es gelingt,

   - einen **Kostenausgleich** herbeizuführen durch Änderung der Faktorenkombination, durch Kostendegression infolge besserer Kapazitätsausnutzung und damit verbundener Produktivitätssteigerung, sodass die Kosten pro Leistungseinheit nicht steigen,
   - die Kostenerhöhungen in der **Gewinnspanne** aufzufangen, vor allem, wenn ein starker Konkurrenzdruck eine Abwälzung der Kosten über die Preise nicht erlaubt.

b) **Volkswirtschaftliche (kaufkraftmäßige) Begründung.** Löhne und Gehälter sind die Einkommen der Beschäftigten. Allgemeine Lohnerhöhungen führen deshalb zur Vermehrung der Masseneinkommen, die über eine steigende Nachfrage Preiserhöhungen bewirken können **(Nachfragesogwirkung).**

Eine Nachfragesogwirkung braucht nicht einzutreten, wenn
- die steigende Nachfrage infolge erhöhter Produktivität und hoher Lagerbestände im Inland oder durch vermehrte Einfuhren auf ein entsprechend **hohes Angebot** trifft,
- die erhöhten Masseneinkommen durch **vermehrte Ersparnisbildung** nicht unmittelbar Nachfragesteigerungen auslösen.

Diese Überlegungen zeigen, dass Lohnerhöhungen zwar eine doppelte Wirkung auf die Preise ausüben können, die aber nicht in jedem Fall und nicht in gleichem Maße eintreten muss.

Preis-Lohn-Zusammenhang. Preissteigerungen sind häufig der Anlass für neue Lohnforderungen.

In der zeitlichen Abfolge kann sich aus beiden genannten Zusammenhängen der Tatbestand ergeben, dass die Löhne die Preise, die Preise wiederum die Löhne hochtreiben und so fort **(Lohn-Preis-Spirale** oder **Preis-Lohn-Spirale).**

4.4.2 Arbeitsbewertung

Bei der Beurteilung der *Arbeitsleistung* sind objektive und subjektive Faktoren zu berücksichtigen. Die **objektiven** Faktoren ergeben sich aus dem Schwierigkeitsgrad der Arbeitsaufgabe (Arbeitswert). Die **subjektiven** Faktoren liegen in der Person, welche die Arbeit ausführt; sie haben ihre Ursache im Können und Charakter der Mitarbeiter (Leistungsgrad).

Die richtige Ermittlung des Arbeitswertes und Leistungsgrades ist Voraussetzung für eine leistungsgerechte Entlohnung und die Grundlage für die richtige Auswahl der Arbeitskräfte.

Bewertung der objektiven Arbeitsschwierigkeit (Arbeitswert)

Die Summe der Anforderungen, die eine Arbeitsaufgabe an den Arbeiter stellt, ergibt die **Arbeitsschwierigkeit.** Die Aufgabenbewertung versucht, die Arbeitsschwierigkeit unabhängig von der Person, welche die Arbeit ausführt, zu messen oder zu schätzen (Arbeitswert). In der Praxis haben sich folgende Verfahren herausgebildet:

a) **Summarisches Verfahren.** Dabei wird die Arbeitsaufgabe als Ganzes bewertet und dem Schwierigkeitsgrad der Arbeit ein entsprechender Arbeitswert zugeordnet, der bestimmten Lohngruppen entspricht.

b) **Analytisches Verfahren.** Dabei müssen die Arbeitsaufgaben nach bestimmten Anforderungen analysiert (untersucht) werden. Die einzelnen Anforderungen werden mit Punkten bewertet und zu **Merkmalsgruppen** zusammengefasst. Die Summe der Punktzahlen gibt den Schwierigkeitsgrad an und wird als »Arbeitswert« bezeichnet.

Nicht anwendbar ist die Arbeitsbewertung bei Arbeitsaufgaben, für die es keine Maßstäbe gibt, weil sie sich einem Schwierigkeitsvergleich entziehen, z.B. bei erfinderischer, schöpferisch-planender oder künstlerischer Arbeit und auch bei Automatisierung.

Bewertung der subjektiven Arbeitsleistung (Leistungsgrad)

Soweit bei der Erledigung eines Auftrags die Zeiten durch die Maschine bestimmt werden, kann der Mensch nur die Nebenzeiten durch seine Leistung beeinflussen. Bei der Zeitnahme (Istzeit) beobachtet deshalb der Zeitnehmer die menschliche Leistung und vergleicht sie mit der Vorstellung der Normalleistung. Dies ergibt den **Leistungsgrad.** Eine möglichst genaue Schätzung des Leistungsgrades setzt eine klare Vorstellung der Normalleistung, eine sorgfältige Ausbildung im Schätzen des Leistungsgrades sowie Verantwortungsbewusstsein voraus.

REFA hat verschiedene Leistungsbereiche festgelegt und annähernd Leistungsgrade angegeben (REFA = Reichsausschuss für Arbeitsstudien; seit 1995 REFA-Verband für Arbeitsgestaltung, Betriebsorganisation und Unternehmensentwicklung e.V.).

Unter der REFA-Normalleistung versteht man eine Bewegungsführung, deren Einzelbewegungen, Bewegungsfolgen und ihre Koordinierung dem Beobachter besonders harmonisch, natürlich und ausgeglichen erscheint. Diese Normalleistung kann erfahrungsgemäß von jeder in erforderlichem Maße geeigneten, geübten und voll eingearbeiteten Arbeitskraft auf Dauer erbracht werden. Sie ist kein fester Leistungspunkt, sondern ein Leistungsbereich. Der Leistungsgrad wird stets in Fünferschritten angegeben, z.B. 95%, 100%, 105%, 110% oder in niedrige, mittlere, hohe und sehr hohe Leistung.

Der Leistungsgrad 100% (Normalleistung) entspricht dem Akkordsatz.

4.4.3 Lohnformen

Nach den verschiedenen Bemessungsgrundlagen unterscheidet man Zeitlohn, Leistungslohn und Prämienlohn.

Zeitlohn

Maßstab für die Berechnung der Lohnhöhe ist beim Zeitlohn die **im Betrieb zugebrachte Zeit.**

Lohnsatz je Zeiteinheit · Anzahl der Zeiteinheiten = Bruttoverdienst

14,40 EUR/Std. · 37,5 Std. = 540 EUR

Man unterscheidet nach dem Berechnungszeitraum Stunden-, Wochen- und Monatslöhne. Die Zeitlöhne der Arbeiter werden meist nach Stunden, die Gehälter der Angestellten und Beamten nach Monaten berechnet. In zunehmendem Maße werden aber auch die Entgelte der Arbeiter als Monatsgehälter bezahlt. Die Anwesenheitszeit im Betrieb wird in der Regel mit **Arbeitszeiterfassungsgeräten** festgehalten.

Anwendbarkeit. Der Zeitlohn eignet sich für Arbeiten,

- die Aufmerksamkeit, Sorgfalt und überwiegend geistige Tätigkeit verlangen,
- bei denen das Arbeitstempo durch den Arbeitsgang bestimmt wird, wie bei der Arbeit am Fließband,
- in die der Arbeiter sich erst einarbeiten muss,
- bei denen eine Lohnfestsetzung nach Leistungseinheiten schwierig oder unmöglich ist, z.B. Lager-, Entwicklungs-, Reparatur-, Kontroll- und Büroarbeiten.

Vorteile. Die Lohnberechnung ist einfach. Die Qualität kann durch ruhiges Arbeiten gesteigert und die Leistung auf längere Dauer aufrechterhalten werden. Bei gefährlichen und verantwortungsvollen Arbeiten verhindert der Zeitlohn schädliche Hast und Hetze. Dem Arbeitnehmer ist ein festes Einkommen gesichert.

Nachteile. Der Anreiz zur Beschleunigung des Arbeitstempos fehlt. Die notwendigen Arbeitskontrollen sind für beide Teile unangenehm und verursachen Kosten. Der Betrieb ist vom Arbeitswillen des Einzelnen oder der ganzen Belegschaft stark abhängig und trägt allein das Risiko mangelnden Arbeitseinsatzes.

Leistungslohn

Maßstab für die Berechnung der Lohnhöhe sind die *geleisteten Mengeneinheiten* (Stück, m, kg). Ausgangspunkt ist die *Normalleistung*, für die ein **Akkordrichtsatz** festgelegt wird. Der Akkordrichtsatz setzt sich aus einem Grundentgelt (z.B. tariflicher Mindestlohn) und einem Akkordzuschlag zusammen.

Beispiel: Stundenlohn 12,00 EUR (Grundentgelt), Akkordzuschlag 20 %.
Akkordrichtsatz: 12,00 EUR + (12,00 EUR · 20 %) = 14,40 EUR.

Aus der Normalleistung und dem Akkordrichtsatz wird ein Lohnsatz je Mengeneinheit berechnet, den man **Akkordsatz** nennt. Wird dieser in *Geld je Einheit* festgelegt, so spricht man vom **Stückgeldakkord**, wird er in einer *Auftragszeit je Einheit* festgelegt, so heißt er **Stückzeitakkord**.

Beispiel: Akkordrichtsatz	14,40 EUR, Normalleistung je Stunde 20 Stück.
Geldakkordsatz:	14,40 EUR : 20 St. = 0,72 EUR je Stück.
Zeitakkordsatz:	60 Minuten : 20 St. = 3 Minuten je Stück bzw.
	100 Dezimalminuten : 20 Stück = 5 Dezimalminuten je Stück.
Minutenfaktor:	Akkordrichtsatz : 60 Minuten bzw.
Dezimalminutenfaktor:	Akkordrichtsatz : 100 Dezimalminuten.

Berechnung des Bruttoverdienstes bei einer Bezugsleistung von 750 Stück:

a) beim **Stückgeldakkord**:

Geldakkordsatz je Stück · Stückzahl = Bruttoverdienst

0,72 EUR/St. · 750 Stück = 540,00 EUR

b) beim **Stückzeitakkord**:

Zeitakkordsatz je Stück · Stückzahl · Minutenfaktor * = Bruttoverdienst

* bzw. Dezimalminutenfaktor, wenn mit Dezimalminuten gerechnet wird.

$$3 \text{ Minuten/Stück} \cdot 750 \text{ Stück} \cdot \frac{14{,}40 \text{ EUR}}{60 \text{ Minuten}} = 540{,}00 \text{ EUR oder}$$

$$5 \text{ Dezimalminuten/Stück} \cdot 750 \text{ Stück} \cdot \frac{14{,}40 \text{ EUR}}{100 \text{ Dezimalminuten}} = 540{,}00 \text{ EUR}$$

Der Anreiz für die Akkordzeit hat zwei Gründe:

a) Im Tarifvertrag liegt der Stundenlohnsatz für die Akkordarbeit um 10% bis 30% über dem Stundenlohnsatz für den Zeitlohn, da der Akkordarbeiter durch Engpässe in der Fertigung oder andere unverschuldete Störungen kurzfristig in seiner Arbeit behindert sein kann, was ihn gegenüber dem Zeitlohnempfänger benachteiligen würde.

b) Der Akkordarbeiter kann durch überdurchschnittliche Leistungen eine weitere Steigerung seines Bruttoverdienstes erzielen.

Der Stückzeitakkord hat gegenüber dem Stückgeldakkord den Vorteil, dass die Akkordtabellen bei Tarifänderungen nicht geändert werden müssen, weil der festgesetzte Zeitsatz gleich bleibt.

Beim *Gruppenakkord* wird der Akkordrichtsatz für eine Arbeitsgruppe festgelegt und der Anteil des einzelnen Arbeiters mithilfe eines Verteilungsschlüssels bestimmt (Montage einer Maschine, Fördern einer Tonne Kohle). Ein guter Teamgeist und die qualitative Zusammensetzung der Gruppe sind bei Gruppenakkord von besonderer Bedeutung. Die Arbeitskräfte können sich gegenseitig anspornen und durch Unterschreiten der Auftragszeit ihren Stundenverdienst erhöhen.

Anwendbarkeit. Der Stücklohn eignet sich für gleichartige, abgrenzbare, regelmäßig wiederkehrende, messbare Tätigkeit eines Einzelnen oder einer Gruppe.

Vorteile. Der Leistungslohn gibt die Möglichkeit, durch Steigerung der Arbeitsleistung mehr zu verdienen. Er verwirklicht deshalb das Leistungsprinzip besser als der Zeitlohn. Für den Betrieb bietet er eine genauere Kalkulationsgrundlage, da die Lohnkosten je Stück konstant bleiben.

Nachteile. Für den Arbeiter besteht die Gefahr, dass er durch übertriebenen Arbeitseinsatz – jeder Arbeiter will viel verdienen – seine Kraft übermäßig verbraucht und dadurch seiner Gesundheit schadet oder dass er durch zu niedrige Akkordrichtsätze ausgenutzt wird.

Der Stücklohn gibt auch häufiger als der Zeitlohn Anlass zu Streitigkeiten unter den Arbeitnehmern (Akkordreißer). Für den Betrieb besteht die Gefahr, dass die Qualität der Arbeit leidet, mehr Material verbraucht wird und die Maschinen vorzeitig abgenutzt werden. Außerdem erfordert die Festlegung der Akkordrichtsätze zuverlässige, oft schwierige Vorarbeiten.

In Betrieben, die aufgrund neuer Tarifverträge zur Monatsentlohnung übergehen, bleibt trotzdem die Leistungsentlohnung bestehen. Das Monatsentgelt wird aus der durchschnittlichen Leistung der letzten drei Monate berechnet **(verstetigter Lohn).** Mehr- bzw. Minderleistungen werden durch Zu- bzw. Abschläge bei der monatlichen Lohnabrechnung berücksichtigt.

Hanner Daniel	ZEITVERGLEICH	ABRECHNUNGSMONAT	März 11
1589		LOHNGRUPPE	06
3910		ERSTELLUNGSDATUM	06-04-11

LA	AFO-NR	AUFTRAGS-NR	STCK	STCK-ZT	RUEST	AUFTRAG-ZT	IST-ZT	LG
199		42388057	154	122,540		188,70	146,85	06
199		42388057	10	2,400	2,550	26,55	20,55	06
308		42388057					4,35	06
						215,25	171,75	

LEISTUNGSNACHWEIS

	ZEITEN	ZEITGRAD/ VERD-GRAD	ZWISCHEN- SUMME	VERDIENST- GRAD/PROZ
ANWESENHEIT IM LEIST.L	167,40 STD	128,50 PROZ.	215,25 STD	
ANWESENHEIT IM ZEIT.L	4,35 STD	130,16 PROZ.*	5,66 STD	
BEZ. ABWESENHEIT (URL.)	7,00 STD	130,16 PROZ.*	9,11 STD	
BEZAHLTE ZEIT	178,75 STD		230,02 STD	128,68

* Um keinen Verdienstnachteil zu erleiden, bekommt dieser Arbeiter, wenn er nicht im Akkord arbeitet, einen höheren Stundenlohn, der sich aus dem effektiven Stundenverdienst der letzten drei Monate errechnet.

Prämienlohn

Er wird angewendet, wenn durch eine Vergrößerung der technischen Anlagen oder des Einsatzes von komplizierten Automaten eine Entlohnung im Leistungslohn nicht mehr möglich ist.

Auch bei dieser Lohnform wird eine Normalleistung zugrunde gelegt. Wird diese überschritten, so erhält der Arbeiter auf seinen Grundlohn (Prämienausgangslohn) einen Zuschlag (Prämie).

Die Prämie kann für Einzelleistungen gewährt werden als

- Mengen- oder Zeitersparnisprämie, wenn eine bestimmte Menge überschritten oder eine vorgegebene Zeit unterschritten wird;
- Nutzungsprämie, wenn ein bestimmter Nutzungsgrad der Maschine überschritten wird;
- Sonderprämien z.B. für Materialeinsparungen, geringe Ausschussmengen, Unfallverhütung, dauernde Pünktlichkeit, brauchbare Verbesserungsvorschläge.

Außerdem gibt es Gruppenprämien, die nach den Grundsätzen des Gruppenakkords berechnet und verteilt werden.

Soziallohn

In der sozialen Marktwirtschaft ist die Höhe der Entlohnung nicht nur von der Leistung oder von Angebot und Nachfrage an den Arbeitsmärkten bestimmt; es werden auch soziale Gesichtspunkte bei der Bemessung der Entgelte und der Länge des bezahlten Urlaubs berücksichtigt.

Der Soziallohn richtet sich nach den Lebensbedingungen des Arbeitnehmers (Alter, Familienstand) sowie der Dauer der Betriebszugehörigkeit. Er ist sozialpolitisch und sittlich begründet und gilt besonders dem Schutz der Familie in materieller Hinsicht.

Eine wichtige Komponente ist das Kindergeld, das allerdings vom Staat bezahlt wird.

4.4.4 Gewinn- und Kapitalbeteiligung

Gewinnbeteiligung der Arbeitnehmer

Der Gewinnanteil der Belegschaft kann als Ganzes im Betrieb bleiben (generelle Gewinnbeteiligung) oder auf die einzelnen Mitarbeiter verteilt werden (individuelle Gewinnbeteiligung).

a) **Generelle Gewinnbeteiligung** liegt vor, wenn der Gewinnanteil zur *Verbesserung der Sozialeinrichtungen* verwendet wird. Allerdings bedarf eine solche Verwendung des Gewinns einer sorgfältigen Aufklärung der Arbeitnehmer, damit sie von ihnen überhaupt als Gewinnbeteiligung empfunden wird. Eine zweite Möglichkeit besteht darin, den gesamten Gewinnanteil der Belegschaft für Unterstützungen von Betriebsangehörigen zurückzulegen. Dadurch wird eine zusätzliche Sicherung der Betriebsangehörigen in Notzeiten und im Alter geschaffen.

b) **Individuelle Gewinnbeteiligung** hat den Vorteil, dass der Einzelne die Höhe seines jährlichen Anteils kennt. Der gesamte Gewinnanteil wird meist im Verhältnis der einzelnen Bruttoverdienste unter Berücksichtigung der Dauer der Betriebszugehörigkeit *auf die einzelnen Betriebsangehörigen verteilt.* Der Anteil kann bar ausbezahlt oder auf einem Konto gutgeschrieben werden, über das der Arbeitnehmer unter Einhaltung einer Kündigungsfrist verfügen kann. Oft wird nur ein Teil gutgeschrieben und der Rest ausbezahlt. Die Barauszahlung hat für den Arbeitnehmer den Vorteil, dass er über den Betrag sofort frei verfügen kann, für den Arbeitgeber den Nachteil, dass sich der Liquiditätsgrad vermindert.

Die *Gewinnbeteiligung* wirft auch das Problem einer *Verlustbeteiligung* auf.

Kapitalbeteiligung der Arbeitnehmer

Die Gewinnbeteiligung der Arbeitnehmer kann zu einer Kapitalbeteiligung führen, wenn der *Gewinnanteil* ganz oder teilweise *im Betrieb belassen* wird. Dies kann in Form *von Eigenkapital* oder *Fremdkapital* geschehen. Der Arbeitnehmer wird dadurch Teilhaber oder Gläubiger seines Betriebes.

a) Als **Teilhaber** ist er *Miteigentümer* und damit *am Verlust und Gewinn des Betriebes beteiligt.* Sein Interesse am Betrieb wird dadurch gesteigert und sein Leistungswille gestärkt.

   Aktiengesellschaften können im Rahmen der Gewinnbeteiligung *eigene Aktien* **(Belegschaftsaktien)** ausgeben. Der gesellschaftspolitische Zweck der Vermögensbildung in Form der Gewinn- und Kapitalbeteiligung wird jedoch nicht erreicht, wenn viele Arbeitnehmer ihre Aktien sofort veräußern.

b) Als **Gläubiger** ist der Arbeitnehmer *Darlehensgeber mit einem Anspruch auf feste Verzinsung.* Über seine Kapitalgutschriften können Urkunden (Schuldscheine, Zertifikate) ausgestellt werden.

Eine Sonderform der Kapitalbeteiligung ist der **Investivlohn,** bei dem ein Teil des Arbeitsentgelts im Unternehmen investiert wird, wobei der Arbeitnehmer eine beschränkte Kündigungsmöglichkeit hat. Diese Lohnform wird u.a. für junge Unternehmen propagiert, um eine zeitliche Verschiebung der finanziellen Belastung zu erreichen.

Die Gewinn- und Kapitalbeteiligung findet man vor allem in den sogenannten Partnerschaftsbetrieben als Folge der angestrebten engeren Zusammenarbeit zwischen Arbeitgeber und Arbeitnehmer.

4.4.5 Lohnzahlung

Für die Auszahlung der Arbeitsverdienste werden Lohn- und Gehaltslisten angelegt. Sie enthalten den **Namen,** die **Lohnsätze,** den **Bruttoverdienst,** die **Abzüge,** den **Nettoverdienst** und den **Auszahlungsbetrag.** Zu den Abzügen zählen die Lohn- und Kirchensteuer, der Solidaritätszuschlag, die Arbeitnehmerbeiträge zur Kranken-, Pflege-, Renten- und Arbeitslosenversicherung sowie die Beträge bei Lohnpfändungen und nach Vereinbarung auch die Beiträge zu Unterstützungskassen, für die Gewerkschaften und die Beiträge zur Vermögensbildung.

CLAAS

Entgeltabrechnung

Monat	Jahr	Seite
02	2011	1

DRUCKDATUM : 03. 03. 2011
BUCHUNGSKREIS : CLAAS Saulgau
KOSTENSTELLE : 3910
PERSONALNUMMER : 0333101

Herr
Daniel Hanner
Eichendorffweg 29

88348 Bad Saulgau

Steuermerkmale

Steuer-Tage	Steuer-klasse	Kinder-freibetrag	Kinder-anzahl	Kirchenstuer Arbn. Eheg.	Freibetrag monatlich	Freibetrag jährlich
30	1			RK	0	0

Sozialversicherungsmerkmale

SV-Tage	Beitragstruppe KV	RV	AV	Krankenkasse	Versicherungsnummer
30	1	1	1	AOK/SIG	230269H16

Arbeitsvertragliche Merkmale

Eintritts-Datum	Gehaltws-/Lohngruppe	Besch.-Prozent
21.08.91	06	100

Zahlungsweg

Kontonummer	Bankleitzahl	Bezeichnung
237 309	653 510 50	KSK Bad Saulgau

Urlaubskonto

Rest Vorjahr	Anspruch lfd. Jahr	Genommen lfd. Jahr	Rest Ende Abr.-Monat
4,00	30,00	0,00	345,00

Zeitkonto

Art Vormonat	Rest Abr.-Monat	Erarbeitet Abr.-Monat	Genommen Abr.-Monat	Rest Ende
F/IN	54,29	22,00	20,45–	55,84
URL.			0,00	0,00

Entgeltart/-bezeichnung		Anz./Einh.	Faktor	Betrag	Jahreswert
1100	Monatsgrundlohn tarifl.		1,00	1.791,83	3.583,66
1130	Verdienstgrad (3-Mon-Du.)		29,63	530,92	1.099,11
1756	Zuschlag Spätarbeit 20P	24,75 ST	3,05	75,49	75,49
1758	Zuschlag Nachtarbeit 30P	29,00 ST	4,58	132,82	132,82
/57a	Vermögensb. AG-Anteil			26,59	53,18
1603	Urlaub (Zuschlag) trf.				
/101	Gesamtbrutto			2.557,65	4.970,82
/106	Lfd. Steuerbrutto			2.460,07	4.873,24
/256	Steuerfrei § 3b			97,58	97,58
/313	Soz.Vers.Brut.Lfd.Summe			2.460,07	4.873,24
/401	lfd. Lohnsteuer			337,00 –	622,00 –
/521	lfd. Kirchensteuer			29,96 –	55,96 –
/40B	lfd. SolZuschlag			18,54 –	76,42 –
/350	KV-AN-Anteil, lfd.Entgelt			204,19 –	394,83 –
/360	RV-AN-Anteil, lfd.Entgelt			244,78 –	484,89 –
/370	AV-AN-Anteil, lfd.Entgelt			36,90 –	73,10 –
/300	PV-AN-Anteil, lfd.Entgelt			30,14 –	59,70 –
/550	Gesetzliches Netto			1.558,57	3.106,35
/58B	VB Bausparen AF 2			40,00 –	79,88 –
/559	Überweisung			1.518,57	3.026,47

Gilt als Verdienstbescheinigung. Bitte sorgfältig aufbewahren.

Der Arbeitgeber hat in den ersten zehn Tagen des Folgemonats die einbehaltene Lohn- und Kirchensteuer einschließlich des Solidaritätszuschlages an das Finanzamt abzuführen. Die Anteile an der Sozialversicherung (einschließlich Arbeitgeberanteile) sind bis zum drittletzten Bankarbeitstag des Monats fällig, in dem das Arbeitsentgelt erzielt wird. Sie sind an die jeweilige Krankenkasse abzuführen. Der Auszahlungsbetrag wird an den Arbeitnehmer überwiesen.

4.4.6 Soziale Leistungen (Lohnnebenkosten)

Soziale Leistungen sind Aufwendungen für die Betriebsangehörigen, die neben dem vereinbarten Entgelt anfallen **(Lohnnebenkosten).**

Inwieweit Gewinnbeteiligungen der Arbeitnehmer den sozialen Leistungen zuzurechnen oder als zusätzliches Arbeitsentgelt zu betrachten sind, ist umstritten.

Gesetzliche soziale Abgaben

a) Die Hälfte der Beiträge zur Kranken-, Pflege-, Renten- und Arbeitslosenversicherung (teilweise trägt der Arbeitnehmer einen etwas höheren Anteil),

b) der gesamte Beitrag zur Unfallversicherung.

Vertragliche und freiwillige soziale Aufwendungen

Diese können bezwecken:

a) *soziale Sicherung,* z.B. Zusatzversicherungen bei der Kranken- und Rentenversicherung, Lebensversicherungen, Unterhaltung eigener Pensions- und Unterstützungskassen, Stiftungen, Förderung der Vermögensbildung im Rahmen der Vermögensbildungsgesetze,

b) *Gesundheitspflege,* z.B. in Erholungsheimen, durch Sportanlagen, Bäder, kostenlose ärztliche Beratung und Behandlung,

c) *Verbilligung der Lebenshaltung,* z.B. Werksküchen, Zuschüsse zu Mahlzeiten in Gaststätten, Arbeitskleidung, Werkswohnungen, Zuschüsse für die Unterkunft am Arbeitsort, Ersatz der Fahrtkosten,

d) *Familienhilfe,* z.B. Kinderheim, Kinderbeihilfen, freier Hausarbeitstag,

e) *Bildung und Freizeitgestaltung,* z.B. Studienbeihilfen, Lehrgänge für Aus- und Fortbildung, Büchereien, Betriebsausflüge, kulturelle Veranstaltungen, Bildungsurlaub,

f) *Ehrung und Anerkennung,* z.B. Jubiläums- und Hochzeitsgeschenke, Betreuung verdienter Mitarbeiter im Ruhestand, Weihnachtsgratifikationen.

?

1. Bei Auseinandersetzungen um die Lohntarife kann das Argument der »Lohn-Preis-Spirale« eine Rolle spielen.
   a) Erläutern Sie diesen Begriff.
   b) Wie können die Auswirkungen von Lohnsteigerungen auf die Preise aufgefangen werden?
2. Erläutern Sie die Notwendigkeit der Arbeitsbewertung.
3. In einem Unternehmen werden folgende Entlohnungsformen angewendet: Zeitlohn, Gehalt und Leistungslohn.
   a) Erläutern Sie die Unterschiede zwischen den Entlohnungsformen.
   b) Nennen Sie jeweils zwei Vorteile, die die Entlohnung nach Zeitlohn bzw. Leistungslohn für den Arbeitnehmer hat.
   c) Welche Voraussetzungen müssen gegeben sein, damit eine Tätigkeit im Leistungslohn abgerechnet werden kann?
   d) In der Dreherei beträgt der Minutenfaktor in einer Lohngruppe 0,30 EUR (60-Minuten-Stunde). Für die Bearbeitung eines Werkstücks sind 12 Minuten vorgegeben. Ein Arbeiter bearbeitet im Durchschnitt 7 Stück pro Stunde.
      - Wie hoch ist der Grundlohn?
      - Wie viel EUR verdient der Arbeiter in der Stunde?
      - Wie viel EUR erhielte der Arbeiter für ein bearbeitetes Werkstück gutgeschrieben, wenn die Lohnabrechnung in der Form eines Geldakkords erfolgen würde?

4. Können nachstehende Arbeiten im Leistungslohn bezahlt werden? Begründen Sie Ihre Meinung.
   a) Bestimmte Bauteile werden von einer achtköpfigen Montagegruppe gefertigt und montiert. Die Gruppe kann über die Ausführung der einzelnen Arbeiten selbstständig entscheiden.
   b) Ein Arbeiter arbeitet am Fließband.
   c) Ein Arbeiter soll in der Endkontrolle die Werkstücke auf Fehler überprüfen.
   d) Ein Arbeiter soll 1.000 Einzelteile nach Vorlage ausstanzen.
5. Ein Mitarbeiter montiert in einer Woche bei einer Arbeitszeit von 37,5 Stunden 2.500 Scheinwerfer. Die Vorgebezeit für die Montage eines Scheinwerfers beträgt 2 Dezimalminuten. Der Akkordsatz beträgt 12 EUR.
   a) Berechnen Sie die Sollleistung (= Anzahl Scheinwerfer), die von dem Mitarbeiter aufgrund der Vorgabezeit in einer Woche erwartet wird.
   b) Wie viel Dezimalminuten benötigte der Mitarbeiter durchschnittlich, um einen Scheinwerfer zu montieren?
   c) Welchen Leistungsgrad hat er erzielt?
   d) Wie viel EUR erhält der Mitarbeiter in dieser Woche?
   e) Wie hoch war der tatsächliche Stundenlohn?

6. Am Jahresende überlegt sich die Geschäftsleitung der BLW Präzisionsschmiede AG, ob aufgrund eines überaus guten Geschäftsjahres die Belegschaft am Unternehmenserfolg beteiligt werden sollte.
   a) Welche Gründe könnte die BLW Präzisionsschmiede AG haben, ihre Mitarbeiter am Unternehmenserfolg zu beteiligen?
   b) Für welche Form der Gewinnbeteiligung würden Sie sich entscheiden? Begründen Sie Ihre Antwort.
   c) Warum müsste man eigentlich von einer Gewinn- oder Verlustbeteiligung sprechen?
   d) Erläutern Sie, warum für die Arbeitgeber die Gewinnbeteiligung in der Form der Kapitalbeteiligung besonders interessant ist.
7. Berechnen Sie den Nettoverdienst von folgenden Mitarbeitern. Besorgen Sie sich die aktuellen Daten aus dem Internet.
   – Romy Metzger, verheiratet, ein Kinderfreibetrag, brutto 2.500,00 EUR, evangelisch, Steuerklasse 4, AOK.
   – Fritz Ulmer, verheiratet, zwei Kinderfreibeträge, Alleinverdiener, brutto 2.500,00 EUR, aus der Kirche ausgetreten, AOK.
8. Bei den sozialen Leistungen spricht man häufig vom »Zweiten Lohn«. Erläutern Sie diesen Begriff.
9. Welche der sozialen Aufwendungen werden nicht von allen Mitarbeitern als soziale Leistung empfunden?

5 Leitung der Unternehmung

Der Einsatz von Werkstoffen, Betriebsmitteln und menschlicher Arbeitskraft (Elementarfaktoren der Leistungserstellung) muss nach dem Wirtschaftlichkeitsprinzip erfolgen. Die Lenkung dieses Einsatzes ist den Leitungsorganen übertragen. Die Aufgaben leitender Personen nennt man Leitungsfunktionen (dispositiver Faktor der Leistungserstellung).

Leitungsfunktionen sind:

a) Zielsetzung: Festlegung der Unternehmungsziele,

b) Planung: Vorausschauende Gestaltung der Leistungserstellung,

c) Organisation: Schaffung von Regelungssystemen,

d) Kontrolle und Revision: Überwachung und Prüfung des Betriebes,

e) Rechenschaftslegung: Darstellung der Leistungsergebnisse,

f) Repräsentation: Vertretung des Unternehmens gegenüber Dritten.

Die Leitungsfunktionen a)–d) vollziehen sich in aufeinanderfolgenden Zeitabschnitten (Phasen): die Rechenschaftslegung und die Repräsentation begleiten alle vier Phasen.

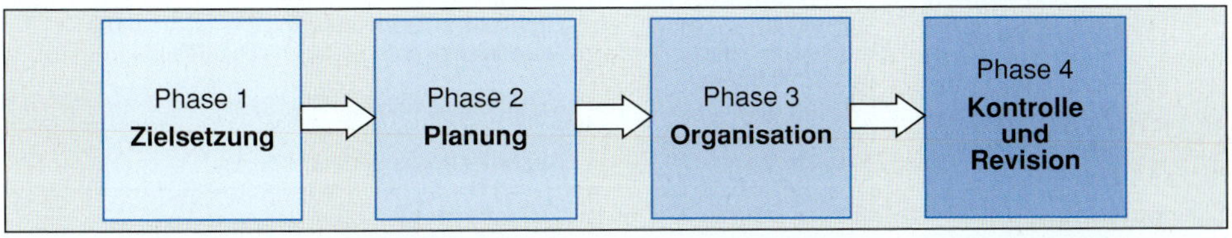

Man versucht, die Arbeit leitender Personen durch ständige **Rationalisierung** wirksamer zu gestalten. Dies erfordert eine *Veränderung der Durchführung von Leitungsaufgaben:*

Vor der Rationalisierung	Nach der Rationalisierung
Entscheidungen von Fall zu Fall	Allgemeingültige, programmierbare Entscheidungen
Improvisierende Gestaltung der Leitungsaufgaben	Vorausschauende Gestaltung (Planung) der Leitungsaufgaben
Intuitive Steuerung	Rechenhafte Steuerung, z.B. durch Anwendung der Netzplantechnik
Ungesteuerte Informationsflut	Gezielte Informationen
Zentralisierung des Entscheidungsprozesses	Dezentralisierung des Entscheidungsprozesses
Überhang routinemäßiger Verwaltungsarbeiten	Konzentration auf leitungsbezogene Arbeiten
Beschränkung auf Abteilungsverantwortlichkeit	Koordination und Kommunikation zwischen den Abteilungen

5.1 Zielsetzung

»Das Ziel muss man früher kennen als die Bahn«, Jean Paul (1763–1825).

Die Festlegung der **Unternehmensziele** ist Gegenstand eines Entscheidungsprozesses, der sich in der Leitungsspitze vollzieht. Grundlage dafür bilden die in vielen Unternehmen formulierten *Unternehmensgrundsätze.* Sie enthalten Aussagen zum Verhalten des Unternehmens gegenüber Mitarbeitern, Kunden, Lieferanten sowie zu anderen gesellschaftlichen Gruppen. *Ein solches System von Grundeinstellungen und Werthaltungen* wird als **Unternehmenskultur** bezeichnet.

Die **Unternehmenskultur** ist ein **Gefüge von Normen, Werten, Verhaltens- und Arbeitsweisen** eines Unternehmens.

Aus der Unternehmenskultur erwächst die **Unternehmensidentität (Corporate Identity).** Sie zeigt sich in der Form der Selbstdarstellung gegenüber der Öffentlichkeit und in der Bildung eines Wir-Gefühls beim Personal.

Zwischen Unternehmenskultur und Unternehmenszielen besteht ein direkter Zusammenhang, denn durch die Entwicklung einer Unternehmenskultur soll die Realisierung der Unternehmensziele unmittelbar gefördert werden.

Entscheidungsalternativen für das Zielsystem eines Unternehmens

Unternehmungsziele	Zielpunkte	Zielbeispiele
Wirtschaftliche Ziele – *Leistungsziele*	– Marktanteil – Produktions- und Absatzprogramm – Faktor- und Produktqualität – Absatzwege	Erhaltung oder Ausdehnung des Marktanteils Verwirklichung neuer technischer Ideen Verarbeitung hochwertiger Stoffe Ausweitung des Vertriebsnetzes
– *Erfolgsziele*	– Umsatzvolumen – Kostenstruktur – Wirtschaftlichkeit – Rentabilität	Verkauf in großen Stückzahlen Senkung der Fixkosten Rationalisierung der Fertigung Erzielung eines hohen Gewinns
– *Finanzziele*	– Zahlungsfähigkeit – Liquiditätsreserve – finanzielle Struktur – Gewinnreservierung	Ausnutzung gewährter Skontoabzüge Kassen- und Kreditreservenhaltung Sicherung des Eigenkapitals Bildung von Rücklagen
Soziale Ziele	– gerechte Entlohnung – menschenwürdige Arbeitsbedingungen – Arbeitsplatzsicherung – Mitspracherecht – Gewinnbeteiligung der Mitarbeiter – Aufstiegschancen	Einführung der Arbeitsplatzbewertung Anwendung humaner Arbeitsverfahren Bereitstellung und Erhaltung von Arbeitsplätzen Delegation von Arbeitsaufgaben Ausschüttung von Gewinnanteilen; Gratifikationen Innerbetriebliche Fortbildung
Ökologische Ziele	– Einhaltung der Umweltschutzgesetze – Entwicklung und Verwendung umweltfreundlicher Produkte, Produktions- und Verpackungsverfahren – Sammelaktionen für Problemabfälle – Schonung der natürlichen Ressourcen – Verwendung energiesparender Einrichtungen	Einsatz von Abgasentschwefelungsanlagen Einbau von Katalysatoren, Staub- und Spanabsaugung, Verwendung verrottbarer Materialien für Produkte und Verpackungen, Konstruktion problemlos recycelbarer Produkte Entsorgung von Altöl und Säuren Verwendung von Stoffen aus Recyclingverfahren Einbau von Sparreglern, Zeitschaltern, Drosselventilen in die Produkte

Aus der großen Zahl von Zielalternativen bündelt das Unternehmen ihr Zielsystem.

Beispiel: Die Gebrüder Bauer OHG ist ein mittelständischer Familienbetrieb, der BMX-Fahrräder fertigt. Er definiert seine Unternehmenskultur im folgenden Zielsystem:

1. **Wirtschaftliche Ziele:**
   - Leistungsziele: Ausdehnung des Marktanteils von 10% auf 12,5% des Marktvolumens. Verarbeitung hochwertigen Stahls, Vorbeugung gegen Unfälle wegen Materialfehlern.
   - Erfolgsziele: Erzielung eines möglichst hohen Gewinns. Gleichmäßige Auslastung der Kapazität zur Fixkostendegression.
   - Finanzziele: Sicherung der Eigenkapitalbasis, Bildung von Rücklagen. Unabhängigkeit von Fremdkapital ist anzustreben. Kreditaufnahmen sollen 200.000 EUR nicht übersteigen.
2. **Soziale Ziele:**

   Erhaltung von Arbeitsplätzen. Absicherung der Mitarbeiter durch eine Betriebsrente. Förderung und Weiterbildung der Arbeitnehmer. Leistungsgerechte Entlohnung. Beschäftigung von Familienangehörigen.
3. **Ökologische Ziele:**

   Energieeinsparende Maßnahmen. Verwendung von Stoffen aus Recyclingverfahren. Sammlung und umweltfreundliche Beseitigung von Problemabfällen (Lackreste, Altöle).

?

1. In einer Jugendgruppe werden Sie beauftragt, ein Ferienlager zu leiten. Beschreiben Sie anhand dieses Falles die Führungsaufgaben Zielsetzung, Planung und Organisation.
2. Erstellen Sie in Gruppenarbeit jeweils ein Zielsystem für folgende Unternehmen:
   a) Der Küchenmeister Grün beabsichtigt, sich selbstständig zu machen. Seine Überlegungen zielen darauf ab, ein Speiserestaurant in Citylage zu eröffnen. Kulinarische Spezialitäten: Vegetarische Gerichte.
   b) Der IT-Fachmann Charly Braun gründet einen Computershop als Einzelunternehmer. Der Standort ist in der Nähe eines großen beruflichen Schulzentrums.
   c) Nach Ablegung der Meisterprüfung beabsichtigen zwei Möbelschreiner, eine Möbelfertigung aufzunehmen, bei der Wohnmöbel aus natürlichen Rohstoffen (einheimisches Holz, organisches Polstermaterial) hergestellt werden sollen.

5.2 Planung

Mit der Planung werden zunächst einmal Entwürfe geschaffen, die aufzeigen, wie die Unternehmungsziele erreicht werden sollen. Dabei unterscheidet man den Gesamtplan und Teilpläne.

Der **Gesamtplan** bezieht sich auf die gesamte Unternehmung. Die **Teilpläne** beschränken sich auf Funktionsbereiche. Dazu gehören: Absatz-, Produktions-, Beschaffungs-, Lagerbestands- und Finanzplan. Meistens geht die Planung vom Absatzplan aus. Die Planansätze im Absatzplan führen dann zwangsläufig zu entsprechenden Planansätzen in anderen Bereichen.

Beispiel: Der Verkaufsleiter einer Schokoladenfabrik plant, im kommenden Jahr 5 Millionen Pralinenpackungen zum Preis von je 8 EUR abzusetzen. Daraus ergibt sich für den Lagerverwalter und den Produktionsleiter die Frage, ob sie die entsprechenden Mengen bereitstellen können. Der Leiter der Einkaufsabteilung errechnet die benötigten Stoffe und seinen Finanzbedarf. Die Finanzabteilung plant, welche Einnahmen und Ausgaben entstehen usw.

Bei der Feststellung von Planansätzen muss man sich häufig mit Schätzungen begnügen. Man wird aber versuchen, die Planung mithilfe systematischer, oftmals mathematischer Verfahren *berechenbar* zu machen. Ein in der Produktionsplanung häufig angewandtes Verfahren dieser Art ist die Netzplantechnik.

Netzplantechnik

Mit diesem grafischen Verfahren werden Arbeitsabläufe geplant, die der Verwirklichung eines Projektes dienen. **Projekte** sind Aufgaben, für die u.a. die Anfangs- und Endzeitpunkte festliegen oder bestimmt werden können.

Beispiele: Architekten planen ein Einkaufszentrum; Fertigungsingenieure richten eine neue Produktionsabteilung ein; Werbekaufleute bereiten die Einführung eines neuen Markenartikels auf dem Markt vor; Buchhalter erstellen den Jahresabschluss.

Die Netzplantechnik eignet sich *nicht* für die Erledigung routinemäßiger Daueraufgaben.

Mit Netzplänen werden die folgerichtigen (logischen} und zeitlichen Verknüpfungen von Tätigkeiten, die voneinander abhängen und sich gegenseitig beeinflussen, aufeinander abgestimmt und bildlich dargestellt.

Die Auswertung des Netzplanes erfolgt bei sehr umfangreichen Projekten durch Datenverarbeitungsanlagen. Es stehen dafür vorbereitete Rechenprogramme zur Verfügung, die in der Regel neben der **Zeitplanung** auch eine **Kosten-** und **Kapazitätsplanung** enthalten.

Es gibt mehrere Methoden für die Aufstellung von Netzplänen. Die **»Critical Path Methode« (CPM)** ist weit verbreitet. Diese Bezeichnung weist darauf hin, dass mit diesem Verfahren der »kritische Weg« bestimmt wird. Er ist der Weg, der bei parallel laufenden Tätigkeiten die längste Zeit beansprucht.

Beispiel: Ein Industriebetrieb plant den Bau einer Lagerhalle aus vorgefertigten Betonteilen. Die Teilarbeiten für das Projekt werden in einer Strukturanalyse, der jeweilige Zeitbedarf in einer Zeitanalyse nach Arbeitstagen (ATg) beschrieben. Aus den Angaben der Struktur- und Zeitanalyse ergibt sich der Netzplan (Bild, Seite 151).

Ergebnis: Die Lagerhalle kann nach 44 Arbeitstagen betriebsbereit sein, wenn bei den Vorgängen des kritischen Weges keine unvorhergesehenen Verzögerungen eintreten. Eine Verkürzung des Gesamtzeitaufwandes wäre nur möglich, wenn die Zeit für die Vorgänge des kritischen Weges verkürzt werden könnte. Neben dem kritischen Weg können die Vorgänge B sowie F und G parallel verlaufen. Sie haben jeweils Pufferzeiten von drei bzw. sechs Tagen. Man unterscheidet dabei den Gesamtpuffer und den freien Puffer.

Der **Gesamtpuffer** ist der Zeitabschnitt, um den ein Vorgang verschoben werden kann, ohne dadurch den Fertigstellungstermin des Projekts zu verzögern. Die Gesamtpufferzeit eines Vorgangs errechnet sich als Differenz aus dem spätesten Anfangszeitpunkt und dem frühesten Anfangszeitpunkt des Vorgangs.

Der **freie Puffer** ist der Zeitabschnitt, um den ein bestimmter Vorgang verschoben werden kann, ohne dass die unmittelbar folgende Tätigkeit verschoben werden muss. Die freie Pufferzeit ist die Differenz zwischen dem frühesten Anfangszeitpunkt der nachfolgenden Tätigkeit und dem frühesten Endzeitpunkt der laufenden Tätigkeit.

Teilarbeiten mit Pufferzeiten wird man innerhalb ihres zeitlichen Spielraumes im kostengünstigsten Zeitpunkt ausführen lassen. Mit der Festlegung eines Kalendertages für den Vorgang A ergibt sich die Möglichkeit der Terminkontrolle im Rahmen des Kalenders.

Vorteile der Netzplantechnik:

a) Der Projektablauf wird gründlich vorbereitet. Gezielte Maßnahmen zur *Vermeidung von Engpässen* beim Einsatz der Produktionsfaktoren sind möglich.

b) Sie erleichtert die *Terminverfolgung,* weil sie den Beginn und das Ende der angegebenen Arbeitsvorgänge ausweist.

c) Sie erlaubt Aussagen, in welchem Zeitraum mit der Fertigstellung des gesamten Projektes gerechnet werden kann und schafft die Voraussetzung für *zukünftige Terminplanungen.*

?

1. »Wer plant, handelt zielstrebiger. Wer nicht plant, ist ein Verschwender.« Suchen Sie nach Beispielen aus Ihrem Erfahrungsbereich, um diese Behauptung zu begründen.
2. Warum bemüht man sich, die Planung berechenbar zu machen?
3. Netzpläne sind Planungs-, aber auch Organisations- und Kontrollinstrumente. Begründen Sie diese Feststellung.
4. Der Abteilungsleiter Einkauf beauftragt die Abteilung Organisation, für seine Tätigkeiten einen Netzplan zu erstellen. Begründen Sie, warum die Organisatoren diesen Auftrag ablehnen werden.
5. Bei der Herstellung eines Getriebes entsteht für die einzelnen Arbeitsvorgänge folgender Zeitbedarf (ATg = Arbeitstage; Ft = Folgetätigkeit):

Beispiel: Terminplanung nach der Netzplantechnik

Vorgang	Strukturanalyse: Beschreibung	Strukturanalyse: Folgetätigkeit	Zeitanalyse: Arbeitstage	FAZ	FEZ	SAZ	SEZ	GP	FP
A	Entwurf, Planung	B, F, G	20	0	20	0	20	0	0
B	Erdaushub Fundamente	C	3	20	23	20	23	0	0
C	Ausgießen Fundamente	D	2	23	25	23	25	0	0
D	Verschalung Betonsockel	E	5	25	30	25	30	0	0
E	Betonierung Betonsockel	I	3	30	33	30	33	0	0
F	Bestellung und Auslieferung Betonteile	I	10	20	30	23	33	3	3
G	Aushub Ver- u. Entsorgungsleitungen	H	2	20	22	26	28	6	0
H	Leitungsverlegung	I	5	22	27	28	33	6	6
I	Montage Lagerhalle	J	7	33	40	33	40	0	0
J	Installationsarbeiten	–	4	40	44	40	44	0	0

Erläuterungen:

FAZ = frühester Anfangszeitpunkt
FEZ = frühester Endzeitpunkt
SAZ = spätester Anfangszeitpunkt
SEZ = spätester Endzeitpunkt
GP = Gesamtpuffer = SAZ-FAZ
FP = Freier Puffer
= FAZ (Nachfolger)-
FEZ (Vorgang)

Beispiele: Puffer für Vorgang G
GP = 26 – 20 = 6 Arbeitstage
FP = 22 – 22 = 0 Arbeitstage

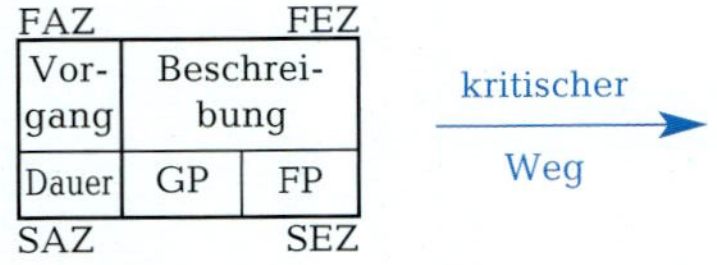

Aus den Angaben der Struktur- und Zeitanalyse ergibt sich der **Netzplan:**

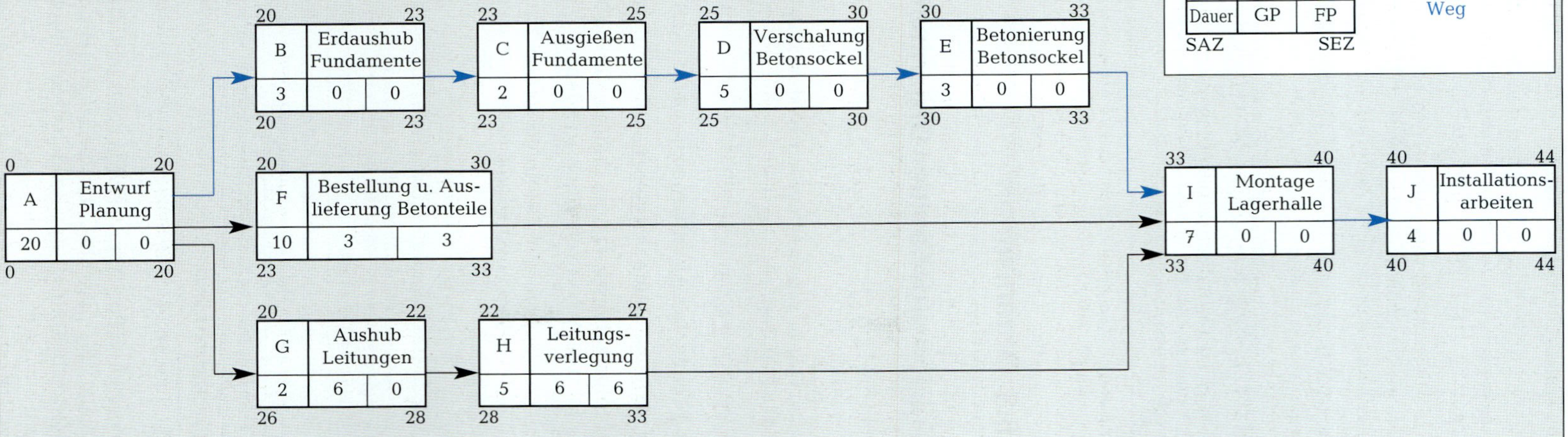

Vorgang	Beschreibung	ATg	Ft	Vorgang	Beschreibung	ATg	Ft
A	Konstruktion	10	B, E, G, H	G	Herstellung der Wellen	1,8	K
B	Modellbau für Gehäuse	3	C	H	Drehen der Zahnräder	0,8	I
C	Gießen des Gehäuses	0,2	D	I	Fräsen der Zahnräder	0,9	J
D	Vorarbeiten am Gehäuse	0,5	K	J	Härten der Zahnräder	0,3	K
E	Beschaffung der Lager	2	F	K	Montage	1,3	–
F	Prüfung der Lager	0,3	K				

a) Zeichnen Sie den Netzplan und bestimmen Sie den kritischen Weg sowie die Pufferzeiten.

b) Welche Wirkungen haben:
- die auftretenden Pufferzeiten,
- eventuell auftretende Verzögerungen auf dem kritischen Weg?

c) Setzen Sie in das Netzplanbeispiel (Seite 151) Kalendertage ein. Der Vorgang A soll am ersten Werktag des kommenden Monats beginnen. Wann ist das Projekt bei jeweils fünf Arbeitstagen in der Woche fertiggestellt?

5.3 Organisation

5.3.1 Aufgaben der Organisation

Sind die *Unternehmensziele* festgesetzt und die *Pläne* erstellt, muss die Organisation deren Verwirklichung vorbereiten.

! Die **Organisation** schafft ein **System von Regelungen zur Verwirklichung (Realisation) der Planung.**

Zu diesem Zweck werden

a) Stellen und Abteilungen gebildet (Aufbauorganisation),

b) Arbeitsabläufe festgelegt (Ablauforganisation),

c) Informationsnetze geschaffen, um die Mitarbeiter mit den notwendigen Informationen für ihre Arbeit versorgen zu können.

Fehlen solche Regelungen, entstehen Engpässe, Zeitverluste durch Leerlauf, aber auch Verärgerungen unter den Mitarbeitern (schlechtes Betriebsklima).

Beispiele:

Vorgang	organisatorischer Mangel
Ein Personalsachbearbeiter zahlt einen Reisekostenvorschuss an einen Monteur aus, ohne dafür zuständig zu sein.	Keine klare Aufgabenverteilung.
Im Streit erklärt ein Mitarbeiter dem Prokuristen: »Sie haben mir keine Anweisungen zu geben«.	Weisungsbefugnisse sind ungeregelt.
Beim Ermitteln der Kosten für das Fertigungsmaterial findet man weder Lieferscheine noch Eingangsrechnungen.	Keine Festlegung des Arbeitsablaufs.

In größeren Betrieben werden in *Organisationsabteilungen* Fachleute (Organisatoren) eingesetzt, die ausschließlich mit der Erstellung, Verbesserung und Überwachung der Organisation beauftragt sind. In kleineren Betrieben erfüllt ein Mitarbeiter neben anderen Tätigkeiten die Aufgaben der Organisation. Es können aber auch *freiberufliche Organisations- und Unternehmensberater* beauftragt werden.

Organisationsplanung, Disposition, Improvisation

a) **Organisationsplanung** ist die Festlegung **allgemeiner, dauerhafter Regelungen** für *viele gleichartige Vorgänge.*

Beispiel: Es besteht die Anweisung, dass Anfragen von Kunden in der Reihenfolge ihres Eingangs bearbeitet werden.

Die Organisationsplanung legt auch den Entscheidungsspielraum für die Disposition fest.

b) **Disposition** ist eine **planmäßige** Regelung im Rahmen des Entscheidungsspielraums eines Mitarbeiters für *Einzelvorgänge.*

Beispiel: Ausnahmsweise wird eine Anfrage, die an einem Tag erst an zehnter Stelle eingegangen ist, zuerst bearbeitet. Dies liegt in Einzelfällen im Ermessen des Sachbearbeiters.

c) **Improvisation** ist eine **außerplanmäßige** Regelung für Einzelvorgänge.

Ursachen für Improvisationen können sein:

- unvorhersehbare Ereignisse, z.B. Streiks verursachen Transportprobleme,
- dauerhafte Lösungen sind wegen ständig veränderter Bedingungen unmöglich,
- man wählt ein Provisorium, weil man eine endgültige Regelung zurzeit nicht verwirklichen kann, z.B. wegen finanzieller Engpässe.

Organisationsplanung sorgt für *Stabilität* im Betriebsgeschehen.

Disposition und **Improvisation** erhöhen die *Elastizität;* der Betrieb reagiert flexibel.

5.3.2 Aufbauorganisation

Die **Aufbauorganisation gliedert die Aufgaben in Aufgabenbereiche** und bestimmt die **Stellen** und **Abteilungen,** die diese bearbeiten sollen.

Aufgabengliederung (Aufgabenanalyse)

Die Gesamtaufgabe eines Betriebes lässt sich in Teilaufgaben zerlegen. Eine **Aufgabenanalyse** macht die Teilaufgaben sichtbar und ermöglicht eine Gliederung der Gesamtaufgabe. Eine **Aufgabengliederung** ist möglich nach:

a) *Objekten,* z.B. müssen Arbeiten an stofflichen Objekten (Warengruppen) und an nicht stofflichen Objekten (Informationsverarbeitung im Büro) ausgeführt werden;

b) *Verrichtungen,* z.B. transportieren, lagern, montieren, verpacken, Daten erfassen;

c) *Phasen,* z.B. planen, verwirklichen, kontrollieren;

d) *Rangstufen,* z.B. anordnen, ausführen.

Beispiel einer Aufgabengliederung im Bereich Beschaffung einer Großhandlung für Tischlerei- und Zimmereibedarf:

Gliederungsmerkmale	Gliederungsbeispiele
Objekte	Warengruppe: Tischlereibedarf, Warengruppe: Zimmereibedarf
Verrichtungen	Bedarfsermittlung, Bestellung, Lieferungsüberwachung
Phasen	Einkaufsplanung, Einkaufsdurchführung, Einkaufskontrolle
Rangstufen	Einkaufsleiter, Einkäufer, Lagerverwalter, Lagerarbeiter

Aus den Ergebnissen der Analyse entstehen **Aufgabengliederungspläne.**

Beispiele:

1. Teilplan *Objekte*

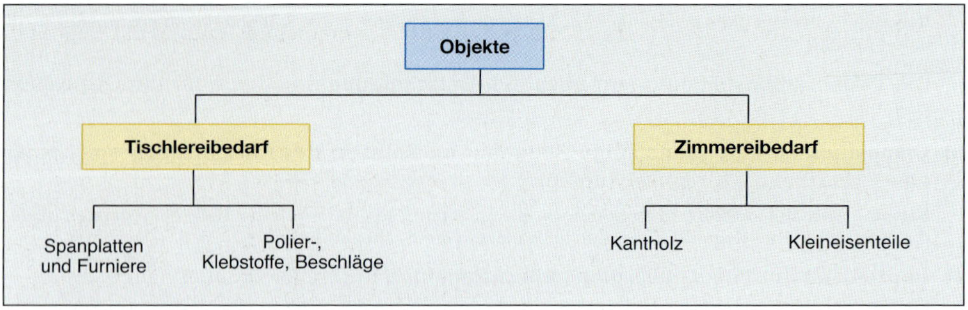

2. Teilplan *Verrichtungen:* Materialbeschaffung

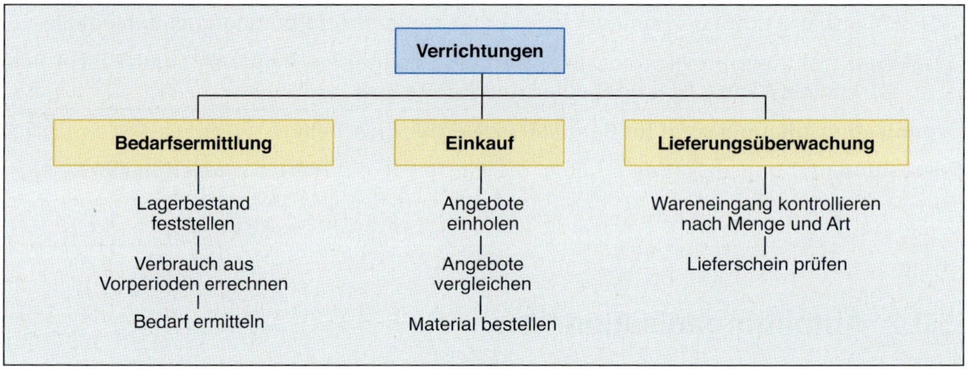

Die in solchen Aufgabengliederungsplänen dargestellten Teilaufgaben werden dann in einem **Funktionendiagramm** (Bild, Seite 155) nach den Merkmalen *Rangstufe* und *Phase* weiter untergliedert. Dabei werden die Teilaufgaben gleichzeitig auf die Aufgabenträger verteilt. Das Funktionsdiagramm enthält somit bereits auch Aspekte der **Aufgabensynthese,** d. h. der **Stellenbildung** (siehe Darstellung Seite 155).

Die *Zeilen* eines Funktionendiagramms zeigen dem Aufgabenträger, wie die einzelnen Stellen an der Aufgabenerfüllung beteiligt sind. Die *Spalten* zeigen die Funktionen einer Stelle.

Stellenbildung (Aufgabensynthese)

Wenn Teilaufgaben zum *Arbeitsbereich für einen Aufgabenträger* (Arbeiter, Angestellter) zusammengefasst werden, entsteht eine **Stelle.**

> **Stellen** sind die kleinsten organisatorischen Einheiten im Betrieb.

Die **Stellenbildung** kann nach dem Prinzip der *Zentralisation* oder der *Dezentralisation* erfolgen.

a) Bei der **Zentralisation** werden gleichartige Teilaufgaben zusammengefasst und *einer* Stelle zugeordnet. Die Einengung auf sich ständig wiederholende, gleichartige Aufgaben führt zur *Spezialisierung.*

   Beispiel: In einer Großhandlung wird der Einkauf für alle Zweigniederlassungen in der Zentrale von Spezialeinkäufern für die verschiedenen Warengruppen getätigt.

b) Bei der **Dezentralisation** werden gleichartige Teilaufgaben auf *mehrere* Stellen verteilt. Das Aufgabenfeld ist dabei erweitert.

Beispiel: Der Bedarf einer Zweigniederlassung wird für mehrere Warengruppen von der Zweigniederlassung selbst eingekauft.

Organisationspläne, in denen die zu bildenden Stellen verzeichnet sind, nennt man **Stellenpläne.**

Beispiel: *Funktionendiagramm:* Materialbeschaffung

Aufgaben (Phasen)					**Aufgabenträger** (Rangstufen)	Geschäftsführer	Einkaufsleiterin	Einkäufer Kantholz	Einkäufer Spanplatten	Einkäufer bezogene Teile	Lagerverwalter	Lagerarbeiter Kantholz	Lagerarbeiter Spanplatten	Lagerarbeiter bezogene Teile	Betriebsleiterin
Einkauf	Rohstoffe	Einkaufsplanung			Lagerbestandskontrolle		E				O	A	A	A	
					Verbrauch in Vorperiode		O	A	A	A					
					Bedarfsermittlung	E_g	E_n A_w	A	A	A					M
		Einkaufsdurchführung			Angebote einholen	E_g	A_w	A	A	A					I
					Angebotsvergleich		A_w	A	A	A					
					Materialbestellung		E								M
		Einkaufskontrolle	Wareneingangskontrolle	Mengen	Kantholz						O	A			
					Spanplatten und Furniere						O		A		
					bezogene Teile						O			A	
				Qualität	Kantholz										A
					Spanplatten und Furniere										A
					bezogene Teile										A
			Lieferscheinprüfung				A_w	A	A	A					

Zeichenerklärung:
A = Ausführung (umfassend)
A_w = Ausführung (wichtige Einzelfälle)
E = Entscheidung (umfassend)
E_g = Entscheidung (in Grundsatzfragen)
E_n = Entscheidung (im Normalfall)
I = Initiative
M = Mitsprache
O = Anordnung

Stellenbeschreibung und Stellenbesetzung

▶ Stellenbeschreibung

Sie ist eine verbindliche und in einer einheitlichen Form gefasste Beschreibung einer Stelle mit folgendem Inhalt:

a) Eingliederung der Stelle in den Betriebsaufbau,

b) Ziele der Stelle,

c) Aufgaben, Kompetenzen (Zuständigkeiten), Befugnisse und Verantwortung der Stelleninhaberin oder des -inhabers,

d) Anforderungen an die Stelleninhaberin oder den -inhaber.

Beispiel:

Stahlgroßhandlung Maute & Söhne OHG Brandenburg	**Stellenbeschreibung**	Stelleninhaber(in): Herr Weier Hauptabteilung: Verkauf

I.	**Bezeichnung der Stelle:**	Leiter/Leiterin der Hauptabteilung Verkauf
II.	**Dienstrang:**	Hauptabteilungsleiter/Hauptabteilungsleiterin
III.	**Vorgesetzter:**	Geschäftsführer/Geschäftsführerin
IV.	**Stellvertreter:**	Leiter/Leiterin der Abteilung Verkauf Ausland
V.	**Unmittelbar untergeordnete Stellen:**	Marketing, Verkauf Inland, Verkauf Ausland, Versand

VI. Ziele der Stelle:

Alle Maßnahmen einzuleiten, die zur Erhaltung und Erweiterung des Verkaufsumsatzes erforderlich sind.

VII. Aufgaben, Kompetenzen:

1. Leitung der Hauptabteilung Verkauf.
2. Beratung der Geschäftsführung in Vertriebsfragen einschließlich der Exportmöglichkeiten, Analyse der Umsatzentwicklung.
3. Kontrolle der verkaufsabhängigen Kosten.
4. Koordinierung Umsatzplan, Werbeplan und Budget.
5. Schulung der Vertriebskräfte, Vertreterschulung.
6. Entscheidungs- und Unterschriftsbefugnisse:

   Genehmigung von Sonderpreisen und Sonderkonditionen sowie abweichender Kreditrichtlinien für einzelne Kunden, soweit im Einzelfall mit Nachlässen von über 5.000 EUR zu rechnen ist.

   Verhandlungsführung bei Aufträgen über 125.000 EUR.

   Die Position ist mit Gesamtprokura ausgestattet.

VIII. Anforderungen:

Fachkenntnisse (Ausbildung, Erfahrung): Abitur, Fachschule erwünscht; Kenntnisse in Englisch; 5–7 Jahre kaufmännische Tätigkeit, dabei 4 Jahre im Vertrieb, davon 2 Jahre als Vorgesetzte(r), Controllingerfahrung, DV-Beherrschung.

Sonstige Anforderungen: Verhandlungsgeschick, Fähigkeit zur Menschenführung.

Vorteile der Stellenbeschreibung	
Der **Mitarbeiter**/die **Mitarbeiterin** kennt	Die **Unternehmensleitung** erreicht
– die Erwartungen, die an ihn/sie gestellt werden,	– einen Überblick über die Aufgaben jedes Arbeitsplatzes,
– die Arbeitsaufgabe,	– einen geringeren Mitarbeiterwechsel,
– die anweisungsberechtigten Personen,	– ein besseres Betriebsklima,
– die weisungsgebundenen Mitarbeiter,	– eine bessere Leistungskontrolle,
– die Stellenbewertung und kann im Vergleich mit den Kollegen prüfen, ob die Vergütung angemessen ist.	– eine Grundlage für die Stellenbewertung (Lohn- und Gehaltsgefüge).

▶ Stellenbesetzung (Aufgabenverteilung)

Aus der Stellenbeschreibung ergeben sich die Anforderungen an den Mitarbeiter, der die Stelle besetzen soll. Die Auswahl und Einstellung von Arbeitskräften übernimmt meistens die *Personalabteilung.* Die Stelle kann aber auch durch einen Mitarbeiter, der bereits im Betrieb an einer anderen Stelle arbeitet, besetzt werden. Man ist bemüht, Stellen auf längere Zeit zu besetzen, weil durch die Einarbeitung für den Betrieb Kosten entstehen. Fehlt ein Mitarbeiter auf einer Stelle wegen Krankheit, Urlaub oder infolge einer längeren Geschäftsreise, ist für eine vorübergehende Besetzung der Stelle zu sorgen. Deshalb muss eine Stellvertretung verbindlich geregelt und in jeder Stellenbeschreibung enthalten sein.

Abteilungsbildung

Mehrere Stellen mit gleichartigen Aufgabenbereichen werden zu **Abteilungen** zusammengefasst. Ein **Betriebsgliederungsplan** zeigt die Abteilungen eines Betriebes und ihre Zuordnung.

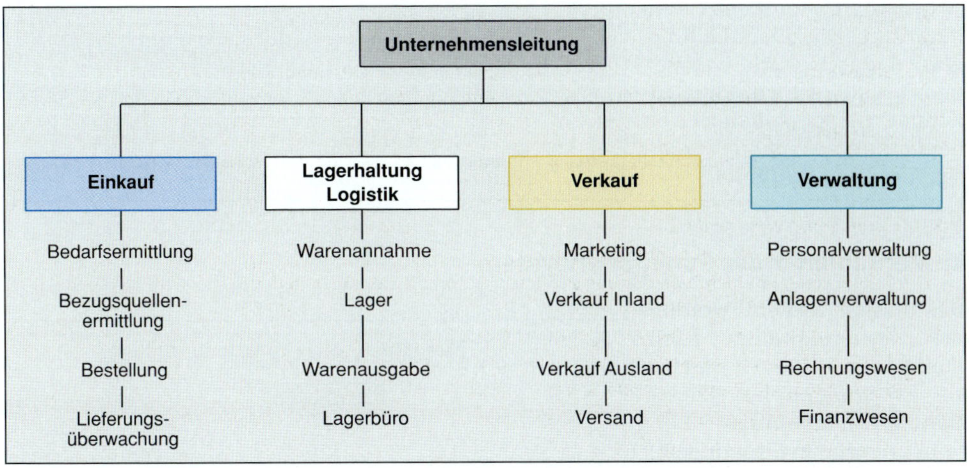

Bei größeren Unternehmen können mehrere Abteilungen zu **Hauptabteilungen** zusammengefasst sein.

Beispiel:

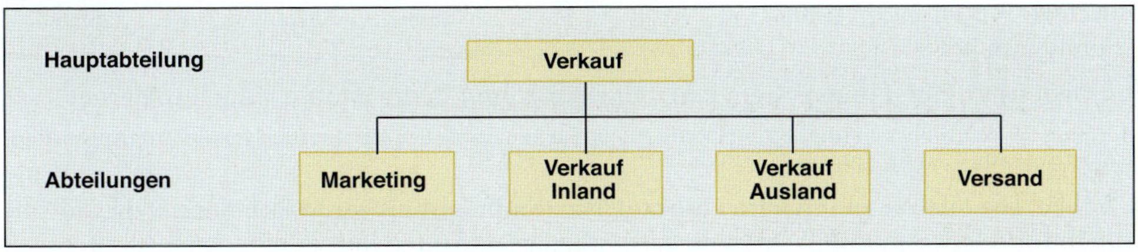

5.3.3 Leitungssysteme (Instanzenbildung)

Die unterschiedlichen Befugnisse der Stelleninhaber im Betrieb ergeben sich bei der Aufgabenanalyse aus dem Merkmal der Rangstufe. Wenn ein Stelleninhaber Führungs- und Weisungsbefugnis besitzt, so erfüllt er im Gegensatz zu dem Mitarbeiter, der nur Anweisungen auszuführen hat, eine **Leitungsaufgabe.** *Stellen mit Leitungsaufgaben* nennt man **Instanzen.** Das *System von über- und untergeordneten Stellen* ergibt die **Betriebshierarchie (Rangordnung).** *Gleichrangige Stellen* bilden in der Betriebshierarchie eine **Ebene.**

Einliniensystem

Alle Personen sind in einem einheitlichen Weisungsweg eingegliedert, der von der oberen Instanz bis zur Arbeitskraft reicht. Jeder Mitarbeiter erhält nur von seinem unmittelbaren Vorgesetzten Anweisungen. Ebenso kann er Meldungen und Vorschläge nur bei ihm vorbringen (Instanzenweg, Dienstweg).

Vorteile: Klare und eindeutige Regelung von Unterstellungsverhältnissen, straffe Disziplin, Einheitlichkeit des Auftragsempfangs, Vermeidung von Kompetenzschwierigkeiten, Überschaubarkeit und Einfachheit der Beziehungsstruktur.

Nachteile: Der Weisungs- und Informationsweg ist oft zu lang und zu umständlich; Meldungen gelangen nicht schnell genug nach oben. Die Arbeitsfülle steigt mit der Rangstufe. Die obere Leitung wird dadurch stark belastet und deshalb schwerfällig. Es kommt zur personalen Abhängigkeit zwischen Vorgesetztem und Mitarbeiter.

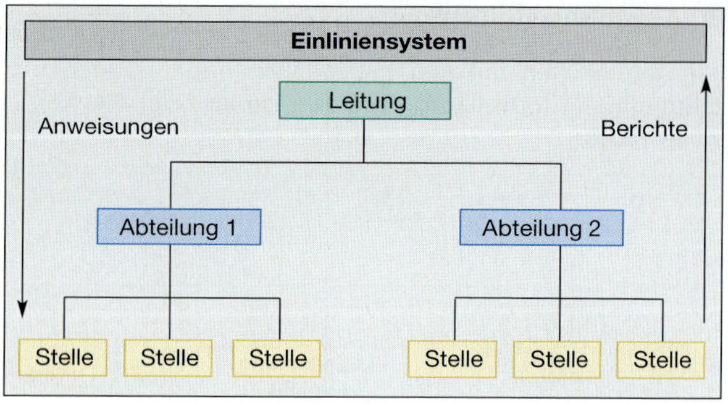

Mehrlinien- oder Funktionensystem

Bei diesem System werden die Zuständigkeiten nach Funktionen aufgeteilt und für sie Abteilungen mit selbstständig handelnden Leitern/Leiterinnen (Prokuristen, Bevollmächtigten) gebildet. Die obere Leitung gibt nur allgemeine Richtlinien und entscheidet in wichtigen Fällen, während die Routinearbeit durch die Abteilungen selbstständig erledigt wird.

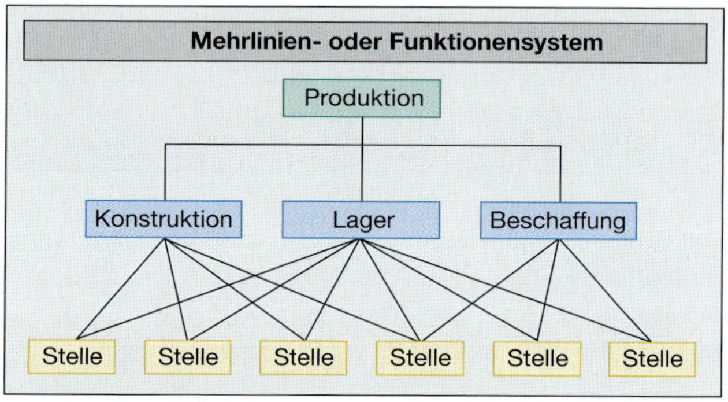

Im Gegensatz zum Liniensystem kann eine Abteilung in die andere »hineinregieren«.

Beispiel: Die Vertriebsleiterin gibt unmittelbar dem Sachbearbeiter in der Personalverwaltung Anweisung, einen Lagerarbeiter einzustellen.

Vorteile: Die obere Leitung wird entlastet. Die Routinearbeit wird rasch nach Daueranweisungen erledigt. Sonderfälle werden ausgegliedert und einer besonderen Arbeitskraft übertragen. Die Abteilungsleiter und -leiterinnen und ihre Mitarbeiter/Mitarbeiterinnen entwickeln sich zu Spezialisten.

Nachteile: Die Funktionsträger (Abteilungsleiter/-leiterinnen) müssen zur regelmäßigen Berichterstattung nach oben verpflichtet werden. Die Anweisungsbefugnis eines Funktionsträgers gegenüber Untergebenen anderer Funktionsträger muss genau abgegrenzt werden. Sonst entstehen bei den ausführenden Arbeitskräften leicht Unsicherheiten über die Dringlichkeit der angewiesenen Arbeiten und über die Reihenfolge ihrer Erledigung. Dies könnte zu Reibereien zwischen Funktionsträgern führen. Bei auftretenden Fehlern kann es schwierig sein, diese eindeutig den Funktionen zuzuordnen.

Aus diesen Grundformen der Instanzenbildung sind **Mischformen** entwickelt worden, die aber keine eigenständigen Leitungssysteme sind, weil sie in Verbindung mit dem Ein- oder Mehrliniensystem auftreten können.

Mischformen

▶ Stabliniensystem

Dabei umgibt sich die Führungsspitze mit einem Stab von Spezialisten (Finanzfachmann, Betriebswirt, Jurist, Organisator, Revisor). Sie sind Berater, aber keine Instanzen mit Anweisungsbefugnissen. Notwendige Anweisungen werden durch die Führungsspitze erteilt.

Wenn die Stabmitglieder dennoch Anordnungen treffen, tun sie es »im Auftrag«. Im Übrigen aber herrscht das Liniensystem.

Vorteile: Entlastung der oberen Leitung und straffe Disziplin.

Nachteile: Langer Instanzenweg und schwerfällige Leitung.

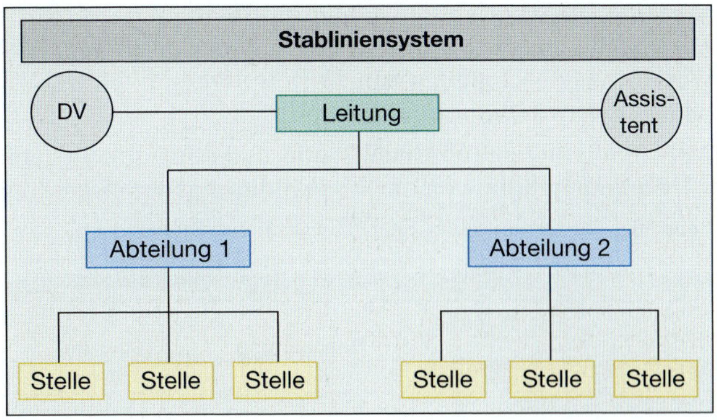

▶ Spartensystem

Bei diesem System unterstehen der Leitungsspitze *produktbezogene, selbstständige Geschäftsbereiche* (z.B. Elektronik, Haushaltsgeräte, Starkstromanlagen), die mit gewissen Einschränkungen als »Unternehmen im Unternehmen« zu betrachten sind. Es handelt sich dabei grundsätzlich um eine Form der Leitungsdezentralisation. Die Geschäftsbereiche haben Bilanzen und Erfolgsrechnungen der Unternehmensspitze vorzulegen.

Innerhalb der Sparten sind wieder verschiedene Organisationsformen möglich, z. B. das Einlinien- oder Mehrliniensystem.

Beispiel: Elektrounternehmen

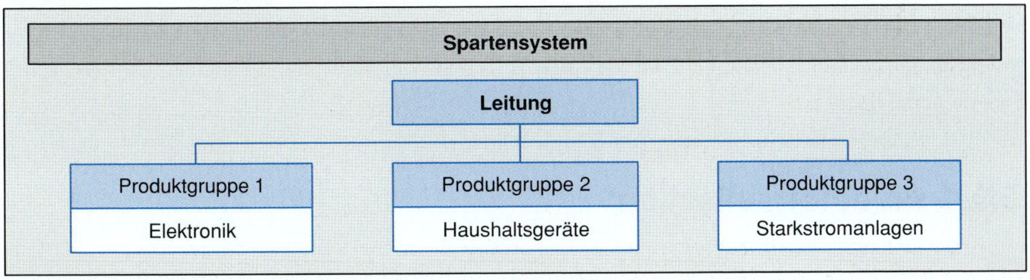

Vorteile:

- Kurze Informationswege innerhalb der Sparte,
- schnelle Ergebniskontrolle der einzelnen Sparte,
- hohe Anpassungsgeschwindigkeit auf Marktveränderungen,
- gezielter Einsatz von Fachpersonal,
- motivierender Leistungsanreiz für den Spartenleiter.

Nachteile:

- Gefährdung des Unternehmungsziels durch Spartenegoismus,
- höherer Verwaltungsaufwand aufgrund der Dezentralisation,
- Gefahr der Spartenkonkurrenz,
- unzureichender Informationsfluss zwischen den Sparten untereinander.

▶ Matrixorganisation

Sie schafft eine *verbindliche Zuordnung von Entscheidungs- und Weisungsbefugnissen* für das Zusammenwirken verschiedenartiger Funktionsträger in Form einer Matrix. Unter einer Matrix versteht man ein *rechteckiges Zuordnungsschema* (Bild, Seite 160). Die Stellenbildung erfolgt nach den Merkmalen *Verrichtungen und Objekte.*

Vorteile: Die Matrixorganisation gibt eindeutig an, welche Entscheidungen von Aufgabenträgern nur gemeinsam getroffen werden können. Die übergeordnete Leitungsstelle wird nur eingeschaltet, wenn die betroffenen Funktionsträger keine Übereinstimmung erzielen. Sie zwingt zur Teamarbeit.

Nachteile: Die hierarchische Gliederung kommt nicht zum Ausdruck. Entscheidungen und Weisungen hängen von der Verständigungsbereitschaft der Beteiligten ab.

Beispiel: Matrixorganisation zwischen Funktionsträgern

Unternehmensleitung				
Fachbereiche / Zentralbereiche	**Beschaffung**	**Lagerung**	**Verkauf**	**Finanzen**
Planung	①			
Organisation		②		
Personal			③	

Erläuterungen:

① Es sind Planungen im Beschaffungsbereich nötig. Die Entscheidungen werden von der Planungs- und Beschaffungsabteilung gemeinsam getroffen.

② Bei der Organisation des Lagers arbeitet die Organisations- mit der Lagerabteilung zusammen,

③ Bei der Einstellung von Reisenden wirken Personal- und Verkaufsabteilung zusammen.

5.3.4 Ablauforganisation

Unter **Arbeitsablauf** versteht man *Vorgänge zur Erfüllung betrieblicher Teilaufgaben,* die zeitlich und räumlich hinter- oder nebeneinander verlaufen.

Die **Aufgabe** der **Ablauforganisation** ist die **rationelle Gestaltung der Arbeitsabläufe** im Betrieb.

Die Ablauforganisation sowohl in der Fertigung (Abschnitt 13.3) als auch im Beschaffungs-, Vertriebs- und Verwaltungsbereich verfolgt die gleichen Ziele.

Ziele der Ablauforganisation

a) Optimale Durchlaufzeit der zu bearbeitenden Objekte. Es soll ein reibungsloser Ablauf erzielt werden, d. h., Engpässe, Stauungen, Leerläufe sollen vermieden oder beseitigt werden.

Beispiele: Sicherung des ununterbrochenen Materialflusses, der vollen Ausnutzung der Maschinen und der gleichmäßigen Beschäftigung der Arbeitskräfte.

b) Optimale Auslastung der Betriebsmittel und Arbeitskräfte.

Beispiel: Eine Buchdruckerei stellt rechtzeitig einen Terminplan für den Nachdruck von Neuauflagen auf. Bei ungenügender Auslastung werden Werbedruckaufträge ausgeführt.

c) Qualitätssicherung. Die Güte der geleisteten Arbeit muss durch Kontrollen überwacht werden.

Beispiele: Fertigungskontrollen, Laboruntersuchungen der Teil- und Endprodukte.

d) Terminsicherung. Terminpläne müssen aufgestellt und ihre Einhaltung überwacht werden.

Beispiele: Terminplanung für die Produktion der Einzelteile, für die Montage und den Versand des Fertigerzeugnisses.

e) Optimaler Informationsfluss. Informationen müssen möglichst schnell und präzise an die zutreffenden Stellen gelangen.

Beispiel: Es wird festgelegt, dass durch Vernetzung die betreffende Einkaufsstelle informiert wird, wenn im Lager der Meldebestand einer bestimmten Ware erreicht ist.

f) Pflege der Arbeitswilligkeit. Durch die Einhaltung arbeitsrechtlicher Bestimmungen und durch die Anwendung der Erkenntnisse der Arbeitswissenschaft soll ein angenehmes Betriebsklima geschaffen werden (Humanität am Arbeitsplatz).

Beispiele: Untersuchungen über die körperlichen und seelischen Belastungen an den verschiedenen Arbeitsplätzen zum Schutz der Gesundheit der Mitarbeiter und Verhütung von Unfällen, Einschaltung von Pausen, mehr Selbstverantwortung bei der Gestaltung der Arbeitsaufgabe.

Phasen der Ablauforganisation

Die Ablauforganisation vollzieht sich in folgenden Teilphasen:

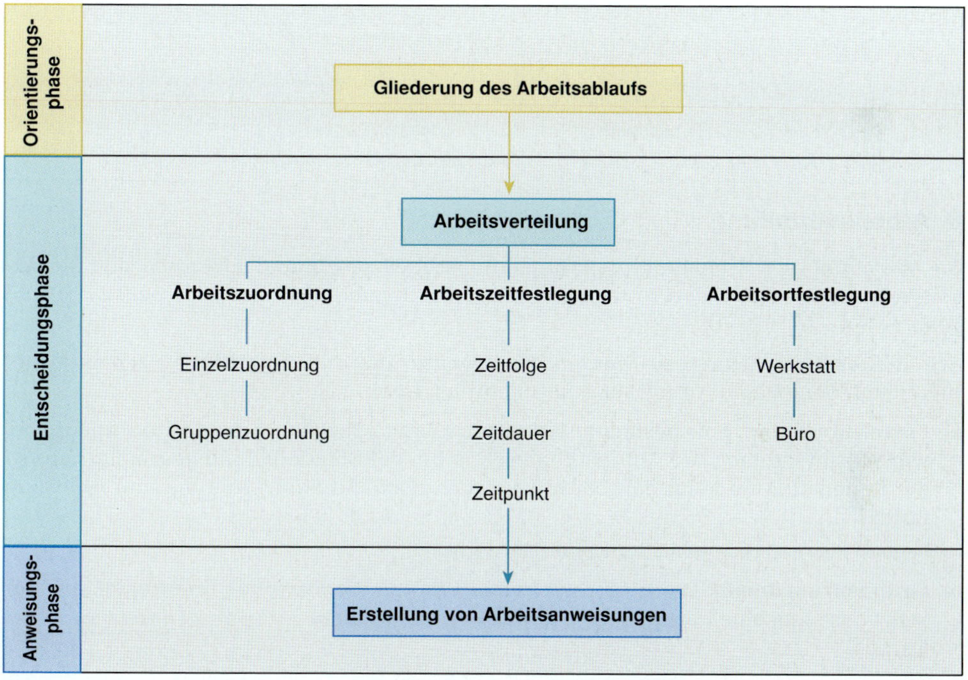

Gliederung des Arbeitsablaufs

Für den Organisator ist nur das geforderte Endergebnis des gesamten Arbeitsprozesses vorgegeben. Zunächst muss festgestellt werden, in welchen **Teilprozessen** dies erreicht werden kann. Dabei können sich verschiedene Wahlmöglichkeiten ergeben.

Die Teilprozesse werden meistens in verschiedenen **Prozessschritten** vollzogen, die ihrerseits aus mehreren **Programmschritten** bestehen (Bild, Seite 162).

Mit der Festlegung des erwarteten Arbeitsergebnisses und der Gliederung des Arbeitsablaufs ist der **Arbeitsinhalt** gegeben.

Beispiel: Abwicklung einer Warenlieferung

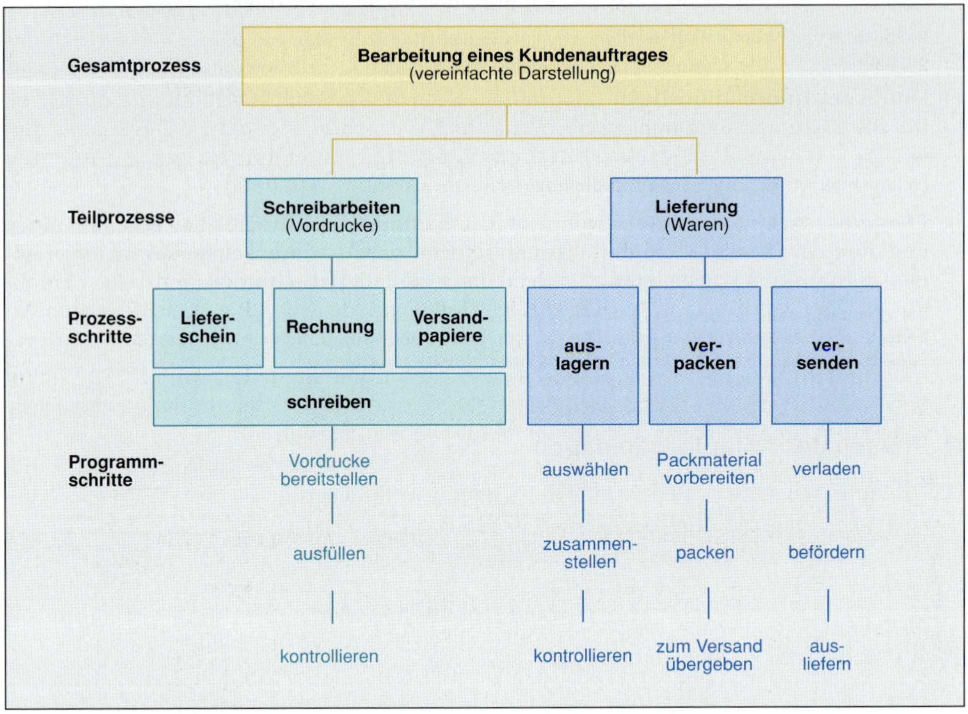

Arbeitsverteilung

Die Verteilung der Arbeiten erfolgt durch die **Arbeitszuordnung;** außerdem sind die **Arbeitszeit** und der **Arbeitsort** festzulegen. Diese Festlegungen führen zu *Arbeitsanweisungen.*

Arbeitszuordnung. Durch sie werden die Arbeitskräfte und die nötigen Sachmittel bestimmt, mit denen eine Arbeitsaufgabe zu erfüllen ist.

a) Einzelzuordnung. Eine bestimmte Arbeit wird einer Arbeitskraft zwingend vorgegeben, wie dies im Rahmen der Aufbauorganisation bei der Stellenbildung geschieht. Dies ist der Regelfall. Man kann darüber hinaus auch noch die Stellvertretung und Ablösung festlegen.

Beispiel: Eine Sachbearbeiterin schreibt alle Lieferscheine.

b) Gruppenzuordnung. Die Arbeit wird einer Gruppe von Personen übertragen, aus der wahlweise einzelne Personen die Aufgabe erfüllen sollen.

Beispiele:

1. Eine Gruppe von Packerinnen macht die Ware versandfertig.
2. In den Montageabteilungen werden Fertigungsinseln für autonome Arbeitsgruppen eingerichtet, die selbstverantwortlich arbeiten.

Es gibt auch Arbeiten, die nicht eindeutig zugeordnet werden können und trotzdem von den Personen innerhalb eines selbstverantwortlichen Arbeitsbereiches erledigt werden.

Beispiel: Ein Angestellter der Lohnbuchhaltung berät einen ausländischen Mitarbeiter in Lohnsteuerfragen.

Festlegung der Arbeitszeit. Der Begriff Zeit tritt in der Ablauforganisation in drei Wortverbindungen auf:

a) Die Bestimmung der **Zeitfolge,** in der Teilarbeiten im Rahmen des Gesamtablaufs vorzunehmen sind, sagt nur etwas über die *Reihenfolge* der Teilarbeiten aus.

Beispiel: Eingangsrechnungen werden sortiert (Vorgang 1), kontiert (Vorgang 2), gebucht (Vorgang 3).

Will man die *Verkettung* von Teilarbeiten, d. h. den unmittelbaren zeitlichen Anschluss, so muss dies eindeutig festgelegt werden. Bestimmte Teilarbeiten können aber auch gleichzeitig ausgeführt werden.

Beispiele: Der Buchhalter sortiert, kontiert und bucht die Eingangsrechnungen unmittelbar nacheinander. Die Angestellte sortiert und der Buchhalter kontiert die Belege, die Buchhalterin bucht.

b) Mit der **Zeitdauer** wird der Zeitbedarf für die Teilarbeiten angegeben. Die Summe dieser Arbeitszeiten lässt Schlüsse auf die Zeitdauer des Gesamtprozesses zu. Zur Festlegung der Zeitdauer von Teilarbeiten sind Arbeitszeitstudien nötig.

Arbeitszeitstudien werden vorwiegend bei Fertigungsabläufen angewandt. Die Zeitmessung bei Verwaltungstätigkeiten ist schwieriger, weil diese Arbeiten weniger zerlegbar sind und der Arbeitsablauf sich häufiger verändert. Zeitmessungen mit der Stoppuhr im Büro werden meistens nur bei sich ständig wiederholenden, gleichförmigen Arbeitsvorgängen z. B. des Schreibens, der Datenerfassung usw. vorgenommen.

c) Mit der Festlegung von **Zeitpunkten** wird der Arbeitsablauf in den Rahmen des Kalenders gestellt, weil damit der Anfangs- und Endzeitpunkt der Arbeit bestimmt wird. Diese Daten werden vor allem von der *Terminplanung* vorgegeben.

Beispiel für eine Arbeitsablaufkarte:

ARBEITSABLAUF		Inhalt: **Auftragsbearbeitung**			
Lfd. Nr.	**Ablaufstufen**	**Stellen**			
		Poststelle	Sachbearbeiterin Versand	Sachbearbeiter Rechnungswesen	Sachbearbeiter Lager
1	Eingang Bestellschein (BS)	○			
2	BS an Sachbearbeiterin Versand		⇨		
3	Ablage, wenn Lieferschein (LS) fehlt		D		
4	2 LS-Kopien erstellen	○			
5	LS-Kopien an Sachbearbeiterin Versand		⇨		
6	Kopien trennen		○		
7	1. Kopie an Sachbearbeiter Lager				⇨
8	Lieferung buchen				○
9	Kopie ablegen				△
10	Zusammenfügen von BS + 2. Kopie LS		○		
11	Konditionen prüfen		□		
12	LS und BS an Sachbearbeiter Rechnungswesen			⇨	
13	Rechnung schreiben, LS, BS			○	
14	Kontrolle von Menge, Preis, Konditionen, Adresse			□	
15	Kopien verteilen an Sachbearbeiter(in) Versand und Lager		⇨		⇨
16	Ablage Rechnung, LS, BS			△	

Symbolerklärung: ○ = Tätigkeit; D = Wartezeit, Stillstand; ⇨ = Transport; △ = Ablage; □ = Kontrolle

c) Schildern Sie anhand persönlicher Erlebnisse aus dem privaten und beruflichen Alltag, wie Vorhaben wegen mangelhafter Organisation gescheitert sind.

2. Aussagen über zwei Mitarbeiter in einem Unternehmen:
   - »Herr Nusser ist ein reines Organisationsgenie, aber ihm fehlt jegliches Improvisationstalent.«
   - »Herr Nassal ist ein Improvisationsgenie, aber von Organisation versteht er gar nichts.«

   a) Begründen Sie, welcher Mitarbeiter für eine Organisationsabteilung geeigneter erscheint.

   b) Warum werden auch bei zweckmäßigster Organisation eines Betriebes Improvisationen notwendig sein?

3. Stellen Sie Beispiele der Aufgabengliederung

   a) aus dem Vertriebsbereich,

   b) aus dem Personalbereich dar.

4. Bei der Gliederung nach Rangstufen können Teilaufgaben Ausführungs- oder Entscheidungscharakter haben. Zeigen Sie am Beispiel der Einstellung eines leitenden Angestellten,

   a) welche Entscheidungen dabei zu treffen sind,

   b) welche ausführenden Arbeiten dabei anfallen.

5. Beschreiben Sie die einzelnen Arbeitsabschnitte der Organisation, die bis zur Formulierung einer Stellenbeschreibung zu erledigen sind.

6. Organisatoren empfehlen die Verwendung sowohl von Funktionendiagrammen als auch von Stellenbeschreibungen. Vergleichen Sie beide Organisationsmittel.

7. Entwerfen Sie die Stellenbeschreibung für den Leiter der Organisationsabteilung nach folgenden Angaben: Der Stelleninhaber ist dem Leiter der Hauptabteilung Kaufmännische Verwaltung unterstellt. Ihm unterstehen die Leiter der Abteilungen Aufbau- und Ablauforganisation und zwei Sekretärinnen. Der Abteilungsleiter Aufbauorganisation vertritt ihn.

   Der Stelleninhaber erarbeitet mit allen zuständigen Stellen eine mittelfristige Planung der Aufbau- und Ablauforganisation. Er erlässt Organisationsrichtlinien. Gemeinsam mit der DV-Abteilung arbeitet er Projekte aus, die auf DV-Anlagen übernommen werden sollen.

   Zielsetzung der Stelle ist eine zweckmäßige Organisations- und Informationsstruktur der Unternehmung in Aufbau und Ablauf.

   Der Inhaber der Stelle sollte eine wirtschaftswissenschaftliche Hochschulausbildung, außerdem praktische Erfahrungen auf den Gebieten Organisation und Datenverarbeitung besitzen. Wesentliche Eigenschaften sind Kooperationsfähigkeit und der Wille, im Team zu arbeiten.

8. Begründen Sie, warum sowohl die Besetzung von Stellen als auch die Festlegung von Stellvertretungen auf Dauer anzulegen sind.

9. Erstellen Sie einen Betriebsgliederungsplan für Ihren Ausbildungsbetrieb.

10. a) Welche organisatorischen Vor- und Nachteile sind beim Einliniensystem mit der Anweisung »der Dienstweg ist einzuhalten« verbunden?

    b) Beurteilen Sie diese Vorschrift aus der Sicht des »Vorgesetzten« und des »Untergebenen«.

11. Gliedern Sie den Arbeitsablauf für den Gesamtprozess »Bearbeitung eingehender Warenlieferungen«.

    Anleitung: Teilprozesse sind die Bearbeitung des Schriftgutes (Lieferschein, Frachtbrief, Rechnung) und die Warenannahme (Auspacken, Prüfen, Einlagern).

12. Ordnen Sie die Begriffe Arbeitszeitstudie, Arbeitsreihenfolge, Terminüberwachung, Zeitmessung und Verkettung von Teilarbeiten den Tätigkeitsbereichen Zeitfolge-, Zeitdauer-, Zeitpunktbestimmung zu.

13. Beurteilen sie das Großraumbüro

    a) aus der Sicht des Unternehmers,

    b) aus der Sicht des arbeitenden Menschen.

14. Vergleichen Sie die Stellenbeschreibung (Seite 156) mit der Arbeitsanweisung (Seite 165). Welche unterschiedliche Bedeutung haben diese Organisationsmittel?

15. Ihnen liegt folgendes System der Umweltverantwortlichkeit eines Unternehmens vor. Erklären Sie die unterschiedlichen Aufgaben der Aufbau- und Ablauforganisation.

System der Umweltverantwortlichkeit	Vorstandsvorsitzender/ Fachvorstände	Führungsteams/ Entscheidungsträger	Operative Teams/ Bereiche	Umweltarbeitsgruppen	Umweltnetzwerk	Umweltkoordination	Qualitätssteuerung	Einkaufssteuerung/ Import	Rechtsabteilung	Sicherheit	Werbung/Presse
Festlegung der Umweltpolitik	●										

Will man die *Verkettung* von Teilarbeiten, d. h. den unmittelbaren zeitlichen Anschluss, so muss dies eindeutig festgelegt werden. Bestimmte Teilarbeiten können aber auch gleichzeitig ausgeführt werden.

Beispiele: Der Buchhalter sortiert, kontiert und bucht die Eingangsrechnungen unmittelbar nacheinander. Die Angestellte sortiert und der Buchhalter kontiert die Belege, die Buchhalterin bucht.

b) Mit der **Zeitdauer** wird der Zeitbedarf für die Teilarbeiten angegeben. Die Summe dieser Arbeitszeiten lässt Schlüsse auf die Zeitdauer des Gesamtprozesses zu. Zur Festlegung der Zeitdauer von Teilarbeiten sind Arbeitszeitstudien nötig.

Arbeitszeitstudien werden vorwiegend bei Fertigungsabläufen angewandt. Die Zeitmessung bei Verwaltungstätigkeiten ist schwieriger, weil diese Arbeiten weniger zerlegbar sind und der Arbeitsablauf sich häufiger verändert. Zeitmessungen mit der Stoppuhr im Büro werden meistens nur bei sich ständig wiederholenden, gleichförmigen Arbeitsvorgängen z. B. des Schreibens, der Datenerfassung usw. vorgenommen.

c) Mit der Festlegung von **Zeitpunkten** wird der Arbeitsablauf in den Rahmen des Kalenders gestellt, weil damit der Anfangs- und Endzeitpunkt der Arbeit bestimmt wird. Diese Daten werden vor allem von der *Terminplanung* vorgegeben.

Beispiel für eine Arbeitsablaufkarte:

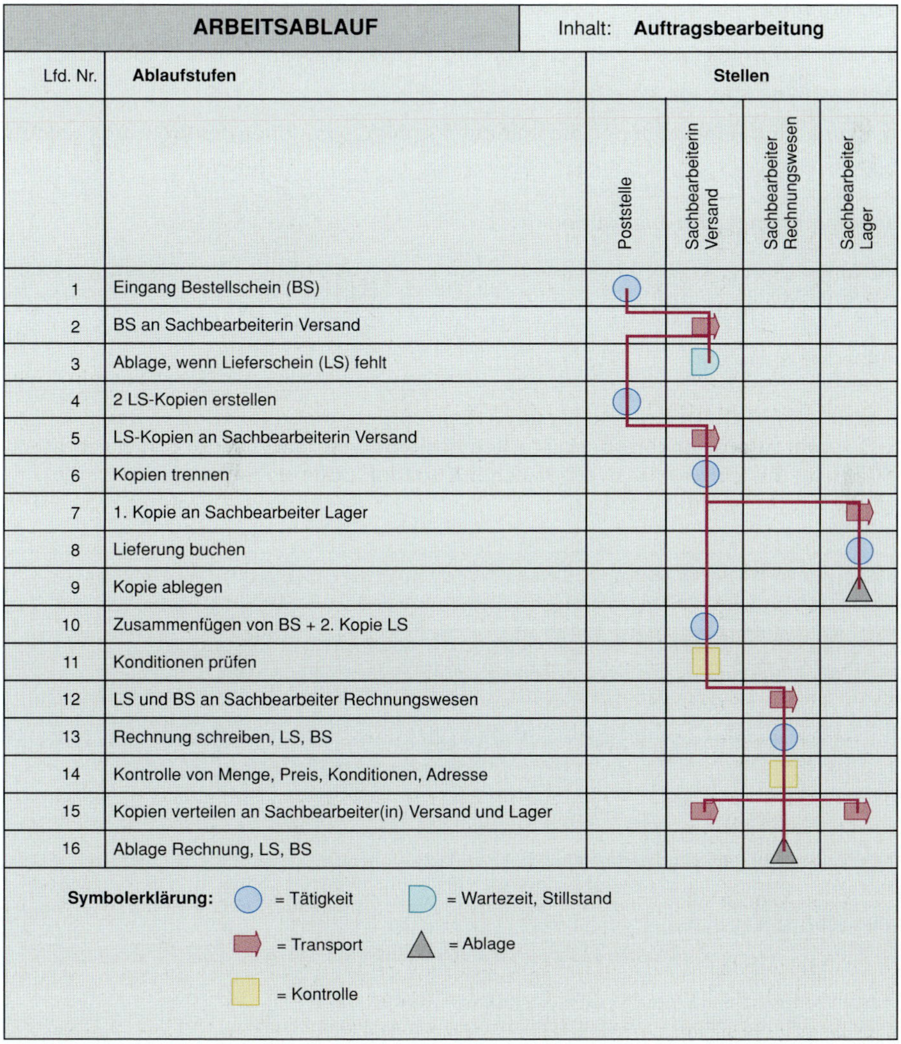

Festlegung des Arbeitsortes. Die räumliche Anordnung der Arbeitsplätze soll

- dem Arbeitsablauf entsprechen und die Reihenfolge der Teilarbeiten erkennen lassen,
- zusammengehörige Arbeitsplätze überschaubar machen,
- geringe Durchlaufzeiten durch kurze Transportwege ergeben,
- die Anpassung des Arbeitsplatzes an den Arbeitsgegenstand ermöglichen.

Die Entwicklung vom Kontor alten Stils über das Großraumbüro bis zum modernen Kombibüro (Kombination von Einzel-, Gruppen-, Gemeinschafts- oder Multifunktionsraum) kennzeichnet diese Entwicklung.

Darstellungsformen für Arbeitsabläufe

▶ Ablaufdiagramm

Für *einfache* Arbeitsvorgänge, die zeitlich aufeinanderfolgende Tätigkeiten darstellen, verwendet man *lineare* Darstellungen in Form von **Arbeitsablaufdiagrammen,** eine **Kombination tabellarischer** und **grafischer Darstellung** (Bild, Seite 163).

▶ Blockdiagramm

Es wird in der elektronischen Datenverarbeitung eingesetzt. Man unterscheidet dabei

a) **Datenflusspläne,** die den Weg der Daten zeigen,

b) **Programmablaufpläne,** in denen die Reihenfolge der Operationen des Programmablaufs dargestellt wird.

▶ Balkendiagramm (Gantt-Diagramm)

Es findet Anwendung bei der Maschinenbelegung und beschreibt die maschinelle Bearbeitungsfolge (Abschnitt 13.1.2).

Arbeitsanweisung

Sie beschreibt die Verfahrensweise für die Arbeitsaufgaben und lenkt diese damit in bestimmte Bahnen. Arbeitsanweisungen werden für Routinearbeiten in der Regel schriftlich und ausführlich, für Sonderfälle in schriftlicher Kurzform (Randnotizen auf Schriftstücken) oder mündlich erteilt (Bild, Seite 165).

?

1. a) Analysieren Sie den folgenden Artikel und beschreiben Sie die aufgetretenen Probleme.
   b) Machen Sie Lösungsvorschläge, damit sich dieses Chaos kein zweites Mal wiederholt.

Tag der offenen Tür – Chaos im »verschlossenen« Betrieb

(aw) – Wendlingsburg – Es sollte ein wichtiger Tag mit großer Außenwirkung werden. Beim erstmals durchgeführten Tag der offenen Tür der Handtmeyer Maschinenfabrik GmbH am vergangenen Sonntag waren interessierte Mitbürger, aber vor allem auch zukünftige Auszubildende für den gewerblichen und kaufmännischen Bereich eingeladen, um sich zu informieren, ins Gespräch zu kommen und den größten Arbeitgeber im Umkreis kennen zu lernen.

»So etwas habe ich noch nie erlebt.« So das zerknirschte Urteil des Geschäftsführers Rolf Luderköhl. Seine Aussage bezieht sich auf eine Veranstaltung, bei der nichts geklappt hat. Nur 40 % der Ausbilder waren anwesend, die Ausbildungsstätten wie Werkstätten oder Büros nicht alle zugänglich, fehlende Informationsschilder ließen viele Besucher irritiert im Betrieb herumirren, aufgrund von Lieferproblemen der Druckerei waren die Informationsbroschüren nicht auslegbar und der von außen angeheuerte Küchenmeister musste in der Kantine nach zwei Stunden schließen, weil zu wenige Mittagessenportionen bereitgestellt waren.

Bei der Nachbesprechung macht der Geschäftsführer seiner Sekretärin und dem Werkstattleiter den Hauptvorwurf für das Misslingen. Schließlich seien sie ihm direkt unterstellt. Beide wehren ab und erklären, dass sie überhaupt nicht zuständig gewesen seien.

Beispiel für eine Arbeitsanweisung:

Arbeitsanweisung	
Stelle Q2	Arbeitsanweisung 123
Qualitätssicherung: Wareneingangsprüfung, Blockmaterial (Metalllegierung)	
Zur analytischen Sicherstellung unserer Qualitätsprodukte ist bereits eine konsequente Wareneingangsprüfung am Blockmaterial erforderlich. Daher ist folgender Arbeitsablauf nach folgendem Ablaufplan unbedingt einzuhalten:	

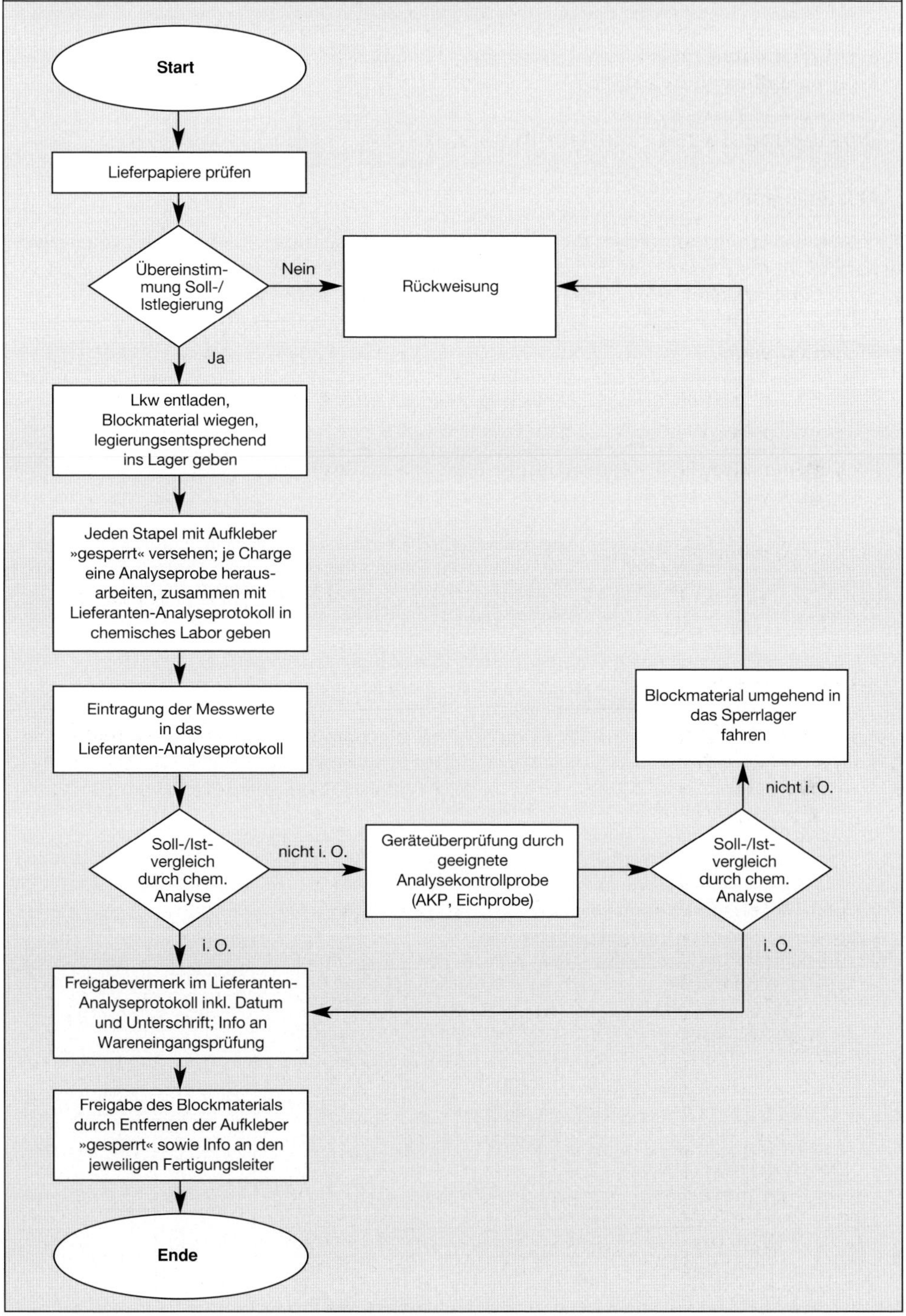

c) Schildern Sie anhand persönlicher Erlebnisse aus dem privaten und beruflichen Alltag, wie Vorhaben wegen mangelhafter Organisation gescheitert sind.

2. Aussagen über zwei Mitarbeiter in einem Unternehmen:
   - »Herr Nusser ist ein reines Organisationsgenie, aber ihm fehlt jegliches Improvisationstalent.«
   - »Herr Nassal ist ein Improvisationsgenie, aber von Organisation versteht er gar nichts.«

   a) Begründen Sie, welcher Mitarbeiter für eine Organisationsabteilung geeigneter erscheint.

   b) Warum werden auch bei zweckmäßigster Organisation eines Betriebes Improvisationen notwendig sein?

3. Stellen Sie Beispiele der Aufgabengliederung

   a) aus dem Vertriebsbereich,

   b) aus dem Personalbereich dar.

4. Bei der Gliederung nach Rangstufen können Teilaufgaben Ausführungs- oder Entscheidungscharakter haben. Zeigen Sie am Beispiel der Einstellung eines leitenden Angestellten,

   a) welche Entscheidungen dabei zu treffen sind,

   b) welche ausführenden Arbeiten dabei anfallen.

5. Beschreiben Sie die einzelnen Arbeitsabschnitte der Organisation, die bis zur Formulierung einer Stellenbeschreibung zu erledigen sind.

6. Organisatoren empfehlen die Verwendung sowohl von Funktionendiagrammen als auch von Stellenbeschreibungen. Vergleichen Sie beide Organisationsmittel.

7. Entwerfen Sie die Stellenbeschreibung für den Leiter der Organisationsabteilung nach folgenden Angaben: Der Stelleninhaber ist dem Leiter der Hauptabteilung Kaufmännische Verwaltung unterstellt. Ihm unterstehen die Leiter der Abteilungen Aufbau- und Ablauforganisation und zwei Sekretärinnen. Der Abteilungsleiter Aufbauorganisation vertritt ihn.

   Der Stelleninhaber erarbeitet mit allen zuständigen Stellen eine mittelfristige Planung der Aufbau- und Ablauforganisation. Er erlässt Organisationsrichtlinien. Gemeinsam mit der DV-Abteilung arbeitet er Projekte aus, die auf DV-Anlagen übernommen werden sollen.

   Zielsetzung der Stelle ist eine zweckmäßige Organisations- und Informationsstruktur der Unternehmung in Aufbau und Ablauf.

   Der Inhaber der Stelle sollte eine wirtschaftswissenschaftliche Hochschulausbildung, außerdem praktische Erfahrungen auf den Gebieten Organisation und Datenverarbeitung besitzen. Wesentliche Eigenschaften sind Kooperationsfähigkeit und der Wille, im Team zu arbeiten.

8. Begründen Sie, warum sowohl die Besetzung von Stellen als auch die Festlegung von Stellvertretungen auf Dauer anzulegen sind.

9. Erstellen Sie einen Betriebsgliederungsplan für Ihren Ausbildungsbetrieb.

10. a) Welche organisatorischen Vor- und Nachteile sind beim Einliniensystem mit der Anweisung »der Dienstweg ist einzuhalten« verbunden?

    b) Beurteilen Sie diese Vorschrift aus der Sicht des »Vorgesetzten« und des »Untergebenen«.

11. Gliedern Sie den Arbeitsablauf für den Gesamtprozess »Bearbeitung eingehender Warenlieferungen«.

    Anleitung: Teilprozesse sind die Bearbeitung des Schriftgutes (Lieferschein, Frachtbrief, Rechnung) und die Warenannahme (Auspacken, Prüfen, Einlagern).

12. Ordnen Sie die Begriffe Arbeitszeitstudie, Arbeitsreihenfolge, Terminüberwachung, Zeitmessung und Verkettung von Teilarbeiten den Tätigkeitsbereichen Zeitfolge-, Zeitdauer-, Zeitpunktbestimmung zu.

13. Beurteilen sie das Großraumbüro

    a) aus der Sicht des Unternehmers,

    b) aus der Sicht des arbeitenden Menschen.

14. Vergleichen Sie die Stellenbeschreibung (Seite 156) mit der Arbeitsanweisung (Seite 165). Welche unterschiedliche Bedeutung haben diese Organisationsmittel?

15. Ihnen liegt folgendes System der Umweltverantwortlichkeit eines Unternehmens vor. Erklären Sie die unterschiedlichen Aufgaben der Aufbau- und Ablauforganisation.

System der Umweltverantwortlichkeit	Vorstandsvorsitzender/ Fachvorstände	Führungsteams/ Entscheidungsträger	Operative Teams/ Bereiche	Umweltarbeits-gruppen	Umweltnetzwerk	Umweltkoordination	Qualitätssteuerung	Einkaufssteuerung/ Import	Rechtsabteilung	Sicherheit	Werbung/Presse
Festlegung der Umwelt-politik	●										

System der Umweltverantwortlichkeit	Vorstandsvorsitzender/ Fachvorstände	Führungsteams/ Entscheidungsträger	Operative Teams/ Bereiche	Umweltarbeits-gruppen	Umweltnetzwerk	Umweltkoordination	Qualitätssteuerung	Einkaufssteuerung/ Import	Rechtsabteilung	Sicherheit	Werbung/Presse
Festlegung/Korrekturen der Umweltziele	●	●									
Festlegung der Umweltprogramme, Zielkorrekturen/ Sonderprogramme, Umsetzung		●	●								
Projektbezogene Unterstützung der Funktionsbereiche und der Standortverantwortlichkeiten				●		●	●	●			
Vorbereitung umweltrelevanter Entscheidungen/ Kontakt zu externen Know-how-Trägern				●	●	●	●	●	●	●	
Erstellen von Anforderungsprofilen			●			●	●				
Umweltberatung						●	●				
Umwelt-Controlling: Managementsystem	●	●				●					
Umwelt-Controlling: Einhaltung der Anforderungsprofile		●	●			●	●				
Umwelt-Controlling: Einhaltung von gesetzlichen Vorschriften/Sicherheitsanforderungen		●				●			●	●	
Lieferantenaudit		●	●				●				
Kommunikation intern					●	●					●
Kommunikation extern						●	●	●			●
Information an die Umweltkoordination	●	●	●	●	●		●	●	●	●	●

5.4 Kontrolle und Revision

Die Leitungsorgane sorgen nicht nur für die Aufstellung und Verwirklichung von Plänen, sondern prüfen auch, ob die Planansätze erreicht werden. Bei Abweichungen von den durch die Planung gegebenen Sollzahlen ist eine Korrektur notwendig. Kontrollen und Revisionen wirken dadurch als Rückkopplung (Feedback). Es ist die Aufgabe der Leitungsorgane, den Ursachen der Abweichung nachzugehen und Maßnahmen zu treffen, um diese künftig zu verhindern.

Kontrolle

Kontrollen dienen der *fortlaufenden* Überwachung des Betriebsprozesses und sind in diesen eingebaut. Sie erstrecken sich auf die

a) Arbeitsleistungen (Anwesenheits- und Leistungskontrollen),

b) Betriebsmittel (Bestands-, Funktionskontrollen),

c) Waren, Stoffe und Erzeugnisse (Mengen-, Qualitätskontrollen).

Die *Qualitätssicherung* hat in der Industrie nach Inkrafttreten des Produkthaftungsgesetzes besondere Bedeutung erlangt.

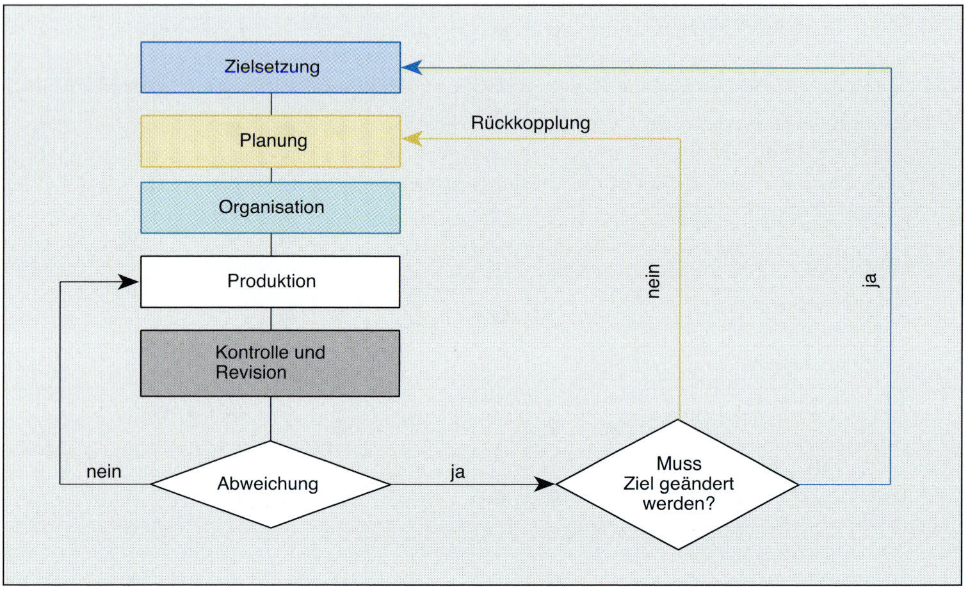

Revision

Darunter versteht man die *nachträgliche* Überprüfung der

- Richtigkeit der Planungen,
- Funktionstüchtigkeit der Organisation,
- Ordnungsmäßigkeit der Arbeitsdurchführung,
- Zuverlässigkeit der Rechenschaftslegung.

Sie dient nicht nur innerbetrieblichen Zwecken, sondern auch dem Schutz der außerhalb des Betriebes stehenden Personen (Aktionäre, Gläubiger).

Von **Innenrevision** spricht man, wenn betriebseigene Abteilungen prüfen. Bei der **Außenrevision** prüfen Revisionsverbände, Wirtschaftsprüfer oder vereidigte Buchprüfer, die nicht Mitarbeiter des Betriebes sind.

Das Kontroll- und Revisionswesen darf den Betriebsablauf nicht hemmen. Wenn fortlaufende Kontrollen hohe Kosten verursachen, kann an ihre Stelle die Stichprobenkontrolle treten. Das ständige Suchen nach Fehlern, Fehlerquellen und Verfahrensmängeln soll jedoch zu einer laufenden Rationalisierung beitragen.

Die Kontrolle der Mitarbeiter erfordert menschliches Einfühlungsvermögen und Taktgefühl. Sie darf den Menschen nicht entwürdigen, indem sie seine Selbstverantwortlichkeit untergräbt. Oft ist dem Arbeitnehmer die Überwachung durch eine Kontrollapparatur (Arbeitszeiterfassungsgerät) angenehmer als die Kontrolle durch Menschen.

5.5 Rechenschaftslegung und Repräsentation

Die Rechenschaftslegung als Darstellung der Leistungsergebnisse und die Repräsentation als die Vertretung des Unternehmens gegenüber Dritten sind begleitende Maßnahmen für alle vier Phasen der Leitung.

Rechenschaftslegung

Wer über Wirtschaftsgüter verfügt, ist zur Rechenschaftslegung verpflichtet. Dieser Grundsatz gilt nicht nur im Bereich eines Unternehmens. Er findet seinen Ausdruck im Verfassungsrecht, das die Sozialgebundenheit des Eigentums betont. Dadurch wird die Verfügbarkeit für den Eigentümer beschränkt. GG Art. 14 (2)

Beispiel: Der Bau eines Kraftwerkes wird auf einem bestimmten Gelände erst genehmigt, wenn Rechenschaft darüber abgelegt ist, dass keine Gefährdung der Umwelt eintritt.

Die Verantwortlichkeit gegenüber der Öffentlichkeit wird auch deutlich in den gesetzlichen Bestimmungen zur Veröffentlichung des Jahresabschlusses (Abschnitt 3.5.1).

Dieser Verpflichtung unterliegen:

- Kapitalgesellschaften, HGB § 325
- Genossenschaften, § 339
- Unternehmen anderer Rechtsformen, wenn die Voraussetzungen des Publizitätsgesetzes erfüllt sind. PublG § 1

Für den Vorstand oder Geschäftsführer von Kapitalgesellschaften und Genossenschaften besteht die Pflicht zur Rechenschaftslegung gegenüber Aufsichtsräten, Aktionären bzw. Gesellschaftern, dem Betriebsrat und der Öffentlichkeit.

Mitarbeiter der mittleren und unteren Leitungsebene sowie ausführende Arbeitskräfte haben ihren Vorgesetzten gegenüber Rechenschaft abzulegen.

Repräsentation

Repräsentationsverpflichtungen für ein Unternehmen ergeben sich gegenüber politischen und wirtschaftlichen Organisationen oder bei gesellschaftlichen Veranstaltungen.

Die Repräsentation des gesamten Unternehmens nimmt in aller Regel die obere Leitungsebene wahr. Sie kann jedoch von Fall zu Fall Mitarbeitern der mittleren Leitungsebene die Aufgabe übertragen.

Die anderen Mitarbeiter vertreten sowohl innerhalb als auch außerhalb des Betriebes ihren jeweiligen Funktionsbereich. Dies erfolgt im Rahmen ihrer rechtlichen Vertretungsmacht.

Beispiel: Der Leiter der Verkaufsabteilung ist der berufene Repräsentant des Verkaufsbereiches bei innerbetrieblichen Konferenzen und gegenüber Kunden.

?

1. Inwiefern unterscheiden sich Kontrolle und Revision hinsichtlich des Zeitpunktes und des Inhalts?
2. »Vertrauen ist gut, Kontrolle ist besser.« Beurteilen Sie diese Aussage.
3. Erläutern Sie die Rechenschaftslegung des Vorstandes einer AG gegenüber Aufsichtsrat und Hauptversammlung.
4. Auch Einzelunternehmer sind zur Rechenschaftslegung verpflichtet. Geben Sie dafür Beispiele.
5. Nennen Sie Repräsentationsaufgaben für die obere Leitungsebene.
6. Wodurch unterscheiden sich die Repräsentationsaufgaben eines Geschäftsführers von denen eines Abteilungsleiters?

5.6 Logistik

5.6.1 Integriertes Logistikkonzept

Um die vielschichtigen, verschachtelten *Güter-, Werte- und Informationsflüsse*, die zur Erstellung der betrieblichen Leistung notwendig sind, zu *optimieren*, wird die Logistik herangezogen.

Logistik schafft Lösungen für eine **optimale Planung, Gestaltung und Steuerung** des Güter-, Werte- und Informationsflusssystems in und zwischen Unternehmen.

Beispiel: Güter- und Informationsflüsse von der Materialbeschaffung über die Produktion bis zum Verbraucher, wobei ein Logistik-Dienstleister eingeschaltet ist.

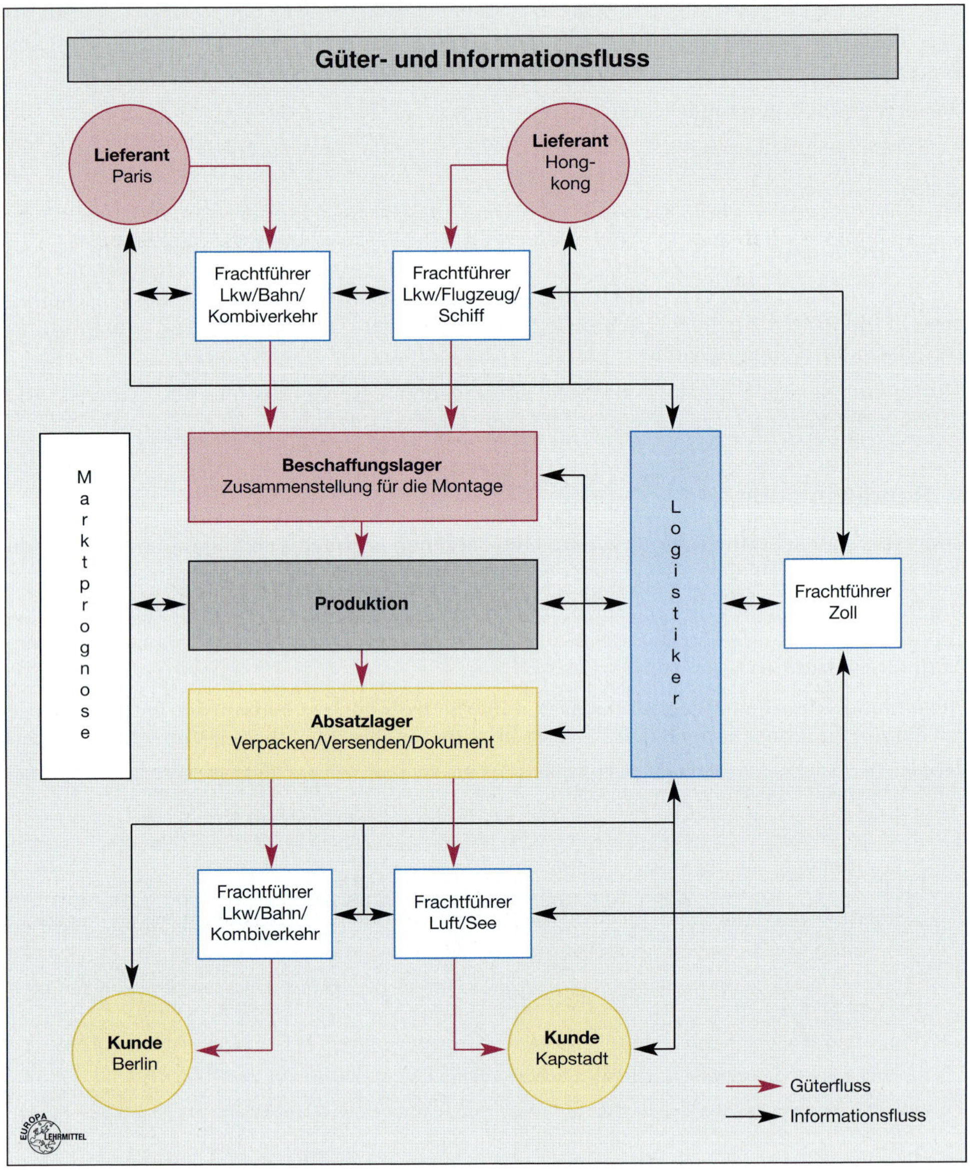

Dabei darf die Logistik aber nicht ein Aneinanderreihen von Maßnahmen und Instrumenten sein, vielmehr muss ein integriertes Konzept entwickelt werden. Logistik kann somit als eine eigene betriebliche Funktion angesehen werden.

Logistische Leistungen umfassen die *Anlieferung der gewünschten Produkte,*

- in der geeigneten Menge,
- mit der erforderlichen Qualität,
- zur rechten Zeit,
- am richtigen Ort,
- zu möglichst geringen Kosten,
- an den richtigen Empfänger.

Diese Güter-, Werte- und Informationsflüsse treten allerdings nicht nur in der Richtung von der Rohstoffgewinnung bis zum Verbraucher auf, sondern können auch entgegengesetzt vorhanden sein.

Beispiel: Altautos werden vom Händler an den Hersteller zurückgeführt, um dort verwertet und entsorgt zu werden.

Die steigende Bedeutung der Logistik liegt vor allem im weltweit zunehmenden Wettbewerb und dem damit verbundenen Kostenbewusstsein. So betragen die Kosten für logistische Leistungen in der Industrie etwa 15 %, im Handel bis zu 25 % der Gesamtkosten.

Mithilfe sinnvoller Logistikkonzepte wird versucht, Kosten zu reduzieren, indem **Verbesserungen in betrieblichen Leistungsbereichen** angestrebt werden wie zum Beispiel

- Verkürzung der Lieferzeiten,
- Erhöhung der Lieferbereitschaft und der Lieferzuverlässigkeit,
- Reduzierung der Durchlaufzeiten,
- Abbau der Lagerbestände im Beschaffungs- und Absatzbereich,
- bessere Abstimmung innerbetrieblicher Abläufe,
- Standardisierung von Verpackungen und Transportmitteln,
- Vermeidung von Leerfahrten,
- Aufbau von Informationsnetzen.

Gleichzeitig wird durch diese Verbesserungen auch die **Konkurrenzfähigkeit** gesteigert.

5.6.2 Teilbereiche des Logistikkonzepts

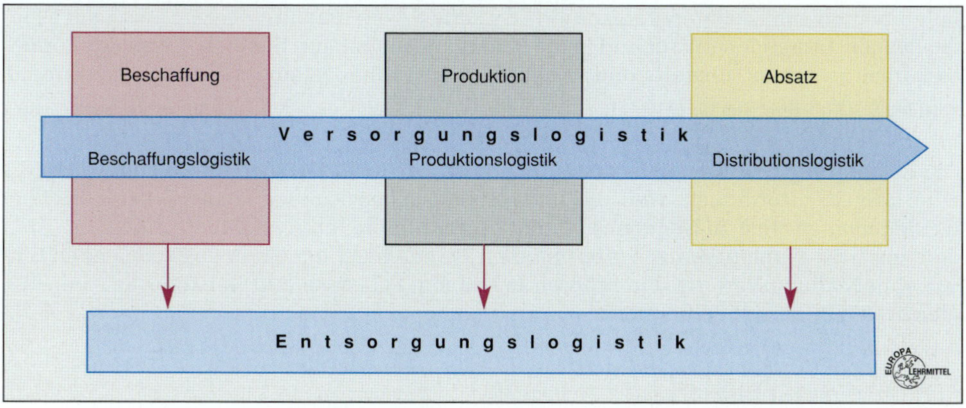

Die logistischen Aufgaben sind äußerst vielfältig und die zwischen ihnen bestehenden gegenseitigen Abhängigkeiten kaum überschaubar. Deshalb ist es notwendig, das logistische Gesamtsystem in Teilsysteme zu zerlegen. Man orientiert sich dabei an den betrieblichen Grundfunktionen und spricht von **Beschaffungslogistik, Produktionslogistik, Distributionslogistik.**

Zu diesen Bereichen, die sich mit der Versorgung der Betriebsabteilungen und der Kunden (Bedarfsträger) befassen, kommt der Bereich der Entsorgungslogistik hinzu.

Beschaffungslogistik

Die **Beschaffungslogistik** hat dafür zu sorgen, dass die für die Produktion benötigten Materialien zur richtigen Zeit, am richtigen Ort und in der richtigen Menge und Güte bereitgestellt werden. Dies geschieht entweder aus dem Lager (mit Vorratshaltung) und/oder fertigungssynchron (ohne Vorratshaltung).

Beim System der *fertigungssynchronen Anlieferung* (**J**ust-**I**n-**T**ime, **JIT**) wird versucht, den Transport so zu organisieren, dass auf eine Lagerhaltung weitgehend verzichtet werden kann. In diesem Fall erfolgt die Anlieferung der Werkstoffe und Betriebsmittel direkt an die Produktionsstätte (Werkhalle, Montagehalle).

Organisatorische Voraussetzungen für den fertigungssynchronen Zufluss der benötigten Stoffe sind

- ein gut funktionierendes Informations- und Kommunikationssystem,
- eine Pipeline für flüssige und gasförmige Roh- und Betriebsstoffe,
- garantierte Zuliefertermine,
- garantierte Beförderungszeiten,
- ausreichend große innerbetriebliche Abfertigungsanlagen, Abfertigungseinrichtungen und Transportwege,
- ein umfassendes Qualitätsmanagement, das bereits bei den Zulieferern ansetzt.

Vorteile der fertigungssynchronen Anlieferung:	Nachteile der fertigungssynchronen Anlieferung:
– Die Feststellung der Bedarfsmengen und der Bedarfszeitpunkte ist unmittelbar durch die Fertigungsplanung bestimmt. – Die Lagerhaltung beschränkt sich auf Sicherheitsbestände (eiserne Reserve); die Lagerkosten werden dem Zulieferer aufgebürdet. – Längerfristige Lieferverträge ermöglichen trotz schubweiser Anlieferung in Teilmengen mengenmäßige Preisvorteile wie beim Großbezug.	– Verkehrs- oder streikbedingte Zulieferschwierigkeiten und Produktionsausfälle beim Zulieferer wegen technischer Gründe oder höherer Gewalt führen zu Produktionsengpässen beim Hersteller (Abhängigkeit des Herstellers vom Zulieferer). – Der Zulieferer ist oftmals vertraglich durch die vorgegebenen Bedingungen des Herstellers eingeschränkt (Abhängigkeit des Zulieferers vom Hersteller).

Um die Nachteile des JIT-Konzeptes zu vermeiden, werden z.B. im Bereich der Automobilproduktion vom Zulieferer vorsortierte Systemeinheiten unmittelbar im Werk auf Montagewagen zusammengebaut und in die Fahrzeuge eingebaut. Für diese Form der Zusammenarbeit zwischen Zulieferer und Abnehmer sind Online-Datenverbindungen notwendig.

Beispiel: Der Zulieferer von Kompletträdern ist unmittelbar am Standort des Automobilherstellers angesiedelt und direkt in den Produktionsprozess eingebunden (Bild, Seite 173).

Die Erweiterung des Konzeptes der JIT wird bei Herstellern großer Serien angewandt. Es wird deshalb erforderlich, weil die unterschiedlichsten Kundenwünsche berücksichtigt werden müssen. **Just-In-Sequence** verlangt nicht nur die *termingenaue Anlieferung*, sondern auch die *Einhaltung der vorbestimmten Reihenfolge*, um einen anschließenden Einbau ohne Reibungsverluste durchführen zu können. Zulieferer und Hersteller arbeiten also gleichzeitig in derselben Sequenz.

Beispiel: Der Komponentenzulieferer für Autositze erhält per Online-Datenverbindung den Auftrag, die Komponente in der vom Kunden gewünschten technischen Ausstattung und Farbe einbaugerecht zu liefern. Zwischen Online-Auftrag und Einbau in der Fertigung liegt ein Zeitraum von vier Stunden.

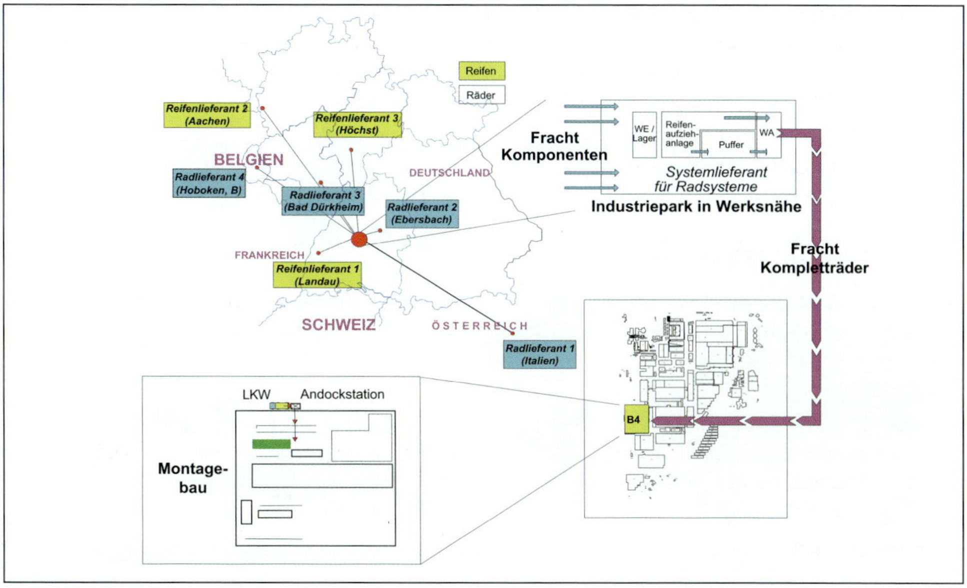

Produktionslogistik

Die **Produktionslogistik** stellt das Bindeglied zwischen Beschaffungs- und Distributionslogistik dar und hat die Aufgabe, die art- und mengenmäßig, räumlich und zeitlich abgestimmte Versorgung der Produktionsprozesse mit den benötigten Produktionsfaktoren sowie der Entsorgung zu gewährleisten. Es werden alle Güterbestände und Güterbewegungen innerhalb der Fertigungsstandorte gesteuert und kontrolliert.

Distributions-/Versandlogistik

Die **Distributions-/Versandlogistik** hat dafür zu sorgen, die produzierten Güter art- und mengenmäßig, räumlich und zeitlich abgestimmt bereitzustellen, um den Bedarf der Kunden optimal und möglichst kostengünstig zu decken und zwar in der Weise, dass

- bei *Auftragsfertigung* die vorgegebenen Lieferzusagen eingehalten
- bei *Vorratsfertigung* die erwartete Nachfrage befriedigt

werden können.

▶ Versandlogistik bei Auftragsfertigung

Auftragsfertigung kommt vor allem bei der Investitionsgüterproduktion vor. Dabei kann es sich um Einzel- oder Mehrfachfertigung handeln. Bereits vor der Auftragsannahme muss die Versandlogistik mit einbezogen werden, damit sie ihre Aufgaben optimal erfüllen kann. Entsprechende Vereinbarungen bei der Vertragsgestaltung legen die Transportmittel und den Transportweg weitgehend fest:

- Zusagen über die **Lieferart:** Lieferung eines Gutes komplett oder zerlegt.

  Beispiel: Zur Montage in ausländischen Werken werden jeweils zwei komplette Lkw zerlegt in einem 40-Fuß-Container zum Versand gebracht (Bild, Seite 174).

- Zusagen über die **Liefermenge:** Gesamtlieferung oder Teillieferungen.

  Beispiel: Ein Industriebetrieb kann pro Tag 200 Formteile produzieren. Ein Auftrag über 20.000 Formteile erfordert bei vereinbarter Gesamtlieferung zusätzlichen Lagerraum, der angemietet werden müsste. Der eigene Fuhrpark, der eine Ladekapazität von einer Tagesproduktion hat, wäre bei vereinbarter Teillieferung sinnvoll ausgelastet.

- Zusagen über den **Lieferort:** Lage und Struktur des Lieferorts wie Zufahrts- und Umschlagsmöglichkeiten müssen abgeklärt werden.

  Beispiele: Straßenbreite, Durchfahrtshöhe, Hebebühne, Laderampe, Lastenaufzug.

– Zusagen über die **Lieferzeit:**

Beispiel: Für einen Exportauftrag nach Japan stehen vier Tage für den Transport zur Verfügung. Die Lieferzeit ist nur bei Einsatz des Flugzeugs einzuhalten.

– Zusagen über **Zusatzleistungen:**

Beispiel: Ein Großauftrag wird nur erteilt, wenn der Hersteller seine Produkte »verkaufsfertig« in spezieller Verpackung und mit Preisschildern versehen liefert.

Bei den logistischen Entscheidungen sind der Kundenwunsch und die Wirtschaftlichkeit des Auftrags in Einklang zu bringen.

▶ Versandlogistik bei Vorratsfertigung

Bei der *Vorratsfertigung* muss die Versandlogistik gewährleisten, dass die Produkte rechtzeitig in der gewünschten Art und Menge am richtigen Ort bereitgestellt werden, damit sowohl der *zu erwartenden als auch* der *unerwarteten Nachfrage* möglichst genau entsprochen werden kann. Dabei wirkt die Logistik an der zielgerichteten Gestaltung des Marktes und der Kauffaktoren mit, indem sie Unternehmensentscheidungen beeinflusst:

1. **Bestimmung von Absatzgebieten** unter dem Aspekt der Verkehrsanbindung. Das Absatzgebiet darf nur so groß gewählt werden, dass mit den einsetzbaren Verkehrsträgern die nachgefragten Erzeugnisse termingetreu zugestellt werden können.

   Beispiel: Können die Produkte nur mit 7,5-t-Lkw zugestellt werden, so muss bei gleicher Anlieferungsmenge das Absatzgebiet kleiner gewählt werden, als wenn mit 40-t-Lkw angeliefert werden kann.

2. **Entscheidung über die Einrichtung von Lagern.** Der reibungslose Absatz erfordert eine entsprechende Kapazität des Lagers. Sie ist abhängig von den Produktionsmengen, den Mengen und Zeitabständen der Abnahme sowie von der Größe des Absatzgebietes. Kann die termingetreue Belieferung der Kunden vom Fertigerzeugnislager am Produktionsstandort nicht gewährleistet werden, so müssen dezentrale Lager eingerichtet werden.

   Beispiel: Beträgt die Tagesproduktion eines Industriebetriebs 2.000 Stück pro Tag, die die Abnehmer durchschnittlich alle 10 Tage ordern, so muss die Lagerkapazität für mindestens 20.000 Stück ausreichen.

3. **Entscheidung über das Verteilsystem**

   Beispiel: Werden dezentrale Bestände abgebaut, so erhöhen sich die Transportmengen. Dadurch nimmt der Auslastungsgrad des Fuhrparks zu und die Logistikkosten werden gesenkt.

4. **Entscheidung über Versandverpackung.** Die Verpackung sollte so gestaltet sein, dass der Transport sicher durchgeführt werden kann. Darüber hinaus muss sie platz- und kostensparend sowie wiederverwend- und -verwertbar sein. Auch sind die Auftragsgrößen zu berücksichtigen, da die Produkte zu Auftrags- und Versandeinheiten zusammengepackt (kommissioniert) werden müssen.

Beispiel: Hier erfolgt die Kommissionierung aus einem Hochregallager in Euro-Fix-Kästen, die mit Deckeln verschlossen als Mehrweg-Transport-Verpackungen auf die Reise gehen.

Eine sinnvolle Mitwirkung der Versandlogistik an der Gestaltung des Marktes setzt voraus, dass **Informationen ohne Verzögerung** fließen, um auf mengen- oder artmäßige *Nachfrageveränderungen sofort reagieren* zu können. Gerade bei Produkten, die auch beim Konkurrenten bezogen werden können, ist die Lieferbereitschaft von zentraler Bedeutung. Die Lieferbereitschaft ist optimal, wenn sich Lieferbereitschaftskosten (Sicherheitsbestände) und Fehlmengenkosten (Verlust von Kunden) ausgleichen.

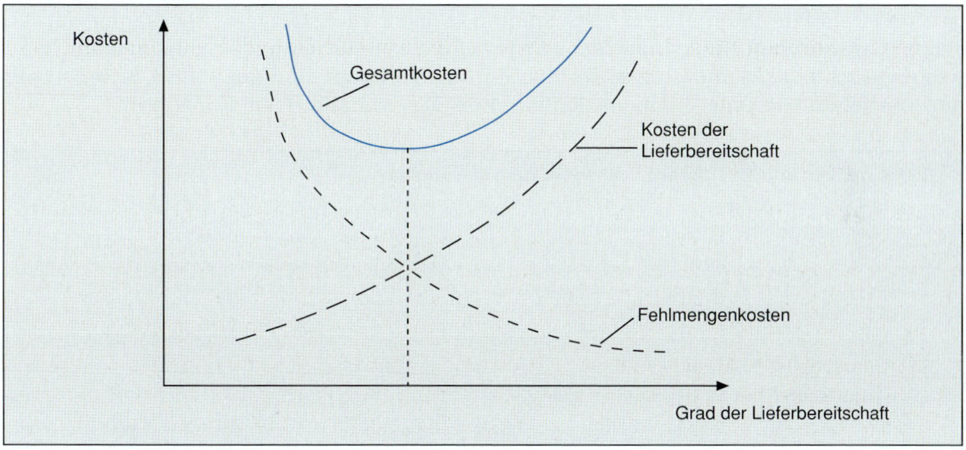

Entsorgungslogistik

Die **Entsorgungslogistik** befasst sich mit dem Sammeln, Sortieren, Lagern und Transportieren von Leergut, Reststoffen und Abfall. Zum *Leergut* zählen wiederverwendbare Verpackungen und Transporthilfsmittel; *Reststoffe* sind anfallende Rückstände, deren Beseitigung Kosten verursacht. Als *Abfall* werden die Reststoffe entsorgt, für die sich eine Wiederverwertung und -verwendung nicht lohnt. Durch die Erhöhung der Umweltkosten (z.B. Müllgebühren) und durch eine erfolgreiche Entsorgungslogistik wird das Abfallaufkommen reduziert.

Die **Aufgabe der Logistik** berührt nahezu alle Unternehmensbereiche und zwingt somit dazu, logistische Funktionen nicht isoliert, sondern als integriertes Konzept zu betrachten. Dadurch werden die einzelnen Bereiche zu einer **Prozesskette** verknüpft und die Abläufe von der Beschaffung bis zum Vertrieb optimiert.

Das Logistikkonzept erfordert dazu auch, dass die logistischen Aktivitäten so ausgerichtet werden, dass mit den Lieferanten optimal kooperiert wird und die Kundenwünsche voll berücksichtigt werden.

Dies wird erreicht durch eine unternehmensübergreifende Vernetzung. Dadurch kann es zu einer optimalen Ausgestaltung der Wertschöpfungskette kommen (Supply Chain Management; Abschnitt 1.2.6).

Unter **Supply Chain Management** versteht man die **Lenkung** und **Gestaltung** der **Lieferketten.**

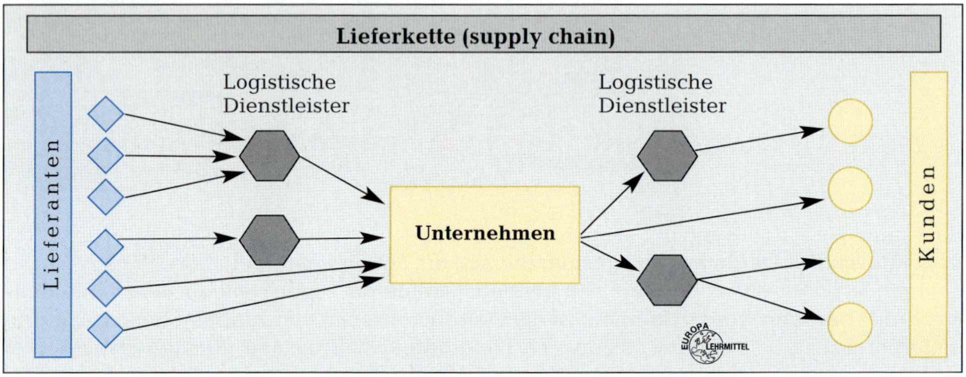

Die Entscheidung, inwieweit Logistikleistungen aus dem eigenen Unternehmen ausgelagert und fremden Unternehmen, sogenannten Logistik-Dienstleistern, übertragen werden sollen (**Outsourcing**), sind strategische Unternehmensentscheidungen, die nicht nur unter Kostengesichtspunkten getroffen werden dürfen. Vielmehr sind qualitative Kriterien mit einzubeziehen wie Unternehmensidentität, Prestige, Abhängigkeit, Know-how.

1. Beschreiben Sie den Umfang von logistischen Leistungen.
2. Skizzieren Sie den Güter- und Informationsfluss von der Rohstoffbeschaffung bis zum Verbraucher bei der industriellen Fensterproduktion.
3. »Die Pelikan AG verzeichnet eine erhebliche Gewinnsteigerung, seit sie die komplette Bewirtschaftung des Zentrallagers in Hannover-Anderten an ein anderes Unternehmen abgegeben hat«, betont Pelikan-Geschäftsführer Söhnke Boysen.

   Begründen Sie, welche betrieblichen Leistungsbereiche zur Gewinnsteigerung bei der Pelikan AG beigetragen haben könnten.
4. Beschreiben Sie die Teilsysteme der Logistik.
5. Untersuchen Sie, in welchen Abteilungen Ihres Ausbildungsbetriebs logistische Aufgaben erfüllt werden.
6. Beschreiben Sie die Aufgabe der Versandlogistik.
7. Untersuchen Sie in Ihrem Ausbildungsbetrieb, inwieweit die Versandlogistik bereits vor der Auftragsannahme bei den Planungen berücksichtigt wird.
8. Suchen Sie Beispiele für Zusatzleistungen, die Industriebetriebe für ihre Kunden übernehmen können.
9. Ein Industriebetrieb überträgt einem logistischen Dienstleister die Lagerung, den Umschlag und den Transport der Produkte. Wägen Sie Vor- und Nachteile ab.

6 Warenbeschaffung

Am Beginn des betrieblichen Leistungsprozesses steht die **Beschaffung der Produktionsfaktoren** (Bild, Seite 18). Sie ist eine der Hauptfunktionen im Güterstrom, der den Betrieb fortwährend in Richtung Absatzmarkt durchfließt.

Die **Beschaffung von Waren** ist meistens *Aufgabe der Einkaufsabteilung.* Sie muss ihren Entscheidungen den *Bedarf* der Abnehmer zugrunde legen und dabei die Erfahrungen der Absatzorgane verwerten. Die Warenbeschaffung erfordert ein enges Zusammenwirken der Einkaufsabteilung mit der Verkaufs- und Lagerabteilung und eine Berücksichtigung des Absatzplans.

Die Aufgaben des Einkaufs zeigt folgender **Aufgabengliederungsplan:**

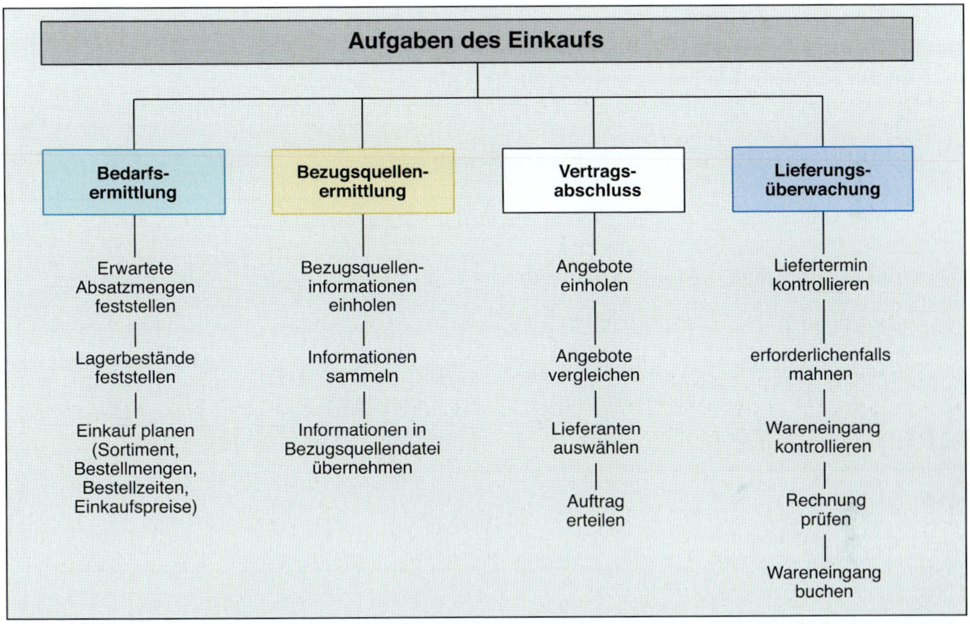

6.1 Bedarfs- und Bezugsquellenermittlung

6.1.1 Bedarfsermittlung

»Im günstigen Einkauf liegt der halbe Erfolg.«

Dieser Satz unterstreicht schlagwortartig die Bedeutung einer planmäßigen Warenbeschaffung.

Die Warenbeschaffung ist von den Absatzmöglichkeiten, d.h. vom Bedarf der Abnehmer abhängig. Die für den Verkauf benötigten Waren können entweder ganz oder teilweise *aus Lagerbeständen entnommen* werden oder sie müssen ganz oder teilweise *neu beschafft* werden. Deshalb richten sich die Einkaufsplanungen letzten Endes nach den zu erwartenden Umsätzen und den zu lagernden Vorräten.

Feststellung der Lagerbestände

Bevor Einkaufsentscheidungen getroffen werden können, müssen die Lagerbestände festgestellt und die Bestandsentwicklung verfolgt werden. Häufig ist die **Lagerverwaltung** für die Warendisposition zuständig, da sie die Bestandsentwicklung überblickt. Sie entscheidet darüber,

- in welchen *Arten, Mengen* und zu welchen *Zeitpunkten* die vom Verkauf benötigten Mengen *bereitgestellt* werden müssen,
- welcher Teil davon aus *Lagerbeständen gedeckt* werden kann,
- wann und in welchem Umfang *Bestellungen* durch die Einkaufsabteilung zu *veranlassen* sind (Meldebestand, Abschnitt 7.4.1).

Normalerweise wird die Bedarfsmeldung **automatisch mittels DV veranlasst** *(Warenwirtschaftssystem/integrierte Unternehmenssoftware).*

Einkaufsplanung

Der optimale Einkauf der Waren erfordert eine sorgfältige Einkaufsplanung. Sie lässt sich je nach der Fragestellung in unterschiedliche Teilplanungen unterteilen.

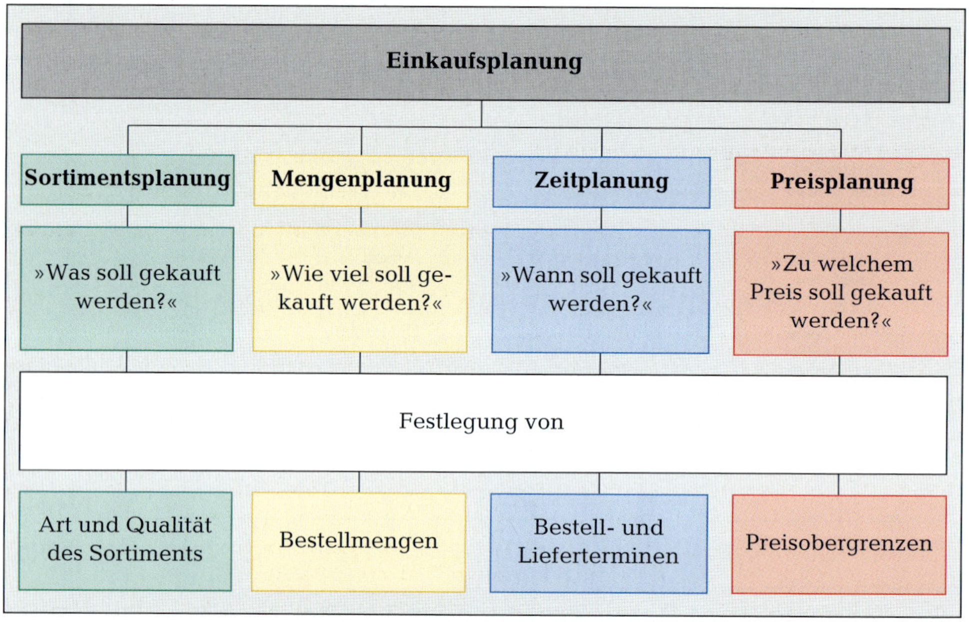

▶ Sortimentsplanung: Was soll gekauft werden?

Beim *Einzelhandel* ist das Warensortiment abhängig vom Geschäftszweig (Lebensmittel, Textilwaren usw.) und der Art des Betriebes (Fachgeschäft oder Warenhaus). Innerhalb dieses Rahmens werden die besonderen Arten und Preislagen der Waren durch die Kaufkraft und soziale Stellung der Kunden bestimmt. Das Verkaufspersonal hat neu auftretende, ernst zu nehmende Kundenwünsche der Einkaufsabteilung weiterzuleiten.

Beim *Großhandel* erkunden vor allem Handlungsreisende und Handelsvertreter, was die Abnehmer (Einzelhandels- und Industriebetriebe) brauchen.

Beim *Fertigungsbetrieb* entscheidet das Produktionsprogramm über die Art und die Zusammensetzung des Bedarfs.

▶ Mengenplanung: Wie viel soll gekauft werden?

Die Bereitstellung der erforderlichen Warenmengen muss in erster Linie die *Lieferfähigkeit* des Unternehmens *gewährleisten.* Anhaltspunkte zur Abschätzung der richtigen Bedarfsmenge bieten

a) der *tatsächliche* Absatz in der vergangenen Zeit (Umsatzstatistik),

b) alle möglichen Umstände, die diesen Absatz in der *Zukunft* ändern können.

Dazu gehören:

- Einflüsse der Jahreszeiten und Witterungsverhältnisse (Saisonwaren, Sportartikel),
- Änderung der allgemeinen Wirtschaftslage (Konjunktur, Kaufkraftentwicklung) und des Preisniveaus,
- Wandlungen im Geschmack (Modewaren, CDs),
- Steuermaßnahmen des Staates (bei Benzin, Branntwein, Zigaretten, Strom, Heizöl),
- politische Ereignisse (Krisen, Hamsterkäufe),
- Änderung des Kundenkreises (Erschließung neuen Baugeländes) und des Einkommens der Kunden (Kurzarbeit, Lohnerhöhungen, Weihnachtsgratifikationen, Steuerbe- oder -entlastungen),
- Änderungen in der Verkehrsanbindung (neue Verkehrslinien, Parkraum, Maßnahmen zur Verkehrsberuhigung, Einrichtung von Fußgängerzonen),
- örtliche Veranstaltungen (Jahrmärkte, Ausstellungen, Feiern, Tagungen, Kongresse),
- Geschäftseröffnungen der Konkurrenten.

Jedoch sollten die Lagervorräte nicht höher sein, als es der wirtschaftliche Ablauf des Leistungsprozesses erfordert. Zu hohe Lagerbestände binden anderweitig benötigtes Kapital, belasten die Zahlungsfähigkeit, erhöhen das Lagerrisiko und verursachen unnötige Zins- und Lagerkosten.

Ziel der Mengenplanung ist es demnach,

- einerseits so große Vorräte anzulegen, dass die **Lieferfähigkeit stets gesichert** ist,
- andererseits die Vorräte so niedrig zu halten, dass die **Beschaffungs- und Lagerhaltungskosten möglichst gering** sind.

Diese konkurrierenden Ziele müssen in *optimaler* Weise aufeinander abgestimmt werden **(optimale Bestellmenge).**

Bei der Bestellung großer Mengen werden von den Lieferanten in der Regel günstigere Lieferungs- und Zahlungsbedingungen, insbesondere mehr Boni und höhere Mengenrabatte, eingeräumt als bei kleineren Bestellmengen. Außerdem erfordern höhere Bestellmengen weniger Bestellvorgänge und damit weniger Bestellkosten.

Dies könnte zu der vordergründigen Annahme verleiten, möglichst große Bestellmengen für lange Zeiträume seien optimal. Man muss aber erkennen, dass den niedrigeren Beschaffungskosten höhere Lagerhaltungskosten gegenüberstehen, da sich die Lagerdauer verlängert und das Lagerrisiko steigt (Abschnitte 7.4.2 und 7.4.3).

Beispiel: Bei der Beschaffung eines Rohstoffes wird in einem Betrieb mit folgenden Bedingungen (Seite 180, oben) gerechnet:

a) Rechnerische Ermittlung der optimalen Bestellmenge mithilfe der Bestellmengenformel:

$$\textbf{Optimale Bestellmenge} = \sqrt{\frac{\textbf{200} \cdot \textbf{Jahresbedarf} \cdot \textbf{Beschaffungskosten je Bestellvorgang}}{\textbf{Einstandspreis je Stück} \cdot \textbf{Lagerhaltungskostensatz}}}$$

$$= \sqrt{\frac{200 \cdot 1.800 \cdot 15}{5 \cdot 5}}$$

$$= \textbf{464,75}$$

Ergebnis: Die optimale Bestellmenge beträgt **465 Stück**.

b) Tabellarische Ermittlung der optimalen Bestellmenge:

	A	B	C	D	E	F
1	Jahresbedarf (M)				1.800	Stück
2	Beschaffungskosten je Bestellvorgang (Bk)				15,00	EUR
3	Einstandspreis je Stück (p)				5,00	EUR
4	Lagerhaltungskostensatz des durchschnittlichen Lagerbestandes (Lks)				5	%
5	Der durchschnittliche Lagerbestand beträgt die Hälfte der Bestellmenge.					
6						
7	Bestell-menge in Stück	Bestell-vorgänge	Beschaffungs-kosten in EUR	Durch-schnittlicher Lagerbestand	Lagerhaltungs-kosten in EUR	Beschaffungs- und Lager-haltungskosten in EUR
8	x	M/x	M/x · Bk	x/2	x/2 · p · Lks/100	Spalte C+E
9	100	18	270,00	50	12,50	282,50
10	200	9	135,00	100	25,00	160,00
11	300	6	90,00	150	37,50	127,50
12	400	4,5	67,50	200	50,00	117,50
13	500	3,6	54,00	250	62,50	116,50
14	600	3	45,00	300	75,00	120,00
15	700	2,57	38,57	350	87,50	126,07
16	800	2,25	33,75	400	100,00	133,75
17	900	2	30,00	450	112,50	142,50
18						

Ergebnis: Bei der tabellarischen Ermittlung der optimalen Bestellmenge mit einer Intervallweite von 100 Stück liegt diese im Bereich von 500 Stück.

c) Grafische Ermittlung der optimalen Bestellmenge:

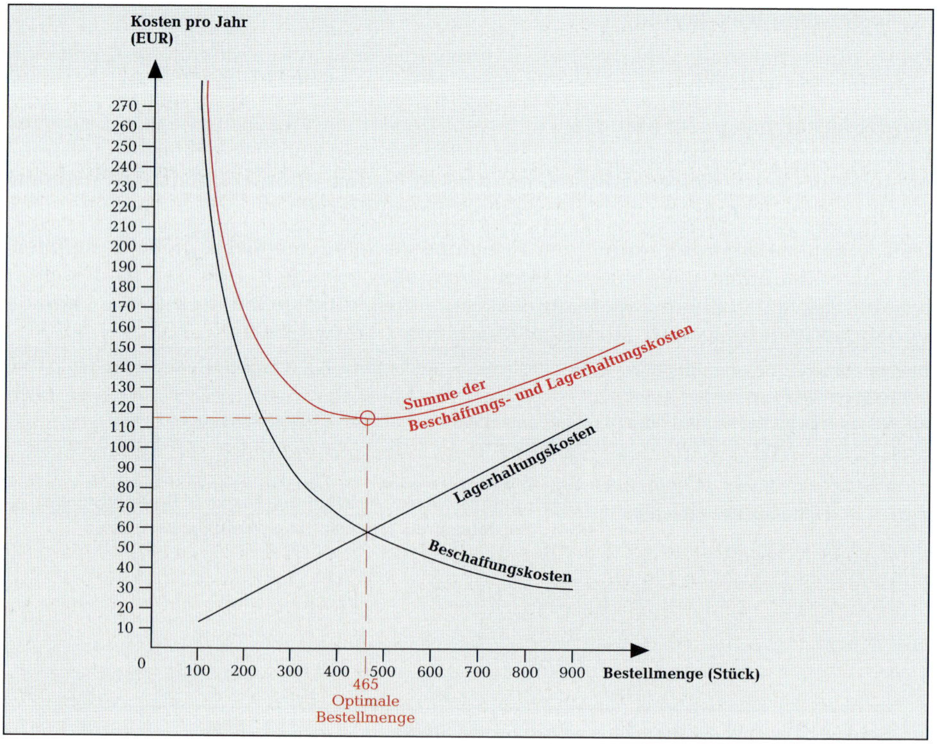

Daraus folgt:

> **Optimal** ist diejenige **Bestellmenge,** bei der die **Summe aus Beschaffungs- und Lagerhaltungskosten am geringsten** ist.

!

▶ Zeitplanung: Wann soll gekauft werden?

Die Ware muss so zeitig gekauft werden, dass sie zum Verkauf bereitliegt, ehe das letzte Stück der alten Ware abgesetzt ist. Der Zeitpunkt der Bestellung hängt ab von

- der *Beschaffungsdauer* (Lieferzeit) und der *Umsatzgeschwindigkeit* der bestellten Ware (Blumen – Schmuck),
- der *Lagerfähigkeit* (Frischobst – Konserven – Kunststoffartikel),
- der Größe und Eignung des *Lagerraumes* (Lebensmittel – Möbel),
- der erwarteten *Preisentwicklung* (Wein vor der neuen Ernte),
- dem Zeitpunkt des *Warenangebotes* (Südfrüchte, Obst und Gemüse während der Erntezeit, Frischfische nach der Fangzeit; Saison- und Modewaren, Neuheiten auf Messen und Ausstellungen).

Ziel der Zeitplanung ist also die **Anpassung der Beschaffungs- an die Absatztermine.** Um die Waren sicher termingerecht für den Absatz bereit zu haben, muss der Unternehmer

- eine möglichst langfristige Auftragserteilung durch den Kunden anstreben,
- mit den Lieferanten möglichst kurze, fest datierte Lieferfristen vereinbaren, z.B. durch Fixgeschäft, Vertragsstrafe (Abschnitte 6.4.2 und 6.8.2),
- einen hinreichenden Mindestbestand auf Lager halten (Abschnitt 7.4.1) und
- durch Festlegung eines Meldebestandes die rechtzeitige Bestellung veranlassen.

▶ Preisplanung: Zu welchem Preis soll gekauft werden?

Die Preisplanung hat vor allem die Aufgabe, die **Preisobergrenze** festzulegen, die beim *Einkauf* der Waren ausgeschöpft werden kann. Sie stützt sich dabei auf folgende kalkulatorische Berechnungen:

a) Anhand der am Absatzmarkt erzielbaren Preise werden **die höchstens aufzuwendenden Einkaufspreise** ermittelt. Dabei muss vom Verkaufspreis die Handelsspanne abgezogen werden **(Rückwärts-/Retrogradkalkulation).**

b) Um die **Angebotspreise** verschiedener Lieferanten **auf eine einheitliche Vergleichsbasis** zu stellen, müssen unterschiedliche Preis*abschläge* (Rabatte, Skonti) und Preis*zuschläge* (Beschaffungskosten) berücksichtigt werden **(Bezugskalkulation).**

ABC-Analyse. Die Untersuchung (Analyse) der in einem Betrieb benötigten Waren ergibt zumeist, dass ein verhältnismäßig großer Anteil des Wareneinsatzes auf eine **geringe Anzahl** *häufig benötigter* und *zugleich teurer* Warensorten entfällt. Um den Gesamtbereich der Beschaffung wirtschaftlicher zu gestalten, muss schwerpunktmäßig besondere Sorgfalt auf den Einkauf dieser Warensorten gelegt werden, da der Einspareffekt bei ihnen am größten ist.

Auf diese Erkenntnis stützt sich die ABC-Analyse, die in vielen Betrieben zu einem wichtigen Hilfsmittel der Beschaffungsplanung geworden ist. Dabei werden die regelmäßig zu beschaffenden Warensorten in Tabellenform aufgelistet und nach dem Aufwand einer Periode, d.h. nach Einsatzmenge · Bezugspreis, in mehrere *Wertklassen* (A, B, C usw.) eingeteilt. Die Wertklasse A ist die aufwendigste; beim Einkauf dieser Warensorten ist ganz besonders auf günstige Preise, Rabattstaffelung und Zahlungsbedingungen sowie auf niedrige Lagerbestände zu achten.

Vorgehensweise bei der Durchführung einer ABC-Analyse:

1. Erfassen der Preise und der Einkaufsmengen je Artikel (Materialart).
2. Ermittlung des Einkaufswertes je Artikel (Bezugspreis je Einheit · Menge).
3. Ermittlung des prozentualen Wertes am gesamten Einkaufswert.
4. Sortieren der Artikel vom höchsten bis zum niedrigsten prozentualen Wert.
5. Kumulieren der Werte und eine Wertklassenzuordnung (A, B oder C) vornehmen.

	A	B	C	D	E	F	G
1	**ABC-Analyse bei Beschaffungsgütern**						
2	**Artikel-Nr.**	**Bezugspreis je Einheit (in EUR)**	**Menge (in Stück)**	**Wert (in EUR)**	**Wert (in %)**	**Kumulierter Wert (in %)**	**Wertklassen-zuordnung: A, B oder C**
3	1	20,00	9.000	180.000,00	36,00	36,00	A
4	6	22,50	6.000	135.000,00	27,00	63,00	A
5	9	8,50	10.000	85.000,00	17,00	80,00	A
6	7	9,00	5.000	45.000,00	9,00	89,00	B
7	2	3,00	10.000	30.000,00	6,00	95,00	B
8	5	7,00	1.000	7.000,00	1,40	96,40	C
9	3	1,00	5.000	5.000,00	1,00	97,40	C
10	8	2,50	2.000	5.000,00	1,00	98,40	C
11	10	2,00	2.500	5.000,00	1,00	99,40	C
12	4	1,50	2.000	3.000,00	0,60	100,00	C
13		**Summe**	52.500	500.000,00	100,00		

Die Festlegung der Schranken liegt im Ermessen des jeweiligen Unternehmens. Üblich ist, für die Schranke der A-Güter die ersten 75–80 % der kumulierten Werte zu wählen. Die C-Güter haben einen kumulierten Wertanteil von unter 5 %, dazwischen liegen die B-Güter.

Die Wertklasse A enthält im obigen Beispiel nur drei von zehn Artikeln, umfasst aber einen Beschaffungsaufwand von insgesamt 80 %. Besondere Planungs- und Kontrollmaßnahmen sollten sich auf diese Artikel beschränken, da sich Preis- und Kostensenkungen besonders stark auswirken. Bei den Artikeln der Wertklasse C ist dagegen eine vereinfachte Bedarfs- und Bestellabwicklung möglich. Bei der Wertklasse B ist zu prüfen, ob die Artikel eher der Wertklasse A oder C zuzuordnen sind, um dann geeignete Maßnahmen jeweils treffen zu können.

Wertklassenzuordnung	
Kumulierter Anteil am Gesamtwert	**Wertklasse**
ca. 75 % - 80 %	A-Güter
ca. 15 % - 20 %	B-Güter
ca. 5 %	C-Güter

6.1.2 Bezugsquellenermittlung

Selten kommt für den Warenbezug nur ein einziges Unternehmen als Lieferant infrage. Die Einkaufsabteilung benötigt daher für ihre Einkaufsentscheidungen eine möglichst umfassende Kenntnis der möglichen **Bezugsquellen,** aus denen eine Auswahl nach dem ökonomischen Prinzip zu treffen ist.

Die benötigten Informationen liefert die Beschaffungsmarktforschung.

Als **Beschaffungsmarktforschung** bezeichnet man die **systematische Untersuchung von Beschaffungsmärkten.**

Die Beschaffungsmarktforschung ist auf unterschiedliche Objekte ausgerichtet, bedient sich unterschiedlicher Informationsquellen und wendet unterschiedliche Methoden an.

Beschaffungsmarktforschung

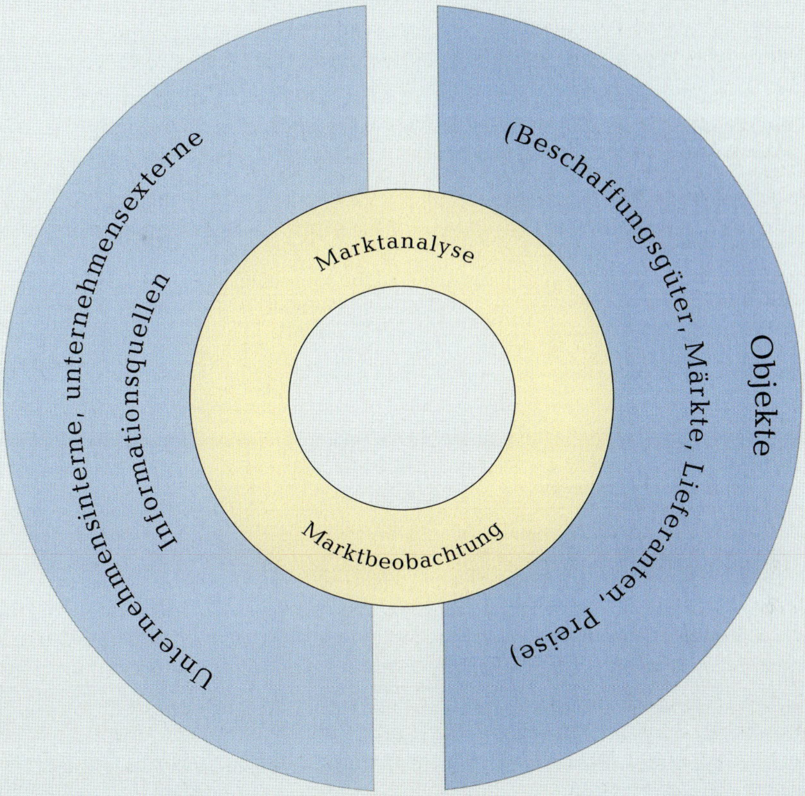

Informationsquellen	Methoden	Objekte
a) unternehmensinterne: – integrierte Unternehmens-software, – Lieferantendatenbank, – Einkaufsstatistik. **b) unternehmensexterne:** – Messen, Ausstellungen, – Internet, – Bezugsquellenübersichten der Kammern, – Branchenbücher, – Adressendatenbanken gewerblicher Unternehmen, – Inserate in Fachzeitschriften, – Serviceleistungen, – Werbematerial von Anbietern, – Auskünfte von Geschäftspartnern, Auskunfteien, Banken, Marktforschungsinstituten.	**a) Marktanalyse:** *Einmalige Untersuchung* der Struktur von Teilmärkten zu einem bestimmten *Zeitpunkt.* **Beispiel:** Ermittlung der Anbieter eines bestimmten Produktes unter Preis- und Qualitätsgesichtspunkten. **b) Marktbeobachtung:** *Fortlaufende Überwachung* der *Strukturveränderungen* von Teilmärkten. **Beispiel:** Feststellung von Preisentwicklungen für ein bestimmtes Produkt.	**a) Beschaffungsgüter:** – Warenbestandteile und -zusammensetzung, – Warenqualität, – Benutzerfreundlichkeit, – Entsorgungsmöglichkeit. **b) Märkte:** – Verkaufsprogramme und Marktanteile der Anbieter, – Marktschwankungen. **c) Lieferanten:** – Leistungsfähigkeit, – Lieferungs- und Zahlungsbedingungen. **d) Preise:** – Preisvergleiche, – Preis-Leistungs-Verhältnis.

1. Stellen Sie fest, wer in Ihrem Betrieb zuständig ist für die Beschaffung von
   a) Arbeitskräften,
   b) Grundstücken und Gebäuden,
   c) Fahrzeugen und
   d) Waren.
2. Bei welchen Waren spielt die soziale Schichtung und die Kaufkraft des Kundenkreises eine Rolle für den Sortimentsaufbau eines Handelsbetriebes?
3. In einem Großhandelsbetrieb wird bei der Beschaffung einer Warensorte mit folgenden Bedingungen gerechnet:

   Ein 3-Monats-Bedarf beträgt 6.000 Stück. Listenpreis 10 EUR je Stück. Der Lieferant gewährt bei einer Abnahme von 2.000 Stück 3 %, bei einer Abnahme von 4.000 Stück 5 %, bei einer Abnahme von 6.000 Stück 10 % Mengenrabatt.

   Der Transport kostet bei drei Bestellvorgängen 2.850 EUR, bei eineinhalb Bestellvorgängen 2.550 EUR, bei einem Bestellvorgang 2.250 EUR.

   Die Bestellkosten (Bedarfs- und Bezugsquellenermittlung, Bestellung, Lieferungsüberwachung) betragen je Bestellvorgang 150 EUR. Die täglichen Lagerhaltungskosten belaufen sich auf 0,025 EUR je Stück.

   Wegen der Rabattstaffel wird die Bestellung in Einheiten von 2.000, 4.000 oder 6.000 Stück in Erwägung gezogen. Berechnen Sie die optimale Bestellmenge.
4. Warum bestellen Textilgeschäfte die Sommerartikel meist schon im Herbst des vorangehenden Jahres?
5. Warum decken Privathaushalte ihren Bedarf an Heizmaterial möglicherweise bereits im Sommer?
6. Ein Großhändler erhielt von zwei verschiedenen Lieferanten ein Angebot für die gleiche Warensorte zu folgenden Bedingungen:

	Angebot A	Angebot B
Rechnungspreis (netto)	1.000 EUR	1.000 EUR
Rabatt	5 %	3 %
Skonto	2 %	2 %
Bezugskosten	44 EUR	frei Haus

   Am Absatzmarkt kann die Ware für 1.600 EUR (netto) verkauft werden. Der Großhändler rechnet mit einer Handelsspanne von 40% (siehe Abschnitt 6.7.1)
   a) Ermitteln Sie die Preisobergrenze für den Einkauf.
   b) Welches Angebot müsste bei sonst gleichen Bedingungen den Zuschlag erhalten?
7. Stellen Sie fest, welche Waren Ihres Betriebes bei einer ABC-Analyse in die Wertklasse A gehören würden.
8. Eine Großhandlung hat bei einer bestimmten Ware einen Jahresbedarf von 100.000 Stück. Der Einstandspreis der Ware beträgt 12,50 EUR je Stück. Unabhängig von der Bestellmenge fallen bei jeder Bestellung fixe Kosten in Höhe von 40,00 EUR an. Der Lagerhaltungskostensatz (Lagerhaltungskosten · 100/durchschnittlicher Lagerbestand) liegt bei 16 %.

   Im Rahmen der Beschaffungsplanung muss entschieden werden, wie oft die Ware während des Jahres bestellt werden soll. Werden die 100.000 Stück auf einmal bestellt, fallen 40,00 EUR bestellfixe Kosten und 100.000 EUR Lagerhaltungskosten (100.000/2 · 12,50 · 0,16) an. Die kostengünstigste Bestellmenge ist dann erreicht, wenn die Summe aus Beschaffungs- und Lagerhaltungskosten am niedrigsten ist (optimale Bestellmenge).
   a) Bei welcher Bestellmenge ist für die genannten Daten die Summe aus Beschaffungskosten und Lagerhaltungskosten am niedrigsten?
   b) Wodurch sind die Mehrkosten bedingt
      – bei höheren Bestellmengen,
      – bei niedrigeren Bestellmengen?
   c) Für die Bestellmengen 400, 800, 1.200, 1.600, 2.000, 2.400, 2.800, 3.200, 3.600, 4.000 Stück sollen
      – die Beschaffungskosten,
      – die Lagerhaltungskosten,
      – die Gesamtkosten

      grafisch in einem Koordinatensystem dargestellt werden (Y-Achse: Kosten, X-Achse: Bestellmenge). Wie lässt sich die optimale Bestellmenge grafisch bestimmen?
   d) Wie ändert sich die optimale Bestellmenge jeweils gegenüber der Ausgangssituation, wenn
      – der Jahresbedarf auf 110.000 Stück steigt,
      – der Einstandspreis aufgrund eines Liefererrabatts auf 11,25 EUR sinkt,
      – die bestellfixen Kosten auf 55,00 EUR steigen,
      – der Lagerhaltungskostensatz auf 20% steigt?

      Erläutern Sie diese Veränderungen.

9. Begründen Sie, welche Daten für die Auswahl eines Lieferanten von besonderer Bedeutung sind.
10. Ein Handelsbetrieb führt seine Waren überwiegend aus Ostasien ein.
    a) Welche Risiken ergeben sich daraus für den Betrieb?
    b) Wie könnte diesen Risiken im Rahmen der Sortiments-, Mengen-, Zeit- und Bezugsquellenplanung begegnet werden?

6.2 Zustandekommen des Kaufvertrags

Wenn für den Bezug einer Ware mehrere Bezugsquellen zur Auswahl stehen, kann man durch *gezielte* **Anfragen** die für eine Kaufentscheidung wichtigen, aber noch fehlenden Informationen erfragen.

6.2.1 Anfrage

Anfragen dienen der **Einholung von Angeboten.**

Durch **Anfragen** soll festgestellt werden, **ob und zu welchen Preisen und Bedingungen eine Ware oder Dienstleistung von den Lieferanten bezogen** werden kann.

Inhalt der Anfrage. Eine Anfrage kann **allgemein** oder **speziell** abgefasst sein.

- Eine **allgemeine Anfrage** richtet sich auf das *gesamte Lieferprogramm* eines Lieferanten. Dieser wird um die Zusendung eines Kataloges, einer Preisliste oder um einen Vertreterbesuch gebeten. Der Kunde möchte sich über die zur Verfügung stehende Auswahl informieren oder er möchte sich vor der Anschaffung beraten lassen.
- Die **spezielle Anfrage** bezieht sich auf ein *bestimmtes Produkt* und dient der Feststellung, zu welchem Preis und zu welchen Bedingungen es geliefert werden kann.

Wesentliche **Bestandteile einer Anfrage** sind daher:

- Genaue Bezeichnung des Produktes;
- voraussichtliche Bezugsmenge;
- gewünschte Lieferungs- und Zahlungsbedingungen;
- Angaben über Verpackungs- und Versandwünsche.

Form der Anfrage. Die Anfrage ist **formfrei.** Sie kann somit mündlich oder schriftlich erfolgen.

Überwachung der Anfragen. Werden Durchschläge der ausgehenden Anfragen in einer Terminmappe zeitlich geordnet, so lässt sich leicht feststellen, welche Anfragen noch nicht beantwortet sind und angemahnt werden müssen. Vielfach werden die Ergebnisse der Anfragen in der Bezugsquellendatei für den Abruf gespeichert (Abschnitt 6.1.2).

Rechtliche Wirkung der Anfrage.

Anfragen sind **unverbindlich;** der **Anfragende** wird durch die Anfrage **rechtlich nicht verpflichtet.**

Daher ist es möglich, gleichzeitig an mehrere Lieferanten Anfragen zu richten, um auf diese Art die optimale Bezugsquelle zu ermitteln.

Prüfung der Anfrage durch den Lieferanten. Der Lieferant wird nach Eingang einer Anfrage prüfen, ob er die Ware zu den gewünschten Bedingungen liefern *kann* und überhaupt liefern *will.* Er kann es ablehnen, eine Geschäftsverbindung einzugehen, oder er kann in sein Angebot Bedingungen aufnehmen, die ihn vor Schaden schützen.

Beispiel: Schriftliche Anfrage

Einführungsstreifen vor Versand abreißen!

HAHN & KOLB

HAHN & KOLB GmbH
Werkzeuge
Borsigstraße 50
70469 Stuttgart

Firma

Laser-Work AG
Weiacherstraße 56
CH-8422 Pfungen-Winterthur
Schweiz

Ihre Zeichen/Ihre Nachricht vom	Unsere Zeichen	Datum
	1423-HS-le	17.10.20..
Telefon Durchwahl	Gesprächspartner	
07 11 20 04-581	Herr Hess	

Anfrage über eine CO_2-Laserstrahl-Bearbeitungsanlage

Sehr geehrte Damen und Herren,

bitte bieten Sie uns folgende Maschine mit Lieferzeit und äußersten Konditionen an:

2-Achsen-Laserschneidmaschine
Achsen und Verfahrbereiche
X = 1000 mm, 2000 mm alternativ
Y = 500 mm, 1000 mm alternativ

Für eine rasche Angebotsabgabe danken wir im Voraus.

Mit freundlichen Grüßen

HAHN & KOLB GmbH & Co.

i. V.

813 b

Eine besondere Art der Anfrage ist die **Ausschreibung (Invitation to Tender).** Mit einer Ausschreibung wird eine bestimmte Lieferantengruppe öffentlich aufgefordert, ein Lieferungs- und Leistungsangebot innerhalb einer bestimmten Frist abzugeben. Die Ausschreibungsbedingungen werden in einem Lastenheft festgelegt. Ein **Lastenheft** enthält in der Regel Angaben über die Art der Leistung, den Lieferort und Liefertermin sowie die Art und Höhe der Sicherungsleistungen, z. B. Lieferungs- und Gewährleistungsgarantien.

Beispiel: Internationale Ausschreibung einer Reederei über den Bau eines Containerschiffes mit 12.000 Stellplätzen.

6.2.2 Angebot

Das **Angebot** ist eine **an eine bestimmte Person** gerichtete **Willenserklärung,** Waren oder Dienstleistungen **zu den angegebenen Bedingungen liefern** zu wollen.

Zu diesen Bedingungen gehören Angaben über die Art, Beschaffenheit und Güte, die Menge, den Preis, die Lieferungs- und Zahlungsbedingungen, den Erfüllungsort und Gerichtsstand.

Beispiel: Schriftliches Angebot

IMPORT-HANDELS- U. VERTRIEBS-CONTOR

IHACO GmbH

36043 Fulda
Donaustraße 26
Postfach 3069
Telefon 06 61 / 4 10 63
Telefax 06 61 / 4 10 57
eMail IHACO@t-online.de

IHACO GmbH · Postfach 3069 · 36043 Fulda

SB-Markt GmbH & Co. KG
Postfach 1 02
36251 Bad Hersfeld

Ihre Zeichen, Ihre Nachricht vom	Unsere Zeichen, unsere Nachricht vom	☎	36043 Fulda
	Sch/kr		14.08.20..

Angebot über Sporthosen

Sehr geehrte Damen und Herren,

rechtzeitig zum Schulbeginn ist ein größerer Posten an Sporthosen mit Weichelastikbund – unser Artikel 624 602 – eingetroffen, für den wir Ihnen unser Angebot wie folgt unterbreiten:

Größen	128	140	152	164
schwarz	15	20	30	25
weiß	10	10	10	20

Preis: 19,95 EUR je Stück ab Fulda
Liefertermin: sofort
Zahlungsbedingungen: innerhalb 10 Tagen ab Rechnungsdatum 4% Skonto,
innerhalb 30 Tagen ab Rechnungsdatum 2,25% Skonto,
innerhalb von 60 Tagen netto Kasse.

Erfüllungsort und Gerichtsstand ist für beide Teile Fulda.

Auf Wunsch senden wir Ihnen gerne unsere Muster. Unser Angebot ist freibleibend, da unsere Vorräte begrenzt sind.

Wir würden uns freuen, wenn Sie sich bald zu einem Auftrag entschließen könnten.

Mit freundlichen Grüßen

IHACO GmbH

i.A. Schäfer

i.A. Schäfer

Deutsche Bank AG Fulda
BLZ 530 700 07
Kto.-Nr. 64/9664

Postbankkonto:
BLZ 500 100 60
Frankfurt/Main 15939-606

Registergericht:
Bad Hersfeld
HRB 106

Sitz der Gesellschaft:
Bad Hersfeld
USt-IDNR DE 247328651

Geschäftsführer:
Robert Engel
Bad Hersfeld

Anpreisungen von Waren, die *nicht an eine bestimmte Person,* sondern **an die Allgemeinheit** gerichtet sind, gelten *nicht als Angebot* im rechtlichen Sinn. Sie sollen lediglich die Kunden anregen, ihrerseits einen Kaufantrag abzugeben, der jedoch noch der Annahme durch den Verkäufer bedarf.

Solche Anpreisungen finden sich beispielsweise in Zeitungsanzeigen, Prospekten, Katalogen, Plakaten oder auch in Schaufensterauslagen. Daher hat der Kunde *keinen Anspruch* auf Aushändigung des Ausstellungsstücks. Auch das Aufstellen von Waren im Selbstbedienungsladen gilt noch nicht als Angebot. Hier macht der Käufer durch das Verbringen der Ware an die Kasse einen Kaufantrag.

Die Aufstellung eines Automaten gilt als Angebot an jeden, der die richtige Münze einwirft; dabei wird vorausgesetzt, dass der Automat technisch funktioniert und der enthaltene Warenvorrat ausreicht.

Form des Angebots

Für das **Angebot** gelten **keine Formvorschriften.** Es kann abgegeben werden

- **unter Anwesenden:** mündlich, schriftlich oder durch schlüssiges Handeln der Geschäftsinhaber, Verkäufer, Reisenden oder Vertreter;
- **unter Abwesenden:** schriftlich (durch Brief, online oder mittels Telefax) oder bildhaft (in Prospekten, Katalogen und im Internet).

Mündliche oder telefonische Angebote werden häufig schriftlich bestätigt, damit Irrtümer durch Verhören, Versprechen und Übermittlungsfehler vermieden werden und bei Rechtsstreitigkeiten schriftliche Unterlagen vorhanden sind.

Bindung an das Angebot

Wer einer **bestimmten Person ein Angebot ohne Einschränkung** abgibt, ist an dieses **Angebot gebunden.**

BGB § 145 ▶ **Einschränkungen der Bindung an das Angebot**

Gesetzliche Bindungsfrist unter Anwesenden	Gesetzliche Bindungsfrist unter Abwesenden	Vertragliche Bindungsfrist	Freizeichnung
Das Angebot wird sofort mit der Abgabe wirksam und bindet den Anbietenden solange die Unterredung dauert (§ 147 (1) BGB).	Das Angebot wird erst wirksam, wenn es dem Abwesenden zugeht und bindet den Anbietenden nur so lange, bis der Eingang der Antwort unter regelmäßigen Umständen erwartet werden darf (Beförderungsdauer und Überlegungsfrist; §§ 147 (2), 130 BGB).	Der Anbietende kann für die Annahme des Angebots eine Frist bestimmen. Die Annahme kann nur innerhalb dieser Frist erfolgen. Die Bestellung muss bis zum angegebenen Zeitpunkt zugegangen sein (§ 148 BGB).	Der Anbietende kann die Bindung an das Angebot durch *Freizeichnungsklauseln* einschränken oder ganz ausschließen (§ 145 BGB).
Beispiele: Angebot – in einer Verkaufsstelle, – auf dem Markt, – durch das Telefon. Der zögernde und später wiederkehrende oder anrufende Kunde muss damit rechnen, dass der Gegenstand nicht mehr verfügbar oder nur zu anderen Bedingungen zu haben ist.	**Beispiele:** – Brief (ca. 1 Woche), – Telefax (ca. 3 Tage), – E-Mail (unverzüglich).	**Beispiel:** – Gültig bis 25. Mai d. J.	**Beispiele:** – solange der Vorrat reicht = Menge unverbindlich, Preis verbindlich, – Preis freibleibend = Menge verbindlich, Preis unverbindlich, – freibleibend, unverbindlich = völlig unverbindlich.

§§ 146 ff. ▶ **Erlöschen der Bindung an das Angebot**

Die Bindung an das Angebot erlischt, wenn es vom Empfänger *abgelehnt, geändert* oder *nicht rechtzeitig angenommen* wird.

Auch wenn die Verspätung der Annahme durch unverschuldete Zwischenfälle (Verkehrsunfall, Störung der Nachrichtenübermittlung) verursacht wird, ist der Anbietende nicht mehr an sein Angebot gebunden. Musste
§ 149 er allerdings erkennen, dass die Verspätung durch den Briefdienstleister verursacht wurde, so muss er den Besteller unverzüglich davon benachrichtigen, da dieser sonst mit der Lieferung rechnet.

▶ **Widerruf des Angebots**

Da ein Angebot erst wirksam wird, wenn es dem Empfänger zugegangen ist, kann es bis zum Eintreffen beim Kunden widerrufen werden. Der Widerruf muss möglichst vor, spätestens gleichzeitig mit dem Angebot beim Kunden eingehen. Es empfiehlt sich also, ein briefliches Angebot mittels Telefon, Telefax oder E-Mail zu widerrufen.

Beurteilungskriterien für den Angebotsvergleich

Die Einkaufsabteilung hat in der Regel mehrere Angebote zur Auswahl. Der Einkäufer muss denjenigen Anbieter auswählen, bei dem die Ware bestellt werden soll. Diesem Ziel dient ein Angebotsvergleich, dessen Ergebnisse bei Bedarf durch klärende Rückfragen bei den Anbietern oder durch ergänzende Verhandlungen untermauert werden können.

Beim **Angebotsvergleich** sind die Unterschiede der vorliegenden Angebote in folgender Hinsicht zu ermitteln:

a) **Preisvergleich.** Bei gleicher Qualität der angebotenen Ware gibt in der Regel der günstigste Preis den Ausschlag für die Auswahl. Dabei müssen die angebotenen Preise auf eine **einheitliche Vergleichsbasis** umgerechnet werden: Gewährte Preisnachlässe sind abzuziehen (Rabatte, Umsatzboni, Skonti), Bezugskosten hinzuzurechnen (Verpackungs-, Transportkosten).

Beispiel: Zwei Angebote stehen zur Auswahl:

- Angebot 1: Lieferung zum Preis von 1.000 EUR frei Haus ohne Abzug.
- Angebot 2: Lieferung zum Preis von 950 EUR ab Werk mit 2 % Skonto. Die Kosten des Transports betragen 75 EUR.

Vordergründig erscheint das Angebot 2 günstiger; es ist aber selbst bei Skontoabzug teurer, da der Kunde die Transportkosten tragen muss.

b) **Qualitätsvergleich.** Nicht das billigste Angebot ist von vornherein das geeignetste, sondern das preiswerteste; dieses Merkmal schließt den Qualitätsvergleich ein.

c) **Terminvergleich.** Die in den Angeboten angegebenen Lieferzeiten müssen mit den Anforderungen von Lager und Verkauf übereinstimmen, damit die Lieferfähigkeit gewährleistet bleibt. Auch die Zahlungsziele müssen eingehalten werden können.

Entscheidungsbewertungstabelle. Die Praxis vieler Betriebe hat gezeigt, dass eine subjektive Auswahl eines Lieferanten aus mehreren möglichen Bezugsquellen nicht die optimale Entscheidung ist. Vielmehr sollten aus den vorhandenen Bezugsquelleninformationen alle wesentlichen Entscheidungskriterien herangezogen und mit Punkten nach ihrer Bedeutung für den beschaffenden Betrieb gewichtet werden. So entsteht eine **Entscheidungsbewertungstabelle (Scoringmodell).**

Beispiel: Entscheidungsbewertungstabelle zur Lieferantenauswahl

	A	B	C	D	E	F	G	H
1			**Mögliche Lieferanten**					
2			**A**		**B**		**C**	
3/4	**Entscheidungs-kriterien**	**Gewich-tung (G)**	**Rang (R)**	**G * R**	**Rang (R)**	**G * R**	**Rang (R)**	**G * R**
5	**Warenqualität**	30	2	60	3	90	1	30
6	**Angebotspreis**	25	1	25	3	75	2	50
7	**Lieferungs- und Zahlungsbedingungen**	25	3	75	1	25	2	50
8	**Pünktlichkeit**	10	1	10	2	20	3	30
9	**Kundendienst**	10	1	10	3	30	2	20
10	**Summe**	100		180		240		180
11								
12	**Ergebnis: Lieferant B ist der geeignetste.**							

Anmerkung: Gewichtung (G): Werte von 30 = sehr wichtig bis 10 = nicht wichtig.
Rang (R): Werte von 3 = sehr gut bis 1 = mangelhaft.

Neben diesen Vergleichen können auch **persönliche Kriterien** bei der Auswahl des geeigneten Lieferanten nicht unbeachtet bleiben. Langjährige gute Geschäftsbeziehungen, ein entgegenkommendes Verhalten bei Mängelrügen, begründetes Vertrauen in die Zuverlässigkeit einer Unternehmung sind nicht zu unterschätzende Gesichtspunkte. Vor allem darf man sich nicht durch ein einmaliges günstiges Angebot dazu verleiten lassen, langfristige Unternehmungsziele beim Einkauf aufs Spiel zu setzen.

6.2.3 Bestellung (Auftrag)

Die Durchführung einer Beschaffungsmaßnahme wird durch eine **Bestellung** eingeleitet.

> ! Die **Bestellung** ist die **Willenserklärung des Käufers,** eine bestimmte Ware oder Dienstleistung **zu den angegebenen Bedingungen kaufen zu wollen.**

Zu diesen Bedingungen gehören wie beim Angebot Angaben über die Art, Beschaffenheit und Güte, die Menge, den Preis, die Lieferungs- und Zahlungsbedingungen, den Erfüllungsort und Gerichtsstand. Liegt der Bestellung ein ausführliches Angebot zugrunde, mit dessen Bedingungen der Käufer einverstanden ist, so genügt es, wenn er sich auf diese bezieht.

Die Bestellung wird häufig auch **Auftrag** genannt.

Form der Bestellung

Die Bestellung ist an keine besondere Form gebunden. *Schriftlich* kann sie durch Postkarte, Brief, Telefax, online oder auf vorgedrucktem Bestellschein erfolgen.

Bestellung mittels »interaktiven Fernsehens«. Großversandhäuser bieten Elektronik-Kataloge auf CD-ROM oder DVD an; Kunden mit multimediatauglichem PC und entsprechender Datenverbindung (Internet) können Waren über den Computer bestellen (Online-shopping).

Mündliche Bestellungen sollten schriftlich wiederholt werden, wenn die Gefahr eines Irrtums besteht und ein Beweismittel erwünscht ist.

Rechtliche Bindung der Bestellung

> ! Wie der Anbietende an sein Angebot, so ist der **Besteller an** seine **Bestellung gebunden.**

Die Bindung wird erst wirksam, wenn die Bestellung *dem Empfänger zugegangen ist (empfangsbedürftige Willenserklärung).* Ein Widerruf muss daher spätestens gleichzeitig mit der Bestellung beim Lieferanten eingehen.

BGB § 148 Gibt der Besteller mit der Bestellung den Antrag (1. Willenserklärung) zum Abschluss eines Kaufvertrags ab, kann er für die Annahme der Bestellung eine Frist bestimmen **(befristeter Antrag).** Die Annahme kann nur innerhalb dieser Frist erfolgen.

Durch eine Bestellung (Auftrag), die auf ein verbindliches Angebot folgt, kommt ein Vertrag zustande.

Solange die Willenserklärung der Vertragspartner nicht in allen Punkten übereinstimmt, muss weiter verhandelt werden, um zu einem Vertragsabschluss zu gelangen. Ein Vertrag setzt die Übereinstimmung der Willenserklärungen aller Vertragspartner voraus.

6.2.4 Bestellungsannahme (Auftragsbestätigung)

> ! Die **Bestellungsannahme** ist eine **Willenserklärung des Verkäufers,** mit der er sich bereit erklärt, die bestellte Ware oder Dienstleistung **zu den angegebenen Bedingungen zu liefern.**

Die Bestellungsannahme ist rechtlich erforderlich, sofern der *Kaufvertrag nicht bereits* durch Angebot und Bestellung *zustande gekommen* war.

Form der Bestellungsannahme. Die Bestellungsannahme kann mündlich, schriftlich oder durch schlüssiges Handeln (Lieferung) erfolgen. Häufig ist sie mit Lieferschein und Rechnung verbunden.

Kaufmännisches Bestätigungsschreiben. Es ist üblich, auch einen *bereits mündlich oder telefonisch vollzogenen Vertragsabschluss* im unmittelbaren Anschluss daran **schriftlich zu bestätigen.**

Ein solches Bestätigungsschreiben hat Zusammenfassungs-, Festlegungs- und Beweisfunktion für den Inhalt des zuvor geschlossenen Vertrags. Widerspricht der Empfänger diesem Schreiben nicht unverzüglich nach Erhalt, gilt sein Inhalt als beweiskräftiger Vertragsinhalt.

6.2.5 Kaufvertrag

Der Kaufvertrag dient dem Austausch von Waren und Leistungen zwischen *Verkäufer* und *Käufer.* Wie alle Verträge kommt er zustande **durch wechselseitige übereinstimmende Willenserklärungen der beiden Vertragspartner.**

Abschluss des Kaufvertrags

Jeder **Vertrag** kommt zustande durch die **Übereinstimmung von**
1. Antrag und **2. Annahme.**

Bei einem **Kaufvertrag** kann die zuerst abgegebene Willenserklärung, der Antrag, sowohl vom Verkäufer als auch vom Käufer ausgehen. Deshalb gilt:

Ein Kaufvertrag
kommt zustande durch
1. Angebot des Verkäufers und **2. Bestellung des Käufers**
oder durch
1. Bestellung des Käufers und **2. Bestellungsannahme des Verkäufers.**

Es ergeben sich somit für den **Abschluss eines Kaufvertrags** folgende *Möglichkeiten:*

a) Der Verkäufer macht ein Angebot, der Käufer bestellt rechtzeitig und ohne Änderungen. Damit ist der Kaufvertrag zustande gekommen.

b) Der Verkäufer macht ein Angebot, der Käufer bestellt zu spät oder **mit Abänderungen** (Erweiterungen oder Einschränkungen). Die verspätete Annahme eines Antrags und/oder eine Annahme mit Änderungen gelten als ein neuer Antrag. Der Kaufvertrag kommt erst durch die Annahme des neuen Antrags zustande (schriftliche Bestätigung bzw. sofortige Lieferung). BGB § 150

Besonders bei großen und bedeutsamen Kaufabschlüssen sind oft längere Verhandlungen nötig. Dann ist der Vertrag erst abgeschlossen, wenn sich die Parteien über alle Punkte geeinigt haben. § 154

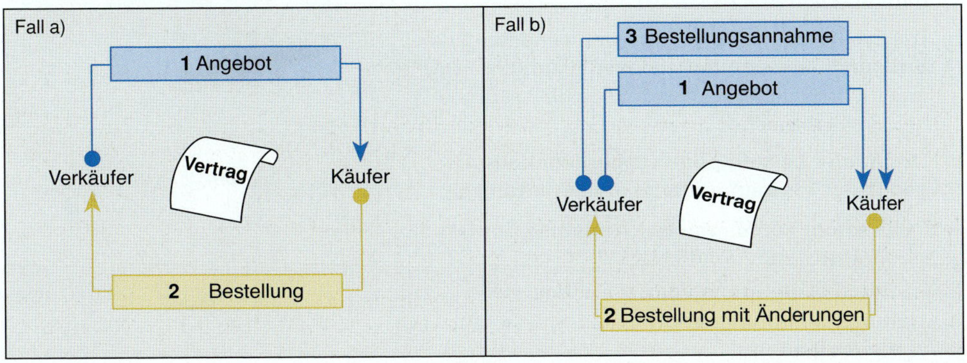

BGB § 151

c) **Der Verkäufer macht ein freibleibendes Angebot, der Käufer bestellt.** Der Vertrag kommt zustande, wenn der Lieferant den Auftrag bestätigt oder die Ware sofort ausliefert.

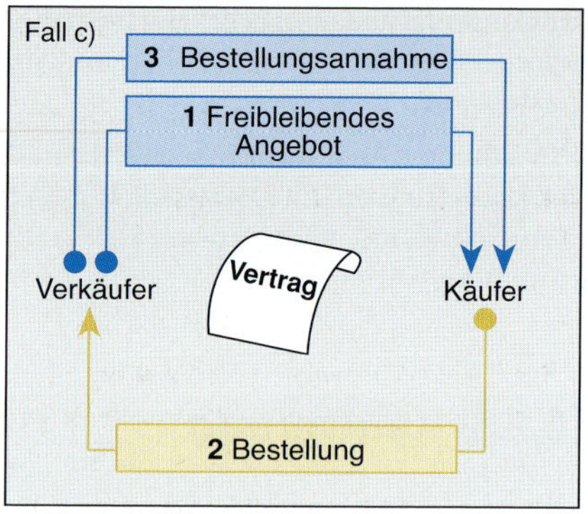

d) **Der Verkäufer sendet unbestellte Ware zu.** Die Warensendung stellt nur ein Angebot dar. Der Vertrag kommt zustande, wenn der Empfänger den Kaufpreis bezahlt, die Ware in Gebrauch nimmt oder erklärt, dass er die Ware annehme.

Fall d)

Zusendung unbestellter Waren an

Empfänger:	**Kaufmann** mit bereits bestehender Geschäftsverbindung (übliche Lieferung)	**Kaufmann** ohne bisherige Geschäftsverbindung	**Verbraucher**
Wirkung bei Stillschweigen:	Annahme	Ablehnung	Ablehnung
Pflichten des Empfängers bei Ablehnung:	Mitteilung, Aufbewahrung, später Rücksendung	– Aufbewahrung, – keine Rücksendung	– keine Aufbewahrung, – keine Rücksendung

HGB § 346

Ist der Empfänger ein Kaufmann *mit* bereits bestehender Geschäftsverbindung, so gilt sein *Stillschweigen als Annahme* des Angebots, sofern die Zusendung unbestellter Ware üblich ist. Nimmt er das Angebot nicht an, so ist er verpflichtet, unverzüglich zu antworten, die Ware aufzubewahren und später zurückzusenden.

Ist der Empfänger ein Kaufmann *ohne* bisherige Geschäftsverbindung oder ein *Verbraucher,* dann gilt sein *Stillschweigen als Ablehnung.* Er ist zwar zur Aufbewahrung, aber nicht zur Rücksendung oder zur Bezahlung verpflichtet, auch dann nicht, wenn der Lieferant schreibt:

»Wenn die Rücksendung nicht bis ... erfolgt, wird der Rechnungsbetrag durch Nachnahme erhoben.«

BGB § 241a

Die Zusendung unbestellter Waren oder die Erbringung unbestellter Dienstleistungen an einen *Verbraucher* begründet *keinen* Anspruch an den Verbraucher.

e) **Der Käufer bestellt ohne vorhergehendes Angebot, der Verkäufer nimmt die Bestellung an.**

Der Vertrag kommt mit der Annahme der Bestellung zustande, und zwar
- durch Bestätigung der Bestellung oder
- durch sofortige Lieferung der Ware (schlüssiges Handeln).

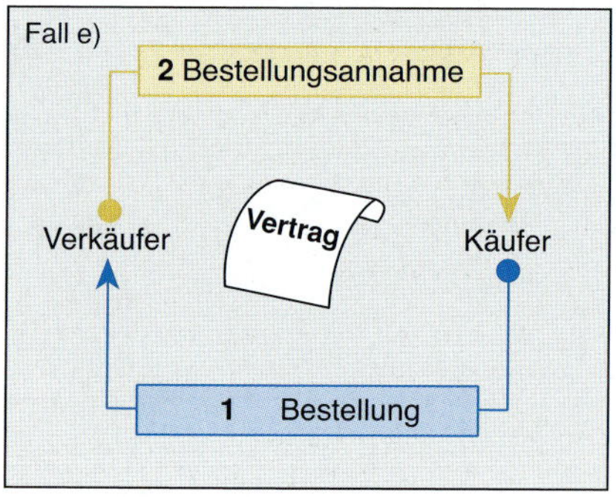

f) **Der Käufer bestellt, der Verkäufer lehnt die Bestellung ab.** Unter Umständen verknüpft er mit der Ablehnung ein Gegenangebot. Der Kaufvertrag kommt erst durch die neue Bestellung des Kunden zu den Bedingungen des Angebotes zustande.

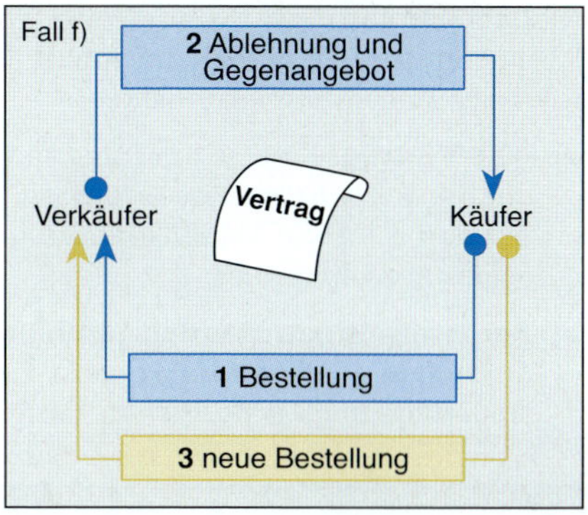

Pflichten der Vertragspartner

Durch den Abschluss des Vertrages ist ein sogenanntes **Verpflichtungsgeschäft** entstanden, denn es werden beide Teile *verpflichtet*, den Vertrag zu erfüllen. Der Kaufvertrag ist ein **verpflichtendes Rechtsgeschäft** (Abschnitt 2.3.1).

Der Verkäufer ist verpflichtet,
- dem Käufer den Kaufgegenstand mangelfrei und rechtzeitig zu übergeben,
- dem Käufer das Eigentum daran zu verschaffen,
- den Kaufpreis anzunehmen.

BGB § 433

Der Käufer ist verpflichtet,
- den vereinbarten Kaufpreis rechtzeitig zu zahlen,
- den Kaufgegenstand abzunehmen.

Erfüllung des Kaufvertrags

Das durch den Abschluss des Kaufvertrags entstandene Schuldverhältnis *erlischt,* wenn das sogenannte **Erfüllungsgeschäft** abgeschlossen ist, d.h., wenn § 362

- der **Verkäufer** *den Besitz und das Eigentum* am Kaufgegenstand auf den Käufer *übertragen* und das *Entgelt angenommen,*
- der **Käufer** den *Kaufgegenstand angenommen* und das *Entgelt bezahlt* hat.

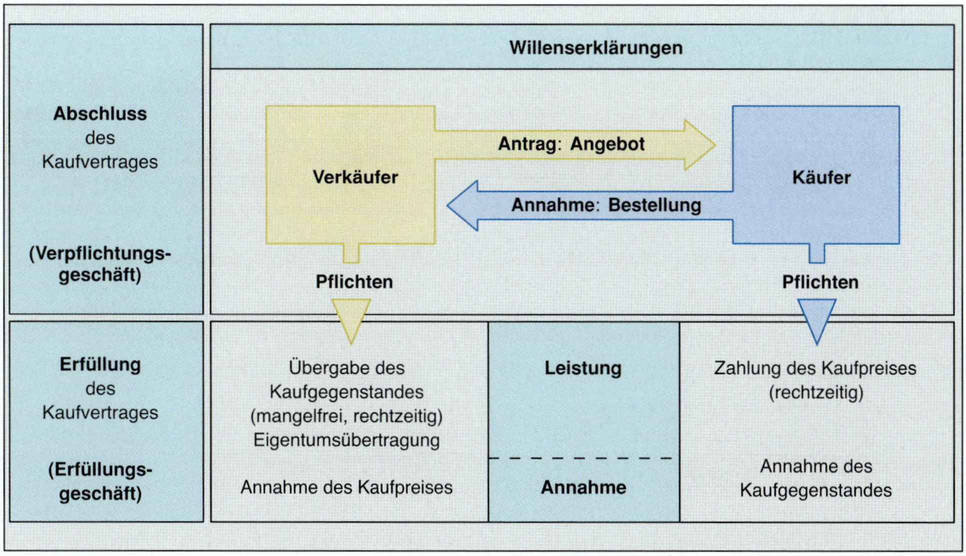

BGB § 133 Maßgebend für die Art und Weise, wie der Vertrag zu erfüllen ist, sind die vertraglichen Abmachungen. Ist jedoch der Inhalt der Willenserklärung nicht eindeutig und klar, gelten folgende Auslegungsgrundsätze:

§ 157 § 242 **a) Alle Verträge** sind so auszulegen und zu erfüllen, wie *Treu* und *Glauben* mit Rücksicht auf die *Verkehrssitte* es erfordern. Es kommt dabei nicht auf den Buchstaben, sondern *auf den Sinn der Willenserklärungen* an, wie er dem Empfinden rechtlich denkender Menschen entspricht.

HGB § 346 **b) Bei zweiseitigen Handelsgeschäften** haben die Kaufleute auf die im Handelsverkehr geltenden Gewohnheiten und Gebräuche Rücksicht zu nehmen. *Handelsbräuche* stellen *die im geschäftlichen Verkehr übliche Handlungsweise* dar.

1. Die Vinifera Handels GmbH, Kehl, führt in- und ausländische Weine. Für das 4. Quartal wird mit einem Bedarf von 50.000 l Beaujolais Primeur gerechnet.

   Der GmbH liegt ein Angebot der Weinagentur Sauer KG, Heilbronn, vor. Die Geschäftsleitung wünscht weitere Angebote.
   a) Warum will die Geschäftsleitung weitere Angebote einholen?
   b) Welche Informationsquellen können zur Ermittlung weiterer Lieferanten herangezogen werden?
2. Warum gibt ein Kaufmann seinen Kunden häufig freibleibende Angebote ab?
3. Wie kann sich der Lieferant verhalten, der kurz nach Absendung seines brieflichen Angebotes erfährt, dass der Preis für die angebotene Ware gestiegen ist?
4. Der Weingroßhändler Karl Lang e.K., Mainz, macht dem Kunden Fritz Kaiser, Kassel, ein schriftliches Angebot von Flaschenwein zu 3,50 EUR für eine Flasche, bei Abnahme von mindestens 100 Flaschen zu 3,00 EUR. Der Brief wird am 20. Mai zur Post gegeben.
   a) Kaiser antwortet auf das Angebot überhaupt nicht. Welche rechtliche Wirkung ergibt sich daraus?
   b) Da am 30. Mai keine Bestellung vorliegt, verkauft Lang die Ware anderweitig. Am 31. Mai trifft von Kaiser eine Bestellung ein. Wie ist die Rechtslage?
   c) Aus dem Poststempel und dem Briefdatum ergibt sich, dass Kaiser seinen Bestellbrief am 23. Mai abends zur Post gegeben hat. Die Zustellung ist offensichtlich durch die Post verzögert worden. Wie wird sich Lang verhalten?
   d) Am 22. Mai bestellt Kaiser 40 Flaschen Wein zu 3,00 EUR für eine Flasche. Wie stellt sich Lang dazu?
   e) Lang, dessen Angebot am 20. Mai abgesandt wurde, kann noch am selben Tag die Ware günstiger an einen anderen Kunden verkaufen. Was unternimmt er?
5. Lohnt sich bei der Zahlungsbedingung »Zahlung innerhalb 10 Tagen mit 3 % Skonto oder 60 Tagen netto Kasse« die Aufnahme eines Bankkredits zu 12 %? Begründen Sie Ihre Entscheidung.
6. Einem Kunden sind drei Angebote gemacht worden:
   - 4.160 EUR ab Werk, Ziel 2 Monate, bei Barzahlung 2 % Skonto,
   - 4.200 EUR frei Haus, Ziel 2 Monate netto, oder Kasse innerhalb von 14 Tagen mit 1 % Skonto,
   - 4.128 EUR ab Station netto Kasse.

   Welches Angebot ist das günstigste Angebot, wenn für Fracht 96 EUR, für An- und Zufuhr je 32 EUR zu rechnen sind?
7. Das Unternehmen Schäfer & Co. KG, Textilgroßhandlung, ..., unterbreitet dem Bekleidungshaus Wilhelm Kaufmann e.K., ..., auf die vorausgegangene Anfrage vom ... ein Angebot nach beiliegendem Musterbuch und Preisliste. Die Preise verstehen sich ab Werk einschließlich Verpackung. Lieferung innerhalb 6 Wochen nach Auftragseingang möglich. Zahlung zwei Monate nach Rechnungserteilung ohne Abzug, innerhalb 14 Tagen mit 3 % Skonto. Eine Auswahl von Stoffproben liegt bei.

   Verfassen Sie das Angebotsschreiben. Weisen Sie dabei besonders auf die Güte der Stoffe und der Verarbeitung hin.
8. a) Was bedeuten die Höchstpunktzahlen in der Entscheidungsbewertungstabelle zur Lieferantenauswahl?
   b) Angenommen, der Lieferant B fällt aus. Welche zusätzlichen Entscheidungskriterien würden Sie zur Entscheidung zwischen den Lieferanten A und C heranziehen (Bild, Seite 189)?
9. In der Verkaufsabteilung der Techno AG geht eine Bestellung ein, die sich auf ein vor geraumer Zeit abgegebenes Angebot bezieht. Der Auszubildende Rührig veranlasst ohne Rücksprache mit seinem Vorgesetzten die Lieferung.
   a) Der Vorgesetzte des Azubi ist, sobald er von diesem Vorgang erfährt, sehr verärgert. Er hätte die Bestellung abgelehnt. Welche Gründe sind dafür denkbar?
   b) Angenommen, der Kunde der Techno AG hätte seine Bestellung widerrufen wollen. Welche Ursachen könnten hierfür infrage kommen? Erläutern Sie außerdem die Möglichkeiten und Grenzen des Widerrufs.

c) Wieso kam im obigen Fall ein rechtswirksamer Kaufvertrag zustande, obwohl keine Bestellungsannahme erfolgte?

d) Bilden Sie Beispiele, in denen eine Bestellungsannahme für das Entstehen des Kaufvertrages erforderlich ist.

10. Nehmen Sie Stellung zu der Behauptung, durch die Anfrage eines Kunden und ein darauf folgendes Angebot des Lieferanten komme ein Kaufvertrag zustande.

11. Die Textilgroßhandlung Rosa Landwehr e.K., Breite Straße 2, 36039 Fulda, erwartet größere Absatzmöglichkeiten für Skianzüge. Sie erkundigt sich bei der Textilfabrik Günter Holk OHG, Wilhelmstraße 1, 34117 Kassel, nach den derzeitigen Mustern, Preisen, Lieferungs- und Zahlungsbedingungen. Um Vertreterbesuch wird gebeten.
Entwerfen Sie einen Brieftext.

12. In welchem Falle gilt die Bestellung beim Vertragsabschluss
    a) als Antrag,
    b) als Annahme?

13. Ein Hobbygärtner erhält von einem Solinger Stahlwarenhändler unbestellt eine Heckenschere zugesandt. Im Begleitschreiben wird mitgeteilt, dass die Schere bezahlt werden müsse, falls sie nicht binnen 14 Tagen zurückgeschickt werde. Der Empfänger ist an der Heckenschere nicht interessiert, legt sie zu den übrigen Gartengeräten und vergisst sie. Nach vier Wochen erhält er eine Mahnung.
    a) Ist der Empfänger mit der Heckenschere ordnungsgemäß verfahren (Begründung)?
    b) Begründen Sie, ob er den Kaufpreis bezahlen muss.
    c) Wer hat den Schaden zu tragen, wenn die Schere wie die übrigen Gartengeräte durch Regenwasser infolge eines Unwetters verrostet ist?

14. Wie verhalten Sie sich, wenn Ihnen unbestellt eine Sendung Postkarten mit der schriftlichen Bitte ins Haus geschickt wird, für die Sendung umgehend 10 EUR zu bezahlen oder die Postkarten zurückzuschicken?

15. Begründen Sie, weshalb der Kaufvertrag ein zweiseitig verpflichtendes Rechtsgeschäft ist.

16. Stellen Sie dar, unter welchen Voraussetzungen ein Kaufvertrag ordnungsgemäß erfüllt ist.

17. Sie kaufen im Fachgeschäft einen Motorroller. Stellen Sie dar, welche Vorgänge dabei
    a) zum Vertragsabschluss führen,
    b) zur Vertragserfüllung gehören.

18. In welchen Fällen ist ein Kaufvertrag zustande gekommen?
    a) Durch schriftliche Bestellung auf ein mündlich erteiltes Angebot.
    b) Durch Bestellung per Telefax auf ein freibleibendes Angebot.
    c) Durch Bestellung auf ein unverbindliches Angebot.
    d) Durch Bestellung und Bestellungsannahme.
    e) Durch Annahme eines befristeten Angebotes nach Ablauf der Angebotsfrist.

19. Begründen Sie, ob folgende Behauptungen richtig oder falsch sind:
    a) Jeder Partner beim Kaufvertrag ist sowohl Schuldner als auch Gläubiger.
    b) Bei der Zusendung unbestellter Ware bewirkt Stillschweigen des Empfängers immer, dass ein Kaufvertrag zustande kommt.
    c) Durch die Anfrage eines Kunden und ein darauf folgendes Angebot des Lieferanten kommt ein Kaufvertrag zustande.

20. Das Unternehmen Eugen Lederer e.K. hat heute vormittag von der Pfitzer Tontechnik KG, mit der es bisher keine Geschäftsverbindungen pflegte, unbestellt zehn Paar Kopfhörer zugesandt bekommen. Die Pfitzer Tontechnik KG bittet um Rücksendung bei Nichtabnahme.
Welche Pflichten obliegen dem Unternehmen Lederer e.K. in diesem Falle (Begründung)?

6.3 Inhalt des Kaufvertrags

Der **Kaufvertrag** enthält **Vereinbarungen** über:

- Art, Beschaffenheit und Güte der Ware,
- Menge der Ware,
- Preis der Ware,
- Verpackung der Ware,
- Versand der Ware,
- Lieferzeit,
- Zahlungsbedingungen,
- Erfüllungsort,
- Gerichtsstand,
- Eigentumsübertragung.

Fehlen solche Vereinbarungen und lässt sich auch nicht aus den Umständen und der Natur des einzelnen Geschäfts ein entsprechender Sinn erkennen, so treten an ihre Stelle die jeweiligen gesetzlichen Bestimmungen des BGB bzw. des HGB.

Art, Beschaffenheit und Güte der Ware

Die **Art** des Kaufgegenstandes ist durch seinen handelsüblichen Namen gekennzeichnet.

Die **Beschaffenheit** und **Güte** können festgelegt werden durch:

a) **Augenschein (Besicht).** Diese Möglichkeit der Qualitätsfestlegung bietet sich vor allem im Ladengeschäft, auf Messen und bei Vertreterbesuchen.

b) **Muster und Proben** bei Gattungswaren. Sie können sein:
   - *Qualitätsmuster* bei Stoffen, Tapeten, Leder, Getreide, Baumwolle,
   - *Formmuster* oder *Modelle* bei Kleidung und Wäsche, Spielzeug, Sanitäreinrichtungsgegenständen, Möbeln, Baustoffen,
   - *Proben* bei Lebens- und Genussmitteln, Wein, Spirituosen, kosmetischen Artikeln, Waschmitteln.

c) **Abbildungen und Beschreibungen** in Prospekten und Katalogen. Sie erläutern das Design und die Beschaffenheit, z.B. bei Maschinen und Werkzeugen, DVD- und Videogeräten, Computern, Kopiergeräten, Lederwaren und Konfektionskleidung. Häufig wird die Warenqualität mit einer Katalog- oder Bestellnummer gekennzeichnet.

d) **Herstellermarken und Typenbezeichnungen.** Sie gewährleisten, dass die Ware von einer bestimmten Unternehmung stammt und eine gleichbleibende oder verbesserte Qualität aufweist.

Beispiele:

Marke	Typenbezeichnung
Dallmayr Kaffee	Prodomo, gemahlen, vakuumverpackt
Bosch Kettensäge	PKE 30 B
Sony	K-RCD 100 mit DVD-Player
Reebok	Bestell-Nr. 853 134 30
Europa-Lehrmittel	Kaufmännische Betriebslehre, Hauptausgabe, 34. Auflage, Europa-Nr. 90157

e) **Gütezeichen** (Abschnitt 13.2.1)

f) **Güteklassen,** die von Handelsorganisationen (Fachverbände, Börse), vom Staat oder von der EU festgelegt werden. Sie bezeichnen die zu Handelsklassen, Typen oder Standards zusammengefassten Qualitäten einer Ware.

Von *Handelsklassen* spricht man vor allem bei landwirtschaftlichen Erzeugnissen wie Butter, Milch, Käse, Eiern, Kartoffeln, Vieh.

Typen sind *Güteklassen* von industriellen Erzeugnissen, z.B. Kraftfahrzeugtypen, Mehltypen.

Beispiel: Mehltype 905 bedeutet: Wenn 100 g dieses Mehls verbrannt werden, bleibt ein unverbrennbarer Ascherest von 905 mg zurück. Der Aschegehalt des Mehls ist umso höher, je niedriger der Ausmahlungsgrad d.h. je höher der Anteil an nicht stärkehaltigen Bestandteilen der Körner ist.

Standards sind Qualitätstypen. die besonders für im Börsengeschäft gehandelte Waren festgesetzt werden, sodass es sich erübrigt, den Käufern Warenproben zu übergeben. Da die Qualitäten bei jeder Ernte verschieden ausfallen, werden sie jährlich neu aufgestellt. Standards gibt es für Baumwolle, Kaffee, Zucker, Getreide, Kautschuk.

g) **Herkunft der Waren** (Provenienz). Sie wird bezeichnet durch das *Anbaugebiet,* z.B. bei Wein, Südfrüchten, Getreide, Baumwolle, Kaffee oder den *Verschiffungshafen,* z.B. bei Santoskaffee.

h) **Jahrgang** bei den von der Witterung abhängigen Gewächsen, z.B. Wein.

i) **Gehalt.** Er gibt die Teile Alkohol in Spirituosen, Fett in Käse, Edelmetall in Legierungen an.

j) **Qualitätsgewicht.** Es gibt bei Getreide an, wie viel kg ein hl oder wie viel lbs ein bushel wiegt.

k) **Farbe.** Sie spielt bei Rohbaumwolle (weiß, farbig, gelb, gefleckt, fleckig), bei Stoffen, Porzellan, Papier, Fahrrädern und Autos eine Rolle.

Gesetzliche Regelung: Wird eine nur der Gattung nach bestimmte Ware geschuldet, so ist Ware *mittlerer Art und Güte* zu liefern. BGB § 243 (1) HGB § 360

Menge der Ware

Sie kann angegeben sein

- in *metrischen (gesetzlichen)* Maßeinheiten: m, m^2, m^3, g, kg, l, hl;
- in *handelsüblichen* Bezeichnungen: Stück, Dutzend, Gros (bei Kurzwaren), Sack, Pack, Kiste, Ballen, Palette, Wagenladung.

Preis der Ware

Bei den **Preisangaben** in Kaufverträgen sind zu unterscheiden:

- **Nettopreise.** Der Anbieter erlaubt *keinerlei Preisabzüge.* Die Vertragsklauseln lauten z.B. »Zahlbar netto Kasse« oder »Zahlbar ohne jeden Abzug«.
- **Bruttopreise.** Der Anbieter erlaubt, dass vom Rechnungsbetrag je nach der vertraglichen Vereinbarung *prozentuale Abzüge* vorgenommen werden.

Folgende **Preisminderungen** sind möglich:

a) **Rabatt.** Dies ist eine Preisvergünstigung, die *aus verschiedenen Anlässen ohne Rücksicht auf den Zeitpunkt der Zahlung* eingeräumt wird.

- **Mengenrabatt** wird Großabnehmern gewährt.
- **Treuerabatt** erhalten langjährige treue Kunden.
- **Wiederverkäuferrabatt** gewähren die Hersteller von Markenwaren, z.B. Elektrogeräten, Tabakwaren, Büchern. Die Ware wird zum empfohlenen Ladenpreis berechnet, von dem der Wiederverkäufer aber einen hohen Prozentsatz (20 – 50%) abziehen darf.
- **Sonderrabatt** wird bei besonderen Anlässen eingeräumt, z.B. bei Jubiläums-, Sommer- und Winterschlussverkäufen und beim Ausverkauf wegen Geschäftsaufgabe.
- **Personalrabatt** erhalten die Mitarbeiter des Unternehmens.

b) **Bonus** ist eine Sondervergünstigung, die *nachträglich gewährt* wird, wenn der Jahresumsatz mit dem Abnehmer einen bestimmten Betrag überschreitet.

c) **Skonto.** Dies ist eine Preisvergünstigung, *die bei Zahlung innerhalb einer vereinbarten Frist* vor Ablauf des Zieles eingeräumt wird. Skonto soll zu vorzeitiger Zahlung ermuntern.

Beispiel: »Ziel 2 Monate, bei Zahlung innerhalb von 10 Tagen 2 % Skonto.«

Verpackung der Ware

Ein vereinbarter Preis kann sich beziehen

- auf das **Reingewicht einschließlich Verpackung.** Der Preis wird vom Reingewicht berechnet; die Verpackungskosten sind im Preis inbegriffen. Die Verpackung geht wie die Ware in das Eigentum des Käufers über.
- auf das **Reingewicht ausschließlich Verpackung.** Der Preis wird vom Reingewicht berechnet. Die Verpackung bleibt zunächst Eigentum des Veräußerers. Meist wird sie dem Käufer zu Selbstkosten berechnet und wird dann sein Eigentum. Bei der Rückgabe können ihm die Verpackungskosten ganz oder teilweise gutgeschrieben werden. Leihverpackung erhält er gegen »Leihgebühr« oder Pfand.
- auf das **Rohgewicht einschließlich Verpackung** *(brutto für netto).* Der Preis wird vom Rohgewicht berechnet, das Verpackungsgewicht also wie das Warengewicht behandelt.

Das Gewicht der Transportverpackung heißt **Tara** *(Verpackungsgewicht).*

Sie wird berechnet als

- **wirkliche Tara** (Effektivtara), wenn in jedem einzelnen Fall das tatsächliche Gewicht der Verpackung genau ermittelt und bei der Berechnung des Warenpreises abgezogen wird;
- **Durchschnittstara,** wenn aus einer kleineren Anzahl von Behältnissen das Durchschnittsgewicht ermittelt und für die gesamte Verpackungsmenge gerechnet wird, z.B. wenn von 50 Kisten gleicher Art nur 5 gewogen werden und das Durchschnittsgewicht dieser 5 Kisten auf alle angewendet wird;
- **handelsübliche Tara** (Usotara), wenn aus der durch lange Zeit hindurch verwendeten üblichen Verpackung ein »handelsüblicher« Satz ermittelt wird;
- **Zolltara** ist das Gewicht der Verpackung, das die Zollbehörde bei der Berechnung des Zollgewichtes vom Bruttogewicht abzieht.

VerpackV §§ 3–7

Arten der Verpackung

Verpackungsarten VerpackV	**Transportverpackung** § 3 (1) Zi. 4	**Verkaufsverpackung** § 3 (1) Zi. 2	**Umverpackung** § 3 (1) Zi. 3
Verwendungszweck	Auf dem Weg **vom Hersteller zum Handel** – zur *Erleichterung des Warentransportes,* – *zum Schutz der Ware* vor Transportschäden oder – *zur Sicherheit des Transportes.*	Serviceverpackung für den **Endverbraucher** – als *Verkaufseinheit* oder – zur *Übergabe der Ware.*	**Zusätzliche Verpackungen** zur Verkaufsverpackung – *zur Warenabgabe* durch Selbstbedienung oder – *zum Diebstahlschutz* oder – überwiegend zur *Werbung.*
Verpackungsformen	Kartons, Kisten, Paletten, Container, Fässer, Säcke, geschäumte Schalen, Schrumpffolien.	Tube für Zahncreme, Schachtel und Blister bei Pralinen, Dose für Getränke, Flaschen für Getränke oder Parfüme.	Schachtel um Zahncremetube, Geschenkpapier um Pralinenverpackung, Schweißfolie um mehrere Dosen, Kiste oder Schachtel um Getränke- oder Parfümflasche.
Entsorgung	Zum Schutze der Umwelt sind Hersteller und Vertreiber grundsätzlich zur Rücknahme und zur Wiederverwendung oder zur stofflichen Verwertung verpflichtet.		
Verpackungskosten	Meist vom Hersteller von den Herstellungskosten *getrennt erfasst. Vertragliche Kostentragung* durch Käufer oder Verkäufer. Häufig *gegen Pfandgebühr* geliehen oder zu Selbstkosten übereignet.	Meist *im Kaufpreis inbegriffen,* da der Verpackungsvorgang eng mit der Fertigung verbunden ist. Mehrwegverpackung häufig *gegen Pfandgebühr* geliehen oder zu Selbstkosten übereignet.	Beutel und Tragetaschen häufig dem Endverbraucher *in Rechnung* gestellt. Kostenersparnis durch den Verzicht auf Umverpackung.
	Die Vertragsklausel »brutto für netto« drückt aus, dass der Kaufpreis vom Bruttogewicht der Sendung, also ohne Abzug des Verpackungsgewichtes (der Tara) zu berechnen ist und die Verpackung damit ebenfalls dem Käufer überlassen wird.		

BGB § 448 **Gesetzliche Regelung.** Die Verpackungskosten sind Kosten der Abnahme. Sie sind *vom Käufer* zu tragen.

HGB § 380 Ist der Kaufpreis nach dem Gewicht der Ware zu berechnen, so ist das Verpackungsgewicht abzuziehen.

Versand der Ware

a) Versandart. Die Ware kann persönlich, durch Boten, mit eigenem Fahrzeug oder durch Vermittlung eines Transportunternehmens überbracht oder abgeholt werden.

b) Versandkosten (Bilder, Seite 199). An Versandkosten entstehen Transportkosten für die An- und Zufuhr, Fracht, Wiegegebühren und Verladekosten. Aus den Lieferungsbedingungen geht hervor, wer diese Kosten zu tragen hat.

Es kann vereinbart werden:	Lieferungsbedingung
1. Der **Käufer** trägt *alle* Versandkosten:	ab Werk, ab Lager
2. Der **Verkäufer** trägt *alle* Versandkosten:	frei Haus, frei Lager, frei Werk
3. **Käufer** und **Verkäufer** *teilen* sich die Kosten; der **Verkäufer** trägt	
– die Kosten für Anfuhr bis zum Versandunternehmen:	unfrei, ab hier
– die Kosten für Anfuhr und Verladung:	frei Waggon, frei Binnenschiff
– die Kosten für Anfuhr, Verladung und Fracht bis Bestimmungsbahnhof:	frei, frachtfrei, frei Bestimmungsort
4. Besondere Lieferungsbedingungen im *Außenhandel* (Abschnitt 12.6.6)	

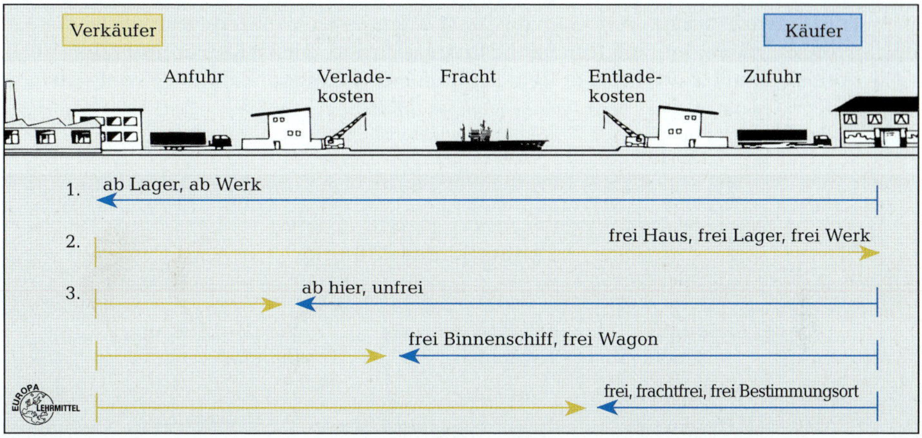

Üblicherweise übernimmt entweder der Käufer oder der Verkäufer die gesamten Versandkosten. BGB § 448

Gesetzliche Regelung: Ist *nichts vereinbart* und besteht kein besonderer Handelsbrauch, so sind

- die **Kosten der Übergabe,** insbesondere die Kosten des Messens und Wiegens *vom Verkäufer,*
- die **Kosten der Abnahme und der Versendung** nach einem anderen Ort als dem Erfüllungsort vom *Käufer* zu tragen.

Lieferzeit

Für die Lieferung kann *ein bestimmter Termin* oder *eine Frist* gesetzt sein. Diese können sich ergeben aus einer vertraglichen Regelung oder durch stillschweigende Übernahme der bisher üblichen Gepflogenheit. Möglicherweise lassen sie sich auch aus den Umständen der Lieferung entnehmen, z.B. bei der Lieferung von Anzeigen zum Geschäftsjubiläum oder von Saisonartikeln.

Gesetzliche Regelung: Ist eine Zeit für die Lieferung weder bestimmt noch aus den Umständen zu entnehmen, so kann der Lieferant *sofort* liefern, der Käufer *sofortige* Lieferung verlangen. § 271

Zahlungsbedingungen

Sie bestimmen die *Art* und *Weise* sowie die *Kosten* und den *Zeitpunkt* der Zahlung.

a) **Art und Weise der Zahlung.** Im Kaufvertrag kann bare, halbbare, bargeldlose Zahlung oder Wechselzahlung vereinbart werden. Zahlungen können vereinbarungsgemäß in einem Betrag oder in Raten geleistet werden.

Für die **rechtzeitige Bezahlung** einer **Geldforderung** kommt es nicht auf die Rechtzeitigkeit der Zahlung, sondern auf die **Rechtzeitigkeit des Geldeingangs** beim Gläubiger an. Dies ergibt sich aus der **EU-Zahlungsrichtlinie.** Allerdings haftet ein Schuldner, der die Überweisung rechtzeitig veranlasst hat, nicht für mögliche Verzögerungen im Bankenverkehr.

BGB § 270 **b) Kosten der Zahlung.** Die *Kosten* der *Zahlung* der Kaufsumme hat der *Schuldner* zu tragen. Er darf sie daher nicht vom Rechnungsbetrag abziehen.

c) Zeitpunkt der Zahlung. Die Zahlung kann erfolgen:

1. **Vor** der *Lieferung* **(Anzahlung** und **Vorauszahlung).** Sie wird häufig zur Finanzierung großer Aufträge und von unbekannten oder unsicheren Kunden verlangt.
2. **Bei** der *Lieferung* **(Barkauf).** Barzahlung ist vor allem noch im Einzelhandel üblich.
3. **Nach** der *Lieferung* **(Ziel- oder Kreditkauf).** Die Gewährung von Zahlungszielen setzt die Finanzierungsbereitschaft des Verkäufers sowie die Kreditwürdigkeit des Käufers voraus. Wenn der Lieferant bei Kreditgewährung Zinsen im Voraus in den Verkaufspreis einkalkuliert, kann er dem Kunden bei vorzeitiger Zahlung Skonto gewähren.

   Der Zinsvorteil, den der Kunde dadurch hat, ist größer, als es dem Prozentsatz nach scheint. Zahlt er z. B. 30 Tage vor dem Ziel mit 2 % Skonto, so entspricht dies einem Zinssatz von 24 %.

Zeitpunkt der Zahlung

Vor der Lieferung	bei der Lieferung (Barkauf)	Vor der Lieferung (Barkauf)
»Zahlung bei Bestellung«	»gegen bar«	»auf Abzahlung« oder » zahlbar in 4 Monatsraten«
»Anzahlung«, z.B. je die Hälfte bei Bestellung und Lieferung	»gegen Kasse« oder »netto Kasse«	»Ziel 1 Monat« oder »zahlbar innerhalb von 30 Tagen«
»Zahlung im Voraus«	»gegen Nachname«	»zahlbar in 1 Monat oder bar unter Abzug von 2 % Skonto«
»netto Kasse gegen Rechnung (Faktura)« (Die versandbereite Ware wird erst nach Eingang der Zahlung abgeschickt)		»Ziel 2 Monate oder Kasse innerhalb 14 Tagen unter Abzug von 1 % Skonto«
		»Ziel 3 Monate gegen Wechsel«

§ 271 **Gesetzliche Regelung:** Ist über den Zeitpunkt der Zahlung nichts vereinbart und auch aus den Umständen nichts zu entnehmen, so kann der Verkäufer *sofortige* Zahlung verlangen.

§ 193 Ist der Leistungstag ein Samstag, Sonntag oder gesetzlicher Feiertag, so braucht der Schuldner erst am nächsten Werktag zu leisten. Die Geldschuld gilt als rechtzeitig erfüllt, wenn der Schuldner das Geld am Fälligkeitstag abgeschickt hat.

d) Zahlungsbedingungen im Außenhandel (Abschnitt 12.6.8).

Erfüllungsort

a) Arten des Erfüllungsortes.

1. **Der vertragliche Erfüllungsort** ist vom Verkäufer und Käufer vereinbart. Eine solche Vereinbarung kommt zustande, wenn die in einem Angebot, Bestellschein oder Bestätigungsschreiben aufgenommenen Klauseln über den Erfüllungsort angenommen werden oder unwidersprochen bleiben. Die Aufnahme einer Klausel in einer Rechnung genügt nicht.

Beispiel: Der Verkäufer in Düsseldorf und der Käufer in Stuttgart vereinbaren: »Erfüllungsort für beide Teile Düsseldorf« (Bild).

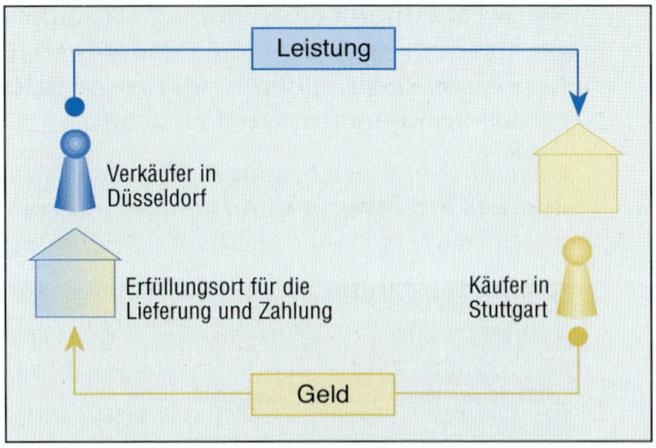

2. **Der gesetzliche Erfüllungsort** ist der Wohnsitz bzw. die gewerbliche Niederlassung des Schuldners zum Zeitpunkt des Vertragsabschlusses. Er gilt dann, wenn ein Ort für die Leistung weder vereinbart noch aus den Umständen zu entnehmen ist.

BGB § 269

Gesetzlicher Erfüllungsort für die **Leistung** ist also der **Wohn- oder Geschäftssitz des Verkäufers** (der Verkäufer schuldet die Leistung).

Gesetzlicher Erfüllungsort für die **Zahlung** des Kaufpreises ist der **Wohn- oder Geschäftssitz des Käufers** (der Käufer schuldet das Geld).

b) Bedeutung des Erfüllungsortes.

> **Der Erfüllungsort** ist der Ort, an dem der Schuldner durch rechtzeitige und mangelfreie Leistung **von seiner vertraglichen Verpflichtung frei** wird.

Beispiel: Ein Lieferant in München versendet Ware an einen Kunden in Hamburg. Als Liefertermin ist der 15. Februar vereinbart. Der Lieferant hat seine Verpflichtung erfüllt

- bei Erfüllungsort München, wenn er die Ware am 15. Februar mangelfrei dem Transportunternehmen in München übergibt,
- bei Erfüllungsort Hamburg, wenn die Ware am 15. Februar mangelfrei in Hamburg eintrifft.

Erfüllt er diese Verpflichtung nicht, kommt er, gegebenenfalls nach einer Mahnung, in **Lieferungsverzug** (Nicht-Rechtzeitig-Lieferung; Abschnitt 6.8.2).

Neben dieser Grundbedeutung kann der Erfüllungsort auch *abgeleitete Bedeutung* für den **Gerichtsstand,** den **Gefahrübergang** und die **Übernahme der Kosten** haben, sofern hierfür keine Sonderregelungen bestehen.

1. **Gerichtsstand.** Ergeben sich Streitigkeiten über das Bestehen, über die Auslegung oder wegen der Erfüllung eines Vertragsverhältnisses, so können die Vertragspartner die Hilfe des zuständigen Gerichtes in Anspruch nehmen. Das **zuständige Gericht** wird bestimmt durch die sachliche und örtliche Zuständigkeit.

Zuständiges Gericht	
Sachliche Zuständigkeit	**Örtliche Zuständigkeit**
– Amtsgericht: bis 5.000 EUR Streitwert – Landgericht: über 5.000 EUR Streitwert	– vertraglich vereinbarter Ort – gesetzlich vorgegebener Ort

GVG § 23
VwVfG § 3

wichtig

Die Durchführung eines Prozesses im eigenen Gerichtsbezirk bedeutet eine wesentliche Ersparnis an Zeit und Kosten. Durch den Gerichtsstand werden auch das anzuwendende Recht (eigenes oder fremdes Recht beim Außenhandel) sowie Handelsbrauch und Verkehrssitte bestimmt.

Gesetzlicher Gerichtsstand. Hier muss zwischen dem **allgemeinen** und dem **besonderen** Gerichtsstand unterschieden werden.

ZPO §§ 12 ff.

Gesetzlicher Gerichtsstand	
Allgemeiner Gerichtsstand	**Besonderer Gerichtsstand**
ist der Sitz des Gerichtes, in dessen Bezirk der **Wohnsitz des Beklagten** liegt. Hier können Klagen erhoben werden, sofern vertraglich oder gesetzlich kein anderer Gerichtsstand bestimmt ist.	ist der Sitz des Gerichts, in dessen Bezirk der **vertragliche** oder **gesetzliche Erfüllungsort** fällt. Durch die Vereinbarung des Erfüllungsortes kann also der Gerichtsstand (stillschweigend) bestimmt sein.

Der Kläger hat jedoch die Wahl zwischen dem allgemeinen und dem besonderen Gerichtsstand. In Grundstücksangelegenheiten ist ausschließlich das Gericht zuständig, in dessen Bezirk das Grundstück liegt.

Vertraglicher Gerichtsstand. Kaufleute und juristische Personen des öffentlichen Rechts können für alle vermögensrechtlichen Streitigkeiten einen Gerichtsstand vereinbaren, sofern nicht durch Gesetz ein besonderer Gerichtsstand begründet ist (Grundstücksklagen).

BGB § 276

2. **Gefahrübergang.** Geht durch **Verschulden** eines Vertragspartners der Kaufgegenstand verloren, zugrunde, oder wird er beschädigt, so hat **der schuldige Teil** den Schaden zu tragen. Der Verkäufer muss bei der Verpackung, der Auswahl des Beförderungspersonals und des Transportunternehmens die erforderliche Sorgfalt anwenden. (§ 278)

§ 447 (2) Insbesondere muss er Anweisungen des Kunden über die Art des Versandes beachten. Weicht er ohne dringenden Grund davon ab, so ist er für den daraus entstehenden Schaden verantwortlich.

Beispiel: Trotz Frostgefahr sendet ein Großhändler Orangen nicht mit IC-Kurierdienst, sondern als Stückgut. Während der längeren Beförderungsdauer entsteht ein Frostschaden. Er muss vom Verkäufer getragen werden.

Bei **zufälligem** Untergang oder **zufälliger** Verschlechterung trägt den Schaden derjenige, der die Gefahr trägt. Der Gefahrübergang auf den Käufer tritt ein

§ 446 (1)

- **mit der Übergabe der Ware an den Käufer** oder an seinen Erfüllungsgehilfen ohne Rücksicht auf den Erfüllungsort;

§ 447 (1)

- **mit der Auslieferung der Ware an den Spediteur oder Frachtführer,** wenn die Ware auf Verlangen des Käufers nach einem anderen Ort als dem Erfüllungsort versandt wird (Versendungskauf). § 447 gilt nicht beim Fernabsatzgeschäft, bei dem der Verkäufer das Risiko für die Ware trägt, bis sie beim Empfänger angekommen ist.

Führt der Verkäufer die Versendung üblicherweise durch eigene Mitarbeiter oder eigene Beförderungsmittel aus, so trägt er die Transportgefahr.

Um das Risiko des zufälligen Untergangs oder der Verschlechterung der Ware abzuwälzen, wird häufig eine Versicherung abgeschlossen (Transport-, Bruch-, Diebstahl-, Brandversicherung). Wenn nichts anderes vereinbart ist, sind die *Versicherungskosten* von dem zu tragen, der die Gefahr trägt.

Bei der **Übersendung von Geld** trägt der *Versender* die Gefahr, bis es in die Verfügungsgewalt des Empfängers gelangt (bare Auszahlung oder Gutschrift auf das Konto). BGB § 270

Beispiele:

1. Ein Schuldner lässt einem Lieferanten die Kaufsumme durch einen Boten übermitteln. Dieser verliert das Geld. Der Lieferant kann auf Zahlung bestehen.
2. Ein Schuldner zahlt durch Überweisung. Der Betrag geht dem Gläubiger nicht zu. Er kann weiterhin Zahlung verlangen. Der Absender kann aber das Kreditinstitut haftbar machen.

3. **Übernahme der Kosten.** Der Erfüllungsort bestimmt, wer die Kosten der Lieferung zu tragen hat, sofern die Übernahme der Versandkosten nicht im Vertrag besonders geregelt ist. Umgekehrt hat aber eine vertragliche Versandkostenregelung keinen Einfluss auf den Erfüllungsort. § 269 (3)

Gesetzliche Regelung:

- Die **Kosten der Übergabe,** insbesondere die Kosten des Messens und Wiegens, fallen dem *Verkäufer,* die **Kosten der Abnahme und Versendung** nach einem anderen Ort als dem Erfüllungsort fallen dem *Käufer* zur Last. § 448
- Die **Kosten der Zahlung** richten sich jedoch nicht nach dem Erfüllungsort. Diese hat, sofern keine andere Regelung vereinbart wurde, in jedem Fall der *Käufer* zu tragen. § 270 (1)

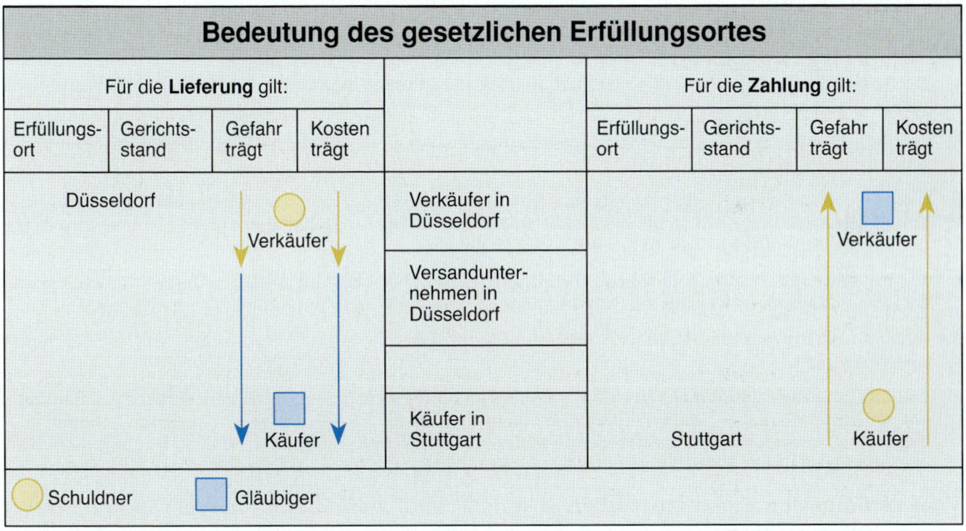

Aus der gesetzlichen Regelung des Gefahr- und Kostenübergangs lassen sich folgende **Grundsätze** ableiten:

1. **Warenschulden sind Holschulden.** Mit der Übergabe der Ware gehen Kosten und Gefahr auf den *Käufer* (Gläubiger) über.
2. **Geldschulden sind Bringschulden.** Zahlungen sind auf Kosten und Gefahr des *Käufers* (Schuldner) an den Verkäufer zu übermitteln.

§ 269
§ 270

Eigentumsvorbehalt

BGB § 449

> Der **Eigentumsvorbehalt** ist eine **Vereinbarung** zwischen dem Veräußerer und Erwerber, wonach der **Erwerber zunächst nur Besitzer** werden soll (Übergabe), während der **Veräußerer bis zur Bezahlung des Kaufpreises Eigentümer** bleibt.

Die Vorbehaltsklausel lautet: »Die Ware bleibt bis zur vollständigen Bezahlung des Kaufpreises mein Eigentum.«

§§ 449 (2), 323

Der Verkäufer kann deshalb bei Pfändung die Freigabe und im Insolvenzverfahren die Aussonderung verlangen. Kommt der Käufer seiner Vertragsverpflichtung nicht nach, dann kann der Verkäufer sein Eigentum erst dann zurückverlangen, wenn er vom Vertrag zurückgetreten ist. Dies setzt wiederum voraus, dass eine gesetzte Nachfrist mit Ablehnungsandrohung erfolglos verstrichen ist.

Der Eigentumsvorbehalt muss, wenn er wirksam sein soll, beim Abschluss des Kaufvertrages ausdrücklich vereinbart sein.

Der Eigentumsvorbehalt *erlischt,* wenn der Kaufpreis vollständig bezahlt ist. Er wird *unwirksam,* wenn der Gegenstand

- an einen gutgläubigen Dritten weiterveräußert oder verpfändet, (§ 932)
- verarbeitet, (§ 950)
- mit einer beweglichen Sache fest verbunden, (§ 947)
- mit einer unbeweglichen Sache fest verbunden, (§ 946)
- verbraucht oder
- vernichtet wird.

Beispiele:

1. Ein Textilgroßhändler verkauft eine Outdoorjacke, die er unter Eigentumsvorbehalt erworben und noch nicht bezahlt hat. Mit der Übergabe wird der gutgläubige Einzelhändler Eigentümer.
2. Ein Bauunternehmer verarbeitet den unter Eigentumsvorbehalt gelieferten Zement und errichtet damit Mauern in einem Einfamilienhaus.
3. In der Werkstatt eines Kraftfahrzeughändlers wird ein Auspufftopf, den der Händler unter Eigentumsvorbehalt erworben und noch nicht bezahlt hat, in das Auto eines Kunden eingebaut. Der Kunde wird durch den Einbau in sein Auto Eigentümer des Auspufftopfes.
4. Ein Installateur baut eine Badewanne, die er unter Eigentumsvorbehalt erworben und noch nicht bezahlt hat, in das Haus eines Kunden ein. Mit dem Einbau wird der Kunde Eigentümer der Badewanne.
5. In der Gaststätte werden Spirituosen, die unter Eigentumsvorbehalt geliefert worden sind, ausgeschenkt und verbraucht.
6. Der Eigentumsvorbehalt eines Kraftfahrzeughändlers auf einen gegen Raten verkauften Personenkraftwagen wird unwirksam, wenn das Auto bei einem Verkehrsunfall zerstört wird. Um diesen Schaden auszugleichen, veranlasst der Kraftfahrzeughändler seinen Kreditkunden beim Kauf, eine Vollkaskoversicherung für das Auto abzuschließen. Im Schadensfall erhält der Händler Ersatz von der Versicherung.

Vom **verlängerten** Eigentumsvorbehalt spricht man, wenn bei Weiterverkauf die entstehende Forderung abgetreten, bei Verarbeitung der hergestellte Gegenstand zur Sicherung übereignet wird.

Ein **erweiterter** Eigentumsvorbehalt liegt vor, wenn sich die Vorbehaltsrechte auch auf andere vom selben Lieferanten an den Käufer gelieferte Waren beziehen sollen.

Beim **Kontokorrentvorbehalt** erwirbt der Käufer das Eigentum an einer bezogenen Ware erst, wenn er *alle Forderungen des Verkäufers getilgt,* also den Kontokorrentsaldo ihm gegenüber ausgeglichen hat.

Allgemeine Geschäftsbedingungen (AGB) (Abschnitt 2.4)

?

1. Hans Meyer kauft von einer Ware 400 kg (Reingewicht) zu 180 EUR für 100 kg. Die Verpackung wiegt 10 kg, ihr Selbstkostenwert beträgt 24 EUR. Über welche Beträge lautet die Rechnung, wenn vereinbart ist
   a) Preis vom Reingewicht einschließlich Verpackung,
   b) Preis vom Reingewicht ausschließlich Verpackung,
   c) brutto für netto?
2. Zu welchem Preis muss ein Verkäufer eine Ware, die ab Lager 600,00 EUR kostet, anbieten, wenn die Kosten für An- und Abfuhr je 20,00 EUR und die Bahnfracht 43,90 EUR beträgt
   a) ab hier,
   b) frei dort,
   c) frei Haus?
3. Auf eine Bestellung vom 1. April erfolgt die Lieferung am 15. April. Wann ist bei den verschiedenen Zahlungsbedingungen der Rechnungsbetrag fällig (Bild, Seite 200)?
4. Machen Sie die dem Bild (Seite 203) entsprechende Aufstellung, wenn durch Kaufleute vertraglich »Erfüllungsort für beide Teile Stuttgart« vereinbart ist.
5. Beim Transport vom Verkäufer in Frankfurt zum Käufer in Osnabrück kommt die Ware abhanden. Der Käufer verweigert die Zahlung des Kaufpreises mit der Begründung, dass im Kaufvertrag die Lieferung »frei Osnabrück« vereinbart war und demzufolge der Verkäufer für das Abhandenkommen hafte. Wie ist die Rechtslage?
6. Ein Großhändler liefert mit Rechnung vom 15. September einem Einzelhändler vertragsgemäß 50 Spankörbe Pflaumen zu je 10 kg. Preis 120 EUR je 100 kg brutto für netto. Zahlungsbedingung: in 10 Tagen 3 % Skonto, in einem Monat netto Kasse.
   a) Der Kunde zahlt am 25. September mit Überweisung 582 EUR. Wie beurteilen Sie diese Zahlung?
   b) Wie ist der Sachverhalt, wenn der Kunde von der Rechnung 30 EUR abzieht, da Stichproben ergeben haben, dass die Körbe bei 10 kg Gesamtgewicht nur 9,5 kg Pflaumen enthielten?
7. Warum ist auch beim Verkauf unter Eigentumsvorbehalt die Zuverlässigkeit des Käufers zu überprüfen?
8. Welche besonderen Vorteile erwachsen gegenüber der gesetzlichen Regelung dem Verkäufer oder dem Käufer, wenn sie ihren Wohnsitz als »Erfüllungsort und Gerichtsstand für beide Teile« vereinbaren?
9. Welche Bedeutung hat der Vermerk auf der Rechnung: »Ich sende Ihnen für Ihre Rechnung und auf Ihre Gefahr«?
10. Zwei Kaufleute schließen einen Kaufvertrag ohne besondere Angabe von Vertragsinhalten. Wie ist der Vertrag zu erfüllen bezüglich
    a) Warenqualität,
    b) Verpackungskosten,
    c) Versandkosten,
    d) Lieferzeit,
    e) Zahlungszeitpunkt,
    f) Erfüllungsort?
11. Ein Angebot gibt über die Qualität der Ware keine Auskunft. Welche Qualität ist zu liefern, wenn wir aufgrund des Angebotes bestellen?
    a) Ware beliebiger Qualität,
    b) Ware bester Qualität,
    c) Ware mittlerer Qualität,
    d) Ware niedrigster Qualität,
    e) Qualität nach Ermessen des Lieferanten.
12. Welche Beförderungsklausel in einem Angebot ist für den Käufer am günstigsten?
    a) Ab Lager,
    b) frei Waggon,
    c) frachtfrei,
    d) ab Bahnhof hier,
    e) unfrei.
13. Was bedeutet die Lieferbedingung »frei«, wenn die Ware durch die Bahn versandt wird?
    a) Lieferung frei Empfangsbahnhof,
    b) Lieferung frei Versandbahnhof,
    c) Lieferung frei Grenzbahnhof,
    d) Lieferung ab Werk,
    e) Lieferung frei Haus.

14. In einem Kaufvertrag wird die Versandbedingung »unfrei« vereinbart. Welche der folgenden Aussagen ist (sind) richtig?
    a) Der Verkäufer übernimmt alle Versandkosten.
    b) Der Käufer trägt die Versandkosten ab Versandbahnhof.
    c) Der Verkäufer trägt die Anfuhrkosten zum Versandbahnhof.
    d) Der Käufer trägt nur die Zufuhrkosten ab Empfangsbahnhof.
    e) Der Käufer muss alle Versandkosten tragen.
15. Welche Bedeutung hat die Klausel »Erfüllungsort und Gerichtsstand für beide Teile ist der Geschäftssitz des Lieferanten«?
    a) Der Lieferant trägt die Gefahr der Verschlechterung der Ware auf dem Weg zum Käufer.
    b) Die Ware ist zum Ort des Käufers zu liefern.
    c) Die Ware ist am Ort des Lieferanten dem Käufer persönlich auszuhändigen.
    d) Die Gefahr geht am Ort des Lieferanten auf den Käufer über.
    e) Die Geldschulden werden Holschulden.
16. Der Elektrofachhändler Berger e. K., Ulm, hat bei der Elektrogroßhandlung Stark KG, Konstanz, per Telefax 10 Stehlampen Modell »Nordlicht« zum Preis von je 650 EUR bestellt. Weitere Vereinbarungen wurden nicht getroffen.
    a) Die Stark KG beauftragt einen Transportunternehmer mit der Auslieferung der Lampen. Wer muss die Transportkosten tragen (Begründung)?
    b) Die Lampen wurden bei der Stark KG transportsicher verpackt. Wer muss die Verpackungskosten übernehmen (Begründung)?
    c) Beim Transport werden zwei Lampen infolge unsachgemäßen Verladens trotz ordnungsgemäßer Verpackung erheblich beschädigt. Muss Berger e. K. die Lampen abnehmen, bezahlen und den Schaden tragen (Begründung)?
17. Welche Aussage über den gesetzlichen Erfüllungsort ist richtig?
    a) Der gesetzliche Erfüllungsort des Lieferanten und des Kunden stimmen überein.
    b) Der gesetzliche Erfüllungsort wird vom Verkäufer bestimmt.
    c) Der gesetzliche Erfüllungsort ist der Ort, an dem der jeweilige Schuldner seinen Wohn- bzw. Geschäftssitz hat.
    d) Der gesetzliche Erfüllungsort kann nur vom Schuldner bestimmt werden.
    e) Der gesetzliche Erfüllungsort gilt auch dann, wenn ein vertraglicher Erfüllungsort vereinbart wurde.

6.4 Arten des Kaufs

Nach der rechtlichen Stellung der Vertragspartner und der Bestimmung des jeweiligen Vertragsinhalts sind verschiedene Arten des Kaufs zu unterscheiden.

6.4.1 Bürgerlicher Kauf und Handelskauf

Die Partner des Kaufvertrags sind der Käufer und der Verkäufer. Sie können ihrer rechtlichen Stellung nach **Unternehmer (Kaufleute)** oder **Verbraucher (Nichtkaufleute)** sein.

BGB § 13 § 14 Unter einem **Verbraucher** versteht man hierbei eine natürliche Person, die ein Rechtsgeschäft für private Zwecke abschließt. Demgegenüber versteht man unter einem **Unternehmer** eine natürliche oder juristische Person, die beim Abschluss eines Rechtsgeschäftes gewerblich oder selbstständig beruflich tätig handelt.

Nach der **rechtlichen Stellung** des Vertragspartners und dem **Zweck des Vertragsabschlusses** sind demnach zu unterscheiden:

Verkäufer ist / Käufer ist	**ein Unternehmer**	**ein Verbraucher**
ein Verbraucher	Verbrauchsgüterkauf (einseitiger Handelskauf)	Bürgerlicher Kauf (Privatkauf)
ein Unternehmer	zweiseitiger Handelskauf	sonstiger einseitiger Handelskauf

BGB §§ 433–479

HGB §§ 343, 345, §§ 373–382

6.4.2 Besondere Arten des Kaufvertrags

Nach der Bestimmung des jeweiligen Vertragsinhalts sind verschiedene Arten des Kaufs zu unterscheiden.

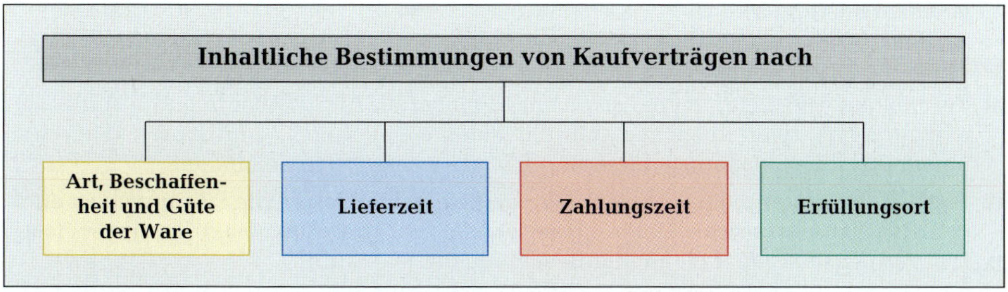

▶ Nach der Bestimmung von Art, Beschaffenheit und Güte der Ware

a) Stückkauf. Der Kaufgegenstand ist eine *einmalige* Sache, die nicht noch einmal beschafft werden kann.

Beispiele: Kauf eines Grundstückes, eines Originalgemäldes, eines antiken Bauernschrankes.

b) Gattungskauf. Der Kaufgegenstand ist eine Sache, die *in mehreren gleichen Ausfertigungen* hergestellt und daher wieder beschafft werden kann. § 360 BGB § 243

Beispiele: Kauf von Baumwolle, eines Kunstdruckes, von Serienmöbeln.

c) Kauf nach Probe (oder Muster). Er ist ein Kauf *aufgrund früher bezogener Waren* (»wie gehabt«) oder nach einer *vom Verkäufer erhaltenen oder dem Verkäufer übergebenen Probe.*

Die zu liefernde Ware muss der Probe entsprechen; unwesentliche Abweichungen müssen jedoch geduldet werden. Die Eigenschaften der Probe oder des Musters sind als zugesichert anzusehen. Fehlen sie, so kann der Käufer seine Rechte aus mangelhafter Lieferung geltend machen (Abschnitt 6.8.1).

Proben und Muster sind für den Vergleich mit der zu liefernden Ware und als Beweismittel sorgfältig aufzubewahren. Kommt der Kauf nicht zustande, so kann die Rückgabe der Probe verlangt werden.

Beispiele: Kauf von Kaffee, Tee, Tabak, Tapeten, Metallen, Textilrohstoffen.

d) Kauf auf Probe (oder Besicht) ist ein Kauf *mit Rückgaberecht* innerhalb einer verein- § 454
barten Frist, falls der Gegenstand nicht den Erwartungen des Käufers entspricht.

Der Verkäufer überlässt dem Käufer die Ware für eine bestimmte Zeit »auf Probe«, »auf Besicht« oder »zur Ansicht«, damit er sie prüfen und ausprobieren kann. Lässt der Käu- § 455
fer die Probefrist ohne ausdrückliche Ablehnung der Ware vorübergehen, so gilt sein Stillschweigen als Billigung und damit als Annahme des Angebots.

Beispiele: Kauf eines Musikinstruments, eines Kopiergerätes, eines Schreibtischstuhls.

e) **Kauf mit Umtauschrecht.** Der Käufer kann verlangen, dass *anstelle der gekauften eine andere Ware* gleichen Wertes geliefert wird, wenn die Ware nachträglich nicht zusagen sollte.

Beispiel: Beim Kauf eines Geschenkartikels hat der Verkäufer Umtauschmöglichkeit zugesagt.

Der Kauf mit Umtauschrecht darf nicht verwechselt werden mit einem Kauf auf Probe.

HGB § 375

f) **Bestimmungskauf (Spezifikationskauf).** Hier erfolgt ein Abschluss über eine genau festgelegte Gesamtmenge einer Gattungsware. Der Käufer hat aber das *Recht, innerhalb einer festgesetzten Frist die zu liefernden Waren nach Maß, Form oder Farbe näher zu bestimmen* (»je nach Käufers Wahl«).

Für die Gesamtmenge wird ein Grundpreis vereinbart. Dazu kommen für die einzelnen Ausführungsarten vereinbarte Zuschläge.

Beispiel: Ein Stahlhändler macht einen Abschluss über den Kauf von 100 t Eisen mit dem Recht der Spezifikation für Flach-, Rund-, Stab-, Winkel- und T-Eisen in verschiedenen Längen und Stärken.

▶ Nach der Bestimmung der Lieferzeit

a) **Sofortkauf.** Die Lieferung hat *unmittelbar nach der Bestellung* zu erfolgen. Die Klausel lautet: »Lieferung sofort«.

Beispiel: Ein Betrieb benötigt dringend Heizöl. Der Mineralölhändler verspricht die Lieferung am gleichen Tage.

b) **Terminkauf.** Die Lieferung hat *zu einem vereinbarten Termin* oder *innerhalb einer vereinbarten Frist* zu erfolgen. Die Klauseln lauten: »Lieferung Ende August«, »Lieferung innerhalb zweier Monate«, »Lieferung 1 Monat nach Auftragseingang«.

§ 376

c) **Fixkauf.** Die Lieferung hat *an oder bis zu einem* **genau** *bestimmten Zeitpunkt* zu erfolgen. Die Klauseln lauten: »Lieferung am 20. Mai fix«, »Lieferung bis 20. Dezember fest«. Der Vertrag steht und fällt mit der Beachtung der Fixklausel.

Beispiele: Lieferung von Geschenken, von Wein oder Einladungskarten zu einem Betriebsjubiläum, Lieferung von Zimmereinrichtungen bis zur Eröffnung eines Hotels.

d) **Kauf auf Abruf.** Der Zeitpunkt der Lieferung ist in das *Ermessen des Käufers* gestellt. Er ruft die Ware ab.

Beispiel: Ein Bauherr kauft Möbel, die er erst nach der Fertigstellung des Hauses anliefern lässt.

e) **Teillieferungskauf.** Hierbei erfolgt die Lieferung in *Teilmengen.* Folgende Formen sind möglich:

- Terminkauf (lieferbar in monatlichen Teilmengen),
- Kauf auf Abruf (lieferbar auf Abruf).

Der Käufer hat den Vorteil des Einkaufs in großen Mengen (Mengenrabatt, Schutz vor Preissteigerung) bei gleichzeitig niedriger Lagerhaltung.

▶ Nach der Bestimmung der Zahlungszeit

a) **Kauf gegen Vorauszahlung.** Die Zahlung ist *vor der Lieferung* zu leisten.

b) **Barkauf.** Der Käufer hat *Zug um Zug mit der Lieferung* zu leisten.

c) **Ziel- oder Kreditkauf.** Die Zahlung ist einige Zeit *nach der Lieferung* zu leisten.

d) **Teilzahlungskauf.** Die Zahlung ist in Teilbeträgen *zu verschiedenen Zeitpunkten* vor, bei oder nach der Lieferung zu bewirken.

BGB §§ 491 ff.

Käufer, die nicht die Kaufmannseigenschaft besitzen, sollen vor Übervorteilungen und unbedachten Teilzahlungskäufen gesetzlich geschützt werden. Deshalb ist bestimmt, dass die auf den Abschluss eines Teilzahlungskaufs gerichtete Willenserklärung der Schriftform bedarf. Die Urkunde muss den Barzahlungs- und den Teilzahlungspreis, auch den Betrag, die Zahl und die Fälligkeit der Teilzahlungen sowie den effektiven Jahreszinssatz enthalten. Dieser schließt außer den Zinsen auch sonstige vom Käufer zu entrichtende Kosten ein; er wird als Zinssatz, bezogen auf den Barzahlungspreis abzüglich Anzahlung, unter Berücksichtigung von der Zahl, der Fälligkeit und dem Betrag der Teilzahlungen, ausgedrückt.

Überdies kann der Käufer seine auf den Abschluss eines Teilzahlungskaufs gerichtete Willenserklärung innerhalb einer Woche schriftlich widerrufen; es genügt die rechtzeitige Absendung des Widerrufs. Der Verkäufer ist verpflichtet, den Käufer über das Widerrufsrecht in deutlicher Form zu belehren; die Belehrung ist vom Käufer gesondert zu unterschreiben.

▶ Nach dem Erfüllungsort

a) **Versendungskauf.** Verkäufer und Käufer befinden sich *an verschiedenen Orten;* Erfüllungsort ist der *Ort des Verkäufers,* der jedoch die Ware auf Verlangen des Käufers **an einen anderen Ort versendet.**

Beispiel: Ein Großhändler in Nürnberg verkauft Ware an einen oberbayrischen Kunden. Für den Kaufvertrag gilt der gesetzliche Erfüllungsort, d.h. Nürnberg, als Ort der geschäftlichen Niederlassung des Verkäufers. Die Ware soll mit der Bahn an den Empfangsort gesandt werden.

Die Transportgefahr geht mit der Auslieferung der Ware an den beauftragten Spediteur oder Frachtführer auf den Käufer über, ausgenommen beim *Verbrauchsgüterkauf.* BGB § 447 (1) § 474 (2)

b) **Fernkauf.** Verkäufer und Käufer befinden sich *an verschiedenen Orten;* als Erfüllungsort für die Übergabe der Ware ist *ein anderer* als der Ort des Verkäufers vereinbart.

Beispiel: Der Großhändler in Nürnberg vereinbarte im Kaufvertrag mit einem Würzburger Kunden dessen geschäftliche Niederlassung als Erfüllungsort.

Die Gefahr des zufälligen Untergangs oder einer zufälligen Verschlechterung geht erst mit der Übergabe der Ware auf den Käufer über. § 446 (1)

c) **Platzkauf.** Verkäufer und Käufer befinden sich *an verschiedenen Stellen* desselben Ortes; der Ausgangs- und Endpunkt der Lieferung sind so weit voneinander entfernt, dass eine *Versendung* erforderlich ist.

Beispiel: Ein Großhändler in Hamburg beliefert mehrere Einzelhändler der Großstadt teils mit eigenem Fahrzeug, teils durch Einschaltung eines Frachtführers.

Für den Platzkauf gelten die Regeln über den Versendungs- bzw. Fernkauf analog. §§ 446 f.

Meistens wird bei Versendungen innerhalb derselben Ortschaft die Stelle des Käufers als Erfüllungsort vereinbart; dann geht die Gefahr erst dort auf den Käufer über.

d) **Handkauf.** Verkäufer und Käufer befinden sich am *gleichen Ort;* die Ware wird im *Geschäft des Verkäufers* gekauft und dort ausgehändigt. Das Verpflichtungs- und das Erfüllungsgeschäft fallen in einem tatsächlichen Vorgang zusammen.

Beispiel: Ein Cash-and-Carry-Großhändler verkauft Ware an einen ortsanwesenden Einzelhändler, dem sie unmittelbar nach dem Kauf ausgehändigt wird.

Erfüllungsort und Erfüllungsstelle ist die geschäftliche Niederlassung des Verkäufers. Mit der Übergabe der Ware geht auch die Gefahr auf den Käufer über. § 446

e) **Streckengeschäft.** Hierbei handelt es sich um eine Besonderheit, die im Großhandel häufig vorkommt. Es bietet die Möglichkeit, Verlade-, Lager- und Fuhrparkkosten einzusparen.

Beispiel: Ein Stahlgroßhändler bestellt bei einem Stahlwerk eine größere Menge Baustahl, die von seinen Kunden, den Bauunternehmen, benötigt wird. Er veranlasst regelmäßig die unmittelbare Lieferung an den Kunden »ab Werk« oder »ab Lager« zu den Bedingungen des Lieferanten.

Der Großhändler hat dabei nur vermittelnde Funktion, sodass die Lieferung zwischen dem Hersteller und dem Großhandelskunden direkt erfolgt; es handelt sich dann um einen Versendungskauf zwischen dem Hersteller und dem Großhandelskunden. Im Übrigen gelten die Bedingungen, die zwischen dem Großhändler und seinen Kunden vertraglich festgelegt werden.

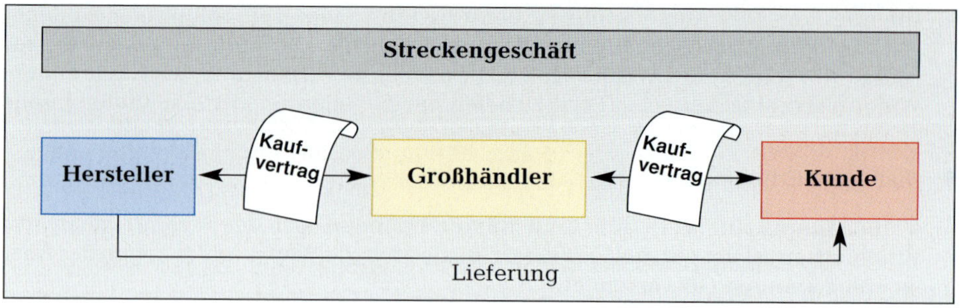

?

1. Stellen Sie bei folgenden Fällen fest, ob ein bürgerlicher Kauf, ein Verbrauchsgüterkauf oder ein zweiseitiger Handelskauf vorliegt:
   a) Ein Schüler verkauft seinen MP3-Player an einen Mitschüler.
   b) Ein Geschäftsmann kauft in der Apotheke für sich Beruhigungspillen.
   c) Ein Großhändler kauft in einem Schreibwarengeschäft einige Kartons Briefumschläge.
   d) Bank kauft aus Privatbesitz eine Münzsammlung auf.
   e) Die Gemeindeverwaltung kauft bei einem Förster einen Weihnachtsbaum.
2. Welche grundsätzliche Bedeutung hat die Unterscheidung zwischen bürgerlichem Kauf und Handelskauf?
3. In welchen Fällen handelt es sich um einen zweiseitigen Handelskauf?
   a) Ein Angestellter verkauft einem Kollegen einen gebrauchten Fotoapparat.
   b) Eine Fabrikantin kauft für den privaten Weinkeller bei einer Winzergenossenschaft 500 Flaschen Wein.
   c) Die staatliche Berufsschule kauft bei einem Elektrofachgeschäft einen DVD-Player.
   d) Ein Lebensmittel-Filialunternehmen kauft bei der Großbäckerei GmbH Holzofenbrot.
   e) Eine Auszubildende kauft in einem Fachgeschäft einen Hosenanzug.
4. Um welche Arten von Kaufverträgen handelt es sich in folgenden Fällen:
   a) Privatmann A hat mit Kunsthändlerin B einen Kaufvertrag abgeschlossen über ein Picasso-Gemälde.
   b) Eine Lebensmittelgroßhändlerin hat mit der Campina AG einen Kaufvertrag abgeschlossen über 500 kg Süßrahmbutter, lieferbar in Teilmengen.
   c) Eine Elektrogroßhandlung hat mit einer Glühlampenfabrik einen Kaufvertrag über 10.000 Stück Energiesparlampen abgeschlossen mit dem Zusatz, dass bis zum 15. des nächsten Monats die verschiedenen Wattstärken angegeben werden.
   d) Um einen günstigen Mengenrabatt zu erhalten, kauft die Elektrogroßhandlung 200 Stück Gefrierschränke, kann aber aus räumlichen Gründen nur 50 Stück lagern.
   e) Eine Großkellerei verschickt an ihre Privatkunden kostenlos Probeflaschen des neuesten Jahrgangs; einige Kunden bestellen.
   f) Der Teppichhändler Munz e. K. legt der Prokuristin Stütz einen Berberteppich für eine Woche ins Wohnzimmer, damit diese beurteilen kann, ob der Teppich in das Zimmer passt.
5. Zwei Berufsschüler unterhalten sich vor der bevorstehenden Klassenarbeit über den Kaufvertrag. Nehmen Sie Stellung zu folgenden Äußerungen und begründen Sie Ihre Antworten:
   a) Ein Angebot kann nur widerrufen werden, wenn der Widerruf spätestens einen Tag nach dem Angebot beim Käufer eintrifft.
   b) Kaufverträge sind nur gültig, wenn sie schriftlich abgeschlossen werden.
   c) Wenn im Kaufvertrag keine Vereinbarung über die Beförderungskosten getroffen wird, sind diese vom Käufer und vom Verkäufer je zur Hälfte zu tragen.
   d) Wer Ware auf Probe kauft, muss diese behalten und bezahlen, wenn er sie in Gebrauch genommen hat.
   e) Wer eine unbestellt zugesandte Ware in Gebrauch nimmt, muss sie bezahlen.
   f) Beim Bestimmungskauf bestimmt der Verkäufer, welche Warenqualität er liefern möchte.
6. Unterscheiden Sie den Kauf auf Probe vom Kauf nach Probe.
7. Welche Vorteile bietet der Spezifikationskauf für Käufer und Verkäufer?
8. Wodurch unterscheiden sich der Kauf auf Abruf und der Spezifikationskauf?
9. Durch welche Vertragsvereinbarung wird ein Kauf zum Fixkauf?
10. Wie ist ein Verbraucher vor den Folgen eines unüberlegten Ratenkaufs geschützt?
11. Unterscheiden Sie Versendungskauf und Fernkauf.

6.5 Werkvertrag und ähnliche Verträge

Von vielen Betrieben werden keine fertigen Waren ab Lager geliefert, sondern Produkte, die auftragsgemäß hergestellt werden. Deshalb spielen im Geschäftsverkehr neben dem Kaufvertrag auch der **Werkvertrag und ähnliche Verträge** eine wichtige Rolle.

> Der **Werkvertrag ist ein Vertrag, durch den** *sich der Unternehmer* **zur Herstellung eines versprochenen Werkes,** *der Besteller* **zur Entrichtung der vereinbarten Vergütung** verpflichten.

BGB § 631 (1)

Gegenstand des Werkvertrages ist der *versprochene Erfolg,* das »Werk«; dies kann sein § 631 (2)

- die Herstellung oder Veränderung einer Sache.

  Beispiele: Anfertigung eines Einbauschrankes, Errichtung eines Bauwerkes, Herstellung einer Spezialmaschine.

- die Herbeiführung eines Erfolgs durch eine Arbeits- oder Dienstleistung.

  Beispiele: Veranstaltung von Reisen, Beförderung von Personen oder Gütern, Auskunftserteilung durch eine Auskunftei, Ausarbeitung eines Gutachtens, Aufführung eines Konzerts.

Wird in einem Vertrag lediglich die Dienstleistung *ohne Rücksicht auf den Erfolg* zugesagt, so liegt ein **Dienstvertrag** vor. § 611

Beispiele: Beschäftigung einer Hausgehilfin, Erteilung von Nachhilfeunterricht.

> Dem Werkvertrag **ähnliche Verträge** sind solche Verträge, bei denen die Lieferung herzustellender oder zu erzeugender beweglicher Sachen zugesagt wird.

§ 651

Beispiele: Anfertigung eines Maßanzuges, Lieferung eines kalten Buffets durch einen Party-Service.

Handelt es sich bei diesen Vereinbarungen um die Herstellung oder Erzeugung *vertretbarer* Sachen (Konfektionsanzüge), gelten die Vorschriften über den **Kaufvertrag.** Sind *nicht vertretbare* Sachen herzustellen (Maßanzug, Werbefilm), so gelten grundsätzlich die Vorschriften über den **Werkvertrag.**

Für bestimmte Werkverträge gibt es spezielle Gesetze, die ergänzende oder abweichende Bestimmungen gegenüber dem BGB enthalten, z.B. für Kommissions-, Speditions-, Fracht-, Personenbeförderungsverträge und Verträge über Bauleistungen.

Erfüllung eines Werkvertrags

▶ Pflichten des Unternehmers

a) Das versprochene Werk ist mangelfrei und rechtzeitig herzustellen. Es ist frei von Sachmängeln, wenn es die vereinbarte Beschaffenheit hat oder sich für die vertraglich vorausgesetzte bzw. für die gewöhnliche Verwendung eignet. Der Unternehmer braucht das Werk nicht persönlich herzustellen (Bauunternehmer), es sei denn, er hat dies dem Besteller ausdrücklich zugesagt oder das Werk kann seiner Art nach nur persönlich von ihm selbst geschaffen werden (Porträt). § 633 (1) § 633 (2)

   Bei mangelhafter Herstellung des Werkes kann der Besteller innerhalb einer von ihm bestimmten angemessenen Frist **Nacherfüllung** verlangen. Dabei entscheidet der Unternehmer, ob er den Mangel beseitigt oder ein neues Werk herstellt. § 634 § 635

   Nach erfolglosem Ablauf der Frist zur Nacherfüllung kann der Besteller den Mangel selbst beseitigen und Ersatz der gemachten Aufwendungen verlangen, **vom Vertrag zurücktreten** oder **die Vergütung mindern** und unter bestimmten Voraussetzungen **Schadensersatz wegen Pflichtverletzung** verlangen (Abschnitt 6.8.1). § 637 § 636 § 638 § 636

b) Der Unternehmer hat das Eigentum am Werk zu verschaffen.

c) Er hat die vereinbarte Vergütung anzunehmen.

▶ Pflichten des Bestellers

BGB § 640 § 646 a) Er hat das vertragsmäßig hergestellte Werk abzunehmen, sofern nach der Beschaffenheit des Werkes eine Abnahme überhaupt möglich ist. Wegen unwesentlicher Mängel kann die Abnahme nicht verweigert werden.

§ 642 b) Der Besteller muss gegebenenfalls an der Herstellung des Werkes mitwirken, z.B. Anprobe eines Maßanzuges, Sitzung beim Porträtmaler.

§ 641 c) Er hat die vereinbarte Vergütung zu zahlen. Sie ist bei Abnahme des Werkes zu entrichten.

Kündigungsrecht beim Werkvertrag

§ 649 (1) a) Der **Besteller** kann bis zur Vollendung des Werkes jederzeit den Vertrag kündigen. Kündigt er, so ist der Unternehmer berechtigt, die vereinbarte Vergütung zu verlangen; er muss sich jedoch das anrechnen lassen, was er infolge der Aufhebung des Vertrags an Aufwendungen spart oder durch anderweitige Verwendung seiner Arbeitskraft erwirbt oder zu erwerben böswillig unterlässt.

§ 650 Kündigt der Besteller einen Werkvertrag, weil ein zugrunde liegender Kostenvoranschlag überschritten wird, so hat der Unternehmer Anspruch auf

- die vereinbarte Vergütung, wenn der Kostenvoranschlag verbindlich war,
- eine der bisherigen Arbeit entsprechende Vergütung und Ersatz der Aufwendungen, wenn der Voranschlag unverbindlich war.

b) Der **Unternehmer** kann nur dann kündigen, wenn der Besteller die im Vertrag übernommene Mitwirkung nicht vornimmt.

?

1. Wie nennt das Gesetz die Vertragspartner beim Werk- und Dienstvertrag?
2. Wodurch unterscheiden sich Werkvertrag und Dienstvertrag?
3. Nennen Sie Werkverträge und ähnliche Verträge des täglichen Lebens.
4. a) Welche Rechte hat der Besteller oder Auftraggeber eines Werkes bei mangelhafter Lieferung?
   b) Wodurch unterscheiden sich diese Rechte von den Rechten aus mangelhafter Lieferung bei der Erfüllung des Kaufvertrages?
5. Was bedeutet das Recht auf Nacherfüllung beim Werkvertrag?
6. Um welche Vertragsarten handelt es sich in folgenden Fällen:
   a) Eine Frau lässt sich beim Friseur Dauerwellen legen.
   b) Eine Schülerin ist als Babysitterin tätig.
   c) Ein Hausbesitzer bestellt bei einem Schreiner einen Einbauschrank.
7. Der Berufsschüler Franz Maier nimmt vor der Abschlussprüfung Nachhilfeunterricht. Trotzdem besteht er die Prüfung nicht. Begründen Sie, ob er das Nachhilfehonorar zurückfordern kann.

6.6 Lieferungsüberwachung

Die **Warenbeschaffung** macht folgende **Kontrollen und Tätigkeiten** erforderlich:

▶ Überwachung der Liefertermine durch den Käufer

Der geordnete Betriebsablauf erfordert, dass der Käufer die Einhaltung der vereinbarten Lieferzeit überwacht. Für diese **Terminkontrolle** werden verschiedene Hilfsmittel verwendet:

1. Der einfache *Terminkalender,* in dem die voraussichtlichen Termine für die Wareneingänge eingetragen werden, erfüllt in kleinen Betrieben vollkommen seinen Zweck.
2. Bei der Führung eines *Bestellbuches* wird jede Bestellung unter laufender Nummer mit Angabe des Lieferanten und des vereinbarten Liefertermins eingetragen. Da in einer besonderen Überwachungsspalte der Eingang der bestellten Ware vermerkt ist, sind unerledigte Bestellungen deutlich erkennbar.

3. *Bestellkarteien* werden noch von kleineren Betrieben verwendet. Mit den Bestellungen werden häufig zwei Durchschläge hergestellt. Diese werden, nach *Waren* und nach *Lieferanten* geordnet, in Karteikästen abgestellt. Die Lieferzeiten werden durch Terminreiter angezeigt, die am oberen Rande der Durchschläge aufgesetzt werden.
4. Die Ablage der Bestelldurchschläge kann auch zeitlich nach Liefertagen erfolgen in *Terminmappen* und *Terminordnern* (mit Tageseinteilung), in *Terminkarteien* (mit Tages- und Monatskarteien) und *Terminschränken* (mit Tagesfächern).
5. Terminüberwachung *mittels DV*. Die gespeicherten Liefertermine können jederzeit und sofort abgerufen werden.

Wenn die Überwachung der Liefertermine ergibt, dass ein Lieferant nicht rechtzeitig lieferte, muss dieser unter Umständen *durch Mahnung in Verzug* gesetzt werden (Abschnitt 6.8.2).

▶ Annahme der Ware durch den Käufer

Bei der Übernahme ist zu prüfen

- die Angabe von Empfänger und Absender,
- die Anzahl und Richtigkeit der Stücke durch Vergleich mit den Begleitpapieren (Stück, Aufschrift, Zeichen, Nummer, Gewicht),
- die Verpackung auf ihre Unversehrtheit,
- die Ware selbst, falls sie unverpackt ist.

Bei Beanstandung kann die Annahme der Sendung verweigert oder vom Überbringer eine Bescheinigung des Mangels verlangt werden, damit die Rechte aus der Mängelrüge geltend gemacht werden können *(Tatbestandsaufnahme)*.

▶ Auspacken und Prüfen der Ware

Bei zweiseitigen Handelskäufen sind die eingegangenen Waren *unverzüglich* zu prüfen. HGB § 377
Das Verpackungsmaterial kann oft wiederverwendet oder gegen Vergütung zurückgesandt werden. Wird eigenes Verpackungsmaterial benützt, das dem Lieferanten für die Zusendung der Ware übersandt wurde (z.B. Flaschen, Fässer), so ist über seinen Verbleib genaue buchmäßige Kontrolle zu führen (Emballagenkartei).

Die Prüfung der Ware erstreckt sich auf die Menge, Art, Güte, Beschaffenheit und Aufmachung.

Prüfungsunterlagen bilden: Packzettel und Lieferschein, Rechnung, Bestellscheindurchschlag, Auftragsbestätigung, aufbewahrte Proben und Muster. Bei Massenartikeln genügt es, Stichproben zu machen. Vielfach sind besondere Prüfverfahren nötig, die in der Annahmestelle selbst oder in besonderen Materialprüfstellen (Laboratorien) durchgeführt werden.

Beispiele: Geruchs-, Geschmacks- und Backproben bei Lebensmitteln; Griff-, Knitter-, Brenn-, Farb- und chemische Proben bei Textilien; Zerreißproben und chemische Untersuchungen bei Metallen.

Festgestellte Mängel sind genau zu beschreiben, damit beim Lieferanten **Mängelrüge** erhoben werden kann (Abschnitt 6.8.1). Die beanstandete Ware darf nicht ohne Weiteres zurückgesandt werden, sondern ist zunächst aufzubewahren.

▶ Prüfung der Rechnung

Sie erstreckt sich

- auf die **sachliche** Richtigkeit, z.B. Übereinstimmung der Rechnung mit der Bestellung nach Menge, Art, Preis, Lieferungs- und Zahlungsbedingungen,
- auf die **rechnerische** Richtigkeit, z.B. des Netto- und Bruttopreises, der Fracht, des Rollgeldes, der Nachlässe.

Erst nach durchgeführter Prüfung ist die Rechnung buchungs- und zahlungsreif.

▶ Erfassung des Wareneingangs.

Unmittelbar nach Eintreffen der Ware ist zunächst in der *Terminkontrolle* der Eingang zu vermerken. Nach der Warenprüfung wird der Wareneingang erfasst.

Beispiel: Aus dem Qualitätsmanagement-Handbuch eines Großhandelsunternehmens.

QM-Handbuch Prüfungen	Kapitel: 10 Seite: 4 von 5 Stand: 1.10.20..
Art der Prüfung	Bemerkung
Wareneingangsprüfung Lager Verantwortlich: Wareneingang	• Hausstandard (Bestellung, Identität, Menge, Aussehen, Transportschäden), • Q-Stichprobe bei Bedarf, nach Erfahrungswerten und Lieferhistorie • 100%-Prüfung bei Bedarf • Sichtprüfung auf beschädigte Ware • Musterprüfung • Funktionstest nach Spezifikation und bei Bedarf; Testprogramme • Fehler-/Sperrmeldung; RMA (Repair Material Authorization) ausfüllen, Entscheidung ob Rücklieferung o. Ä.; Info an Fachabteilung • Fehlerrate größer als Toleranz? Fehleranalysen, Auswertungen, Korrekturmaßnahmen
Zwischenprüfung Bestellung, Verkauf, Handel, Lager Verantwortlich: Fachbereiche	• Lieferschein mit Ware ggf. inkl. Zubehör vergleichen • Lieferantenbewertung: Einkauf • Info an Produktmanager bei Verdacht auf Problemfall: PM/GL • Plakate, Sortimente, Bundle zusammenstellen • Warenumschlag, Rentabilität prüfen: EK, GL

?

1. Stellen Sie fest, wie in Ihrem Betrieb die Liefer- und Zahlungstermine überwacht werden.
2. Welche rechtliche Bedeutung haben
   a) die Überwachung der Lieferfristen,
   b) die Prüfung des angelieferten Materials,
   c) die Prüfung der Eingangsrechnungen?
3. Welche Bedeutung hat die Tatbestandsaufnahme bei der Abnahme mangelhafter Ware?
4. Innerhalb welcher Frist muss ein Kaufmann nach der gesetzlichen Regelung eine Ware auf Vollständigkeit und Mängel hin überprüfen?
   a) Innerhalb von drei Tagen.
   b) Innerhalb von acht Tagen.
   c) Innerhalb eines Monats.
   d) Unverzüglich.
   e) In keiner vorgeschriebenen Frist.
5. Welche Bedeutung hat der Rechnungseingangsstempel?
6. Welche Fehler können in einer Eingangsrechnung gefunden werden?
7. Welche wirtschaftliche Bedeutung hat eine sorgfältige Überwachung der Zahlungstermine?

6.7 Preisberechnung (Kalkulation)

6.7.1 Kalkulation im Handelsbetrieb

Aufbau der Warenkalkulation

Durch die **Bezugskalkulation** wird der Bezugspreis der gekauften Waren ermittelt. Ausgangspunkt ist der *Rechnungspreis* (netto, d.h. ohne Vorsteuer), in vielen Geschäftszweigen, vor allem bei Markenartikeln, der *Listeneinkaufspreis*. Nach Abzug von Rabatt und Skonto bleibt der *Einkaufspreis*. Durch Zurechnung der Bezugskosten ergibt sich der *Bezugspreis* oder *Einstandspreis*.

Die **Verkaufskalkulation** geht vom Bezugspreis aus. Durch Aufschlag der im Betrieb entstehenden Geschäfts- oder Handlungskosten ergeben sich die *Selbstkosten*. Durch Zuschlag des Gewinns erhält man den *Barverkaufspreis*. Darauf werden im Hundert Kundenskonto und evtl. auch Vertreterprovisionen prozentual aufgeschlagen, damit sich der *Zielverkaufspreis* ergibt. Der Zielverkaufspreis erhöht sich um den ebenfalls im Hundert zugeschlagenen Kundenrabattsatz auf den *Nettoverkaufspreis*.

Der Nettoverkaufspreis zuzüglich der Umsatzsteuer ergeben den Bruttoverkaufspreis.

Schema der Warenkalkulation

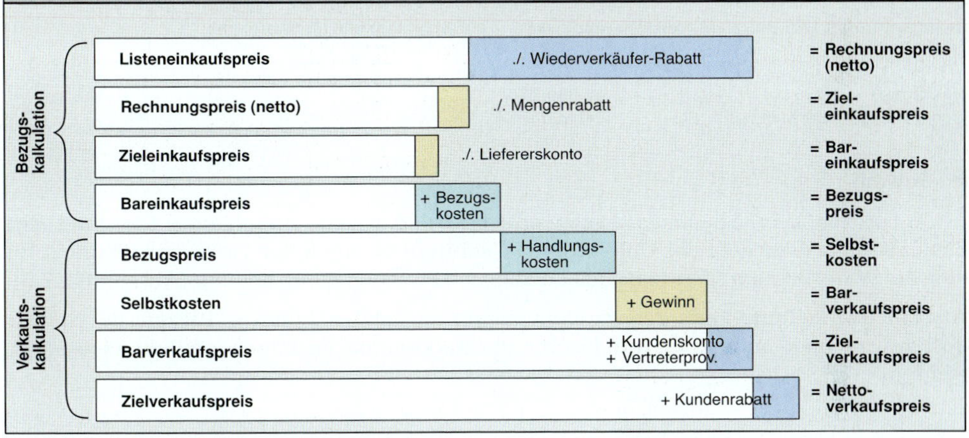

Berechnung der Zuschläge

▶ Bezugskosten

Zu ihnen gehören: Kosten für die Verpackung, das Verladen und Kommissionieren, für den Transport der Ware (Fracht), die Lagerung (Lagergeld), für Versicherungsprämien (Transport-, Diebstahl- und Feuerversicherung) und für gesetzliche Abgaben (Einfuhrzoll).

Da diese Kosten jeweils für ganz bestimmte Warensendungen entstehen, können sie anhand der Rechnungen (Frachtbrief, Zollbescheinigung) erfasst und dem Einkaufspreis der betreffenden Ware als *Einzelkosten* direkt zugeschlagen werden. Bei gemeinsamem Bezug mehrerer Warengruppen erfolgt die Aufteilung der Bezugskosten nach Gewicht oder Menge (Gewichts- bzw. Mengenspesen) oder nach Wert (Wertspesen).

Buchhalterisch werden die Bezugskosten zunächst auf einem Unterkonto des Warenkontos erfasst und dann zur Ermittlung der »Aufwendungen für bezogene Waren« dem Warenkonto zugebucht.

▶ Handlungskosten (Geschäftskosten)

Dazu gehören Personalkosten (Löhne, Gehälter, Sozialkosten), Abschreibungen, Mieten, Kommunikationskosten (u.a. Büromaterial, Werbekosten), Fuhrparkkosten, Betriebssteuern.

Sie werden für einen Zeitraum erfasst und als Gemeinkosten in einem Prozentsatz des Bezugspreises ausgedrückt.

In der Großhandelsbuchführung werden diese Kosten in den Kontenklassen 6 und 7 des Kontenrahmens erfasst. Vergleicht man die für einen bestimmten Zeitabschnitt (z.B. ein Jahr) ermittelten Handlungskosten mit dem Wareneinsatz (Bezugspreis der verkauften Waren), so lässt sich daraus der **Handlungskostensatz (Gemeinkostenzuschlagssatz)** errechnen, den man für die folgende Zeit der Selbstkostenrechnung zugrunde legt.

Beispiel:

S	Gewinn- und Verlustkonto		H
W.-Einsatz	200.000	U.-Erlöse	264.000
Personal-Ko.	12.200		
Abschreibung	4.700		
Miete	3.600		
Kommunik.-Ko.	8.400		
Fuhrpark-Ko.	6.300		
Betr.-Steuern	4.800		
Reingewinn	24.000		
	264.000		264.000

S	Waren		H
Anfangsbest.	16.000	Endbest.	20.000
AfW	4.000		
	20.000		20.000

S	Aufwendungen für bezogene Waren		H
Zugänge	204.000	Waren	4.000
		GuV-Konto	200.000
	204.000		204.000

S	Umsatzerlöse		H
GuV-Konto	264.000	Forderungen	264.000

Bezugspreis der verkauften Waren (Wareneinsatz) = 200.000 EUR

Handlungskosten (Personal.-Ko., Abschreibung, ...) = 40.000 EUR

$$\text{Handlungs- oder Gemeinkostenzuschlagssatz} = \frac{40.000\ \text{EUR}}{200.000\ \text{EUR}} \cdot 100 = 20\ \%$$

▶ Gewinn

Er wird prozentual von den Selbstkosten errechnet und diesen zugeschlagen. Die Höhe liegt nicht allein im Ermessen des Unternehmers, sondern ist durch den Nettoverkaufspreis, zu dem die Ware auf dem Markt tatsächlich abgesetzt werden kann, bedingt (Abschnitt 6.7.3).

Aus der Buchhaltung kann der erzielte Gewinn des letzten Jahres in Prozent der Selbstkosten errechnet und als Grundlage für die Kalkulation im folgenden Jahr verwendet werden.

Beispiel:

Umsatz zu Selbstkosten = 200.000 EUR + 40.000 EUR = 240.000 EUR

Reingewinn = 24.000 EUR

$$\text{Reingewinn in Prozent der Selbstkosten} = \frac{24.000\ \text{EUR}}{240.000\ \text{EUR}} \cdot 100 = 10\ \%$$

Im Gewinn erhält der Unternehmer den **Unternehmerlohn** als Vergütung für seine Tätigkeit, den **Zins** für das im Geschäft angelegte Eigenkapital, einen **Wagnisaufschlag** für die speziellen, kalkulierbaren Risiken des Betriebs und den eigentlichen **Unternehmergewinn,** der auch zur Deckung des allgemeinen, nicht kalkulierbaren Unternehmungsrisikos dient.

▶ Verkaufszuschläge

Vom Nettoverkaufspreis, den der Lieferant verlangt, darf der Kunde häufig *Rabatt* und bei vorzeitiger Zahlung *Skonto* abziehen. Diese Entgeltminderungen müssen bei der Kalkulation auf den Barverkaufspreis in der umgekehrten Reihenfolge – also Skonto, Rabatt – aufgeschlagen werden, und zwar im Hundert. Gegebenenfalls ist noch eine *Verkaufsprovision* für Vertreter einzurechnen.

Kalkulationsbeispiel

Bezugskalkulation

Rechnungspreis (netto)	500,00 EUR
– Rabatt 5 %	25,00 EUR
Zieleinkaufspreis	475,00 EUR
– Skonto 2 %	9,50 EUR
Bareinkaufspreis	465,50 EUR
+ Bezugskosten	14,50 EUR
Bezugs-/Einstandspreis	480,00 EUR

Verkaufskalkulation

Bezugspreis	480,00 EUR
+ Handlungskosten 25 %	120,00 EUR
Selbstkosten	600,00 EUR
+ Gewinn 14 %	84,00 EUR
Barverkaufspreis	684,00 EUR
+ Skonto 3 % i.H.	21,60 EUR
+ Provision 2 % i.H.	14,40 EUR
Zielverkaufspreis	720,00 EUR
+ Rabatt 4 % i.H.	30,00 EUR
Nettoverkaufspreis	750,00 EUR

Vereinfachte Kalkulation mittels Kalkulationszuschlag, Handelsspanne und Kalkulationsfaktor

Die Bezugskosten sind für die einzelnen Warenarten verschieden. Sie können daher selten als prozentualer Aufschlag verrechnet werden. Der Bezugspreis ist deshalb bei jeder Ware getrennt zu berechnen. Dagegen sind die Sätze für Handlungskosten, Gewinn- und Verkaufszuschläge meist für alle Waren oder einzelne Warengruppen gleich. Daher kann die Verkaufskalkulation vereinfacht werden, indem man die einzelnen Zuschläge zu einem *Gesamtzuschlag* zusammenfasst und dem Bezugspreis zurechnet. Der Gesamtzuschlag entspricht dem Unterschied zwischen dem Bezugspreis und dem Nettoverkaufspreis, dem *Rohgewinn.*

Bezugspreis	**+ Handlungs-kosten**	**+ Gewinn-zuschlag**	**+ Verk.Zuschläge**	**= Nettoverkaufspreis**
Bezugspreis	**+ Rohgewinn**			**= Nettoverkaufspreis**

Der Rohgewinn, in Prozenten des *Bezugspreises* ausgedrückt, heißt
Kalkulationszuschlag.

Der Rohgewinn, in Prozenten des *Nettoverkaufspreises* ausgedrückt, heißt
Handelsspanne.

Beispiel:

Bezugspreis	=	480,00 EUR
Nettoverkaufspreis	=	750,00 EUR
Gesamtzuschlag (Rohgewinn)	=	270,00 EUR

Kalkulationszuschlag $= \frac{270{,}00 \text{ EUR}}{480{,}00 \text{ EUR}} \cdot 100 = \mathbf{56{,}25\,\%}$

Handelsspanne $= \frac{270{,}00 \text{ EUR}}{750{,}00 \text{ EUR}} \cdot 100 = \mathbf{36\,\%}$

Die Kalkulation lässt sich vereinfachen mithilfe des Kalkulationsfaktors.

Der **Kalkulationsfaktor** ist die Zahl, mit der der Bezugspreis vervielfacht werden muss, um den Nettoverkaufspreis zu erhalten.

Bezugspreis · Kalkulationsfaktor = Nettoverkaufspreis

oder

$$\textbf{Kalkulationsfaktor} = \frac{\textbf{Nettoverkaufspreis}}{\textbf{Bezugspreis}}$$

Beispiel:

Kalkulationsfaktor $= \frac{750{,}00 \text{ EUR}}{480{,}00 \text{ EUR}} = \mathbf{1{,}5625}$ bzw. $480{,}00 \text{ EUR} \cdot \mathbf{1{,}5625} = 750{,}00 \text{ EUR}$

Man verwendet diese Verfahren

a) für die **rasche Ermittlung des Nettoverkaufspreises** bei bekanntem Bezugspreis durch Aufschlag des Kalkulationszuschlages auf den Bezugspreis oder durch Vervielfältigung des Bezugspreises mit dem Kalkulationsfaktor,

b) für die **rasche Ermittlung des aufwendbaren Bezugspreises** bei bekanntem Nettoverkaufspreis durch Abschlag der Handelsspanne vom Nettoverkaufspreis oder Division des Nettoverkaufspreises durch den Kalkulationsfaktor.

Beispiele:

a1)	Bezugspreis einer Ware	=	48,00 EUR
	+ Kalkulationszuschlag 50 %	=	24,00 EUR
	Nettoverkaufspreis	=	72,00 EUR
a2)	48,00 EUR · Kalkulationsfaktor 1,5	=	72,00 EUR
b1)	Nettoverkaufspreis	=	72,00 EUR
	– Handelsspanne $33\,^1/_3$ %	=	24,00 EUR
	Bezugspreis	=	48,00 EUR
b2)	72,00 EUR : Kalkulationsfaktor 1,5	=	48,00 EUR

6.7.2 Kalkulation im Industriebetrieb (Abschnitt 13.4.4)

6.7.3 Kalkulierter Preis und Marktpreis

Die Ermittlung eines Verkaufspreises mithilfe der Kalkulation bietet noch keine Gewähr, dass dieser Preis auch tatsächlich am Markt erzielt werden kann. Für die Höhe des Marktpreises sind in der Regel **nicht die Kosten** des einzelnen Anbieters entscheidend, sondern – vor allem bei scharfem Wettbewerb – das Verhalten der übrigen Anbieter und der Nachfrager.

! **Das Verhältnis von Angebot und Nachfrage bestimmt den Marktpreis.**

Der auf dem Markt erzielbare Preis kann jedoch auch durch **Preisbindungen** beeinflusst sein:

a) Behördliche Preisbindung. Eine Behörde (Staat, EU) schreibt aus wirtschafts- oder sozialpolitischen Gründen amtliche Fest-, Höchst- oder Mindestpreise vor, z.B. bei einigen Agrarerzeugnissen, Verkehrstarifen, Wasser- und Abwassergebühren, Müllgebühren und Sozialmieten. Behördliche Preisbindungen stellen einen Eingriff in die marktwirtschaftliche Ordnung dar; sie sind *nicht marktkonform.*

b) Horizontale Preisbindung. Konkurrierende Unternehmungen vereinbaren durch Vertrag (Kartell) oder über ihren Wirtschaftsverband einheitliche Preise für konkurrierende
GWB Wirtschaftsgüter. Zur Sicherung des marktwirtschaftlichen Preiswettbewerbs sind hori-
§ 1 zontale Preisbindungen jedoch *grundsätzlich verboten* (Abschnitt 3.7.7).

c) Vertikale Preisbindung. Hersteller von Erzeugnissen bestimmen bereits die Endverkaufspreise und legen die nachfolgenden Handelsstufen durch Vertrag auf diese Preise fest. Verträge über solche »Preisbindungen der zweiten Hand« *sind nichtig* (Ausnahme bei Verlagserzeugnissen) und können als Ordnungswidrigkeiten durch die Kartell-
§ 81 behörden mit beträchtlichen Geldbußen belegt werden.

Während die rechtliche und wirtschaftliche Preisbindung unzulässig ist, sind »**unverbindliche Preisempfehlungen**« des Herstellers *für die Weiterveräußerung von Markenwaren* erlaubt.

Markenwaren sind Erzeugnisse,

- deren Lieferung in gleich bleibender oder verbesserter Güte vom Hersteller gewährleistet wird *(Qualitätsgarantie)* und
- die mit einem *Herkunftsmerkmal* (Firmen- oder Markenzeichen) gekennzeichnet sind.

Bei Missbrauch kann jedoch die Kartellbehörde auch unverbindliche Preisempfehlungen verbieten, insbesondere wenn sie zu ungerechtfertigten Preisüberhöhungen führen oder wenn sie ohne sachlich gerechtfertigten Grund mit Lieferausschlüssen für bestimmte Unternehmer oder Abnehmergruppen verbunden sind.

Liegt der auf dem Markt erzielbare Preis über dem kalkulierten Angebotspreis, so erhöht sich der eigentliche Unternehmergewinn. Liegt der Marktpreis unter dem kalkulierten Preis, so ergibt sich eine Gewinnminderung, unter Umständen ein Verlust.

6.7.4 Preisangaben für Waren und Leistungen

Klare und wahre Preisangaben für Waren und Leistungen verschärfen den Wettbewerb, erhöhen die Markttransparenz und schützen den Verbraucher vor Übervorteilungen durch den Anbieter. Um die marktwirtschaftliche Ordnung zu stützen, wurden deshalb Vorschriften über Preisangaben erlassen; auch betriebliche Gründe veranlassen die Unternehmen zur Preisauszeichnung.

Vorschriften über Preisangaben

Grundsatz: Wer **Letztverbrauchern** gewerbs- oder geschäftsmäßig Waren oder Leistungen **anbietet** oder unter Angabe von Preisen für Waren oder Leistungen gegenüber Letztverbrauchern **wirbt,** muss PAngV § 1

- die Preise angeben, welche **einschließlich** der **Umsatzsteuer** und **sonstiger Preisbestandteile** (Provisionen, Bedienungsgeld, Flaschenpfand) unabhängig von einer Rabattgewährung zu zahlen sind **(Endpreise),** und
- die **Grundpreise je Einheit** (Stück, kg, l, m) sowie die **Gütebezeichnung** angeben.

Von dieser Vorschrift sind unter anderem betroffen:

a) **Einzelhandelsbetriebe.** Sie sind zur Preisauszeichnung verpflichtet für

   1. Waren, die in Schaufenstern, Schaukästen, auf Verkaufsständen oder Regalen **ausgestellt** sind. Sie sind durch Preisschilder oder durch Beschriftung der Ware auszuzeichnen. § 4 (1)
   2. Waren, die auf andere Weise im Verkaufsraum **angeboten** werden. Es sind entweder die Waren selbst auszuzeichnen oder die Behältnisse oder Regale zu beschriften oder Preisverzeichnisse anzubringen oder zur Einsichtnahme aufzulegen. § 4 (2)
   3. Waren, die **nach Musterbüchern angeboten** werden. Die Preise für die Verkaufseinheit müssen auf den Mustern oder damit verbundenen Preisschildern oder Preisverzeichnissen angegeben werden. § 4 (3)
   4. Waren, die **nach Katalogen oder Warenlisten** oder auf Bildschirmen **angeboten** werden. Ihre Preise sind neben den Abbildungen oder Beschreibungen oder in mit den Katalogen und Warenlisten im Zusammenhang stehenden Preisverzeichnissen anzugeben. § 4 (4)

b) **Dienstleistungsbetriebe** wie Friseurbetriebe, Wäschereien, Chemische Reinigungen, Kraftfahrzeughandwerker, Grundstücksmakler. Sie müssen die Preise für ihre **wesentlichen Leistungen** in Preisverzeichnisse aufnehmen, die am Ort des Leistungsangebots (Geschäftslokal, Schaufenster, Schaukasten) anzubringen oder bei großem Umfang zur Einsichtnahme aufzulegen sind. §§ 4 f.

c) **Kreditgewährende Betriebe.** Bei Krediten sind als Preis die Gesamtkosten in Form eines jährlichen Vomhundertsatzes des Kredits unter der Bezeichnung »**anfänglicher effektiver Jahreszinssatz**« anzugeben. § 6

PAngV § 7 **d) Gaststätten und Beherbergungsbetriebe.** In Gaststätten müssen Preisverzeichnisse für **Speisen** und **Getränke** auf den Tischen aufliegen oder dem Gast vor der Bestellung vorgelegt oder gut lesbar angebracht werden; neben dem Eingang ist ein Preisverzeichnis für die wesentlichen Speisen und Getränke anzubringen.

In Beherbergungsbetrieben ist

- in jedem Zimmer ein Verzeichnis mit dem **Zimmerpreis** und gegebenenfalls dem **Frühstückspreis** anzubringen,
- beim Eingang oder bei der Anmeldestelle ein gut sichtbares Verzeichnis mit den **Preisen der wichtigsten Zimmer** und gegebenenfalls dem **Frühstückspreis** anzubringen oder auszulegen.

Die Preise müssen das Bedienungsgeld und sonstige Zuschläge einschließen.

§ 8 **e) Tankstellen und Parkplätze.** Die **Kraftstoffpreise** sind so auszuzeichnen, dass sie

- für den auf der Straße heranfahrenden Kraftfahrer,
- auf Bundesautobahnen für den in den Tankstellenbereich einfahrenden Kraftfahrer

deutlich lesbar sind.

Bei gebührenpflichtigen **Park-** und **Garagenplätzen** ist am Anfang der Zufahrt ein Preisverzeichnis anzubringen.

Es gibt nur wenige Ausnahmen von der Preisangabepflicht, z.B. für Kunstgegenstände, Sammlerstücke und Antiquitäten, für Blumen und Pflanzen, die unmittelbar vom Freiland oder Treibhaus weg verkauft werden, für Leistungen aufgrund von schriftlichen Angeboten oder Voranschlägen für den Einzelfall oder für künstlerische, wissenschaftliche oder pädagogische Leistungen außerhalb von Konzertsälen, Theatern, Instituten und dergleichen.

Die Einhaltung der Preisangabevorschriften wird von Preisbehörden überwacht. Zuwiderhandlungen werden mit Strafen oder Bußgeld geahndet.

Betriebliche Gründe für die Preisauszeichnung

Die Preisauszeichnung der in Handelsbetrieben zum Kauf angebotenen Waren ermöglicht

a) den *Kunden,* den Preis der Ware zu erfahren und beim Kauf zu kontrollieren,

b) den *Verkaufskräften,* die Preise leicht festzustellen,

c) bei *Bestandsaufnahmen* den Inventurwert rasch zu errechnen, weil die Preisetiketten auch die verschlüsselten Einkaufspreise enthalten.

Durchführung der Auszeichnung

Die Auszeichnung kann von Hand erfolgen bzw. unter Verwendung von Auszeichnungsgeräten oder -maschinen oder mit dem Computer.

Die Maschine verschlüsselt automatisch den Einkaufspreis und bedruckt die Auszeichnungskarte. Diese besteht meist aus mehreren Teilen, die als Kontrollabschnitte für den Verkäufer, den Packtisch, die Kasse und den Käufer dienen. Die Farbe der Etiketten bringt den Monat oder die Saison des Wareneingangs augenfällig zum Ausdruck.

Neben den gesetzlich vorgeschriebenen Angaben (Endpreis, Gütebezeichnung, Verkaufseinheit) werden häufig aufgeführt:

- Artikel-Nummer, Größe, Form, Dessin, Qualitätsbezeichnung,
- Zeitangabe für den Wareneingang (zur Feststellung der Lagerdauer),
- Lieferanten-Nummer für Mängelrügen und Nachbestellungen,
- Lager-Nummer für die Vorratsergänzung und Lagerkontrolle,
- Einkaufspreis für die Bewertung bei der Inventur und für Preisherabsetzungen bei Schluss- und Ausverkäufen.

Soweit die Angaben nicht für die Kunden bestimmt sind, werden sie verschlüsselt.

In modernen Großbetrieben erfolgt die Preisauszeichnung von Markenwaren oft nur noch am Regal.

An der Kasse werden die Streifen mittels Lichtstrahl abgetastet (Scanner-Kassen, engl. to scan = abtasten) und die Warenbezeichnung und der Preis durch einen mit dem Lichtstrahl verbundenen Computer auf dem Kassenzettel ausgedruckt. Die mit den Nummern der einzelnen Artikel verbundenen Preise werden zuvor betriebsintern in den Computer eingegeben.

Die **globale Artikel-Identnummer** (**GTIN** = **G**lobal **T**rade **I**tem **N**umber, ehemals **EAN** = **Eu**ropäische **A**rtikel-**N**ummer) ist eine weltweit überschneidungsfreie Nummer, die einen Artikel in der jeweiligen spezifischen Ausführung (Farbe, Größe Verpackungseinheit usw.) eindeutig identifiziert. Damit stellt sie einen der wichtigsten Bausteine moderner Warenwirtschaftssysteme dar. Sie ist beim Scanning im Handel die Grundlage der Verkaufsdatenerfassung und der eindeutige Schlüssel bei der Weiterverarbeitung der Daten.

Eine andere Art der Preisauszeichnung erfolgt mittels des **OCR**-Code (**O**ptical **C**haracter **R**ecognition).

Dabei werden maschinengedruckte Schlüsseldaten von entsprechend gestalteten Preisetiketten ebenfalls durch Lichtstrahl abgelesen, in Klarschrift ausgedruckt und per Computer aufbereitet.

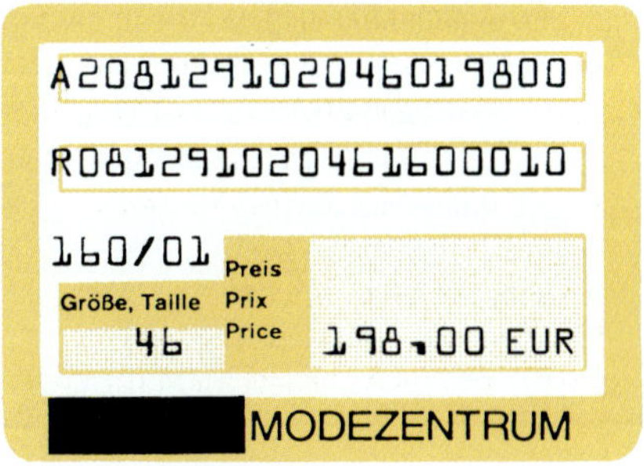

OCR-Code

Vorteile dieser Verfahren:

- Das Abtasten ersetzt das Eintippen; der Kassiervorgang wird fehlerfrei.
- Der mit dem Preis und der Warenbezeichnung ausgedruckte Kassenzettel ist für den Kunden informativer als eine reine Preisauflistung.
- Da der Computer alle Daten des verkauften Artikels speichert, kann sich der Unternehmer per Abruf jederzeit einen Überblick darüber verschaffen, welche Waren in welchem Umfang am Gesamtumsatz beteiligt waren und welche Beschaffungsdispositionen zu treffen sind aufgrund von Lagerumschlag, Lagerbestand, Erreichen des Melde- und Mindestbestandes (Abschnitt 7.4.1).
- Bei Preisänderungen brauchen nur die Computereingabe und die Auszeichnung am Regal geändert zu werden; das Umschreiben der einzelnen Artikelpreise entfällt.
- Die Preisauszeichnung kann mit einer Diebstahlsicherung in der Weise kombiniert werden, dass Waren mit an der Kasse nicht abgetasteten Etiketten beim Verlassen des Geschäfts ein Signal auslösen.

1. Beim Kauf einer Ware fallen folgende Beträge an:
   Listenpreis 4.750 EUR; Lieferantenskonto 3 %; Bezugsfracht 192,50 EUR; Handlungskostenzuschlag 25 %, Gewinnzuschlag 5 %, Kundenskonto 2 %, Kundenrabatt 10 %.
   Berechnen Sie anhand dieser Angaben
   a) den Bezugspreis,
   b) den Nettoverkaufspreis der Ware.
2. Kalkulieren Sie für eine Großhandlung für Kfz-Zubehör den Nettoverkaufspreis eines Satzes Winterreifen. Der Listenpreis des Lieferanten beträgt 135 EUR, er gewährt 7 % Treuerabatt und bei Zahlung innerhalb von 10 Tagen 3 % Skonto. Die anteiligen Anlieferungskosten betragen 19 EUR. Die Großhandlung kalkuliert mit 20 % Handlungskosten, 18 % Gewinnzuschlag, 5 % Kundenrabatt und 2 % Kundenskonto.
3. Nennen Sie die Aufwendungen, die mithilfe des Handlungskostenzuschlags verrechnet werden.
4. Nach welchen Gesichtspunkten wird der Gewinnzuschlag in der Handelskalkulation vom Unternehmer festgesetzt?
5. Wozu dienen dem Handelsunternehmen Kalkulationszuschlag, Handelsspanne sowie Kalkulationsfaktor?
6. Der Bezugspreis einer Ware beträgt 400 EUR. Ihr Nettoverkaufspreis beläuft sich auf 640 EUR. Berechnen Sie den Kalkulationszuschlag, die Handelsspanne und den Kalkulationsfaktor.
7. Warum ist der Kalkulationszuschlag stets höher als die Handelsspanne?
8. Stellen Sie fest, bei welchen Sachgütern und Dienstleistungen in Deutschland behördliche Preisfestsetzungen bestehen, und versuchen Sie, die Ursachen dafür zu ergründen.

9. Die Festlegung des Verkaufspreises für ein neu entwickeltes Produkt hat im Betrieb zu einer hitzigen Diskussion geführt: Der Konstrukteur plädiert für einen Preis von mindestens 200 EUR, der Verkaufsleiter für einen Preis von höchstens 150 EUR.
   Wer wird wohl seine Ansicht durchsetzen? (Begründung)
10. Die Angabe der Bruttoverkaufspreise ist im Einzelhandel vorgeschrieben. Welche Bedeutung hat diese Preisangabe für den Verbraucher?
11. Eine Cash-and-Carry-Großhandlung wird in einen Verbrauchermarkt umgewandelt. Klären Sie, ob und gegebenenfalls was sich an der Preisauszeichnung dieses Betriebs ändert.
12. Nennen Sie die Vorteile der Preisauszeichnung mittels GTIN oder OCR-Code
    a) für den Kunden,
    b) für den Handelsbetrieb.
13. Welche Folgen würden sich für einen Betrieb und seine Kunden ergeben, wenn die Waren nicht mehr ausgezeichnet werden müssten?
14. Eine Ware kostet ohne Umsatzsteuer (netto) 154 EUR. Zu welchem Preis muss sie ausgezeichnet werden
    a) im Großhandelsbetrieb,
    b) im Einzelhandelsbetrieb?

6.8 Störungen bei der Erfüllung des Kaufvertrags

Bei der Erfüllung des Kaufvertrages können folgende **Störungen** auftreten:

Art der Störung	Bezeichnung
Der Verkäufer liefert fehlerhafte Produkte.	**Mangelhafte Lieferung** (Schlechtleistung)
Der Verkäufer liefert nicht rechtzeitig.	**Lieferungsverzug** (Nicht-Rechtzeitig-Lieferung)
Der Käufer nimmt die Lieferung des Verkäufers nicht oder nicht rechtzeitig an.	**Annahmeverzug** (Nicht-Rechtzeitig-Annahme)
Der Käufer bezahlt den vereinbarten Kaufpreis nicht oder nicht rechtzeitig.	**Zahlungsverzug** (Nicht-Rechtzeitig-Zahlung)

6.8.1 Gewährleistung für mangelhafte Lieferung (Schlechtleistung)

!

Der Verkäufer ist **verpflichtet,** den verkauften Gegenstand **frei von Sach- und Rechtsmängeln zu liefern (Gewährleistungspflicht).**

BGB § 433

Arten der Mängel

▶ Im Hinblick auf die Sache

Ein **Sachmangel** liegt vor, wenn die Kaufsache bei Übergabe an den Käufer nicht in Ordnung ist. Ob man im Einzelfall von Sachmangel sprechen kann, hängt von der Situation bei Vertragsabschluss ab. Eine mangelhafte Lieferung liegt demnach vor, wenn

§ 434 (1) **a)** die **tatsächliche Beschaffenheit** der Sache **von der vereinbarten Beschaffenheit abweicht.**

Beispiel: Eine digitale Kamera leistet nur eine Auflösung von 3,2 Mio. Pixel, obwohl 5 Mio. Pixel vereinbart waren.

b) die **Beschaffenheit nicht vereinbart** wurde, der Käufer **die Kaufsache aber nicht zu dem Zweck verwenden kann,** zu dem er sie gekauft hat **und der Verkäufer diesen Zweck kannte.** BGB § 434 (1) S. 2 Nr. 1

Beispiel: Ein Gastronom kauft 200 Dessertteller aus Glas. Nach mehrmaligem Waschen in der Geschirrspülmaschine beginnt das Glas trübe zu werden. Der Verkäufer hätte wissen müssen, dass sich die Glasteller für den Gastronomie-Bereich nicht eignen.

c) die **Beschaffenheit** zwar **nicht vereinbart** wurde, die **Kaufsache aber nicht die Beschaffenheit aufweist,** die der **Käufer erwarten kann,** um **die Sache so zu verwenden, wie es bei solchen Sachen gewöhnlich ist.** § 434 (1) S. 2 Nr. 2

Beispiel: Lebensmittel sind verdorben.

d) die **gelieferte Sache nicht den Versprechungen in der Werbung entspricht.** § 434 (1) S. 3

Beispiel: Das viel gepriesene 5-Liter-Auto verbraucht doch 8 Liter Benzin auf 100 km.

e) die **Kennzeichnung der Ware auf der Verpackung** oder **auf der Ware selbst von der Kaufsache abweicht.** § 434 (1) S. 3

Beispiel: Lachs wird auf der Folie als fangfrischer kanadischer Fluss-Wildlachs gekennzeichnet. In Wirklichkeit stellt sich heraus, dass er in Norwegen im Meer gezüchtet wurde.

f) eine **Montage durch den Verkäufer fehlerhaft durchgeführt** wurde. § 434 (2) S. 1

Beispiel: Vereinbart wurde die Lieferung und Montage eines Geschirrspülers. Macht der Verkäufer dabei etwas falsch, ist dies ein Sachmangel.

g) die **Montageanleitung** des Verkäufers mangelhaft ist. § 434 (2) S. 2

Beispiel: Wegen einer fehlerhaften Montageanleitung kann eine Schrankwand nicht aufgebaut werden.

h) eine **ganz andere Sache geliefert wurde.** § 434 (3)

Beispiel: Der Verkäufer liefert 36 Kisten Mineralwasser ohne Kohlensäure, anstatt 36 Kisten Mineralwasser mit Kohlensäure.

i) eine **zu geringe Menge geliefert wurde.** § 434 (3)

Beispiel: Der Verkäufer liefert statt 36 Kisten nur 30 Kisten Mineralwasser.

▶ Im Hinblick auf die Rechte an einer Sache

Rechtsmangel. Eine gelieferte Sache weist **Rechtsmängel** auf, wenn Dritte Rechte gegenüber dem Käufer geltend machen können § 435

Beispiel: Bezogene Sweatshirts können nicht weiterverkauft werden, weil der Designer keine Lizenz zum Weiterverkauf erteilt hatte.

▶ Im Hinblick auf die Erkennbarkeit

a) **Offene Mängel.** Sie sind bei der Prüfung der Kaufsache klar erkennbar.

Beispiele: Webfehler, beschädigtes Furnier, Stempelaufdruck in einem Buch: »Eigentum der Stadtbibliothek«.

b) **Versteckte Mängel.** Sie sind bei der Untersuchung der Kaufsache auf den ersten Blick nicht erkennbar.

Beispiele: Nicht lichtechte Stoffe, Wein mit Korkengeschmack, gestohlenes Fahrrad.

c) **Arglistig verschwiegene Mängel.** Sie sind Mängel, die der Lieferant dem Käufer absichtlich verheimlicht hat.

Beispiele: Ein Unfallauto wird als »unfallfrei« verkauft. Ein Bodenleger verlegt 6-mm- statt 10-mm-Parkett.

Pflichten des Käufers

a) **Beim zweiseitigen Handelskauf** hat der Käufer folgende Pflichten:

1. **Prüfungspflicht.** Eingegangene Waren sind **unverzüglich** auf Güte, Menge und Art zu untersuchen. Stellt der Käufer bereits **bei der Übergabe** Mängel fest, so kann er die Abnahme verweigern; nimmt er sie trotzdem ab, so muss er sich die Rechte aus der Mängelrüge **sofort** vorbehalten. HGB § 377

2. **Rügepflicht.** Offene Mängel sind **unverzüglich nach der Prüfung** zu rügen, versteckte Mängel **unverzüglich nach der Entdeckung,** jedoch *innerhalb der Gewährleistungsfrist.* Diese beträgt *gesetzlich* vom Zeitpunkt der Lieferung an zwei Jahre, kann aber vertraglich verlängert werden (Garantie). Für arglistig verschwiegene BGB § 438 HGB § 377

Mängel gilt die dreijährige Verjährungsfrist. Bei gebrauchten Waren ist eine Verkürzung der Gewährleistungsfrist möglich. Die Frist darf aber ein Jahr nicht unterschreiten, weil sonst die Vereinbarung nichtig ist.

Der Käufer muss die Mängel in der Güte, Menge und Art genau bezeichnen. Ein allgemeiner Hinweis wie »Ware unverkäuflich«, »Ware schlecht«, »Ware nicht vertragsgemäß« genügt nicht. Die Mängelrüge ist formfrei. Telefonische Mängelrügen werden meist schriftlich bestätigt.

HGB § 379

3. **Aufbewahrungspflicht.** Beim *Platzkauf* kann die beanstandete Ware sofort zurückgeschickt werden, beim *Versendungskauf* dagegen nicht, um unnötige Transportkosten zu vermeiden. Sie muss dem Verkäufer zunächst zur Verfügung gestellt werden. Bis zu dessen Entscheidung muss sie der Käufer zulasten des Verkäufers ordnungsgemäß selbst aufbewahren oder bei einem Dritten einlagern. Ist die Ware dem Verderb ausgesetzt, und ist Gefahr im Verzug, so kann sie der Käufer öffentlich versteigern lassen oder, sofern sie einen Börsen- oder Marktpreis hat, freihändig verkaufen *(Notverkauf).*

b) **Beim Verbrauchsgüterkauf und bürgerlichen Kauf** bestehen gegenüber dem zweiseitigen Handelskauf folgende Abweichungen:

1. Der Käufer muss **nicht unverzüglich prüfen.**
2. Er muss Mängel **nicht unverzüglich rügen,** sondern kann die Rüge bei offenen und versteckten Mängeln innerhalb der Gewährleistungsfrist vornehmen.

Rechte des Käufers

Aufgrund der Mängelrüge kann der Käufer zunächst verlangen

BGB §§ 437, 439

a) **Nacherfüllung** innerhalb einer angemessenen Frist. Dabei kann der Käufer wählen, ob er die *Beseitigung des Mangels* **(Nachbesserung)** durch Reparatur oder durch die *Lieferung einer mangelfreien Sache* **(Ersatzlieferung)** will. Der Verkäufer kann aber die gewünschte Form der **Nacherfüllung verweigern,** wenn sie unverhältnismäßige Kosten verursachen würde, da er die Aufwendungen zum Zwecke der Nacherfüllung tragen muss. (§ 439 (2))

Beispiel: Ein Kunde verlangt die zeitaufwendige Reparatur eines Weckers (Warenwert 5 EUR). Der Händler hat hier das Recht, das fehlerhafte Produkt durch ein neues, fehlerfreies Produkt zu ersetzen.

§ 440

Im Normalfall gilt eine Nachbesserung nach dem erfolglosen zweiten Versuch als fehlgeschlagen.

Wird der Nacherfüllungsanspruch nicht erfüllt, dann kann der Käufer die weiteren Rechte geltend machen:

§§ 437 S. 1 Nr. 2, 440, 323, 326

b) **Rücktritt vom Kaufvertrag.** Der Kaufgegenstand ist zurückzugeben und der etwa schon bezahlte Kaufpreis zurückzuzahlen.

Beispiel: Die Nachbesserung bei einem MP3-Player ist fehlgeschlagen. Zwischenzeitlich hat der Käufer bei einem anderen Händler ein günstigeres Angebot erhalten und macht deshalb den Kaufvertrag rückgängig.

§ 441

c) **Minderung des Kaufpreises.** Der Kaufvertrag bleibt bestehen. Der Käufer kann jedoch eine Herabsetzung des Kaufpreises verlangen.

Beispiel: Die Nacherfüllung bei einem Herrenanzug mit kaum auffälligen Webfehlern wurde verweigert. Der Käufer will aber den Anzug wegen seiner topmodischen Form behalten und verlangt deshalb einen angemessenen Preisnachlass.

§§ 437 S. 1 Nr. 3, 276, 278, 280

d) **Schadensersatz.** Bei schuldhafter Pflichtverletzung durch den Verkäufer stehen dem Käufer zwei Möglichkeiten des Schadensersatzes zu:

1. **Schadensersatz neben der Erfüllung (kleiner Schadensersatz).** Der Käufer hat Anspruch auf Erfüllung des Vertrags und Ersatz der Kosten.

   Beispiel: Erstattung der Kosten für die Eigenleistung des Käufers, um den Mangel zu beheben.

2. **Schadensersatz statt Erfüllung (großer Schadensersatz).** Der Käufer kann vom Vertrag zurücktreten und Schadensersatz verlangen.

   Beispiel: Eine defekte Maschine wird geliefert. Zweimal wurde der Lieferant vergeblich aufgefordert, eine Nachbesserung durchzuführen. Infolge der defekten Maschine entsteht ein mehrtägiger Produktionsausfall. Der Käufer kann vom Kaufvertrag zurücktreten und Schadensersatz für den Produktionsausfall verlangen.

e) **Ersatz vergeblicher Aufwendungen.** Anstelle des großen Schadensersatzes kann der Käufer den Ersatz der Aufwendungen verlangen, die er im Vertrauen auf den Erhalt der Leistung gemacht hat. BGB § 284

Beispiel: Zur Montage einer Maschine wurde ein Fundament gegossen. Zwei Reparaturversuche an der Maschine sind fehlgeschlagen und damit ist die Nacherfüllung gescheitert. Die Kosten für das Fundament hat der Verkäufer der Maschine zu übernehmen.

Die gesetzlichen Ansprüche des Käufers aufgrund der mangelhaften Lieferung verjähren in der Regel nach zwei Jahren. Die Frist beginnt bei beweglichen Sachen mit der Ablieferung. Bei arglistig verschwiegenen Mängeln verjährt der Anspruch erst nach drei Jahren. Die Frist beginnt am Ende des Jahres, in dem der Mangel entdeckt wurde; der Anspruch muss innerhalb von dreißig Jahren nach Vertragsabschluss geltend gemacht werden. §§ 438, 195, 199

Verbrauchsgüterkauf

Tritt bei einem Verbrauchsgüterkauf (Abschnitt 6.4.1) **innerhalb von sechs Monaten** seit der Übergabe der Sache ein Sachmangel auf, so wird vermutet, dass der Mangel von Anfang an bestanden hat **(Rückwirkungsvermutung).** Der Verkäufer muss nun nachweisen, dass die Sache bei der Übergabe in Ordnung war. **Nach sechs Monaten** muss der Käufer beweisen, dass die Sache von Anfang an fehlerhaft war **(Grundsatz der Beweislastumkehr).** §§ 474, 476

Beispiel: Bei einem neuen Pkw tritt nach vier Monaten ein Motorschaden auf. Kann der Hersteller nachweisen, dass der Pkw bei Autorennen eingesetzt wurde und der Schaden wegen dieser unsachgemäßen Behandlung aufgetreten ist, so muss er die Ansprüche des Käufers nicht erfüllen.

Produkthaftung

> **Produkthaftung** bedeutet, dass der **Hersteller für Schäden haftet,** die durch **Fehler des Produktes an Personen oder Sachen** – nicht an dem Produkt selbst – **verursacht werden.**

ProdHaftG § 1 (1)

Beispiel: Ein Autofahrer fährt gegen einen Zaun, weil das Getriebe einen Konstruktionsfehler aufweist. Für den am Zaun entstandenen Schaden haften der Hersteller des Pkw und der Zulieferer des Getriebes.

Neben dem eigentlichen Hersteller haften alle, die Waren in den Verkehr bringen, welche durch Fehler zu Schäden führen können. So haftet z.B. auch der Großhändler oder Importeur gegenüber seinem Kunden, sofern er den Hersteller nicht binnen vier Wochen benennen kann. Die Selbstbeteiligung des Geschädigten beträgt 500 EUR. § 4

6.8.2 Lieferungsverzug (Nicht-Rechtzeitig-Lieferung)

Der Kaufvertrag **verpflichtet den Lieferanten, rechtzeitig zu liefern.**

> **Lieferungsverzug** liegt vor, wenn der Verkäufer trotz Mahnung **schuldhaft nicht** oder **nicht rechtzeitig** liefert.

Da der Lieferant eine Leistung schuldet, ist der Lieferungsverzug ein **Schuldnerverzug.**

Voraussetzungen des Lieferungsverzuges

a) **Nichtlieferung trotz Fälligkeit.** Wird im Kaufvertrag keine Lieferzeit vereinbart, dann ist die Leistung so zu bewirken, wie es Treu und Glauben mit Rücksicht auf die Verkehrssitte erfordern. Die Lieferung kann auch sofort verlangt werden. Der Schuldner leistet jedoch auf die Mahnung bzw. nach Verstreichen des vereinbarten Termins nicht. BGB § 286 § 242 § 271

   Beispiel: »Lieferung innerhalb von 14 Tagen nach Bestellungseingang«.

BGB § 286 (1) **b) Mahnung.** Die Mahnung ist die Aufforderung, die Lieferung zu bewirken. Es ist keine bestimmte Form vorgeschrieben.

§ 286 (2) Die Mahnung ist nicht erforderlich, wenn die Lieferzeit kalendermäßig bestimmt ist.

Beispiel: »Lieferung am 18. August 2011«.

§ 286 (4) § 276 **c) Verantwortlichkeit des Schuldners.** Der Lieferant handelt in seinem Verantwortungsbereich schuldhaft, wenn er vorsätzlich oder fahrlässig nicht rechtzeitig liefert. Der Schuldner kommt nicht in Verzug, wenn er die verspätete Lieferung nicht zu verantworten (zu vertreten) hat.

Beispiel: Die Lagerhalle des Lieferanten wurde durch Blitzeinschlag vollständig zerstört.

Rechte des Käufers beim Lieferungsverzug

Kommt der Lieferant in Verzug, dann kann der Käufer **wahlweise** beanspruchen

§§ 323 ff. a) Erfüllung des Vertrages, d.h. Lieferung der Ware.

Beispiel: Eine Spezialmaschine kann von keinem anderen Hersteller bezogen werden.

§§ 280 ff. b) Erfüllung und Schadensersatz wegen Verzögerung.

Beispiel: Durch die verspätete Lieferung einer Maschine kann die Produktion nicht rechtzeitig aufgenommen werden. Der Lieferant muss liefern und den entstandenen Schaden ersetzen.

c) Rücktritt vom Vertrag und/oder

Beispiel: Eine Sendung Stahl kann bei einem anderen Lieferanten inzwischen preisgünstiger beschafft werden.

d) Schadensersatz wegen Nichterfüllung.

Beispiel: Der Käufer muss die Ware kurzfristig bei einem anderen Lieferanten zu einem höheren Preis beschaffen, damit er nicht selbst in Lieferungsverzug gerät.

Die Rechte c) oder d) kann der Gläubiger wahlweise einzeln oder zusammen geltend machen, wenn er dem Schuldner eine **angemessene Nachfrist** gesetzt hat.

Eine **Nachfrist** ist **angemessen,** wenn der Lieferant noch die Möglichkeit hat, die Ware zu liefern, ohne diese erst zu beschaffen oder anzufertigen. Eine Nachfrist ist **nicht** erforderlich, wenn der Schuldner erklärt, dass er auch später nicht liefern werde, oder wenn der Gläubiger beweist, dass eine spätere Lieferung für ihn keinen Sinn mehr hat (Zweckkauf – Lieferung von Blumen nach dem Hochzeitstag).

Sonderfälle des Lieferungsverzugs

a) Lieferungsverzug beim Teillieferungsvertrag. Kommt der Lieferant mit einer Teillieferung in Verzug, dann kann der Käufer neben den Rechten aus dem Leistungsverzug auch das Rücktrittsrecht für die noch ausstehenden Teillieferungen geltend machen.

Beispiele: Eine Mehlhandlung kommt mit der fünften Teillieferung in Verzug. Der Käufer kann für die noch ausstehenden Teillieferungen vom Vertrag zurücktreten.

Ein Verlag hat ein mehrbändiges Lexikon bis zum Buchstaben K geliefert und kommt dann in Leistungsverzug. Hier wird der Käufer vom Vertrag zurücktreten und die gelieferten Bände zurückgeben oder Schadensersatz wegen Nichterfüllung verlangen.

HGB § 376 **b) Lieferungsverzug beim Fixkauf.** Erfolgt bei einem Fixkauf als **Handelskauf** die Lieferung nicht zum vereinbarten Termin, so kann der Käufer verlangen:

BGB § 323

1. **Erfüllung** des Vertrages; er muss dies aber dem Verkäufer sofort ausdrücklich mitteilen.
2. **Rücktritt** vom Vertrag ohne Nachfrist und ohne Rücksicht auf Verschulden.
3. **Schadensersatz wegen Nichterfüllung,** wenn die Nichteinhaltung des Termins verschuldet ist.

Beim Fixkauf als **bürgerlichem Kauf** hat der Käufer bei *Verschulden* des Verkäufers alle Rechte, die sich aus dem Leistungsverzug ergeben. Erfolgt die Lieferung *unverschuldet* nicht zum vereinbarten Termin, so kann der Käufer auch hier ohne Nachfrist vom Vertrag zurücktreten.

Ermittlung des Schadens

§§ 249, 251 **a) Schadensersatz.** Der Lieferant hat den Käufer so zu stellen, als ob er seine Leistungspflicht erfüllt hätte. Die Entschädigung erfolgt meistens in Geld.

Der Schadensersatz beim Lieferungsverzug kann ermittelt werden:

1. **Nach dem konkreten Schaden.** Der Käufer nimmt für die nicht gelieferte Ware einen **Deckungskauf** vor. Der Schaden ergibt sich aus dem **Mehrpreis zuzüglich der Kosten.**
2. **Nach dem abstrakten Schaden.** Der zu ersetzende Schaden umfasst auch den **entgangenen Gewinn.** Als solcher gilt der Gewinn, der unter normalen Umständen erwartet werden konnte. Er besteht in der Regel im Unterschied zwischen dem vertraglichen Einkaufspreis und dem erzielbaren Verkaufspreis.

b) Vertragsstrafe. Da die Ermittlung der Schadenshöhe, insbesondere des entgangenen Gewinns, Schwierigkeiten bereiten kann, vereinbaren die Vertragsparteien häufig eine Vertragsstrafe **(Konventionalstrafe).** BGB § 339

Haftung beim Lieferungsverzug

Die Haftung des Lieferanten erweitert sich auf den Zufall, denn bei rechtzeitiger Lieferung hätte der Zufall nicht wirksam werden können. § 287

6.8.3 Annahmeverzug (Nicht-Rechtzeitig-Annahme)

Durch den Kaufvertrag ist der **Käufer verpflichtet, die Leistung** des Verkäufers bei Fälligkeit **anzunehmen.** §§ 293 ff.

> **Annahmeverzug** liegt vor, wenn der Käufer die gelieferte Ware **nicht oder nicht rechtzeitig annimmt.**

Da der Käufer Gläubiger für die Warenlieferung ist, ist der Annahmeverzug eine Form des **Gläubigerverzuges.**

Voraussetzungen des Annahmeverzugs

a) Fälligkeit der Leistung.

b) Tatsächliches Anbieten der Leistung. Ein wörtliches Anbieten genügt, wenn der Gläubiger erklärt hat, dass er die Leistung nicht annehmen werde, oder wenn der Gläubiger die geschuldete Sache abzuholen hat. §§ 294 f.

Der Annahmeverzug setzt kein Verschulden voraus.

Wirkungen des Annahmeverzugs

a) Die **Gefahr** des zufälligen Untergangs geht mit dem Eintritt des Verzugs auf den Gläubiger über. § 300 (2)

b) Die **Haftung** des Schuldners wird *eingeschränkt.* Sie erstreckt sich nur noch auf grobe Fahrlässigkeit und Vorsatz. Für leichte Fahrlässigkeit haftet er nicht. § 300 (1)

c) Für eine **verzinsliche Geldschuld** sind vom Tage des Annahmeverzugs an keine weiteren Zinsen zu bezahlen. § 301

Rechte des Schuldners

Der Schuldner kann

a) die Ware in eigene Verwahrung nehmen und **auf Annahme klagen,** HGB §§ 373 f.

b) sich von der **Leistungspflicht befreien.**

1. Ein **Kaufmann** kann jede Ware an *jedem* geeigneten Ort in *sicherer* Weise **einlagern.**
2. Er kann sie aber auch an jedem Ort öffentlich **versteigern** lassen, Waren mit einem Börsen- oder Marktpreis freihändig verkaufen, den **Erlös** behalten und mit der Forderung aufrechnen **(Selbsthilfeverkauf).** Einen Mehrerlös hat er herauszugeben.

Alle **Kosten,** die durch die Einlagerung, den freihändigen Verkauf oder die öffentliche Versteigerung entstehen, kann er vom Käufer **verlangen.** BGB § 304

c) Er kann **Schadensersatz wegen Nichterfüllung** verlangen, wenn der Käufer die Ware *schuldhaft nicht entgegennimmt* (Annahmeverzug).

Öffentliche Versteigerung

BGB Die öffentliche Versteigerung ist mit Fristsetzung für die Abnahme der Ware dem Käufer anzu-
§ 384 drohen. Bei Gefahr des Verderbs der Ware kann die Androhung unterbleiben **(Notverkauf).** Der
HGB Ort und die Zeit der Versteigerung sind dem Käufer mitzuteilen. Käufer und Verkäufer können
§ 373 mitbieten. Das Ergebnis der durchgeführten Versteigerung ist dem Käufer bekannt zu geben.

Sonderfälle des Annahmeverzugs

§ 375 **a) Annahmeverzug beim Bestimmungskauf** (Spezifikationskauf). Beim Bestimmungskauf hat der Käufer die Pflicht, die Lieferung zu spezifizieren. Wenn der Käufer dies schuldhaft nicht oder nicht rechtzeitig vornimmt, dann gerät er mit der Bestimmung in Verzug. Der Verkäufer ist dann berechtigt, die Spezifikation selbst vorzunehmen. Bevor aber die Lieferung durchgeführt wird, muss er dem Käufer die mengen- und artmäßige Lieferungszusammensetzung mitteilen und ihm eine angemessene Frist zur Abänderung geben.

b) Annahmeverzug beim Kauf auf Abruf. Wird beim Kauf auf Abruf eine zu liefernde Ware nicht innerhalb der vereinbarten Frist abgerufen, dann kann der Verkäufer den Käufer in Verzug setzen. Er kann dann alle Rechte aus dem Leistungsverzug geltend machen. Darüber hinaus kann er die Ware liefern.

6.8.4 Zahlungsverzug (Nicht-Rechtzeitig-Zahlung)

Der Kaufvertrag **verpflichtet den Käufer,** den Kaufpreis fristgerecht **zu zahlen.**

> **Zahlungsverzug** liegt vor, wenn der Käufer den vereinbarten Kaufpreis trotz Mahnung schuldhaft **nicht oder nicht rechtzeitig bezahlt.**

Da der Käufer die Zahlungsleistung schuldet, ist der Zahlungsverzug eine Art des im BGB geregelten **Schuldnerverzugs.**

Voraussetzungen des Zahlungsverzugs

BGB **a) Nichtzahlung trotz Fälligkeit.** Wird im Kaufvertrag kein Zahlungstermin vereinbart,
§ 286 dann ist die Leistung so zu bewirken, wie es Treu und Glauben mit Rücksicht auf die
§ 242 Verkehrssitte erfordern. Die Zahlung kann auch sofort bewirkt werden.
§ 271 **Beispiel:** Bei Rohstofflieferungen ist es üblich, die Rechnung erst nach der Eingangsprüfung der Stoffe zu begleichen.

§ 286 (1) **b) Mahnung.** Die Mahnung ist die Aufforderung, die Rechnung zu bezahlen. Es ist keine bestimmte Form vorgeschrieben.

§ 286 (2) Die Mahnung ist nicht erforderlich, wenn der Zahlungstermin **kalendermäßig bestimmbar** ist.

Beispiel: »Zahlbar spätestens am 6. April 2011«; »zahlbar im März 2011«.

Der Schuldner kommt automatisch **30 Tage nach Fälligkeit und Zugang der Rechnung** in Verzug. Gegenüber einem Verbraucher muss auf diese Folge in der Rechnung hingewiesen werden.

Beispiel: »Zahlungsverzug tritt ein, wenn Sie den Rechnungsbetrag nicht innerhalb von 30 Tagen nach Zugang dieser Rechnung beglichen haben.«

§ 286 (4) **c) Verantwortlichkeit des Schuldners.** Der Schuldner kommt nicht in Verzug, wenn er die verspätete Zahlung nicht zu verantworten (zu vertreten) hat.

Beispiel: Wegen eines unverschuldeten Unfalls liegt der Schuldner auf der Intensivstation eines Krankenhauses und kann deshalb nicht bezahlen.

Rechte des Gläubigers aus dem Zahlungsverzug

§§ 323 ff. Kommt der Schuldner in Zahlungsverzug, dann kann der Gläubiger **wahlweise** verlangen:

a) Erfüllung des Vertrages.

Beispiel: Der Verkäufer besteht weiterhin auf Zahlung des Kaufpreises, wenn er die Ware nicht mehr zurücknehmen will, z.B. bei Spezialanfertigungen.

b) Erfüllung und Schadensersatz wegen Verzögerung.

Beispiel: Der Verkäufer besteht auf Zahlung des Kaufpreises und zusätzlich auf Verzugszinsen.

c) Rücktritt vom Vertrag und/oder

Beispiel: Der Verkäufer nimmt die Ware zurück, wenn eine Zahlung durch den Kunden nicht mehr zu erwarten ist.

d) Schadensersatz wegen Nichterfüllung.

Beispiel: Der Verkäufer nimmt die Ware zurück und verlangt die Rücknahmekosten, Verzugszinsen und einen eventuellen Mindererlös beim Weiterverkauf.

Die Rechte c) oder d) kann der Gläubiger wahlweise einzeln oder zusammen geltend machen, wenn er dem Schuldner eine angemessene Nachfrist gesetzt hat.

Ermittlung des Schadens

Wenn der Verkäufer wegen des ausstehenden Zahlungseinganges einen *Kredit* aufnimmt, so ergibt sich der Schaden aus Kreditzinsen und Kreditkosten. BGB § 288

Der Gläubiger kann neben einem sonstigen Schaden **Verzugszinsen** geltend machen.

Der Zinssatz liegt in der Regel

- 5 % über dem Basiszinssatz der Deutschen Bundesbank (Stand: Januar 2011: 0,12 % = *Basiszinssatz*);
- 8 % über dem Basiszinssatz bei Rechtsgeschäften, bei denen ein *Verbraucher nicht beteiligt* ist.

Es kann auch ein *höherer* Zinssatz vertraglich vereinbart werden.

6.8.5 Überblick über die Störungen bei der Erfüllung des Kaufvertrags

§§ Wichtig

Pflichten aus dem Kaufvertrag	Lieferung der Ware durch den **Verkäufer** mängelfrei	rechtzeitig	Annahme der Ware durch den **Käufer**	Bezahlung des Kaufpreises durch den **Käufer**
Störung	**Mangelhafte Lieferung (Schlechtleistung)**	**Lieferungsverzug (Nicht-Rechtzeitig-Lieferung)**	**Annahmeverzug (Nicht-Rechtzeitig-Annahme)**	**Zahlungsverzug (Nicht-Rechtzeitig-Zahlung)**
gesetzliche Regelung	BGB §§ 433 ff.; HGB §§ 377 ff.	BGB §§ 286 ff.; §§ 323 ff.	BGB §§ 293 ff.; HGB §§ 373 f.	BGB §§ 286 ff.; §§ 323 ff.
Voraus-setzungen	– Sachmängel – Rechtsmängel	– Fälligkeit – Mahnung, wenn kein bestimmter Liefertermin vereinbart – Verantwortlichkeit des Schuldners (Verschulden)	– Fälligkeit – tatsächliches Anbieten der Ware (Annahmeverzug setzt kein Verschulden voraus)	– Fälligkeit – Mahnung, wenn kein bestimmter Zahlungstermin vereinbart ist, – 30 Tage nach Zugang der Rechnung – Verantwortlichkeit des Schuldners (Verschulden)
Rechte des Vertrags-partners nach seiner Wahl	Durch Mängelrüge (Reklamation) sichert sich der Käufer folgende Gewährleistungsansprüche: – Nacherfüllung in Form von Nachbesserung oder Ersatzlieferung – Rücktritt vom Vertrag – Preisminderung – Schadensersatz neben oder statt der Erfüllung – Ersatz vergeblicher Aufwendungen	– Lieferung – Lieferung und Schadensersatz wegen Verzögerung – Rücktritt vom Vertrag (nach angemessener Nachfrist) und/oder – Schadensersatz wegen Nichterfüllung (nach angemessener Nachfrist)	– Einlagerung der Ware und – Versteigerung oder Verkauf zum Markt- bzw. Börsenpreis * (Selbsthilfeverkauf) – Klage auf Abnahme * Freihändiger Verkauf x notverkauf bei zb. Verderblichen Waren	– Zahlung – Zahlung und Schadensersatz wegen Verzögerung – Rücktritt vom Vertrag (nach angemessener Nachfrist) und/oder – Schadensersatz wegen Nichterfüllung (nach angemessener Nachfrist)

6.8.6 Außergerichtliches Mahnverfahren

Das außergerichtliche Mahnverfahren soll den säumigen Schuldner veranlassen, seine
BGB § 286 Verpflichtungen zu erfüllen, ohne dass der Gläubiger sich dabei gerichtlicher Hilfe bedient. Ist die Fälligkeit einer Zahlung nicht kalendermäßig bestimmt, so ist die Rechnung 30 Tage nach Zugang fällig.

Gründe für die Zahlungsverzögerung des Schuldners können sein:

- *Vergesslichkeit* oder *Nachlässigkeit* infolge mangelhafter Kontrolle seiner Zahlungstermine,
- *Zahlungsunwilligkeit,* z.B. bewusste Zahlungsverzögerung zur Einsparung von Zinsen,
- *Zahlungsunfähigkeit,* z.B. wegen Betriebsstörungen, schlechten Zahlungseingangs, Verlusten an Außenständen, Zahlungseinstellung bei Insolvenz.

Überwachung der Zahlungseingänge

Der rechtzeitige Eingang der Zahlung des Kunden (Debitor) muss überwacht werden, um zahlungsbereit zu bleiben und Zins- und Verjährungsverluste zu vermeiden.

In den meisten Unternehmen werden die Zahlungstermine mithilfe der Datenverarbeitung überwacht. Durch Verwendung entsprechender Datenträger können jederzeit Listen der fälligen Forderungen und Kontoauszüge erstellt werden.

Durchführung des außergerichtlichen Mahnverfahrens

Die für die Zahlungsverzögerung des Schuldners maßgebenden Gründe bestimmen die Art und den Ton der Mahnung. Viele Kunden sind empfindlich, fühlen sich durch eine Mahnung leicht verletzt und kaufen dann bei der Konkurrenz. Andererseits dürfen säumige Schuldner mit Recht an die Erfüllung ihrer Zahlungspflicht erinnert und zu einer pünktlichen Zahlungsweise aufgefordert werden.

Große Betriebe haben meist eine eigene **Mahnabteilung.**

Eine Mahnung kann *mündlich* oder *schriftlich* erfolgen.

Der Gläubiger beschreitet gewöhnlich folgenden Weg:

- *Erinnerung* durch Zusendung einer Rechnungsabschrift oder eines Kontoauszuges (Bild, Seite 241),
- *Mahnbrief* mit Hinweis auf die Fälligkeit der Schuld und mit der Aufforderung zur Zahlung,
- *Ankündigung des Einzugs* durch Nachnahme oder durch ein Inkassoinstitut,
- Zusendung der *Nachnahme* oder *Abtretung* an ein Inkassoinstitut,
- *letzte Mahnung* unter Androhung gerichtlicher Maßnahmen.

6.8.7 Gerichtliches Mahnverfahren

ZPO § 688 Es bezweckt, dem Gläubiger einer Geldforderung einen Vollstreckungsbescheid zu verschaffen, und zwar *schneller* und *kostengünstiger,* als dies durch Klage möglich wäre.

Es wird eingeleitet durch den Antrag auf Erlass eines Mahnbescheids beim zuständigen Amtsgericht oder online (Bild, S. 231).

Mahnbescheid

! **Der Mahnbescheid** ist eine **Mahnung durch das Gericht.**

§ 692 Der Schuldner wird aufgefordert, die Schuld samt Kosten und Zinsen binnen einer Frist von zwei Wochen zu bezahlen oder beim Amtsgericht Widerspruch zu erheben (Widerspruchsfrist).

Beispiel: Online-Mahnantrag

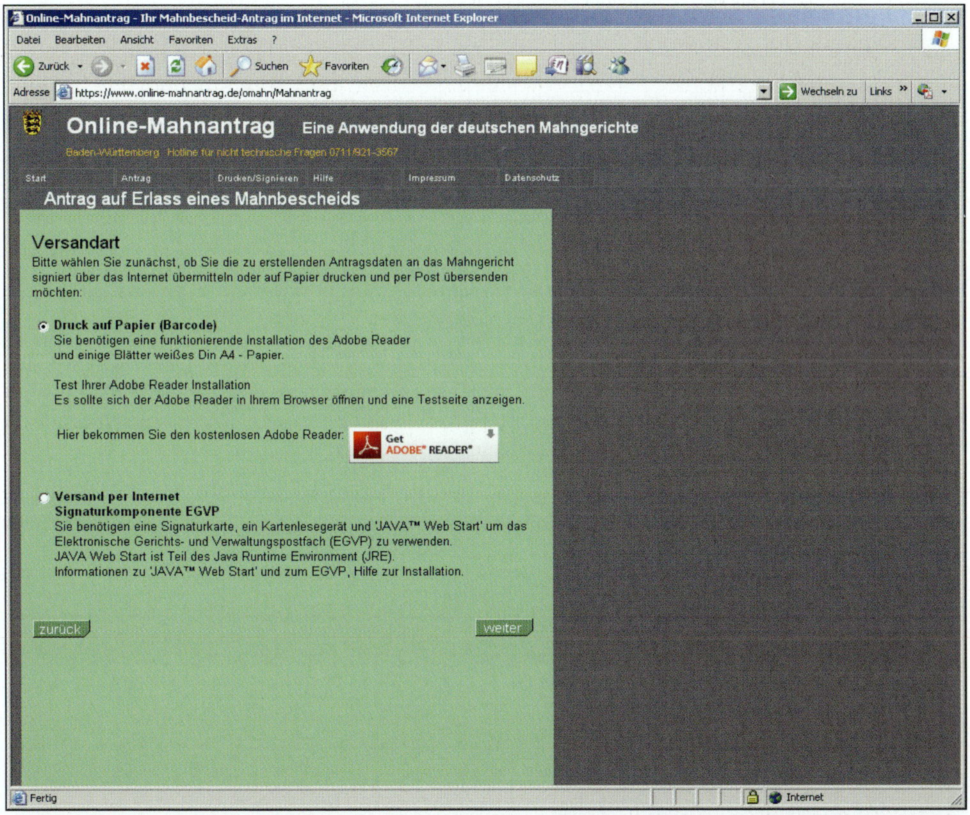

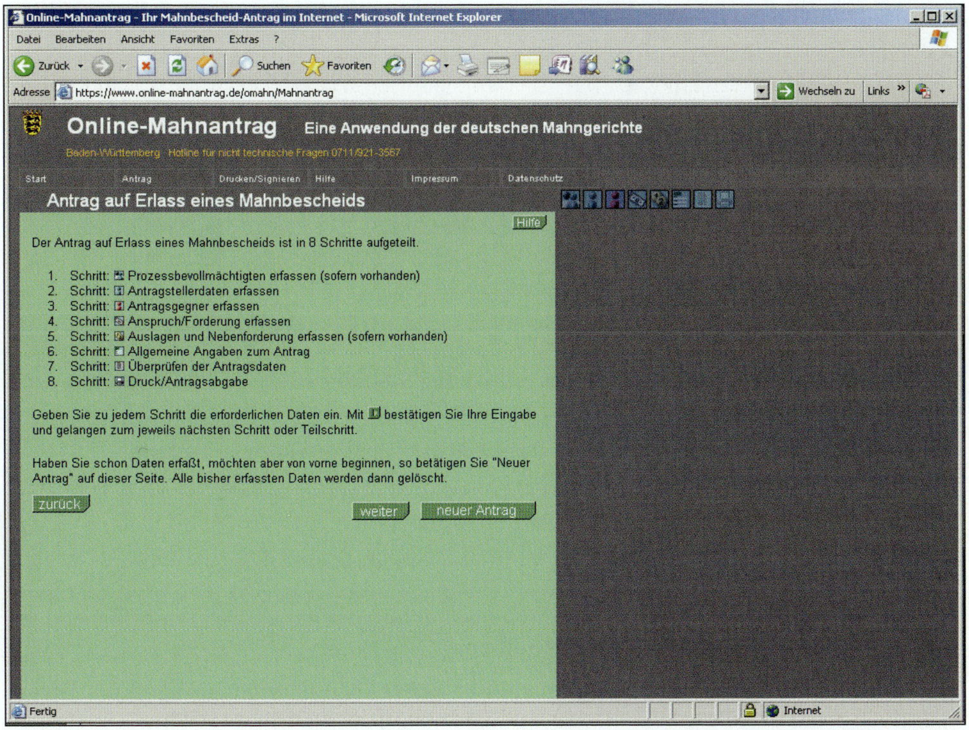

ZPO § 703a Gründet sich der Anspruch des Gläubigers auf einen Scheck oder Wechsel, so ist der Mahnbescheid als Scheck- oder Wechselmahnbescheid zu bezeichnen.

§ 689 **Zuständigkeit.** Der Antrag auf Erlass eines Mahnbescheides ist ohne Rücksicht auf den Streitwert bei dem Amtsgericht zu stellen, in dessen Bezirk der Antragsteller (Gläubiger) seinen Wohnsitz bzw. seine geschäftliche Niederlassung hat. In einigen Bundesländern ist der Mahnbescheid bei einem zentralen Amtsgericht zu stellen, das die Anträge mittels DV bearbeitet.

Antrag. Der Antrag auf Erlass eines Mahnbescheids wird mit einem Formularsatz gestellt.

Bei zentraler Bearbeitung für den ganzen Bezirk eines Oberlandesgerichts werden die Mahnverfahren maschinell durchgeführt. Für diesen Fall ist ein zweiseitiger maschinengerechter Vordruck vorgesehen.

§ 690 § 696 Schon der Antrag auf Erlass eines Mahnbescheids muss die Bezeichnung des Gerichts des Schuldners enthalten, das für ein späteres Verfahren sachlich zuständig wäre. Außerdem kann der Gläubiger bereits im Antrag für den Fall, dass der Schuldner Widerspruch erheben sollte, die Durchführung eines Streitverfahrens beantragen.

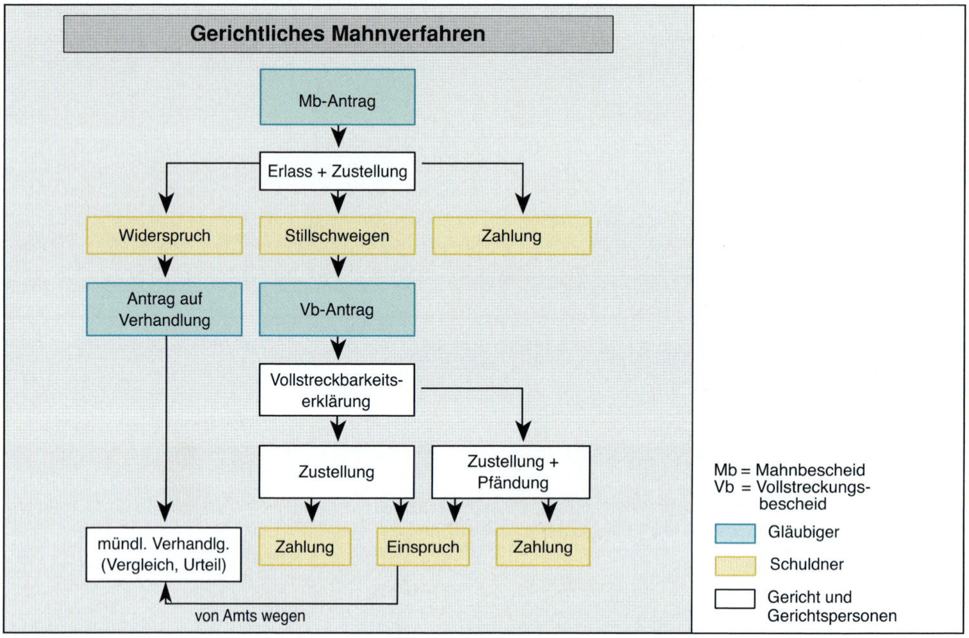

§ 693 **Erlass und Zustellung.** Das Amtsgericht erlässt den Mahnbescheid und stellt ihn von Amts wegen zu. Der Schuldner kann sich folgendermaßen verhalten:

a) **Er zahlt** an den Gläubiger (nicht an das Gericht). Das Verfahren ist beendet.

§ 694 **b)** **Er erhebt Widerspruch** bei dem Gericht, das den Mahnbescheid erlassen hat. Der Gläubiger wird von dem rechtzeitig erhobenen Widerspruch benachrichtigt.

§§ 696 f. Beantragt der Gläubiger ein Streitverfahren, so gibt das Gericht, das den Mahnbescheid erlassen hat, den Rechtsstreit an das Gericht des Schuldners ab. Dieses fordert den Gläubiger auf, den Anspruch zu begründen, und bestimmt nach Eingang der Begründung einen Termin zur mündlichen Verhandlung.

c) **Er unternimmt nichts.** Binnen 6 Monaten kann der Gläubiger nach Ablauf der Widerspruchsfrist den Antrag stellen, den Vollstreckungsbescheid zu erlassen.

Vollstreckungsbescheid

Auf der Grundlage des Mahnbescheids erlässt das Gericht den Vollstreckungsbescheid.

> Der **Vollstreckungsbescheid** ist ein »vollstreckbarer Titel«; er gestattet dem Gläubiger, gegen den Schuldner die **Zwangsvollstreckung zu betreiben.**

Der Vollstreckungsbescheid kann dem Schuldner zugestellt werden ZPO § 699

- von Amts wegen durch das Gericht,
- auf Antrag des Gläubigers durch einen Gerichtsvollzieher. Dieser kann auch schon mit der Pfändung beauftragt worden sein (Abschnitt 6.8.9).

Mit der Zustellung beginnt eine zweiwöchige Einspruchsfrist. Der Schuldner kann sich wie folgt verhalten:

a) **Er zahlt.** Das Verfahren ist beendet.

b) **Er erhebt Einspruch** gegen den Vollstreckungsbescheid innerhalb der gesetzlichen Frist von zwei Wochen. Das Gericht gibt den Rechtsstreit an das im Mahnbescheid bezeichnete zuständige Gericht ab. § 700

c) **Er unternimmt nichts.** Der Gerichtsvollzieher kann nach Ablauf der Einspruchsfrist gepfändete Gegenstände versteigern.

6.8.8 Klageverfahren

Befürchtet der Gläubiger, dass das gerichtliche Mahnverfahren nicht zum Ziel führt, dann sollte er sofort Klage erheben.

Das Klageverfahren wird auch bei Widerspruch gegen einen Mahnbescheid oder bei Einspruch gegen einen Vollstreckungsbescheid eingeleitet (Bild, Seite 232).

> Das **Klageverfahren** bezweckt die **Erlangung des staatlichen Rechtsschutzes** durch ein *Prozessverfahren* und *gerichtliches Urteil.*

Das Klageverfahren ist erheblich teurer als das gerichtliche Mahnverfahren, es unterliegt bei Zuständigkeit des Landgerichts dem Anwaltszwang.

Erhebung der Klage

Örtlich zuständig für die Erhebung der Klage ist das Gericht, in dessen Bezirk der Schuldner seinen Wohnsitz oder seine Geschäftsniederlassung hat. Vertraglich kann für Kaufleute ein anderer Gerichtsstand vereinbart werden. GVG §§ 12 f. § 38

Sachlich zuständig ist bei einem Streitwert bis zu 5.000 EUR das Amtsgericht, in anderen Fällen das Landgericht (Zivilkammern oder Kammern für Handelssachen). §§ 23, 71

Die **Klage** wird schriftlich oder beim Amtsgericht auch mündlich erhoben. Die Klageschrift enthält:

- die Bezeichnung der Parteien und des Gerichts, ZPO § 253
- die Angabe des Gegenstandes und des Grundes des erhobenen Anspruchs,
- einen bestimmten Antrag,
- die Ladung des Beklagten vor das Prozessgericht,
- die Angabe des Streitwertes, wenn von ihm die Zuständigkeit des Gerichts abhängt.

Durchführung des Klageverfahrens

ZPO § 274 (2) Nach Prüfung der Klage, die schriftlich oder beim Amtsgericht auch mündlich erhoben werden kann, setzt das Gericht einen Termin zur mündlichen Verhandlung fest. Mit der amtlichen Zustellung der Klageschrift wird dem Beklagten ein Termin mitgeteilt. Die Frist § 274 (3) zwischen Zustellung und Verhandlungstermin (Einlassungsfrist) beträgt mindestens zwei Wochen.

Der Beklagte soll durch Gegenschriften und Beweismittel zu der Klageschrift Stellung nehmen.

§§ 371 ff. Die **mündliche Verhandlung** dient zur Klärung des Tatbestandes. Als Beweismittel kommen infrage: Augenschein, Zeugenaussagen, Sachverständige, Urkunden und Parteivernehmung. Auf Verlangen des Richters müssen Angaben nachträglich durch Eid bekräftigt werden.

Die **Beendigung des Verfahrens** erfolgt in aller Regel durch

§ 330 **a) Versäumnisurteil.** Erscheint der Kläger nicht zum Termin der mündlichen Verhandlung, so wird auf Antrag ein Versäumnisurteil erlassen, durch das die Klage abgewiesen wird. Erscheint der Beklagte nicht, so wird durch das Versäumnisurteil der Beklagte verurteilt.

§ 269 **b) Zurücknahme der Klage.** Sieht der Kläger, dass er seinen Anspruch nicht durchsetzen kann, so kann er mit Zustimmung des Beklagten seine Klage zurücknehmen. Der Rechtsstreit gilt dann als nicht entstanden. Die Klage kann später erneut erhoben werden.

§ 279 **c) Vergleich.** Während des Streitverfahrens kann jederzeit ein Vergleich zwischen den Parteien geschlossen werden. Der vor dem Gericht geschlossene Vergleich ist wie ein Urteil Grundlage für eine spätere Zwangsvollstreckung.

§ 300 **d) Streitiges Urteil.** Bestreitet der Beklagte ganz oder teilweise den erhobenen Anspruch, so muss das Ge-
§ 313 richt durch Urteil über den Rechtsstreit entscheiden. Es enthält vor allem die Urteilsformel, den Tatbestand und die Entscheidungsgründe.

Ein Urteil ist rechtskräftig, wenn es angenommen wird, wenn eine Rechtsmittelmöglichkeit nicht besteht oder wenn die Rechtsmittelfrist abgelaufen ist. Während der Rechtsmittelfrist kann das Urteil auf Antrag für vorläufig vollstreckbar erklärt werden.

Berufung und Revision

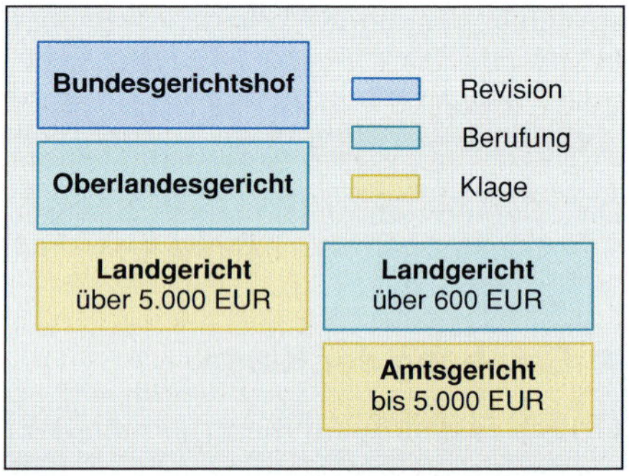

§ 566 Ist eine Partei mit dem Urteil des Gerichts nicht einverstanden, so kann sie den in der **Klageinstanz** begonnenen Streit beim übergeordneten Gericht als **Berufungsinstanz** weiterführen, sofern die Berufungssumme 600 EUR übersteigt, oder wenn die Berufung vom erstinstanzlichen Gericht zugelassen wurde, das kann auch vom Streitwert unabhängig erfolgen. Bei der Beru-
§§ 545 ff. fungsinstanz wird der Tatbestand noch einmal untersucht. Gegen das Urteil des Oberlandesgerichts ist eine Revision beim Bundesgerichtshof in Karlsruhe als **Revisionsinstanz** möglich. Diese Zulassungsrevision muss vom Oberlandesgericht ausdrücklich zugelassen werden, sofern die Rechtssache grundsätzliche Bedeutung hat. Das Revisionsgericht (BGH) überprüft nur, ob das Gesetz auf den vom Oberlandesgericht festgestellten Sachverhalt richtig angewendet wurde.

6.8.9 Zwangsvollstreckung

Die Zwangsvollstreckung ist ein Verfahren zur **zwangsweisen Eintreibung einer Geldforderung** mithilfe eines Gerichtsvollziehers oder des Gerichts.

§ 753
§ 704 Die Voraussetzung dafür ist ein vollstreckbarer Titel (Urteil, Vollstreckungsbescheid, vollstreckbare Urkunde).

Zwangsvollstreckung in das bewegliche Vermögen

Sie erfolgt durch Pfändung und Verwertung des Pfandstückes. Zum beweglichen Vermögen zählen körperliche Sachen sowie Forderungen und Rechte. ZPO §§ 803 ff.

▶ Pfändung von körperlichen Sachen.

Der Gerichtsvollzieher nimmt bei der Pfändung Geld, Wertgegenstände und Wertpapiere in Besitz. Andere verwertbare Gegenstände des Schuldners bleiben zwar in dessen Besitz, werden aber durch das Aufkleben von Pfandsiegelmarken als gepfändet gekennzeichnet.

Nicht pfändbar sind

- die dem persönlichen Gebrauch oder dem Haushalt dienenden Sachen (Kleidung, Betten, Haus- und Küchengeräte), § 811
- die für den Haushalt erforderlichen Nahrungsmittel und Heizmaterialien für vier Wochen oder der zu ihrer Beschaffung notwendige Geldbetrag,
- die zur Fortsetzung der Erwerbstätigkeit notwendigen Sachen (Berufskleidung, Fachbücher, Handwerkszeug, PC, Auto bei Handelsvertreter).

Wertvolle Gegenstände, die ihrem Gebrauch nach unpfändbar sind, können gegen geringwertige eingetauscht werden (*Austauschpfändung* bei Pelzmänteln und DVD-Geräten). Die gepfändeten Sachen sind vom Gerichtsvollzieher öffentlich zu versteigern.

Die **Versteigerung** kann frühestens eine Woche nach dem Tage der Pfändung geschehen. Der Gläubiger und der Schuldner dürfen mitbieten. Der Zuschlag wird dem Meistbietenden erteilt. Sobald der Erlös zur Befriedigung des Gläubigers und zur Deckung der Kosten der Zwangsversteigerung ausreicht, wird die Versteigerung eingestellt. § 816

▶ Pfändung von Forderungen und anderen Rechten.

Bei der Pfändung einer *Geldforderung* verbietet das Gericht durch einen Pfändungs- und Überweisungsbeschluss dem Drittschuldner, an den Schuldner zu bezahlen, und fordert ihn auf, das Geld an den Gläubiger zu überweisen. Dem Schuldner wird verboten, die Forderung einzuziehen. §§ 828 ff.

Bei der Pfändung einer *Hypothekenforderung* ist es notwendig, dass der Hypothekenbrief dem Gläubiger übergeben oder bei einer Buchhypothek die Pfändung im Grundbuch eingetragen wird. § 836

Eine Pfändung von *Miet-* und *Pachtzinsen* ist nur möglich, soweit diese Einkünfte nicht zur Unterhaltung und Instandsetzung des Grundstücks notwendig sind. *Arbeitseinkommen* und sonstige Bezüge können nur bis zu einem bestimmten Betrag gepfändet werden, um dem Arbeitnehmer ein Existenzminimum zu sichern. § 851b § 850

Der **Unpfändbare Grundbetrag** vom Nettoverdienst beträgt monatlich 985,15 EUR. Er erhöht sich bei Unterhaltsgewährung, und zwar für die erste unterhaltsberechtigte Person um monatlich 370,76 EUR, für jede weitere um monatlich 206,56 EUR, jedoch höchstens bis auf monatlich 2.182,15 EUR. § 850c

Nicht pfändbar sind

- Altersrenten, § 850a
- Bezüge aus Unterstützungskassen (Witwen-, Waisen- und Krankengeld),
- Weihnachtsvergütungen bis 500 EUR, Urlaubsgeld, Erziehungsbeihilfen, Kindergeld, Arbeitslosengeld, soweit diese den Rahmen des Üblichen nicht übersteigen.

Zwangsvollstreckung in das unbewegliche Vermögen

Die Zwangsvollstreckung *in ein Grundstück* kann auf folgende Weise vorgenommen werden: §§ 866 ff.

a) Eintragung einer Sicherungshypothek in das Grundbuch, weil der Gläubiger den Nachweis erbracht hat, dass seine Forderung zu Recht besteht.

b) Zwangsversteigerung. Aus dem Erlös werden die Gläubiger befriedigt. Ein Überschuss gehört dem bisherigen Grundstückseigentümer. Droht ein Mindererlös, so können die

Gläubiger das Grundstück selbst ersteigern, in der Hoffnung, es später günstiger zu verkaufen.

c) **Zwangsverwaltung.** Der Grundstückseigentümer behält sein Eigentumsrecht. Die Verfügung wird ihm aber solange entzogen, bis die Gläubiger befriedigt sind. Das Gericht bestellt einen Verwalter, der aus den Erträgen des Grundstücks die Kosten bestreitet und einen Überschuss an die Gläubiger abführt.

Eidesstattliche Versicherung

ZPO § 807

Durch sie versichert der Schuldner eidesstattlich die Vollständigkeit eines von ihm aufgestellten Vermögensverzeichnisses. Der Schuldner ist zur Abgabe einer eidesstattlichen Versicherung (EV) verpflichtet, wenn die Pfändung fruchtlos oder unbefriedigend verlaufen ist und der Gläubiger den Antrag auf Abgabe der eidesstattlichen Versicherung gestellt hat. Dem Antrag sind der Bericht des Gerichtsvollziehers über die ganz oder teilweise fruchtlose Pfändung und Kostenmarken beizufügen. Die Kosten können auch mittels Gerichtskostenstempler (Freistempler) beglichen werden.

Zuständig ist das Prozessgericht. Der Gläubiger erhält auf Antrag eine Abschrift des Vermögensverzeichnisses. Aus ihr ist ersichtlich, ob weitere Vermögensteile gepfändet werden können. Eine eidesstattliche Versicherung darf innerhalb von drei Jahren nur einmal abgegeben werden. Sie wird bei dem betreffenden Gericht in die Schuldnerliste eingetragen, die jedermann zur Einsicht offensteht.

Verhaftung

§§ 901 ff.

Erscheint der Schuldner nicht zum Termin der Abgabe einer eidesstattlichen Versicherung, oder verweigert er die Abgabe einer eidesstattlichen Versicherung, so kann beantragt werden, einen Haftbefehl gegen ihn zu erlassen.

Der Antrag auf Ausstellung eines Haftbefehls kann bereits im Antrag auf Bestimmung eines Termins zur Abgabe einer eidesstattlichen Versicherung enthalten sein.

Die Verhaftung erfolgt durch den Gerichtsvollzieher. Die Haft darf die Dauer von 6 Monaten nicht übersteigen. Der Gläubiger hat die Haftkosten zu bezahlen.

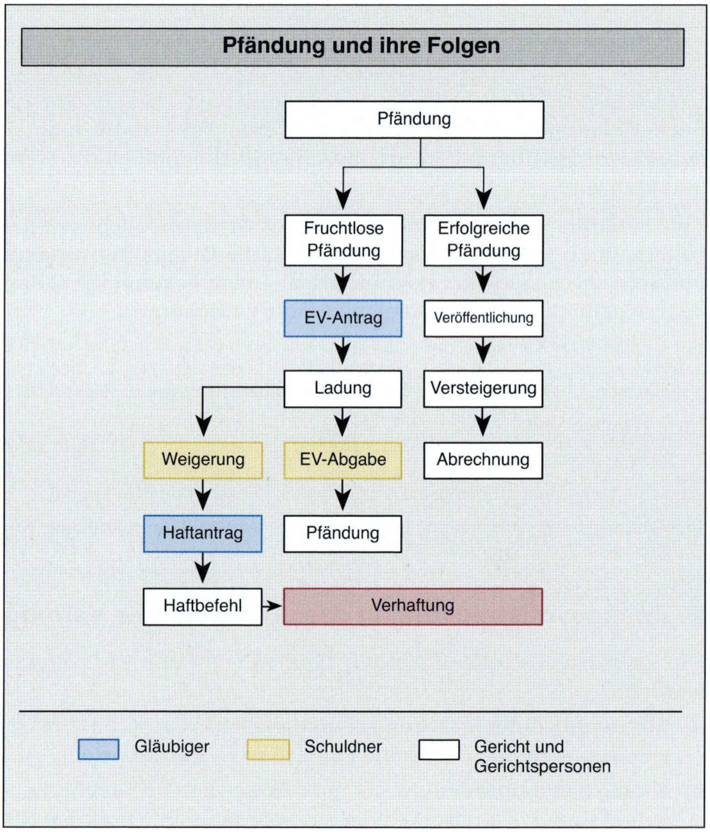

?

1. Der Verbraucher ist bei mangelhafter Lieferung als Kunde gesetzlich besser gestellt als der Unternehmer.
   a) In welchen Bestimmungen kommt dies zum Ausdruck?
   b) Begründen Sie diese unterschiedliche Rechtsstellung.
2. Begründen Sie rechtlich und wirtschaftlich, welche Gewährleistungsansprüche Sie in folgenden Fällen geltend machen:
   a) Ein Reifenhändler liefert runderneuerte Reifen als fabrikneu. Nach einiger Zeit löst sich eine Reifendecke und es entsteht ein Verkehrsunfall, bei dem das Fahrzeug stark beschädigt wird.
   b) Ein gelieferter Mantelstoff hat grobe Webfehler, sodass er für die Weiterverarbeitung nicht mehr verwendet werden kann. Ein anderer Lieferant könnte schnell und preisgünstig liefern.
   c) Das Furnier eines gelieferten Schrankes ist an der Vorderseite stark beschädigt. Der Möbelhändler kann keinen gleichartigen Schrank liefern.
   d) Zwei von fünf gelieferten Büroschränken haben leichte Kratzer im Furnier der Seitenwände.
3. Die Stahlhandel GmbH, ..., hat vor 10 Tagen auf ihre Bestellung vom ... von der Walzwerk AG, ..., eine Lieferung von 10 t Qualitätsstahl der Güte St 50 erhalten. Eine inzwischen durchgeführte Qualitätsprüfung ergab, dass der gelieferte Stahl von geringerer Elastizität ist als das mit dem Angebot überreichte Muster. Er ist für den Abnehmer unbrauchbar. Das Gutachten, in dem die Qualitätsabweichung festgestellt ist, wird mitgeschickt. Das ungeeignete Material wird zur Verfügung gestellt.

   Verfassen Sie termingerecht und mit den erforderlichen Angaben eine Mängelanzeige; teilen Sie darin dem Lieferanten das beanspruchte Recht mit.
4. Der Fertighaushersteller Carl Platz GmbH & Co. KG hat aufgrund eines Angebots der Gunda Hinrichsen KG, Holzgroßhandel und Holzimport, Nut- und Federbretter aus nordischer Fichte bestellt und inzwischen erhalten. Bei der Eingangskontrolle wurde festgestellt, dass die Bretter zu astreich sind (Äste von 5 cm Durchmesser) und ein Teil der Bretter rissig ist. Die Länge der Risse liegt zwischen der zwei- und dreifachen Brettbreite. Nach den »Tegernseer Gebräuchen« für den Holzhandel dürfen mittelgroße Äste höchstens einen Durchmesser von 4 cm haben und die Risse höchstens die eineinhalbfache Brettbreite aufweisen.

   Was wird der Sachbearbeiter unternehmen? (Begründung)
5. Beim Kauf eines Gebrauchtwagens wird dem Käufer der Eindruck vermittelt, dass an dem Fahrzeug noch keine wesentlichen Reparaturen vorgenommen wurden. Nach zwei Jahren wird der Motor defekt. Es stellt sich heraus, dass die Ventile bereits einmal eingeschliffen worden waren.

   Besteht noch Sachmängelhaftung? (Begründung)
6. Die Druckerei Rohrhuber KG, München, erhält von der Papierfabrik Koller GmbH, Stuttgart, ein freibleibendes Angebot über 100.000 Stück Katalogpapier im Gesamtwert von 17.400 EUR.
   a) Wie kommt in diesem Fall ein Kaufvertrag zustande?
   b) Welche Pflichten hat die Druckerei Rohrhuber KG aus diesem Vertrag?
   c) Bei der Überprüfung der Ware wird festgestellt, dass 30.000 Stück der Katalogblätter leichte Farbfehler haben.
      - Welche Art von Mängel liegt vor?
      - Welche Gewährleistungsansprüche (Rechte) würden Sie als Käufer geltend machen?

      Begründen Sie Ihre Entscheidung.
7. Der Küchengerätehersteller Fink & Co. OHG, 52076 Aachen, lieferte aufgrund der Bestellung vom 6. April 20.. seinem langjährigen Kunden, der Haushaltswarengroßhandlung Rebholz KG in 41564 Kaarst, am 11. Mai 20.. 160 verschiedene Kochtöpfe. Am 13. Mai teilt Frau Rebholz der Fink & Co. OHG telefonisch mit, dass bei der Prüfung der Warensendung folgender Mangel festgestellt wurde: 15 Kochtöpfe weisen starke Lackschäden auf, sodass sie unverkäuflich sind.
   a) Welche Rechte stehen der Rebholz KG nach dem Gesetz zu?
   b) Begründen Sie, von welchem Recht Sie im vorliegenden Fall Gebrauch machen würden.
   c) Entwerfen Sie den Text des Briefes, den Sie im vorliegenden Fall schreiben würden.
8. Begründen Sie, warum der Lieferant beim Annahmeverzug nicht für Fahrlässigkeit haftet.
9. Worin liegt die Besonderheit des Notverkaufs?
10. Die Hiebler & Stoll OHG, Wuppertal, hat sich auf den Innenausbau von Repräsentationsräumen spezialisiert. Am 2. Mai 20.. wird an die Gemeinschaftspraxis Dr. Rist und Dr. Weber, Solingen, eine maßgefertigte Einbauschrankwand termingerecht geliefert, Auftragswert 18.000 EUR. Dr. Rist verweigert die Annahme mit dem Hinweis, sein Kollege sei vor 10 Tagen bei einem Autounfall ums Leben gekommen. Er selbst beabsichtige einen Ortswechsel und sei deswegen an der Lieferung nicht mehr interessiert.
    a) Liegt in diesem Fall Annahmeverzug vor? (Begründung)
    b) Welche Rechte stehen der Hiebler & Stoll OHG im Falle eines Annahmeverzugs zu?

c) Welches Recht würden Sie im vorliegenden Fall beanspruchen? (Begründung)

d) Stoll schlägt vor, von dem Vertrag zurückzutreten und Dr. Rist auf Abnahme zu verklagen. Wie beurteilen Sie diesen Vorschlag?

e) Hiebler möchte einen Selbsthilfeverkauf durchführen lassen.
   - Beschreiben sie den Ablauf eines Selbsthilfeverkaufs.
   - Halten Sie einen Selbsthilfeverkauf in diesem Fall für sinnvoll? (Begründung)

11. Harry Meier kauft einen Kasten Mineralwasser. Da er sehr durstig ist, nimmt er einen kräftigen Schluck direkt aus der Flasche. Durch einen Produktionsfehler beim Hersteller »Pro-Wasser-AG« befinden sich Glassplitter in der Flasche, die beim Schluckvorgang zu schweren inneren Verletzungen führen. Es entstehen hohe Krankenhauskosten.

    Erläutern Sie, warum in diesem Fall die Rechte aus der Sachmängelhaftung Harry Meier nicht weiterhelfen, sondern er nur mittels des Produkthaftungsgesetzes eine Entschädigung für erlittene Schmerzen und den Ersatz der Heilbehandlungskosten einklagen kann.

12. Der Fuhrunternehmer Müller e.K. teilt der Garngroßhandlung Flick & Weber KG, ..., mit, dass die Kundin Marianne Heimerdinger e.K., Hirschstraße 3, 89077 Ulm, eine Sendung von 15 Paketen nicht abgenommen hat. Die Ware lagert beim Fuhrunternehmer.

    Fragen Sie als Angestellter der Flick & Weber KG bei der Ulmer Kundin nach ihren Gründen. Teilen Sie ihr die Rechtsfolgen einer ungerechtfertigten Annahmeverweigerung und der Einlagerung mit.

13. Worin liegt die Besonderheit beim Lieferungsverzug, sofern es sich um einen Fixkauf unter Kaufleuten handelt?

14. Welches Recht würden Sie beim Lieferungsverzug in Anspruch nehmen, wenn
    a) inzwischen eine Preissenkung bei der bestellten Ware eingetreten ist,
    b) die Ware eine Sonderanfertigung für Sie ist,
    c) die Ware ein Saisonartikel ist,
    d) die Ware nach Ablauf der Nachfrist anderweitig teurer beschafft werden musste?

15. Begründen Sie, warum beim Lieferungsverzug auch für Zufall gehaftet werden muss.

16. Die Süßwaren-Großhandlung Magda Vogt e.K., ..., hatte für das Ostergeschäft bei der Schokoladenfabrik Feldmann & Co. OHG 2.000 Stück Schokolade-Osterhasen Marke »Gustav« Katalog Nr. 24, und 5.000 Packungen gefüllter Ostereier, Katalog Nr. 78, zur Lieferung nach der Weihnachtssaison bestellt. Auftragsbestätigung vom ... liegt vor. Da bis Ende Februar die Lieferung nicht erfolgte und bereits Rückfragen von Einzelhandelskunden einlaufen, soll der Lieferant mit angemessener Nachfrist gemahnt werden.

    Verfassen Sie das Mahnschreiben. Weisen Sie darin auch auf mögliche Verzugsfolgen hin.

17. Schreiben Sie wegen einer ausstehenden Lieferung einen Brief mit folgender Gliederung:
    - Hinweis auf die Fälligkeit der Lieferung, also auf den nicht rechtzeitig ausgeführten Auftrag.
    - Auswirkung auf unseren Betrieb: Gefährdung der Erfüllung unserer Verpflichtungen unseren Kunden gegenüber, Verminderung des Sortiments wegen ausgebliebener Sendung.
    - Nachfrist, soweit eine solche infrage kommt.
    - Hinweis auf die Rechte, die von uns bei Überschreiten der Nachfrist geltend gemacht werden können.

18. Sie erhalten wegen Lieferungsverzugs einen Brief Ihres Kunden. Verfassen Sie das Antwortschreiben nach folgender Gliederung:
    - Bitte um Entschuldigung,
    - Angabe der Gründe, die zum Lieferungsverzug geführt haben (hoher Auftragsanfall in Stoßzeiten, Personalausfall, Produktionsschwierigkeiten des Herstellers, Lieferrückstände).
    - Angaben darüber, ob die Lieferung innerhalb der Nachfrist möglich ist.

19. Vergleichen Sie die Rechte des Vertragspartners beim Lieferungsverzug und beim Zahlungsverzug.

20. Nennen Sie Gründe, warum eine gut funktionierende Forderungsüberwachung für ein Unternehmen wichtig ist.

21. Eine Forderung ist fällig. Schreiben Sie die Mahnungen.

    1. Mahnung: Angabe der Höhe und des Fälligkeitsdatums des Rechnungsbetrags. Erinnerung an die Zahlung und Bitte um Überweisung.

    2. Mahnung: Begründung der Notwendigkeit der wiederholten Mahnung durch den Hinweis auf die eigenen Zahlungsverpflichtungen und auf die hohen Kreditkosten bei Aufnahme von Krediten.

    3. Mahnung: Ausdruck der Enttäuschung über das Verhalten des Kunden. Verständnis für Zahlungsschwierigkeiten und Bereitschaft zu neuen Zahlungsvereinbarungen. Hinweis auf den Einzug durch Postnachnahme.

22. Die Lebensmittelgroßhandlung Gebr. Esser OHG, ..., hatte mit Rechnung vom ... an die Einzelhändlerin Marta Groß e.K., ..., Ware für 1.235 EUR geliefert. Der Betrag ist seit zwei Monaten zur Zahlung fällig. Zwei Mahnungen vom ... und ... waren ohne Wirkung geblieben.
    a) Verfassen Sie eine letzte außergerichtliche Mahnung. Zu Beginn des kommenden Monats hat die Gebr. Esser OHG selbst größeren Zahlungsverpflichtungen durch fällige Wechsel und infolge Steuerterminen nachzukommen. Androhung eines Mahnbescheids.
    b) Nach Ablauf von 14 Tagen ist noch keine Zahlung eingegangen. Stellen Sie auf einem Formularsatz den Antrag auf Erlass eines Mahnbescheids. Neben der Hauptforderung sollen Verzugszinsen, Kosten der außergerichtlichen Mahnung und andere Auslagen geltend gemacht werden.
23. Entscheiden Sie, ob bei folgenden Zahlungsbedingungen eine Mahnung erforderlich ist, um den Schuldner in Verzug zu setzen:
    a) »Zahlbar innerhalb von 14 Tagen ab Rechnungsdatum.«
    b) »Zahlbar bis spätestens 31. Oktober 2010.«
    c) »Handwerkerrechnung, deshalb sofort zahlbar.«
24. Die Holl OHG, Mannheim, schuldet der Eisenmann KG, Ludwigshafen, 17.000 EUR aus einem Kaufvertrag, in dem über Erfüllungsort und Gerichtsstand nichts vereinbart wurde.
    Welches Gericht (Gerichtsort, Gerichtsart) ist zuständig
    a) für die Beantragung des Mahnbescheids,
    b) für die Einreichung der Klage?
    c) Welche Vorzüge hat das gerichtliche Mahnverfahren gegenüber dem Klageverfahren?
    d) Was könnte einen Gläubiger veranlassen, einen Schuldner sofort zu verklagen, statt zunächst einmal einen Mahnbescheid zu beantragen?
25. Der Möbelhersteller Beier GmbH & Co. KG in Heidelberg lieferte an den Einzelhändler Fröhlich GmbH in Frankfurt Sitzgarnituren im Wert von 68.000 EUR. In den Zahlungsbedingungen wurde Folgendes vereinbart: »Zahlbar netto bis spätestens 18. November 2010.« Die Rechnungsstellung erfolgte am 18. Oktober 2010.
    a) Wie kann die Beier GmbH & Co. KG ihre Außenstände überwachen?
    b) Prüfen Sie, ob sich die Fröhlich GmbH am 20. November 2010 in Zahlungsverzug befindet.
    c) Welche Rechte kann die Beier GmbH & Co. KG geltend machen, falls Zahlungsverzug eingetreten ist?
26. Warum werden gepfändete Gegenstände versteigert und nicht einfach dem Gläubiger ausgehändigt?
27. Welche der folgenden Vermögensgegenstände der Schuldnerin Maximiliane Moldering, technische Angestellte, kann der Gerichtsvollzieher pfänden: Schmuck 1.000 EUR, Kostüm 100 EUR, Stereoanlage 1.000 EUR, LCD-Fernseher 2.500 EUR, PC 2.000 EUR, Kaffeemaschine 80 EUR?
28. Warum sieht der Gesetzgeber vor, dass gewisse Gegenstände aus dem Eigentum des Schuldners sowie Mindestbeträge seines Arbeitseinkommens nicht pfändbar sind?
29. Wie hoch ist der pfändbare Betrag bei einem verheirateten Arbeitnehmer mit 3 Kindern, dessen Nettoeinkommen 3.716 EUR beträgt und dessen Ehefrau nicht berufstätig ist?

6.9 Verjährung

Unter **Verjährung** versteht man den **Ablauf einer gesetzlich festgelegten Frist,** innerhalb derer ein **Anspruch gerichtlich durchgesetzt** werden kann.

BGB §§ 194 ff.

Der Anspruch bleibt zwar weiterhin bestehen, aber mit der Verjährung des Anspruchs erwirbt der Schuldner die »**Einrede der Verjährung**« (das **Leistungsverweigerungsrecht**).

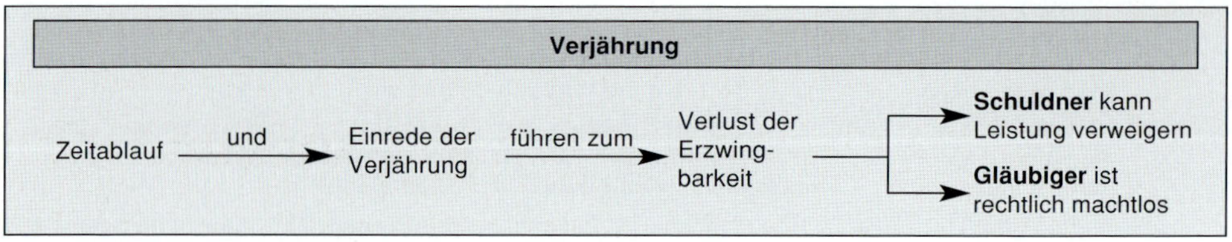

Hat der Schuldner aber eine verjährte Forderung erfüllt, so kann er das Geleistete nicht zurückfordern. Ist zur Sicherung des Anspruchs ein Pfandrecht bestellt, so kann sich der Gläubiger auch nach der Verjährung aus dem Pfandgegenstand befriedigen.

Der Zeitpunkt des Beginns der Verjährung hängt vom Zeitpunkt der Entstehung des Anspruchs und von den Verjährungsfristen ab.

Beginn der Verjährung

BGB §§ 199 f. Die regelmäßige Verjährungsfrist beginnt am Ende des Jahres, in dem der Anspruch entstanden ist. Bei Ansprüchen, die nicht der regelmäßigen Verjährungsfrist unterliegen, beginnt die Verjährung mit der Entstehung des Anspruchs.

Dauer der Verjährung (Bild, Seite 242)

§ 195 **a) Die regelmäßige Verjährungsfrist** beträgt **drei Jahre** und gilt für alle Forderungen der Privatleute, Gewerbetreibenden und für Darlehen.

b) Verlängerte Verjährungsfristen

§ 196 In **10 Jahren** verjähren die Ansprüche auf bestimmte Rechte des Eigentums an einem Grundstück.

§ 197 In **30 Jahren** verjähren u.a. die Ansprüche aus der Herausgabe des Eigentums, familien- und erbrechtliche Ansprüche, Ansprüche aus vollstreckbaren Vergleichen oder vollstreckbaren Urkunden, sowie vollstreckbare Ansprüche aus Insolvenzverfahren.

§§ 438, 634a **c) Verkürzte Verjährungsfristen** gelten für Mängelrügen aus Kauf- oder Werkverträgen.

§§ 203 ff. Hemmung der Verjährung

Bei der Hemmung wird die *Verjährungsfrist um die Zeitspanne der Hemmung verlängert.* Die Verjährung wird u.a. gehemmt

a) bei **Verhandlungen** zwischen Schuldner und Gläubiger, ob der Anspruch berechtigt ist.

   Die Verjährung tritt **frühestens drei Monate** nach dem Ende der Verhandlung ein.

b) durch **Rechtsverfolgung** wie
   - Erhebung der Klage auf Leistung oder Erlass des Vollstreckungsurteils,
   - Zustellung des Mahnbescheids,
   - Anmeldung des Anspruchs im Insolvenzverfahren.

   Die Hemmung endet **sechs Monate** nach der rechtskräftigen Entscheidung oder einer anderen Beendigung des eingeleiteten Verfahrens.

c) solange der Schuldner vorübergehend berechtigt ist, die Leistung zu verweigern.

d) solange der Gläubiger durch höhere Gewalt während der letzten sechs Monate der Verjährungsfrist daran gehindert ist, seine Rechte geltend zu machen.

§ 212 Neubeginn der Verjährung

Die Verjährung beginnt erneut, wenn

a) der *Schuldner* seine Schuld anerkennt,

   Beispiel: Der Schuldner leistet eine Abschlagszahlung.

b) der *Gläubiger* eine gerichtliche oder behördliche Vollstreckungshandlung beantragt oder vornehmen lässt.

   Beispiel: Der Gläubiger beantragt einen Vollstreckungsbescheid zu erlassen.

Beispiel: Mahnbrief

GARDENA

GARDENA AG
Hans-Lorenser-Straße 40
D-89079 Ulm

Telefon 07 31 4 90-0
Telefax 07 31 4 90-219
UST-ID
DE 225547309

Briefanschrift
GARDENA AG · D-89070 Ulm

Max Dilger
Gartengeräte
Postfach 1720
72760 Reutlingen

Ihre Nachricht:
Ihre Zeichen:
Ihr Partner: Herr Mack
Durchwahl Telefon: 490-1727
Durchwahl Telefax: 490-1723
Datum: 20. November 20..

Buchhaltung
2. Mahnung

Sehr geehrte Damen und Herren,

für die nachstehend aufgeführten Posten erhielten Sie bereits eine erste Mahnung. Nachdem wir bis heute keine Zahlung feststellen können, bitten wir Sie nochmals um sofortigen Ausgleich der offenen Posten.

Rechnungs-Nr.	Rechnungs-Datum	Rechnungs-Betrag
17396	2. Oktober 20..	1.140,00 EUR

Mit freundlichen Grüßen

GARDENA AG
- Rechnungswesen/Finanzen -

P. Mack

Vorstand:
Dr. Wolfgang Jahrreiss (Vorsitzender)
Registergericht: HRB Ulm 4568

Bankverbindungen:
Ulmer Volksbank (BLZ 630 901 00) Kto. Nr. 2 736 004
Deutsche Bank Ulm (BLZ 630 700 88) Kto. Nr. 135 335
Dresdner Bank Ulm (BLZ 630 800 15) Kto. Nr. 8 020 012

Zusammenfassendes Beispiel

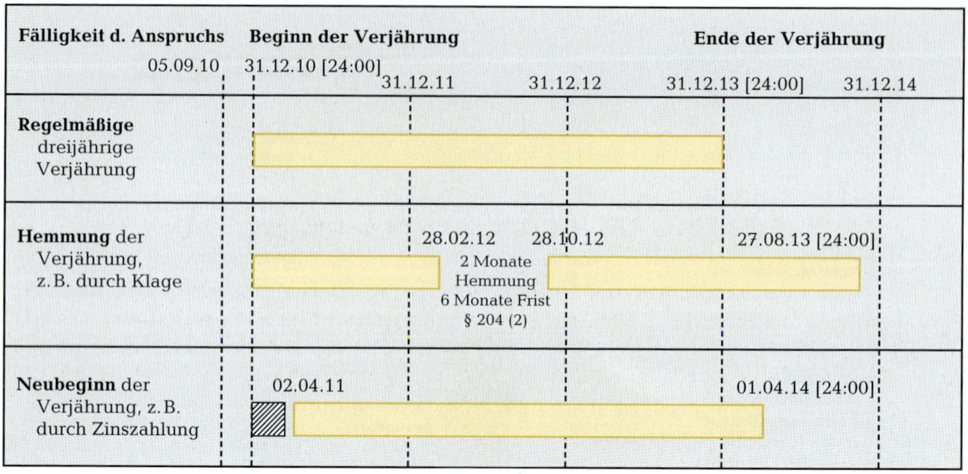

1. Wann verjähren die Forderungen in folgenden Fällen? (Beachten Sie die unterschiedlichen Daten bei der Lösung der Fälle.)
   a) Herr Braun hat am 15. Mai 2010 von seiner Geschäftskollegin ein gebrauchtes Mountainbike für 350 EUR gekauft.
   b) Frau Kaiser hat ein neues Fahrrad in dem Fahrradgeschäft ihres Wohnortes für 880 EUR gekauft. Die Rechnung war am 15. Dezember 2009 fällig.
   c) Eine Fahrradhandlung hat in der Fabrik Fahrräder für 12.680 EUR gekauft. Die Rechnung war am 25. Mai 2010 fällig.
   d) Frau Kaiser (Fall b) erhielt aus persönlichen Gründen am 30. Januar einen Zahlungsaufschub bis 30. Juni 2009.
   e) Die Fahrradhandlung aus Fall c) leistete am 11. Januar 2011 eine Teilzahlung.
2. Der Kunde Späth hat nach langer Zeit dem Lieferanten Schöller OHG eine Schuld in Höhe von 2.500 EUR beglichen, die, wie er hinterher bemerkt, bereits verjährt war. Jetzt will er diesen Betrag mit einer neuen Verbindlichkeit gegenüber Schöller aufrechnen.
   Wie ist die Rechtslage?
3. Sie sind Mitarbeiter der Süddeutschen Electronic GmbH, Stuttgart, die elektronische Steuerungen herstellt. Den Verkäufen des Unternehmens liegen folgende Vertragsbedingungen zugrunde:
   - Lieferungsbedingungen: gesetzliche Regelung,
   - Zahlungsbedingungen: 2 % Skonto innerhalb 10 Tagen oder 45 Tage Ziel,
   - Erfüllungsort und Gerichtsstand: gesetzliche Regelung.

   Am 25. November 2010 haben Sie nachstehende Außenstände nach folgenden Kriterien zu bearbeiten:
   - Hat der Kunde rechtzeitig bezahlt?
   - Hat der Kunde den richtigen Betrag bezahlt?

   Begründen Sie in jedem Fall Ihre Entscheidung. Falls Sie Unregelmäßigkeiten feststellen, beschreiben Sie, welche Maßnahmen Sie ergreifen werden.
   a) Koch & Köhler OHG, Nussloch, Rechnung Nr. 389 vom 28. September 2010 — 3.890 EUR
   b) Agathe Hochadel KG, Krumbach, Rechnung Nr. 451 vom 8. November 2010 — 2.500 EUR
      Dieser Kunde sandte uns mit Poststempel 23. November 2010 einen Verrechnungsscheck über 2.450 EUR, der heute bei uns eingegangen ist.
   c) Maschinenbau AG, Neckarwestheim, Rechnung Nr. 369 vom 15. September 2010 — 5.600 EUR
      Der Kunde rügte eine nicht einwandfreie Montage. Die Nachbesserung erfolgte am 15. Oktober 2010 zur Zufriedenheit des Kunden.
   d) Waltraud Ehrhardt, Heidelberg, Rechnung Nr. 465 vom 11. November 2010 — 5.400 EUR
      Laut dem heute eingegangenen Kontoauszug unserer Bank hat Waltraud Ehrhardt am 24. November 2010 eine Überweisung in Höhe von 5.292 EUR geleistet.

7 Lagerhaltung

7.1 Notwendigkeit und Aufgaben der Lagerhaltung

Die Art und die Größe des Betriebes entscheiden über die Einrichtung eines Lagers und den Umfang der Vorratshaltung. Manche Betriebe kommen ganz ohne Lagerhaltung aus, weil ihre Produktion in der Leistung von Diensten besteht (Bank, Versicherung, Reisebüro). Andere Betriebe können durch entsprechende Disposition den Umfang der Vorratshaltung auf ein Minimum beschränken bzw. auf andere Betriebe verlagern.

Beispiele: Ein Großhändler gibt Kundenbestellungen an den Hersteller, der den Kunden direkt beliefert (Streckengeschäft). Das Baumaterial wird vom Hersteller direkt an die Baustelle geliefert.

Soweit sich aber Warenbeschaffung, Produktion und Warenabsatz zeitlich und mengenmäßig nicht aufeinander abstimmen lassen, ist eine Lagerhaltung notwendig, damit der Betriebszweck erreicht wird. Die Aufgabe der Lagerhaltung ist es demnach, Unregelmäßigkeiten zu überbrücken zur Sicherung gleichmäßiger Beschäftigung und kundengerechter Lieferfähigkeit.

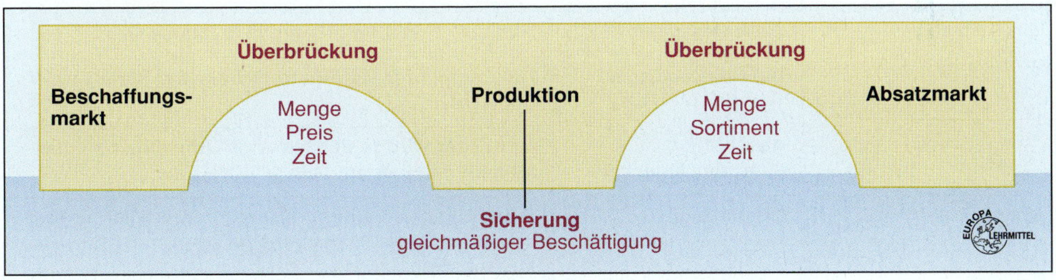

Im Rahmen dieser Aufgabe geht es im Einzelnen um

a) die **Überbrückung** von Unregelmäßigkeiten auf dem Beschaffungsmarkt:
   - saisonale Schwankungen in der Gütererzeugung (Ernten),
   - Lieferschwierigkeiten,
   - Verkehrsstörungen,
   - Preisschwankungen der Beschaffungsgüter,

b) die **Ausnutzung von Vorteilen** des Großeinkaufs:
   - Mengenrabatte,
   - Verbilligung des Transports durch stärkere Auslastung des Laderaums,
   - Einsparung von Verpackungskosten durch Großverpackungen,

c) eine notwendige **Bearbeitung** oder **Ausreifung** während der Lagerzeit:
   - Umlauftrocknung von Getreide im Getreidesilo,
   - Trocknen von Holz,

d) das **Bereithalten** eines ausreichend breiten und tiefen **Sortiments** für die **Abnehmer,**

e) die **Sicherung** einer gleichmäßigen Beschäftigung trotz Schwankungen beim Absatz.

Zu diesem Zweck

- sind Lagerräume einzurichten, die eine übersichtliche und sorgfältige Lagerung der Waren ermöglichen,

- ist die Annahme, Lagerung und Ausgabe der Waren zweckmäßig zu gestalten und zu kontrollieren,
- ist der Lagerbestand und Lagerumschlag zu überwachen,
- ist die Wirtschaftlichkeit der Lagerhaltung anzustreben.

7.2 Das Lager und seine Einrichtung

7.2.1 Lagerarten

Die Lager lassen sich nach folgenden Gesichtspunkten einteilen:

Einteilung nach	Arten der Lager	Kennzeichen
Eigentums- und Besitzverhältnissen	**Eigenlager**	Die Räume und Einrichtungen gehören dem **Eigentümer** der Lagergüter. Ein- und Auslagerung sowie Überwachung geschieht durch eigenes Personal.
	Fremdlager	Die Lagergüter befinden sich in der Obhut eines **gewerblichen Lagerhalters,** der für die sorgfältige Behandlung während der Lagerung und beim Ein- und Auslagern sorgt.
Lagerstandort	**Zentrales Lager**	Alle Lagergüter befinden sich an **einem Ort.**
	Dezentrales Lager	Die Lagergüter sind an **verschiedenen Orten** untergebracht.
	Auslieferungslager	Das Lager wird **in der Nähe der Abnehmer** zu deren schnellen Belieferung eingerichtet.
Baulichkeiten	**Offene Lager**	Witterungsunabhängige Lagergüter werden **im Freien** mit und ohne Abdeckung gelagert, z. B. Kies, Furnierholz, Fahrzeuge.
	Geschlossene Lager	Lagergüter, die durch Sonnenlicht, Wärme, Kälte, Feuchtigkeit gefährdet sind und/oder einen hohen Wert darstellen, werden **in geschlossenen Räumen** gelagert.
	Eingeschossige Lager	Alle Lagergüter sind **auf einer Ebene** untergebracht; besonders geeignet für schwere und unhandliche Güter, z. B. Baumaterial, Eisen, Maschinen.
	Mehrgeschossige Lager	Die Lagergüter sind **in mehreren Etagen** abgestellt. Dem Vorteil der geringeren Grundstücksfläche stehen die aufwendigeren technischen Einrichtungen (Aufzüge) und stabileren Bauausführungen gegenüber.
	Stapellager	Stapelbare Güter werden in mehreren Schichten übereinander gesetzt. Hohe Lagerhallen, entsprechende Stapler und stabile Verpackungen sind erforderlich.
	Hochregallager	In den meist eingeschossigen Lagern werden die nicht stapelbaren Lagergüter in Hochregalen gelagert. Entsprechende Stapler sind erforderlich.
Wirtschaftszweigen – Einzelhandel	**Verkaufslager**	Im **Verkaufsraum** werden die Waren zur Kundenbedienung und Selbstbedienung griffbereit in Regalen, Vitrinen, Theken und sonstigen Behältern bereitgestellt.
	Reservelager	In **Nebenräumen** (Kellern) werden die Waren gelagert, die zur Auffüllung des Verkaufslagers bestimmt sind.

Einteilung nach	Arten der Lager	Kennzeichen
– Großhandel	**Ausstellungslager**	Aus dem Sortiment wird jeweils ein Stück zur Besichtigung durch den Kunden aufgehängt (Leuchten) oder aufgestellt (Möbel). Die Lieferung der bestellten Waren erfolgt direkt durch den Hersteller, soweit sie beim Großhändler nicht vorrätig sind.
	Verkaufslager	Vorratslager des Großhändlers, aus dem der Kunde in Selbstbedienung die gelagerte Ware nach Besichtigung entnehmen kann.
	Kommissionslager	Der Handel erhält vom Hersteller Waren geliefert, die erst nach dem Verkauf mit dem Hersteller abgerechnet werden, z.B. im Buchhandel (Abschnitt 8.7).
	Konsignationslager	Kommissionslager im Überseegeschäft.
– Industrie	**Materiallager**	Roh-, Hilfs- und Betriebsstoffe, bezogene Fertigteile, Ersatzteile, Modelle werden für die Produktion bereitgehalten.
	Zwischenlager	Produktionsbedingte Lagerung unfertiger Erzeugnisse und die vorübergehende Sammlung von Abfall und Ausschuss vor dem Abtransport zur Entsorgung (Recycling, Müllkippe).
	Handlager	Bereitstellung von Material und Werkzeugen am Arbeitsplatz (in der Werkstatt).
	Versandlager	Aufbewahrung fertiger Erzeugnisse, soweit sie nicht sofort an den Kunden ausgeliefert werden. Vorratshaltung für Verpackungsmaterial.
– Verkehrsbetrieb	**Sammellager**	Lager des Sammelspediteurs zur Vorbereitung eines rationellen Transports durch optimale Auslastung der eingesetzten Fahrzeuge und Container.
	Umschlaglager	Lager eines Verkehrsunternehmers zur vorübergehenden Aufbewahrung von Gütern im Zusammenhang mit dem Wechsel des Transportmittels, z.B. Lkw – Bahn, Bahn – Schiff usw.
	Zolllager	Importierte Ware wird bis zur zollamtlichen Abfertigung unter Verschluss gehalten.

7.2.2 Lagereinrichtungen

Zu den Lagereinrichtungen gehören alle Vorrichtungen für die Bewegung, das Lagern und die Sicherung der Lagergüter sowie für den Informationsaustausch. Das können im Einzelnen sein:

- Rampen, Krananlagen, Saugheber, Pumpanlagen, Aufzüge,
- Rutschen, Rollenbahnen, Förderbänder, Hängebahnen, Paletten-Hubwagen, Gabelstapler,
- Regale und Behälter (Kisten, Silos, Tanks),
- Anlagen für den Informationsaustausch (Rohrpost, Terminal),
- Anlagen für die Klimatisierung der Räume (Belüftung, Heizung, Kühlung),
- Feuerschutzanlagen (Rauchmelder, Temperaturfühler, Sprinkler, Feuerlöscher),
- Mess- und Zählgeräte (Waagen, Uhren).

7.2.3 Lagerplan

Der Lagerplan ist eine Übersicht über alle Waren, die im Lager vorhanden sind, mit der genauen Bezeichnung der Lagerstelle, des Einlagerungsdatums und der vorhandenen Menge. Außerdem kann im Lagerplan die günstigste Zugriffsmöglichkeit (kürzester Weg) angegeben sein.

Die Anordnung der Lagerstellen und Lagerwege soll den einzulagernden Gütern und den dabei einzusetzenden Fahrzeugen entsprechen. Jedem Gegenstand muss von vornherein eine **bestimmte Lagerstelle** zugewiesen werden. Dies ist im **Lagerplan,** auf den **Lagerkarten** und auf dem **Markierungsetikett** zu vermerken, damit der Gegenstand rasch eingeordnet und bei der Ausgabe schnell gefunden werden kann. In automatisierten Lagern dient die Code-Nummer der Lagerstelle als Steuerungsmittel für das Ein- und Auslagern.

Beispiel für den Inhalt eines Markierungsetiketts:

```
LE-Nummer/Refer.  :   *199410040089* / 105992
Einlagerungsmenge:       599,00
Artikel-Nr. / ME  :   0270332 / QM
                      Holzpl.eins.Duranyl BN
Beleg-Nr./BW-Sch.:    1910     / 11
Lagerplatzvorgabe:    W19999
```

Für die **Belegung leerer Lagerstellen** können folgende Gesichtspunkte gelten:

a) **Feste Lagerplatzordnung.** Die **gleiche Materialart** wird im **gleichen Regal** untergebracht. Dies wird dann notwendig sein, wenn die Abmessungen der verschiedenen Materialarten unterschiedlich sind (sortimentsgerechte, systematische Lagerung).

b) **Variable Lagerplatzordnung.** Die Belegung eines beliebigen leeren Regals erfolgt **mit der nächsten Partie.** Allerdings müssen die Waren die gleichen Abmessungen haben. Diese sogenannte **chaotische Lagerung** ist insbesondere bei automatisierten Lagern üblich, weil hier bei der Auslagerung einer Partie das leere Regal an die Markierungsstelle zur erneuten Belegung gemeldet wird (optimierte Lagerplatzvergabe).

Damit die Lagerung übersichtlich bleibt, sind die Lagerstellen (Regalfeld, Einzelregal, Regalfach) in ein Ordnungssystem zu bringen. Dies erleichtert den Zugriff und die Kontrolle.

7.3 Arbeiten im Lager und Lagerkontrolle

Die mit der Lagerung verbundenen Arbeiten erstrecken sich auf die Annahme, Einordnung, Pflege, Behandlung, Kontrolle und buchmäßige Erfassung der Waren.

7.3.1 Lagerarbeiten

Warenannahme und Einordnung

Bei der Anlieferung von Gütern hat die Warenannahmestelle zu prüfen, ob die Güter nach Art, Menge und Güte mit den Angaben in den Begleitpapieren und den Bestellungsdurchschriften übereinstimmen. Daneben muss auf äußerlich sichtbare Transportschäden geachtet werden, damit durch die Beweissicherung die Grundlage für Ansprüche gegenüber Frachtführern oder Versicherern geschaffen wird (Abschnitt 6.6).

Danach erfolgt das **Auspacken und Prüfen der Ware.** Die Prüfung der Ware erstreckt sich auf die Menge, Art, Güte, Beschaffenheit und Aufmachung (Bild, Seite 165). Die Kontrolle der Art und Menge wird vom Lagerpersonal, die Güteprüfung von Materialtechnikern durchgeführt.

Fehlerfreie Waren werden in das Lager eingeordnet. Da ältere Bestände zuerst ausgegeben werden müssen, ist neu eingegangene Ware in Regale unter oder hinter der älteren Ware einzuordnen. »Alte Ware vor neue Ware setzen!« Der Wareneingang wird in einem Eingangsschein festgehalten.

Warenpflege

Die gelagerten Güter stellen hohe Werte dar. Sie bedürfen deshalb einer pfleglichen Behandlung, um sie vor Verderb oder Beschädigung zu schützen. Dazu gehören

a) die laufende Instandhaltung des Lagers und seiner Einrichtungen (Sauberhalten der Lagereinrichtung, Instandsetzen beschädigter Vorrichtungen),

b) Pflege der gelagerten Waren nach ihren besonderen Eigenschaften (Empfindlichkeit gegen Staub, Wärme, Feuchtigkeit, Trockenheit, Licht, Gerüche, Gefährdung durch Schädlinge),

c) Arbeiten, um die Waren in einen verkaufsfertigen Zustand zu versetzen (Polieren von Möbeln, Reinigen und Bügeln von Kleidungsstücken),

d) Ausscheiden verdorbener Waren.

Warenausgabe

Sie sollte grundsätzlich nur gegen Beleg erfolgen. Der Beleg kann sein

a) der Kassenzettel bei Verkauf im Laden,

b) der Lieferschein bei Zustellung oder Versand an den Käufer,

c) der Warenentnahmeschein bei Übergabe an das Verkaufslager,

d) der Materialentnahmeschein oder die Materialentnahmeliste bei Ausgabe an die Werkstätten eines Fertigungsbetriebes,

e) der Werkzeugentnahmeschein oder eine Marke bei Ausgabe von Werkzeugen.

Die angeforderten Waren sind vor der Ausgabe auf Menge und Güte zu prüfen. Der Beleg dient als Unterlage für die Lagerbuchhaltung.

Eine *Warenrückgabe* an das Lager kann bei Mängelrügen oder bei Annahmeverzug des Käufers, in Industriebetrieben bei Rückgabe von Resten, Ausschuss oder Abfall notwendig werden. Als Beleg dient ein Rücklieferungsschein. Auf einem Abschnitt oder einer Kopie bestätigt die Lagerverwaltung den Empfang der zurückgenommenen Ware.

7.3.2 Lagerkontrolle

Mit der Lagerung von Industriegütern ist das Risiko mengen- und wertmäßiger Minderung verbunden.

Beispiele: Eisen rostet, Steinzeug zerbricht, Flüssigkeiten trocknen ein, Güter werden gestohlen oder veruntreut.

Um diese Risiken möglichst klein zu halten, sind die ein- und ausgehenden sowie die lagernden Güter durch geeignete Maßnahmen und Einrichtungen zu kontrollieren.

Dazu dienen

- elektronische Datenverarbeitungsanlagen,
- computergesteuerte vollautomatische Transporteinrichtungen,
- die Lagerbuchführung,
- die Bestandsaufnahmen.

Auf diese Weise kann eine Fehlmenge rechtzeitig entdeckt, die notwendige Ersatzbeschaffung veranlasst und ein möglicher Engpass vermieden werden.

Die **Lagerkontrollen** erstrecken sich auf

a) Qualitätskontrolle, z.B. Nachprüfen von Lebensmitteln, Stichproben bei Konserven, Ausscheiden von Ladenhütern.

b) Mengen- und Wertkontrolle durch Lagerfachkarten, die Lagerbuchhaltung, das Wareneingangs- oder Warenausgangsbuch und durch Bestandsaufnahmen.

1. **Die Lagerfachkarten** befinden sich als Kontrollkarten an den Lagerfächern und werden nur mengenmäßig geführt. Die manuelle Eintragung von Zugang, Abgang und Bestand ermöglicht eine direkte Kontrolle. Beim Einsatz elektronischer Erfassungsgeräte werden die Lagerfachkarten durch die Lagerdatei der Lagerbuchhaltung ersetzt.

Artikel: *Gießkannen*		Nr. *216*	
Lager *3*		Fach *A 12*	
Melde-B. *25*		Höchst-B. *50*	
Tag	Eingang	Ausgang	Bestand
01.08.			*45*
10.08.		*15*	*30*
02.09.		*7*	*23*
10.09.		*12*	*11*
15.09.	*30*		*41*

2. **Die Lagerkarten der Lagerbuchhaltung** stellen die Nebenbücher für die Warenkonten der Hauptbuchhaltung dar. Für jede Warenart wird eine Karte oder Datei angelegt, die außer den allgemeinen Angaben (Artikel-Nr., Lager-Nr., Melde- und Höchstbestand) Spalten für Datum, Zugang, Abgang und Bestand hat.

   Grundlage für die Eintragungen auf den Lagerkarten oder in Lagerdateien sind die Belege, die bei der Annahme und bei der Ausgabe der Waren ausgefertigt werden (Lieferscheine, Abholscheine, Rückgabescheine). Eine regelmäßige Abstimmung mit den Warenkonten der Hauptbuchhaltung dient der Soll-Ist-Kontrolle. Differenzen müssen aufgeklärt und durch entsprechende Buchungen ausgeglichen werden.

3. **Das Wareneingangsbuch** (Abschnitt 6.6) ermöglicht die ungefähre Bestandsermittlung wertmäßig. Mithilfe des Kalkulationszuschlags oder der Handelsspanne können der Ein- bzw. Ausgang auf den gleichen »Preisnenner« gebracht und der Warenbestand zum Bezugspreis und Verkaufspreis errechnet werden.

   Beispiel: Anfangsbestand 1.000 EUR, Wareneingang laut Wareneingangsbuch 5.000 EUR, Warenausgang laut Warenausgangsbuch 6.800 EUR, Handelsspanne 25 %.

Warenausgang zum Verkaufspreis (Umsatz)	6.800 EUR
– Handelsspanne 25 %	1.700 EUR
Warenausgang zum Bezugspreis (Wareneinsatz)	5.100 EUR
Anfangsbestand + Zugänge zum Bezugspreis	6.000 EUR
Schlussbestand zum Bezugspreis	900 EUR

AO §§ 143 f.

Gewerbliche Unternehmer sind verpflichtet, den Wareneingang gesondert aufzuzeichnen, Großhändler außerdem den Warenausgang.

Wareneingangsbuch und Warenausgangsbuch können auch mithilfe von Datenverarbeitungsanlagen im Rahmen eines **Warenwirtschaftssystems** (Abschnitt 12.4) als Datei geführt werden.

4. **Durch Bestandsaufnahmen** werden die wirklichen Bestände mengenmäßig festgestellt und dabei die in den Lagerkarten ausgewiesenen Soll-Bestände nachgeprüft. Sie können jährlich, in kürzeren Zeitabständen, laufend oder stichprobenweise gemacht werden.

HGB § 240 (2, 3)

Eine **Jahresinventur** hat jeder Kaufmann für den Schluss eines jeden Geschäftsjahres vorzunehmen.

Da die körperliche Bestandsaufnahme zeitraubend ist und oft die Schließung des Betriebs für die Zeit der Aufnahme erfordert, darf sie auf einen anderen Zeitpunkt innerhalb der letzten 3 Monate vor oder der ersten 2 Monate nach Schluss des Geschäftsjahrs verlegt werden. Die Inventurwerte müssen dann auf den Abschluss-Stichtag fortgeschrieben bzw. zurückgerechnet werden.

Vierteljahres- oder Monatsinventuren werden häufig bei Groß- und Filialbetrieben für eine kurzfristige Bestands- und Erfolgskontrolle gemacht.

Bei der **permanenten Inventur** werden die tatsächlichen Bestände einzelner Waren fortlaufend (permanent) festgestellt und mit den in den Lagerdateien ausgewiesenen Beständen verglichen. So wird innerhalb eines Jahres das ganze Lager geprüft und die Lagerdatei laufend berichtigt. Dadurch ist eine ständige Übereinstimmung der Soll- und Istbestände gewährleistet. Am Abschlusstag kann der Warenbestand ohne Schwierigkeiten aufgrund der Lagerdatei buchmäßig nachgewiesen werden.

Stichprobenkontrollen werden unvermutet vorgenommen. Sie sollen die Menge und Güte der Waren, die Lagerbuchhaltung und die Zuverlässigkeit des Lagerpersonals überprüfen.

Anstelle der körperlichen Bestandsaufnahme ist die **Bestandsermittlung aufgrund von Stichproben** dann erlaubt, wenn dabei anerkannte mathematisch-statistische Methoden angewendet werden. Die Grundsätze ordnungsmäßiger Buchführung (GoB) sind zu beachten (z.B. Vollständigkeit der Aufzeichnungen).

7.4 Lagerkennzahlen

Zur Beurteilung der Wirtschaftlichkeit der Lagerhaltung ist es erforderlich, bestimmte Zusammenhänge aufzuzeigen und vergleichbar zu machen. Dies geschieht durch Bildung und Berechnung von **Kennzahlen.** Die wichtigsten sind die *Lagerbestände,* der *Lagerumschlag,* die *Lagerdauer* und der *Lagerzinssatz.* Sie zeigen insbesondere den Umfang und die Kosten der Kapitalbindung im Lager und sollen verhindern helfen, dass das Lager zum »Parkplatz für das Kapital« wird.

7.4.1 Lagerbestände

Die **Lagervorräte** müssen so groß sein, dass der Betrieb stets produzieren und liefern kann. Sie sollten aber nicht höher sein, als es der wirtschaftliche Ablauf des Betriebes erfordert.

Zu *große* Lagerbestände entziehen dem Betrieb flüssige Mittel, erhöhen die Zinsen und Lagerkosten und das Risiko von Verderb, Schwund, Diebstahl, Brand, Veralten und Preisrückgang.

Zu *kleine* Lagerbestände gefährden die Absatz- oder Produktionsbereitschaft und erfordern u.U. preisungünstige, eilige Bestellungen und erhöhen die Transportkosten.

Durch Großeinkäufe werden Mengenrabatte und Transportkosten-Degression erzielt, dagegen mehr Kapital länger gebunden (optimale Bestellmenge, Abschnitt 6.1.1).

Wareneingänge und Warenausgänge verändern ständig die Lagerbestände. Deshalb benutzt man zur Beurteilung der **Kapitalbindung** im Lager den *durchschnittlichen Bestand.* Die **Lieferbereitschaft** eines Betriebs zeigt sich im *Mindestbestand.* Das Ausmaß der **Liquiditätsanspannung** im Zeitpunkt der Lagerauffüllung gibt der *Höchstbestand* an. Das Signal für das **Tätigwerden der Einkaufsabteilung** wird durch den *Meldebestand* ausgelöst.

a) Der **durchschnittliche Lagerbestand** ist der Durchschnitt der im Laufe einer Geschäftsperiode vorhandenen tatsächlichen Lagerbestände. Er ist, aus der *Jahresinventur* errechnet,

$$= \frac{\text{Jahresanfangs- + Jahresendbestand}}{2}; \text{ z.B. } \frac{170 \text{ Stück} + 280 \text{ Stück}}{2} = 225 \text{ Stück,}$$

aus den *Monatsinventuren* errechnet,

$$= \frac{\text{Jahresanfangsbestand} + 12 \text{ Monatsendbestände}}{13}$$

$$\text{z. B. } \frac{170 \text{ Stück} + 2.430 \text{ Stück}}{13} = 200 \text{ Stück.}$$

b) Der **Mindestbestand** (Reserve = R) ist der Bestand, der dauernd am Lager sein muss, um auch bei unvorhergesehenen Fällen eine reibungslose Abwicklung des Betriebes zu sichern. Er darf ohne ausdrückliche Anordnung der Betriebsleitung nicht unterschritten werden.

c) Der **Höchstbestand** (HB) wird immer nach dem Eintreffen der bestellten Waren erreicht. Er hängt ab von der Bestellmenge, die unter Berücksichtigung des tatsächlichen und voraussichtlichen Bedarfs und der finanziellen Möglichkeiten als Einkaufssoll festgelegt wird.

d) Der **Meldebestand** (MB) ist der Lagerbestand, bei dem die Auffüllung des Lagers durch Meldung zu veranlassen ist. Er bestimmt also den Bestellzeitpunkt. Der Meldebestand hängt vom Absatz und der Lieferzeit ab und liegt nur um soviel über der Reserve, dass die bestellte Ware voraussichtlich dann eintrifft, wenn der Mindestbestand erreicht ist.

Beispiel: Bei einem Tagesbedarf A = 20 Stück, einer Lieferzeit von T = 6 Tagen, einem Mindestbestand R = 50 Stück ist der Meldebestand

$$MB = (A \cdot T) + R = (20 \text{ Stück/Tag} \cdot 6 \text{ Tage}) + 50 \text{ Stück} = 170 \text{ Stück.}$$

Die Grafik zeigt bei einem Einkaufssoll von 300 Stück den jeweiligen Bestand und den Zeitpunkt der Bestellung unter der Voraussetzung, dass der Lagerabgang kontinuierlich erfolgt und die Liefertermine eingehalten werden.

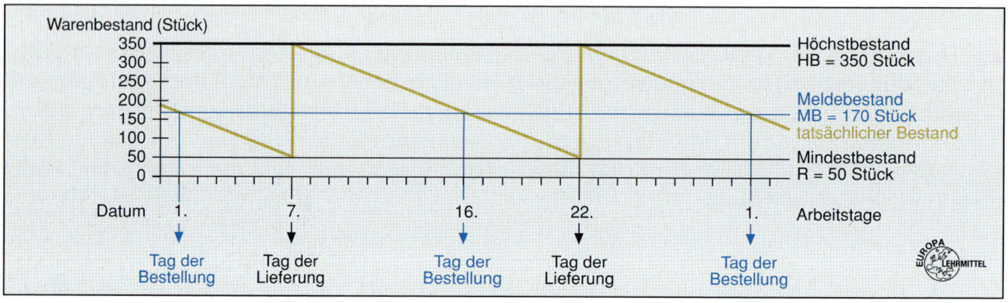

Der Verlauf der gelben Linie zeigt die Veränderung des Warenbestandes an. Der Höchstbestand wird jeweils nach Eintreffen der bestellten Ware erreicht. Erfolgt die Bestellung der Ware zu dem Zeitpunkt, in dem der tatsächliche Bestand = (A · T) + R ist (blaue Senkrechte), so trifft die bestellte Ware gerade dann ein, wenn der Bestand auf R sinkt.

Der Meldebestand hängt auch davon ab, welche Fertigungslosgrößen festgelegt werden und welche Verpackungs- und Ladeeinheiten der Lieferant durchsetzen kann.

7.4.2 Lagerumschlag

Unter dem **Lagerumschlag** versteht man die wert- oder mengenmäßige *Veränderung eines Lagerbestandes* im Zusammenhang mit der Entnahme und dem Wiederauffüllen.

In der Industrie wird der **Verbrauch** an Roh-, Hilfs- und Betriebsstoffen, im Handel der **Absatz** als Lagerumschlag angesehen.

Unter **Absatz** versteht man die Menge der Waren, die in einem bestimmten Zeitraum verkauft wurde (Jahres-, Monats-, Wochen-, Tagesabsatz). Die Absatzmengen werden aus den Lagerkarten oder -dateien errechnet oder beim Verkaufsvorgang elektronisch erfasst (Summe der aus dem Lager entnommenen, verkauften Waren).

Die *wertmäßige* Bewegung des Lagerbestandes nennt man **Umsatz.** Dabei unterscheidet man den **Umsatzerlös,** d.h. den Umsatz zu **Verkaufspreisen,** und den **Aufwand für bezogene Waren (AfW),** d.h. den Wareneinsatz zum Bezugspreis.

In der Buchhaltung kann das wie folgt dargestellt werden:

S	**Waren**		H
AB	35.000	SB	25.000
		AfW	10.000
	35.000		35.000

S	**Umsatzerlöse**		H
GuV-Konto	320.000	Forderungen	320.000

S	**GuV-Konto**		H
AfW	240.000	U.-Erlös	320.000

S	**Aufwand für bezogene Waren**		H
Zugang	230.000	GuV-Konto	240.000
Waren	10.000		
	240.000		240.000

Aufwand für bezogene Waren = 240.000 EUR (zum Bezugspreis)

Umsatzerlös = 320.000 EUR (zum Verkaufspreis)

Umschlagshäufigkeit

Die Umschlagshäufigkeit gibt an, **wie oft** die Menge oder der Wert des durchschnittlichen Lagerbestandes *in einem Jahr umgesetzt* werden. Die Zahl nennt man auch den *Umschlagskoeffizienten.*

Umschlagshäufigkeit, mengenmäßig $= \dfrac{\textbf{Warenabsatz}}{\textbf{durchschnittlicher Lagerbestand}}$

wertmäßig $= \dfrac{\textbf{Wareneinsatz}}{\textbf{durchschnittlicher Lagerbestand}}$

Sie kann für einzelne Warenarten, Warengruppen, für einen ganzen Betrieb oder einen ganzen Geschäftszweig errechnet werden.

Beispiele:

1. Für eine bestimmte **Warenart** ist

der Jahresabsatz	der durchschnittliche Lagerbestand	die Umschlagshäufigkeit
1.800 Stück	200 Stück	$\frac{1.800 \text{ Stück}}{200 \text{ Stück}} = 9$

2. In einem **Betrieb** ist

der Wareneinsatz	der durchschnittliche Lagerbestand	die Umschlagshäufigkeit
240.000 EUR	30.000 EUR	$\frac{240.000 \text{ EUR}}{30.000 \text{ EUR}} = 8$

3. Für folgende **Geschäftszweige des Einzelhandels** wurden vom Institut für Handelsforschung an der Universität Köln als durchschnittliche Umschlagshäufigkeit eines Jahres errechnet:

Blumenfachgeschäfte	19,5	Möbeleinzelhandel	3,3
Lebensmitteleinzelhandel	15,2	Bürobedarf, Papier- und Schreibwaren	6,0
Tabakwareneinzelhandel	10,7	Uhren, Juwelen, Gold- und Silberwaren	1,1
Textileinzelhandel	2,9	Lederwareneinzelhandel	2,1
Schuheinzelhandel	1,7	Einzelhandel insgesamt	4,1

Lagerdauer

Die **Lagerdauer** ist die *Zeit,* die *zwischen dem Ein- und Ausgang der Ware* liegt. In Warenhandelsgeschäften kann für die einzelnen Stücke die tatsächliche Lagerdauer aus den auf den Auszeichnungsetiketten angegebenen Eingangsdaten ermittelt werden. Die *durchschnittliche* Lagerdauer wird für die Gesamtheit der Waren gleicher Art, eines einzelnen Geschäfts oder eines Geschäftszweigs errechnet.

$$\textbf{Durchschnittliche Lagerdauer} = \frac{\textbf{360 Tage}}{\textbf{Umschlagshäufigkeit}} = \frac{360 \text{ Tage}}{9} = 40 \text{ Tage}$$

7.4.3 Lagerzinssatz

Zur Berechnung der kalkulatorischen Kosten des in den Lagerbeständen gebundenen Kapitals wird der aktuelle *Jahreszinssatz* auf die *durchschnittliche Lagerdauer bezogen* und so der **Lagerzinssatz** ermittelt.

$$\textbf{Lagerzinssatz} = \frac{\textbf{Jahreszinssatz} \cdot \textbf{durchschnittliche Lagerdauer}}{\textbf{360 Tage}}$$

Beispiel: Eine Warenart hat eine durchschnittliche Lagerdauer von 20 Tagen. Bei einem Jahreszinssatz von 9% ergibt sich ein Lagerzinssatz von 0,5%.

Soweit sich die Ausgangsdaten nicht ändern, kann der Lagerzinssatz zum Branchen- und Periodenvergleich der kalkulatorischen Kosten des im Lager gebundenen Kapitals verwendet werden.

Beispiel: In der Geschäftsperiode I sind durchschnittlich 300.000 EUR in den Vorräten gebunden, in der Geschäftsperiode II sind es 400.000 EUR. Bei einem Lagerzinssatz von 0,5% steigt die kalkulatorische Zinsbelastung von 1.500 EUR auf 2.000 EUR.

Die Betriebspraxis zeigt jedoch, dass sich die Ausgangsdaten ständig ändern. Auch in diesen Fällen ist der Lagerzinssatz ein Mittel zur Beurteilung der Lagerhaltung eines Betriebes.

Beispiel: Ein Großhändler ermittelt einen Lagerzinssatz von 0,6%, ein anderer Betrieb von 1,2%. Bei gleichem Jahreszinssatz hat der zweite Betrieb eine doppelt so hohe Lagerdauer wie der erste Betrieb.

7.4.4 Wirtschaftlichkeit der Lagerhaltung

Je höher der Wareneinsatz und je niedriger der durchschnittliche Lagerbestand, desto größer ist die Umschlagshäufigkeit und desto kürzer die Lagerdauer. **Lagerumschlag** und **Lagerdauer** *wirken sich auf den Kapitaleinsatz, die Lagerhaltungskosten und den Gewinn aus.*

a) Der **Kapitaleinsatz** ist umso niedriger, je höher die Umschlagshäufigkeit ist.

Beispiel:

Wareneinsatz	30.000 EUR	30.000 EUR
durchschnittliche Lagerdauer	24 Tage	12 Tage
Umschlagshäufigkeit	15	30
Wert des durchschnittlichen Lagerbestandes (Kapitaleinsatz)	**2.000 EUR**	**1.000 EUR**

b) Die **Anteile der Lagerhaltungskosten,** die auf die einzelne Ware entfallen, sind umso niedriger, je kürzer die Lagerdauer ist.

Beispiel: Gleichbleibende Kosten von 18.000 EUR, durchschnittlicher Lagerbestand (Kapitaleinsatz) 30.000 EUR.

Umschlagshäufigkeit	6	8	10
Lagerabgang (Wareneinsatz)	180.000 EUR	240.000 EUR	300.000 EUR
Lagerhaltungskostensatz	**10%**	**7,5%**	**6%**

Als Lagerhaltungskosten bezeichnet man alle Aufwendungen bei der Vorratshaltung. Dabei unterscheidet man:

1. Kosten der **Lagereinrichtung** für Instandhaltung, Abschreibung, Heizung, Beleuchtung, Reinigung, Bewachung, Verzinsung.
2. Kosten der **Lagerverwaltung** für Löhne, Gehälter, Büromaterial.

3. Kosten des **Lagerrisikos** (kalkulatorische Wagnisse) durch
   - Mengenverluste, z.B. Schwund, Diebstahl, Verderb,
   - Wertverluste, z.B. Preisverfall, Modelländerungen, Beschädigung, Verderb.
4. Kosten des im Lager **investierten Kapitals,** z.B. Lagerzinsen (Abschnitt 7.4.3).

Diese Lagerhaltungskosten können fix oder variabel sein (Abschnitt 13.4.3).

- **Fixe Lagerhaltungskosten** fallen unabhängig von der Menge oder dem Wert der eingelagerten Güter an.

  Beispiele: Gebäudeversicherung, Abschreibung, Personalkosten.

- **Variable Lagerhaltungskosten** verändern sich mit der Menge oder dem Wert der eingelagerten Güter.

  Beispiele: Treibstoffkosten für die im Lager eingesetzten Fahrzeuge, Zinsen für das im Lager investierte Kapital.

c) Der **Gesamtgewinn** steigt bei gleichem Kapitaleinsatz und gleichbleibendem Einzelgewinn im gleichen Verhältnis wie der Umschlag. Da bei großer Konkurrenz derjenige die meisten Kunden gewinnt, der bei gleicher Qualität zum günstigsten Preis liefert, kann es notwendig werden, sich mit einem niedrigeren Gewinnsatz an der einzelnen Ware zu begnügen. Gelingt es, dafür eine höhere Umschlagshäufigkeit zu erzielen, so kann dabei ein ebenso hoher oder sogar höherer Gesamtgewinn erzielt werden.

Beispiel: Ein Warenlager im Wert von 30.000 EUR wurde im vorletzten Jahr 7-mal, im letzten Jahr 10-mal umgeschlagen. Dabei stiegen die Geschäftskosten von 90.000 EUR auf 100.000 EUR. Der Gewinnzuschlag wurde von 6% auf 5% herabgesetzt.

Lagerumschlagshäufigkeit	7	10
Durchschnittlicher Lagerbestand	30.000 EUR	30.000 EUR
Lagerabgang (Wareneinsatz)	210.000 EUR	300.000 EUR
Geschäftskosten	90.000 EUR	100.000 EUR
Selbstkosten	300.000 EUR	400.000 EUR
Gewinnzuschlag	6%	5%
Gesamtgewinn	**18.000 EUR**	**20.000 EUR**

Durch die **Steigerung des Umschlags** kann also **mit dem gleichen Kapital** trotz kleineren Stückgewinnes **ein höherer Gesamtgewinn** erzielt werden.

?

1. Beim Textilhaus Müller e.K. sind Artikel der Damen- und Herrenoberbekleidung zu beschaffen. An den Planungen und Entscheidungen hinsichtlich der zu bestellenden Gesamtmenge sind Mitarbeiter der Abteilungen Einkauf und Lager beteiligt. Es ist schwierig, die möglichst optimale Warenmenge zu beschaffen.
   a) Erörtern Sie die Notwendigkeit der Lagerhaltung.
   b) Beschreiben Sie je zwei Folgen
      - einer zu großen Bestellmenge,
      - einer zu kleinen Bestellmenge.
2. Die Großmarkt GmbH besitzt zehn Supermärkte im norddeutschen Raum, die alle vom Zentrallager in Minden beliefert werden. Im Sortiment befinden sich neben Frischwaren wie z. B. Obst, Gemüse Milch und Käse auch Lebensmittelkonserven, Tiefkühlkost und Wein. Das Angebot an Non-Food-Artikeln wie z.B. Reinigungsmitteln, Kosmetikartikeln und Haushaltsgeräten hat man im letzten Jahr vergrößert. Die Einlagerung erfolgt nach dem Prinzip der chaotischen Lagerung.
   a) Erläutern Sie vier Aufgaben der Lagerhaltung am Beispiel der Großmarkt GmbH.
   b) Nennen Sie Vorzüge, die für die zentrale Lagerung sprechen.
   c) Zeigen Sie an drei Artikeln der Großmarkt GmbH, was unter artgerechter Lagerung zu verstehen ist.
   d) Beschreiben Sie das Prinzip der chaotischen Lagerung. Geben Sie dabei Voraussetzungen, Vor- und Nachteile an.
   e) Erläutern Sie die grundsätzlichen Unterschiede der Lagerung im Zentrallager und in den Supermärkten.

f) Beschreiben Sie mögliche Folgen, wenn bei der Großmarkt GmbH die Eingangskontrolle mangelhaft durchgeführt wird.

3. Das Warenangebot des Einzelhandelsunternehmens Sportmode-Bayer e.K.umfasst alle gängigen Sortimentsbereiche des Sportfachhandels. Neben den Verkaufsräumen besitzt das Sportgeschäft keine weiteren Lagerräume. Herr Bayer hat bereits vor einigen Jahren entschieden, die jährliche Inventur am 28. Februar des jeweiligen Jahres durchzuführen.
   a) Begründen Sie mit zwei Argumenten, warum sich Herr Bayer dazu entschlossen hat.
   b) Beschreiben Sie die Besonderheiten dieser Inventurart.
   c) Grenzen Sie die Stichtagsinventur von der permanenten Inventur ab.
   d) Erörtern Sie, ob für das Einzelhandelsunternehmen eine stichprobenartige Bestandserfassung sinnvoll wäre.

4. Die Maschinenfabrik Walz & Co. KG verbraucht in der Fertigung pro Tag 120 Bolzen aus Spezialstahl. Die Lieferzeit des Herstellers beträgt 14 Tage. Als eiserner Bestand wird der fünffache Tagesverbrauch auf Lager gehalten.
   a) Unterscheiden Sie Lieferzeit und Beschaffungszeit.
   b) Berechnen Sie den Meldebestand.
   c) Nennen Sie zwei Gründe, warum die Maschinenfabrik einen eisernen Bestand hält.
   d) In welchem Zeitpunkt wird im Lager der Höchststand an Bolzen erreicht und welche Stückzahl umfasst dieser Bestand, wenn die optimale Bestellmenge 2.400 Stück beträgt?
   e) Beschreiben Sie Möglichkeiten, Grenzen und Auswirkungen, wenn der Mindestbestand herabgesetzt werden soll.

5. Laut einer Veröffentlichung in der Fachzeitschrift des Getränkeverbandes beträgt die Umschlagshäufigkeit für Fruchtsäfte im Branchendurchschnitt 10. Für einen Vergleich der eigenen Umschlagshäufigkeit mit dem Branchendurchschnitt liegen folgende Werte für das vergangene Halbjahr vor:

Anfangsbestand:	300 Kästen
Endbestand:	200 Kästen
Zugänge:	1.800 Kästen

   Durchschnittlicher Einstandspreis: 8,00 EUR/Kasten
   a) Ermitteln Sie die Umschlagshäufigkeit für Fruchtsäfte und vergleichen Sie das Ergebnis mit dem Branchendurchschnitt.
   b) Begründen Sie, ob folgende Maßnahmen zu einer Verbesserung der Umschlagshäufigkeit führen werden:
      - Sonderverkäufe,
      - häufigere, aber kleine Bestellungen,
      - Einstellung der Werbung.

6. Eine Wirtschaftlichkeitsprüfung ergab, dass im Beschaffungs- und Lagerbereich die Kosten zu hoch sind. Als Konsequenz soll das Lagerwesen effektiver organisiert werden.
   a) Nennen Sie sechs Kostenarten, die im Lager entstehen.
   b) Aus der Lagerbuchhaltung liegen folgende Informationen vor:

Anfangsbestand:	320.000 EUR
12 Monatsbestände:	4.360.000 EUR
Umsätze zu Einstandspreisen:	1.296.000 EUR

      Berechnen Sie folgende Lagerkennzahlen:
      - durchschnittlicher Lagerbestand,
      - Umschlagshäufigkeit,
      - durchschnittliche Lagerdauer,
      - Lagerzinssatz bei einem Jahreszinssatz von 12,6%.
   c) Für die Umorganisation des Lagerwesens liegen folgende Empfehlungen vor:
      - Das System der chaotischen Lagerhaltung soll eingeführt werden.
      - Ein Teil der Waren soll fremdgelagert werden. Hierfür sind folgende Daten bekannt:
        - Kosten bei Fremdlagerung: 3,50 EUR/Stück
        - Kosten bei Eigenlagerung: 64.000 EUR fix + 1,50 EUR pro Stück.
      - Es soll vermehrt auf Streckengeschäfte umgestellt werden.

      Beurteilen Sie die einzelnen Empfehlungen.

7. Die Getränkegroßhandlung Rebstock OHG in Beutelsbach möchte in das lukrative Geschäft mit »Beaujolais Primeur« einsteigen, der jährlich Mitte November auf den Markt kommt und für zwei Monate gute Umsätze verspricht. Da dieser Artikel aber nur vorübergehend im Sortiment ist, prüft die Geschäftsleitung, den Wein in einem nahe gelegenen Lagerhaus einzulagern.

An Kosten fallen an:

- bei Eigenlagerung:
  fixe Lagerhaltungskosten 4.000,00 EUR
  variable Lagerhaltungskosten 0,50 EUR/Karton
- bei Fremdlagerung: 3,00 EUR/Karton

a) Wägen Sie Vor- und Nachteile dieser beiden Lagerarten ab.

b) Nennen Sie je drei typische fixe bzw. variable Lagerhaltungskosten.

c) Führen Sie den rechnerischen Nachweis für die Lagermenge durch, ab der sich die Eigenlagerung lohnt.

8. Der Warenbestand eines Handelsbetriebes betrug zu Beginn eines Geschäftsjahres 220.000 EUR, am Ende des Jahres 260.000 EUR. Im Verlauf des Jahres wurde für 2.200.000 EUR eingekauft. Der Verkaufsumsatz betrug 2.570.000 EUR.

   a) Ermitteln Sie den Wareneinsatz.

   b) Wie hoch war der durchschnittliche Lagerbestand?

   c) Wie groß war die Umschlagshäufigkeit des Warenlagers?

   d) Ermitteln Sie die durchschnittliche Lagerdauer.

   e) Welcher Lagerzinszuschlag wäre bei der Kalkulation der Waren zu berücksichtigen, wenn für ein Darlehen zur Finanzierung der Lagerinvestitionen 9% Zinsen zu entrichten wären?

8 Absatz (Marketing)

Marktorientierung als Grundlage für unternehmerisches Handeln

Ein Unternehmen unterhält vielfältige Beziehungen zu Kunden, Lieferanten, Konkurrenten, zu den Mitarbeitern und deren Familien, zu Behörden und zur gesamten Öffentlichkeit. Von besonderer Bedeutung sind naturgemäß

- die Beziehungen zu den *Lieferanten*, dem **Beschaffungsmarkt**, und
- die Beziehungen zu den *Kunden*, dem **Absatzmarkt.**

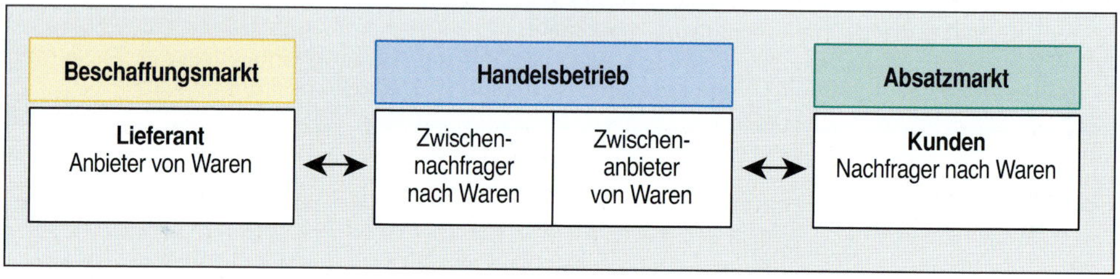

Um bestehen zu können, muss die Unternehmung den **Anforderungen des Marktes** entsprechen. **Unternehmerisches Handeln** ist also **marktorientiert,** d.h. *auf die Märkte ausgerichtet.*

Kundenorientierung

Die Kunden werden nicht kaufen, was eine Unternehmung anbietet, sondern die Unternehmung muss anbieten, was die Kunden verlangen. Die Unternehmung muss sich beim Absatz ihrer Produkte an den Kunden orientieren. Eine Ware, die nicht verkauft werden kann, bringt keine Kostendeckung und keinen Gewinn.

Anforderungen des Marktes an das Unternehmen:

Um erfolgreich zu sein, muss das Unternehmen

- sich die notwendigen Marktkenntnisse verschaffen, insbesondere über die speziellen Gegebenheiten auf den ausländischen Märkten (Sprachkenntnisse, Denkweisen, Kaufkraft, Geschmack, Traditionen): **Marktforschung;**
- kundengerechte Produkte in der erforderlichen Auswahl anbieten: **Produkt- und Sortimentspolitik;**
- einen kundenfreundlichen Service bieten: **Kundendienst;**
- seine Waren und Dienstleistungen zu Preisen bereithalten, die einerseits den Vorstellungen seiner Kunden entgegenkommen, andererseits aber auch seine Kosten decken: **Preis- und Konditionenpolitik;**
- den richtigen Zugang zum Kunden finden: **Absatzwege** (Distributionspolitik);
- die Beziehungen zu alten Kunden pflegen und neue Kundenkreise erschließen: **Werbung** (Kommunikationspolitik).

Die Marktmacht der Kunden, aber auch der Druck der Konkurrenz erzwingen eine weitestgehende Kundenorientierung in allen Teilfunktionen der Unternehmung. Man nennt diese *zielgerichtete Politik zur Gestaltung des Absatzmarktes* **Marketing.**

Bei der *Auswahl der Mittel* zur Gestaltung der Märkte muss die richtige *Mischung* gefunden werden, das **Marketing-Mix.**

Internationalisierung der Märkte

»Wer nicht mit der Zeit geht, geht mit der Zeit.«

Die kostengünstige Massenproduktion der Hersteller auf der einen Seite, die zunehmende Sättigung der traditionellen Absatzmärkte und der Wunsch vieler Kunden nach immer ausgefalleneren Produkten auf der anderen Seite zwingen das Unternehmen zur verstärkten Suche nach immer neuen Beschaffungs- und Absatzmärkten. Das Unternehmen wendet sich beim Einkauf und beim Verkauf heute allen weltweit auffindbaren Märkten zu. Der **moderne Markt** ist **international.**

Da ein Unternehmen letztlich auf der ganzen Welt in Beziehung zu Lieferanten, Kunden und Konkurrenten steht, haben alle Aktivitäten aller Marktteilnehmer eine gegenseitige Auswirkung und Beeinflussung zur Folge: Die **Globalisierung der Märkte** als Folge konsequenter Marktorientierung kennzeichnet heute das *weltweite Zusammenspiel aller Marktteilnehmer.*

Beispiele:

1. Gründungen von Produktionsstätten und Verkaufsfilialen in den verschiedensten Ländern, z.B. Ostasiens.
2. Globale Kooperation und Zusammenschlüsse von Unternehmungen verschiedener Nationen und Kontinente. Die Unternehmen werden »Global Players«.
3. Einrichtung von Gewerbeparks in fremden Ländern, in denen sich auch mittelständische Unternehmen im Ausland präsentieren können.
4. Weltweite Wanderungsbewegungen von Arbeitskräften.
5. Gewaltige Zunahme der Geschäftsreisen trotz hochmoderner Kommunikationstechnik.
6. Schon unscheinbare Veränderungen auf einem Markt, z.B. dem Ölmarkt, stellen Störfaktoren dar und können Irritationen in jede Unternehmung bringen.
7. Jedes Land, jede Region ist bestrebt, zum geeigneten Standort zu werden für Investoren, Steuerzahler und Arbeitgeber.
8. Per Internet erfolgt eine weltweite Bearbeitung eines Projektes rund um die Uhr und rund um den Globus, z.B. Deutschland – Indien – Korea.

Wenn man kundenorientiert handeln will, muss man die Wünsche der Kunden kennen. Diese erfährt man durch **Marktforschung.**

8.1 Beschaffung von Marktinformationen durch Marktforschung

Marktforschung macht den *Markt transparenter.*

8.1.1 Grundbegriffe der Marktforschung

Markterkundung – Marktforschung

Der Begriff der **Markterkundung** umschließt *sämtliche* Methoden zur Gewinnung von Informationen über die Lage und die Entwicklung der Märkte. Solche **Informationen** ergeben sich

a) *unsystematisch* aus Gesprächen mit Lieferanten und Kunden, Mitteilungen des Verkaufspersonals, Berichten von Vertretern, Besuchen auf Ausstellungen und Messen, Beobachtungen der Konkurrenten, Marktberichten in Tages- und Fachzeitungen, durch Suchen im Internet,

b) *systematisch* aus Marktuntersuchungen, die mit wissenschaftlichen Methoden vorbereitet, durchgeführt und ausgewertet werden.

Als **Marktforschung** bezeichnet man die **systematische Untersuchung der Märkte.**

!

Marktanalyse – Marktbeobachtung – Marktprognose

Marktanalysen sind tiefgründige einmalige Untersuchungen der *Struktur* von Teilmärkten zu einem bestimmten *Zeitpunkt*. Sie gehen häufig der Einführung eines neuen Erzeugnisses am Markt voraus.

Die Marktbeobachtung verfolgt *laufend* die Veränderung und die Entwicklung des Marktes. Sie soll wie ein Film den Marktablauf erfassen und dadurch Wandlungen und Entwicklungstendenzen aufzeigen. Diese Wandlungen treten kurzfristig als periodische Schwankungen und Zufallsbewegungen, langfristig als Konjunkturschwankungen und Strukturverschiebungen auf.

Die Marktprognose baut auf den Ergebnissen der Marktanalyse und -beobachtung auf. Durch die Ermittlung der vergangenen Entwicklung und des heutigen Zustands der Märkte versucht man, die *zukünftige* Marktentwicklung abzuschätzen und vorauszuberechnen.

Beispiel: Vor einer zugkräftigen Produktgestaltung, z.B. vor der Neuentwicklung eines Kraftfahrzeugmodells, muss die zukünftige Entwicklung der Einkommen und der Ansprüche der in Betracht kommenden Käuferschichten an Ausstattung und Form abgeschätzt werden. Dabei wird man auf die Erfahrungen mit eingeführten eigenen Modellen und Modellen der Konkurrenz zurückgreifen.

8.1.2 Anwendungsbereiche der Marktforschung

Der Unternehmer versucht, durch die Marktforschung Antwort auf folgende Fragen zu bekommen:

Fragen	Untersuchungsmerkmale
a) Allgemeine Wirtschaftslage und -entwicklung	
1. Wann kann verkauft werden?	Verkaufsarme Zeiten, Saison, Kaufkraftschwankungen, Konjunktur;
2. Wie wirken sich gesetzliche Bestimmungen aus?	Steuern, Einfuhr-, Ausfuhr- und Zollbestimmungen;
3. Welche Wirtschaftspolitik betreibt die Regierung?	Besteuerung, Subventionspolitik, Mittelstandsförderung.
b) Branchenentwicklung	
1. Wo kann verkauft werden?	Absatzgebiete, Konkurrenz, gesättigter oder ungesättigter Markt, Transportwege und -mittel;
2. Welcher Konkurrenz begegnet der Absatz der eigenen Waren?	Konkurrenzbetriebe, ihre Waren und Marktaktivitäten;
3. Wie sind die Zukunftsaussichten in der eigenen Branche?	Aufstiegsbranchen, Abstiegsbranchen, Zukunftsbranchen.
c) Chancen der Produkte, des Sortiments, der Dienstleistungen	
1. Was kann verkauft werden?	Eigenschaft, Vor- und Nachteile, Lebensdauer, Verwendungsmöglichkeit, Aufmachung, Preis, Modeeinflüsse, Marktlücken;
2. An wen kann verkauft werden?	Käuferkreis nach Geschlecht, Alter und sozialer Stellung, Kaufkraft, Verbrauchs- und Kaufgewohnheiten;
3. Wie viel kann verkauft werden?	bisheriger und zukünftiger Bedarf, Erst-, Erneuerungs- und Nachholbedarf;
4. Welches Sortiment verlangt der Abnehmer?	Breite, Tiefe, Kern- und Randsortiment, Diversifikation oder Spezialisierung;
5. Welche Dienstleistungen erwartet der Abnehmer?	Kundendienst, Parkplatz, Kredit, Hausbelieferung, Auswahlsendungen, Kulanzleistungen.

Fragen	Untersuchungsmerkmale
d) Vertriebswege und Absatzhelfer	
1. Über welchen Vertriebsweg kann verkauft werden?	Direkte oder indirekte Vertriebswege;
2. Welche Kosten-Nutzen-Relationen sind mit den zur Verfügung stehenden Absatzhelfern verbunden?	Kostenersparnis, Einflussmöglichkeiten auf den Absatz, Kontakt mit Abnehmer.
e) Werbewirkung	
1. Mit welcher Werbung kann der Verkauf gefördert werden?	Werbemittel, Streugebiet, Streukreis, Streudichte, Streuzeit, Werbeetat, eigene Werbeabteilung oder Werbeagentur;
2. In welchem Verhältnis steht die eigene Werbung zur Konkurrenzwerbung?	Werbewettbewerb.
f) Kauf- und Verwendungsmotive	
1. Wie werden Bedienung und Service des Betriebes beurteilt?	Freundliche Bedienung, fachliche Zuverlässigkeit, pünktlicher und preiswerter Kundendienst;
2. Aus welchen Gründen werden die Produkte gekauft?	Notwendigkeit, Besitztrieb, Geltungstrieb, Preisvorteil, Nachahmungstrieb, Neugierde, Gefallen, Qualität;
3. Wozu verwendet der Abnehmer die Produkte?	Spezialartikel, vielseitig verwendbare Produkte.

8.1.3 Primär- und Sekundärforschung

Aus Kostengründen wird man zunächst versuchen, bereits *vorhandenes Quellenmaterial* (Sekundärmaterial) auszuwerten. Nur wenn dieses nicht ausreicht, wird man *besondere Erhebungen* (Primärmaterial) durchführen.

Primärforschung

Wird für eine bestimmte Marktuntersuchung Quellenmaterial erhoben und ausgewertet, spricht man von Primärforschung. Man gewinnt das Material durch Beobachtung, mündliche oder schriftliche Befragung von Lieferanten, Kunden, Verbrauchern, Konkurrenten und anderen Personenkreisen. Diese Primärerhebungen werden entweder von unternehmenseigenen Forschungsstellen oder im Auftrag von externen Marktforschungsinstituten durchgeführt.

Sekundärforschung

Als Sekundärforschung bezeichnet man die Auswertung außer- und innerbetrieblichen Quellenmaterials, das bereits vorhanden ist, und eventuell ursprünglich für andere Zwecke erhoben wurde, sich aber in zweiter Linie (sekundär) für eine gezielte Marktuntersuchung auswerten lässt.

Beispiele: Auswertung der Buchhaltung, von Branchenadressbüchern, statistischen Jahrbüchern etc.

Da Sekundärmaterial nicht selten überholt ist, dient es häufig nur dazu, Primärerhebungen (»field-research«) vom Schreibtisch aus (»desk-research«) vorzubereiten.

Aufbereitung und Auswertung des Materials

Sowohl das Sekundär- als auch das Primärmaterial muss für die Bedürfnisse des Unternehmens aufbereitet und ausgewertet werden. Bei der Auswertung werden die Antworten gruppenweise zusammengefasst, geordnet, gezählt, prozentual verglichen und gedeutet. Tabellarische, grafische und bildliche Darstellungen vermitteln eine bessere Übersicht und einen deutlicheren Eindruck von den Forschungsergebnissen. Durch Errechnung von Kenn- und Richtzahlen lassen sich aus den Ergebnissen der Marktforschung Schlüsse ziehen und Planzahlen für die betriebliche Marktpolitik ermitteln.

?

1. Suchen Sie nach Beispielen für Maßnahmen, die
   a) Markterkundung,
   b) Marktforschung,
   c) Marktanalyse,
   d) Marktbeobachtungen

   darstellen.
2. Geben Sie die Gefahren an, die in der Aufstellung einer Marktprognose stecken.
3. Welche Informationen will das Unternehmen mithilfe der Marktforschung erfahren?
4. Entwerfen Sie einen Fragebogen, mit dem Sie die Erfahrungen der Abnehmer eines Ihrer Produkte erfragen, um gegebenenfalls neue Absatzstrategien vorzubereiten.

8.2 Produktpolitik

Das Gütesiegel »Made in Germany« reicht im schärfer werdenden internationalen Wettbewerb nicht mehr aus, um die Verbraucher in aller Welt von einem Produkt zu überzeugen. Hochentwickelte Fertigungstechnologien sind inzwischen überall auf der Welt vorhanden. Zur Unterscheidung im globalen Wettbewerb gewinnt das äußere Erscheinungsbild der Unternehmung und ihrer Produkte (Design) zunehmend an Bedeutung.

!

Produktpolitik ist die verwenderorientierte **Entwicklung und Veränderung von Produkten und deren Formgebung** durch den Hersteller bzw. die Mitwirkung hierbei durch den Händler.

Produktpolitik kann sein:

a) **Produktinnovation:** Die Marktstellung eines Unternehmens gewinnt durch *die Erfindung und Gestaltung eines neuen Produktes,* z.B. WAP-Handy, oder durch das *Finden einer fortschrittlicheren Lösung eines technischen Problems,* z.B. Straßenbelag aus Recycling-Material, Kraftfahrzeug-Hohlraumverkleidung aus Flachs.

b) **Produktvariation:** Vorhandene Produkte werden laufend dem neuesten Stand der Technik entsprechend *verbessert* oder wegen der sich wandelnden Ansprüche der Käufer immer wieder *verändert,* z.B. Autos, Fertighäuser.

c) **Produktbeständigkeit:** Langlebige Produkte werden für konservative Käufer *unverändert weiter produziert,* z.B. nachkaufbares Tafelgeschirr.

d) **Produkteliminierung:** Der Hersteller *eliminiert schlecht verkäufliche Produkte* aus dem Produktionsprogramm und *beschränkt sich auf bewährte Artikel,* z.B. Streichung des Coupés aus dem Fertigungsprogramm, nur der Kombiwagen und die Limousine werden weiter produziert.

e) **Produktgestaltung:** Die funktions- und stilgerechte Gestaltung des Produktes, das Design, wird zunehmend zum Merkmal, das ausgereifte Produkte voneinander unterscheidet und für den Abnehmer kaufentscheidend wird. Zur Produktgestaltung gehört auch die **Aufmachung** des Produktes (luxuriöser Geschenkkarton, dekorative Verpackung, Farbgebung und Geruch) sowie die **Benennung** (einprägsamer Name, Unterscheidung von anderen Produkten, Markenzeichen).

1. Ein Küchenmöbelhersteller stellt seit Jahren schon die Küchenzeile »Perfekta« her. Der Korpus besteht aus Pressholz mit Fronten aus Holzlaminat-Furnier.

   Welche Maßnahmen der Produktpolitik wurden in den folgenden Fällen vorgenommen:

   a) Seit Neuem wird aufgrund des zunehmenden Konkurrenzdruckes und der wachsenden ökologischen Vorstellungen der Kundschaft die Küchenzeile auf Wunsch auch aus Vollholz angeboten: »Team 2010« mit Korpus und Fronten aus gewachsenem Holz verschiedener einheimischer Bäume (Eiche, Buche, Ahorn und Fichte).
   b) Da sich Fichte und Eiche nicht bewährten, konzentrierte man sich nach einigen Monaten bei »Team 2010« auf Ahorn und Buche.
   c) Aus Gründen modernen Marketings wird das Modell »Team 2010« unbenannt in »Cuccina Naturale«.
   d) Trotz steigender Ansprüche des Marktes wird die Standardausführung der »Perfekta« vor allem für das Marktsegment »Junges Wohnen« wegen des günstigen Preises mit gutem Erfolg verkauft und daher unverändert weiter produziert.
   e) Um die Kapazitäten trotz des zunehmend gesättigten Marktes für Küchenmöbel auszulasten, werden Monocords hergestellt: 2 m große Schallkästen aus Eiche oder Buche mit beidseitig angebrachten Saiten für eine sanfte Behandlung von psychisch Kranken mithilfe von Klängen.
2. Legen Sie einen Erfolg versprechenden Namen fest für ein neues Automodell, ein Waschmittel, eine Margarine.

8.3 Sortimentspolitik

Sortimentspolitik ist die **Auswahl der Erzeugnisse (Produktpalette),** die eine Unternehmung am Markt anbietet.

Bietet ein Unternehmen nur wenige Produkte an, so trägt es ein hohes Absatzrisiko. Durch die Erweiterung des Sortiments steht es nicht mehr »auf einem Bein« und kann Umsatzrückgänge bei einer Warengattung möglicherweise durch Umsatzsteigerungen bei anderen ausgleichen.

Beispiel: In einem regnerischen Sommer kann der geringe Umsatz an Badeartikeln durch einen größeren Umsatz an Regenbekleidung ausgeglichen werden.

8.3.1 Sortimentsstruktur

Unter **Sortimentsstruktur** versteht man die *Zusammensetzung der Angebotspalette,* wobei die Zusammengehörigkeit der Produkte maßgebend ist.

Sortimentsbreite

Die **Sortimentsbreite** gibt die *Anzahl der Fachgebiete* (Warenbereiche, -gattungen und -gruppen) an, aus denen die Produkte ausgewählt werden. Sie ist also das Ergebnis der *Produktauswahl.*

a) Breites Sortiment – Produkte vieler Fachgebiete. Es wird versucht, viele Abnehmergruppen anzusprechen und diesen alles aus der Branche anzubieten.

Beispiel: Ein Möbelgeschäft bietet Schlafzimmer, Wohnzimmer, Kinderzimmer, Küchen und Dielenschränke aller Art an.

b) Schmales Sortiment – Produkte weniger Fachgebiete. Dem Spezialbedarf einer Abnehmergruppe soll Rechnung getragen werden.

Beispiele: Eine Möbelfabrik stellt nur Kleinmöbel her, eine Spirituosenfabrik nur Liköre.

Sortimentstiefe

Die **Sortimentstiefe** gibt die *Anzahl der Variationen* (Sorten und Artikel) an, mit der ein *gleichartiges* Produkt angeboten wird.

a) **Tiefes Sortiment – Produkt in vielen Variationen.** Der Spezialbedarf einer Abnehmergruppe soll in jeder Hinsicht voll gedeckt werden.

Beispiel: Ein Fachgeschäft bietet Krawatten in zahlreichen Dessins für jeden Geschmack an.

b) **Flaches Sortiment – Produkt in wenigen Variationen.** Wichtiger als eine große Auswahl aus einer Produktart ist die Möglichkeit, dem Abnehmer täglich verlangte Massenprodukte anzubieten.

Beispiel: Ein Supermarkt beschränkt sich in der Backwarenabteilung auf das Anbieten der gängigen Brotsorten.

Kern- und Randsortiment

Nach der **Wichtigkeit der angebotenen Produkte** unterscheidet man:

a) **Kernsortiment.** Dieses stellt den Hauptbestandteil des Sortimentes dar. Der Abnehmer erwartet ein vollständiges Sortiment, sodass auch verlustbringende Produkte unverzichtbar zum Kernsortiment gehören. Fast der gesamte Umsatz und Gewinn werden mit dem Kernsortiment erzielt.

b) **Randsortiment.** Dieses ergänzt das Kernsortiment. Der Abnehmer erwartet nicht unbedingt, dass es angeboten wird; er empfindet es als eine besondere Serviceleistung des Unternehmens. Daher brauchen im Randsortiment nur gewinnbringende Produkte geführt zu werden, deren Anteil am Gesamtumsatz und -gewinn aber minimal ist.

8.3.2 Sortimentsgestaltung

»Dass das Gesamtsortiment immer breiter wird, heißt nicht, dass das eigene Sortiment immer breiter werden muss: Es muss profilierter werden.« (MIGROS ANNUAL REPORT 1997)

Zur Anpassung des Sortiments an den Markt kann eine Unternehmung folgende **Maßnahmen der Sortimentsgestaltung** ergreifen:

Verbreiterung des Sortiments (Diversifikation)

Unter **Diversifikation** versteht man die *Aufnahme zusätzlicher Produkte, Warengattungen und -gruppen.* Dadurch entsteht ein breiteres Sortiment, das aber in aller Regel nur ein flaches Sortiment typischer und gängiger Waren für den Massenbedarf oder ein bedarfsverwandtes Sortiment darstellt.

Beispiele:

1. Ein Großhändler für Damenschuhe nimmt Herrenschuhe in sein Sortiment auf (horizontale Diversifikation).
2. Ein Schuhhersteller übernimmt eine Gerberei oder vertreibt ihre Artikel über einen eigens gegründeten Großhandelsbetrieb (vertikale Diversifikation).
3. Ein Textileinzelhändler bietet nun auch Geschenkartikel an (laterale Diversifikation).

Vertiefung des Sortiments (Differenzierung)

Unter **Sortimentsdifferenzierung** versteht man das *Anbieten von vielfältigen Abwandlungen weniger Produktgattungen oder -typen.* Betriebe mit tiefem Sortiment sehen ihre Absatzchancen in der Belieferung von Abnehmern mit individuellen Sonderwünschen.

Beispiel: Ein Papierwarengroßhändler bietet Briefpapier in noch mehr Qualitäten, Farben, Größen und Preislagen als bisher an.

Beschränkung und Bereinigung des Sortiments (Spezialisierung)

a) **Sortimentsbeschränkung.** Das Unternehmen verzichtet auf Differenzierung und Diversifikation, weil sich sein bisheriges Sortiment bewährt hat und keiner Ausweitung bedarf, oder weil räumliche und finanzielle Grenzen eine Ausdehnung verbieten.

b) Sortimentsbereinigung. Ein großes Sortiment erfordert vielfältige Dispositionen und eine umfangreiche Lagerhaltung. Dies kostet Geld und erhöht das Lager- und Verkaufsrisiko. Aus diesen Gründen, aber auch aufgrund von Bedarfswandlungen und Konjunkturabschwächungen kann es nötig sein, den Sortimentsumfang zu verringern, sich auf einen Teil des bisherigen Sortiments zu konzentrieren.

Beispiel: Ein Lebensmittelgroßhändler gibt die Spirituosenabteilung auf.

Jeder Betrieb sollte in regelmäßigen Abständen sein Sortiment überprüfen und gegebenenfalls eine solche Sortimentsbereinigung durchführen. Sonderrabatte an die Abnehmer erleichtern die Aufgabe unwirtschaftlich gewordener Sortimentsteile.

?

1. Beschreiben Sie die Sortimentsstruktur
   a) eines Tabakwarenhändlers,
   b) eines Lebensmittelhändlers,
   c) eines Geschäftes für Holz und moderne Baustoffe.
2. Nennen Sie typische Beispiele für das Randsortiment
   a) einer Metzgerei,
   b) eines Blumengeschäftes,
   c) eines Schuhgeschäftes.
3. Nennen Sie Beispiele aus Industrie und Handel für
   a) Diversifikation,
   b) Differenzierung,
   c) Spezialisierung.
4. Die BASF AG in Ludwigshafen verkauft den Unternehmensbereich Pharmaprodukte. Um welche absatzpolitische Maßnahme handelt es sich dabei?

8.4 Preis- und Konditionenpolitik

!

Zur **Preis- und Konditionenpolitik** gehören alle **Maßnahmen zur Gestaltung der Preise** und **der Verkaufsbedingungen.**

Nicht immer wird der Anbieter einer Ware den **kalkulierten Verkaufspreis** durchsetzen können. Der am Markt erzielbare Preis kann sich auch aus dem Angebot und der Nachfrage **(Marktpreis)** oder aus Preisempfehlungen **(empfohlener Richtpreis)** ergeben.

Meistens führt die *Konkurrenzsituation* unter Berücksichtigung der *Ziele der Unternehmung* (Erhöhung des Absatzes, Umsatzes, Gewinnes) zu einer entsprechenden Gestaltung der Verkaufspreise und -konditionen.

8.4.1 Auswirkungen der Marktform auf die Preis- und Konditionenpolitik

Für die Preis- und Konditionenpolitik einer Unternehmung ist ihre Stellung am Markt und das Ausmaß der Konkurrenz bestimmend:

a) Bei starker Konkurrenz (Polypol, Polypoloid) besteht nur geringer Spielraum für eine selbstständige Festsetzung der Preise und Konditionen durch die Unternehmung. Der Preis bildet sich vielmehr durch das am Markt bestehende Verhältnis von Gesamtangebot und Gesamtnachfrage. Im Vordergrund der betrieblichen Absatzpolitik steht deshalb nicht die Preis- und Konditionenpolitik, sondern die **Mengenpolitik.** »Großer Umsatz – kleiner Nutzen.«

b) **Bei geringer Konkurrenz** (Oligopol, Oligopoloid, Monopol, Monopoloid) steht der Unternehmung auch die **Preis- und Konditionenpolitik** als absatzpolitisches Instrument zur Verfügung. Bei der Preisgestaltung ist jedoch zu beachten, dass die Absatzmenge auch von der Höhe des Preises abhängt.

8.4.2 Möglichkeiten der Preis- und Konditionenpolitik

Preisstellungssysteme

a) **Nettopreissystem.** Der Verkaufspreis ist als *Endpreis ohne jeden Abzug* zu bezahlen.

Vorteil: Ein Preisvergleich mit anderen Nettopreisen ist ohne Weiteres möglich.

b) **Bruttopreissystem (Rabattstaffel).** Die *Preisforderung* an den Abnehmer richtet sich *nach der abgenommenen Menge;* die Rabatte steigen mit den Abnahmewerten.

Beispiel: Eine Lederwarengroßhandlung vereinbart mit einem Lederwareneinzelhändler folgende Rabattstaffel:

	Abnahmewert	Rabatt
bis	20.000 EUR	2%
bis	30.000 EUR	3%
bis	40.000 EUR	4%
bis	50.000 EUR	5%
über	50.000 EUR	6%

Vorteil: Der Abnehmer empfindet den Rabatt als besonderen Preisvorteil.

Preisabzüge werden aus verschiedenen Gründen eingeräumt (Abschnitt 6.3).

Mindestabnahmemengen und Mindermengenzuschläge

a) **Mindestabnahmemengen.** Kleine Abnahmemengen verursachen gleiche Verwaltungskosten wie große Abnahmemengen, bringen aber weniger Kostendeckung durch den Preis. Um dies zu vermeiden, kann der Lieferant mit dem Käufer eine Mengenuntergrenze bzw. einen Mindestumsatzwert vereinbaren. Diese Vereinbarung kann auch durch handelsübliche Verpackungseinheiten vorgegeben sein.

b) **Mindermengenzuschläge.** Der Lieferant berechnet für die Lieferung kleiner Mengen einen Zuschlag.

Frankogrenzen und andere Lieferungsbedingungen

a) **Frankogrenzen.** Der Transportkostenanteil kleiner Lieferungen ist verhältnismäßig hoch. Um Kosten zu vermeiden, wird zwischen Verkäufer und Käufer vereinbart, dass Lieferungen erst ab einer bestimmten Auftragsgröße frei Haus (franko) geliefert werden.

b) **Lieferungsbedingungen** (Abschnitte 6.2.2 und 12.6.6).

Diese und die anderen Bedingungen sind Gegenstand der Kaufvertragsverhandlungen zwischen Lieferant und Abnehmer, die je nach Marktposition mehr zugunsten des einen oder des anderen ausfallen.

Preisdifferenzierung

Ihr Wesen besteht darin, dass eine Unternehmung **Leistungen gleicher Art zu verschiedenen Preisen** absetzt und dadurch einen größeren Erfolg erzielt. Dies setzt wie jede andere Form einer aktiven Preisgestaltung einen monopolistischen Bewegungsspielraum voraus.

Man kann folgende **Arten der Preisdifferenzierung** unterscheiden:

a) Räumlich: Eine Unternehmung verlangt auf verschiedenen, räumlich getrennten Märkten unterschiedliche Preise für die gleiche Leistung. Voraussetzung ist, dass die Märkte scharf abgegrenzt sind und ihre Käufergruppen wirtschaftlich nicht miteinander in Verbindung stehen.

Beispiele: Unterschiedliche Preise für Autos in Rheinland-Pfalz und im Elsass; Einführungspreise an Orten, an denen eine neue Filiale eingerichtet wurde, und Normalpreise an anderen Orten.

b) Zeitlich: Für die gleiche Leistung werden zu verschiedenen Zeiten unterschiedliche Preise verlangt.

Beispiele: Verschiedene Beförderungspreise bei Bahn und Omnibus zu verkehrsreichen und -armen Zeiten (Werktag-Sonntag); Sommer- und Winterpreise für Heizöl; Saison- und Außersaisonpreise im Fremdenverkehr; Kinopreise für Nachmittags- und Abendvorstellungen; Telefontarife für Tages- und Nachtgespräche.

c) Mengenmäßig: Bei der Abnahme kleinerer oder größerer Mengen werden verschiedene Preise verlangt.

Beispiele: Mengenrabatte; Sonderpreise für Großabnehmer von Strom, Gas, Wasser; Preise für Gesellschaftsfahrten oder Mehrfahrtenscheine beim Personennahverkehr.

d) Abnehmerbedingt: Gleichartige Leistungen, die einem unterschiedlichen Verwendungszweck dienen, haben verschiedene Preise. Soll ein Verwendungszweck aus politischen Motiven gefördert werden, kann diese Form der Preisdifferenzierung mit staatlichen Subventionen verbunden sein.

Beispiele: Verbilligte Treibstoffe für die Landwirtschaft; Kraftstrom- und Lichtstrompreise für Unternehmen und private Haushalte; Personalrabatte; Preise für Speise- und Industriesalz (Denaturierung nur zur Festlegung des Verwendungszwecks).

Die Preisdifferenzierung kann auf die **Deckungsbeitragsrechnung** (Teilkostenrechnung) gestützt werden (Abschnitt 13.4.5).

?

1. Auf einer Rechnung steht: Die Zahlung erfolgt in 30 Tagen netto Kasse, bei Zahlung innerhalb von 10 Tagen mit 2% Abzug.
   Um welche Art von Preisnachlass handelt es sich?
2. Unterscheiden Sie Rabatt, Skonto und Bonus.
3. Halten Sie Mindestabnahmemengen und Mindermengenzuschläge für eine ungerechte Benachteiligung der Kleinabnehmer? Begründen Sie Ihre Ansicht.
4. Erläutern Sie die Vorteile der Preisdifferenzierung für beide Vertragspartner.

8.5 Werbung

»Wer auf Werbung verzichtet, um Geld zu sparen, handelt wie einer, der die Uhr anhält, um Zeit zu sparen.«

!

Werbung ist die **absichtliche** und **zwangsfreie Beeinflussung von Menschen** mithilfe besonderer Kommunikationsmittel (Werbemittel und Werbeträger).

Demnach gehören absatzfördernde Maßnahmen, die nicht mit einem Einsatz besonderer Werbemittel verbunden sind, wie eine günstige Gestaltung der Preise und Verkaufsbedingungen oder eine ansprechende Produktgestaltung, nicht zur Werbung im eigentlichen Sinne.

8.5.1 Arten der Werbung

Die Werbung umfasst die Werbung i. e. S. und die Meinungsbildung, soweit sie absatzfördernde Wirkungen erzeugt.

a) Werbung hat das Ziel, die *Leistungen* eines Unternehmens (Erzeugnisse, Waren, Dienstleistungen) bekannt und begehrenswert zu machen. Sie spricht deshalb den tatsächlichen und möglichen *Kundenkreis* an und fördert somit den Absatz *unmittelbar.*

b) Meinungsbildung (Public Relations) hat das Ziel, die *Unternehmung als Ganzes* öffentlich bekannt zu machen und um Interesse, Verständnis, Ansehen und Vertrauen für die Unternehmung zu werben, sodass ein immaterieller Firmenwert (Geschäftswert) geschaffen wird. Ausdrucksformen dieser Öffentlichkeitsarbeit sind Publikationen (Firmenzeitschriften, Geschäftsberichte), Betriebsbesichtigungen, Sponsoring, Pressearbeit (Tageszeitung, Funk, Fernsehen), Information der Mitarbeiter, Kontakt mit kommunalen und staatlichen Behörden. Überträgt sich das so geschaffene Vertrauen auch auf die Betriebsleistungen, dann fördert die Meinungsbildung *mittelbar* den Absatz (Abschnitt 8.8.2).

8.5.2 Aufgaben und Wirkungen der Werbung

»Werbung kostet Geld, keine Werbung kostet Kunden.«
»Werben ist teuer – nicht werben ist noch teurer.«

Im Einzelnen bezweckt die Werbung:

- **Bedürfnisweckung:** In den Umworbenen soll ein Bedürfnis nach dem Produkt, für das geworben wird, entstehen.
- **Impulsauslösung:** Durch überzeugende Darstellung und beständige Wiederholung sollen die Bedürfnisse zu Bedarf verdichtet und in Nachfrage umgewandelt werden. Den entscheidenden Anstoß zum Kaufentschluss gibt oft die richtige Werbung am richtigen Ort zur richtigen Zeit.
- **Geschmacksbildung:** Mit den Mitteln der Werbung können geschmackvoll gestaltete Produkte den Markt erobern; aber auch durch eine vorbildliche Gestaltung der Werbemittel selbst kann der Massengeschmack gehoben werden. Damit hat die Werbung auch eine ästhetische Wirkung.
- **Information und Marktübersicht für den Kunden:** Sachliche Werbung kann den Käufern eine bessere Übersicht über die Vielzahl konkurrierender Leistungen vermitteln und sie vor Fehlkäufen bewahren. Auf diese Weise zwingt der leistungsfähigere Betrieb seine Konkurrenten zur Verbesserung ihrer Leistungen. Die Werbung fördert demnach den wirtschaftlichen Fortschritt und eine gesunde Preiskonkurrenz. Außerdem ist Werbung, die nicht den Kauf in den Vordergrund rückt, sondern die Information des Umworbenen über die Güte und die Verwendungsfähigkeit eines Produktes, besonders nachhaltig.
- **Kostensenkung und Beschäftigungsausgleich:** Intensive Werbung steigert den Absatz und demzufolge die Produktion. Eine Mengensteigerung bewirkt aber eine Kostendegression, die zu Preissenkungen führen kann. Die weitverbreitete Meinung, Werbung müsse die Leistung verteuern, erweist sich oft als Irrtum. Außerdem kann die Intensität der Werbung zeitlich so gelenkt werden, dass bei saison- und konjunkturbedingtem Rückgang der Nachfrage nachhaltiger geworben wird als bei starker Beschäftigung (Sommerwerbung für Wintersportartikel). Dadurch können Schwankungen ausgeglichen und Mehrkosten vermieden werden, die durch Unter- oder Überbeanspruchung der Arbeitskräfte und der technischen Mittel entstehen.
- **Imagebildung:** Die werbende Unternehmung versucht, für sich und ihr Produkt einen guten Ruf in der Öffentlichkeit aufzubauen, damit es dem Druck der Konkurrenzprodukte widerstehen kann (Firmenwerbung, Produktwerbung).

8.5.3 Werbemittel und Werbeträger

»Nicht das Produkt als solches, vielmehr die Aufmerksamkeit der Kunden ist das knappe Gut.« (MIGROS ANNUAL REPORT 1997)

Werbemittel

Dem Werbenden stehen unterschiedliche Hilfsmittel zur Verfügung, um mit der Werbebotschaft die Umworbenen zu erreichen.

Werbemittel sind **Gestaltungsformen,** mit denen die **Werbebotschaft übermittelt** wird.

Dabei kann sich der Werbende persönlich an die Umworbenen wenden oder sich eines *Mediums,* eines Mittels der Massenkommunikation, bedienen. Demnach unterscheidet man

- **personale Werbung** und
- **mediale Werbung** als *Printwerbung, elektronische Werbung* und *sonstige Werbung.*

Werbemittel			
Personale (nichtmediale) **Werbemittel**	**Mediale Werbemittel**		
	Printwerbemittel	**Elektronische Werbemittel**	**Sonstige Werbemittel**
Verkaufsgespräch Vertreterbesuch Telefonwerbung Werbevortrag Werbevorführung (Modenschau)	Schemawerbebrief Werbezettel Werbeprospekt Persönlicher Werbebrief Zeitungs- und Zeitschrifteninserat Zeitungsbeilage Warenkatalog Kundenzeitschrift Werbeplakat Werbefoto Firmenlogo Markenzeichen Briefbogen Geschäftswagenaufschrift Verpackung	Leuchtschrift Werbedia Werbefilm CD, DVD Radiospot Fernsehspot Videoclip Multimediawerbung Interaktives Fernsehen Homepage im Internet E-Mail Banner im Internet	Warenauslage im – Schaufenster, – Verkaufsraum, – Messestand Werbegeschenk (Zugabe) Warenprobe Sonderangebote Kundendienst Preisausschreiben Sponsoring Product Placement

▶ Personale Werbung

Das **Verkaufsgespräch** ist ein besonders wirksames Werbemittel, weil der Kunde unmittelbar und persönlich angesprochen wird. Hierzu gehören auch die **telefonische Beratung** durch den Verkäufer, der **Besuch eines Vertreters,** die **Vorführung** einer Waschmaschine, die **Probefahrt** im neuen Kfz-Modell, die **Modenschau** sowie der **Werbevortrag** anlässlich einer »Kaffeefahrt«.

▶ Printwerbung

Ein **Schemawerbebrief** sollte wie ein persönlicher Werbebrief möglichst individuell wirken. Grafik und Text müssen blickfangmäßig auch den uninteressierten Empfänger ansprechen, wenn der Brief nicht unbeachtet im Papierkorb landen soll.

Der **Werbezettel** ist eine Möglichkeit besonders kostengünstiger Werbung: Selbsterstellte Vervielfältigungen werden in der näheren Umgebung des Geschäfts verteilt.

Werbeprospekte werben meist nur für eine Ware oder Leistung.

Der **persönliche Werbebrief** soll durch eine ansprechende Gestaltung (Briefpapier, Layout, Schriftbild) in einer lebendigen Sprache und in einwandfreiem Deutsch die Aufmerksamkeit des Lesers wecken.

Das **Zeitungsinserat** ist die »Königin der Werbemittel«. Wichtig sind die Auswahl des Anzeigeträgers (Zeitung, Zeitschrift, Illustrierte, Wochenblatt) und der Zeitpunkt der Veröffentlichung der Anzeige (Wochenendausgabe). Wenn das Inserat ins »Schwarze« treffen soll, muss der Text in klarer Sprache die Vorzüge der Ware oder Leistung herausstellen. Bildhafte und farbige Gestaltung erhöhen die Aussagewirkung der Anzeige. Auch die Größe und Platzierung auf der Anzeigenseite beeinflussen ihre Werbewirkung.

Zeitungs- und Zeitschriftenbeilagen sind Prospekte, die besonders kostengünstig mit der Tageszeitung bzw. der Zeitschrift verbreitet werden. Solche Beilagen, Beihefter, CDs, Duft- und Warenproben (»Ad Specials«) sind bei den Käufern sehr beliebt und damit besonders werbewirksam.

Kataloge sind das »Schaufenster« eines Herstellers oder eines Versandgeschäftes. Sie zeigen meist das gesamte Sortiment, sind daher oft recht umfangreich und teuer.

Kundenzeitschriften der Einzelhändler bringen neben einem unterhaltenden Teil auch aktuelle Angebote, modische Anregungen, Ratschläge und Kochrezepte für die Hausfrau.

Das **Werbeplakat** bedient sich der künstlerischen Darstellung, der Ausdruckskraft der Farben, eines treffsicheren und überzeugenden Werbeslogans.

Seitdem der Berliner Ernst Litfaß die Anregung zur ersten »Litfaßsäule« gegeben hat, ist das Plakat zu einem wertvollen Mittel der Werbung geworden.

Das **Werbefoto** wird in Prospekten und Katalogen bevorzugt, weil es überzeugender wirkt als eine Zeichnung. Das künstlerische Motiv des Modefotografen, aber auch des Werbenden für technische Produkte, will den Kunden günstig beeinflussen und zum Kauf anregen.

Das **Firmenlogo** ist ein originell gestaltetes, einprägsames Bild, das die Unternehmung augenfällig symbolisiert. Firmenlogos werden u. a. verwendet

- auf Briefbögen,
- auf Geschäftswagen,
- in Anzeigen,
- auf Verpackungen.

Beispiele:

Markenzeichen sind gesetzlich geschützte Zeichen, mit denen die Produkte und Dienstleistungen einer Unternehmung von denen anderer Unternehmungen unterschieden werden (Abschnitt 13.2.1).

▶ Elektronische Werbung

Leucht- und Laufschriften sind besonders bei Nacht sehr auffällig und charakterisieren das Stadtbild.

Werbedias sind auf eine Bildwand projizierte Werbefotografien, die besonders geeignet sind, neue Produkte und deren Details im Rahmen eines Vortrags, z.B. bei einer Werksbesichtigung und im Kino vorzuführen.

Werbefilme im Kino oder Fernsehen sprechen den Umworbenen gerade dann an, wenn er sich in einer aufgeschlossenen Stimmung befindet. Sie vermeiden den trockenen Ton der Belehrung und bieten stattdessen eine humorvolle Unterhaltung.

Mit **Werbe-CDs und -DVDs** sollen vor allem in großen Geschäften Informationen für die Kunden mit Hintergrundmusik vermittelt werden.

Radiospots werden von Millionen Menschen täglich zu Hause und unterwegs im Radio gehört. Die Werbedurchsagen sollen knapp, aktuell und spannend sein. Einprägsame Slogans erhöhen die Werbewirkung.

Fernsehspots sind kurze Einblendungen im Fernsehprogramm, deren Wirkung von der Originalität, Wiederholung und zeitlichen Platzierung abhängt.

Auch der **Videotext** nutzt das Medium Fernsehen, um die Werbespots zum Umworbenen zu transportieren. Er ermöglicht dem Kaufinteressenten den Abruf einer gespeicherten Information über eine Ware, für die damit wirksam geworben wird (Abschnitt 9.2.2).

Ein **Video-Clip** ist besonders geeignet, im Unternehmen den interessierten Kunden ein neues Produkt vorzustellen und sie über dessen Handhabung, Verwendungsmöglichkeiten und Nutzen zu informieren.

Multimedia-Werbung. Klassische Werbemittel wie Anzeigen, Kataloge und Vorführungen werden zunehmend in Form von CDs und DVDs mithilfe von Personalcomputern, Telefon mit Zusatzgeräten und interaktivem Fernsehen den Verbrauchern präsentiert.

Beispiele:

1. Vorführung des neuen Automodells einschließlich virtueller (= scheinbarer) Probefahrt durch kostenlos versandte CD: Mithilfe von Computern werden Produkte und ihr Einsatz bildlich simuliert.
2. Der Interessent »blättert« online im elektronischen Katalog des angewählten Lieferanten und kann auch Bestellungen aufgeben.
3. Versendung von Katalogen als CD-ROMs, die mit PC »durchgeblättert« werden können und auch sofortige Bestellungen ermöglichen.
4. Bereits auf dem Markt sind Multimediageräte, die die Funktionen von Telefon, Fax, Computer und Fernseher vereinen (Multimedia) und mit Zentralrechnern kommunizieren. Diese Datenautobahnen bringen Informationen aller Art wie Spielfilme, Programmzeitschriften und Kataloge von Versandhäusern und Reisebüros ins Wohnzimmer des Interessenten, der seinerseits auch Bestellungen abgeben kann (interaktives Fernsehen, Electronic Shopping).
5. Neuerdings werden Audiologos entwickelt, das sind kurze Erkennungsmelodien (Firmensound), mit denen man versucht, Marken in wiedererkennbare Melodien umzuwandeln.

▶ Sonstige Werbung

Das **Schaufenster** ist ein wirksames Werbemittel des Einzelhändlers. Ein geeigneter Blickfang lenkt die Aufmerksamkeit des Passanten auf die Auslage. Eine übersichtliche Anordnung, geschmackvolle Dekorationen und wirkungsvolle Beleuchtung rücken die Ware ins rechte Licht und können zu einem Impulskauf führen. Die Auszeichnung erleichtert die Beurteilung der Preiswürdigkeit.

- *Stapelfenster* zeigen die ganze Fülle einer Warengruppe (Waschmittel, Konserven).
- *Ideenfenster* werden vom Schaufenstergestalter unter einen anregenden, aktuellen Leitgedanken gestellt (»Der gedeckte Tisch«, »Urlaubsfreuden«).

Der **Verkaufsraum** soll ein erweitertes Schaufenster sein. Mit ansprechender Raumaufteilung, Farbgebung und Beleuchtung schafft der Dekorateur eine freundliche Kaufatmosphäre (Ladendesign). In größeren Betrieben wird die Orientierung des Kunden durch Hinweisschilder erleichtert.

Auf einer Ausstellung oder Messe ist der **Messestand** ein »Schaufenster« des Anbieters vor allem für neue Produkte.

Werbegeschenke sind kleine Aufmerksamkeiten in Form von Kostproben, Kalendern, Bonuskarten für Dauerkunden, Kugelschreibern, Luftballons, Gummibällen usw. Sie entspringen dem Gedanken, dass kleine Geschenke die Freundschaft erhalten.

Warenproben eignen sich besonders zum Bekanntmachen eines neu entwickelten Produktes (Häppchen mit neuem Brotaufstrich, Parfum-Probefläschchen, Probetuben oder Probebeutel mit kosmetischen Produkten).

Preisgünstige **Sonderangebote** erwecken beim Kunden den Eindruck einer besonders vorteilhaften Einkaufsmöglichkeit. Sie veranlassen den Kunden zum häufigen Besuch des gleichen Geschäftes.

Ein pünktlicher und zuverlässiger **Kundendienst** (Wartung von technischen Geräten, Zustellung gekaufter Waren u.a.) wird von vielen Kunden vor allem bei wartungsbedürftigen Waren als entscheidender Vorteil angesehen (Abschnitt 8.8.2).

Preisausschreiben und Verlosungen erfordern weder ein besonderes Wissen noch Geschicklichkeit der Verbraucher, sondern lediglich die Freude am Spiel und den Wunsch nach Gewinn. Die Lösung setzt häufig voraus, dass ein Werbetext aufmerksam gelesen wird.

Zum **Sponsoring** gehören alle Aktivitäten zur Förderung des Sports sowie kultureller und sozialer Einrichtungen. Dadurch soll Aufgeschlossenheit gegenüber den Produkten des Sponsors geweckt werden (Public Relations).

Werbeträger (Medien)

Werbeträger sind die **Institutionen,** welche die *Werbemittel an die Umworbenen heranbringen.* Zu ihnen gehören Zeitungsverlage, Hörfunk- und Fernsehanstalten, Verkehrsbetriebe, Kinos. Als **Werbeträger oder Medium** bezeichnet man aber auch den *Gegenstand, der ein Werbemittel an den Umworbenen heranträgt,* also die Zeitung, Radio- und Fernsehsendung, Omnibus, Kinovorführung, das Internet.

Besondere Bedeutung haben die privaten Rundfunksender gewonnen, die in einem überschaubaren Einzugsgebiet besonders für kleine Unternehmen wirksame und flexible Werbung zu geringen Kosten ermöglichen (ab 1 EUR/Sendesekunde bei kleinen Regionalsendern bis zu 200 EUR/Sendesekunde bei großen ARD-Sendern).

Werbeträger sind in zunehmendem Maße auch die Verbraucher selbst, indem sie Gegenstände benutzen, die mit dem Namen eines Markenartikels bedruckt sind.

Beispiele: »Coca-Cola« auf Nylonjacken, »Marlboro« auf T-Shirts, »Honda«-Mützen, »adidas«-Turnschuhe, »Omega«-Regenschirme. Autoaufkleber für die verschiedensten Produkte, »Boss«-Feuerzeuge, »Lacoste«-Brillen.

8.5.4 Werbeplan und Mediastrategie

Werbeplan

Kernstück der Werbeplanung ist der **Werbeplan** (Bild, Seite 271). In ihm sind neben der Wahl der geeigneten Werbemittel und der Höhe des voraussichtlichen Werbeaufwands zu berücksichtigen:

a) **Der Streukreis.** Das ist der *Personenkreis, der umworben werden soll,* gegliedert nach Zielgruppen (Berufs-, Alters-, Kaufkraftgruppen, Geschlecht).

b) **Das Streugebiet.** Die Art und der Umfang des beim Streukreis anzusprechenden Bedarfs sowie das Leistungsvermögen des eigenen Betriebs bestimmen den *geografischen Werbebereich.* Er ist in der Regel mit dem Absatzgebiet identisch.

c) **Die Streuzeit.** In einem Ablaufplan werden der Beginn und die Dauer der Werbung und der *zeitliche Einsatz der Werbemittel* festgelegt.

d) **Der Streuweg.** Darunter versteht man die *Auswahl der geeigneten Werbeträger* und die *eingesetzten Werbemittel.*

e) **Die Streudichte.** Sie zeigt das Verhältnis der einzusetzenden Werbemittel zum Streugebiet *(Werbeintensität).*

Der Werbeplan sollte sich auf Ergebnisse einer vorangegangenen **Werbeanalyse** stützen, durch die neben dem infrage kommenden Streukreis, dem geeigneten Streugebiet und der günstigsten Streuzeit auch Art und Ausmaß der Konkurrenzwerbung und die mutmaßliche Werbewirkung der zur Auswahl stehenden eigenen Werbemaßnahmen erforscht wurden.

Die Werbeplanung ist an die dafür bereitgestellten Finanzmittel gebunden. In einem **Werbeetat** wird

- *die Höhe der insgesamt* verfügbaren Mittel festgelegt, wobei entweder der geplante Umsatz oder der Vorjahresumsatz als Maßstab dienen kann,
- *die Verteilung* dieser Finanzmittel auf die verschiedenen *Werbemittel* und ihre *Streuzeiten* vorgenommen.

Eine starre Bindung des Werbeetats an Umsatzgrößen ist jedoch gefährlich: Sie führt dazu, dass entgegen den marktmäßigen Erfordernissen bei günstiger Geschäftslage viel, bei schleppendem Geschäftsgang wenig Mittel für die Werbung zur Verfügung stehen. Es müssen Mittelreserven bereitgehalten werden, um auch unerwarteten Absatzschwierigkeiten oder überraschend verstärkter Konkurrenzwerbung begegnen zu können **(antizyklische Werbung).**

Werbeplan: Produktbereich Feinkost

Publikums-Werbung

Medium	Reichw. in Mio.	Publikum M F	Format oder Dauer	Anz. der Ein-sch.	Kosten für 1.000 Kon-takte	Einzel-kosten EUR	Gesamt-kosten EUR
1. Presse			1/1 Seite				
Bunte	3,97	25 75	4-farbig	10	6,60	26.220	262.200
Funk-Uhr	2,78	48 52	"	10	8,27	23.000	230.000
TV-Spielfilm	6,52	48 52	"	10	6,17	40.250	402.500
TV-Movie	1,17	46 54	"	6	6,41	7.500	45.000
Brigitte	3,61	10 90	"	8	12,66	45.700	365.600
Für Sie	2,80	15 85	"	7	7,32	20.500	143.500
Eltern	1,81	27 73	"	6	14,75	26.700	160.200
M. Familie & ich	0,76	33 67	"	6	9,87	7.500	45.000
Freundin	2,61	57 43	"	6	3,14	8.200	49.200
2. Werbefunk							
BR	2,35	45 55	15 Sec.	105	1,38	3.250	341.250
WDR	1,23	48 52	"	105	1,99	2.450	257.250
HR	1,41	47 53	"	90	1,31	1.850	166.500
SWR	3,27	40 60	"	105	0,89	2.900	304.500
NDR	3,85	52 48	"	90	0,91	3.500	315.000
Antenne	1,98	55 45	"	125	0,88	1.750	218.750
Europawelle Saar	1,56	48 52	"	90	1,57	2.450	220.500
Radio Regenbogen	0,84	49 51	"	105	1,13	950	99.750
3. Werbefernsehen							
WDR	3,45	50 52	20 Sec.	16	2,61	9.000	144.000
NDR	2,78	54 46	"	16	1,80	5.000	80.000
ZDF	3,56	50 50	"	18	3,26	11.600	208.800
SAT.1	4,56	52 48	"	12	2,04	9.300	111.600
PRO7	2,78	45 55	"	12	1,91	5.300	63.600
VOX	3,48	48 52	"	10	2,56	8.900	89.000
RTL	6,72	48 52	"	12	1,52	10.200	122.400
MDR	2,39	45 55	"	14	3,47	8.300	116.200
				Gesamtkosten			**4.562.300**

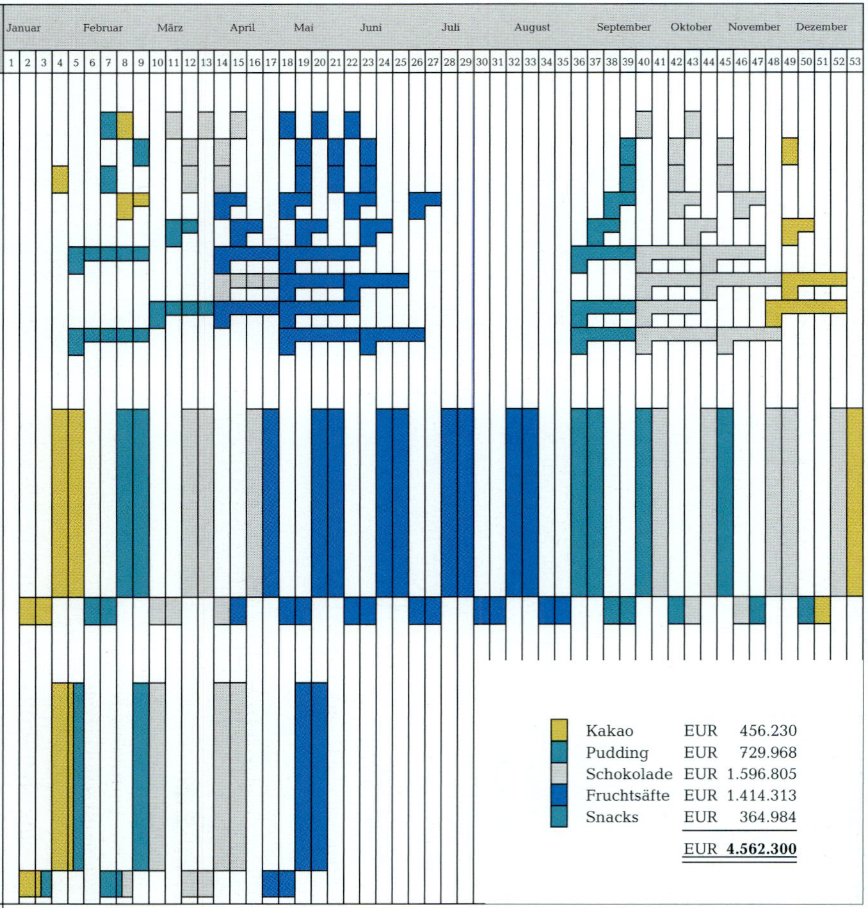

Mediastrategie

Um erfolgreich zu sein, muss die Werbung den richtigen Personenkreis (Zielgruppe) mit geeigneten Werbeträgern (Media) zum günstigen Zeitpunkt in angemessener Intensität ansprechen.

Beispiel: Media-Strategie für Kinder-Nährmittel und Genussmittel (Bild, Seite 271)

a) **Zielgruppe:**

1. **Quantitativ**
   - Hausfrauen, 20 – 49 Jahre, mit Kindern unter 14 Jahren,
   - Monatseinkommen über 2.000 EUR,
   - in allen Ortsgrößen, Deutschland, Österreich, Schweiz.
2. **Qualitativ**
   - gesundheitsorientiert,
   - naturbezogen,
   - kindbezogen.

b) **Zeitlicher Einsatz:** Kampagnen in

1. **Zeitschriften:**
2. **Werbefunk:**
3. **Werbefernsehen:**

- für Kakao und Pudding im Winter,
- für Schokolade im Frühjahr und Herbst,
- für Fruchtsäfte vom Frühjahr bis Sommer,
- für Pausen-Snacks im Spätsommer.

c) **Medien und Etat (Deutschland):**

1. **Zeitschriften**
   - Bunte, Funk-Uhr, TV-Spielfilm, TV-Movie, Brigitte, Für Sie, Eltern, Meine Familie & ich, Freundin;
   - je 6- bis 10-mal 1/1 Seite vierfarbig.
   - Etat 1.703.200 EUR.
2. **Werbefunk**
   - BR, WDR, HR, SWR, NDR, Antenne, Europawelle Saar, Radio Regenbogen;
   - 815 Einschaltungen à 15 sec.,
   - Etat 1.923.500 EUR.
3. **Werbefernsehen**
   - WDR, NDR, ZDF, SAT.1, PRO7, VOX, RTL, MDR;
   - 100 Einschaltungen à 20 sec.,
   - Etat 935.600 EUR.

Das Ergebnis dieser Überlegungen ist der **Werbeplan** (vgl. S. 271).

8.5.5 Werbeerfolgskontrolle

»Ich weiß, die Hälfte meiner Werbung ist hinausgeworfenes Geld. Das Problem ist, dass ich nicht weiß, welche Hälfte« (Henry Ford, Gründer der Ford-Motor-Company, 1903).

Die Werbeerfolgskontrolle dient dazu, die **Wirtschaftlichkeit** der **gesamten** oder **einzelnen Werbemaßnahmen** zu **überwachen.** Dabei ergibt sich die Schwierigkeit, ihre Erfolgswirkungen von denen anderer Absatzbemühungen zu isolieren.

Verhältnismäßig einfach ist es noch, die *Wirtschaftlichkeit der gesamten Werbung,* die sogenannte *Werberendite* festzustellen. Man setzt dabei die Zuwachsraten des Umsatzes zu den Aufwendungen für die Werbeaktion ins Verhältnis:

!

$$\textbf{Wirtschaftlichkeit einer Werbeaktion} = \frac{\textbf{Umsatzzuwachs}}{\textbf{gesamter Aufwand einer Werbeaktion}}$$

Ein brauchbares Ergebnis dieser Berechnung setzt voraus, dass andere Absatzmaßnahmen (Preise, Lieferungs- und Zahlungsbedingungen, Produktgestaltung) nicht verändert wurden.

Schwieriger ist es, die Erfolgswirkungen *einzelner* Werbemaßnahmen zu bestimmen:

a) **Anzeigen.** Verschiedene Anzeigen erhalten unterschiedliche Kennzeichen, welche die Käufer bei Anfragen, Kataloganforderungen oder Bestellungen wiederholen (Zusatzziffer hinter Firmen-, Orts- oder Straßenbenennungen, unterschiedliche Katalogziffern) und dann ausgezählt werden können. Größeren Anzeigen können gekennzeichnete Bestellabschnitte beigefügt werden.

b) Drucksachen. Kataloge, Prospekte, Werbebriefe und Werbezettel können wie Anzeigen gekennzeichnet werden. Beigefügte Bestellformulare oder -abschnitte werden durch Größe, Form, Farbe oder Textvordruck unterschieden.

c) Plakate, Schaufenster, Werbefunk, Werbefernsehen usw. Die Kaufwirkung ist feststellbar, wenn für ein bestimmtes Angebot etwa nur durch Schaufensterauslage geworben und die Zahl der dadurch hervorgerufenen Nachfragen registriert wird. Wie viele Kunden aber, durch dieses spezielle Angebot auf das Geschäft aufmerksam gemacht, mit anderen Wünschen kommen, ist schwer feststellbar (Aufmerksamkeitswirkung).

Auch die Erfolgswirkungen einzelner Werbemaßnahmen können durch Aufstellung von Wirtschaftlichkeitskennzahlen (Erträge : Aufwendungen) gemessen und verglichen werden.

8.5.6 Unzulässige Werbung (unlauterer Wettbewerb)

Vor allem das **Gesetz gegen den unlauteren Wettbewerb (UWG)** soll verhindern, dass ein Anbieter sich durch unlautere Maßnahmen einen Vorteil vor seinen Mitbewerbern erkämpft.

Wettbewerbshandlungen sind **unlauter** und damit **unzulässig**, wenn sie geeignet sind, den **Wettbewerb zum Nachteil der Mitbewerber, der Verbraucher** oder sonstiger Marktteilnehmer **nicht nur unerheblich zu beeinträchtigen.** UWG § 3

Unlautere Handlungen

Unlauter handelt insbesondere, wer § 4

a) die Unerfahrenheit von Kindern und Jugendlichen **ausnutzt**,

b) bei **Verkaufsförderungsmaßnahmen**, Zugaben, Geschenken, Preisausschreiben und Gewinnspielen die **Bedingungen nicht klar und eindeutig angibt**,

c) über Waren, Dienstleistungen oder das Unternehmen eines Mitbewerbers unwahre Behauptungen aufstellt, die den Betrieb oder den Ruf des Unternehmens **schädigen können.**

d) **Waren oder Dienstleistungen** der Mitbewerber **nachahmt.**

e) **Mitbewerber gezielt behindert**,

f) **irreführende Werbung betreibt**; hierzu gehören irreführende Angaben über Merkmale, Verfügbarkeit, Art, Ausführung, Verwendungsmöglichkeit, Menge, Herkunft der Waren oder Leistung, über den Anlass des Verkaufs, die Berechnung der Preise, Lieferungsbedingungen, Eigenschaften und Rechte des Werbenden, § 5

g) **vergleichende Werbung betreibt**, wenn der Vergleich § 6
   - sich nicht auf Waren oder Dienstleistungen für den gleichen Zweck bezieht,
   - die Ware oder Dienstleistung des Mitbewerbers herabsetzt.

h) andere Marktteilnehmer in **unzumutbarer Weise belästigt**. Dies geschieht dann, wenn § 7
   - der Umworbene offensichtlich die Werbung nicht wünscht,
   - Verbraucher mit Telefonanrufen, Fax und E-Mails ohne deren Einwilligung beworben werden.

Rechtsfolgen

Gegen unlautere Wettbewerbsmaßnahmen kann vor dem Landgericht des Werbenden geklagt werden. Als Rechtsfolgen kommen infrage: §§ 13 f.

a) Anspruch auf Beseitigung und Unterlassung. Er kann bei jedem Wettbewerbsverstoß geltend gemacht werden. Klageberechtigt sind nicht nur der unmittelbar Betroffene, §§ 3, 8 sondern meist auch alle Gewerbetreibenden desselben Geschäftszweiges sowie Interessenverbände (IHK, Handwerkskammern).

UWG §§ 3, 9 **b) Anspruch auf Schadensersatz.** Mitbewerber können den Ersatz des entstandenen Schadens verlangen.

§§ 3, 10 **c) Gewinnabschöpfung.** Bei vorsätzlichem unlauteren Wettbewerb kann die Herausgabe des dadurch erzielten Gewinns an den Bundeshaushalt verlagt werden.

§ 12 **d) Abmahnung.** Die zur Geltendmachung eines Unterlassungsanspruchs Berechtigten sollen den unlauter Werbenden auf seine Kosten abmahnen und ihm Gelegenheit geben, den Streit durch Abgabe einer Unterlassungsverpflichtung, die mit einer angemessenen Vertragsstrafe verbunden ist, beizulegen.

e) Geld- und Freiheitsstrafen sind für strafbare Werbung vorgesehen, wenn

§ 16 – der Werbende durch **irreführende Angaben** wirbt,

§ 17 (1) – ein Mitarbeiter im Rahmen des Dienstvertrages Geschäfts- und Betriebsgeheimnisse zu Zwecken des Wettbewerbs aus Eigennutz oder in Schädigungsabsicht **verrät**,

§ 17 (2) – sich der Werbende Geschäfts- und Betriebsgeheimnisse unbefugt verschafft, sichert oder verwertet, z. B. durch **Bestechung**,

§ 18 – die anvertrauten Unterlagen, Zeichnungen, Rezepte usw. **unbefugt verwertet** oder weitergegeben werden, z. B. in Form von Markenpiraterie,

§ 19 – der Werbende andere aus Wettbewerbszecken zu einer Straftat anstiftet.

Einigungsstellen werden von den Landesregierungen bei den Industrie- und Handelskammern errichtet, um Streitigkeiten ohne hohe Prozesskosten durch Vergleich beizulegen.

?

1. Besorgen Sie sich in der Presse eine Public-Relations-Anzeige und eine Werbeanzeige. Welche Unterschiede stellen Sie fest?
2. Anzeigen werden zunehmend als Public-Relations-Anzeigen gestaltet. Nennen Sie den Grund hierfür.
3. Nehmen Sie Stellung zu der Behauptung »Werbung verteuert die Ware«.
4. Inwiefern verschafft die Werbung dem Kunden eine bessere Marktübersicht?
5. Erklären Sie jeweils die Folgen, falls einzelne Grundsätze der Werbung nicht beachtet werden.
6. Viele Betriebe lassen ihre Werbung durch Werbeagenturen durchführen. Welche Gründe sprechen für
   a) die Eigenwerbung,
   b) die Werbung durch eine Werbeagentur,
   c) die Gemeinschaftswerbung?
7. »Anzeigenlesen ist wie Schaufensterbummeln.« In welchen Punkten sehen Sie eine Übereinstimmung der Zeitungs- mit der Schaufensterwerbung?
8. Auf welche Werbeaktionen sprechen Sie als Verbraucher positiv, auf welche negativ an?
9. Erklären Sie die Besonderheiten der Markenartikelwerbung hinsichtlich
   a) des Werbenden, b) des Inhaltes, c) des Streuweges,
   d) des Streukreises, e) der Werbemittel.
10. In welcher Konjunkturphase sind besonders umfangreiche Werbemaßnahmen erforderlich? Welche Probleme ergeben sich daraus für die Werbefinanzierung?
11. Begründen Sie, warum bei einer Werbeaktion immer eine Zielgruppenbestimmung vorangehen muss.
12. Warum erfolgt eine Werbeplanung in der Regel bereits mehr als ein Jahr vor der Werbekampagne?
13. Stellen Sie dar, warum die Werbeaktivität einer Unternehmung auf ihre Wirkung und Wirtschaftlichkeit hin untersucht werden muss.
14. Warum ist in der Marktwirtschaft ein Gesetz gegen den unlauteren Wettbewerb notwendig?
15. Nennen Sie Werbeaussagen, die gegen das UWG verstoßen.
16. Wie ist der jeweilige Slogan nach UWG zu beurteilen?
    a) »Der Kassenabschnitt ist gleichzeitig Ihre persönliche Losnummer.«
    b) »Alles muss raus – stauben Sie ab!«.
    c) »Ohne Rost ist uns Pflicht – die Konkurrenz kann's nicht!«.
17. Welche Maßnahmen stehen dem Mitbewerber zur Verfügung, um sich gegen unlauteren Wettbewerb zu schützen?

8.6 Absatzwege

Der Wunsch des Kunden legt den Weg des Gutes vom Hersteller zum Verbraucher fest. Man unterscheidet den **direkten** Absatzweg und den **indirekten** Absatzweg über den *Handel* und über *Absatzhelfer.*

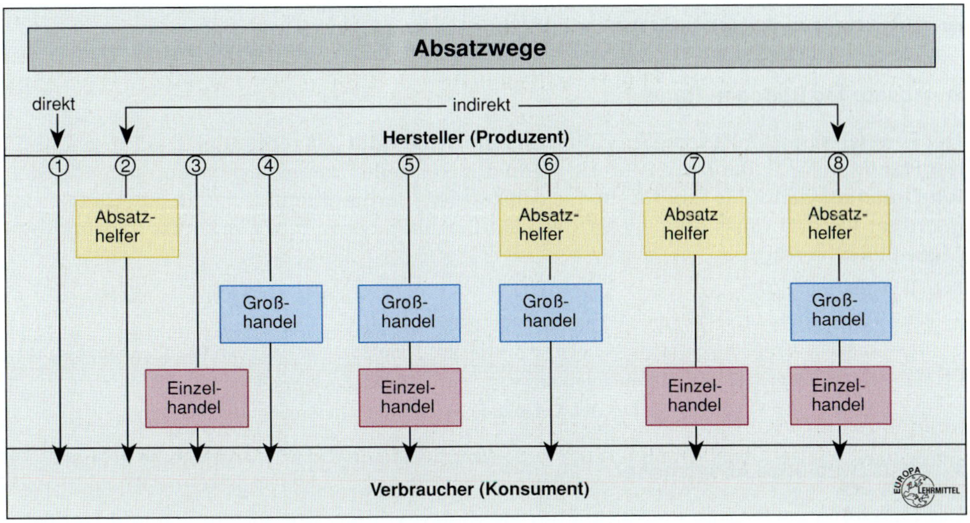

Im Schaubild wird nur der Absatz von Gütern **vom Hersteller zum Endverbraucher** dargestellt **(B2C – Business to Consumer)**, nicht die Lieferungen der **Produzenten untereinander (B2B – Business to Business).**

Die Entscheidung für einen bestimmten Absatzweg wird von verschiedenen Faktoren beeinflusst:

- **Absatzgebiet:** Inland oder Ausland (Europa, Asien, Entwicklungsländer);
- **Produktart:** Investitions- oder Konsumgüter; bei beiden ist der Absatzweg abhängig von der Erklärungsbedürftigkeit und der Übernahme der Kundendienst- und Garantieverpflichtung durch den Hersteller oder den Händler;
- **Abnehmer:** gewerbliche Abnehmer oder private Haushalte, jeweils mit umfangreicher oder geringer Beschaffungsaktivität;
- **Anzahl der Abnehmer im Absatzgebiet:** viele oder wenige Abnehmer;
- **Unternehmensdaten:** Branche, Größe;
- **Kontakt- und Informationsbedürfnis:** geringes oder starkes Bedürfnis, eng mit dem Verbraucher verbunden zu sein.

Direkter Absatzweg

Der **Hersteller** verkauft sein Produkt – über eine Verkaufsabteilung oder über Verkaufsniederlassungen – **direkt an den Verbraucher.** Der direkte Weg ermöglicht einen engen Kontakt mit dem Abnehmer und gewährt ihm den vollkommenen Einfluss auf und die Kontrolle über den Absatz eines Produktes. Handelsspannen und Provisionen für Handelsbetriebe und Absatzhelfer entfallen. Diesem Vorteil stehen jedoch höhere Vertriebskosten gegenüber.

Beispiele (Bild, oben, Weg 1):

- Ein Schuhhersteller verkauft seine Produkte über eigene Verkaufsfilialen.
- Ein Kosmetikhersteller lässt durch seine Beraterinnen die Verbraucherinnen besuchen und bringt so »Schönheit direkt ins Haus«.
- Der Hersteller von Mähdreschern beliefert die Landwirte direkt.

Besondere Bedeutung für viele Unternehmen haben die **Handlungsreisenden.** Sie sind angestellte Außendienstmitarbeiter, die für das Unternehmen direkt die Produkte vertreiben und die Kunden betreuen.

Beispiel (Bild, Seite 275 Weg 1):

- Ein Handlungsreisender eines Möbelherstellers besucht die Stammkunden in regelmäßigen Abständen und unterrichtet sie über die Neuheiten.

Indirekter Absatzweg

▶ Absatzweg über den Handel

Der **Hersteller** verkauft seine Produkte **an den Groß- oder Einzelhandel.** Die Einschaltung des Handels ist z.B. dann von Vorteil, wenn der Hersteller keine marktbeherrschende Stellung innehat, wenn das Produkt in das vollständige Sortiment eines Handelsbetriebes eingeordnet werden muss oder wenn der Händler über besondere Verkaufserfahrung und Marktmacht verfügt.

Beispiele (Bild, Seite 275):

- Ein Landwirt verkauft seine Produkte an die Raiffeisen eG (Weg 3).
- Der Hersteller von Büromaschinen beliefert gewerbliche Abnehmer nur über den Großhandel (Weg 4).
- Der Hersteller von Rasierapparaten liefert diese nur an die Elektrofachgeschäfte (Weg 3).
- Der Hersteller von Schuhen beliefert den Einzelhandel nur über den Großhandel (Weg 5).

▶ Absatzweg über Absatzhelfer

Der **Hersteller** setzt seine Produkte **über Handelsvertreter, Kommissonäre und Handelsmakler** ab. Handelsvertreter werden gerne wegen ihrer besonderen Erfahrung auf einem speziellen Gebiet (Warensektor, Bezirk, Kunden) in Anspruch genommen. Insbesondere werden sie zur Einführung neuer Produkte eingesetzt und später durch Handlungsreisende oder durch Verkaufsbüros abgelöst. Kommissionäre werden vor allem im Außen- und Börsenhandel eingeschaltet.

Beispiele (Bild, Seite 275):

- Ein Computerhersteller beliefert die Verwender über einen Handelsvertreter (Weg 2).
- Eine Schokoladenfabrik setzt ihre Produkte über einen Handelsvertreter an die Einzelhändler ab (Weg 7).
- Ein Landwirtschaftsbetrieb verkauft seine Getreideernte über einen Makler an den Getreidegroßhandel (Weg 6).
- Eine Spanwerkzeugfabrik liefert über einen Kommissionär an den Großhandel, der den Fachhandel beliefert (Weg 8).

8.7 Absatzhelfer

Alle mit dem Absatz von Gütern verbundenen planenden, vorbereitenden und ausführenden Tätigkeiten erfordern eine zweckmäßige und wirtschaftliche Absatzorganisation.

Neben der unternehmenseigenen Absatzorganisation bedienen sich Marketing-Abteilungen häufig unternehmensfremder Absatzorganisationsformen. Hierbei wird der Absatz außer durch Handelsunternehmen mittels Handelsvertreter, Kommissionäre und Makler bewirkt.

Eine eigene Absatzorganisation ermöglicht einen stärkeren Einfluss auf den Absatz der Erzeugnisse, sie erweitert jedoch den Tätigkeitsbereich und erhöht die Kosten. Eine fremde Absatzorganisation ermöglicht dem Unternehmen die Inanspruchnahme eines eingespielten Absatzsystems, bietet ihm einen größeren Absatzbereich an, erspart ihm Personalkosten und entbindet ihn von der Fürsorgepflicht, belastet ihn aber mit hohen Verkaufsprovisionen und Handelsspannen. Die Entscheidung für die geeignete Absatzorganisation ist vor allem eine Frage der Wirtschaftlichkeit.

Im Rahmen der außerbetrieblichen Absatzorganisation sind die Dienste der *angestellten* und der *selbstständigen* **Absatzhelfer** von Bedeutung.

	Absatzhelfer			Zum Vergleich:
	Handelsmakler	**Kommissionär**	**Handelsvertreter**	**Handlungsreisender**
Rechtsstellung	Kaufmann nach HGB			Kaufmännischer Angestellter
gesetzliche Grundlage	HGB §§ 93 ff.	HGB §§ 383 ff.	HGB §§ 84 ff.	HGB §§ 55, 59 ff.
Tätigkeit	in fremdem Namen und für fremde Rechnung	in eigenem Namen und für fremde Rechnung	in fremdem Namen und für fremde Rechnung	im Namen und auf Rechnung des Arbeitgebers
Vertretungsmacht	Vermittlungsvollmacht	Abschlussvollmacht	Vermittlungs- und Abschlussvollmacht	Vermittlungs- oder Abschlussvollmacht
Dauer des Vertragsverhältnisses	von Fall zu Fall	ständig oder von Fall zu Fall	ständig	ständig
Vergütung	Maklergebühr (Courtage)	Provision evtl. Aufwandsersatz	Vermittlungs- oder Abschluss-Provision evtl. Aufwandsersatz	Gehalt (Fixum) Provision Auslagenersatz (Spesen)
Rechte	Maklergebühr von beiden Vertragsparteien	Selbsteintrittsrecht: Der Kommissionär kann selbst die Güter kaufen oder verkaufen, wenn diese einen Börsen- oder Marktpreis haben.	Überlassung von Unterlagen, Mustern, Preislisten, Werbematerial; Ausgleichsanspruch, wenn Auftraggeber nach Vertragsende erheblichen Vorteil hat.	Rechte eines kaufmännischen Angestellten
Pflichten	Aufstellung einer Schlussnote (Vertrag mit allen wichtigen Bedingungen) Führen eines Tagebuches Aufbewahren von Proben	Sorgfaltspflicht Pflicht zur Beachtung der Weisungen Anzeige der Ausführung der Kommission Pflicht zur Abrechnung Ware liefern bzw. Erlös überweisen	Bemühungspflicht (Interessen des Auftraggebers wahren) Benachrichtigungspflicht bei Geschäftsabschluss Wettbewerbsenthaltung	Reiseberichte Mitteilung über Geschäftsabschlüsse Übrige Pflichten eines kaufm. Angestellten
Wirtschaftliche Bedeutung	Er ist ein Spezialist in seiner Branche, dessen man sich von Fall zu Fall bedient. Dadurch erreichen beide Vertragspartner, dass ihre Interessen beim Vertragsabschluss optimal vertreten werden.	Wegen der hohen fixen Kosten (Gehalt) ist der Aufbau einer unternehmenseigenen Vertriebsorganisation mit Handlungsreisenden nur sinnvoll, wenn ein Absatzgebiet voll erschlossen ist. Für diese Aufgabe werden vorher Handelsvertreter und Kommissionäre eingesetzt, obwohl deren Provision in der Regel höher ist als die des Handlungsreisenden; so entstehen nur Kosten, wenn Aufträge abgeschlossen werden.		

1. Nennen Sie Vor- und Nachteile des direkten Vertriebsweges gegenüber dem indirekten.
2. Ein junger Angestellter steht vor der Entscheidung, ob er eine ausgeschriebene Stelle als Handlungsreisender oder Handelsvertreter übernehmen soll. Wägen Sie Vor- und Nachteile gegeneinander ab.
3. Wann wird der Betrieb einen Handlungsreisenden, wann einen Handelsvertreter einsetzen?
4. Ein Handlungsreisender erhält 3% Provision, ein Fixum von 1.800 EUR und monatlich 1.200 EUR Spesenersatz; die Personalnebenkosten betragen 60% des Fixums. Ein Handelsvertreter erhält 5% Provision. Berechnen Sie, ab welchem Monatsumsatz es sich lohnt, einen Reisenden einzustellen.

5. Warum kann der Kommissionär das Selbsteintrittsrecht nur bei Waren mit einem Markt- oder Börsenpreis ausüben?
6. Warum überlässt der Kommittent dem Kommissionär häufig ein Kommissionslager?
7. Warum kann der Handelsmakler von beiden Vertragsparteien Courtage verlangen?

8.8 Andere absatzpolitische Instrumente

Die aufgezählten absatzpolitischen Instrumente werden ergänzt durch die Verkaufsförderung, Public Relations und den Kundendienst.

8.8.1 Verkaufsförderung (Sales Promotion)

Die **Verkaufsförderung** umfasst gezielte Maßnahmen **des Herstellers**, die am Verkaufsort ansetzen, um den **Absatz seiner Produkte zu unterstützen.**

Dazu gehören:

- Günstige Warenplatzierung der eigenen Waren beim Einzelhandel,
- Einsatz von Display-Material und Werbung am Ort des Verkaufs (**Pop**-Werbung, engl. **P**oint **o**f **P**urchase = Verkaufsort) durch optisch wirksames Aufstellen der Waren in Verbindung mit bereitgestelltem Werbematerial,
- Bereitstellung von Verkaufspropagandisten im Kundenbetrieb,
- Beratung und Schulung des Einzelhändlers in Fragen der Werbung, des Verkaufs und der Organisation,
- Verkäufertraining, Schulung in Verhandlungsstrategie,
- Veranstaltung von Verkaufswettbewerben und Belohnung der besten Verkäufer durch Teilnahme an »Incentive-Reisen« (engl. incentive = Anreiz).

8.8.2 Public Relations

»Tue Gutes und rede darüber«.

Public Relations sind alle **Maßnahmen zur Imagepflege des Unternehmens in der Öffentlichkeit.**

Möglichkeiten der Pflege der Beziehungen nach außen		
Medienarbeit	**– Pressekonferenzen – Hörfunkmeldungen – Fernsehberichte – Kundenzeitschriften**	Berichte über Forschungsergebnisse, Betriebsvergrößerungen, besondere Leistungen, hervorragende Exportaufträge.
Dokumentationsmaterial	**– Prospekte – Jubiläumsschriften**	Vorstellung neuer Produkte, Darstellung der Geschäftsentwicklung, neueste Forschungsergebnisse.
Besondere Dienstleistungen	**– Frei-Haus-Lieferungen – Kundenparkplätze – Umtauschmöglichkeit**	**– Kinderhort – Kreditgewährung – Snack-Bar.**
Betriebsbesichtigungen	**– Tag der offenen Tür – Vorträge – Werksführungen**	Demonstration der Fertigungstechnik, der Beachtung von Sicherheits-, Hygiene- und Umweltschutzvorschriften.
Festigung des guten Rufs (Corporate Identity)	**– Soziale Beschäftigungspolitik – Zukunftsorientierte Produktpolitik – Beiträge zu Wohlfahrtseinrichtungen**	**– Sponsoring, – Spenden und Stiftungen.**

Public Relations umfasst auch die Pflege der **Beziehungen nach innen,** zur Belegschaft der Unternehmung **(Human Relations).**

Möglichkeiten der Pflege der Beziehungen nach innen	
– Informationen über die Unternehmung	– Schwarzes Brett
– Betriebsausflüge, Betriebsfeste, gemeinsame Freizeitbetätigungen	– Werkszeitung
– Betriebsbesichtigungen für die Angehörigen der Mitarbeiter	– Vorschlagswesen

8.8.3 Dienst am Kunden – Kundendienst

Der weitsichtige Geschäftsmann gibt sich nicht mit Augenblickserfolgen zufrieden. Bei **Werbung und Verkauf** geht es ihm um die Gewinnung von *Dauerkunden.* Die Verkaufstätigkeit muss daher über den Verkauf von Waren hinaus den persönlichen **Dienst am Kunden** einschließen. Er umfasst

- die Beratung des Käufers durch den Verkäufer,
- die Benutzung von Betriebseinrichtungen durch den Käufer (Fahrrad- und Schirmständer, Sitzgelegenheiten in Buchläden, Fahrstühle und Rolltreppen, Telefonzellen, Kopiergeräte, Erfrischungsräume, Toiletten, Aufenthaltsraum für auswärtige Kunden, Spielzeuge für Kinder der Kunden, Gepäckaufbewahrung, Parkgelegenheit),
- die Erleichterung des Einkaufs (Annahme von Bestellungen durch Telefon, Telefax oder online, Änderungsabteilungen in Textilgeschäften, Sammelkassen),
- die Zustellung der Ware ins Haus des Kunden.

Auch **nach dem Verkauf** wird die Betreuung des Kunden vielfach fortgesetzt. Sie wird dann zum **Kundendienst.** Er wird besonders nach dem Kauf von Maschinen, Autos und technischen Geräten geleistet und umfasst die Wartung, Pflege und Belehrung, auch die Beseitigung auftretender Mängel und die Bereithaltung von Ersatzteilen.

Die Durchführung des Kundendienstes geschieht häufig durch regional verteilte *Kundendienststellen,* bei denen sich der Kunde durch eine *Kundendienstkarte* (bei Kühlschränken) oder ein *Kundendienstheft* (bei Autos) ausweist.

1. Nennen Sie die verkaufsfördernden Maßnahmen Ihres Erfahrungsbereichs.
2. Nennen Sie verkaufsfördernde Maßnahmen, die der Abnehmer
   a) als aufdringlich,
   b) als nicht aufdringlich empfindet.
3. In der Gemeinde Adorf befinden sich eine Tankstelle mit und eine ohne Reparaturwerkstatt. Viele Autobesitzer kaufen regelmäßig das teurere Benzin der Tankstelle mit Reparatureinrichtung. Wie beurteilen Sie dieses Verhalten?
4. Geben Sie einige Produkte an, bei denen der gewährte Kundendienst ein wichtiges Entscheidungskriterium für den Kauf durch den Abnehmer ist.
5. Große Discountgeschäfte bieten heute hochwertige Produkte wie Computer zu günstigen Preisen an. Welche Anforderungen an den Kundendienst stellen Sie als Käufer?

8.9 Marktsegmentierung und Marketing-Mix

8.9.1 Marktsegmentierung

Das Unternehmen teilt seinen Absatzmarkt in einzelne unterschiedliche Teilmärkte (Segmente) auf mit dem Ziel, für jedes Segment die geeigneten absatzpolitischen Instrumente festzulegen. Die Segmentierung erfolgt nach geeigneten Kriterien, z.B. Geschlecht, Alter, Einkommen, Ausbildung, Wohnort, Interessen der Kunden.

Beispiel: Marktsegmentierung für eine Automarke. Instrument Produktpolitik.

Segment	Einkommen	Gestaltung des Produktes
1	1.000 – 2.000 EUR	Standardmodell mit Serienausstattung
2	2.000 – 4.000 EUR	Mittelklassewagen mit gehobener Ausstattung
3	über 4.000 EUR	Mittelklassewagen mit Luxusausstattung

8.9.2 Marketing-Mix

Marketing-Mix ist die ausgewählte **Kombination der absatzpolitischen Instrumente,** die auf die einzelnen Marktsegmente und Produkte des Unternehmens ausgerichtet wird.

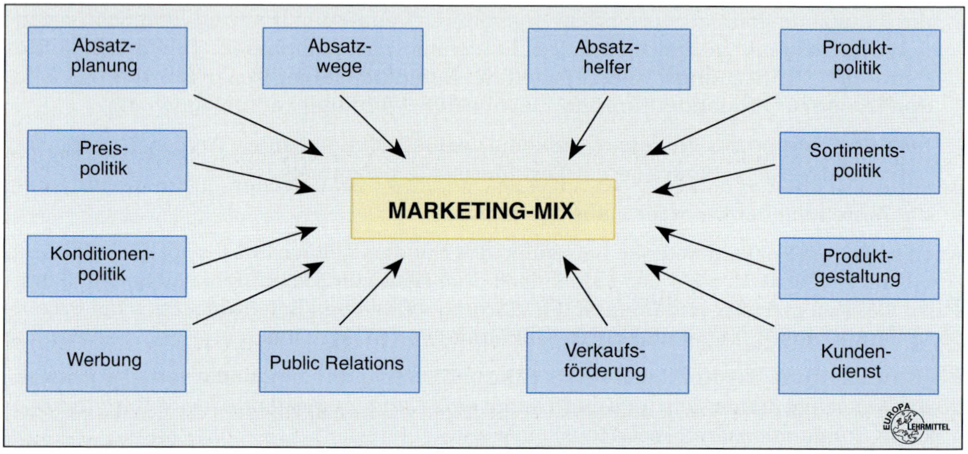

Beispiel: Ein Unternehmen für kosmetische Artikel stellt für zwei Rasierwasser-Sorten folgendes Marketing-Mix auf:

Marketing-Aktivitäten	**Marketing-Mix** für	
	Rasierwasser »Standard« für Marktsegment »Männer unter 30 Jahre«	Rasierwasser »Prestige« für Marktsegment »Männer über 30 Jahre«
Absatzplanung	monatlich 300.000 Einheiten	monatlich 170.000 Einheiten
Absatzwege	Direktbelieferung der Einzelhändler	Direktbelieferung der Einzelhändler, zusätzlich Einsatz von Handlungsreisenden und Handelsvertretern
Absatzhelfer	keine	Handelsvertreter und Handlungsreisende
Produktpolitik	herber Duft, stark, farblos	dezenter, aber anhaltender Duft, mild, leicht getönt
Versandeinheiten	Kartons à 50 Flaschen	Kartons à 50 Flaschen
Packungsgestaltung und -inhalt	eckige Flasche in einfachem Karton 50 cm^3 und 100 cm^3	runde Flasche in aufwendiger Aufmachung 25 cm^3 und 50 cm^3
Preispolitik	mäßiger Preis	gehobener Preis
Konditionen	keine Rabatte	Rabattstaffel und Jahresbonus
Sortimentspolitik	weitere 5 Rasierwasser der mittleren Klasse von anderen Herstellern	weitere 2 Rasierwasser der gehobenen Klasse von einem anderen Hersteller
Absatzförderung	Display-Material beim Einzelhändler	Erstklassige Warenplatzierung beim Einzelhändler
Werbung und Public Relations	keine Medienwerbung, sondern Werbung beim Einzelhändler Idee: Sportlichkeit, Jugend	Anzeigen in Zeitschriften, Spots in Rundfunk und Fernsehen Idee: Lebensfreude, Wohlstand

1. Bilden Sie Marktsegmente für Lebensmittel, Spielwaren, Textilien, Literatur, Sportartikel.
2. Bilden Sie ein geeignetes Marketing-Mix eines Herstellers von Unterhaltungselektronik für den Absatz von DVD-Rekordern.

8.10 Marketingkontrolle (Absatzcontrolling)

Aus einer Marketing-Fachzeitschrift:

Zielsetzung ohne Kontrolle der Zielerreichung ist sinnlos.

Unter **Marketingkontrolle** versteht man ein System von Maßnahmen, mit dem man die **Wirkung der Marketing-Maßnahmen feststellen** kann.

Da Marketingkontrolle vernünftigerweise auch die **Mängelbeseitigung** einschließt, werden nicht nur die Marketingaktivitäten, sondern auch die **Plandaten** oder gar die **Zielvorgaben kontrolliert** und gegebenenfalls **korrigiert.**

Aufgaben der Marketingkontrolle

Da das Marketing zu einer der zentralen Aufgaben der Unternehmung geworden ist, hat auch die Marketingkontrolle eine zentrale Bedeutung:

a) **Überwachung der Wirksamkeit der absatzpolitischen Instrumente.** Im Allgemeinen werden Soll- und Istzahlen, also geplante und realisierte Daten, einander gegenübergestellt, um die Produktpolitik, die Preispolitik, die Kommunikationspolitik und die Distributionspolitik zu kontrollieren.

   Beispiele: Absatzmengen, Verkaufspreise, Umsätze, Gewinn, Marktanteil.

b) **Überwachung betriebseigener Marketing-Organe.** Alle Mitarbeiter des Marketings (Marketing-Direktor, Werbeleiter, Außendienstmitarbeiter, Verkäufer) müssen sich dem Marketingziel entsprechend verhalten.

   Die Kontrolle erfolgt durch folgende **Kontrollsysteme:**

   – **Stellenbeschreibungen** enthalten die Rechte und Pflichten der Stelleninhaber. So können der Grad der Aufgabenerfüllung und die Einhaltung der Kompetenzgrenzen überwacht werden.

   – **Soll-Ist-Vergleiche** von angestrebten und realisierten Ergebnissen der Marketing-Mitarbeiter.

     Beispiel: Vergleich vorgegebener und tatsächlich erzielter Absatzmengen oder Umsätze je Außendienstmitarbeiter.

c) **Überwachung betriebsfremder Marketing-Organe.** Die Unternehmung hat nur eine beschränkte Kontroll- und Einflussmöglichkeit auf selbstständige Absatzorgane wie Großhändler, Einzelhändler, Absatzhelfer, Transportunternehmer, sofern man als Anbieter vielen Konkurrenten gegenübersteht. Ist die Unternehmung jedoch ein Anbieter mit marktbeherrschender Position, so sind ein bedeutender Einfluss und eine entsprechende Kontrolle möglich.

   Beispiel: Ein marktbeherrschender Anbieter kann mithilfe der Vertragsbedingungen, mit Androhung eines Lieferstopps, mit der Gestaltung von Franchiseverträgen und mit einem Vertragshändlersystem, das den eigenen Vorstellungen entspricht, in das Marktgeschehen eingreifen und damit auch kontrollieren.

d) Fehlerkorrekturen im Absatzbereich. Zunächst muss in einer Abweichungsanalyse geklärt werden, wo die Ursache für eine Soll-Ist-Differenz liegt. Mögliche **Abweichungsursachen** sind:

- Fehler bei der **Zielvorgabe des Marketings.**

  Beispiele: Fehleinschätzung der Wirtschaftsentwicklung und unrealistische Vorgabe des Umsatzzuwachses. Zaghafte Zielsetzung aus Furcht vor Kritik bei der Zielverfehlung.

- Fehler bei der **Planung des Marketings.**

  Beispiele: Ungenügender Etat für die Werbung, Beschränkung auf ein zu kleines Absatzgebiet oder zu wenige Abnehmer.

- Fehler bei der **Durchführung des Marketings.**

  Beispiele: Zu niedrige oder zu hohe Verkaufspreise, unzureichende Kundendienstpolitik, Werbung mit unwirksamen Medien.

Der Soll-Ist-Vergleich von Daten führt zu einer entsprechenden Korrektur, z. B. bei zukünftigen Marketing-Aktivitäten oder bereits bei der Zielvorgabe. So kann eine ungenügende Zielerreichung eine verstärkte Werbeaktivität auslösen. Nicht erreichte Zieldaten sollten nicht einfach ohne Grund zurückgenommen werden, sondern nur, wenn sich diese als unrealistisch erwiesen haben. Bei Zielüberschreitungen wird in aller Regel das Zielniveau angehoben.

Maßnahmen der Marketingkontrolle

Die wichtigsten Maßnahmen sind

a) Werbeerfolgskontrolle (Abschnitt 8.5.5).

b) Befragung. Man versucht stichprobenartig, den Umsatz/Gewinn/Marktanteil in Abhängigkeit von den Marketing-Aktivitäten zu messen.

Beispiel: Für eine Schlagbohrmaschine wird eine Produktvorführung in verschiedenen Geschäften veranstaltet, in anderen Geschäften wird das Gerät ohne besondere Präsentation verkauft. In einem Fragebogen werden die Käufer gefragt, wie sie auf das Produkt aufmerksam geworden sind und warum sie gerade diese Bohrmaschine gekauft haben.

Viele Unternehmen stellen ihre Fragebogen im Internet dar und bitten um Rückmeldung.

c) Gebietsverkaufstest. Hierbei werden geografisch getrennte Testmärkte untersucht. In verschiedenen Städten des Testmarktes werden *vor* und *nach* der Marketingaktion Verkaufstests durchgeführt, in Städten des Kontrollmarktes werden Verkaufstests ohne eine Marketingaktion durchgeführt. Der Vergleich gibt Auskunft über den Einfluss der Marketingaktion. Problematisch ist jedoch das Finden von Städten entsprechender Größe, Bevölkerungsstruktur, Mentalität, Marktorganisation und in genügender Entfernung voneinander, um den Kontrollmarkt von jeglichem Marketingeinfluss freizuhalten.

?

1. Welche Marketingkontrollmaßnahmen stehen einem Unternehmen zur Verfügung?
2. Ein Fertigungsbetrieb hat den Verkauf von 10.000 Einheiten im Jahr vorgegeben. Welche Folgerungen können gezogen werden, wenn
   a) tatsächlich 10.000 Einheiten verkauft wurden,
   b) nur 8.000 Einheiten verkauft wurden,
   c) sogar 12.000 Einheiten verkauft wurden?
3. Der Käufer eines neuen Pkw erhält vom Automobilhersteller wenige Monate nach dem Kauf einen Fragebogen.

   Welche Fragen können darin enthalten sein
   a) bezogen auf das Produkt,
   b) bezogen auf den Händler?

8.11 Marketing und Verbraucherschutz

Zum Schutz des Verbrauchers vor unerwünschten Kaufverträgen sind verschiedene Gesetze eingeführt worden. Die sind bei den Marketingmaßnahmen zu beachten:

Rechte des Verbrauchers in Bezug auf	
Allgemeine Geschäftsbedingungen: Die AGB werden nur dann bei Vertragsabschluss Bestandteil, wenn – deutlich auf sie hingewiesen wird, – der Verbraucher sie nicht ausdrücklich abbedingt oder – sie den Verbraucher nicht unangemessen benachteiligen.	BGB § 305 (2)
Preisangaben: Angebote müssen Verbrauchern gegenüber – *Endpreise* (einschließlich Umsatzsteuer und andere Preisbestandteile), – *Grundpreise* je Maßeinheit und die *Gütebezeichnung* angeben.	PAngV §§ 1 ff.
Produkthaftung: Entsteht durch einen Produktmangel ein Schaden an *Personen* oder *Sachen*, so haften der Verkäufer und die Vorlieferer, wenn seit dem Kauf nicht mehr als 10 Jahre vergangen sind und ein Fehler nach dem Stand der Technik nicht zu erkennen ist (bei Personenschäden bis 80 Mio. EUR, bei Sachschäden besteht eine Selbstbeteiligung von 500 EUR).	ProdHaftG §§ 1, 4, 13
Kredit- und Abzahlungsgeschäfte: Schriftform, der effektive Jahreszinssatz ist anzugeben. Der Verbraucher kann innerhalb von zwei Wochen nach dem Kauf ohne Angabe eines Grundes zurücktreten. Belehrung über dieses Recht und gesonderte Unterschrift hierfür, sonst Rücktrittsrecht von sechs Monaten.	BGB §§ 491 f., 355 ff.
Haustürgeschäfte: Bei Barkäufen in der Wohnung, auf der Straße oder auf Kaffeefahrten kann der Verbraucher innerhalb von zwei Wochen ohne Angabe eines Grundes zurücktreten. Gesonderte Unterschrift unter eine entsprechende Belehrung, sonst Rücktrittsrecht von sechs Monaten.	§§ 312 f., 355 ff.
Fernabsatzgeschäfte: Bei Bestellungen mit Brief, Fax, Telefon oder E-Mail kann der Verbraucher die gelieferten Waren innerhalb von zwei Wochen (fehlt eine entsprechende Belehrung: sechs Monate) auf Kosten des Lieferanten zurücksenden. Die Ware kann inzwischen normal benutzt werden, ohne dass eine Wertminderung bezahlt werden muss. Die Vorschriften gelten nicht bei Lebensmitteln, Eintrittskarten, Reisen u.Ä.	§§ 312 b, c, d, 355 ff.

1. In einem Schaufenster sehen Sie einen DVD-Rekorder mit einer Preisangabe von 240 EUR und einem Zusatz »zuzüglich 19% Umsatzsteuer«.
   Begründen Sie, ob diese Preisauszeichnung dem Gesetz entspricht.
2. Frau Leuze kaufte vor einem Monat bei der Konzelmann KG eine Heim-Bügelpresse. Bei der Arbeit mit dem neuen Gerät wird ihr wertvolles Modell-Abendkleid stark versengt, weil die Warn- und Ausschaltautomatik aufgrund eines Konstruktionsfehlers nicht funktioniert. Frau Leuze weiß, dass für den Mangel am Gerät Gewährleistung besteht. Sie fragt sich aber, ob jemand für den Verlust des Kleides haftet.
3. Frau Keppler kauft fünf Garnituren Bettwäsche, zahlbar in zwölf Monatsraten. Drei Tage später erfährt sie von ihrer Nachbarin, dass der Kaufpreis unverhältnismäßig hoch ist.
   Welche Möglichkeit gibt es, den Verkauf rückgängig zu machen?
4. a) Ein E-Commerce-Händler liefert die über E-Mail bestellten Lebensmittel und Haushaltsreinigungsmittel dem Kunden zu. Dieser sendet nach drei Tagen alles zurück.
   Begründen Sie, ob er richtig handelt.
   b) Wie werden sich Ihrer Meinung nach die Bestimmungen über Fernabsatzgeschäfte auf die Umsätze des E-Commerce auswirken?
5. Frau Welker lässt sich von einem cleveren Staubsaugervertreter in der Wohnung zum Kauf eines Luxusstaubsaugers verführen. Hinterher ärgert sie sich über die unnötige Ausgabe von 270 EUR, da ihr alter Staubsauger noch vollkommen in Ordnung ist.
   Wie können Sie Frau Welker beraten?

9 Güter- und Nachrichtenverkehr

Güter- und Nachrichtenverkehr erfüllen für die Volkswirtschaft eine unverzichtbare Grundfunktion, denn sie **ermöglichen den Austausch von Gütern, Leistungen und Nachrichten (Informationen).** Damit werden Voraussetzungen geschaffen, die für ein funktionierendes Wirtschaftssystem unerlässlich sind: Nur durch den ständigen Güter- und Nachrichtenumlauf zwischen Erzeugung, Handel und Verbrauch kann die Wirtschaft in Gang gehalten werden.

Güter- und Nachrichtenverkehr umfassen neben dem rein technischen Vorgang des Transports alle Einrichtungen, die der Raumüberwindung dienen, sowie alle kaufmännischen und organisatorischen Leistungen, die dem Transport vorausgehen, ihn begleiten oder ihm zeitlich nachfolgen.

9.1 Geschäfte beim Güterverkehr

9.1.1 Frachtgeschäft

Zwischen dem Absender eines Gutes und dem Frachtführer wird ein **Frachtvertrag** nach HGB abgeschlossen, wenn die Beförderung von einem gewerblichen Unternehmer auf dem Lande, auf Binnengewässern oder in der Luft durchgeführt wird.

> Durch den **Frachtvertrag** wird der **Frachtführer verpflichtet, das Gut zum Bestimmungsort zu befördern** und dort **an den Empfänger abzuliefern.**

HGB §§ 407 ff. Mit seinen Transportmitteln befördert der Frachtführer Güter häufig *schneller,* wegen der weitgehenden Ausnützung des Transportraums mit Sammel- und Rückladungen auch *billiger* und durch den Einsatz von Spezialfahrzeugen *zweckmäßiger* als der Absender.

Pflichten des Frachtführers

a) Sorgfalt. Er hat den Frachtvertrag mit der Sorgfalt eines ordentlichen Frachtführers zu erfüllen. Das heißt:

§ 423 – *Beförderung* innerhalb der vereinbarten Zeit,

§ 418 – *Auslieferung* an den im Frachtbrief benannten Empfänger,

§ 419 – *Ausführung* aller Weisungen des Absenders, solange das Transportgut in seinem Gewahrsam ist,

– *Benachrichtigung* des Absenders über Schwierigkeiten und Hindernisse bei der Ablieferung.

§ 425 **b) Haftung.** Der Frachtführer unterliegt der **Gefährdungshaftung.** Er haftet für den Schaden, der durch Verlust oder Beschädigung (Güterschaden) von der Übernahme zur Beförderung bis zur Ablieferung oder durch Überschreitung der Lieferfrist (Vermögensschaden) entsteht. Dabei haftet er auch für seine Mitarbeiter und andere Personen, die bei der Beförderung mitwirken.

§ 426 Der Frachtführer ist von der Haftung befreit, soweit der Schaden durch Umstände eingetreten ist, die der Frachtführer auch bei größter Sorgfalt nicht vermeiden und deren Folgen er nicht abwenden konnte.

Die Haftung des Frachtführers ist nach dem Gesetz begrenzt

- für Güterschäden auf 8,33 Rechnungseinheiten pro Kilogramm des Rohgewichts der Sendung (1 Rechnungseinheit entspricht 1 Sonderziehungsrecht – SZR –, zurzeit 1,15 EUR, Stand: Januar 2011), HGB § 431
- wegen Überschreitung der Lieferfrist auf das Dreifache der Fracht. § 449

Von diesen Höchstgrenzen kann durch vertragliche Vereinbarung abgewichen werden.

Rechte des Frachtführers

a) Frachtbrief. Der Frachtführer kann vom Absender die Ausstellung eines Frachtbriefes als Beweis für den Abschluss und den Inhalt des Frachtvertrages verlangen. § 408

b) Vergütung. Er kann die Vergütung der Transportkosten und sonstiger Kosten verlangen. § 420

c) Gesetzliches Pfandrecht. Zur Sicherung seiner Forderung kann er das Gut zurückbehalten und bei Nichtzahlung öffentlich versteigern lassen. § 441

Der Frachtvertrag ist erfüllt, wenn das Gut und der Frachtbrief dem Empfänger übergeben sind. *Sichtbare Mängel* am Gut sind vom Empfänger beim Frachtführer sofort zu rügen und in einer Tatbestandsaufnahme festzulegen. *Versteckte Mängel* können innerhalb von sieben Tagen nach Ablieferung noch geltend gemacht werden. § 438

9.1.2 Speditionsgeschäft

Durch den **Speditionsvertrag** wird der **Spediteur verpflichtet, die Versendung des Gutes zu besorgen.**

Der Spediteur übernimmt eine Vermittlerrolle zwischen Versender und Frachtführer, denn *Besorgung des Transports* bedeutet Organisation der Beförderung, ohne den Transport selbst durchzuführen. § 453 (1)

Pflichten des Spediteurs

a) Besorgung der Versendung. Dazu zählen § 454

- Beförderungsmittel und Beförderungsweg bestimmen,
- Frachtführer auswählen,
- die erforderlichen Fracht-, Speditions- und Lagerverträge abschließen,
- Informationen und Weisungen erteilen,
- Schadensersatzansprüche des Versenders gegenüber Dritten sichern,
- sonstige vereinbarte, auf die Beförderung bezogene Leistungen ausführen. Dazu gehören Versicherung, Verpackung, Kennzeichnung, Zollbehandlung.

b) Haftung. Der Spediteur haftet für den Schaden, der durch Verlust oder Beschädigung des in seiner Obhut befindlichen Gutes entsteht, wie ein Frachtführer (siehe 9.1.1). § 461

Bei der Erfüllung seiner Pflichten hat der Spediteur stets das Interesse des Versenders wahrzunehmen.

Rechte des Spediteurs

a) Vergütung nach Vereinbarung. Sie wird fällig, wenn das Gut dem Frachtführer übergeben worden ist. § 453 (2)

HGB § 453 (1) **b) Information.** Diese umfasst die Art, Beschaffenheit und Behandlung des Gutes, bei gefährlichen Gütern sind auch die Art der Gefahr und die erforderlichen Vorsichtsmaßnahmen mitzuteilen.

§ 458 **c) Selbsteintritt.** Der Spediteur kann die übernommene Sendung selbst befördern.

Er hat dabei die Rechte und Pflichten eines Frachtführers und kann neben der Vergütung für die Speditеurstätigkeit die gewöhnliche Fracht verlangen.

§ 459 **d) Spedition zu festen Kosten.** Als Vergütung kann ein bestimmter Betrag vereinbart werden, der die Kosten für die Beförderung einschließt.

Auch in diesem Fall hat der Spediteur die Rechte und Pflichten eines Frachtführers. Ein Ersatz der Aufwendungen ist nur möglich, soweit dies üblich ist.

§ 460 **e) Sammelladung.** Der Spediteur ist befugt, Sendungen verschiedener Auftraggeber gemeinsam zu befördern.

§ 464 **f) Gesetzliches Pfandrecht.** Der Spediteur kann die in seinem Besitz oder beim Frachtführer befindlichen Güter bis zur vollen Bezahlung seiner Forderungen zurückbehalten und bei Nichtzahlung verwerten.

Der Abschluss des Speditionsvertrags ist an keine Form gebunden, doch ist die schriftliche Bestätigung des Auftrags üblich. Er erfolgt in aller Regel aufgrund der *»Allgemeinen Deutschen Spediteurbedingungen« (ADSp).* Diese schaffen eine klare Abgrenzung der Haftung für Schäden und Mängel bei der Abwicklung von Speditionsaufträgen und verpflichten den Spediteur, seine verkehrsvertragliche Haftung durch eine *Haftungsversicherung* auf seine Kosten abzudecken. Für Schäden, die durch die Spediteurhaftung nicht abgedeckt sind, kann der Versender den Spediteur beauftragen, eine Schadensversicherung abzuschließen. Die Prämie hierfür hat der Versender zu bezahlen.

Arten der Spediteure

Die Vielfalt der Aufgaben sowie die Handelsbräuche und gesetzlichen Vorschriften in den einzelnen Ländern haben im Speditеurgewerbe zur Arbeitsteilung geführt. Der Spediteur spezialisiert sich auf bestimmte, begrenzte Auftragsarten (Möbelspedition, Weinspedition, Versand nach Ostasien) und bedient sich anderer Spediteure zur Durchführung von Sonderaufgaben (Umladung, Verzollung).

Grundsätzlich werden folgende **Arten** unterschieden:

a) Nach der **rechtlichen Stellung** zum Auftraggeber:

   1. Der **Hauptspediteur** übernimmt einen Auftrag vom Versender und trägt diesem gegenüber die Verantwortung bis zur Ablieferung des Gutes beim Empfänger.
   2. Der **Zwischenspediteur** wird vom Hauptspediteur zur Erledigung des Auftrags »zwischengeschaltet«. Er kann die Beförderung auf Teilstrecken besorgen, den Umschlag von einem Beförderungsmittel auf ein anderes oder Zollformalitäten bei der Warenein- und -ausfuhr erledigen.

b) Nach der **Funktion** bei der Abwicklung des Beförderungsauftrages:

   1. Der **Versandspediteur** ist in aller Regel Hauptspediteur am Versandort und wird für den Versender tätig.
   2. Der **Empfangsspediteur** hat entweder die Weisungen des Versenders oder des Empfängers zu befolgen. Er wird als *Adress-Spediteur* bezeichnet, wenn die Sendung an ihn adressiert ist.
   3. Der **Sammelladungsspediteur.** Er sammelt eine Vielzahl von Stückgütern und stellt für einen wirtschaftlich bedeutsamen Raum (München, Ruhrgebiet) eine Wagenladung zusammen, die an einen Empfangsspediteur gerichtet ist. Dieser stellt die Güter bei Ankunft den Empfängern selbst zu oder lässt sie durch einen Frachtführer zustellen.

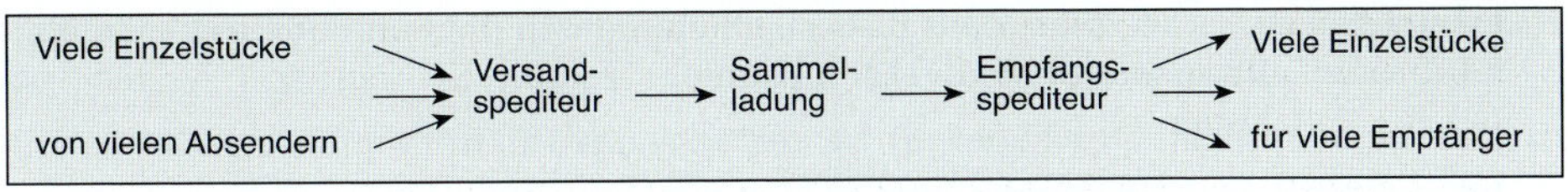

Bei dieser Einrichtung werden die hohen Stückgutfrachten durch die niedrigen Wagenladungsfrachten abgelöst. Der Spediteur berechnet dem Versender ein Haus-Haus-Entgelt, das zwischen der Stückgut- und Wagenladungsfracht liegt. Der Versender hat somit einen Frachtvorteil.

c) Nach dem **Beförderungsmittel:**
Bahn-, Kraftwagen-, Binnenschiffs- und Luftfrachtspediteur.

d) Nach dem **Tätigkeitsbereich:**
Binnen-, Grenz-, Seehafenspediteur, internationale Spedition und Logistik-Spedition.

Bedeutung

Der Spediteur kennt aufgrund seiner Marktübersicht die günstigsten Frachtsätze und die schnellsten Verkehrsverbindungen. Er koordiniert den Einsatz von Frachtführern im *gebrochenen Verkehr* (Land – Luft – See), organisiert *Transportketten* (Schiene – Straße – Schiff) und besorgt den Zubringer- und Abholdienst als *Speditionsrollfuhr.* Seine Tätigkeit erspart insbesondere bei Auslandstransporten Kosten und Zeit. Er wird deshalb »Architekt des Verkehrs« genannt.

Oft bietet der Spediteur seinen Auftraggebern ein **Dienstleistungs-Paket** an, das die Warenbewegung und Informationsübermittlung vom Fließband des Herstellers über eine Zwischenlagerung bis in die Regale des Groß- und Einzelhändlers umfasst. Es handelt sich dabei um **Transport, Lagerhaltung, Kommissionierung,** Erstellen der **Abrechnungsunterlagen** und **Lieferscheine** und **Auslieferung.** Spediteure nennen sich deshalb auch »Dienstleister« oder »Logistik-Spedition«. Auf Verlangen des Auftraggebers gibt der Spediteur sogar eine Garantieerklärung für die Einhaltung von Qualitätsnormen bei der Abwicklung des Dienstleistungs-Paketes und der ausgelieferten Güter ab.

9.1.3 Lagergeschäft

Durch den **Lagervertrag** wird der **Lagerhalter verpflichtet, das Gut zu lagern und aufzubewahren.**

HGB § 467 (1)

Pflichten des Lagerhalters

a) Sorgfaltspflicht. Der Lagerhalter hat

- bei der Übernahme das Gut und seine Verpackung in Bezug auf seinen äußerlichen Zustand, auf Gewicht, Menge und Inhalt sowie auf Anzahl, Zeichen und Nummern der Packstücke zu prüfen, §§ 470 f.
- während der Einlagerung alle Maßnahmen zu treffen, dass die *Ware* vor Verderb und Minderung geschützt ist und drohende Qualitätsverschlechterungen dem Einlagerer unverzüglich gemeldet werden.

b) Pflicht, Besichtigungen zu gestatten. Dem Einlagerer ist während der Geschäftsstunden die Besichtigung des Gutes, die Entnahme von Proben und die Vornahme notwendiger Handlungen zu gestatten. § 471 (1)

c) Haftungspflicht. Der Lagerhalter haftet für den Schaden, der durch Verlust oder Beschädigung des Gutes in der Zeit von der Übernahme zur Lagerung bis zur Auslieferung § 475 entstanden ist, es sei denn, dass dieser Schaden durch die Sorgfalt eines ordentlichen Kaufmanns nicht abgewendet werden konnte.

HGB §§ 473, 475e **d) Herausgabepflicht.** Das Lagergut ist auf Verlangen dem Empfangsberechtigten herauszugeben, gegebenenfalls gegen Rückgabe des Lagerscheins.

Rechte des Lagerhalters

§§ 467 (2), 474 **a) Entschädigungsrecht.** Er hat Anspruch auf die vereinbarte Vergütung und den Ersatz seiner Aufwendungen.

§ 475b **b) Gesetzliches Pfandrecht.** Zur Sicherung seiner Forderungen kann er das eingelagerte Gut bis zu deren Bezahlung zurückbehalten und bei Nichtzahlung verwerten.

§ 473 (1) **c) Kündigungsrecht.** Ist keine Zeit vereinbart, so kann der Lagervertrag unter Einhalt einer Kündigungsfrist von einem Monat gekündigt werden. Bei wichtigen Gründen besteht das Recht zur fristlosen Kündigung.

Arten der Lagerung

a) Trennungs- oder Sonderlagerung. Die Güter jedes einzelnen Einlagerers werden gesondert gelagert und er erhält *dieselben* Güter zurück, die er zur Lagerung gebracht hat.

§ 469 **b) Sammel-, Vermengungs- oder Vermischungslagerung.** Vertretbare Güter werden zur Ausnützung der Lagereinrichtungen mit Zustimmung des Einlagerers gemischt gelagert, z.B. Getreide in Silos. Der Einlagerer wird Miteigentümer am Gesamtgut und kann nur *gleichartiges* Gut zurückverlangen. Diese Art der Lagerung setzt großes Vertrauen in die reelle Geschäftsführung des Lagerhalters voraus (Gefahr des Zumischens geringwertiger Sorten).

c) Mietlagerung. Festgelegte Lagerräume werden an einen Einlagerer vermietet; die Wartung und Verwaltung des Gutes obliegen dem Lagerhalter.

Lagerscheine

§ 475c–h

Als Empfangsbescheinigung des Lagerhalters für eingelagertes Gut kann dem Einlagerer ein **Lagerschein** ausgehändigt werden. Er ist wie der Ladeschein und das Konnossement ein **Warenwertpapier.**

Der **gewöhnliche Lagerschein** ist ein Ausweispapier, das auf den Namen lautet. Der Herausgabeanspruch auf das Lagergut kann mit einer Abtretungserklärung (Zession) übertragen werden. Der **Orderlagerschein** ist ein gekorenes Orderpapier und kann durch Indossament übertragen werden. Mit der Übertragung des Lagerscheins geht das Verfügungsrecht am Lagergut auf den Empfänger über. Der Lagerschein ist also ein Verfügungspapier über »ruhende« Ware. Sein Hauptvorteil liegt darin, dass sowohl bei der Eigentumsübertragung als auch bei der Pfandbestellung die Übergabe des stellvertretenden Papiers an die Stelle der schwerfälligen Übergabe des Lagergutes tritt.

Bedeutung der Lagerhäuser

Die Lagerhäuser haben ihre größte Bedeutung für die Lagerung von Massengütern des Weltverkehrs an Umschlagplätzen. Sie werden dort errichtet, wo der Handel und die Industrie ihre Ware stapeln. Dies sind die Orte der Produktion, des Konsums und des Umschlags. Vor allem in den großen Hafenplätzen gibt es allgemeine Lagerhäuser und Spezial-Lagerhäuser, z.B. für Tabak, Getreide, Wein, Öl, Treibstoff, verderbliche Lebensmittel.

Mithilfe der Lagerhäuser lässt sich die Zeitspanne zwischen Erzeugung und Verbrauch überbrücken, insbesondere die erntebedingte Spanne bei landwirtschaftlichen Erzeugnissen.

Für viele Betriebe ist es nicht wirtschaftlich, eigene Lagerhäuser zu unterhalten, weil z.B. zu geringe Mengen einzulagern sind.

Weitere Gründe für die Fremdlagerung können sein:

- Standortvorteile durch Lager in Umschlagszentren (Güterbahnhöfe, Häfen),
- Speziallager, die der Betrieb nicht selbst einrichten kann bzw. darf (Kühlhäuser, Zolllager),
- Einlagerung bei Geschäftserweiterung, wenn die eigenen Räume nicht ausreichen und Erweiterungsmöglichkeiten nicht gegeben sind,
- Vermeiden eigener hoher Anlage-Investitionen, wenn die kontinuierliche Nutzung nicht gewährleistet ist,
- Übernahme von Service-Leistungen der Bestandsüberwachung, Lagerbuchhaltung, Warenpflege und Auslieferung,
- Verlagerung des Risikos auf gewerbliche Lagerhalter bringt Kostenvorteile, weil der gewerbliche Lagerhalter u.U. günstigere Versicherungsprämien erzielen kann,
- Finanzierung der Lagerware durch Verpfändung des Orderlagerscheins.

?

1. Frachtführer Hurtig e.K. übernimmt 20 t Silikondichtmasse bei der Chemischen Fabrik AG, Hildesheim, zum Transport nach München. Nach der Beladung verlangt der Fahrer vom Absender einen Frachtbrief für diese Ladung. Aus dem Frachtbrief geht u. a. hervor, dass der Empfänger in München die Frachtkosten für diesen Transport übernimmt.
   a) Suchen Sie nach Gründen, die den Frachtführer veranlassen könnten, die Ausstellung eines Frachtbriefes zu verlangen.
   b) Bei Ablieferung der Sendung weigert sich der Empfänger, die Frachtkosten zu bezahlen, da er mit dem Absender »Frei-Haus-Lieferung« vereinbart hätte. Beschreiben Sie die Rechte des Frachtführers.
2. Eine Sendung mit 826 kg Gewicht wird beim Transport total beschädigt.
   a) Wann müssen die Ansprüche gegen den Frachtführer geltend gemacht werden?
   b) Wie hoch ist die gesetzliche Ersatzleistung des Frachtführers? (1 SZR = 1,15 EUR)
3. Die Spedition Schnell & Zuverlässig OHG bietet die Lösung aller möglichen Beförderungsaufgaben an. Sie betreibt beispielsweise nationale und internationale Sammelladungsverkehre nach über 20 Relationen, fertigt europaweit Lkw-Komplettladungen mit eigenen und fremden Fahrzeugen ab, erledigt Luft- und Seefrachtaufträge nach Übersee.
   a) Nennen Sie Vorteile, die sich aus dem Sammelladungsverkehr für den Verlader und den Spediteur ergeben.
   b) Häufig wird mit den Versendern ein fester Übernahmesatz für die Abwicklung eines Auftrags vereinbart. Welche kaufmännischen Vorteile bietet dies für den Versender?
   c) Vergleichen Sie die Aufgaben eines Spediteurs mit denen eines Frachtführers.
   d) In Fachkreisen wird der Spediteur »Architekt des Verkehrs« genannt. Durch welche Tätigkeiten ist diese Bezeichnung gerechtfertigt?
4. Die Großhandels-AG Paderborn, möchte die aus Nordeuropa stammenden Waren bis zu ihrer Auslieferung an Einzelhändler bei einem gewerblichen Lagerhalter zwischenlagern. Eine infrage kommende Lagergesellschaft legt den Lagerverträgen ihre Lagerbedingungen zugrunde, die u. a. folgenden Passus enthalten:

   »Die Lagergesellschaft ist im Falle der Lagerung vertretbarer Sachen zu ihrer Vermischung mit anderen Sachen von gleicher Art und Güte befugt. Wird dies allerdings vom Einlagerer nicht gewünscht, so muss er dies vor der Einlagerung ausdrücklich schriftlich mitteilen.«
   a) Beschreiben Sie die Gefahr, die sich durch Sammellagerung für den Einlagerer ergibt.
   b) Durch welche Vorsorgemaßnahmen kann sich der Einlagerer vor den Risiken der Einlagerung bei gewerblichen Lagerhaltern schützen?
   c) Nennen Sie Serviceleistungen der Lagergesellschaft, die das Einlagern bei gewerblichen Lagerhaltern für den Auftraggeber attraktiv machen.
   d) Welche Vorteile ergeben sich für die Großhandels-AG durch die Fremdlagerung?

9.2 Einrichtungen (Träger) des Güter- und Nachrichtenverkehrs

Für die Beförderung von Gütern und Nachrichten stehen folgende **Einrichtungen und Träger** zur Verfügung:

- **Brief- und Paketdienste** der Deutschen Post AG und anderer Dienstleister. Sie befördern mit eigenen Fahrzeugen und in Kooperation mit den Verkehrsträgern.
- **Telekommunikationsdienste** der Deutschen Telekom AG und anderer Anbieter. Sie übermitteln weltweit Nachrichten und Daten mithilfe leistungsfähiger Leitungsnetze (Datenautobahn) und über Funkfrequenzen.
- **Stückgut- und Ladungsverkehre** der Verkehrsträger Schienenverkehr, Straßenverkehr, Binnen- und Seeschifffahrt sowie Luftverkehr.

9.2.1 Brief- und Paketdienste

Seit Anfang 2008 ist in Deutschland der Postmarkt liberalisiert. Neben der Deutschen Post AG ist eine Vielzahl von Anbietern – meist regional – tätig. Die Anbieter auf dem Postmarkt fasst man unter der Bezeichnung **K**urier-, **E**xpress- und **P**aketdienste (**KEP**-Dienste)zusammen. Wegen der starken Marktstellung der Deutschen Post AG werden deren Dienste hier dargestellt.

Produkte der Deutschen Post AG

▶ Briefbeförderung

Die Deutsche Post AG unterscheidet bei der Briefbeförderung bei den *gewöhnlichen* und *ermäßigten* Briefsendungen u. a. folgende **Basisprodukte** und **Sendungsarten:**

Infopost-Sendungen sind Massendrucksachen, von denen jeweils mindestens 50 inhaltsgleiche Sendungen für den Leitbereich der Einlieferungsstelle aufgeliefert werden müssen. Die Sendungen können Vervielfältigungen jeglicher Art enthalten. Datum, Empfänger- und Absenderangaben sind zusätzlich erlaubt. Die Sendungen können verschlossen eingeliefert werden; die Post behält sich jedoch die Öffnung zur Inhaltsprüfung vor. Bezeichnung »Infopost«.

Infobriefe sind Sendungen in den Abmessungen der Basisprodukte zu ermäßigten Entgelten. Es müssen mindestens 50 inhaltsgleiche Stücke am Postschalter aufgeliefert werden.

Büchersendungen enthalten nur Bücher, Broschüren, Notenblätter oder Landkarten im offenen Umschlag. Es dürfen Rechnungen, Überweisungsträger, Leihkarten, Buchlaufkarten und Umhüllungen für die Rücksendung beigefügt werden. Bezeichnung »Büchersendung«.

Warensendungen sind Sendungen mit Proben, Mustern oder kleineren Gegenständen in unverschlossenen Umhüllungen. Drucksachen, Rechnungen und Überweisungsträger dürfen beigelegt werden. Bezeichnung »Warensendung«.

Postwurfsendungen sind anschriftlose Sendungen mit gleichem Inhalt bzw. gleicher Beschaffenheit, die an alle Haushalte, Haushalte mit Tagespost oder Briefabholer verteilt werden.

	Basisprodukte und Sendungsarten	Höchstformat Länge	Breite	Höchstdicke (Höhe)	Höchst-gewicht	Entgelte EUR
	Postkarte	235 mm	125 mm umfasst B 6/DL			0,45
Standard	Standardbrief Infopost – Standard Infobrief – Standard Büchersendung – Standard Warensendung – Standard	235 mm	125 mm umfasst B 6/DL	5 mm	20 g	0,55 0,25 0,35 0,45 0,45
Kompakt	Kompaktbrief Infopost – Kompakt Infobrief – Kompakt Büchersendung – Kompakt Warensendung – Kompakt	235 mm	125 mm umfasst B 6/DL	10 mm	50 g	0,90 0,28–0,39 0,75 0,60 0,70
Groß	Großbrief Infopost – Groß Infobrief – Groß Büchersendung – Groß	353 mm	250 mm = B 4	20 mm	500 g 1.000 g 1.000 g 500 g	1,45 0,36–1,05 1,35 0,85
Maxi	Maxibrief Infopost – Maxi Infobrief – Maxi Büchersendung – Maxi Warensendung – Maxi	353 mm	250 mm = B 4	50 mm	1.000 g 1.000 g 1.000 g 1.000 g 500 g	2,20 0,73–1,42 1,80 1,40 1,65
	Postwurfsendungen an – Haushalte mit Tagespost – alle Haushalte – alle Briefabholer	324 mm	229 mm = C 6	50 mm	 250 g 250 g 1.000 g	pro 1.000 Stück 63,07 – 315,35 102,34 – 357,00 104,72 – 654,00

▶ Paketbeförderung

Die *gesamten* Express-, Fracht- und Logistikdienstleistungen und damit die Paketbeförderung der Deutschen Post AG werden unter der Marke DHL abgewickelt.

Päckchen sind Sendungen bis zu einem Höchstgewicht von 2.000 g, die mit der Paketpost zugestellt werden. Sie können in Quader- oder Rollenform versendet werden, wobei Mindest- und Höchstmaße beachtet werden müssen. Das Entgelt beträgt 4,10 EUR.

Postpakete sind Sendungen mit Gegenständen und brieflichen Mitteilungen, die sich nach Größe und Gewicht zur Beförderung mit der Paketpost eignen. Das Höchstgewicht der Postpakete liegt bei 31,5 kg.

Das Entgelt beträgt	bis 10 kg	6,90 EUR
	über 10 bis 20 kg	11,90 EUR
	über 20 bis 31,5 kg	13,90 EUR.

▶ Beschleunigte Sendungen

a) **Kurier- und Expressdienst.** Unter bestimmten Bedingungen bietet die DHL die Beförderung von Express-Briefen und Express-Paketen an. Die Express-Sendungen werden am Tag nach der Auflieferung zugestellt. Die Zustellung am gleichen Tag, an Samstagen, Sonn- und Feiertagen, zu einer bestimmten Uhrzeit sowie das Abholen der Sendungen können vereinbart werden. Gewichtsgrenzen bei Express-Briefen 2.000 g, bei Express-Paketen 20 kg.

b) Luftpost. Briefe, Postkarten, Päckchen und freigemachte Postpakete werden gegen ein Luftpostentgelt mit Luftpost befördert, Vermerk »Mit Luftpost«.

Luftpostleichtbrief (**Aerogramm**) besteht aus einem gefalteten Bogen Briefpapier, der an allen Seiten geklebt wird. Er wird zu einem Einheitsentgelt nach allen Ländern befördert.

Luftpostpakete werden wie Postpakete zugestellt. Der Zuschlag erfolgt nach Gewicht und Entfernung. Es besteht Freimachungszwang. Das Höchstmaß beträgt 150 cm (Länge und Umfang).

c) Postpakete international. Die Beförderung von Postpaketen im internationalen Verkehr erfolgt innerhalb Europas auf dem Landweg, nach Übersee auf dem kombinierten Land-/Luftweg. Das Entgelt richtet sich nach der Entfernungszone. Eine Beförderung auf dem Luftweg ist möglich, wenn ein Luftpost-Zuschlag entrichtet wird.

Beispiel: Vergleich für ein 10-kg-Paket nach Australien: Der Transport auf kombiniertem Land-/Luftweg dauert etwa 14 Tage und kostet 55,00 EUR, die Beförderung per Luftpost wird in etwa 7 Tagen durchgeführt, wobei ein Zuschlag von 44,00 EUR zu bezahlen ist.

▶ Gesicherte Sendungen (nachzuweisende Sendungen)

a) Einschreiben. Briefe werden auf Verlangen des Absenders eingeschrieben und zur Sicherung gegen Verlust besonders behandelt. Bei der Auslieferung wird entweder vom Entgegennehmenden die Übergabe *(Eigenhändig)* oder von der Post der Einwurf in den Briefkasten *(Einwurfeinschreiben)* dokumentiert.

b) Wertvolle Sendungen können als »Postpaket« bis zu einem Wert von 25.000 EUR versandt werden. Für diese Pakete wird eine Transportversicherung abgeschlossen.

c) Rückschein. Bei Übergabeeinschreiben, Nachnahmesendungen und Postpaketen wird dem Absender gegen zusätzliches Entgelt die Ablieferung der Sendung auf einem vorbereiteten Rückschein bestätigt. Der Rückschein kann als Beweis für den Zugang einer empfangsbedürftigen Willenserklärung verwendet werden.

▶ Besonderheiten

a) **Postlagernde Sendungen** werden beim Zustellpostamt 14 Werktage nach dem Eingang gegen Entgelt zur Abholung bereitgehalten. Vermerk »Postlagernd«.

b) **Postfachsendungen** werden zur Abholung durch den Empfänger in sein gemietetes Postfach gelegt.

c) **Nachnahme.** Auf Verlangen des Absenders werden freigemachte Briefe und Postkarten erst nach Einziehung eines Nachnahmebetrages bis 1.600 EUR ausgeliefert. Bei Paketen ist der Nachnahmehöchstbetrag 3.500 EUR. Der eingezogene Nachnahmebetrag wird gegen Entgelt an den Absender überwiesen.

d) **Eigenhändig.** Gegen besonderes Entgelt werden eingeschriebene Briefsendungen und Express-Postpakete, die den Vermerk »Eigenhändig« tragen, nur dem angegebenen Empfänger ausgehändigt.

e) **Freimachungszwang.** Büchersendungen, Warensendungen und Päckchen sind immer freizumachen. Andere Sendungen können auch unfrei eingeliefert werden, was jedoch mit Einziehungsentgelt verbunden ist.

f) **Selbstbucherverfahren.** Es dient zur beschleunigten und vereinfachten Einlieferung von Postpaketen, Einschreib- und Wertsendungen. Versender, die regelmäßig solche Sendungen einliefern, können das Wiegen, das Errechnen des Entgeltes und das Aufkleben der Nummernzettel im eigenen Betrieb erledigen. Jede Sendung wird mit der Durchschrift in das Einlieferungsbuch eingetragen.

Bei der Einlieferung zählt der Schalterbedienstete nur noch die Anzahl der Stücke bzw. fortlaufende Nummerierung und bestätigt sie im Einlieferungsbuch, dessen Originalseite herausgetrennt und bei der Post verwahrt wird. Die Gebühren werden werktäglich oder alle 10 Tage vom Postbankkonto des Selbstbuchers abgebucht.

▶ Haftung der Post

Die Post haftet für Schäden an Sendungen selbst dann, wenn sie kein Verschulden trifft.

Bei Briefsendungen ohne Einschreiben und ohne Wertangabe sowie bei Päckchen leistet die Post keinen Schadensersatz.

Sendungsart	Haftungsgrund	Haftungsmaß
Eingeschriebene Briefsendungen	Verlust	25 EUR
Gewöhnliche Postpakete	Verlust Beschädigung	unmittelbarer Schaden bis 500 EUR
Wertvolle Express-Brief- oder **Postpaketsendungen**	Verlust Beschädigung	unmittelbarer Schaden bis zum Betrag der Wertangabe
Geldsendungen durch Zahlungsanweisung, Nachnahme	nicht ordnungsgemäße Übermittlung des Geldbetrags	Höhe der Zahlung

■ Andere Brief- und Paketdienste

Einige Beförderungsunternehmen bieten ihren Kunden die individuelle Abwicklung der Beförderungsaufträge an. Sie bezeichnen sich als **K**urier-, **E**xpress- und **P**aketdienste **(KEP-Dienste).** Die dafür berechneten Entgelte richten sich nach

– der Art der Sendung (Pakete, Päckchen, Infopost, Briefe),

– dem Gewicht der Sendung (Höchstgewichtsgrenzen beachten),

- dem gewünschten Zeitraum der Beförderung zum Empfänger (Stunden, Tage),
- dem Bestimmungsort (innerörtlich, regional, bundesweit und weltweit).

KEP-Dienste werden u.a. von folgenden Unternehmen angeboten: DHL Vertriebs GmbH & Co. OHG, Deutscher Paket Dienst GmbH & Co. KG (DPD), General Logistics Systems Germany GmbH & Co. OHG (GLS), Hermes-Logistik GmbH & Co. KG, s-mail, trans-o-flex Schnell-Lieferdienst GmbH, United Parcel Service Deutschland Inc. & Co. OHG (UPS).

Die KEP-Dienste arbeiten mit eigenen Fahrzeugen oder in Kooperation mit Vertragsunternehmen des Land- und Luftverkehrs nach folgendem System:

- Abholung der Sendung beim Auftraggeber auf Anforderung oder nach Tourenplan,
- Sammeln und Zusammenstellen der Sendungen in zentralen Depots,
- Transport zu den jeweiligen Verteilerdepots meist über Nacht,
- Auslieferung an den Empfänger.

Bei innerörtlich oder regional abzuwickelnden Aufträgen ist in aller Regel keine Zwischensammlung in Depots vorgesehen. Hier liefert der Abholkurier die Sendung unverzüglich beim Empfänger aus.

Die Unternehmen mit KEP-Diensten können aufgrund ihrer überregionalen Verflechtungen z.T. erhebliche zeitliche Vorteile bei der Abwicklung der übernommenen KEP-Aufträge erzielen und deshalb günstige Bedingungen für die Beförderung anbieten.

9.2.2 Telekommunikationsdienste

Seit der Liberalisierung des Bereichs der Telekommunikation bieten neben der **Deutschen Telekom AG,** dem privatisierten Kommunikationsdienst der früheren Deutschen Bundespost, **weitere Unternehmen,** z.B. Vodafone, Arcor, den Teilnehmern u.a. Leitungsnetze für den Telefondienst und die Fernmeldedienste an.

Der Telefonverkehr ermöglicht im Selbstwähldienst einen schnellen mündlichen Meinungsaustausch selbst in entfernte Erdteile. Die Handvermittlung ist Sonderfällen vorbehalten.

Die Dienstleister dieser Branche bieten z.T. **Sonderdienste** an, für die der einfache Telefonanschluss ausreicht, z.B. Wecken, Zeitansage, Wettervorhersage, Börsennachrichten. Daneben gibt es auch Sonderdienste, die nur mit Zusatzeinrichtungen in Anspruch genommen werden können, z.B. Anrufbeantworter, Fernkopierer, Internet.

Der **Anrufbeantworter** ist ein Gerät, das ankommende Gespräche ohne Mitwirkung des Empfängers aufzeichnet und aufgezeichnete Mitteilungen an den Anrufer vermittelt.

Der **Telefax-Dienst (Fernkopieren)** ist zwischen Telefonanschlüssen möglich, wenn entsprechende Zusatzeinrichtungen (Anschalteinrichtung und Fernkopierer) vorhanden sind. Es können Originalvorlagen bis zur Größe DIN A4 in zwei bis sechs Minuten je Blatt übermittelt werden. Auch über Mobilfunk ist dies mit einem mobilen Faxgerät möglich.

Die Geschäftseinheit **T-Online** der Deutschen Telekom AG ist Deutschlands größter Informations- und Kommunikationsdienst, der den Dialog zwischen einem Kunden (client) und einem Rechner (server) erlaubt. Darüber hinaus ist es auch ein Internet-Portal (http://www.t-online.de). Der Kunde benötigt dazu einen PC, der durch verschiedene Kommunikationsgeräte (Modem, ISDN-Karte, Funkkarte, Router) mit dem Server verbunden ist.

Die Telekom bietet diesen Informations- und Kommunikationsdienst mit T-Online an. Die verschiedenen Informations- und Dialogmöglichkeiten werden mithilfe von Schaltflächen aufgerufen (Bild).

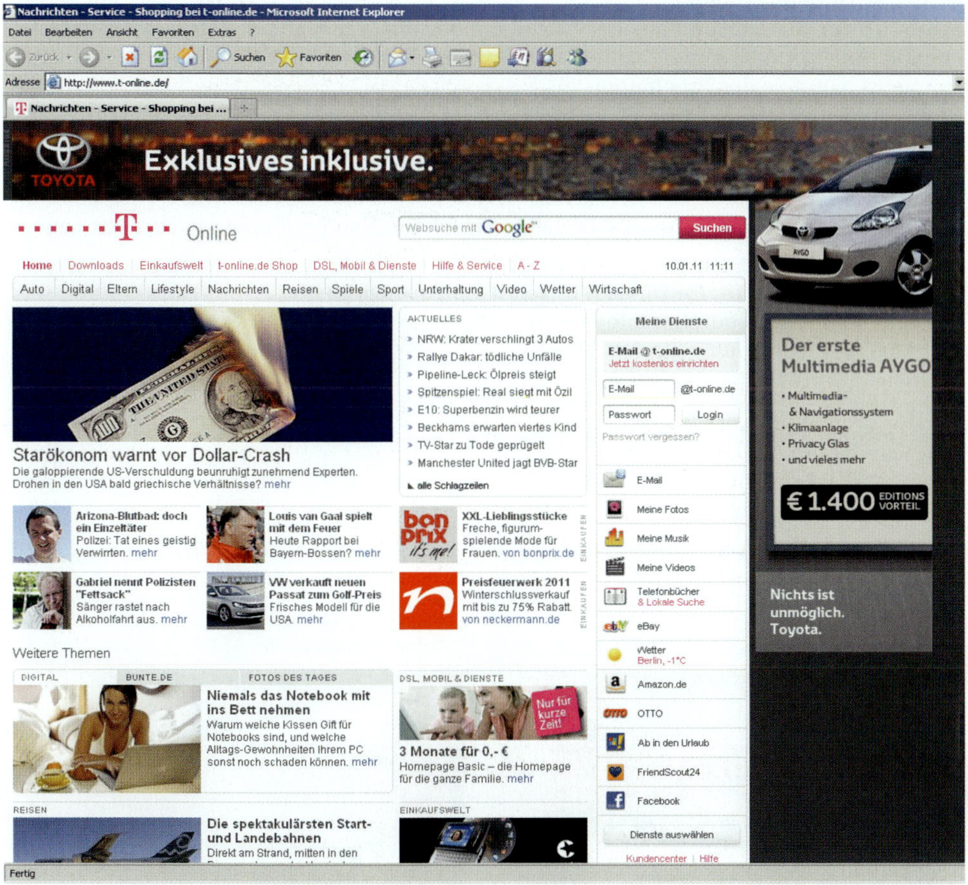

Neben diesen Festnetzdiensten ermöglichen verschiedene **Mobilfunk-**Anbieter das Telefonieren weltweit via Satellit ohne festen Standort. Auch hier werden ähnliche Zusatzfunktionen wie im Festnetz angeboten, z.B. Zugang zum Internet mit **wap**-fähigem Handy (wap: **w**ireless **a**pplication **p**rotocol).

9.2.3 Eisenbahngüterverkehr

Der Eisenbahngüterverkehr wird von der **Deutschen Bahn AG** und von anderen **Eisenbahnverkehrsunternehmen** durchgeführt. Sie treten dabei als Frachtführer auf, unterliegen deshalb dem Frachtrecht nach HGB (siehe Abschnitt 9.1.1).

Leistungsangebot

Die Transport- und Logistikaktivitäten der Deutschen Bahn AG liegen in der Hand der Bahn-Tochter DB Schenker AG.

Unter dem Dach der DB Schenker AG operieren das Geschäftsfeld Rail mit dem Bereich Schienengüterverkehr und das Geschäftsfeld Logistics mit den Bereichen Landverkehr, Luft- und Seefracht sowie Kontraktlogistik/SCM.

▶ Wagenladungsverkehr

Hier wird für die Versendung der Güter mindestens ein Waggon *(Einzelwagensystem)* benötigt. Die Verladung und Ladungssicherung erfolgt durch den Absender selbst, die Entladung ist Aufgabe des Empfängers.

Im Bereich *Endkundenvertrieb* bietet Stinnes Freight Logistics unterschiedliche Produkte an.

a) Der Einzelwagentransport ist ideal für kleine bis mittlere Transportvolumen. Er kann hinsichtlich Zeitpunkt, Mengen und Relationen flexibel beauftragt werden.

Das nationale Einzelwagensystem ist an die Systeme anderer europäischer Bahnen angeschlossen.

Die Bestellung eines Einzelwagens soll bis spätestens 10:00 Uhr am Tage vor der Beladung erfolgen. Dabei sind folgende Angaben notwendig:

- Bedarfstag und Stellzeit,
- Anzahl und Gattung der benötigten Güterwagen,
- mögliche Ersatz-Wagengattungen,
- Gutart und Gewicht der Ladung,
- Empfangsbahnhof und Stellplatz,
- geforderte Beförderungsart.

Beispiele für Güterwagenarten:

1. Gattung E: Offene Wagen

2. Gattung H: Gedeckte, großräumige Schiebewandwagen

Quelle: Deutsche Bahn AG

b) Im Ganzzugbereich werden dem Kunden drei Produkte angeboten, die sich in Bestellflexibilität und Preis unterscheiden:

- Plantrain: Dieses Produkt ist sinnvoll, wenn regelmäßig feste Mengen zu festen Zeiten zu transportieren sind. Die Bestellfrist für den Ganzzug ist mindestens zwei Monate vor dem ersten Verkehrstag für die gesamte Vertragsdauer.
- Variotrain: Dieses Produkt bietet sich an, wenn die Transporte von großen Mengen variabel geplant werden sollen. Es bietet also eine flexible Disposition innerhalb reservierter Zeitfenster. Die Reservierung der Verkehrstage und -zeiten muss mindestens zwei Monate vor dem ersten Verkehrstag erfolgen.
- Flextrain: Transporttermine, Transportmenge und die Relation können bis 24 Stunden vor Abfahrt bestimmt werden.

Für alle drei Produkte gilt gemeinsam: Die Leerwagenbestellung muss bis 10:00 Uhr am Vortag erfolgen, die Ladefrist beträgt in der Regel acht Stunden. Es gibt jeweils eine entgeltpflichtige Stornierungsmöglichkeit, eine Mindestauslastung pro Zug und bei den ersten beiden Produkten eine Mindestmenge pro Relation und Vertragsdauer.

Die angebotenen Schienentransportleistungen werden, wie für andere Wiederverkäufer auch, von der Railion Deutschland AG erbracht.

Railion stellt die vom Auftraggeber angeforderte Anzahl und Gattung von Wagen bereit. Die Bestellfrist beträgt 24 Stunden, die Auftragsfrist nur zwei Stunden.

Im Railion-Verbund werden an 4.000 Gleisanschlüssen die Transporte abgeholt und 1.600 Güterverkehrsstellen bedient.

Quelle: DB AG

Die Zusammenstellung der Güterzüge erfolgt deutschlandweit in 54 Rangieranlagen, von denen elf als große Zugbildungsanlagen ausgebaut sind. Täglich werden dabei zehntausende von Güterwagen in die richtigen Züge einsortiert.

Mit dem *Ganzzug* werden große Mengen eines Gutes (Massengut) zwischen zwei Punkten (Start- und Zielort) ohne Unterbrechung transportiert. Die Transportzeit ist entsprechend kurz, da die Ganzzüge mit einer Geschwindigkeit bis zu 120 Stundenkilometern fahren. Und das, obwohl die einzelnen Güterzüge bis zu 700 m lang sind und eine Bruttolast bis zu 5.000 t haben.

c) **Der Kombinierte Verkehr** ist ein weiterer Baustein für den nationalen und grenzüberschreitenden Güterverkehr. Hier werden unter Ausnutzung der Systemvorteile die jeweiligen Verkehrsträger miteinander verbunden.

Quelle: © Marcus Fey www.lokomotive-online.de

▶ Kleingutverkehr

Der Kleingutverkehr wird von Speditionen und KEP-Diensten betrieben. Dabei geht der Anteil von Kleingutversendungen im Eisenbahngüterverkehr immer weiter zurück. Allerdings dürfte die Bedeutung dieser Versandart im Rahmen von City-Logistik-Projekten sowie durch die Einführung der Lkw-Maut in Zukunft wieder zunehmen.

▶ Reisegepäck

Jeder, der im Besitz eines gültigen Fahrscheines ist, kann sein Reisegepäck (bis 30 kg/Einzelstück) als **KurierGepäck** befördern lassen. Die Abholung ist spätestens ein Werktag vor dem gewünschten Abholtermin zu vereinbaren. Die Zustellung erfolgt automatisch. Dieses Angebot gilt sowohl in Deutschland als auch nach fünf europäischen Ländern. Im Inland kostet das Normalgepäck 16,80 EUR je Gepäckstück, wobei jedes 5. Gepäckstück kostenfrei ist; für Sondergepäck muss 25,80 EUR/Gepäckstück bezahlt werden. Als Zusatzservice werden Inselservice, Feierabendservice, Flughafenservice, Fahrradverpackung, Auslandservice und Skiverpackung zu unterschiedlichsten Preisen angeboten.

Kombinierte Verkehre

Der Kombinierte Verkehr ist die sinnvolle Arbeitsteilung der Verkehrsträger. Durch Kombination von Lastkraftwagen und Eisenbahn werden die jeweiligen Systemvorteile dieser Verkehrsträger miteinander verbunden.

Der Lkw ist vor allem in der Fläche vorteilhaft einzusetzen, da mit ihm auch der entlegenste Ort bedient werden kann. Der Vorteil der Eisenbahn ist bei großen Gewichten auf weiten Entfernungen zu sehen.

Der **Kombinierte Ladungsverkehr (KLV)** kann als *Containerverkehr* oder *Huckepackverkehr* abgewickelt werden.

Quelle: DB AG

Beim **Containerverkehr** kommen 20-Fuß- oder 40-Fuß-Container zum Einsatz. Sie werden zwischen dem Absender und dem Containerterminal bzw. zwischen dem Containerterminal und dem Empfänger mit dem Lkw transportiert; der Hauptlauf zwischen den Terminals erfolgt auf der Schiene.

Im **Huckepackverkehr** werden Lastzüge, Sattelzüge, Wechselbrücken und Sattelauflieger im KLV-Bahnhof auf Spezialwaggons (Niederflurwagen, Tragwagen oder Taschenwagen) gesetzt. Dies erfolgt entweder mit der eigenen Motorleistung des Fahrzeugs oder mit einem Kran. Begleitet der Fahrer sein Fahrzeug, so spricht man von *Rollender Landstraße*.

Die Abwicklung des Kombinierten Ladungsverkehrs erfolgt durch die *Kombiverkehr Deutsche Gesellschaft für kombinierten Güterverkehr GmbH & Co KG* (kurz: Kombiverkehr). Sie ist ein Gemeinschaftsunternehmen der Transportbranche: Gesellschafter sind rund 240 Speditionen und die Stinnes Intermodal.

Lademittel

Um den Umschlag der Güter zu beschleunigen und um das Gut vor äußeren Einflüssen besser zu schützen, bietet die Eisenbahn ihren Kunden **Lademittel** an.

a) **Container** sind kastenartige, bahneigene Behälter, die zollsicher verschließbar, kran- und rollbar sind. Sie sind besonders geeignet zur Beförderung von unverpackten oder leicht verpackten transportempfindlichen Gütern, die ohne Umladung vom Lager des Absenders zum Lager des Empfängers gebracht werden.

Die Fracht wird in der Regel nur für das Gewicht des Containerinhalts berechnet.

b) **Großcontainer** sind Stahlbehälter mit Türen an den schmalen Seiten. Sie werden von der Bahn als 20-Fuß- und 40-Fuß-Container (Maße beziehen sich auf die Länge) zur Verfügung gestellt. Wegen ihrer Größe sind für das Umsetzen vom Straßenfahrzeug auf Eisenbahn-Tragwagen Kräne oder Verladebrücken nötig. Die Deutsche Bahn AG hat dazu über 50 Containerbahnhöfe (Terminals) eingerichtet, zwischen denen die Container mit besonderen Container-Ganzzügen meist in der Nacht ausgetauscht werden.

c) **Collico** sind zusammenlegbare Lademittel aus Stahl oder Leichtmetall mit eingeprägten Nummern für Ladegewichte bis 1.000 kg. Sie werden in der Regel für ein Jahr gemietet. Die Miete ist von der Häufigkeit der Versendung unabhängig.

Collico sind mit wenigen Handgriffen einsatz- und versandbereit, gewähren Sicherheit und Schutz, reisen ohne Berechnung des Eigengewichts, werden frachtfrei leer zurückgesandt, ersparen eigene Investitionen und Reparaturkosten und lassen sich raumsparend auf 20 % ihres Fassungsvermögens zusammenlegen und stapeln.

d) **Paletten** sind Ladeplatten, auf denen Güter bis zu einem Gesamtgewicht von 1.000 kg befördert werden können. Sie haben eine international genormte Ladefläche von 800 · 1.200 mm. Es gibt Flachpaletten ohne Aufbau, Boxpaletten mit rahmenförmigem Aufbau und Gitterboxpaletten mit Aufbau aus Gitterwänden. Box- und Gitterboxpaletten haben einen Stahlbügelaufsatz, der das Aufeinandersetzen der Paletten ermöglicht (Raumersparnis). Sie können mit Gabelhubwagen und Gabelstaplern unterfahren, angehoben, bewegt und gestapelt werden.

e) **Großpaletten** (20-Fuß-Flats) eignen sich besonders für die Verladung von Schwergut (Schnittholz) über Kran.

Bei der Frachtberechnung wird das Eigengewicht der Palette nicht herangezogen, mindestens aber werden 150 kg je beladene Palette berechnet. Paletten werden von den Betrieben gekauft.

Da der Absender bei Auflieferung von der Güterstelle Zug um Zug gleichviele leere Paletten zurückerhält, ist die Einrichtung einer ununterbrochenen Transportkette von der Produktion über die Lagerhaltung bis zum Versand der Ware möglich. Die Palette kann so zur Transport-, Fertigungs-, Lager-, ja sogar Bestelleinheit werden (Austauschpaletten).

Haftung und Schadensersatz

Die eigenständigen Unternehmen der Bahn im Bereich Transport und Logistik nehmen entweder Spediteur- oder Frachtführerfunktionen wahr. Für sie gelten ebenso wie für die anderen Eisenbahnverkehrsunternehmen die gesetzlichen Haftungsbestimmungen nach HGB. Von diesen Haftungsvorschriften kann einzelvertraglich oder in Allgemeinen Geschäftsbedingungen (AGB) abgewichen werden.

HGB §§ 425 ff. §§ 461 ff.

Die Entschädigung bei Reisegepäck beträgt im Binnenverkehr bei Güterschäden max. 80 SZR/kg brutto bzw. 1.200 SZR/Gepäckstück.

EG-VO Nr. 1371/2007 Art. 41

Internationaler Eisenbahngüterverkehr

Ein zwischenstaatliches Übereinkommen regelt den internationalen Eisenbahngüterverkehr in Europa (**C**onvention **I**nternationale concernant le transport des **M**archandises par chemin de fer = **CIM**). Dieses Abkommen schafft ein einheitliches Verkehrsrecht in den gegenseitigen Verkehrsbeziehungen der Mitgliedstaaten. Die Teilnehmerstaaten sind verpflichtet, gegenseitig Güter zu befördern.

Das »Europ-Übereinkommen« bezweckt, den Leerlauf von Güterwagen beim internationalen Güterverkehr einzuschränken. Die von den Mitgliedern zur gemeinsamen Benützung vorgesehenen Güterwagen werden mit »Europ« beschriftet.

Versandpapiere. Die Sendungen müssen von einem fünfteiligen *internationalen Frachtbrief* und den nötigen Papieren für zollrechtliche Behandlung begleitet sein.

Schadensersatz. Der Entschädigungsantrag kann vom Berechtigten (Frachtzahler, Absender, Empfänger) bei der Versand- oder Empfangsbahn gestellt werden.

Bei Überschreitung der Lieferfrist erfolgt **ohne** Schadensnachweis eine Entschädigung bis zu einem Zehntel der Fracht, **mit** Schadensnachweis bis zum doppelten Frachtbetrag, Bei Angabe eines Lieferwertes wird der nachgewiesene Schaden bis zur Höhe des Lieferwertes ersetzt.

Verfügung des Empfängers. Befindet sich eine Sendung im Zollgebiet des Bestimmungslandes, so hat der Empfänger das Recht, den Frachtvertrag abzuändern, wenn

- der Absender die auf die Beförderung im Bestimmungsland entfallenden Kosten nicht übernommen hat,
- im Frachtbrief der Vermerk fehlt »Empfänger nicht verfügungsberechtigt«.

9.2.4 Kraftwagengüterverkehr

Beim Güteraustausch zwischen Produzenten und Konsumenten wird im Nahbereich überwiegend, im Fernbereich in hohem Maße der Lkw eingesetzt. Das geschieht als

- **Gewerblicher Güterkraftverkehr,** wenn ein *Lkw-Unternehmer* die Transporte durchführt.
- **Werkverkehr,** wenn es sich um Fahrzeuge der *Beteiligten* handelt.

Der Grund für diese starke Stellung des Lkw liegt im flexiblen Einsatz. Alle Versender und Empfänger von Gütern sind auf der Straße zu erreichen. Außer an Sonn- und Feiertagen sowie an Ferienwochenenden gibt es kaum zeitliche Beschränkungen des Lkw-Einsatzes. Gesetzliche Beförderungsauflagen bei bestimmten Gütern (Gefahrgut, Lebensmittel, Schwergut, Flüssigkeiten, Gase) können durch entsprechend konstruierte Fahrzeuge erfüllt werden. Der umladefreie Haus-Haus-Verkehr durch den Lkw erspart Kosten, Zeit und Schäden, die beim Umladen entstehen könnten.

Wegen der Umweltbelastung durch Schadstoffausstoß bei zunehmendem Lkw-Verkehr und wegen der Überlastung der Straßen wird eine Verlagerung der Gütertransporte von der Straße auf umweltfreundlichere Verkehrsmittel (Bahn, Binnenschiff) angestrebt. Für diesen Zweck müssen diese Verkehrsträger Anreize durch günstige Bedingungen bei der Preisgestaltung, Übernahme, Transportabwicklung und Auslieferung schaffen.

Gewerblicher Güterkraftverkehr

GüKG § 1

> Der **Güterkraftverkehr** ist die **geschäftsmäßige** oder **entgeltliche Beförderung von Gütern mit Kraftfahrzeugen,** die einschließlich Anhänger ein höheres zulässiges Gesamtgewicht als 3,5 Tonnen haben.

▶ Erlaubnispflicht

§ 3 Der gewerbliche Güterkraftverkehr ist erlaubnispflichtig. Die Erlaubnis wird einem Unternehmer auf Antrag für 5 Jahre erteilt, Verlängerung ist unbefristet möglich, wenn nach Ablauf der ersten fünf Jahre die Voraussetzungen für die Erteilung noch erfüllt werden. Zuständig ist die Erlaubnisbehörde am Sitz des Unternehmens.

§ 7 Die Erlaubnis gilt für alle Fahrzeuge eines Unternehmers und muss bei jeder Fahrt mitgeführt werden. Deshalb erhält der Unternehmer auf Antrag so viele Erlaubnisausfertigungen, wie er Fahrzeuge einsetzt.

▶ Voraussetzungen für die Erteilung der Erlaubnis

- Der Unternehmer muss seinen Sitz im **Inland** haben.
- Der Unternehmer und die Führungspersonen müssen **zuverlässig** sein, d.h., die Gewähr dafür bieten, dass gesetzliche Bestimmungen eingehalten werden und die Allgemeinheit vor Schäden und Gefahren bewahrt bleibt.
- Die **finanzielle Leistungsfähigkeit** des Unternehmens muss gewährleistet sein.

  Beispiel: Die finanziellen Mittel müssen die Zahlungsfähigkeit gewährleisten und das Eigenkapital muss für das erste Fahrzeug 9.000 EUR und 5.000 EUR für jedes weitere Fahrzeug betragen.
- Der Unternehmer und die Führungspersonen müssen zur Führung der Güterkraftverkehrsgeschäfte **fachlich** geeignet sein, d.h., wirtschaftliche, rechtliche, organisatorische und technische Fachkenntnisse haben.

  Der Nachweis wird durch eine Fachkundeprüfung vor der zuständigen IHK erbracht. Die Anforderungen werden vom Bundesministerium für Verkehr festgelegt.

▶ Abschluss und Erfüllung des Frachtvertrages

HGB § 408 Der **Abschluss des Frachtvertrages** ist formlos möglich, es ist aber üblich, einen **Frachtbrief** in drei Originalausfertigungen auszustellen. Sie werden vom Absender und Frachtführer unterzeichnet und dienen als Beweis für Abschluss und Inhalt des Frachtvertrages. Der Frachtbrief enthält neben den Namen und Anschriften der Beteiligten Angaben über das Gut, die vereinbarte Fracht und die Handlungen zur Erfüllung des Vertrages.

Für die Berechnung des Beförderungsentgeltes sind u.a. maßgeblich
- Art der Sendung,
- Gewicht der Sendung,
- Entfernung,
- Dringlichkeit des Transports,
- Art der eingesetzten Fahrzeuge.

Die Betriebe verwenden zum Teil Preislisten und Kostentabellen, die von den Verbänden zur Verfügung gestellt werden.

▶ Haftung

Der Unternehmer des gewerblichen Güterkraftverkehrs unterliegt der gesetzlichen Frachtführerhaftung (siehe 9.1.1). Vertraglich vereinbarte Abweichungen von diesen Höchstsätzen sind möglich. HGB §§ 425 ff.

▶ Güterschaden-Haftpflichtversicherung

Der Unternehmer hat sich gegen alle Schäden zu versichern, für die er bei Beförderung mit Be- und Entladeort im Inland mit dem Frachtvertrag haftet. Das Fahrpersonal hat eine Ausfertigung des Versicherungsnachweises während der Beförderung mitzuführen. GüKG § 7a

Werkverkehr § 1 (2)

> Der **Werkverkehr** ist der **Güterkraftverkehr für eigene Zwecke eines Unternehmens.**

Er ist erlaubnisfrei. Es besteht keine Versicherungspflicht. § 9

▶ **Voraussetzungen** für die Einrichtung des Werkverkehrs:

1. Die beförderten Güter müssen Eigentum des Unternehmens sein oder von ihm verkauft, gekauft, vermietet, gemietet, hergestellt, erzeugt, gewonnen, bearbeitet oder instandgesetzt worden sein. § 1 (2)

   Beispiel: Ein Werkzeuggroßhändler beliefert seine Industriekunden mit eigenen Fahrzeugen.

2. Die Beförderung muss der Anlieferung der Güter zum Unternehmen, ihren Versand vom Unternehmen, ihrer Verbringung innerhalb oder – zum Eigenverbrauch – außerhalb des Unternehmens dienen.

   Beispiel: Für die Transporte zwischen den Zweigwerken werden eigene Fahrzeuge eingesetzt.

3. Die für die Beförderung verwendeten Fahrzeuge müssen vom eigenen Personal des Unternehmens geführt werden. Im Krankheitsfall ist es dem Unternehmen gestattet, sich für einen Zeitraum von bis zu vier Wochen anderer Personen zu bedienen.

4. Die Beförderung darf nur eine Hilfstätigkeit im Rahmen der gesamten Tätigkeit des Unternehmens darstellen.

   Beispiel: Ein Stahlwerk stellt Rohre her, die mit Spezialfahrzeugen an Kunden ausgeliefert werden.

▶ Vor- und Nachteile des Werkverkehrs

Vorteile:	Nachteile:
– Einsatz der Fahrzeuge nach örtlichem und zeitlichem Bedarf, – Größe und Ausstattung der Fahrzeuge nach den betrieblichen Notwendigkeiten (Spezialfahrzeuge, Ladehilfen), – Ausstellen der Versandpapiere vereinfacht (kein Frachtbrief, nur Ladeliste, Lieferschein), – Beförderungskosten auf Fahrpersonal und Fahrzeuge beschränkt (Lohn, Sozialabgaben, Fahrzeugabschreibung, Treibstoff, Wartung).	– Leerfahrten, weil Fremdtransporte nicht gestattet sind, – Standzeiten beim Einsatz von Spezialfahrzeugen wegen ungleichen Transportanfalls, – Personal- und Fuhrparkkosten fallen auch dann an, wenn keine Transporte durchgeführt werden.

Damit der Personaleinsatz bei dieser Art der Kundenbedienung nicht zu aufwendig wird, werden Fahrzeuge mit entsprechenden Ladehilfen eingesetzt.

Beispiel: Bei Einsatz einer hydraulisch absenkbaren Heckplatte oder eines Kranes für das Entladen und eines Hubwagens für den Transport vom Fahrzeug in das Lager des Kunden genügt eine Person.

Umzugsverkehr

HGB §§ 451 ff.

Für die Beförderung von Umzugsgut, Erbgut und Heiratsgut mit Kraftfahrzeugen gelten die Vorschriften wie für den gewerblichen Güterkraftverkehr u. a. mit folgenden **Besonderheiten:**

1. Zu den Pflichten des Frachtführers gehören sowohl das Ab- und Aufbauen der Möbel sowie das Ver- und Entladen des Umzugsgutes. Ist der Absender ein Verbraucher, gehören zu den Pflichten des Frachtführers auch die Verpackung und Kennzeichnung des Umzugsgutes.
2. Die Haftung für Schäden ist auf 620 EUR je Kubikmeter Laderaum begrenzt; abweichende Vereinbarungen sind möglich.
3. Ein äußerlich erkennbarer Schaden muss spätestens am Tag nach der Ablieferung, ein äußerlich nicht erkennbarer Schaden innerhalb 14 Tagen nach der Ablieferung dem Frachtführer angezeigt werden.

Grenzüberschreitender gewerblicher Güterkraftverkehr

Im Zusammenhang mit dem Außenhandel werden nicht unerhebliche Gütermengen mit Straßenfahrzeugen von deutschen und ausländischen Unternehmern über die »trockene Grenze« in Europa befördert. Dabei gelten für den gewerblichen grenzüberschreitenden Straßengüterverkehr folgende international vereinbarte Regelungen:

Das **Übereinkommen** über den Beförderungsvertrag im internationalen Straßengüterverkehr (CMR). Es enthält Vorschriften für Abschluss und Erfüllung des Frachtvertrages, Ausstellen des Frachtbriefs, Haftung des Unternehmers usw.

Die **Genehmigung** als Voraussetzung für den gewerblichen Gütertransport in das betreffende Land. Sie wird dem Unternehmer auf Antrag für eine bestimmte Zeit (Zeitgenehmigung) oder für eine bestimmte Anzahl von Fahrten (Fahrgenehmigung) erteilt.

Innerhalb der EU kann der Lkw-Unternehmer mit der EU-Lizenz beliebig viele Fahrten durchführen. Für die anderen Länder Europas werden entweder CEMT-Genehmigungen benötigt oder – wie für alle übrigen Länder – bilaterale, zwischenstaatlich vereinbarte Genehmigungen.

Die **vereinfachte Zollabfertigung** an der Grenze der EU durch das **TIR-Verfahren (T**ransport **I**nternational de marchandises par la **R**oute). Danach erfolgt unter bestimmten Voraussetzungen die zollamtliche Abfertigung einer Warensendung erst am Bestimmungsort; an der Grenze der EU wird lediglich der unversehrte Zollverschluss am Fahrzeug kontrolliert. Dadurch wird eine Beschleunigung des Grenzübergangs erzielt. Die Zahlung der Eingangsabgabe ist durch die Bürgschaft der Gewerbeorganisation des Güterverkehrs gesichert.

Überwachung des Güterverkehrs

GüKG §§ 10 ff.

Für die Überwachung des Güterverkehrs ist das *Bundesamt für Güterverkehr (BAG)* zuständig. Es ist eine selbstständige Bundesoberbehörde im Geschäftsbereich des Bundesministeriums für Verkehr.

Das Bundesamt hat u.a. folgende Aufgaben und Befugnisse:

- Beobachtung des Güterverkehrsmarktes und statistische Erfassung der Transportleistungen;
- Erhebung der Straßenbenutzungsgebühren;
- Überwachung der Einhaltung der Beförderungsbestimmungen (Fahrzeugpapiere, Fahrzeuggewicht);
- Überwachung der Arbeitszeit der Kraftfahrer und Beifahrer;
- Überwachung der Abfalltransporte und Tiertransporte;
- Kontrolle der Omnibusse (technischer Zustand);
- Überwachung der Einhaltung der Bestimmungen über den Werkverkehr, z.B. keine gewerblichen Beförderungen für andere Unternehmen;
- Führen einer allgemeinen Unternehmensdatei und einer Werkverkehrsdatei.

Beförderungs- und Begleitpapiere

Die folgenden Dokumente sind bei jeder Fahrt mitzuführen und auf Verlangen der Polizei und den Kontrollorganen des Bundesamtes vorzuzeigen.

a) Der **Frachtbrief** ist das Beweismittel für den abgeschlossenen Frachtvertrag und die Unterlage für die Errechnung der Fracht und den Umfang des Versicherungsschutzes. Alle Güter, die im Frachtbrief eingetragen sind, gelten als versichert. Der Frachtbrief wird dreifach ausgestellt. Ein Exemplar begleitet das Gut und wird dem Empfänger ausgehändigt; das zweite bleibt beim Absender, das dritte behält der Frachtführer. Aus den Angaben dieses Exemplars erstellt der Frachtführer die statistische Monatszusammenstellung für das Bundesamt für Güterverkehr.

b) Die **Ladeliste** ist bei Sammelladungen dem Frachtbrief beizufügen. Sie dient der Kontrolle der als Ladung transportierten Güter. Im Frachtbrief werden die einzelnen Güter nicht aufgeführt.

c) Der **Versicherungsnachweis** über den Abschluss der vorgeschriebenen Güterschaden-Haftpflichtversicherung.

d) Das **persönliche Kontrollbuch** muss vom Fahrpersonal (Fahrer und Beifahrer) geführt und vom Betrieb kontrolliert und aufbewahrt werden. Es enthält Tageskontrollblätter und Wochenberichte, mit denen im Sinne der EU-Sozialvorschriften die Arbeitszeiten von Fahrer und Beifahrer festgehalten werden. International einheitlich festgelegte Symbole gestatten die Überwachung auch im grenzüberschreitenden Verkehr.

e) Das **Tachographen-Diagramm** ersetzt das persönliche Kontrollbuch, wenn der Tachograph nach den Bauartvorschriften der EU als Kontrollgerät zugelassen ist.

   Diagramm-Scheiben der gewöhnlichen Fahrtenschreiber, wie sie in Deutschland für Lkw vorgeschrieben sind, vereinfachen das Führen der persönlichen Kontrollbücher.

   Das Diagramm gibt Auskunft über die gefahrenen Kilometer, die jeweilige Geschwindigkeit und den Zeitablauf. Von den EU-Kontrollgeräten wird außerdem eine Kurve gezeichnet mit: Lenkzeit, sonstiger Arbeitszeit, Pausen und Ruhezeit.

   Dieses EU-Kontrollgerät ist für Fahrzeuge mit mehr als 3,5 t Gesamtgewicht vorgeschrieben.

f) Die **amtliche Zulassungsurkunde** für das Fahrzeug ist ein Beweisstück für den ordnungsgemäßen Zustand des Verkehrsmittels.

g) Der **Führerschein** dient als Fahrberechtigungsnachweis des Fahrzeuglenkers.

h) Die **Beförderungspapiere** bei gefährlichen Gütern, z.B. Heizöl in Tankwagen.

i) Die **persönliche Transporterlaubnis** für Gefahrgut als Nachweis für den Fahrer, dass er mit Gefahrgut umgehen kann.

j) Die **Bescheinigung** über die Bezahlung der Straßennutzungsgebühr.

9.2.5 Rohrleitungsverkehr

Der Rohrleitungsverkehr vollzieht sich in Röhrensystemen (Pipelines). Es sind Transportmittel für flüssige und gasförmige Stoffe. Befördert werden vornehmlich Erdgas, Rohöl, Benzin, aber auch andere Massengüter wie Sauerstoff, Stickstoff, Wasser u.a.

9.2.6 Seeschiffsgüterverkehr

Der weltweite Austausch von Gütern und die internationale Arbeitsteilung sind die Voraussetzungen für den steigenden Wohlstand aller Nationen. Dieser Güteraustausch ist nur möglich durch eine leistungsstarke Handelsflotte.

Beförderungsarten

Man unterscheidet Linienschifffahrt und Trampschifffahrt.

Die **Linienschifffahrt** vollzieht sich nach einem bestimmten Fahrplan auf einer im Voraus festgelegten Linie (Route). Durch kartellähnliche Zusammenschlüsse von Linienreedereien (Konferenzen) werden regelmäßige Transporte und feste Frachtraten für die betreffende Route garantiert. Linienreedereien ohne Konferenzbindung nennt man Outsider.

Bei der **Trampschifffahrt** fahren die Schiffe nach wechselnden Zielen. Sie suchen ihre Fracht in »wilder Fahrt« irgendwo in der Welt.

Beispiel: Der Tramper befördert z.B. Erz von Schweden nach England, übernimmt dort Kohle nach Spanien und bringt als Rückfracht Korkrinde nach Deutschland.

Beförderungsmittel

Nach der Art des Ladeguts unterscheidet man Stückgut- und Massengutfrachter, Containerschiffe, Kühl- und Fruchtschiffe sowie Tanker.

Die Größe der **Schiffe** wird in Raumzahlen angegeben (1 BRZ = 2,83 m^3). Der gesamte Raum des Schiffes heißt Bruttoraum. Der reine Laderaum (Nutzraum) wird als Nettoraum bezeichnet. Demnach unterscheidet man Brutto- und Nettoraumzahlen. Die üblichen Größen in der Seeschifffahrt liegen zwischen 5.000 und 10.000 BRZ. Die Tragfähigkeit wird in Gewichtstonnen angegeben. Die Schiffe werden mit ihren Merkmalen (Baujahr, Eigentümer, Größe, Beleihung) in das **Schiffsregister** eingetragen.

Versand

HGB § 556 Die Versendung kann geschehen

a) als **Stückgut,**

b) durch **Charterung** (Mieten)
   - eines ganzen Schiffes (Vollcharter),
   - eines verhältnismäßigen Teiles des Schiffes (Teilcharter),
   - eines bestimmten Raumes (Raumcharter),
   - für eine bestimmte Reise (Reisecharter).

§ 557 Der Chartervertrag ist formfrei. Wird er schriftlich geschlossen, so heißt die Urkunde **»Chartepartie«.**

Für die aufgelieferten Waren erhält der Versender eine Empfangsbescheinigung (Übernahmebescheinigung, Verladeschein, Schiffszettel, Certificate of receipt). Der Kapitän vermerkt ihren Inhalt im **Ladebuch,** um zu wissen, welche Gütermengen und -arten auf seinem Schiff verstaut sind. Aufgrund des Verladescheins wird von der Schifffahrtsgesellschaft §§ 642 ff. in mehreren Ausfertigungen ein **Konnossement (Bill of Lading)** ausgestellt. In der Praxis werden sie vom Exporteur oder von dessen beauftragtem Spediteur ausgestellt und von der Reederei abgestempelt.

Das Konnossement ist ein **Warenwertpapier,** das in zwei Formen vorkommt, als *Namens*konnossement und als *Order*konnossement. Der Eigentümer der Ware kann durch Übergabe des indossierten Papiers den Herausgabeanspruch an den legitimierten Empfänger übertragen. Er kann also »schwimmende Ware« weiterverkaufen.

Beladung (Abladung). Die Abfertigung obliegt in aller Regel dem **Schiffsmakler.** Er tritt dabei entweder als Vermittler zwischen Reeder und Versender oder als Reederei-Agent auf. Seine Hauptaufgabe ist es, alle Unterlagen von den Hafenbehörden, der Zollverwaltung und den Ladungseignern zu besorgen und die für die Reise nötigen Dokumente auszufertigen, z.B. das Schiffsmanifest. Das Schiffsmanifest ist ein Verzeichnis aller Konnossemente zur Kontrolle bei der Löschung, Auslieferung und Verzollung.

Löschung. Der Schiffsmakler im Bestimmungshafen erhält vor der Ankunft des Schiffes einen Stauplan, aus dem hervorgeht, wie die Ladegüter im Schiff untergebracht sind. Die Empfänger der Güter können gegen Vorlage der Dokumente über die Ware verfügen.

Hapag-Lloyd Aktiengesellschaft

Bill of Lading
FOR COMBINED TRANSPORT OR PORT TO PORT SHIPMENT

SHIPPER:
Maschinenfabrik Muster GmbH
Industriestraße 34-38

68163 Mannheim

VOYAGE-NO.: 19/416
B/L-NO.: 33000777
SHIPPER'S REFERENCE: 25 33 56
CARRIER:

CONSIGNEE OR ORDER:
Bank Indonesia
Jakarta/Indonesia

Hapag-Lloyd

NOTIFY ADDRESS (Carrier not responsible for failure to notify; see clause 20 [1] hereof):
Schwarz & Umbau
Kali Besar Bavat 43
Jakarta/Indonesia

Place of Receipt (Applicable only when document used for COMBINED transport):
Mannheim

Place of Delivery (Applicable only when document used for COMBINED transport):
Jakarta CY

OCEAN VESSEL: Ludwigshafen Express
PORT OF LOADING: Hamburg
PORT OF DISCHARGE: Singapore

Container Nos, Seal Nos; Marks and Nos.	Number and kind of packages; description of goods	Gross weight (kg)	Measurement (cbm)
HLCU 200599-2	1 x 20'		
Seal No.: 350078	Said to contain:		
S + U 171142	5 crates Textilmachineries	7850 kg	23,086 cbm
1-5 Jakarta/Indonesia	Freight prepaid		
Shipped on Board Date: 09-10-10 Hapag-Lloyd AG as Carrier	Shipper's load, Stowage and Count		

ABOVE PARTICULARS AS DECLARED BY SHIPPER

COPY

* Total No. of Containers/Packages received by the Carrier: one

Movement: FCL/FCL

Freight and Charges:	Prepaid	Collect
Origin Land Freight / Transp. Add'l	X	
Origin THC / LCL Charge	X	
Sea Freight		
Destination THC / LCL Charge	X	
Destination Land Freight / Transp. Add'l		X

Appropriate columns to be marked with "X"

RECEIVED by the Carrier from the Shipper in apparent good order and condition (unless otherwise noted herein) the total number or quantity of Containers or other packages or units indicated in the box opposite entitled "*Total No. of Containers/Packages received by the Carrier" for Carriage subject to all the terms and conditions hereof (INCLUDING THE TERMS AND CONDITIONS ON THE REVERSE HEREOF AND THE TERMS AND CONDITIONS OF THE CARRIER'S APPLICABLE TARIFF) from the Place of Receipt or the Port of Loading, whichever is applicable, to the Port of Discharge or the Place of Delivery, whichever is applicable. One original Bill of Lading, duly endorsed, must be surrendered by the Merchant to the Carrier in exchange for the Goods or a delivery order. In accepting this Bill of Lading the Merchant expressly accepts and agrees to all its terms and conditions whether printed, stamped or written, or otherwise incorporated, notwithstanding the non-signing of this Bill of Lading by the Merchant.

IN WITNESS WHEREOF the number of original Bills of Lading stated below all of this tenor and date has been signed, one of which being accomplished the others to stand void.

Place and date of issue: Hamburg, 09-10-10

Number of original Bs/L: 3/three

Commodity Code: MØØ5

Hapag-Lloyd AG
as carrier

90092197

Normalerweise werden die Güter am Kai ausgeladen. Zur Einsparung hoher Kaigebühren kann vom Empfänger veranlasst werden, dass seine Güter unmittelbar auf Flussschiffe umgeladen werden (»Löschen am Strom«) oder mit der Schute (Barke) im Hafen zu einem Lagerhaus gebracht werden.

Die **Schiffsfrachten** in der Linienschifffahrt sind für Stückgüter tariflich festgelegt, für Charterungen jedoch sehr schwankend. Sie richten sich nach Angebot und Nachfrage. Die Stückgüter sind nach Wertklassen und innerhalb dieser Klassen in leichte und schwere Güter eingeteilt. Bei Gütern, die spezifisch leichter sind als Wasser, gilt der Raum als Frachtberechnungsgrundlage; bei denen, die spezifisch schwerer sind, das Gewicht. Errechnet wird nach Maß oder Gewicht »in Schiffswahl«, d.h., der Reeder rechnet immer zu seinen Gunsten die höhere Fracht ab. Unternehmen, die andauernd große Mengen mit einer Konferenzreederei verfrachten, erhalten Rabatte.

Seeschäden

Schäden, die während der Fahrt auftreten, nennt man **Haverei.** Den Seeunfall als solchen nennt man Havarie. Für diese gelten die besonderen Bestimmungen des Seerechts. Da das Schiff auf seiner Reise oft weitab von Hilfe ganz allein auf sich gestellt ist, hat der Kapitän während der Fahrt ein weitgehendes Verfügungsrecht über die Ladung. Er kann Teile der Ladung über Bord werfen lassen, um das Schiff und die Restladung zu retten.

HGB § 700 Von **gemeinsamer** oder **großer Haverei** spricht man, wenn Teile der Ladung ins Meer geworfen werden, um dadurch einen Notstand zu beseitigen und das Fahrziel zu erreichen. Der Schaden wird auf alle Beteiligten umgelegt, auch auf jene Versender, deren Versandgut keinen Schaden erlitten hat.

§ 701 Als **besondere** oder **teilweise Haverei** bezeichnet man alle Beschädigungen, welche das Schiff oder Teile der Ladung durch Sturm, Zusammenstoß oder zufällige Ereignisse treffen. Diese Schäden trägt der Betroffene allein.

§ 621 Unter **kleiner Haverei** versteht man unvorhergesehene Kosten, z.B. Hafenabgaben, Lotsengelder, Schleppgebühren. Diese Kosten gehen zulasten der Reeder.

Haftung

Nach HGB haftet der Verfrachter für Schäden, die an den Gütern durch Verlust oder Beschädigung in der Zeit von der Annahme bis zur Ablieferung entstanden sind. Er hat mit der Sorgfalt eines ordentlichen Verfrachters für die ordnungsgemäße Übernahme der Güter, für die Seetüchtigkeit des Schiffes und den einwandfreien Zustand des Laderaums zu sorgen.

§ 660 Die Haftung ist nach HGB auf 666,67 Rechnungseinheiten je Packungseinheit (Kiste, Container) bzw. auf 2 Rechnungseinheiten je kg begrenzt. Eine andere Ersatzleistung kann vereinbart werden. Für den Versender empfiehlt sich in jedem Fall der Abschluss einer entsprechenden Transportversicherung.

Von-Haus-zu-Haus-Verkehr in der Seeschifffahrt

Bei der Linienschifffahrt waren die drückend hohen Umschlagskosten besonderer Anlass zu rationalisieren. Neben den herkömmlichen Stückgutfrachten werden **Containerschiffe** eingesetzt, die für die Verladung genormter Großbehälter eingerichtet sind. Verpackungsersparnis, Verminderung des Beschädigungs- und Diebstahlrisikos, geringe Umschlagskosten und verkürzte Liegezeiten an der Pier sind die besonderen Vorteile des Container-Verkehrs.

Container (Transcontainer) sind kastenförmige Großbehälter mit einem Fassungsraum von 31 m^3 bzw. 70 m^3 und bis zu 30 Tonnen Tragfähigkeit, die mithilfe von Container-Verladebrücken vom Eisenbahn-Tragwagen oder vom Lkw-Fahrgestell auf das Containerschiff gehoben werden. Auf die gleiche Weise erfolgt das Löschen im Bestimmungshafen. Containerschiffe können zzt. bis zu 6.000 Container befördern; sie ermöglichen eine durchgehende Transportkette von Haus zu Haus. Transcontainer werden mit Schnellgüterzügen befördert. Sie erreichen über Nacht von Hamburg und Bremen aus die neuen Container-Sammelbahnhöfe (Terminal) der Deutsche Bahn AG.

Der **Lash-Leichter,** auch schwimmender Container genannt, ist ein neuer Wettbewerber auf den großen Flüssen (Rhein). Transporte z. B. aus New Orleans nach Karlsruhe werden im Durchkonnossement ausgeführt.

Die Leichter werden schon in der Fabrik beladen, sofern der Betrieb über Wasser erreichbar ist, in den Verschiffungshafen geschleppt, an Bord eines Mutterschiffs (Känguru-Schiff) gehoben und so nach Häfen über See transportiert. Von den Leichtern wird dann eine Schlepp- oder Schubeinheit zusammengestellt, um als »Binnenschiff« vom Löschhafen zum Zielort zu gelangen.

Besondere Wettbewerbseinflüsse

»Billige Flaggen«

In den verschiedenen Heimatländern der Schiffe besteht ein ungleiches Kostenniveau, vor allem hervorgerufen durch unterschiedliche Lohnhöhe, unterschiedliche Besteuerung, Sonderabschreibungen, Zinszuschüsse und andere Staatssubventionen für den Bau und den laufenden Betrieb der Schiffe. Diese Unterschiede führen in erster Linie bei der Trampschifffahrt zu einem scharfen Wettbewerb mittels der Frachtraten. Einige Staaten räumen ausländischen Reedereien, die ihre Schiffe in diesen Ländern registrieren lassen (»billige Flaggen«), bedeutende Steuervorteile ein, die zu immer neuen Investitionen Anreiz bieten.

Zur Abwehr solcher Wettbewerbsnachteile hat Deutschland ein »Zweitregister« eingeführt. Durch die Eintragung ihrer Schiffe in dieses Register können die Reedereien ausländische Seeleute zu den Bedingungen ihrer Heimatländer beschäftigen und damit erhebliche Personalkosten einsparen.

Beispiel: Ein Containerschiff, das bisher mit 25 Seeleuten besetzt sein musste, kann jetzt mit 15 Seeleuten in See stechen. Die Jahreslohnkosten ermäßigen sich von 2 Mio. EUR auf 0,9 Mio. EUR. Bei unter ausländischer Flagge fahrenden Reedereien betragen die Jahreslohnkosten nur etwa 0,5 Mio. EUR.

Flaggendiskriminierung

Der freie Wettbewerb zwischen den Schiffen verschiedener Nationen wird von manchen Staaten dadurch behindert, dass sie den Transport mit eigenen Schiffen begünstigen (50 %-Klausel in Handelsverträgen, niedrigere Hafen- und Konsulatsgebühren für eigene Transporte) oder fremde Flaggen benachteiligen (höhere Transportsteuern, Zollaufschläge, Löschungsverbot).

Allgemein wird der Leistungswettbewerb im Schiffsverkehr heute durch den Bau größerer Schiffstypen mit modernen Antriebs-, Belade- und Entladesystemen sowie durch den Bau von großen Seehäfen mit Spezialvorrichtungen (Container-Brücken) bestimmt, die in der Lage sind, solche Schiffsgrößen abzufertigen. Die Transportkosten (Abschreibungen, Treibstoffkosten, Personalkosten) je Tonne Ladung sind bei zunehmender Schiffsgröße degressiv.

Die Welthandelsflotte umfasst ca. 54.000 Handelsschiffe mit ca. 840 Mio. BRZ. Für Deutschland sind 624 Handelsschiffe mit 15 Mio. BRZ auf den Weltmeeren unterwegs. In der Rangliste der Flaggenstaaten nimmt Deutschland den 1. Platz ein (Quelle: VDSR, Hamburg).

9.2.7 Binnenschiffsgüterverkehr

Die Binnenschifffahrt vollzieht sich auf Flüssen, Seen und Kanälen.

Wasserstraßen

Ihr Ausbau ist für die Binnenschifffahrt von ausschlaggebender Bedeutung.

Die **natürlichen** Wasserstraßen bedürfen

- der Korrektion (Beseitigung von Hindernissen),
- der Regulierung (Laufbegradigung),
- des Ausbaus (Uferbefestigung),
- der Pflege (Überwachung von Schäden, Verbesserung der Fahrrinne durch Buhnen).

Künstliche Wasserstraßen (Kanäle) entstehen durch den Einbau von Schleusen, Stauwehren und Hebewerken in natürliche Wasserstraßen (Neckarkanal, Rhein-Main-Donau-Kanal) oder sie werden als Ab- und Zuflüsse natürlicher Wasserstraßen gebaut (Rhein-Seiten-Kanal und Mittellandkanal).

Verkehrsmittel

Die Durchführung des Verkehrs erfolgt auf Kähnen, die geschleppt oder geschoben werden, aber auch auf Motorschiffen (Selbstfahrer) und Motorschleppschiffen, die selbst laden und noch Kähne schleppen. Alle Binnenschiffe sind in einem **Schiffsregister** eingetragen, das mit dem Grundbuch vergleichbar ist. Es wird bei dem für den Heimathafen zuständigen Amtsgericht geführt und enthält Eintragungen über die Größe und Bauart des Schiffes, seinen Eigentümer und über Belastungen (Schiffshypothek). Ein Auszug aus dem Schiffsregister heißt **Schiffsbrief.**

Schifffahrtsunternehmer

Man unterscheidet **Klein- oder Partikulierschiffer** und **Reedereien.**

Von **Partikulierschiffern** spricht man, wenn der Schiffseigentümer mit nicht mehr als drei Schiffen Binnenschifffahrt betreibt. Die Kleinschiffer schließen sich meist zu Transportgenossenschaften zusammen.

Die **Reedereien** sind Kapitalgesellschaften, die eine Flotte unterhalten. Die meisten Reedereien sind auf den Transport bestimmter Güter ausgerichtet (Kohle, Holz), beschränken sich allerdings nicht darauf. Schleppreedereien befassen sich vornehmlich mit Schleppdiensten.

Versandarten

Man unterscheidet **Stückgut-, Voll- und Raumverfrachtung.**

HGB § 444 § 447 Der Absender kann vom Verfrachter die Ausstellung eines **Ladescheins** verlangen. Dieser enthält eine Empfangsbestätigung und die Verpflichtungserklärung, dass die Güter der im Ladeschein genannten Person gegen Rückgabe des Ladescheins ausgehändigt werden.

Man unterscheidet:

a) den *gewöhnlichen* Ladeschein. Er ist ein Namenspapier (Rektapapier) und kann nur durch Zession übertragen werden.

§ 363 b) den *Orderladeschein.* Er ist durch die Klausel »an Order« zum Orderpapier gemacht worden (gekorenes Orderpapier) und kann durch Indossament übertragen werden. Im Rheinschifffahrtverkehr wird er Adresskonnossement genannt. In ihm ist nämlich eine Adresse (Meldeadresse) angegeben, wo sich der Schiffsführer nach Beendigung seiner Reise melden und seine Löschbereitschaft erklären muss.

Der Ladeschein ist ein **Warenwertpapier.** Der Eigentümer der Ware kann durch Übergabe des Papiers den Herausgabeanspruch an den Empfänger abtreten. Die Eigentumsübertragung und Verpfändung der Ware wird dadurch schon vor ihrer Ankunft möglich.

Transportkosten

Sie setzen sich zusammen aus Fracht, Kanalgebühren, Umschlaggebühren und Abgaben.

a) **Frachten** sind abhängig von
   - Flusssystem (Rhein, Mosel, Main-Donaukanal, Elbe usw.),
   - Menge, Art und Gewicht der Sendung,
   - Art der Versendung (Massengüter, Stückgüter),
   - Wasserführung (Hoch- und Niedrigwasser, Eisgang),
   - Witterung (Nebel).

b) Die **Kanalgebühren** werden für die Benutzung einer künstlichen Wasserstraße und ihrer technischen Einrichtungen erhoben.

c) **Umschlaggebühren** entstehen in den Häfen bei der Umladung von Gütern auf andere Transportmittel (Eisenbahn, Lkw) oder bei der Stapelung in den Lagerräumen am Kai.

d) Behördliche Abgaben für die Benutzung der Hafenanlagen.

1. *Ufergeld* wird für jede Tonne Transportgut nach Warenklassen gestaffelt erhoben, die vom Schiff ans Land oder umgekehrt bewegt wird.
2. *Liegegeld* bezahlen Schiffe für die Einfahrt, den Aufenthalt und die Kaibenutzung im Hafen. Es wird nach Tonnen-Tragfähigkeit berechnet.
3. *Benutzungsgebühren* werden für Kräne, Transportbänder und Lagerhallen erhoben. Manche Häfen haben keine eigenen Lager- und Transporteinrichtungen (Heilbronn). Sie gehören dort Privatunternehmen. Andere Hafenplätze verfügen über solche Einrichtungen, die aber fest vermietet sind (Mannheim). Wieder andere betreiben die Einrichtungen selbst (Karlsruhe).

Haftung, Schadensersatz und Schadensausgleich

Die Haftung entspricht der Frachtführerhaftung nach HGB (siehe 9.1.1). In den sog. Konnossementbedingungen (Allgemeine Geschäftsbedingungen) kann von der gesetzlichen Haftung abgewichen werden.

Ein besonderer Schadensausgleich zwischen dem Schiffseigner, dem Frachtführer und dem Eigentümer der Ladung erfolgt anteilig aufgrund einer amtlichen Schätzung, wenn Schäden im Zusammenhang mit der »Rettung aus gemeinsamer Gefahr« entstehen.

Beispiel: Das auf einer Sandbank festsitzende Schiff kann nur dadurch wieder flott werden, dass ein Teil der Ladung über Bord geworfen wird. Den Verlust teilen sich aufgrund der amtlichen Feststellung der Schiffseigner, der Frachtführer und die Eigentümer der Ladung.

Bedeutung

In den geräumigen Binnenschiffen, die wenig Personal brauchen und auf denen sich die Antriebskraft äußerst wirkungsvoll ausnutzen lässt, lassen sich die Güter denkbar billig und wirtschaftlich befördern.

Beispiel: Ein Europakahn fasst 1.350 t, ein Eisenbahngüterwagen bis zu 50 t, ein Lkw bis zu 25 t. 1 PS Zugkraft kann auf der Straße ca. 100 kg, auf der Schiene ca. 500 kg und auf dem Wasser ca. 4.000 kg fortbewegen.

Die Frachten der Binnenschifffahrt liegen wesentlich unter den Frachten der Bahn. Die Binnenschifffahrt ist allerdings langsam. Sie kann es aber auch sein, weil es bei den von ihr hauptsächlich beförderten Gütern weniger auf Zeitgewinn als auf niedrige Transportkosten ankommt.

Für den Rhein wurde von den Anliegerstaaten durch die Mannheimer Akte von 1868 die Freiheit verkündet. Aufgrund dieser Übereinkunft können alle Nationen ohne Zahlung einer besonderen Gebühr die Schifffahrt auf diesem Strom betreiben.

9.2.8 Luftfrachtverkehr

Der Luftverkehr wird wegen des hohen Kapitalbedarfs nur von großen, meistens staatlichen Gesellschaften durchgeführt. Von entscheidender Bedeutung ist die Geschwindigkeit des Transports.

Ein Flugzeug legt die Strecke Hamburg – New York in 7 Stunden, ein Schiff in 7 Tagen zurück.

Kurze Lieferfristen, geringe Verpackungs- und Ladekosten, Ersparung von Ölpapierabdichtung gegen Salzwasser, niedrige Versicherungsprämien, kein Zwang zur Lagerhaltung in Übersee, keine Terminschwierigkeiten bei drohender Konventionalstrafe und beschleunigter Geldeingang sind die Gründe, die für die Frachtgutbeförderung auf dem Luftweg sprechen.

Die Kosten des Flugverkehrs sind allerdings noch sehr hoch. Dies hängt mit dem starken Verschleiß (Abschreibung der Flugzeuge), dem enormen Brennstoffverbrauch sowie der kostspieligen Bodenorganisation (Flugsicherung, Start- und Landegebühren) zusammen.

Für gefährliche Güter gelten Beförderungsbeschränkungen.

Gesetzliche Grundlagen

a) Die Gesetze der angeflogenen Länder. Deutschland: Luftverkehrsgesetz (LuftVG) vom 27. März 1999.

b) Das Warschauer Abkommen von 1929 zur Vereinheitlichung der Regeln über die Durchführung von Lufttransporten mit Änderungen; Montrealer Übereinkommen von 1999.

c) Die **IATA**-Bestimmungen (**I**nternational **A**ir **T**ransport **A**ssociation). Es handelt sich um den Zusammenschluss von über 200 Luftverkehrsgesellschaften mit der Zielsetzung, die im Luftverkehr erforderlichen Formalitäten zu vereinfachen, die Beförderungsbedingungen, die Tarife für Güter sowie Flugpreise für Personen zu vereinheitlichen und alle zur Durchführung und Überwachung von Flügen erforderlichen Maßnahmen zu treffen.

d) Die **ICAO**-Abmachungen der **I**nternational **C**ivil **A**viation **O**rganisation, welcher die Regierungen von mehr als 130 Staaten angehören. Sie bilden die Grundlage für die zwischenstaatliche Abwicklung des Luftverkehrs, die technische Ausstattung der Flugzeuge, Flugsicherung, Standard der Pilotenausbildung.

Abschluss des Frachtvertrags

Der Luftfrachtvertrag wird zwischen dem Absender und der Luftverkehrsgesellschaft – jeweils vertreten durch IATA-Agenten – abgeschlossen. In aller Regel wird ein **Luftfrachtbrief** ausgestellt.

Luftfrachtbrief

Der **Luftfrachtbrief** ist das Beförderungsdokument. Er ist wie der Eisenbahnfrachtbrief ein **Warenbegleitpapier** und wird als Satz mit mehreren Originalen von der Fluggesellschaft ausgestellt.

Der Luftfrachtbrief dient als

- Beweis für den Abschluss des Beförderungsvertrages und für den Empfang der Güter zur Beförderung,
- Versandliste (Bordero), auf welcher die Begleitpapiere und gegebenenfalls besondere Anweisungen des Absenders eingetragen sind,
- Frachtrechnung,
- Versicherungspolice, sofern eine Versicherung durch Vermittlung des Frachtführers abgeschlossen worden ist,
- Zollpapier bei Ausfuhr, Durchfuhr und Einfuhr,
- Auslieferungsbestätigung.

Haftung und Versicherung

Die **Haftung** für Lufttransportschäden umfasst alle Schäden, die in dem Zeitraum entstehen, während dessen die Güter sich auf einem Flughafen, an Bord eines Flugzeuges oder an einem anderen Ort in der Obhut der Luftverkehrsgesellschaft befinden.

Die Höhe der Haftsumme beträgt bei Sendungen ohne Wertangabe

- im internationalen Verkehr nach dem Montrealer Übereinkommen 19 SZR/kg und
- im innerdeutschen Verkehr 8,33 Rechnungseinheiten/kg (ca. 10 EUR).

Es besteht auch die Möglichkeit, durch Vermittlung der Fluggesellschaft eine **Transportversicherung** abzuschließen. Wegen der geringen Risiken im Luftverkehr (Diebstahl, Beschädigung, Verlust) und der kurzen Transportdauer sind die Prämien sehr niedrig.

Frachtberechnung

Grundlage ist der »*The Air Cargo Tariff*« *(TACT)*, der Beförderungsbedingungen, Frachtberechnungsgrundsätze und Preisempfehlungen enthält. Die Berechnung erfolgt im Allgemeinen nach dem Gewicht unter Aufrundung auf volle halbe Kilo. Besteht eine Sendung aus mehreren Packstücken, so wird das gesamte Bruttogewicht zugrunde gelegt. Bei sperrigen Gütern wird die Fracht nach dem Volumen berechnet. Dabei werden 6 dm^3 = 1 kg gerechnet.

Für *häufige* Sendungen zwischen zwei bestimmten Orten werden hohe Frachtermäßigungen gewährt (Spezialraten).

Besonders günstige Raten gibt es auch für die Beförderung von Gütern in Containern und auf Paletten (ULD-Raten), wobei die Art der Güter für die Frachtberechnung keine Rolle spielt.

Bedeutung

Auf etwa 4.000 Flugplätzen der Erde können Frachtsendungen abgefertigt werden. Es gibt kaum ein Gut, das im großen, bis zu 100.000 kg fassenden Laderaum der Frachtmaschinen nicht verladen werden kann (Automobile, Landmaschinen, Blumen, lebende Tiere, Arzneimittel, Nothilfegüter bei Katastrophen).

Mit Flugzeugen können auch Orte angeflogen werden, die mit anderen Verkehrsmitteln kaum zu erreichen wären.

9.2.9 Leistungen der Verkehrsträger in Deutschland

Verkehrszweig	Beförderte Gütermenge		Tonnenkilometrische Leistung	
	2009[1)]		2009	
	Mio. t	%	Mrd. tkm	%
Straßengüterverkehr	3.108,9	83,75	424,5	71,97
Eisenbahnverkehr	310,0	8,35	95,6	16,21
Binnenschiffsverkehr	201,1	5,42	53,7	9,10
Rohrfernleitungen	88,8	2,39	16,1	2,72
Luftverkehr	3,2	0,09	*)	
Insgesamt	3.712,0	100,00	589,9	100,00

Quelle: Statistisches Bundesamt — 1) vorläufige Ergebnisse — *) keine Angabe

9.3 Transport und Lagerung gefährlicher Güter

Gefährliche Güter sind Stoffe und Gegenstände, die *beim unkontrollierten Freiwerden* eine *Gefahr für den Menschen und dessen Umwelt* darstellen, z.B. durch Explosionen, Brände, Vergiftungen, Grundwasserverschmutzung usw. Grundsätzlich dürfen solche Güter weder transportiert noch gelagert werden. Von diesem Verbot sind einzelne Gefahrgüter ausgenommen worden. Sie dürfen transportiert und gelagert werden, wenn die Beteiligten die gesetzlichen Vorschriften einhalten. Beteiligte können sein: Absender, Verlader, Beförderer, Fahrzeugführer, Empfänger, Einlagerer.

Nach der Art der Gefährlichkeit sind die Gefahrgüter in **Gefahrgutklassen** eingeteilt.

Klasse	Gefahrgüter	Beispiele
1	Explosive Stoffe und Gegenstände mit Explosivstoff	Sprengstoff, Munition
2	Gase	Butan, Propan
3	Entzündbare flüssige Stoffe	Benzin, Kohlenstoffdisulfid
4	Entzündbare feste Stoffe, selbstentzündliche Stoffe und Stoffe, die in Berührung mit Wasser entzündbare Gase entwickeln	Sicherheitszündhölzer, weißer Phosphor, Calciumcarbid
5	Entzündend wirkende Stoffe, organische Peroxide	Wasserstoffperoxid, Peressigsäure
6	Giftige und ansteckungsgefährliche Stoffe	Schädlingsbekämpfungsmittel, Krankenhausabfälle
7	Radioaktive Stoffe	
8	Ätzende Stoffe	Salzsäure, Natronlauge
9	Verschiedene gefährliche Stoffe und Gegenstände	Asbest

Für den Transport und die Lagerung solcher Gefahrgüter gelten gesetzliche Vorschriften hinsichtlich:

- Verpackung (Art, Stabilität, Verschluss, Dichtheit),
- Kennzeichnung der Packstücke und der Transportfahrzeuge durch auffallende Bildzeichen,
- Angabe der Gefahrgutklasse in den Beförderungspapieren,
- Zusammenpackverbote, Zusammenladeverbote und Mengenbegrenzungen,
- Maßnahmen bei Unfällen und Unregelmäßigkeiten,

Beispiel: Gefahrzettel 1 bis 8 für die Kennzeichnung von Packstücken und Wagen beim Versand gefährlicher Güter mit der Bahn.

Nr.	Bild	Bedeutung Gefahr	Nr.	Bild	Bedeutung Gefahr
1		Explosionsgefährliche Stoffe Explosionsgefahr	6,1		Giftige Stoffe Vergiftungsgefahr
3 A		Entzündbare Flüssigkeiten Explosions- und Feuergefahr	7 A		Gefahrzettel auf Gutstücken Radioaktive Stoffe Gefahr von Strahleneinwirkung
4,1		Entzündbare feste Stoffe Feuergefahr	7 B		
4,2		Selbstentzündliche Stoffe Gefahr der Selbstentzündung an der Luft, Feuergefahr	7 C		
4,3		Bei Berührung mit Wasser entstehen entzündbare Gase Explosions-, Feuer- und Vergiftungsgefahr	7 D		Gefahrzettel an Wagen
5		Entzündend wirkende Stoffe Feuergefahr Verätzungsgefahr	8		Ätzende Stoffe Verätzungsgefahr
					Verflüssigte Gase Berst- und Explosionsgefahr

– der besonderen Ausbildung mit Prüfung und regelmäßiger Schulung aller Mitarbeiter, die mit Gefahrgut zu tun haben (Gefahrgutbeauftragte, Mitarbeiter im Lager, Fahrer).

Jeder Sendung müssen entsprechende **Merkblätter** griffbereit beigefügt werden, damit im Falle einer Gefahr die nötigen Maßnahmen ergriffen werden können. Die Verantwortung für die richtige Kennzeichnung und die richtigen Merkblätter trägt der Absender.

Weil die Verkehrsträger bei Transport und Umschlag unterschiedliche Techniken anwenden und Gegebenheiten berücksichtigen müssen, hat der Gesetzgeber für sie differenzierte Vorschriften erlassen. Für grenzüberschreitende Transporte gelten entsprechende internationale Abkommen.

Beispiele: Gefahrgutverordnung Eisenbahn (GGVE), Gefahrgutverordnung Straße (GGVS), Dangerous Goods Regulations (DGR) des Luftverkehrs, Europäisches Übereinkommen über die internationale Beförderung gefährlicher Güter auf der Straße (ADR: European Agreement Concerning the international Carriage of Dangerous Goods by Road).

?

1. Wählen Sie die richtige Versandart und begründen Sie Ihre Entscheidung:
   a) Eine gedruckte Einladung zur Feier eines Betriebsjubiläums ist an einen Geschäftsfreund zu versenden. Der Chef hat auf der Rückseite die Worte »Herzliche Grüße, dein Hermann« geschrieben.
   b) Ein Kündigungsschreiben ist so zu versenden, dass gegebenenfalls die rechtzeitige Aushändigung nachgewiesen werden kann.
   c) 8.000 Stück Werbeprospekte sind an alle Haushaltungen am Ort zu versenden.
   d) Ein Angebot ist an einen Geschäftsfreund in New York zu versenden.
   e) Bauzeichnungen und Berechnungen sollen möglichst schnell an unser Zweigbüro in Wien originalgetreu übermittelt werden.
   f) Der für uns tätige Handelsvertreter bereist zurzeit eine bestimmte Region mit jeweils bestimmten Zwischenaufenthalten. Er soll regelmäßig schriftliche Mitteilungen erhalten.
2. Besorgen Sie sich die Beförderungsbedingungen der DHL Vertriebs GmbH & Co. OHG. Stellen Sie fest, unter welchen Bedingungen und zu welchem Preis die Ausführung der nachfolgenden Aufträge möglich ist:
   a) Wichtige Unterlagen sollen innerhalb des Stadtgebietes bis 12:00 Uhr ausgeliefert werden.
   b) Eine Sendung soll am gleichen Tag von Berlin nach München befördert werden.
   c) Ein Architekturbüro in Mannheim hat um 17:00 Uhr die Pläne fertiggestellt, die am nächsten Tag in Dresden auf der Baustelle sein müssen.
3. Diskutieren Sie die Rolle der Provider im weltweiten Kommunikationsnetz.
4. Untersuchen Sie wirtschaftliche Gefahren und Chancen bei zunehmender Nutzung des Internets.
5. Nennen Sie die Konkurrenten des Eisenbahngüterverkehrs und deren Vor- und Nachteile gegenüber der Bahn.
6. Die Maschinenfabrik Weber GmbH, Sömmerda, erteilt der Erfurter Speditionsgesellschaft den Auftrag, den Transport einer Sendung Pumpenaggregate, 14 t, die zum Teil unverpackt zum Versand kommen, nach Lörrach zu besorgen. Der Sachbearbeiter der Spedition schlägt vor, die Sendung in einem 20-Fuß-Container zu verladen und diesen im Kombinierten Ladungsverkehr zu versenden.
   a) Erklären Sie die Bedeutung des Kombinierten Ladungsverkehrs.
   b) Erörtern Sie den Einsatz von Containern.
7. Vergleichen Sie die Finanzierung der Verkehrswege des Lkw-Verkehrs mit den Verhältnissen bei anderen Verkehrsträgern.
8. Häufig wird die Behauptung aufgestellt, dass die Unternehmer des Güterkraftverkehrs öffentliche Verkehrswege kostenlos in Anspruch nehmen würden.

   Suchen Sie nach Gegenargumenten.
9. Die Mineralwasser AG Bad Petersbach steht vor der Entscheidung, ihren eigenen Fuhrpark aufzustocken oder die anfallenden Transporte nicht mehr mit eigenen Fahrzeugen, sondern mit Fremdunternehmern durchzuführen.

   Sammeln Sie für diesen Entscheidungsprozess Vor- und Nachteile des Werkverkehrs.
10. Die Druckmaschinen AG in Heidelberg versendet drei Buchdruckmaschinen an einen Verlag in Lima/Peru per Seeschiff über Hamburg. Die Verladung erfolgt mit der »Santiago Express«, die im Liniendienst zwischen Hamburg und der südamerikanischen Westküste verkehrt. Von der Reederei Hamburg-Süd verlangt der Versender ein reines Bord-Konnossement.
    a) Grenzen Sie die Linienschifffahrt von der Trampschifffahrt ab.
    b) Erklären Sie die Rechtsnatur und die wirtschaftliche Funktion des Konnossements.
    c) Verfolgen Sie den Weg dieses Konnossements.

11. Die Saarhütte GmbH, Dillingen, erhält von General Steel Ltd., Veracruz, den Exportauftrag über 5.000 t Stahlträger. Zum Versand kommen die Stahlträger gebündelt à 4 Stück, auf Stauhölzern, mit einer Länge von jeweils 20 m und einem Stückgewicht von 4 t.

    Erstellen Sie eine entsprechende Transportvariante unter ökologischen und ökonomischen Gesichtspunkten und begründen Sie Ihre Entscheidung. Gehen Sie davon aus, dass der Zeitfaktor keine Rolle spielt.

12. Die Dessauer Maschinenbaugesellschaft GmbH versendet dringend benötigte Ersatzteile, verpackt in zwei Kartons mit einem Gewicht von je 22,8 kg, per Luftfracht nach Melbourne. Der Wert der Sendung beträgt 9.000 USD. Aus dem Luftfrachtbrief geht hervor, dass die Sendung mit der australischen Luftverkehrsgesellschaft verladen wurde. Bei der Ankunft in Melbourne fehlt ein Karton.

    a) Erörtern Sie die Wettbewerbslage, in der sich der Luftverkehr gegenüber anderen Verkehrsträgern befindet.

    b) Nennen Sie typische Luftfrachtgüter.

    c) Prüfen Sie, in welcher Höhe der Luftfrachtführer Schadensersatz leisten muss. Zur Anwendung kommt das Montrealer Übereinkommen (1 SZR = 1,14 USD).

    d) Beschreiben Sie die Funktionen des Luftfrachtbriefs. Stellen Sie dabei die Besonderheiten, die dieser Frachtbrief gegenüber Landfrachtbriefen besitzt, heraus.

13. Erstellen Sie eine tabellarische Übersicht nach folgendem Muster, in der Sie die einzelnen Verkehrsträger anhand folgender Kriterien vergleichen:

    a) Typische Arten der Versandgüter,

    b) Maximales Versandgewicht je Fahrzeugeinheit,

    c) Fahrzeuggeschwindigkeit,

    d) Haftungsumfang.

Verkehrsträger / Kriterien	Eisenbahn	Kraftwagen	Binnenschifffahrt	Seeschifffahrt	Luftfracht

14. Gefährliche Güter sind solche Stoffe und Gegenstände, von denen bei Unfällen und bei unsachgemäßer Behandlung Gefahren ausgehen können.

    a) Nennen Sie Güter aus Ihrer Umgebung, die als Gefahrgüter bezeichnet werden können, und ordnen Sie diese den Gefahrgutklassen zu.

    b) Beschreiben Sie Maßnahmen, die bei Transporten gefährlicher Güter eine größere Sicherheit gewährleisten können.

10 Geld und Zahlungsverkehr

Eine Zahlung kann veranlasst werden durch Verträge (Kauf, Miete), freiwillige Zuwendungen (Geburtstagsgeschenke), Gesetze (Steuern) sowie durch Schadensersatzverpflichtungen (Unfallrente). Die Zahlung erfolgt mittels eines *allgemein anerkannten Gutes*, des **Geldes.**

10.1 Geld und Währung

Mit **Geld** kann man aus dem gesamten Güterangebot der Wirtschaft die Güter erwerben, die man möchte.

> **Geld** ist eine **Anweisung auf einen Anteil am Sozialprodukt;** es besitzt **Kaufkraft.**

10.1.1 Eigenschaften des Geldes

Geld ist ein Gut, das *allgemein anerkannt* und daher *für jedermann akzeptabel* sein muss, wenn es seine Funktion als Zahlungsmittel erfüllen soll. Es muss leicht übertragbar, teilbar, dauerhaft und wertbeständig sein.

Geld entstand in zeitlicher Reihenfolge als

– *Nutzgeld* (Vieh, Salzkugeln, Teeziegel)	Warengeld	stoffwertiges Geld
– *Schmuckgeld* (Muscheln, Zähne)		
– *Wägegeld* (ungemünztes Metall)	Metallgeld	
– *Münzgeld* (gemünztes Edelmetall)		
– *Papiergeld* (Banknoten)		stoffwertloses Geld
– *Buchgeld* (Giralgeld)		stoffloses Geld

Geld war also ursprünglich Gebrauchsgut. Mit fortschreitender Kultur hat es seinen Charakter als unmittelbar der Bedarfsdeckung dienendes Gut mehr und mehr verloren; der *Stoff-* oder *Gebrauchswert* des Geldes spielt heute keine Rolle mehr. Wichtig sind allein seine Funktionen.

10.1.2 Funktionen des Geldes

Im Wesentlichen sind vier Funktionen des Geldes festzustellen. Es wird benutzt als

a) Tauschmittel. Geld ermöglicht oder erleichtert Tauschvorgänge.

Beispiel: Der Landwirt erhält für sein Getreide Geld vom Müller. Er verwendet es, um sich bei einem Einzelhändler einen Mantel zu kaufen. Vertragliche Vereinbarungen gehen aber vor.

b) Recheneinheit. Der Wert eines Gutes kann in Geldeinheiten ausgedrückt werden. Durch Wertangaben in Geldeinheiten werden Güter vergleichbar gemacht.

Beispiele:

1. Ein Auto ist 39.500 EUR wert.
2. Ein fabrikneuer BMW kostet bei dem einen Händler 41.800 EUR; ein anderer Händler verlangt für das gleiche Auto 42.300 EUR.

c) Wertaufbewahrungsmittel. Geld muss nicht ausgegeben werden, es kann lange Zeit aufbewahrt werden.

Beispiel: Eine Angestellte zahlt jeden Monat 250 EUR auf ihr Bausparkonto ein, um später eine Wohnung finanzieren zu können. Beim Kauf der Wohnung sollte das Geld noch so viel wert sein wie zu Beginn des Sparprozesses.

d) Kaufkraftübertragungsmittel. Geld kann von Geldbesitzern auf andere übertragen werden.

Beispiele:

1. Der Vater überlässt seinem Kind monatlich 40 EUR Taschengeld zur freien Verfügung.
2. Ein Kaufmann nimmt bei seiner Bank einen Kredit über 100.000 EUR auf.

10.1.3 Währung

Der Begriff **Währung** wird in verschiedenem Sinn gebraucht. Man versteht darunter

- die staatlich geordnete Geldverfassung, z.B. »schweizerische Währung«,
- die Rechen- oder Geldeinheit, z.B. »EURO-Währung«,
- den Währungsstoff, z.B. Goldwährung, Papierwährung.

1. Inwiefern erleichtert das Geld Tauschvorgänge?
2. a) In welchen Zeiten wird Geld zum Wertaufbewahrungsmittel?
   b) Begründen Sie, in welcher wirtschaftlichen Situation das Geld seine Funktion als Wertaufbewahrungsmittel verliert.
3. Welche Probleme hatten früher die Besitzer von Nutzgeld bezüglich der Wertaufbewahrung und bezüglich des Zahlungsvorganges?
4. In welcher Situation kommt es zu einer »Zigarettenwährung«?

10.2 Zahlungsmittel und Zahlungsarten

Bei der Begleichung seiner Schulden muss der Schuldner die Frage beantworten, welches **Zahlungsmittel** und welche **Zahlungsart** er verwenden will.

10.2.1 Zahlungsmittel

Gesetzliche Zahlungsmittel

Darunter fällt nur das Bargeld.

Es besteht aus *Banknoten* und *Münzen*. Der Gläubiger muss Banknoten unbegrenzt annehmen, Münzen nicht mehr als 50 Stück. Vertragliche Vereinbarungen gehen aber vor.

- **Banknoten** werden allein von der Europäischen Zentralbank ausgegeben (Notenprivileg). Sie erleichtern den baren Zahlungsverkehr mit größeren Beträgen.
- **Münzen** werden in Münzstätten geprägt und von der Bundesregierung in den Verkehr gebracht (Münzprivileg).

Vereinbarte Zahlungsmittel

▶ Buchgeld (Giralgeld)

Als Buchgeld werden die Giroeinlagen bei den Kreditinstituten bezeichnet. Es *entsteht* durch Einzahlung von Bargeld auf Giro- und Kontokorrentkonten und durch Kreditgewährung der Kreditinstitute. Es *wird vernichtet* durch Abhebung von diesen Konten und durch Überweisung ins Ausland.

▶ Geldersatzmittel

Man versteht darunter im Umlauf befindliche *Schecks* und *Wechsel*. Da für sie kein Annahmezwang besteht, sie aber einen Anspruch auf Geld verbriefen, dienen sie **zahlungshalber** als Geldersatz.

Der Schuldner hat im rechtlichen Sinne erst dann bezahlt, wenn der Gläubiger das Geld empfangen hat und das Schuldnerkonto belastet wurde.

Beispiel: Otto Linde erhält von seinem Schuldner Karl Tucher einen Verrechnungsscheck. Linde reicht diesen Scheck bei seinem Geldinstitut ein und erhält eine Gutschrift. Tucher hat bezahlt, wenn auch auf seinem Konto bei seinem Geldinstitut der Betrag belastet wurde. Wird sein Konto belastet, aber versehentlich das Konto von Otto Lindner erkannt, hat Tucher noch nicht bezahlt.

10.2.2 Zahlungsarten

Im Hinblick auf die bei der Zahlung verwendeten Zahlungsmittel unterscheidet man bare, halbbare und bargeldlose Zahlung.

a) **Bare Zahlung.** Die Zahlung erfolgt mit *barem* Geld und der Empfänger erhält *bares* Geld, z.B. mittels Expressbrief durch den Postboten oder den Postbank-Minuten-Service.

b) **Halbbare Zahlung.** Die Zahlung erfolgt entweder durch *Bareinzahlung* des Zahlers und *Gutschrift* auf dem Konto des Empfängers (Zahlschein) oder durch *Abbuchung* vom Konto des Zahlers und *Barauszahlung* an den Empfänger (Zahlungsanweisung der Postbank).

c) **Bargeldlose Zahlung.** Die Zahlung erfolgt durch *Abbuchung vom Konto* des Zahlers und durch *Gutschrift auf dem Konto* des Empfängers.

Empfänger hat / Zahler hat	kein Konto	Bankkonto
kein Konto	Zahlung von Hand zu Hand Expressbrief Postbankgeldversand (Minuten-Service)	Zahlschein Geldkarte
Bankkonto	Barscheck Zahlungsanweisung	Überweisung, Lastschrift Verrechnungsscheck Zahlungsanweisung Bankkarte, Kredit- und Geldkarte

bar — halbbar — bargeldlos

10.2.3 Gironetze

Zahlungen können unter Mitwirkung der Kreditinstitute geleistet werden. Sie sind die Träger des Zahlungsverkehrs.

Voraussetzung für die Entwicklung eines umfangreichen und weit verzweigten bargeldlosen Zahlungsverkehrs war die Errichtung von **Gironetzen.** Sie sind Zusammenschlüsse gleichartiger Kreditinstitute. In Deutschland gibt es fünf Gironetze, die untereinander in Verbindung stehen: Gironetze der Sparkassen, der Kreditgenossenschaften, der Postbank, der Großbanken, der Bundesbank.

Über das **SWIFT**-System (**S**ociety for **W**orld Wide **I**nterbank **F**inancial **T**elecommunication) werden Kontoübertragungen im weltweiten Zahlungsverkehr über die gemeinsame Computerzentrale in Brüssel vollautomatisiert und belegfrei binnen weniger Minuten abgewickelt. Im EWU-Raum stehen die Banken über das **TARGET**-System (**T**rans-European **A**utomated **R**ealtime **G**ross Settlement **E**xpress **T**ransfer) miteinander in Verbindung. Hier werden grenzüberschreitende Großbetragszahlungen taggleich abgewickelt.

Ihren Geschäftskunden bieten die Banken **EDIFACT** (**E**lectronic **D**ata **I**nterchange **f**or **A**dministration, **C**ommerce and **T**ransport) an. Dieses von den Vereinten Nationen entwickelte Nachrichtenformat ermöglicht die länderübergreifende elektronische Kontenbewegung und Kontoauszugserstellung.

Bankkunden können sich des beleghaften sowie des beleglosen Zahlungsverkehrs bedienen. Bei der Einreichung der Belege oder Daten ist ihre Bank entweder *Zahlstelle* (Überweisung, Dauerauftrag) und leitet das Geld weiter an den Gläubiger oder sie ist erste *Inkassostelle* (Scheck, Lastschrift) und holt sich das Geld beim Schuldner.

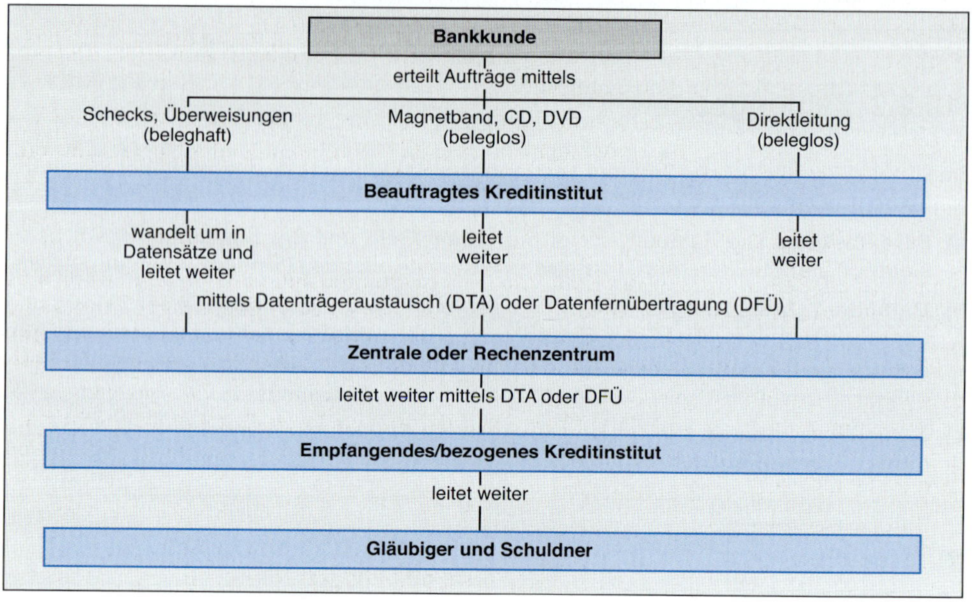

10.2.4 Elektronischer Zahlungsverkehr

Der beleghafte Zahlungsverkehr führt bei allen Beteiligten zu einem erheblichen Arbeits- und Kostenaufwand. Durch die moderne Datentechnik werden Originalbelege (Überweisungen, Schecks) maschinell-optisch über Schriftenlesegeräte in Datensätze umgewandelt und über das elektronische Netzwerk weitergegeben.

Das erstbeauftragte Kreditinstitut mikroverfilmt den Originalbeleg und vernichtet ihn nach zwei Monaten.

Es ist aber auch möglich, dass die Bankkunden statt der Belege (Überweisungen, Lastschriften) andere Datenträger (CD) benutzen. Man spricht dann vom **Datenträgeraustausch (DTA).** Sind die Kunden online mit ihrem Kreditinstitut verbunden, spricht man von **Datenfernübertragung (DFÜ).** Der elektronische Zahlungsverkehr umfasst demnach alle bargeldlosen Zahlungen, die mittels eines elektronischen Mediums (DVD) oder per Datenfernübertragung weitergeleitet werden.

Die Zahlungsverkehrskunden verwenden in zunehmendem Maße die Bankkarte (Bild, Seite 319) oder Kreditkarte mit **persönlicher Identifikationsnummer (PIN),** wenn der Handel und das Dienstleistungsgewerbe entsprechende **Kassenterminals** anbieten. Denn dann kann der Bankkunde mittels Karte und Geheimnummer beleglose Zahlungsvorgänge auslösen.

Bereits häufig wird der Magnetstreifen auf der Bankkarte durch einen Prozessorchip (wie auf der Telefonkarte) ergänzt. Damit wird aus der Bankkarte (oder Kreditkarte) eine »elektronische Geldbörse«, mit der neben allen jetzigen Funktionen auch bargeldloses Telefonieren, das Benutzen des öffentlichen Nahverkehrs und weitere Zahlungsfunktionen (Geldautomat und Kontoauszugdrucker) möglich sind.

Onlinebanking

Beim Onlinebanking hat der Bankkunde direkten Zugriff auf den Rechner der Bank. Er kann seine Bankgeschäfte rund um die Uhr, an den Wochenenden und Feiertagen abwickeln. Überweisungen, das Einrichten und Löschen von Daueraufträgen, Wertpapiere kaufen oder verkaufen erfolgen computerunterstützt.

Darüber hinaus kann der Bankkunde seinen Kontostand und Bankkonditionen (Börsenkurse, Zinssätze) abfragen. Die Absicherung vor unberechtigtem Zugriff erfolgt über eine Geheimnummer (**PIN**). Für jede Verfügung benötigt man eine **TAN** (**T**ransaktions**n**ummer). Die Banken unterstützen unterschiedliche PIN-/TAN-Systeme:

- **iTAN:** Die TAN oder iTAN (indiziert = angezeigt) wird nur einmal verwendet und entspricht einer elektronischen Unterschrift.
- **chipTAN:** Ein TAN-Generator errechnet in Verbindung mit der Bankkarte die TAN.
- **smsTAN:** Die TAN wird per SMS auf die hinterlegte Mobilnummer des Nutzers gesandt.

Telefonbanking

Beim **Telefonbanking** arbeitet der Kunde im Dialogverfahren mit seiner Bank: Er wählt eine spezielle Rufnummer und gibt über das Tastenfeld seines Mehrfrequenz-Telefons seine Kontonummer und eine Geheimnummer ein. Er steht nun mit seiner Bank in Verbindung, erfährt den Kontostand, die gespeicherten Umsätze und kann selbst Überweisungen in Auftrag geben. Dazu gibt er die nummerischen Werte über die Tastatur ein, die sonstigen Daten spricht er im Dialog auf Band. Jede Eingabe wird durch die Raute-Taste (#) abgeschlossen und aus Sicherheitsgründen am Ende wiederholt, damit der Kunde sich von der Richtigkeit überzeugen kann.

Electronic cash

An den Kassen mit electronic cash stehen Kassenterminals, die den bargeld- und beleglosen Zahlungsverkehr am Ort des Verkaufsgeschehens **(point of sale = POS)** ermöglichen:

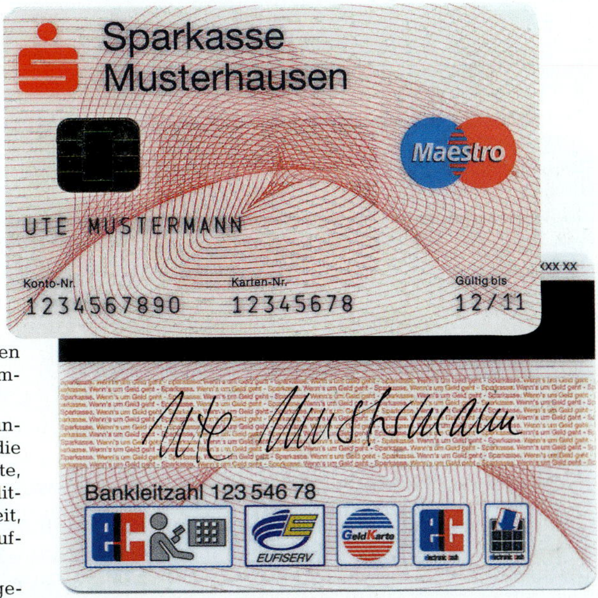

- Die Verkäuferin tippt die Kaufsumme in die Kasse.
- Der Kunde kontrolliert die Kaufsumme.
- Der Kunde steckt die Bankkarte in den Kartenleser und gibt seine Geheimnummer ein.
- Das Kassenterminal autorisiert den Kunden, d.h., in Sekundenschnelle wird die Geheimnummer, die Echtheit der Karte, eine mögliche Sperre sowie das Kreditlimit geprüft. Dies gilt auch weltweit, wenn die Karte das Logo »**Maestro**« aufweist.
- Die Summe wird im Kassenterminal gespeichert.
- Der Kassenbon mit Artikelname, Preis, Händlername, Datum, Uhrzeit wird herausgegeben.
- Die Abbuchung und die Gutschrift erfolgen vollautomatisch.

Eine Variante von POS ist die Bezahlung mit der Bankkarte ohne PIN. In diesem Fall verzichten die Händler auf die absolute Zahlungssicherheit, indem sie nur einen Lastschrifteinzugsauftrag unterschreiben lassen (Abschnitt 10.3.5). Die Zahlung erfolgt damit ohne Zahlungsgarantie. Bei diesem **Elektronischen Lastschriftverfahren (ELV)** hat die Bankkarte also keine Garantie-, sondern lediglich Legitimationsfunktion. Es kostet den Gläubiger deswegen keine Bankgebühren.

Beim **electronic cash mit Chip (ecc)** erhält der Bankkunde auf seinem Bankkarten-Chip ein Guthaben von beispielsweise 500 EUR zur Verfügung gestellt, ohne dass sein Konto sofort belastet wird. Bei Verwendung der Bankkarte mit PIN verringert sich sein Guthaben bei jedem Zahlungsvorgang und sein Bankkonto wird per Lastschrift entsprechend belastet.

Erst bei dem Händler, bei dem die 500-EUR-Grenze überschritten wird, baut sich eine online-Verbindung mit der Hausbank des Karteninhabers auf und der Chip kann wieder bis 500 EUR geladen werden. Der Zahlungsvorgang wickelt sich für den Schuldner wie bei ec-cash ab, ist aber für den Gläubiger im offline-Stadium gebührenfrei, denn nur im online-Stadium fallen Telekommunikationsgebühren an.

Vorteile des Electronic cash	
für den Käufer: – Unabhängigkeit von Bargeld und Schecks, – Erhöhung des finanziellen Spielraums, – Minimierung des Diebstahl- und Verlustrisikos, – Schecks ausfüllen entfällt, – Verwendung im In- und Ausland, – Umrechnung zum Devisenkurs, – geringere Kontoführungsgebühren als bei Zahlung mit Scheck, – ausführliche Informationen auf dem Kontoauszug (Händlername, Datum, Uhrzeit).	**für den Verkäufer:** – Verringerung der Arbeiten an der Kasse, – absolute Zahlungssicherheit, – Schutz vor Betrug, Raub und Kassendifferenzen, – weniger Scheckeinreichungen und damit – geringere Kontoführungsgebühren, – geringere Kassenbestände.

Vergleich elektronischer Zahlungsvorgänge mit Bankkarte

	Electronic cash mit PIN (POS)	Elektronisches Lastschriftverfahren (ELV)	Electronic cash mit Chip (ecc)
Legitimation des Käufers	mittels PIN	mittels Unterschrift	mittels PIN
Prüfung der Kartensperre	ja	nein	nicht erforderlich
Prüfung der Bonität	ja	nein	nicht erforderlich
Zahlungsgarantie	ja	nein	ja
Gebühren für den Händler	höher	keine	sehr gering

Kreditkarte

Um den bargeldlosen Zahlungsverkehr weiter zu vereinfachen, bieten Kreditkartenorganisationen Privat- und Geschäftskunden mit einwandfreier Bonität und bestimmtem Jahreseinkommen die **Kreditkarte** als Zahlungsinstrument an.

Gegen Vorlage der Kreditkarte kann der Karteninhaber bei allen der Kartenorganisation angeschlossenen Vertragsunternehmen bargeldlos Rechnungen begleichen. Die Karte ermöglicht auch das teure Abheben von Bargeld bis zu festgelegten Höchstgrenzen.

Bei allen Zahlungsvorgängen sind folgende Schritte zu beachten:
- Vorlage der Karte durch den berechtigten Karteninhaber,
- Prüfung der Gültigkeitsdauer und des Namens,
- Übertragung der Kartennummer mittels des Kassenterminals auf einen individuellen Kassenbeleg,
- Unterzeichnung der Abrechnung durch den Karteninhaber.

Die **Kreditkarte** ermöglicht die **bargeldlose Zahlung** gegen **Vorlage** und **Prüfung der Karte** sowie **Übertragung der Kartennummer** und **Unterschrift auf die Abrechnung.**

Da die Kreditkartenorganisation vor Ausgabe der Karte die Bonität des Antragstellers durch dessen Hausbank prüfen lässt, bedeutet die Karte für den Gläubiger **absolute Zahlungssicherung,** d.h., er erhält per Lastschrifteinzug immer sein Geld von der Kartenorganisation.

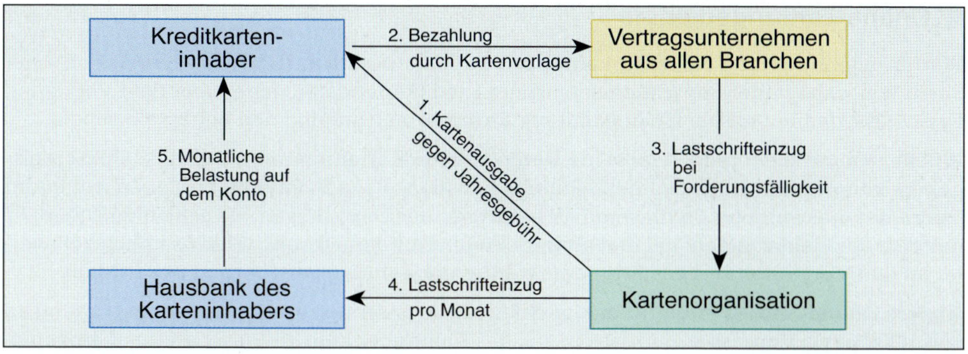

Diese Risikoübernahme kostet den Gläubiger je nach Branche und Geltungsbereich (weltweit) allerdings 3–10% Gebühren jedes Rechnungsbetrages, den er per Lastschrift einzieht. Gegenüber dem Kartenbenutzer rechnet die Organisation immer nur monatlich ab, sodass der Kunde eine Art zinslosen Kredit hat. Diesem Zinsvorteil steht aber eine Jahresgebühr von beispielsweise 20 EUR gegenüber. Bei Kartenverlust liegt die Haftungsgrenze des Kunden bei 50 EUR.

Vielseitiges Plastik-Geld

Die wichtigsten Arten und wozu sie gut sind:

Bankkarten
(z.B. Postbank)
- … für bargeldlose Zahlung
- … zur Bargeld-Beschaffung aus dem Automaten

Kreditkarten
(z.B. Visa, Eurocard, American Express, Diners Club)
- Bezahlen per Unterschrift in angeschlossenen Hotels, Fachgeschäften, Reisebüros u.a.
- Bargeld-Beschaffung bei bestimmten Auszahlungsstellen
- Versicherungen bei Reisen
- Kautions-Erlass für Mietwagen und anderes mehr

Kundenkarten
(z.B. Ikea, Metro, Lufthansa, interRent)
- Bargeldloser Einkauf und anderes mehr

Geldkarte

Im Einzelhandels- und Dienstleistungsbereich liegen 75% der Umsätze unter einem Betrag von 30 EUR. Aus diesem Grund soll die Geldkarte für Kleinbeträge die Kreditkarte bzw. Bankkarte (90 EUR bzw. 55 EUR durchschnittlicher Kaufbetrag) ergänzen. Auf der Bankkarte ist ein entsprechender Mikrochip für die Geldkarte angebracht. Der Bankkunde kann seine Geldkarte mittels PIN bis zu 200 EUR am Geldautomaten seiner Bank zulasten seines Kontos aufladen. Während die Kredit- bzw. Bankkarte erst genutzt und danach das Konto belastet wird (postpaid card), erfolgt bei der Geldkarte zuerst der Liquiditätsabfluss und danach ihr Einsatz (prepaid card):

Der Nutzer steckt die Geldkarte in das Terminal des Händlers und dieser gibt nach der Wahrnehmung des Guthabens auf der Karte den Betrag ein. Der Kunde bestätigt durch Tastendruck die auf dem Display erscheinende Summe, worauf diese von seiner Karte ab- und der aufnehmenden Karte beim Händler zugebucht wird. Abends sendet der Händler die Gesamtsumme per Datenleitung an eine Verrechnungszentrale, von wo aus sie seinem Konto gutgeschrieben wird.

Die **Vorteile** der Geldkarte sieht man vor allem in ihrem Einsatz bei Anbietern mit automatenfähigen Dienstleistungen und Zahlungsvorgängen wie im öffentlichen Personennahverkehr, bei Parkhäusern, bei großen Verbrauchermärkten und bei Automatengeschäften:
- schnelles und anonymes Bezahlen ohne PIN und ohne Unterschrift,
- es ist immer passendes Kleingeld vorhanden, vor allem an Automaten,
- es ist keine Wechsel- und Falschgeldkontrolle mehr nötig.

Nachteilig für den Händler ist die Investition in das Kartenterminal und die zu bezahlende Umsatzprovision an seine Bank. Für den Nutzer bedeutet der Geldkartenverlust Bargeldverlust.

Online-Zahlungsdienste

Wer im Internet online einkauft, kann auch im Netz bezahlen (B2C-Geschäfte): Entweder durch Preisgabe seiner Bankdaten oder seiner Kreditkartendaten gegenüber dem Verkäufer. Dieser lässt dann über sein Geldinstitut per Einzugsermächtigung den Betrag einziehen.

Will der Käufer nicht jedes Mal seine Daten (Name, Kartennummer, Verfallsdatum) preisgeben, kann er sich eines Online-Zahlungsdienstleisters (z.B. **PayPal)** bedienen, wenn der Verkäufer dies anbietet. In diesem Fall kennt nur der Dienstleister die sensiblen Daten. Er holt sich das Geld von dem bei ihm eingerichteten Kundenaccount, leitet es in Echtzeit weiter an den Verkäufer und bestätigt dem Käufer die Zahlungsausführung per E-Mail.

Andere Online-Shop-Verkäufer bieten einen für sie garantierten Überweisungsvorgang an (z.B. **Giropay).** Voraussetzung ist ein für das Onlinebanking freigeschaltetes Girokonto. Durch Eingabe seiner Bankleitzahl wird der Käufer zu seiner Bank geführt. Dort wird ihm eine bereits vollständig ausgefüllte und nicht mehr veränderbare Überweisung angeboten. Durch Eingabe der TAN wird die Überweisung autorisiert und gleichzeitig erhält der Verkäufer die Zahlungsgarantie des Geldinstituts.

Cash-Management

Die durch den Zahlungsverkehr verursachten Gutschriften und Belastungen verändern fortlaufend die Kontostände. Da für die täglichen Finanzdispositionen erfahrungsgemäß nur ein Zeitrahmen von 8:00 bis 11:00 Uhr zur Verfügung steht, ist der Kaufmann an einer aktuellen Information aller seiner Kontostände bei den verschiedensten Banken, nach Währungen geordnet, interessiert. Cash-Management ist eine Software, die das weltweite Abholen von Kontodaten (Einzelbewegungen mit Verwendungszweck und Auftraggeber; Umsätze; Tagesauszüge; Kreditlinien, mit Zinssätzen) sowie die Aufbereitung dieser Daten in einen aktuellen Liquiditätsstatus ermöglicht.

Dabei lassen sich die Buchungssalden in Valutensalden umrechnen sowie in diese Salden eigene valutarische Gelddispositionen einbauen. Mithilfe des Cash-Managements kann der Kaufmann nun schnell entscheiden, von welchem Konto, in welcher Währung und in welcher Höhe er automatisch mittels seiner elektronischen Unterschrift Zahlungsausgänge (Überweisungen) und Zahlungseingänge (Lastschriften) per Datenfernübertragung, zeitlich für mehrere Tage im Voraus festgelegt, ausführen kann.

Die elektronische Unterschrift wird durch das »Zusammenführen« eines nur dem PC-Nutzer bekannten geheimen Schlüssels und eines zweiten, vom Nutzer der Bank mitgeteilten Schlüssels geleistet.

SALDENENTWICKLUNG (Währung EUR)

Kontostand am 15. Jan.: 40.000 EUR Soll.
Scheckeinreichungen am 16. Jan.:
26.000 EUR, Valuta 17. Jan., da Platzscheck
20.000 EUR, Valuta 18. Jan., da Fernscheck
30.000 EUR, Valuta 20. Jan., da Auslandsscheck

Datum	Buchsaldo	Valutasaldo
15. Jan.	40.000	40.000
16. Jan.	36.000	40.000
17. Jan.	36.000	14.000
18. Jan.	36.000	6.000
19. Jan.	36.000	6.000
20. Jan.	36.000	36.000

?

1. Suchen Sie Beispiele für die Unersetzlichkeit von Bargeld.
2. a) Prüfen Sie, ob ein Steuerpflichtiger seine Steuerschuld von 500 EUR an der Kasse des Finanzamtes mit fünfzig 10-EUR-Scheinen begleichen kann.
   b) Ein Kunde schuldet an der Kasse eines Lebensmittelhändlers 6,80 EUR. Prüfen Sie, mit welchen Münzen er seine Schuld begleichen darf bzw. nicht begleichen dürfte.
3. Wer verfügt über das Münzprivileg und wer über das Notenprivileg?
4. An der Kasse eines Modehauses werden die Laufkunden gefragt: »Zahlen Sie bar oder mit Karte?«
   Das gleiche Modehaus schickt einem Stammkunden eine Rechnung mit dem Text: »Barzahlung innerhalb von acht Tagen bei 2% Skonto oder 30 Tage netto auf Konto 237 516, Ulmer Volksbank, Bankleitzahl 650 901 00.«
   a) Erklären Sie den Begriff Barzahlung.

b) Berechnen Sie den Jahreszinssatz dieses Skontoangebotes.

5. Warum spricht man bei den Kreditkarten von »Plastikgeld«?
6. Auch große Kaufhäuser und Einkaufszentren bieten Kreditkarten an. Suchen Sie Gründe dafür.
7. Ein Jugendlicher behauptet, die Geldkarte sei unnütz, denn sie würde ja nur zum Geldausgeben verführen.

   Nehmen Sie dazu Stellung.
8. Welche Einwände können Datenschützer gegen die Geldkarte vorbringen?
9. In den letzten Jahren wurde das Angebot im elektronischen Zahlungsverkehr erheblich ausgebaut: Geldautomaten dienen zur Abhebung von in- und ausländischem Bargeld und an Kassenterminals im Handels- und Dienstleistungssektor kann man mittels der Plastikkarte (»Plastikgeld«) bezahlen.
   a) Wie stehen Sie als Verbraucher zu dieser Zahlungsmöglichkeit?
   b) Warum haben Kreditinstitute sowie Handels- und Dienstleistungsunternehmen ein Interesse an der Nutzung dieser Zahlungsmöglichkeit?
10. In vielen Fällen des Geschäftslebens muss Bargeld auf ein Bankkonto bar eingezahlt werden. So bringt der Automatenaufsteller sein Münzgeld ebenso zur Bank wie Einzelhändler täglich Geldbomben bei ihrer Bank in den Tag- und Nachttresor einwerfen. Es kommt auch vor, dass Versicherungen oder Sozialämter Geld an Empfänger ausbezahlen müssen, die kein Bankkonto haben.
    a) Beschreiben Sie Fälle, wo es im Privatleben zu Bareinzahlungen am Bankschalter kommt oder ein Bote Geld ins Haus bringt.
    b) Überlegen Sie, ob für die genannten Fälle der elektronische Zahlungsverkehr die Barzahlung ersetzen wird.

10.3 Zahlungsträger

Unter einem **Zahlungsträger** versteht man das von den Geldinstituten zur Abwicklung des Zahlungsverkehrs angebotene *Formular.* In zunehmendem Maße werden auch elektronische Datenträger verwendet.

10.3.1 Barzahlung

Zahlung von Hand zu Hand

Bargeld wird von Hand zu Hand gezahlt. Als Beweisurkunde kann der Zahler vom Empfänger eine **Quittung** verlangen.

Wird eine Ware mit quittierter Rechnung oder einer Quittung durch einen Überbringer zugestellt, so gilt dieser als ermächtigt, die Zahlung in Empfang zu nehmen. Beim Verkauf im Einzelhandel wird die Quittung meist in Form eines **Kassenzettels** erteilt.

Expressbrief

Mittels Expressbrief kann Bargeld bis 500 EUR versandt werden.

Für den Verlust oder die Beschädigung leistet die Post Schadensersatz bis zur Höhe des angegebenen Wertes.

10.3.2 Zahlschein

Zahlscheine werden **von allen Geldinstituten** angeboten. Ihre Verwendung ist möglich, wenn der *Empfänger* ein Bank- oder Postbankkonto besitzt. Der *bar* eingezahlte Betrag wird dem Konto des Empfängers *gutgeschrieben.*

Aus Rationalisierungsgründen bieten alle Geldinstitute neben dem einfachen Zahlschein auch den kombinierten Vordruck *Überweisungsauftrag/Zahlschein* an. Auf diesem Vordruck sind die Empfängerangaben bereits aufgedruckt; er *dient zur Bareinzahlung oder für Überweisungszwecke.* Da auf dem Vordruck der Name und der Sitz des beauftragten Geldinstituts fehlen, spricht man vom *neutralen Überweisungs-Zahlschein.*

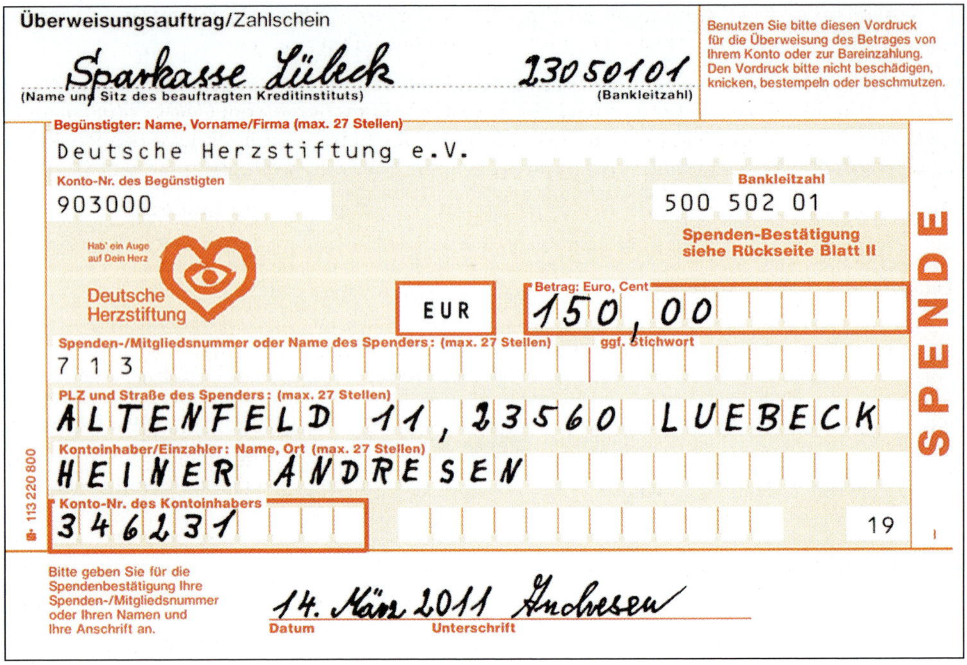
Überweisungsauftrag/Zahlschein

Sparkasse Lübeck 23050101

(Name und Sitz des beauftragten Kreditinstituts) (Bankleitzahl)

Benutzen Sie bitte diesen Vordruck für die Überweisung des Betrages von Ihrem Konto oder zur Bareinzahlung. Den Vordruck bitte nicht beschädigen, knicken, bestempeln oder beschmutzen.

Begünstigter: Name, Vorname/Firma (max. 27 Stellen)
Deutsche Herzstiftung e.V.

Konto-Nr. des Begünstigten: 903000
Bankleitzahl: 500 502 01

Hab' ein Auge auf Dein Herz
Deutsche Herzstiftung

Spenden-Bestätigung siehe Rückseite Blatt II

EUR
Betrag: Euro, Cent: 150,00

Spenden-/Mitgliedsnummer oder Name des Spenders: (max. 27 Stellen) ggf. Stichwort
713

PLZ und Straße des Spenders: (max. 27 Stellen)
ALTENFELD 11, 23560 LUEBECK

Kontoinhaber/Einzahler: Name, Ort (max. 27 Stellen)
HEINER ANDRESEN

Konto-Nr. des Kontoinhabers
346231

19

SPENDE

Bitte geben Sie für die Spendenbestätigung Ihre Spenden-/Mitgliedsnummer oder Ihren Namen und Ihre Anschrift an.

14. März 2011 Andresen
Datum Unterschrift

10.3.3 Zahlungsanweisung

Kunden der Postbank mit umfangreichem Zahlungsverkehr können nach Absprache eine Zahlungsanweisung (per Postbote) oder eine »**Zahlungsanweisung zur Verrechnung**« (ZzV) zulasten ihres Girokontos erteilen.

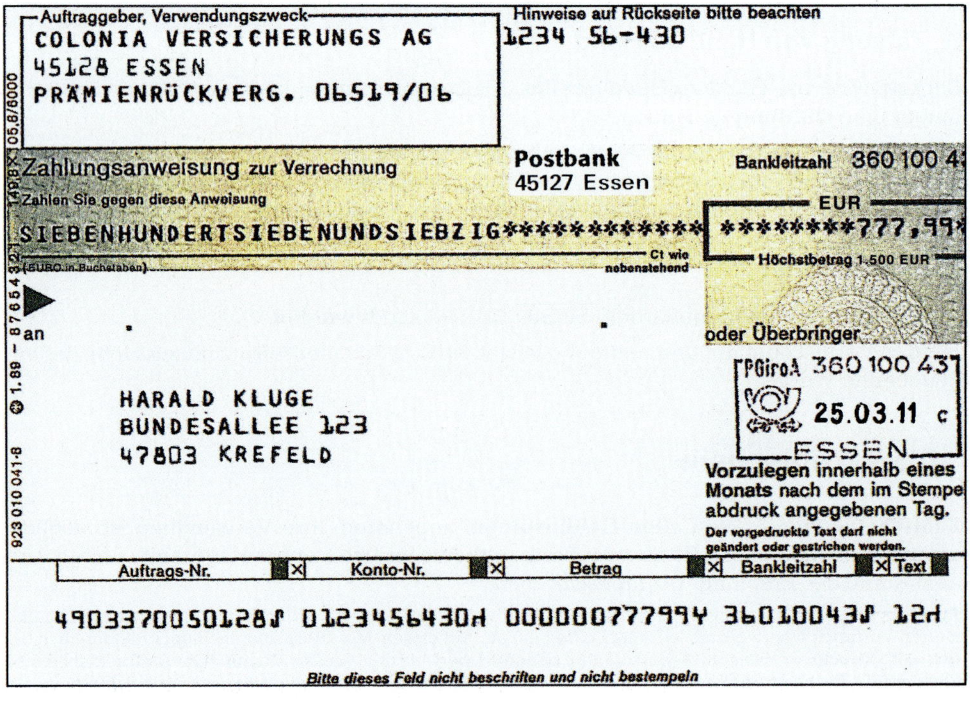
Auftraggeber, Verwendungszweck
COLONIA VERSICHERUNGS AG
45128 ESSEN
PRÄMIENRÜCKVERG. 06519/06

Hinweise auf Rückseite bitte beachten
1234 56-430

Zahlungsanweisung zur Verrechnung

Postbank
45127 Essen

Bankleitzahl 360 100 43

Zahlen Sie gegen diese Anweisung
SIEBENHUNDERTSIEBENUNDSIEBZIG************
(EURO in Buchstaben) Ct wie nebenstehend

EUR
*******777,99*
Höchstbetrag 1.500 EUR

an

oder Überbringer

HARALD KLUGE
BUNDESALLEE 123
47803 KREFELD

PGiroA 360 100 43
25.03.11 c
ESSEN

Vorzulegen innerhalb eines Monats nach dem im Stempelabdruck angegebenen Tag.
Der vorgedruckte Text darf nicht geändert oder gestrichen werden.

Auftrags-Nr. | Konto-Nr. | Betrag | Bankleitzahl | Text

4903370050128 0123456430 00000077799 36010043 12

Bitte dieses Feld nicht beschriften und nicht bestempeln

Die Anweisung ist für Zahlungen an Empfänger bestimmt, deren Kontoverbindung dem Auftraggeber nicht bekannt ist oder die kein Girokonto haben.

Nach der Belastung des Auftraggebers sendet die Postbank die ZzV an den Zahlungsempfänger, der sie innerhalb eines Monats nach ihrer Abstempelung bei seinem *Geldinstitut zur Gutschrift* einreichen kann. Natürlichen Personen kann der Betrag unter Vorlage des Personalausweises gegen eine Auszahlungsgebühr auch am *Postschalter bar* ausbezahlt werden.

Bei einer Zahlungsanweisung wird das Geld vom Postboten ins Haus gebracht.

10.3.4 Überweisung

Bei der **Überweisung** lässt der **Schuldner auf seine Anweisung** *seinem Konto einen Betrag belasten,* der danach *dem Konto des Empfängers gutgeschrieben wird.*

Überweisungsträger werden von allen Geldinstituten angeboten. Laut BGB müssen die Kreditinstitute ihre Kunden darüber informieren, wann die Belastungswertstellung erfolgt und wie lange es bis zur Gutschriftswertstellung dauert. Das Wertstellungsdatum ist die Grundlage für die Zinsberechnung. BGB § 676a

Einzelüberweisung

Der Schuldner überweist mit einem Überweisungsvordruck einen Betrag an den Gläubiger.

Für grenzüberschreitende Zahlungen im Euro-Zahlungsverkehrsraum **SEPA** (**S**ingle **E**uro **P**ayments **A**rea) muss der Überweisungsvordruck die **IBAN** (**I**nternational **B**ank **A**ccount **N**umber) des Schuldners und des Begünstigten enthalten sowie den **BIC** (**B**ank **I**dentifier **C**ode) des Empfängerinstituts (vgl. Bild und Seite 465).

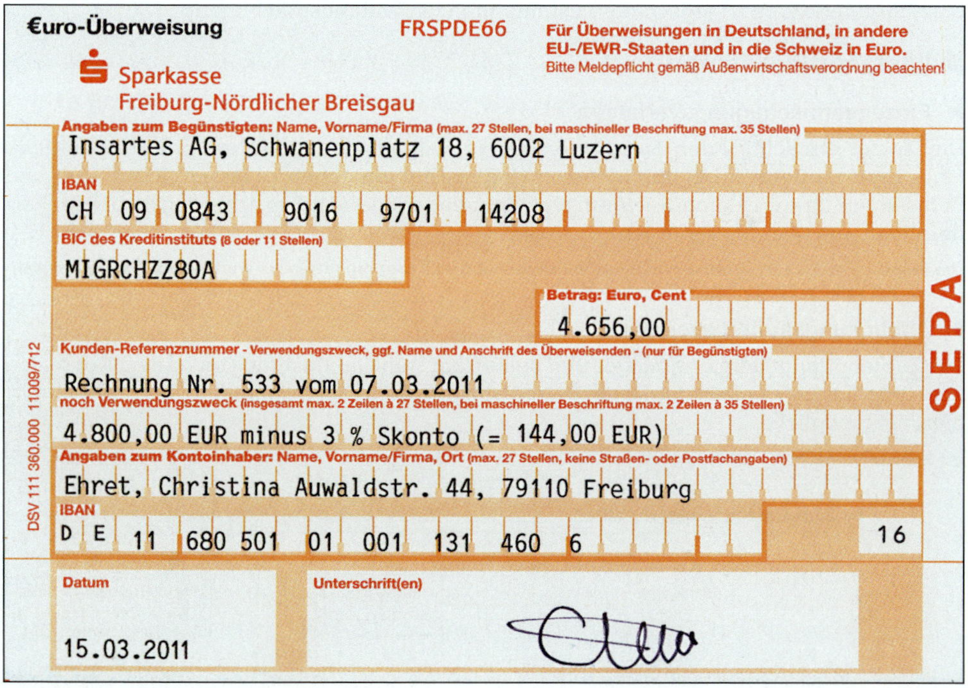
€uro-Überweisung
FRSPDE66
Für Überweisungen in Deutschland, in andere EU-/EWR-Staaten und in die Schweiz in Euro.
Bitte Meldepflicht gemäß Außenwirtschaftsverordnung beachten!
Sparkasse Freiburg-Nördlicher Breisgau
Angaben zum Begünstigten: Name, Vorname/Firma (max. 27 Stellen, bei maschineller Beschriftung max. 35 Stellen)
Insartes AG, Schwanenplatz 18, 6002 Luzern
IBAN
CH 09 0843 9016 9701 14208
BIC des Kreditinstituts (8 oder 11 Stellen)
MIGRCHZZ80A
Betrag: Euro, Cent
4.656,00
Kunden-Referenznummer - Verwendungszweck, ggf. Name und Anschrift des Überweisenden - (nur für Begünstigten)
Rechnung Nr. 533 vom 07.03.2011
noch Verwendungszweck (insgesamt max. 2 Zeilen à 27 Stellen, bei maschineller Beschriftung max. 2 Zeilen à 35 Stellen)
4.800,00 EUR minus 3 % Skonto (= 144,00 EUR)
Angaben zum Kontoinhaber: Name, Vorname/Firma, Ort (max. 27 Stellen, keine Straßen- oder Postfachangaben)
Ehret, Christina Auwaldstr. 44, 79110 Freiburg
IBAN
DE 11 680 501 01 001 131 460 6
16
Datum
15.03.2011
Unterschrift(en)
SEPA
DSV 111 360.000 11009/712

Sammelüberweisung

Sie ermöglicht Überweisungen vieler Beträge an verschiedene Empfänger durch Erteilung eines einzigen ordnungsgemäß unterschriebenen Überweisungsauftrags über die Gesamtsumme. Für die einzelnen Zahlungen werden nur die »Überweisungsträger« geschrieben, aber nicht unterschrieben.

Dauerauftrag

Der Zahler beauftragt sein Geldinstitut, zulasten seines Kontos regelmäßig wiederkehrende *gleichbleibende* Beträge an denselben Empfänger zu zahlen (Miete, Versicherungsprämien, Beiträge an Bausparkassen).

Er erspart sich dadurch die Terminüberwachung und das wiederkehrende Ausfüllen und Unterschreiben von Zahlungsaufträgen. Zahlender und empfangender Kontoinhaber erhalten keine Belege; der Grund der Kontobewegung steht in der Textspalte des Kontoauszuges.

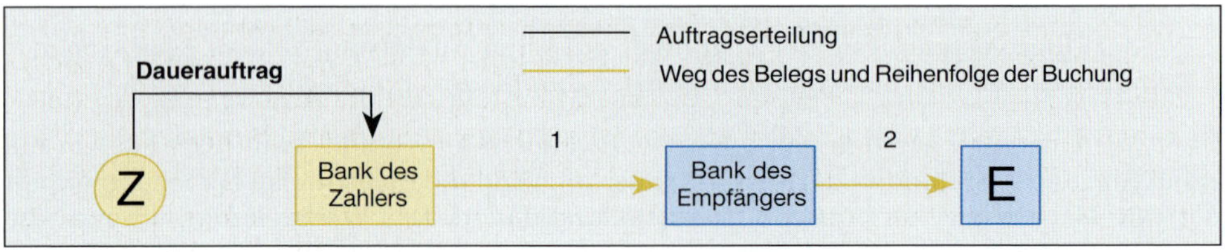

10.3.5 Lastschrift

Bei der **Lastschrift** lässt der **Gläubiger auf seine Anweisung** *dem eigenen Konto einen Betrag gutschreiben,* der *danach dem Konto des Schuldners belastet wird.*

Der Geldfluss ist also genau umgekehrt wie bei der Überweisung. Voraussetzung für das Lastschriftverfahren ist jedoch die Zustimmung des Zahlungspflichtigen.

Lastschriftverfahren

▶ Einzugsermächtigungsverfahren

Der Zahler ermächtigt den *Empfänger,* den jeweiligen Betrag seiner Forderung mithilfe eines Lastschriftvordrucks durch dessen Geldinstitut **einziehen** zu lassen (Rundfunk- und Fernsehgebühren, Telefon-Rechnungen, Gemeindeabgaben, Versicherungsbeiträge, Forderungen aus Warenlieferungen).

Die Belastung wird aufgehoben, wenn der Belastete der Lastschrift binnen sechs Wochen nach Rechnungsabschluss bei seinem Geldinstitut widerspricht.

▶ Abbuchungsauftragsverfahren

Der Zahler erlaubt dem Empfänger *und* beauftragt sein Geldinstitut, von seinem Konto den vom Empfänger jeweils geforderten Betrag **abzubuchen.** Eine Aufhebung der Belastung ist hier nicht möglich.

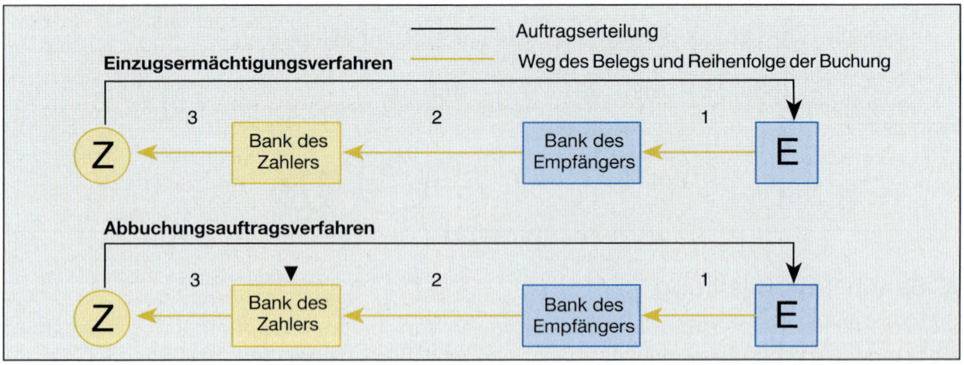

Dieses Verfahren wird von Unternehmen und Geldinstituten bevorzugt, wenn man die beim Einzugsermächtigungsverfahren mögliche Gefahr der Rückbelastung wegen Widerspruchs des Zahlers vermeiden will.

Beispiel: Ein Pkw-Hersteller liefert jede Woche fünf Pkw zu 15.000 EUR an einen Großhändler; den Forderungsbetrag zieht er mittels Einzugsermächtigung ein. Nach sechs Wochen hat er für 30 Pkw eine Gutschrift in Höhe von 450.000 EUR erhalten, die ihm beim Widerspruch des Großhändlers zurückbelastet werden könnten. Bei einem unsicheren Kunden ist deshalb das Abbuchungsauftragsverfahren weniger riskant.

▶ SEPA-Lastschrift (vgl. Seite 465)

Bedeutung des Lastschriftverfahrens für die Beteiligten

Es bietet folgende *Vorteile*

- **für den Zahlungsempfänger:** Da er den Zahlungszeitpunkt selbst bestimmt, vereinfacht er seine tägliche Disposition, erhöht seine Liquidität und verringert den Zeitaufwand für die Überwachung von Zahlungseingängen. Er erleichtert die Arbeiten in der Debitorenbuchhaltung und spart aufwendige Zahlungsaufforderungen. Bei beleglosem Datenträgeraustausch fallen weniger Kosten für die Kontoführung an.
- **für den Zahlungspflichtigen:** Er muss den Zahlungstermin weder streng überwachen noch zum genauen Termin einen Zahlungsvorgang auslösen. Er spart die Zeit für die Ausstellung von Schecks und Versandkosten für dieselben. Außerdem muss er deren spätere Einlösung nicht überwachen.

10.3.6 Scheck

Der **Scheck** ist eine **Urkunde,** in welcher der Aussteller **ein Geldinstitut anweist,** bei Sicht **aus seinem Guthaben einen bestimmten Geldbetrag zu zahlen.**

Seine Verwendung ist möglich, wenn der Zahler ein Bankkonto besitzt. Er ist ein *Geldersatzmittel,* d.h., der Schuldner hat im rechtlichen Sinne erst dann bezahlt, wenn der Gläubiger das Geld empfangen hat *und* das Schuldnerkonto belastet wurde.

▶ Gesetzliche Bestandteile

1. Die Bezeichnung als **Scheck** im Text der Urkunde, ScheckG Art. 1
2. die **unbedingte Anweisung,** eine bestimmte **Geldsumme zu zahlen,**
3. den Namen des **Bezogenen;** Bezogener kann nur ein Geldinstitut sein, Art. 3
4. den **Zahlungsort,**
5. **Ort und Datum der Ausstellung;** fehlt der Ausstellungsort, so gilt der Scheck als ausgestellt an dem Ort, der bei dem Namen des Ausstellers angegeben ist, Art. 2 (4)
6. **Unterschrift des Ausstellers.**

▶ Kaufmännische Bestandteile

- **Schecknummer.** Sie erleichtert die Sperrung eines abhanden gekommenen oder verloren gegangenen Schecks und ermöglicht eine Kontrolle über die Verwendung der Scheckformulare.
- **Kontonummer.** Sie vereinfacht das Buchen bei den Geldinstituten.
- **Bankleitzahl.** Sie hat die Aufgabe, den Zahlungsbeleg durch das Gironetz der Banken zu leiten. Zu diesem Zweck muss sie in der Codierzeile des Belegs vermerkt sein.
- **Wiederholung des Scheckbetrags in Ziffern.** Weichen die Scheckbeträge in Buchstaben und in Ziffern voneinander ab, so gilt der in Buchstaben geschriebene Betrag. Ist die Schecksumme mehrmals in Buchstaben oder mehrmals in Ziffern geschrieben, so gilt bei Abweichungen der kleinere Betrag.
- **Überbringerklausel.** Der Scheckvordruck trägt den Zusatz »oder Überbringer«. Diese Klausel macht den Scheck auch dann zum **Inhaberpapier,** wenn der Name des Scheckempfängers eingetragen ist. Sie berechtigt das bezogene Kreditinstitut, die Zahlung an jeden Scheckinhaber ohne Prüfung der Scheckberechtigung zu leisten. Die Banken lehnen daher die Einlösung solcher Schecks ab, bei denen die Überbringerklausel gestrichen ist.
- **Codierzeile.** Sie enthält die wesentlichen Scheckdaten in maschinell lesbarer Form.

Scheckarten

Man unterscheidet Schecks

▶ nach der Art der Weitergabe

a) Inhaberscheck. Der Einheitsscheck trägt den Zusatz »oder Überbringer«. Diese Klausel macht den Scheck auch dann zum **Inhaberpapier,** wenn der Name des Scheckempfängers eingetragen ist. Auch eine Streichung des Zusatzes »oder Überbringer« gilt als nicht erfolgt. Die Übertragung der Scheckrechte erfolgt nur durch Einigung und Übergabe.

b) Orderscheck. *Orderpapiere* sind durch Einigung, Indossament und Übergabe übertragbar.

a) *Geborene* Orderpapiere sind Urkunden, deren Übertragbarkeit mittels Indossament durch Gesetz begründet ist (Wechsel). Ohne die Überbringerklausel wäre auch der Scheck ein Orderpapier.

b) *Gekorene* Orderpapiere sind Urkunden, die erst durch die Orderklausel zu Orderpapieren gemacht werden (Ladeschein, Konnossement, Lagerschein).

Da der Orderscheck im anglo-amerikanischen Raum üblich ist, werden an deutsche Unternehmen auf Wunsch Formulare mit dem Sonderaufdruck ORDERSCHECK ausgegeben.

c) Rektascheck. *Rektapapiere* sind nur durch Abtretung (Zession) und Übergabe übertragbar. Durch die negative Orderklausel (»nicht an Order«) kann auch der Scheck zum Rektapapier gemacht werden.

▶ nach der Art der Einlösung

a) Barscheck. Nur das *bezogene* Geldinstitut ist berechtigt, die Zahlung an den Scheckinhaber in bar zu leisten. Der Inhaber eines Bankschecks hat folgende Verwendungsmöglichkeiten:

- Einlösung bei dem bezogenen Kreditinstitut, z.B. Raiffeisenbank Bad Saulgau eG.
- Einreichung beim Kreditinstitut des Inhabers zum Einzug und zur Gutschrift, z.B. reicht Willy Kaiser den Scheck bei seiner Hausbank in Jena ein.
- Weitergabe an einen Gläubiger als Zahlungsmittel, z.B. gibt Herr Kaiser den Scheck weiter an Herrn Rees, dem er 900 EUR schuldet; den Rest zahlt er bar.

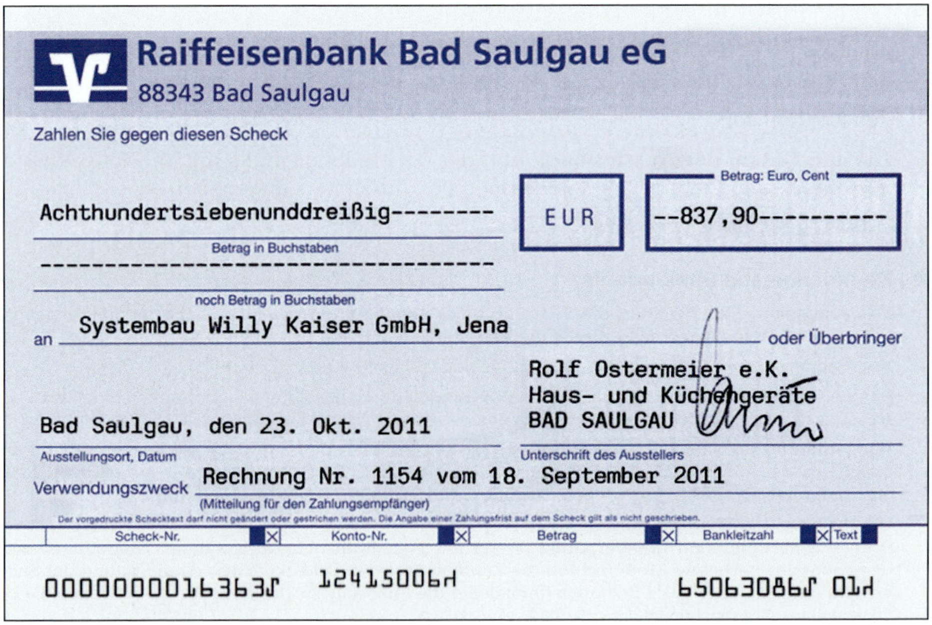
Raiffeisenbank Bad Saulgau eG
88343 Bad Saulgau
Zahlen Sie gegen diesen Scheck
Betrag: Euro, Cent
Achthundertsiebenunddreißig-------- EUR --837,90----------
Betrag in Buchstaben
----
noch Betrag in Buchstaben
an Systembau Willy Kaiser GmbH, Jena oder Überbringer
Rolf Ostermeier e.K.
Haus- und Küchengeräte
BAD SAULGAU
Bad Saulgau, den 23. Okt. 2011
Ausstellungsort, Datum
Unterschrift des Ausstellers
Verwendungszweck Rechnung Nr. 1154 vom 18. September 2011
(Mitteilung für den Zahlungsempfänger)
Der vorgedruckte Schecktext darf nicht geändert oder gestrichen werden. Die Angabe einer Zahlungsfrist auf dem Scheck gilt als nicht geschrieben.
Scheck-Nr. | Konto-Nr. | Betrag | Bankleitzahl | Text
000000016363 12415006 65063086 01

b) **Verrechnungsscheck.** Er trägt auf der Vorderseite den Vermerk »Nur zur Verrechnung« und wird dem Konto des Einreichers gutgeschrieben. ScheckG Art. 39

Einlösung des Schecks

▶ Verpflichtung zur Einlösung

Das bezogene Geldinstitut ist *gegenüber dem Aussteller* aus dem Scheckvertrag zur Einlösung des Schecks *verpflichtet;* gegenüber dem Scheckberechtigten besteht jedoch keine Verpflichtung zur Einlösung.

Ausnahme:

Bestätigter Bundesbankscheck. Die Bundesbank darf Schecks ihrer Kunden mit einem Bestätigungsvermerk versehen, durch den sie sich zur Einlösung binnen 8 Tagen nach der Ausstellung verpflichtet. Der bestätigte Bundesbankscheck bietet dem Empfänger die volle Sicherheit der Einlösung und erspart dem Aussteller die Mitführung größerer Geldbeträge. BBankG § 23

▶ Zeitpunkt der Einlösung

Der Scheck ist bei **Sicht** zahlbar.

Er soll so bald wie möglich vorgelegt und nicht zu Kreditzwecken *missbraucht* werden. Das Scheckgesetz hat deshalb für in Deutschland zahlbare Schecks **Vorlegungsfristen** gesetzt. Sie betragen, jeweils vom Zeitpunkt der Ausstellung an, ScheckG Art. 29

- 8 Tage, wenn der Scheck in Deutschland ausgestellt,
- 20 Tage, wenn er in einem anderen europäischen Land oder in einem an das Mittelmeer angrenzenden Land ausgestellt, und
- 70 Tage, wenn er in einem anderen Erdteil ausgestellt worden ist.

Die Nichtbeachtung der Vorlegungsfristen kann für den Scheckberechtigten nachteilige Folgen haben:

1. Er verliert im Falle der Nichteinlösung des Schecks das Rückgriffsrecht gegen die Indossanten und gegen den Aussteller. Art. 41
2. Die bezogene Bank ist auch dem Aussteller gegenüber nicht mehr zur Einlösung des Schecks verpflichtet. Art. 32 (2)
3. Die Bank darf den Scheck nicht mehr einlösen, wenn ihn der Aussteller widerrufen hat. Löst sie ihn trotzdem ein, so ist sie schadenersatzpflichtig.

Ein Scheck, bei dem ein in der Zukunft liegendes Datum als Ausstellungsdatum eingesetzt ist **(vordatierter Scheck),** kann auch schon vor dem Ausstellungstag vorgelegt und vom Geldinstitut eingelöst werden. Art. 28

Nichteinlösung des Schecks

Wird der Scheck rechtzeitig vorgelegt und vom bezogenen Geldinstitut nicht eingelöst, so hat der Scheckberechtigte

- **die Pflicht,** Art. 40
  a) diese Tatsache den Vormännern zu beweisen, und zwar
     - durch eine öffentliche Urkunde (Protest) oder
     - durch den Vorlegungsvermerk »Vorgelegt am ... und nicht eingelöst« des Kreditinstitutes (siehe Bild),
  b) die Vormänner davon zu benachrichtigen,
- **das Recht,** auf seine Vormänner zurückzugreifen.

ScheckG Art. 42, 45, 46, 52 Die Benachrichtigungsfristen und die Rückgriffsansprüche der Beteiligten sind gesetzlich geregelt. Die Ansprüche des letzten Inhabers *verjähren* in sechs Monaten vom Ablauf der Vorlegungsfrist an, die der Vormänner in sechs Monaten ab dem Tage, an dem der Scheck vom Rückgriffsverpflichteten eingelöst oder ihm gegenüber gerichtlich geltend gemacht wurde.

Scheckverlust

Art. 59 Kommt ein Scheck abhanden, so muss man ihn beim bezogenen Geldinstitut *sperren* lassen.

10.3.7 Wechsel

> Der **Wechsel** ist eine Urkunde, in welcher der Gläubiger **(Aussteller)** den Schuldner **(Bezogenen)** *auffordert*, eine *bestimmte Geldsumme* an eine *bestimmte Person* **(Wechselnehmer)** oder an deren Order *zu bezahlen.*

Beispiel: Der Maschinengroßhändler Wagner e.K. sollte die fällige Rechnung über 2.375 EUR bezahlen. Er verfügt aber zurzeit über keine flüssigen Mittel. Da sein Lieferant, die Werkzeugmaschinenfabrik Kaiser GmbH, auf Zahlung drängt, bietet Wagner die Zahlung mit Wechsel an. Daraufhin stellt die Maschinenfabrik Kaiser auf die Maschinengroßhandlung Wagner einen Wechsel aus (Bild, Seite 331).

Er ist also eine **Zahlungsaufforderung (Tratte).**

Für die Beteiligten hat der Wechsel mehrere Funktionen. Er ist

a) Kreditmittel. Durch den Wechsel verpflichtet sich der Käufer, seine Geldschuld später zu begleichen. Bis dahin kann er einen Teil der Ware »zu Geld machen«. Der Lieferant kann diesen Wechsel an seine Bank verkaufen. Diese schreibt ihm den Gegenwert abzüglich Zinsen gut und räumt dadurch auch ihm einen Kredit ein. Somit ist der Wechsel für beide Teile ein Kreditmittel.

b) Zahlungsmittel. Der Lieferant sowie alle weiteren Wechselberechtigten können mit dem Wechsel ihre Verbindlichkeiten bezahlen.

c) Sicherungsmittel. Wer auf einem Wechsel unterschreibt, gibt ein abstraktes, d.h. vom Grundgeschäft losgelöstes Schuldversprechen ab. Er haftet in jedem Falle für die Zahlung des Wechselbetrages.

Beispiel: Die Badura-GmbH kauft Waren auf Wechselbasis. Der Lieferant gibt den Wechsel zahlungshalber weiter an einen Dritten. Am Verfalltag kann die Badura-GmbH gegenüber dem Dritten nicht einwenden, die Waren hätten erhebliche Mängel aufgewiesen und deswegen werde man 10 % weniger bezahlen. Eine solche Einrede der Minderung ist nicht statthaft. Im Ernstfalle würde die Badura-GmbH im Wechselprozess (Urkundenprozess) verurteilt, könnte aber dann in einem Nachverfahren (Zivilprozess) ihre Rechte gegen den Lieferant geltend machen.

Gesetzliche Bestandteile des Wechsels

WG Art. 1 – **Ort und Datum der Ausstellung** ① (Monat in Buchstaben).

– **Bezeichnung als Wechsel** ② im Text der Urkunde.

Art. 33 – **Verfallszeit** ③, z.B. fällig »am 13. November 20..«

Art. 3 – **Name des Wechselnehmers** ④. Man unterscheidet

a) Wechsel an *fremde Order.* Der Aussteller bezeichnet eine dritte Person als Wechselnehmer, z. B. »Zahlen Sie an Fritz Kaiser GmbH oder deren Order«.

b) Wechsel an *eigene Order.* Der Aussteller bezeichnet sich selbst als Wechselnehmer, z. B. »Zahlen Sie an mich«, »an mich selbst«, »an eigene Order«.

– **Unbedingte Anweisung,** eine bestimmte **Geldsumme zu zahlen** ⑤.
– **Name des Bezogenen** ⑥.
– **Zahlungsort** ⑦. Die Angabe des Zahlungsortes ist notwendig, weil die Wechselschuld eine *Holschuld* ist. WG Art. 4
– **Unterschrift des Ausstellers** ⑧. Sie begründet die Haftung des Ausstellers für die Annahme und Einlösung des Wechsels. Unter die Unterschrift setzt der Aussteller seine Anschrift, damit er bei Nichteinlösung benachrichtigt werden kann. Art. 9 (1)

Annahme des Wechsels

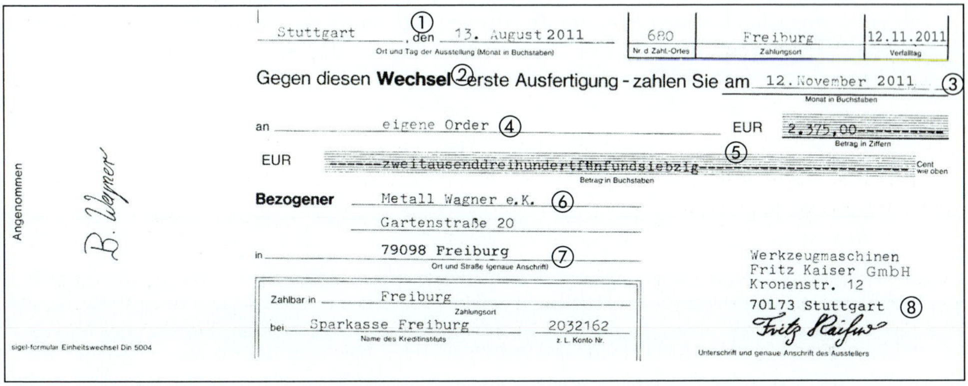
Stuttgart, den 13. August 2011 ① — Ort und Tag der Ausstellung (Monat in Buchstaben)
680 — Nr. d. Zahl.-Ortes | Freiburg — Zahlungsort | 12.11.2011 — Verfalltag
Gegen diesen **Wechsel** ② erste Ausfertigung - zahlen Sie am 12. November 2011 ③ — Monat in Buchstaben
an eigene Order ④ EUR 2.375,00 — Betrag in Ziffern
EUR zweitausenddreihundertfünfundsiebzig ⑤ — Betrag in Buchstaben — Cent wie oben
Bezogener Metall Wagner e.K. ⑥
Gartenstraße 20
in 79098 Freiburg ⑦ — Ort und Straße (genaue Anschrift)
Zahlbar in Freiburg — Zahlungsort
bei Sparkasse Freiburg — Name des Kreditinstituts — 2032162 — z. L. Konto Nr.
Angenommen B. Wagner
Werkzeugmaschinen
Fritz Kaiser GmbH
Kronenstr. 12
70173 Stuttgart ⑧
Fritz Kaiser
Unterschrift und genaue Anschrift des Ausstellers
sigel-formular Einheitswechsel DIN 5004

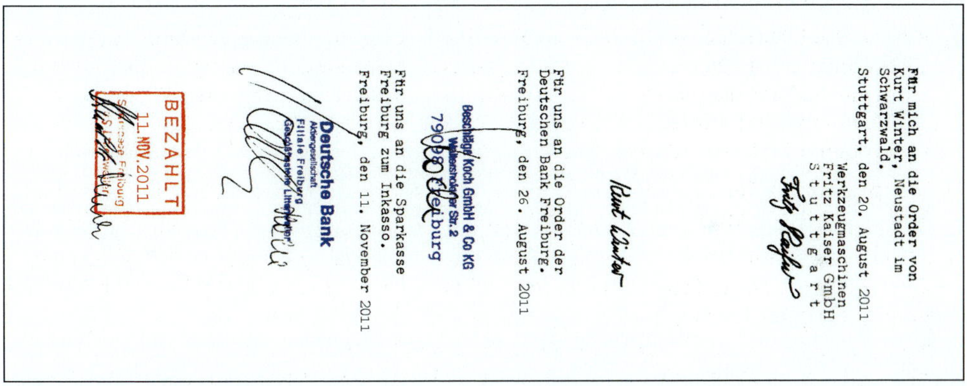
Für mich an die Order von Kurt Winter, Neustadt im Schwarzwald.
Stuttgart, den 20. August 2011
Werkzeugmaschinen
Fritz Kaiser GmbH
Stuttgart
Fritz Kaiser

Kurt Winter

Für uns an die Order der Deutschen Bank Freiburg.
Freiburg, den 26. August 2011
Beschläge Koch GmbH & Co KG
79098 Freiburg

Für uns an die Sparkasse Freiburg zum Inkasso.
Freiburg, den 11. November 2011
Deutsche Bank
Aktiengesellschaft
Filiale Freiburg

BEZAHLT
11. NOV. 2011
Sparkasse Freiburg

Durch seine Unterschrift **(Annahmeerklärung, Akzept)** verpflichtet sich der Bezogene wechselmäßig, den Wechsel am Verfalltag einzulösen. Die Zahlungsaufforderung wird durch eine Zahlungsverpflichtung ergänzt; den Wechsel nennt man jetzt Akzept. Art. 21 ff.

Verwendung und Einlösung des Wechsels

Der Inhaber kann einen Wechsel wie folgt verwenden:

a) Er **gibt** ihn an seinen Gläubiger zahlungshalber **weiter.**

b) Er **lässt** ihn bei seinem **Kreditinstitut** *diskontieren.* Das Kreditinstitut zieht dann von der Wechselsumme die kalendarischen Zinsen für die Zeit vom Einreichungs- bis zum Verfalltag ab und schreibt den Barwert »Wert Einreichungstag« gut.

Die Diskontierung ist zweckmäßig, wenn der Wechselinhaber dringend Barmittel benötigt, mit dem Barwert höher verzinsliche Schulden ablösen oder Rechnungen skontieren will.

WG Art. 11

Bei der Weitergabe des Wechsels ist eine Übertragungserklärung auf die Rückseite zu setzen. Man nennt sie **Indossament.**

- Das *Vollindossament* enthält mindestens den Namen des Empfängers (Indossator) und die Unterschrift des Weitergebenden (Indossant).
- Das *Kurzindossament* besteht lediglich aus der Unterschrift des Weitergebenden.

  Wer einen Wechsel durch Kurzindossament überträgt, soll über seiner Unterschrift genügend Platz frei lassen für die Ergänzung zum Vollindossament.
- Das *Inkasso- oder Einzugsindossament.* Durch den Zusatz »zum Inkasso« ermächtigt der Indossant den Indossatar zur Wahrnehmung aller Rechte aus dem Wechsel, insbesondere zum Einzug und zur Protesterhebung.

c) Bei **Fälligkeit** wird der Wechsel dem Bezogenen am Verfalltag oder am ersten oder zweiten Werktag danach direkt oder der Zahlstelle (Hausbank des Bezogenen) zur **Einlösung** vorgelegt. Nach der Prüfung der Ordnungsmäßigkeit des Wechsels wird er eingelöst. Der Bezogene erhält den Wechsel als Quittung.

1. Welche Risiken treten beim Umgang mit Bargeld auf?
2. Stellen Sie fest, welche verschiedenen Banknotenwerte und Münzwerte als Bargeld im Verkehr sind.
3. Bei Banken und Sparkassen liegen viele neutralen Überweisungs-Zahlschein-Vordrucke internationaler Hilfsorganisationen aus. Beschreiben Sie, welche Vorteile dieser Überweisungsbeleg den Empfängern und Spendern bringt.
4. Nennen Sie Gründe, warum immer mehr Gläubiger ihren Schuldnern mit der Rechnung einen ausgefüllten Überweisungsauftrag/Zahlschein zusenden.
5. Prüfen Sie bei Ihrer Bank, ob Sie Daueraufträge zu jedem Termin in Auftrag geben können oder nur zu bestimmten Stichtagen.
6. Die Volksbank Dresden überweist Geld an die Sparkasse in Reutlingen. Stellen Sie fest, welche Gironetze und welche Zentralen in Anspruch genommen werden können.
7. Ein Mieter überlegt, ob er sich im Mietvertrag bezüglich der Bezahlung der monatlichen Miete für einen Dauerauftrag oder eine Einzugsermächtigung entscheiden soll. Beraten Sie ihn.
8. Ein Kaufmann hat monatlich folgende Zahlungsvorgänge zu erledigen: Leasingraten, Umsatzsteuer, Postwertzeichen, Gehälter, Telefonrechnungen, Lieferantenrechnungen. Beim Abholen der Kontoauszüge fällt ihm ein, dass er noch eine Spende an die Deutsche Krebshilfe machen will.

   Stellen Sie in einer Matrix dar, welche Zahlungsmöglichkeiten für ihn im jeweiligen Fall sinnvoll sind.
9. Ein Schuldner stellt zur Begleichung seiner Schuld einen Verrechnungsscheck und eine Einzelüberweisung aus.
   a) Beschreiben Sie den Verrechnungsweg beider Formulare bzw. Datensätze.
   b) Welche Daten müssen dem Schuldner bekannt sein, der sich zur Zahlung mittels Verrechnungsscheck oder Überweisung entscheidet?
10. Stellen Sie dar, warum sich viele Kaufleute von ihrer Bank nur Scheckformulare aushändigen lassen mit dem Aufdruck »Nur zur Verrechnung«.
11. Was bezweckt ein Schuldner, der einen vordatierten Scheck ausstellt?

    Welcher Gefahr setzt er sich hierbei aus?
12. Der Hotelier Hilbrecht findet bei der Kassenabrechnung drei unvollständig ausgefüllte Schecks.

    Es fehlen bei
    - Scheck Nr. 34 die Empfängerangabe,
    - Scheck Nr. 97 der Betrag in Buchstaben und in Zahlen,
    - Scheck Nr. 11 die Unterschrift des Ausstellers.

    Beurteilen Sie diese Schecks nach dem Scheckgesetz.
13. Ein Schuldner hat die Wahl, seine Schuld mit Verrechnungsscheck oder Überweisung zu zahlen. Welche Zahlungsform bringt ihm Zins- und Kostenvorteile?

14. Sie begleichen eine Schuld über 720,35 EUR an Markus Klein, Saarbrücken, mittels eines Verrechnungsschecks. Besorgen Sie sich ein Scheckformular und füllen Sie dieses aus.

15. Bei verschiedenen Wechseln fehlt
    a) die Wechselnehmerangabe,
    b) der Name des Bezogenen,
    c) der Betrag in Buchstaben und in Zahlen,
    d) die Unterschrift des Ausstellers,
    e) die Unterschrift des Bezogenen.

    Welche Wechsel sind Wechsel im Sinne des Wechselgesetzes?

16. Ein Wechsel ist an einem Freitag zur Zahlung fällig.

    Begründen Sie, an welchem Tag der Wechsel spätestens vorgelegt werden muss.

17. Die Fritz Kaiser GmbH, Kronenstr. 12, 70173 Stuttgart, liefert Werkzeugmaschinen an Metall Wagner e.K., Gartenstr. 20 in 79098 Freiburg. Der Rechnungsbetrag lautet über 2.375,00 EUR und ist in drei Monaten ab dem heutigen Datum zu begleichen. Es wurde Wechselzahlung zulasten des Kontos Nummer 2032162 bei der Sparkasse Freiburg, Bankleitzahl 68050101, vereinbart.
    a) Besorgen Sie sich ein Wechselformular und füllen Sie dieses aus als Wechsel an eigene Order.
    b) Stellen Sie die Indossamentenkette bis zur Einlösung des Wechsel auf bei folgendem Ablauf: Die Fritz Kaiser GmbH gibt den Wechsel weiter an die Beschläge Koch GmbH & Co. KG in Freiburg. Diese verkauft den Wechsel an die Deutsche Bank, Freiburg, die ihn vor Fälligkeit der Sparkasse Freiburg vorlegt.

18. Ein Kaufmann erhält am 14. Juni einen Wechsel und reicht ihn am 15. Juni seiner Bank zum Diskont ein. Diese erstellt ihm folgende Abrechnung:

Wechselsumme	10.000,00 EUR
– 8,9% Diskont für 90 Tage	222,50 EUR
Gutschrift Wert 15. Juni	9.777,50 EUR

    a) Errechnen Sie das Fälligkeitsdatum des Wechsels nach der Euro-Zinsmethode (365 Tage/360 Tage).
    b) Prüfen Sie die Abrechnung auf ihre Richtigkeit.
    c) Überprüfen Sie rechnerisch, ob sich die Diskontierung lohnt, wenn der Kaufmann am 15. Juni eine Rechnung über 10.000 EUR mit 3% Skonto bezahlen muss.

11 Finanzierung der Unternehmung

Als **Finanzierung** bezeichnet man alle Maßnahmen, durch die **Geld- und Sachmittel** sowie **Rechtswerte** für die Unternehmung **beschafft** werden sollen.

11.1 Finanzierungsarten

Nach der Herkunft der Geld- und Sachmittel sowie Rechtswerte unterscheidet man

a) Außenfinanzierung. Die Finanzierungsmittel werden von **außen** als Eigenkapital oder Fremdkapital in die Unternehmung eingebracht. Demnach unterscheidet man nach der Rechtsstellung der Kapitalgeber

- die **Beteiligungsfinanzierung** (Eigenfinanzierung),
- die **Fremdfinanzierung.**

Der Markt für die Eigenfinanzierung und langfristige Fremdfinanzierung wird als **Kapitalmarkt,** der Markt für die kurzfristige Fremdfinanzierung als **Geldmarkt** bezeichnet.

b) Innenfinanzierung. Die Finanzierungsmittel werden von **innen,** d.h. von der Unternehmung selbst aufgebracht, und zwar durch die **Selbstfinanzierung** (Nichtausschüttung von Gewinn).

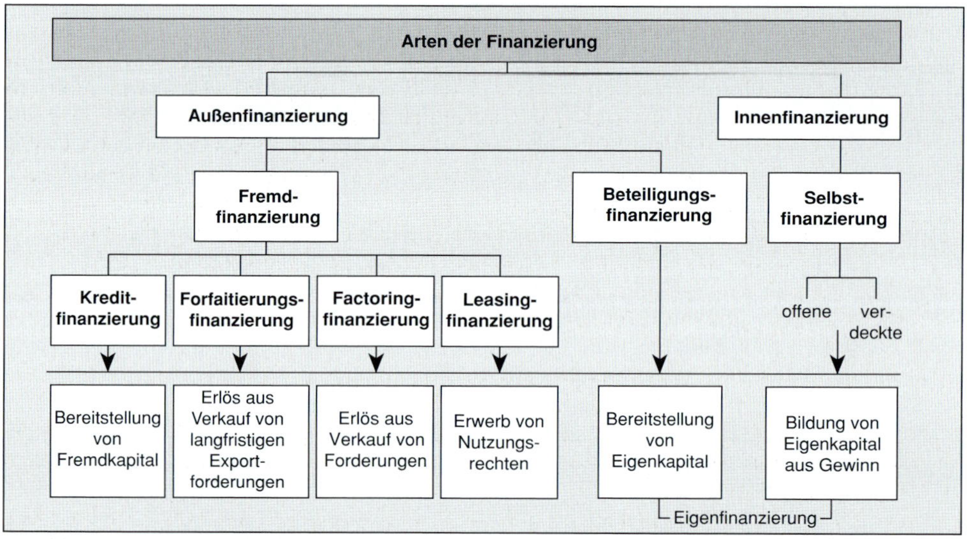

11.1.1 Beteiligungsfinanzierung (Eigenfinanzierung)

Beteiligungsfinanzierung ist die **Bereitstellung von Eigenkapital durch den oder die Eigentümer** der Unternehmung.

Man nennt die Beteiligungsfinanzierung auch **Einlagen- oder Eigenfinanzierung.** Die Eigentümer sind mit ihren Kapitaleinlagen an der Unternehmung beteiligt und tragen das Kapitalrisiko. Die Art und Weise der Beteiligungsfinanzierung ist bei den einzelnen Unternehmungen je nach Rechtsform verschieden.

a) Bei der **Einzelunternehmung** wird das gesamte Eigenkapital von einem Unternehmer aufgebracht. Ihre Kapitalkraft ist deshalb begrenzt.

b) Bei der **OHG** ist die Kapitalkraft größer, da mehrere Gesellschafter das Eigenkapital aufbringen. Auch die Kreditfähigkeit ist größer, da alle Gesellschafter mit ihrem gesamten Vermögen haften. Eine Eigenkapitalerhöhung ist durch weitere Kapitaleinlagen, aber auch durch Aufnahme neuer Gesellschafter möglich.

c) Bei der **KG** bringen neben den Komplementären auch Kommanditisten das Eigenkapital auf, ohne dass das Verfügungsrecht der Komplementäre durch die Kommanditisten wesentlich eingeschränkt ist.

d) Bei der **GmbH** wird das Eigenkapital dadurch beschafft, dass die Gesellschafter zu Stammeinlagen verpflichtet werden. Das Eigenkapital kann notfalls durch vertraglich festgelegte Nachschüsse erhöht werden. Stamm- und Nachschusskapital sind getrennt auszuweisen.

e) Bei der **AG** und **KGaA** kann durch Ausgabe von Aktien an viele Kapitalgeber ein großes Eigenkapital aufgebracht werden. Eine Kapitalerhöhung gegen weitere Einlagen ist bei der AG nur durch die Neuemission von Aktien möglich.

f) Bei der **Genossenschaft** wird das Eigenkapital durch Einzahlungen der Genossen auf ihre Geschäftsanteile eingebracht. Eine Kapitalerhöhung ist durch Erhöhung der Geschäftsanteile der Genossen und durch Eintritt neuer Mitglieder möglich.

Bei allen Personengesellschaften und Genossenschaften besteht das Risiko des Kapitalentzugs durch die Kündigung oder den Tod von Gesellschaftern sowie durch Eröffnung des Insolvenzverfahrens über das Vermögen eines Gesellschafters. Das Risiko des Kapitalentzugs durch Kündigung oder Tod eines Gesellschafters kann nur durch entsprechende Gestaltung des Gesellschaftsvertrags, z.B. Nachrücken von Erben oder Teilhaberversicherung, beschränkt werden.

Eigenkapital macht unabhängig und ist Voraussetzung bei der Aufnahme von Fremdkapital. Die Unternehmung ist nicht bedroht durch den Entzug von Betriebsmitteln infolge einer Kreditkündigung. Sie wird krisenfester. Grundsätzlich sollte das Anlagevermögen mit Eigenkapital finanziert werden.

Wagnisfinanzierung (venture capital). Für die kurzfristige Durchsetzung von Produktinnovationen, also dem Bestreben, neue und bessere Produkte hervorzubringen, ist für viele, vor allem mittlere und kleine Unternehmen die Eigenkapitaldecke zu kurz. Der andere Weg über die klassische Fremdfinanzierung ist deswegen ungeeignet, da die »zündende Idee« als solche dem Kreditgeber keine dingliche Sicherheit bietet. Gefragt sind also Kapitalgeber, die bereit sind, für Erfolg versprechende Innovationen große Verluste zu riskieren, die aber im Erfolgsfalle auch kräftige Gewinne erwarten. Unter Wagnisfinanzierung versteht man also die zunächst kostenlose Bereitstellung von langfristigem Risikokapital. Der Ablauf der Wagnisfinanzierung kann in drei Phasen unterteilt werden:

a) *Kapitalsammelphase:* Venture-capital-Geber beteiligen sich direkt an einem Jungunternehmen oder bringen ihr Kapital in eine Finanzierungsgesellschaft ein, die darauf spezialisiert ist, von ihr ausgesuchte Innovationsvorhaben zu finanzieren.

Beispiele: »Venture Capital Tochter«, Berlin, gegründet von Banken;
»Techno-Venture«, München, gegründet von Siemens AG.

b) *Investitionsphase:* Die Finanzierungsgesellschaft investiert Wagniskapital kostenlos in ein junges Erfolg versprechendes Unternehmen. Gleichzeitig berät es das junge Unternehmen in Management-, Marketing- und Organisationsfragen.

c) *Desinvestitionsphase:* Die Finanzierungsgesellschaft verkauft nach gelungenem Start und erfolgreicher Marktdurchdringung des Pionierunternehmens in fünf bis zehn Jahren ihren Wagniskapitalanteil mit kräftigem Gewinn und sucht ein neues Projekt.

11.1.2 Fremdfinanzierung

Fremdfinanzierung ist die **Bereitstellung von Fremdkapital durch fremde Personen (Gläubiger).**

Im Gegensatz zur Eigenfinanzierung entsteht bei der Fremdfinanzierung keine Beteiligung, sondern ein **Kreditverhältnis.** Fremdfinanzierung verursacht einerseits Ausgaben durch den Kapitaldienst (Zins und Tilgung), die zu Liquiditätsschwierigkeiten führen können, weshalb auf die zeitliche Befristung des überlassenen Fremdkapitals zu achten ist. Andererseits können die Zinsen als Betriebsausgaben von den Betriebseinnahmen abgezogen werden und vermindern so den zu versteuernden Gewinn.

Bereitstellung von langfristigem Fremdkapital

Langfristiges Fremdkapital wird aufgenommen, wenn zu erwarten ist, dass die zu dessen Tilgung notwendigen Mittel erst nach längerer Zeit zur Verfügung stehen. Häufig dient es der *Anlagenfinanzierung* und der *Schuldenkonsolidierung,* d.h. der Umwandlung kurzfristiger in langfristige Kredite.

Langfristiges Fremdkapital kann mittels Darlehen oder Schuldverschreibungen aufgenommen werden. Getilgt wird es entweder in gleichbleibenden Raten oder Annuitäten.

▶ Darlehen

BGB § 488

Als Darlehen bezeichnet man längerfristige Kredite, die in Form eines Geldbetrages in vereinbarter Höhe zur Verfügung gestellt werden. Gelddarlehen werden zumeist von Banken gewährt und nach einem vereinbarten Tilgungsplan getilgt.

Beispiel: Tilgungsmöglichkeiten bei langfristiger Kapitalaufnahme von 10.000 EUR auf 10 Jahre bei einem Zinssatz von 10%:

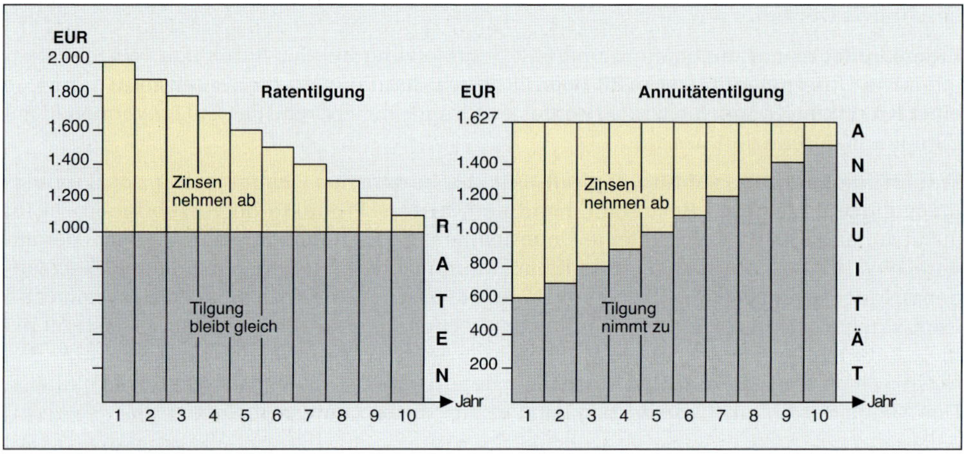

▶ Schuldverschreibungen

Das sind Anleihen, Obligationen und Pfandbriefe. Sie werden in aller Regel erst nach Ablauf einiger tilgungsfreier Jahre amortisiert.

Der Schuldner behält sich deshalb bei der Emission den **R**ückkauf, die **A**uslosung und die **K**ündigung **(RAK-Bedingungen)** vor. Dadurch besteht die Möglichkeit

- des vorzeitigen **Rückkaufs** der Schuldverschreibungen zu einem Börsenkurs, der unter dem Rückzahlungskurs liegt,
- der erleichterten Rückzahlung in Raten, wobei die an der jeweiligen Rate beteiligten Papiere durch **Auslosung** bestimmt werden,
- der **Kündigung** vor Ende der angegebenen Laufzeit, wenn ein Rückkauf nicht infrage kommt, weil der Börsenkurs höher ist als der vereinbarte Rückzahlungskurs.

Es kann auch eine **Konversion** (Umtausch in eine Schuldverschreibung mit geringerem Zinssatz) für den Fall vereinbart werden, dass der Zinssatz des Kapitalmarktes den Zinssatz der Schuldverschreibung nachhaltig unterschreitet.

Damit die Emission einer Schuldverschreibung als Finanzierungsinstrument nicht versagt, hat der Schuldner bei der Festlegung vor allem des Emissionskurses, der Laufzeit und Verzinsung nicht nur sein Interesse, sondern auch das Interesse des Gläubigers sowie die Kapitalmarktlage in Betracht zu ziehen.

Die Kosten der Schuldverschreibung sind hoch, da außer den Zinsen, dem Disagio bei der Ausgabe und dem Agio bei der Rückzahlung noch erhebliche Emissionskosten (Prospekte, Werbung, Bankprovision) entstehen. **Disagio** bedeutet, dass der beantragte Kredit nicht zu 100% ausbezahlt wird, sondern z.B. nur zu 98%. Getilgt werden müssen aber 100%, sodass das Disagio die angegebene Nominalverzinsung erhöht.

Andererseits liegt die effektive Rendite (Emissionsrendite, Umlaufrendite) meist über dem Zinssatz der Schuldverschreibung, da dem Gläubiger zusätzlich noch das über die Laufzeit der Schuldverschreibung zu verrechnende *fiktive Aktivum* (Disagio + eventuelles Agio) zugute kommt.

▶ Schuldscheindarlehen

Diese Finanzierungsform wird in erster Linie von Großunternehmen, aber auch von mittleren, nicht emissionsfähigen Unternehmen gewählt. Hierbei stellt die Hausbank dem Kreditnehmer ein Darlehen (in Millionenhöhe) zu festen Konditionen langfristig zur Verfügung. Sicherheiten sind in Form von Grundpfandrechten oder öffentlichen Bürgschaften zu leisten. Gleichzeitig wird vereinbart, dass sich die Hausbank auf dem Kapitalmarkt refinanzieren kann, indem sie diese Darlehensforderung im Ganzen oder in Teilbeträgen an Kapitalsammelstellen, wie z.B. Versicherungen, Pensionskassen, verkauft. Damit scheidet sie aus dem Darlehensverhältnis ganz oder teilweise aus.

Ein wesentlicher Teil der Investitionsfinanzierung wird mittels dieser Form der Fremdfinanzierung abgewickelt. Gegenüber der Finanzierung durch Industrieanleihen ergeben sich folgende Unterschiede:

- Die Druckkosten für die Wertpapierurkunden und die Emissions- und Werbekosten entfallen.
- Das Schuldverhältnis ist nur wenigen bekannt.
- Die Kreditkonditionen können auf den Einzelfall besser zugeschnitten werden.
- Die nicht emissionsfähigen Unternehmen können hohe Beträge fremdfinanzieren.
- Der Zeitraum zwischen dem Kreditantrag und der Bereitstellung der Mittel ist kürzer.

Alle diese Gesichtspunkte rechtfertigen den etwas höheren Zinssatz des Schuldscheindarlehens.

Bereitstellung von kurzfristigem Fremdkapital

Kurzfristiges Fremdkapital dient der *Finanzierung von Umlaufvermögen,* vor allem des Warenbestands und der Forderungen.

a) **Lieferantenkredite** finanzieren die Warenbeschaffung bzw. den Materialbedarf im Allgemeinen bis zu 3 Monaten. Oft ist eine Tilgung innerhalb des Lieferantenzieles mit dem Erlös der verkauften Ware möglich. Wird vom Lieferanten Skonto gewährt, so kann die Ausnutzung für den Betrieb sehr vorteilhaft sein, ja sogar die Aufnahme eines Bankkredits nahe legen. Da Skonto meist in den Preis einkalkuliert wird, ist der Lieferantenkredit nicht zinslos.

Beispiel: Die Zahlungsbedingungen eines Lieferanten lauten: »10 Tage 2 % Skonto – 30 Tage netto Kasse«. Für den Kredit vom 11. bis zum 30. Tag, d.h. für 20 Tage Zahlungsaufschub, verliert der Kunde 2 % Skonto.

Das entspricht einem Jahres-Zinssatz von $\frac{2\ \% \cdot 360\ \text{Tage} \cdot 100}{20\ \text{Tage} \cdot 98\ \%} = 36{,}7\ \%$.

In diesem Falle sollte ein Bankkredit genutzt werden, um Rechnungen skontieren zu können.

b) **Wechselkredite,** meist von Lieferanten gewährt, verlangen vom Bezogenen die Zahlungsbereitschaft am Fälligkeitstag des Wechsels.

c) **Anzahlungen von Kunden** kommen besonders in der Maschinenindustrie bei großen Aufträgen vor. Die Kosten der Entwicklung und der Materialbeschaffung für diese Aufträge werden dadurch häufig von den Kunden vorfinanziert. Darüber hinaus bieten sie dem Lieferanten eine teilweise Sicherung gegen Forderungsausfälle.

d) **Bankkredite** (Abschnitt 14.4).

Kreditfinanzierung (Abschnitt 14.3)

Forfaitierungsfinanzierung

Forfaitierung ist der **Ankauf einer wechselmäßig verbrieften Exportforderung,** wobei der Käufer bei Zahlungsausfall auf einen Rückgriff verzichtet.

Der die Forderung ankaufende Forfaiteur übernimmt damit das wirtschaftliche und politische Risiko (franz. à forfait = in Bausch und Bogen kaufen), verlangt aber vom Verkäufer *(Forfaitist)* der Wechselforderung meist eine Bankbürgschaft. Beim Forfaitisten verbleibt nur das Risiko für den rechtlichen Bestand der Forderung sowie für Gewährleistungen aus dem Lieferungsgeschäft.

▶ Vorteile

- Sofortige Verflüssigung längerfristiger Auslandsforderungen,
- Fortfall aller Risiken bei Auslandsforderungen,
- Fortfall der Kosten für die Forderungsüberwachung und -eintreibung.

Factoringfinanzierung

Factoring ist der **Ankauf von Forderungen** aus Lieferungen und Leistungen **durch ein Factoringinstitut.**

Dabei nennt man den Verkäufer der Forderung Anschlusskunde, das ankaufende Institut Factor.

▶ Funktionen des Factorings

Finanzierungsfunktion	Delkrederefunktion (Kreditversicherungsfunktion)	Dienstleistungsfunktion
Durch die »wechsellose Diskontierung« von Buchforderungen, und sofortiger Gutschrift unter Abzug von Zinsen und Gebühren.	Durch die Übernahme des Risikos von Forderungsausfällen, d.h., der Factor übernimmt das Risiko für die Bezahlung der Forderung vonseiten des Debitors.	Durch die Übernahme der Buchführung und/oder durch die Eintreibung der Forderungen.

Der Anschlusskunde erspart sich die Kosten der Buchführung und des Mahnwesens sowie die Kreditrisiken. Er kann seine Liquidität verbessern und eigene Verbindlichkeiten vorzeitig (mit Skonto) bezahlen. Eine schematische Eintreibung der Forderungen durch das Factoring-Institut kann jedoch zu einer Verärgerung von Kunden führen.

▶ Vorteile

- Kostenminderung für den Anschlusskunden, da wesentliche Teile der Buchführung (Forderungen a.LL.) einschließlich Mahnwesen von der Factoring-Gesellschaft übernommen werden.
- Abwälzung des Kreditrisikos im Verkaufsgeschäft (Forderungsausfälle) auf die Factoring-Gesellschaft.
- Verbesserung der eigenen Liquidität durch die Diskontierung der Buchforderungen. Hierdurch ist der Anschlusskunde in der Lage, eigene Verbindlichkeiten mit Skontoabzug zu bezahlen.

▶ Nachteile

- Es entstehen Kosten der Diskontierung der Buchforderungen (Zinsen) und der Dienstleistungen des Factoring-Instituts (Provision).

- Der Anschlusskunde gerät in eine gewisse wirtschaftliche Abhängigkeit von dem Factoring-Institut.
- Die schematische Eintreibung der Forderungen durch das Factoring-Institut kann zur Verärgerung der Kunden führen.

Leasingfinanzierung

Bei der Finanzierung durch **Leasing** werden **langfristige Nutzungsrechte an beweglichen und unbeweglichen Wirtschaftsgütern** durch **Miet- oder Pachtverträge** erworben.

Wirtschaftlich betrachtet ist ein Leasingvertrag ein Mietvertrag besonderer Art und – da der Eigenkapitaleinsatz entfällt – einer objektbezogenen Fremdfinanzierung gleichzusetzen. BGB §§ 535 ff.

Im Unterschied zur Miete trägt der Leasingnehmer die Sachgefahr für das Leasingobjekt, d.h., er wird auch für den unverschuldeten Untergang der Sache zur Rechenschaft gezogen. Außerdem steht beim Leasing der Finanzierungsaspekt im Vordergrund, während bei der Miete der Nutzungsaspekt im Vordergrund steht.

▶ Arten des Leasings

Man unterscheidet

a) nach dem Leasinggeber

1. **Direktes Leasing.** Der *Hersteller* der Anlagen selbst ist Leasinggeber. Diese Leasingart ist seit langem üblich bei Datenverarbeitungs- und Telefonanlagen und bei Kfz.

   Manche Hersteller haben zur Durchführung des Leasing Tochterunternehmungen gegründet, z.B. die »VAG Leasing GmbH, Wolfsburg« der Volkswagen Werke AG, um auf diese Weise zusätzliche Absatzmöglichkeiten zu schaffen.

2. **Indirektes Leasing.** Bei dieser Leasingart kaufen *Finanzierungsunternehmen* die Anlagen, um sie dann zu vermieten, z.B. die »Deutsche Leasing AG, Bad Homburg«.

b) nach der vertraglichen Bindung

1. **Operate-Leasing-Verträge** (engl. to operate = für jemand wirken). Das sind gewöhnliche Mietverträge. Sie können von beiden Vertragspartnern *kurzfristig gekündigt* werden. Die vom Leasingnehmer zu entrichtenden Mietraten sind so kalkuliert, dass dem Leasinggeber erst nach dem Ablauf der betriebsgewöhnlichen Nutzungsdauer des Wirtschaftsgutes die vollen Objektkosten und ein angemessener Gewinn vergütet sind.
2. **Finance-Leasing-Verträge** (engl. to finance = für jemand die Finanzierung besorgen). Hier wird zwischen den Vertragspartnern eine *unkündbare Grundmietzeit* festgelegt. Diese Grundmietzeit ist in aller Regel kürzer als die betriebsgewöhnliche Nutzungsdauer des Wirtschaftsgutes. Das Mietobjekt wird also nicht voll amortisiert (Restwertvertrag).

▶ Vertragsdauer und Kosten

Die Vertragsdauer beträgt im Allgemeinen für Maschinen vier bis fünf Jahre, mindestens jedoch drei Jahre. Die Pachtdauer für Gebäude beträgt in der Regel 18 Jahre.

Der Mietsatz richtet sich nach der Vertragsdauer. Je kürzer die Vertragsdauer, desto höher der Mietsatz. Der übliche *monatliche* Mietsatz beträgt bei einer Vertragsdauer von drei Jahren etwa 3%, von fünf Jahren etwa 2%, jeweils vom Kaufpreis.

Die Miete ist also so bemessen, dass in dem jeweiligen Zeitraum das vom Leasinggeber eingesetzte Kapital getilgt und verzinst wird. Weitere Kosten können durch Transport, Montage, Unterhaltung, Demontage und Versicherung entstehen, die aber direkt vom Leasingnehmer zu bezahlen sind.

Beschaffung einer Anlage durch Kredit- und Leasingfinanzierung im Vergleich		
Unterschiede	**Kreditfinanzierung**	**Leasingfinanzierung**
Rechtslage	Beschaffung von Geldmitteln durch Kreditvertrag zur Finanzierung der Anlage. Benutzer wird Eigentümer.	Beschaffung von Nutzungsrechten an der Anlage durch Leasingvertrag. Benutzer wird nicht Eigentümer.
Bindung an das Wirtschaftsgut	Endgültiger Erwerb bindet den Eigentümer während der gesamten Nutzungsdauer.	Zeitlich begrenzte Gebrauchsüberlassung bindet den Leasingnehmer nur während der vereinbarten, in aller Regel kürzeren Mietzeit innerhalb der gesamten Nutzungsdauer.
Geldmittelbedarf	Großer anfänglicher Bedarf in Höhe der Anschaffungskosten.	Geringer anfänglicher Bedarf in Höhe der ersten Monatsmiete und der Installationskosten.
Laufende Liquiditätsbelastung	Die Zins- und Tilgungsraten sind abhängig vom Eigenkapital an der Finanzierung. Je höher der Fremdfinanzierungsanteil, desto höher die Liquiditätsbelastung.	Bei Vollamortisations-Verträgen ist die Liquiditätsbelastung ähnlich wie bei der Kreditfinanzierung. Bei Restwertverträgen ist die Belastung niedriger, da nur der Wertverlust ersetzt werden muss.
Steuern	Aus den Dauerschulden ergeben sich Schuldzinsen, die der Gewerbesteuer unterliegen.	Die Berechnungsgrundlage für die Gewerbesteuer wird *nicht* beeinflusst.
Abschreibung	Der Käufer schreibt ab.	Der Leasinggeber schreibt ab.
Rechnungslegung – in der Bilanz – in der Erfolgsrechnung	Aktivierung der Anlage zu den Anschaffungs- bzw. Herstellungskosten. Passivierung des Kredites. Abschreibung der Anlage und Zinsen und sonstige Kreditkosten als Aufwand des Kreditnehmers.	Es erfolgt bei Finance-Leasing-Verträgen nach IFRS ein Bilanzausweis beim Leasingnehmer. Volle Mietrate (Tilgungs-, Zins-, Risiko-, Gewinnanteil) als Aufwand des Leasingnehmers.
Sicherheit des Gläubigers	Beim Kreditnehmer muss ein großes Kreditabsicherungsvermögen vorhanden sein. Im Insolvenzverfahren wird die dem Kreditgeber zur Sicherung übereignete Anlage abgesondert.	Die dem Leasinggeber zur Verfügung gestellten Sicherheiten sind unbedeutend; bei Ausfall der Mietzahlungen nimmt er die von ihm zur Verfügung gestellte Anlage zurück. Im Insolvenzverfahren wird die vom Leasinggeber zur Verfügung gestellte Anlage ausgesondert.
Objekterneuerung	Im Markt muss ein Erwerber gesucht werden. Je nach Marktlage muss das Objekt mit Verlust verkauft werden. Für den Restkaufpreis muss eine Finanzierung erstellt werden.	Nach Vertragsende wird das alte Objekt einfach gegen ein neues ausgetauscht. Im schlechtesten Falle erhöhen sich die Leasingraten. Der ganze Erneuerungsvorgang vollzieht sich viel einfacher.

▶ Vorteile

- Kreditwürdige Unternehmungen können ohne Inanspruchnahme von Barmitteln einen Betrieb aufbauen, erweitern und rationalisieren.
- Die Liquidität wird günstig beeinflusst, da die durch Leasing überlassenen Anlagen nicht gekauft werden müssen.
- Die Anlagen können zu einem früheren Zeitpunkt ausgetauscht und dadurch dem neuesten Stand der Technik und der sich rasch wandelnden Wirtschaftslage angepasst werden.
- Die bei der herkömmlichen Fremdfinanzierung zu beachtende Beleihungsgrenze entfällt.
- Die Rücklagenbildung für die Ersatzbeschaffung entfällt.

▶ Nachteile

- Die Miet- und Pachtkosten für die Anlagen sind hoch, weil das eingesetzte Kapital in kurzer Zeit amortisiert werden muss, der Vermieter eine Risikoprämie einkalkuliert und einen angemessenen Gewinn erzielen will.
- Das Unternehmen kann durch die monatlich wiederkehrenden Miet- oder Pachtzahlungen in Liquiditätsschwierigkeiten kommen, wenn die Mietausgaben in den Umsatzerlösen nicht rechtzeitig zurückfließen.

11.1.3 Selbstfinanzierung

Selbstfinanzierung ist die **Bereitstellung von Mitteln aus dem Gewinn der Unternehmung selbst.**

Werden Teile des Gewinnes nicht ausgeschüttet, so bleiben der Unternehmung flüssige Mittel erhalten, die für Investitionen verwendet werden können.

Man unterscheidet

- die *offene* Selbstfinanzierung, bei der der ausgewiesene Gewinn nicht ausgeschüttet bzw. nicht entnommen wird,
- die *verdeckte* Selbstfinanzierung, bei der infolge der Unterbewertung des Vermögens oder Überbewertung der Rückstellungen der tatsächlich erzielte Gewinn verdeckt und somit vor der Ausschüttung bewahrt wird.

In beiden Fällen führt der Selbstfinanzierungsvorgang zu einer **Eigenfinanzierung von innen.**

Offene Selbstfinanzierung

Der **nicht entnommene Bilanzgewinn** erhöht das Eigenkapital.

Bei **Personenunternehmungen** wird der Gewinn den Kapitalkonten zugeschrieben (Bild, Seite 342).

Bei **Kapitalgesellschaften** werden aus dem Jahresüberschuss Gewinnrücklagen gebildet (Bild, Seite 342). Dabei sind vier Möglichkeiten zu unterscheiden: HGB § 272

a) die durch *Gesetz* erzwungene Selbstfinanzierung, AktG § 150

b) die durch *Satzung* bestimmte Selbstfinanzierung, § 58 (1)

c) die von den *Leitungs- und Kontrollorganen* (Vorstand und Aufsichtsrat) bestimmte Selbstfinanzierung, § 58 (2)

d) die von den *Versammlungen* der Gesellschafter beschlossene Selbstfinanzierung. § 58 (3)

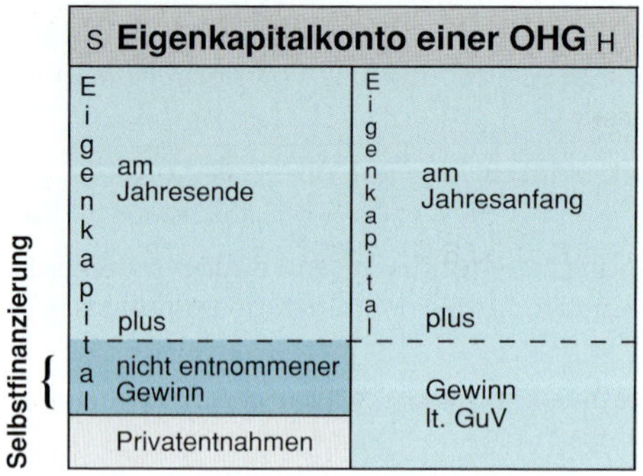

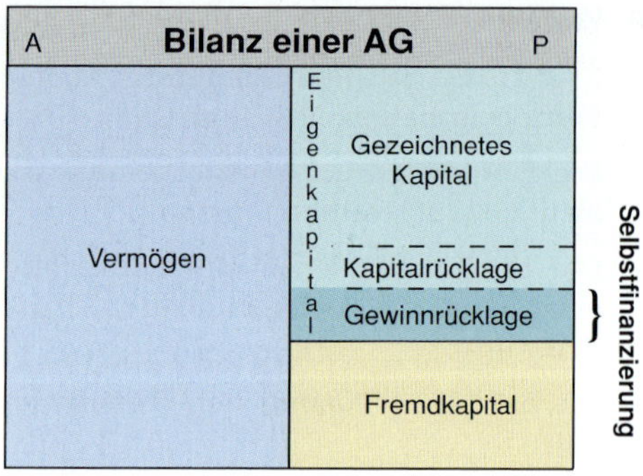

Verdeckte Selbstfinanzierung

Sie entsteht durch **Unterbewertung des Vermögens** (überhöhte, aber steuerlich zulässige Abschreibungen) oder durch **Überbewertung der Schulden** (steuerlich zulässige Rückstellungen). Dieser überhöht ausgewiesene Aufwand (Abschreibungen, Steuerrückstellungen) verdeckt den tatsächlich erzielten Gewinn und bewahrt ihn somit vor der Versteuerung und der Ausschüttung. Man spricht auch von **stillen Rücklagen.**

Vorteile der Selbstfinanzierung

a) Die Sicherheit und Kreditwürdigkeit der Unternehmung wird durch zusätzliches Eigenkapital erhöht.

b) Die Eigenkapitalbildung erfolgt progressiv, denn bei zweckmäßiger Verwendung wirft das Zusatzkapital ebenfalls Gewinne ab, die ihrerseits wiederum Gewinn bringen.

c) Es entstehen keine Finanzierungskosten.

d) Die Notwendigkeit zur Aufnahme kostspieligen Fremdkapitals vermindert sich. Bereits aufgenommenes Fremdkapital kann zurückgezahlt werden: Die Unternehmung wird unabhängiger. Der Zinsaufwand wird gemindert.

e) Sie erleichtert den Entschluss des Unternehmers zu zusätzlichen Investitionen, zur Rationalisierung, zur Anpassung an den technischen Fortschritt.

Nachteile der Selbstfinanzierung

a) Hohe Bestände an liquiden Mitteln, die aus einbehaltenen Gewinnen entstanden sind, verführen leicht zu Kapitalfehlleitungen, wenn die Marktlage nicht beachtet wird und die wie bei einer Fremdfinanzierung notwendige Berechnung des Kapitalbedarfs unterbleibt.

b) Sie führt bei der AG zu unliebsamen Auseinandersetzungen mit den Aktionären, die hohe Dividenden erwarten.

Einsichtige Aktionäre erkennen natürlich, dass durch die Selbstfinanzierung der Substanzwert der Unternehmung steigt und damit die Möglichkeit von Kursgewinnen bei der Veräußerung der Aktien. Jedoch sind auch steuerliche Belastungen zu berücksichtigen.

c) Die verdeckte Selbstfinanzierung verschleiert häufig der Unternehmungsleitung die tatsächliche Rentabilität.

1. Der wirkliche **Gewinn** wird teilweise oder ganz **verdeckt.** Die mögliche Wiederaufdeckung kann auch dann noch Gewinn erscheinen lassen, wenn überhaupt keiner mehr erzielt oder sogar mit Verlust gearbeitet wurde. Misserfolge können so verdeckt werden.
2. Der Rentabilitätsberechnung liegt nur das **ausgewiesene** und nicht das wirkliche **Eigenkapital** zugrunde.

Die Berechnung falscher Rentabilitätssätze kann ebenfalls zu Kapitalfehlleitungen führen.

d) Soweit die Selbstfinanzierung durch überhöhte Preise erfolgt, trägt der Käufer die Last der Bildung zusätzlichen Eigenkapitals.

11.2 Unterschiedliche Merkmale von Eigen- und Fremdkapital

Eigen- und Selbstfinanzierung führen zu Eigenkapital, Fremdfinanzierung führt zu Fremdkapital.

Merkmale	Eigenkapital	Fremdkapital
für Kapitalgeber	1. Teilhaberverhältnis	1. Gläubigerverhältnis
	2. Geschäftsführungsrecht bei Personenunternehmungen	2. kein Geschäftsführungsrecht
	3. häufig keine Kündigung	3. Kündigung
	4. Gewinnbeteiligung	4. Zinsertrag
	5. Verlusttragung	5. keine Verlusttragung
	6. Anteil am wirklichen Vermögen	6. meist nominelle Rückzahlung
	7. Haftung für Schulden	7. keine Haftung
für das Unternehmen	8. hohes Risiko beim Insolvenzverfahren	8. beschränktes Risiko beim Insolvenzverfahren
	9. kein Zinsaufwand	9. Zinsaufwand
	10. vermehrter Mittelzufluss durch Agio	10. verminderter Mittelzufluss durch Disagio
	11. Dividendenauszahlung ist steuerlich keine Betriebsausgabe	11. Zinszahlung ist steuerlich Betriebsausgabe
	12. Mittelzufluss ohne Rückzahlungsverpflichtung	12. Mittelzufluss mit Rückzahlungsverpflichtung

?

1. Peter und Ulrike Koch wollen zusammen mit Stefan Kaiser eine Sanitärgroßhandlung in der Rechtsform einer OHG mit einem Kapital von 250.000 EUR gründen. Aufgrund ausgewerteter aktueller Marktdaten (Bautätigkeit, Auftragsvolumen, Abnehmerkreis) der Industrie- und Handelskammern Freiburg und Mannheim sowie des Verbandes der Sanitärgroßhändler Baden-Württemberg haben sie sich für den Raum Südbaden entschieden. Sie beabsichtigen deswegen, in einem ländlichen Gewerbegebiet ein Bürogebäude mit Ausstellungs- und Lagerfläche für monatlich 10.000 EUR anzumieten. Sie wollen einen Lkw für 50.000 EUR kaufen, in die Büroräume 120.000 EUR investieren und für die Einführungswerbung weitere 13.000 EUR ausgeben.

   Während der Existenzgründerberatung in der Industrie- und Handelskammer Freiburg besprechen der Experte der Kammer und die drei Jungunternehmer weitere Finanzierungsfragen. Bezüglich der Warenbewegungen gehen sie von folgenden Zahlen aus:

   – Einkauf: 1. Monat für 130.000 EUR, davon 85.000 EUR in bar, den Rest mit 30 Tagen Ziel,
     2. Monat für 110.000 EUR, davon 75.000 EUR in bar, den Rest mit 30 Tagen Ziel,
     3. Monat für 90.000 EUR, davon 25.000 EUR in bar, den Rest mit 30 Tagen Ziel,

– Verkauf: 1. Monat für 80.000 EUR, davon 40.000 EUR in bar, den Rest mit 30 Tagen Ziel,
2. Monat für 120.000 EUR, davon 90.000 EUR in bar, den Rest mit 30 Tagen Ziel,
3. Monat für 115.000 EUR, davon 95.000 EUR in bar, den Rest mit 30 Tagen Ziel.

An weiteren Ausgaben pro Monat fallen an: Miete 10.000 EUR, Privatentnahmen für die Lebensführung, Versicherungen und Steuern zusammen 20.000 EUR sowie allgemeine Verwaltungskosten 17.000 EUR.

a) Errechnen Sie den Kapitalbedarf des Anlagevermögens.

b) Errechnen Sie mittels des Schemas den gesamten Kapitalbedarf.

	Monat 1	**Monat 2**	**Monat 3**
Stand des Kapitals am Anfang des Monats (EUR)	**250.000**		
Einnahmen			
Forderungen			
Barverkäufe			
Summe			
Ausgaben			
Anlagevermögen			
Einführungswerbung			
Miete			
Verbindlichkeiten			
Bareinkäufe			
Privatentnahmen			
Verwaltungskosten			
Summe = Gesamter Kapitalbedarf			
Differenz			

c) Machen Sie aufgrund des Ergebnisses der Aufgabe b) zwei Vorschläge zur Finanzierung dieser Existenzgründung.

2. Die Bilanz einer AG weist vor der Gewinnverwendung folgende Zahlen aus:

– Gezeichnetes Kapital	100.000.000 EUR
– Kapitalrücklage	48.920.000 EUR
– Gesetzliche Rücklage	6.000.000 EUR
– Andere Gewinnrücklagen	72.640.000 EUR
– Bilanzgewinn	17.240.000 EUR

Ermitteln Sie anhand der oben genannten Zahlen unter Berücksichtigung einer vorgeschlagenen Gewinnverwendung von 0,85 EUR je 5-EUR-Aktie

a) den Betrag der Beteiligungsfinanzierung,

b) den Betrag der offenen Selbstfinanzierung.

3. Der Vorstand einer AG erörtert die Frage, ob eine Investition in Höhe von 20 Mio. EUR mittels Erhöhung des Grundkapitals gegen Einlagen oder durch Ausgabe von Obligationen finanziert werden soll. Erklären Sie Vor- und Nachteile beider Finanzierungsmöglichkeiten.

4. Ein Ehepaar will für 360.000 EUR eine Eigentumswohnung kaufen. Es verfügt über 40.000 EUR Festgeld und einen sofort einsetzbaren Bausparvertrag (Bausparvertragssumme 120.000 EUR, davon angespart 50%).

Errechnen Sie das insgesamt vorhandene Eigenkapital und das insgesamt erforderliche Fremdkapital.

5. Gegeben sind als Ausgangssituation drei Posten auf der Passivseite der Bilanz einer AG (= Jahr 1), anschließend die Veränderungen dieser Positionen in den Jahren 2,3,4; alle Beträge in Mio. EUR:

	Jahr 1	Jahr 2	Jahr 3	Jahr 4
Gezeichnetes Kapital	100	115	115	119
Kapitalrücklage	10	10	10	8
Gewinnrücklagen	4	4	7	5

Welche Finanzierungsart erkennen Sie und in welcher Höhe

a) im Jahr 2 im Vergleich zu Jahr 1?
b) im Jahr 3 im Vergleich zu Jahr 2?
c) im Jahr 4 im Vergleich zu Jahr 3?

6. Einem Unternehmen liegen zur Finanzierung von Produktionsanlagen im Wert von 117.600 EUR und einer Nutzungsdauer von acht Jahren zwei Angebote vor:

Kreditangebot der Hausbank		Angebot einer Leasinggesellschaft	
Zinssatz	10%	Leasingrate pro Monat	2.550 EUR
Disagio	2%	Grundmietzeit	5 Jahre
Laufzeit	5 Jahre		
Tilgung in fünf gleichen Jahresraten, jeweils am Jahresende.		Eine angebotene Kaufoption in Höhe von 3% der Anschaffungskosten wird am Ende des fünften Jahres ausgeübt.	

a) Beurteilen Sie die beiden Angebote pro Jahr und in der Summe nach fünf Jahren bezüglich ihrer Auswirkung auf die Liquidität des Unternehmens nach folgendem Schema:

Jahr	**Kreditkauf**				**Leasing**
	Darlehen EUR	Tilgung EUR	Zinsen EUR	Summe EUR	EUR

b) Beurteilen Sie die beiden Angebote pro Jahr und in der Summe nach fünf Jahren in Bezug auf die Erfolgswirksamkeit nach folgendem Schema:

Jahr	**Kreditkauf**				**Leasing**
	Zinsen EUR	Disagio EUR	Abschreibungen EUR	Summe EUR	EUR

7. Vergleichen Sie Kreditfinanzierung und Leasing im Hinblick auf

a) den Kapitalbedarf,
b) die laufende Liquiditätsbelastung sowie
c) die Bindung an das Wirtschaftsgut.

8. Vergleichen Sie die Eigen-, Selbst- und Fremdfinanzierung, indem Sie die Tabelle vervollständigen. Bisheriges Grundkapital 1 Mio. EUR, Rücklagen 1 Mio. EUR, Investitionsvorhaben 1 Mio. EUR, Gewinnerwartung aus der Investition 25%, Dividende 10%, Gewinnsteuersatz 30%, Fremdkapitalzinssatz 10%.

Finanzierungsvorschläge	**Fall 1**	**Fall 2**	**Fall 3**	**Fall 4**	**Fall 5**	**Fall 6**
Eigenfinanzierung durch Kapitalerhöhung	**1.000.000**	**–**	**500.000**	**–**	**500.000**	**–**
Selbstfinanzierung aus Rücklagen	**–**	**1.000.000**	**500.000**	**–**	**–**	**500.000**
Fremdfinanzierung mittels Darlehen	**–**	**–**	**–**	**1.000.000**	**500.000**	**500.000**
Auswirkungen im ersten Jahr:						
Gewinnerwartung **Zinsaufwand**						
Gewinn vor Steuern **30% Steuern**						
Gewinn nach Steuern **Dividende 10%**						
Mittelzufluss **Mittelabfluss**						

12 Der Handel

Handel ist der **gewerbsmäßige Austausch von Gütern**, wobei deren **Beschaffenheit nicht oder nur unwesentlich verändert** wird.

Aufgaben des Handels

Der **Handel** erfüllt für die Volkswirtschaft folgende **Aufgaben:**

a) **Er leitet den Warenstrom vom Erzeuger zum Verbraucher.** Viele Wirtschaftsgüter werden erst dadurch marktreif, dass sie der Handel am rechten Ort, zur rechten Zeit und in ausreichender Menge bereitstellt.

b) **Er übernimmt die Vorratshaltung.** Sie ist notwendig, um die Kunden auch bei schwankendem Bedarf rechtzeitig beliefern zu können.

c) **Er überbrückt die Zeitspanne zwischen Erzeugung und Bedarf.** Landwirtschaftliche Produkte wie Getreide, Hopfen, Obst und Kartoffeln werden vom Handel in der Erntezeit aufgekauft und bis zum Zeitpunkt des Bedarfs eingelagert. Dadurch werden Mangel und Überfluss ausgeglichen und starke Preisschwankungen vermieden.

d) **Er weckt neuen Bedarf.** Ein Erzeugnis kann technisch zwar vollkommen sein, wirtschaftlich wertvoll wird es erst, wenn es gelingt, Käufer zu finden. Diese Aufgabe übernimmt weitgehend der Handel.

e) **Er veranlasst Anpassung an veränderten Bedarf.** Gesteigerte Qualitätsansprüche, erhöhte Kaufkraft, Prestigedenken und Geltungsdrang wandeln und erweitern ständig den Bedarf der Verbraucher. Der Handel beobachtet die Bedarfswandlungen und regt die Erzeuger zur Herstellung geeigneter Güter an. »Handel schafft Wandel«.

f) **Er bedient und berät.** Fachkundige Bedienung und individuelle Beratung fördern den Kaufentschluss der Kunden. Beim Verkauf technischer Erzeugnisse gewinnt der Kundendienst, die Betreuung nach dem Verkauf, zunehmend an Bedeutung.

12.1 Einzelhandel

EinzelhG § 1

Einzelhandel betreibt, wer **gewerbsmäßig**

a) Waren beschafft und sie unverändert oder nach der im Einzelhandel üblichen Be- und Verarbeitung in offenen Verkaufsstellen zum Verkauf an jedermann feilhält **(Ladenhandel),**

b) Muster und Proben in offenen Verkaufsständen zeigt, um Bestellungen für Waren von jedermann entgegenzunehmen **(Bestellkontor),**

c) Waren versendet, die nach Katalog, Mustern, Proben oder aufgrund eines sonstigen Angebots bestellt sind **(Versandhandel).**

Zum Einzelhandel im weiteren Sinne zählt der ambulante Handel.

Die **Betriebsformen** des Einzelhandels lassen sich einteilen in *Ladengeschäfte, Versandgeschäfte* und in den *ambulanten Handel.*

12.1.1 Ladengeschäfte

a) **Das Gemischtwarengeschäft** hat seinen Standort in den Wohnsiedlungen und auf dem Land. Es führt ein breites, aber flaches Sortiment von Lebensmitteln, Textilien sowie Wasch- und Körperpflegemitteln und Haushaltsgegenständen.

b) **Das Fachgeschäft** führt wenige Warengruppen (Textilien, Schuhe, Feinkost oder Möbel) in einer großen Vielfalt der Ausführungen. Der Käufer findet eine fachkundige Bedienung und in dem engen, aber tief gegliederten Sortiment eine große Auswahl.

Die Boutique ist ein kleines Fachgeschäft für betont modische Waren.

c) **Das Spezialgeschäft** führt nur wenige Artikel (Hüte, Kaffee, Fische) aus dem Sortiment eines Fachgeschäftes und kann eine besonders reichhaltige Auswahl auch für den Individualbedarf bieten.

d) **Das Warenhaus** ist das Gemischtwarengeschäft als Großbetrieb. Unter einem Dach findet der Käufer ein vielseitiges Angebot der verschiedensten Warensorten und Warengruppen.

e) **Der Verbrauchermarkt** (Selbstbedienungs-Warenhaus) ist auf dem Prinzip der Selbstbedienung aufgebaut. Weiträumige Verkaufsflächen, zumeist in Stadtrandlage mit guten Parkmöglichkeiten, und ein vielfältiges Sortiment problemloser und nicht selten wechselnder Waren schaffen die Atmosphäre eines großen Marktes.

f) **Der Fachmarkt** führt keine Lebensmittel, sondern ein anderes Fachsortiment wie Bau- und Heimwerkerartikel (Farben, Lacke, Werkzeuge, Fassadenverkleidungen), Gartenartikel (Pflanzen, Samen, Dünger, Gartengeräte), Drogeriewaren, Bücher und Zeitschriften, Möbel, Automobilzubehör oder Elektroartikel (Multimedia).

g) **Das Kaufhaus** ist das Fachgeschäft als Großbetrieb (Textilien, Glas- und Porzellanwaren, Haushaltswaren) mit geringem Randsortiment.

h) **Das Einkaufszentrum** (Shopping Center) ist eine räumliche Zusammenfassung von selbstständigen Einzelhandels- und Dienstleistungsbetrieben verschiedener Art (Lebensmittel, Textilien, Café, Bank, Friseurgeschäft) und Größe.

i) **Das Gemeinschaftswarenhaus** wird von vielen Einzelhandelsbetrieben gemeinsam unterhalten. Die einzelnen Geschäfte wirken wie Abteilungen eines Warenhauses, da sie auf die Angabe ihrer Firmen verzichten und da es keine sichtbaren Abgrenzungen gibt. Nach außen treten sie gemeinsam auf. Sie betreiben auch gemeinsame Werbung.

j) **Der Shop in Shop** ist ein Einzelhandelsbetrieb, der sich in einem Warenhaus eingemietet hat, wo er auf eigene Rechnung mit eigenem Personal auf der ihm zugeteilten Fläche seine Artikel verkauft. Auf die Angabe einer Firma wird oft verzichtet.

k) **Das Filialgeschäft** ist eine Verkaufsstelle eines dezentralisierten Großbetriebs. Kennzeichnend für die Filialgeschäfte sind ihr gleichartiges Angebot und die einheitliche Aufmachung der Verkaufsräume und der Schaufenster. Der zentrale Einkauf und teilweise auch die Eigenfabrikation (Eigenmarken) wirken sich kostenmindernd aus.

l) **Das Discounthaus** ist ein Laden ohne besondere Ausstattung, ohne individuelle Bedienung und Kundendienst. Das Sortiment beschränkt sich auf gängige Konsumgüter, die kostensparend direkt aus Kisten und Kartons verkauft werden.

m) **Ein Sonderpostenmarkt** (Partiediscounter) verkauft von Fall zu Fall bei günstigen Einkaufsmöglichkeiten erworbene Waren (Überschussproduktionen; durch Hochwasser, Transportunfälle oder Feuer beschädigte Artikel; bei Insolvenzen ersteigerte Posten) aus wechselnden Bedarfsgebieten billigst. Häufig bietet er seine Waren nur an wenigen Tagen der Woche an.

n) **Das Kleinpreisgeschäft** bietet problemlose Massenwaren des täglichen Bedarfs an, die häufig zu einem Einheitspreis von z.B. 99 Cent verkauft werden.

o) **Der Kiosk** ist ein extrem kleiner Laden und bietet an verkehrsreichen Plätzen schnell verkaufbare Waren wie Zigaretten, Zeitungen, Süßwaren, Getränke usw. an.

12.1.2 Versandhandel

Der **Versandhandel** ist eine Betriebsform des Einzelhandels, bei der der Kunde seine *Auswahl anhand von zugesandten Katalogen und Prospekten* trifft. Versandhauskunden kaufen ohne Risiko, weil das Versandgeschäft ihnen das Rückgaberecht einräumt. Außerdem sichert die Laufzeit der Kataloge eine entsprechend lange Preisgarantie zu.

Der Einsparung an Personalkosten durch weitgehende Rationalisierung des Vertriebs stehen die hohen Kosten für den Druck und den Versand der Kataloge gegenüber.

Beispiel: Otto GmbH & Co. KG

Zum E-Commerce gehören

- der gesamte Geschäftsprozess: Werbung, Auftragsanbahnung und -abwicklung bis hin zum Kundenservice.
- Onlinebanking, das beiden Vertragspartnern Sicherheit beim Bezahlen garantiert.

Einen Schritt weiter geht der **Mobilfunkhandel** oder **M-Commerce:** Nähert sich ein potenzieller Kunde mit seinem Handy einem Supermarkt, so empfängt er auf seinem Display Rabattcoupons und Sonderangebote.

Der Online-Shop kann auch dem Versandhandel zugeordnet werden.

Ein Online-Shop, Electronic Shop oder E-Commerce ist ein Einzelhändler, der sich als virtueller Laden mit einer Webseite im Internet präsentiert. Täglich aktualisierte Angebote, detaillierte Bilddarstellungen, Informationen und Tipps animieren den Internet-Kunden zum Kauf per Mausklick rund um die Uhr.

Man unterscheidet vor allem die beiden Kommunikationsebenen
- **B2B** (**B**usiness **to B**usiness): Unternehmen kommunizieren mit Unternehmen.
- **B2C** (**B**usiness **to C**onsumer): Einzelhändler kommunizieren mit Verbrauchern. Diese genießen einen weitgehenden Verbraucherschutz (Fernabsatzgeschäft, Abschnitt 8.11).

12.2 Großhandel

> **Großhandel** betreibt, wer Waren ohne wesentliche Veränderung ihrer Beschaffenheit **an Verarbeiter, Wiederverkäufer und Großverbraucher** liefert.

12.2.1 Arten des Großhandels

Nach der **Stellung** des Großhandels **in der Handelskette** unterscheidet man:

Aufkaufgroßhandel

Er kauft Erntegüter, Rohstoffe und Recyclinggüter auf, wie Getreide, Baumwolle, Wolle, Metalle, Schrott, Altpapier. Die ständige Beobachtung der Märkte (Börsen, Auktionen) ist notwendig, um das mit den Preisschwankungen verbundene Risiko zu verringern.

Beispiel: Ein Hopfenhändler kauft in der Erntezeit bei den Bauern Hopfen auf und hält ihn zum Verkauf an die Brauereien bereit, nachdem die eingegangene Ware vorher sortiert, getrocknet und in Säcke gepresst worden ist.

Produktionsverbindungshandel

Er verbindet zwei aufeinanderfolgende Produktionsstufen; besondere Bedeutung hat er im Eisen- und Stahlhandel.

Beispiel: Eine Eisenwarengroßhandlung bezieht von Fertigungsbetrieben Möbelbeschläge in verschiedenen Ausführungen und beliefert damit Möbelwerkstätten und Handwerksbetriebe ihres Absatzgebietes.

Absatzgroßhandel

▶ **Nach dem Sortiment** unterscheidet man

– **Sortimentsgroßhandel.** In einem breiten und flachen Sortiment verschiedener Warengruppen findet der Abnehmer ein bedarfsgerechtes Angebot.

Beispiel: Lebensmittelgroßhandel.

– **Spezialgroßhandel.** Der Großhändler stellt ein schmales, jedoch tiefes Sortiment verschiedener Qualitäten *einer* Warengruppe zusammen und bietet dem Abnehmer somit eine reichhaltige Auswahl zur Befriedigung spezieller Wünsche.

Beispiel: Autozubehörgroßhandel.

▶ **Nach den Betriebsformen** unterscheidet man:

a) **Zustellgroßhandel.** Der Großhändler beliefert die Einzelhändler. Dies ist die älteste Betriebsform des Großhandels und verlangt eine aufwendige Transportorganisation mit eigenem Fuhrpark oder die Inanspruchnahme von Speditionen und Frachtführern. Die Bestellung der Abnehmer erfolgt telefonisch oder online. Häufig werden auch Ordersätze benutzt, also Listen mit dem gesamten Sortiment, in die nur die gewünschten Mengen eingesetzt werden.

Beispiel: Tourenplan der Reifen Roesch GmbH

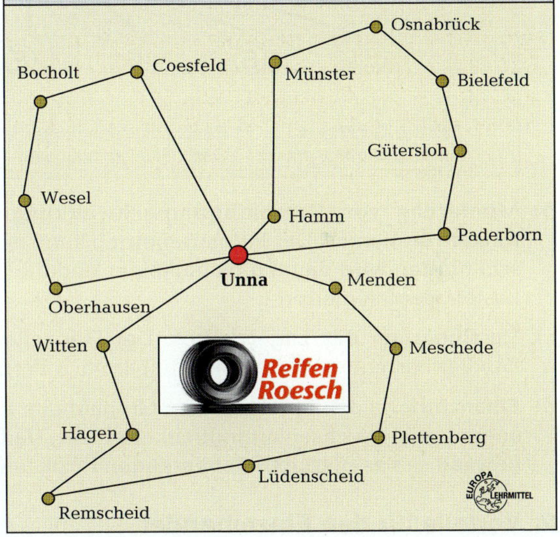

Die Zustellung erfolgt nach einem **Tourenplan:** An bestimmten Tagen wird eine festgelegte Strecke abgefahren. Von Zeit zu Zeit wird der Tourenplan auf seine Wirtschaftlichkeit überprüft. Bei den Abnehmern wird die bestellte Ware abgeladen, evtl. sogar in die Regale einsortiert (Lieferungsbedingung »frei Regal«) und Leergut bzw. Retouren mitgenommen.

Beispiel: Tourenplan eines Reifengroßhändlers aus Unna (Bild).

b) **Abholgroßhandel.** Der Kunde des Großhändlers, der Einzelhändler, der Großverbraucher, holt die Ware selbst ab.

Der **Cash-and-Carry-Großhandel** (Selbstbedienungs-Großhandel) verkauft an gewerbliche Abnehmer (Einzelhändler, Gaststätten- und Kantinenbesitzer), die ihre Aufträge durch Selbstbedienung im Lager zusammenstellen. Die Ware wird bar bezahlt (cash), vom Kunden verladen und abtransportiert (carry).

Beim **Großmarkt** kann der Einzelhändler seinen Tagesbedarf an Obst und Gemüse täglich frisch selbst abholen.

c) **Regalgroßhandel (Rack Jobber).** Größere Einzelhandelsbetriebe stellen dem Regalgroßhändler Verkaufsraum oder Regalflächen zur Verfügung. Dieser übernimmt auf eigene Rechnung die laufende Auffüllung der Regale mit meist problemlosen Artikeln und die Rücknahme der nicht verkauften Waren. Damit entlastet er den Einzelhändler und ergänzt dessen Sortiment.

12.2.2 Bedeutung des Großhandels

Vorteile für den Hersteller

a) **Entlastung der Absatzorganisation.** Tausende von Lieferscheinen, Rechnungen, Buchungen und Mahnungen werden eingespart. Die Vertriebskosten werden vermindert, weil anstelle einer Vielzahl von Einzelhandels- nur wenige Großhandelsbetriebe beliefert werden.

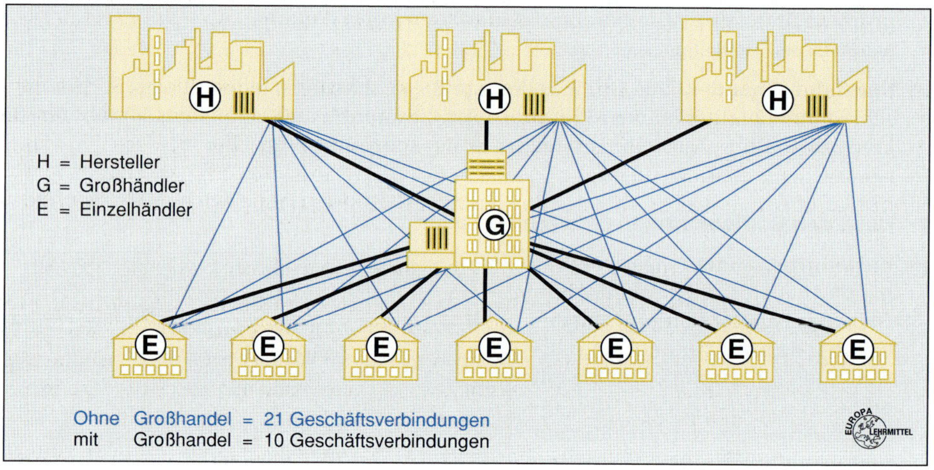

b) **Minderung von Beschäftigungsschwankungen.** Der Großhändler bestellt bereits Monate im Voraus. Der Industriebetrieb kann deshalb auf längere Sicht planen. Die Beschäftigung wird damit gleichmäßiger und die Fertigung rationeller; die Herstellungskosten werden niedriger.

c) **Verringerung des Lagerrisikos.** Der Hersteller hat die Möglichkeit, die vom Großhändler bestellten Waren unmittelbar nach Fertigstellung auszuliefern.

d) **Finanzhilfe.** In der Regel zahlt der Großhändler kurzfristig unter Ausnutzung von Skonto oder er geht Wechselverbindlichkeiten ein. Dadurch erhält der Hersteller die zur Fortführung seines Betriebes notwendigen flüssigen Mittel.

Vorteile für den Einzelhandel

a) **Erleichterung der Einkaufsorganisation.** Der Großhändler sucht aus einer Vielzahl von Angeboten der Hersteller die günstigsten aus, fasst sie zu einem Angebot zusammen und erleichtert damit dem Einzelhändler die Auswahl.

b) **Sicherung kurzfristiger Belieferung.** Der Einzelhändler kann sich jederzeit kurzfristig und in beliebig kleinen Mengen eindecken. Er erspart sich eine große Lagerhaltung und verringert sein Risiko.

c) **Kredithilfe.** Die Erfahrungen aus einer langjährigen Geschäftsverbindung ermöglichen dem Großhändler, die Kreditwürdigkeit eines Einzelhändlers zu beurteilen und entsprechende Kredithilfe zu gewähren.

12.3 Gruppenbildung im Handel

Der verstärkte Wettbewerb und die Notwendigkeit zur Rationalisierung haben im Bereich der Absatzwirtschaft zur **Gruppenbildung (Kooperation)** geführt. Gruppen sind zweistufige Absatzorganisationen, zu denen die *Einkaufsgenossenschaften, Einkaufskontore, Genossenschaftszentralen, freiwilligen Ketten, Vertragshändlersysteme* und die *Einkaufsverbände* zählen.

12.3.1 Aufgaben der Gruppen

Die Gruppe will die Lebens- und Wettbewerbsfähigkeit der einzelnen *selbstständig* bleibenden Betriebe durch folgende Maßnahmen erhalten:

a) **Einkauf im Großen (Beschaffungskooperation).** Die Zusammenfassung vieler Einzelaufträge (Auftragskonzentration) sichert den Mitgliedern günstige Einkaufsbedingungen. Auf diese Weise kommt jedes Mitglied der Gruppe in den Genuss niedriger Preise durch Rabatte, Skonti und Rückvergütungen (Bonus). Sonderangebote und bevorzugte Ausführung der Aufträge sind weitere Vorteile.

b) **Bereinigung des Sortiments (Lagerungskooperation).** An die Stelle einer Vielzahl von Artikeln tritt ein gestrafftes Sortiment von Waren, das einen zügigen Verkauf sichert. Das Lager ist besser zu übersehen und lässt den jeweiligen Bedarf nach Zeit und Art leichter feststellen. Rechtzeitige Dispositionen sind daher möglich. Die Lagerdauer wird kürzer, das Lagerrisiko kleiner. Eine Sortimentsbereinigung wirkt außerdem kosten- und preissenkend.

c) **Erhöhung der Verkaufsleistung der Unternehmen (Absatzkooperation).**

1. **Gemeinschaftliche Werbung.** Die Zusammenarbeit ermöglicht auch kleinen und mittleren Betrieben eine wirkungsvolle und neuzeitliche Werbung. Die Gruppe kann Werbefachleute verpflichten und sich aufwendiger Werbemittel (Hörfunk- und Fernsehwerbung) bedienen. Da die Werbekosten gemeinsam aufgebracht werden, bleibt der Kostenanteil des einzelnen Betriebes in erträglichen Grenzen.

   Ein guter Verkaufshelfer ist die gemeinsame Werbung unter einem bestimmten Wort- und Bildzeichen (EDEKA, Spar, Rewe).

2. **Ausstattungs- und Einrichtungsdienst.** Die Gruppe erteilt Aufträge zur Lieferung einer zeitgemäßen Laden- und Schaufensterausstattung meist einem Vertragslieferanten. Dadurch kommen die Mitglieder in den Genuss eines Gruppenrabatts. Oft leistet die Gruppe dabei auch finanzielle Hilfe.

3. **Gemeinsame Verkaufsschulung.** Schulungs- und Weiterbildungsprogramme, die einer gezielten Verkaufsförderung dienen, unterrichten laufend den Einzelhändler und seine Mitarbeiter.

d) **Beratung in Steuer-, Buchführungs- und Rechtsfragen (Verwaltungskooperation).** Auf diesen Gebieten, die eine besondere Sachkenntnis erfordern, erfahren die Mitglieder eine wertvolle Hilfe, sodass weniger Kosten anfallen und Steuern eingespart werden.

12.3.2 Einkaufsgenossenschaften des Einzelhandels

Einkaufsgenossenschaften des Einzelhandels sind *Zusammenschlüsse der Einzelhändler* in der *Rechtsform der Genossenschaft* zum Zweck gemeinsamen Einkaufs. Die Genossenschaft übt die Großhandelsfunktion aus. Folgende Formen des Einkaufs haben sich herausgebildet:

a) **Fremdgeschäft.** Die Genossenschaft handelt in fremdem Namen und für fremde Rechnung. Sie verhandelt mit leistungsfähigen Lieferanten, um für ihre Mitglieder vorteilhafte Einkaufsbedingungen zu erreichen.

Beispiel: Die ARDEK eG, Coburg (Arbeitsgemeinschaft europäischer Kinderausstatter), veranstaltet in jeder Saison eine Ausmusterung; die Lieferanten führen am Ausstellungsort für ein bis zwei Tage ihre Modelle vor. Die Einzelhändler suchen aus und geben die Bestellung ihrer Genossenschaft, die diese in einem Großauftrag zusammenfasst.

b) Eigengeschäft. Die Genossenschaft kauft im eigenen Namen und für eigene Rechnung.

Beispiel: Vedes Nürnberg (Vereinigung deutscher Spielwarenhändler) sammelt bei einer Ausmusterung die Bestellungen der Mitglieder und gibt den Auftrag an den Lieferanten weiter. Die Auslieferung geht direkt an den Händler; die Bezahlung erfolgt durch die Genossenschaft, die gleichzeitig die Haftung (Delkredere) übernimmt.

Beispiele für Einkaufsgenossenschaften:
EDEKA Südwest eG, ***EK**/service***group**, **ESÜDRO** Einkaufsgesellschaft deutscher Drogisten AG.

12.3.3 Einkaufskontore und Genossenschaftszentralen

Einkaufskontore sind *Zusammenschlüsse von Großhandelsbetrieben* eines bestimmten Geschäftszweiges in der Rechtsform einer AG, einer GmbH oder einer eG, um durch Auftragskonzentration günstigere Einkaufsbedingungen bei bestimmten Lieferanten zu erreichen.

Genossenschaftszentralen sind ebenfalls *Zusammenschlüsse von regionalen Einkaufsgenossenschaften* zur Auftragskonzentration.

12.3.4 Freiwillige Ketten

Freiwillige Ketten sind Zusammenschlüsse **eines** *Großhändlers und* **vieler** *Einzelhändler* (200–400) zu einer Arbeitsgemeinschaft, der Kette, wobei die Einzelhändler rechtlich selbstständig bleiben.

Der Großhändler wählt aus seinem Einzugsgebiet leistungsfähige Einzelhändler so aus, dass sie sich gegenseitig keine Konkurrenz machen können. Regelmäßig treffen sich die Mitglieder der Kette mit dem Großhändler zu Besprechungen über organisatorische und geschäftspolitische Fragen (Tourenplan, gemeinschaftliche Werbung, Verkaufsschulung). Bei der Preisberechnung wendet der Großhändler häufig das »Cost-plus-System« an. Nach der wertmäßigen Höhe des Auftrags werden auf die Grundpreise unterschiedliche Aufschläge berechnet bzw. Rabattsätze gewährt.

Beispiel: Der Aufschlag beträgt bei einer wöchentlichen Abnahme von Waren im Wert von
400 – 650 EUR: 6% auf den Grundpreis,
650 – 1.100 EUR: 5% auf den Grundpreis,
über 1.100 EUR: 4% auf den Grundpreis.

Der Einzelhändler bestellt aufgrund von Ordersätzen, Preislisten oder beim Handlungsreisenden. Die Bezahlung der Rechnung erfolgt meist mithilfe des Dauerabbuchungsverfahrens. Die Belieferung der Einzelhändler nach einem bestimmten Fahrplan (z.B. alle acht Tage) verringert die Transportkosten. Unnötige Fahrten werden vermieden und der Laderaum kann besser ausgenutzt werden.

Beispiele:

1. Die Spar Handelsgesellschaft mbH ist eine Handelskette, die ihren Ursprung in Holland hat. »Spar« ist abgeleitet von dem Markenzeichen dieser Vereinigung, einer kleinen Tanne (holl. Spar). Diese Organisation findet man auch in Holland, Belgien, Dänemark und England.
2. Interfunk AG.
3. RINGFOTO.

12.3.5 Vertragshändlersystem

Zwischen *einem Hersteller* und *einem Händler* besteht eine Exklusiv-Abnehmerbindung. Der Händler verpflichtet sich zur laufenden Abnahme der Produkte des Herstellers, der dafür keine anderen Händler beliefern darf.

Beispiel: Der Hersteller von Haushaltsgeräten darf im Absatzgebiet »Großraum München« nur den Vertragshändler Hinterleitner e.K. beliefern.

Die Kooperation ist auch in der Weise möglich, dass der Händler ausschließlich die Produkte des betreffenden Herstellers führen darf.

Beispiel: Vertragsgroßhändler für Volkswagen im Raum Wuppertal.

Zur Sicherung dieser Art der Zusammenarbeit muss die Belieferung anderer Händler durch den Vertragshändler untersagt werden (Querlieferungsverbot).

12.3.6 Einkaufsverbände

Handels- und Handwerksbetriebe können einen Teil ihres Sortiments preisgünstig durch gemeinschaftlichen Einkauf beschaffen. Einkaufsverbände können in jeder beliebigen Rechtsform auftreten.

Beispiel: Ankauf von Edelsteinen in Südamerika, von Teppichen im Orient durch einen gemeinschaftlichen Einkäufer.

12.3.7 Franchising (franz./engl. franchise = Freiheit, Ungezwungenheit)

Bei diesem »Quasi-Filialsystem« stellt das Lieferunternehmen (Franchise-Geber) dem Wiederverkäufer (Franchise-Nehmer) seine Waren und Dienstleistungen, die Firma, die Markenzeichen, die technischen Betriebseinrichtungen oder die technischen Erfahrungen (das »Know-how«) zur Verfügung. Durch dieses Absatzsystem sichert sich der Franchise-Geber langfristig den Absatz seiner Leistungen unter einheitlicher Aufmachung, ohne ein eigenes Filialnetz aufbauen zu müssen. Der Franchise-Nehmer erwirbt ein bewährtes Waren- und Dienstleistungsangebot sowie technische, finanzielle und verkaufsfördernde Hilfen bei der Einrichtung seines Betriebes.

Beispiele: Herstellung und Vertrieb von Coca-Cola und Sinalco; OBI-Baumärkte; Eismann; McDonald's.

?

1. Nehmen Sie Stellung zu folgenden Behauptungen:
   a) Der Handel ist nicht produktiv.
   b) Der Handel verleitet zu überhöhtem Verbrauch.
   c) Der Handel verteuert die Ware.
2. Stellen Sie sich vor, in Ihrer weiteren Umgebung gäbe es keinen Handelsbetrieb.
   Welche Auswirkungen hätte dies
   a) für die Hersteller,
   b) für die Verbraucher?
3. Welche Umstände begünstigen die Entwicklung von Großbetrieben des Handels?
4. Welche Vor- und Nachteile bringt die Selbstbedienung mit sich
   a) für den Handelsbetrieb,
   b) für den Kunden?
5. In welchem Moment kann in einem Selbstbedienungsgeschäft der Kaufvertrag als abgeschlossen angesehen werden?
6. Durch welche Maßnahmen kann sich ein kleines Einzelhandelsgeschäft gegen die Konkurrenz eines Warenhauses behaupten?
7. Diskutieren Sie die Vor- und Nachteile beim Einkauf mittels E-Commerce.

8. Die CERES-Lebensmittelwerke GmbH liefert grundsätzlich nur an Großhandelsbetriebe. Geben Sie Gründe dafür an.
9. Was hat zur Kooperation im Handel geführt?
10. Welche Vorteile ergeben sich für einen Einzelhändler, wenn er Mitglied einer Kette wird?
11. Bei welcher Kooperationsform wird der Großhandel ausgeschaltet? Wie kann er darauf reagieren?
12. Ein Industriebetrieb, der bisher 5.000 Einzelhändler über 50 Großhändler belieferte, entschließt sich zum direkten Absatz an die Einzelhändler.
    a) Welche zusätzlichen Arbeiten und Kosten entstehen ihm dadurch?
    b) Welche Vorteile können aus dieser Entscheidung entstehen?
13. Welche Vorteile bietet das Franchise-System den beteiligten Unternehmen?

12.4 Warenwirtschaft und Warenwirtschaftssysteme

Das **Warenwirtschaftssystem** ist ein **Informationssystem** zur **Erfassung, Speicherung** und **Auswertung der Warenströme.**

Charakteristisch für den Handel sind die drei betrieblichen Arbeitsgebiete

- Beschaffung,
- Lagerhaltung und
- Verkauf.

DV-gestützte geschlossene Warenwirtschaftssysteme

Anwendungssysteme für die integrierte Verarbeitung der drei Arbeitsgebiete werden als DV-gestützte geschlossene Warenwirtschaftssysteme bezeichnet. Innerhalb von Warenwirtschaftssystemen unterteilt man die Funktionen in administrative, dispositive und entscheidungsunterstützende Aufgaben.

▶ Administration

- Wareneingangsseite: Bestellabwicklung, Wareneingangserfassung, Rechnungsprüfung, Warenauszeichnung;
- Warenausgangsseite: Verkaufsdatenerfassung, Zahlungsabwicklung;
- Bestandsführung und -bewertung, Inventur (Stichtag, permanent).

▶ Disposition

- Produktpolitik: Sortimentsgestaltung;
- Preispolitik: Preisfestsetzung, Rabattgestaltung;
- Bestellwesen: Festlegung von Bestellmengen und -zeitpunkten, Lieferantenauswahl (optimale Bestellpolitik);
- kurzfristige Maßnahmen: Sonderaktionen.

▶ Entscheidungsunterstützung

- Mengen- und wertmäßige Verkaufs- und Bestandsübersichten,
- ABC-Analysen nach Artikeln und Lieferanten,
- Kennzahlen (Deckungsbeiträge, Reklamationen u.a.).

Nutzungspotenziale DV-gestützter geschlossener Warenwirtschaftssysteme

Mit dem Einsatz computergestützter geschlossener Warenwirtschaftssysteme werden die folgenden Nutzungspotenziale angestrebt:

- Verringerung des Erfassungsaufwands,
- Beschleunigung des Verkaufs,
- Reduzierung von Lagerbeständen (geringere Kapitalbindung),
- Erhöhung der Warenpräsenz,
- attraktivere Sortimentsgestaltung,
- verbesserte Kalkulationsmöglichkeiten zur Preisgestaltung,
- Rationalisierung des Bestellwesens,
- Vereinfachung der Rechnungskontrolle,
- Einsparung von Personal.

Wesentlicher Bestandteil der Software für Warenwirtschaftssysteme ist wie bei allen betriebswirtschaftlichen Anwendungssystemen die **Stammdatenverwaltung.** Hier betrifft sie Artikel, Lieferanten, Kunden, Preislisten, Lieferungs- und Versandkonditionen, Zahlungseingang, Mahnwesen u.a.

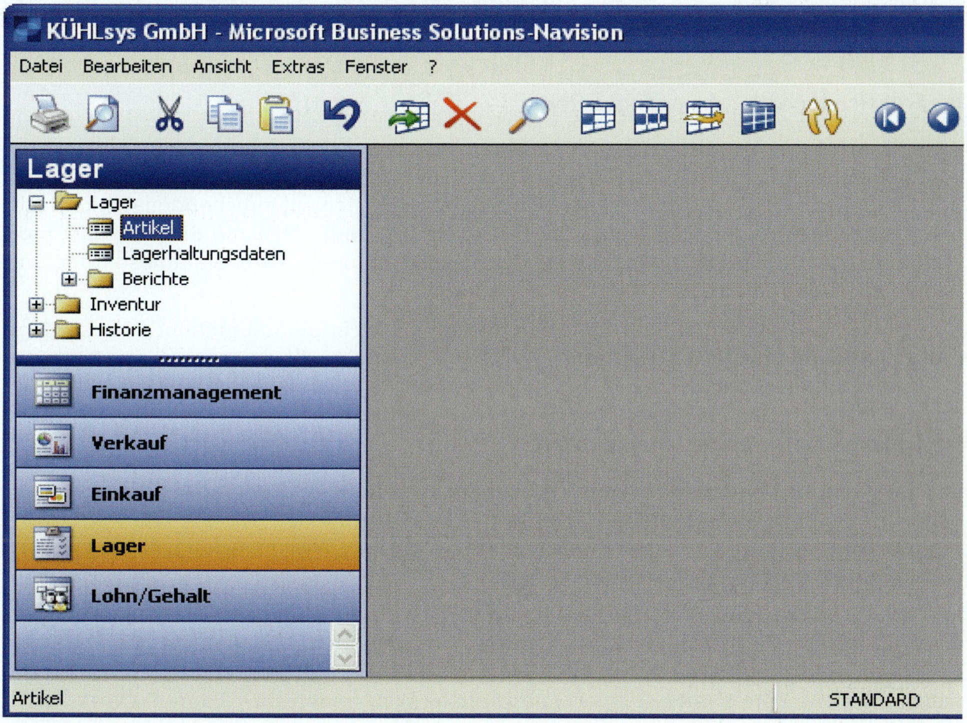

Artikelgenaue Datenerfassung

Der mengen- und wertmäßige Warenfluss kann nur durch eine **artikel- und zeitgenaue Datenerfassung** vom Wareneingang bis zum Warenausgang geplant, gesteuert und überwacht werden. Die Voraussetzung dafür ist, dass jeder Artikel durch eine Artikelnummer eindeutig gekennzeichnet ist.

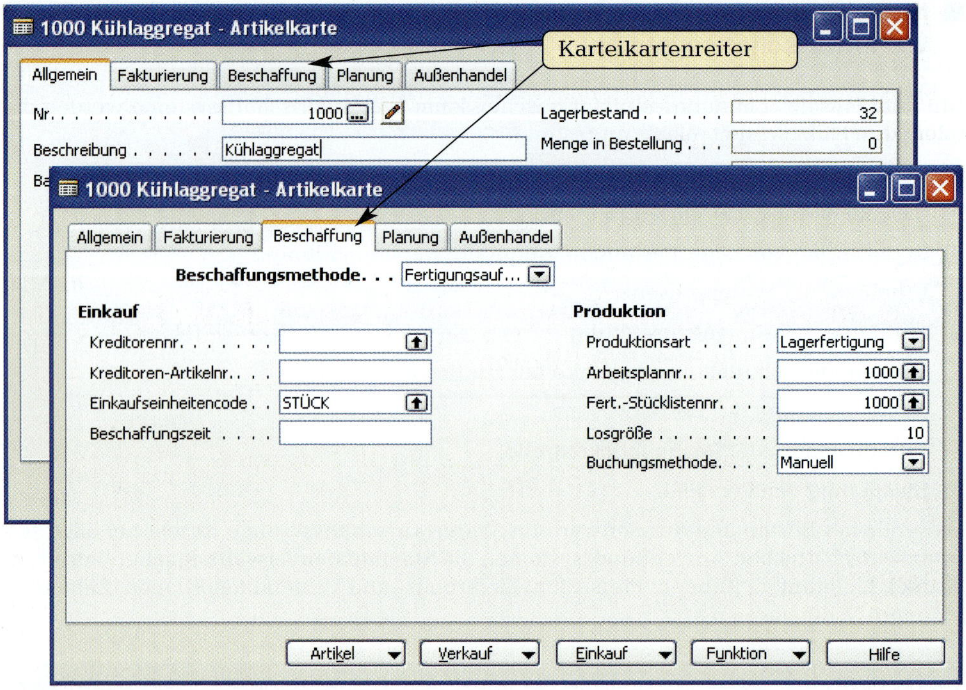

▶ Artikelgenaue Wareneingangsdaten

Beim Wareneingang werden die im DV-System gespeicherten Bestelldaten über Bildschirm oder mittels Scanner mit den Angaben auf dem Lieferschein bzw. der Rechnung verglichen. Bei der Übereinstimmung der Daten wird ein Zugang bei den entsprechenden Artikeln mittels Artikelnummer gebucht. Durch die Erfassung im Computer kann das Handelsunternehmen folgende **Wareneingangsdaten** durch Abruf erhalten: Wareneingangsdatum, Einkaufspreis, Lieferantenname, Rabatte, Lagerdaten u.a.

Mit diesen Angaben erhält die Unternehmensleitung wichtige Informationen für künftige Entscheidungen bei der Beschaffung.

▶ Artikelgenaue Warenausgangsdaten

Um die Warenbewegungen bis zum Verkauf genau verfolgen zu können, ist die artikelgenaue Erfassung der von Kunden gekauften Waren erforderlich. Mithilfe des Warenwirtschaftssystems kann das Handelsunternehmen folgende **Warenausgangsdaten** erfassen und abrufen:

Menge der verkauften Ware, Artikelnummer und -bezeichnung, Warengruppe, Lagerdauer, Lieferant, Verkaufspreis, Einkaufspreis, Monatsumsatz, Zeitpunkt des Verkaufs u.a. Beim Warenausgang lassen sich mit den Warenabflussanalysen Informationen darüber gewinnen, welche Waren gut (»Renner«) und welche Waren schlecht (»Penner«) verkäuflich sind. Danach kann das Handelsunternehmen entscheiden, welche Artikel verstärkt bzw. welche verringert oder welche aus dem Sortiment ausgesondert werden sollen.

▶ Artikelgenaue Lagerbewegungsdaten

Über die **Lagerbewegungsdaten** können alle Warenbewegungen zwischen dem Wareneingang und dem Warenausgang mengen- und wertmäßig aufgezeichnet werden.

Wegen der artikelgenauen Erfassung der Lagerbestände kann die Bestellung

- in jeweils gleichen Zeitabständen (Bestellrhythmusverfahren) bzw.
- beim Erreichen des Meldebestandes (Bestellpunktverfahren)

automatisch und schnell erfolgen.

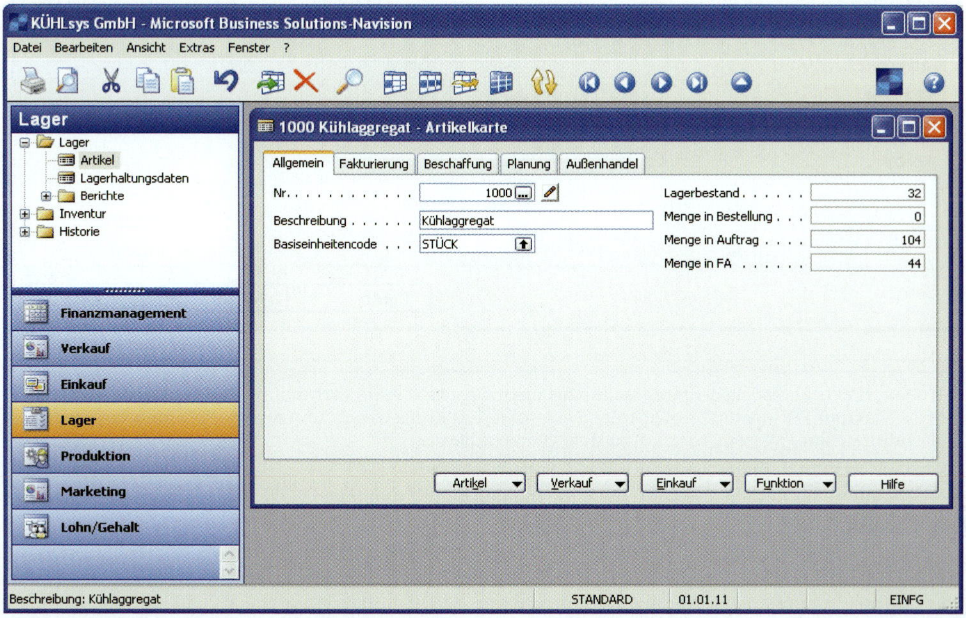

Wird der Meldebestand eines Artikels unterschritten, so wird eine Bestellung automatisch erstellt und wird online an den Lieferanten gesendet. Die Rationalisierung des Bestellwesens mit der Möglichkeit, **schnellere Einkaufsdispositionen** zu treffen, hat Auswirkungen auf die Höhe des Lagerbestandes. Die Absenkung des Lagerbestandes führt zu einer Steigerung der Bestellhäufigkeit. Dabei werden öfter kleinere Mengen bestellt, was wiederum zu einer Senkung der Lagerkosten, aber zu einer Erhöhung des Lagerumschlags führt. Das Ziel ist, eine **optimale Verkaufsbereitschaft** zu erreichen.

Aufbereitung erfasster Daten

Auf Wunsch der Unternehmensleitung können Lager- und Umsatzstatistiken in beliebiger Vielfalt und Zusammenstellung erarbeitet werden. Je nach Softwareausstattung können Informationen über einzelne

- Warengruppen,
- Warensorten,
- Artikel,
- Preislagen,
- Lieferanten,
- Kunden (Bild, Seite 358) u.a.

für das laufende Jahr bzw. als Vergleich über mehrere Jahre zusammengestellt werden.

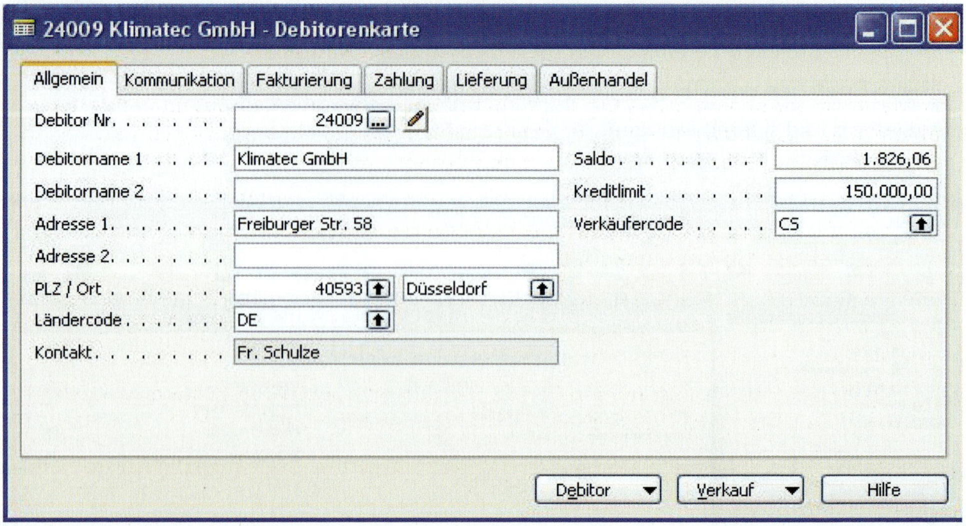

24009 Klimatec GmbH - Debitorenkarte

Allgemein | Kommunikation | Fakturierung | Zahlung | Lieferung | Außenhandel

Debitor Nr.	24009		
Debitorname 1	Klimatec GmbH	Saldo	1.826,06
Debitorname 2		Kreditlimit	150.000,00
Adresse 1	Freiburger Str. 58	Verkäufercode	CS
Adresse 2			
PLZ / Ort	40593 Düsseldorf		
Ländercode	DE		
Kontakt	Fr. Schulze		

Debitor | Verkauf | Hilfe

1. Ein mittelständisches Unternehmen, das medizinische Geräte vertreibt, will seine Warenwirtschaft in Zukunft DV-gestützt abwickeln. Stellen Sie ein Konzept auf, in welchen Schritten bis zur Einführung eines Warenwirtschaftssystems vorzugehen ist.
2. Welche Informationen bietet ein Warenwirtschaftssystem?
3. Erläutern Sie Rationalisierungsziele, die mit der Einführung eines Warenwirtschaftssystems angestrebt werden.
4. Welche Entscheidungen können durch ein Warenwirtschaftssystem vorbereitet werden?
5. Erklären Sie den Unterschied zwischen Stammdaten und Bewegungsdaten.
6. Warum ist mithilfe des Warenwirtschaftssystems die wiederholte Bestellung kleinerer Mengen der Bestellung einer großen Menge vorzuziehen?

12.5 Markt- und Börsenhandel

Als **Markt** im weitesten Sinne bezeichnet man das ökonomische **Zusammentreffen von Angebot und Nachfrage.**

Die Märkte können nach folgenden Gesichtspunkten eingeteilt werden:

Einteilung der Märkte		
sachlich	**funktionell**	**räumlich-zeitlich**
Warenmarkt – Rohstoffmarkt – Halbwarenmarkt – Fertigwarenmarkt Geld- und Kapitalmarkt Arbeitsmarkt usw.	Beschaffungsmarkt – Binnenmarkt – Importmarkt Absatzmarkt – Binnenmarkt – Exportmarkt	Allgemeine Märkte – Großmarkt – Wochenmarkt – Jahrmarkt Spezielle Märkte – Versteigerung – Messe – Ausstellung – Börse

12.5.1 Allgemeine Märkte

Ein Markt ist der ökonomische Ort des Güteraustauschs durch das Zusammentreffen von Anbietern und Nachfragern. Dieser Ort wird nicht regional abgegrenzt, sondern über das Tauschobjekt. Der Markt kann also auch im Internet stattfinden.

Der **Großmarkt** beliefert gewerbliche Wiederverkäufer, gewerbliche Verbraucher oder Großabnehmer mit landwirtschaftlichen Erzeugnissen, Südfrüchten und Blumen von Erzeugern, Großhändlern und Importeuren. GewO § 66

Der **Wochenmarkt** versorgt die städtische Bevölkerung vorwiegend mit Produkten der Landwirtschaft. Der Verbraucher hat die Möglichkeit, unmittelbar beim Erzeuger frische Lebensmittel zu kaufen. § 67

Der **Jahrmarkt** wird an bestimmten Tagen des Jahres abgehalten (Ostermarkt, Martinimarkt), auf dem vor allem Wanderhändler ihre Waren anbieten. § 68

Spezialmärkte bieten nur eine bestimmte Art von Erzeugnissen an (Vieh- und Pferdemarkt, Hopfenmarkt, Fischmarkt, Blumenmarkt).

Darüber hinaus entwickeln sich »Marktplätze«, auf denen Anbieter und Verbraucher im Internet Waren anbieten und nachfragen (B2C – business to consumer; C2C – consumer to consumer).

12.5.2 Versteigerung (Auktion)

Die **Versteigerung** ist eine Veranstaltung, in der *»ortsanwesende« Waren,* die man vorher besichtigen kann, *durch den Zuschlag an Meistbietende verkauft* werden.

Bei Waren, deren Beschaffenheit stets wechselnde und größere Unterschiede zeigt (Wolle, Häute, Felle, Gemüse, Obst, Fische, Blumen, Tabak), ist der Käufer auf den genauen Augenschein angewiesen, damit er beurteilen kann, ob sich die Ware in Güte und Preis für seinen Zweck eignet.

Über den Kaufabschluss wird vom Makler eine **Schlussnote** ausgefertigt, die alle wichtigen Vereinbarungen des Kaufvertrages enthält.

Folgende **Versteigerungsverfahren** sind üblich:

a) Aufschlagverfahren. Dieses Verfahren wird u.a. angewandt bei der Versteigerung von Wolle, Häuten, Wein, Briefmarken. Das Auktionsgut wird nach seinen besonderen Merkmalen (Herkunft, Beschaffenheit, geschätzter Preis) in Partien (Kaveling, Los) eingeteilt und nummeriert. Der Versteigerer ruft die Nummern der Kavelings und Lose auf und nennt den erwarteten Preis. Die Käufer bieten und überbieten sich. Der Versteigerer erteilt den Zuschlag, wenn nach dreimaliger Wiederholung des Höchstgebots kein Übergebot abgegeben worden ist. »Erst mit dem dritten Hammerschlag kommt zustande der Vertrag«.

b) Veilingverfahren. Bei dieser Art der Versteigerung, die bei Obst, Gemüse, Südfrüchten, Blumen üblich ist, zeigt eine im Versteigerungsraum sichtbare Uhr die Preise an. Sie läuft vom Höchstangebotspreis ausgehend rückwärts und kann mittels Tastendruck vom Platz des Interessenten aus angehalten werden. Der Käufer gibt zu dem angezeigten Preis sein Gebot ab. Damit ist der Kaufvertrag abgeschlossen.

Beispiele: Wollauktionen in Bremen, Paderborn, Neu-Ulm, Sidney; Fischauktion in Cuxhaven; Weinversteigerungen in Trier und Koblenz; Häuteversteigerungen in Stuttgart und Wiesbaden, Südfrüchteauktion in Hamburg; Teeauktion in London und Amsterdam; Blumenzwiebelauktion in Haarlem (Niederlande); Blumenauktion in Straelen (Niederrhein) und Aalsmeer (Niederlande).

In zunehmendem Maße kann jedermann an Auktionen **im Internet** teilnehmen. Sofern aber der versteigerte Gegenstand nur an den Meistbietenden vermittelt wird, liegt keine Auktion im rechtlichen Sinne vor.

Beispiele: www.online-auktionen.de, www.ebay.de.

c) **Einschreibung.** Die Einschreibung ist eine *Sonderform* der Versteigerung, die im Tabakhandel (Bremen, Offenburg, Amsterdam, Antwerpen) üblich ist. Der Tabak wird nach der Einteilung in Lose zur Besichtigung und Taxierung freigegeben. Aufgrund von entnommenen Proben gibt der Interessent sein Gebot in einem verschlossenen Briefumschlag ab. Damit entfällt die Vergleichsmöglichkeit mit anderen Preisgeboten. Im Allgemeinen erhält das Höchstgebot den Zuschlag, wenn der Verkäufer es nicht vorzieht, mit dem Verkauf zu warten, bis die Preise die von ihm erwartete Höhe erreichen.

12.5.3 Messe und Ausstellung

Die **Messe** bietet ein *umfassendes Angebot eines oder mehrerer Wirtschaftszweige* und findet im Allgemeinen *in regelmäßigen Zeitabständen am gleichen Ort* statt. Wesentliches Merkmal der Messe ist der *Verkauf aufgrund von Mustern für den Wiederverkauf oder für eine gewerbliche Verwendung.* Auf der Messe haben Aussteller und Kunden die Möglichkeit des Waren- und Preisvergleichs, der Information und der Kontaktaufnahme. Der Zutritt zur Messe ist grundsätzlich dem Fachbesucher vorbehalten.

Beispiele:

1. **Mehrbranchenmessen:** Internationale Frankfurter Messe, Frankfurt (Main); HANNOVER MESSE, Hannover; Leipziger Messe, Leipzig.
2. **Fachmessen:** Internationale Lederwarenmesse, Offenbach; Spielwarenmesse International ToyFair, Nürnberg; ISPO – Internationale Fachmesse für Sportartikel und Sportmode, München.

Anstatt einer Beteiligung an Großmessen veranstalten viele Unternehmen **Hausmessen,** wenn die Kosten-Nutzen-Analyse dadurch günstiger ausfällt. An Hausmessen beteiligen sich in aller Regel nur die Kunden, die ein gezieltes Interesse an den Leistungen der Unternehmung aufweisen. Die Kosten sind geringer, der Anteil der Auftrag erteilenden Besucher ist höher.

Ausstellungen vermitteln ein anschauliches Bild von dem Leistungsstand *eines Wirtschaftsraumes* (Allgemeine Ausstellungen) oder *einzelner Wirtschaftszweige* (Fachausstellungen). Sie wenden sich neben den Fachkreisen auch an die Allgemeinheit und dienen der Werbung oder der Aufklärung für bestimmte Probleme (z.B. Umweltschutz).

Beispiele:

1. **Allgemeine Ausstellungen:** Schweizerische Landesausstellung; ORFA – Oberrheinische Frühjahrs-Ausstellung, Offenburg.
2. **Fachausstellungen:** IAA – Internationale Automobil-Ausstellung, Frankfurt (Main); hanseboot – Internationale Bootsausstellung, Hamburg

12.5.4 Börse

Die **Börse** ist ein Markt, an dem sich *zugelassene Kaufleute regelmäßig zu bestimmten Zeiten* treffen, um Handelsgeschäfte *über abwesende, vertretbare (fungible) Güter* nach besonderen Geschäftsregeln abzuschließen.

Bedeutung der Börse

Die Börse kann als der »Markt der Märkte« angesehen werden. Die großen Börsenplätze, auf denen sich das Angebot und die Nachfrage der Welthandelsgüter konzentrieren, bieten die Möglichkeit der Markttransparenz und des Meinungsaustausches. Der Börsenpreis als Ergebnis des freien Spiels von Angebot und Nachfrage ist richtungweisend für die übrigen Märkte. Mit der Empfindlichkeit eines feinen Messinstruments reagiert die Börse auf die leisesten Erschütterungen des wirtschaftspolitischen Lebens. Der Ausfall einer Ernte, politische Ereignisse oder Maßnahmen der Europäischen Zentralbank (Zinspolitik) beeinflussen die Preisbildung an der Börse. Aus den Börsenberichten lassen sich die Erfolgsaussichten und Risiken der einzelnen Wirtschaftszweige ablesen.

Börsenarten

▶ Warenbörse

Zum börsenmäßigen Handel eignen sich vertretbare Waren, deren Anwesenheit nicht erforderlich ist, weil die Qualität durch Standardmuster gekennzeichnet wird. Hierzu zählen u.a. Getreide, Sojabohnen, Zucker, Kaffee, Kakao, Baumwolle, Kautschuk und NE-Metalle.

Arten der Warenbörse:

a) *Allgemeine Börsen* (Produktenbörsen) für landwirtschaftliche Erzeugnisse:

Frankfurter Getreide- und Produktenbörse; Südwestdeutsche Produktenbörse, Mannheim/Stuttgart.

b) *Sonderbörsen* für eine bestimmte Warenart:

Hamburg für Kaffee, Bremen für Baumwolle, Hamburg für Zucker, Chicago für Getreide, London für NE-Metalle.

Geschäfte der Warenbörsen. Die handelbare Mindestmenge (Kontrakteinheit, Schluss) ist an jeder Börse festgelegt; eine größere Menge muss durch den Schluss ohne Rest teilbar sein.

Beispiel: Der Schluss beträgt für Baumwolle in Bremen 50 Ballen = 11.000 kg, für Kaffee in Hamburg 125 Sack = 7.350 kg, für Zucker in Hamburg 50.000 kg, für Weizen in Chicago 5.000 bushels.

▶ Effektenbörse (Abschnitt 14.6.5)

▶ Frachtenbörse

Vereidigte Makler vermitteln den Abschluss von grenzüberschreitenden Frachtgeschäften im Binnenschiffsverkehr. Von entscheidender Bedeutung für den Preis des Frachtraumes sind die Wasserstandsverhältnisse, die Jahreszeit und der Bedarf der Wirtschaft (Kohlenbedarf).

Online-Frachtenbörsen vermitteln Frachtraum im Straßengüterverkehr.

▶ Versicherungsbörse

An der Versicherungsbörse werden von Maklern Versicherungsabschlüsse zwischen einem Versicherungsnehmer und einem oder mehreren Versicherern vermittelt. Börsen dieser Art gibt es in Hamburg, Bremen und Lübeck.

?

1. Wie verhält sich der interessierte Käufer
   a) im Aufschlagverfahren,
   b) beim Veilingverfahren,
   c) bei der Einschreibung?
2. Sie sollen auf einer Messe Ihr Unternehmen vertreten. Stellen Sie dar, wie Sie sich vorbereiten.
3. Warum nennt man die Börse den »Markt der Märkte«?

12.6 Außenhandel

!

Außenhandel ist der gewerbsmäßige **Güteraustausch mit anderen Volkswirtschaften.**

Der Begriff **Außenwirtschaft** umfasst neben dem Außenhandel auch den Dienstleistungs-, Kapital-, Zahlungs- und sonstigen Wirtschaftsverkehr mit fremden Wirtschaftsgebieten. AWG § 1

Europäischer Binnenhandel (Intrahandel). Aus der Europäischen Wirtschaftsgemeinschaft ist Anfang 1994 der Binnenmarkt der Europäischen Union (EU) geworden. Bei Warenbewegungen mit Gemeinschaftswaren innerhalb der EU sind alle zollamtlichen Überwachungsverfahren weggefallen. Der innergemeinschaftliche Handel gehört außenwirtschaftlich zum Außenhandel; er wird aber als Versendung und Empfang bezeichnet.

Ursachen des Außenhandels

a) **Ungleiche Verteilung der Rohstoffe auf der Erde.** Das gilt besonders für das Vorkommen von Kohle, Eisenerz, Buntmetall, Mineralöl und Uran.

b) **Verschiedenheit der klimatischen Bedingungen.** Sie wirkt sich auf die Anbauart und auf den Ernteertrag aus, z.B. bei Weizen, Mais, Baumwolle, Kautschuk, Kaffee.

c) **Verschiedenheit der Wirtschaftsstruktur.** Industrieländer sind auf die Ausfuhr von Fertigwaren und die Einfuhr von Rohstoffen und Nahrungsmitteln angewiesen. Bei den Agrar- und Rohstoffländern ist es umgekehrt.

d) **Ungleicher Stand der Technik.** Es gibt Länder, die in gewissen Produktionszweigen einen besonders hohen Leistungsstand erreicht haben (japanische Fotoapparate, schweizerische Präzisionsuhren).

Theorie der komparativen Kostenvorteile. Es ist für eine Volkswirtschaft günstiger, sich auf die Herstellung der Güter zu spezialisieren, für die sie im *binnenwirtschaftlichen* Vergleich die niedrigeren Produktionskosten aufwenden muss, und andere Bedarfsgüter vom Ausland gegen Ausfuhr der Überschussproduktion einzuführen. Dies gilt selbst für den Außenhandelspartner, der alle Güter mit noch niedrigeren Kosten produzieren könnte. **Freihandel** auf der Basis zwischenstaatlicher Arbeitsteilung ist also wirtschaftlicher als staatliche **Autarkie.**

Erzeugnis	Bedarfsmenge Land A	Bedarfsmenge Land B	Produktionskosten je Stück Land A	Produktionskosten je Stück Land B	Preis je Stück	Gewinn je Stück Land A	Gewinn je Stück Land B	Gesamtgewinn Land A	Gesamtgewinn Land B
I	je 1.000 Stück		8	7	10	2	3	1.000 · 2 = 2.000	1.000 · 3 = 3.000
II	je 1.000 Stück		9	6	10	1	4	1.000 · 1 = 1.000	1.000 · 4 = 4.000
Autarkie: Jedes Land produziert je 1.000 St. von Erzeugnis I + II:								**3.000**	**7.000**
Arbeitsteilung mit Freihandel: Beide Länder tauschen 1.000 St. ihrer Produktion gegenseitig aus.									
Land A produziert 2.000 St. von Erzeugnis I:								2.000 · 2 = **4.000**	
Land B produziert 2.000 St. von Erzeugnis II:									2.000 · 4 = **8.000**

12.6.1 Einfuhr und Einfuhrverfahren

Die Einfuhr von Drittlandswaren (Import) verlangt vom Importeur gründliche Warenkenntnisse, Beobachtung der Märkte, Vergleich der Weltmarktpreise sowie richtige Wahl des Zeitpunktes für die Vertragsabschlüsse.

Beim **direkten** Import kauft der inländische Verwender (Verarbeiter, Einzel- oder Großhändler, Verbraucher) die Ware unmittelbar vom ausländischen Hersteller oder von einem Exporthändler im Ausland. Das **Importgeschäft** wird zwischen dem *inländischen Abnehmer* und dem *Lieferanten im Ausland* abgewickelt.

Beim **indirekten** Import kauft der inländische Verwender die Ware bei einem inländischen Importhändler, der seinerseits die Ware vom ausländischen Hersteller oder Exporthändler bezieht. Das **Importgeschäft** wird zwischen dem *inländischen Einfuhrhändler* und dem *Lieferanten im Ausland* abgewickelt.

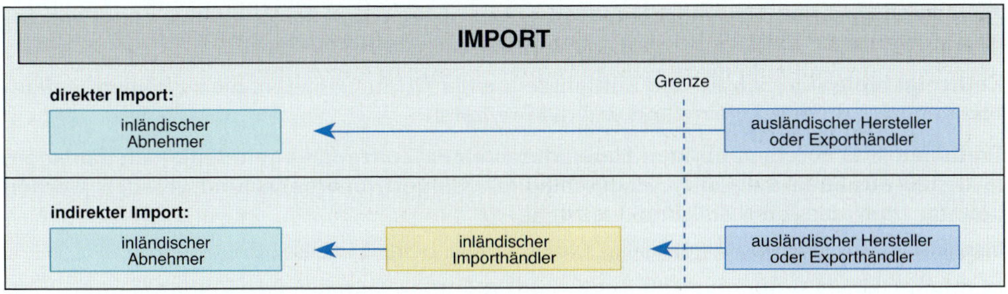

Einfuhrverfahren

Genehmigungsfreie Einfuhr. Liberalisierte Einfuhren bedürfen keiner Genehmigung. Der AWG Abschluss von Einfuhrverträgen unterliegt keinen Beschränkungen. Der Importeur kann § 10 also ohne *besonderen Antrag* den Kaufvertrag (Kontrakt) mit dem ausländischen Lieferanten abschließen, die Waren in das Bundesgebiet einführen und die Zahlung leisten.

Genehmigungsbedürftige Einfuhr. Kontingentierte Einfuhren müssen behördlich genehmigt werden. Die Genehmigungsfreiheit oder -bedürftigkeit ergibt sich aus der Einfuhrliste, in der § 12 rund 9.000 Warenpositionen angeführt sind. Für diese Waren ist beim Bundesamt für Wirtschaft und Ausfuhrkontrolle (BAFA) in Eschborn eine Einfuhrgenehmigung zu beantragen. Die Genehmigungsstelle gibt im Bundesanzeiger durch *Ausschreibung* bekannt, unter welchen Be- AWV dingungen und in welchem Umfang sie für bestimmte Waren Genehmigungen erteilt. § 30

Zur Beschleunigung der Einfuhrverfahren und zur Senkung der Verfahrenskosten wird die Zollabwicklung in eine IT-gestützte papierlose Zollabwicklung umgewandelt. Mit dem von den Zollbehörden eingeführten **ATLAS**-Verfahren (**A**utomatisiertes **T**arif- und **L**okales Zoll-**A**brechnungs-**S**ystem) sollen sich alle außenhandelstreibenden Unternehmen koppeln.

12.6.2 Verzollung

Zölle sind **Abgaben,** die der **Staat beim Übergang von Waren über die Zollgrenze** aus *finanz-* und *wirtschaftspolitischen Gründen* erhebt.

Der Warenverkehr über die Grenze wird zollamtlich überwacht, damit

- der Zoll und die anderen Einfuhrabgaben (Einfuhrumsatzsteuer, Abschöpfung für Agrarerzeugnisse aus Drittländern) erhoben und
- Ein- und Ausfuhrverbote (Embargo) und Beschränkungen für den Warenverkehr über die Grenze beachtet werden.

Zollrechtliche Begriffe

Die **Zollgrenze** umschließt das **Zollgebiet.** Dieses umfasst das Gebiet der EU-Mitglieds- ZK staaten, also Belgien, Bulgarien, Dänemark, Deutschland, Estland, Finnland, Frankreich, Art. 3 Griechenland, Großbritannien, Irland, Italien, Lettland, Litauen, Luxemburg, Malta, Niederlande, Österreich, Polen, Portugal, Rumänien, Schweden, Slowakei, Slowenien, Spanien, Tschechien, Ungarn, Zypern. Dazu gehören ferner die *Zollanschlüsse,* nicht aber die *Zollausschlüsse* und die *Zollfreigebiete.* Warenbewegungen innerhalb der EU-Mitgliedsstaaten gelten nicht als Einfuhrlieferungen; für sie werden weder Zölle noch Einfuhrumsatzsteuer erhoben.

Zollanschlüsse sind Teile ausländischer Hoheitsgebiete, die dem EU-Zollgebiet angeschlossen sind (Fürstentum Monaco).

Zollausschlüsse sind Teile des EU-Hoheitsgebietes, die einem ausländischen Zollgebiet angeschlossen sind (Exklave Büsingen an der schweizerischen Grenze).

Zollfreigebiete sind Schiffe und Luftfahrzeuge der EU in Gebieten, die zu keinem Zollgebiet gehören, die Insel Helgoland und die Freihäfen.

Freihäfen sind von dem übrigen Hafen durch einen Zollzaun abgetrennte Hafenanlagen, in denen ausländische Güter umgeschlagen, gelagert, bearbeitet und veredelt werden können, ohne dass eine Zollschuld entsteht.

Beispiele: Bremen, Bremerhaven, Hamburg, Cuxhaven, Kiel, Duisburg, Emden, Deggendorf.

Mit dem Überschreiten der Zollgrenze wird die Ware **Zollgut.** Dieses darf von der Zollgrenze bis zum Grenzzollamt nur auf besonderen Straßen, Eisenbahnlinien und Seehafeneinfahrten, die als **Zollstraßen** bestimmt sind, befördert werden. Das Zollgut muss innerhalb der **Öffnungszeiten** der Zollstelle **gestellt** werden. Dort findet zunächst eine Prüfung des Zollgutes statt, die man **Zollbeschau** nennt. Die Beurkundung der Zollbehandlung heißt Zollbefund; die Zollfestsetzung erfolgt in einem **Zollbescheid.**

Arten der Zölle

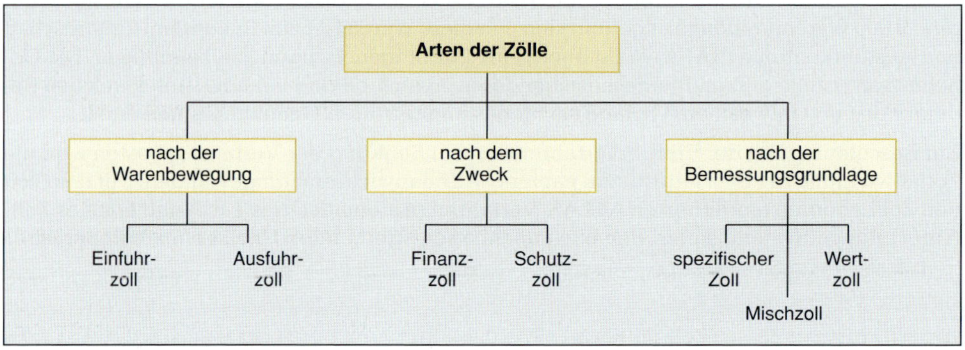

▶ Nach der Warenbewegung

a) **Einfuhrzölle** sind Abgaben, die beim Verbringen von Waren in das Zollgebiet erhoben werden. Sie beeinflussen die Menge der Wareneinfuhr. Deshalb kommt ihnen bei Handelsbesprechungen mit anderen Ländern besondere Bedeutung zu. Durch ihre Herabsetzung kann das Steigen der Inlandpreise gebremst werden.

b) **Ausfuhrzölle** sind Abgaben, die beim Verbringen von Waren aus dem Zollgebiet erhoben werden. Sie sind selten. An ihre Stelle treten meist Ausfuhrbeschränkungen (Kontingentierungen).

▶ Nach dem Zweck der Zollerhebung

a) **Finanzzölle** sind Abgaben, die lediglich die Staatseinnahmen erhöhen sollen. Sie werden von Gütern erhoben, die sehr begehrt sind und im Inland überhaupt nicht oder nur in geringen Mengen erzeugt werden. Mit einem besonders hohen *Einfuhrzoll* werden Kaffee, Tee, Tabak, Spirituosen und Kosmetikartikel belegt.

b) **Schutzzölle** sind Abgaben, die bestimmte Produktionszweige wie Landwirtschafts-, Gärtnerei- und Weinbaubetriebe gegen die ausländische Konkurrenz schützen. Durch den Zoll werden die Preise der ausländischen Erzeugnisse an das Preisniveau der entsprechenden inländischen Erzeugnisse angeglichen. Die Schutzzollpolitik hat folgende *Sonderformen* entwickelt:

Kampfzölle sollen einen ausländischen Staat zwingen, handelsschädigende Maßnahmen gegenüber der einheimischen Wirtschaft aufzugeben.

Prohibitivzölle sind so hoch angesetzt, dass die Einfuhr unerwünschter Waren *verhindert* wird.

Antidumpingzölle werden erhoben, wenn ein Land Güter in großen Mengen auf dem Weltmarkt zu Preisen anbietet, die unter den vergleichbaren Inlandspreisen oder den Selbstkosten liegen. Sie sind eine Abwehrmaßnahme *gegen unlauteren Wettbewerb* im internationalen Handel.

Erziehungszölle wollen schutzbedürftige Industriezweige, die im Aufbau begriffen sind, vor der ausländischen Konkurrenz schützen, bis sie *wettbewerbsfähig* sind (Friedrich List).

Präferenzzölle (Vorzugszölle) sollen einem Land Zollvorteile einräumen, um wirtschaftliche Nachteile auszugleichen.

Beispiel: Die EU-Staaten gewähren den Staaten der Dritten Welt (Entwicklungsländer) Zollfreiheit für unfertige und fertige Industrieerzeugnisse.

▶ Nach der Bemessungsgrundlage

a) **Spezifische Zölle** werden ermittelt aufgrund des Zollgewichtes der Waren (Kaffee, Tabak), aufgrund der Länge in Metern (Spielfilme), aufgrund der Menge in Litern (Wein, Branntwein).

b) **Wertzölle** werden in Prozenten vom Zollwert der Ware berechnet. Als Zollwert wird der *Transaktionswert* angesehen, der für die eingeführte Ware unter den Bedingungen des freien Wettbewerbs zwischen einem unabhängigen Verkäufer und Käufer bei sofortiger Lieferung erzielt werden kann. Im Allgemeinen wird der Bezugspreis bis zur Einfuhrgrenze als Bemessungsgrundlage anerkannt.

c) **Mischzölle** werden bei Gütern erhoben, deren Preise starken Schwankungen unterliegen. Bei der Berechnung des Zolls wird in der Regel der *Wert* zugrunde gelegt. Sinken die Preise stark ab, so tritt an die Stelle des Wertzolls ein Mindestgewichtszoll.

Zollbehandlung

Der *Zollbeteiligte* (Einführer) beantragt die Abfertigung des gestellten Zollgutes und die Art der Zollbehandlung. ZK Art. 4 Z. 16

▶ Abfertigung zum freien Verkehr (Zollgut wird Freigut) Art. 79

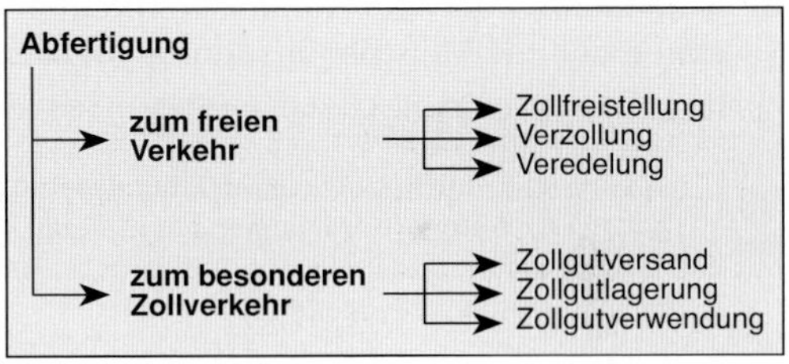

Dabei wird geprüft, ob das Zollgut zollfrei oder zollpflichtig ist.

a) **Zollfreistellung.** Ist kein Zoll zu erheben, so teilt die Zollstelle dies dem Zollbeteiligten mit und gibt das Zollgut frei.

Zollfrei sind u.a. Mustersendungen und Reisebedarf aus Drittländern.

b) **Verzollung.** Nach der Gestellung bei der Zollstelle, Zollbeschau, Zollbescheid und Bezahlung der Zollschuld wird das Zollgut Freigut. Häufig wird auf die Gestellung verzichtet, wenn die zollamtliche Überwachung auf andere Weise gesichert ist.

c) **Zollgutveredelung.** Waren, die aus Drittländern zur Veredelung eingeführt und nach der Be- und Verarbeitung wieder ausgeführt werden, sind zollfrei (aktiver Veredelungsverkehr). Lässt ein inländischer Unternehmer Waren in einem Drittland veredeln (passiver Veredelungsverkehr), dann bleibt bei der Wiedereinfuhr der veredelten Waren das Vorprodukt zollfrei. Art. 114 ff. Art. 145 ff.

▶ Abfertigung zum besonderen Zollverkehr (Zollgut bleibt Zollgut)

a) **Zollgutversand.** Das **gemeinschaftliche Versandverfahren** wird angewandt, wenn das Zollgut von einer Zollstelle im Bereich des EU-Zollgebietes an eine andere überwiesen wird. Das Zollgut wird dem Zollbeteiligten zur Beförderung überlassen mit der Verpflichtung, es unverändert und fristgemäß bei der Empfangszollstelle zu gestellen. Art. 91 ff.

ZK Art. 98 ff. **b) Zollgutlagerung.** Ihr Zweck ist die zoll- und abgabenfreie Lagerung von Zollgut, um die unnötige Verzollung von Waren zu vermeiden (bei der Wiederausfuhr) oder die Zollzahlung aufzuschieben.

1. **Öffentliche Zolllager** (Zollniederlagen) werden von Zollbehörden, Hafenverwaltungen, Lagerhaltern, Spediteuren eingerichtet und stehen unter ausschließlichem Zollverschluss oder unter Zollmitverschluss.
2. **Private Zolllager** werden bewilligt, wenn in dem Betrieb des Zollbeteiligten ein berechtigtes Bedürfnis besteht. Sie stehen unter Zollmitverschluss (Zollverschlusslager), oder sie werden ohne Zollmitverschluss unterhalten (offene Zolllager).

Art. 137 **c) Zollgutverwendung.** Das abgefertigte Zollgut wird dem Empfänger zur **endgültigen** Verwertung zollbegünstigt (Heizöl) oder zur **vorübergehenden** Verwendung zollfrei (Messe- und Ausstellungsgüter) überlassen.

Festsetzung der Zollsätze

Grundsätzlich können die Zollsätze von einem Staat aufgrund seiner Zollhoheit einseitig in einem Zolltarif festgelegt werden **(Zollautonomie).** Im Interesse eines gesteigerten Güteraustausches wird jedoch häufig die Zollautonomie eingeschränkt.

▶ Einschränkung durch zweiseitige (bilaterale) Staatsverträge

Durch staatsrechtliche *Verträge,* Handels- und Zollabkommen genannt, können Zollbefreiungen und Vertragszollsätze für wichtige Austauschgüter, das Meistbegünstigungsrecht des Vertragspartners sowie Einfuhrhöchstmengen (Einfuhrkontingente) bestimmt werden.

Die **Meistbegünstigungsklausel** besagt, dass ein Land seinem Vertragspartner die gleichen Vergünstigungen gewährt, die es einem dritten Lande jetzt oder später einräumt.

▶ Einschränkung durch mehrseitige (multilaterale) Staatsverträge

Das Streben nach größeren Wirtschaftsräumen führt zum Abschluss *mehrseitiger* Abkommen, die vor allem die *Zollsenkung* und die Aufhebung *mengenmäßiger* Einfuhrbeschränkungen **(Liberalisierung)** zum Ziele haben.

a) Allgemeine Zoll- und Handelsabkommen streben die Beseitigung von Handelshemmnissen und die Meistbegünstigung auf breiter überstaatlicher Ebene an.

Die **WTO** (= **W**orld **T**rade **O**rganization), der 153 Vertragsstaaten und die EU-Kommission angehören, verfolgt als wichtigste Ziele:
- Abbau von Handelshemmnissen (Liberalisierung, Zollsenkung),
- Abbau von Wettbewerbshemmnissen (Kartelle, Dumping),
- Angleichung der Sozialstandards (Mindestvorschriften zum Schutz der Arbeiter, Verbot von Kinderarbeit),
- umweltfreundliche Produktion.

b) Zollunionen sind vertragliche Vereinigungen von Staaten, welche die *Binnenzölle* zwischen den Vertragsländern *abbauen* und die *Außenzölle* gegenüber Drittländern *vereinheitlichen* (**EU** = **E**uropäische **U**nion).

c) Freihandelszonen sind vertragliche Vereinigungen von Staaten, die lediglich die *Binnenzölle abbauen,* aber unterschiedliche *Außenzölle belassen* (**EFTA** = **E**uropean **F**ree **T**rade **A**ssociation).

Die festgelegten Zollsätze finden ihren Niederschlag im **Deutschen Gebrauchszolltarif.** In ihm sind die zollpflichtigen Waren mit den dazugehörigen Zollsätzen aufgelistet.

12.6.3 Transithandel und Transitverkehr

Transithandel liegt vor, wenn ein inländischer Unternehmer Waren im Ausland kauft und wieder an einen Gebietsfremden veräußert, ohne dass die Ware einfuhrrechtlich abgefertigt worden ist. Die Durchfuhr durch das inländische Zollgebiet ist nicht erforderlich.

Ein »gebrochener Transithandel« liegt vor, wenn ein gebietsansässiger Transithändler die im Ausland gekauften Waren an einen anderen gebietsansässigen Transithändler verkauft und dieser sie dann an einen Gebietsfremden weiterveräußert.

Transitverkehr liegt vor, wenn eine Ware auf dem Weg vom ausländischen Ursprungsland in das ausländische Bestimmungsland durch das Inland befördert wird.

Wegen ihrer Verkehrslage sind vor allem die Schweiz und Polen bedeutende Transitländer. Die Erträge aus diesen Transporten sind ein beachtlicher Aktivposten in deren Dienstleistungsbilanz.

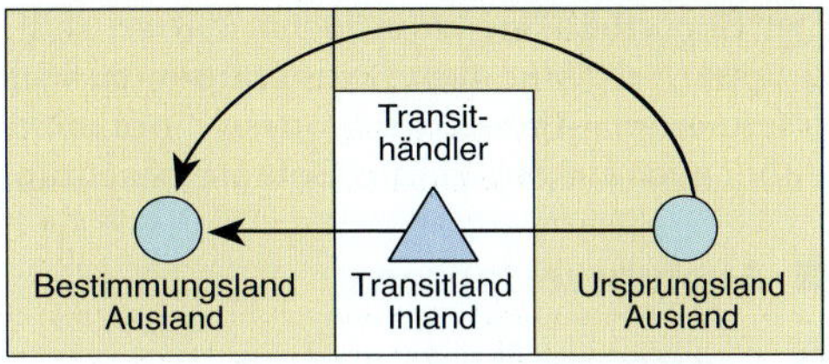

12.6.4 Ausfuhr und Ausfuhrverfahren

Das Exportgeschäft verlangt vom Exporteur ein Gespür dafür, wo auf der Welt seine Ware benötigt wird, Beobachtung der Entwicklung der Absatzmärkte und der Preise sowie die Wahl des richtigen Zeitpunkts für Vertragsabschlüsse.

Beim **direkten** Export verkauft der inländische Hersteller die Ware unmittelbar an den ausländischen Abnehmer (Verbraucher, Händler, Verarbeiter) oder Importhändler. Das **Exportgeschäft** wird zwischen dem *inländischen Hersteller* und dem *Abnehmer im Ausland* abgewickelt.

Exportmessen bieten Gelegenheit, direkte Geschäftsverbindungen mit ausländischen Kunden anzuknüpfen.

Bei der Einführung neuer Erzeugnisse, für die der Markt erst erschlossen werden muss, wird öfters das **Konsignationsgeschäft** gewählt. Eine ausländische Unternehmung (Konsignatar), die als zuverlässig angesehen wird, nimmt die Exportware für fremde Rechnung und ohne Verkaufsrisiko auf Lager (Konsignationslager, Abschnitt 8.7).

Exportgemeinschaften sind Zusammenschlüsse von Unternehmungen zur Verbesserung der Exportmöglichkeiten durch gemeinsame Maßnahmen (Werbung, Exportmusterlager).

Überseeische **Verkaufs- und Fabrikniederlassungen** werden eingerichtet, wenn es sich um technische Erzeugnisse handelt, die im Bestimmungsland einen ständigen Kundendienst durch Sachverständige verlangen (Autos). Die Fertigung kann auch einem **ausländischen Unternehmer** in Lizenz übertragen werden, wenn die Ausfuhr bestimmter Erzeugnisse wegen Einfuhrbeschränkungen großen Schwierigkeiten begegnet.

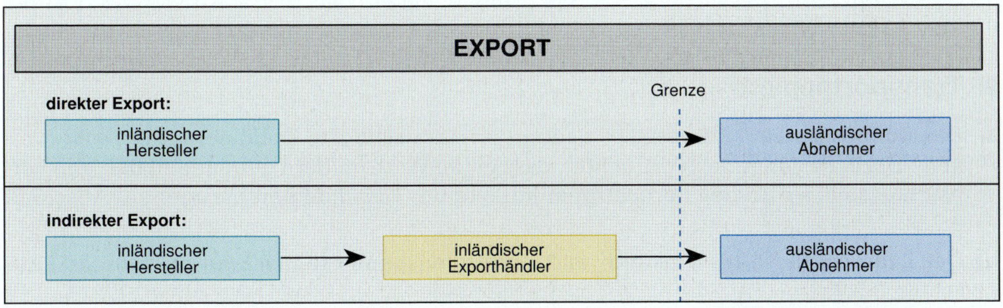

Beim **indirekten** Export liefert der inländische Hersteller die Ware an einen inländischen Ausfuhrhändler, der seinerseits die Ware an den ausländischen Abnehmer verkauft. Das **Exportgeschäft** wird zwischen dem *inländischen Exporthändler* und dem *Abnehmer im Ausland* abgewickelt.

Die Vermittlung des Exporthändlers entlastet den Lieferanten von zeitraubender Arbeit und von dem mit dem Außenhandelsgeschäft verbundenen Risiko. Für den Lieferanten wird das Exportgeschäft über ein Exporthaus zu einem ausgesprochenen Binnengeschäft.

Der Exporthändler kann *fachorientiert* sein; er handelt nur mit einer bestimmten Warengruppe, hat dafür aber Beziehungen zu vielen Ländern. Daneben finden wir den *gebietsorientierten* »Allround-Exporteur«, der mit den verschiedenartigsten Artikeln handelt, sich dabei aber auf bestimmte Gebiete beschränkt (Südamerika, Vorderer Orient).

Ausfuhrverfahren

AWG §§ 1 ff.

▶ Genehmigungsfreie Ausfuhr

Die Warenausfuhr ist grundsätzlich frei. Sie unterliegt aber der Ausfuhrkontrolle durch die Zollbehörden. Der Ausführer stellt zu diesem Zweck das »Einheitspapier für den Warenverkehr« aus. Es ist ein Formularsatz, der aus 8 Blättern besteht; die Blätter 1 bis 3 gelten als Ausfuhranmeldung (AA).

Die AA muss bei der Ausfuhrzollstelle (= Binnenzollstelle des Ausführers) mit den Handelspapieren zur Prüfung und Vorabfertigung vorgelegt werden. Die ersten beiden Exemplare bleiben bei der Ausfuhrzollstelle, Exemplar 3 begleitet die Sendung und ist an der EU-Ausgangszollstelle vorzulegen, wird dort abgestempelt und dem Ausführer als Ausfuhrnachweis zurückgegeben. Exemplar 1 dient der Ausfuhrüberwachung, Exemplar 2 wird an das Statistische Bundesamt gesendet und dient der statistischen Erhebung der Ausfuhrdaten.

Ausfuhrsendungen im Warenwert bis zu 1.000 EUR bedürfen keiner Ausfuhranmeldung, für Sendungen zwischen 1.000 EUR und 3.000 EUR ist keine Vorabfertigung nötig, es sei denn, es handelt sich um die Ausfuhr genehmigungspflichtiger Waren. Seit 2009 wird nur noch das elektronische Ausfuhrverfahren angewendet.

▶ Genehmigungsbedürftige Ausfuhr

Genehmigungsbedürftig sind Waren, deren Ausfuhr nach dem Außenwirtschaftsgesetz (AWG) einer Kontrolle unterliegen. Sie sind in der *Ausfuhrliste* zusammengefasst.

Beispiele: Genehmigungsbedürftig ist die Ausfuhr von

1. Waren in Länder der H-Liste (u.a. Irak, China, Kuba).
2. Embargowaren (Waffen, Munition, Rüstungsmaterial).
3. Dual-use-Güter, bei denen sowohl militärische als auch zivile Nutzung möglich ist, und die damit Embargowaren werden können (Computer, elektronische Steuerungen, Funkgeräte, Laborgeräte).

Anträge auf eine Ausfuhr-Genehmigung sind beim Bundesamt für Wirtschaft und Ausfuhrkontrolle in Eschborn zu stellen. Der Exporteur stellt zu diesem Zweck den Vordrucksatz „Einheitspapier für den Warenverkehr" aus.

12.6.5 Außenhandelsdokumente

Außenhandelsdokumente sind **Urkunden,** die im Zusammenhang mit dem **Transport,** der **Versicherung** und **Verzollung** der ein- und ausgeführten Ware ausgestellt werden müssen.

Transportpapiere

a) **Das Konnossement** (B/L = Bill of Lading) ist das wichtigste Dokument *im Überseeverkehr.* Darin bestätigt der Verfrachter, dass er die Ware an Bord genommen hat, und verpflichtet sich, sie an den berechtigten Inhaber der Urkunde herauszugeben (Abschnitt 9.2.6).

b) **Der Ladeschein** ist das Versand- und Verfügungspapier in der *Binnenschifffahrt* (Abschnitt 9.2.7).

c) **Die Postquittung** ist eine von der Versandpoststelle ausgestellte Empfangsbescheinigung (Einlieferungsschein), welche die *Postnummer des Paketes* trägt. Sie wird von der Bank des Exporteurs an die mit dem Inkasso beauftragte Bank des Importeurs geschickt. Durch den Vergleich der Nummer auf dem Einlieferungsschein und auf dem Paket sollen Verwechslungen bei der Aushändigung verhindert werden (Abschnitt 9.2.1).

d) **Der Internationale Frachtbrief.** Das dem Absender nach der Annahme des Gutes übergebene Frachtbriefdoppel dient als Beweisurkunde für den tatsächlichen Versand der Ware im *Eisenbahn- und Straßengüterverkehr* und als Sperrpapier (Abschnitt 9.2.3). Ähnliche Funktion hat der **Luftfrachtbrief.**

e) **Die Spediteur-Übernahmebescheinigung (FCR)** ist eine Bestätigung des Spediteurs, dass er das Gut mit der unwiderruflichen Weisung zur Weiterbeförderung an den Empfänger übernommen hat (Abschnitt 9.1.2).

Versicherungspapiere

Die **Versicherungspolice** ist eine vom *Versicherer* unterzeichnete Urkunde über den *Abschluss eines Versicherungsvertrages.* Sie enthält die Art und den Versicherungswert der Ware (CIF-Preis + 10% imaginärer Gewinn), den gedeckten Reiseweg, die Art des Beförderungsmittels, den Namen des Versicherungsvertreters, dem etwaige Schäden zu melden sind, und die versicherten Risiken.

Zollpapiere

a) **Die Handelsrechnung** (Handelsfaktura) ist ein wichtiges Dokument im Zusammenhang mit den *zoll- und devisenrechtlichen Bestimmungen des Einfuhrlandes.* Sie muss mit dem Stempel und der Unterschrift des Exporteurs versehen sein. Manche Länder verlangen eine Beglaubigung der Industrie- und Handelskammer oder eine rechtsverbindlich unterzeichnete Erklärung des Lieferanten, dass der Rechnungsbetrag mit ihren ordnungsgemäß geführten Büchern übereinstimmt und in welchem Land die Ware hergestellt worden ist.

b) **Die Konsulatsfaktura** (Consular Invoice) bildet die *Grundlage für die Berechnung des Wertzolls.* Das Konsulat des Bestimmungslandes bestätigt auf einem besonderen Konsulatsvordruck, dass der berechnete Wert mit dem tatsächlichen Wert übereinstimmt.

c) **Die Zollfaktura** ist eine vereinfachte Form der Konsulatsfaktura und gilt ebenfalls als *Bemessungsgrundlage bei der Berechnung der Wertzölle* in den Ländern des *britischen Reiches* (Commonwealth). Der Bestätigungsvermerk wird in diesem Fall von der zuständigen Industrie- und Handelskammer angebracht.

d) **Das Ursprungszeugnis** (Certificate of Origin) soll der Zollbehörde des Bestimmungslandes die *tatsächliche Herkunft der Ware nachweisen.* Es wird von der zuständigen IHK ausgestellt.

e) **Die Warenverkehrsbescheinigung** (Präferenzpapier) wird vorgelegt, um den Nachweis zu führen, dass die Ware aus einem Land stammt, für dessen Güter bei der Einfuhr Präferenzzölle (verminderte Zollsätze bzw. Zollfreiheit) angewendet werden.

f) **Das Gesundheitszeugnis** ist bei der *Einfuhr von Pflanzen und Tieren* vorgeschrieben und soll verhüten, dass Seuchen und ansteckende Krankheiten eingeschleppt werden, z.B. Papageienkrankheit.

g) **Der Versandschein T2** ist der *Nachweis* für die Eigenschaft *als EU-Ware.*

h) **Das Carnet TIR (T**ransport **I**nternational de Marchandises par la **R**oute) ist ein internationales Zollpapier, das die Beförderung von *Zollgut auf Lastkraftwagen* unter Zollverschluss *über* eine oder mehrere *Grenzen* erlaubt. Die Fahrzeuge sind mit einem TIR-Schild (blaues Feld mit weißer Schrift) gekennzeichnet.

i) **Das Rhein-Manifest** ist ein Zollpapier, das im *Binnenschiffsverkehr auf dem Rhein* für Einfuhr, Durchfuhr und Ausfuhr verwendet wird.

j) **Das Cargo-Manifest** ist das für den *Luftverkehr* erforderliche internationale Zollpapier.

12.6.6 Lieferungsbedingungen im Außenhandel

Die Frage, wer die *Kosten* des meist sehr langen *Transportweges* (Verpackungs-, Fracht-, Umschlag- und Wegekosten, Versicherungskosten, Zoll) und das *Transportrisiko* übernimmt, spielt im Überseegeschäft eine entscheidende Rolle. Im internationalen Handelsverkehr gelten die **In**ternational **Co**mmercial **Terms (»Incoterms«)**, die bei der Internationalen Handelskammer in Paris hinterlegt sind. Zurzeit gelten die 13 Klauseln der *»Incoterms 2010«*.

In den **Incoterms** wird u.a. festgelegt
- wer die Fracht- und Versicherungskosten sowie das Risiko trägt und
- wo die Gefahr des zufälligen Untergangs der Ware auf den Käufer übergeht.

Die gebräuchlichsten **Lieferbedingungen** sind:

Incoterms® 2010		
Gruppe	**Klausel**	**Bedeutung**
Gruppe E Abholklausel	**EXW** = **ex** **w**orks	**ab Werk**. Der **Verkäufer hält** die **Ware** zum vereinbarten Liefertermin am vereinbarten Ort (Werk, Lager) **bereit**. Die **Kosten** und das **Risiko** trägt der **Käufer** von dem **Zeitpunkt** an, ab dem die Ware abzunehmen ist.
Gruppe F Haupttransport vom Verkäufer nicht bezahlt	**FCA** = **f**ree **ca**rrier	**frei Frachtführer**. Der **Verkäufer** muss Waggon, Lkw, Container oder Binnenschiff auf **seine Kosten beladen**. Sobald die Ware vom Frachtführer übernommen ist, trägt der **Käufer alle Kosten** und das **Risiko**.
	FAS = **f**ree **a**longside **s**hip	**frei Längsseite Schiff**. Der **Verkäufer** muss die Ware längsseits des Schiffes, d. h. **bis an die Verladeeinrichtung des Schiffes** im Verschiffungshafen auf seine **Kosten** und **Gefahr** anliefern. Das **Verladerisiko** trägt der **Käufer**, der auch den Schiffsraum besorgen muss.
	FOB = **f**ree **o**n **b**oard	**frei an Bord**. Der **Verkäufer** trägt alle **Kosten** und **Gefahren** bis zum Zeitpunkt, an dem die Ware im Verschiffungshafen an Bord des Schiffes verladen ist. Der Käufer muss den Schiffsraum besorgen. FOB Flughafen ist die entsprechende Lieferungsbedingung im Luftfrachtverkehr.
Gruppe C Haupttransport vom Verkäufer bezahlt	**CFR** = **c**ost and **f**reight	**Kosten und Fracht**. Verladegebühren und **Frachtkosten** bis zum Bestimmungshafen trägt der **Verkäufer**. Das **Transportrisiko** trägt der Käufer ab dem Zeitpunkt, an dem die Ware im Verschiffungshafen die **Reling** überschritten hat. Der Verkäufer muss den Schiffsraum besorgen.
	CIF = **c**ost, **i**nsurance and **f**reight	**Kosten, Versicherung und Fracht** bis zum Bestimmungshafen trägt der Verkäufer, der auch den Schiffsraum zu besorgen hat. Das **Transportrisiko** trägt der **Käufer** ab dem Zeitpunkt, an dem die Ware im Verschiffungshafen an Bord des Schiffes verladen ist.
	CIP = **c**arriage and **i**nsurance **p**aid	**frachtfrei versichert**. Der **Verkäufer** trägt die **Fracht** und **Versicherung** bis zum **Bestimmungsort**. Er besorgt auch den Laderaum. Der **Käufer** trägt das **Transportrisiko**, sobald die Ware vom Frachtführer übernommen wurde.
Gruppe D Ankunfts-klauseln	**DAP** = **d**elivered **a**t **p**lace	**frei benannter Ort**. Der **Verkäufer** trägt alle **Kosten** und das **Transportrisiko** bis zum angegebenen Grenzübergangsort, z. B. DAP Brenner.
	DDP = **d**elivered **d**uty **p**aid	**geliefert verzollt**. Der **Verkäufer** trägt alle **Transportkosten** und das **Transportrisiko bis zum Bestimmungsort**, sowie die Zölle und sonstige Einfuhrabgaben.

Die FOB- und CIF-Klauseln gehören zu den geläufigsten Vereinbarungen im Überseehandel. CIF-Angebote werden von ausländischen Käufern bevorzugt, weil die von verschiedenen Exportländern eingegangenen Angebote (Preisbasis Bestimmungshafen) besser miteinander verglichen werden können. Bei CIF-Angeboten finden Reedereien des Exportlandes eher Berücksichtigung bei der Auswahl des erforderlichen Schiffsraums.

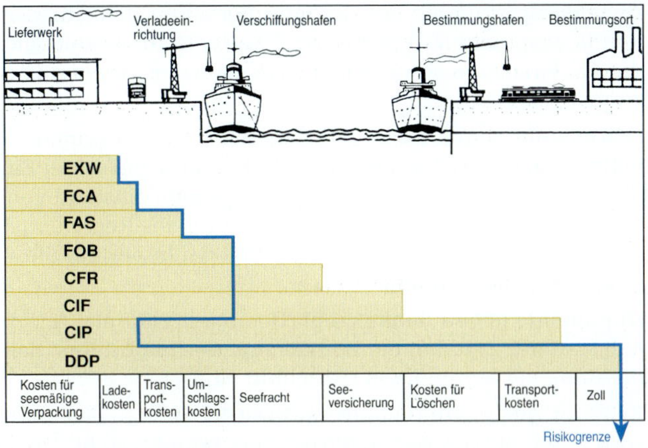

12.6.7 Verpackung im Außenhandel

Bei der Wahl des Verpackungsmaterials müssen die Dauer und die Art des Transports sowie die Vorschriften des Bestimmungslandes berücksichtigt werden. Die Verpackung muss vor allem *transportsicher, kosten- und raumsparend* sein. Rost- und wasserempfindliche Güter erhalten einen Schutz durch Rostschutzfarbe, Plastikhaut oder Ölpapier. Holzkisten werden durch Bandeisen und Klammern gesichert. Daneben verwendet man leichte, nassfest imprägnierte Panzerkartons. Im Überseeverkehr ist der Container (Großraumbehälter) das übliche Verpackungsmittel. Nahezu alle Güter können in diesen genormten Transportgefäßen auf einer durchgehenden Transportkette vom Absender bis zum Empfänger sicher und kostensparend befördert werden.

Beispiel: Containerumschlag im Hamburger Hafen

12.6.8 Zahlungsbedingungen im Außenhandel

Die große Entfernung zwischen den Handelspartnern, die Unsicherheiten in der Politik, Wirtschaft und Währung, sowie die Verschiedenheit der Rechtsordnungen verlangen besondere Maßnahmen zur Sicherung des Geldeingangs. Im Überseegeschäft wird allgemein nach dem Grundsatz verfahren, dass keine Ware den Verschiffungshafen verlässt, ohne dass eine entsprechende Gegenleistung seitens des ausländischen Importeurs erfolgt. Im Europageschäft wird häufig auch ein offenes Ziel eingeräumt.

Folgende **Zahlungsbedingungen** sind im Außenhandel üblich:

Vorauszahlung wird von unsicheren Kunden verlangt, über die keine zuverlässige Auskunft eingeholt werden konnte, oder von solchen, die ihre Handelsniederlassungen in Ländern mit unsicheren Währungs- und Wirtschaftsverhältnissen haben.

Anzahlung ist üblich bei Großaufträgen von Investitionsgütern, deren Fertigung längere Zeit beansprucht (Lokomotiven, Schiffe, Brauereianlagen, Turbinen). Der Lieferant hat in diesem Falle eine gewisse Garantie, dass der Käufer nicht ohne Weiteres vom Kaufvertrag zurücktreten kann.

Dokumente gegen Kasse (**D**ocuments against **P**ayment = **D/P**). Der Exporteur reicht unmittelbar nach der Verladung die Dokumente bei seiner Bank mit einem Inkassoauftrag ein. Sie reisen mit Luftpost (2 Ausfertigungen im Abstand von 2 Tagen) an die vom Importeur benannte Bank, die diese gegen Zahlung des Rechnungsbetrages an den Käufer aushändigt. Der Exporteur hat das Risiko, dass der Importeur die Annahme verweigert und die Dokumente nicht abnimmt.

Dokumente gegen Bankakzept (**D**ocuments against **A**cceptance = **D/A**). Der Exporteur erhält statt der Zahlung ein Bankakzept des Importeurs, das er durch Diskontierung bei seiner Bank verwerten kann (Abschnitt 14.5.4).

Zahlung gegen Dokumentenakkreditiv (**L**etter of **C**redit = **L/C**). Der Rechnungsbetrag wird durch den Käufer bei einer Bank bereitgestellt. Die Auszahlung des Betrages erfolgt gegen Vorlage der im Akkreditiv genannten Dokumente. Die Bank übernimmt in diesem Falle die Rolle eines Treuhänders zwischen Käufer und Verkäufer. Der Lieferant hat die unbedingte Sicherheit für den Zahlungseingang (Abschnitt 14.5.3).

Zahlung bei Lieferung (**C**ash **o**n **D**elivery = **COD**). Die Zahlung »Zug um Zug« ist inzwischen im Auslandsgeschäft zur häufigsten Zahlungsbedingung geworden.

Interessenlagen von Importeur und Exporteur

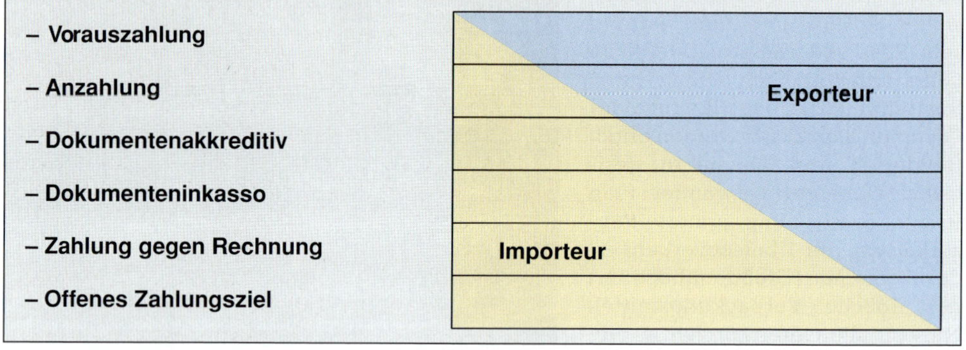

12.6.9 Förderung des Außenhandels

Staatliche Maßnahmen

a) Handelsverträge. In einem Handelsvertrag werden die Wirtschaftsbeziehungen zwischen den Vertragsländern umfassend geregelt. Es können vereinbart werden: Art und Menge der Austauschgüter (Warenliste), Zollvergünstigungen (Meistbegünstigung), Art der Verrechnung, Konvertibilität der Währung, Angleichung von Rechtsvorschriften, Errichtung von Zweigniederlassungen, gewerblicher Rechtsschutz (Patente, Muster- und Markenzeichenschutz).

Man unterscheidet

1. **Zweiseitige (bilaterale) Verträge.** Darunter versteht man Verträge, die zwischen zwei Staaten abgeschlossen werden (Vertrag zwischen Deutschland und einem Entwicklungsland).
2. **Mehrseitige (multilaterale) Verträge.** Sie bezwecken die vertragliche Regelung der wirtschaftlichen Beziehungen *mehrerer* Länder (EU).

b) **Handels- und Verrechnungsabkommen** sind Vereinbarungen über Fragen des Warenaustausches (Warenkontingent) und der Abwicklung des Zahlungsverkehrs.

c) **Konsulate** geben regelmäßig über die Wirtschaftslage in den fremden Ländern Berichte, die von der Bundesagentur für Außenwirtschaft in Köln (bfai) ausgewertet und an die Interessenvertretungen der Wirtschaft weitergegeben werden.

d) **Steuer- und zollpolitische Maßnahmen** sollen die Wettbewerbsfähigkeit des deutschen Exporteurs dem Ausland gegenüber fördern. Ausfuhrlieferungen sind daher von der Umsatzsteuer befreit. Für Waren, die aus dem Ausland zur Veredelung (aktiver Veredelungsverkehr) eingeführt werden, wird **kein Zoll** erhoben.

e) **Risikoübernahme durch den Staat** erfolgt auf Antrag des Exporteurs für einen Teil der politischen und wirtschaftlichen Risiken. Zu den *politischen* Risiken gehören Kriegs-, Moratoriums-, Zahlungsverbots-, Konvertierungs- und Transferrisiken, ferner die Risiken aus Forderungen gegen fremde Staaten oder öffentlich-rechtliche Körperschaften. Ein *wirtschaftliches* Risiko liegt vor, wenn ein ausländischer privater Kunde zahlungsunfähig wird. Bei Lieferungen an ausländische Regierungen und öffentlich-rechtliche Körperschaften übernimmt der Bund eine **Bürgschaft,** bei Geschäften mit privaten ausländischen Unternehmen eine **Garantie.** Einen Teil des Ausfalls muss der Exporteur selbst tragen (Selbstbeteiligung).

Mit der Bearbeitung der Bundesbürgschaften und -garantien ist die HERMES-Kreditversicherungs-AG, Hamburg, in Zusammenarbeit mit der TREUARBEIT-AG, Frankfurt (Main), beauftragt.

Private Maßnahmen

Neben den *Industrie- und Handelskammern,* die ihre Mitglieder laufend über Exportmöglichkeiten, Ein- und Ausfuhrvorschriften informieren, kommt den *Auslandshandelskammern* eine besondere Bedeutung zu. Auslandshandelskammern sind freie Vereinigungen von Kaufleuten zweier Länder (Deutsch-Niederländische Handelskammer).

Kreditinstitute stehen ihren Kunden mit ihrer Finanzierungshilfe und ihrem Auskunfts- und Beratungsdienst zur Verfügung. Die Finanzierung mittel- und langfristiger Ausfuhrgeschäfte übernimmt vor allem die *Ausfuhrkredit-Gesellschaft* mbH (AKA), Frankfurt (Main), die bei Bedarf über Mittel eines Bankkonsortiums und der Deutschen Bundesbank verfügen kann.

Der Exporteur hat folgende Finanzierungsmöglichkeiten:

a) Er stellt Solawechsel an die Order der AKA aus und lässt sie bei ihr diskontieren. Sie hat die Möglichkeit, die Diskontwechsel bei den Konsortialbanken rediskontieren zu lassen.

b) Er reicht seine Solawechsel durch Vermittlung der AKA bei seiner Hausbank zum Diskont ein. Die diskontierten Wechsel können bei der AKA rediskontiert werden.

Weitere Möglichkeiten, den Absatz von Exporteuren zu verbessern, bieten das **Factoring,** die **Forfaitierung** und das **Franchising** (Abschnitt 11.1.2).

Exportkreditversicherung (Abschnitt 15.5.2)

?

1. Die Impex GmbH, Mannheim, ist Ausrüster von Projekten für Unternehmen in aller Welt. Zurzeit steht sie in Verhandlungen mit einem chinesischen Importeur aus Shanghai (Volksrepublik China) über die Lieferung von Präzisionswerkzeugmaschinen im Gesamtwert von 250.000 EUR.
   a) Nach den Vorschriften der Ausfuhrliste ist für diese Güter eine Ausfuhrgenehmigung notwendig. An welche Behörde ist der Antrag auf Ausfuhrgenehmigung zu richten?
   b) Langwierige Verhandlungen mussten bei den Lieferungsbedingungen geführt werden. Nach dem Willen des chinesischen Kunden sollte »CIF Shanghai« vereinbart werden; der deutsche Exporteur konnte jedoch seine Vorstellung (»FOB Bremerhaven«) durchsetzen. Erläutern Sie die beiden Klauseln jeweils vom Standpunkt des Exporteurs und Importeurs aus.
   c) Im Verlauf der zähen Verhandlungen einigte man sich auf die Zahlung gegen Dokumentenakkreditiv.
      Skizzieren Sie die Abwicklung dieser Zahlungsbedingung.
   d) Zählen Sie die Dokumente auf, mit denen das Akkreditiv eingelöst werden könnte.

2. Die Food-Import GmbH, Bielefeld, importiert von der SIAM-Export Ltd. Thailand 20 t Reis. Die Sendung wird in einem Container auf dem Seeweg nach Hamburg transportiert und von dort per Bahn nach Bielefeld weitergeleitet. Die Zollabfertigung wird in Bielefeld vorgenommen.
   a) Schildern Sie die zollamtliche Abwicklung dieses Importvorgangs, bis die Food-Import GmbH über die Ware verfügen kann.
   b) Nennen Sie die Unterlagen, die dem Zollamt vorgelegt werden müssen.
   c) Mit welchen Eingangsabgaben muss die Food-Import GmbH rechnen?

12.6.10 Handels- und Zahlungsbilanz

Handelsbilanz

Die **Handelsbilanz** ist die *wertmäßige Gegenüberstellung* der während eines bestimmten Zeitabschnitts *ein- und ausgeführten Waren* eines Landes.

Güter, die ein Land besonders gut und preiswert liefern kann, eignen sich für den zwischenstaatlichen Austausch. Das *Ausfuhrland* erhält dadurch zusätzliche Arbeits- und Verdienstmöglichkeiten. Die Kaufkraft und der Lebensstandard der Bevölkerung steigen. Mit den Ausfuhrerlösen können notwendige Einfuhren bezahlt werden. Das *Einfuhrland* bekommt ein reichhaltigeres und oft preiswerteres Angebot. Der zwischenstaatliche Güteraustausch ermöglicht die Arbeitsteilung, den Ausgleich von Mangel und Überfluss zwischen den Ländern und fördert die Beziehungen zwischen den Völkern.

Bei Ausfuhrüberschuss entsteht eine **aktive,** bei Einfuhrüberschuss eine **passive** Handelsbilanz.

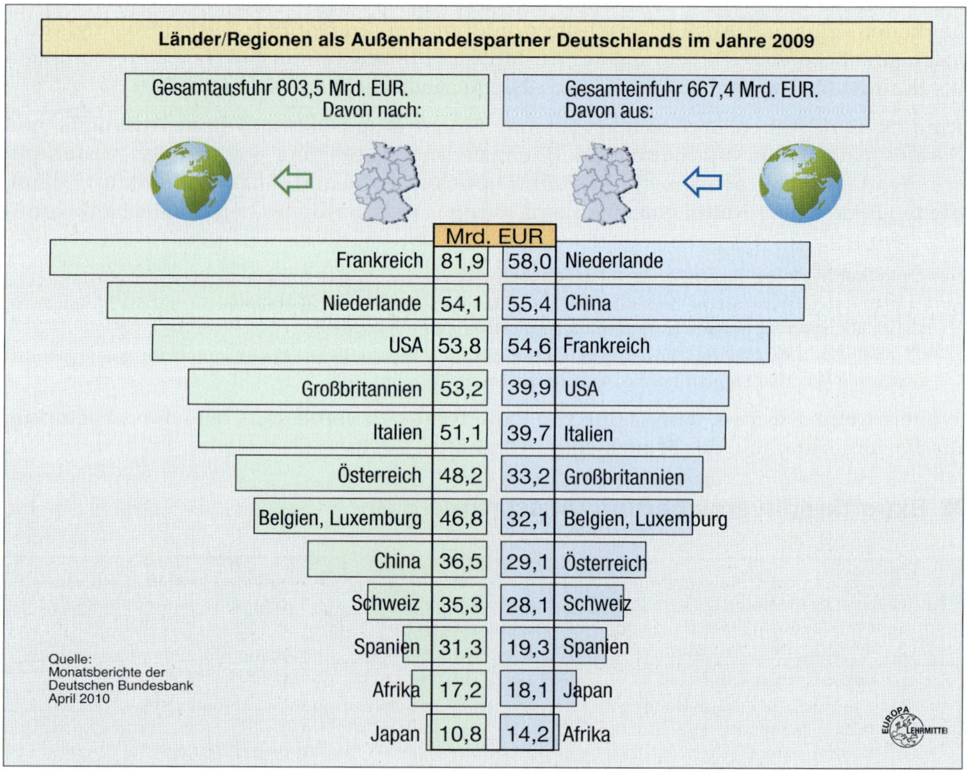

Zahlungsbilanz

Die **Zahlungsbilanz** ist die *Gegenüberstellung aller außenwirtschaftlichen Zahlungsvorgänge* eines Landes während eines bestimmten Zeitabschnittes (Bild, Seite 375). Von einer

Aufbau der deutschen Zahlungsbilanz

a) **Leistungsbilanz** mit den Unterpositionen

1. **Außenhandel** = Gegenüberstellung der *Einnahmen für die Ausfuhr* und der *Ausgaben für die Einfuhr* von Waren. Sie wird auch Handelsbilanz genannt.
2. **Dienstleistungen** = Gegenüberstellung aller *Einnahmen und Ausgaben*, die sich *aus dem Austausch von Dienstleistungen*, z. B. im Reise- und Güterverkehr und beim Transithandel, ergeben.
3. **Erwerbs- und Vermögenseinkommen** = Gegenüberstellung der *grenzüberschreitenden Einnahmen und Ausgaben* für Kapitalerträge und Einkommen aus unselbstständiger Arbeit.
4. **Laufende Übertragungen** = Saldo der *grenzüberschreitenden unentgeltlichen Leistungen*, z. B. Geldüberweisungen ausländischer Arbeitnehmer, Leistungen an internationale Organisationen.

b) **Vermögensübertragungen** = Saldo der *erhaltenen und geleisteten Vermögenstransfers* wie Erbschaften, Schenkungen, Versicherungstransaktionen.

c) **Kapitalbilanz** = Saldo von *Kapitalexport und Kapitalimport* einschließlich Direktinvestitionen, Wertpapieranlagen, Kreditverkehr.

d) **Saldo der statistisch nicht aufgliederbaren Transaktionen.** Dieser Saldo wird zum rechnerischen Ausgleich der *nicht erfassten Posten und statistischer Ermittlungsfehler* in der Zahlungsbilanz eingesetzt.

e) **Veränderung der Währungsreserven zu Transaktionswerten:** Bestände aus Gold und Devisen, die aus dem Zahlungsverkehr mit dem Ausland herrühren. Diese Bilanz ist die **Devisenbilanz.**

Veränderung der Nettoauslandsaktiva: Hierbei handelt es sich um *Auslandsforderungen abzüglich Auslandsverbindlichkeiten* der Deutschen Bundesbank. Sie werden in der Kapitalbilanz erfasst.

Zahlungsbilanzen der Bundesrepublik Deutschland

Wichtige Posten Zahlungsbilanz (Salden)	Millionen DM/EUR[1]) in den Jahren						
	1996	1998	1999	2002	2006	2008	2009
a) Leistungsbilanz Unterpositionen:							
1. Außenhandel [2])	+98.538	+126.970	+65.211	+132.788	+162.156	+166.032	+136.081
2. Dienstleistungen	−64.743	−75.053	−46.035	−35.328	−23.132	−12.822	−9.437
3. Erwerbs- und Vermögenseinkommen	+1.195	−18.036	−11.415	−18.022	+22.973	+44.746	+33.797
4. Laufende Übertragungen	−50.989	−53.304	−24.785	−28.282	−26.795	−33.088	−31.991
Saldo der Leistungsbilanz	−21.263	−26.738	−25.177	+43.375	+116.563	+164.868	+119.225
b) Vermögensübertragungen	−3.283	+1.289	−154	−212	−258	−209	−186
c) Kapitalbilanz	+22.407	+32.810	−22.931	−36.389	−146.343	−203.364	−137.777
d) Saldo der statistisch nicht aufgliederbaren Transaktionen	+256	−234	+35.726	−4.716	+29.972	+38.585	+18.739
e) Veränderung der Währungsreserven zu Transaktionswerten (Devisenbilanz) (Zunahme: –/Abnahme: +)	+1.882	−7.128	+12.535	+2.065	+2.934	−2.008	+3.200
Zahlungsbilanz**defizit** = **Abnahme** der Währungsreserven (Zeile e) Abnahme: +)	✘		✘	✘	✘		✘
Zahlungsbilanz**überschuss** = **Zunahme** der Währungsreserven (Zeile e) Zunahme: –)		✘				✘	

Quelle: Monatsberichte der Deutschen Bundesbank
Ab 1998 statistische Anpassungen an zahlungsbilanzstatistische Richtlinien des Internationalen Währungsfonds.
1) bis Ende 1998 in Mio. DM; ab 1999 in Mio. EUR
2) einschließlich Ergänzungen zum Warenhandel

aktiven Zahlungsbilanz spricht man, wenn die gesamten Auslandsaktivitäten einen **Einnahmenüberschuss** aufweisen, der durch Gold- und Devisenzuflüsse ausgeglichen wird. Bei einer passiven Zahlungsbilanz weisen die einzelnen Posten insgesamt einen **Ausgabenüberschuss** auf, der zu Gold- und Devisenabflüssen führt.

1. Warum kann ein Land mit einer passiven Handelsbilanz dennoch eine aktive Zahlungsbilanz aufweisen?
2. Warum sind hochindustrialisierte Länder »bessere« Außenhandelspartner als Entwicklungsländer?
3. Während der Betriebsversammlung stellt der Betriebsratsvorsitzende erleichtert fest:

   »Nun haben wir den Großauftrag aus China. Jetzt ist für die nächsten beiden Jahre Arbeit für alle vorhanden. Ohne den Export wäre unsere Existenz eben doch nicht gesichert.«

   a) Beurteilen Sie diese Aussage aus betriebswirtschaftlicher Sicht.

   Nach Außenhandelszahlen übersteigt in den Handelsbeziehungen zwischen China und Deutschland die Einfuhr die Ausfuhr, der Import den Export. Im Gegensatz zu den Äußerungen des Betriebsratsvorsitzenden sieht dieses Gesamtbild eher nach einer Gefährdung für die deutsche Wirtschaft aus. Was importiert wird, ist durch Arbeit im Ausland entstanden, was exportiert wird, durch Arbeit im Inland. Wenn die Deutschen mehr durch ausländische Arbeit erstellte Produkte kaufen, muss die Beschäftigung im Inland zurückgehen.

   b) Warum gibt es auch in der Außenwirtschaft die Zustände von Gleichgewicht und Ungleichgewicht?

13 Der Industriebetrieb

Der Prozess der Leistungserstellung, den sich die Betriebe als wirtschaftliche Zielsetzung und Aufgabe gewählt haben, unterscheidet sich bei den verschiedenen Wirtschaftszweigen. Er kann in der Produktion von Sachleistungen oder von Dienstleistungen bestehen.

> Durch planmäßigen Einsatz von Arbeit, sachlichen Mitteln und Informationen werden in den **Betrieben** ständig **Wirtschaftsgüter erzeugt,** die mittelbar oder unmittelbar der **Bedarfsdeckung der Menschen dienen.**

Man unterscheidet folgende **Bereiche der industriellen Tätigkeit:**

a) **Rohstoff- und Energiegewinnung (Urproduktion).** Hierbei wird das *Naturprodukt* gewonnen (Bergbau, Energiewirtschaft).

b) **Veredelung der Rohstoffe (Grundstoffgewinnung).** Das Urprodukt wird zum *verarbeitungsfertigen Grundstoff* verbessert (Hüttenwerke, Chemische Industrie, Raffinerien, Sägewerke, Spinnereien).

c) **Verarbeitung.** Aus den Grundstoffen wird das *ge- oder verbrauchsfähige Endprodukt* hergestellt. Man unterscheidet

   1. **Investitionsgüterindustrie.** Sie stellt Produktionsmittel her, mit deren Hilfe man wieder Güter produziert (Kraft- und Werkzeugmaschinen, Transport- und Nachrichtenmittel, elektronische Steuerungsgeräte und elektronische Datenverarbeitungsanlagen).
   2. **Konsumgüterindustrie.** Sie erzeugt Wirtschaftsgüter, die unmittelbar der Bedarfsdeckung der privaten Haushalte dienen (Nahrungsmittel, Bekleidung, Haushalts- und Gebrauchsgüter).

Je nach dem Einteilungsmerkmal unterscheidet man verschiedene **Industriegruppen:**

Einteilungsmerkmale	Industriegruppen	Beispiele
Betriebsgröße	Kleinbetrieb, bis 50 Beschäftigte Mittelbetrieb, bis 500 Beschäftigte Großbetrieb, über 500 Beschäftigte	Fensterbaufabrik Textilindustrie Bergbau, Schiffbau
verarbeitete Rohstoffe	Holzindustrie Metallindustrie Glasindustrie usw.	Möbelindustrie Maschinenindustrie Glashütten
Verwendungszweck der Erzeugnisse	Konsumgüterindustrie Produktionsgüterindustrie	Brotfabrik Druckmaschinenbau
Art der Erzeugnisse	Baustoffindustrie Elektroindustrie Spielwarenindustrie usw.	Zementwerk Elektromotorenfabrik Puppenfabrik
Grad der Fertigstellung	Gewinnung von Rohstoffen Herstellung von Fertigteilen Herstellung von Modulen oder Systemen Herstellung von Fertigerzeugnissen	Kupferbergbau Karosseriewerk Systemlieferanten der Automobilindustrie Schuhfabrik
Herstellverfahren	Einzelfertigung Serienfertigung Massenfertigung	Schiffswerft Hausgeräteindustrie Chip-Produktion
überwiegender Kostenanteil	materialintensiv lohnintensiv anlage- oder kapitalintensiv energieintensiv	Schokoladenindustrie Uhrenindustrie Chemische Industrie Aluminiumindustrie
Kostenstruktur	überwiegend fixe Kosten überwiegend proportionale Kosten	Wasserkraftwerk Bauindustrie

13.1 Ablauf der Leistungserstellung im Industriebetrieb

13.1.1 Aufstellung des Produktionsprogramms

Der Aufstellung des kurz- oder mittelfristigen **Produktionsprogramms** geht die **Entwicklung** und **Konstruktion** voraus.

Entwicklung

Aufgabe der Entwicklung ist es vor allem, aufgrund einer »gefundenen« Idee die **Neuschaffung** eines Erzeugnisses *vorzubereiten.* Die Erzeugnisentwicklung befasst sich aber auch mit der **Weiterentwicklung** bereits hergestellter Erzeugnisse, die zum Beispiel wegen des technischen Fortschritts oder zur Erschließung neuer Märkte erforderlich wird.

Wichtig bei der Entwicklung und Konstruktion eines Erzeugnisses ist die frühzeitige Einbeziehung aller Beteiligten, vom Kunden und Vertrieb über alle Fertigungsstellen bis zu den Teile- und Systemlieferanten **(Simultaneous Engineering, integrierte Produktentwicklung).** Nur durch die Zusammenarbeit aller dieser Stellen ist gewährleistet, dass bei möglichst kurzer Konstruktionszeit ein kunden- und fertigungsgerechtes Erzeugnis entsteht.

Während der Entwicklung eines Erzeugnisses müssen laufend grobe **Kostenplanungen** vorgenommen werden, um zu prüfen, ob das Erzeugnis überhaupt zu einem marktgemäßen Preis produziert werden kann.

Produktgestaltung (Abschnitt 8.2)

Bei der **Produktgestaltung** werden die Entscheidungen über die Verwendbarkeit, Qualität, Größe, Technik, Form und Farbe eines Erzeugnisses getroffen. Dabei muss beachtet werden, dass

- die Fertigung der Produkte rationell erfolgen kann,
- der Absatz durch die Gebrauchsfähigkeit und eine entsprechende Formgebung **(Design)** gefördert wird.

Bei der Produktgestaltung wirken Techniker, Designer, Logistiker und auch Mitarbeiter aus dem Vertriebs- und Marketingbereich eng zusammen. Die Art und die Form neu gestalteter Produkte können durch Patente, Gebrauchs- und Geschmacksmuster geschützt werden (Abschnitt 13.2.2).

Konstruktion

Die Aufgabe der Konstruktion ist es, die Ergebnisse der Entwicklung und Produktgestaltung durch *Neuschaffung bzw. Verbesserung von Erzeugnissen* zu verwirklichen. Dabei sind die zeichnerische Darstellung und die konstruktionstechnische Beschreibung wichtig.

In modernen Betrieben wird mithilfe der DV und entsprechenden DV-Programmen konstruiert und gezeichnet **(CAD** = **C**omputer **A**ided **D**esign = computerunterstütztes Zeichnen und Konstruieren).

a) Die Gesamtzeichnung wird vom Konstruktionsbüro entworfen, in den verschiedenen Abteilungen eingehend besprochen und auf die Wirtschaftlichkeit ihrer Durchführung untersucht (Bild, Seite 379).

b) Zeichnungen über Baugruppen und Einzelteile und deren Montage werden angefertigt. Die Einzelteilezeichnungen enthalten auch Angaben über die zu verwendenden Werkstoffe und die Art ihrer Bearbeitung.

c) Konstruktionsstückliste. Die in der Gesamtzeichnung enthaltenen Einzelteile werden in der Konstruktionsstückliste (auch Gesamt- oder Urstückliste genannt) aufgeführt. Sie ist nach den technischen Funktionen des Erzeugnisses gegliedert (Bild, Seite 379).

Gesamtzeichnung: amerik. Wasserstopp

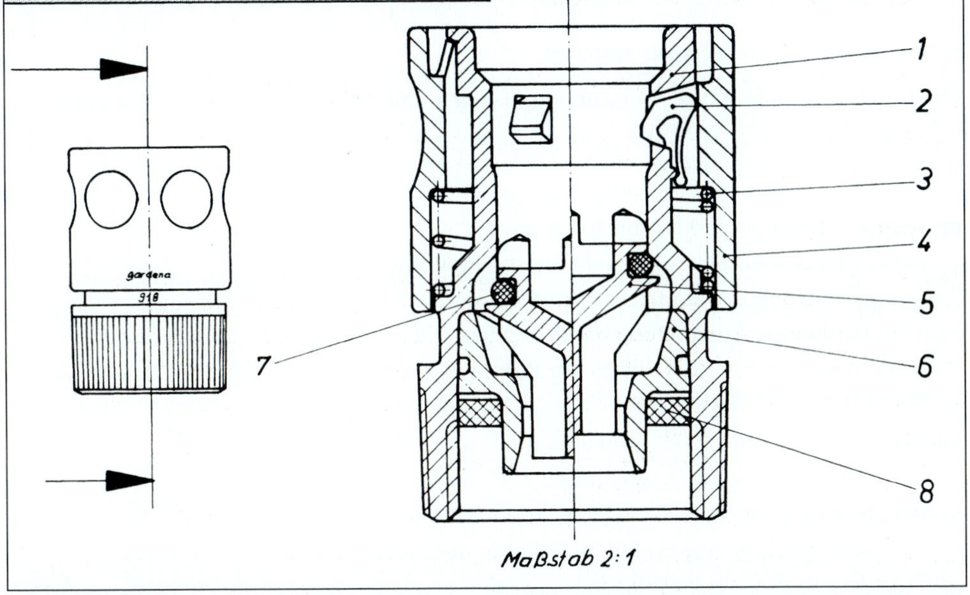

1 Lfd. Nr.	2 Stück-zahl	3 Benennung	4 Sach-Nr.	5 Format	6 Bemerkungen
1	1	Hauptteil	6918-00.000.01	3	
2	3	Federnoppe	911-00.000.11	4	WT
3	1	Druckfeder	913-00.000.12	4	WT
4	1	Ring	913-00.000.13	3	WT
5	1	Ventilkolben	913-00.000.06	4	WT
6	1	Dichtteil	6918-00.000.11	4	
7	1	O-Ring	1123-00.000.00	4	WT
8	1	Flachdichtung	6918-00.000.17	4	

*) Teil wird gesondert geführt. (Nicht bestellen)

71	Tag	Name	
Bearb.	10.8.		Amerik. Wasserstopp C
Gepr.			
Norm.			
Konstruktions-Stückliste			6918-00.000.00 ST 3
			Ersatz für: / Ersetzt durch:

Liste besteht aus ..... Blatt
Blatt Nr.
Vervielf. Paus. Nr.
Arbeitspause Nr.

Aus-gabe	Änderung	Tag	Name
f	Änd.116	7.7.	
e	neu	10.8.	

Planung des Fertigungsprogramms

Durch die **Planung des Fertigungsprogramms** wird festgelegt, was tatsächlich produziert werden soll. Zu berücksichtigen sind dabei die Möglichkeiten des Absatzes, der Fertigung, Beschaffung, Lagerung und Finanzierung.

Kundenaufträge können das Fertigungsprogramm bestimmen, wenn sie einen entsprechenden Umfang haben. Von **Lageraufträgen** wird gesprochen, wenn man ein Erzeugnis nicht für einen bestimmten Kunden ins Programm aufnimmt, sondern auf Lager produziert. Dies geschieht häufig zusätzlich, um den Fixkostenanteil des Erzeugnisses herabzusetzen.

▶ Breite des Produktionsprogrammes

Mit ihr wird festgelegt, wie viele **Erzeugnisarten** und **Ausführungsformen** der einzelnen Erzeugnisse hergestellt werden.

Beispiel: Eine Automobilfabrik stellt Personenkraftwagen und Kleintransporter her. Es werden 4 Pkw-Typen und 2 Kleintransporter-Typen produziert.

Vorteile eines breiten Produktionsprogramms:

- Verteilung des Absatzrisikos auf mehrere Produktarten,
- bessere Nutzung der Vertriebseinrichtungen,
- wirtschaftlichere Anwendung der Forschungs- und Entwicklungsergebnisse,
- Bevorzugung durch Kunden, da der Kunde seinen Bedarf für mehrere Erzeugnisse bei einem Hersteller decken kann.

Nachteile eines breiten Produktionsprogramms:

- häufige Umstellung der Maschinen,
- hohe Stückkosten,
- geringe Auslastung von Spezialmaschinen und -werkzeugen.

▶ Tiefe des Produktionsprogrammes

Mit ihr wird festgelegt, wie viele **Produktionsstufen** in einem Betrieb zusammengefasst werden.

Beispiel: Eine Automobilfabrik stellt in einer angegliederten Gießerei die Motorblöcke selbst her.

Für die Frage, ob einzelne Produktionsstufen ausgegliedert und auf fremde Betriebe verlagert werden sollen **(Outsourcing)**, können eine Rolle spielen

- die Erhaltung der Arbeitsplätze,
- die Eignung der vorhandenen Arbeitskräfte,
- das Vorhandensein bzw. die Beschaffungsmöglichkeit geeigneter Produktionsanlagen,
- der Kostenvergleich zwischen selbst erstellten und bezogenen Fertigteilen.

Der **Vorteil** eines tiefen Produktionsprogramms ist, dass man von fremden Bezugsquellen unabhängiger wird. Ein **Nachteil** besteht in der Notwendigkeit hoher Investitionen.

13.1.2 Fertigungsplanung

■ Planung des Fertigungsablaufs

Der **Ablauf der Fertigungsvorgänge** wird unter Berücksichtigung von Betriebsanlagen, Arbeitskräften, Werkstoffen sowie der Fertigungszeit festgelegt.

In modernen Industriebetrieben wird die Fertigungsplanung mithilfe eines informationstechnischen Gesamtkonzeptes durchgeführt. **(CIM** = **C**omputer **I**ntegrated **M**anufacturing – Anwendung des Computers in allen mit der Fertigung zusammenhängenden Bereichen, Abschnitt 13.3.3).

Wesentlicher Bestandteil von CIM ist das Produktionsplanungs- und steuerungssystem **PPS** (**P**roduction **Pl**anning and **S**cheduling), das die Datenerfassung und -verwaltung sowie den Datenfluss zwischen den Systemkomponenten organisiert.

▶ Auftragsvorbereitung

Der Fertigungsablauf bedarf der gründlichen Vorbereitung, um die praktischen Voraussetzungen für einen Fertigungsprozess zu schaffen. Folgende Unterlagen werden benötigt:

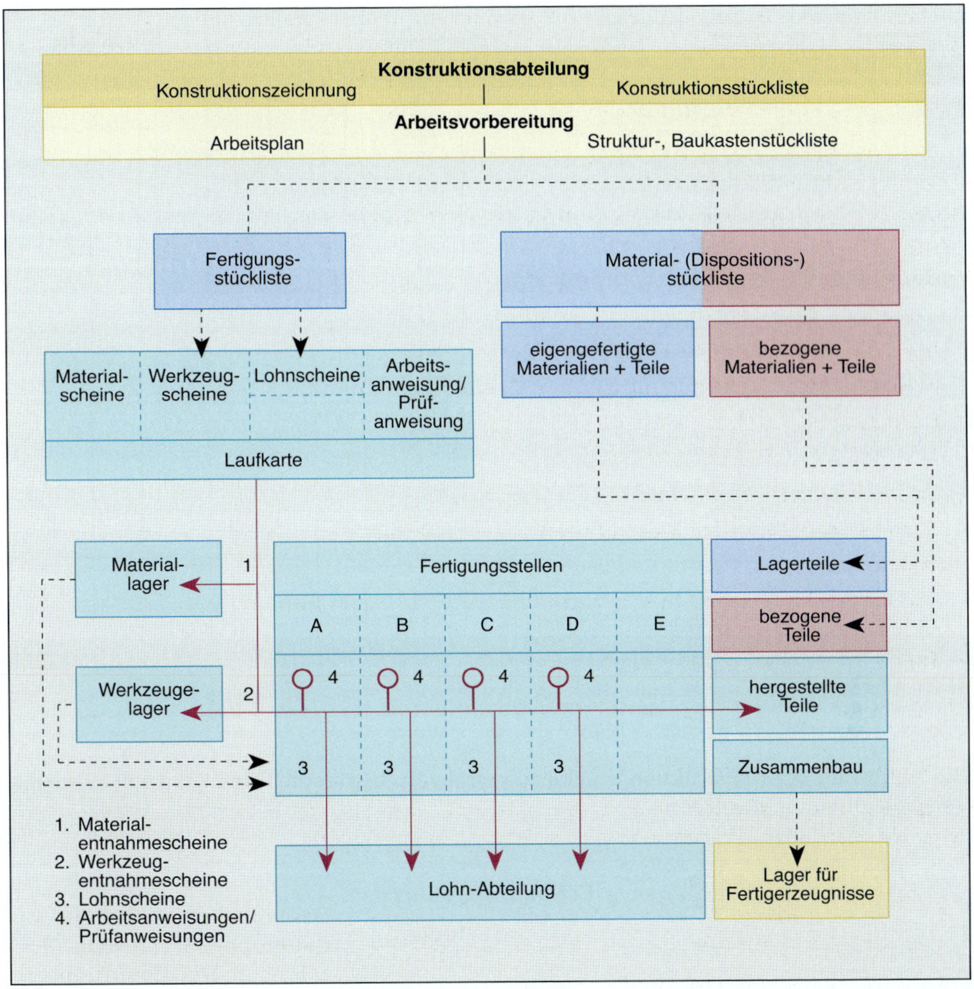

a) Stücklisten. Für die Auftragsvorbereitung muss die Konstruktionsstückliste umgearbeitet werden. Dies geschieht durch die **Stücklistenauflösung.** Darunter versteht man das schrittweise Zerlegen und Aufgliedern des Erzeugnisses in Baugruppen, Einzelteile und Rohstoffe.

Nach dem **Umfang der enthaltenen Fertigungsstufen** unterscheidet man

- **Strukturstückliste,** die den Bedarf an Baugruppen, Einzelteilen und Stoffen in der Reihenfolge *aller Fertigungsstufen* eines Erzeugnisses enthält. Sie stellt den fertigungstechnischen Aufbau des Erzeugnisses dar (Bild, Seite 382).
- **Baukastenstücklisten,** die jeweils nur die Baugruppen und Teile einer *Fertigungsstufe* enthalten. Sie sind vor allem dann zweckmäßig, wenn bestimmte Teile und Baugruppen in mehrere Erzeugnisse eingebaut werden. Sie müssen nur einmal erstellt und können für die verschiedenen Verwendungen abgerufen werden.

Nach dem **Verwendungszweck** unterscheidet man

- **Fertigungsstückliste** für die Fertigung und Montage der Einzelteile und Baugruppen,
- **Materialstückliste** (auch: **Dispositions-** oder **Mengenübersichtsstückliste)** für die Ermittlung des Materialbedarfs, bei der eine Trennung zwischen den Positionen mit Eigenfertigung und Fremdbezug vorgenommen ist.

TECHNISCHE UNTERLAGEN

AA = Arbeitsanweisung GN = GARDENA-Norm SP = Schaltplan UZ = Übersichtszeichnung
BV = Bauvorschrift PV = Prüfvorschrift TD = Technische Daten

Stückliste

Relative Stufen-Nr.	Teilenummer	Teilebezeichnung Abmessung/Werkstoff	Pos. Nr.	Menge je Einheit	D S	ME	Technische Unterlage	Einl. Term. Ausl. Term.	D A	DLZ in Wochen	Bemerkungen Bedarfsmenge
2	6918-10.000.00	WASSERSTOPP USA VERBISTERT	10	1	A	ST				1	1,00
3	6918-00.000.00	WASSERSTOPP USA	10	1	A	ST					1,00
4	6918-00.002.00	W-STOPP Mont.U.GESIEGELT	10	1	A	ST				0	1,00
5	6918-00.001.00	WASSERSTOPP MONIERT	10	1	A	ST				1	1,00
6	6918-00.000.01	HAUPTTEIL	10	1	A	ST				1	1,00
6	911-00.000.11	FEDERNOPPEN POM	20	3	A	ST				1	3,00
6	913-00.000.12	DRUCKFEDER 01,4	30	1	A	ST				1	1,00
6	913-00.002.13	RING ROT PS	40	1	A	ST				1	1,00
6	913-00.002.00	VENTILKEGEL MIT O-RING	50	1	A	ST				1	1,00
7	913-00.000.06	VENTILKEGEL ABS	10	1	A	ST					1,00
7	1123-00.000.01	O-Ring R9 D=10,5X2,7 PERBUNAN 705H	20	1	A	ST				1	1,00
6	6918-00.000.11	DICHTEIL	60	1	A	ST				1	1,00
6	6918-00.000.17	FLACHDICHTUNG 016X0,5	70	1	A	ST				1	1,00
3	6918-10.000.01	BLISTERKARTE C7 4FARBIG USA 105X0,3	20	1	A	ST					1,00
3	2902-10.000.65	BLISTERFOLIE PVC 328X0,3	30	0,018	D	MT					0,01
2	2941-20.000.01	UM-KARTON 3023.1 LG 2-3 461X215X220	20	0,02	C	ST					0,02
2	2941-20.000.03	WELL-ZUSCHNITT 3023,2 LG5-7,5	25	0,02	C	ST					0,02
2	6918-20.000.02	UMKARTONETIKETT E.50	30	0,02	C	ST					0,02
2	9503-00.000.02	GARDENA-KLEBEBAND MIT 2 NYLON 60MM BREIT	40	0,02	C	MT	GN				0,02

Erstell- bzw. Änderungsdatum	Änderungsindex	Teilnehmer und Bezeichnung	Technische Unterlage	Stücklistenart bzw. TV-Nachweis	Blatt Nr.
11-05-16		6918-20.000.00 SB-WASSERSTOPP USA E.50		STUECKLISTE MEHRSTUFIG	2

3.024

Die Auflösung der Konstruktionsstückliste in die verschiedenen Stücklisten soll an einem Beispiel verdeutlicht werden:

Ein Erzeugnis weist die folgende **Erzeugnisstruktur** aus:

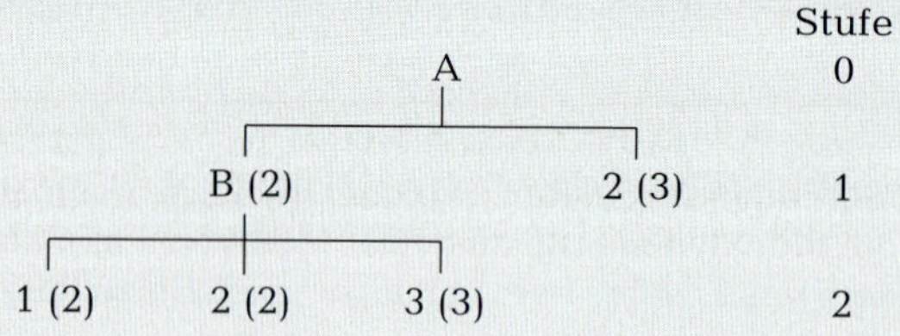

Das Produkt A besteht aus der Baugruppe B und dem Einzelteil 2. Die Baugruppe B wiederum besteht aus den Einzelteilen 1, 2 und 3.

In den Klammern stehen jeweils die Mengen, mit der eine Baugruppe oder ein Teil in die übergeordnete Baugruppe/Produkt eingeht.

Aufgrund der **Stücklistenauflösung** ergeben sich folgende Stücklisten:

Mengenübersichtsstückliste Erzeugnis A

Teile-Nr.	Menge
B	2
1	4
2	7
3	6

Baukastenstückliste Erzeugnis A

Teile-Nr.	Menge
B	2
2	3

Strukturstückliste Erzeugnis A

Baustufe	Teile-Nr.	Menge
• 1	B	2
• • 2	1	4
• • 2	2	4
• • 2	3	6
• 1	2	3

Eine Sonderform der Stücklisten stellen die **Verwendungsnachweise** dar.

Die **Stücklisten** ermitteln, aus *welchen Baugruppen, Einzelteilen oder Rohstoffen ein Erzeugnis besteht.*

Die verschiedenen Arten der **Verwendungsnachweise** klären, in *welche übergeordneten Baugruppen die jeweiligen Rohstoffe, Einzelteile oder Baugruppen eingehen.* Diese Frage kann dann von Bedeutung sein, wenn Rohstoff- oder Teilelieferungen nicht rechtzeitig im Unternehmen eintreffen. Über die vorhandenen Baukasten-Teileverwendungsnachweise kann ermittelt werden, welche Baugruppen durch diese Lieferverzögerung betroffen sind.

b) **Arbeitspläne** enthalten die Arbeitsgänge und deren Reihenfolge, die Arbeitsplatzbezeichnung, die Auftragszeiten sowie die benötigten Werkzeuge und Materialien (Bild unten).

Arbeits-vorbereitung	ARBEITSPLAN		Fertigungszeit pro Stück 0.65 min.		Blatt Nr. 1
	Artikel-Nr. 6918	Benennung Wasserstopp USA	DLZ 0.28 min	T Splitt 0.14	von Blätter 2
Datum: 11-06-26	Teile Nr. 6918-00.000.00	Benennung Wasserstopp USA	Ausschussfaktor 1.0%		Losgröße: Min.: 8 500 p.w
Bearbeiter L. Köhle	Werkstoff Kunststoff ASA	Abmessungen für 1/2" Schlauch	Vol./1000 Stück m³		Max.: 17 000 p.w.

AFO	Arbg. Nr.	Beschreibung	Fert. Ort	Kost. stelle	1 0	MG Nr.	Masch. Vorr.Nr.	Werkzeuge Betr.-Stoffe	Teile-Nr.	St.	Benennung	tr Stck.	te Stck.	Splitt I	Splitt II	MB
10	30	aufziehen O-Ring	2990	7260				Montagedron	913-00.000.06 1123-00.000.00	1 1	Ventilkegel O-Ring	0,01	0,1			
20	57	aufschieben Druckfeder	1140	7250				Montagevor-richtung	6918-00.000.01	1	Hauptteil	0,02	0,25			
	58	einlegen Federn.							911-00.000.11	3	Federnoppen					
	59	aufsetzen Ring							913-00.000.12	1	Druckfeder					
	60	eindrücken Ring							913-00.000.13	1	Ring rot					
30	61	Hauptteil vor-montiert prägen	2031	7210				Prägemasch.	913-00.001.00	1	Hauptteil vormontiert	0.01	0.02			
40	62	einlegen Hauptt. gesiegelt							913.00.001.00	1	Hauptteil	0,02	0,28	2		
	63	einlegen Ventilk.							913-00.002.00	1	Ventilkegel					
	64	einlegen Flach-dichtung							6918-00.000.17		Flachdichtung					
	65	einlegen Dicht-teil							6918-00.000.11	1	Dichtteil					
	66	fertigmontieren m. Rundtaktma-schine			1	4	1128	Rundtakt-maschine			Richtzeit ---------	0.28 ----				

1.124

HA = Heimarbeit
HE = Heime
Nr.= Fertigungsort direkt

0=Handarbeitsplatz
1=Maschinenarbeitsplatz

Summe: 0.65 min.

▶ Bereitstellungsplanung

Durch sie wird festgestellt, wie und wann die *Betriebsmittel, Werkstoffe* und *Arbeitskräfte* für die Fertigung der Erzeugnisse **bereitgestellt** werden.

Für **Betriebsmittel** müssen rechtzeitig Investitionen und Instandhaltungen durchgeführt werden, um die notwendige Kapazität sicherzustellen.

Der Bedarf an **Werkstoffen** wird anhand von Stücklisten ermittelt. Dabei ergibt sich der *Primärbedarf* als der *ursprüngliche Bedarf* an verkaufsfähigen Erzeugnissen oder Ersatzteilen. Der *Sekundärbedarf* ist der durch *die Stücklistenauflösung ermittelte (abgeleitete) Bedarf* an Baugruppen, Einzelteilen und Rohmaterialien. Bei der Bedarfsermittlung müssen die am Lager verfügbaren Bestände und die bereits bestellten Mengen ebenso berücksichtigt werden wie mögliche Abfälle und der Ausschuss bei der Produktion.

Die Art und Menge der zu *beziehenden Stoffe* und Teile gehen aus der Bestellstückliste hervor. Bei der Bereitstellung müssen die fremden Liefertermine beachtet werden.

Die selbst zu **fertigenden Teile** sind der Fertigungsstückliste zu entnehmen. Zu ihrer Bereitstellung sind die Fertigungstermine zu berücksichtigen. Es muss geprüft werden, wie lange die Produktions- und Montagezeit für die einzelnen Teile und Baugruppen dauert. Für die zu beschaffenden Fremdbezugsteile und Rohstoffe muss die Wiederbeschaffungszeit ermittelt werden. Die Terminplanung kann mithilfe der *Vorlaufverschiebung* durchgeführt werden.

Bei der Beschaffung von **Arbeitskräften** muss je nach Produktionsprogramm die Art und die Anzahl der erforderlichen Arbeitskräfte festgelegt werden. Soweit sie nicht im Betrieb vorhanden sind, müssen Neueinstellungen erfolgen (Stellenbesetzungsplan, Abschnitt 5.3.2).

Immer häufiger entstehen gleichzeitig mit der Entwicklung der Produkte komplette **virtuelle Fertigungs- und Montagelinien** in den Computern der Fertigungsplaner.

Damit können die Produktionsabläufe bereits vor Produktionsbeginn geprobt und mögliche Fehlerquellen frühzeitig erkannt werden.

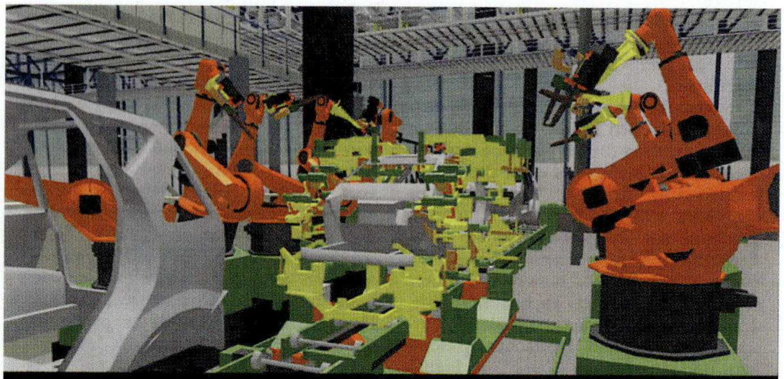

VIRTUELLE FERTIGUNGSLINIE: Künftige Produktion bis ins Detail durchgespielt

▶ Fertigungssteuerung

Die **Fertigungssteuerung** legt die günstigsten *Produktionsmengen*, den *Fertigungsablauf*, die *Maschinenbelegung* und die *Fertigungstermine* fest.

a) **Festlegung der Auftragsgrößen.** Eine wichtige Rolle bei der Planung des Arbeitsablaufs spielt die Erzeugnismenge, die in *einem Durchgang zusammenhängend* hergestellt wird (Los- oder Auftragsgröße). Dabei strebt die Fertigungssteuerung niedrigste Kosten bei der Beschaffung, Fertigung, Lagerung und beim Vertrieb an (optimale Losgröße).

b) **Die Reihenfolgeplanung** bestimmt, wie die einzelnen Arbeitsgänge für die verschiedenen Erzeugnisse auf die Fertigungsstellen verteilt werden. Dabei sollen die Durchlaufzeiten möglichst gering sein und Leerlauf vermieden werden.

c) **Der Maschinenbelegungsplan** zeigt, zu welchen Zeiten die einzelnen Maschinen für die verschiedenen Fertigungsaufträge beansprucht werden. Dabei wird ersichtlich, ob die einzelnen Maschinen optimal ausgelastet, d.h. nicht unterbelastet (Leerlauf) und nicht überbelastet (erhöhte Abnutzung) sind.

Die Darstellung kann z.B. in einer Schautafel in Form eines **Balkendiagramms (Gantt-Diagramm)** erfolgen. Auf der senkrechten Achse sind die verschiedenen Maschinen, auf der waagerechten Achse die Zeiteinteilung eingetragen. Viele Betriebe rechnen dabei mit *Kalenderwochen* oder *Betriebskalendertagen.*

Beispiel: Belegungsplan für 4 maschinelle Anlagen. Der Maschinenbelegungsplan ist mithilfe eines Projekt-Planungs-Systems erstellt worden:

Die Planungsperiode eines Betriebs beträgt 21 Tage. Zur Erledigung von 5 Aufträgen stehen 4 maschinelle Anlagen zur Verfügung, die dabei folgendermaßen beansprucht werden:

Auftrag 1 (blau): 2 Tage MA 1; 5 Tage MA 4; 4 Tage MA 2; 5 Tage MA 3

Auftrag 2 (grün): 7 Tage MA 2; 5 Tage MA 3; 6 Tage MA 1

Auftrag 3 (rot): 5 Tage MA 4; 4 Tage MA 1; 3 Tage MA 3; 4 Tage MA 2

Auftrag 4 (schwarz): 4 Tage MA 3; 3 Tage MA 2; 2 Tage MA 1; 4 Tage MA 4

Auftrag 5 (gelb): 4 Tage MA 1, 4 Tage MA 3; 5 Tage MA 4

	Vorgangsname	Dauer	Anfang	Ende
1	⊟ **Maschine 1**	**19 Tage**	**Mo 25.01.10**	**Do 18.02.10**
2	Auftrag 5	4 Tage	Mo 25.01.10	Do 28.01.10
3	Auftrag 1	2 Tage	Fr 29.01.10	Mo 01.02.10
4	Auftrag 3	4 Tage	Di 02.02.10	Fr 05.02.10
5	Auftrag 4	2 Tage	Mo 08.02.10	Di 09.02.10
6	Auftrag 2	6 Tage	Do 11.02.10	Do 18.02.10
7	⊟ **Maschine 2**	**20 Tage**	**Mo 25.01.10**	**Fr 19.02.10**
8	Auftrag 2	7 Tage	Mo 25.01.10	Di 02.02.10
9	Auftrag 4	3 Tage	Mi 03.02.10	Fr 05.02.10
10	Auftrag 1	4 Tage	Di 09.02.10	Fr 12.02.10
11	Auftrag 3	4 Tage	Di 16.02.10	Fr 19.02.10
12	⊟ **Maschine 3**	**21 Tage**	**Mo 25.01.10**	**Mo 22.02.10**
13	Auftrag 4	4 Tage	Mo 25.01.10	Do 28.01.10
14	Auftrag 5	4 Tage	Fr 29.01.10	Mi 03.02.10
15	Auftrag 2	5 Tage	Do 04.02.10	Mi 10.02.10
16	Auftrag 3	3 Tage	Do 11.02.10	Mo 15.02.10
17	Auftrag 1	5 Tage	Di 16.02.10	Mo 22.02.10
18	⊟ **Maschine 4**	**21 Tage**	**Mo 25.01.10**	**Mo 22.02.10**
19	Auftrag 3	5 Tage	Mo 25.01.10	Fr 29.01.10
20	Auftrag 1	5 Tage	Di 02.02.10	Mo 08.02.10
21	Auftrag 4	4 Tage	Mi 10.02.10	Mo 15.02.10
22	Auftrag 5	5 Tage	Di 16.02.10	Mo 22.02.10

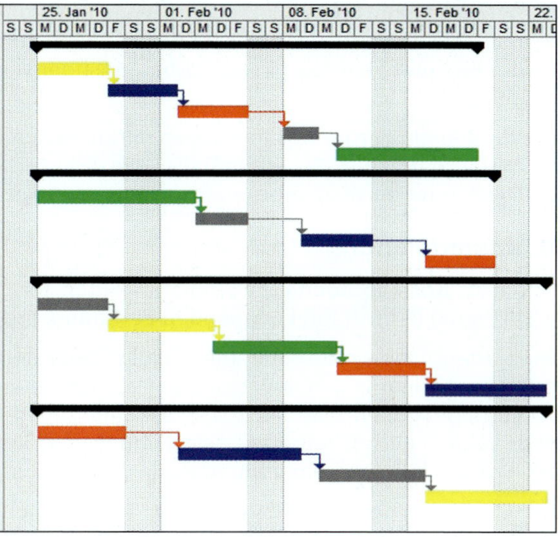

d) Terminplanung. Ihre Aufgabe ist es, die Reihenfolge- und Maschinenbelegungsplanung zeitlich zu koordinieren. Sie hat dabei das Ziel, die innerhalb einer bestimmten Zeit anfallenden Aufträge fristgerecht zu erledigen.

Bei Kundenaufträgen ohne festen Liefertermin und bei Lageraufträgen wird die **progressive Terminbestimmung** (Vorwärtsterminierung) angewandt. Dabei wird der Fertigstellungstermin eines Auftrags errechnet, indem man vom Fertigungsbeginn des ersten Arbeitsganges ausgeht und die Zeiten aller geplanten Arbeitsgänge addiert.

Bei Kundenaufträgen mit festem Liefertermin wird die Terminplanung durch **retrograde Terminbestimmung** (Rückwärtsterminierung) durchgeführt. Ausgangszeitpunkt ist der vorgegebene Liefertermin. Durch Abzug der geplanten Durchlaufzeiten wird der Fertigungsbeginn errechnet.

Zur Darstellung der *Terminplanung für Großprojekte bei Einzelfertigung* (Schiffsbau, Großmaschinenbau, Fertighausbau) eignet sich die **Netzplantechnik** (Abschnitt 5.2). Spezielle Projektplanungsprogramme ermöglichen es, verschiedene Terminalternativen schnell und schlüssig durchzuplanen.

▶ Bereitstellung der Fertigungsbelege

Aufgabe der Fertigungssteuerung ist es auch, die für die Fertigungsdurchführung ergriffenen Maßnahmen *auf entsprechenden Belegen festzuhalten* und den *Belegfluss zu planen* (Bild, Seite 381). Die verschiedenen Belegarten werden bei der integrierten Unternehmenssoftware als DV-Belege ausgegeben.

a) Belegarten.

- **Die Laufkarte (Fertigungsbegleitkarte)** geht mit dem Erzeugnis von Arbeitsplatz zu Arbeitsplatz. Sie enthält die ausführenden Stellen und die dazugehörenden Arbeitsgänge in der Reihenfolge des Durchlaufs sowie den Termin der Fertigstellung.
- **Materialentnahmescheine** dienen als Belege bei der Ausgabe der Werkstoffe.
- **Werkzeugentnahmescheine** bilden die Unterlage für eine geordnete Werkzeugverwaltung.
- **Prüfanweisungen** sind die Grundlage dafür, dass die vorgesehenen Qualitätskontrollen während der Fertigung vorgenommen werden können.
- **Lohnscheine** enthalten den Namen des Mitarbeiters, die Bezeichnung des Fertigungsgegenstandes, die ausgeführte Arbeit, die Fertigungszeit, die bearbeitete Menge und die Lohngruppe. Sie dienen als Grundlage für die Lohnabrechnung.

b) Belegarchivierung. Das Problem, die in großen Mengen anfallenden Fertigungsbelege und Zeichnungen aufzubewahren, wird häufig durch **Mikroverfilmung** gelöst. Diese Art der Belegarchivierung kann kostengünstiger sein als die Aufbewahrung der Originalbelege.

Werden die Fertigungsunterlagen mithilfe einer DV-Anlage hergestellt und ihre Daten gespeichert, kann das Mikrofilmsystem direkt an das DV-System angeschlossen werden. Der Mikrofilm wird dabei zum Ausgabemedium der DV.

Kostenplanung

Durch die **Kostenplanung** soll ermittelt werden, *welche und wie viele Kosten* durch die Verwirklichung der infrage kommenden Fertigungsprogramme jeweils *verursacht* würden.

Die Kostenplanung ist somit eine wichtige Entscheidungshilfe für die Festlegung des Fertigungsprogramms. Sie stützt sich auf die Kostenentwicklung innerhalb des Betriebes in vorausgegangenen Geschäftsperioden (innerbetrieblicher Kostenvergleich). Darüber hinaus können auch Ergebnisse zwischenbetrieblicher Kosten- und Preisvergleiche verwendet werden. Auch voraussehbare Kostenentwicklungen sind einzubeziehen.

Die Entscheidung, ob ein Erzeugnis in das Fertigungsprogramm aufgenommen wird, wird häufig mithilfe der **Teilkostenrechnung** getroffen. Ob ein Erzeugnis hergestellt wird, hängt dabei von der Höhe des **Deckungsbeitrages** ab, d.h. von dem Betrag, mit dem das Erzeugnis zur Abdeckung der fixen Kosten und eventuell zur Erzielung eines Gewinns beiträgt (Abschnitt 13.4.5).

Vorkalkulation

Sie beginnt schon bei der Entwicklung des Erzeugnisses und wird im Laufe der Fertigungsplanung verfeinert, bis sie als *Grundlage für die Preisstellung* **(Angebotskalkulation)** dienen kann.

13.1.3 Produktionsplanungs- und -steuerungssystem (PPS)

Produktionsplanungs- und -steuerungssysteme sind zum einen auf die *Planung und Steuerung der Produktionsabläufe* ausgerichtet, zum anderen verwalten sie die Daten für die damit verbundenen Verkaufs-, Einkaufs-, Lager- und Produktionsaktivitäten und werten sie aus. Das PPS-System begleitet somit den gesamten betrieblichen Durchlauf eines Produktes. Dafür ist eine integrierte und vernetzte **Datenbank** die notwendige technische Voraussetzung. Sie ermöglicht es, dass über alle betrieblichen Funktionsbereiche hinweg auf einheitliche und für alle Nutzer gleichermaßen aktuelle Daten bzw. Informationen zurückgegriffen werden kann (Abschnitt 13.3.3).

! In einem **Fertigungsbetrieb** umfasst die **Produktionsplanung und -steuerung** sämtliche vorausschauenden **organisatorischen, technischen und wirtschaftlichen Überlegungen und Maßnahmen,** die zum Ziel haben, eine **reibungslose und termingerechte Erzeugung** von Gütern und Dienstleistungen zu erreichen.

Ziele eines PPS-Systems

Innerhalb des Betriebes sollen die Fertigungsabläufe so geplant werden, dass

- *Fertigungskapazitäten* (Maschinen, Arbeitsplätze) *optimal belegt* sind,
- *Durchlaufzeiten* für die einzelnen Aufträge *möglichst gering* sind,
- geplante *Termine eingehalten* werden,
- *Bestände* so *niedrig* wie möglich gehalten werden können,
- *Kapitalbindungskosten minimiert* werden.

Überblick über ein PPS-System

Mithilfe eines im Ausbildungsbereich eingesetzten **PMS-Systems** (Prof. K. D. Kern + Partner, Reutlingen) sollen die Programmsegmente (Systemsegmente) eines Produktionsplanungs- und -steuerungssystems exemplarisch dargestellt werden.

PMS umfasst folgende **Programmsegmente** (PMS-Präambel):

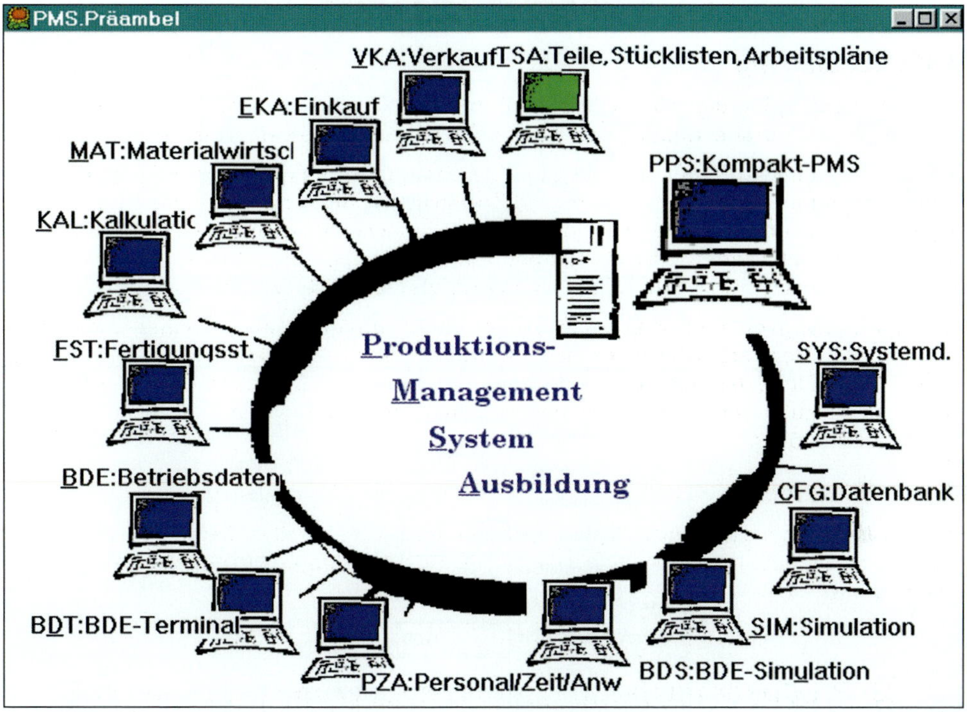

Ein Programmsegment beinhaltet eine Vielzahl von **Modulen** (Menü-Punkte), die jeweils typische *Arbeits- und Auswertungsabläufe* umfassen.

Wesentliche PMS-Funktionen (Systemsegmente)		**Inhalt**
TSA:	Teile, Stücklisten, Arbeitspläne	Erfassung und Verwaltung von Teiledaten, Stücklisten, Arbeitsplänen
VKA:	Verkauf	Erfassung und Pflege der Kundendaten, Bearbeitung der Kundenaufträge
EKA:	Einkauf	Erfassung und Pflege der Lieferantendaten, Bearbeitung der Lieferantenangebote und -bestellungen
MAT:	Materialwirtschaft	Buchung und Auswertung von Materialbewegungen, Bedarfsermittlung, Bestellvorschläge
KAL:	Kalkulation	Kalkulation von Teilen und Aufträgen
FST:	Fertigungssteuerung	Verwaltung von Arbeitsplatzkapazitäten, Terminplanung und -steuerung, Erstellung und Überwachung von Fertigungsbelegen
BDE:	Betriebsdaten	Erfassung und Auswertung von Betriebsdaten
PZA:	Personal/ZeitAnw	Erfassung und Beschreibung von Personaldaten und deren Auswertung
SYS:	Systemdienste	Einrichtung des PMS-Systems, Pflege der Datenbank

PMS enthält eine Vielzahl verschiedener **Bildschirmdarstellungen und Formulare.**

Beispiel: Systemsegment TSA: Teile, Stücklisten, Arbeitspläne

Beispiel: Datenerfassungsformular

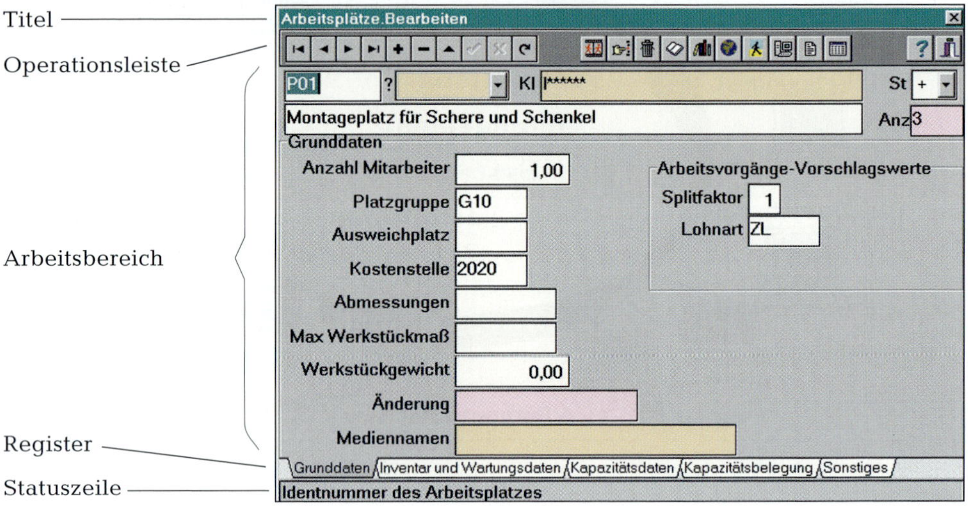

Stammdatenerfassung mit PPS

PPS-Systeme enthalten

- einen **Datenverwaltungsteil.**

  Beispiel: Erfassung und Auswertung von Teile- und Kundendaten.

- Funktionen, die die betrieblichen **Dispositionen** übernehmen.

  Beispiel: Belegung der betrieblichen Maschinenkapazitäten für einzelne Aufträge.

Um Kunden- oder Lageraufträge abwickeln zu können, sind zunächst umfassende Daten in den einzelnen Systemsegmenten zu erfassen:

- **Teilestammdaten** (u.a. Teileart, Bezugsart, Verwendungsart, Fertigungs- und Montagezeiten, Bereitstellungszeiten, Preise).
- **Kundenstammdaten** (u.a. Adressdaten, Geschäftszweig, ABC-Kennung, Konditionendaten, Ansprechpartner).
- **Lieferantenstammdaten** (u.a. Adressdaten, Geschäftszweig, Konditionendaten, Ansprechpartner).
- **Arbeitsplatzstammdaten** (u.a. Kostenstellen-Nummer, Anzahl Mitarbeiter, Lohnart am Arbeitsplatz, Wartungsdaten, Kapazitätsdaten).
- **Arbeitsplanstammdaten** (u.a. Arbeitsplannummer).
- **Betriebsmittelstammdaten** (u.a. Anschaffungsjahr, Anschaffungskosten, Wartungsdaten, Laufzeiten).

Beispiel für die Erfassung von Stammdaten im PPS-System:

Die Teilestammdaten für die Büroschere 310001 sind anhand der folgenden Angaben zu erfassen.

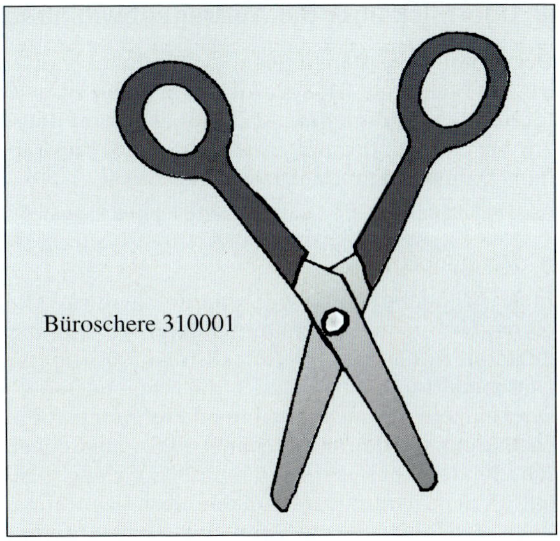

Büroschere 310001

Teile Nr.	*Klassifikation*	*Benennung*	*TeileArt*	*BezArt*	*MaßEinh*
310001	LEG***AA**	Büroschere aus Stahl	E	E	ST
310002	BCDA**AC*	Niet	T	F	ST
310003	1*****2***	Schenkel links	G	E	ST
310004	1*****2***	Stanzteil Schenkel links	T	E	ST
310005	AAAB**AA*	Flachstahl	R	F	GR
310006	1*****2***	Schenkel rechts	G	E	ST
310007	1*****2***	Stanzteil Schenkel rechts	T	E	ST
310008	1*****2***	Kunststoffgriff schwarz	T	E	ST
310009	ABA***2**	Granulat schwarz	R	F	GR

Teilestammdaten

Für sämtliche Komponenten (Erzeugnisse, Baugruppen, Teile, Rohmaterialien) müssen die Stammdaten getrennt erfasst werden.

Die verschiedenen Register beinhalten darüber hinaus auch die über das System ermittelbaren Werte (z. B. optimale Losgröße, ABC-Kennung).

Anschließend lassen sich die Stücklisten und Arbeitspläne darstellen (Abschnitt 13.1.2).

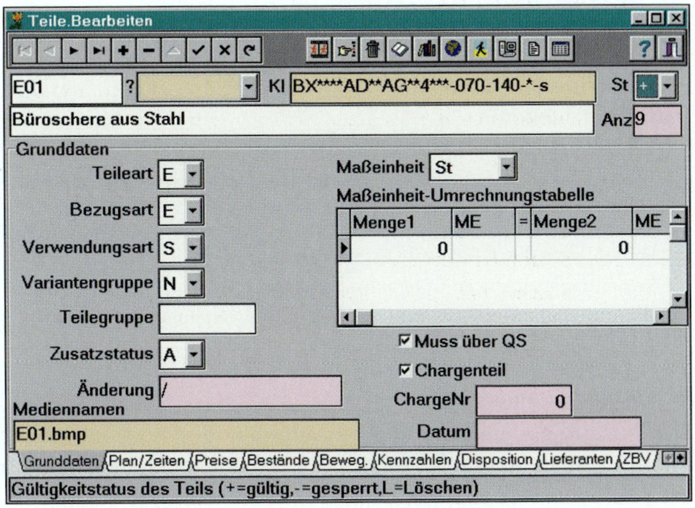

Überblick über die Auftragsabwicklung mit PPS

Der **Produktionsplan** für einzelne Produkte oder Produktgruppen erfasst mittel- oder kurzfristige Zeiträume. Dabei ergeben sich die zu produzierenden Mengen aufgrund konkreter **Kundenaufträge** bzw. als Ergebnisse von Bedarfsprognosen, wie sie aus der Marktforschungsabteilung ermittelt wurden **(Lageraufträge** für den anonymen Markt). PPS stellt dazu Daten und Prognoseverfahren bereit.

Das Produktionsprogramm kann unterschiedliche Planungszeiträume umfassen (Tage, Wochen, Monate).

▶ Mengenplanung

In der **Mengenplanung** wird ermittelt, wie viele Rohstoffe, Einzelteile oder Baugruppen in einem bestimmten Zeitraum benötigt werden, um die geplanten Fertigungsmengen produzieren zu können. Die Stücklistenauflösung (Abschnitt 13.1.2) dient der Ermittlung der Nettobedarfe. Damit stellt sich die Frage nach der wirtschaftlich sinnvollen Zusammenfassung einzelner Aufträge zu einem Fertigungsauftrag. Unter Anwendung unterschiedlicher Losbildungsverfahren berechnet PPS entsprechende Mengenvorschläge. Für die zu beschaffenden Rohstoffe und Fremdbezugsteile werden die optimalen Bestellmengen ermittelt. Berücksichtigt werden dabei Bestellzeiträume, Lieferfristen für die zu beschaffenden Teile und Rohstoffe bzw. Bereitstellungszeiträume für die am Lager vorrätigen Materialien.

▶ Terminplanung

Die **Terminplanung** ermittelt die gesamte Durchlaufzeit für einen oder mehrere Fertigungsaufträge. Es werden die Start- und Endtermine für die Fertigung unter Berücksichtigung aller Zeitfaktoren berechnet. Zur **Durchlaufzeit** zählen:

- Rüstzeiten,
- Bearbeitungszeiten eines Werkstückes,
- Transportzeiten zwischen den einzelnen Arbeitsgängen,
- Wartezeiten vor der Bearbeitung an einem Arbeitsplatz,
- Lagerungszeiten während oder nach der Fertigung (z. B. Aushärten von Material),
- mögliche Liegezeiten aufgrund von Störungen, die meist unvorhersehbar und damit auch nur schätzbar sind.

Transport-, Warte- und Liegezeiten werden als *Übergangszeit* zusammengefasst.

Die grundlegenden Daten zur Ermittlung der Durchlaufzeiten ergeben sich aus den Arbeitsplänen. *Basisarbeitspläne,* die die Zeiten für die Herstellung eines Werkstückes enthalten, werden durch Multiplikation mit der Auftragsmenge zu *Auftragsarbeitsplänen.*

▶ Kapazitätsplanung

Auf der Durchlaufterminierung aufbauend ermittelt die **Kapazitätsplanung,** ob die vorhandenen Kapazitäten ausreichen bzw. ob freie Kapazitäten für andere Aufträge vorhanden sind. Bei Engpässen gilt es, entsprechende Gegenmaßnahmen einzeln oder in Kombination einzuleiten:

- Splittung eines Auftrages, d.h., mehrere Maschinen führen dieselbe Verrichtung gleichzeitig aus;
- Weitergabe von bearbeiteten Teilmengen an nachgelagerte Produktionsabläufe, bevor das gesamte Los abgearbeitet ist;
- Ausweitung der betrieblichen Produktionszeiten durch Einführung von Überstunden oder Mehrschichtbetrieb, auch durch befristete Urlaubssperren;
- Teilauftragsvergabe an Unterauftragnehmer;
- Zurückstellung von Wartungs- und Reparaturmaßnahmen;
- Erhöhung der maschinellen Intensität.

▶ Fertigungssteuerung

Die **Fertigungssteuerung** hat die Aufgabe, die Fertigungsunterlagen bereitzustellen und die Überwachung und Sicherung der Produktionsabläufe zu garantieren.

Zu den *Fertigungsunterlagen* zählen z. B. Auftragsarbeitspläne, die verschiedenen Materiallisten, Laufkarten, Lohnscheine, Werkzeugwechselpläne und Maschinenbelegungspläne.

Die Überwachung und Kontrolle wird durch die *Betriebsdatenerfassung* (BDE) gewährleistet. Dadurch wird es möglich, die Produktionsabläufe zu verfolgen, auftretende Störungen zu erkennen und kurzfristig Abhilfe zu schaffen.

Zur Erstellung von Lieferscheinen und Rechnungen (Fakturierung) können Daten unmittelbar an entsprechende Textverarbeitungsprogramme weitergegeben werden.

13.1.4 Fertigungsdurchführung

Für die Art der Fertigungsdurchführung können folgende Gesichtspunkte bestimmend sein:

Einsatz der körperlichen Arbeit

Nach dem Grad der Beteiligung menschlicher Arbeitskraft unterscheidet man:

▶ Manuelle Fertigung

Die Arbeit wird von Hand durchgeführt, wie z.B. beim Modellbau oder beim Zusammenbau von Baugruppen und Einzelteilen zum fertigen Erzeugnis. Mit fortschreitender Arbeitsteilung und dem Einsatz von Maschinen besteht die Handarbeit in der Produktion oft nur noch aus wenigen Handgriffen.

▶ Maschinelle Fertigung

Bei der Fertigung werden Maschinen verwendet, die selbst die Führung des Werkstückes und des Werkzeuges übernehmen.

Stufen der Maschinisierung. Im Hinblick auf das Zusammenwirken von menschlicher Arbeit und »Maschinenarbeit« kann man folgende drei Stufen der Maschinisierung unterscheiden:

a) Die Maschine führt nur *eine* gleichbleibende Elementarbewegung aus, d.h. die Bewegung des Werkstückes (Warenaufzug) oder des Werkzeuges (Bandsäge); alle übrigen Arbeitsverrichtungen sind Aufgabe des Arbeiters, wie das Zuführen des Werkstückes und die Schaltung der maschinellen Bewegung des Werkzeuges oder Werkstückes.

b) Die Maschine übernimmt *mehrere* Arbeitsverrichtungen, d.h. die Bewegung des Werkstückes und des Werkzeuges. Der Arbeiter bestimmt die Größe und die Reihenfolge der einzelnen Maschinenbewegungen.

   Beispiele: Nähmaschinen, Leit- und Zugspindeldrehmaschine.

c) Übernimmt die Maschine auch die *Steuerung*, d.h. die Aufgabe, Schaltimpulse für die einzelnen mechanischen Bewegungen in der notwendigen Größe und Reihenfolge zu geben, so spricht man von Halbautomaten (teilautomatisierte Fertigung).

   Beispiel: Schraubendrehautomaten mit mechanischer Steuerung.

Bei diesen drei Stufen der Maschinisierung nimmt der Anteil des körperlichen Arbeitsaufwandes immer mehr ab, während die geistige Leistung im Fertigungsprozess selbst und bei der Erstellung der Vorleistung (Konstruktion der Maschine und Programmierung) immer mehr zunimmt.

▶ Automatisierte Fertigung

Man versteht darunter die technische Einrichtung mit *vollautomatischen Anlagen.* Der gesamte Arbeitsablauf wird von Maschinen **nach einen vorgegebenen Programm gesteuert, kontrolliert und korrigiert.** Die Anlagen enthalten elektronische Steuergeräte, die über Magnetbänder oder Mikroprozessoren ihre Impulse erhalten. Die Anlage *regelt sich selbst.*

Arten vollautomatischer Anlagen:

a) Einsatz von **CNC-Maschinen** in der Fertigung, d.h. durch Computer nummerisch gesteuerten (codierten) Werkzeugmaschinen (**C**omputer **N**umerical **C**ontrol). Hierbei erfolgt die Steuerung durch zahlenmäßig eingegebene Maßgrößen eines Arbeitsgegenstandes auf Informationsträger oder durch direkte Verbindung mit Datenverarbeitungsanlagen (Online-Betrieb).

b) Verwendung von »**Industrierobotern**« (Handhabungsautomaten): Der Roboter ist *frei programmierbar* und mit *mehreren Bewegungsachsen* versehen. Industrieroboter können mit Greifern oder Werkzeugen ausgerüstet sein. Während herkömmliche Automaten nur bestimmte, immer wiederkehrende Verrichtungen ausführen können, zeichnen sich die Industrieroboter durch größere Beweglichkeit und »Lernfähigkeit« aus. Sie können zusätzlich mit »sehenden« und »fühlenden« Sensoren ausgestattet sein und sind damit in der Lage, Erkennungs- und Kontrollfunktionen auszuüben, die bisher nur dem Menschen vorbehalten waren.

c) Durch Kupplung mehrerer Einzelautomaten mit selbsttätigen Fördereinrichtungen entstehen Verbundautomaten. Werden dabei noch selbsttätige Kontroll- und Steuereinrichtungen verwendet, so entstehen **Transferstraßen** (werkstückgebundene Einzweckanlagen), wie z. B. in der Automobilindustrie oder bei der spanenden Bearbeitung von Motorblöcken.

Menge der herzustellenden Erzeugnisse

Nach der **Menge der zu fertigenden Erzeugnisse** unterscheidet man:

▶ Einzelfertigung

Jedes Stück ist ein Erzeugnis eigener **Art** (Schiffe, Turbinen).

Innerhalb der Einzelfertigung gewinnt das **Rapid Manufacturing** zunehmend an Bedeutung. Dabei wird mittels Lasertechnologie ein bestimmtes Material (Kunststoff, Papier, Metall) schichtweise zu Formen oder Endprodukten erzeugt („gebacken"). Es werden keine Formteile mehr benötigt, in denen Teile oder Produkte gegossen werden müssen. Bei diesem Produktionsverfahren können individuelle Aufträge und auch kleine Serien rasch ausgeführt werden. Kundenwünsche können unmittelbar in der Produktgestaltung berücksichtigt werden.

Beispiele: Herstellung von Spezialwerkzeugen im Automobilbau, Herstellung von medizintechnischer Ausrüstung oder von Implantaten.

▶ Mehrfachfertigung

a) Sortenfertigung. Aus demselben Grundstoff werden verschiedene Sorten des gleichen Erzeugnisses hergestellt (Seifen, Biere, Papiere).

b) Serienfertigung. Gleiche Erzeugnisse werden in begrenzter Stückzahl (Los) hergestellt (Fernsehgeräte, Möbel).

▶ Massenfertigung

Gleiche Erzeugnisse werden in großen Mengen über einen längeren Zeitraum hergestellt (Schrauben, Zement, Flaschen, Zigaretten, Chip-Produktion, Glühlampen).

Einsatz und Anordnung der Betriebsmittel

Nach **dem Einsatz und der Anordnung der Betriebsmittel** unterscheidet man:

▶ Fertigung nach dem Verrichtungsprinzip

a) Werkstattfertigung (Werkbankfertigung). Alle Arbeitsvorgänge vollziehen sich in **einer** Werkstatt in Einzelplatzarbeit durch vielseitig ausgebildete Arbeitskräfte (Kleinbetrieb).

b) Werkstättenfertigung. Die einzelnen Werkstücke durchlaufen **mehrere** Werkstätten zur Durchführung der aufeinanderfolgenden Arbeitsgänge. In einer Werkstatt stehen nur jeweils gleichartige Maschinen (Dreherei, Fräserei, Bohrerei).

▶ Fertigung nach dem Flussprinzip

a) Reihenfertigung. Die Betriebsmittel werden in der Reihenfolge der vorzunehmenden Arbeiten angeordnet, sodass Fertigungsstraßen entstehen. Der Arbeitsfluss ist *zeitlich ungebunden.*

Um mögliche Verzögerungen ausgleichen zu können, werden meist kleinere Zwischenlager eingerichtet. Dadurch können Unterschiede in der Produktionsdauer einzelner Arbeitsvorgänge ausgeglichen werden.

b) Fließfertigung. Sie ist eine Reihenfertigung mit *zeitlich gebundenem* Arbeitsablauf (mit vorgegebenem »Takt«) zur Herstellung größerer Mengen gleichartiger Erzeugnisse. Dabei sind die Arbeitsplätze und Maschinen entsprechend der Arbeitsfolge angeordnet; die Werkstücke werden automatisch zum nächsten Arbeitsplatz befördert (Fließband).

Herkömmlicherweise werden dabei die Teile und Werkstücke nach einem zentralen Plan an die jeweiligen nachfolgenden Fertigungsstellen weitergeleitet und dort je nach Bearbeitungsfluss zwischengelagert (Bring-System). Im Gegensatz dazu werden beim **Kanban-System** die Teile und Werkstücke von den *Fertigungsstellen* entsprechend ihrem Bedarf bei der vorangegangenen Fertigungsstufe abgerufen (Hol-Prinzip).

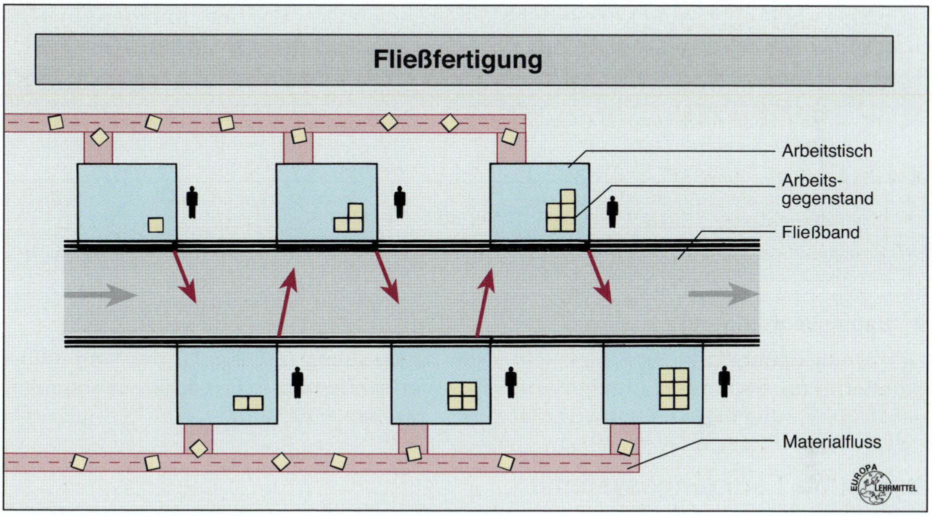

▶ Gruppenfertigung

Die Gruppenfertigung erlaubt eine Kombination unterschiedlichster Fertigungsarten, die vom Fließband bis hin zum Arbeiten am stehenden Fertigungsobjekt **(Boxenlösung)** reichen. Die zur Fertigung eines Erzeugnisses notwendigen Arbeitsplätze und Maschinen werden zu Gruppen zusammengefasst **(Fertigungsinseln).** Jede Gruppe umfasst also so viele verschiedene Betriebsmittel, wie zur Herstellung des Werkstückes bzw. Erzeugnisteils notwendig sind. Der Weitertransport erfolgt häufig unter Einsatz von flurgesteuerten fahrerlosen Transportsystemen (Robomat, Robo Carrier).

Beispiele:

1. Automobilwerk: Die Fertigung von Türen wird aus dem Fließband herausgenommen und in Gruppenfertigung vorgenommen.

2. Sitzmöbelfabrik: Es werden die Gruppen »Gestellbau« und »Polsterei« gebildet.

Diese Fertigung kommt den Vorstellungen über einen humanen Arbeitsplatz entgegen, weil die einzelnen Mitarbeiter den Überblick über den gesamten Fertigungsablauf behalten. Die Motivation der Arbeitskräfte wird durch den Einsatz in mehreren wechselnden Funktionen erhöht. Außerdem stärkt diese Art der Fertigung die Selbstverantwortung und führt dadurch zur Qualitätssteigerung. Sie erfordert von den Arbeitnehmern neben hoher fachlicher Qualifikation vor allem auch Kommunikations- und Teamfähigkeit. Problematisch kann jedoch die Frage nach der gerechten Entlohnung innerhalb der Gruppe werden sowie der psychische Druck auf einzelne Gruppenmitglieder.

▶ Baugruppen-(Module-)Fertigung

Die Tendenz zur »schlanken Fabrik« erfordert oft eine Verringerung der Anzahl der Fertigungsstufen. Die Zulieferer stellen ganze montagefertige **Baugruppen (Module)** her, die bisher vom Erzeugnishersteller selbst gefertigt wurden **(Outsourcing, Modular Sourcing);** sie werden zu **Systemlieferanten** (Abschnitt 5.6.2).

Beispiele:

1. Automobilindustrie: Klimaanlagen, Kühlsysteme, Automatikgetriebe, komplette Armaturenbretter, Kabelbäume.

2. Computerindustrie: Laufwerke, Festplatten.

3. Bauwirtschaft: Komplette Nasszellen, Küchensysteme.

Mit solchen Systemlieferanten wird schon während der Entwicklung eines Produktes eng zusammengearbeitet **(Simultaneous Engineering).** Vor Beginn der Erzeugnisproduktion wird dann ein **Just-In-Time-Konzept** für die reibungslose Anlieferung der Module direkt an die Montagestraßen erarbeitet (Abschnitt 5.6.2). Dies erübrigt sich, wenn der Systemlieferant seine Produktionsstätte auf demselben Werksgelände wie der Abnehmer hat. Inzwischen ermöglicht der Einsatz der Datenverarbeitung, dass Logistikunternehmen die termingenaue Anlieferung kompletter Module auch über weite Entfernungen bewältigen.

Beispiel: Bau eines Hotels: komplette Zimmer mit Einrichtung werden in den Rohbau eingefügt.

Vorteile	Nachteile
– größere Werkstoff- und Verfahrenskompetenz des Systemlieferanten.	– Partnerschaft kann zur Abhängigkeit werden, vor allem dann, wenn nur ein Lieferant das Modul liefern kann **(Single Sourcing).**
– Sicherstellung eines gleichmäßig hohen Qualitätsstandards.	– Produktionsstörungen sind leichter möglich.
– Kostenreduzierung durch Konzentration der Mengen bei einem Systemlieferanten.	– Der Abnehmer hat oft keine Preisvergleiche.

▶ Baustellenfertigung

Der Arbeitsgegenstand ist infolge seines Gewichts, seiner Größe oder des vorgegebenen Standortes *ortsgebunden;* die Betriebsmittel, Werkstoffe und Arbeitskräfte müssen herangeschafft werden (Herstellung von Gebäuden, Straßen, Brücken).

Flexible Fertigungssysteme

Die herkömmlichen Fertigungssysteme sind häufig starr auf ein bestimmtes Erzeugnis ausgerichtet und können nur schwer an die Veränderung des Absatzmarktes angepasst werden. Man ist deshalb bemüht, **flexible (anpassungsfähige) Fertigungssysteme** zu finden, die *für die Herstellung unterschiedlicher Erzeugnisse geeignet* sind.

Flexible Systeme bestehen aus mehreren Einzelmaschinen an verschiedenen Bearbeitungsstationen, die durch ein gemeinsames Informations- und Materialflusssystem miteinander verknüpft werden. Es besteht die Möglichkeit, verschiedene Produkte in kleinen bis mittleren Fertigungslosen gleichzeitig oder in zeitlicher Folge nacheinander zu bearbeiten.

Die höhere Anpassungsfähigkeit zielt in mehrere Richtungen:

Art der Flexibilität	Kennzeichen	Beispiele
Varianten-flexibilität	Produkte des *gleichen Grundtyps mit gewissen Abweichungen* werden auf der gleichen Fertigungseinrichtung hergestellt.	Gleiche Pkw-Typen in zwei- und viertüriger Ausführung
Typflexibilität	*Verschiedene Typen* werden auf der gleichen Fertigungseinrichtung hergestellt.	Autos der mittleren und oberen Klasse
Produktflexibilität	*Verschiedene Produkte* werden auf der gleichen Fertigungseinrichtung hergestellt.	Pkw und Transporter

13.1.5 Qualitätsmanagement

Das Qualitätsmanagement umfasste bisher die Aufgabe, auf einen einwandfreien Ablauf des Fertigungsprozesses zu achten (Qualitätssicherung), damit Störungen vermieden werden und Fehler an den Fertigteilen oder am Erzeugnis nicht entstehen können.

Voraussetzung für die Qualitätssicherung ist eine gut funktionierende **Qualitätsprüfung.** Dabei sind folgende Formen möglich:

▶ Nach der Menge der kontrollierten Erzeugnisse

a) **Vollprüfung** (100%-Kontrolle). Sie ist die sicherste Kontrollmethode, da *sämtliche* Erzeugnisteile und Erzeugnisse geprüft werden. Sie wird vor allem bei der Serienfertigung angewandt (Motoren, Fernsehgeräte).

b) **Stichprobenkontrolle.** Es wird nach statistischen Stichprobenprüfplänen nur ein *Teil* der Erzeugnisse geprüft. Dies genügt bei Erzeugnissen der Großserien- und Massenfertigung (Schrauben, Glühlampen, Chip-Produktion) vor allem dann, wenn schon über längere Zeit gute Qualität festgestellt wurde. Bei bestimmten Arten von Erzeugnissen können nur Stichprobenkontrollen durchgeführt werden, da die geprüften Stücke nicht mehr verwendet bzw. verwertet werden können (Analyse von Lebensmitteln, Festigkeitsprüfung bei Metallen).

▶ Nach dem Zeitpunkt der Kontrolle

a) **Eingangskontrolle.** Werkstoffe und bezogene Teile werden bereits beim Materialeingang geprüft.

b) **Zwischenkontrolle.** Sie wird während der Fertigung vorgenommen. Mit dem Produktionsfortschritt werden Einzelteile, Baugruppen und das Erzeugnis laufend auf die entsprechenden Qualitätsmerkmale geprüft.

c) **Endkontrolle.** Sie wird am fertigen Erzeugnis durchgeführt. Es wird dabei entschieden, ob das Produkt zum Verkauf freigegeben wird.

Nachdem die Prüfungsergebnisse feststehen, ist es Aufgabe der Qualitätssicherung, die *Fehlerursachen* zu ermitteln und Maßnahmen zur *Fehlerbehebung* zu ergreifen. Solche Maßnahmen können sein:

- Änderung des Fertigungsverfahrens,
- Korrektur der Maschineneinstellung,
- Schulung der Mitarbeiter,
- Änderung der Versandart oder der Versandverpackung.

Die **Qualitätssicherung** ist auch wegen der gesetzlichen **Produkthaftung der Hersteller** von großer Bedeutung (Abschnitt 6.8.1).

Ein Qualitätsmanagement-System kann nicht von heute auf morgen erreicht werden. Eine Möglichkeit, dem Ziel näher zu kommen, sind die Maßnahmen der Qualitätssicherung nach der **DIN EN ISO-Normenreihe 9000 ff.** Die Maßnahmen sind in einem **Qualitätsmanagement-Handbuch** zu beschreiben. Aus der Vielzahl der Maßnahmen sollen einige genannt werden:

- Die Verantwortung für das Qualitätsmanagement liegt bei der obersten Geschäftsleitung.
- Die Abläufe in Unternehmen sind als Prozesse darzustellen.
- Die Kundenorientierung ist in den Vordegrund zu stellen.
- Die Messung, Analyse und Verbesserung von Prozessen mit dem Ziel der ständigen Verbesserung sind zu dokumentieren.
- Schulungspläne sind zu erstellen und zu dokumentieren.

Das Qualitätsmanagement-Handbuch ist anschließend eine wichtige Grundlage für die **Zertifizierung** des Qualitätsmanagement-Systems im Unternehmen.

Für die Zertifizierung ist eine systematische unabhängige Untersuchung **(Audit)** erforderlich. Dafür werden 4 Normen zugrunde gelegt:

- **DIN EN ISO 9000:2008** Qualitätsmanagementsystem – Grundlagen und Begriffe
- **DIN EN ISO 9001:2008** Qualitätsmanagementsystem – Forderungen
- **DIN EN ISO 9004:2008** Qualitätsmanagementsystem – Leitfaden zur Leistungsverbesserung
- **DIN EN ISO 19011** Leitfaden für den Ablauf der Auditierung

Industrieunternehmen werden durch die notwendige Kundenorientierung und den starken Wettbewerb immer mehr gezwungen, ein umfassendes Qualitätsmanagement anzustreben. Nur ein **alle Bereiche umfassendes Qualitätsdenken** garantiert auf Dauer den Erfolg des Unternehmens. Das Konzept des totalen Qualitätsmanagements geht deshalb noch weiter als die Grundsätze aus der Normenreihe DIN EN ISO 9001:2008.

Beispiel:
TÜV-Zertifikat für ein Unternehmen, das gewerbliche Lüftungsdecken plant, produziert und installiert.

TÜV CERT

ZERTIFIKAT

Die TÜV CERT-Zertifizierungsstelle
des TÜV Südwest für Management-Systeme

bescheinigt gemäß
TÜV CERT-Verfahren, dass das Unternehmen

GIF - Gesellschaft für Ingenieurprojekte
Freiburg mbH
Brühlstraße 7
D - 79112 Freiburg

für den Geltungsbereich

Planung und Realisierung
von GIF-Lüftungsdecken

ein Qualitätsmanagementsystem eingeführt hat
und anwendet.

Durch ein Audit, Bericht-Nr. QM-M-96/2019
wurde der Nachweis erbracht, dass die Forderungen der
DIN EN ISO 9001-2008
erfüllt sind. Dieses Zertifikat ist gültig bis Oktober 2013

Zertifikat-Registrier-Nr. 70 100 M 2019

Deutscher Akkreditierungs Rat
DAR
TGA-ZM-29-96-00

Mannheim, den 17. November 2010
Erstzertifizierung 1998

TÜV SÜDWEST

TÜV CERT-Zertifizierungsstelle
des TÜV Südwest für Management-Systeme

Totales Qualitätsmanagement (TQM) nach DIN EN ISO 9004 ist eine auf die Mitwirkung aller Mitarbeiter basierende Führungsmethode, die
- die **Qualität** in den Mittelpunkt stellt, um
- die **Zufriedenheit der Kunden** und dadurch
- langfristigen **Geschäftserfolg** sowie
- den **Nutzen für die Arbeitnehmer und für die Gesellschaft** zu erreichen.

Damit ist Total Quality Management das umfassendste Qualitätssicherungssystem, das für ein Unternehmen denkbar ist. Vom Kunden über die eigenen Mitarbeiter und Lieferanten bis hin zur Umwelt werden alle Bereiche erfasst. Um dies zu leisten, muss TQM Teil einer Unternehmungskultur werden, welche die Kundenzufriedenheit in den Mittelpunkt stellt. Das Ziel dabei ist, eine erhöhte Wettbewerbsfähigkeit zu erreichen.

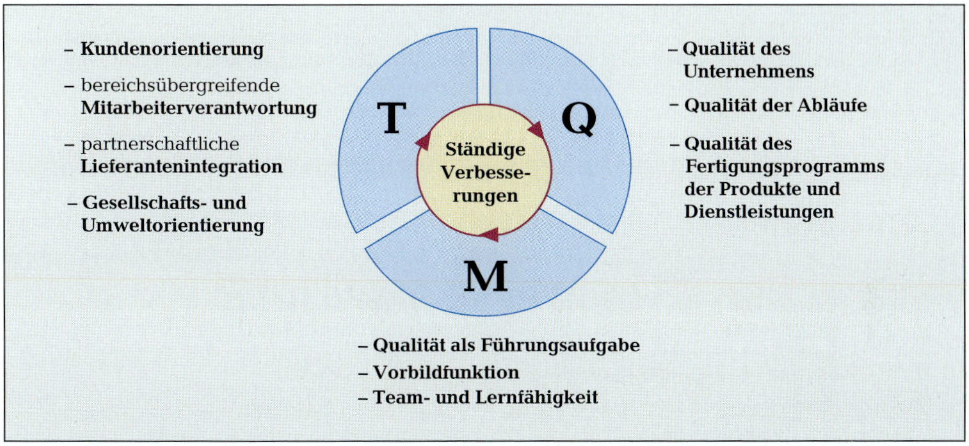

Ein wichtiges Instrument des Qualitätsmanagements ist das **Benchmarking.** Dies ist ein kontinuierlicher Prozess, bei dem die Produkte und betrieblichen Abläufe über mehrere Unternehmen hinweg verglichen werden. Zielvorgabe ist dabei, die Qualität des »Klassenbesten« der Branche zu erreichen oder noch zu übertreffen.

1. »Wer an der Forschung und Entwicklung spart, verliert auch den wirtschaftlichen Anschluss«. Begründen Sie die Richtigkeit dieser Aussage.
2. Welche Gründe sprechen für eine enge Zusammenarbeit zwischen den Unternehmensbereichen Forschung und Entwicklung?
3. Der Staat gibt große Summen für Forschung und Entwicklung aus. Warum unterstützt er zusätzlich noch Forschung und Entwicklung im Unternehmensbereich?
4. Suchen Sie Beispiele für die Breite und Tiefe des Produktionsprogrammes bei
   a) einem Möbelproduzenten,
   b) einem Textilproduzenten.
5. Die Globalisierung ist als ein Prozess zu verstehen, durch den die Märkte und die Produktion in verschiedenen Ländern zunehmend voneinander abhängig werden.
   a) Welchen Einfluss hat die dadurch entstandene zunehmende internationale Konkurrenz auf die Verbreiterung und Vertiefung des Produktionsprogrammes der Unternehmen?
   b) Wie wirkt sich die Verbreiterung und Vertiefung des Produktionsprogramms im Beschaffungs-, Kosten- und Absatzbereich aus?
6. Die Konstruktionsabteilung erhält aufgrund eines Kundenauftrages zur Herstellung von 1.000 Gartentischen die Aufgabe, eine Gesamtzeichnung und die dazugehörige Konstruktionsstückliste zu erstellen. Die Konstruktionsstückliste sollte nach folgendem Schema aufgebaut sein:

lfd. Nr.	Menge	Teile-Nr.	Benennung	Material	Hinweise

Folgende Angaben sind vorhanden:
- Vier Tischbeine, 70 cm hoch, Stahlrohr, durch Quer- und Längsstreben verbunden.
- Eine Tischplatte, 60 cm × 120 cm × 3 cm, Holz.

- Die Tischplatte wird mit 6 Winkeleisen an der Stahlrohrkonstruktion befestigt (jeweils zwei Schrauben).
- Die Tischbeine erhalten als Sockel Kunststoffabdeckungen.

7. Stellen Sie einen vereinfachten Arbeitsplan auf, um den von Ihnen konstruierten Gartentisch (vgl. Aufgabe 6) in der Abteilung Endmontage zusammenbauen zu können.
8. Begründen Sie, weshalb Konstruktionsdaten (z.B. Stücklisten) in modernen Industriebetrieben unmittelbar in der zentralen Datenbank gespeichert werden.
9. Stücklisten sind im Unternehmen von zentraler Bedeutung. Klären Sie, welche Bedeutung Stücklisten haben für
   - die Fertigung,
   - die Bedarfsermittlung und die Materialdisposition,
   - das Ersatzteilwesen,
   - die Kalkulation.
10. Fertigteile werden von den Zulieferern überwiegend direkt angeliefert. Welche Vorteile und welche Risiken hat diese fertigungssynchrone Anlieferung?
11. In einem Metall verarbeitenden Unternehmen werden die drei Werkstätten Stanzen und Formen (I), Sägen und Bohren (II) sowie Lackieren (III) betrieben. Bei der Auftragsbearbeitung muss die vorgegebene Reihenfolge der Werkstätten eingehalten werden.

    Gegenwärtig sind fünf Kundenaufträge für die unterschiedlichen Produkte A, B, C, D, E auf die Werkstätten zu verteilen. Die Produkte durchlaufen die einzelnen Werkstätten jeweils tageweise. Eine Trennung in Losgrößen ist nicht möglich. Aufgrund der Arbeitspläne ergeben sich folgende Abläufe:

A	1 Tag in I,	1 Tag in II,	1 Tag in III;
B	2 Tage in I,	1 Tag in II,	1 Tag in III;
C	2 Tage in I,	3 Tage in III;	
D	1 Tag in I,	2 Tage in II,	1 Tag in III;
E	1 Tag in II,	1 Tag in III.	

    a) Ermitteln Sie die optimale Belegung der drei Werkstätten. Verwenden Sie für Ihre Lösung ein Balkendiagramm.
    b) Ermitteln Sie rechnerisch, zu wie viel Prozent die einzelnen Werkstätten in diesem Zeitraum ausgelastet sind (Auslastungsgrad).
12. Welche PPS-Systemsegmente sind bei der Auftragsbearbeitung beteiligt?
13. Klären Sie (z. B. über das Internet), welche PPS-Produkte am Markt angeboten werden, und stellen Sie in einer Matrix drei Konkurrenzprodukte gegenüber. Treffen Sie anschließend eine begründete Auswahl.
14. a) Der Fertigungsablauf steht unter Termindruck. Welche Faktoren können dabei stören?
    b) Planen Sie entsprechende Maßnahmen
       - zur Behebung aufgetretener Störungen,
       - zur Vermeidung möglicher Störungen.
15. Welche Maßnahmen werden durch Massenproduktion auf dem Gebiet des Absatzes notwendig?
16. Das Wort »Massenproduktion« erweckt oft die Vorstellung minderer Qualität. Nehmen Sie dazu Stellung.
17. Bei einem Rundgang durch verschiedene Abteilungen eines Industriebetriebes stellen Sie unterschiedliche Anordnungen der Betriebsmittel fest. Welches Fertigungsverfahren (nach dem Einsatz und der Anordnung der Betriebsmittel) liegt vor?
    a) Stanzmaschinen einerseits und Drehbänke andererseits sind räumlich getrennt untergebracht.
    b) Fertigteile werden von Arbeitskräften montiert und das unfertige Erzeugnis im Zeittakt weitertransportiert.
    c) Maschinen und Arbeitsplätze sind hintereinander geschaltet, die Werkstücke werden durch Elektrokarren je nach Bedarf weiterbefördert.
    d) Die Motoren werden von einem bestimmten Arbeitsteam montiert. Die dazu notwendigen verschiedenartigen Betriebsmittel werden von den Teammitgliedern bedient.
18. Die Elektro GmbH, Cottbus, stellt Mikrowellengeräte her. Der Betriebsleiter prüft, ob von der Werkstättenfertigung auf Fließfertigung übergegangen werden soll.
    a) Stellen Sie die Unterschiede der beiden Fertigungsarten anhand folgender Merkmale einander gegenüber:
       - Anordnung der Betriebsmittel,
       - Menge der in einem Arbeitsgang zu fertigenden Werkstücke,
       - Flexibilität,
       - Transportwege.
    b) Welche Gründe sprechen für die Beibehaltung der Werkstättenfertigung bzw. für die Einführung der Fließfertigung?

19. Im Rahmen der Diskussion zur »Humanisierung« der Arbeitswelt spricht man bei der Gruppenfertigung im Vergleich zur Fließfertigung von der humaneren Arbeitsform.
    Nehmen Sie dazu Stellung.
20. Stellen Sie in einer Matrix Vor- und Nachteile einzelner Fertigungsarten dar
    a) aus Sicht des produzierenden Unternehmens,
    b) aus Sicht der Beschäftigten.
21. Neuerdings spricht man von »Serieneinzelfertigung«. Klären Sie diesen Begriff.
22. Industrieroboter werden in Teilen der industriellen Produktion zunehmend eingesetzt.
    In welchen Bereichen der Automobilproduktion werden Ihrer Meinung nach Roboter sinnvoll eingesetzt?
23. Automatisierte Fertigung ist eine wesentliche Voraussetzung für eine kostengünstige und verbraucherorientierte Produktion.
    Welche Vor- und Nachteile ergeben sich bei der Automation
    a) für den Arbeitgeber,
    b) für den Arbeitnehmer?
24. Zeigen Sie durch Vergleich des früheren VW-Käfers mit dem VW-Beetle, dass sich Qualitätsansprüche des Kunden zeitlich ändern.
25. Ein Qualitätswissenschaftler schreibt: »Unternehmen, die zukünftig nicht in der Lage sind, die Fähigkeit aufzubauen, ihre Kunden zu begeistern, sollen lieber sofort schließen – schließlich spart das zumindest Zeit und dem Kunden eine Menge Ärger.«
    Diskutieren Sie, ob diese Aussage nicht zu radikal ist.
26. Qualitätsprobleme resultieren zu 70% aus Managementfehlern und nur zu 30% aus Herstellungsfehlern. Was schließen Sie daraus?
27. Ein amerikanischer Qualitätsgrundsatz lautet: »Quality doesn't cost, it pays.« Was will dieser Grundsatz aussagen?
28. Warum muss ein umfassendes Qualitätsmanagement-System auch die Qualität des Umweltschutzes einschließen?
29. An der Anschlagtafel eines Industrieunternehmens ist ein Plakat mit folgendem Inhalt angebracht:
    »Ein entdeckter Fehler kostet
    - während der Konstruktion ca. 1 EUR,
    - während der Fertigung des Produkts ca. 10 EUR,
    - nach der Auslieferung des Produkts ca. 100 EUR«.

    Was soll mit dieser Mitteilung erreicht werden?

13.2 Qualitätskennzeichnung und Rechtsschutz der Erzeugnisse

13.2.1 Qualitätskennzeichnung

Die Verwendung von Güte- und Markenzeichen garantiert dem Verbraucher *gleichbleibende Qualität der Erzeugnisse.*

Gütezeichen (Bild, Seite 400)

Gütezeichen werden entweder von **Herstellern gleichartiger** Erzeugnisse aufgrund freiwilliger Vereinbarung gemeinschaftlich geschaffen (Kollektivmarken) oder vom Gesetzgeber festgelegt (gesetzliche Gütezeichen). Sie sind ein **Garantieausweis** für eine bestimmte **Warengüte** und werden von RAL Deutsches Institut für Gütesicherung und Kennzeichnung e.V. überwacht. Waren, die ein solches Gütezeichen tragen, müssen aus genau festgelegten Werkstoffen bestehen und nach bestimmten Arbeitsmethoden hergestellt oder behandelt worden sein. MarkenG § 97

Inzwischen gibt es eine Vielzahl von **Umweltsiegeln** (Umweltzeichen, Umweltlabel). Diese erfüllen teilweise umfangreiche Gütekriterien und garantieren damit dem Ge- oder Verbraucher einen hohen **Umweltstandard.**

MarkenG §§ 97 ff. **Kollektivmarken** unterscheiden sich von Individualmarken dadurch, dass der Markeninhaber ein rechtsfähiger Verband ist.

Beispiele: Kollektivmarke »V« der europäischen Vegetarier-Union, Kollektivmarke NARVA des Warenzeichenverbandes der ostdeutschen Lichtquellenindustrie.

Markenzeichen

§ 3 **Markenzeichen** sind Schutzmarken zur *Unterscheidung* der *eigenen* von *fremden Waren und Dienstleistungen.* Sie werden durch Eintragung in das Markenregister beim *Deutschen Patent- und Markenamt in München* geschützt. Der Schutz entsteht auch durch Benutzung eines Zeichens im geschäftlichen Verkehr, soweit das Zeichen als Marke einen bestimmten Bekanntheitsgrad erworben hat. Durch den Schutz steht dem Inhaber des Markenzeichens das ausschließliche Recht zu, Waren, Verpackungen, Schriftstücke, Werbemittel usw. mit dem Markenzeichen zu versehen. Geschützt werden auch *geschäftliche Bezeich-*
§ 1 *nungen* und *geografische Herkunftsangaben.* Die Schutzdauer einer eingetragenen Marke
§ 17 beträgt 10 Jahre; sie kann um jeweils 10 Jahre verlängert werden.

Strebt man einen markenrechtlichen Schutz für den gesamten europäischen Binnenmarkt an, so ist dies zur Eintragung beim **Europäischen Markenamt** in Alicante (Spanien) anzumelden. Waren, deren Herkunft mit Markenzeichen gekennzeichnet ist, nennt man **Markenwaren.** Bezeichnet das Markenzeichen einen bestimmten Artikel, so handelt es sich um einen **Markenartikel.**

Der Gestaltung nach kann das Marken- oder Gütezeichen bestehen aus

– Worten:	Persil, Osram, Bayer, Coca-Cola
– Buchstaben:	VW, Agfa, BMW
– Zahlen:	4711, 8 x 4
– Bildern:	Mercedes-Stern, Audi-Ringe
– Wortbildern:	Salamander, Reebok, Windows, Deutsche Telekom
– Hörzeichen:	Telekom-Rufzeichen
– dreidimensionale Gestaltung:	Mercedes-Stern, Vedes-Würfel

13.2.2 Rechtsschutz der Erzeugnisse

Das Eigentum an geistigen Gütern wie Erfindungen, Mustern, Modellen, muss *gesetzlich* ebenso *geschützt* werden wie das Eigentum an materiellen Gütern. Verschiedene Gesetze sollen die missbräuchliche Verwendung geistiger Leistungen durch Unberechtigte verhindern. Indem sie den Urheber für eine begrenzte Zeit vor ungerechtfertigter Konkurrenz schützen, verbessern sie auch seine Stellung am Markt. Der Rechtsschutz kann also auch als absatzförderndes Instrument eingesetzt werden.

Patent

Das Patent ist der Rechtsschutz für die gewerbliche Verwertung von **Erfindungen neuer Erzeugnisse und neuer Herstellungsverfahren.** PatG § 1

▶ Erwerb des Patentschutzes

Das Recht auf ein Patent hat der Erfinder, der die Erfindung zuerst angemeldet hat. Ein Patent kann nicht erteilt werden, wenn der wesentliche Inhalt der Erfindung den Beschreibungen, Zeichnungen und Modellen anderer ohne deren Erlaubnis entnommen wurde.

Der Antrag auf Erteilung des Patents, der den Gegenstand genau bezeichnen und beschreiben muss (Zeichnungen, Modelle, Probestücke), ist schriftlich beim **Deutschen Patent- und Markenamt** *in München* oder über ein offizielles Patentinformationszentrum zu stellen. § 34

Wird die Erfindung bei der Prüfung als patentfähig anerkannt, so veröffentlicht das Patentamt die Erteilung des Patents im Patentblatt. Gleichzeitig wird die Patentschrift veröffentlicht. Das Patentamt führt das *Patentregister* (Patentrolle) mit den erteilten Patenten. Für den Rechtsschutz im Ausland müssen Auslandspatente erworben werden. § 58 § 30

Internationaler Rechtsschutz für Patente: Ein Erfinder, der sich nicht nur in Deutschland, sondern auch im Ausland patentrechtlichen Schutz verschaffen will, kann

- durch die Anmeldung und Erteilung des Patents beim Europäischen Patentamt in München ein Europäisches Gemeinschaftspatent erlangen, das für die Vertragsstaaten Gültigkeit besitzt.
- die Anmeldung beim Deutschen Patent- und Markenamt vornehmen. Dieses leitet die Anmeldung zur Patenterteilung an das Europäische Patentamt weiter.
- durch Sammelanmeldung beim Deutschen Patent- und Markenamt das Patenterteilungsverfahren in mehreren vom Anmelder gewünschten Staaten in die Wege leiten.

▶ Verwertung des Patents

Der Inhaber erhält das ausschließliche Recht, gewerbsmäßig den Gegenstand der Erfindung selbst herzustellen, in den Verkehr zu bringen, anzubieten und zu gebrauchen. § 9

Das Patent kann veräußert, verpfändet, vererbt oder in ein Unternehmen eingebracht werden. § 15

Überlässt der Eigentümer eines Patents einem anderen die Nutzung des Patents, so handelt es sich um eine **Lizenz.** § 23

▶ Dauer und Umfang des Schutzes

Der Rechtsschutz für ein Patent dauert höchstens **20 Jahre.** Das Patent erlischt, wenn der Inhaber darauf verzichtet oder wenn die Jahresgebühr nicht bezahlt wird. §§ 16, 20

▶ Patentverletzungen

Wer eine patentierte Erfindung widerrechtlich benutzt, kann vom Patentinhaber auf Unterlassung und Schadensersatz verklagt werden. § 139

Außerdem kann derjenige, der das Patent verletzt, auf Antrag des Patentinhabers mit einer Freiheitsstrafe bis zu drei Jahren oder mit Geldstrafe belegt werden. § 142

Gebrauchsmuster

Das Gebrauchsmuster ist der Rechtsschutz zur alleinigen gewerblichen Ausnützung einer **neuen Gestaltung** oder **Anordnung** bei Modellen, Arbeitsgeräten und Gebrauchsgegenständen (z.B. bei Gartengeräten). GebrMG § 1

Die Abgrenzung gegenüber dem Patent ist manchmal schwer durchzuführen; das Gebrauchsmuster wird daher auch als »kleines Patent« bezeichnet.

Durch die Eintragung in das *Gebrauchsmusterregister* (Gebrauchsmusterrolle) beim *Deutschen Patent- und Markenamt* steht dem Eingetragenen das ausschließliche Recht zu, das § 8

GebrMG § 23 Muster gewerbsmäßig nachzubilden, in den Verkehr zu bringen und als Gebrauchsmuster zu bezeichnen. Die Dauer des Schutzes beträgt **zehn Jahre;** dieser Schutz wird ab dem vierten Jahr für den restlichen Zeitraum durch Zahlung einer *Aufrechterhaltungsgebühr* für zunächst drei Jahre, dann jeweils für zwei weitere Jahre erhalten.

Geschmacksmuster

GeschmMG § 1 Das Geschmacksmuster ist der Rechtsschutz für die alleinige gewerbliche Nachbildung **neuer** und **eigentümlicher Muster** oder **Modelle** (z. B. Tapetenmuster, Stoffmuster, Form der Coca-Cola-Flasche). Es wird also damit das »**Design**« des Erzeugnisses geschützt.

§§ 11, 27 f. Die Anmeldung und Eintragung in das **Musterregister** erfolgt beim *Deutschen Patent- und Markenamt.* Die Dauer des Schutzes beträgt **25 Jahre;** dieser Schutz wird ab dem sechsten Jahr für den restlichen Zeitraum durch Zahlung einer *Aufrechterhaltungsgebühr* für jeweils fünf Jahre erhalten.

Arbeitnehmererfindungen

ArbNErfG § 4 (2) § 5 **Diensterfindungen** sind Erfindungen, die der Arbeitnehmer in Erfüllung seiner dienstlichen Obliegenheiten macht. Sie müssen dem Arbeitgeber schriftlich angezeigt werden. Dieser kann sie uneingeschränkt in Anspruch nehmen, muss sie aber im Inland schützen lassen
§ 9 und dem Erfinder eine angemessene Vergütung zahlen.

§ 8 **Freie Erfindungen,** die im Betrieb des Arbeitgebers verwendet werden können, müssen dem Arbeitgeber unverzüglich angezeigt und angeboten werden. Er hat innerhalb von drei Monaten zu erklären, ob er die Erfindung als freie Erfindung anerkennt. Später kann er sie nicht mehr als Diensterfindung in Anspruch nehmen.

Verbesserungsvorschläge müssen vom Arbeitgeber, falls er sie verwertet, ebenfalls vergütet werden, auch wenn sie nicht schutzfähig sind.

	Patentschutz	Musterschutz		Markenschutz	
	Patent	**Gebrauchsmuster**	**Geschmacksmuster**	**Markenzeichen**	**Gütezeichen**
Gegenstand	Erfindung neuer Erzeugnisse und Herstellungsverfahren	neue Gestaltung, neue Anordnung an Arbeitsgeräten und Gebrauchsgegenständen	neue Muster Hörzeichen	Wortzeichen Bildzeichen Hörzeichen	Wortzeichen Bildzeichen
Voraussetzung	Neuheit mit gewerblicher Verwertungsmöglichkeit	Neuheit mit gewerblicher Verwertungsmöglichkeit	Neuheit oder Eigenartigkeit der Gestaltung einschließlich Verpackung und Ausstattung	Unverwechselbarkeit gegenüber bereits bestehenden Markenzeichen	Nachweis festgelegter Qualitätsmerkmale
Berechtigter	Erfinder	Erfinder	Designer	Unternehmung	Wirtschaftsfachverband
Eintragung	Deutsches Patent- und Markenamt, Europäisches Patentamt, ausländische Patentämter (Patentrolle)	Deutsches Patent- und Markenamt (Musterregister, Gebrauchsmusterrolle)	Deutsches Patent- und Markenamt (Register)	Deutsches Patent- und Markenamt (Markenregister), Europäisches Markenamt	Deutsches Institut für Gütesicherung und Kennzeichnung e. V. (RAL-Gütezeichenliste)
Schutzdauer	20 Jahre	10 Jahre (ab dem vierten Jahr nur durch Zahlung einer Aufrechterhaltungsgebühr)	25 Jahre (ab dem sechsten Jahr nur durch Zahlung einer Aufrechterhaltungsgebühr)	10 Jahre (Verlängerung um jeweils 10 Jahre durch Zahlung einer Verlängerungsgebühr)	unbegrenzt

1. Wenn die Zahl der Patentanmeldungen den Erfindergeist und die Innovationskraft widerspiegeln, dann sind die Japaner das innovativste und kreativste Volk der Welt.

   Die Deutschen befinden sich in den meisten Technologiebereichen an vierter Stelle.

   In der Kfz-Technik, in der Laser- und in der Luft- und Raumfahrttechnik belegen die Deutschen den zweiten Rang hinter Japan.

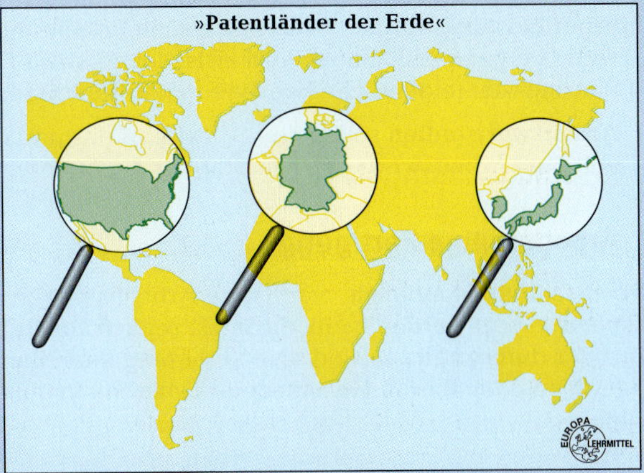

   a) Suchen Sie Gründe, weshalb in den Ländern Japan, USA, Korea und Deutschland in den bedeutenden Technologiebereichen die meisten Erfindungen getätigt werden.
   b) Welche Bedeutung haben Schutzrechte für innovative Unternehmen?
   c) Stellen Sie die volkswirtschaftliche Bedeutung einer hohen Zahl von Patentanmeldungen und Patentgenehmigungen dar.
   d) Weshalb sind Unternehmen bereit, ihre gesicherten Patente an Lizenznehmer abzutreten?
2. Begründen Sie, weshalb es im Bereich des Patent- und Musterschutzes eine begrenzte Schutzdauer gibt, während der Markenschutz praktisch unbegrenzt erhalten werden kann.
3. Nach einer Statistik des Deutschen Institutes für Betriebswirtschaft wurden in Deutschland im Jahre 2008 durch Verbesserungsvorschläge insgesamt Einsparungen in Höhe von 1,58 Mrd. EUR erbracht.

   Die Zahlen für die einzelnen Branchen (Vorschläge je 100 Mitarbeiter):

– Kautschuk	245	– Dienstleister	69
– Automobilzulieferer	182	– Chemie	52
– Elektro	141	– Energie/Grundstoffe	28
– Maschinenbau	91	– Banken	16
– Metallverarbeitung	83	– Öffentlicher Dienst	7

   Suchen Sie Gründe für die Unterschiede in den einzelnen Wirtschaftsbereichen.

13.3 Rationalisierung der Leistungserstellung

Unter **Rationalisierung** versteht man die wohlüberlegte (rationale) **Anwendung von wissenschaftlichen, technischen und organisatorischen Mitteln,** um die Gütererzeugung zu steigern, zu verbilligen und zu verbessern.

Bei den einzelnen Rationalisierungsmaßnahmen müssen jedoch die Interessen des arbeitenden Menschen gewahrt bleiben. Zur Humanisierung der Arbeitswelt sind die physischen und psychischen Auswirkungen auf den arbeitenden Menschen zu berücksichtigen.

13.3.1 Rationalisierung des Fertigungsverfahrens

Wissenschaftliche Betriebsführung

Vor allem der »**REFA-**Verband für Arbeitsgestaltung, Betriebsorganisation und Unternehmensentwicklung e.V.« hat sich durch Arbeitsablaufstudien, Arbeitszeitstudien und Arbeitswertstudien um eine vernünftige Gestaltung der Fertigungsverfahren bemüht.

a) **Arbeitsablaufstudien** sollen die Grundlage schaffen für eine Zerlegung des Fertigungsprozesses in Arbeitsstufen, Arbeitsgriffe und Griffelemente sowie für ein sinnvolles Zusammenwirken der Arbeitskraft, Betriebsmittel und Werkstoffe.

b) **Arbeitszeitstudien** sollen die Zeit ermitteln, die von einer Arbeitskraft bei durchschnittlicher Leistung für die ordnungsgemäße Erledigung einer bestimmten Arbeit benötigt wird (Vorgabezeit). Dabei wird zwischen Rüstzeit (Vor- und Nachbereitung) und Ausführungszeit (eigentliche Bearbeitung) unterschieden.

c) **Arbeitswertstudien** sollen den Schwierigkeitsgrad der Arbeit feststellen. Der dabei ermittelte »Arbeitswert« soll Maßstab für die Entlohnung sein (Abschnitt 4.4).

Arbeitsteilige Fertigung

Arbeitsteilung ist möglich, wenn eine Arbeitsaufgabe in mehrere *verschiedenartige Teilarbeiten* zerlegt werden kann, die meist zeitlich voneinander abhängen und deshalb nacheinander durchzuführen sind. Die Zerlegung kann durch Gliederung in verschiedene Arbeitsstufen oder aber in verschiedene Teilarbeiten innerhalb der gleichen Stufe erfolgen.

Beispiele:

Spinnen, Weben, Ausrüsten eines Stoffes (verschiedene Arbeitsstufen); am Rückenteil einer Jacke müssen Abnäher genäht, die Rückenlasche angenäht und das Futter eingenäht werden (gleiche Arbeitsstufe).

Für den Einsatz von Maschinen und Automaten, die nur für die Verrichtung von Teilarbeiten konstruiert sind, ist die Arbeitsteilung unerlässliche Voraussetzung.

Für die Mitarbeiter führt die arbeitsteilige Fertigung aber zu **Nachteilen.** Es wurde nämlich ein unmittelbarer Zusammenhang zwischen dem Grad der Aufteilung einer Arbeitsaufgabe und dem Grad der Unzufriedenheit der Betriebsangehörigen festgestellt. Dies kann eine Folge der einseitigen Beanspruchung und der mangelnden Übersicht über den Herstellungsvorgang sein. Um die Mitarbeiter besser zu motivieren und die Produktivität zu steigern, hat man deshalb neue, humanere Formen der Arbeitsorganisation geschaffen.

Humane Gestaltung der Arbeitsorganisation

Durch humane Arbeitsgestaltung sollen eintönige (monotone) Tätigkeiten vermieden sowie dem Arbeitnehmer eine größere Selbstständigkeit (Autonomie) und Fachkompetenz verschafft werden.

▶ Arbeitserweiterung (Job enlargement)

Nacheinander geschaltete *gleichartige* Teilarbeiten, die bisher von mehreren Arbeitnehmern erledigt wurden, werden zusammengefasst und von einem Arbeitnehmer erledigt.

Beispiel: Eine Arbeiterin montiert alle Leuchten an einem Auto.

▶ Arbeitsplatzwechsel (Job rotation)

Hier *tauschen* Arbeitnehmer regelmäßig ihre *Arbeitsplätze.* Die Eintönigkeit der Arbeit wird dadurch unterbrochen, dass verschieden schwierige Arbeiten (körperlicher und geistiger Art) ausgeführt werden.

Beispiel: Wöchentlich wechseln in einer Automobilfabrik Arbeitskräfte, die Scheinwerfer, Blinker, Brems- und Schlussleuchten montieren, ihre Arbeitsplätze.

▶ Arbeitsbereicherung (Job enrichment)

Hier werden *einer* Arbeitskraft *verschiedenartige* Teilarbeiten zugewiesen, die zusammengehören, aber eine längere Ausbildung voraussetzen.

Beispiel: Eine Arbeitskraft montiert alle Leuchten an einem Auto, schließt sie an die entsprechenden Bedienungshebel an und kontrolliert anschließend, ob sie funktionieren.

▶ Teilautonome Arbeitsgruppen (Fertigungsinseln)

Hier wird einer Arbeitsgruppe eine größere *Teilaufgabe* zugewiesen. Innerhalb der Gruppe können Arbeitsplätze ausgetauscht sowie das Arbeitstempo beschleunigt oder verlangsamt werden. In diesen **Fertigungsinseln** wird in nahezu autarken Teams *geplant, produziert* und *kontrolliert.* Die Gruppe trifft sich in regelmäßigen Abständen zur Klärung organisatorischer, aber auch persönlicher Konfliktfälle (Bild, Seite 405).

Beispiel: In einer Automobilfabrik erstellt eine Arbeitsgruppe den Einsatzplan für die nächsten vier Wochen.

▶ Autonome Arbeitsgruppen

Eine Arbeitsgruppe erledigt eine *Gesamtaufgabe* selbstständig. Das Arbeitsteam beteiligt sich am Einstellungsverfahren und achtet dabei auf Ausgewogenheit bei Alter, Geschlecht und Leistungsfähigkeit.

Beispiel: In einer Automobilfabrik baut eine Gruppe von Arbeitnehmern ein ganzes Auto zusammen.

▶ Telearbeit (Teleworking)

Bei dieser Form des Arbeitens werden die modernen Telekommunikationsmethoden eingesetzt. Die Arbeitsleistung wird außerhalb der Räumlichkeiten des Arbeit- bzw. Auftraggebers erbracht. Je nach Art der Organisation der Telearbeit unterscheidet man:

- **isolierte Telearbeit.** Es erfolgt ein ständiges Arbeiten zu Hause in der Privatwohnung.
- **alternierende Telearbeit.** Die Arbeit findet abwechselnd im Betrieb und zu Hause statt.
- **mobile Telearbeit.** Die Arbeit erfolgt an den Orten, an denen sich der Mitarbeiter gerade aufhält (Servicetechniker, Außendienstmitarbeiter mit Datenkommunikationsmöglichkeit zum Arbeit- bzw. Auftraggeber).
- **Telearbeit im Telezentrum oder im Satellitenbüro.** Die Arbeiten erfolgen in einem vom Unternehmen ausgelagerten Bereich. Diese modern ausgestatteten Arbeitsplätze können auch von Einzelpersonen oder Unternehmen zum Zwecke der Leistungserstellung angemietet werden.

Die Telearbeit bietet sich für eine *Vielzahl von Tätigkeiten* an:

Übersetzungsdienste, Programmieren, journalistische Tätigkeiten, telefonische Auftragsannahme und Auftragsdienste, Gutachtertätigkeiten, Buchhaltung, Datenbankentwicklung, Forschungstätigkeiten, CAD-Dienst.

Telearbeit als »Arbeitsform der Zukunft« wird auch in Deutschland an Bedeutung gewinnen. 2009 gab es hier zu Lande etwa 2,6 Millionen Telearbeitsplätze.

▶ **Lean Production** (engl. schlanke Produktion) (Abschnitt 13.3.3).

13.3.2 Rationalisierung des Fertigungsgegenstandes

Normung und Typung der Wirtschaftsgüter sowie die Spezialisierung der Betriebe wurden durch die praktische Nutzanwendung der systematischen Arbeitsstudien weiter vorangetrieben. Das **RKW** (**R**ationalisierungs**k**uratorium der deutschen **W**irtschaft) hat auf diesem Gebiet große Bedeutung für die Wirtschaft erlangt.

a) **Normung** ist die Vereinheitlichung von Maßen, Formen, Bestandteilen, Herstellungsverfahren, Begriffen, Bezeichnungen usw. für **Einzelteile** (Schrauben) und für **einteilige Fertigwaren** (Flaschen). Die Normen werden nach gründlicher Überlegung und Erprobung festgelegt. Vielfach führt die Normung eines Erzeugnisses zur Normung anderer Erzeugnisse, mit denen ein Verwendungszusammenhang besteht (Papier – Ordner – Büromöbel).

Nach dem *Geltungsbereich* unterscheidet man Werknormen, Fachnormen, Normen des **D**eutschen **I**nstituts für **N**ormung **(DIN)**, **E**uropäische **N**ormen **(EN)**, internationale Normen (**ISO**-Normen = **N**ormen der **I**nternational **O**rganization for **S**tandardization). Die Vereinheitlichung auf internationaler Ebene führte dazu, dass Normen inzwischen auf einen einheitlichen Standard gebracht werden **(DIN EN ISO-Normen)**.

b) **Typung** bezweckt die Vereinheitlichung von **zusammengesetzten** (mehrteiligen) **Fertigungsgegenständen.** Sie kann aus Gründen der *Herstellung* oder des *Absatzes* erfolgen (Kraftfahrzeugtypen).

Beim *Baukastensystem* werden einheitliche Baugruppen und Einzelteile zu verschiedenen Typen zusammengesetzt. Die einzelnen genormten Bauelemente können dann in Großserien kostengünstig hergestellt werden (z.B. Fertighausbau, Kraftfahrzeug-, Möbel- und Computerherstellung).

c) **Spezialisierung** bedeutet die Vereinheitlichung des **Produktionsprogramms** in einem Betrieb durch Beschränkung auf die Herstellung weniger Fabrikate oder eines einzigen Erzeugnisses. Sie führt zu einer erweiterten Arbeitsteilung zwischen den Betrieben und zur Entstehung von Zubringerbetrieben und Spezialwerkstätten.

Vorteile:

- Senkung der Kosten durch Herstellung größerer Mengen,
- vereinfachte Lagerhaltung durch Beschränkung auf wenige genormte Artikel,
- rationellere Anfertigung durch Wegfall von Sonderausführungen,
- Verringerung des Absatzrisikos durch Wegfall von Lagerhütern,
- Verkürzung der Lieferzeiten bei gleichbleibender Betriebsgröße,
- Austauschbarkeit der genormten Teile von verschiedenen Herstellern,
- Kauf und Verkauf werden durch einheitliche Bezeichnung erleichtert.

Nachteile:

- Das Arbeiten an gleichbleibenden Erzeugnissen beschränkt die schöpferische Fantasie und das handwerkliche Können des Arbeiters.
- Die Auswahlmöglichkeit des Käufers wird beschränkt.
- Erhöhte Krisenanfälligkeit bei Wandlung der Verbraucherwünsche.

13.3.3 Ganzheitliche Rationalisierungskonzepte

Das Just-In-Time-Konzept (JIT = fertigungssynchrone Anlieferung)
(Abschnitt 5.6.2)

Total Quality Management

Das Qualitätsmanagement ist eine der tragenden Säulen des JIT-Konzeptes. Dabei erfordert Just-In-Time nicht nur Qualität als Voraussetzung, sondern fördert auch selbst die Qualität. Der Qualitätsgedanke steht in der gesamten Kette vom Lieferanten bis zum Kunden im Vordergrund (Abschnitt 13.1.5).

Lean Production

Ursprünglich in der japanischen Automobilindustrie angewandt, brachte diese Strategie den Unternehmen große wirtschaftliche Erfolge. Während das Konzept teilweise nur auf die Produktion bezogen wird, gehen andere Überlegungen weiter. Danach sind alle Funktionen vom Top-Management über die Arbeitskräfte bis zu den Zulieferern zu einem geschlossenen System verschmolzen.

Für Lean Production in der **Fertigung** werden Teamarbeit und die Vergabe von Mitverantwortung für das Produkt und seine Qualität in den Vordergrund gestellt. Ausgangspunkt ist die Annahme, dass der Mensch den Sinn seiner Arbeit erkennt und für die Arbeitsaufgabe motiviert wird. **Darüber hinaus** geht es jedoch auch um den Abbau von Hierarchien und Kontrolle, um die Vereinfachung von betrieblichen Abläufen, die Beschleunigung der Produktionszeiten und um die Einsparung von Kosten.

Mit Lean Production sind *für den Betrieb* **Vorteile** verbunden:

- Die Produktivität wird gesteigert. Die höhere Motivation führt zu niedrigen Fehlzeiten und zur Zunahme von Verbesserungsvorschlägen.
- Die Qualität wird verbessert. Es wird weniger Ausschuss produziert.
- Die Kosten werden gesenkt. Es fallen weniger Nachbesserungen an. Lagerkapazitäten werden eingespart. Meist erfolgt auch ein Personalabbau, der zur Einsparung von Personalkosten führt.

Nachteile:

- Viele Mitarbeiter können sich bei der Übertragung von Verantwortung überfordert fühlen.
- Aus gesamtwirtschaftlicher Sicht führt ein Personalabbau zu Arbeitslosigkeit und damit zu Folgekosten für die Gesellschaft.

Kaizen

Kaizen meint im Japanischen **kontinuierliche Verbesserung.** Im Unternehmensbereich steht die ständige Verbesserung der Produkte und der betrieblichen Abläufe im Vordergrund. Dabei gilt der Leitsatz:

»Nichts ist so gut, dass es nicht noch verbessert werden kann«.

Für Kaizen gelten deshalb bestimmte Schwerpunkte der betrieblichen Aktivitäten:

- Der Verbesserungsprozess erfolgt kontinuierlich und langfristig.
- Die Erfüllung der Kundenwünsche steht im Vordergrund.
- Unnötige Abläufe im Betrieb werden beseitigt.
- Es erfolgt eine ständige Fehlersuche und -beseitigung, um Folgekosten zu vermeiden. (Alle Mitarbeiter sind zur ständigen Verbesserung aufgerufen, wenn sie einen Fehler erkennen.)
- Aus- und Weiterbildung stellen Investitionen in die Zukunft dar.

Kanban

Die Kanban-Methode ist ein Verfahren zur **Steuerung des Materialflusses.** Das benötigte Material wird jeweils von der verbrauchenden Stufe im Produktionsprozess bei der vorgelagerten Stufe angefordert oder abgeholt. Der Materialnachschub wird mithilfe der **Kanbans** (Karten) gesteuert (Bild, Seite 408).

Das Kanban-Prinzip bietet mehrere **Vorteile:**

- Die Materialmenge, die im Umlauf ist, bleibt gering und ist überschaubar.
- Der Materialfluss erfolgt gleichmäßig und zuverlässig.
- Das Material kann in kleine, überschaubare Behälter verpackt werden, die sich neben den Arbeitsstationen aufstellen lassen. Dadurch verringern sich auch die Wegezeiten der Mitarbeiter.
- Die Mitarbeiter und Betriebsmittel können zum Ausgleich von Bedarfsschwankungen flexibel eingesetzt werden.

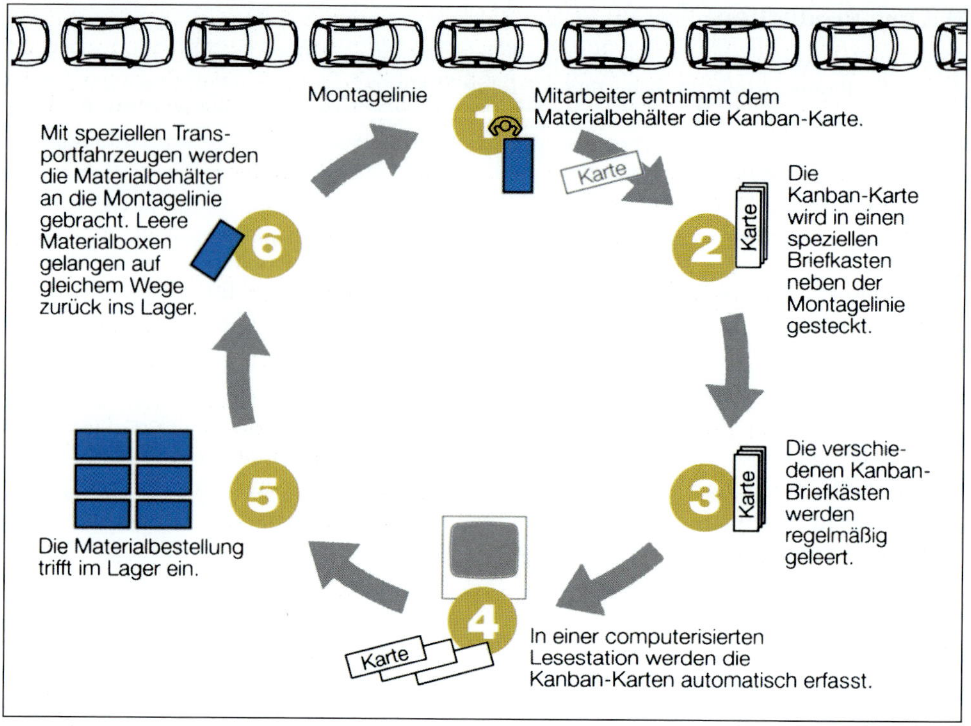

Eine Weiterführung dieser Methode für große Werkstücke ist der Abruf über Lichtsignale. Mittels Knopfdruck leuchten an Anzeigetafeln in der Werkhalle bestimmte Kontrolllampen auf und signalisieren eine entsprechende Materialanforderung.

Computer Integrated Manufacturing (CIM)

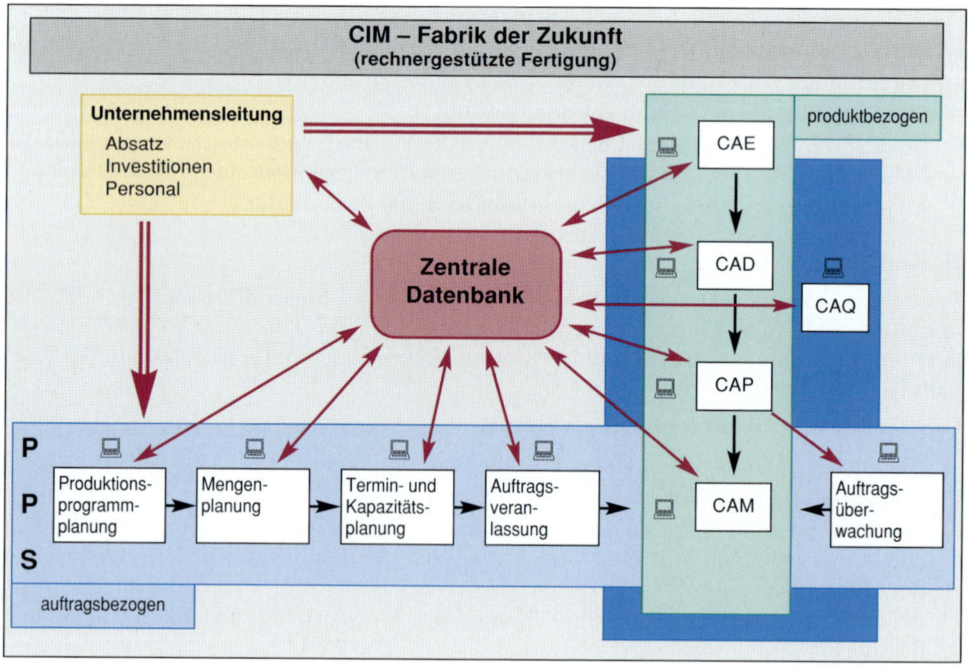

Mit dem Begriff CIM wird die **Fabrik der Zukunft** verbunden. CIM stellt die *Anwendung des Computers in allen mit der Fertigung zusammenhängenden Bereichen* dar. Es handelt sich dabei um ein informationstechnisches Gesamtkonzept, das den Computer von der Konstruktion über die Materialbeschaffung und -verarbeitung bis hin zur Rechnungserstellung nutzt.

Das Bild, Seite 408 unten, veranschaulicht die einzelnen »Bausteine« von CIM, in deren Mittelpunkt die **zentrale Datenbank** steht.

Das Konzept von **CIM** beruht auf einer Vielzahl feststehender Begriffe und Abkürzungen:

Abkürzung	Bezeichnung	Bedeutung
CAD	Computer Aided Design	rechnergestützte Konstruktion, Zeichnungserstellung und Dokumentation
CAE	Computer Aided Engineering	rechnergestütztes Ingenieurwesen durch Simulation am Bildschirm
CAP	Computer Aided Planning	rechnergestützte Arbeitsvorbereitung und -planung
CAM	Computer Aided Manufacturing	rechnergestützte Fertigungsdurchführung
CAQ	Computer Aided Quality Assurance	rechnergestützte Qualitätssicherung
PPS	Production Planning and Scheduling	rechnergestützte Planung, Steuerung und Überwachung der Produktionsabläufe von der Angebotsbearbeitung bis hin zum Versand
BDE	Betriebsdatenerfassung	rechnergestützte Erfassung und Ausgabe der Auftrags-, Betriebsmittel-, Personendaten
CNC	Computerized Numerical Control	rechnergesteuerte Maschinen

Mithilfe von CIM sollen folgende **Ziele** erreicht werden:

- Verringerung von Lagerbeständen,
- Verkürzung der Durchlaufzeiten,
- Reduzierung von Fehlern bei der Datenerfassung und -weitergabe,
- Erhöhung der Auslastung von Maschinen,
- Verbesserung der Termintreue.

?

1. Welche Vor- und Nachteile ergeben sich aus der Arbeitsteilung
   a) für den Arbeitnehmer,
   b) für das Unternehmen?
2. Warum tragen Arbeitsplatzwechsel und Arbeitsbereicherung zur Humanisierung der Arbeit bei, obwohl dabei höhere Anforderungen an die Mitarbeiter gestellt werden?
3. Grenzen Sie Job rotation, Job enlargement und Job enrichment anhand der folgenden Tätigkeiten gegeneinander ab:
   - Herstellung industriell gefertigter Möbel,
   - Sachbearbeitertätigkeit in einem Bankbetrieb,
   - Verkäufertätigkeit in einem Warenhaus.
4. Was will ein Manager der Automobilindustrie mit folgender Aussage verdeutlichen: »Jeder Mitarbeiter versteht sich als Lieferant seines Produktes an seinen Kollegen.«

5. Trotz einer großen Steigerung in den vergangenen Jahren belegt Deutschland im europäischen Vergleich bei der Telearbeit lediglich einen Mittelplatz. Während in Finnland nach einer Studie des Institutes der Deutschen Wirtschaft in Köln 16,8%, in Schweden 15,2% und in den Niederlanden 14,5% aller Erwerbstätigen ständig oder gelegentlich zu Hause am Computer arbeiten, beträgt der Anteil in Deutschland gerade 6%. Ein weiteres interessantes Ergebnis dieser Studie besagt, dass der männliche Anteil an Telearbeitskräften entgegen der bisherigen Meinung bei 80% liegt.
   a) Begründen Sie, weshalb Fachleute durch die Telearbeit eine Revolution der Arbeitswelt erwarten.
   b) Welche grundsätzlichen Voraussetzungen müssen im Arbeitsprozess gegeben sein, damit sich Telearbeit als neue Organisationsform der Arbeit schnell durchsetzen wird?
   c) Stellen Sie Vor- und Nachteile der Telearbeit gegenüber
      - aus Sicht des Arbeitnehmers,
      - aus Sicht des Unternehmens,
      - aus Sicht der Gesellschaft.
6. Warum führt Lean Production gleichzeitig zu Rationalisierung und zu humaner Gestaltung der Arbeit?
7. Mit der Einführung neuer Organisationsformen von Arbeit wird die Personalleiterin mindestens genauso wichtig wie der technische Leiter.
   Stützen Sie diese Aussage, indem Sie folgende Kriterien untersuchen:
   - Entlohnung der Mitarbeiter,
   - Personalschulung,
   - Personalentwicklung,
   - Konfliktlösung,
   - Arbeitszeitgestaltung.
8. Warum gibt es oftmals gerade in krisengeschüttelten Wirtschaftszweigen zukunftsweisende Modelle der Arbeitsorganisation?
9. Kaum ein technisches Detail entgeht den Normen; so sind auch Schriften und Druckfarben genormt. Da will natürlich das Deutsche Institut für Normung nicht zurückstehen. Selbst das *DIN*-Zeichen, das Markenzeichen deutscher Normarbeit, ist eigens genormt.
   Begründen Sie die Notwendigkeit der Normgebung.

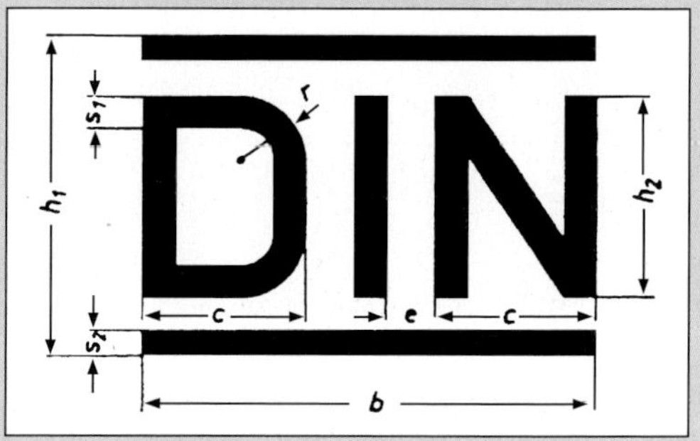

10. Stellen Sie das Just-In-Time-Konzept an einem Beispiel aus der Automobilindustrie dar.
11. Welches Rationalisierungskonzept könnte dieser Karikatur zugrunde liegen?
    Nehmen Sie kritisch Stellung.

13.4 Kostenrechnung im Industriebetrieb

Die industrielle Leistungserstellung verursacht Kosten. Diese müssen lückenlos erfasst werden, denn sie bilden die Berechnungsgrundlage für

a) **die Selbstkosten- und die Preisermittlung** (Kalkulation),

b) **die Feststellung des Betriebsergebnisses** durch Gegenüberstellung der Kosten und der betrieblichen Leistungen,

c) **inner- und zwischenbetriebliche Vergleiche,** wobei die Kosten mit früheren Kosten des eigenen Betriebes oder mit den Kosten gleichartiger fremder Betriebe verglichen werden,

d) **die Planung,** denn die Kostenhöhe entscheidet darüber, ob eine Produktion aufgenommen, eine Maschine gekauft oder ein Betrieb vergrößert wird.

13.4.1 Abgrenzung der Kosten

Ausgaben, Aufwendungen und Kosten müssen auseinander gehalten werden. Von **Ausgaben** spricht man im *Zahlungsverkehr;* **Aufwendungen** sind ein Begriff der *Erfolgsrechnung;* Kosten sind ein Begriff der *Kalkulation.*

Ausgaben

Sie umfassen alle **Geldausgänge** und lassen sich einteilen in

a) Ausgaben, die kein Aufwand sind, z.B. Tilgung eines Darlehens, Privatentnahmen,

b) Ausgaben, die gleichzeitig auch Aufwand sind, z.B. Zahlung von Löhnen, Steuern, Stromkosten.

Es gibt auch Aufwendungen, die keine Ausgaben sind, z.B. Abschreibungen an Maschinen, noch nicht bezahlte Reparaturen.

Aufwendungen

Sie umfassen jeden **Gütereinsatz innerhalb einer Abrechnungsperiode** und lassen sich einteilen in

a) **neutrale Aufwendungen,** und zwar

- betriebsfremde Aufwendungen, z. B. Spende für wissenschaftliche Zwecke,
- betriebliche außerordentliche Aufwendungen, z.B. Verkauf einer gebrauchten Maschine unter dem Buchwert, hohe Forderungsverluste,
- periodenfremde Aufwendungen, z.B. Steuernachzahlungen für das vergangene Geschäftsjahr,
- Aufwendungen, soweit sie die kalkulatorischen Kosten übersteigen, z.B. Mehrbetrag der bilanzmäßigen gegenüber den kalkulatorischen Abschreibungen,
- das Gesamtergebnis betreffende Aufwendungen, z.B. Körperschaftsteuer;

b) **Zweckaufwendungen,** die zur Erreichung des Betriebszweckes notwendig sind, z.B. Aufwendungen für Fertigungsmaterial, Löhne, Instandhaltung, Werbung.

Kosten

Sie umfassen den **Gütereinsatz zur betrieblichen Leistungserstellung,** gemessen in Geld.

Man unterscheidet

a) **Grundkosten,** die den Zweckaufwendungen entsprechen, z.B. Materialkosten, Lohnkosten, Instandhaltungskosten, Werbekosten,

b) **Zusatzkosten,** denen kein Aufwand gegenübersteht, z.B. kalkulatorischer Unternehmerlohn, kalkulatorische Zinsen für das Eigenkapital.

Den **Zusammenhang zwischen Aufwendungen und Kosten** verdeutlicht das folgende Bild:

13.4.2 Zusatzkosten und Gewinn

Zusatzkosten

a) **Kalkulatorischer Unternehmerlohn.** Durch ihn soll bei Personenunternehmungen ein Entgelt für die Arbeit der im Betrieb ohne Entlohnung tätigen Unternehmer sowie ihrer Angehörigen in die Kostenrechnung einbezogen werden. Seine Höhe richtet sich nach dem Entgelt für eine vergleichbare Arbeitsleistung (Gehälter von Direktoren oder Geschäftsführern im gleichen Geschäftszweig mit gleichem Betriebsumfang).

Bei Kapitalgesellschaften entfällt der kalkulatorische Unternehmerlohn, weil die Bezüge der Vorstandsmitglieder bzw. Geschäftsführer laufend als Gehalt bezahlt und damit als Grundkosten erfasst werden.

b) **Kalkulatorische Zinsen für das Eigenkapital.** Durch sie soll ein Entgelt für den Kapitaleinsatz durch den Unternehmer oder die Gesellschafter in die Kostenrechnung einbezogen werden. Als Zinssatz wird im Allgemeinen der landesübliche Zinssatz für langfristige Darlehen angewendet.

Zusatzkosten als Kostenbestandteil des Gesamtgewinns

Der ausgewiesene Gewinn einer Unternehmung ist der Unterschied zwischen den Erträgen und den Aufwendungen. Da in der Erfolgsrechnung die Zusatzkosten nicht als Aufwendungen berücksichtigt werden, sind sie im Gewinn enthalten. Der ausgewiesene Gewinn enthält also als Kostenbestandteile die Zinsen für das Eigenkapital und den Unternehmerlohn, sofern die Leitung der Unternehmung vom Eigentümerunternehmer wahrgenommen wird.

Eine Unternehmung ohne ausgewiesenen Gewinn würde keine Entgelte für die Arbeitsleistung und den Kapitaleinsatz des Unternehmers oder der Gesellschafter abwerfen. Auch die Bereitschaft zur Übernahme des allgemeinen Unternehmungsrisikos, die mit der Möglichkeit des Irrtums bei unternehmerischen Entscheidungen verbunden ist, würde nicht entgolten. Das allgemeine Unternehmerrisiko, das schon bei der Gründung durch die Wahl des Geschäftszweiges und des Standortes, der Festlegung der Betriebskapazität oder der Unternehmungsform entstanden ist, müsste ebenfalls im Gewinn abgegolten werden.

Gewinn im eigentlichen Sinne (Unternehmergewinn oder »Profit«) ist also nur der mögliche Rest des ausgewiesenen Gewinnes einer Unternehmung, der nach Abzug des Unternehmerlohns und der Eigenkapitalzinsen noch verbleiben würde. Ein solcher Unternehmergewinn muss auch zur Deckung des allgemeinen, nicht kalkulierbaren Unternehmerrisikos dienen.

13.4.3 Einteilung der Kosten

Einteilung nach Arten

a) **Stoffkosten,** z.B. Einsatz von Roh-, Hilfs- und Betriebsstoffen,

b) **Arbeitskosten,** z.B. Löhne und Gehälter, Sozialkosten, Unternehmerlohn,

c) **Anlagekosten,** z.B. Abschreibung der betriebsnotwendigen Anlagen,

d) **Kapitalkosten,** z.B. Zinsen und Wagniskosten für das notwendige Kapital,

e) **Fremdleistungskosten,** z.B. Transportkosten, Miete, Energiekosten,

f) **Kosten der menschlichen Gesellschaft,** z.B. Steuern, Abgaben.

Einteilung nach der Erfassung und Verrechnung

a) **Einzelkosten** (direkte Kosten): Sie werden für die **einzelne Leistungseinheit** (z.B. Stück, kg) erfasst und ihr **unmittelbar** zugerechnet, z.B. Fertigungsmaterial, Fertigungslöhne.

Wenn Einzelkosten nur in besonderen Fällen und in unterschiedlicher Höhe anfallen, spricht man von Sondereinzelkosten. Man unterscheidet:

- **Sondereinzelkosten der Fertigung** (Lizenz- und Patentgebühren, Kosten für Sonderwerkzeuge, Vorrichtungen und Modelle). Sie werden den Fertigungskosten zugerechnet.
- **Sondereinzelkosten des Vertriebs** (Ausgangsfrachten, Verpackung, Vertreterprovision). Sie werden dem Verkaufspreis zugerechnet.

b) **Gemeinkosten** (indirekte Kosten/Kosten des indirekten Bereiches): Sie werden für einen **Abrechnungszeitraum** erfasst, über einen Verteilungsschlüssel auf die Kostenstellen verteilt und der Leistungseinheit mithilfe von Zuschlagsprozentsätzen **mittelbar** zugerechnet, z.B. Gehälter, Gemeinkostenmaterial, Abschreibungen, Raumkosten.

Einteilung nach Kostenstellen

a) **Materialkosten:** Sie setzen sich zusammen aus Materialeinzelkosten (Rohstoffeinsatz) und Materialgemeinkosten (Raum- und Personalkosten des Lagers).

b) **Fertigungskosten:** Sie entstehen in den einzelnen Fertigungsstellen und setzen sich zusammen aus Fertigungseinzelkosten (Fertigungslöhne), Fertigungsgemeinkosten (Hilfslöhne, Beleuchtung, Energieverbrauch) und Sondereinzelkosten der Fertigung.

c) **Verwaltungskosten:** Sie entstehen in der Verwaltung, z.B. Gehälter, Postkosten, Steuern. Sie sind in jedem Falle Gemeinkosten.

d) **Vertriebskosten:** Sie entstehen in den Verkaufs- und Versandabteilungen und setzen sich zusammen aus den Vertriebsgemeinkosten (Gehälter, Postkosten, Werbekosten) und den Sondereinzelkosten des Vertriebs.

Einteilung nach dem Verhältnis zur Beschäftigung

a) Nach dem Verhältnis der **Gesamtkosten zur Beschäftigung** (Abschnitt 13.5.5) unterscheidet man (Bild, Seite 414):

1. **Gleichbleibende, feste (fixe) Kosten,** die unabhängig sind vom Beschäftigungsgrad (Seite 425), z. B. Miete für Geschäftsräume, Zinsen für langfristiges Fremdkapital.
2. **Veränderliche (variable) Kosten,** die sich bei steigendem oder sinkendem Beschäftigungsgrad verändern. Dabei können die Veränderungen verschiedene Formen annehmen:
   - **Proportionale Kosten** verändern sich in demselben Verhältnis wie der Beschäftigungsgrad, z.B. Akkordlöhne oder Verbrauch an Fertigungsmaterial.

Beispiele:

Ausbringungsmenge	Gesamtkosten fix	Stückkosten degr.
x	K_f	K_f/x
Stück	EUR	EUR
0	8.000,00	–
2.000	8.000,00	4,00
4.000	8.000,00	2,00
6.000	8.000,00	1,33
8.000	8.000,00	1,00

Ausbringungsmenge	Gesamtkosten prop.	Stückkosten konstant
x	K_v	K_v/x
Stück	EUR	EUR
1.000	500,00	0,50
2.000	1.000,00	0,50
4.000	2.000,00	0,50
6.000	3.000,00	0,50
8.000	4.000,00	0,50

Ausbringungsmenge	Gesamtkosten überprop.	Stückkosten progr.
x	K_v	K_v/x
Stück	EUR	EUR
1.000	1.000,00	1,00
2.000	2.500,00	1,25
4.000	7.000,00	1,75
6.000	13.500,00	2,25
8.000	22.000,00	2,75

Ausbringungsmenge	Gesamtkosten unterprop.	Stückkosten degr.
x	K_v	K_v/x
Stück	EUR	EUR
1.000	10.000,00	10,00
2.000	19.000,00	9,50
4.000	34.000,00	8,50
6.000	45.000,00	7,50
8.000	52.000,00	6,50

Gesamtkosten:

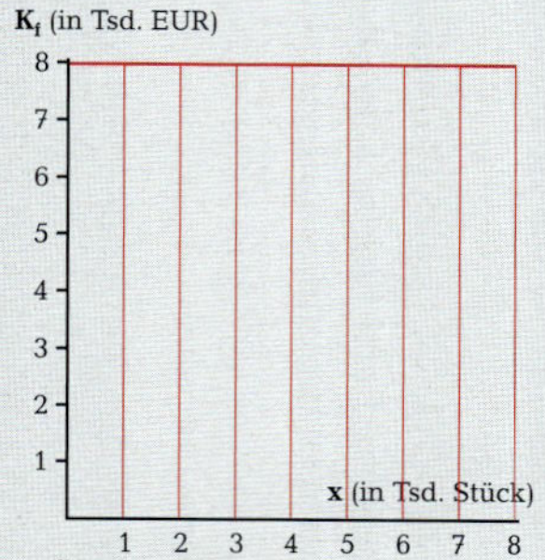

fixe Gesamtkosten

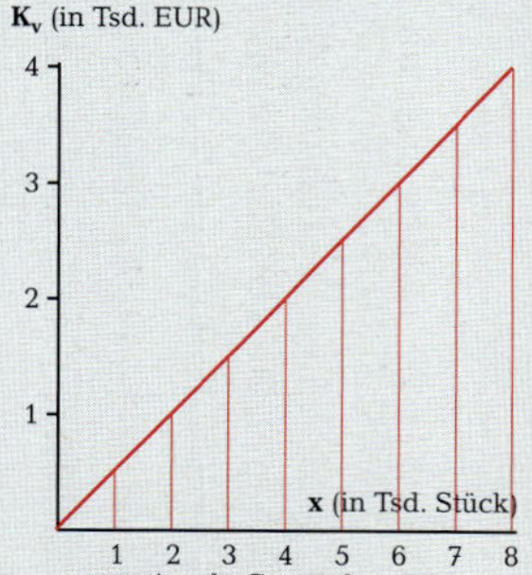

proportionale Gesamtkosten

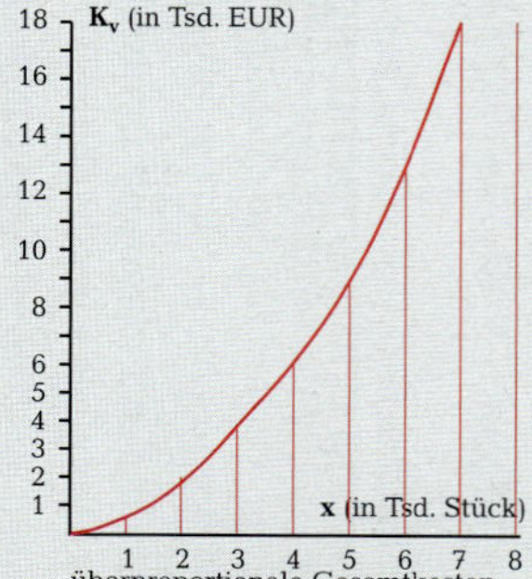

überproportionale Gesamtkosten

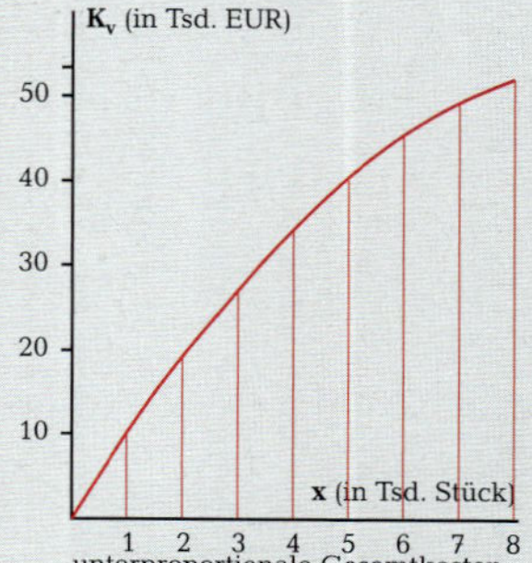

unterproportionale Gesamtkosten

Stückkosten*:

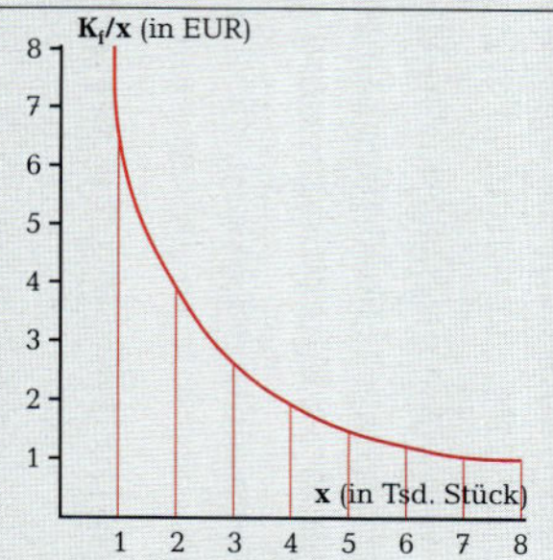

degressive Stückkosten

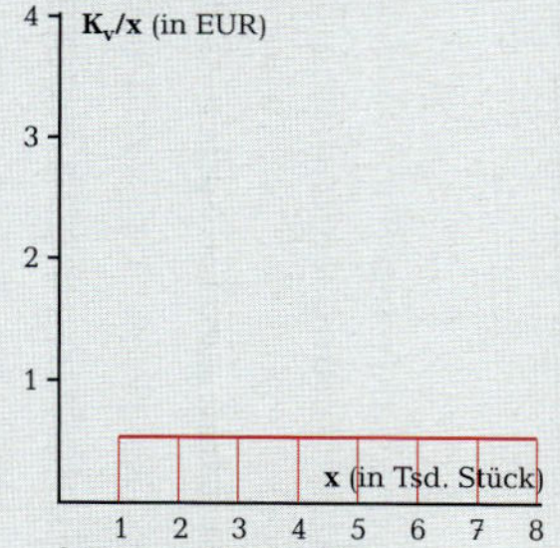

konstante Stückkosten

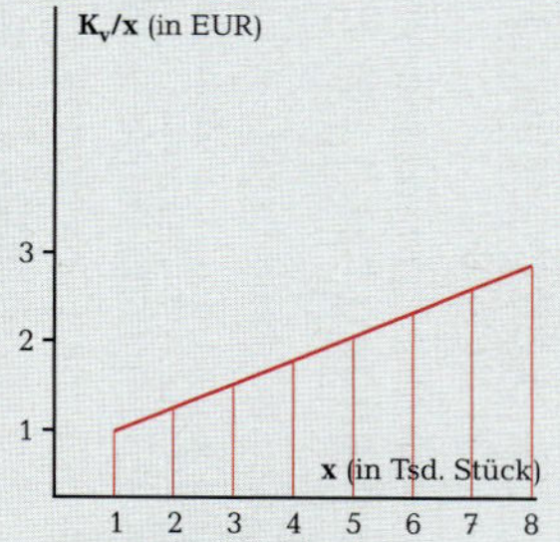

progressive Stückkosten

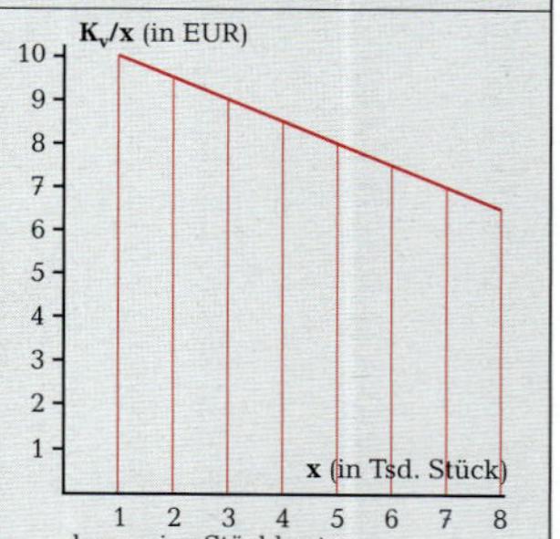

degressive Stückkosten

* Anmerkung: Variable Stückkosten entstehen erst ab der Menge 1.

- **Überproportionale Kosten** steigen oder fallen stärker, als es der Änderung des Beschäftigungsgrades entspricht, z.B. Fertigungslöhne bei Überstundenbezahlung, erhöhte Abschreibungen bei Überbeanspruchung der Anlage.
- **Unterproportionale Kosten** steigen oder fallen schwächer, als es der Änderung des Beschäftigungsgrades entspricht, z.B. Verbilligung des Fertigungsmaterialverbrauchs durch Mengenrabatte, Einsparung von Transportkosten bei Massenversand.

b) Nach dem Verhältnis der **Stückkosten zur Beschäftigung** werden folgende Fälle unterschieden (Bild, Seite 414):

1. Die **fixen Gesamtkosten** verursachen bei *steigendem* Beschäftigungsgrad abnehmende Stückkostenanteile **(degressive Stückkosten)**, bei *sinkendem* Beschäftigungsgrad steigende Stückkostenanteile **(progressive Stückkosten).**
2. Bei **proportionalen Gesamtkosten** bleiben die Stückkostenanteile bei steigendem oder sinkendem Beschäftigungsgrad immer gleich **(konstante Stückkosten).**
3. Die **überproportionalen Gesamtkosten** verursachen **progressive Stückkostenanteile.**
4. Die **unterproportionalen Gesamtkosten** verursachen **degressive Stückkostenanteile.**

13.4.4 Kalkulation im Industriebetrieb

Die **Kalkulation** *dient der Preisberechnung.* Man unterscheidet

a) nach dem Zeitpunkt der Kalkulation

- die **Vorkalkulation.** Sie errechnet die voraussichtlichen Kosten (Sollkosten) und liefert die notwendigen Unterlagen für Preisangebote;
- die **Nachkalkulation.** Sie rechnet mit den tatsächlich entstandenen Kosten (Istkosten), um sie mit den Sollkosten vergleichen zu können (Kostenkontrolle).

b) nach der Kalkulationsmethode

- die einfache **Divisionskalkulation** und die **Äquivalenzzahlenkalkulation** sowie
- die **Zuschlagskalkulation** ohne und mit Maschinenstundensätzen.

Divisionskalkulation

Sie ist nur anwendbar, wenn **eine einzige** Erzeugnisart hergestellt wird (Margarine, Strom, Wasser, Backsteine). Um die Kosten für eine Einheit festzustellen, werden die Gesamtkosten durch die hergestellte Menge geteilt.

Beispiel: $\frac{\text{Gesamtkosten 55.800 EUR}}{\text{hergestellte Menge 124.000 kg}} = 0{,}45 \text{ EUR/kg}$

Äquivalenzzahlenkalkulation (äqui-valent = gleich-wertig)

Sie wird angewendet, wenn ein Betrieb **mehrere gleichartige** Erzeugnisse herstellt, die im Allgemeinen denselben Fertigungsgang haben, sich aber in der Endstufe in Güte, Form, Stärke oder Ausstattung unterscheiden (Seifen, Gemüsekonserven, Limonaden, Chip-Produktion). Diese Unterschiede bedingen Kostenunterschiede. Sie werden mithilfe von Äquivalenzzahlen (Bewertungszahlen, Verhältniszahlen) in die Kalkulation einbezogen):

Sorte:	Leistungsmenge	Äquivalenzzahl	Rechnungseinheiten	Gesamtkosten	Kosten der Leistungseinheit
A	1.250	0,8	1.000	1.500 ↑	0,8 · 1,5 = 1,2
B	2.000	1,0	2.000	3.000	1,0 · 1,5 = 1,5
C	4.000	1,5	6.000	9.000	1,5 · 1,5 = 2,25
			9.000 1 →	13.500 1,5	

Äquivalenzzahlen sind Verhältniszahlen, die angeben, wie sich die Kosten je Einheit der verschiedenen gleichartigen Erzeugnisse zueinander verhalten. Genaue Äquivalenzzahlen lassen sich nur ermitteln aus dem Vergleich der tatsächlich entstandenen Kosten der verschiedenen gleichartigen Erzeugnisse. *Hilfsmittel* zur Bestimmung der Äquivalenzzahlen sind das Verhältnis der Marktpreise oder technischer Größen (Materialverbrauch, Maschinenstunden, Lohnstunden).

Zuschlagskalkulation

Sie wird in Betrieben angewandt, die **mehrere verschiedenartige** Erzeugnisse herstellen (verschiedenartige Möbelstücke, Kleidungsstücke). Die Einzelkosten werden für jedes Erzeugnis direkt erfasst (Fertigungsmaterialverbrauch und Fertigungslöhne). Die Gemeinkosten einzelner *Kostenstellen* werden mithilfe von Prozentsätzen oder Mengensätzen zugeschlagen, weil die Erzeugnisse die einzelnen Kostenstellen unterschiedlich beanspruchen.

Als **Kostenstellen** kommen in Betracht:

Hauptkostenstellen (Endkostenstellen):
- Materialstellen (Einkauf, Lagerung und Abgabe der Materialien),
- Fertigungsstellen (Gießerei, Schlosserei, Dreherei),
- Verwaltungsstellen (Geschäftsleitung, Buchhaltung),
- Vertriebsstellen (Verkaufsabteilung, Werbeabteilung).

Hilfskostenstellen (Vorkostenstellen):
- Allgemeine Hilfskostenstellen (Grundstücke, Gebäude, Kraftversorgung),
- Besondere Hilfskostenstellen (Reparaturwerkstätte, technisches Büro, Werkzeugmacherei).

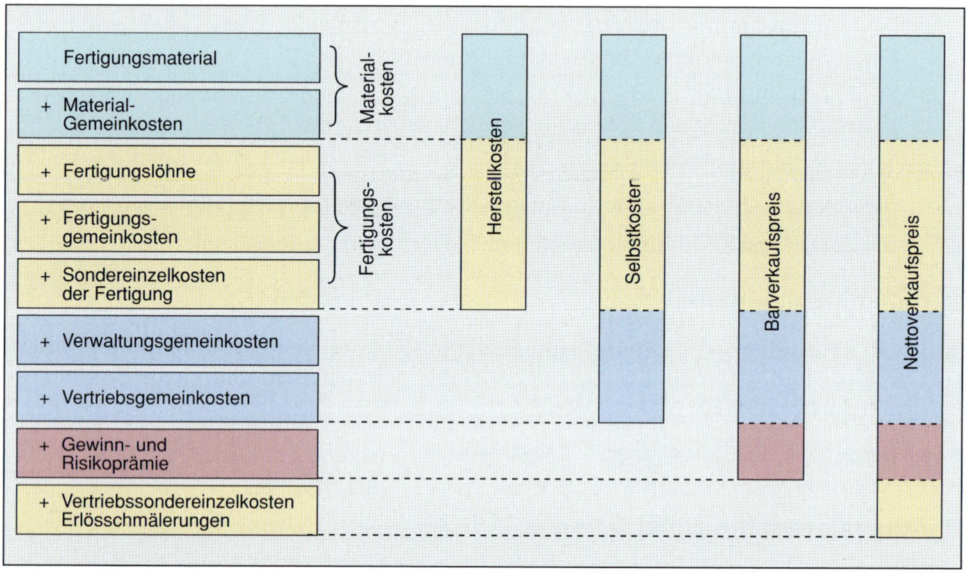

Beispiel: Durchführung einer Kostenstellen-Zuschlagskalkulation

1. **Verteilung** der in der Kontenklasse 4 erfassten Gemeinkosten mithilfe eines **Betriebsabrechnungsbogens** (BAB) auf die verschiedenen Kostenstellen (Bild, Seite 417). Dabei werden verschiedene Verteilungsschlüssel (z.B. m^2, Zahl der Beschäftigten) herangezogen.

2. **Berechnung der Zuschlagssätze.** Die im Betriebsabrechnungsbogen gewonnenen Kostengruppen (Material-, Fertigungs-, Verwaltungs- und Vertriebsgemeinkosten) werden in ein Prozentverhältnis zu den gegebenen Einzelkosten (Fertigungsmaterialverbrauch und Fertigungslöhne) oder zu anderen Kostengruppen gebracht (Bild, Seite 417).

3. **Berechnung des Nettoverkaufspreises**

   Aufgabe: Berechnen Sie den Nettoverkaufspreis eines Erzeugnisses, für das 500 EUR Fertigungsmaterial, 210 EUR Fertigungslöhne I und 160 EUR Fertigungslöhne III aufgewendet werden. Die Fertigungsgemeinkosten sind auf die Löhne, die Verwaltungs- und Vertriebsgemeinkosten auf die Herstellkosten zuzuschlagen; 10% Gewinn und 4% Verkaufsprovision sind einzurechnen.

Lösung:

		EUR	EUR	EUR
a)	**Materialkosten**			
	Fertigungsmaterialverbrauch	500,00		
	MGK-Zuschlag 5,8 %	29,00		529,00
b)	**Fertigungskosten**			
	Fertigungslöhne I	210,00		
	FGK-Zuschlag 292,0%	613,20	823,20	
	Fertigungslöhne III	160,00		
	FGK-Zuschlag 211,0%	337,60	497,60	1.320,80
c)	**Herstellkosten**			1.849,80
	VwGK-Zuschlag 15,3% der Herstellkosten		283,02	
	VtGK-Zuschlag 2,0% der Herstellkosten		37,00	320,02
d)	**Selbstkosten**			2.169,82
	Gewinnzuschlag 10,0%			216,98
e)	**Barverkaufspreis**			2.386,80
	Erlösschmälerung 4,0% (i.H.)			99,45
f)	**Nettoverkaufspreis**			2.486,25

Addiert man zum Nettoverkaufspreis die Umsatzsteuer, so ergibt sich der Bruttoverkaufspreis.

Kostenarten	**Zahlen der Buchf.**	**Allgem. Kostenstellen**	**Fertigungsstellen**			**Fert. Hilfsstellen**	**Materialstellen**	**Verwaltungsstellen**	**Vertriebsstellen**
			I	**II**	**III**				
Hilfslöhne	300	20	90	80	60	10	15	5	20
Gehälter	2.000	30	100	80	70	40	60	1.500	120
Gemeink.-Material	80	5	20	15	15	5	5	10	5
Steuern, Abgaben	50	–	–	–	–	–	–	50	–
Versch. Kosten	70	5	10	10	5	5	10	15	10
Abschreibungen	3.000	40	1.300	900	685	30	10	20	15
Instandhaltung	1.000	8	450	320	186	10	12	6	8
Zinsen	400	20	140	115	100	5	4	10	6
Raumkosten	500	47	160	140	88	10	20	24	11
Energieverbrauch	600	5	250	200	121	5	4	10	5
Summen	8.000	180	2.520	1.860	1.330	120	140	1.650	200
Umlage der Allg. Kostenstellen		→	50	40	35	20	5	15	15
Umlage der Fertigungs-Hilfsstellen			60	55	25	←			
		Gemeinkosten	2.630	1.955	1.390		145	1.665	215
Zuschlagsbasis:			**Zuschlagssätze:**						
Fert. Material	2.500		105,2%	78,2%	55,6%		5,8%		
MGK	145								
Materialkosten		2.645							
F.Löhne I	900		292 %						
F.Löhne II	740			264 %					
F.Löhne III	660				211 %				
FGK	5.975								
Fertigungskosten		8.275						20,1%	2,6%
Herstellkosten		10.920						15,3%	2 %

Zuschlagskalkulation mit Maschinenstundensätzen

Bei dieser Kalkulationsmethode werden aus den Fertigungsgemeinkosten die maschinenabhängigen Kosten ausgegliedert und in einem Maschinenstundensatz zugeschlagen (Bild unten). Die verbleibenden FGK *(Restgemein-, Meisterschafts-, Regiekosten)* werden dann wie bei den anderen Zuschlagsverfahren in einem Prozentsatz (meist auf die Löhne) zugerechnet.

Dieses Verfahren ist notwendig geworden, weil die Höhe der FGK heute weitgehend durch den vermehrten Einsatz von Maschinen bestimmt wird und die entsprechend zurückgegangenen Fertigungslöhne sich nicht mehr als Zuschlagsbasis für alle FGK eignen.

Beispiel: Durchführung einer Zuschlagskalkulation mit Maschinenstundensätzen

1. Ermittlung des Maschinenstundensatzes

Die unmittelbar mit dem Einsatz der Maschinen verbundenen Fertigungsgemeinkosten (Abschreibungen, Instandhaltungen, Zinsen, Raumkosten und Energieverbrauch) werden auf einer **Maschinenstundensatz-Karte** unter Berücksichtigung der voraussichtlichen Nutzungsdauer auf die Laufstunde der Maschine bezogen.

Maschinenstundensatz-Karte		
Laufende Nr. 23	Anschaffungskosten:	120.000 EUR
Bezeichnung: Stanz- und Bohrwerk	Wiederbeschaffungskosten:	120%
Standort: Werkhalle II	Nutzungsdauer:	10 Jahre
Anschaffungsjahr: 2010	monatliche Stundenleistung:	150 Std.
	Gesamtstundenleistung:	18.000 Std.

Kostenart	Berechnungsbasis	Wertansatz	Betrag EUR
Abschreibung	$\frac{\text{Wiederbeschaffungskosten}}{\text{Gesamtstundenleistung}}$	$\frac{144.000}{18.000}$	8,00
Instandhaltung Reparatur	40% des Abschreibungssatzes	$\frac{8 \cdot 40}{100}$	3,20
Zinsen	6% von $\frac{\text{halbe Wiederbeschaffungskosten}}{\text{jährliche Stundenleistung}}$	$\frac{72.000 \cdot 6}{1.800 \cdot 100}$	2,40
Raumkosten	50 m^2 Arbeitsfläche zu je 13,50 EUR monatlich	$\frac{50 \cdot 13,50}{150}$	4,50
Energieverbrauch	5 kWh zu je 0,18 EUR		0,90
Maschinenstundensatz			**19,00**

Maschinen mit ungefähr gleichem Maschinenstundensatz werden unabhängig von ihrem Standort zu einer Maschinengruppe zusammengefasst (z.B. Maschinengruppe A bis zu einem Stundensatz von 15 EUR, Gruppe B bis zu 20 EUR usw.).

2. Verteilung der Restgemeinkosten

Die nach der Ausscheidung der Maschinenkosten verbleibenden Restgemeinkosten werden nach dem bisherigen Verfahren auf dem BAB verteilt (Bild, Seite 419).

3. Berechnung der Zuschlagssätze für die Fertigungsstellen (Meisterschaften)

	F. Stelle I	F. Stelle II	F. Stelle III
Fertigungslöhne	900	740	660
Rest-FGK (Regiekosten)	950	795	560
Regie-Zuschlag auf Fertigungslöhne	106%	107%	85%

Da sich die Zuschlagssätze von der Stelle I mit 106 % und Stelle II mit 107 % nur unwesentlich voneinander unterscheiden, werden diese beiden Stellen zu einer Meisterschaft zusammengefasst und gemeinsam verrechnet.

4. Berechnung der Herstellkosten unter Berücksichtigung von Maschinenstundensätzen

Aufgabe: Die Aufgabe aus Beispiel 3, Seite 417 wird ergänzt:
Im Unternehmen bestehen 4 Maschinengruppen : A bis 15 EUR, B bis 20 EUR, C bis 25 EUR und D bis 31,20 EUR. Zur Bearbeitung des Erzeugnisses werden 7 Stunden in Gruppe A, 5 Stunden in Gruppe B und 8 Stunden in Gruppe D benötigt.

Kostenarten	Zahlen der Buchf.	Maschinenkosten Gruppen				Rest-gemein-kosten	Allgem. Kosten-stellen	Fertigungsstellen			Fert.-Hilfs-stellen	Mate-rial-stellen	Verwal-tungs-stellen	Ver-triebs-stellen
		A	B	C	D			I	II	III				
Hilfslöhne	300					300	20	90	80	60	10	15	5	20
Gehälter	2.000					2.000	30	100	80	70	40	60	1.500	120
Gemeink.-Material	80					80	5	20	15	15	5	5	10	5
Steuern, Abgaben	50					50	–	–	–	–	–	–	50	–
Versch. Kosten	70					70	5	10	10	5	5	10	15	10
Abschreibungen	3.000	390	500	550	700	860	40	280	265	200	30	10	20	15
Instandhaltung	1.000	80	150	200	300	270	8	100	69	57	10	12	6	8
Zinsen	400	15	20	40	50	275	20	140	60	30	5	4	10	6
Raumkosten	500	40	35	60	80	285	47	62	74	37	10	20	24	11
Energieverbrauch	600	80	100	130	150	140	5	38	47	26	5	4	10	5
Summen	8.000	605	805	980	1.280	4.330	180	840	700	500	120	140	1.650	200
Umlage der Allgem. Kostenstellen →								50	40	35	20	5	15	15
Umlage der Fertigungs-Hilfsstellen								60	55	25	←			
Restgemeinkosten								950	795	560		145	1.665	215

		EUR	EUR	EUR
a)	**Materialkosten**			
	Fertigungsmaterialverbrauch		500,00	
	MGK 5,8 %		29,00	529,00
b)	**Fertigungskosten**			
	Fertigungslöhne I	210,00		
	Regiekosten I 106,0%		222,60	
	Fertigungslöhne III	160,00		
	Regiekosten III 85,0%	136,00	728,60	
	Maschinenkosten Gruppe A: 7 Std. zu je 15,00 EUR	105,00		
	Gruppe B: 5 Std. zu je 20,00 EUR	100,00		
	Gruppe D: 8 Std. zu je 31,20 EUR	249,60	454,60	1.183,20
c)	**Herstellkosten**			1.712,20

13.4.5 Deckungsbeitragsrechnung (Bild, Seite 420)

Die **Deckungsbeitragsrechnung (Teilkostenrechnung, direct costing)** beruht auf der Erkenntnis, dass der Erlös (Preis) einer Leistung nicht in jedem Fall die gesamten Stückkosten decken muss. Man berechnet deswegen zunächst **nur die variablen Kosten** der einzelnen unterschiedlichen Leistungseinheiten und vergleicht diese mit den erzielbaren Stückpreisen. Für die Produktion ergeben sich aus diesem Vergleich verschiedene Folgerungen:

a) Die Produktion ist unwirtschaftlich, wenn die variablen Stückkosten größer als der Stückpreis sind.

b) Die Produktion ist riskant, wenn die variablen Stückkosten gleich dem Stückpreis sind. In diesem Falle müsste auf eine Erstattung der fixen Kosten verzichtet werden. Das ist jedoch nur zeitweilig möglich oder nur dann, wenn andere Produktionsbereiche die Deckung der fixen Kosten für diesen Produktionsbereich (bzw. Produktbereich) mit übernehmen können (Beispiel – Fall 1).

c) Die Produktion wird wirtschaftlich, wenn die variablen Stückkosten kleiner als der Stückpreis sind. In diesem Falle ergibt sich nämlich ein Überschussbetrag, der zur

Deckung der fixen Kosten verwendet werden kann. Man nennt ihn **Deckungsbeitrag.** Die Deckungsbeiträge der unterschiedlichen Leistungseinheiten werden je nach Struktur der variablen Kosten und je nach den erzielbaren Marktpreisen unterschiedlich hoch sein (Beispiel – Fälle 2 und 3).

d) Die Produktion ist wirtschaftlich, wenn die Summe aller Deckungsbeiträge nicht nur die gesamten fixen Kosten des Betriebes (Fixkostenblock) deckt, sondern auch noch einen mehr oder minder hohen Gewinn abwirft (Beispiel – Fall 4).

Beispiele:

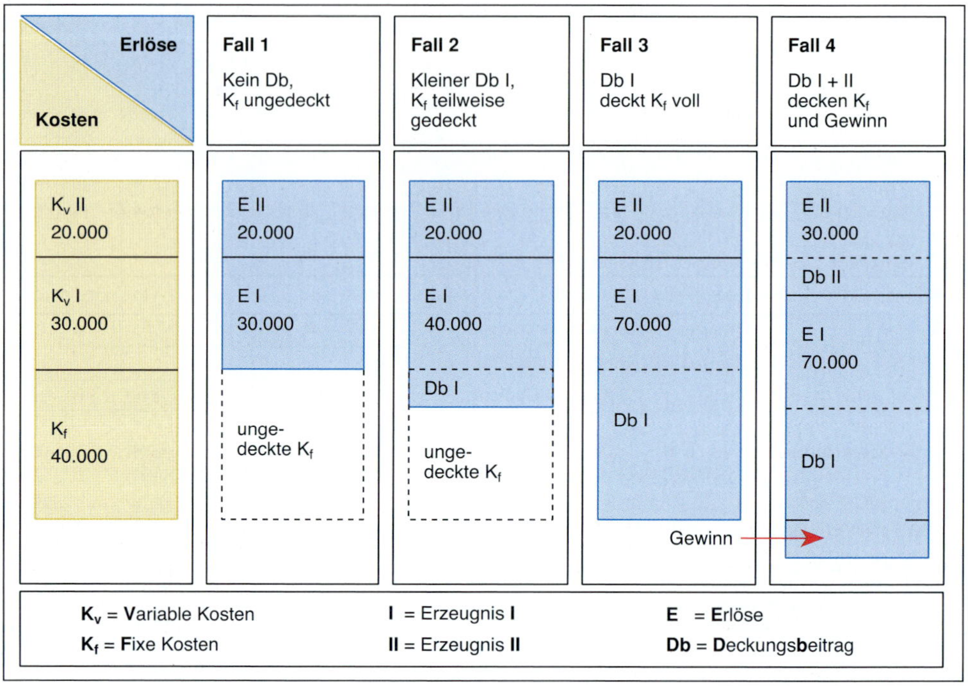

13.4.6 Prozesskostenrechnung

Die Prozesskostenrechnung ist ein Instrumentarium, das versucht, die wachsenden Gemeinkostenanteile in einem Unternehmen verursachungsgerechter zu verrechnen.

Dabei wird davon ausgegangen, dass das betriebliche Geschehen eine Abfolge von Leistungsprozessen darstellt. Die Kosten für diese Teilprozesse sind zu ermitteln und anschließend den Kostenträgern (Produkt, Dienstleistung) zuzurechnen. Während die Gemeinkosten bisher mittels eines Gemeinkostenzuschlagssatzes zugeschlagen wurden, werden die Prozesskosten mithilfe eines Prozesskostenzuschlagssatzes zugeschlagen.

Die Prozesskostenrechnung **erfasst** sich **wiederholende Arbeitsvorgänge** des indirekten Bereichs und **bestimmt** die dafür entstandenen **Stückkosten der Inanspruchnahme.**

Beispiel für den indirekten Bereich Material:

	A	B	C	D
1	Produzierte Menge (Stück):	2.500		
2	Prozesskostensatz (EUR):	86,00		
3				
4	**Zuschlagskalkulation (herkömmlich; in EUR)**		**Prozesskostenrechnung (in EUR)**	
5	Materialeinzelkosten	1.000.000,00	Materialeinzelkosten	1.000.000,00
6	+ Materialgemeinkosten (40 %)	400.000,00	+ Prozesskosten (Prozesskostensatz x Menge)	215.000,00
7	= Materialkosten	1.400.000,00	+ Rest-Materialgemeinkosten (14 %)	140.000,00
8			= Materialkosten	1.355.000,00
9	Materialkosten pro Stück	560,00	Materialkosten pro Stück	542,00

1. Ein Möbelhersteller produziert Büroschränke.
   a) Welche Kostenarten sind in den Selbstkosten enthalten?
   b) Welche Kostenarten sind Einzel-, welche Gemeinkosten?
   c) Welche Kostenarten sind fixe, welche variable Kosten?
2. In einer Strategiesitzung mehrerer Unternehmerverbände werden Auswirkungen auf die Kostenstrukturen diskutiert, die durch Tarifverhandlungen und anschließende mögliche Konsequenzen in den Unternehmen entstehen können.
   a) Erläutern Sie in den folgenden Fällen die möglichen Auswirkungen auf die Höhe der Stückkosten:
      - Die Maschinenlaufzeiten werden um fünf Stunden pro Woche erhöht.
      - Die Arbeitszeit wird bei vollem Lohnausgleich um zwei Stunden pro Woche erhöht.
      - Die Automatisierung in den Betrieben soll vorangetrieben werden.
   b) Zeigen Sie an einem Beispiel auf, welche Gefahr bei einem hohen Anteil an fixen Kosten bei Beschäftigungsrückgang besteht.
   c) Welche Branchen bzw. Betriebe werden von der unter b) dargestellten Situation besonders betroffen?
3. Ein Unternehmen arbeitet mit 120.000 EUR fixen Kosten und 150.000 EUR proportional-variablen Kosten bei einer Ausbringung von 10.000 Stück. Berechnen Sie die Stückkosten bei einer Ausbringung von
   a) 12.000 Stück,
   b) 6.000 Stück.
4. Die Statistik eines Unternehmens liefert folgende Daten:
   Gesamte Ausbringungsmenge im Abrechnungszeitraum 3.000 Stück, Fixkosten dieser Ausbringung 180.000 EUR, variable Kosten je Leistungseinheit 320 EUR.
   a) Stellen Sie fest, welchen Preis das Unternehmen für eine Leistungseinheit (Stück) am Markt mindestens erzielen muss, damit es keinen Verlust erleidet.
   b) Wie viel Gewinn je Stück und insgesamt würde das Unternehmen bei unveränderter Kostensituation erzielen, wenn es einen Preis von 390 EUR festsetzt und dabei 4.000 Stück herstellen und verkaufen könnte?
5. Eine Waschmaschine kostet 900 EUR. Jeder Waschgang verursacht an laufenden Kosten (Waschmittel, Strom, Wasser) 1 EUR. Es ist damit zu rechnen, dass während der Gesamtnutzungsdauer der Maschine für Reparaturen und Ersatzteile 300 EUR anfallen. Ab wie viel Waschgängen lohnt sich die Anschaffung einer eigenen Waschmaschine, wenn in der Wäscherei für einen Waschgang ein Preis von 3 EUR zu zahlen wäre? Eigene Arbeitskosten werden nicht berücksichtigt.
6. Mit welchen Maßnahmen können Sie niedrigeren Preisen der Konkurrenz entgegenwirken?
7. Eine Limonadenfabrik stellt pro Quartal
   - 2.000 hl Zitronenlimonade,
   - 4.000 hl Orangenlimonade,
   - 1.000 hl Grapefruitlimonade her.

   Die Kosten für die drei Getränkesorten verhalten sich zueinander wie 1,2 : 1 : 1,5.

   Die Gesamtkosten im Vierteljahr belaufen sich auf 395.000 EUR.

   Berechnen Sie die Kosten pro Liter der drei verschiedenen Limonaden mithilfe der Äquivalenzzahlenkalkulation.
8. Ein Industriebetrieb arbeitet mit folgenden Zuschlagssätzen:

Materialgemeinkosten:	10%
Rest-Fertigungsgemeinkosten	25%
Maschinenstundensatz	19,00 EUR
Verwaltungsgemeinkostenzuschlagssatz	$8\,^{1}/_{3}$%
Vertriebsgemeinkostenzuschlagssatz	5%
Gewinnzuschlag	8%
Kundenskonto	2,5% (im Hundert zugeschlagen)

   a) Berechnen Sie den Zielverkaufspreis eines Erzeugnisses, für das 20 EUR Fertigungsmaterial, 18 EUR Fertigungslohn und $^{1}/_{2}$ Maschinenstundensatz verrechnet werden.
   b) Aus Konkurrenzgründen muss der Zielverkaufspreis um 5% gesenkt werden.
      aa) Wie verändert sich der Gewinnzuschlag in EUR und in Prozent, wenn die restlichen Bedingungen unverändert bleiben?
      bb) Welchen Preis kann das Unternehmen für das Fertigungsmaterial nur bezahlen, wenn sämtliche weiteren Bedingungen unverändert bleiben?
9. Ein Unternehmen arbeitet mit Fixkosten von 250.000 EUR. Die proportional-variablen Stückkosten betragen 20 EUR für das Erzeugnis I und 24 EUR für das Erzeugnis II. Von Erzeugnis I werden gegenwärtig 12.500 Stück zu einem Stückpreis von 30 EUR, von Erzeugnis II 10.000 Stück zu 40 EUR je Stück produziert und abgesetzt.

a) Berechnen Sie die Deckungsbeiträge pro Stück der Erzeugnisse I und II.

b) Berechnen Sie den gesamten Deckungsbeitrag sowie das Betriebsergebnis.

c) Auf welchen Betrag könnte der Preis von Erzeugnis II herabgesetzt werden, wenn auf Gewinn verzichtet wird?

10. Ein Industriebetrieb mit einer normalen Kapazität von wöchentlich 10.000 Einheiten arbeitet mit einem Beschäftigungsgrad von 80%.

Kalkulation für 8.000 Einheiten (in EUR):

		variabel	fix
Materialverbrauch	60.000	60.000	
Energieverbrauch	8.000	8.000	
Fertigungslöhne	16.000	16.000	
Gemeinkosten	64.000	12.000	52.000
Selbstkosten	148.000	96.000	52.000

a) In dieser Kostensituation hat die Geschäftsleitung zu entscheiden, ob sie einen zusätzlichen Auftrag, wöchentlich 1.000 Einheiten zum Preis von 15 EUR ab Werk zu liefern, annimmt.

b) Wie entscheiden Sie, wenn Sie den Auftrag zu Vollkosten kalkulieren würden?

11. Ein Unternehmen der Holz verarbeitenden Industrie stellt Paletten für einen Versandlogistiker in der Region her. Die Kapazität des Unternehmens beträgt 9.500 Maschinenstunden und wird ausschließlich für die beiden unterschiedlichen Palettenarten PAL 1 und PAL 2 eingesetzt.

Aus der Kostenrechnung liegen für die Abrechnungsperiode folgende Daten vor:

	PAL 1	PAL 2
Absatz und Produktion (in Stück je Jahr)	75.000	68.000
Ausbringungsmenge pro Maschinenstunde (Stück)	19,20	18,80
variable Kosten pro Stück (EUR)	2,50	2,20
Erlös pro Stück (EUR)	4,00	3,60

a) Errechnen Sie den Beschäftigungsgrad und den Deckungsbeitrag für diesen Produktionsbereich des Unternehmens (vgl. Abschnitt 13.5.5).

b) Ein möglicher neuer Kunde bietet einen Preis von 3,80 EUR. Dabei ist es für ihn belanglos, welche Palettenart geliefert wird. Aus organisatorischen Gründen kann die Kapazität des Unternehmensbereichs allerdings nur zu 92% ausgelastet werden.

Errechnen Sie den möglichen Zusatzgewinn, wenn der Nachfragewunsch des Kunden erfüllt wird.

13.5 Mess- und Richtzahlen

Messzahlen geben das Verhältnis der verschiedenen Tatbestände des Betriebsgeschehens wieder, z.B. das Verhältnis von Eigen- und Fremdkapital oder die Beziehung von Umsatz und Gewinn.

Richtzahlen werden als Mittelwerte aus den Messzahlen verschiedener Betriebe desselben Geschäftszweiges gewonnen. Durch einen Vergleich der eigenen Messzahlen mit den Richtzahlen der Branche können Abweichungen festgestellt und entsprechende Maßnahmen getroffen werden.

Beide Zahlenwerte dienen dazu, den Aufbau, die Entwicklung und die Leistung des Betriebes zu überwachen und für die Planung die notwendigen Unterlagen zu beschaffen.

13.5.1 Rentabilität

Unter **Rentabilität** versteht man das *Verhältnis des Gewinns zum Kapitaleinsatz.* Bei Personenunternehmungen ist vom Gewinn zuvor der kalkulatorische Unternehmerlohn abzuziehen.

Nimmt man zum Vergleich nur das *Eigenkapital,* so ergibt sich die **Eigenkapitalrentabilität:**

$$\textbf{Eigenkapitalrentabilität} = \frac{\textbf{Gewinn}}{\textbf{Eigenkapital}} \cdot 100$$

Legt man das *Eigen- und Fremdkapital* der Berechnung zugrunde und *fügt den Zinsaufwand für das Fremdkapital dem Gewinn hinzu,* so ergibt sich die **Gesamtkapitalrentabilität:**

$$\textbf{Gesamtkapitalrentabilität} = \frac{\textbf{(Gewinn + Fremdkapitalzinsen)}}{\textbf{Gesamtkapital}} \cdot \textbf{100}$$

Beispiel:

Eigenkapital	300.000 EUR	} Gesamtkapital
Fremdkapital	200.000 EUR	
Gewinn	40.000 EUR	
Fremdkapitalzinsen	10.000 EUR	

Rentabilität des Eigenkapitals: $= \frac{40.000 \text{ EUR}}{300.000 \text{ EUR}} \cdot 100 = 13^1/_3\,\%$

Rentabilität des Gesamtkapitals: $= \frac{40.000 \text{ EUR} + 10.000 \text{ EUR}}{500.000 \text{ EUR}} \cdot 100 = 10\%$

Aus dem *Verhältnis des Gewinns zu den Verkaufserlösen* ergibt sich die **Umsatzrentabilität:**

$$\textbf{Umsatzrentabilität} = \frac{\textbf{Gewinn}}{\textbf{Verkaufserlöse}} \cdot \textbf{100}$$

13.5.2 Wirtschaftlichkeit

Wirtschaftlichkeit ist das *Verhältnis von Ertrag zu Aufwand* (Leistung zu Kosten):

$$\textbf{Wirtschaftlichkeit} = \frac{\textbf{Ertrag}}{\textbf{Aufwand}} \textbf{ bzw. } \frac{\textbf{Leistung}}{\textbf{Kosten}}$$

Beispiel:

	Produkt A	*Produkt B*
Verkaufserlös	40.000 EUR	24.000 EUR
Gesamtaufwand	25.000 EUR	16.000 EUR
Wirtschaftlichkeit	$\frac{40.000 \text{ EUR}}{25.000 \text{ EUR}} = 1{,}6$ oder 160%	$\frac{24.000 \text{ EUR}}{16.000 \text{ EUR}} = 1{,}5$ oder 150%

Der Betrieb muss bestrebt sein, nach dem Wirtschaftlichkeitsprinzip zu arbeiten, d.h., mit den eingesetzten Mitteln den größtmöglichen Erfolg (Maximalprinzip) oder einen bestimmten Erfolg mit dem geringsten Einsatz zu erzielen (Minimalprinzip).

13.5.3 Produktivität

Produktivität ist das Verhältnis zwischen erzielter Leistung und dafür aufgewendetem Einsatz. Sie wird gemessen an der Leistung (Ausbringung) je Tag, je Stunde, je Arbeiter, je Maschine, je eingesetztem Euro.

$$\textbf{Produktivität} = \frac{\textbf{Leistung (Ausbringung in Stück, m, kg)}}{\textbf{Einsatz von Materialmenge, Arbeitszeit, Produktionsmitteln, Kapital}}$$

Die Produktivität ist von der Wirtschaftlichkeit und der Rentabilität zu unterscheiden. Ausschlaggebend allein ist die **mengenmäßige Leistung.** Ein Betrieb kann außerordentlich produktiv sein, ohne wirtschaftlich und ohne rentabel zu arbeiten; dies ist auch umgekehrt möglich.

13.5.4 Liquidität

Der Begriff **Liquidität** wird in doppelter Bedeutung gebraucht:

a) **Liquidität als Eigenschaft eines Vermögensgegenstandes,** mehr oder weniger leicht in bares Geld umgewandelt zu werden. Danach unterscheidet man:

1. **Liquide (flüssige) Mittel l. Ordnung,** die sofort greifbar sind, z.B. bares Geld und Bankguthaben, diskontierbare Wechsel (Barliquidität);
2. **Liquide Mittel 2. Ordnung,** die innerhalb von 3 Monaten flüssig gemacht werden können, z.B. Kundenforderungen, Wertpapiere (einzugsbedingte Liquidität);
3. **Liquide Mittel 3. Ordnung,** die erst nach längerer Zeit als flüssige Mittel zur Verfügung stehen, z.B. unfertige und fertige Erzeugnisse, Roh- und Hilfsstoffe (umsatzbedingte Liquidität);
4. **Illiquide Mittel,** die nur sehr schwer in Bargeld umgewandelt werden können, z.B. Grundstücke, Gebäude, Maschinen.

b) Liquidität als Zahlungsbereitschaft eines Betriebes, Zahlungsverpflichtungen pünktlich erfüllen zu können. Man erhält sie durch Vergleich der flüssigen Mittel mit den kurzfristigen Verbindlichkeiten. Je nachdem, welche flüssigen Mittel zugeordnet werden, unterscheidet man folgende Liquiditätsgrade:

1. **Liquidität I. Grades (Barliquidität):**

$$\frac{\text{flüssige Mittel 1. Ordnung}}{\text{kurzfristige Verbindlichkeiten}} \cdot 100 = \frac{15.000 \text{ EUR}}{50.000 \text{ EUR}} \cdot 100 = 30\%$$

2. **Liquidität II. Grades (einzugsbedingte Liquidität):**

$$\frac{\text{flüssige Mitel 1. + 2. Ordnung}}{\text{kurzfristige Verbindlichkeiten}} \cdot 100 = \frac{60.000 \text{ EUR}}{50.000 \text{ EUR}} \cdot 100 = 120\%$$

3. **Liquidität III. Grades (umsatzbedingte Liquididtät):**

$$\frac{\text{fl. Mittel 1. + 2. + 3. Ordnung}}{\text{kurzfristige Verbindlichkeiten}} \cdot 100 = \frac{90.000 \text{ EUR}}{50.000 \text{ EUR}} \cdot 100 = 180\%$$

Liquiditäts-Status

Anlagevermögen (illiquid)	4. Ordnung	EUR 80.000	Eigenkapital und Rücklagen	EUR 90.000
Roh- und Hilfsstoffe Fertigerzeugnisse Unfertige Erzeugnisse	3. Ordnung	20.000 7.000 3.000	Langfristige Verbindlichkeiten	30.000
Kundenforderungen Wechsel Wertpapiere	2. Ordnung	30.000 10.000 5.000	Kurzfristige Verbindlichkeiten Lieferer, Schuldwechsel in 1 – 3 Monaten fällig	30.000
Bankguthaben Kassenbestand	1. Ordnung	14.000 1.000	In den nächsten Tagen fällige Zahlungen Lieferer, Schuldwechsel	20.000

13.5.5 Kapazität und Beschäftigungsgrad

Kapazität

Die **Kapazität** ist das Ergebnis des Zusammenwirkens aller Faktoren der Leistungserstellung.

Sie ist abhängig

- von der Zahl und der Leistungsfähigkeit der technischen Betriebsmittel,
- von der Zahl und der Leistungsfähigkeit der Arbeitskräfte,
- von der Verfügbarkeit über Werkstoffe und Energie,
- von der Leistungsfähigkeit des dispositiven Faktors, d.h. von der Art und Weise, wie die Elementarfaktoren durch die leitenden Organe zum Zwecke optimaler Gestaltung der Leistungserstellung kombiniert werden.

Folgende **Arten der Kapazität** sind zu unterscheiden:

a) Maximalkapazität ist die technisch bedingte obere Leistungsgrenze eines Betriebes oder einer Maschine, also die höchstmögliche Ausbringung. Die Ausnutzung der Maximalkapazität führt zu progressiv steigenden Kosten (Verschleiß, Gefahr geringerer Präzision, hohe Ausschussquoten).

b) Minimalkapazität ist die technisch bedingte untere Leistungsgrenze eines Betriebes oder einer Maschine. Sie kann aus technischen oder wirtschaftlichen Gründen nicht unterschritten werden, wenn der Betrieb funktionsfähig sein soll (Mindestgeschwindigkeit eines Fließbandes, Untergrenze der Beschäftigung).

c) Optimalkapazität ist die technisch und kostenmäßig bestmögliche Inanspruchnahme der Maschinen und Anlagen. Bei Optimalkapazität weist die Maschine oder Anlage ein besonders günstiges Verhältnis zwischen erzielten Leistungen und dafür entstandenen Kosten aus.

d) Normalkapazität ist das Leistungsvermögen eines Betriebes

- bei technisch und kostenmäßig optimaler Inanspruchnahme der Maschinen und Anlagen,
- bei auf durchschnittlicher Beschäftigung ausgerichteter Besetzung der Arbeitsplätze
- und bei dauerhaft erbringbaren Leistungen der Stammbelegschaft.

e) Genutzte Kapazität ist die effektive Leistung, gemessen in Leistungseinheiten, die tatsächlich erstellt wurde. Sie wird auch **Ausbringungsmenge** genannt.

Die Kapazität kann auch auf einzelne Faktoren bezogen werden. Dann spricht man z.B. von **Anlagekapazität** und **Arbeitskapazität.**

Beschäftigungsgrad

Das Verhältnis von genutzter Kapazität zur Bezugsgrundlage (normale oder maximale Kapazität) ergibt den **Beschäftigungsgrad.** Er wird normalerweise in einem Prozentsatz ausgedrückt.

$$\textbf{Beschäftigungsgrad} = \frac{\textbf{genutzte Kapazität}}{\textbf{normale oder maximale Kapazität}} \cdot 100$$

Beispiel: Im Vierteljahr könnte ein Textilbetrieb bei voller Auslastung seiner Normalkapazität 10.000 Herrenhemden »ausbringen«. Wegen der Konkurrenz aus dem Fernen Osten und der damit verbundenen schwierigen Absatzlage werden aber nur 6.000 Hemden gefertigt.

Der Beschäftigungsgrad ist in diesem Falle: $\frac{6.000 \text{ Hemden}}{10.000 \text{ Hemden}} \cdot 100 = 60\%$

1. Wie hoch ist die Rentabilität des Eigen- und Gesamtkapitals einer Unternehmung, die bei 500.000 EUR Eigenkapital und 100.000 EUR Fremdkapital einen Gewinn von 80.000 EUR ausweist? Für die Fremdkapitalzinsen sind 6.000 EUR bereits verrechnet. Als kalkulatorischer Unternehmerlohn werden 18.000 EUR angesetzt.
2. Wie hoch ist die Umsatzrentabilität bei einem Gesamtaufwand von 5,1 Mio. EUR, einem Gesamtertrag von 5,2 Mio. EUR und 5 Mio. EUR Verkaufserlösen?
3. Warum ist es möglich, dass trotz hoher Wirtschaftlichkeit die Rentabilität gering ist?
4. Die Möbelfabrik Ahorn GmbH, die sich auf die Fertigung von Einbauküchen spezialisiert hat, stellte auf 5.000 m^2 Produktionsfläche mit 10 Mitarbeitern pro Quartal 800 Küchen her. Das Konkurrenzunternehmen Bucher & Fichter OHG fertigte mit 3.500 m^2 Produktionsfläche und 12 Mitarbeitern im gleichen Zeitraum 600 Küchen.
   a) Berechnen Sie die Produktivität beider Unternehmen je m^2 Produktionsfläche und je Mitarbeiter.
   b) Berechnen Sie die Eigenkapitalrentabilität beider Unternehmen, wenn die Ahorn GmbH mit einem Eigenkapital von 10 Mio. EUR, die Bucher & Fichter OHG mit einem Eigenkapital von 8 Mio. EUR arbeitet und in beiden Unternehmen durchschnittlich 400 EUR Gewinn pro Küche erzielt werden.
   c) Erläutern Sie anhand der oben gewonnenen Ergebnisse die Unterschiede zwischen Rentabilität und Produktivität.
5. Folgende Angaben eines Industriebetriebes aus zwei aufeinanderfolgenden Geschäftsjahren liegen vor:

Geschäftsjahr I (Vorjahr)		Geschäftsjahr II (Berichtsjahr)	
Eigenkapital	3,2 Mio. EUR	Eigenkapital	3,5 Mio. EUR
Fremdkapital	6,3 Mio. EUR	Fremdkapital	5,9 Mio. EUR
Umsatzerlöse	30,4 Mio. EUR	Umsatzerlöse	33,5 Mio. EUR
Jahresüberschuss	770 Tsd. EUR	Jahresüberschuss	905 Tsd. EUR
Zinsaufwand	80 Tsd. EUR	Zinsaufwand	180 Tsd. EUR
Gesamterträge	33,1 Mio. EUR	Gesamterträge	34,9 Mio. EUR
Gesamtaufwand	32,9 Mio. EUR	Gesamtaufwand	33,8 Mio. EUR

a) Errechnen und beurteilen Sie die Rentabilität des
   - Eigenkapitals,
   - Gesamtkapitals,
   - Umsatzes.

b) Errechnen und beurteilen Sie die Wirtschaftlichkeit.

6. Eine Unternehmung verfügt u. a. über folgende Vermögenswerte (in EUR):

Rohstoffe	690.000
Fertigerzeugnisse	450.000
Kassenbestand	23.000
Bankguthaben	413.900
Besitzwechsel	170.700
Forderungen	338.890

Dieses Unternehmen hat in der Periode folgende Verpflichtungen zu erfüllen (in EUR):

– Verbindlichkeiten aus Lieferungen insgesamt	380.000
– Löhne und Gehälter einschließlich Lohnnebenkosten	455.090
– Haftpflichtversicherungsbeiträge	49.000
– Umsatzsteuer	120.780

a) Errechnen Sie die einzugsbedingte Liquidität.

b) Welche Sicherheit bietet die umsatzbedingte Liquidität?

c) Beurteilen Sie die Angaben in Bezug auf die Periodenliquidität (rechnerischer Nachweis).

d) Beschreiben Sie Möglichkeiten, wie die Liquidität dieses Unternehmens verbessert werden kann.

7. Ein Apfelsaftproduzent könnte bei voller Ausnutzung seiner Normalkapazität monatlich 120.000 Liter Apfelsaft keltern. Es werden derzeit
   - 75 000 Liter,
   - 126.000 Liter produziert.

a) Wie hoch ist der jeweilige Beschäftigungsgrad?

b) Nennen Sie Gründe, wodurch
   - die volle Kapazitätsausnutzung verhindert sein kann,
   - die Inanspruchnahme der Maximalkapazität erforderlich ist.

c) Wie hängen Beschäftigungsgrad und Wirtschaftlichkeit zusammen?

14 Kreditinstitute

Kreditinstitute sind **Unternehmungen, die Bankgeschäfte betreiben,** wenn der Umfang dieser Geschäfte einen **in kaufmännischer Weise eingerichteten Geschäftsbetrieb** erfordert.

KWG
§ 1 (1), S. 1
§ 2

Als Kreditinstitute gelten nicht die Deutsche Bundesbank, die Kreditanstalt für Wiederaufbau, die Sozialversicherungsträger sowie die Versicherungsunternehmen.

14.1 Geschäfte der Kreditinstitute

§ 1 (1)

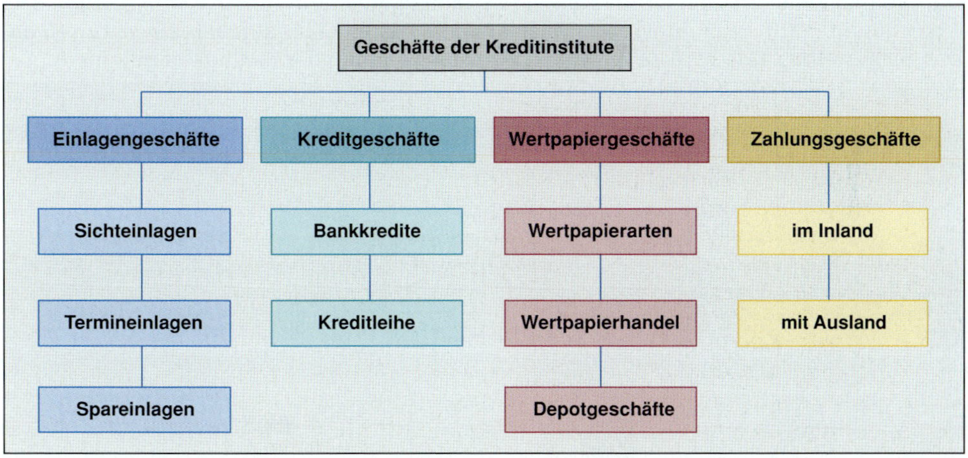

14.2 Einlagengeschäfte

Kreditinstitute nehmen Gelder an als Sicht-, Termin- und Spareinlagen (Bild, Seite 429).

Zur Eröffnung eines Einlagenkontos muss sich der Kontoinhaber laut Abgabenordnung legitimieren, da niemand auf einen falschen oder fiktiven Namen ein Konto errichten darf. AO § 154

14.2.1 Sichteinlagen

Sichteinlagen dienen dem Zahlungsverkehr, nicht der Vermögensanlage. Sie werden auch täglich fällige Gelder, Giroeinlagen oder Gelddepositen genannt.

Der Einleger kann täglich darüber verfügen. Er nutzt sein Sichteinlagenkonto zur Abwicklung seines Zahlungsverkehrs. Sichteinlagen werden auf Giro- und Kontokorrentkonten gebucht.

Girokonten sind grundsätzlich Guthabenkonten; sie werden niedrig oder gar nicht verzinst. In der Praxis dürfen aber z.B. *Girogehaltskonten* bei guter Kontoführung überzogen werden **(Dispositionskredit).**

Kontokorrentkonten sind Konten mit wechselndem Rechnungsverhältnis, d.h., sie können *Guthaben- oder Schuldsalden* ausweisen. Im Unterschied zum Girokonto wird mit der Bank ein Kreditvertrag ausgehandelt.

Der Bankkunde erhält eine *Kreditgrenze* eingeräumt, *bis zu der er jederzeit sein laufendes Konto (Kontokorrent) in Anspruch nehmen* darf (vereinbarte Überziehung). Die Inanspruchnahme des Kredites ist also ganz in sein Belieben gestellt: Er kann sein Limit voll ausschöpfen oder teilweise in Anspruch nehmen (geduldete Überziehung). Die Zinsen werden stets vom jeweiligen Saldo errechnet. Wenn das vereinbarte Limit überschritten wird, fallen außerdem Überziehungszinsen an.

Aus HGB § 355 ergeben sich *für das Kontokorrentkonto* folgende *Merkmale:*

- Mindestens ein Vertragspartner des Kontokorrentvertrags muss Kaufmann sein.
- Mit dem Abschluss des Kontos am Ende des Tages gehen alle Kontobewegungen im Saldo unter.
- Die Berechnung von unterjährigen Zinseszinsen ist zulässig.
- Das Rechnungsverhältnis kann von beiden Seiten jederzeit gekündigt werden; der Saldo ist dann sofort fällig.

Die Kreditinstitute erteilen ihren Kunden regelmäßig oder auf Wunsch Kontoauszüge. Die Abrechnung der Konten erfolgt quartalsmäßig; im neuen Quartal fallen Zinseszinsen an. Der festgestellte Saldo wird dem Kunden zur Anerkennung der Richtigkeit mitgeteilt.

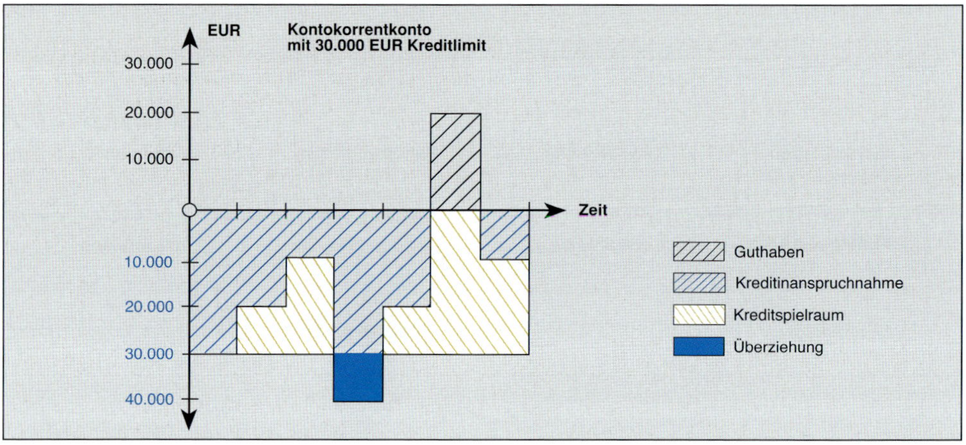

Verfügungsberechtigung. Grundsätzlich darf nur der Kontoinhaber über sein Konto verfügen. Er kann aber auch anderen Personen das Verfügungsrecht über sein Konto erteilen. Jede verfügungsberechtigte Person muss ihre Unterschrift bei dem Kreditinstitut auf einer Unterschriftskarte hinterlegen.

14.2.2 Termineinlagen

! **Termineinlagen dienen der Vermögensanlage,** nicht dem Zahlungsverkehr. Für den Anleger sind die Sicherheit und die Verzinsung seines Geldes wesentlich.

Er hat dabei zwei Möglichkeiten: die Anlage als Festgeld oder Kündigungsgeld.

Unter **Festgeld** versteht man Beträge, die auf *bestimmte* Zeit angelegt sind, d.h. an einem schon bei der Anlage vereinbarten Tag fällig werden. Die Anlagedauer beträgt mindestens 30 Tage. Wird am Fälligkeitstag nicht verfügt, so wird das Festgeld verlängert oder als täglich fälliges Geld behandelt. Der Zinssatz steigt mit der Anlagedauer:

30–89 Tage, 90–179 Tage, 180–359 Tage, 360 Tage und länger.

Unter **Kündigungsgeld** versteht man Beträge, die auf *unbestimmte* Zeit angelegt sind und erst nach Ablauf einer vereinbarten Kündigungsfrist fällig werden. Diese beträgt mindestens einen Monat. Die Verzinsung des Kündigungsgeldes ist ähnlich wie die des Festgeldes.

14.2.3 Spareinlagen

Spareinlagen dienen der Anlage oder Ansammlung von Vermögen, nicht dem Zahlungsverkehr.

In der Hauptsache entstehen sie durch Verzicht des Sparers auf den Verbrauch gewisser Teile seines Einkommens. Er wünscht eine sichere Anlage und gute Verzinsung.

Die Merkmale für Spareinlagen sind in der Verordnung über die Rechnungslegung der Kreditinstitute geregelt.

Die wichtigsten **Kennzeichen der Spareinlagen** sind:

- Spareinlagen dienen der Ansammlung oder Anlage von Vermögen.
- Spareinlagen dürfen nicht dem Zahlungsverkehr dienen. Der Inhaber eines Sparkontos erhält daher weder Scheck- noch Überweisungsvordrucke.
- Über Spareinlagen wird eine Sparurkunde ausgestellt.
- Spareinlagen müssen dem Kreditinstitut auf unbestimmte Dauer zur Verfügung stehen.
- Spareinlagen sollen einer Kündigungsfrist von drei Monaten unterliegen. Zwingende Vorschriften für eine Kündigungsfrist bestehen nicht.
- Der Kündigungsfreibetrag bei Spareinlagen mit dreimonatiger Kündigung beträgt 2.000 EUR pro Kalendermonat. Der Sparer kann somit binnen zwei Tagen (z.B. 30. Juni/1. Juli) über 4.000 EUR verfügen.
- Die Berechnung von Vorschusszinsen kann ein Vertragsbestandteil sein.

Einlagen			
Formen	**Sichteinlagen**	**Termineinlagen**	**Spareinlagen**
Fälligkeit	täglich fällige Gelder	Festgelder, Kündigungsgelder	nach vertraglicher Kündigung
Verfügung	bar, Scheck, Überweisung	bar, Umbuchung	Sparbuch
Anlagezeit	kurz	mittel	lang
Zinsen	niedrig	hoch	hoch
Kosten	pflichtig	frei	frei

Von **Geldmarktkonten** (Geldmarkteinlagen) spricht man, wenn das Kreditinstitut ein Giro- oder Sparkonto anbietet, dessen Verzinsung vom **EURIBOR-Satz** des Geldmarktes in Frankfurt (**Eur**opean-**I**nter-**B**ank-**O**ffered-**R**ate) abhängt. Die Zinsanpassung ist dann flexibel und erfolgt beispielsweise monatlich (15. des Monats) oder vierteljährlich (15. Febr./15. Mai/15.Aug./15. Nov.).

14.2.4 Sparförderung

Der Staat verfolgt mit der **Sparförderung** zwei **Ziele:**

- verstärkte Bildung von langfristigem Kapital für die Wirtschaft,
- breite Vermögensbildung zur Hebung der sozialen Sicherheit.

Bausparen

Das Bausparen wird von *Bausparkassen* gepflegt. Bausparer und Bausparkasse schließen über eine bestimmte Summe einen Bausparvertrag ab. Darin verpflichten sich der Bausparer zur Ansparung von z.B. 40% auf die Vertragssumme und die Bausparkasse zur Gewährung eines Tilgungsdarlehens von z.B. 60% der Vertragssumme zum Bau, zum Kauf, zur Instandsetzung, zur baulichen Veränderung oder zur Entschuldung von Immobilien. Außerdem beraten die Bausparkassen ihre Kunden bei der Finanzierung und vermitteln ihnen für den Fall des vorzeitigen Todes einen Versicherungsschutz (Risikolebensversicherung).

Wenn der Bausparer seine *Mindestsparleistung* (40%) und *Mindestsparzeit* (18 Monate) erfüllt hat, kann die *Zuteilung* des Darlehens erfolgen. Die Zuteilungsmasse setzt sich aus den Spar- und Tilgungsbeträgen von Tausenden von Bausparern zusammen. Maßgebend für die Reihenfolge der Zuteilung ist die sich aus dem Sparkapital und der Ansparzeit ergebende neutrale Bewertungsziffer.

Das Darlehen ist von Seiten der Bausparkasse unkündbar und vom Bausparer durch ein zweitrangiges Grundpfandrecht zu sichern. Damit ist die Aufnahme eines weiteren Baudarlehens gegen erstrangige Sicherung erleichtert. Die Rückzahlung des Darlehens erfolgt in monatlichen, gleichbleibenden Raten, welche Zinsen und Tilgung enthalten (Annuitätentilgung).

WoPG § 1 Das Bausparen bietet dem Sparer neben dem Zins eine staatliche **Wohnungsbauprämie** auf seine Sparleistung.

Dabei gelten folgende Bestimmungen:

§ 2a (1) 1. **Einkommensgrenze:** Begünstigt werden Alleinstehende mit einem zu versteuernden Einkommen von bis zu 25.600 EUR jährlich, Verheiratete mit bis zu 51.200 EUR jährlich.

§ 3 2. **Höhe der Wohnungsbauprämie:** Der Prämiensatz beträgt jährlich 8,8%.

3. **Höchstbetrag der Sparleistung:** Sparbeiträge eines Alleinstehenden sind jährlich bis zu 512 EUR prämienbegünstigt; bei Ehegatten verdoppelt sich der Betrag auf 1.024 EUR. Ein Bausparer kann aber höchstens 45,06 EUR Prämie erzielen.

Bausparleistung und Spargewinn

	Pro Jahr: Prämienbegünstigte Sparleistungen, vermögenswirksame Leistungen EUR	Pro Jahr: Prämie 8,8%, Sparzulage 9% EUR	Nach sieben Jahren: Sparleistungen des Bausparers EUR	Nach sieben Jahren: Spargewinn: Prämie, Sparzulage, Zinsen (2,5% und 1,5% Bonus) EUR	Nach sieben Jahren: Sparleistungen plus Spargewinn EUR	Die angemessene Bausparsumme für Sie – mindestens – EUR
Sie sind alleinstehend	512 470	45,06 42,30	3.584 3.290	878 804	4.462 4.094	10.000 10.000
	982	**87,36**	**6.874**	**1.682**	**8.556**	**20.000**
Sie sind verheiratet (1 Arbeitnehmer)	1.024 470	90,12 42,30	7.168 3.290	1.756 804	8.924 4.094	22.000 10.000
	1.494	**132,42**	**10.458**	**2.560**	**13.018**	**32.000**
Sie sind verheiratet (2 Arbeitnehmer	1.024 940	90,12 84,60	7.168 6.580	1.756 1.610	8.924 8.190	22.000 20.000
	1.964	**174,72**	**13.748**	**3.666**	**17.114**	**42.000**

Vermögenswirksames Sparen für wohnwirtschaftliche Zwecke

Jeder Arbeitnehmer kann im Rahmen seiner Einkommensgrenzen am vermögenswirksamen Sparen teilnehmen. Dabei können jährlich Höchstbeträge aus dem Gehalt oder aus Leistungen des Arbeitgebers gespart werden. Auf Antrag des Arbeitnehmers wird das Geld durch den Arbeitgeber langfristig angelegt. Die **vermögenswirksamen Leistungen (VL)** werden mit einer Prämie, der **Arbeitnehmersparzulage,** belohnt.

VermBG § 13 Es gelten folgende Bestimmungen:

1. **Einkommensgrenze:** Begünstigt werden Alleinstehende mit einem zu versteuernden Einkommen von bis zu 17.900 EUR jährlich (Verheiratete mit bis zu 35.800 EUR jährlich).
2. **VL-Prämie:** 9% jährlich.
3. **Höchstbetrag der Sparleistung:** 470 EUR pro Arbeitnehmer.

Man kann also 982 EUR pro Jahr für wohnwirtschaftliche Zwecke vermögenswirksam anlegen und erhält dafür insgesamt 87,36 EUR Prämie. Um die Prämie zu erhalten, muss der Prämienberechtigte nach Ablauf eines jeden Kalenderjahres bei seinem Finanzamt einen Antrag auf Festsetzung der Arbeitnehmersparzulage stellen (Antragsveranlagung). Dabei muss die Geldanlage von der Bausparkasse durch eine Bescheinigung nachgewiesen werden. Bausparkassen übernehmen grundsätzlich die Antragstellung beim Finanzamt.

Gewinnsparen

Das Gewinnsparen ist eine Einrichtung der genossenschaftlichen Kreditinstitute und der Sparkassen. Kleinste Sparbeträge werden gesammelt und verzinst. Außerdem wird ein kleiner Auslosungs- und Kostenbeitrag erhoben und einem Fonds zugeführt. Dieser wird in regelmäßigen Zeitabschnitten ausgelost. Die Bildung langfristigen Kapitals wird hier durch die Ausnutzung der Spielleidenschaft erreicht.

1. Welche volkswirtschaftlichen Voraussetzungen müssen gegeben sein, um den Sparwillen und die Sparfähigkeit des Volkes zu erhalten?
2. Bankhaus Ackermann verlangt für einen Kontokorrentkredit 8% Sollzinsen und 3% Bereitstellungsprovision vom zugesagten Kredit von 30.000 EUR für 180 Tage. Eine Volksbank berechnet 11% Sollzinsen und 3% Bereitstellungsprovision für diejenigen Beträge, die in den 180 Tagen nicht in Anspruch genommen wurden.
   a) Vergleichen Sie die beiden Angebote für den Fall, dass
      - der Kreditnehmer den Kredit in den 180 Tagen überhaupt nicht in Anspruch nimmt,
      - der Kreditnehmer die ganzen 180 Tage mit 30.000 EUR im Soll stand.
   b) Begründen Sie, warum das eine Kreditangebot günstiger erscheint.
3. Errechnen Sie den jährlichen eigenen Sparanteil eines Aktiensparers (Alleinverdiener unter 35.800 EUR zu versteuerndem Einkommen), der das Vermögensbildungsgesetz nutzt und vom Arbeitgeber 26 EUR pro Monat vergütet bekommt.
4. Ein lediger Arbeitnehmer spart auf seinem Bausparkonto pro Jahr 512 EUR. Von seinem Arbeitgeber lässt er die monatliche vermögenswirksame Leistung (VL) von 40 EUR ebenfalls auf dieses Konto überweisen. Außerdem spart er weitere 400 EUR pro Jahr in Form von Produktivkapital an.
   a) Wie viel EUR an Prämien erhält er insgesamt pro Jahr?
   b) Welcher Jahresverzinsung entspricht dieser Betrag?

14.3 Kreditgeschäfte

Unter **Kredit** versteht man das **Vertrauen,** dass **einer Leistung in der Gegenwart eine vereinbarte Gegenleistung in der Zukunft** folgt (credere = glauben, vertrauen).

Die am Kreditgeschäft beteiligten Personen heißen:

Kreditgeber	= Kreditor	= Gläubiger
Kreditnehmer	= Debitor	= Schuldner.

14.3.1 Grundsätze der Kreditgewährung

Jedes Kreditinstitut hat bei der Gewährung von Krediten auf Liquidität, Rentabilität und Sicherheit zu achten.

Liquidität

Nicht alle Einlagen können zur Kreditgewährung verwendet werden. Das Institut muss seine *Zahlungsbereitschaft* (Liquidität) gegenüber den Einlegern aufrechterhalten. Daher muss eine *Barreserve* (Liquiditätsreserve) vorhanden sein. Sie besteht aus barem Geld, Bundesbank-Guthaben, refinanzierungsfähigen Wechseln und börsengängigen Wertpapieren. Um stets liquide zu sein, muss die »**goldene Bankregel**« beachtet werden. Sie besagt, dass kurzfristiges Geld

KWG § 11

nicht langfristig ausgeliehen werden sollte. Dennoch kann ein beachtlicher Teil der kurzfristigen Einlagen langfristig angelegt werden, weil erfahrungsgemäß dem Kreditinstitut ein bestimmter »Bodensatz« an täglich fälligen Geldern bleibt. Wird ein kurzfristig gegebener Kredit entgegen den Erwartungen langfristig, so bezeichnet man diesen Vorgang als »Einfrieren«.

Rentabilität

Rentabilität ist das Verhältnis des Ertrags zum eingesetzten Kapital. Sie hängt in starkem Maße ab vom Ertrag aus der Kreditgewährung, dem **Zins.** Für den Kreditnehmer ist er der *Preis* für die *Nutzung* fremden Kapitals. Für den Sparer ist er der *Preis* für den *Konsumverzicht;* er überlässt eigene Kaufkraft einem anderen. Für das Kreditinstitut ist er der *Preis* für den *Liquiditätsverzicht.* Zwischen Rentabilität und Liquidität besteht ein Wechselverhältnis. Je besser die Liquidität, desto schlechter die Rentabilität, denn je höher die flüssigen Mittel sind, desto weniger Geld ist zinsbringend ausgeliehen worden. Beide Größen im richtigen Verhältnis zueinander zu halten, ist eine wichtige Aufgabe des Leiters eines Kreditinstituts.

Sicherheit

KWG § 18

Das Kreditinstitut ist Treuhänder der ihm anvertrauten Einlagen. Es hat daher bei jeder Kreditgewährung darauf zu achten, dass das Geld sicher angelegt ist. Sicherheit besteht dann, wenn der Kreditgeber bei Versagen des Kreditnehmers Befriedigung erlangen kann durch Verwertung eines Forderungsrechts gegen andere (z.B. Bürgen) oder eines Rechts an einer Sache (z.B. eines Pfandrechts).

14.3.2 Kreditvertrag, Kreditwürdigkeit, Kreditüberwachung

Ob der Kunde mit seinem Kreditinstitut einen Darlehensvertrag oder einen Kontokorrentkreditvertrag (Dispokredit) vereinbart, hängt von dem Verwendungszweck des Geldes sowie den Kreditverhandlungen ab.

Kreditvertrag

Ein **Kreditvertrag** kommt zustande durch den **Antrag** des Kreditnehmers, die **Überprüfung** seiner Kreditwürdigkeit und die **Zusage** des Kreditinstituts.

Der **Inhalt des Kreditvertrages** erstreckt sich im Allgemeinen auf folgende Gesichtspunkte:
- Bereitstellung als Darlehen oder als Kontokorrentkredit,
- Höhe des Kredits oder der Beleihungsgrenze,
- Zinssatz, evtl. Provision, Höhe der Auszahlung (Kreditsumme minus Disagio),
- Fristen für die Bereitstellung, Rückzahlung und Kündigung des Kredits,
- Kreditsicherung,
- Verwendungszweck.

Um einen möglichst umfassenden Einblick in den Zahlungsverkehr des Kreditnehmers zu erlangen, bestehen die Kreditinstitute häufig darauf, dass sich der Kreditnehmer verpflichtet, seinen Zahlungsverkehr vorwiegend über die kreditgebende Bank abzuwickeln (Ausschließlichkeitsklausel) und keine Kredite bei anderen Kreditinstituten aufzunehmen (Negativklausel).

Der Kreditvertrag wird stets schriftlich abgeschlossen. Ist eine Sicherheitsleistung vereinbart, so wird die Kreditsumme immer erst dann freigegeben, wenn sich die Sicherheit in den Händen des Kreditinstituts befindet und auf ihre Ordnungsmäßigkeit und Verwertbarkeit geprüft ist.

Kreditwürdigkeit

Vor der Gewährung eines Kredits wird der Kreditgeber die Kreditwürdigkeit des Kreditnehmers prüfen. Der Gläubiger übernimmt nämlich ein Kreditrisiko nur, wenn er von der **Erfüllung der Zahlungsverpflichtung** durch den Schuldner überzeugt ist, d.h., wenn ihm der Kreditnehmer als kreditwürdig erscheint.

Unter der **Kreditwürdigkeit** versteht man die **Fähigkeit,** die vertraglich vereinbarte **Kreditverpflichtung zu erfüllen.**

Die **Kreditwürdigkeit** bezieht sich auf die

a) personelle Kreditwürdigkeit: Charakter, Fleiß, Zuverlässigkeit, guter Ruf des Kreditnehmers,

b) materielle Kreditwürdigkeit: angebotene Sicherheiten und die Fähigkeit, die Rückzahlungsverpflichtungen (Kapitaldienst) erwirtschaften zu können.

Bei der *materiellen Kreditwürdigkeit* einer Unternehmung spielen eine besondere Rolle die Rechtsform, die Eigenkapitalbasis und die Rechtsvorschriften zum Gläubigerschutz.

Die **AG** bietet dem Kreditgeber durch die Bewertungsvorschriften, die Publizitätspflicht, die Rücklagenbildung und die strengen Bestimmungen zum Gläubigerschutz besondere Sicherheit.

Bei der **GmbH** kann sich die Haftungsbeschränkung auf die Kreditwürdigkeit nachteilig auswirken, wenn die Eigenkapitaldecke sehr dünn ist.

Bei den **Personenunternehmungen** spielt die persönliche Kreditwürdigkeit, aber auch das mithaftende Privatvermögen des Unternehmers oder der Gesellschafter eine wichtige Rolle.

Die **OHG** gilt dabei als umso kreditwürdiger, je mehr kapitalkräftige Gesellschafter an ihr beteiligt sind.

Bei der **KG** kommt das Haftungskapital der Kommanditisten hinzu.

Wird nur die vergangenheitsorientierte Kreditwürdigkeit geprüft, so spricht man vom **Kreditscoring** (scoring = engl.: Punkte erzielen). Dies ist üblich bei privater Verschuldung.

Scoring Bogen

Bankhaus Ackermann

Name des Antragstellers: **Kontonummer:** **Datum:**

Bei folgenden Tatbeständen ist eine Kreditgewährung ausgeschlossen:
- Alter unter 18 Jahren
- Zwangsvollstreckung, Kreditkündigung, Lohnpfändung
- Kreditlaufzeit länger als 72 Monate
- grundsätzlich, wenn Gesamtpunktzahl unter 40 Punkten liegt

Bei folgenden Tatbeständen muss der nächst höhere Kompetenzträger gefragt werden:
- Alter über 70 Jahre
- Kapitaldienstfähigkeit liegt unter der zu zahlenden Monatsrate (Unterdeckung)
- Antragsteller ist arbeitslos/hat kein eigenes Einkommen
- Gesamtpunktzahl aus diesem Bogen liegt bei 40 bis 46 Punkten

1. Kapitaldienstfähigkeit	**Score**
– Unterdeckung	0
– Überdeckung bis 50 EUR	10
– Überdeckung bis 100 EUR	20
– Überdeckung bis 250 EUR	30
– Überdeckung bis 500 EUR	50
2. Alter des Kreditnehmers	
– unter 20 Jahre	0
– unter 25 Jahre	2
– unter 40 Jahre	4
– unter 65 Jahre	6
– ab 65 Jahre	2
3. Familienstand	
– ledig/verwitwet	4
– verheiratet	6
– geschieden/getrennt lebend	2
4. Beruf	
– Beamter/Rentner/Pensionär	10
– Angestellter/Arbeiter	8
– selbstständig	8
– Auszubildender/Student	2
– arbeitslos/ohne Einkommen	0

5. Beschäftigungsdauer beim derzeitigen Arbeitgeber	**Score**
– bis 4 Jahre	3
– über 4 Jahre	6
6. Bisherige Geschäftsverbindung	
– Ohne Beanstandung/positiv	10
– Neukunde	5
– Negativmerkmale in den letzten drei Jahren (z.B. Rückschecks, Überziehungen, Rücklastschriften)	0
7. Art des Wohnsitzes	
– Eigentum	6
– Miete	0
8. Freies Vermögen	
– doppelter Kreditbetrag und mehr	6
– entspricht dem Kreditbetrag	3
– unter dem Kreditbetrag	0
Gesamtpunktzahl	

Bei der unternehmerischen Verschuldung wird auch zukunftsorientiert geprüft; man spricht dann von **Kreditrating** (rating = engl.: Schätzung).

Kreditüberwachung

Mit der Auszahlung eines zugesagten Kredits ist die Tätigkeit eines Kreditinstituts nicht beendet. Es muss darüber wachen, dass

- der Kredit vereinbarungsgemäß verwendet wird, insbesondere, dass ein kurzfristig gegebener Kredit nicht langfristig verwendet wird,
- Zinsen und Tilgungsbeträge rechtzeitig bezahlt werden,
- die Voraussetzungen der Kreditgewährung sich nicht ändern. Verschlechtert sich der Wert der Sicherheit, so kann das Kreditinstitut eine Verstärkung der Sicherheit oder teilweise Rückzahlung des Kredits verlangen.

14.3.3 Kreditarten und Kreditsicherungen

Kreditarten

Die Bezeichnung der **Kreditart** hängt von verschiedenen Gesichtspunkten ab.

Kreditart	Bedeutung	Beispiele
Verwendungszweck		
Produktivkredit	Steigerung der Gütererzeugung	Finanzierung des Anlage- und Umlaufvermögens
– Investitionskredit	– Errichtung und Erweiterung von Anlagen	– Finanzierung von Gebäuden, Maschinen, Büroausstattung
– Betriebsmittelkredit	– Verstärkung des Umlaufvermögens	– Finanzierung der laufenden Ausgaben für Materialkäufe, Gehälter, Steuern
– Saisonkredit	– Überbrückung des gesteigerten Geldbedarfs vor oder während der Saison	– Finanzierung von Hopfenkäufen der Brauereien, Gemüsekäufen der Konservenfabriken
Konsumkredit	Hebung des privaten Lebensstandards	Finanzierung von Wohnungseinrichtungen, Urlaubsreisen, Autos
Dauer		
– kurzfristig	Laufzeit bis 6 Monate	Unternehmer skontiert Rechnungen mittels Kreditaufnahme
– mittelfristig	Laufzeit länger als 6 Monate	Unternehmer finanziert den Geschäftswagen
– langfristig	Laufzeit ab 4 Jahre	Unternehmer finanziert seine Gebäudeerweiterung durch ein zehnjähriges Grundschulddarlehen
Verfügbarkeit		
– Kontokorrentkredit	Verfügbarkeit entsprechend den wirtschaftlichen Bedürfnissen innerhalb einer bestimmten Höchstsumme und einer bestimmten Zeit	Abwicklung des laufenden Zahlungsverkehrs für Materialeinkäufe, Löhne und Gehälter, Steuern; Begleichung von Verbindlichkeiten
– Darlehen	Einmalige Auszahlung in bestimmter Höhe für bestimmte Zeit Über Rückzahlungen kann nicht mehr verfügt werden	Abwicklung der Fremdfinanzierung eines Grundstücks
Sicherheit	siehe Seite 435	

Kreditsicherungen

Die Kredit*sicherung* ist eine Folge der Kreditwürdigkeitsprüfung, denn aus ihr geht hervor, ob die Bank die Mithaftung von weiteren Personen, Sachwerten oder Rechten verlangen muss.

Bezeichnung	Bedeutung	Beispiele
Personalkredit, Blankokredit	Sicherheit liegt allein in der Person des Kreditnehmers	Gehaltsempfänger darf bis zum Zweifachen seines Gehaltes sein Konto überziehen (Dispositionskredit).
Verstärkter Personalkredit – Wechsel-diskontkredit – Bürgschaftskredit – Zessionskredit	Sicherheit wird verstärkt durch die Haftung weiterer Personen – Haftung der Wechselverpflichteten – Haftung des Bürgen – Haftung des Drittschuldners	Wechselbeteiligte, Bürgen haften zusätzlich zum Hauptschuldner. – Kaufmann verkauft seine Besitzwechsel vor Fälligkeit an die Bank. – Bank verbürgt sich für einen Jungunternehmer bei der Existenzgründung; Onkel verbürgt sich für seinen Neffen. – Bank beleiht Forderungen eines Kaufmanns, die dieser Dritten gegenüber hat, zu 80 %.
Realkredit (Mobilien) – Lombardkredit – Sicherungsübereignungskredit	Sicherheit durch ein Recht an einer beweglichen Sache – Pfandrecht an einer beweglichen Sache – pfandrechtähnliches Recht; Kreditgeber wird bedingter Eigentümer	Kreditgeber lässt sich Gold, Münzen, Wertpapiere übergeben oder Rechte an Spargutthaben übertragen. – Bank beleiht Wertpapiere, die bei ihr in Verwahrung liegen und nicht benötigt werden, zu 70 %. – Bank beleiht einen Lkw, den der Kreditnehmer weiterhin benutzt, zu 50 %. Er hinterlegt bei der Bank seine Zulassungsbescheinigung Teil II.
Realkredit (Immobilien) – Grundschuld-, Hypothekenkredit	Sicherheit durch ein Recht an einer unbeweglichen Sache – Pfandrecht an einer unbeweglichen Sache	Grundstücke allein oder Häuser mit dem Grundstück dienen als Pfand. Bank beleiht ein Haus, das der Kreditnehmer weiterhin benutzt, zu 80 %.

?

1. Ermitteln Sie die Gesamtpunktzahl des Scoring Bogens (Seite 433), indem Sie von Ihrer eigenen privaten Situation ausgehen.
2. Diskutieren Sie, um welche Kreditart bezüglich des Verwendungszweckes es sich bei folgenden Kreditverträgen mit einer Bank handelt:
   a) Die Privatbrauerei Ganter GmbH & Co. KG, Freiburg, erhält im Spätsommer einen Kredit über 500.000 EUR.
   b) Das Möbelhaus Reinartz GmbH, Dresden, vereinbart ein Millionendarlehen zur Gründung einer neuen Filiale in Berlin.
   c) Einem Universitätsprofessor wird ein Dispokredit über 10.000 EUR eingeräumt.
3. Ein Unternehmer ist nicht bereit, zur Bezahlung von Lieferantenrechnungen Fremdkapital aufzunehmen. Klären Sie, ob er sich in folgendem Fall in einem Zielkonflikt zwischen den Zielen Rentabilität und Liquidität befindet: 100.000 EUR; zahlbar innerhalb von 10 Tagen mit 3% Skonto oder 90 Tage netto; Kreditzinssatz 13,5%.

14.4 Bankkredite

Die Kreditinstitute als Hauptquelle der Kapitalbeschaffung sind aufgrund strenger Gesetzesbestimmungen (Sparerschutz) verpflichtet, nur gegen ausreichende Sicherheiten Gelder auszuleihen. Ein Unternehmen kann sich deswegen umso rascher und leichter Kapital beschaffen, je größer die gebotenen Sicherheiten sind.

14.4.1 Personal- oder Blankokredit

Der **Personalkredit** ist ein Kredit, der lediglich **aufgrund der Kreditwürdigkeit des Kreditnehmers,** aber **ohne** Stellung einer **dinglichen Sicherheit** gegeben wird.

Der Personalkredit ist meist ein kurzfristiger Kredit; zu Investitionszwecken eignet er sich nicht.

Auch Personengesellschaften, seltener Kapitalgesellschaften, können Personalkredite in Anspruch nehmen. Selbstverständlich verlangt das Kreditinstitut bei Personalkrediten Unterlagen. Es muss sogar die Offenlegung der wirtschaftlichen Verhältnisse verlangen, wenn der Kredit 750.000 EUR übersteigt und keine anderen Sicherheiten gestellt werden.

KWG § 18

Der Personalkredit wird in der Regel als Kontokorrentkredit, seltener als Darlehen gewährt. Beim Darlehen hat der Kreditnehmer einen Schuldschein zu unterschreiben, der die Höhe der Schuld, ihre Verzinsung und Rückzahlung angibt. Wird die Schuld getilgt, so kann der Schuldner die Rückgabe des Schuldscheines verlangen.

14.4.2 Verstärkte Personalkredite

Bei einem **verstärkten Personalkredit haften neben dem Kreditnehmer weitere Personen** für die Rückzahlung und Verzinsung des Kredits.

Diese Personen sind *Wechselgaranten* beim **Wechseldiskontkredit,** *Bürgen* beim **Bürgschaftskredit** und *Drittschuldner* bei der **Forderungsabtretung (Zession).**

Wechseldiskontkredit

Der **Wechseldiskontkredit** ist ein Kredit **durch Ankauf von Wechseln** unter Abzug von Diskont vom Ankaufstag bis zum Verfalltag.

Dem Kreditnehmer wird der Barwert später fälliger Wechsel zur Verfügung gestellt. Das Kreditinstitut erhält am Zahlungstag vom Akzeptanten die Wechselsumme als Rückzahlung des Kredits. Dem Kreditinstitut haften mindestens zwei Wechselbeteiligte, der Akzeptant und der Einreicher, z. B. der Aussteller.

Im Allgemeinen geht der Kreditgewährung die Zusage des Kreditinstituts voraus, Wechsel, die seinen Anforderungen entsprechen, bis zu einem bestimmten Betrag, dem *Wechselkontingent,* anzukaufen. Über die Einreicher werden Dateien geführt, aus denen die jeweilige Höhe der Wechselverpflichtungen, das *Obligo,* zu ersehen ist.

Vorteile des Wechseldiskontkredits. Die Wechsel, die ein Kreditinstitut diskontiert, dienen ihm nicht nur als Kreditmittel, sondern sind Anlagemittel für vorübergehend freie Gelder und zugleich Liquiditätsreserve. Infolge der Wechselstrenge, der Rediskontmöglichkeit, der Kurzfristigkeit, der Bestimmtheit des Zahlungstages und der Vorprüfung der Zahlungsfähigkeit des Akzeptanten durch den Aussteller ist der Diskontkredit für das Kreditinstitut ein sicherer und daher für den Kunden ein günstiger Kredit.

Bürgschaftskredit

> Der **Bürgschaftskredit** ist ein **Personalkredit,** der zusätzlich **durch eine Bürgschaft gesichert** ist.

Zwei Rechtsgeschäfte werden abgeschlossen,

a) ein **Kreditvertrag,**

b) ein **Bürgschaftsvertrag.**

Neben dem Kreditnehmer haftet damit eine weitere Person für die Zinszahlung und Tilgung. Der Kreditgeber hat also für seine Forderung zwei Schuldner. Das Schuldverhältnis zwischen dem Kreditgeber und seinem Schuldner nennt man Hauptverbindlichkeit, das Bürgschaftsverhältnis zwischen Kreditgeber und Bürgen Nebenverbindlichkeit. BGB § 765

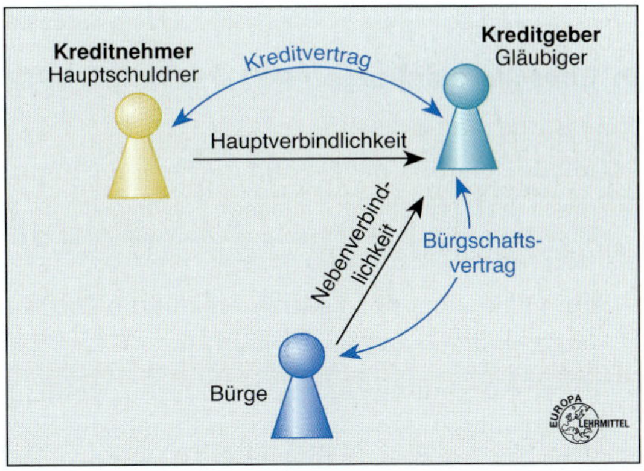

An die Zahlungsfähigkeit des Bürgen werden die gleichen Anforderungen gestellt wie an die des Kreditnehmers. Andererseits kann der Bürge dem Kreditgeber gegenüber die gleichen Einreden wie der Hauptschuldner geltend machen (Forderungen bestehen nicht mehr in voller Höhe; Mängelrüge und deswegen geringere Forderung). Die Bürgschaft ist von der Hauptschuld abhängig, also forderungsgebunden (akzessorisch). § 767 § 768

Die Bürgschaft eignet sich zur Sicherung kurzfristiger Kredite. Die Höhe und Fälligkeit der Bürgschaftsverpflichtung richtet sich nach der Hauptverbindlichkeit im Zeitpunkt der Bürgschaftsübernahme. Gewöhnlich wird vom Bürgen die Haftung für eine Summe verlangt, die die Hauptverbindlichkeit um etwa 10% übersteigt, damit auch die Zinsen, Provisionen und sonstigen Kreditkosten gedeckt sind.

▶ Form und Inhalt der Bürgschaft

Der **Bürgschaftsvertrag** kommt durch die **schriftliche Bürgschaftserklärung** des Bürgen **und** die **Entgegennahme** durch das Kreditinstitut zustande. **Kaufleute** können sich im Rahmen ihres Geschäftsbetriebs **auch mündlich** verbürgen. § 766 HGB § 350

Eine Bürgschaftserklärung muss mindestens enthalten,

- den Gläubiger,
- den Hauptschuldner,
- die genaue Bezeichnung der Hauptverbindlichkeit,
- die Tatsache der Bürgschaftsübernahme.

▶ Arten der Bürgschaft

Nach der **Haftung des Bürgen** unterscheidet man die *gewöhnliche Bürgschaft,* die *Ausfallbürgschaft* und die *selbstschuldnerische Bürgschaft.*

- Bei der **gewöhnlichen Bürgschaft** hat der Bürge das »Recht der Einrede der Vorausklage«. Er *kann* also verlangen, dass der Gläubiger zunächst die Zwangsvollstreckung in das Vermögen des Schuldners betreibt, um von diesem sein Geld zu erhalten. Erst nach Abschluss dieser Maßnahmen kann vom Bürgen die Zahlung eines etwaigen Ausfalls gefordert werden. Für ein Kreditinstitut ist das eine unangenehme, zeitraubende und auch gefährliche Sache, weil sich unterdessen die finanzielle Lage des Bürgen verschlechtern könnte. BGB §§ 771 f.
- Bei der **Ausfallbürgschaft** *muss* der Ausfall durch Zwangsvollstreckung in das *gesamte* Vermögen des Schuldners nachgewiesen werden.

BGB § 773 HGB § 349 – Eine **selbstschuldnerische Bürgschaft** liegt vor, wenn der Bürge auf das *Recht der Einrede der Vorausklage* verzichtet hat. Verweigert der Schuldner die Zahlung, so muss der Bürge auf Verlangen des Gläubigers sofort zahlen. Kreditinstitute verlangen stets diese Art der Bürgschaft. Die Bürgschaft von Kaufleuten ist stets selbstschuldnerisch.

BGB § 769 Eine **gesamtschuldnerische Bürgschaft** liegt vor, wenn sich mehrere Personen für dieselbe Schuld verbürgen. Die Bürgen haften dann als Gesamtschuldner. Der Kreditgeber kann von irgendeinem der Bürgen die volle Forderung verlangen. Die Bürgen verrechnen unter sich.

§ 777 Eine **befristete Bürgschaft** liegt vor, wenn sich der Bürge für irgendeine bestimmte Zeit verpflichtet. Der Kreditgeber muss in diesem Fall darüber wachen, dass bis zum Ablauf der Frist bezahlt oder die Zwangsvollstreckung eingeleitet wird. Kreditinstitute lehnen solche Bürgschaften ab.

▶ Erlöschen der Bürgschaft

Eine Bürgschaft erlischt

– mit der Tilgung der Schuld durch den Hauptschuldner oder den Bürgen;

§ 774 soweit der Bürge einen Gläubiger befriedigt, geht die Forderung des Gläubigers auf ihn über. Der Bürge kann dann anstelle des bisherigen Gläubigers seine Forderung einklagen oder im Insolvenzverfahren des Hauptschuldners anmelden.

– durch Verzicht des Gläubigers auf die Forderung oder die Bürgschaft;
– mit Ablauf der vereinbarten Zeit;
– durch Kündigung seitens des Bürgen, wenn ihm die Bürgschaft nach Treu und Glauben nicht mehr zugemutet werden kann.

■ Zessionskredit

Der **Zessionskredit** ist ein **Personalkredit,** der zusätzlich **durch Abtretung (Zession) einer oder mehrerer Forderungen** des Schuldners gegen Dritte **gesichert** ist.

§ 398 Zwei Rechtsgeschäfte werden abgeschlossen:

a) ein **Kreditvertrag,**

b) ein **Zessionsvertrag.**

Wie beim Bürgschaftskredit sind dabei zwei Personen beteiligt:

– der Kreditnehmer als bisheriger Gläubiger *(Zedent)*, der seine Forderung an seine Bank *(Zessionar)* abtritt, und
– der Schuldner, der zu zahlen hat *(Drittschuldner)*.

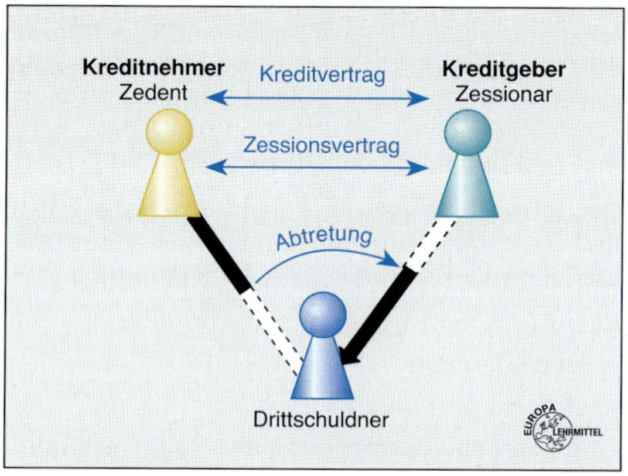

Grundsätzlich können alle bestehenden und zukünftigen Forderungen abgetreten werden.

§ 399 **Vertraglich** kann die Abtretung einer Forderung ausgeschlossen werden. **Gesetzlich** verboten ist die Zession von Unterhaltsbeiträgen, von Lohn-, Gehalts- und Pensionsforderungen, soweit sie unpfändbar sind. Durch die Abtretung darf die Rechtsstellung des Schuldners in keiner Weise berührt werden. Die Forderung muss *unverändert* auf den Zessionar übergehen.

▶ Form und Inhalt der Zession

§ 403 Der **Zessionsvertrag** kommt durch die meist schriftliche **Abtretungserklärung** des Zedenten (alter Gläubiger) und die **Entgegennahme** durch den Zessionar (Kreditinstitut) zustande. Der Drittschuldner braucht nicht benachrichtigt zu werden.

Jede Abtretungserklärung muss mindestens enthalten:

– die gesamte Bezeichnung der Forderung,

– die Tatsache des Übergangs der Forderung vom Zedenten auf den Zessionar.

Kreditinstitute benützen Vordrucke, in denen weitere Einzelheiten geregelt werden.

▶ Arten der Zession

Je nachdem, ob der **Drittschuldner von der Abtretung erfährt oder nicht,** unterscheidet man die stille und die offene Zession.

1. Bei der **stillen Zession** weiß der Drittschuldner von der Abtretung nichts. Er wird also an den bisherigen Gläubiger zahlen. Daraus ergeben sich folgende Gefahren: BGB § 407
   - Die »abgetretene Forderung« besteht gar nicht oder ist zweifelhaft.
   - Die Forderung wird zum zweiten Mal abgetreten, wobei der zweite Zessionar das Nachsehen haben würde.
   - Der bisherige Gläubiger, bei dem die Forderung eingeht, verwendet das Geld für andere Zwecke als zur Abdeckung des Kredits.

   Wegen dieser Gefahren setzt die stille Zession ein gutes Vertrauensverhältnis voraus. Oft wird im Zessionsvertrag vereinbart, dass die stille Zession jederzeit in eine offene umgewandelt werden darf, sobald dem Kreditinstitut etwas Ungünstiges über seinen Kreditnehmer zur Kenntnis gelangt.
2. Bei der **offenen Zession** weiß der Drittschuldner von dem Forderungsübergang. Gleichgültig ist, auf welche Weise er davon Kenntnis erlangt hat. Er kann dann »mit befreiender Wirkung« nur an den neuen Gläubiger zahlen. § 407

Je nachdem, **wann die Zession entsteht,** unterscheidet man die Global- und Mantelzession.

1. Die Abtretung wird meist als **Globalzession** vorgenommen, bei der nicht einzelne Forderungen, sondern Forderungsgruppen abgetreten werden, z.B. die Forderungen gegen alle Schuldner A bis K. Damit gehen alle bestehenden und künftigen Forderungen bereits mit ihrer Entstehung auf den Zessionar über. Aus diesen Gründen bevorzugen Kreditinstitute die Globalzession.
2. Die Abtretung kann auch in der Form eines Mantelvertrages **(Mantelzession)** über eine bestimmte Summe abgetretener Forderungen vorgenommen werden. Die abgetretenen Forderungen werden in einer »Debitorenliste« (z.B. Debitoren von A bis K) diesem Vertrag beigefügt. Bezahlte Forderungen müssen durch neue Forderungen ergänzt werden. Die Abtretung tritt aber immer erst mit der Genehmigung der Debitorenliste durch den Zessionar ein.

▶ Wirkung der Zession

Der Zessionar kann im Rahmen des Vertrages nach seinem Ermessen über die Forderung verfügen. Der Drittschuldner kann dem Zessionar die Einwendungen entgegenhalten, die gegen den Zedenten begründet waren, z.B. mangelhafte Lieferung. § 404

■ Unterschiede zwischen Zession, Factoring und Forfaitierung

Zession	**Factoring** S. 338	**Forfaitierung** S. 338
Zessionar *übernimmt* die Forderungen nur *als Sicherheit.* Er kann sie *jederzeit* zurückgeben und bessere verlangen.	Factor *kauft alle* Forderungen und kann sie *im Regelfall nicht* mehr zurückgeben.	Forfaiteur *kauft* im Allgemeinen *nur eine* langfristige Exportforderung in Form von *Auslandswechseln.* Er kann diesen Kauf *nie mehr* rückgängig machen.

14.4.3 Realkredite

Realkredite sind Kredite, bei denen die **Forderung des Kreditgebers zusätzlich durch Pfandrechte an realen Vermögenswerten gesichert** ist.

Pfandrechte können auf drei Arten begründet werden,

a) durch Pfandvertrag zwischen Verpfänder und Pfandgläubiger,

b) kraft Zwangsvollstreckung (Abschnitt 6.8.9),

c) kraft Gesetzes bei bestimmten Verträgen, z.B. Mietvertrag, Werkvertrag, Frachtvertrag, Kommissionsvertrag. Der Gesetzgeber räumt dem Gläubiger ein unmittelbares Zugriffsrecht bei Schuldnerverzug ein.

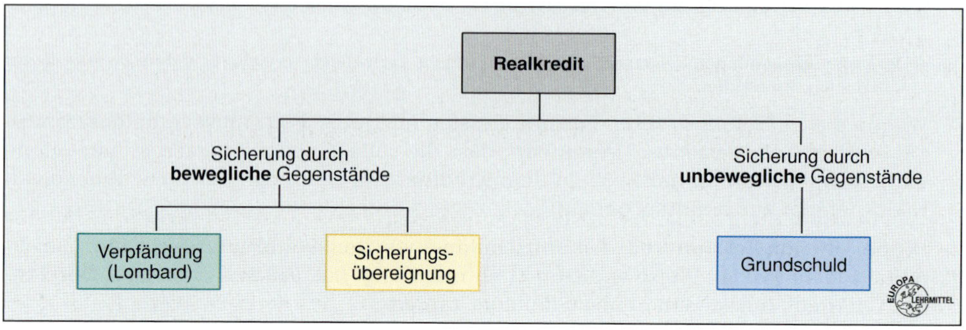

Lombardkredit (Faustpfandkredit)

Der **Lombardkredit** ist ein **Realkredit**, der **durch Pfandrecht an einer beweglichen Sache** oder einem **verbrieften Recht gesichert** ist.

▶ Bestellung des Pfandrechts

BGB §§ 1204 ff.

Die Verpfändung erfolgt durch **Einigung** der beiden Parteien, dass ein Pfandrecht bestehen soll, und **Übergabe** des zu verpfändenden Gegenstandes (Faustpfand). Durch die Übergabe wird der Pfandgläubiger **Besitzer,** aber nicht Eigentümer der verpfändeten Sache.

Soll ein **Recht** verpfändet werden, so muss der Kreditnehmer (Verpfänder) seinem Schuldner die Verpfändung mitteilen.

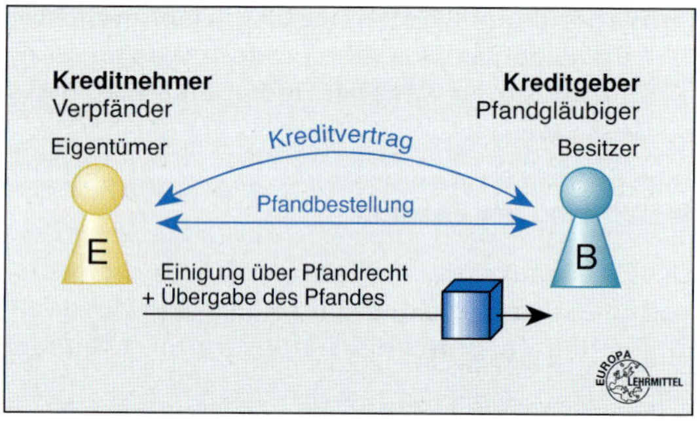

▶ Beleihung des Pfandes

Kreditinstitute beleihen vor allem Effekten, Wechsel, Warenwertpapiere, Lebensversicherungs-, Bausparvertrags- sowie andere Sparguthaben. Der Kredit ist stets kurzfristig.

Der Kreditnehmer bekommt als Kredit selten den vollen Nenn- oder Tageswert des Pfandes, sondern nur einen niedrigeren Prozentsatz, den **Beleihungssatz.** Dieser richtet sich nach der Verwertbarkeit des Pfandes und nach seinen Wertschwankungen. Der beliehene Teil des Pfandwertes heißt **Beleihungsgrenze**.

Festverzinsliche Wertpapiere wie Bundesanleihen und Pfandbriefe werden bis zu 85%, Aktien bis zu 60%, Wechsel bis zu 90%, marktgängige Waren bis zu 70% und Sparbücher zu 100% beliehen. Verändert sich die Beleihungsgrenze zuungunsten des Kreditinstitutes, so verlangt es entweder die Verstärkung der Sicherheit oder die teilweise Abdeckung des Kredits.

▶ Verwahrung und Verwertung des Pfandes

Der Pfandgläubiger hat die Pflicht, das Pfand sorgfältig zu verwahren und zu verwalten. Wenn keine Sammelverwahrung vereinbart wurde, hat er es getrennt von seinen eigenen Beständen zu halten. BGB § 1215

Der Pfandgläubiger ist berechtigt, das Pfand zu verwerten, sobald seine Forderung ganz oder zum Teil fällig ist (Pfandreife). § 1228

Die gesetzlichen Bestimmungen über die Androhung, die Wartefrist, den freihändigen Verkauf oder die Versteigerung werden im Verkehr der Kreditinstitute durch ihre »Allgemeinen Geschäftsbedingungen« ersetzt. Diese sehen u.a. die Berechtigung der Kreditinstitute vor, den Verkauf ohne vorherige Androhung und ohne Einhaltung einer Wartefrist vorzunehmen. §§ 1234–1240

▶ Erlöschen des Pfandrechtes

§§ 1252 ff.

Es erlischt durch

a) Rückgabe des Pfandes.
b) Erlöschen der Forderung, für die es bestellt ist,
c) ausdrücklichen Verzicht des Pfandgläubigers gegenüber dem Verpfänder.

▶ Vorteile des Lombardkredits

Der Lombardkredit ermöglicht die Beschaffung kurzfristiger Betriebsmittel durch die Beleihung von Vermögenswerten, die der Kreditnehmer nicht veräußern will oder nur zu ungünstigem Preis veräußern könnte. Ferner ermöglicht er bei der Einfuhr großer Warenmengen (Schiffsladungen) die kurzfristige Bezahlung des Kaufpreises und lässt dem Käufer Zeit, die Ware nach und nach abzusetzen.

Sicherungsübereignungskredit

> Der **Sicherungsübereignungskredit** ist ein **Realkredit**, bei dem der Kreditgeber das **bedingte Eigentum** an einer beweglichen Sache **zur Sicherung erwirbt,** der **Schuldner** aber **Besitzer bleibt.**

Übereignet werden meist Maschinen, Kraftfahrzeuge und Warenlager.

Die Übereignung hat nicht den Sinn, dem Gläubiger das unbedingte Eigentumsrecht zu übertragen wie beim Kauf oder bei der Schenkung, sondern sie geschieht nur *sicherheitshalber.* Der Kreditgeber kann nicht frei über den übereigneten Gegenstand verfügen, denn das Eigentum daran soll mit der Rückzahlung des Kredits von selbst wieder auf den Kreditnehmer übergehen.

▶ Entstehung der Sicherungsübereignung

Die Sicherungsübereignung ist nicht gesetzlich geregelt, aber durch die Rechtsprechung anerkannt worden. Kreditgeber und Kreditnehmer schließen neben dem Kreditvertrag einen **Sicherungsübereignungsvertrag.** Dieser enthält

- die **Einigung,** dass der Kreditgeber Eigentümer einer Sache werden soll, und § 929
- die **Vereinbarung,** dass der Kreditnehmer Besitzer bleibt. Diese Vereinbarung **(Besitzkonstitut)** ersetzt die Übergabe. § 930

▶ Wirkung der Sicherungsübereignung

Der neue Eigentümer kann **Dritten gegenüber** seine Rechte uneingeschränkt geltend machen, insbesondere einer Pfändung der übereigneten Sache durch andere Gläubiger des Kreditnehmers mit Erfolg widersprechen. Gegenüber dem **Kreditnehmer** sind jedoch seine Rechte aus dem Eigentum beschränkt. Im Insolvenzverfahren des Kreditnehmers ist der Kreditgeber nicht aussonderungs-, sondern nur absonderungsberechtigt wie ein Pfandgläubiger. Die Sicherungsübereignung hat also einen pfandrechtähnlichen Charakter.

▶ Vorteile der Sicherungsübereignung

a) Der **Kreditnehmer** kann mit den übereigneten Gegenständen weiter arbeiten und hat trotzdem die Möglichkeit der Kreditsicherung. Die Übereignung ist nach außen nicht erkennbar.

b) Der **Kreditgeber** kann als Eigentümer bei Gefahr die Herausgabe der Gegenstände fordern. Im Falle der Verwertung der sicherungsübereigneten Gegenstände gelten die gleichen Bestimmungen wie bei verpfändeten Gegenständen. Der Kreditgeber braucht keinen vollstreckbaren Titel. Außerdem wird sein Einfluss auf den Kreditnehmer größer.

▶ Nachteile der Sicherungsübereignung

a) Der **Kreditnehmer** darf über die Gegenstände nicht mehr frei verfügen. Er muss sie gegen alle Gefahren versichern und die Kosten dafür tragen.

b) Der **Kreditgeber** läuft Gefahr, dass die ihm übereigneten Gegenstände bereits übereignet sind oder dass ein Eigentumsvorbehalt des Lieferanten darauf lastet. Sie können verkauft, verpfändet, beschädigt oder vernichtet werden. Fest eingebaute Maschinen können wesentliche Bestandteile des Grundstücks sein und deshalb unter ein Grundpfandrecht fallen. Befinden sich die Sachen in gemieteten Räumen, so kann ein Vermieterpfandrecht (gesetzliches Pfandrecht) vorgehen.

▶ Rechtlicher Unterschied zwischen Sicherungsübereignung und Verpfändung

Unterschiede		Sicherungsübereignung	Verpfändung
Gegenstände werden		übereignet (vertraglich)	übergeben (körperlich)
Rechtsstellung des	**Gläubigers**	Eigentümer	Besitzer
	Schuldners	Besitzer	Eigentümer

■ Grundschuldkredit

BGB §§ 1191 ff.

Zur Sicherung eines Kredites kann ein Unternehmen vorhandene Grundstücke und Gebäude als Pfand anbieten. Da aber eine Übergabe des Pfandes nicht möglich ist, wird sie durch *Eintragung in ein öffentliches Register,* das **Grundbuch,** ersetzt. Bei DV-Eingabe spricht man vom *automatisierten Grundbuch.* Ohne Eintragung im Grundbuch entsteht und erlischt also kein Recht an einem Grundstück (Grundpfandrecht).

▶ Grundbuch

Zweck des Grundbuches ist, den Rechtszustand eines Grundstückes erkennbar zu machen. Jeder, der ein berechtigtes Interesse darlegt, darf Einsicht nehmen, also der Eigentümer, oder jeder mit dessen Erlaubnis, oder wer ein Recht am Grundstück hat oder erwerben will.

Inhalt des Grundbuches sind Angaben über

- den Gemeindebezirk,
- die Lage, Art, und Größe des Grundstückes (Bestandsverzeichnis),
- Eigentumsverhältnisse (Abteilung I),
- Lasten und Beschränkungen (Abteilung II, z.B. Wegerecht, Vorkaufsrecht, Wohnrecht eines anderen),
- Grundpfandrechte (Abteilung III, z.B. Grundschuld).

GBO § 13 § 19 **Eintragungen** in das Grundbuch werden nur auf **Antrag** *eines Berechtigten* gemacht. Antragsberechtigt ist jeder, der ein Recht an einem Grundstück hat, das von der Eintragung betroffen wird, z.B. der Eigentümer, wenn er das Grundstück verkaufen oder verpfänden will. Jeder aber, dessen Recht durch eine Eintragung betroffen würde, muss seine notariell beglaubigte **Bewilligung** dazu erteilen, z.B. der Grundschuldgläubiger, dessen Grundschuld gelöscht werden soll.

BGB § 892 Das Grundbuch genießt **öffentlichen Glauben,** d.h., jedermann kann grundsätzlich darauf vertrauen, dass die Eintragungen darin richtig sind. Wer dagegen weiß, dass eine Eintragung falsch ist, kann sie nicht zu seinen Gunsten ausnützen. Nicht geschützt sind Eintragungen, die sich auf die Größe, Benutzungsart, Beschaffenheit und ähnliche Angaben über das Grundstück beziehen.

§ 879 **Rangfolge der Eintragungen.** Unter »Rang« versteht man den Platz des Berechtigten in der Reihe derer, die durch Verwertung des Grundstückes Befriedigung suchen können. Der Rang wird durch die Reihenfolge des

Eingangs der bewilligten Anträge beim Grundbuchamt bestimmt, sofern nicht eine andere Rangordnung vereinbart worden ist. Wird das Grundstück verwertet, so wird der im Rang Vorgehende voll befriedigt, sofern der Erlös ausreicht. Kreditinstitute verlangen daher grundsätzlich den ersten Rang. Bei gleichrangigen Eintragungen werden die Gläubiger im Verhältnis ihrer Forderungen befriedigt.

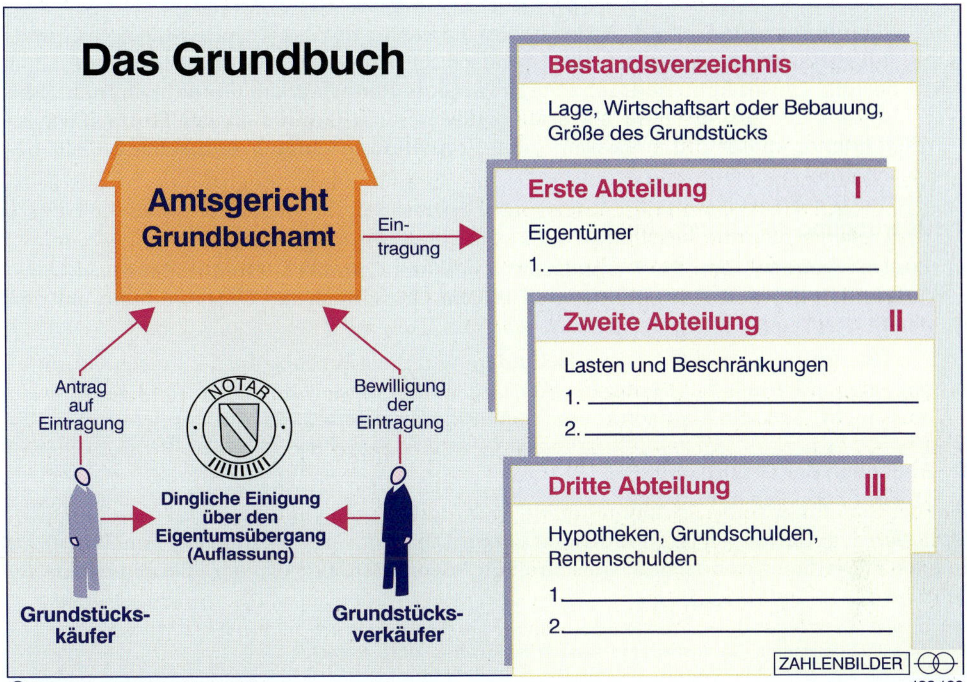

 128 160

Grundschuldkredite sind ausgesprochen langfristig und bedürfen deshalb einer Sicherung, die möglichst unabhängig von den persönlichen Verhältnissen des Kreditnehmers ist.

> Die **Grundschuld** ist ein **Pfandrecht an einem Grundstück,** wodurch der Berechtigte ermächtigt wird, sich aus dem Grundstück **in Höhe einer Geldsumme zu befriedigen.**

Die **Grundschuld** stellt damit ein *abstraktes*, vom Grundgeschäft losgelöstes *Recht dar.* Laut BGB haftet der Kreditnehmer *nicht persönlich,* sondern *nur mit seinem Grundstück* (dingliche Sicherung). Deshalb schließen die Kreditinstitute mit dem Kreditnehmer neben dem Kreditvertrag einen zusätzlichen Vertrag ab, in dem dieser sich der persönlichen und gesamtschuldnerischen Haftung sowie der sofortigen Zwangsvollstreckung unterwerfen muss. BGB §§ 1191 ff.

▶ Arten der Grundschuld

a) Nach der Form der Bestellung unterscheidet man

1. **Buchgrundschuld.** Sie entsteht durch Einigung und Eintragung im Grundbuch.
2. **Briefgrundschuld.** Sie entsteht wie die Buchgrundschuld. Zusätzlich wird aber noch eine Urkunde ausgestellt. Dieser Grundschuldbrief enthält den Inhalt des Rechtes (Betrag, Nebenleistungen, Gläubiger), die Nummer des Grundbuchblattes und die laufende Nummer im Bestandsverzeichnis. § 1195

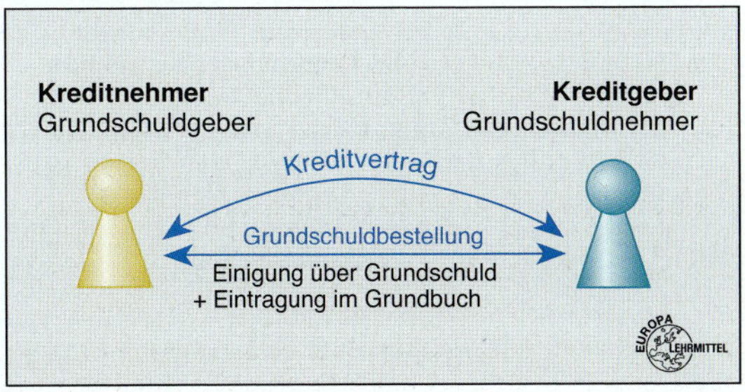

b) Nach der Person des Grundschuldberechtigten unterscheidet man

1. **Fremdgrundschuld.** Berechtigter ist nicht der Eigentümer des Grundstückes, sondern eine andere Person, z.B. ein Kreditgeber. Die Fremdgrundschuld dient zur Sicherung von Krediten und ist im kaufmännischen Bereich der Normalfall.
2. **Eigentümergrundschuld.** Bei ihr stehen die Rechte aus der Grundschuld dem Grundstückseigentümer selbst zu. Die Grundschuld wird für den Grundstückseigentümer bestellt. Dieser kann dadurch eine bevorzugte Rangstelle im Grundbuch freihalten. Besteht die Grundschuld als Briefgrundschuld, so kann sich der Grundstückseigentümer später durch Zession oder Verpfändung einfach und schnell Geld beschaffen.

▶ Übertragung der Grundschuld

BGB § 1192 § 1154 a) Zur Übertragung einer **Buchgrundschuld** muss der Grundschuldgläubiger seine *Abtretungserklärung* notariell beglaubigen und im Grundbuch die *Umschreibung* auf den neuen Gläubiger vornehmen lassen.

b) Zur Übertragung einer **Briefgrundschuld** genügt die *Übergabe* des Grundschuldbriefes mit einer schriftlichen *Abtretungserklärung* an den neuen Gläubiger. Die Übertragung muss nicht, sie kann aber sofort oder später ins Grundbuch eingetragen werden.

▶ Erlöschen der Grundschuld

§ 1177 Hat der Schuldner seine Schulden getilgt, so fordert er vom Gläubiger eine *Löschungsbewilligung,* legt diese dem Grundbuchamt vor und lässt die Grundschuld löschen. Will er sie in eine Eigentümergrundschuld umschreiben lassen, benötigt er vom Gläubiger eine *löschungsfähige Quittung.*

§ 1179a, (1) Einem nachrangigen Gläubiger steht ein **gesetzlicher Löschungsanspruch** zu. Dadurch erreicht er, dass sein Recht an dem belasteten Grundstück auf den nächstbesseren Rang vorrückt.

▶ Besondere Merkmale der Grundschuld

§ 1192, 1a
- Die Grundschuld stellt ein abstraktes Grundpfandrecht dar. Einwendungen aus dem Grundgeschäft können daher bei der Grundschuld *nur begrenzt* geltend gemacht werden.
- Schwankungen des Schuldsaldos beeinträchtigen deshalb den Bestand der Grundschuld nicht. Sie eignet sich damit sowohl zur Absicherung von Kontokorrentkrediten als auch für Darlehen.
- Die Grundschuld kann als Eigentümergrundschuld eingetragen werden. Bei späterer Kreditbeschaffung bedarf es dann nur deren Abtretung.
- Die Grundschuld kann zugunsten einer Bank lange vor der Kreditaufnahme bestellt werden. Der Schuldner kann sich dadurch z.B. günstige Kreditbedingungen sichern.

?

1. Ein Unternehmer benötigt 160.000 EUR und will je die Hälfte über eine Bürgschaft bzw. Zession absichern.
   a) In welcher Höhe muss er seiner Bank Forderungen anbieten, wenn sie zu 75% beliehen werden?
   b) Warum wird der Bürgschaftsbetrag zu 100% der Kreditsumme angesetzt?
2. a) Kaufmann Hans Dietenmeier nimmt bei seiner Bank einen Kredit auf und sein Geschäftsfreund Klaus Winkler bürgt für ihn. Wer schließt mit wem welchen Vertrag ab?
   b) Warum verlangt die Bank von Herrn Winkler den Verzicht auf die Einrede der Vorausklage?
   c) Wenige Tage nach Fälligkeit der Schuld verlangt die Bank von Herrn Winkler die Zahlung der Schuld. Dieser zahlt nicht mit der Begründung, Herr Dietenmeier habe noch Vermögen in der Schweiz. Wie verhält sich die Bank?
3. Der Kaufmann Claudio Marini bietet seiner Bank verschiedene Werte als Sicherheiten an, die diese zu den genannten Beleihungssätzen lombardiert:
   a) 500 Chemie-Aktien zu je 120 EUR (60%),
   b) Wechsel zu 25.000 EUR (90%),
   c) Sparbücher über 40.000 EUR (100%),
   d) festverzinsliche Wertpapiere über 60.000 EUR (75%).

   Wie viel EUR Kredit erhält er von seiner Bank?

4. Begründen Sie, warum die Beleihungssätze (Aufgabe 3) unterschiedlich hoch sind.
5. a) Welche Möglichkeiten der Fremdkapitalbeschaffung sind aufgrund der nachstehenden Bilanz gegeben?

Aktiva — Bilanz in EUR — Passiva

Aktiva	EUR	Passiva	EUR
Grundstücke	165.000	Eigenkapital	428.000
Fuhrpark	25.000	Grundschulddarlehen	90.000
Maschinen	100.000	Verbindlichkeiten	112.000
Rohstoffe	170.000	Schuldwechsel	20.000
Forderungen	70.000		
Wertpapiere	40.000		
Wechsel	30.000		
Zahlungsmittel	50.000		
	650.000		650.000

b) Errechnen Sie den möglichen Mittelzufluss bei einem durchschnittlichen Beleihungsprozentsatz von 60%.

6. Ordnen Sie folgende Begriffe (a–d) den entsprechenden Kreditsicherheiten (1–4) zu:

a) Einrede der Vorausklage,	1) Offene Zession,
b) Besitzkonstitut,	2) Grundschuld,
c) Bezahlen mit schuldbefreiender Wirkung,	3) selbstschuldnerische Bürgschaft,
d) Löschungsbewilligung.	4) Sicherungsübereignung.

7. Ein Bekannter von Ihnen will eine Immobilie kaufen und wissen, welche rechtliche Wirkung folgende Vorgänge haben:
   a) Abschluss eines Grundstückkaufvertrages in Schriftform im Beisein eines Rechtsanwaltes.
   b) Abschluss eines Grundstückkaufvertrages vor einem Notar.
   c) Eintragung des Grundstückkaufs in das Grundbuch.
   d) Eintragung einer Grundschuld in das Grundbuch.
   e) Tilgung der letzten Rate dieser Grundschuld.

14.5 Kreditleihe

Bei der **Kreditleihe** werden nicht Waren, Geld oder Dienstleistungen zur Verfügung gestellt, sondern **der gute Ruf (Kreditwürdigkeit) eines Unternehmens** wird **»verliehen«.**

Dies geschieht bei einem Kreditinstitut in der Form des Aval-, Akzept- und Rembourskredits. Über die Sicherung der Kredite sagen diese Begriffe nichts aus. Da es sich um kurzfristige Kredite handelt, können sie wie andere kurzfristige Kredite gesichert werden. Weil kein Geld ausgeliehen wird, kann kein Zins, sondern nur Provision berechnet werden.

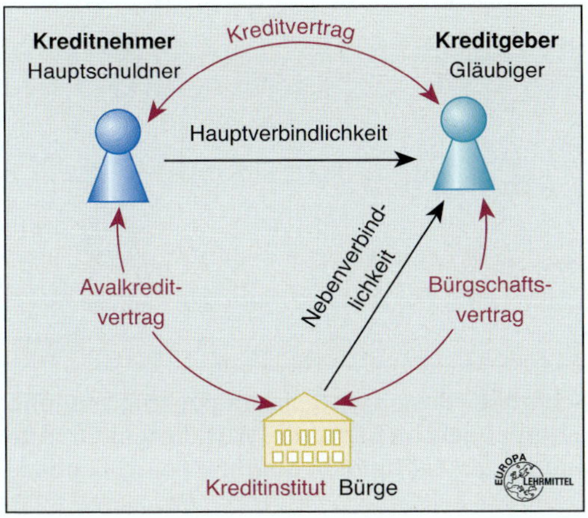

14.5.1 Avalkredit

Der **Avalkredit** ist ein **Bürgschaftskredit,** bei dem ein **Kreditinstitut eine selbstschuldnerische Bürgschaft** übernimmt.

HGB § 349

Bankbürgschaften werden hauptsächlich von Behörden, aber auch von privaten Unternehmungen gefordert

- für Zahlungsverpflichtungen der Bankkunden aus Frachten, Steuern und Zöllen,

- für vereinbarte Vertragsstrafen bei nicht rechtzeitiger Fertigstellung einer Leistung, z.B. Straßen-, Brücken-, Hausbau,
- als Kaution, z.B. bei der Anmietung von Büroräumen.

14.5.2 Akzeptkredit

Der **Akzeptkredit** ist ein Kredit, bei dem sich ein **Kreditinstitut für einen Kunden durch Wechselakzept verpflichtet.**

Der Akzeptkredit wird nur erstklassigen Unternehmen eingeräumt, über deren Zahlungsfähigkeit kein Zweifel besteht. Sie bekommen in dem Bankakzept ein vorzügliches und leicht verwertbares Kredit- und Zahlungsmittel.

- Als **Kreditmittel** dient er der Beschaffung von flüssigen Mitteln (Finanzwechsel). Die akzeptierende Bank bedingt sich aber gewöhnlich aus, dass der Wechsel bei ihr diskontiert wird, damit sie den Diskont selbst erhält. Die Wechselform wählt man, weil der Kredit für den Kunden trotz Diskont und Provision billiger ist als ein anderer Kredit.
- Als **Zahlungsmittel** kann er einem Lieferanten zur Begleichung der Verbindlichkeiten gegeben werden (Warenwechsel). Besonders im internationalen Güteraustausch verlangen viele Lieferanten ein Bankakzept.

14.5.3 Akkreditiv

BGB § 675

Unter einem **Akkreditiv** versteht man die **Bereitstellung eines Betrages** bei der Bank des Auftraggebers (Akkreditivbank) oder durch ihre Vermittlung bei einer anderen Bank (Akkreditivstelle) **zur Auszahlung an den Begünstigten** (Akkreditierten) **gegen Erfüllung bestimmter Bedingungen.**

Nach der Art der Bedingungen, die für die Auszahlung zu erfüllen sind, unterscheidet man das Bar-Akkreditiv und das Dokumenten-Akkreditiv (Waren-Akkreditiv).

Bar-Akkreditiv

Die Auszahlung des Betrages an den Begünstigten erfolgt gegen Vorzeigen seines Personalausweises. Der Auftraggeber kann sich auch selbst als Begünstigten angeben, um für eigene Reisen größere Barbeträge an fremden Plätzen bereitzustellen.

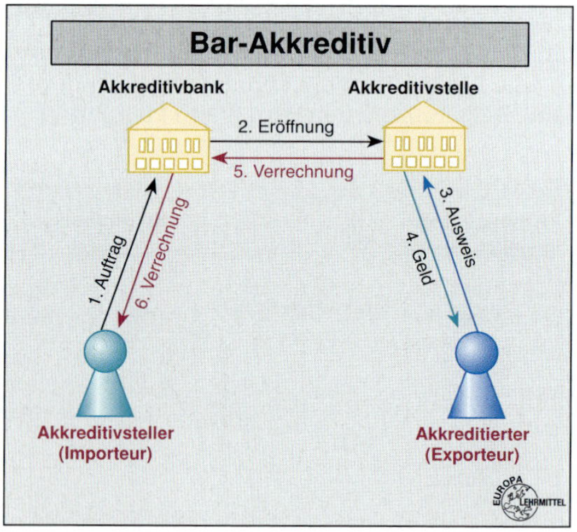

Dokumenten-Akkreditiv

Die Auszahlung des Betrages an den begünstigten Dritten erfolgt gegen Übergabe vereinbarter Dokumente. Der Lieferant hat dadurch sowie durch das abstrakte Schuldversprechen der Akkreditivbank (Bild Seite 449 oben) die Sicherheit, dass der Rechnungsbetrag eingeht, und der Käufer, dass die Ware tatsächlich an ihn abgeschickt wurde. Aus diesem Grunde kommt das Dokumenten-Akkreditiv hauptsächlich als Zahlungsbedingung bei Außenhandelsgeschäften vor.

Als Dokumente kommen infrage: Frachtbriefdoppel, Konnossement, Ladeschein, Spediteurübernahmebescheinigung, quittierte Handelsrechnung, Konsulatsfaktura, Versicherungspolice.

Ein **Dokumenten-Akkreditiv** kann sein

- **widerruflich oder unwiderruflich.** Beim unwiderruflichen Akkreditiv übernehmen Akkreditivsteller und Akkreditivbank in jedem Falle die uneingeschränkte Verpflichtung zur Einlösung, wenn akkreditivgerechte Dokumente vorgelegt werden (siehe auch Abschnitt 12.6.8).
- **bestätigt oder unbestätigt.** Beim bestätigten Akkreditiv verpflichtet sich auch die Akkreditivstelle, die Dokumente einzulösen. Ein bestätigtes Akkreditiv ist stets unwiderruflich.

Alle Akkreditive sind **befristet.**

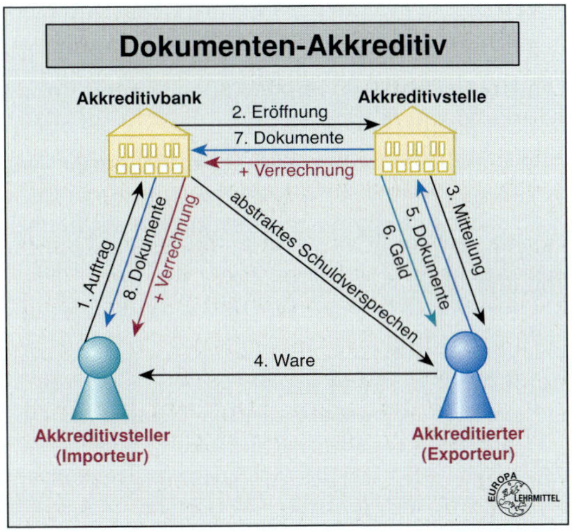

14.5.4 Rembourskredit (Akzept-Akkreditiv)

Der **Rembourskredit** ist eine **Verbindung von Diskontkredit, Dokumenten-Akkreditiv** und **Akzeptkredit.**

Nachdem in Vorverhandlungen die **Importbank** die Zusage eines Akzeptkredits gegeben hat, wird das Remboursgeschäft folgendermaßen abgewickelt.

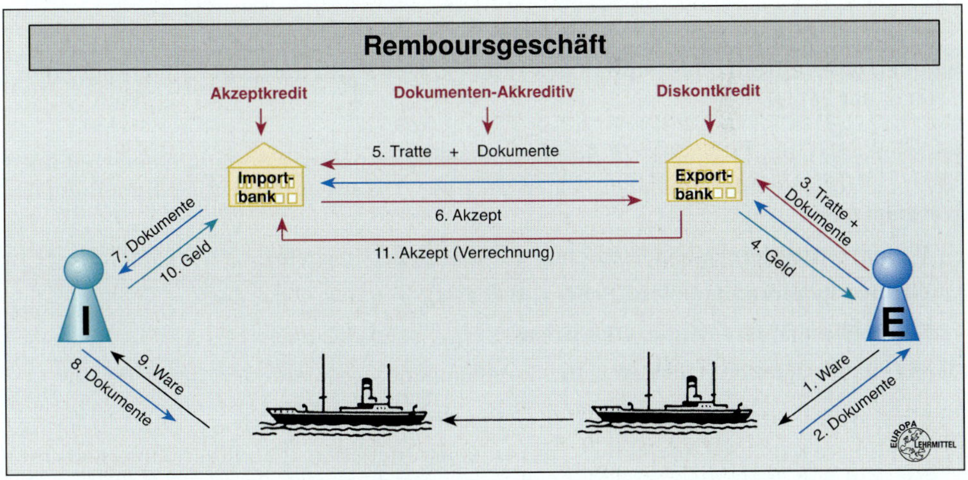

1. Der Exporteur zieht auf die Importbank eine Tratte und übergibt diese mit den Versanddokumenten seiner Bank. Diese diskontiert den Wechsel (Diskontkredit).
2. Die Exportbank schickt unter Beifügung der Dokumente die Tratte an die Importbank zum Akzept. Nach der Akzeptierung geht der Wechsel an die Exportbank zurück (Dokumenten-Akkreditiv, Abschnitt 14.5.3).

3. Die Importbank händigt dem Importeur die Dokumente aus und erhält von ihm spätestens einen Werktag vor Verfall den Wechselbetrag (Akzeptkredit).

Um den Weg der Akzepteinholung abzukürzen, ist der Handelsbrauch entstanden, dass eine Bank im Exportland im Auftrag der Importbank den Wechsel akzeptiert. Die früher übliche Verwendung von Wechselvervielfältigungen erübrigt sich bei diesem Verfahren.

Die Unterschrift des Importeurs erscheint auf dem Wechsel nicht. Er haftet aber dem Exporteur aus dem Kaufvertrag.

Alle Beteiligten haben also volle Sicherheit. Der Exporteur kann sicher mit dem Eingang des Gegenwertes für seine Lieferung rechnen, weil ein Kreditinstitut seine Tratte akzeptiert. Jedes beteiligte *Kreditinstitut* hat als Sicherheit die Dokumente in der Hand, mit denen über die Ware verfügt werden kann. Der *Importeur* hat eine Gewähr für den Eingang der von ihm gezahlten Ware.

?

1. Klären Sie, warum
   a) das Dokumenten-Akkreditiv in Europa und Nordamerika kaum eine Rolle spielt,
   b) alle Akkreditive befristet sind,
   c) der Exporteur das Dokumenten-Akkreditiv der Vereinbarung »Dokumente gegen Kasse« vorzieht.
2. Prüfen und begründen Sie, ob der deutsche Exporteur
   a) FOB oder CIF vereinbaren und
   b) Euro- oder Dollar-Fakturierung wählen sollte.

14.6 Wertpapiergeschäfte

!

Wertpapiere sind Urkunden, die **Vermögensrechte** so **verbriefen,** dass **deren Ausübung an den Besitz des Papiers geknüpft** ist. Das Recht **aus** dem Papier folgt dem Recht **am** Papier.

Diese Rechte können in einer Verfügungsberechtigung über Waren, in einem Geldwert oder in Gläubiger- oder Teilhaberrechten bestehen. Daraus ergibt sich die **Einteilung der Wertpapiere** in

- **Warenwertpapiere** (Konnossement, Ladeschein, Lagerschein),
- **Geldwertpapiere** (Banknote, Scheck, Wechsel),
- **Kapitalwertpapiere** (Aktie, Obligation).

Die **Kapitalwertpapiere** verbriefen eine Kapitalanlage. Sie lassen sich unterteilen in

a) nicht vertretbare Kapitalwertpapiere (Namensaktien, Sparbriefe),

b) vertretbare Kapitalwertpapiere (Aktie, Anleihe, Obligation, Pfandbrief). Innerhalb ihrer Gattung sind die Papiere einander vollständig gleich, also austauschbar (fungibel). Die Eigenschaft der Vertretbarkeit macht sie börsenfähig. Die vertretbaren Kapitalwertpapiere nennt man **Effekten,** sofern sie an der Börse gehandelt werden.

!

Effekten sind **Urkunden über Gläubiger- oder Teilhaberrechte** mit festem oder schwankendem Ertrag und der **Eigenschaft der Vertretbarkeit** (Börsenfähigkeit).

2. Jan. ganzj. 4,25% Inhaber-Schuldverschreibung Em. 5915 2. Jan. 2009 WKN 185915 EUR 1000,-

Ausgegeben nach § 5 Abs. 1 Nr. 4c des HBG.

Nr.

Emission/ Issue 5915

DIE WESTHYP

4,25%
Inhaber-Schuldverschreibung
über 1000 EUR

Die Westfälische Hypothekenbank Aktiengesellschaft schuldet dem Inhaber dieser Schuldverschreibung, die nach § 5 Abs. 1 Nr. 4c des Hypothekenbankgesetzes nicht deckungspflichtig ist, ***eintausend Euro.***

Diese Schuldverschreibung wird jährlich mit 4,25% nach den auf der Rückseite angegebenen Bedingungen verzinst.

Dortmund, im Dezember 1998

4.25%
Bearer Bond
for EUR 1,000

MUSTER

Westfälische Hypothekenbank Aktiengesellschaft owes to the bearer of this bond, which according to § 5, section 1, no. 4c, of the mortgage law is not required to be secured, ***one thousand Euro.***
This bond bears an annual interest of 4.25% in accordance with the Conditions endorsed on the back.

Dortmund, in December 1998

WESTFÄLISCHE HYPOTHEKENBANK AKTIENGESELLSCHAFT

Aufsichtsrat *Vorstand*

Kontrollunterschrift

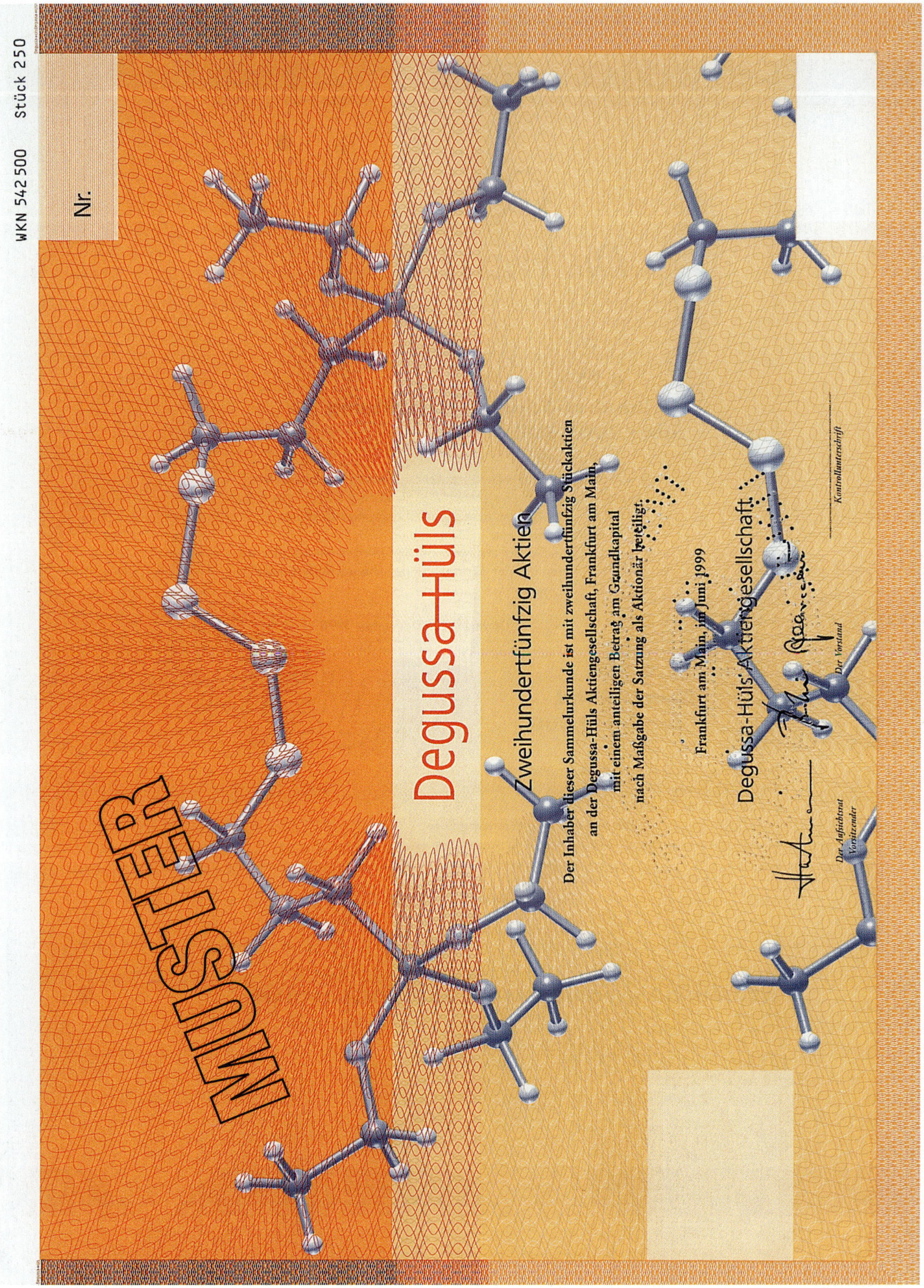
WKN 542500
Stück 250
Nr.
MUSTER
Degussa-Hüls
Zweihundertfünfzig Aktien
Der Inhaber dieser Sammelurkunde ist mit zweihundertfünfzig Stückaktien
an der Degussa-Hüls Aktiengesellschaft, Frankfurt am Main,
mit einem anteiligen Betrag am Grundkapital
nach Maßgabe der Satzung als Aktionär beteiligt.
Frankfurt am Main, im Juni 1999
Degussa-Hüls Aktiengesellschaft
Der Aufsichtsrat Vorsitzender
Der Vorstand
Kontrollunterschrift

Degussa-Hüls
12. Gewinnanteilschein zur Sammelurkunde über zweihundertfünfzig Stückaktien Degussa-Hüls Aktiengesellschaft
Nr.
Der Aufsichtsrat Vorsitzender — Der Vorstand
Frankfurt am Main, im Juni 1999
Gewinnanteilschein 12
WKN 542 500
Stück 250

Degussa-Hüls
11. Gewinnanteilschein zur Sammelurkunde über zweihundertfünfzig Stückaktien Degussa-Hüls Aktiengesellschaft
Nr.
Der Aufsichtsrat Vorsitzender — Der Vorstand
Frankfurt am Main, im Juni 1999
Gewinnanteilschein 11
WKN 542 500
Stück 250

Degussa-Hüls
14. Gewinnanteilschein zur Sammelurkunde über zweihundertfünfzig Stückaktien Degussa-Hüls Aktiengesellschaft
Nr.
Frankfurt am Main, im Juni 1999
Gewinnanteilschein 14
WKN 542 500
Stück 250

Degussa-Hüls
13. Gewinnanteilschein zur Sammelurkunde über zweihundertfünfzig Stückaktien Degussa-Hüls Aktiengesellschaft
Nr.
Frankfurt am Main, im Juni 1999
Gewinnanteilschein 13
WKN 542 500
Stück 250

Degussa-Hüls
16. Gewinnanteilschein zur Sammelurkunde über zweihundertfünfzig Stückaktien Degussa-Hüls Aktiengesellschaft
Nr.
Frankfurt am Main, im Juni 1999
Gewinnanteilschein 16
WKN 542 500
Stück 250

Degussa-Hüls
15. Gewinnanteilschein zur Sammelurkunde über zweihundertfünfzig Stückaktien Degussa-Hüls Aktiengesellschaft
Nr.
Frankfurt am Main, im Juni 1999
Gewinnanteilschein 15
WKN 542 500
Stück 250

Degussa-Hüls
18. Gewinnanteilschein zur Sammelurkunde über zweihundertfünfzig Stückaktien Degussa-Hüls Aktiengesellschaft
Nr.
Frankfurt am Main, im Juni 1999
Gewinnanteilschein 18
WKN 542 500
Stück 250

Degussa-Hüls
17. Gewinnanteilschein zur Sammelurkunde über zweihundertfünfzig Stückaktien Degussa-Hüls Aktiengesellschaft
Nr.
Frankfurt am Main, im Juni 1999
Gewinnanteilschein 17
WKN 542 500
Stück 250

Degussa-Hüls
20. Gewinnanteilschein zur Sammelurkunde über zweihundertfünfzig Stückaktien Degussa-Hüls Aktiengesellschaft
Nr.
Frankfurt am Main, im Juni 1999
Gewinnanteilschein 20
WKN 542 500
Stück 250

Degussa-Hüls
19. Gewinnanteilschein zur Sammelurkunde über zweihundertfünfzig Stückaktien Degussa-Hüls Aktiengesellschaft
Nr.
Frankfurt am Main, im Juni 1999
Gewinnanteilschein 19
WKN 542 500
Stück 250

Erneuerungsschein
WKN 542 500
Stück 250
Nr.
Degussa-Hüls Aktiengesellschaft
Gegen Rückgabe dieses Erneuerungsscheines werden neue Gewinnanteilscheine, deren erster auf Nummer 21 zu lauten hat, nebst Erneuerungsschein ausgehändigt.

Degussa-Hüls
Erneuerungsschein zur Sammelurkunde über zweihundertfünfzig Stückaktien Degussa-Hüls Aktiengesellschaft
Nr.
Der Aufsichtsrat Vorsitzender — Der Vorstand
Frankfurt am Main, im Juni 1999
Erneuerungsschein
WKN 542 500
Stück 250

GIESECKE & DEVRIENT GMBH 1999

MUSTER

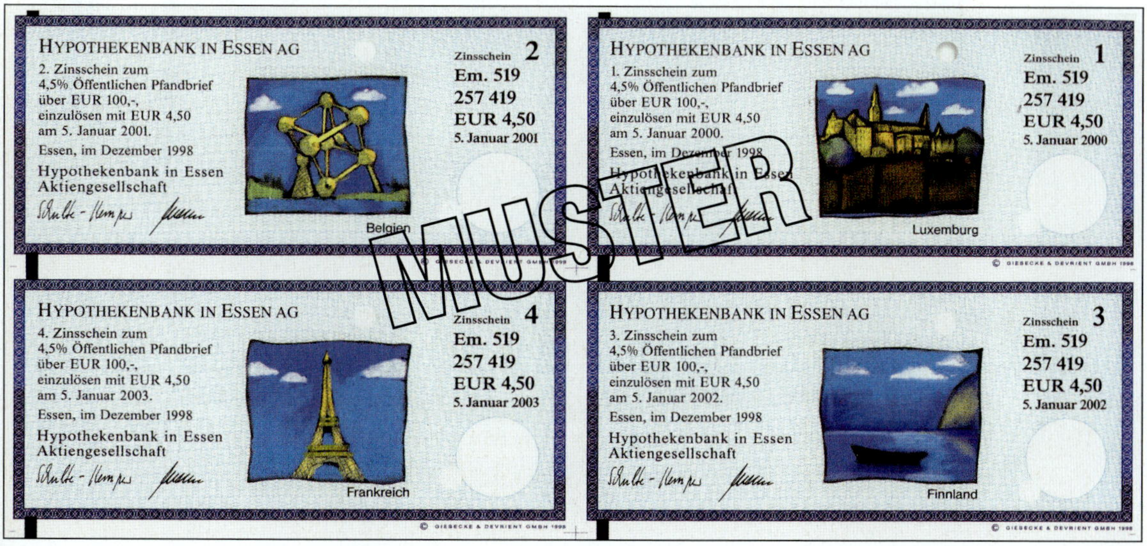

HYPOTHEKENBANK IN ESSEN AG
2. Zinsschein zum 4,5% Öffentlichen Pfandbrief über EUR 100,-, einzulösen mit EUR 4,50 am 5. Januar 2001.
Essen, im Dezember 1998
Hypothekenbank in Essen Aktiengesellschaft
Belgien
Zinsschein 2
Em. 519
257 419
EUR 4,50
5. Januar 2001

HYPOTHEKENBANK IN ESSEN AG
1. Zinsschein zum 4,5% Öffentlichen Pfandbrief über EUR 100,-, einzulösen mit EUR 4,50 am 5. Januar 2000.
Essen, im Dezember 1998
Hypothekenbank in Essen Aktiengesellschaft
Luxemburg
Zinsschein 1
Em. 519
257 419
EUR 4,50
5. Januar 2000

HYPOTHEKENBANK IN ESSEN AG
4. Zinsschein zum 4,5% Öffentlichen Pfandbrief über EUR 100,-, einzulösen mit EUR 4,50 am 5. Januar 2003.
Essen, im Dezember 1998
Hypothekenbank in Essen Aktiengesellschaft
Frankreich
Zinsschein 4
Em. 519
257 419
EUR 4,50
5. Januar 2003

HYPOTHEKENBANK IN ESSEN AG
3. Zinsschein zum 4,5% Öffentlichen Pfandbrief über EUR 100,-, einzulösen mit EUR 4,50 am 5. Januar 2002.
Essen, im Dezember 1998
Hypothekenbank in Essen Aktiengesellschaft
Finnland
Zinsschein 3
Em. 519
257 419
EUR 4,50
5. Januar 2002

© GIESECKE & DEVRIENT GMBH 1998

MUSTER

5. Januar | 4,5% Öffentlicher Pfandbrief | Em. 519 | 5. Januar 2009 | WKN 257419 | EUR 100,-

EUR 100,-

Nr. 00000

HYPOTHEKENBANK IN ESSEN AG

4,5% Öffentlicher Pfandbrief

über Einhundert Euro

EUR 100

Die Hypothekenbank in Essen AG begibt diesen Öffentlichen Pfandbrief zu den umseitig aufgeführten Bedingungen anläßlich der Einführung der dritten Stufe der Europäischen Wirtschafts- und Währungsunion am 1. Januar 1999.

SPECIMEN

Essen, im Dezember 1998

Hypothekenbank in Essen

Aktiengesellschaft

Für diesen Öffentlichen Pfandbrief ist die vorschriftsmäßige Deckung vorhanden und in das Deckungsregister eingetragen.

Der Treuhänder

Kontrollunterschrift

Teilnehmerstaaten: Belgien, Deutschland, Finnland, Frankreich, Niederlande, Irland, Italien, Luxemburg, Österreich, Portugal, Spanien

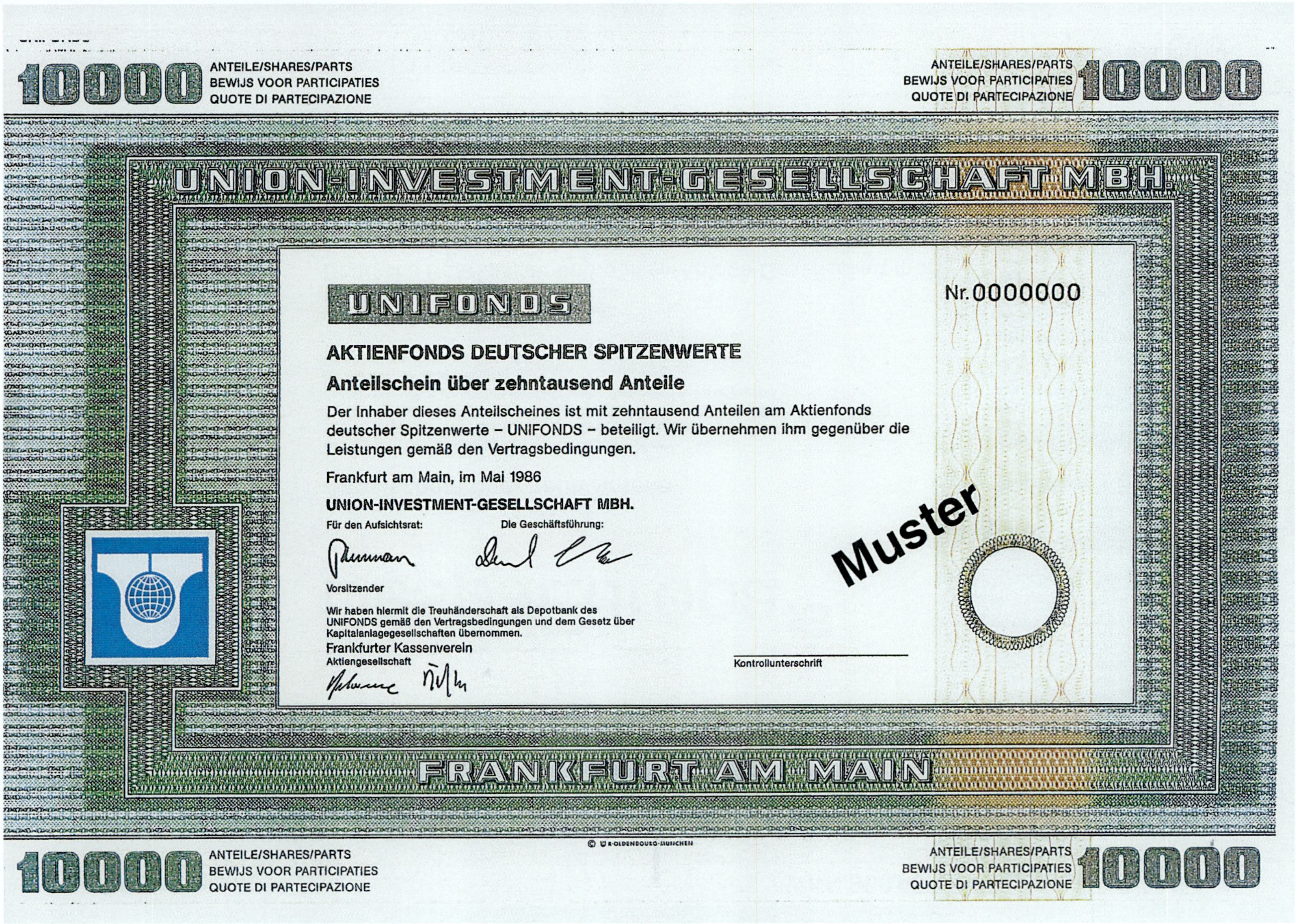

10000 ANTEILE/SHARES/PARTS
BEWIJS VOOR PARTICIPATIES
QUOTE DI PARTECIPAZIONE

ANTEILE/SHARES/PARTS
BEWIJS VOOR PARTICIPATIES
QUOTE DI PARTECIPAZIONE 10000

UNION-INVESTMENT-GESELLSCHAFT MBH.

UNIFONDS

Nr. 0000000

AKTIENFONDS DEUTSCHER SPITZENWERTE

Anteilschein über zehntausend Anteile

Der Inhaber dieses Anteilscheines ist mit zehntausend Anteilen am Aktienfonds deutscher Spitzenwerte – UNIFONDS – beteiligt. Wir übernehmen ihm gegenüber die Leistungen gemäß den Vertragsbedingungen.

Frankfurt am Main, im Mai 1986

UNION-INVESTMENT-GESELLSCHAFT MBH.

Für den Aufsichtsrat:

Vorsitzender

Die Geschäftsführung:

Muster

Wir haben hiermit die Treuhänderschaft als Depotbank des UNIFONDS gemäß den Vertragsbedingungen und dem Gesetz über Kapitalanlagegesellschaften übernommen.

Frankfurter Kassenverein
Aktiengesellschaft

Kontrollunterschrift

FRANKFURT AM MAIN

10000 ANTEILE/SHARES/PARTS
BEWIJS VOOR PARTICIPATIES
QUOTE DI PARTECIPAZIONE

ANTEILE/SHARES/PARTS
BEWIJS VOOR PARTICIPATIES
QUOTE DI PARTECIPAZIONE 10000

DespaEuropa WKN 980 956 10 Anteile

Muster

Despa
Deutsche Sparkassen-Immobilien-Anlage-Gesellschaft mbH
Frankfurt am Main

Nr. 2032324

DespaEuropa

Anteilschein über zehn Anteile

Der Inhaber dieses Anteilscheins ist in Höhe von zehn Anteilen an den jeweiligen Vermögenswerten des Fonds DespaEuropa als Miteigentümer nach Bruchteilen und Mitinhaber der Forderungen und Rechte nach Maßgabe der Vertragsbedingungen in ihrer jeweils geltenden Fassung beteiligt.
Frankfurt am Main, im Januar 1997

Despa
Deutsche Sparkassen-Immobilien-Anlage-Gesellschaft mbH

Für den Aufsichtsrat

Vorsitzender

Die Geschäftsführung

Eingetragen in das Anteilschein-Register

Kontrollunterschrift:

Depotbank-Bestätigung

Wir verwahren für die Despa Deutsche Sparkassen-Immobilien-Anlage-Gesellschaft mbH, Frankfurt am Main, die Werte des Fonds DespaEuropa als Depotbank.

DEUTSCHE GIROZENTRALE
– DEUTSCHE KOMMUNALBANK –

14.6.1 Einteilung der Wertpapiere hinsichtlich der verbrieften Rechte

Kapitalwertpapiere werden hinsichtlich der *in ihnen verbrieften Rechte* eingeteilt in

a) Wertpapiere mit Gläubigerrechten (auch Gläubigerpapiere, Rentenpapiere, Schuldverschreibungen, festverzinsliche Papiere, Anleihen, Obligationen, Sparbriefe, Schatzbriefe, Finanzierungsschätze genannt),

b) Wertpapiere mit Teilhaberrechten (auch Teilhaberpapiere, Dividendenpapiere, Effekten mit schwankendem Ertrag genannt),

c) Sonderformen (Investmentanteile, Wandelschuldverschreibungen), Optionsanleihen, Gewinnschuldverschreibungen, Genussscheine).

14.6.2 Gläubigerpapiere

Merkmale der Gläubigerpapiere

Die Gläubigerpapiere verbriefen dem *Gläubiger* das *Recht auf* **Verzinsung, Rückzahlung und Anteil an der Insolvenzmasse** des Schuldners.

Das **Gläubigerpapier** besteht aus zwei Teilen,

- dem **Mantel,** der eigentlichen Urkunde mit dem aufgedruckten zu verzinsenden Betrag (Nennwert, meistens 100 EUR) sowie den Zinssatz, und
- dem **Zinsscheinbogen,** bestehend aus den Zinsscheinen (Coupons) und dem Erneuerungsschein (Talon). Wer von dem Zinsscheinbogen einen Zinsschein abtrennt und ihn bei Fälligkeit dem Schuldner oder einer von diesem beauftragten Bank vorlegt, bekommt die Zinsen ausbezahlt. Wenn alle Zinsscheine abgeschnitten sind, kann ein neuer Zinsscheinbogen mithilfe des Erneuerungsscheins bezogen werden.

Aus Kostengründen geht man vom Druck der effektiven Stücke immer mehr ab und schafft sogenannte stückelose Effekten **(Wertrechte).** Staatspapiere werden in einem öffentlichen Schuldenbuch (Bad Homburg v.d.H.) eingetragen; bei Privatpapieren genügt die Gutschrift auf einem Wertpapierkonto (Depotkonto).

Der **Zinssatz** gilt grundsätzlich für die Dauer der Schuld. Bei einer Zinssenkung auf dem Kapitalmarkt kann der Schuldner mit Mitteln aus einer neuen, niedriger verzinslichen Emission eine höher verzinsliche Obligation ablösen (Konversion).

Die **Rückzahlung** erfolgt bei *Fälligkeitsanleihen* am Ende der Laufzeit im Ganzen, bei *Tilgungsanleihen,* wenn die Rückzahlung in jährlichen Raten nach einem Tilgungsplan geschieht. Dann werden die zurückzuzahlenden Stücke ausgelost.

Arten von Gläubigerpapieren

▶ Öffentliche Anleihen

Sie sind Schuldverschreibungen über Forderungsrechte gegenüber dem Bund, den Ländern, den Städten und sonstigen öffentlich-rechtlichen Körperschaften.

Die Anleihen sind durch die Steuerkraft und das Vermögen dieser Schuldner indirekt gesichert. Mittel für große Aufgaben (Straßenbau, Wohnungsbau u. a.), die aus laufenden Einnahmen (ordentlicher Haushalt) nicht beschafft werden können, werden durch den Verkauf dieser Papiere aufgebracht.

Wertpapiere des Bundes und ihre Merkmale

	Bundesanleihen	Bundesschatzbriefe	Bundesobligationen	Finanzierungsschätze
Laufzeit	10 Jahre	6 und 7 Jahre	5 Jahre	2 Jahre
Zinszahlung	jährlich	6 Jahre = jährlich 7 Jahre = Laufzeitende	jährlich	abgezinst = Nennwert – Zins = Kaufpreis
Mindestauftrag	100 EUR	50 EUR	100 EUR	500 EUR
Nennwert	bei allen Bundespapieren ab 0,01 EUR			
Zinsberechnung	bei allen Bundespapieren actual/actual = 365/365 bzw. 366/366			

▶ Bankschuldverschreibungen

Sie sind Urkunden über Forderungen gegen öffentliche Kreditanstalten, private Hypothekenbanken und sonstige Kreditinstitute.

PfandBG § 1 (1) Private Hypothekenbanken verkaufen *Pfandbriefe.* Der Erlös aus ihrem Verkauf wird nach bestimmten gesetzlichen Vorschriften an die Eigentümer erstklassiger Grundstücke (meist Wohnhäuser) ausgeliehen. Die Sicherung dieser Kredite geschieht ausschließlich durch 1. Hypotheken, sodass indirekt jeder Pfandbrief durch eine 1. Hypothek (Grundschuld) gesichert ist.

§ 1 (2) Öffentliche Kreditanstalten emittieren *Öffentliche Pfandbriefe.* Der Erlös aus ihrem Verkauf fließt Gemeinden oder Gemeindeverbänden für Zwecke des außerordentlichen Haushalts zu. Sie sind durch die Steuerkraft dieser Gemeinden, durch Staatsbürgschaften oder nach-

Wertpapiere im Umlauf

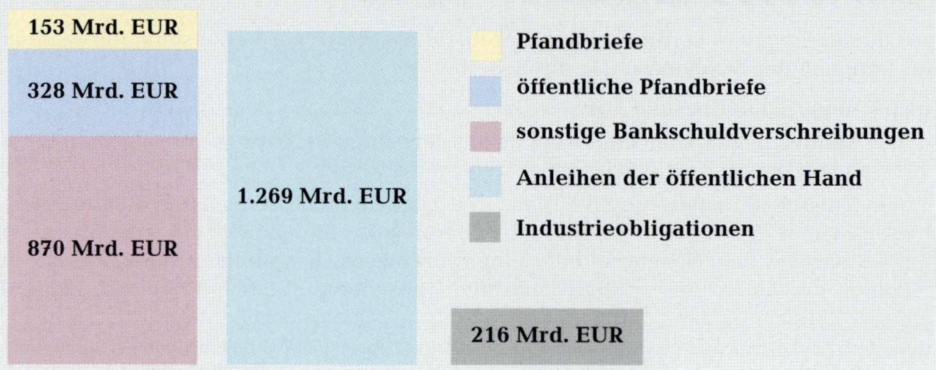

Quelle: Deutsche Bundesbank

rangige Hypotheken indirekt gesichert. Schuldner aber ist, wie bei den Pfandbriefen, das emittierende Kreditinstitut (bei Kommunal*anleihen* eine *Gemeinde*). BGB § 793

Andere Kreditinstitute kommen mit *sonstigen Schuldverschreibungen* auf den Markt. Mit dem Erlös aus ihren Papieren finanzieren sie durch Kreditvergabe die gewerbliche Wirtschaft.

▶ Industrieobligationen

Sie sind Schuldverschreibungen über Forderungsrechte gegen Industrieunternehmungen, die meist durch eine 1. Hypothek oder Grundschuld oder durch Bürgschaft anderer Unternehmungen gesichert sind.

14.6.3 Teilhaberpapiere

Zu den Teilhaberpapieren gehören neben GmbH-Anteilen vor allem die **Aktien.**

Merkmale der Aktie

Aktien sind Urkunden über die *Beteiligung an einer Aktiengesellschaft.* Maßgebend für den Umfang der Beteiligung ist die Anzahl der Stückaktien. AktG § 1(2) § 8

Die **Aktie** besteht aus zwei Teilen,

- dem **Mantel** mit dem Nennwert von mindestens 1 EUR und
- dem **Dividendenscheinbogen,** bestehend aus den Dividendenscheinen (Coupons) und dem Erneuerungsschein (Talon). Die Dividendenscheine unterscheiden sich von den Zinsscheinen dadurch, dass ihnen kein Betrag und kein Fälligkeitstag aufgedruckt ist.

Die **Aktie** verbrieft folgende Rechte:

a) das **Stimmrecht** in der Hauptversammlung (Abschnitt 3.5.1),

b) das Recht auf Anteil am **Gewinn** (Dividende), § 119

c) das Recht auf Anteil am **Liquidationserlös** (Abschnitt 3.9),

d) das **Bezugsrecht** bei Neuausgabe von Aktien der AG. Die Ausgabe verläuft gewöhnlich so, dass die AG die jungen Aktien einem Bankenkonsortium mit der Verpflichtung überlässt, sie den alten Aktionären anzubieten. Durch Beschluss der Hauptversammlung kann das gesetzliche Bezugsrecht der Aktionäre eingeschränkt oder ausgeschlossen werden. § 186

Arten von Aktien

Man unterscheidet

- *nach den Rechten:* §§ 11 f., 139–141

  Stammaktien (gewöhnliche Aktien).

  Vorzugsaktien. Sie gewähren dem Besitzer einen Vorzug vor den Stammaktien. Dieser kann bestehen in einer höheren Dividende ohne oder mit Nachzahlungspflicht der AG, in einer Bevorzugung bei der Verteilung des Liquidationserlöses oder mit besonderer behördlicher Genehmigung in mehrfachem Stimmrecht. Es gibt auch Vorzugsaktien ohne Stimmrecht.

- *nach der Übertragbarkeit:*

  Inhaberaktien. Das Eigentum an ihnen wird durch Einigung und Übergabe übertragen. § 10

  Namensaktien. Sie lauten auf den Namen des Aktionärs und sind im Aktienbuch der Gesellschaft eingetragen. Die Eigentumsübertragung erfolgt durch Einigung und Übergabe des indossierten Papiers unter Umschreibung im Aktienbuch. Da in den USA Namensaktien gesetzlich vorgeschrieben sind, stellen deutsche Aktiengesellschaften (Allianz AG, Daimler AG, Siemens AG) ihre Inhaber- auf Namensaktien um, damit sie an der Wall Street in New York gehandelt werden können. §§ 67 f.

  Vinkulierte (gebundene) **Namensaktien.** Sie werden wie Namensaktien übertragen. Außerdem ist die Zustimmung der Gesellschaft einzuholen. Damit behält sich der Vorstand die Auswahl geeigneter Aktionäre vor. § 55

- *nach dem Zeitpunkt der Ausgabe:*

  alte und **junge** Aktien. Junge Aktien entstehen durch eine Kapitalerhöhung gegen Einlagen. § 182

  Berichtigungsaktien (Zusatzaktien). Sie werden ausgegeben, wenn das Grundkapital der AG durch die Umwandlung von Rücklagen erhöht wird. § 207

14.6.4 Wertpapier-Sonderformen

InvG § 2 ■ Investmentfondsanteile

Sie sind Urkunden über eine *Beteiligung an einem* **Sondervermögen (Fonds)** *einer Kapitalanlagegesellschaft.* Darunter versteht man eine Gesellschaft, die Anteile verkauft und deren Erlöse in **Wertpapieren** der verschiedensten Wirtschaftszweige oder in Immobilien, gesondert vom eigenen Vermögen, anlegt.

Nach der Zusammensetzung des Wertpapierfonds unterscheidet man Rentenfonds, Aktienfonds, gemischte Fonds, Dachfonds. Nur letztere dürfen Fondsanteile kaufen.

Fondsanteile werden nicht an der Börse gehandelt. Deswegen sind sie trotz ihrer Vertretbarkeit keine Effekten. Sie haben keinen Nennwert. Die einzelnen Stücke lauten auf 1, 2, 5, 10 oder 100 Anteile. Der Wert des Anteils wird von der Investmentgesellschaft aufgrund der Börsenkurse der im Fonds vereinigten Papiere täglich neu errechnet. Der Ausgabepreis
§ 23 setzt sich aus diesem Anteilwert und einem prozentualen Aufschlag zur Abgeltung der Ausgabekosten zusammen.

§ 34 $$\textbf{Ausgabepreis} = \frac{\text{Tageswert des Fondsvermögens}}{\text{Zahl der umlaufenden Anteile}} + \text{Ausgabekostenaufschlag}$$

Die Kapitalanlagegesellschaften sind verpflichtet, die ausgegebenen Anteile zurückzunehmen. Die Rücknahme erfolgt zum Anteilwert des Rücknahmetages.

Fondsanteile sind mit einem Ertragsscheinbogen ausgestattet. Der auszuschüttende Ertrag wird aus den angesammelten Dividenden, Zinserträgen und realisierten Kursgewinnen des Fondsvermögens abzüglich der Verwaltungskosten der Investmentgesellschaft errechnet.

§ 42 $$\textbf{Ertrag des Anteils} = \frac{\text{Erträge des Fondsvermögens abzüglich Verwaltungskosten}}{\text{Zahl der umlaufenden Anteile}}$$

Vorteile: Das Kursrisiko wird durch die Streuung der Wertpapiere des Fonds weitgehend eingeebnet. Das Ertragsrisiko wird dadurch gemindert, dass geringere Erträge einzelner Wertpapiere mit Erträgen anderer Papiere ausgeglichen werden. Die starke Stückelung bis hin zu Bruchteilen ermöglicht auch Kleinsparern eine Beteiligung an einem breit gestreuten Millionenvermögen (Investmentsparen). Die Investmentgesellschaft enthebt den Investmentsparer der Sorge um die Auswahl und Verwaltung der im Fonds zusammengefassten Wertpapiere. Außerdem muss sie die Papiere jederzeit zurücknehmen.

§ 32 **Nachteile:** Die Zwischenschaltung der Kapitalanlagegesellschaft verursacht Aufwand, der den Ertrag des Anteils mindert. Der Anteil verbrieft kein Stimmrecht. Der Rücknahmepreis ist niedriger als der Ausgabepreis.

Neben den Fonds mit Ertragausschüttung gibt es auch *Wachstumsfonds.* Bei diesen werden die Erträge nicht ausgeschüttet, sondern in weiteren Anteilen angelegt.

AktG § 221 ■ Wandelschuldverschreibungen (Wandelanleihen, Convertible Bonds)

Wandelschuldverschreibungen sind Schuldverschreibungen einer Aktiengesellschaft, die den Inhabern das Recht einräumen, nach einer gewissen Zeit Aktionär zu werden. Die Inhaber haben das *Recht auf den Umtausch in Aktien* anstelle des Rückzahlungsanspruchs.

Vorteile: Die Wandelobligation bietet dem Erwerber einen festen Ertrag und die Möglichkeit, später Teilhaber zu werden. Für die Unternehmung ergibt sich daraus die Möglichkeit, bei angespannter Kapitalmarktlage zu einem günstigen Zinssatz Fremdkapital zu beschaffen. Der Kurs der Wandelobligation nähert sich mit Ablauf der Umtauschfrist je nach den Umtauschbedingungen mehr oder weniger dem Aktienkurs; er bietet somit bei guter Geschäftslage Kursgewinne, während bei schlechter Geschäftslage die Rückzahlung zum festgesetzten Rückzahlungskurs den Ersterwerber vor Verlusten schützt.

Nachteile: Der Wandelobligationär hat zunächst nur Gläubigerrechte. Stärkere Kursverluste sind nicht ausgeschlossen. Die Unternehmung muss auch bei schlechter Ertragslage einen festen Zins zahlen.

Optionsanleihen

Sie enthalten das *Bezugs- oder Optionsrecht auf Erwerb von Aktien zusätzlich* zur Anleihe. Sie unterscheiden sich von den Wandelanleihen also dadurch, dass die Anleihe erhalten bleibt und planmäßig getilgt wird. Die Vor- und Nachteile entsprechen denen der Wandelanleihe.

Gewinnschuldverschreibungen

Gewinnschuldverschreibungen sind Urkunden, die neben den Gläubigerrechten das *Recht auf Beteiligung am Unternehmungsgewinn* verbriefen (Zins und Gewinnanteil). AktG § 221

Genussscheine

Genussgutscheine sind Urkunden, die einen *Anspruch auf Gewinnbeteiligung* oder einen *Anteil am Liquidationserlös* einer AG, aber ohne Stimmrecht und sonstige Teilhaberrechte verbriefen. Die Ausgabe wird von der Hauptversammlung mit Dreiviertelmehrheit beschlossen. § 221

14.6.5 Effektenbörse

Zulassung von Effekten

An einer Börse werden nur solche Effekten amtlich gehandelt, die von ihr ausdrücklich zugelassen sind. Über die Zulassung entscheidet ein Ausschuss von Börsenmitgliedern (Zulassungsstelle). Dadurch soll verhindert werden, dass an der Börse Wertpapiere gehandelt werden, die zu Schädigungen allgemeiner Interessen und des Wertpapierbesitzers führen könnten. Den Antrag auf Zulassung kann ein Kreditinstitut, das Börsenmitglied ist, schriftlich stellen. Ein beigefügter Prospekt muss alles enthalten, was zur Beurteilung der Güte (Bonität) des Papiers notwendig ist. BörsG §§ 36 f.

Dazu gehören insbesondere die Nennung des Emittenten, die Art seiner Tätigkeit, die Höhe des Grundkapitals, die Höhe und der Zweck der Emission. Bei der Ausgabe festverzinslicher Papiere die Verzinsung, die Kündigungs- und Rückzahlungsbedingungen, die Sicherstellung, außerdem die letzte Bilanz mit Gewinn- und Verlustrechnung. Die Angaben des Prospektes müssen vom beantragenden Kreditinstitut nachgeprüft werden; es haftet zusammen mit dem Emittenten für unrichtige Angaben bei grober Fahrlässigkeit oder Vorsatz (Prospekthaftung).

Ist die Zulassung ausgesprochen, so wird sie mit dem Prospekt veröffentlicht. Am darauffolgenden Tag kann das Papier erstmals an der Börse amtlich gehandelt werden.

Effektenbörsen befinden sich in Frankfurt (Main), Düsseldorf, Hamburg, Hannover, München, Stuttgart und Berlin.

Formen des Wertpapierhandels

Man unterscheidet

▶ Nach der Zulassung zum Börsenhandel

1. **Regulierter Markt.** Der regulierte Markt ist ein organisierter Markt sowie ein gesetzlich geregeltes Börsensegment. Unter dem organisierten Markt versteht man ein von staatlichen Stellen genehmigtes, gesetzlich geregeltes und überwachtes System, das den Handel mit Finanzinstrumenten ermöglicht. Der regulierte Markt hat **zwei Teilbereiche,** deren Unternehmen seit mindestens drei Jahren bestehen müssen.

Teilbereiche im regulierten Markt	
General Standard	**Prime Standard**
– für kleine und mittelgroße Aktiengesellschaften; – Erstemission erfordert 730.000 EUR Eigenkapital oder Kurswert; – geringere Transparenzverpflichtungen als im Prime Standard, z.B. ad-hoc-Meldungen (Gewinnwarnung, massiver Umsatzrückgang).	– für große, international orientierte Aktiengesellschaften; – Erstemission erfordert 1,25 Mio. EUR Eigenkapital oder Kurswert; – höchste Transparenzverpflichtungen, z.B. ad-hoc-Meldungen zusätzlich in englischer Sprache, Zwischenberichterstattung zum I. und III. Quartal zusätzlich in englischer Sprache; – berechtigt zur Aufnahme in den DAX.

2. **Freiverkehrsmarkt.** Hierunter fallen alle Finanzinstrumente, für die zu 1. kein Zulassungsantrag gestellt wurde. Der Markt ist ein rein privatrechtlicher, börsenregulierter Markt. Die Transparenzverpflichtungen sind weit geringer als für den regulierten Markt.

   Die weitverbreitete Vorstellung, dass solche Papiere weniger gut seien, ist falsch. Dass ein Papier nur im Freiverkehr an einer Börse gehandelt wird, kann auf Umstände zurückzuführen sein, die mit seiner Bonität nichts zu tun haben. Es kann z.B. ein Papier an seiner Heimatbörse amtlich notiert sein; an den übrigen Börsen wird es jedoch nur im Freiverkehr gehandelt, weil ein Antrag auf Zulassung zum amtlichen Börsenhandel nicht gestellt wurde.

▶ Nach dem Zeitpunkt der Geschäftsabwicklung

1. das **Kassageschäft.** Es muss am Abschlusstag oder an einem der nächsten beiden Börsentage erfüllt werden.
2. **das Termingeschäft.** An den deutschen Effektenbörsen sind Termingeschäfte in Form von Optionsgeschäften mit mehrmonatigen Erfüllungsfristen zugelassen.

   Beim **Optionsgeschäft** erwirbt der Käufer bzw. Verkäufer von Effekten das Recht, Aktien, die zum Optionshandel zugelassen sind, jederzeit während der Optionsfrist (1 bis 24 Monate) zu einem im Voraus vereinbarten Preis (Basispreis) zu fordern bzw. zu liefern und bezahlt dafür bei Abschluss des Optionsgeschäftes den Optionspreis.

▶ Nach dem Handel im Pakett oder per Computer

1. **Präsenzbörse.** Der traditionelle Börsenhandel findet zeitgleich in sieben deutschen Börsensälen statt. Er ist gekennzeichnet durch die Anwesenheit der Bankvertreter und der Makler, die aufgrund der unterschiedlichsten Kauf- und Verkaufsaufträge die Kurse für alle an dieser Börse notierten Werte feststellen.
2. **Computerbörse.** Sie bietet allen institutionellen Anlegern von ihrem Bildschirm aus die Möglichkeit, Geschäfte in über 100 umsatzstarken Aktien über das Computersystem **Ex**change **E**lectronic **Tra**ding **(XETRA)** abzuschließen. Alle Auftragsdaten (Aktie, Stückzahl, Kurs, Börsenplatz, Kontonummer) werden über PC in das Abwicklungssystem eingegeben, wobei die Teilnehmer anonym bleiben. Auf Tastendruck wird der Auftrag ausgeführt und Sekunden später ausgedruckt.

Kursfeststellung

Der **Börsenkurs** (Börsenpreis) ist der *Preis eines Wertpapieres.*

Man unterscheidet

- **Prozentkurs.** Der Kurs ist der Preis für 100 EUR Nennwert. Diese Notierung besteht vor allem bei festverzinslichen Papieren.
- **Stückkurs.** Der Kurs ist der Preis für das kleinste Stück. Diese Notierung besteht in der Regel bei Aktien. Der Mindestnennbetrag muss auf 1 EUR lauten.

  Da das kleinste Stück nicht bei jeder AG auf den gleichen Mindestwert lautet, lassen sich die Stückkurse an der Börse nicht ohne weiteres miteinander vergleichen.

▶ Kursfeststellung bei Aktien im regulierten Markt

Liegen dem Börsenmakler Kauf- und Verkaufsaufträge vor, muss er versuchen, den größten Umsatz (größten Absatz in Stücken) in einem Papier zu ermöglichen. Es können ihm drei verschiedene Auftragsarten vorliegen:

Auftragsarten

- **»Billigst«** bei **Kauf**
- **»Bestens«** bei **Verkauf**
- **»Limitiert«** bei **Kauf: es gibt eine Obergrenze** / **Verkauf: es gibt eine Untergrenze**

Beispiel: Dem Kursmakler liegen um 12:30 Uhr folgende Aufträge in Aktien der Computer-AG vor:

Verkaufsaufträge	in Euro	Kaufaufträge	in Euro
13.000 Stück	bestens	16.000 Stück	billigst
12.000 Stück	limitiert 224	14.000 Stück	limitiert 222
18.000 Stück	limitiert 225	11.000 Stück	limitiert 223
16.000 Stück	limitiert 226	13.000 Stück	limitiert 225
20.000 Stück	limitiert 227	8.000 Stück	limitiert 226
		6.000 Stück	limitiert 227

Als Ergebnis dieser Aufträge ergibt sich folgende Marktlage:

Kurs (EUR)	Angebot (Stück)	Nachfrage (Stück)	mögliche Umsätze (EUR · Stück)
222	13.000	68.000	222 · 13.000
223	13.000	54.000	223 · 13.000
224	25.000	43.000	224 · 25.000
225	**43.000**	**43.000**	**225 · 43.000**
226	59.000	30.000	226 · 30.000
227	79.000	22.000	227 · 22.000

Der größte Umsatz in diesem Papier ergibt sich also beim Kurs von 225. Er wird als Einheitskurs festgesetzt und im Kursblatt veröffentlicht. Sämtliche ausführbaren Geschäfte in diesem Papier werden an diesem Börsentag zum Kurs 225 abgerechnet, also auch die niedriger limitierten Verkaufsaufträge und die höher limitierten Kaufaufträge.

▶ Kursfeststellung bei Aktien im Freiverkehr

Sie kommt völlig formlos unter der Mitwirkung freier Makler oder nur unter Banken zustande. Im Börsensaal, mehr noch im börslichen und außerbörslichen Telefonverkehr, werden für jedes einzelne Geschäft *Spannenkurse* genannt (172G–180B, Umsatz bei 176 EUR). Ein Anspruch auf die Ausführung des Auftrags, wie im amtlichen und im geregelten Markt, besteht nicht.

▶ Zusätze zu den Aktienkursen

Die Kurse geben schon allein durch ihre Höhe, ihr Auf und Ab ein Bild der Marktlage in einem Papier. Um dieses noch zu verdeutlichen, fügt man den Kursen folgende erläuternde Zusätze bei:

G = Geld: nur Nachfrage vorhanden;

B = Brief: nur Angebote vorhanden;

T = Taxe: auf Schätzung beruhender Kurs;

– = Strich: weder Angebot noch Nachfrage vorhanden;

b = bezahlt: sämtliche Aufträge vollständig ausgeführt;

bG = bezahlt Geld: Kaufaufträge nicht vollständig ausgeführt;

ebG = etwas bezahlt Geld: nur unbedeutende Abschlüsse zustande gekommen; Kaufaufträge nicht vollständig ausgeführt;

ex D = ex Dividende: Aktien erstmalig ohne fälligen Dividendenschein gehandelt;

ex BR = ex Bezugsrecht: Aktien erstmalig ohne Anspruch auf Bezug junger Aktien gehandelt.

14.6.6 Höhe und Schwankungen der Effektenkurse

Die Bewegungen der Börsenkurse lassen sich meist nicht eindeutig auf die eine oder andere Ursache zurückführen.

Bei längere Zeit anhaltenden, starken Kurseinbußen spricht man von einer **Baisse,** bei nachhaltigen, kräftigen Kurssteigerungen von einer **Hausse.**

Gründe für die Kursbildung bei Teilhaberpapieren

▶ Substanzwert

Das Gesamtvermögen der AG abzüglich der Schulden, also das Reinvermögen oder der Substanzwert, gehört den Aktionären. Beträgt der Substanzwert z.B. 24 Millionen EUR bei einem Grundkapital von 10 Millionen EUR, so entfällt auf einen Aktienanteil von 100 EUR ein Substanzwert von 240 EUR. Der Kurs der Aktie müsste 240% betragen, bei einer 5-EUR-Aktie 12 EUR, bei einer Stückaktie (1 EUR) 2,40 EUR.

Der Substanzwert ist schwierig zu ermitteln, weil die Vermögensteile stille Reserven enthalten können. Die stillen Reserven lassen sich annähernd mithilfe von Bilanz- und Börsenkurs ermitteln. Der Börsenkurs ist nur der geschätzte Ausdruck für das gesamte Eigenkapital (Reinvermögen, Substanzwert) der AG einschließlich der stillen Reserven. Er wird allerdings auch von anderen Faktoren beeinflusst. Die Differenz zwischen dem in der Bilanz ausgewiesenen Eigenkapital und dem mithilfe des Börsenkurses ermittelten Eigenkapital entspricht ungefähr den stillen Rücklagen, sofern nicht andere Einflüsse wirksam gewesen sind.

Beispiel:

Ausgewiesenes Eigenkapital

Gezeichnetes Kapital		10.000.000 EUR	=	100%	
Kapitalrücklage	1.000.000 EUR				
Gewinnrücklagen	5.400.000 EUR				
Gewinn	2.100.000 EUR	8.500.000 EUR	=	85%	
		18.500.000 EUR	=	185%	(Bilanzkurs)

Der Börsenkurs sei 240% (vor der Gewinnverteilung)

Eigenkapital nach dem Börsenkurs		24.000.000 EUR	=	240%
Stille Reserven	(ungefähr)	5.500.000 EUR	=	55%

▶ Ertragskurs der Aktien

Er hängt von den Dividenden ab, die die Aktie schon gebracht hat und in Zukunft vermutlich bringen wird. Man errechnet daraus eine Durchschnittsdividende und erhält den Ertragskurs aus folgender Formel:

$$\textbf{Ertragskurs} = \frac{\textbf{Durchschnittsdividende}}{\textbf{Kapitalisierungszinssatz}} \cdot 100$$

Der Kapitalisierungszinssatz richtet sich nach dem »landesüblichen Zinssatz«. Dieser ergibt sich aus der durchschnittlichen Effektivverzinsung langfristiger, festverzinslicher Effekten wie Staatsanleihen und Pfandbriefe.

Der Substanzwert und der Ertragswert einer Aktie stehen in keinem Zusammenhang und können stark voneinander abweichen. Keiner kann als der wirklich zutreffende Wert bezeichnet werden. Dieser liegt in der Regel zwischen dem Substanz- und dem Ertragswert.

Beispiel:

Landesüblicher Zinssatz	8,5%
– Abzug für die Gefahr der Geldentwertung, angenommen	1,0%
Kapitalisierungszinssatz	7,5%

Bei einer angenommenen Durchschnittsdividende von 15 EUR für eine 100-EUR-Aktie ist der

$$\text{Ertragskurs} = \frac{15{,}0\ \%}{7{,}5\ \%} \cdot 100 = 201{,}0\%.$$

▶ Dividendenrendite

Sie gibt die Verzinsung des eingesetzten Kapitals an und errechnet sich nach der Formel:

$$\textbf{Dividendenrendite} = \frac{\textbf{erhaltene Dividende}}{\textbf{bezahlter Aktienkurs}} \cdot 100$$

Dabei unterscheidet man nach der Rendite *vor* und *nach* Steuern (Seite 528).

Beispiel: Melanie Fehr erhält pro Aktie 7,50 EUR Dividende. Nach Abzug der Steuern werden ihr 5,40 EUR gutgeschrieben. Ihre Dividendenrendite *vor* Steuern beträgt bei einem bezahlten Aktienkurs von 150 EUR (7,50 · 100) : 150 = 5%; die Dividendenrendite *nach* Steuern beträgt (7,50 EUR – 2,10 EUR) · 100 : 150 EUR = 3,6%.

▶ Kurs-Gewinn-Verhältnis

Das Kurs-Gewinn-Verhältnis gibt Auskunft über die Ertragskraft einer AG, indem es aussagt, in wie viel Jahren die AG den Kurswert der Aktie erwirtschaftet. Je höher diese Kennzahl ist, desto uninteressanter erscheint ein Kauf dieses Papiers. Gleichzeitig dient das KGV dazu, Aktien der gleichen Branche miteinander zu vergleichen (siehe Bild, Seite 464).

$$\textbf{KGV} = \frac{\textbf{aktueller Kurs der Aktie}}{\textbf{geschätzter Jahresgewinn der AG: Anzahl der Aktien}}$$

▶ Spekulative Erwägungen

Eine große Rolle spielen Interessenkäufe und spekulative Erwägungen, die sich auf bedeutsam erscheinende Erfindungen oder Umstände stützen können, welche eine günstige Entwicklung einer AG verheißen. Spekulanten hoffen auf Änderungen von Angebot und Nachfrage und suchen sie zur Gewinnerzielung auszunutzen. Dadurch aber wirken sie ihrerseits auf das Angebot und die Nachfrage und damit auf die Kurse ein.

▶ Wirtschaftspolitik des Staates

In einer marktwirtschaftlichen Ordnung kann erwartet werden, dass der Staat sich weitgehender Eingriffe in das Wirtschaftsleben enthält. Dagegen kann in einer sozialistischen Wirtschaft der Kapitalverkehr allgemein und die Tätigkeit der Aktiengesellschaften im Besonderen beeinträchtigt werden. Darauf wird die Börse entsprechend reagieren.

Gründe für die Kursbildung bei Gläubigerpapieren

▶ Nominalverzinsung

Festverzinsliche Papiere verbriefen eine Forderung auf den Rückzahlungsbetrag und auf eine Verzinsung des Nennbetrages, unabhängig von der Ertragslage des Schuldners. Ein kapitalmarktgerechter Zinssatz kann somit Anlagebereitschaft hervorrufen.

▶ Effektivverzinsung

Liegt der Emissionskurs durch einen Kursabschlag (Disagio) oder der Börsenkurs unter dem Rückzahlungskurs, so verdient der Käufer neben der Nominalverzinsung noch den Rückzahlungsgewinn als Differenz zwischen dem Kaufpreis und dem Rückzahlungsbetrag. Dadurch erhöht sich die tatsächliche Verzinsung über den Nominalzinssatz. Mit heranrückendem Rückzahlungstermin nähern sich jedoch Börsenkurs und Rückzahlungskurs und damit auch Effektiv- und Nominalzinssatz.

Beispiel: Eine Anleihe von 2 Mio. EUR wird zu 98% begeben. Der Zinssatz ist 9%. Für die Rückzahlung ist ein Kurs von 101% vereinbart. Die Anleihe wird nach fünf tilgungsfreien Jahren in zehn gleichen Jahresraten, die durch Auslosung bestimmt werden, jeweils am Jahresende (postnumerando) getilgt.

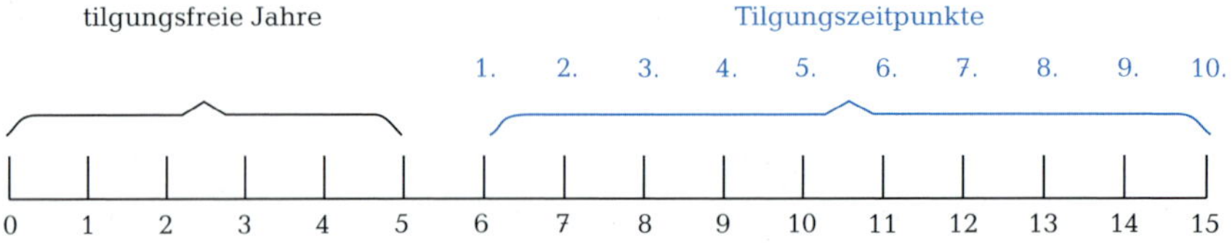

98 einbezahlte EUR bringen p. a. 9 EUR Zins, dazu bringt das fiktive Aktivum, verteilt auf 10,5 Jahre, jährlich $^{3}/_{10{,}5}$ = 0,29 EUR (6 Jahre ohne Tilgung plus $^{9}/_{2}$ Jahre mit Tilgung/Auslosung).

Daraus ergibt sich eine Emissionsrendite von $\frac{9{,}29\ \text{EUR} \cdot 100}{98\ \text{EUR}} = 9{,}48\%$ vor Steuern.

Gründe für die Kursbildung beider Effektenarten

▶ Konjunkturschwankungen

Im Konjunktur*anstieg* wird der Kurs der **Rentenwerte** abbröckeln, weil die Unternehmungen zur Verbesserung ihrer angespannten Liquidität ihre in solchen Papieren angelegten Reserven flüssig zu machen suchen. Private Anleger »steigen um« von Gläubigerpapieren auf Teilhaberpapiere in der Hoffnung auf Kursgewinn. Beides bewirkt ein vergrößertes Angebot, das auf die Kurse drückt. Dagegen werden die Kurse der **Aktien** steigen, weil der gute Geschäftsgang eine Verminderung des Risikos bedeutet und eine Verbesserung der Vermögens- und Ertragslage der AG bringen muss, was wiederum die Nachfrage anregt.

Im Konjunktur*rückgang* wird Kapital frei; es sucht wegen des geringeren Risikos Anlage in **festverzinslichen** Papieren. Die Nachfrage nach diesen Papieren steigt und damit ziehen die Kurse an. Bei den **Aktien** hingegen erhöht sich infolge des Nachlassens der Geschäftstätigkeit das Risiko, die Gewinne gehen zurück und damit die Dividendenaussichten der Aktionäre. Mancher von ihnen sieht sich dadurch veranlasst, seine Aktien zu verkaufen. Das Aktienangebot an der Börse verstärkt sich, die Nachfrage geht zurück, die Kurse sinken.

▶ Währungspolitik der Zentralbank

Es ist die wichtigste Aufgabe der Zentralbank, dafür zu sorgen, dass der Geldwert sich nicht ändert. Dies geschieht durch die Regelung der Geldversorgung der Wirtschaft. Der Zentralbank steht dazu eine Reihe von Mitteln zur Verfügung (Abschnitt 14.8.2).

Durch die Anwendung dieser Mittel, einzeln oder kombiniert, *kann* das umlaufende Geld entweder verknappt oder vermehrt werden.

- Die *Verknappung* des Geldes führt dazu, dass für die Anlage von Geld in Effekten weniger Mittel vorhanden sind. Die Nachfrage geht zurück bei gleichzeitiger Verstärkung des Angebots; die Kurse werden sinken.
- Die *Vermehrung* des Geldes wirkt umgekehrt.

▶ Spekulative Geld- und Kapitalbewegungen

Der Vertrauensverlust in die Stabilität einer Währung, chronisch unausgeglichene Zahlungsbilanzen, unterschiedliches Zinsniveau in verschiedenen Ländern und die Veränderungen der Wirtschafts- und Gesellschaftssysteme können zu »Fluchtgeldern« führen und internationale Geldbewegungen großen Ausmaßes hervorrufen.

▶ Politische Ereignisse

Sie können wirtschaftliche Auswirkungen nach sich ziehen und sogar eine schlagartige Änderung des gesamten Kursniveaus hervorrufen (»Schwarzer Freitag«, »11. September«).

▶ Kurspflege

Darunter versteht man die Maßnahmen von Kreditinstituten zur Verhinderung von Kursschwankungen. Solche Bemühungen gelten in erster Linie den öffentlichen Anleihen, gelegentlich auch Aktienkursen. Bei Angebotsdruck treten diese Institute als Käufer auf, bei gesteigerter Nachfrage geben sie »Material« ab.

Meist wirken mehrere Gründe in unterschiedlichem Maße zusammen. Im Hinblick auf die zukünftige Entwicklung nimmt die Börse Hoffnungen und Befürchtungen vorweg und wirkt damit als »Konjunkturbarometer«.

Darstellung der Kursentwicklung

Bei der Vielzahl der an der Börse gehandelten Wertpapiere ist ein Überblick über die allgemeine Kursentwicklung schwer zu gewinnen. Dieser Schwierigkeit begegnet man mit *Indexzahlen,* also Zahlenreihen, welche die durchschnittlichen *Wertveränderungen im Zeitablauf* aufzeigen. Die bekannteste Indexzahl ist der **D**eutsche **A**ktieninde**x (DAX):** 1987 wurden 30 deutsche Standardwerte mit dem prozentualen Grundkapital ihrer Gesellschaften gewichtet und auf die Startbasis 1.000 Punkte umgerechnet. Während der offiziellen Börsenhandelszeit wird sekundenschnell ein neuer Indexwert errechnet und veröffentlicht. Damit kann man die Kursentwicklung objektiv verfolgen, denn der DAX repräsentiert 80% aller Börsenumsätze.

Am Rentenmarkt gilt analog der **Re**nteninde**x (REX),** der mit 100 Punkten startete.

Beispiel für die Kursentwicklung.

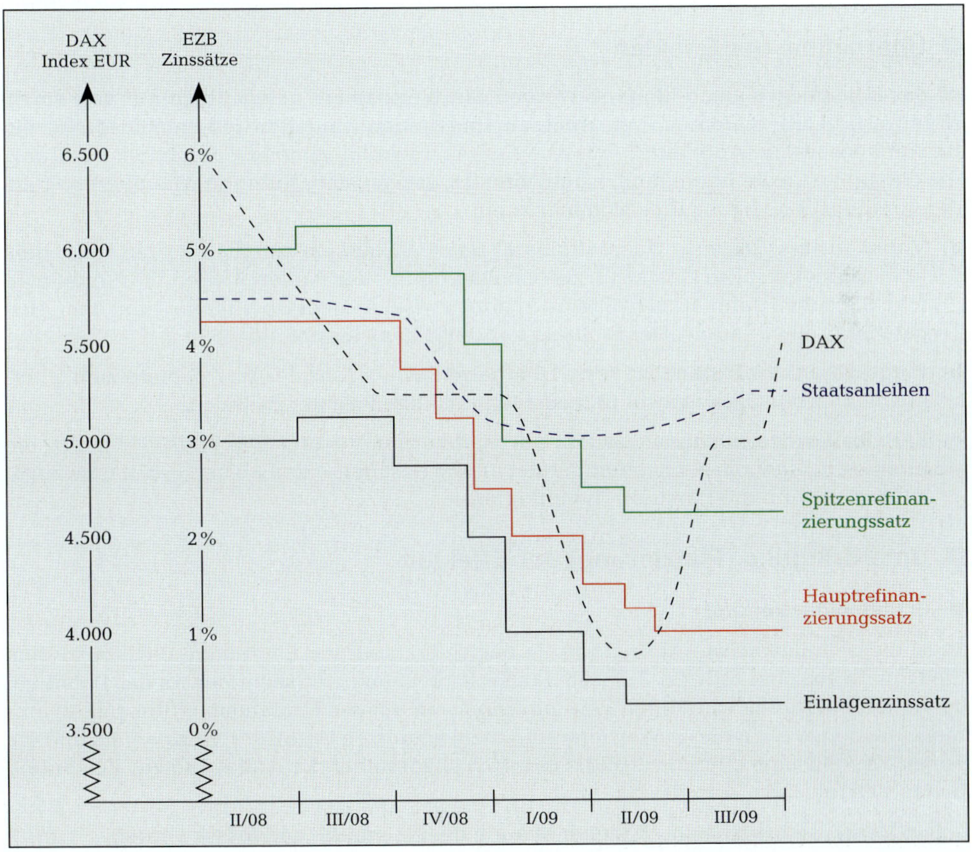

14.6.7 Ausgabe, Übernahme und Unterbringung von Effekten

Ausgabe der Effekten

Durch die **Ausgabe (Emission)** von Effekten beschaffen sich Unternehmungen und öffentlich-rechtliche Körperschaften Kapital. Weil eine unmittelbare Unterbringung solcher Papiere beim Publikum selten möglich ist, stellen sich Kreditinstitute in den Dienst der Emittenten, insbesondere bei Aktionemissionen.

Sie übernehmen vom ersten Gedanken des Unternehmens an einen Börsengang bis zur Erstnotiz der Aktien an der Börse alle Aufgaben. Dieser Ablauf wird auch **Going Public** (Börsengang) oder **Initial Public Offering** (Neuemission) genannt. Ein solches IPO-Verfahren kann man in folgende Einzelschritte unterteilen:

- In einem Factbook trägt das Unternehmensmanagement alles Wissenswerte zusammen, um das Interesse bei den Banken zu wecken.
- Wenn sowohl die Umsatz- und Ertragsziele des Unternehmens als auch seine strategischen Ziele das Interesse der Banken geweckt haben, wird die Bank mit dem besten Emissionskonzept zum Lead-Manager des Konsortiums ernannt.
- Die Experten der beteiligten Banken untersuchen die Plausibilität der Unternehmensplanung und die Aussagekraft der Unternehmensdaten.
- Das Konsortium präsentiert das Unternehmen dem Börsenzulassungsausschuss in dem gewünschten Börsensegment.
- Die Marketingexperten der Konsortialbanken gehen aktiv auf Investoren zu und werben für den Börsenanwärter.
- Investoren werden mittels des Bookbuilding-Verfahrens (Seite 462) aufgefordert, die Aktien zu zeichnen.
- Emittent und Banken geben den Emissionskurs bekannt; Tage später erscheint die Erstnotiz.

Übernahme der Effekten

Ist das Emissionsvolumen klein, so werden die Wertpapiere gelegentlich nur von *einem* Kreditinstitut übernommen, bei größeren Emissionen hingegen regelmäßig durch ein Bankenkonsortium (Abschnitt 3.7.3). Die Emission wird in »Quoten« aufgeteilt. Die Bank, die die größte Quote übernimmt, ist gewöhnlich die Konsortialführerin. Die *übernehmenden* Kreditinstitute haben drei Möglichkeiten:

a) **Volles Risiko.** Die *feste* Übernahme der *ganzen* Emission zu einem festen Kurs, dem Übernahmekurs. Die Gefahr für die Unterbringung der Papiere tragen die Kreditinstitute. Sie haben dafür als Gewinn die Spanne zwischen dem Übernahme- und dem Ausgabekurs, die »Marge«. Der Emittent hat sofort den Gesamterlös.

b) **Eingeschränktes Risiko.** Die *feste* Übernahme *eines Teils* der Wertpapiere zum Übernahmekurs mit Optionsrecht (Bezugsrecht) auf den Rest der Emission.

c) **Kein Risiko.** Die *kommissionsweise* Übernahme zum Verkauf. Das Konsortium setzt die Effekten in eigenem Namen und für Rechnung des Emittenten ab und erhält eine zuvor mit ihm vereinbarte Provision (Bonifikation).

Unterbringung (Platzierung) der Effekten

▶ Freihändiger Verkauf

Er ist die gebräuchlichste Absatzform. Je nach Vereinbarung übernimmt das Konsortium die Papiere voll oder teilweise, um sie dann entsprechend der Nachfrage an das Publikum zu verkaufen. Dieses wird durch Zeitungsannoncen auf das Kaufangebot (Prospekte) aufmerksam gemacht. In dieser Werbung sind die wichtigsten Daten des Wertpapiers und die ersten Verkaufstage enthalten (Bild, Seite 461). Gegenüber der Auflegung zur Zeichnung bieten sich folgende Vorteile:

- Der Verkaufskurs ist nicht bindend; er kann der Nachfrage angepasst werden.

<table>
<tr><th colspan="4">Versicherungsarten im Überblick</th></tr>
<tr><th rowspan="2">Sozialversicherung</th><th colspan="3">Individualversicherung im Überblick</th></tr>
<tr><th>Personenversicherung</th><th>Sachversicherung</th><th>Vermögensversicherung</th></tr>
<tr><td>– gesetzliche Krankenversicherung
– soziale Pflegeversicherung
– gesetzliche Unfallversicherung
– gesetzliche Rentenversicherung
– gesetzliche Arbeitslosenversicherung</td><td>– private Krankenversicherung
– private Unfallversicherung
– private Lebensversicherung
– private Rentenversicherung</td><td>– Feuerversicherung
– Leitungswasserversicherung
– Versicherung gegen Einbruchdiebstahl, Raub und Vandalismus
– Transportversicherung
– Sonstige Sachversicherungen</td><td>– Haftpflichtversicherung
– Kreditversicherung
– Sonstige Vermögensversicherungen</td></tr>
<tr><td rowspan="2"></td><th colspan="3">Kraftfahrtversicherung</th></tr>
<tr><th>Kraftfahrt-Haftplichtversicherung</th><th>Kraftfahrt-Fahrzeugversicherung</th><th>Kraftfahrt-Unfallversicherung</th></tr>
</table>

?

Angenommen, 200 Landwirte mit etwa gleich großen Betrieben haben sich zusammengeschlossen, um sich gegenseitig bei Feuerschäden zu helfen. Der durchschnittliche Wert jedes Bauernhofes (Versicherungssumme) beträgt 600.000 EUR. Die bisherigen Verluste durch Feuerschäden an den Höfen insgesamt betragen durchschnittlich 240.000 EUR pro Jahr.

a) Ermitteln Sie, welche Durchschnittsprämie jeder Bauer pro Jahr in die gemeinsame Feuerkasse entrichten muss.

b) Wie viel ‰ der Versicherungssumme pro Hof beträgt die Prämie?

c) Mit welcher Prämie in EUR und ‰ muss jeder Bauer rechnen, wenn die gemeinsame Feuerkasse von einem bestellten Verwalter geführt wird, der pro Jahr dafür 13.200 EUR Vergütung bekommt?

d) Welcher Prämiensatz ergibt sich bei einem Risikozuschlag von 3,8%?

e) Ermitteln Sie, auf welchen Betrag sich die Prämie einschließlich 14% Versicherungssteuer beläuft.

15.1 Sozialversicherung

!

Die Sozialversicherung ist eine *gesetzliche* Versicherung, die weiten Bevölkerungskreisen zur *Pflicht* gemacht ist, um die Versicherten im **Alter** abzusichern oder vor *wirtschaftlicher* Not **bei Krankheit, Pflegebedürftigkeit, Unfall, Erwerbsminderung** und **Arbeitslosigkeit** zu schützen.

Mit der Industrialisierung in der 2. Hälfte des 19. Jahrhunderts wuchs der Stand der Arbeiterschaft beträchtlich. Um die Arbeiter mit ihren Familien vor den Gefährdungen ihres Daseins zu schützen, sah sich der Staat veranlasst, ein umfassendes System der kollektiven Sicherung aufzubauen. Zuerst wurde 1883 die **gesetzliche Krankenversicherung** eingeführt. Es folgten 1884 die **Unfall-,** 1889 die **Invaliden- (Arbeiterrenten-),** 1911 die **Angestellten- (Angestelltenrenten-)** und 1927 die **Arbeitslosenversicherung.**

1995 wurde als fünfte Art der Sozialversicherung die **soziale Pflegeversicherung** eingeführt. Von den 2 Millionen Pflegebedürftigen in Deutschland brauchen rund 69% häusliche Pflege, 31% Pflege in Heimen (stationäre Pflege). Ein großer Teil der Pflegebedürftigen gehört zu den Sozialhilfeempfängern, welche die Pflegekosten nicht selbst tragen können. Durch die Pflegeversicherung wird der Staat von bisherigen Pflegekostenübernahmen entlastet und breite Bevölkerungsschichten werden grundsätzlich für den Fall der Pflegebedürftigkeit abgesichert.

Die *Beiträge* zu den Sozialversicherungen richten sich nach den Einkommen der Versicherten, die *Leistungen* sind gesetzlich festgelegt. Danach erhalten in der Kranken- und Pflegeversicherung alle Versicherten mitsamt ihren Angehörigen trotz unterschiedlich hoher Beitragszahlungen die gleichen Versicherungsleistungen. In der Renten-, Arbeitslosen- und Unfallversicherung aber finden die unterschiedlichen Beitragszahlungen auch in unterschiedlich hohen Versicherungsleistungen ihren Niederschlag. Damit kann jeder Versicherte selbst Einfluss nehmen auf den Lebensstandard, den er sich beim Verlust oder nach der Beendigung seiner Arbeitstätigkeit erhalten möchte.

Um jedoch allen Versicherten eine menschenwürdige Existenz zu garantieren, sind in den drei letztgenannten Versicherungsarten vom Staat Mindestversorgungsbeträge festgesetzt, die auch den Geringverdienern einen Anschluss an den allgemeinen Lebensstandard ermöglichen.

GG Art. 120 (1) SGB VI § 213

Nach dem Grundgesetz und dem Sozialgesetzbuch ist der Staat verpflichtet, die Sozialversicherungsträger im Notfall durch Zuschüsse aus Steuermitteln zu unterstützen. Dieser Notfall tritt ein, wenn die Träger der Sozialversicherung auch nach gegenseitiger Unterstützung nicht mehr in der Lage sind, die festgesetzten Leistungen aus ihren Beitragseinnahmen und Rücklagen zu erbringen. Durch die dann einsetzende staatliche Hilfe wird erreicht, dass auch die nicht sozialversicherten Bürger über ihre Steuerzahlungen mit in die soziale Verantwortung einbezogen werden.

Grundlage des Sozialversicherungsrechts ist das **Sozialgesetzbuch (SGB),** welches aus 12 Teilbüchern besteht.

Die Sozialversicherung ist in folgenden Teilbüchern geregelt:

- SGB III: Arbeitsförderung,
- SGB IV: Gemeinsame Vorschriften für die Sozialversicherung,
- SGB V: Gesetzliche Krankenversicherung,
- SGB VI: Gesetzliche Rentenversicherung,
- SGB VII: Gesetzliche Unfallversicherung,
- SGB XI: Soziale Pflegeversicherung,
- SGB XII: Sozialhilfe.

Rechtsform

GG Art. 87 (2) SGB IV §§ 29 ff.

Alle Sozialversicherer (Versicherungsträger) haben die Rechtsform einer **Körperschaft des öffentlichen Rechts** und somit das Recht der *Selbstverwaltung.* Die Organe der Selbstverwaltung sind die **Vertreterversammlung** und der **Vorstand.** Ihnen steht ein hauptamtlich tätiger **Geschäftsführer** mit beratender Stimme zur Seite. Versicherte und Arbeitgeber wählen für sechs Jahre die Vertreterversammlung, diese den Vorstand und nach dessen Vorschlag den Geschäftsführer und seinen Stellvertreter.

Aufsicht

§§ 87 ff. §§ 91 ff.

Staatliche Aufsichtsbehörden sind das **Bundesversicherungsamt** und die **Landesversicherungsämter.** Sie unterstehen jeweils auf ihrer Ebene den Ministerien für Arbeit und Sozialordnung und haben darüber zu wachen, dass Gesetz und Satzung von den Trägern der Sozialversicherung beachtet werden.

Aufsicht führen

- *das Bundesversicherungsamt Bonn* über
  die bundesunmittelbaren Sozialversicherungsträger
  1. die Deutsche Rentenversicherung Bund und ihre 15 Regionalträger,
  2. die Deutsche Rentenversicherung Knappschaft – Bahn – See,
  3. bundesunmittelbare Berufsgenossenschaften sowie Ersatzkassen (BEK, DAK).
- *die Landesversicherungsämter für Sozialversicherung* über
  die landesunmittelbaren Sozialversicherungsträger
  1. landesunmittelbare Kranken- und Pflegekassen (AOK),
  2. landesunmittelbare Genossenschaften (Gemeindeunfallversicherungsverband; Genossenschaften, deren Bereich nicht über das Land hinausgeht).

Sicherungsmaßnahmen

Beiträge. Die Mittel der Sozialversicherung werden in erster Linie von den Versicherten und deren Arbeitgebern aufgebracht.

Rücklagen. Jeder Versicherungsträger ist zur Bildung von Rücklagen gesetzlich verpflichtet. Sie werden zur Sicherung und Erweiterung der körperschaftlichen Betriebe gebildet und zur Deckung von Verlusten verwendet.

Rückstellungen dienen zur Deckung der später fälligen Verbindlichkeiten aus Entschädigungs- und Kapitalzahlungsverpflichtungen (besonders wichtig in der Rentenversicherung).

Rückgriff (Regress). Soweit Krankheit, Unfall, Invalidität oder Tod auf die Schuld eines Dritten zurückzuführen sind, haben die Versicherungsträger wegen gewährter Leistungen einen Ersatzanspruch gegenüber dem Schuldigen.

Leistungsausgleich. Die Rentenausgaben aller Regionalträger der Deutschen Rentenversicherung müssen von ihnen gemeinsam getragen werden, und zwar im Verhältnis ihrer Beitragseinnahmen. Auch für die Träger der berufsgenossenschaftlichen Unfallversicherung und der Krankenkassen sind gegenseitige Hilfeleistungen gesetzlich vorgesehen.

Garantie des Bundes. Übersteigt der Aufwand der Rentenversicherungsträger ihre Einnahmen, so hat der Bund für den Mehraufwand aufzukommen. GG Art. 120 (1)

Sozialgerichtsbarkeit

Entscheidungen der Sozialversicherungsträger sind Verwaltungsakte, z.B. Rentenbescheid, Ablehnung eines Heilverfahrens, Anrechnung von Ersatzzeiten. Gegen diese kann Widerspruch zunächst beim Sozialversicherungsträger erhoben werden. Gegen einen darauf ergehenden Widerspruchsbescheid kann geklagt werden. Für die Klage ist das **Sozialgericht** zuständig. Gegen sein Urteil ist die Berufung beim **Landessozialgericht** möglich und gegen dessen Urteil Revision beim **Bundessozialgericht** in Kassel. SGG §§ 1–6

Besondere Kammern und Senate für Fragen der Sozialversicherung und Kriegsopferversorgung und die Mitwirkung ehrenamtlicher, fachkundiger Sozialrichter gewährleisten sachgerechte Entscheidungen.

15.1.1 Gesetzliche Krankenversicherung

Für den größten Teil der nicht selbstständig arbeitenden Menschen besteht heute eine *Pflicht* zur *gesetzlichen* **Krankenversicherung.**

Träger

SGB V §§ 143 ff. Träger der Versicherung sind die Allgemeinen Ortskrankenkassen, die Betriebs-, Innungs-, Ersatz- und landwirtschaftlichen Krankenkassen sowie für im Bergbau Beschäftigte die Bundesknappschaft und für Seeleute die See-Krankenkasse.

Mitgliedschaft

Man unterscheidet versicherungspflichtige und versicherungsberechtigte Personen.

a) Versicherungspflichtige.

§§ 5 ff.

1. Beschäftigte, deren Arbeitsentgelt die Jahresarbeitsentgeltgrenze in drei aufeinanderfolgenden Jahren nicht überstiegen hat.

   Beitragsbemessungsgrenze der gesetzlichen Rentenversicherung 2011 = 66.000 EUR für alte Bundesländer, 57.600 EUR für neue Bundesländer pro Jahr. Pro Monat ergeben sich 5.500 EUR bzw. 4.800 EUR.

   Beitragsbemessungsgrenze der gesetzlichen Krankenversicherung 2011 = 3.712,50 EUR pro Monat.
   Jahresarbeitsentgeltgrenze der gesetzlichen Krankenversicherung 2011 = 49.500 EUR pro Jahr.

2. *Auszubildende, Praktikanten* und eingeschriebene *Studenten.*
3. *Landwirte,* ihre mitarbeitenden Familienangehörigen und Altenteiler.
4. *Wehr- und Zivildienstleistende,* die im Zeitpunkt der Einberufung versichert sind.
5. *Arbeitslose,* die Arbeitslosengeld oder Arbeitslosengeld II beziehen.
6. *Rentner.*
7. *Hinterbliebene* eines Rentners, die Hinterbliebenenrente beziehen.

§§ 186 ff. Die Mitgliedschaft in der gesetzlichen Krankenversicherung beginnt mit dem Tage des Eintritts in die versicherungspflichtige Beschäftigung und endet mit dem Tode oder mit dem Austritt bei Beendigung der Pflichtmitgliedschaft. Für Rentner und Hinterbliebenenrentner beginnt sie mit dem Tage der Rentenantragstellung und endet mit dem Tode oder mit der Zurücknahme des Antrags.

b) Versicherungsberechtigte.

§ 9 Dies sind Personen, die der Versicherung *freiwillig* beitreten können. Sie müssen ihren Antrag innerhalb von drei Monaten nach dem bestimmenden Ereignis stellen. Zu ihnen gehören vor allem

1. Personen, die aus der Versicherungspflicht ausgeschieden sind und vorher bestimmte Zeiten versichert waren.

   Beispiel: Beschäftigte, deren Verdienst über die Jahresarbeitsentgeltgrenze gestiegen ist.

2. Personen, die erstmals eine Beschäftigung aufnehmen mit einem Verdienst über der Jahresarbeitsentgeltgrenze.

   Beispiele: Ingenieure oder Datenverarbeitungsfachleute, die ihren Beruf mit einem relativ hohen Gehalt beginnen.

§ 10 Durch die **Familienversicherung** sind die nicht in einem Beschäftigungsverhältnis stehenden *Ehegatten* und *Kinder* aller Versicherten ohne besonderen Beitrag nach dem Prinzip des sozialen Ausgleichs *mitversichert.*

SGB I § 21 SGB V §§ 20 ff.

Leistungen

a) Gesundheitsförderung und Krankheitsverhütung umfassen die *Aufklärung* über Gesundheitsgefährdung und die *Beratung,* wie Krankheiten vermieden und verhütet werden können. Ferner gehören dazu

- *Zahngesundheitspflege* in Form von Gruppenuntersuchungen für Kinder bis maximal 16 Jahre und halbjährliche Einzeluntersuchungen für junge Leute bis zum 18. Lebensjahr.

- *Ärztliche Behandlung* mit *medizinischer Versorgung* bei Geschwächten und in der gesundheitlichen Entwicklung Gefährdeten.
- *Vorsorgekuren für Mütter, Beratung über Empfängnisverhütung,* Kostenübernahme bei durch Krankheit erforderliche *Sterilisationen* und *Schwangerschaftsabbrüchen* durch Ärzte.

b) Regelmäßige Untersuchungen zur Früherkennung von Krankheiten, insbesondere Herz-, Kreislauf-, Nieren- und Zuckererkrankungen sowie Krebs. SGB V §§ 25 ff.

c) Krankenbehandlung. Dazu gehören folgende Leistungen: §§ 27 ff.

- *Ärztliche und zahnärztliche Behandlung.*
- Versorgung mit *verordnungsfähigen,* d.h. von der Kasse zugelassenen *Arznei-, Verband-, Heil- und Hilfsmitteln.* Nicht ersetzt werden Arzneimittel gegen geringfügige Krankheiten, z.B. Erkältung, Reisekrankheit, Verstopfung. Heilmittel sind z.B. Sprach- und Beschäftigungstherapien, Hilfsmittel z.B. Hörgeräte und orthopädische Geräte.
- *Kontrollbesuch beim Zahnarzt.* Versorgung mit Zahnersatz einschließlich Zahnkronen. Für eigene Bemühungen zur Gesunderhaltung der Zähne mindert sich der Eigenanteil. Seit 2005 muss der Zahnersatz vom Versicherten weitestgehend selbst bezahlt werden.
- *Häusliche Krankenpflege,* wenn die Krankenhausbehandlung nicht ausführbar ist oder dadurch verkürzt werden kann für höchstens 28 Tage im Jahr. Zuzahlung 10 % der Kosten und 10 EUR je Verordnung.
- *Haushaltshilfe,* wenn die Weiterführung des Haushalts wegen Krankheit nicht möglich ist und in dem Haushalt Kleinkinder bis zu 12 Jahren oder behinderte hilfsbedürftige Kinder leben. Zuzahlung mindestens 5 höchstens 10 EUR je Tag.
- *Krankenhausbehandlung,* wenn die ambulante Behandlung nicht ausreicht. 28 Tage lang pro Jahr müssen die Versicherten eine tägliche eigene Zuzahlung von 10 EUR leisten. § 39 § 61
- *Kuren zur Rehabilitation* und *Müttergenesung, Belastungserprobungen, Arbeitstherapien, Förderung des Rehabilitationssports.*

d) Krankengeld. Es beträgt 70% des regelmäßigen Arbeitsentgelts und wird bei Arbeitsunfähigkeit wegen derselben Krankheit für längstens 78 Wochen gezahlt. §§ 44 ff.

Versicherte, die nach ärztlichem Zeugnis allein ihr krankes Kind bis zur Vollendung von dessen 12. Lebensjahr versorgen und deshalb der Arbeit fernbleiben müssen, erhalten ebenfalls Krankengeld.

Wenn die Krankheit in einer Erwerbsminderung einmündet, fällt das Krankengeld weg, und es ist Antrag auf Rehabilitationsleistungen zu stellen.

e) Kosten des Krankentransports. Zuzahlung mindestens 5, höchstens 10 EUR. §§ 60 f., 133

f) Mutterschaftshilfe. Sie umfasst

1. Untersuchungen zur Feststellung der Schwangerschaft, Vorsorgeuntersuchung, ärztliche Betreuung, Hebammenhilfe, Hilfe durch Hauspflegerinnen, Versorgung mit Arznei-, Verband- und Heilmitteln. RVO §§ 195–200
2. Bei Inanspruchnahme einer Entbindungsanstalt wird für die Mutter und das Neugeborene Unterkunft, Pflege und Verpflegung für längstens 6 Tage nach der Entbindung gewährt.
3. Mutterschaftsgeld als Ersatz des ausfallenden Einkommens für 6 Wochen vor der Entbindung, den Entbindungstag und 8 Wochen nach der Entbindung.

Beiträge

Die **Beitragssatz** zur gesetzlichen Krankenversicherung ist bundesweit einheitlich für alle Krankenkassen auf 15,5 % festgelegt. Der Arbeitgeber trägt davon 7,3 % und der beitragspflichtige Beschäftigte 8,2 %. Die Krankenkassen können einen Zusatzbeitrag von ihren Versicherten erheben. Dieser wird von den Beschäftigten allein getragen. Die Berechnung erfolgt vom Bruttoverdienst, höchstens aber von der Beitragsbemessungsgrenze. Die Arbeitnehmeranteile werden bei der Entgeltzahlung einbehalten.

Für Arbeitslose übernimmt die Agentur für Arbeit, für Wehr- und Zivildienstleistende sowie Arbeitslosengeld II-Bezieher der Bund die Beiträge. Für geringfügig Beschäftigte (400 EUR) muss der Arbeitgeber eine Pauschalsumme von 31,08% abführen.

Bei versicherungspflichtigen Rentnern übernimmt die Rentenversicherung den Anteil von 7,3 %. Der restliche Anteil von 8,2 % wird bei der Rentenzahlung einbehalten.

Pflichten

a) des Arbeitgebers:

SGB IV §§ 28a–o
1. An- und Abmeldung des Versicherungspflichtigen bei Beginn und Ende der Beschäftigung innerhalb von 14 Tagen bei einer Einzugsstelle seiner Wahl. Diese Meldungen werden von der Krankenkasse an die gesetzliche Renten- und Arbeitslosenversicherung sowie an die soziale Pflegeversicherung weitergegeben.
2. Monatlicher Beitragsnachweis, aus dem die Arbeitgeber- und Arbeitnehmeranteile an den verschiedenen Versicherungssparten ersichtlich sind.
3. Einbehaltung der Arbeitnehmeranteile bei der Lohnzahlung und Abführung der Arbeitnehmer- und Arbeitgeberanteile zusammen mit den Beiträgen für die gesetzliche Renten- und Arbeitslosenversicherung sowie für die soziale Pflegeversicherung als **Gesamtsozialversicherungsbeitrag** an die zuständige Krankenkasse.
4. Fortzahlung von Arbeitsentgelt und Beitragsanteilen zur Sozialversicherung im Krankheitsfall für die Dauer von sechs Wochen.

b) des Versicherten:

1. **Krankenversichertenkarte** mit Krankenversichertennummer entgegennehmen, unterschreiben, zur elektronischen Abrechnung der ärztlichen Leistungen verwenden und aufbewahren. Diese Karte soll zukünftig zu einer elektronischen Gesundheitskarte erweitert werden.

SGB V §§ 31 ff.
2. Zuzahlung von 10 % des Abgabepreises auf verordnungsfähige Arznei- und Verbandsmittel, höchstens jedoch 10 EUR. Bei Heilmitteln und häuslicher Krankenpflege beträgt die Zuzahlung 10 % der Kosten sowie 10 EUR je Verordnung.
3. Zahlung der Praxisgebühr von 10 EUR je Quartal (nicht für Versicherte unter 18 Jahren).

?

1. Sie sind Kundenberater/in einer gesetzlichen Krankenkasse. Herr Metz kommt zu einem Beratungsgespräch. Er hat sein Studium erfolgreich abgeschlossen und beginnt nächsten Monat in einem Software-Haus als Programmierer.
   a) Er möchte von Ihnen zunächst wissen, ob er grundsätzlich krankenversicherungspflichtig ist und wenn ja, wohin er seinen Beitrag überweisen soll.
   b) Klären Sie Herrn Metz darüber auf, welche gesetzlichen Leistungen Ihre Krankenkasse erbringt.
   c) Durch seinen Arbeitgeber ist Herrn Metz eine Gehaltserhöhung nach erfolgreicher Probezeit zugesichert worden. Sein monatliches Bruttoeinkommen würde sich von 3.600 EUR um 256 EUR erhöhen. Ergeben sich für den Angestellten Veränderungen bezüglich der Krankenversicherung?
2. Erarbeiten Sie für folgende Situation ein Beratungsgespräch:
   Sie sind Kundenberater/in bei einer Krankenkasse. Ein Kunde kommt zu einem Beratungsgespräch zu Ihnen. Ihnen liegen folgende Daten vor:
   - Ledig, kaufmännischer Angestellter, 34 Jahre alt, monatliches Bruttoeinkommen 1.943 EUR.
   - Gehen Sie bei Ihrem Beratungsgespräch auf folgende Aspekte ein:
     Krankenversicherungspflicht, Beitragsbemessungsgrenze, gesetzliche Leistungen, Beitragsabwicklung.
3. Häufig wird bei der Diskussion in der Gesundheitsreform die Forderung nach einer höheren Selbstbeteiligung der Versicherten aufgestellt. Nehmen Sie Stellung.

15.1.2 Soziale Pflegeversicherung

SGB XI § 1
Die **Pflegeversicherung** wurde als eigenständige Säule der sozialen Sicherung geschaffen. Sie sichert auf breiter Ebene das Risiko der Pflegebedürftigkeit ab

- als **soziale Pflegeversicherung,** in die alle Versicherten der gesetzlichen Krankenversicherung *kraft Gesetzes* einbezogen sind,
- als **private Pflegeversicherung,** die alle Personen *abschließen müssen,* die bei privaten Versicherern eine Krankenversicherung abgeschlossen haben. SGB XI § 110

Die Pflegeversicherung umfasst sowohl häusliche als auch stationäre Pflege und regelt zudem die soziale Sicherung sowie die Ausbildung von Pflegepersonen. SGB I § 21a

Träger

SGB XI § 46

Träger der *sozialen Pflegeversicherung* sind eigenständige Pflegekassen unter dem Dach der gesetzlichen Krankenversicherung. Hierzu wird bei jeder Krankenkasse eine Pflegekasse errichtet. Träger der *privaten Pflegeversicherung* sind die privaten Krankenversicherungen, welche dem Versicherungsnehmer zur freien Wahl des Versicherers zur Verfügung stehen. § 23 (2)

Versicherte

§§ 20 ff.

a) Versicherungspflichtig in der **sozialen Pflegeversicherung** sind alle Mitglieder der *gesetzlichen Krankenversicherung* (Abschnitt 15.1.1).

   Durch die *Familienversicherung* sind auch die *nicht berufstätigen Ehegatten* und *noch nicht 18-jährigen Kinder* der Versicherten nach dem Prinzip des sozialen Ausgleichs mitversichert. § 25

b) Personen, die *privat* krankenversichert sind, müssen eine **private Pflegeversicherung** abschließen. Sie können dabei unter verschiedenen Versicherern auswählen. Die Vertragsleistungen müssen denen der sozialen Pflegeversicherung gleichwertig sein. § 23

Pflegestufen

Für die Gewährung von Leistungen sind pflegebedürftige Personen einer der drei Pflegestufen zuzuordnen: § 15

- Pflegestufe I für **erheblich Pflegebedürftige.** Sie erfasst Personen, die bei der Körperpflege, der Ernährung oder Mobilität (Bewegungsfähigkeit) mindestens einmal täglich der Hilfe bedürfen und zusätzlich mehrfach in der Woche Hilfe bei der hauswirtschaftlichen Versorgung benötigen.
- *Pflegestufe II* für **Schwerpflegebedürftige.** Diese Personen brauchen mindestens dreimal täglich Hilfe aus den vorangehend genannten Gründen und müssen ebenso hauswirtschaftlich unterstützt werden.
- *Pflegestufe III* für **Schwerstpflegebedürftige.** Ihnen ist täglich rund um die Uhr und auch bei der hauswirtschaftlichen Versorgung zu helfen.

Die Feststellung der Pflegebedürftigkeit und die Zuordnung zu einer der drei Pflegestufen erfolgt durch den »Medizinischen Dienst« der Krankenkassen (MDK). §§ 17, 53 a SGB V §§ 275 ff.

Leistungen

SGB XI §§ 28 ff.

Es werden folgende Leistungen gewährt

a) bei häuslicher Pflege:

1. *Pflegesachleistungen.* Dabei wird die häusliche Pflegehilfe, bestehend aus Grundpflege und hauswirtschaftlicher Versorgung, durch geeignete Pflegekräfte erbracht. § 36

   Die Versicherungsleistungen für die Pflegeeinsätze betragen in der
   - Pflegestufe I bis zu 440 EUR,
   - Pflegestufe II bis zu 1.040 EUR
   - Pflegestufe III bis zu 1.510 EUR (Härtefall bis zu 1.918 EUR) monatlich.

SGB XI § 37 2. *Zusätzlicher Betreuungsaufwand* für qualitätsgesicherte Betreuungsleistungen bis zu 2.400 EUR im Jahr.

3. *Pflegegeld für selbst beschaffte Pflegehilfen.* Es kann anstelle der häuslichen Pflegehilfe beantragt werden, um damit selbst geeignete Pflege, z.B. durch Familienangehörige, sicherzustellen.

Das monatliche Pflegegeld beträgt in der Pflegestufe I 225 EUR, Pflegestufe II 430 EUR, Pflegestufe III 685 EUR.

§ 38 4. Kombinationen von *Pflegesachleistungen und Pflegegeld.*

§ 39 5. *Kosten einer notwendigen Ersatzpflege* bei Verhinderung der Pflegepersonen (Urlaub).

§ 40 6. *Versorgung mit Pflegehilfsmitteln* (Krankenbett, Toilettengestaltung) und *technische Hilfen* im Haushalt (Geländer, Aufzug).

b) bei teilstationärer und kurzzeitiger Pflege:

§ 41 1. *Teilstationäre Pflege* mit sozialer Betreuung und medizinischer Behandlungspflege in Einrichtungen der Tages- und Nachtpflege, wenn die häusliche Pflege nicht in angemessenem Umfang sichergestellt werden kann.

§ 42 2. *Kurzzeitige Pflege* in einer *vollstationären Einrichtung,* ebenfalls mit sozialer Betreuung und medizinischer Behandlungspflege bis zu jährlich vier Wochen, wenn dies notwendig ist.

c) bei vollstationärer Pflege:

§ 43 Pflege in *vollstationären Einrichtungen,* wenn die häusliche oder teilstationäre Pflege nicht möglich ist oder wegen der Besonderheit des einzelnen Falls nicht in Betracht kommt.

Die Pflegekasse übernimmt bis zu 1.510 EUR, in Ausnahmefällen der Pflegestufe III bis zu 1.918 EUR monatlich für die Aufwendungen der eigentlichen Pflege, der sozialen Betreuung und für die medizinische Behandlungspflege.

Die Kosten der Unterkunft und Verpflegung in der Station müssen die Pflegebedürftigen selbst tragen.

§ 44 **d) für Pflegepersonen:**

1. *Soziale Sicherung der Pflegepersonen* gewährt die Pflegekasse durch die Zahlung der Beiträge zu deren Renten- und Unfallversicherung. Für die aus der Pflegetätigkeit ausscheidenden Personen wird Unterhaltsgeld nach dem Arbeitsförderungsgesetz bezahlt.

§ 45 2. *Pflegekurse für Angehörige* und *ehrenamtliche Pflegepersonen.* Durch unentgeltliche Schulung soll soziales Engagement im Pflegebereich gefördert und gestärkt werden.

Sämtliche Leistungen werden bis zum Jahr 2012 stufenweise erhöht.

§§ 54 ff. Beiträge

Die Beiträge zur **sozialen Pflegeversicherung** werden, wie in der gesetzlichen Kranken-
§ 55 (2) versicherung, vom Bruttoverdienst erhoben, höchstens aber von der Beitragsbemessungs-
§ 55 (1) grenze. Sie beträgt 2011 = 3.712,50 EUR bei einem Beitragssatz von 1,95%.

Der Beitrag ist von Arbeitgeber und Arbeitnehmer **je zur Hälfte** zu tragen. Kinderlose Arbeitnehmer über 23 Jahre zahlen einen zusätzlichen Beitrag von 0,25%.

Der Arbeitnehmeranteil wird bei der Lohn- oder Gehaltszahlung durch den Arbeitgeber einbehalten (Lohnabzugsverfahren) und über die Krankenkasse an die Pflegekasse abge-
§ 59 führt. Übersteigt das regelmäßige Arbeitsentgelt bei Auszubildenden nicht 325 EUR pro Monat, so ist der Beitrag vom Arbeitgeber allein zu tragen.

§§ 59, 61 Für die Bezieher von Krankengeld trägt grundsätzlich die Krankenversicherung die Beiträge. Beschäftigte, die in der gesetzlichen Krankenversicherung freiwillig versichert sind, erhalten von ihrem Arbeitgeber einen Beitragszuschuss in Höhe des Betrages, den der Arbeitgeber bei Versicherungspflicht zu zahlen hätte.

§ 110 Für die **private Pflegeversicherung** gilt der Grundsatz, dass die Versicherten keinen Beitrag bezahlen müssen, der den Höchstsatz der sozialen Pflegeversicherung übersteigt. Kinder des Versicherungsnehmers sind beitragsfrei mitversichert. Nicht berufstätige Ehegatten sind gesondert zu versichern.

Pflichten

a) des Arbeitgebers:

1. Unverzügliche Anmeldung des Versicherungspflichtigen bei der Pflegekasse. SGB XI § 50 (1)
2. Einbehaltung der Beitragsanteile der Arbeitnehmer im Lohnabzugsverfahren und Abführung im Gesamtsozialversicherungsbeitrag an die Krankenkasse. SGB IV §§ 28a, d, h

b) des Versicherten:

1. Auskunftspflicht gegenüber der Pflegekasse und Mitteilung von Änderungen, die für die Versicherungs- und Beitragspflicht erheblich sind. Zur Kommunikation verwendet wird die zugeteilte Pflegeversichertennummer, welche mit der Krankenversichertennummer übereinstimmen darf. SGB XI § 50 (3) § 101
2. Für die private Pflegeversicherung gilt: § 51

   Wer eine private Krankenversicherung abschließt, muss spätestens binnen drei Monaten danach auch eine Pflegeversicherung eingehen.

?

1. Erklären Sie, welche Leistungen die mit der Pflege befassten Personen von der Pflegeversicherung erhalten können.
2. a) Man unterscheidet die soziale und die private Pflegeversicherung. Entscheiden Sie in den folgenden Beispielen, in welcher dieser beiden Arten sich versichern müssen
      - ein Auszubildender zum Herrenfriseur mit 307 EUR Monatsvergütung,
      - eine ledige Prokuristin, die seit Jahren mehr als 3.579 EUR im Monat verdient und beim Nationalen Krankenversicherungsverein a.G. versichert ist,
      - ein beamteter Lehrer,
      - eine Industrie-Facharbeiterin mit 1.841 EUR Monatslohn.

   b) Ermitteln Sie die Beitragshöhe, die der Arbeitgeber als Beitragsanteile zur Pflegeversicherung für den oben genannten Auszubildenden und für die Prokuristin bezahlen muss.

   c) Welchen Beitragsanteil bezahlt die Industrie-Facharbeiterin in die Pflegekasse?
3. Die Unterbringung in einem Pflegeheim kostet bis zu 3.500 EUR pro Monat. Trotz der Pflegeversicherung bürden diese hohen Kosten dem Staat noch ein großes Fürsorgepaket auf.

   Erklären Sie den Grund dafür.

15.1.3 Gesetzliche Unfallversicherung

Versicherungsfälle in der gesetzlichen Unfallversicherung sind **Arbeitsunfälle** und **Berufskrankheiten.** SGB VII § 7

Unfälle sind zeitlich begrenzte, von außen auf den Körper einwirkende Ereignisse, die zu einem Gesundheitsschaden oder zum Tod führen. § 8

Beispiel: Ein Schreiner verletzt sich an einer Kreissäge.

Berufskrankheiten werden durch besondere Einwirkungen verursacht, denen bestimmte Personengruppen bei ihrer Arbeitstätigkeit in erheblich höherem Maße als die übrige Bevölkerung ausgesetzt sind. § 9

Beispiel: Eine Sekretärin bekommt vom ständigen Sitzen vor dem Computer einen Rückgratschaden.

Der gesetzliche Unfallschutz umfasst im Wesentlichen die Unfälle im Betrieb und in der Schule sowie auf dem Weg dorthin und von dort nach Hause.

Träger

SGB VII §§ 114 ff. Träger der gesetzlichen Unfallversicherung sind die fachlich gegliederten **Berufsgenossenschaften** und die **Unfallversicherungskassen** des öffentlichen Bereichs.

§§ 121 ff. In den *Berufsgenossenschaften* sind als Mitglieder alle Unternehmer eines Gewerbezweiges oder mehrerer verwandter Gewerbezweige zusammengeschlossen.

Beispiele: Berufsgenossenschaft für den Einzelhandel in München, Großhandels- und Lagereiberufsgenossenschaft in Mannheim, Holzberufsgenossenschaft in Stuttgart, Lederindustrie-Berufsgenossenschaft in Mainz, Berufsgenossenschaft der chemischen Industrie in Heidelberg.

§§ 114 ff., 125 ff. Die *Unfallversicherungskassen im öffentlichen Bereich* sind eingerichtet für die Bediensteten des Bundes, der Länder, Gemeinden, Gemeindeverbände, der Eisenbahn, der Deutschen Post AG und der Deutschen Telekom AG.

Für gemeindliche Kindergärten und Schulen sind die Unfallversicherungsverbände der
§ 129 *Gemeinden,* für staatliche und private Kindergärten, Schulen und Hochschulen ist die
§ 128 Unfallversicherung des *Landes* als Versicherungsträger zuständig.

§§ 2 ff. Versicherte

Dazu gehören vor allem:

a) alle *Beschäftigte* im Betrieb.

b) *Lernende* während der beruflichen Aus- und Fortbildung in Betrieben, Lehrwerkstätten und Schulungskursen. Das sind vor allem Auszubildende.

c) *Kinder* während des Besuchs von Kindergärten, Horten und Krippen, *Schüler* während des Besuchs von allgemein- und berufsbildenden Schulen sowie *Studierende* während der Aus- und Fortbildung an Hochschulen.

d) *Hausgewerbetreibende* und ihre mitarbeitenden Ehegatten.

e) *Pflegepersonen,* die *nicht erwerbsmäßig* einen Pflegebedürftigen mindestens 14 Stunden pro Woche pflegen.

Kraft Gesetzes sind ferner versichert Mitglieder der freiwilligen Feuerwehr, Blutspender und Lebensretter. Landwirtschaftliche Unternehmer und ihre ständig mitarbeitenden Familienangehörigen sind Pflichtmitglieder in landwirtschaftlichen Berufsgenossenschaften.

§ 6 Unternehmer der gewerblichen Wirtschaft und ihre im Betrieb mitarbeitenden Ehegatten sowie Auftragsunternehmer in Gesellschaften können auf schriftlichen Antrag hin *freiwillig* in die Versicherung einbezogen werden.

Leistungen

§§ 26 ff. §§ 45 ff. **a) Heilbehandlung** und als Ersatzeinkommen dienendes **Verletztengeld** (80% des Regelentgeltes) erhält der Verletzte durch seine Krankenkasse. Diese rechnet mit dem Versicherungsträger ab.

§§ 35 ff. §§ 39 ff. **b) Leistungen zur Teilhabe am Arbeitsleben** sollen dem Verletzten helfen, seinen früheren Beruf wieder auszuüben, einen neuen Beruf zu finden oder einen passenden Arbeitsplatz zu erlangen. Ergänzend werden **Leistungen zur sozialen Rehabilitation** gewährt.

§§ 56 ff. **c) Rente** erhalten Versicherte, deren Erwerbsfähigkeit über die 26. Woche nach dem Versicherungsfall hinaus um wenigstens 20% gemindert ist.

§§ 56 (3), 82 Die *Vollrente* bei voller Erwerbsminderung beträgt zwei Drittel des **J**ahres-**A**rbeits-**V**erdienstes (JAV) im Jahr vor dem Versicherungsfall. Bei teilweiser Erwerbsminderung wird eine entsprechende *Teilrente* gewährt.

§§ 63 ff. **d) Leistungen an Hinterbliebene.** Sie bestehen vor allem aus

§ 64 – **Sterbegeld** in Höhe eines Siebtels des früheren JAV und den **Kosten der Überführung an den Ort der Bestattung.**

– **Hinterbliebenenrente.** Sie beläuft sich bei *Witwen* und *Witwern* auf 30%, bei Beziehern, die noch ein Kind erziehen oder über 45 Jahre alt sind, auf 40% des JAV. Haben Witwen oder Witwer ein eigenes Einkommen (z.B. Renteneinkommen), so wird die Rente nur in bestimmter geringerer Höhe ausbezahlt. Die Rente an *Waisen* beträgt für jede Vollwaise 30%, für jede Halbwaise 20% des JAV. Insgesamt werden an Hinterbliebene höchstens 80% des JAV bezahlt. SGB VII § 65 SGB IV §§ 18a–e SGB VII § 68 § 70

Beiträge

§§ 150 ff.

Die **Beiträge** zur Berufsgenossenschaft sind **ausschließlich** von den **Unternehmern** zu tragen. Die Höhe wird durch ein Umlageverfahren ermittelt. Deshalb haben sechs Wochen nach dem Schluss eines Kalenderjahres sämtliche Unternehmer auf einem Formblatt die Zahl ihrer Beschäftigten, deren letztjährige Arbeitsstunden und Jahreslohnsummen – nach *Gefahrentarifen* getrennt – zu melden. Zur Beitragsabstufung sind die jeweiligen Tarife wiederum in *Gefahrenklassen* zu unterteilen. § 165 § 157

Einzelnen Betrieben mit überdurchschnittlich hoher Unfallzahl kann ein Zuschlag auferlegt werden. Bei geringerer Unfallzahl oder Unfallfreiheit werden Nachlässe bewilligt. § 162

Die gesetzliche Unfallversicherung für Kinder, Schüler, Lernende und Studierende wird ausschließlich von den Gemeinden und Ländern finanziert. §§ 128 ff., § 185

Beispiel der Umlageermittlung. Ein Betrieb meldet: §§ 157, 167

	Arbeitsentgelte	Gefahrklassen	Beitragseinheiten
2 kaufmännische Angestellte	59.105 EUR	1	59.105 EUR
15 Arbeiter	368.130 EUR	4	1.472.520 EUR
3 Heimarbeiter	38.960 EUR	2	77.920 EUR
			1.609.545 EUR

Finanzbedarf der Berufsgenossenschaft = *Umlagesoll* 3.000.000 EUR § 153
Beitragseinheiten aller Betriebe 3.000.000.000 EUR

Umlagesoll	:	Beitragseinheiten	=	*Beitragsfuß*
3.000.000 EUR	:	3.000.000.000 EUR	=	0,001 EUR

Beitrag des obigen Betriebes:

Beitragseinheiten	·	Beitragsfuß	=	Beitrag
1.609.545 EUR	·	0,001 EUR	=	1.609,55 EUR

Pflichten des Arbeitgebers

a) Anmeldung des Beginns eines Betriebs (Art und Gegenstand des Unternehmens sowie die Zahl der Versicherten) innerhalb einer Woche nach dem Beginn und der Änderung der Betriebsart binnen vier Wochen. § 192

b) Lohn- und Arbeitsstundennachweis zur Umlagerechnung für das jeweilige letzte Kalenderjahr binnen sechs Wochen nach Jahresablauf. § 165

c) Abführung der Beiträge an die Versicherung entsprechend den Beitragsbescheiden. § 168

d) Anzeige eines Unfalls oder einer Berufskrankheit binnen drei Tagen, wenn der Versicherte mehr als drei Tage arbeitsunfähig wird oder stirbt. Die Anzeige ist vom Betriebsrat mit zu unterzeichnen und als Durchschrift auch zu erstatten an das Gewerbeaufsichtsamt und, wenn der Versicherte stirbt, an die Ortspolizeibehörde des Unfallortes. § 193

e) Haftpflicht bei Unfällen und Berufskrankheiten, die durch Vorsatz oder Fahrlässigkeit des Arbeitgebers entstanden sind, z.B. durch Nichtbeachten der Unfallverhütungsvorschriften. Dem Arbeitgeber können für jeden Fall jeweils Geldbußen zwischen 2.500 EUR und 100.000 EUR auferlegt werden. § 209

Unfallverhütung und Erste Hilfe

SGB VII §§ 14 ff. ArbSchG §§ 2, 10, 21

Die Unfallversicherungsträger haben auch für die Verhütung *(Prävention)* von Arbeitsunfällen, Berufskrankheiten und arbeitsbedingten Gesundheitsgefahren sowie für die Sicherstellung einer wirksamen Ersten Hilfe zu sorgen. Weil ihnen jeder Unfall angezeigt und dabei der Hergang genau geschildert werden muss, besitzen sie eine reiche Erfahrung über die Unfallmöglichkeiten in ihrem Gewerbezweig. Im Interesse ihrer Mitglieder und der Versicherten sind sie bestrebt, die Unfall- und Berufskrankheitsgefahren zu mindern.

Sie müssen die Unternehmer dazu anhalten, in ihren Betrieben eine wirksame *Erste Hilfe* bei Arbeitsunfällen sicherzustellen. Vor Gefahren warnen sie durch Merkblätter und Schaubilder. Verhütungsvorschriften verpflichten die Unternehmer zur Einführung von Schutzmaßnahmen. Aufsichtspersonen überwachen deren Einhaltung, unterrichten, beraten, beanstanden und fordern Abhilfe unter einer Fristsetzung. Bei schuldhaften Verstößen gegen Unfallverhütungsvorschriften durch Arbeitnehmer entsteht für diese ebenfalls Haftpflicht.

SGB VII § 209

Gegen zuwiderhandelnde Unternehmer und Arbeitnehmer werden Ordnungsstrafen verhängt.

?

1. Erklären Sie, wer für den Schaden aufkommt, wenn ein Berufsschüler auf dem Schulweg durch eigenes Verschulden verunglückt.
2. Frau Quandt arbeitet als Personalsachbearbeiterin in einem Versicherungsunternehmen. Wegen einer Fehlsichtigkeit trägt sie ständig eine Brille. Während der Arbeitszeit wird sie im Flur des Bürogebäudes versehentlich von einer Kollegin angerempelt. Sie stürzt unglücklich zu Boden und bricht sich dabei den Arm. Zudem ist ihre Brille zerbrochen.
   a) Die Berufsgenossenschaft verweigert die Übernahme der Behandlungskosten und verweist auf die Krankenkasse, da Frau Quandt durch Unachtsamkeit der Kollegin zu Schaden gekommen ist. Beurteilen Sie, ob die Berufsgenossenschaft richtig handelt.
   b) Nennen Sie die Leistungen, die Frau Quandt von der gesetzlichen Unfall- bzw. Krankenversicherung erwarten könnte.
   c) Welche Auswirkungen hat dies auf die Lohnfortzahlung?
   d) Diskutieren Sie, welche Maßnahmen der Unfallverhütung dienen können.
   e) Erkundigen Sie sich nach den Unfallverhütungsvorschriften in Ihrem Ausbildungsbetrieb und beurteilen Sie, inwieweit diese umgesetzt werden.

15.1.4 Gesetzliche Rentenversicherung

SGB I § 23

Die **gesetzliche Rentenversicherung** ist eine Pflichtversicherung und greift helfend ein, um

- die Erwerbsfähigkeit ihrer Mitglieder durch Heilbehandlung, Berufsförderung und andere Hilfen zu erhalten, zu bessern und wiederherzustellen,
- die aus dem Erwerbsleben ausscheidenden oder nur noch vermindert tätigen Menschen durch Renten wirtschaftlich abzusichern,
- die Hinterbliebenen von verstorbenen Versicherten zu unterstützen,
- die Krankenversicherungsaufwendungen der Rentner durch Zuschüsse beträchtlich zu mindern,
- die Kindererziehung durch Anrechnung von rentenwirksamen Erziehungszeiten wirtschaftlich zu fördern.

SGB VI § 109

Außerdem haben die Versicherungsanstalten eine Beratungs- und Auskunftspflicht gegenüber Versicherten und Rentnern.

§ 125

Träger

Träger der Rentenversicherung sind die Deutsche Rentenversicherung Bund mit ihren 15 Regionalträgern sowie die Deutsche Rentenversicherung Knappschaft – Bahn – See.

Neben ihrer Leistungspflicht sind diese Einrichtungen verpflichtet, Versicherte und Rentner über die in ihren Versicherungskonten gespeicherten Sozialdaten regelmäßig zu unterrichten. SGB VI § 149

Versicherte

Man unterscheidet

a) Versicherungspflichtige. Dazu gehören vor allem: §§ 1–4

1. Alle gegen Entgelt Beschäftigte sowie *Hausgewerbetreibende* und die in die Handwerksrolle eingetragene *Handwerker.*
2. *Sich der Kindererziehung widmende Mütter oder Väter bzw. Lebensgefährten* während der Kindererziehung für die Zeit von 3 Jahren. Bei mehreren Kindern wird die Erziehungszeit entsprechend verlängert. § 56
3. *Wehr- oder Zivildienstleistende.*
4. Personen, die in Zusammenhang mit ihrer selbstständigen Tätigkeit regelmäßig keinen versicherungspflichtigen Arbeitnehmer beschäftigen, dessen Arbeitsentgelt aus diesem Beschäftigungsverhältnis regelmäßig 400 EUR im Monat übersteigt, und auf Dauer und im Wesentlichen nur für einen Auftraggeber tätig sind.
5. *Selbstständige Erwerbstätige,* die innerhalb von 5 Jahren nach der Aufnahme der selbstständigen Tätigkeit bzw. dem Ende der vorherigen Versicherungspflicht Antrag auf Aufnahme in die Pflichtversicherung stellen.

b) Freiwillig Versicherte. *Alle Personen, die nicht versicherungspflichtig* sind, können sich nach der Vollendung des 16. Lebensjahres freiwillig versichern. Sie zahlen ihre Beiträge selbst und können auch deren Höhe innerhalb bestimmter Grenzen selbst festlegen. § 7 § 171 § 167

Personen, die aus irgendeinem Grunde aus der *Pflichtversicherung* ausscheiden, z.B. Hausfrauen, können weiterhin *freiwillig* in der Rentenversicherung *bleiben.*

Leistungen

a) Leistungen zur Rehabilitation, um Beeinträchtigungen der Erwerbsfähigkeit durch Krankheit oder Behinderung zu verhindern oder zu bessern und eine Wiedereingliederung in das Erwerbsleben zu erreichen. Dazu gehören: §§ 9–32

- *medizinische* Leistungen wie ärztliche Behandlung und Versorgung mit Arzneien, Verbands-, Heil- und Hilfsmitteln (Abschnitt 15.1.1), § 15
- *Leistungen zur Teilhabe am Arbeitsleben,* z.B. Berufsvorbereitung, Hilfe zur Erlangung eines Arbeitsplatzes und zur Berufsfindung, Fort- und Ausbildung sowie Umschulung, § 16
- weitere Leistungen wie *Übergangsgeld* und *Haushaltshilfe* während der Heilbehandlung und Berufsförderung, Übernahme von *Reise-* und *Lehrgangskosten.* §§ 20 ff.

b) Gewährung von Rente erfolgt in nachstehenden Formen:

1. Renten wegen Alters. Dazu zählen vornehmlich die

- *Regelaltersrente* für Versicherte, die das **65. Lebensjahr** vollendet und die allgemeine Wartezeit von 5 Jahren erfüllt haben. Diese Altersgrenze steigt ab 2012 bis 2029 stufenweise auf **67 Lebensjahre** an. Versicherte, die 45 Jahre Beiträge gezahlt haben, können weiterhin mit **65 Lebensjahren** die volle Rente beziehen. § 35

Die folgenden Renten können unter Inkaufnahme von Rentenminderungen in Anspruch genommen werden:

- *Altersrente für langjährig Versicherte,* die das **63. Lebensjahr** vollendet haben und eine Wartezeit von 35 Jahren erfüllt haben. § 36
- *Altersrente für schwerbehinderte Menschen* ab dem **62. Lebensjahr.** Ohne Abzüge können sie ab dem 63. Lebensjahr (stufenweise Anhebung auf 65 Lebensjahre) in Rente gehen. § 37

SGB VI § 42 § 34 Die Renten wegen Alters können als **Vollrente** oder als **Teilrente** (ein Drittel, die Hälfte, zwei Drittel der Vollrente) geleistet werden. Teilrenten werden von Rentnern in Anspruch genommen, die ihren Rentenanspruch nicht durch Hinzuverdienste gefährden wollen.

§§ 43 ff. **2. Rente wegen Erwerbsminderung.**

§ 43 (1) § 67
- **Rente wegen teilweiser Erwerbsminderung** erhält der Versicherte, wenn sein Leistungsvermögen zwischen drei bis unter sechs Stunden täglich unter den Bedingungen des allgemeinen Arbeitsmarktes liegt. Daneben können und sollen die Rentner im Rahmen ihres noch bestehenden Leistungsvermögens eine Teilzeitarbeit ausüben. Die Rentenhöhe entspricht der Hälfte der Rente wegen voller Erwerbsminderung bzw. der wegen Alters erreichten Rente.

  Vor dem 2. Januar 1961 Geborene können eine Rente wegen teilweiser Erwerbsminderung auch dann erhalten, wenn sie berufsunfähig sind. Jüngere Versicherte haben keinen Berufsunfähigkeitsschutz mehr.

  Zum Erhalt der Rente muss der Versicherte vor dem Eintritt der Erwerbsminderung die allgemeine Wartezeit von 5 Jahren erfüllt und in den letzten 5 Jahren mindestens 3 Jahre Pflichtbeitragszeiten haben.

§ 43 (2) § 67
- **Rente wegen voller Erwerbsminderung** liegt vor, wenn das Leistungsvermögen des Versicherten wegen Krankheit oder Behinderung unter drei Stunden täglich liegt. Die Rentenhöhe entspricht der erreichten Altersrente.

  Um den Rentenanspruch stellen zu können, muss der Versicherte vor dem Eintritt der vollen Erwerbsminderung die allgemeine Wartezeit von 5 Jahren erfüllt und in den letzten 5 Jahren 3 Jahre Pflichtbeitragszeiten haben. Voll erwerbsgemindert ist nicht, wer eine selbstständige Tätigkeit ausübt oder eine Beschäftigung ausübt und daraus Arbeitsentgelt bezieht, das monatlich 325 EUR überschreitet.

3. Renten wegen Todes.

§ 46 (2) § 67
- *Große Witwen-/Witwerrente* erhält die Witwe bzw. der Witwer einer versicherten Person, die/der erwerbsgemindert ist oder mindestens ein waisenrentenberechtigtes Kind erzieht und das 45. Lebensjahr vollendet hat. Die Rente beträgt 55 % der erreichten Altersrente.

  Frauen, ggf. auch Männer, die Kinder erzogen haben, erhalten für jedes Kind einen Zuschlag an Entgeltpunkten.

§ 46 (1) § 67
- *Kleine Witwen-/Witwerrente* erhält die Witwe bzw. der Witwer einer versicherten Person, wenn die oben angegebenen Bedingungen nicht erfüllt sind. Ihre Höhe entspricht 25% der erreichten Altersrente.

  Der Rentenanspruch ist bei beiden Rentenarten nur gegeben, wenn die Witwe oder der Witwer nicht wieder geheiratet hat und wenn der verstorbene Ehepartner die allgemeine Wartezeit von 5 Jahren erfüllt hat.

§ 48
- *Waisenrente* wird an Kinder bis zur Vollendung des 18. Lebensjahres gewährt. Die Zahlung kann bis zum vollendeten 27. Lebensjahr fortdauern, wenn sich die Waise noch in der Schul- oder Berufsausbildung befindet oder ein freiwilliges soziales Jahr leistet.

  § 82 *Halbwaisen* sind Kinder, die noch einen unterhaltspflichtigen Elternteil haben. Vollwaisen haben keinen unterhaltspflichtigen Elternteil mehr und erhalten gegenüber Halbwaisen den doppelten Rentenbetrag.

  In beiden Fällen besteht der Rentenanspruch nur, wenn der verstorbene versicherte Elternteil die allgemeine Wartezeit von 5 Jahren erfüllt hat.

§ 47
- *Erziehungsrente* erhalten Versicherte bis zur Vollendung des 65. Lebensjahres, wenn ihre Ehe geschieden und der geschiedene Ehegatte verstorben ist, sie nicht wieder geheiratet haben und ein eigenes Kind oder ein Kind des gestorbenen Ehegatten erziehen.

- *Rentensplitting unter Ehegatten* kann die in der Ehezeit gemeinsam erworbene Rentenanwartschaft partnerschaftlich teilen. In der Regel verbessert es die Rentenansprüche der Frau.

Versicherungsrechtliche Zeiten

a) Wartezeiten sind die Voraussetzung für die Erfüllung von Rentenansprüchen. Sie berechnen sich aus der Zeitspanne zwischen dem Versicherungsbeginn und dem Eintritt des Versicherungsfalles. Man unterscheidet u.a. die SGB VI §§ 50 ff.

- *allgemeine Wartezeit von 5 Jahren.* Sie ist die Voraussetzung für einen Anspruch auf Regelaltersrente, auf Rente wegen verminderter Erwerbsfähigkeit und auf Rente wegen Todes.
- *Wartezeit von 35 Jahren.* Sie ist vor der Gewährung der Altersrente für langjährige Versicherte sowie der Altersrente für schwerbehinderte Menschen zu erfüllen.

Auf die Wartezeit von 35 Jahren werden alle im Folgenden beschriebenen rentenrechtlichen Zeiten angerechnet. § 51

b) Rentenrechtliche Zeiten sind

1. *Beitragszeiten.* Dies sind Zeiten der Zahlung von Pflichtbeiträgen oder freiwilligen Beiträgen. Dazu zählen §§ 54 ff.
   - *Kindererziehungszeiten.* Für die Zeiten der Erziehung eines Kindes in dessen ersten drei Lebensjahren zahlt der Bund die Beiträge. § 56
   - *Pflegezeiten.* Seit dem 1. April 1995 werden für Pflegepersonen Beiträge zur Rentenversicherung entrichtet. Als Pflegeperson wird bezeichnet, wer nicht erwerbsmäßig einen Pflegebedürftigen wenigstens 14 Stunden pro Woche in seiner häuslichen Umgebung pflegt.
2. *Berücksichtigungszeiten.* Dazu gehören die Zeiten der Erziehung eines Kindes bis zu dessen vollendetem 10. Lebensjahr. § 57
3. *Beitragsfreie Zeiten.* Dazu zählen
   - *Anrechnungszeiten.* Es sind Zeiten der Arbeitsunfähigkeit wegen Krankheit, Schwangerschaft während der Schutzfrist nach dem Mutterschutzgesetz (Abschnitt 15.1.1), sowie der Arbeitslosigkeit. Beim Besuch von Fachschulen und berufsvorbereitenden Maßnahmen werden bis zu 36 Monate angerechnet. § 58
   - *Zurechnungszeiten.* Sie werden bei Eintritt der Versicherungsfälle Erwerbsminderung und Tod vor Vollendung des 60. Lebensjahres zu den rentenrechtlichen Zeiten hinzugerechnet. § 59

Beispiel: Berechnung von Wartezeiten

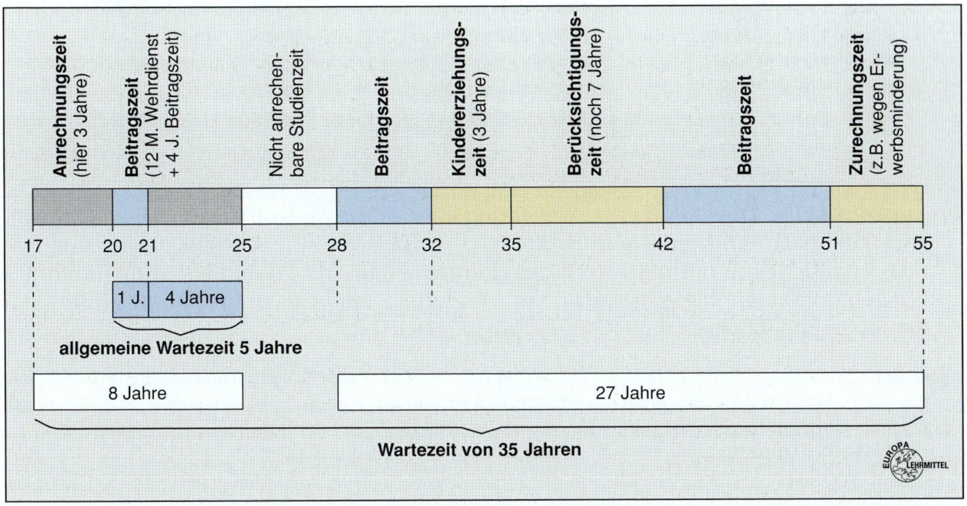

Zeiten vom Versicherungsfall bis zum vollendeten 55. Lebensjahr werden in vollem Umfang, darüber hinausgehende Zeiten bis zum 60. Geburtstag zu zwei Dritteln hinzugerechnet.

Rentenberechnung

SGB VI §§ 63 ff. Die nach Eintritt des Versicherungsfalles gewährte **monatliche Rente** wird für jeden einzelnen Versicherten gesondert berechnet nach der Formel

Entgeltpunkte	·	Zugangsfaktor	·	Rentenartfaktor	·	Aktueller Rentenwert	=	Monatsrente

Die einzelnen Teilgrößen dieser Formel lassen sich wie folgt errechnen:

§ 66 **a) Entgeltpunkte.** Für *jedes Versicherungsjahr* wird ein *Entgeltpunkt* ermittelt durch das Ergebnis aus

§ 70
$$\frac{\text{beitragspflichtiger Bruttoverdienst des Versicherten in diesem Jahr}}{\text{durchschnittlicher Bruttoverdienst aller Versicherten im gleichen Jahr}}$$

Die Entgeltpunkte der gesamten Versicherungszeit ergeben addiert die Summe der Entgeltpunkte.

Beispiel:

$$\frac{\text{beitragspflichtiger Bruttoverdienst eines Versicherten 2011}}{\text{Bruttodurchschnittsverdienst aller Versicherten 2011}} = \frac{37.561}{30.261} = \textbf{1,2 Entgeltpunkte (gerundet) 2011}$$

Bei angenommenen 35 Versicherungsjahren und durchschnittlich 1,2 Entgeltpunkten pro Jahr beträgt die **Summe der Entgeltpunkte** 1,2 · 35 = **42** Entgeltpunkte.

Die nachfolgende Statistik zeigt die Entwicklung der durchschnittlichen Jahresbruttoverdienste aller Versicherten seit 1950.

Durchschnittsentgelt in DM/ab 2002 in EUR (Anlage 1, SGB VI)

Jahr	DM	Jahr	DM	Jahr	DM	Jahr	DM	Jahr	DM	Jahr	DM/ EUR
1950	3.161	1960	6.101	1970	13.343	1980	29.485	1990	41.946	2000	54.256
1951	3.579	1961	6.723	1971	14.931	1981	30.900	1991	44.421	...	...
1952	3.852	1962	7.328	1972	16.335	1982	32.198	1992	46.820	...	...
1953	4.061	1963	7.775	1973	18.295	1983	33.293	1993	48.178	2005	29.202
1954	4.234	1964	8.467	1974	20.381	1984	34.292	1994	49.142	2006	29.494
1955	4.548	1965	9.229	1975	21.808	1985	35.286	1995	50.665	2007	29.951
1956	4.844	1966	9.893	1976	23.335	1986	36.627	1996	51.678	2008	30.625
1957	5.043	1967	10.219	1977	24.945	1987	37.726	1997	52.143	2009	30.506
1958	5.330	1968	10.842	1978	26.242	1988	38.896	1998	52.925	2010	32.003
1959	5.602	1969	11.839	1979	27.685	1989	40.063	1999	53.507	2011	30.268

§§ 64, 77 **b) Zugangsfaktor.** Die stufenweise Anhebung aller Altersgrenzen auf 65 Jahre wurde ab dem Jahr 2001 wirksam. Die Entgeltpunkte werden mit einem zusätzlichen Zugangsfaktor multipliziert, der bei vorzeitigem Rentenbeginn, d.h. Rente vor Vollendung des 65. Lebensjahres, eine entsprechende *Minderung* der Altersrente, bei nachzeitigem Rentenbeginn dagegen eine Renten*erhöhung* bewirkt.

Beispiele:

§ 77 (2) 1. Für jeden Monat, den die Rente vor Vollendung des 65. Lebensjahres vom Jahre 2001 an in Anspruch genommen wird, ergibt sich ein Rentenabschlag von 0,003 bzw. 0,3%. Daraus ergibt sich ein Zugangsfaktor von 1 – 0,003 = 0,997. Er bewirkt einen jährlichen Rentenabschlag von 12 · 0,3% = 3,6%.

§ 77 (3) 2. Nimmt dagegen ein 65-Jähriger seine Rente zunächst noch nicht in Anspruch (z.B. weil er einen hohen Hinzuverdienst hat, der ihm auf die Rente angerechnet würde), so erhöht sich seine spätere Rente für jeden Monat der Nichtinanspruchnahme um den Rentenzuschlag von 0,005 oder 0,5%. Der Zugangsfaktor ist 1,005. Die **Jahresrente nimmt** dadurch um 12 · 0,5 = 6% **zu.**

c) **Rentenartfaktoren.** Sie dienen zur *unterschiedlichen Bewertung* der Entgeltpunkte bei den verschiedenen Rentenarten und sind *gesetzlich festgelegt.* SGB VI § 67

Beispiele: Der Rentenartfaktor beträgt für persönliche Entgeltpunkte bei

– Renten wegen Alters, wegen voller Erwerbsminderung und bei Erziehungsrenten	1,0
– Renten wegen teilweiser Erwerbsminderung	0,5
– Großer Witwen-/Witwerrente	0,55
– Kleiner Witwen-/Witwerrente (längstens 24 Monate)	0,25
– Vollwaisenrente	0,2
– Halbwaisenrente	0,1

d) **Aktueller Rentenwert.** Er gibt die *aktuelle monatliche Altersrente* an, die sich aus den Beiträgen *eines Durchschnittsverdieners* für ein Jahr bzw. für einen Entgeltpunkt errechnet. Dieser Wert wird *jedes Jahr* für die Zeit vom 1. Juli bis zum 30. Juni des nächsten Jahres *durch die Bundesregierung* neu *bestimmt.* § 68

Beispiele: Der Aktuelle Rentenwert 2010 beträgt monatlich 27,20 EUR in den alten und 24,13 EUR in den neuen Bundesländern.

Ein *Altersrentner* mit 42 Entgeltpunkten und einem Rentenartfaktor 1,0 bekommt danach eine Rente von 42 · 1,0 · 27,20 EUR = **1.142,40 EUR.**

Bei gleichen Beispielszahlen würde eine große Witwenrente betragen 42 · 0,55 · 27,20 EUR = **628,32 EUR.** Für eine *Vollwaisenrente* würden sich ergeben 42 · 0,2 · 27,20 EUR = **228,48 EUR.**

Rentenniveauanpassung

§ 65

Maßgebend für die Bestimmung des aktuellen Rentenwerts ist die Veränderung der durchschnittlichen Nettolöhne im Vorjahr gegenüber dem Vorvorjahr **(dynamische Produktivitätsrente,** Abschnitt 15.1).

Durch die Einführung eines **Nachhaltigkeitsfaktors** wird das Rentenniveau seit 2005 stufenweise abgesenkt. Der Faktor soll berücksichtigen, dass künftig immer weniger Beitragszahler immer mehr Rentnern gegenüberstehen.

Durch die Einführung der **Niveausicherungsklausel** soll gewährleistet werden, dass die Renten im Jahr 2030 mindestens auf 43% der Bruttolöhne gehalten werden können.

Die *Privatrente* soll die Lücke bei der gesetzlichen Rente ausgleichen. Deshalb wird die Eigenvorsorge staatlich gefördert (Riester-Rente).

Bedarfsorientierte Grundsicherung

Die **Grundsicherung** im Alter und bei Erwerbsminderung ist seit dem 1. Januar 2003 in Deutschland gesetzlich festgeschrieben. Sie wird Personen gewährt, die durch Alter oder Erwerbsminderung auf Dauer aus dem Erwerbsleben ausgeschieden sind und ihren Lebensunterhalt nicht selbst bestreiten können. SGB VII §§ 41 ff.

Beiträge

Sie werden vom Bruttoverdienst, höchstens von der Beitragsbemessungsgrenze, berechnet. Diese beträgt 2011 = 5.500 EUR monatlich für die alten Bundesländer, 4.800 EUR für die neuen Bundesländer bei einem Beitragssatz von 19,9 %. SGB VI §§ 157 ff.

Der Beitrag ist vom Arbeitgeber und Versicherten **je zur Hälfte** zu tragen. Der Arbeitnehmeranteil wird bei der Lohn- oder Gehaltszahlung durch den Arbeitgeber einbehalten **(Lohnabzugsverfahren).** § 168

Auch hier (Abschnitt 15.1.1) gilt die Geringverdienergrenze. Für geringfügig Beschäftigte (400 EUR) muss der Arbeitgeber 15% als Rentenversicherungsbeitrag abführen.

Für Auszubildende liegt die Grenze bei 325 EUR.

SGB VI § 170 Für Wehr- und Zivildienstleistende werden die Beiträge vom Bund bezahlt.

§ 56 Die Pflichtbeiträge für Zeiten der Kindererziehung werden durch den Bund bezahlt.

§ 169 Pflichtversicherte Selbstständige, ferner ihre Beiträge selbst bestimmende freiwillig Versicherte müssen die Beiträge selbst durch Überweisungen oder Kontenabbuchungen für den Versicherungsträger entrichten.

§ 210 **Erstattung von Beiträgen** in der Höhe, in der die Versicherten sie getragen haben, erfolgt auf Antrag u.a.

- für Versicherte, die das 65. Lebensjahr vollendet und die allgemeine Wartezeit von 5 Jahren nicht erfüllt haben,
- für Witwen, Witwer oder Waisen, wenn der Anspruch auf Rente wegen nicht erfüllter Wartezeit nicht gegeben ist.

SGB IV § 28a–o

Pflichten

a) des Arbeitgebers:

1. Bei Beginn der Beschäftigung den Sozialversicherungsausweis des Beschäftigten vorlegen lassen. Ihn ggf. auf seine Mitführungspflicht belehren.
2. Das beitragspflichtige Arbeitsentgelt für versicherungspflichtige Arbeitnehmer in die Entgeltnachweise eintragen. Die Krankenkasse erhält das Original der Eintragung. Der Arbeitnehmer eine Durchschrift. Das ist sein **Beitragsnachweis.**
3. Einbehaltung der Arbeitnehmeranteile und Abführung der Beiträge an die zuständige Krankenkasse als Einzugsstelle zur Weiterleitung an die Versicherungsträger.

b) des Arbeitnehmers:

§§ 96 ff.

1. Beantragung eines **Sozialversicherungsausweises.** Dieser enthält die persönliche Versicherungsnummer, den Familien- und Vornamen und ist vom Beschäftigten mitzuführen, bei Beschäftigungsaufnahme dem Arbeitgeber vorzulegen und bei Arbeitslosigkeit zu hinterlegen.
2. Kontenklärung, um das individuelle Versicherungsleben vom Rentenversicherungsträger feststellen zu lassen.
3. Sorgfältige Aufbewahrung der für den späteren Rentenantrag notwendigen Entgeltsbescheinigungen bzw. Angabe und Überprüfung aller für das Versicherungskonto relevanten Tatbestände.

?

1. Werner K., 60 Jahre alt, arbeitet in der Gehaltsbuchhaltung eines mittelständischen Unternehmens. Bei der Deutschen Rentenversicherung möchte sich Werner K. erkundigen, wann er seinen verdienten Lebensabend genießen kann.
   a) Beraten Sie Werner K., welche unterschiedlichen Möglichkeiten der Gewährung von Rente es gibt.
   b) Erörtern Sie, ob Werner K. seine Rentenversicherung kündigen und private Vorsorge treffen kann.
2. Berechnen Sie nach der Rentenformel den Monatsbetrag einer Regelaltersrente anhand folgender Daten:
   - Versicherungszeit: 36 Jahre. Beitragspflichtiger Bruttoverdienst des Versicherten 2011 = 44.353 EUR. Bruttodurchschnittsverdienst aller Versicherten 2011 = 30.268 EUR. Die für 2010 ermittelten persönlichen Entgeltpunkte sollen als Durchschnittswert für alle 36 Versicherungsjahre gelten.
   - Rentenartfaktor; siehe Seite 490.
   - Aktueller Rentenwert zur Zeit des Rentenbeginns = 27,20 EUR.
3. Die von Ihnen bezahlten Beiträge zur Rentenversicherung werden zur Zahlung an die heutigen Rentenempfänger verwendet (»Generationenvertrag«). Erklären Sie in diesem Zusammenhang, warum die Beitragsbemessungsgrenzen und auch die Beitragssätze ständig erhöht werden.

15.1.5 Gesetzliche Arbeitslosenversicherung

Die Ziele der Arbeitsförderung sind ein hoher Beschäftigungsstand, die ständige Verbesserung der Beschäftigungsstruktur, die Förderung des Wirtschaftswachstums, die Sicherung angemessener Arbeitsplätze durch die Förderung und Anpassung der beruflichen Bildung. Weitere Ziele sind die Frauenförderung mit Überwindung des geschlechtsspezifischen Arbeitsmarktes sowie Schutz vor sozialem Abstieg durch Voll- und Teilarbeitslosigkeit.

Träger

Träger der Arbeitslosenversicherung und der Arbeitsförderung ist die **Bundesagentur für Arbeit** in Nürnberg. Von den Agenturen für Arbeit werden Job-Center eingerichtet als einheitliche Anlaufstelle für alle, die einen Arbeits- oder Ausbildungsplatz suchen. SGB III § 367

Versicherte

Versicherungspflichtig sind Arbeitnehmer und Auszubildende. Versicherungsfrei sind u.a. Beamte, Richter und Berufssoldaten. § 25

Leistungen

a) Arbeits- und berufsfördernde Maßnahmen: Die *Arbeitsvermittlung* hilft bei der Suche und Vermittlung von Arbeitsstellen. Dabei gilt, dass Arbeitslose auch Tätigkeiten annehmen müssen, die schlechter bezahlt sind als ihre früheren. Die *Berufsberatung* gibt Auskunft zur Berufswahl und bei Berufswechsel und vermittelt Ausbildungsstellen. SGB I § 19 SGB III §§ 29 ff. §§ 45 ff.

Gefördert wird die *berufliche Bildung* durch Maßnahmen zur besseren Ausbildung, zur Umschulung und beruflichen Weiterbildung einschließlich der Zahlung dazu notwendiger Unterhaltsgelder. Gefördert werden ferner die *Arbeitsaufnahme* und die *Aufnahme einer selbstständigen Tätigkeit* durch Zuschüsse und Überbrückungshilfen während der Bewerbung. *Rehabilitation* erfahren behinderte Menschen durch Maßnahmen zur Hebung ihrer Erwerbstätigkeit. §§ 77 ff. §§ 53 ff. §§ 97 ff.

Gefördert wird die Arbeitsaufnahme von schwerbehinderten Menschen durch *Eingliederungszuschüsse*. § 222a

b) Arbeitslosengeld wird an Arbeitslose gewährt, die der Arbeitsvermittlung zur Verfügung stehen, die Anwartschaftszeit erfüllt, sich der Agentur für Arbeit arbeitslos gemeldet und Arbeitslosengeld beantragt haben. § 117

Zusätzliche Voraussetzung ist, dass Arbeitslose sich selbst aktiv um eine neue Beschäftigung bemühen müssen.

Als Arbeitslose gelten Arbeitnehmer, die vorübergehend nicht in einem Beschäftigungsverhältnis stehen oder nur eine kurzzeitige Beschäftigung (weniger als 15 Stunden wöchentlich) ausüben. § 118 § 119

Die Anwartschaftszeit hat erfüllt, wer in den letzten 2 Jahren 12 Monate beitragspflichtig beschäftigt war. §§ 123 f.

Das Arbeitslosengeld beträgt für Arbeitslose mit mindestens einem Kind 67%, für die übrigen Arbeitslosen 60% des durchschnittlichen Nettoarbeitsverdienstes (um die gesetzlichen Abzüge vermindertes Arbeitsentgelt). Der Bemessungszeitraum umfasst ein Jahr. Die Dauer der Zahlung ist von sechs bis zu zwölf Monate gestaffelt, je nach Dauer der vorhergehenden versicherungspflichtigen Beschäftigung. Bei älteren Arbeitslosen (58 Jahre) kann sich die Zahlungsdauer auf 24 Monate erhöhen. § 129 § 130 § 127

c) Arbeitslosengeld II soll SGB II § 1

– die Eigenverantwortung von erwerbsfähigen Hilfebedürftigen und Personen, die mit ihnen in einer Bedarfsgemeinschaft leben, stärken,

- dazu beitragen, dass diese Personen ihren Lebensunterhalt unabhängig von der Grundsicherung aus eigenen Mitteln und Kräften bestreiten können,
- erwerbsfähige Hilfebedürftige bei der Aufnahme oder Beibehaltung einer Erwerbstätigkeit unterstützen und den Lebensunterhalt sichern, soweit sie ihn nicht auf andere Weise bestreiten können.

SGB II § 41 § 20 Das Arbeitslosengeld II wird jeweils für 6 Monate bewilligt, wenn kein Anspruch auf Arbeitslosengeld sowie Bedürftigkeit besteht. Eine erneute Bewilligung ist möglich. Es beträgt 359 EUR für Alleinstehende und 646 EUR für Verheiratete; dazu kommen Zuschüsse für Kinder und Kosten für die Unterkunft und Heizung.

SGB III §§ 169 ff. **d) Kurzarbeitergeld** wird auf Antrag Arbeitnehmern bei vorübergehendem Arbeitsausfall gewährt, und zwar dann, wenn zu erwarten ist, dass durch die Gewährung dieses Geldes den Arbeitnehmern die Arbeitsplätze und dem Betrieb die eingearbeiteten Arbeitnehmer erhalten bleiben.

§ 177 Kurzarbeitergeld wird nach den Grundsätzen des Arbeitslosengeldes berechnet und in der Regel für längstens $^1/_2$ Jahr gewährt.

SGB V § 252 **e) Die Krankenkassenbeiträge** werden von der Bundesagentur für Arbeit übernommen, sodass die Versicherung für Krankheit weiterbesteht.

SGB III §§ 183–189 **f) Insolvenzgeld** wird auf Antrag gewährt für rückständige Nettoarbeitsentgelte und Sozialversicherungsbeiträge für 3 Monate vor der Insolvenz des Arbeitgebers (Abschnitt 3.8.2). Höchstbetrag ist das monatliche Bruttoarbeitsentgelt der Beitragsbemessungsgrenze.

Beiträge

SGB III §§ 341 ff. Als Beitrag werden 3,0% vom Bruttoverdienst, höchstens jedoch von der Beitragsbemessungsgrenze (2011 = 5.500 EUR monatlich, für die neuen Bundesländer 4.800 EUR) erhoben. Arbeitgeber und Arbeitnehmer tragen die Beiträge **hälftig.** Übersteigt das regelmäßige Entgelt nicht 400 EUR pro Monat, so ist der Beitrag vom Arbeitgeber allein zu tragen. Für Auszubildende und für Teilnehmer am freiwilligen sozialen oder ökologischen Jahr liegt die Grenze bei 325 EUR.

Pflichten des Arbeitgebers

SGB IV § 28d–o a) Einbehaltung der Arbeitnehmeranteile bei der Lohnzahlung und Abführung der Arbeitnehmer- und Arbeitgeberanteile an die zuständige Krankenkasse.

SGB III § 173 b) Kurzarbeit und Massenentlassungen müssen der Agentur für Arbeit mit Begründung und Stellungnahme des Betriebsrates vorausgemeldet werden.

§ 174 c) Mitteilung über Ausbruch und Beendigung von Arbeitskämpfen an die Agentur für Arbeit.

§ 312 d) Ausstellung von Arbeitsbescheinigungen nach Beendigung von Beschäftigungsverhältnissen.

1. Petra Groß wird bei einer gesetzlichen Krankenkasse zur Sozialversicherungsfachangestellten ausgebildet. Es wurde ihr ausdrücklich signalisiert, dass sie nach Abschluss ihrer Ausbildung keine Garantie auf eine Übernahme hat.
   a) Begründen Sie, ob Petra Groß zum Personenkreis der Arbeitslosenversicherung gehört.
   b) Petras Freund Maik besucht das Kaufmännische Berufskolleg I und erhält aus einer Beschäftigung von 10 Wochenstunden in einem Supermarkt einen monatlichen Bruttolohn von 250 EUR. Erklären Sie, ob Maik in der Arbeitslosenversicherung pflichtversichert ist.
   c) Petras Freund Martin absolviert eine Ausbildung im mittleren Dienst bei der Polizei. Ist er in der Arbeitslosenversicherung versicherungspflichtig (Begründung)?

2. a) Petra Groß hat ihre Monatsabrechnung über ihre Ausbildungsvergütung für April 2011 erhalten. Ergänzen Sie die vorliegende Abrechnung und ermitteln Sie unter Nachweis des Rechenweges die restlichen Sozialversicherungsabzüge.

Monatsabrechnung Monat April 2011 Blatt 1 DATENBANK ANGESTELLTE		
Monat	Kurztext (Einheiten-Satz)	Betrag in EUR
04	GRUNDBEZUG	882,49
**	SUMME BRUTTO/LFD. MONAT	882,49
04	KRANKENVERSICHERUNG	69,72

b) Erläutern Sie die Regelung der Beitragszahlung für Maik (Aufgabe 1).

3. Angenommen, Petra Groß würde nach der Beendigung ihrer 3-jährigen Ausbildung tatsächlich nicht direkt übernommen und müsste ein halbes Jahr ohne Beschäftigung überbrücken.

   Petra Groß beantragt die Zahlung von Arbeitslosengeld. Begründen Sie unter Angabe der Rechtsgrundlage, warum sie einen Anspruch auf Arbeitslosengeld geltend machen kann.

4. Die Zielsetzung des Kurzarbeitergeldes wird in folgendem Satz deutlich: »Es dient gleichermaßen sozialpolitischen, arbeitsmarktpolitischen, betriebs- und wirtschaftspolitischen Zielen.«

   a) Erklären Sie, welche Ziele der Gesetzgeber mit der Schaffung des Kurzarbeitergeldes verfolgt hat.

   b) In welcher Höhe und für welchen Zeitraum wird das Kurzarbeitergeld dem betroffenen Arbeitnehmer gewährt?

15.2 Individualversicherung im Überblick

Eine Individualversicherung kommt durch einen **Vertrag** zustande. In ihm werden die **Leistungen** des Versicherers und die Höhe der **Beiträge** (Prämien) des Versicherungsnehmers vereinbart. Der Einzelne hat damit die Möglichkeit, seinen **Versicherungsschutz individuell aus eigener Verantwortung zu gestalten.**

Bedeutung der Individualversicherung

Mit wachsendem Wohlstand nimmt der Bedarf an Versicherungen, die einen kollektiven Risikoausgleich auf vertraglicher Grundlage ermöglichen, ständig zu. Ende 2009 verzeichnete die deutsche Versicherungswirtschaft einen Bestand von schätzungsweise 440 Mio. Verträgen oder Risiken privater oder gewerblicher Versicherungsnehmer. Auf jeden deutschen Bürger entfielen damit im Durchschnitt sechs Versicherungsverträge. Die gesamten Beitragseinnahmen der Versicherungsunternehmen stiegen 2009 auf rund 165 Mrd. EUR; das entsprach in den Zahlen von 2009 einer Versicherungsdichte (Beiträge im Verhältnis zu den Einwohnern) von ca. 2.000 EUR.

In Deutschland gibt es etwa 500 rechtlich selbstständige Versicherungsunternehmen, die zusammen mit Konkurrenten aus der EU und dem übrigen Ausland mehr als 300 Versicherungsarten anbieten. Das Spektrum reicht dabei von der Lebensversicherung, der privaten Kranken-, Renten- und Unfallversicherung über die Haftpflicht-, Kraftfahrt- und Rechtsschutzversicherung bis zu den Sachversicherungen (Hausrat-, Gebäude-, Feuer-, Diebstahl-, Sturmversicherung usw.). Hinzu kommt eine Vielzahl von Versicherungen, die auf die Bedürfnisse der Industrie und der übrigen Wirtschaft zugeschnitten sind.

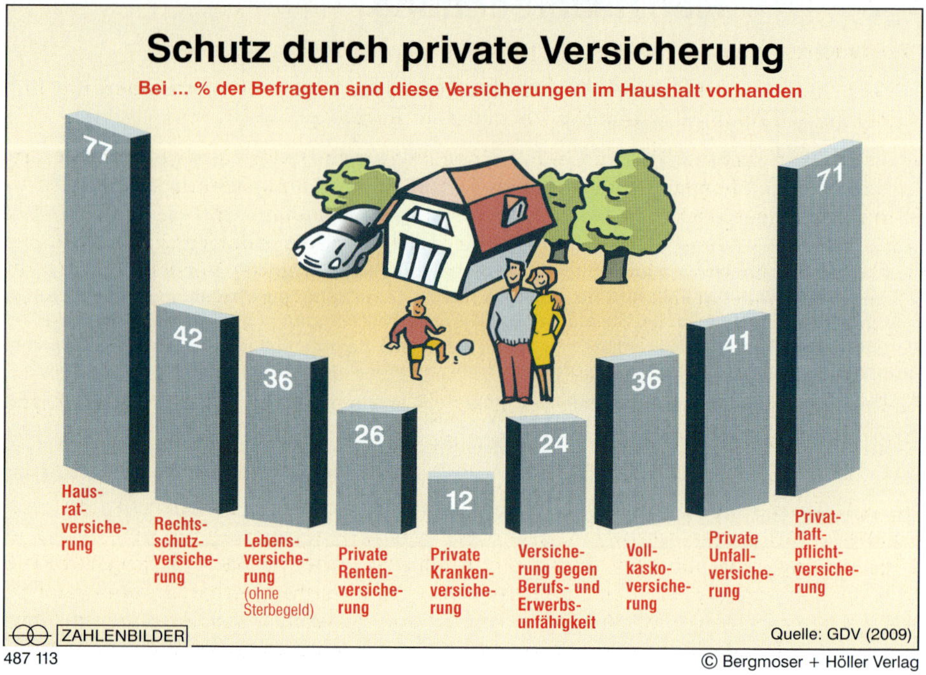

Rechtsform der Versicherer

a) Versicherungs-Aktiengesellschaften. Risikoträger und Gewinnberechtigte sind die Aktionäre. Der Versicherungsnehmer zahlt eine feste Prämie; er braucht nicht mit Nachschüssen zu rechnen.

b) Versicherungsvereine auf Gegenseitigkeit (Abschnitt 3.6.2). Der Versicherungsnehmer ist gleichzeitig Mitglied (Versicherer). Er erhält mit dem Versicherungsschein (Police) nicht nur die allgemeinen Versicherungsbedingungen, sondern auch die Satzung. Er zahlt Beiträge und ist bei gleichen Voraussetzungen nach gleichen Grundsätzen versichert und am Gewinn wie am Verlust beteiligt.

c) Öffentlich-rechtliche Versicherungsanstalten. Sie werden durch Hoheitsakt einer öffentlich-rechtlichen Körperschaft (Bund, Länder) errichtet. Bei ihnen haben die Versicherten keinen Einfluss auf die Geschäftsführung.

Behördliche Aufsicht über private Versicherer

VAG §§ 1 ff. Aufsichtsbehörden sind die **Bundesanstalt für Finanzdienstleistungsaufsicht** (BaFin) in Bonn und die **Landesaufsichtsbehörden,** die den Wirtschaftsministerien unterstehen.

Die Aufsichtsbehörden erteilen die Erlaubnis für den Betrieb von Versicherungsunternehmen und können unter gegebenen Umständen den Geschäftsbetrieb untersagen (Abschnitt 3.2.1). Sie haben die Interessen der Versicherten bei der Festlegung der Versicherungsbedingungen wahrzunehmen, über die finanzielle Sicherheit der Versicherer zu wachen und sie sind für den Versicherungsnehmer Beschwerdeinstanz.

Innerhalb der Europäischen Union (EU) erfolgt die Zulassung zum Geschäftsbetrieb für den gesamten EU-Binnenmarkt durch die Aufsichtsbehörde des Landes, in dem das Versicherungsunternehmen seinen Sitz hat. Auch die finanzielle Aufsicht über das Unternehmen obliegt dem Sitzland. Die rechtliche Aufsicht, welche den Schutz der Versicherten vor Missständen betrifft, obliegt für alle Versicherungsunternehmen in Deutschland den deutschen Aufsichtsbehörden.

Privatversicherungsvertrag

Das Versicherungsverhältnis wird durch den Versicherungsvertrag begründet, dem die vorformulierten *Allgemeinen Versicherungsbedingungen (AVB)* sowie etwaige *besondere Bedingungen* und *Zusatzbedingungen* zugrunde liegen.

▶ Zustandekommen

Der **Versicherungsvertrag** kommt durch den **Antrag** des Versicherungsnehmers und durch die uneingeschränkte **Annahme** des Versicherers zustande. VVG §§ 3 ff.

Der *Antrag* ist formlos. Meist wird er auf einem vom Versicherer ausgegebenen Vordruck in Form eines Fragebogens gestellt. Mit der Ausfüllung des Antragsvordrucks erfüllt der Versicherungsnehmer die im Versicherungsvertragsgesetz enthaltene Obliegenheit, alle für die Übernahme der Gefahr erheblichen Umstände anzuzeigen. Wenn der Versicherungsnehmer diese vorvertragliche Anzeigepflicht schuldhaft verletzt, kann der Versicherer auch noch nach dem Schadensfall vom Vertrag zurücktreten. Der Antragsteller ist an den Antrag eine bestimmte Zeit gebunden (Bindefrist), z.B. in der Sachversicherung zwei Wochen.

Die *Annahme* des Antrags kann erfolgen

a) durch ein Bestätigungsschreiben (schriftliche Annahmeerklärung des Versicherers) oder

b) durch die Aushändigung des Versicherungsscheines, der Police.

Erteilt der Versicherer unmittelbar nach der Antragstellung eine vorläufige Deckungszusage (z.B. in der Kraftfahrthaftpflichtversicherung oder bei der Versicherung großer industrieller Risiken), so kommt ein vorläufiger Versicherungsvertrag zustande. Dieser vorläufige Vertrag endet mit Abschluss des endgültigen Vertrages nach Prüfung des Risikos durch den Versicherer oder mit dem Scheitern der Vertragsverhandlungen. Der vom Versicherungsnehmer **unterschriebene Antrag** und der vom Versicherer unterzeichnete **Versicherungsschein (Police)** bilden zusammen den Versicherungs**vertrag.**

▶ Erfüllung

Der Versicherungsnehmer erfüllt den Vertrag, indem er die vereinbarten Prämien fristgerecht bezahlt und die ihn betreffenden Obliegenheiten beachtet.

Der Versicherer erfüllt den Vertrag, indem er den Versicherungsschutz gewährt (Gefahrtragung) und im Versicherungsfalle die Versicherungsleistung erbringt.

▶ Versicherungsbeginn

a) **Formeller Versicherungsbeginn.** Er ist der Zeitpunkt der Antragsannahme durch den Versicherer, also der Zeitpunkt des Vertragsabschlusses. Von da an sind beide Parteien an den Vertrag gebunden.

b) **Technischer Versicherungsbeginn.** Er ist der Zeitpunkt, an dem die Versicherungsperiode beginnt; für diesen Zeitraum ist vom Versicherungsnehmer Prämie zu entrichten.

c) **Materieller Versicherungsbeginn.** Er ist der Zeitpunkt, an dem die Leistungspflicht des Versicherers beginnt. Er wird durch die Zahlung der ersten Prämie, der Einlösungsprämie, bestimmt, liegt jedoch nicht vor dem im Versicherungsschein genannten Zeitpunkt (technischer Versicherungsbeginn). Hat der Versicherer eine vorläufige Deckungszusage gegeben, so gilt der Zeitpunkt dieser Deckungszusage als materieller Versicherungsbeginn.

Zahlt der Versicherungsnehmer die Einlösungsprämie fristgerecht, dann fallen materieller und technischer Versicherungsbeginn zusammen. Eine Ausnahme davon macht die private Krankenversicherung, bei der die Leistungspflicht des Versicherers grundsätzlich erst nach Ablauf sogenannter Wartezeiten (allgemeine Wartezeit: 3 Monate) einsetzt.

▶ Pflichten

a) **des Versicherers:**

1. Aushändigung der Police und der Prämienquittungen,
2. Leistung bei Eintritt des Versicherungsfalles,

3. Zahlung der Schadensminderungs- und Schadensermittlungskosten im Rahmen der Versicherungssumme,
4. Fristgewährung bei Anforderung der Folgeprämie (2 Wochen) durch gesetzlich vorgeschriebene Mahnschreiben.

b) des Versicherungsnehmers:

1. Rechtzeitige Zahlung der Prämien,
2. Anzeige aller Gefahrenerhöhungen nach Vertragsabschluss, eines Eigentumswechsels, einer Wohnungsänderung,
3. Meldung eines Schadensfalles,
4. Abwendung und Minderung eines Schadens (z.B. Löschhilfe leisten),
5. Auskunfterteilung im Schadensfall,
6. Abtretung eines etwaigen Ersatzanspruches gegen den Schadensstifter.

▶ Vertragsdauer

Es gibt einjährige, mehrjährige und unterjährige Verträge sowie solche auf unbestimmte Zeit. Sie beginnen und enden meistens um 12:00 Uhr, in manchen Versicherungszweigen (Kraftfahrt-, Lebensversicherung) um 0:00 Uhr. Wird nicht rechtzeitig gekündigt, so verlängert sich der Vertrag automatisch um ein Jahr. Nach einem *Schadensfall* kann jede Partei kündigen, bei *Besitzwechsel,* z.B. beim Verkauf eines Kraftwagens, nur der Versicherer und der Erwerber, jedoch nicht der Veräußerer.

Formen der Schadensversicherung

Versicherbare Gegenstände sollen so versichert sein, dass im Schadensfalle die Entschädigung den Schaden deckt. Die im Vertrag festgelegte Versicherungs**summe** (VS) soll deshalb dem **Wert** des versicherten Gegenstandes (VW) entsprechen.

a) Voll(wert)versicherung besteht, wenn die Versicherungssumme und der Versicherungswert übereinstimmen.

Beispiel:	VS	9.000 EUR
	VW	9.000 EUR

Alle Schäden bis zu 9.000 EUR werden voll ersetzt.

b) Unterversicherung liegt vor, wenn die Versicherungssumme kleiner als der Versicherungswert ist.

Beispiel:	VS	9.000 EUR
	VW	12.000 EUR

Alle Schäden bis zu 12.000 EUR werden nur zu 75% ersetzt.

c) Überversicherung liegt vor, wenn die Versicherungssumme größer als der Versicherungswert ist.

Beispiel:	VS	9.000 EUR
	VW	8.000 EUR

Alle Schäden bis zu 8.000 EUR werden nur zu 100% ersetzt, da die Versicherung grundsätzlich nicht zur Bereicherung führen darf.

d) Versicherung auf erstes Risiko. Unabhängig vom Versicherungswert wird jeder Schaden bis zur Höhe der Versicherungssumme voll ersetzt.

Beispiel:	VS	80.000 EUR auf erstes Risiko
	VW	200.000 EUR

Alle Schäden bis zu 80.000 EUR werden voll ersetzt; eine Unterversicherung wird nicht berücksichtigt.

e) Versicherung mit Selbstbehalt. Der Versicherungsnehmer trägt einen bestimmten Teil des Schadens selbst (Erziehung zur Vorsicht).

Beispiel: In der Kraftfahrt-Fahrzeugversicherung (Abschnitt 15.6.2) bezahlt ein Versicherungsnehmer Schäden am eigenen Auto bis zu 650 EUR vertragsgemäß selbst.

f) Sonstige Versicherungsformen

Mitversicherung. Mehrere Versicherer sind an einer Gesamtversicherungssumme jeweils mit einer Quote beteiligt.

Neuwertversicherung. Im Versicherungsfalle wird der Wiederbeschaffungs- bzw. Wiederherstellungswert ersetzt (neu für alt).

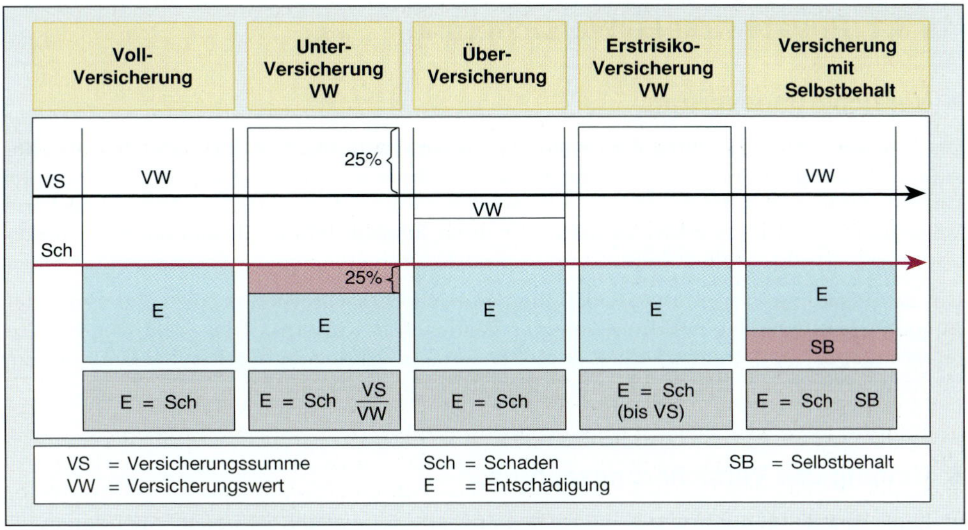

1. Recherchieren Sie im Internet, welche Unternehmen zu den
   a) Versicherungs-Aktiengesellschaften,
   b) Versicherungsvereinen auf Gegenseitigkeit,
   c) Öffentlich-rechtlichen Versicherungsanstalten gehören.
2. Bestimmen Sie im folgenden Fall den formellen, materiellen und technischen Versicherungsbeginn.

18. Febr.	25. Febr.	1. März	5. März
Antrag durch den Versicherungsnehmer	Annahme durch den Versicherer	Beginn des Zeitraumes, für den Prämie zu zahlen ist	Zahlung der Prämie

3. Die Feuerversicherung für ein Warenlager wird mit einer Versicherungssumme von 150.000 EUR abgeschlossen. Bei Eintritt eines Schadens von 20.000 EUR stellt sich heraus, dass der Wert des versicherten Lagers 200.000 EUR betrug.
   a) Unter welcher Voraussetzung wird eine volle Entschädigung gewährt?
   b) Welche Entschädigung zahlt die Versicherung im vorliegenden Falle?
   c) Welche Entschädigung würde geleistet werden, wenn für das Lager eine Elektroversicherung über
      – 30.000 EUR oder
      – 18.000 EUR abgeschlossen worden wäre?
   d) Wie würde entschädigt werden, wenn die Versicherungssumme 220.000 EUR statt 150.000 EUR betragen hätte?
4. Aus welchen Gründen gibt es
   a) Versicherungen auf erstes Risiko,
   b) Versicherungen mit Selbstbehalt?

15.3 Personenversicherung

Wer *nicht sozialversicherungspflichtig* ist oder wem der *Sozialversicherungsschutz nicht genügt*, hat die Möglichkeit, für Fälle der Not durch Krankheit, Unfall, Arbeitsunfähigkeit, Alter und Tod **private Versicherungen** abzuschließen. Die Prämien für solche Versicherungen können als Sonderausgaben bei der Berechnung des steuerpflichtigen Einkommens abgezogen werden (Abschnitt 16.1.1).

15.3.1 Private Krankenversicherung

Versicherungsvertrag

Der Vertrag kommt durch die Annahme des Antrags zustande. Hat der Versicherer bei der Antragsprüfung Bedenken, so kann er die Annahme des Antrags von einer ärztlichen Untersuchung abhängig machen (ärztliche Ermittlung). Auch kranken Menschen kann Versicherungsschutz gewährt werden. Der Versicherer erhebt in diesem Falle einen Beitragszuschlag oder schließt bereits vorhandene Krankheiten von der Leistungspflicht aus.

Um das Risiko zu verringern, ist bei allen Versicherern vorgesehen, dass der Versicherungsschutz erst nach einer dreimonatigen Wartezeit in Kraft tritt. Diese fällt weg bei Unfällen und bei Ehegattenmitversicherung. Besondere Wartezeiten gelten bei Entbindung, für Zahnbehandlung, Zahnersatz und Kieferorthopädie (8 Monate).

Umfang des Versicherungsschutzes

a) **Nach dem Personenkreis.** Neben *Einzelpolicen* gibt es *Familienpolicen,* bei denen für Kinder ein ermäßigter Kindergeldsatz berechnet wird. Für Kinder, die ein bestimmtes Alter überschritten haben, muss der volle Beitrag bezahlt werden. Sie können ab dem vollendeten 18. Lebensjahr eine Einzelpolice beantragen.

b) **Nach den Leistungen.** Der *Haupttarif* deckt im Allgemeinen folgende Krankheitskosten bis zu einer bestimmten Höhe:

   1. *Ambulante Heilbehandlung* mit ärztlicher Untersuchung, Beratung, Behandlung, Laborleistungen, ambulanten Operationen und Entbindungen, Versorgung mit Arznei-, Verbands-, Heil- und Hilfsmitteln (Abschnitt 15.1.1), Heilpraktikerbehandlung, Transporten und Fahrten.
   2. *Stationäre Heilbehandlung* in Krankenhäusern, Heilstätten und Sanatorien einschließlich der ärztlichen und fachpraktischen Leistungen, der Unterbringung und Verpflegung.
   3. *Zahnärztliche Behandlung* mit ärztlichen Leistungen, Zahnersatz, Kieferorthopädie, Material- und Laborleistungen.

   Ergänzende Tarife bieten tariflich festgesetzte Krankenhaustagegelder, Pflegetagegelder und den Ersatz höherer Kosten bei Kuren, ambulanter und stationärer Behandlung, z.B. gesondert berechnete Unterkunft im Einbettzimmer, Arztwahl.

Die Versicherer legen der Berechnung ihrer *Kostenerstattung* die amtliche Gebührenordnung für Ärzte (GOÄ), die Gebührenordnung für Zahnärzte (GOZ) und das Gebührenverzeichnis für Heilpraktiker (GebüH) zugrunde. Volle Kostenerstattung ist im Allgemeinen nicht üblich. Die Selbstbeteiligung, hier Selbstbehalt genannt, soll den Versicherten zur verantwortungsbewussten Inanspruchnahme veranlassen.

Eine teilweise *Beitragsrückerstattung* erhält, wer die Kasse im letzten Jahre nicht in Anspruch genommen hat.

15.3.2 Private Unfallversicherung

Die gesetzliche Unfallversicherung springt nur bei Berufsunfällen ein. Deshalb besteht ein Bedürfnis nach einer privaten Versicherung, die auch bei nicht beruflichen Unfällen oder bei Unfällen von Familienangehörigen helfend eintritt.

Der Versicherte bestimmt beim Vertragsabschluss, welche Leistungen der Versicherer bei einem Unfall gewähren soll. Folgende Leistungen kommen in Betracht:

a) Zahlung einer festen Summe bei *Unfalltod* (Todesfallentschädigung), wenn der Tod innerhalb eines Jahres, vom Unfalltag an gerechnet, eintritt. Darauf angerechnet werden die Leistungen, die bereits für Invalidität gewährt wurden.

b) Zahlung einer Kapitalsumme bei *dauernder* Schädigung (Invaliditätsentschädigung). Sie soll mindestens das Doppelte der Todesfallsumme betragen. Bei teilweiser Invalidität erfolgt die Entschädigung nach einer Gliedertaxe. Die Kapitalsumme kann auch in eine lebenslängliche Rente umgewandelt werden.

c) Zahlung eines Tagegeldes als Ersatz für einen Verdienstausfall. Es wird längstens für die Dauer eines Jahres ab dem Tage des Unfalles bezahlt. Arbeitnehmer, deren Verdienst bei Krankheit noch 6 Wochen weiterbezahlt wird, können vereinbaren, dass das Tagegeld erst ab dem 43. Tage bezahlt wird. Die Prämie ist dann niedriger.

Versicherungen für den Todesfall, für Tagegeld und für Heilkosten können nur zusammen mit der Versicherung für den Invaliditätsfall genommen werden.

d) Krankenhaustagegeld wird vom Tage der Aufnahme ins Krankenhaus bis zur Entlassung, maximal aber für 3 Jahre, gezahlt. Es dient zur Deckung erhöhter Kosten im Haushalt des Verletzten. Im Anschluss an den Krankenhausaufenthalt kann noch Genesungsgeld bezahlt werden.

e) Übergangsentschädigung wird bezahlt, wenn 6 Monate nach dem Unfall die Arbeitsfähigkeit noch um mehr als 50% beeinträchtigt ist.

15.3.3 Private Lebensversicherung

Die besondere Bedeutung der Lebensversicherung besteht darin, dass schon nach Zahlung einer Prämie bei Eintritt des Versicherungsfalles die volle vereinbarte Versicherungssumme bezahlt wird. Bei allen anderen Sparformen steht dagegen nur die jeweils angesparte Summe zur Verfügung. Der Versicherungsnehmer wird außerdem zu regelmäßigem Sparen angehalten.

Formen der Lebensversicherung

Man unterscheidet

a) nach dem Zeitpunkt der Auszahlung die Todesfall- und die Erlebensfallversicherung, ferner die Versicherung mit festem Auszahlungstermin,

b) nach der Auszahlungsweise die Kapital- und die Rentenversicherung,

c) nach der Art der Prämienzahlung die Lebensversicherung mit laufender Prämie und mit Einmalprämie,

d) nach der Zahl der Versicherten die Einzel- und die Gruppenversicherung, ferner die Versicherung auf verbundene Leben.

Diese Formen sind im Laufe der Zeit in mannigfacher Weise verbunden worden, sodass es heute möglich ist, die Wünsche und Verhältnisse jedes Versicherten individuell zu berücksichtigen. Im Folgenden sind die wichtigsten Ausgestaltungen aufgeführt.

a) Todesfallversicherung. Der Versicherer zahlt beim Ableben des Versicherten die vereinbarte Kapitalsumme aus. Dabei kann lebenslängliche oder abgekürzte Beitragszahlung vereinbart werden. Meist endet die Beitragszahlung mit dem 65. Lebensjahr. Weit verbreitet wurde diese Form von den Sterbekassen (Klein-Lebensversicherung).

b) Unfallzusatzversicherung. Bei Unfalltod wird neben der vereinbarten Versicherungssumme ein Unfallkapital in gleicher Höhe fällig. Man spricht deshalb auch von doppelter Auszahlung der Versicherungssumme. Die Kosten hierfür sind gering und deshalb ist diese Zusatzversicherung allgemein üblich.

c) Berufsunfähigkeitszusatzversicherung. Sie bietet bei Berufsunfähigkeit die Befreiung von weiterer Beitragszahlung für die eigentliche Lebensversicherung sowie – wenn vereinbart – auch eine besondere Rente für die Dauer der Berufsunfähigkeit.

d) Versicherung auf verbundene Leben. Ehegatten oder Teilhaber eines Unternehmens (z.B. OHG) lassen sich gemeinsam versichern. Die Versicherungssumme wird nur einmal fällig, und zwar beim Tode des zuerst Sterbenden. Der Überlebende kann die Erben des Verstorbenen auszahlen.

e) **Gruppenversicherung.** Aus einem fest umrissenen Personenkreis eines Unternehmens müssen mindestens 50% mit gleichen Summen versichert werden, wobei der Unternehmer mindestens 20% der Beiträge übernehmen muss. Die bei der Gruppenversicherung eintretende Arbeits- und Kostenersparnis ermöglicht dem Versicherer eine Ermäßigung der Prämien.

f) **Risikoversicherung** (befristete Todesfallversicherung). Sie kann für maximal 35 Jahre abgeschlossen werden. Stirbt der Versicherte nicht innerhalb dieser Zeit, so sind die Prämien verfallen. Da die Zahlung der Versicherungssumme also nicht in jedem Falle vorzunehmen ist, braucht der Versicherer kein Deckungskapital durch Sparprämien anzusammeln. Er erhebt lediglich eine Risikoprämie. Die Risikoversicherung dient zur Risikodeckung, z.B. während eines Auslandaufenthaltes, zur Deckung einer Bausparschuld oder zur preisgünstigen Hinterbliebenenvorsorge für die junge Familie.

g) **Erlebensfallversicherung.** Die Leistung wird fällig, wenn der Versicherte einen bestimmten Zeitpunkt erlebt, z.B. das 65. Lebensjahr vollendet. Ist sie mit der Todesfallversicherung verbunden, so heißt sie »gemischte« Lebensversicherung oder »Versicherung auf den Todes- und Erlebensfall«. Darin aufgenommen werden kann auch die Fälligkeit der Versicherungsleistung bei schwerer Erkrankung.

h) **Versicherung mit festem Auszahlungstermin.** Die Auszahlung der Versicherungssumme erfolgt, ohne Rücksicht auf den Tod des Versicherten, zu einem festen Zeitpunkt. Stirbt der Versicherte vorher, so endet die Prämienzahlung. Auf diese Weise kann Kapital bereitgestellt werden zur Ausbildung oder Selbstständigmachung von Kindern, selbst wenn der Versorger vorher stirbt.

i) **Heirats- oder Aussteuerversicherung.** Die Versicherungssumme wird bei der Heirat des Kindes, spätestens bei Vollendung seines 25. Lebensjahres fällig. Stirbt der Versorger, so endet die Prämienzahlung. Stirbt das Kind vor dem Fälligkeitstermin, so werden die bezahlten Prämien erstattet.

j) **Dynamische Lebensversicherung.** Sie will – ähnlich wie die gesetzliche Rentenversicherung – durch Dynamisierung der Versicherungsbeiträge und -leistungen eine laufende Anpassung an die Entwicklung des Einkommensniveaus erreichen. Die automatische Anpassung von Beitrags- und Leistungserhöhungen wird bei Vertragsabschluss fest vereinbart. Dabei ist wesentlich, dass sich der Versicherte bei Erhöhungen nicht jedesmal einer Gesundheitsprüfung unterziehen muss.

   Bei der besonderen Form der **Lebensversicherung mit automatischer Anpassung** erhöht sich der Beitrag im selben Verhältnis wie der Höchstbeitrag in der gesetzlichen Rentenversicherung.

15.3.4 Private Rentenversicherung

Private Altersvorsorge

Lebensversicherung als Rentenversicherung

Anstatt einer Kapitalsumme kann beim Eintritt des Versicherungsfalles eine **Rente** an den Versicherten oder seine Hinterbliebenen bezahlt werden. Stirbt der Rentenberechtigte vor Beginn der Rentenzahlung, so werden die Prämien rückerstattet. Beim Vertragsabschluss muss vereinbart werden, ob die Prämienzahlung laufend oder einmalig erfolgen und die Rente sofort oder später beginnen soll.

Beispiele:

1. Bei der Versicherung auf verbundene Leben kann eine lebenslängliche Rente für den Überlebenden vereinbart werden.
2. Ein Vater schließt zugunsten seines erwerbsgeminderten Kindes eine Rentenversicherung ab, sodass dem Kinde nach dem Tode des Vaters eine lebenslängliche Rente gezahlt wird. Stirbt das Kind vor dem Vater, so werden die Prämien erstattet.
3. Wenn jemand im vorgeschrittenen Alter über eine größere Summe verfügt, zahlt er diese als Einmalprämie ein. Er erhält dafür sofort bis an sein Lebensende eine feste, gleichbleibende Rente, eine sogenannte Leibrente.

Stellt der Versicherungsnehmer die Prämienzahlung ein, so bleiben ihm die angesammelten Sparbeiträge einschließlich Zinsen und Zinseszinsen (Deckungskapital, Prämienreserve) erhalten. Dieses Deckungskapital wird für einen neuen Versicherungsvertrag als Einmalprämie betrachtet; der Sparanteil an der Einmalprämie ergibt zusammen mit der Verzinsung bis zum Ablauf der Versicherung eine neue, allerdings geringere Versicherungssumme. Man spricht von einer **beitragsfreien** Versicherung.

Verlangt der Versicherungsnehmer vorzeitig die Rückzahlung, so muss er einen Abzug hinnehmen, weil er sich vorzeitig aus der Gefahrengemeinschaft zurückzieht. Den Rückzahlungsbetrag nennt man **Rückkaufwert.**

▶ »Riester-Rente«

Seit dem Jahr 2002 fördert der Staat Arbeitnehmer, die sich zusätzlich zur gesetzlichen Rente eine **private kapitalgedeckte Altersvorsorge** aufbauen. Die **Förderung** besteht aus einer Zulage (abhängig vom Familienstand und der Kinderzahl) bzw. einer Steuerersparnis. Um in den Genuss der staatlichen Förderung zu kommen, müssen bestimmte **Eigensparleistungen** erbracht werden.

Die Altersvorsorgeverträge werden staatlich gefördert, wenn sie sich einer Prüfung *(Zertifizierung)* unterziehen. Den Abschluss einer zertifizierten Anlageform können Arbeitnehmer auch über ihren Betrieb tätigen. Sie können dann ihre Eigensparleistung direkt durch Umwandlung von Lohn- oder Gehaltsanteilen einbringen.

Betriebliche Altersvorsorge (BAV)

Bei der **betrieblichen Altersversorgung** sichert der **Arbeitgeber** seinem Arbeitnehmer **Versorgungsleistungen** beim Erreichen der Altersgrenze, im Falle der Invalidität oder im Todesfalle zu.

!

BetrAVG § 1

Die betriebliche Altersversorgung kann in Form einer **direkten Zusage** des Arbeitgebers erfolgen. Dabei verpflichtet sich der Arbeitgeber, durch die Bildung von Pensionsrückstellungen seinen Mitarbeitern später direkt eine Rente zu zahlen. Alternativ dazu kann der Arbeitgeber die betriebliche Alterversorgung auch durch ein rechtlich selbstständiges Unternehmen durchführen lassen. Diese Unternehmen treten als **Unterstützungskasse, Pensionskasse, Pensionsfonds** oder **Direktversicherung** am Markt auf. Die Beiträge für die betriebliche Altersversorgung werden vom Arbeitgeber und/oder vom Arbeitnehmer getragen.

?

1. Untersuchen Sie anhand einer von Ihnen gewählten privaten und gesetzlichen Krankenversicherung, inwieweit sich die Beitragshöhe für die Versicherung von Familienangehörigen unterscheidet.
2. a) Erklären Sie, warum der Versicherungsschutz grundsätzlich erst nach dreimonatiger Wartezeit in Kraft tritt.

   b) Welche Ausnahmen gelten für die Wartezeitregelung?
3. Auszug aus einem Informationsschreiben einer privaten Krankenkasse:

   »...ersparte Leistungsausgaben stabilisieren die Beitragsentwicklung für alle Versicherten. Daher setzen wir auf die Beitragsrückerstattung (BRE): eine Maßnahme, von der alle Mitglieder profitieren.

   Die Wirkung ist umso stärker, je höher die BRE ausfällt. Das Ziel »Beitragsstabilität« wird schneller erreicht, je mehr Mitglieder daran teilnehmen.«

   a) Erklären Sie, welches Ziel diese private Krankenkasse mit der Beitragsrückerstattung erreichen möchte.

   b) Erkundigen Sie sich bei einer privaten Krankenkasse, unter welchen Voraussetzungen Beitragsrückerstattungen gewährt werden.
4. Zwei Arbeitskollegen unterhalten sich über die gesetzliche Unfallversicherung. Beide haben zusätzlich eine private Unfallversicherung abgeschlossen und überlegen sich, welche Vorteile sie durch diese Zusatzversicherung haben. Erörtern Sie, warum Versicherungsunternehmen private Unfallversicherungen anbieten.
5. Beschreiben Sie, welche Motive zum Abschluss einer Lebensversicherung führen können.
6. Der Gesetzgeber sieht vor, dass die Prämien einer Lebensversicherung steuerlich begünstigt werden. Nehmen Sie Stellung zu dieser Maßnahme.
7. Herr Klein hat 1992 eine dynamische Lebensversicherung über eine Versicherungssumme von 50.000 EUR abgeschlossen, die ihm nach 27 Jahren ausgezahlt werden soll. Herr Klein überlegt heute, ob er seine Lebensversicherung kündigen soll, da er zurzeit einen finanziellen Engpass hat.

Er findet auf der Rückseite des Versicherungsvertrages folgende Tabelle:

Im Jahre	Beitragsfreie Versicherungssumme in DM (ab 2002 in EUR)	Rückkaufswert in DM (ab 2002 in EUR)
1993	–	221
1994	2.900	1.243
1995	4.077	1.804
1996	9.430	4.306
1997	14.618	6.890
...	...	...
2008	31.821	21.266
2009	33.649	23.217
2010	35.412	25.227
2011	37.140	27.323

a) Erklären Sie die oben aufgeführte Tabelle.

b) Erläutern Sie den Begriff »dynamische Lebensversicherung«.

15.4 Sachversicherung

Die **Sachversicherung** deckt Schäden, die der Versicherungsnehmer *durch die Beschädigung oder den Verlust einer Sache* erleiden kann. Während der Versicherer bei Personenversicherungen im Versicherungsfall in der Regel einen vereinbarten Betrag zu zahlen hat, richtet sich die Leistung bei der Sachversicherung nach dem tatsächlich entstandenen Schaden.

15.4.1 Feuerversicherung

Feuer im Herd und Ofen ist ein Nutzfeuer. Es wird zum **Schadensfeuer,** zu einem **Brand,** wenn es seinen bestimmungsgemäßen Herd verlässt und sich aus eigener Kraft ausbreitet, oder wenn es ohne bestimmungsgemäßen Herd entstanden ist (Blitz, Kurzschluss, Selbstentzündung). **Versengen,** bei dem zuvor keine Flamme sichtbar war, ist kein Brand.

Umfang der Versicherung

a) Gefahren und Schäden.

Unmittelbare Einwirkungen durch Brand und Blitzschlag, durch Explosionen, durch Anprall und Absturz von bemannten Flugkörpern, ihrer Teile oder ihrer Ladung (Trümmerschäden).

Unmittelbare Folgen: Dazu gehören Rettungskosten und Schäden durch Löschen, Niederreißen, Ausräumen, Regen, Rauch, Ruß, Versengen, Abhandenkommen.

Mittelbare Folgen: z.B. Kosten für Aufräumen und Mietverluste.

Nicht versicherbar sind Schäden an Liebhaberwerten, Schäden durch eigenen Vorsatz oder grobe Fahrlässigkeit, durch innere Unruhen und Krieg, ferner Sengschäden, die nicht durch Brand entstanden sind.

Versicherbar durch besonderen Prämienzuschlag sind Bargeld, Wertpapiere und Kunstwerte, Schäden an Sachen, die einem Nutzfeuer oder der Wärme zur Bearbeitung ausgesetzt werden, z.B. Räuchern, Rösten, Braten, Trocknen und Plätten.

b) Örtliche Reichweite.

Bewegliche Sachen sind nur in den Räumen versichert, die in der Versicherungsurkunde bezeichnet sind (Versicherungsort).

Ausnahme: Hausrat ist auch versichert während eines Umzugs im Inland oder wenn er sich vorübergehend außerhalb des Versicherungsortes, aber innerhalb Europas befindet, z.B. bei einem Hotelaufenthalt. Eine Entschädigung erfolgt bis zu 10% der Versicherungssumme (Außenversicherung).

c) **Versicherungswert und Versicherungssumme.**

Der *Versicherungswert* ist der Wert einer Sache beim Eintritt des Schadensereignisses. Man nennt ihn den *Ersatzwert.* Er braucht nicht der Entschädigungswert zu sein. Die *Versicherungssumme* ist die im Vertrag festgelegte Höchstentschädigungssumme (Seite 498).

Prämienbemessung

Die Höhe der Prämie richtet sich nach der Größe des Wagnisses. Dieses hängt ab von der Lage des Gebäudes, in dem sich die zu versichernden Gegenstände befinden, seiner Bauart, seiner Bedachung, seiner Verwendung, von der Heizung und Beleuchtung und von dem Vorhandensein von feuergefährlichen Stoffen. Schließlich ist der Stand der Feuerlöscheinrichtungen der Gemeinde oder des Betriebes von Bedeutung.

Gebäudebrandversicherung

Die Versicherung eines Gebäudes gegen Brand ist eine wichtige Voraussetzung für seine *dingliche Beleihbarkeit* (Hypothek, Grundschuld. Abschnitt 14.4.3) und oft auch für die Möglichkeit des *Wiederaufbaus.*

Die Gebäude werden nach dem Grad ihrer Feuergefährlichkeit in Gefahrenklassen (Bauartklassen) eingeteilt. Der Gesamtschaden wird jährlich auf die versicherten Gebäude umgelegt (Brandschadenumlage). Wertändernde Umbauten sind der Versicherung zu melden.

Die Gebäudefeuerversicherung wird sowohl von privaten als auch öffentlich-rechtlichen Versicherern angeboten. Einige Gebäudefeuerversicherer bieten zusätzlich eine **Elementarschadensversicherung** an, welche vorher nicht absehbare Schäden an Gebäuden durch Elementarereignisse wie Sturm, Hagel, Hochwasser, Überschwemmung, Erdrutsch, Bergsturz und Erdbeben ersetzt.

15.4.2 Leitungswasserversicherung

Der *bestimmungswidrige* und *unerwartete Austritt* von Leitungswasser verursacht meist erhebliche Schäden am Haus, seiner Einrichtung und den gelagerten Vorräten. Auch anschließende Nachbargebäude können Schaden leiden. Besonders gefährdet sind Hotelbetriebe und Unternehmen, die viel mit Wasser arbeiten.

Die häufigsten **Ursachen** für Schäden sind Fahrlässigkeit, technische Mängel, Zersetzen der Rohre durch Kalk und Zement, Rohrbruch, Überdruck und Frost.

Versicherbare Gegenstände

a) **Wohn- und gemischt genutzte Gebäude.** Leitungswasserschäden sind hier gedeckt nach den VGB im Rahmen der Gleitenden Neuwertversicherung.

Bei dieser Art der Gebäudeversicherung gilt als Versicherungswert der ortsübliche Neubauwert am Schadenstage. Der Versicherungsschutz ist an die Baukostenschwankungen angepasst.

b) **Alle anderen Gebäude (Geschäftsgebäude), ihre Einrichtung und gelagerte Waren.** Deckung gegen Leitungswasserschäden erfolgt hier nach den AWB.

c) **Hausrat.** Er ist versichert nach den VHB (Abschnitt 15.4.5).

Versicherte Schäden der Gebäudeversicherung

a) Innerhalb des versicherten Gebäudes:

Schäden durch Rohrbruch oder Frost an den Zu- und Ableitungsrohren der Wasserversorgung und der Heizungsanlage, den Einrichtungen der Wasserversorgung und den Anlagen der Warmwasser- bzw. Dampfheizung.

b) Außerhalb des versicherten Gebäudes:

Schäden durch Rohrbruch oder Frost an den auf dem Versicherungsgrundstück befindlichen Zuleitungsrohren zur Warmwasserversorgung und Heizungsanlage.

Nicht versichert sind Schäden

- durch Regen-, Grund-, Hoch- und Rückstauwasser,
- durch Vorsatz oder grobe Fahrlässigkeit,
- durch Krieg, Erdbeben, Erdsenkungen oder innere Unruhen,
- an geschlossenen Wasserbehältern, Heizkesseln, Warmwasserversorgungsanlagen, Wassermessern und Wasserhähnen, die **nicht durch Frost** verursacht werden,
- durch Plansch- oder Reinigungswasser.

15.4.3 Versicherung gegen Einbruchdiebstahl, Raub und Vandalismus

Versicherte Risiken

Einbruchdiebstahl liegt vor, wenn ein Dieb in ein Gebäude einbricht, einsteigt, einschleicht oder mittels falscher Schlüssel eindringt und Gegenstände entwendet. Mitversichert sind auch Beschädigungen an Möbeln und sonstigen Gegenständen.

Ausgeschlossen sind Schäden, die von Haushaltmitgliedern, Untermietern oder von Angestellten während der Arbeitszeit verursacht werden; ferner solche Schäden, die im Anschluss an Kriegsereignisse, Erdbeben, Brände, Explosionen entstehen. Auch Schäden, die der Versicherungsnehmer grob fahrlässig verschuldet, werden nicht ersetzt.

Raub liegt vor, wenn einer Person unter Androhung oder Anwendung von Gewalt gegen Leib und Leben oder unter Ausnutzung eines nicht widerstandsfähigen körperlichen Zustandes Sachen weggenommen werden.

Vandalismus im Sinne der Versicherung ist dann gegeben, wenn der Täter nach dem Einbrechen, Einsteigen oder Eindringen mittels richtiger Schlüssel versicherte Sachen vorsätzlich zerstört oder beschädigt.

Versicherungswert

a) Die Vollwertversicherung erstreckt sich auf sämtliche versicherbaren Gegenstände. Bei Hausrat wird sie grundsätzlich vorgenommen.

b) Bruchteilversicherung ist bei den Geschäftsversicherungen möglich, und zwar bei einem Warenwert von mehr als **500.000 EUR.** Es ist nämlich unwahrscheinlich, dass alle Waren gestohlen werden. Der Versicherungsnehmer kann deshalb angeben, welcher Schaden an den Waren im Höchstfalle entstehen kann. In den Tarifen sind Bruchteile von 25%, 20%, 15% und 5% vorgesehen. Auf die normalen Prämien werden dann Rabatte von 10% bis 20% gewährt.

Ver sicherungs- summe	Bruchteil	Warenwert	Schaden	Schadens- quote	Entschä- digung
500.000	20%	500.000	75.000	15%	75.000
500.000	20%	600.000	75.000	12%	62.500
500.000	20%	500.000	150.000	30%	100.000
500.000	20%	600.000	150.000	25%	100.000

c) **Die Versicherung »auf erstes Risiko«** kommt vor allem für Bargeld und Gebäudebeschädigungen bei Kreditinstituten und anderen Kassen vor (Seite 498).

Die oft mit der Einbruchdiebstahlversicherung kombinierte **Beraubungsversicherung** deckt Schäden durch Beraubung oder räuberische Erpressung an Bargeld, Wertpapieren, Waren und Einrichtungsgegenständen. Die *Geschäftsberaubungs*versicherung gilt örtlich nur für den Geschäftsbereich, durch eine *Transportberaubungs*versicherung sind auch die Geschäftsboten auf Wegen innerhalb Deutschlands versichert.

15.4.4 Transportversicherung

Die **Transportversicherung** deckt Schäden, die *an Waren während des Transports und des Umladens* entstehen.

Den Frachtführern bietet diese Versicherung die Möglichkeit, ihre Haftung für Schäden an übernommenen Gütern abzudecken (Güterschaden-Versicherung).

Vertragsarten

a) **Die Einzelpolice** wird zur Deckung eines einzelnen Risikos verwendet, z.B. Versicherung von Umzugsgut.

b) **Die laufende Police** wird verwendet, wenn *laufend* gleichartige Sendungen versichert werden sollen. Der Versicherungsnehmer stellt nur **einen** Antrag und versichert **sämtliche** Sendungen. Dadurch kann das Verfahren der Anmeldung und der Abrechnung vereinfacht werden. Zwei Formen haben sich herausgebildet:

1. **Die Umsatz-Police.** Sie wird benutzt, wenn innerhalb eines gleichbleibenden Gebietes gleiche Waren mit gleichen Transportmitteln verschickt werden, z.B. Lederhandschuhe in Postpaketen innerhalb Deutschlands. Die **Prämie** wird mithilfe eines Durchschnittsprämiensatzes von der voraussichtlichen Jahresumsatzsumme (Transportwertsumme) berechnet und **im Voraus bezahlt.** Am Jahresende erfolgt eine Prämienendabrechnung anhand des tatsächlichen Umsatzes.

2. **Die General-Police.** Sie wird verwendet, wenn verschiedenartige Risiken gedeckt werden müssen. Der Versand erfolgt z.B. mit verschiedenen Transportmitteln (zu Land, Wasser, Luft); die Entfernungen weichen stark voneinander ab (London, New York, Tokio); verschiedenartige Waren werden verschickt (Rohstoffe und Maschinen). Der Versicherungsnehmer meldet in solchen Fällen monatlich den Wert der einzelnen Risikogruppen, errechnet mit verschiedenen Tarifsätzen die **Prämien** und bezahlt sie **nachträglich.**

c) **Die Einheitsversicherung** deckt verschiedene Risiken (Transport, Feuer, Einbruchdiebstahl) und erstreckt sich vom Ort des Rohstofflieferers bis zum Ort des Abnehmers der Fertigware und gilt während der ganzen Fertigungs- und Lagerzeit. Mit einem Vertrag wird hier ein lückenloser Versicherungsschutz, und zwar »auf erstes Risiko«, erzielt.

Schadensfeststellung

Für den Versicherer ist die Feststellung und Abschätzung eines Schadens von ganz besonderer Bedeutung. Dies besorgen in den bedeutenderen Orten unparteiische, erfahrene und zuverlässige Gewährsleute, Havarie-Kommissare. Häufig sind sie von den Handelskammern vereidigt. Die Anschriften der Havarie-Kommissare sind in Listen zusammengestellt, die den Policen angeheftet sind.

15.4.5 Sonstige Sachversicherungen

Die **Hausratversicherung** ersetzt als kombinierte Versicherung Schäden, die *am Hausrat* durch Feuer, Einbruchdiebstahl, Vandalismus nach einem Einbruch, Beraubung, Leitungswasser, Sturm und Hagel entstehen. Zum Hausrat gehören sämtliche Gegenstände der Wohnungseinrichtung. Gesondert zu versichern sind größere Bargeldsummen, wertvolle Sammlungen, kostbarer Schmuck u.Ä.

Für die Hausratversicherung gelten die »Allgemeinen Bedingungen für die Neuwertversicherung des Hausrats (VHB)«. Sie kann auch mit einer Haftpflichtversicherung (Abschnitt 15.5.1) verbunden werden. Um künftige Ergänzungen und Wertsteigerungen des Hausrats zu versichern, wird die Hausratversicherung mit einer Versicherungssumme abgeschlossen, die den gegenwärtigen Wert der *versicherten Gegenstände übersteigt (Vorsorgeversicherung).*

Die **Glasversicherung** ersetzt Schäden an Fensterscheiben, Schaufenstern, Glastüren, Schaukästen, Firmenschildern, Leuchtröhren, Glasdächern. Der Ersatz besteht in der Regel nicht in Geld, sondern in der Lieferung neuen Glases.

Die **Sturmschadenversicherung** ersetzt Sturmschäden an Gebäuden und deren Inhalt.

Die **Hagelversicherung** ersetzt Hagelschäden an Feld- und Gartenerzeugnissen (Getreide, Hülsenfrüchte, Tabak, Wein).

Die **Tierversicherung** ersetzt Schäden, die durch Tod, Notschlachtung, Dienstunbrauchbarkeit von Tieren infolge von Unfällen, Seuchen oder Krankheit entstehen.

Die **Speditionsversicherung** deckt Schäden, welche *an der Ware entstehen,* in der Zeit von der Übernahme zur Versendung bis zur Übergabe an das Transportunternehmen.

Beispiel: Bei der Zusammenstellung einer Lkw-Ladung rutscht eine Palette mit Kindernahrung in Gläsern von der Gabel des Staplers und wird erheblich beschädigt.

Außerdem sind Schäden versichert, die durch *Pflichtverletzung des Spediteurs* bei der Versendung entstehen.

Beispiele:

1. Eine Sendung wird falsch deklariert und nach Indonesien statt in die USA auf den Weg gebracht. Es entsteht ein erheblicher Verspätungsschaden, weil die Sendung zurückgeholt werden muss.
2. Der Spediteur versäumt es, dem Kunden eine Transportversicherung anzubieten.

?

1. Beim Löschen einer brennenden Fabrikhalle dringt Löschwasser durch den Kamin des auf dem Fabrikgelände befindlichen Wohnhauses des Fabrikinhabers und führt dort zu Schäden am Fußbodenparkett und am Verputz der Wände.

   Außerdem wird durch den Brand eine elektrische Leitung zerstört. In dem neben der brennenden Halle gebauten Kühlhaus der Fabrik fällt die Stromzufuhr für die Kühlaggregate aus. Der Inhalt der Kühlhauszellen verdirbt.

   Durch Funkenflug gerät auch das Dach eines auf einem Nachbargrundstück befindlichen Gasthauses in Brand. Es gelingt jedoch der Feuerwehr, mit Schaumlöschern diesen Brand schnell zu ersticken.

   Erklären Sie, welche Schäden die Feuerversicherung im Einzelnen ersetzen muss.
2. Manche Versicherer übernehmen neben dem Gebäudebrandrisiko auch noch die Deckung von Elementarschäden. Was ist darunter zu verstehen?

3. Aus einem Heizkörper, der
   a) durch Rost,
   b) durch Frost

   undicht geworden ist, fließt Wasser und beschädigt den Parkettfußboden.

   Erläutern Sie, welche Schäden in beiden Fällen jeweils ersatzpflichtig sind.
4. Entscheiden Sie, wie der Versicherer in folgenden Fällen entschädigt:
   a) Beim Fensterputzen fällt ein Eimer mit Waschwasser um. Die neue Tapete und der Teppichboden sind verschmutzt bzw. verfärbt.
   b) Während eines Dauerregens dringt Regenwasser in die zur Warenlagerung benutzten Kellerräume ein, weil das Fassungsvermögen des Abflussschachtes nicht ausreicht. Ein Teil der gelagerten Waren verdirbt dadurch.
   c) Beim Installieren eines Kupferrohres ist eine Verbindungsstelle nicht richtig verschweißt worden. Es entsteht ein Wasserschaden in der Wand des Hauses.
5. Erläutern Sie, wann in den folgenden Fällen ein Einbruchdiebstahl vorliegt:
   a) Ein Dieb steigt nachts durch ein offen stehendes Fenster ein und stiehlt einen wertvollen Teppich.
   b) Ein Einbrecher zerschlägt die Scheibe eines geschlossenen Fensters, steigt ein und stiehlt zwei wertvolle Vasen. Beim Zerschlagen des Fensters wird die Platte eines antiken Mahagonitisches durch Glassplitter beschädigt.
   c) Nach einem Großbrand im Warenmagazin dringen Plünderer ein und stehlen größere Warenmengen.
6. Bei Bargeld wird die Einbruchdiebstahlversicherung »auf erstes Risiko« abgeschlossen. Erläutern Sie die Gründe dafür.
7. Ein Hersteller von Windschutzscheiben ist Zulieferer von verschiedenen Automobilproduzenten. Der Hersteller möchte von Ihnen wissen, ob es sich für ihn lohnt, eine Transportversicherung abzuschließen. Beraten Sie ihn hinsichtlich des Abschlusses einer Transportversicherung als
   - Einzelpolice,
   - Umsatz-Police,
   - General-Police.
8. Erkundigen Sie sich bei verschiedenen Versicherungsunternehmen, welche unterschiedlichen Sachversicherungen diese anbieten.

15.5 Vermögensversicherung

Vermögensversicherungen zielen darauf ab, *das Vermögen einer Person zu erhalten.* So soll z.B. ein Haftpflichtiger durch Schadensersatzleistungen oder ein Unternehmer durch uneinbringlich werdende Forderungen keinen Vermögensverlust erleiden.

15.5.1 Haftpflichtversicherung

Haftpflicht ist die *Verpflichtung zum Schadensersatz.* Sie ist grundlegend im BGB festgesetzt:

Wer vorsätzlich oder fahrlässig das Leben, den Körper, die Gesundheit, die Freiheit, das Eigentum oder ein sonstiges Recht eines anderen widerrechtlich verletzt, ist dem anderen zum Ersatz des daraus entstehenden Schadens verpflichtet. BGB § 823 (1)

In vielen anderen Gesetzen ist jeweils eine besondere Haftpflicht festgelegt.

Aufgaben

a) Übernahme des Rechtsschutzes zur Abwehr von unberechtigten Schadensersatzansprüchen.

b) Schutz vor Vermögensverlusten durch Zahlung des Schadensersatzes bis zur Höhe der Deckungssumme.

Unter der *Deckungssumme* versteht man die im Versicherungsvertrag festgelegte Versicherungssumme. Ist die Schadenssumme größer als die Deckungssumme, so muss der Versicherte für den übersteigenden Betrag selbst aufkommen.

Versicherungsarten

Eine Haftpflichtversicherung, die alle Haftpflichtfälle in **einer** Police deckt, gibt es nicht. Aufgrund der Schadensstatistik wurden für bestimmte Berufe, Tätigkeiten und Gefahren besondere Policen mit verschieden hohen Prämiensätzen gebildet.

a) Die Privat- und Sporthaftpflichtversicherung deckt Schäden des täglichen Lebens bei Haftung als Privatperson, als Familien- und Haushaltungsvorstand, als Dienstgeber von Haushaltungspersonal, als Eigentümer eines Eigenheims, als Mieter, Vermieter von möblierten Zimmern und als Sportausübender.

b) Die Berufshaftpflichtversicherung bietet Policen an für land- und forstwirtschaftliche Betriebe, gewerbliche Betriebe, Verkehrs- und Vergnügungsbetriebe, für Personen in der Gesundheitspflege, für Vereine und Gemeinden usw.

c) Die Haus- und Grundbesitzerhaftpflichtversicherung tritt bei Schäden ein, die Menschen oder fremden Sachen durch Einsturz von Gebäuden oder Ablösen von Teilen zugefügt werden, für Schäden aus ungenügender Beleuchtung des Treppenhauses oder für Unfälle wegen des Verstoßes gegen die Streupflicht.

d) Die Tierhalterhaftpflichtversicherung deckt Schäden, die durch Haustiere verursacht werden.

e) Die Kraftfahrt-Haftpflichtversicherung (Abschnitt 15.6.1).

WHG § 22

f) Die Gewässerschäden-Haftpflichtversicherung deckt Schäden durch Verunreinigung von Gewässern (Heizöl).

g) Die Produkthaftpflichtversicherung deckt die verschuldensunabhängige Haftung des Herstellers bei Sicherheitsmängeln der von ihm hergestellten Produkte.

h) Die Betriebshaftpflichtversicherung umfasst die persönliche Haftpflicht sämtlicher Mitarbeiter im Unternehmen aus ihrer betrieblichen Tätigkeit. Sie umfasst auch Schadensersatzansprüche der Mitarbeiter gegen den Unternehmer (Beschädigung von Kleidungsstücken, Pkw).

15.5.2 Kreditversicherung

Ein Kaufmann, der Waren auf Ziel verkauft, läuft Gefahr, dass er durch Zahlungsunfähigkeit seines Schuldners (wirtschaftliches Risiko) oder bei Auslandsgeschäften auch durch politische Ereignisse (politisches Risiko) Verluste erleidet. Durch eine private Ausfuhr-Kreditversicherung kann das *wirtschaftliche* Risiko abgedeckt werden. Das *politische* Risiko einer Auslandslieferung wird zusammen mit dem wirtschaftlichen auf Antrag durch die Bundesrepublik Deutschland übernommen.

In jedem Falle hat der Lieferant aber einen Teil des Verlustes selbst zu tragen **(Selbstbeteiligung).** Dadurch soll der Lieferant gezwungen werden, die Kreditwürdigkeit seines Kunden sorgfältig zu prüfen.

Arten

a) Die Waren-Kreditversicherung, auch Delkredereversicherung genannt, übernimmt Verluste, die durch Zahlungsunfähigkeit eines *inländischen* oder *westeuropäischen Kunden* entstehen. Die Selbstbeteiligung beträgt in der Regel 30%. Nur der Gerling-

Konzern, die Hermes-Kreditversicherungs-AG und die Allgemeine Kreditversicherungs-AG, Mainz, betreiben diese Sparte.

Der Versicherungsnehmer meldet seine sämtlichen Kunden dem Versicherer. Dieser streicht diejenigen, welche ihm für eine Kreditversicherung ungeeignet erscheinen. Außerdem setzt er für jeden eine Höchstversicherungssumme fest.

b) Die Ausfuhrkredit-Versicherung oder private Versicherer decken Schäden, die einem Exporteur durch Ausfälle bei *ausländischen* Forderungen erwachsen. Politische Risiken sind jedoch ausgeschlossen. Das wirtschaftliche Risiko besteht **vor** der Versendung in einem **Produktionsrisiko,** weil noch vor Fertigstellung der Ware der Kunde zahlungsunfähig werden und der Verkauf im Inland nicht mehr oder nur zu geringerem Preis möglich sein könnte. **Nach** der Versendung spricht man vom eigentlichen **Ausfuhrrisiko.** Die Selbstbeteiligung des Exporteurs am Forderungsausfall richtet sich nach der Kreditwürdigkeit des Kunden und der wirtschaftlichen Lage im Schuldnerland und beträgt 10% bis 15%.

c) Die Ausfuhr-Vorfinanzierungs-Versicherung wird vom Exporteur abgeschlossen und deckt Ausfälle, die seinem **Kreditinstitut** bei der Finanzierung von Ausfuhrgeschäften dadurch entstehen können, dass er selbst zahlungsunfähig wird. Mit dem Abschluss einer Export-Vorfinanzierungs-Versicherung beschafft sich der Exporteur ein Sicherungsmittel, das er seiner Bank anbieten kann.

15.5.3 Sonstige Vermögensversicherungen

Die **Betriebsunterbrechungsversicherung** soll gegen Vermögensschäden schützen, die durch eine Minderung des Betriebsergebnisses infolge Betriebsunterbrechung durch Brand oder Maschinenschaden entstehen. Versichert werden der Gewinnausfall und laufende Kosten (Mieten, Zinsen, in gewissem Umfang auch Personalkosten).

Die **Rechtsschutzversicherung** hilft, um eigene Rechtsansprüche durchzusetzen und fremde Ansprüche auf Schadensersatz abzuwehren. Gegebenenfalls ersetzt sie die Gerichtskosten, Rechtsanwaltshonorare, Zeugengeld und Sachverständigengebühren sowie die Kosten des Prozessgegners. Es gibt je nach der Art des prozessualen Risikos verschiedene Rechtsschutzversicherungen, z.B. Firmen-, Fahrzeug-, Grundstückseigentums und Miet-, Familien-, Arbeitsgerichts- und Sozialgerichtsrechtsschutz.

Die **Kautionsversicherung** gibt Unternehmen die Möglichkeit, Sicherheit zu leisten für gestundete Frachten, Zölle, Steuern und für Garantieverpflichtungen.

?

1. Folgende Schadensmeldungen liegen Ihnen vor:
   a) Herr Wilhelm verunglückt und muss zur Behandlung in ein Krankenhaus. Dem von Herrn Wilhelm ausgefüllten Unfallfragebogen entnehmen Sie:
      Unfallort: Stuttgart, Hessenstraße 44
      Unfallhergang: Ich hatte gerade das Mehrfamilienhaus meiner Freundin verlassen, da rutschte ich auf der verschneiten Treppe aus.
   b) Frau Adler ist bei Bekannten zu Besuch. Beim Abdecken des Tisches fällt ihr ein teurer Teller aus der Hand und zerbricht. Frau Adler meldet den Schaden ihrer Versicherung. Dem von Frau Adler ausgefüllten Fragebogen entnehmen Sie:
      Unfallort: Wiesbaden, Rötestraße 34
      Unfallhergang: Beim Abdecken fiel mir aus Unachtsamkeit ein teurer Teller aus der Hand und zerbrach.

   Beurteilen und begründen Sie, welche Versicherung für den jeweiligen Schaden aufkommt.
2. Die Bundesrepublik Deutschland ist ein exportorientiertes Land, d.h., ein Teil der produzierten Waren wird in das Ausland verkauft. Exporte bringen für die beteiligten Unternehmen nicht nur Vorteile, sondern auch Risiken mit sich.
   a) Erklären Sie, welche Risiken bei Auslandsgeschäften für Unternehmen bestehen.
   b) Diskutieren Sie, ob Exporte in politisch unsichere Länder durch die Regierung der Bundesrepublik Deutschland untersagt werden sollten.
   c) Erläutern Sie, warum bei Kreditversicherungen grundsätzlich eine Selbstbeteiligung des Versicherungsnehmers vereinbart wird.

15.6 Kraftfahrtversicherung

Die **Kraftfahrtversicherung** umfasst

- den Haftpflichtschutz (Personenversicherung),
- den Fahrzeugschadenersatz } (Sachversicherung),
- die Reisegepäckversicherung }
- den Insassenunfallschutz (Vermögensversicherung).

15.6.1 Kraftfahrt-Haftpflichtversicherung

Ein Kraftfahrzeug im Sinne des Gesetzes ist ein Landfahrzeug, das durch Maschinenkraft bewegt wird, ohne an Bahngleise gebunden zu sein. Für alle Schäden, die »bei dem Betrieb« eines Kfz entstehen, haftet der **Halter** *(Gefährdungshaftung).*

Versicherungspflicht

Zum Schutz der Verkehrsopfer verlangt der Gesetzgeber in Deutschland den Abschluss einer Haftpflichtversicherung. Die Versicherung kann bei jedem Versicherer in der Europäischen Union (EU) abgeschlossen werden.

In Staaten der EU, die eine Pflichtversicherung verlangen, müssen den dortigen Aufsichtsbehörden, in Deutschland dem Bundesamt für das Versicherungswesen, die Versicherungsbedingungen zur Überprüfung des Versicherungsumfangs eingereicht werden.

PflVG § 5 Der Versicherer ist i. d. R. gezwungen, Versicherungsschutz gegen Haftpflicht zu gewähren. Im Falle der Annahme wird die Police ausgestellt. Diese wird erst ausgehändigt, wenn die erste Prämie bezahlt ist.

StVZO § 29c Erlischt der Versicherungsschutz, weil z.B. der Halter seine Prämie nicht bezahlt hat, so hat der Versicherer dies durch eine **Anzeige** der Zulassungsstelle zu melden. Diese erteilt dem Halter einen **Bescheid,** dass das Kfz aus dem Verkehr genommen werden muss. Die Polizei zieht das amtliche Kennzeichen ein.

Beim Verkauf des Kfz geht der Versicherungsvertrag auf den neuen Halter über. Dieser kann aber innerhalb von vier Wochen mit sofortiger Wirkung oder zum Ablauf der vereinbarten Versicherungsdauer kündigen.

Umfang des Versicherungsschutzes

Die Versicherung deckt alle Haftpflichtansprüche, die wegen Personen-, Sach-, oder Vermögensschadens (Verdienstausfall) gegen den Halter oder den Lenker geltend gemacht werden. Ersetzt werden auch die Schäden mitfahrender Dritter. Die Versicherung haftet mit dem ersatzpflichtigen Versicherungsnehmer gesamtschuldnerisch, sodass der Geschädigte seine Ansprüche bei beiden geltend machen kann.

Kein Versicherungsschutz besteht

a) außerhalb Europas (soweit keine Erweiterung dieses Geltungsbereichs vereinbart ist, z.B. für die Türkei);
b) für Schäden bei Autorennen oder beim Training dazu;
c) für Schäden, die durch Aufruhr, innere Unruhen, Kriegsereignisse, Verfügungen von hoher Hand oder Erdbeben verursacht werden;
d) für vorsätzlich verursachte Schäden.

Die Deckungssumme ist gesetzlich auf mindestens 2,5 Mio. EUR bzw. bei drei und mehr Verletzten auf 7,5 Mio. EUR für Personenschäden, 0,5 Mio. EUR bei Sachschäden und 50.000 EUR für Vermögensschäden festgesetzt.

Es können über die gesetzlichen Deckungssummen hinaus sogenannte »**Standarddeckungen**« vereinbart werden. Man unterscheidet

- die unbegrenzte Deckung: Personenschäden sind bis 7,5 Mio. EUR je Person, Sach- und Vermögensschäden ohne Begrenzung gedeckt;
- die 1-Mio.-Pauschale: Der Versicherer übernimmt alle Schäden pauschal bis zu 1 Mio. EUR.

Die Prämienerhöhungen für diese Standarddeckungen sind nur gering.

Prämie

Die Prämientarife sind nach den unterschiedlichen Schadenshäufigkeiten in verschiedenen Regionen Deutschlands nach *Tarifgruppen* und dort nach dem Schadensbedarf in den jeweils letzten 5 Jahren nach *Regionalklassen* gestaffelt.

Bei unfallfreiem Fahren wird ein Schadensfreiheitsrabatt gewährt, der nach der Zahl der unfallfreien Jahre gestaffelt ist (**Schadensfreiheitsklassen** bis 30% des Beitragssatzes). Bei verschuldeten Unfällen werden je nach Zahl der Unfälle bereits erlangte Schadensfreiheitsrabatte gestrichen und gegebenenfalls Prämienzuschläge in besonderen **Schadensklassen** (bis 275% des Beitragssatzes) erhoben. Auch Fahranfänger haben einen Prämienzuschlag (meist zwischen 140% und 230% des Beitragssatzes) zu entrichten. Schadensfreiheitsrabatte werden auch auf die Vollkaskoversicherung gewährt.

Sonderfälle

Kann ein Geschädigter sich an keinen Versicherer wenden, weil

a) das schädigende Fahrzeug nicht ermittelt werden kann (Fahrerflucht) oder

b) eine vorgeschriebene Haftpflichtversicherung nicht besteht,

c) der Versicherte den Schaden vorsätzlich und widerrechtlich herbeigeführt hat,

so kann er seine Ansprüche bei der **Verkehrsopferhilfe e.V., Hamburg,** einem Entschädigungsfonds der Kraftverkehrs-Haftpflichtversicherer, geltend machen.

15.6.2 Kraftfahrt-Fahrzeugversicherung

Bei der **Kraftfahrt-Fahrzeugversicherung** oder **Kasko-Versicherung** ist der versicherte Gegenstand das Kraftfahrzeug selbst.

Vertragsarten

Man unterscheidet

a) Teilkaskoversicherung. Sie deckt Schäden durch Brand oder Explosion, Kurzschluss an der Verkabelung, Entwendung, unbefugten Gebrauch, Raub und Unterschlagung, plötzliche Witterungseinflüsse (Sturm, Hagel, Blitzschlag, Überschwemmung), Zusammenstoß mit Haarwild, Bruchschäden an der Verglasung.

1. Teilkasko *ohne* Selbstbeteiligung. Der Versicherer zahlt die genannten Schäden in voller Höhe.
2. Teilkasko *mit* Selbstbeteiligung. Der Versicherer ersetzt nur, wenn der einzelne Schaden eine Selbstbeteiligung übersteigt, z.B. 150 EUR. Die Prämie wird dadurch niedriger.

b) Vollkaskoversicherung. Sie deckt über die in der Teilkaskoversicherung genannten Positionen hinaus Schäden durch Unfall sowie mut- oder böswillige Handlungen betriebsfremder Personen.

1. Vollkasko *ohne* Selbstbeteiligung. Der Versicherer zahlt die Schäden in voller Höhe.
2. Vollkasko *mit* Selbstbeteiligung. Der Versicherungsnehmer zahlt Schäden bis zu einer vereinbarten Höhe selbst, z.B. 150 EUR, 325 EUR, 500 EUR und 1.000 EUR, für Omnibusse und Lkw 2.500 EUR. Der Versicherer erstattet nur Schäden, die den Selbstbeteiligungsbetrag übersteigen. Sie dient zur Ausschaltung der kleinen Schäden vom Versicherungsschutz. Die Prämie wird dadurch niedriger.

Umfang des Versicherungsschutzes

Versicherbare Gegenstände *neben dem Kfz* sind *Zubehör und Ersatzteile.* Sie sind mitversichert, gegen Diebstahl jedoch nur, wenn sie durch Kette oder Schloss gesichert oder durch Schrauben am Fahrzeug befestigt sind oder sich im verschlossenen Einstellraum befinden.

Versichertes Gebiet. Die Versicherung gilt grundsätzlich nur in Europa.

Versicherter Wert ist der *Wiederbeschaffungswert.* Ihn gewährt der Versicherer bei Zerstörung oder Verlust des Fahrzeugs. Er entspricht dem Kaufpreis, den der Versicherungsnehmer aufwenden muss, um ein gleichwertiges gebrauchtes Fahrzeug zu erwerben. Eine Versicherungssumme wird in der Kraftfahrt-Fahrzeugversicherung nicht vereinbart.

Prämie

Sie richtet sich nach der Reparaturfreundlichkeit der Modelle. Für Voll- und Teilkaskoversicherung gibt es dabei 25 bzw. 24 nach zunehmender Schadensträchtigkeit geordnete Typklassen (Klassen 10 bis 34 bzw. 33). Die Einstufung der einzelnen Fahrzeugtypen in Typklassen wird jährlich anhand der neuesten Schadensstatistiken erneut vorgenommen.

15.6.3 Kraftfahrt-Unfallversicherung

Sie versichert die berechtigten Insassen eines Kraftfahrzeuges. Sie kann mit oder ohne namentliche Nennung abgeschlossen werden. Es bestehen zwei Systeme:

a) Beim **Pauschalsystem** werden im Schadensfall die vereinbarten Summen auf die Insassen aufgeteilt. Befinden sich zwei oder mehr Personen im Fahrzeug, so erhöhen sich die Versicherungssummen beitragsfrei um 50%.

b) Beim **Platzsystem** ist jeder Sitzplatz mit der gleichen Summe versichert. Dieses System gilt vor allem für Omnibusse.

Für **Berufsfahrer,** das sind angestellte Lenker und Beifahrer, gilt eine andere Regelung. Versichert werden können

- der *jeweilige* Kraftfahrer oder Beifahrer eines *bestimmten* Fahrzeugs,
- der *namentlich* bezeichnete Kraftfahrer oder Beifahrer eines *beliebigen* Fahrzeugs,
- *sämtliche* vom Versicherungsnehmer angestellten Kraftfahrer oder Beifahrer *beliebiger* Fahrzeuge.

Die Berufskraftfahrer-Unfallversicherung gewährt dem Lenker des Fahrzeugs Anspruch auf Entschädigung ohne Rücksicht darauf, auf welche Ursache der Unfall zurückzuführen ist und ob ein Verschulden vorliegt. Bei einem *Berufsunfall* tritt die Berufsgenossenschaft mit ihren Leistungen zusätzlich ein.

?

1. Für welche Schadensfälle besteht kein Kraftfahrtversicherungsschutz?
2. Erläutern Sie, welche Vorteile in der Kraftfahrt-Haftpflichtversicherung die Einheits-Deckungssumme von 1 Million EUR bietet.
3. Erklären Sie, welcher Zweck mit der Einführung von Schadensfreiheits- und Schadensklassen verfolgt wurde.
4. Erörtern Sie, wer einem Geschädigten hilft, wenn der Schädiger weder versichert war, noch die zur Entschädigung nötigen Mittel besitzt oder Fahrerflucht begangen hat.
5. Der Personenwagen eines Geschäftsreisenden wird an einer Baustelle auf der Autobahn durch einen zu schnell fahrenden Lastwagen von hinten gerammt und auf das vorausfahrende Auto gedrückt. Für den Reisenden hat dieser Unfall schlimme Folgen.
   a) Er erleidet eine Querschnittslähmung und kann seinen Beruf nicht mehr ausüben.
   b) Sein Auto ist zu Schrott gefahren.

   Wer ist zur Schadensersatzleistung verpflichtet?

16 Steuern

Steuern sind **Geldleistungen,** die **öffentliche Gemeinwesen** kraft ihrer Finanzhoheit für bestimmte rechtliche oder wirtschaftliche Vorgänge oder Tatsachen **ohne unmittelbare Gegenleistung des Steuerpflichtigen erheben.**

Sie sind die wichtigsten Einnahmen für die Erfüllung ihrer zahlreichen Aufgaben.

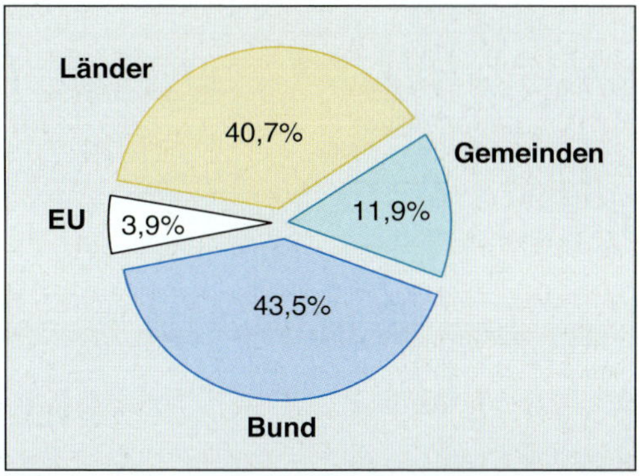

Der Bund, die Länder und die Gemeinden haben im Jahr 2009 an Steuern rund 524 Milliarden EUR eingenommen. 43,5% entfielen auf den Bund, 40,7% auf die Länder, 3,9% auf die EU und 11,9% auf die Gemeinden. Steuern beeinflussen in starkem Maße die Kosten und den Gewinn eines Unternehmens. Sie mindern die Kaufkraft der Besteuerten und wirken sich somit auf die Lebenshaltung des Einzelnen aus. Es ist deshalb verständlich, dass die Veränderung der Steuersätze oder die Einführung einer neuen Steuer die Aufmerksamkeit weiter Bevölkerungskreise auf sich zieht.

Das Aufkommen einzelner Steuern wird dem Bund, den Ländern und Gemeinden zugewiesen. Weil es sich dabei um einen Ausgleich des Aufkommens zwischen über- und untergeordneten Körperschaften handelt, spricht man vom **vertikalen Finanzausgleich.** Ferner haben leistungsstarke Länder den leistungsschwachen Ländern Ausgleichszahlungen zu gewähren. Weil es sich hierbei um einen Ausgleich zwischen gleichgeordneten Körperschaften handelt, spricht man vom **horizontalen Finanzausgleich.** Dadurch sind alle Länder in der Lage, bei gleichen Steuersätzen ihre öffentlichen Aufgaben in ungefähr gleichem Umfang zu erfüllen.

GG Art. 106

Art. 107

Finanzverwaltung und Steuergerichte

▶ Finanzverwaltung

Sie ist gegliedert in örtliche Behörden, Mittelbehörden und oberste Leitung. Jede Behörde ist an die Weisungen der übergeordneten Stelle gebunden.

a) Örtliche Behörden

Finanzämter (FA) sind Landesbehörden, die für alle Besitz- und Verkehrsteuern zuständig sind. FVG § 2

Hauptzollämter sind Bundesbehörden, die für Zölle und alle Verbrauchsteuern zuständig sind. Angegliederte *Zollfahndungsstellen* wirken bei der Verfolgung von Zuwiderhandlungen bei Zöllen und Verbrauchsteuern mit. Sie sind Hilfsstellen der Staatsanwaltschaft. §§ 12 ff.

b) Mittelbehörden. Die Oberfinanzdirektionen (OFD) sind sowohl Landes- als auch Bundesbehörden. Sie beaufsichtigen die Finanz- und Zollämter ihres Bezirks und überwachen die Gleichmäßigkeit der Gesetzanwendung. §§ 7 ff.

c) Oberste Leitung. Alle Finanzbehörden der Länder unterstehen den Finanzministern der Länder, die Finanzbehörden des Bundes dem Bundesminister der Finanzen. §§ 4 ff.

▶ Steuergerichte

FGO § 1 Völlig unabhängig von der Finanzverwaltung bestehen Finanzgerichte. Sie dienen dem Rechtsschutz der Steuerpflichtigen gegen Verwaltungsakte auf steuerlichem Gebiet.

a) **Finanzgerichte (FG)** sind obere Landesgerichte (1. Instanz) und entscheiden über Klagen gegen Steuerbescheide und über Beschwerden gegen andere Verwaltungsakte, z.B. Ablehnung eines Stundungs- oder Erlassantrages, nicht aber über Steuerstrafsachen.

§ 10 b) **Der Bundesfinanzhof (BFH)** in München ist der oberste Gerichtshof in Steuersachen (2. Instanz) und entscheidet über Revisionen gegen FG-Urteile. Seine Entscheidungen sind für die FG richtungsweisend. Dadurch wird eine einheitliche Rechtsprechung im Finanzwesen des Bundesgebietes erzielt.

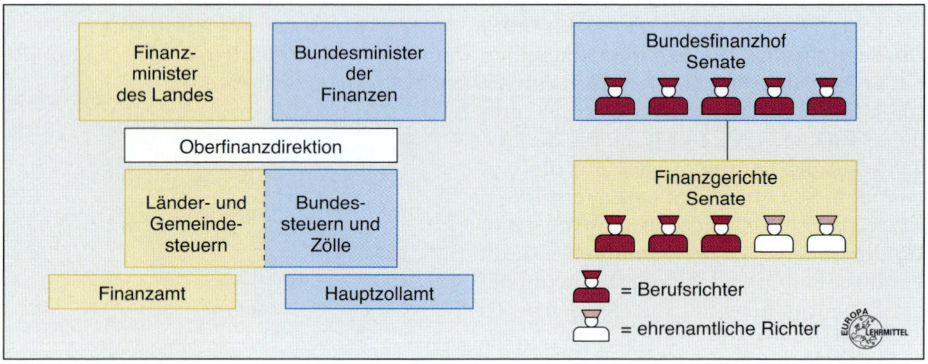

Arten der Steuern

Steuern können nach folgenden Gesichtspunkten eingeteilt werden:

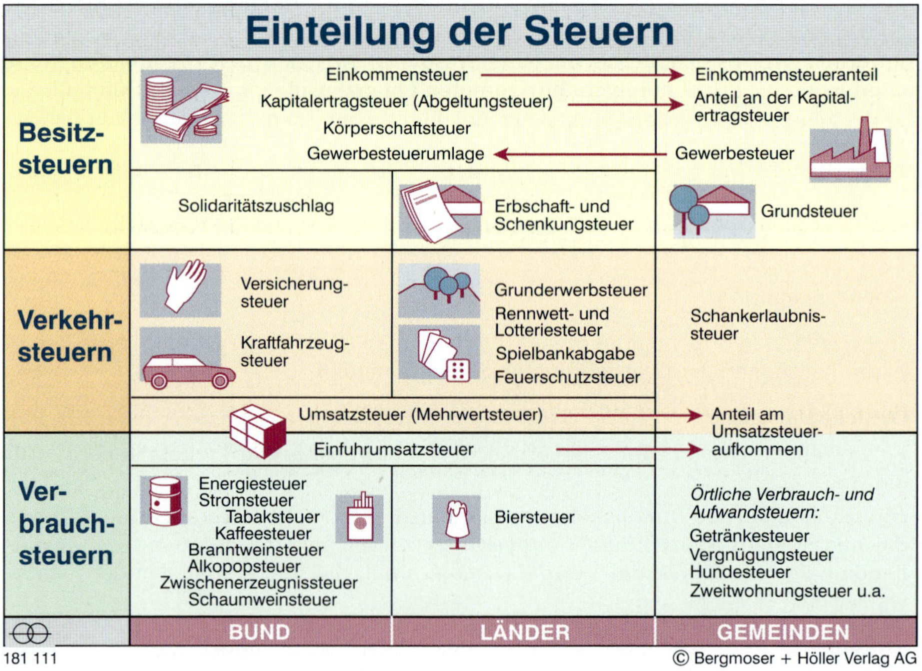

a) Nach dem *Gegenstand* der Besteuerung in **Besitz-, Verkehr- und Verbrauchsteuern.**

GG Art. 106 b) Nach den *Hoheitsträgern,* denen die Erträge der einzelnen Steuern zufließen, in **Bundes-, Länder-, Gemeinde- und Kirchensteuern.** Steuern, deren Aufkommen dem Bund, den Ländern und evtl. auch den Gemeinden gemeinsam zukommen, heißen **Gemeinschaftssteuern** (Einkommen-, Körperschaft- und Umsatzsteuer).

c) Nach der Art der *Erhebung* in **direkte** und **indirekte** Steuern. Bei den direkten Steuern sind Steuerbelasteter und Steuerzahler dieselbe Person.

Beispiel: Die Einkommensteuer trägt und zahlt der Einkommensbezieher selbst unmittelbar an das Finanzamt.

Bei den indirekten Steuern sind Steuerbelasteter und Steuerzahler nicht dieselbe Person.

Beispiel: Die Umsatzsteuer wird vom Verbraucher getragen und vom Unternehmer an das Finanzamt abgeführt. Der Staat erhebt die Steuer mittelbar über den Unternehmer beim Verbraucher.

d) Nach der *Abzugsfähigkeit* unterscheidet man **Betrieb- und Personensteuern,** je nachdem, ob die Steuern als abzugsfähige Betriebsausgaben den Gewinn mindern (z.B. Gewerbesteuer, Kfz-Steuer für Firmenwagen) oder von der Person des Unternehmers getragen werden (Einkommensteuer, Kfz-Steuer für Privatwagen).

Steuerverfahren

Für die Erhebung der Steuern werden zwei Verfahren angewendet, das Veranlagungsverfahren und das Abzugsverfahren.

▶ Veranlagungsverfahren

In einer **Steuererklärung** hat der Steuerpflichtige dem Finanzamt alle Angaben zu machen, die zur Errechnung der Steuerschuld erforderlich sind. Die **Veranlagung,** d.h. die Festsetzung der Steuerschuld, erfolgt durch das Finanzamt aufgrund der eingereichten Steuererklärung. In einem **Steuerbescheid** wird dem Pflichtigen die Höhe der Steuerschuld und die Art der Berechnung mitgeteilt. Bereits geleistete Vorauszahlungen, bei der Einkommensteuer insbesondere die bezahlte Kapitalertrag- und Lohnsteuer, werden von der Steuerschuld abgezogen. Sie ist binnen eines Monats zu bezahlen. Zuviel bezahlte Steuer wird zurückerstattet. Schließlich wird dem Steuerpflichtigen mitgeteilt, wie hoch die künftigen vierteljährlichen **Vorauszahlungen** sind.

Kann der Steuerpflichtige eine Steuerschuld nicht fristgemäß bezahlen, so muss er vor Ablauf der Frist ein begründetes **Stundungsgesuch** einreichen und einen Zahlungsvorschlag machen. Wird eine Zahlung nicht rechtzeitig entrichtet, so wird ein **Säumniszuschlag** erhoben.

▶ Abzugsverfahren

Zur Vereinfachung des Steuereinzuges und zur Sicherung der Steuerzahlung ist das Abzugsverfahren bei Lohn- und Gehaltsbezügen sowie bei Kapitalerträgen eingeführt worden.

Der auszahlende Unternehmer ist verpflichtet, die Steuerschuld des Empfängers zu errechnen, den Betrag einzubehalten und an das Finanzamt abzuführen. Dem Empfänger des Nettobetrages ist eine Bescheinigung über die einbehaltenen und abgeführten Steuerbeträge zu erteilen. Wird der Empfänger nach Jahresende veranlagt, so muss er die Bescheinigung mit seiner Steuererklärung an das Finanzamt einsenden, damit die bereits bezahlten Beträge von der veranlagten Steuerschuld abgezogen werden können.

Rechtsbehelfe, Straf- und Bußgeldverfahren

Rechtsbehelfe sind *Schutzmaßnahmen* des Steuerpflichtigen gegen unberechtigte Verfügungen (Verwaltungsakte) der Finanzverwaltung.

Straf- und *Bußgeld*verfahren sind *Sühne*maßnahmen der ordentlichen Gerichte bzw. der Finanzverwaltung *gegen* den Steuerpflichtigen wegen Verstoßes gegen die Steuergesetze.

▶ Rechtsbehelfe

AO §§ 347, 355 Glaubt der Steuerpflichtige, dass ein Steuerbescheid, Feststellungsbescheid oder Steuermessbescheid Fehler enthalte, so muss er **binnen eines Monats** einen Rechtsbehelf einlegen. Man unterscheidet

a) außergerichtliche Rechtsbehelfe.

§ 347 1. **Einspruch** gegen Steuerbescheide des FA. Er muss beim FA erhoben werden.

§ 349 2. **Beschwerde** gegen andere Verwaltungsakte des FA (Ablehnung eines Stundungsantrages). Sie muss über das FA bei der OFD erhoben werden.

FGO § 44 **b) gerichtliche Rechtsbehelfe.** Sie sind möglich, wenn außergerichtliche Rechtsbehelfe ganz oder teilweise erfolglos geblieben sind.

§§ 63 ff. 1. **Klage** gegen eine Einspruchsentscheidung des FA oder gegen eine Beschwerdeentscheidung der OFD. Sie ist beim Finanzgericht unmittelbar einzureichen.

§§ 115 ff. 2. **Revision** gegen Urteile der Finanzgerichte bei Streitwerten über 5.000 EUR oder wenn das FG dies wegen grundsätzlicher Bedeutung zulässt.

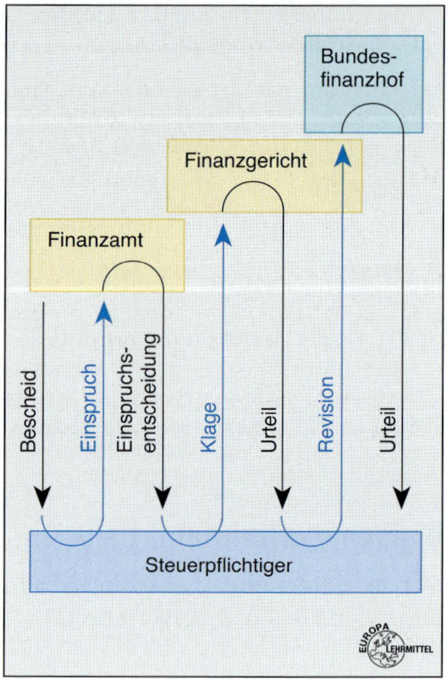

▶ Straf- und Bußgeldverfahren

a) Strafverfahren.

AO §§ 369 ff. Sie werden durchgeführt, wenn *Steuerstraftaten* vorliegen. Dazu gehören vollendete oder versuchte Steuerhinterziehung, Schmuggel, Steuerzeichenfälschung.

§§ 385 ff. Wird ein Strafverfahren durchgeführt, so übergibt das Finanzamt die Strafsache der *Staatsanwaltschaft*. Strafen werden in das Strafregister eingetragen.

Berichtigt ein Steuerpflichtiger seine Angaben, bevor ein Prüfer der Finanzbehörde zur Prüfung erschienen ist oder die Einleitung eines Straf- oder Bußgeldverfahrens bekannt gegeben worden ist, so bleibt er straffrei **(Selbstanzeige).**

b) Bußgeldverfahren.

§§ 377 ff. Sie werden durchgeführt, wenn *Ordnungswidrigkeiten* vorliegen. Dazu gehören leichtfertige Steuerverkürzung und Steuergefährdung.

§§ 409 ff. Wird ein Bußgeldverfahren durchgeführt, so wird dem Steuerpflichtigen vom *Finanzamt* ein Bußgeldbescheid zugestellt. Eine Eintragung in das Strafregister unterbleibt. Gegen einen Bußgeldbescheid kann innerhalb einer Woche beim FA Einspruch eingelegt werden. Über den Einspruch entscheidet in einem ordentlichen Strafverfahren das Amtsgericht, in dessen Bezirk das FA seinen Sitz hat.

?

1. Die Belastung der deutschen Bürger mit den verschiedenen Steuern (Steuerquote) beträgt etwas mehr als 22 % der Einkommen.
   Diskutieren Sie über die Berechtigung einer derartigen Belastung durch den Staat.
2. Ein Steuerpflichtiger ist mit seinem Einkommensteuerbescheid, in dem eine zu zahlende Einkommensteuer von 15.000 EUR errechnet wird, nicht einverstanden. Er selbst errechnet eine zu zahlende Einkommensteuer von 14.000 EUR.
   Was kann er tun?
3. Manche Steuerpflichtige berichtigen falsche Angaben in der Steuererklärung durch eine Selbstanzeige.
   Welchen Vorteil sehen Sie in diesem Verhalten?

16.1 Besitzsteuern

Zu den Besitzsteuern gehören die Steuern, die entweder an das **Einkommen** bzw. an Erträge oder an das **Vermögen** anknüpfen. Bei der Feststellung des Einkommens und der Erträge ist von den Bewertungsvorschriften des Einkommensteuergesetzes auszugehen. Für die Bewertung des Vermögens gelten die Vorschriften des Bewertungsgesetzes.

Für schwer feststellbare Vermögenswerte wird ein **Einheitswert** festgestellt. Er ist ein rein steuerlicher Wertbegriff und bildet die einheitliche Bemessungsgrundlage für diejenigen Steuern, bei denen das Vermögen besteuert wird (Grundsteuer). So braucht man nicht in jedem Einzelfalle die schwierige Bewertung erneut durchzuführen.

Einheitswerte werden für folgende wirtschaftliche Einheiten festgesetzt:

a) Land- und forstwirtschaftliches Vermögen,

b) Grundvermögen,

c) Betriebsvermögen.

Im Einheitswert des Betriebsvermögens ist der Einheitswert des betrieblichen Grundvermögens enthalten.

16.1.1 Einkommensteuer

Einkommensteuerpflichtig sind *natürliche Personen.* Sie sind

a) *unbeschränkt* steuerpflichtig, also mit sämtlichen Einkünften, wenn sie ihren Wohnsitz im Inland haben, EStG § 1

b) *beschränkt* steuerpflichtig, d.h. nur mit inländischen Einkünften, wenn sie keinen inländischen Wohnsitz haben.

Juristische Personen unterliegen der Körperschaftsteuer.

Gegenstand der Besteuerung und Bemessungsgrundlage

Der Einkommensteuer unterliegen die *Einkünfte* eines Kalenderjahres, die der Steuerpflichtige in der Steuererklärung zusammenfassend darzustellen hat. Die Summe der Einkünfte, vermindert um den Altersentlastungsbetrag, ist der *Gesamtbetrag der Einkünfte.* § 2

Vermindert man diesen um die Sonderausgaben und die außergewöhnlichen Belastungen, erhält man das *Einkommen.* Nach Abzug von Sonderfreibeträgen (Kinderfreibetrag, Entlastungsbetrag für Alleinerziehende) ergibt sich das zu *versteuernde Einkommen,* das die Bemessungsgrundlage für die *tarifliche Einkommensteuer* bildet (Bild, Seite 520).

Arten der Einkünfte

Das Einkommensteuergesetz unterscheidet folgende **Arten von Einkünften:** § 2

1. Einkünfte aus **Land- und Forstwirtschaft,** auch aus Gartenbaubetrieben.
2. Einkünfte aus **Gewerbebetrieb.**
3. Einkünfte aus **selbstständiger Arbeit.** Hierher gehören die Einkünfte von selbstständig Tätigen, die keinen gewerblichen, land- oder forstwirtschaftlichen Betrieb haben, also von Ärzten, Architekten, Steuerberatern, Künstlern.

4. Einkünfte aus **nichtselbstständiger Arbeit** (Löhne und Gehälter). Der vom Arbeitgeber im Abzugsverfahren vorgenommene Lohnsteuerabzug stellt vorausbezahlte Einkommensteuer dar (Abschnitt 16.1.2).

5. Einkünfte aus **Kapitalvermögen,** z.B. Zinsen, Dividenden, Kursgewinne, Gewinnanteile eines stillen Gesellschafters (vgl. Abgeltungssteuer; Abschnitt 16.1.3).

6. Einkünfte aus **Vermietung und Verpachtung.** Hierher gehören Einkünfte aus Vermietung und Verpachtung von Gebäuden, die nicht zu einem land- und forstwirtschaftlichen oder gewerblichen Betrieb gehören.

7. **Sonstige** Einkünfte, z.B. wiederkehrende Bezüge (Renten), Spekulationsgewinne.

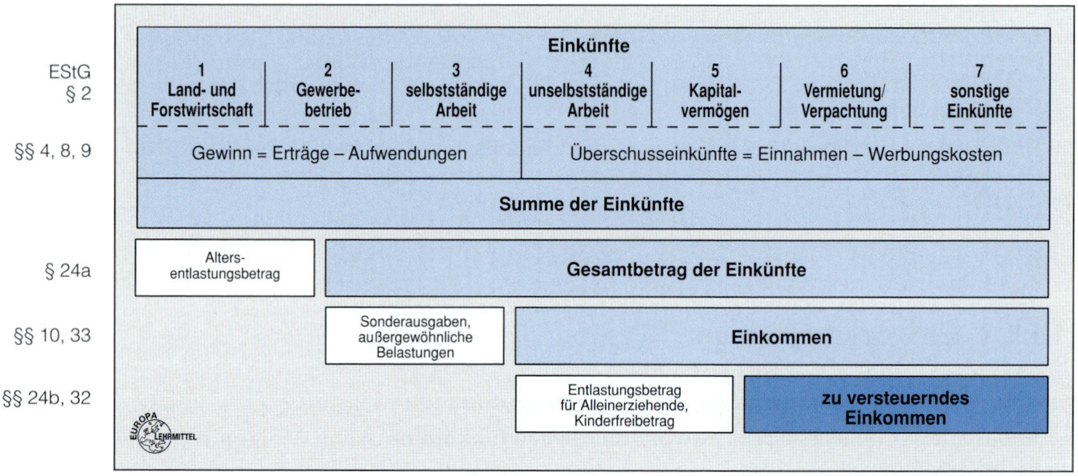

§ 24a Die Summe der Einkünfte erhält man, indem man die verschiedenen Einkünfte zusammenrechnet. Die ersten drei Einkünfte werden als **Gewinn,** die anderen als **Überschuss** der Einnahmen über die Werbungskosten ermittelt. Nach Abzug des Altersentlastungsbetrags (ab 65 Jahren) verbleibt der Gesamtbetrag der Einkünfte.

Gewinnermittlung

Der Gewinn kann ermittelt werden:

§ 4 (1) 1. Durch *Vermögensvergleich.* Der Gewinn ist der Unterschiedsbetrag zwischen dem Betriebsvermögen am Schluss und am Anfang des Wirtschaftsjahres, vermehrt um die Entnahmen und vermindert um die Einlagen.

§ 5 Gewerbetreibende sind aufgrund gesetzlicher Vorschriften verpflichtet, zur Feststellung des Betriebsvermögens ordnungsmäßige Buchführung zu betreiben und regelmäßige Abschlüsse zu machen.

§ 4 (3) 2. Durch *Überschussrechnung.* Der Gewinn ist der Überschuss der Betriebseinnahmen über die Betriebsausgaben. Diese Ermittlungsart gilt für Steuerpflichtige, die nicht aufgrund gesetzlicher Vorschriften verpflichtet sind, Bücher zu führen und regelmäßige Abschlüsse zu machen, und die auch keine Bücher führen und keine Abschlüsse machen.

AO § 162 Das Verfahren der *Schätzung* wird von den Finanzämtern angewendet, wenn der Steuerpflichtige Bücher, die er zu führen hat, nicht vorlegen kann oder diese nicht ordnungsmäßig geführt hat. Mithilfe von Durchschnittssätzen (Richtzahlen) wird z.B. aufgrund des Wareneingangsbuches der Umsatz und der Gewinn geschätzt.

Werbungskosten

EStG § 9

Werbungskosten sind Aufwendungen zur **Erwerbung, Sicherung** und **Erhaltung** der Einnahmen.

Sie sind bei der Einkunftsart abzuziehen, bei der sie angefallen sind.

Sofern nicht höhere Beträge nachgewiesen werden, sind folgende jährliche Pauschalbeträge abzuziehen: § 9a

- 1.000 EUR bei Lohn- und Gehaltsempfängern,
- 102 EUR bei wiederkehrenden Bezügen (Leibrenten).

Werbungskosten sind z.B.

- bei Einkünften aus nichtselbstständiger Arbeit die Kosten für Berufskleidung, für Fahrten zwischen Wohnung und Arbeitsstätte,
- bei Einkünften aus Vermietung und Verpachtung die Schuldzinsen, Abschreibungen, Ausgaben für Instandhaltung.

Sonderausgaben

Sonderausgaben sind meist **Aufwendungen der Lebensführung**, die mit keiner Einkunftsart in wirtschaftlichem Zusammenhang stehen. Sie werden *aus sozial-, finanz- und wirtschaftspolitischen Gründen* **steuerlich begünstigt**.

§ 10

In *unbegrenzter* Höhe sind abzugsfähig:

- Beiträge zur gesetzlichen Kranken- und Pflegeversicherung, soweit sie für die Grundversorgung und die Pflegepflichtversicherung gezahlt werden.
- Die gezahlte Kirchensteuer.

In *begrenzter* Höhe sind abzugsfähig:

- Sogenannte sonstige Vorsorgeaufwendungen: Beiträge zur Kranken- und Pflegeversicherung, die über den steuerlich begünstigten Basisschutz hinausgehen, sowie Beiträge zu einer Berufsunfähigkeits-, Unfall- und Haftpflichtversicherung.
- Aufwendungen für die eigene Berufsausbildung oder Weiterbildung in einem bisher nicht ausgeübten Beruf.
- Ausgaben zur Förderung mildtätiger, kirchlicher, religiöser, wissenschaftlicher und staatspolitischer Zwecke.

Werden die Sonderausgaben nicht nachgewiesen, so wird stattdessen für die übrigen Sonderausgaben ein *Sonderausgaben-Pauschbetrag* von 36 EUR gewährt. Dieser Pauschbetrag verdoppelt sich bei zusammenveranlagten Ehegatten.

Außergewöhnliche Belastungen

Außergewöhnliche Belastungen sind **zwangsläufig entstandene Aufwendungen**, die einem Steuerpflichtigen in *höherem* Maße erwachsen als der überwiegenden Mehrzahl der Steuerpflichtigen.

§§ 33, 33a, 33b, 33c

Zwangsläufig sind Aufwendungen, wenn sich der Steuerpflichtige ihnen aus rechtlichen, tatsächlichen oder sittlichen Gründen nicht entziehen kann. Gründe können sein: Krankheit, Körperbehinderung, Beschäftigung einer Hausgehilfin, Berufsausbildung von Kindern, Kinderbetreuungskosten. Einen Teil der Aufwendungen hat der Steuerpflichtige in jedem Falle als *zumutbare Belastung* selbst zu tragen.

Kinderfreibetrag bzw. Kindergeld

Steuerpflichtige mit Kindern haben ein Wahlrecht zwischen **Kinderfreibetrag/Betreuungsfreibetrag** und **Kindergeld:**

EStG § 32 (6)
- Der **Kinderfreibetrag** von 2.184 EUR pro Kind (Verheiratete 4.368 EUR) im Jahr wird bei der Besteuerung vom Einkommen abgezogen, hinzu kommt zusätzlich ein **Freibetrag für Betreuung, Erziehung und Ausbildung** in Höhe von 1.320 EUR (Verheiratete 2.640 EUR). Die Höhe der Steuerersparnis hängt also vom persönlichen Steuersatz ab.

BKGG § 6
- Das **Kindergeld** beträgt für die ersten beiden Kinder jeweils 184 EUR, für das 3. Kind 190 EUR, für das 4. und jedes weitere Kind 215 EUR. Das Kindergeld ist ein fester, einkommensunabhängiger Auszahlungsbetrag. Es wird vom Arbeitgeber bzw. von der Familienkasse der Agentur für Arbeit ausgezahlt.

Das Finanzamt berücksichtigt bei der Steuererklärung die günstigere Alternative.

Entlastungsbetrag für Alleinerziehende

EStG § 24b Alleinerziehenden wird ein **Entlastungsbetrag** von 1.308 EUR gewährt.

Veranlagung

Der Steuerpflichtige hat nach Ablauf eines Kalenderjahres in einer Steuererklärung dem Finanzamt alle Angaben zu machen, die zur Errechnung der Steuer erforderlich sind, also

1. den Familienstand und die Kinderzahl,
2. die einzelnen Einnahmen, Werbungskosten und Einkünfte,
3. die einzelnen Sonderausgaben,
4. beantragte Vergünstigungen wegen
   - §§ 33, 33a *außergewöhnlicher Belastung,*
   - §§ 34–34c *außerordentlicher Einkünfte,*
5. die Art der Veranlagung.

§ 26 **Ehegatten** können zwischen getrennter Veranlagung und Zusammenveranlagung wählen.

§ 26a **a) Getrennte Veranlagung:** Jedem Ehegatten werden die von ihm bezogenen Einkünfte zugerechnet.

§ 26b § 32a (5) **b) Zusammenveranlagung.** Die Einkünfte der Ehegatten werden zusammengerechnet und dann halbiert **(Splitting).** Von der Hälfte wird die Steuer errechnet und der sich ergebende Steuerbetrag sodann verdoppelt.

Das Finanzamt erlaubt auch die Abgabe von mit PC selbsterstellten Einkommensteuererklärungen sowie die Abgabe per E-Mail.

Zunehmende Bedeutung gewinnt die **El**ektronische **St**euer**er**klärung (**Elster**), bei der die Daten – automatisch verschlüsselt – per Internet an das Finanzamt übermittelt werden. Allerdings muss noch ein Deckblatt mit der Unterschrift des Steuerpflichtigen und den Belegen eingereicht werden.

Steuertarif

§§ 32a, 52 (22b) Die Steuerpflichtigen werden nicht gleich hoch besteuert, vielmehr wird die **Leistungsfähigkeit** durch *höhere Besteuerung steigender Einkommen* berücksichtigt:

- zu versteuernde Einkommen bis 8.004 EUR sind steuerfrei *(Grundfreibetrag, Freizone),*
- zu versteuernde Einkommen von 8.005 EUR bis 13.469 EUR werden mit 14 % bis 24 % linear ansteigend besteuert *(erste Progressionszone),*

- zu versteuernde Einkommen von 13.470 EUR bis 52.881 EUR werden mit 24% bis 42% linear ansteigenden Prozentsätzen besteuert *(zweite Progressionszone),*
- zu versteuernde Einkommen über 52.882 EUR werden mit 42% besteuert *(1. obere Proportionalzone).*
- zu versteuernde Einkommen ab 250.791 EUR werden mit 45% besteuert (2. obere Proportionalzone).

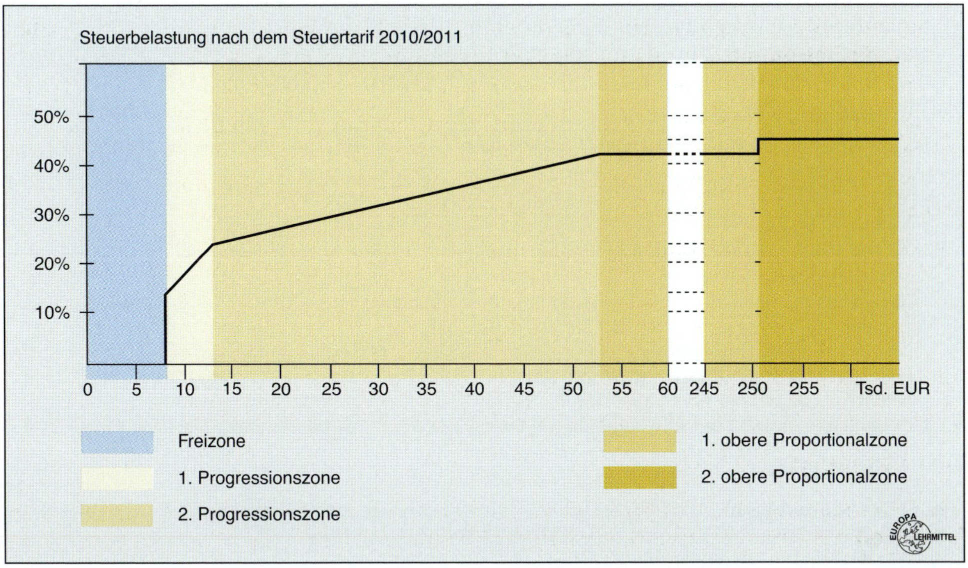

Die **Grenzbelastung** (der Steuersatz) gibt an, mit wie viel Prozent **jeder zusätzliche Euro,** um die das Einkommen anwächst, besteuert wird.

Die **Durchschnittsbelastung** zeigt an, mit wie viel Prozent das jeweilige Einkommen insgesamt belastet wird.

Zur Finanzierung des »Aufbau Ost« wird auf die zu zahlende Einkommensteuer zurzeit ein **Solidaritätszuschlag** erhoben (5,5 %).

1. Der 49-jährige Unternehmer Richard Reiboldt ist seit 23 Jahren verheiratet mit Ingrid, geborene Brinkmann. Der 22-jährige Sohn Horst studiert und wohnt auswärts auf Kosten der Eltern. Sohn Ewald, 17 Jahre alt, ist kaufmännischer Auszubildender mit einer Ausbildungsvergütung von 380 EUR monatlich. Seit Jahren ist die heute 15-jährige mittellose Vollwaise Eva Glück als Pflegekind in der Familie. Frau Reiboldt ist Angestellte bei Flamm & Co. KG. Die Familie bewohnt ein Einfamilienhaus.

   Herr Reiboldt erzielte für das am 30. Juni endende Wirtschaftsjahr einen Gewinn von 74.020 EUR, aus seinem Kapitalvermögen erhielt er 6.600 EUR Zinsen.

   Die abzugsfähigen Sonderausgaben betrugen 13.886 EUR.

   Frau Reiboldt hat laut Lohnsteuerkarte 25.000 EUR als Gehalt bezogen. Durch freiberufliche Beratungen hatte sie einen Nebenverdienst von 1.500 EUR, von dem kein Steuerabzug vorgenommen wurde. Bürobedarf, Porti und Fahrtkosten verursachten ihr dabei 190 EUR Betriebsausgaben. Für ihr Bausparguthaben erhielt sie 350 EUR Zinsen.

   Bei der Einkommensteuererklärung wird die Zusammenveranlagung gewählt.

   a) Wie kann die Familie Reiboldt bei der Einkommensteuer auf erlaubte Weise das steuerpflichtige Einkommen verringern?
   b) Wie trägt die Steuergesetzgebung bei der Einkommensteuer den sozialen Verhältnissen der Familie Reiboldt Rechnung?
   c) Welcher Unterschied und welcher Zusammenhang besteht zwischen der Lohnsteuer und der Einkommensteuer von Ingrid Reiboldt?
   d) In welchen Fällen können außergewöhnliche Belastungen geltend gemacht werden?
   e) Welche Einkünfte hat die Familie Reiboldt zu versteuern?
   f) Ermitteln Sie das zu versteuernde Einkommen.
   g) Ermitteln Sie mithilfe einer Einkommensteuertabelle die zu zahlende Einkommensteuer der Familie Reiboldt.

2. Wie hoch ist der steuerpflichtige Gewinn, der durch Vermögensvergleich ermittelt wird, wenn das Anfangskapital 143.800 EUR und das Endkapital 152.500 EUR betrug, eine Kapitaleinlage von 5.000 EUR gemacht wurde und sich die Privatentnahmen auf 12.000 EUR beliefen?

3. Warum müssen Freibeträge im Einkommensteuerrecht von Zeit zu Zeit der allgemeinen Einkommensentwicklung angepasst werden?
4. Zu welchen steuerlichen Abzugsbeträgen gehören
   a) Sozialversicherungsbeiträge,
   b) Aufwendungen für Fachliteratur,
   c) Fahrtkosten zur Arbeitsstelle,
   d) gezahlte Kirchensteuer,
   e) Kosten der Unterbringung und des Unterhaltes für den studierenden Sohn,
   f) Spenden an das Rote Kreuz?
5. Warum ist die Aussage »bei meinem Einkommen muss ich 40% Einkommensteuer bezahlen« kritisch zu beurteilen?
6. Warum wird ein Mindesteinkommen von der Besteuerung ausgenommen?
7. In welche Tarifzone fällt
   a) ein lediger Steuerpflichtiger mit einem zu versteuernden Jahreseinkommen von 10.000 EUR, 20.000 EUR, 55.000 EUR;
   b) ein Ehepaar mit einem zu versteuernden Jahreseinkommen von ca. 10.000 EUR, 20.000 EUR, 55.000 EUR?
8. Aus welchem Grund bleibt bei einem zu versteuernden Jahreseinkommen zwischen 52.882 EUR (105.764 EUR) und 250.730 EUR (501.460 EUR) der Steuersatz bei 42% und erhöht sich nicht weiter?
9. Für einen ledigen Steuerpflichtigen beträgt der Steuersatz bei einem Einkommen von 44.460 EUR 38,9%.

   Ermitteln Sie mithilfe der Tabelle den Durchschnittssteuersatz.
10. In der Einkommensteuertabelle für Ledige ist bei 46.040 EUR eine Steuer von 11.275 EUR angegeben. Bei einem Zusatzverdienst von 108 EUR zahlt er 11.314 EUR.

    Wie hoch ist die Grenzbelastung?
11. Ermitteln Sie das zu versteuernde Einkommen des 39-jährigen Heinz Gossler, Einzelunternehmer: Jahresgewinn lt. GuV-Rechnung 122.000 EUR. Für abzugsfähige Sonderausgaben werden 15.780 EUR anerkannt. Seine Einkünfte aus Vermietung und Verpachtung betrugen 15.000 EUR, die Einnahmen aus Kapitalvermögen 1.600 EUR.

16.1.2 Lohnsteuer

EStG § 38 Die **Lohnsteuer** ist die **Einkommensteuer** der **nicht selbstständig Tätigen**; sie wird im *Abzugsverfahren* erhoben.

§ 46 **Lohnsteuerpflichtig** sind alle Empfänger von Einkünften aus nicht selbstständiger Arbeit, also Arbeiter, Angestellte und Beamte. Diese werden jedoch nach Jahresende zur Einkommensteuer veranlagt **(Pflichtveranlagung)**, wenn

- neben den Einkünften aus nicht selbstständiger Arbeit noch andere Einkünfte von mehr als 410 EUR netto erzielt wurden,
- der Steuerpflichtige nebeneinander von mehreren Arbeitgebern Arbeitslohn bezogen hat,
- das Finanzamt auf der Lohnsteuerkarte einen Freibetrag oder eine Kinderfreibetragszahl eingetragen hat.

Entrichtung

§ 41 Der Arbeitgeber muss die Lohnsteuer des Arbeitnehmers bei jeder Lohnzahlung errechnen, einbehalten und an das Finanzamt abführen. Damit der Steuerabzug in der richtigen Höhe vorgenommen werden kann, hat der Arbeitnehmer vor Beginn des Kalenderjahres die von der Gemeindebehörde für jedes Dienstverhältnis ausgestellte *Lohnsteuerkarte* dem Ar-
§ 39 beitgeber auszuhändigen. Aus ihr sind die Steuerklasse, die Kinderzahl sowie die Freibeträge des Arbeitnehmers zu ersehen. Wird dem Arbeitgeber keine Steuerkarte vorgelegt, so muss die Lohnsteuer nach Steuerklasse VI einbehalten werden.

Der einbehaltene Steuerbetrag ist spätestens am 10. Tage nach Ablauf jeden Kalendermonats an das Finanzamt abzuführen. Die gesamte Arbeit der Errechnung, Einbehaltung und Abführung ist vom Arbeitgeber ohne Entschädigung durchzuführen. EStG §§ 39b, 39c

Lohnsteuertabellen

Zur Vereinfachung des Abzugs der Lohnsteuer werden Lohnsteuertabellen für monatliche, wöchentliche und tägliche Lohnzahlung aufgestellt. Die Lohnsteuerpflichtigen sind darin in folgende **Steuerklassen** eingeteilt: § 38c

Steuerklasse	Arbeitnehmergruppe
I	Unverheiratete (Ledige, Verwitwete, Geschiedene) und dauernd getrennt Lebende.
II	Unverheiratete, denen ein Entlastungsbetrag für Alleinerziehende zusteht.
III	1. Verheiratete, wenn der Ehegatte a) keinen Arbeitslohn bezieht oder b) auf Antrag beider Ehegatten in Steuerklasse V eingereiht wird. 2. Verwitwete für das Kalenderjahr, das dem Todesjahr des Ehegatten folgt. 3. Geschiedene im Jahr der Ehescheidung.
IV	Verheiratete, wenn der Ehegatte ebenfalls Arbeitslohn bezieht und in Steuerklasse IV eingereiht ist.
V	Verheiratete, wenn der Ehegatte a) ebenfalls Arbeitslohn bezieht und b) auf Antrag beider Ehegatten in Steuerklasse III eingereiht wird.
VI	Steuerpflichtige, die Arbeitslohn aus einem zweiten oder weiteren Dienstverhältnis beziehen.

§ 38b

Änderungen der Eintragungen auf der Lohnsteuerkarte

Die Eintragungen auf der Lohnsteuerkarte sind

a) zu *ergänzen,* § 39

1. von der Gemeindebehörde, wenn sich der Familienstand, die Steuerklasse oder die Zahl der Kinder *zugunsten* des Arbeitnehmers geändert haben;
2. vom Finanzamt, wenn steuerfreie Beträge über 600 EUR beantragt werden (erhöhte Werbungskosten und Sonderausgaben, außergewöhnliche Belastungen); § 39a

b) zu *berichtigen,* wenn sich die Steuerklasse zuungunsten eines Arbeitnehmers geändert hat oder die Voraussetzungen für einen eingetragenen Freibetrag weggefallen sind (Kinderfreibetrag). Die Berichtigung ist von der Behörde vorzunehmen, die die Eintragung gemacht hat.

Antragsveranlagung

Es ist möglich, dass die im Laufe des Kalenderjahres einbehaltene Lohnsteuer höher ist als die auf den Jahresarbeitslohn entfallende Lohnsteuer. Ursachen können sein: Zeitweilige Arbeitslosigkeit, schwankender Arbeitslohn, Änderung im Familienstand. Sofern ein Arbeitnehmer nicht zur Abgabe einer Einkommensteuererklärung verpflichtet ist (Pflichtveranlagung), kann er die Erstattung zu viel bezahlter Lohnsteuer beantragen. Hierzu hat er nach Ablauf des Kalenderjahres in einer **Steuererklärung** dem Finanzamt alle Angaben zu machen, die zur Errechnung der Steuer erforderlich sind. § 42b

Lohnsteuerbescheinigung

Die Arbeitgeber müssen jetzt bis spätestens 28. Februar des Folgejahres die Lohnsteuerdaten durch Fernübertragung per Internet mit dem Programm **Elster** (= **Elektronische**

Alle Eintragungen in der Lohnsteuerkarte genau prüfen!

Ordnungsmerkmale des Arbeitgebers

Lohnsteuerkarte 2010

Identifikationsnummer
61730024597

Gemeinde

Bad Saulgau

AGS

08437100 6432

Finanzamt und Nr.

Sigmaringen AS Bad Saulgau 2881

Geburtsdatum

04.03.1978 *

6432
Herrn
Müller, Dominik
Seewattenstraße 80
88348 Bad Saulgau

I. Allgemeine Besteuerungsmerkmale

Steuerklasse	Kinder unter 18 Jahren: Zahl der Kinderfreibeträge
EINS	--

Kirchensteuerabzug

RK

(Datum)

21.09.2009

(Gemeindebehörde)

Stadtverwaltung Bad Saulgau

II. Änderungen der Eintragungen im Abschnitt I

Steuerklasse	Zahl der Kinderfreibeträge	Kirchensteuerabzug	Diese Eintragung gilt, wenn sie nicht widerrufen wird:	Datum, Stempel und Unterschrift der Behörde
			vom 2010 an bis zum 2010	
			vom 2010 an bis zum 2010	

III. Für die Berechnung der Lohnsteuer sind vom Arbeitslohn als steuerfrei **abzuziehen**:

Jahresbetrag EUR	monatlich EUR	wöchentlich EUR	täglich EUR	Diese Eintragung gilt, wenn sie nicht widerrufen wird:	Datum, Stempel und Unterschrift der Behörde
				vom 2010 an	
in Buchstaben	-tausend		Zehner und Einer wie oben -hundert	bis zum 31. 12. 2010	
				vom 2010 an	
in Buchstaben	-tausend		Zehner und Einer wie oben -hundert	bis zum 31. 12. 2010	

IV. Für die Berechnung der Lohnsteuer sind dem Arbeitslohn **hinzuzurechnen**:

Jahresbetrag EUR	monatlich EUR	wöchentlich EUR	täglich EUR	Diese Eintragung gilt, wenn sie nicht widerrufen wird:	Datum, Stempel und Unterschrift der Behörde
				vom 2010 an	
in Buchstaben	-tausend		Zehner und Einer wie oben -hundert	bis zum 31. 12. 2010	

7.05

Ausdruck der elektronischen Lohnsteuerbescheinigung für 2010

Nachstehende Daten wurden maschinell an die Finanzverwaltung übertragen.

Frank GmbH Kommissionier- und Handhabungstechnik X02
Platzstraße 4–6 56132
88348 Bad Saulgau

Herrn/Frau Pers.-Nr. 00003 LStB
Abt.-Nr.

Dominik Müller
Seewattenstr. 80
88348 Bad Saulgau

eTIN: MLLRDMNK78D01T

Personalnummer: 00003

Geburtsdatum: 04.03.1978

Dem Lohnsteuerabzug wurden zugrunde gelegt:

Steuerklasse:	vom - bis
1	01.01. – 31.12.

Zahl der Kinderfreibeträge:	vom - bis

Steuerfreier Jahresbetrag	vom - bis

Hinzurechnungsbetrag	vom - bis

Kirchensteuermerkmale	vom - bis
rk / –	01.01. – 31.12.

AGS: 08437100

Anschrift des Arbeitgebers:

Frank GmbH
Kommissionier- und Handhabungstechnik
Platzstraße 4–6
88348 Bad Saulgau

1. Dauer des Dienstverhältnisses		vom – bis 01.01. – 31.12.	
2. Zeiträume ohne Anspruch auf Arbeitslohn		Anzahl „U“:	
Großbuchstaben (S, B, V, F)			
		EUR	Ct
3. Bruttoarbeitslohn einschl. Sachbezüge ohne 9. und 10.		28.600	00
4. Einbehaltene Lohnsteuer von 3.		4.396	00
5. Einbehaltener Solidaritätszuschlag von 3.		241	78
6. Einbehaltene Kirchensteuer des Arbeitnehmers von 3.		351	68
7. Einbehaltene Kirchensteuer des Ehegatten von 3. (nur bei konfessionsverschiedener Ehe)			
8. In 3. enthaltene steuerbegünstigte Versorgungsbezüge			
9. Steuerbegünstigte Versorgungsbezüge für mehrere Kalenderjahre			
10. Ermäßigt besteuerter Arbeitslohn für mehrere Kalenderjahre (ohne 9.) und ermäßigt besteuerte Entschädigungen			
11. Einbehaltene Lohnsteuer von 9. und 10.			
12. Einbehaltener Solidaritätszuschlag von 9. und 10.			
13. Einbehaltene Kirchensteuer des Arbeitnehmers von 9. und 10.			
14. Einbehaltene Kirchensteuer des Ehegatten von 9. und 10. (nur bei konfessionsverschiedener Ehe)			
15. Kurzarbeitergeld, Winterausfallgeld, Zuschuss zum Mutterschaftsgeld, Verdienstausfallentschädigung (Infektionsschutzgesetz), Aufstockungsbetrag und Altersteilzeitzuschlag			
16. Steuerfreier Arbeitslohn nach	Doppelbesteuerungsabkommen		
	Auslandstätigkeitserlass		
17. Steuerfreie Arbeitgeberleistungen für Fahrten zwischen Wohnung und Arbeitsstätte			
18. Pauschalbesteuerte Arbeitgeberleistungen für Fahrten zwischen Wohnung und Arbeitsstätte			
19. Steuerpflichtige Entschädigungen und Arbeitslohn für mehrere Kalenderjahre, die nicht ermäßigt besteuert wurden – in 3. enthalten			
20. Steuerfreie Verpflegungszuschüsse bei Auswärtstätigkeit			
21. Steuerfreie Arbeitgeberleistungen bei doppelter Haushaltsführung			
22. Arbeitgeberanteil zur gesetzlichen Rentenversicherung und an berufsständische Versorgungseinrichtungenn		2.788	50
23. Arbeitnehmeranteil zur gesetzlichen Rentenversicherung und an berufsständische Versorgungseinrichtungenn		2.788	50
24. Steuerfreie Arbeitgeberzuschüsse zur Krankenversicherung und zur Pflegeversicherung			
25. Arbeitnehmeranteil am Gesamtsozialversicherungsbeitrag (ohne 23. und 24.)		5.362	50
26. Ausgezahltes Kindergeld			
27. Bemessungsgrundlage für den Versorgungsfreibetrag			
28. Bei Versorgungsbezügen: Monat und Kalenderjahr des Versorgungsbeginns			

Finanzamt, an das die Lohnsteuer abgeführt wurde (**Name und dessen vierstellige Nr.**)

Sigmaringen ASt. Bad Saulgau | 2 | 8 | 8 | 1

Steuererfassung) an eine zentrale Übermittlungsstelle melden (elektronische Lohnsteuerbescheinigung). Eine Kopie dieser Übermittlung erhält der Arbeitnehmer. Damit die Daten entschlüsselt werden können, bildet der Arbeitgeber aus den persönlichen Daten des Arbeitnehmers eine sog. **e-Tin** (Electronic Tax Payer Identification). Deshalb enthält die Anlage N der Steuererklärung auch ein Eingabefeld für diese e-Tin des Antragstellers.

1. Welche Bedeutung hat die Lohnsteuerkarte bei der Einstellung und Entlassung eines Angestellten?
2. Bei einem Lohnsteuerpflichtigen hat sich die Kinderzahl geändert. Was wird er unternehmen?

16.1.3 Abgeltungssteuer (Kapitalertragsteuer)

Die **Abgeltungssteuer** ersetzt seit dem 1. Januar 2009 die Kapitalertragsteuer. Bei dieser wurden die Kapitalerträge nach dem persönlichen Steuersatz besteuert. Mit der Abgeltungssteuer wurde ein einheitlicher Steuersatz für sämtliche Kapitalerträge von **25 Prozent** zuzüglich 5,5 % Solidaritätszuschlag und gegebenenfalls Kirchensteuer eingeführt. Zu den Kapitalerträgen zählen z.B.

- Zinsen,
- Dividenden,
- Erträge aus Fonds und Zertifikaten,
- Veräußerungsgewinne bei Aktien (Kursgewinne).

Mit der Zahlung dieses einheitlichen Steuersatzes ist die Steuerschuld abgegolten. Die Abgeltungssteuer kann nicht auf die Einkommensteuer angerechnet werden.

Hat der Steuerpflichtige einen niedrigeren persönlichen Steuersatz als 25 Prozent, kann er auch weiterhin die Veranlagung seiner Kapitaleinkünfte beim Finanzamt mit diesem niedrigeren Steuersatz beantragen. In diesem Fall werden die Kapitaleinkünfte mit dem niedrigeren persönlichen Grenzsteuersatz versteuert.

Beispiele:

1. Das zu versteuernde Einkommen eines Arbeitnehmers beträgt 25.000 EUR pro Jahr. Sein persönlicher Grenzsteuersatz beträgt 21,5%. Seine Zinseinkünfte werden auf Antrag mit 21,5% Abgeltungssteuer belegt.
2. Das zu versteuernde Einkommen eines anderen Steuerpflichtigen beträgt 48.000 EUR. Hier liegt der Grenzsteuersatz bei 33%. Seine Dividendenerlöse werden mit 25% Abgeltungssteuer belegt.

Die Abgeltungssteuer wird nicht erhoben, soweit ein Freistellungsauftrag erteilt wird. Der **Freistellungsauftrag** ist dabei an den Höchstbetrag des Sparerpauschbetrags von 801 EUR (1.602 EUR) gebunden und kann auf verschiedene Bankinstitute verteilt werden.

Für Personen, bei denen die Zinseinnahmen zu den Einkünften aus Land- und Forstwirtschaft, aus Gewerbebetrieb, aus Vermietung/Verpachtung oder aus selbstständiger Arbeit zählen, gilt das Abgeltungssteuerverfahren nicht. Hier wird auch weiterhin eine individuelle Veranlagung erfolgen. Bei Kapitalgesellschaften wird ebenfalls eine individuelle Veranlagung vorgenommen.

16.1.4 Körperschaftsteuer

Die **Körperschaftsteuer** ist die **Einkommensteuer** der **juristischen Personen**, z.B. der Kapitalgesellschaften (AG, GmbH) und der Genossenschaften. Bemessungsgrundlage ist der Gewinn.

Steuerpflicht

KStG § 1 *Unbeschränkt* steuerpflichtig sind *juristische Personen,* wenn sie ihre Geschäftsleitung oder ihren Sitz im Inland haben, *beschränkt* steuerpflichtig, wenn sie weder die Geschäftsleitung noch den Sitz im Inland haben. KStG § 2

Befreit sind u.a. die Deutsche Bundesbank, das Bundeseisenbahnvermögen, gemeinnützige Körperschaften, Pensions-, Kranken- und Unterstützungskassen sowie die Gewerkschaften. § 5

Steuertarif

Die Körperschaftsteuer beträgt **15%** für die an die Anteilseigner ausgeschütteten und für die nicht ausgeschütteten Gewinne. § 23

16.1.5 Grundsteuer

Die Grundsteuer ist eine **Realsteuer.** Sie besteuert eine Sache und nimmt keine Rücksicht auf die persönliche Leistungsfähigkeit oder auf Schulden. Ihr Ertrag fließt den *Gemeinden* zu.

Der **Gegenstand der Besteuerung** sind land- und forstwirtschaftliche Betriebe und Grundstücke. Die Bemessungsgrundlage ist der **Einheitswert.** Er ist der nach dem Bewertungsgesetz einheitlich festgesetzte Maßstab für schwer feststellbare Vermögenswerte, der mehreren Steuern zugrunde gelegt wird.

Steuerschuldner ist der Eigentümer. Steuerfrei ist Grundbesitz, soweit er für den öffentlichen Dienst, für gemeinnützige, religiöse oder mildtätige Zwecke benutzt wird. GrStG §§ 10, 3, 4

Berechnung der Steuer

Durch Anwendung einer *Steuermesszahl* auf den Einheitswert wird vom Finanzamt der *Steuermessbetrag* ermittelt. §§ 14 f.

Steuermessbetrag = Einheitswert · Messzahl

Die Steuermesszahlen betragen §§ 14 ff.

a) für land- und forstwirtschaftliche Betriebe 6‰,

b) für unbebaute und bebaute Grundstücke 3,5‰,

   Ausnahmen:

   1. Einfamilienhäuser

      für die ersten 38.346,89 EUR des Einheitswertes 2,6‰,

      für den Rest des Einheitswerts 3,5‰,

   2. Zweifamilienhäuser 3,1‰.

Die Gemeinden setzen einen **Hebesatz** fest, der angibt, wie viel % des Messbetrages als Steuer erhoben werden. Der Hebesatz ist für land- und forstwirtschaftliche Betriebe meist niedriger (Grundsteuer A) als für andere Grundstücke (Grundsteuer B). § 25

Beispiel: Einheitswert eines Gebäudes 28.000 EUR; Messzahl 2,6‰; Hebesatz 170%.

Messbetrag	=	2,6 ‰ von 28.000 EUR = 72,80 EUR;
Grundsteuer	=	170 % von 72,80 EUR = 123,76 EUR.

16.1.6 Gewerbesteuer

Die Gewerbesteuer ist eine Gemeindesteuer. Gegenstand der Besteuerung ist jeder Gewerbebetrieb (Objektsteuer). Seit 2008 kann die Gewerbesteuer nicht mehr als Betriebsausgabe (Aufwand) geltend gemacht werden. GewStG §§ 1 f.

Besteuerungsgrundlage

GewStG § 6 Die Besteuerungsgrundlage ist der Gewerbeertrag. Hier tritt deutlich das Prinzip der **Realsteuer** hervor. Es wird der Betrieb besteuert. Die persönlichen Verhältnisse der Eigentümer werden nicht berücksichtigt.

§ 7 Ausgangspunkt der Berechnung des Gewerbeertrags ist der Gewinn, der nach dem Einkommen- bzw. Körperschaftsteuergesetz ermittelt worden ist. Dem Gewinn sind bestimmte Beträge hinzuzurechnen, die bei der Gewinnermittlung abgezogen wurden.

§ 8 Hinzuzurechnen sind

- 25% sämtlicher angefallener Zinsaufwendungen, der Renten, der dauernden Lasten und der Gewinnanteile stiller Gesellschafter,
- 25% der Lizenzen und Konzessionen,
- 20% der Pachten und Miet-/Leasingraten für bewegliches Anlagevermögen,
- 65% der Pachten und Miet-/Leasingraten für unbewegliches Anlagevermögen.

Bei der Hinzurechnung wird ein Freibetrag von 100.000 EUR gewährt.

§ 9 BewG § 121a Abzuziehen sind u.a. 1,2% des Einheitswerts des zum Betrieb gehörenden Grundbesitzes, Spenden, Anteile am Gewinn an einem anderen Unternehmen und der Ausbildungsplatz-Abzugsbetrag.

Berechnung der Gewerbesteuer

GewStG § 11 Die Gewerbesteuermesszahl wird vom Gewerbeertrag berechnet. Sie beträgt seit 2008 einheitlich 3,5% des auf 100 EUR abgerundeten Gewerbeertrags. Weil Einzelunternehmen und Personengesellschaften nicht von der Senkung der Körperschaftssteuer profitieren, wird ihnen ein Freibetrag von 24.500 EUR gewährt.

§ 14 Die Berechnung dieser Messzahl erfolgt durch das Finanzamt, das darüber einen Gewerbesteuerbescheid erlässt. Die Gemeinden setzen einen Hebesatz fest, der angibt, wie viel Pro-
§ 16 zent der Messzahl als Gewerbesteuer zu zahlen ist. Er liegt in den verschiedenen Regionen Deutschlands zwischen 200% und deutlich über 400%.

Beispiel: Die Paul Groß OHG erzielte laut dem Jahresabschluss im Veranlagungszeitraum einen Gewinn von 83.500 EUR. An Zinsaufwendungen musste sie 65.000 EUR aufbringen. Für eine Franchise-Lizenzgebühr bezahlte sie 20.000 EUR, für Miete einer Kühlhalle 44.000 EUR, an Leasingraten für die Kraftfahrzeuge musste sie 35.000 EUR aufwenden. An ein Kinderhilfswerk wurden 1.000 EUR gespendet, der Einheitswert der betrieblichen Grundstücke betragt 150.000 EUR. Die Gemeinde hat den Hebesatz auf 300% festgesetzt.

Sämtliche Beträge in EUR:

Gewinn lt. Jahresabschluss:	83.500,00 EUR	Berechnung des hinzuzurechnenden Betrags:	
Hinzurechnung (vgl. Nebenrechnung)	1.400,00 EUR	Zinsen	65.000,00 EUR
	84.900,00 EUR	20% der Leasingrate für Kfz	7.000,00 EUR
– 1,2% des Einheitswertes	1.800,00 EUR	65% der Miete für Kühlhalle	28.600,00 EUR
– Spende	1.000,00 EUR	25% der Franchise-Lizenzgebühr	5.000,00 EUR
Gewerbeertrag	82.100,00 EUR		105.600,00 EUR
– Freibetrag	24.500,00 EUR	Freibetrag	100.000,00 EUR
gekürzter Gewerbeertrag	57,600,00 EUR	übersteigender Betrag	5.600,00 EUR
davon 3,5% = Messzahl	2.016,00 EUR	davon 25%	1.400,00 EUR
davon 300% = Gewerbesteuerschuld	6.048,00 EUR		

16.1.7 Erbschaftsteuer/Schenkungsteuer

BGB §§ 1922 ff. Die Erbschaftsteuer ist eine Besitzsteuer, die nicht als Betriebsausgabe oder Werbungskosten abziehbar ist. Ihr Ertrag fließt den Ländern zu.

Die Aufteilung eines ererbten Vermögens erfolgt entsprechend dem Testament bzw. der gesetzlichen Regelung.

Steuerpflicht

Die **Steuerpflicht** entsteht durch den **Erwerb von Todes wegen** und **Schenkung unter Lebenden.** Steuerpflichtig ist der Erwerber des Nachlasses bzw. der Beschenkte im Inland. ErbStG §§ 1, 2

Steuerfrei ist das durch Ehepartner, eingetragene Lebenspartner oder Kinder genutzte Wohneigentum. Bei Kindern darf jedoch die Wohnfläche 200 m^2 nicht überschreiten. Steuerfrei bis zu bestimmten Freibeträgen sind zudem Hausrat, Wäsche, Kleidung, Zuwendungen für kirchliche, gemeinnützige und mildtätige Zwecke sowie an politische Parteien. §§ 7, 9 § 13

Bemessungsgrundlage

§ 10

Der Besteuerung unterliegt – sofern er nicht steuerfrei ist – der gesamte **Vermögensanfall**, dessen Bewertung nach dem Bewertungsgesetz erfolgt. Wird Grundvermögen vererbt, wird der reale Marktwert zugrunde gelegt. Abzuziehen sind die **Nachlassverbindlichkeiten**, zu diesen gehören insbesondere die Bestattungskosten, Kosten der Grabpflege, der Abwicklung, nicht jedoch der Verwaltung des Nachlasses. Es gilt ein Pauschbetrag von 10.300 EUR für einen Erbfall insgesamt. § 12

Beispiel: Frau Wiesse hinterlässt ihren 3 Kindern 240.000 EUR in bar. Die Kinder müssen für den Krankenhausaufenthalt der Mutter 35.000 EUR und für die Bestattung 21.300 EUR aufwenden. Der Wert des Nachlasses errechnet sich wie folgt:

Vermögensanfall	240.000 EUR
– Nachlassverbindlichkeiten	56.300 EUR
= Nachlasswert (auf volle 100 EUR gerundet)	**183.700 EUR**

Frühere Erwerbe

§ 14

Erhält eine Person innerhalb von 10 Jahren mehrere Vermögensvorteile, so werden sie in der Weise zusammengerechnet, dass dem Erwerb durch Erbschaft die früheren Erwerbe nach ihrem früheren Wert zugerechnet werden.

Berechnung der Steuer

▶ Steuerklassen

Für die Besteuerung werden die Erwerber entsprechend ihrem Verwandtschaftsgrad im Verhältnis zum Erblasser/Schenker in folgende Steuerklassen eingeteilt: § 15

Steuerklasse I:	Ehegatten, Kinder mit Stiefkindern sowie deren Abkömmlinge, Eltern und Voreltern bei Erbfällen.
Steuerklasse II:	Eltern und Voreltern in Schenkungsfällen. Geschwister und deren Abkömmlinge ersten Grades, Stiefeltern, Schwiegereltern und -kinder, der geschiedene Ehegatte.
Steuerklasse III:	eingetragene Lebenspartner, übrige Erwerber.

Beispiel: Stirbt der Großvater, so werden eingeteilt

- seine überlebende Ehefrau, seine Kinder und Enkel in Steuerklasse I,
- ein überlebender Bruder und dessen Sohn in Steuerklasse II,
- ein Enkel seines Bruders, seine Stammtischfreunde in Steuerklasse III.

▶ Freibeträge

a) Persönliche Freibeträge: § 16

– Ehegatten	500.000 EUR	– Eltern, Großeltern	100.000 EUR
– Kinder	400.000 EUR	– Eingetragene Lebenspartner	500.000 EUR
– Enkel, Stiefkinder, Urenkel	200.000 EUR	– Übrige Personen der Steuerklasse III	20.000 EUR

ErbStG § 17 **b) Besondere Versorgungsfreibeträge gibt es beim Erwerb von Todes wegen:**

– für den überlebenden Ehegatten	256.000 EUR
– für jedes Kind unter 5 Jahre	52.000 EUR
– für jedes Kind von 5–10 Jahren	41.000 EUR
– für jedes Kind von 10–15 Jahren	30.700 EUR
– für jedes Kind von 15–20 Jahren	20.500 EUR
– für jedes Kind von 20–27 Jahren	10.300 EUR

§ 19 **▶ Steuersätze**

Die Steuersätze liegen zwischen 7% und 50%, je nach der Höhe des steuerpflichtigen Erwerbs und der Steuerklasse:

Wert des steuerpflichtigen Vermögens	Steuerklassen		
bis einschließlich EUR	I	II	III
75.000 EUR	7%	15%	30%
300.000 EUR	11%	20%	30%
600.000 EUR	15%	25%	30%
6.000.000 EUR	19%	30%	30%
13.000.000 EUR	23%	35%	50%
26.000.000 EUR	27%	40%	50%
über 26.000.000 EUR	30%	45%	50%

§19 Wird der steuerpflichtige Erwerb auch nur um einen Euro überschritten, so gilt bereits der höhere Erbschaftssteuersatz für die gesamte Erwerbsumme. Dies würde bei geringen Überschreitungen dazu führen, dass der Mehrerwerb durch den höheren Steuersatz mehr als aufgezehrt würde. Daher wird in diesen Fällen die Mehrsteuer begrenzt auf dem Mehrerwerb und zwar je nach Steuersatz gestaffelt aus der Hälfte (bis 30 % Steuersatz) oder aus drei Vierteln (über 30 % Steuersatz).

Beispiel:

Der Enkel eines Erblassers erbt 276.000 EUR; sein persönlicher Freibetrag beträgt 200.000 EUR (s.o.).

Zu erhebende Steuer	11% von	76.000 EUR =	8.360 EUR
Steuer aus vorhergehender Wertgrenze	7% von	75.000 EUR =	5.250 EUR
Steuerunterschied			3.110 EUR
Die Wertgrenze übersteigender Betrag		1.000 EUR	
50% dieses Betrages		500 EUR	

Der Erbe müsste also wegen des Mehrerwerbs von lediglich 1.000 EUR eine um 3.110 EUR höhere Erbschaftssteuer bezahlen. Der Steuerunterschied kann in diesem Fall voll aus der Hälfte des die Wertgrenze übersteigenden Betrages gedeckt werden.
Die zu entrichtende Erbschaftssteuer beträgt also: 5.250 EUR + 500 EUR = 5.750 EUR.

§ 13a Der Fortbestand vererbter Unternehmen soll gefördert werden, indem bei der Vererbung von Familienunternehmen keine Erbschaftssteuer anfällt, wenn sie zehn Jahre lang unter Erhalt der Arbeitsplätze fortgeführt werden und die Lohnsumme 1.000 Prozent der Ausgangssumme beträgt. Wird das Unternehmen nur sieben Jahre von den Erben weitergeführt, sind 15% des Betriebsvermögens zu versteuern, vorausgesetzt die Lohnsumme beträgt 650 Prozent der Ausgangssumme. Ausnahmen gibt es für landwirtschaftliche Betriebe.

1. Begründen Sie, inwiefern die Abgeltungssteuer eine besondere Form der Einkommensteuer ist.
2. Errechnen Sie die Dividendengutschrift und die Einkommensteuerschuld bei einer Gewinnausschüttung vor KöSt von 3.000 EUR für Richard Reiboldt, der seine Einkünfte mit einem persönlichen Einkommensteuersatz von 35 % versteuern muss.
3. Begründen Sie, warum für landwirtschaftliche und andere Grundstücke unterschiedliche Hebesätze bei der Grundsteuer gelten.
4. Welche Bestimmungen des Gewerbesteuergesetzes weisen darauf hin, dass nicht der Unternehmer, sondern das Unternehmen an sich besteuert wird?
5. Wie viel EUR Gewerbesteuer muss ein Unternehmer bezahlen, wenn die Steuermesszahl für den Gewerbeertrag 1.150 EUR und der Hebesatz 320% betragen?
6. Ermitteln Sie die Gewerbesteuerschuld des Holzsägewerkes Steinmühle KG in Freiburg: Bilanzgewinn 147.000 EUR, Einheitswert des Betriebsgrundstückes 80.000 EUR, Dauerschulden 210.000 EUR zu 6% Jahreszinssatz. Hebesatz der Gemeinde 420%.
7. Im Gemeinderat von Gunzenhausen wird über die Erhöhung des Hebesatzes diskutiert. Was spricht für, was gegen die Erhöhung?
8. Berechnen Sie den Wert des Nachlasses des verunglückten Karlheinz Albrecht an seine Kinder und Ehefrau:

Hinterlassenes Barvermögen	80.000 EUR
Aktienpaket zum Kurswert von	60.000 EUR
Hausbesitz nach BewG §§ 138 ff.	420.000 EUR
Kosten der Unfallklinik	130.000 EUR
Beerdigungskosten	15.000 EUR
Grabstein	7.000 EUR

9. Nach kurzer, schwerer Krankheit verstirbt der Urgroßvater und hinterlässt ein großes Barvermögen, das an seine Ehefrau, seine 2 Söhne und seine Tochter, an 7 Enkel und 3 Urenkel, 2 Schwestern und deren 4 Kinder und 2 Enkel sowie an ein paar Freunde aus der berufsaktiven Zeit verteilt werden soll.
   a) In welche Steuerklasse werden die jeweiligen Erben eingeteilt?
   b) Es erhalten

– die Ehefrau		3.500.000 EUR
– seine drei Kinder	je	1.250.000 EUR
– seine sieben Enkel	je	280.000 EUR
– seine drei Urenkel	je	90.000 EUR
– seine beiden Schwestern	je	90.000 EUR
– deren Kinder	je	50.000 EUR
– deren beide Enkel	je	20.000 EUR
– die Freunde	je	15.000 EUR

   Berechnen Sie die jeweils zu erhebende Erbschaftsteuer.

16.2 Verkehrsteuern

Gegenstand der Besteuerung ist eine Güterbewegung.

16.2.1 Umsatzsteuer

UStG § 2 Steuerschuldner sind **Unternehmer**. Das sind natürliche und juristische Personen, die beruflich oder gewerblich *selbstständig* und *nachhaltig* zur Erzielung von Einnahmen tätig sind, auch wenn die Absicht fehlt, Gewinne zu erzielen.

Die Umsatzsteuer ist eine Gemeinschaftssteuer. Sie gehört zu den **indirekten** Steuern.

Steuerbare Umsätze

§ 1 **a) Lieferungen und sonstige Leistungen** eines Unternehmers innerhalb der Europäischen Union (EU) gegen Entgelt.

§ 3 **b) Unentgeltliche Leistungen.**

1. Entnahme von Gegenständen aus dem eigenen Unternehmen für private Zwecke, z.B. Waren.
2. Unentgeltliche Zuwendung eines Gegenstandes durch einen Unternehmer an sein Personal für dessen privaten Bedarf, z. B. Firmenwagenüberlassung. Ausgenommen sind Aufmerksamkeiten wie Blumen, Geschenke von geringem Wert.
3. Andere unentgeltliche Zuwendung eines Gegenstandes, z. B. Sachspenden an Vereine, Gewinne für Tombolas, auch Aufwendungen für einen Geschäftsfreund (Überlassung von Gästehäusern und Segelyachten und damit zusammenhängende Bewirtungen bis 40 EUR im Jahr je Geschäftsfreund).

c) Einfuhr von Gegenständen. Importgüter von Ländern außerhalb der EU (Drittländer) werden wie die vergleichbaren im Inland hergestellten Güter mit Umsatzsteuer belastet **(Einfuhrumsatzsteuer).**

Bemessungsgrundlage

§ 10 **a) Bei Lieferungen und sonstigen Leistungen** wird der Umsatz nach dem Entgelt bemessen.

Entgelt ist alles, was der Empfänger vereinbarungsgemäß aufzuwenden hat, um die Lieferung zu erhalten, jedoch abzüglich der Umsatzsteuer (Nettopreis).

§ 17 *Entgeltminderungen* wie Rabatte, Skonti, Wechselzinsen, Nachlässe und Forderungsausfälle dürfen abgezogen werden.

§ 10 (1) Durchlaufende Posten gehören nicht zum Entgelt. Dies sind Beträge, die ein Unternehmer im Namen und für Rechnung eines anderen vereinnahmt und verausgabt, z.B. Umsatzsteuer, Versandfrachten, Versicherungsprämien, ferner Auslagen der Spediteure, Frachtführer und Handelsvertreter für ihre Auftraggeber.

§ 10 (4) **b) Bei unentgeltlichen Leistungen** sind Bemessungsgrundlage

- die Selbstkosten bei Entnahme von Gegenständen,
- die Selbstkosten bei unentgeltlicher Zuwendung von Gegenständen oder Ausführung von Leistungen.

§ 11 **c) Bei Einfuhr** ist Bemessungsgrundlage grundsätzlich der Zollwert zuzüglich Zoll, Verbrauchsteuer und Beförderungskosten bis zum ersten Bestimmungsort innerhalb der EU.

Bei zollfreier Einfuhr tritt an die Stelle des Zollwerts das Entgelt.

Der Besteuerung werden zugrunde gelegt:

§ 16 (1) **a) Vereinbarte Entgelte** (Sollbesteuerung). Dies ist der Regelfall.

§ 20 **b) Vereinnahmte Entgelte** (Istbesteuerung). Diese Art kann das Finanzamt auf Antrag den nicht buchführungspflichtigen Unternehmern gestatten oder solchen Unternehmern, deren Gesamtumsatz im vorangegangenen Kalenderjahr nicht mehr als 250.000 EUR betragen hat.

Steuersätze

Allgemeiner Steuersatz: 19%. Dieser Steuersatz ist anzuwenden, sofern nicht der ermäßigte Satz gilt. UStG § 12

Ermäßigter Steuersatz: 7%. Er ist anzuwenden auf die Umsätze des Buchhandels und grafischen Gewerbes sowie für Umsätze von vielen Waren, insbesondere von Lebensmitteln und landwirtschaftlichen Erzeugnissen, die in einer besonderen Liste aufgeführt sind. Ab 2010 ist der ermäßigte Steuersatz auch im Hotel- und Gaststättengewerbe anzuwenden.

Innergemeinschaftlicher Erwerb § 1a

Für Lieferungen innerhalb der Europäischen Union wird eine einheitliche Regelung mit einer *europäischen Umsatzsteuer* angestrebt. Bis dahin werden sie als **innergemeinschaftliche Lieferungen** oder **innergemeinschaftliche Erwerbe** wie folgt besteuert:

- Lieferungen an *Privatverbraucher* werden mit der Umsatzsteuer des *Lieferlandes* belastet (Erwerbslandprinzip).

  Beispiel: Ein deutscher Tourist kauft in Paris eine Brille: Besteuerung mit französischer Umsatzsteuer.

  Für den Verkauf von Kraftfahrzeugen an Privatpersonen gibt es Sonderregelungen. § 1b

- Lieferungen an *Unternehmer* werden mit der Umsatzsteuer des *Käuferlandes* belastet, weil dort die Versendung endet, auch bei Selbstabholung (Bestimmungslandprinzip).

  Beispiel: Lieferung einer Maschine von Rotterdam nach Dresden: Besteuerung mit deutscher Umsatzsteuer.

Rechnungserteilung

Jeder Unternehmer muss für seine Leistungen an ein anderes *Unternehmen* Rechnungen ausstellen und darin angeben § 14

- Name und Anschrift des leistenden Unternehmers und des Leistungsempfängers,
- Umfang, Art und Zeitpunkt der Leistung,
- Rechnungsdatum und fortlaufende Rechnungsnummer,
- das *Entgelt* für seine Leistung (Nettopreis),
- Umsatzsteuersatz und *Umsatzsteuerbetrag,* der auf das Entgelt entfällt,
- seine Steuernummer oder Umsatzsteueridentnummer.

Die gesonderte Angabe des Steuerbetrages und der Steuernummer **kann** bei Rechnungen, die den Gesamtbetrag von 200 EUR nicht übersteigen, unterbleiben. Dies gilt auch bei Gutschriften, Fahrausweisen, Reisespesen und bei Lieferungen an Nichtunternehmer.

Vorsteuerabzug

Von der geschuldeten Umsatzsteuer können **abgesetzt** werden § 15 (1)

- die *auf Eingangsrechnungen angegebenen Steuerbeträge* **(Vorsteuer),**
- die *entrichtete* **Einfuhrumsatzsteuer.**

Bei Kleinrechnungen bis 100 EUR, Gutschriften, Fahrausweisen und Reisespesen kann der Unternehmer den Vorsteuerabzug in Anspruch nehmen, wenn er den Gesamtbetrag in Entgelt und Steuerbetrag aufteilt.

Ausgeschlossen ist der Vorsteuerabzug, soweit versteuerte Leistungen zu steuerfreien Umsätzen verwendet werden (Gebäudeaufwand für vermietete Werkswohnungen). § 15 (2)

Erlaubt ist der Vorsteuerabzug jedoch bei Ausfuhrlieferungen in Drittländer, Leistungen und Lohnveredelung für ausländische Rechnung.

Jeder Rechnungsempfänger hat seinem Vormann die gesamte angegebene Umsatzsteuer zu ersetzen. Er selbst darf aber *von der Umsatzsteuer seiner Ausgangsrechnung diese Vorsteuer absetzen,* sodass bei jedem Umsatz **nur der Mehrwert versteuert** wird. Die Vorsteuer stellt keine Kosten dar, sondern ist ein *durchlaufender Posten.*

Umsatzsteuer abzüglich Vorsteuer = Zahllast (Mehrwertsteuer)

Steuerbefreiungen

UStG § 4 Zu den zahlreichen Steuerbefreiungen gehören Ausfuhrumsätze, die innergemeinschaftlichen Lieferungen, die Umsätze der Seeschifffahrt und Luftfahrt, der Kreditgewährung, der Vermietung und Verpachtung von Grundstücken.

Nachteilig kann die Steuerbefreiung für Unternehmer werden, die an andere inländische Unternehmer liefern. Da durch das Verbot des Vorsteuerabzugs die Vorsteuern für sie zu
§ 9 Kosten werden und auch ihre Abnehmer keine Vorsteuern abziehen können, wird die Wettbewerbsfähigkeit beeinträchtigt. Je höher die Vorsteuern sind, desto größer ist der Nachteil. Jeder Unternehmer kann deshalb dem Finanzamt seinen Verzicht auf Steuerbefreiung erklären.

Vorteilhaft ist die Steuerbefreiung für Unternehmer nur dann, wenn sie an Nichtunternehmer liefern, da diese ohnehin keine Vorsteuern abziehen dürfen und weil der letzte Mehrwert umsatzsteuerfrei bleibt.

§ 19

Besteuerung bei niedrigem Gesamtumsatz

Unternehmer, deren Gesamtumsatz zuzüglich der darauf entfallenden Steuer im vorangegangenen Jahr 16.620 EUR nicht überstiegen hat und im laufenden Jahr 50.000 EUR voraussichtlich nicht übersteigen wird, zahlen keine Umsatzsteuer.

§ 18

Voranmeldung, Vorauszahlung, Veranlagung

Der Unternehmer hat dem Finanzamt binnen 10 Tagen nach Ablauf eines Monats eine **Voranmeldung** einzureichen, in welcher er die vereinbarten Entgelte und die abziehbare Vorsteuer angibt. *Gleichzeitig* hat er die *entsprechende* **Vorauszahlung** zu leisten, die sich *durch Abzug der Vorsteuer von der Steuerschuld* ergibt **(Zahllast).**

Übersteigt die Summe der abziehbaren Vorsteuer die Steuerschuld, so wird der Überschuss erstattet.

Jeder Unternehmer hat nach Ablauf eines Kalenderjahres eine **Jahressteuererklärung** abzugeben. Nach der **Veranlagung** erhält er einen **Steuerbescheid.**

16.2.2 Kraftfahrzeugsteuer

Die Kraftfahrzeugsteuer ist eine *Ländersteuer*. Sie gehört zu den direkten Steuern.

KraftStG § 1 **Gegenstand der Besteuerung** ist das Halten eines Kraftfahrzeuges, auch eines Anhängers, zum Verkehr auf öffentlichen Straßen.

§ 7 **Steuerschuldner** ist der Halter eines inländischen Kraftfahrzeuges, der Benutzer eines im Ausland zugelassenen Fahrzeuges, ferner der widerrechtliche Benutzer eines Kraftfahrzeuges. Die Steuerpflicht dauert so lange, bis das Fahrzeug endgültig außer Betrieb gesetzt wird. Dies ist erst der Fall, wenn auf dem amtlichen Kennzeichen der Zulassungsbehörde der Dienststempel entfernt worden ist.

§ 8 **Bemessungsgrundlage** ist

- bei Krafträdern der Hubraum, bei Personenkraftwagen die Kohlendioxidemission und der Hubraum,
- bei allen anderen Fahrzeugen das höchstzulässige Gesamtgewicht.

§ 9 **Die Steuersätze** sind sehr unterschiedlich und berücksichtigen Art, Zweck, Gewicht und Umweltfreundlichkeit des Kraftfahrzeuges. Die Steuer für einen Pkw beträgt demnach zwischen 2,00 EUR (Benzinfahrzeug) und 9,50 EUR (Dieselfahrzeug) für je 100 cm^3 Hubraum.

§ 3 b Für umweltfreundliche Kraftfahrzeuge wird eine Steuerermäßigung bzw. eine befristete Steuerbefreiung gewährt.

Entrichtung. Das Fahrzeug ist beim Finanzamt zur Besteuerung anzumelden. Die Steuer ist für die Dauer eines Jahres im Voraus zu entrichten. Bei Benutzung von *Saisonkennzeichen* wird Kfz-Steuer eingespart. KraftStG § 11

16.2.3 Grunderwerbsteuer

Die **Grunderwerbsteuer** ist eine direkte Steuer. Von ihrem Ertrag erhalten die Länder $^3/_7$, die Stadt- und Landkreise $^4/_7$.

Gegenstand der Besteuerung ist der Eigentumswechsel von bebauten und unbebauten Grundstücken. Bei Tausch ist die Steuer für jedes Grundstück zu entrichten. GrEStG § 1

Steuerschuldner sind der Erwerber und der Veräußerer eines Grundstücks. § 13

Bemessungsgrundlage ist der Kaufpreis. Beim Tausch von Grundstücken wird der Verkehrswert vom Finanzamt festgesetzt. §§ 8 f.

Der Steuersatz beträgt 3,5%. § 11

Steuerfrei ist der Grunderwerb unter Verwandten 1. Grades sowie bei Beträgen bis 2.500 EUR. Steuerfrei ist außerdem der Grunderwerb durch Erbschaft und durch Schenkung; hier weicht die Grunderwerbsteuer der Erbschaftsteuer, um Doppelbesteuerung zu verhindern. § 3

Veranlagung. Der Kaufvertrag wird vom Notar zur Festsetzung der Steuer an das Finanzamt übersandt. Dieses erteilt dem Käufer den Grunderwerbsteuerbescheid. Die Steuer wird binnen eines Monats nach der Bekanntgabe des Bescheids fällig. Erst wenn die Steuer bezahlt ist, gibt das Finanzamt dem Grundbuchamt die Bewilligung zur Eintragung ins Grundbuch. § 18 § 15 § 22

?

1. Warum werden Umsätze des Buchhandels und der Lebensmittelgeschäfte nur mit dem ermäßigten Steuersatz versteuert?
2. Die Flamm & Co. OHG verkauft ausschließlich an Gewerbetreibende. Die vereinbarten Entgelte betrugen insgesamt 2.995.293 EUR. Darin enthalten sind
   - 12.739,00 EUR Lieferungen ins Ausland,
   - 1.440,00 EUR Mieten für Werkswohnungen.

   Für den privaten Bedarf wurden Waren im Wert von 420 EUR entnommen, aber nicht gebucht.

   Die Vorauszahlungen betrugen 379.225,94 EUR, die in der Buchführung erfassten Vorsteuerbeträge 179.706,65 EUR. Davon entfallen 685,87 EUR auf Rechnungen für Reparaturen der Werkswohnungen.

   Berechnen Sie die zu entrichtende Umsatzsteuer.
3. Diskutieren Sie den Vorschlag, die Kfz-Steuer in die Mineralölsteuer einzuberechnen.

16.3 Verbrauchsteuern

Mit Ausnahme der *örtlichen* Getränkesteuern und der Biersteuer der *Länder* sind alle Verbrauchsteuern *Bundessteuern*, und zwar *indirekte Steuern*. Im Gegensatz zu den Besitz- und Verkehrsteuern werden sie durch die *Hauptzollämter* verwaltet.

Gegenstände der Besteuerung sind Waren des Massenkonsums: Bier, Branntwein, Erdgas, Kaffee, Mineralöl, Schaumwein, Spielkarten, Strom, Tabak, Kautabak, Schnupftabak, Zigaretten und Zigarren.

Bemessungsgrundlagen sind die Menge und der Preis bei Tabakwaren, der Alkoholgehalt bei Branntwein, die Menge bei Schaumwein und Strom, die Menge und Güte bei Bier, das Gewicht bei Kaffee.

?

Warum wurde in den vergangenen Jahren die Ökosteuer als Bestandteil der Mineralölsteuer eingeführt?

Stichwortverzeichnis

A

B

C

D

E

L

M

N

O

P

T

U

V